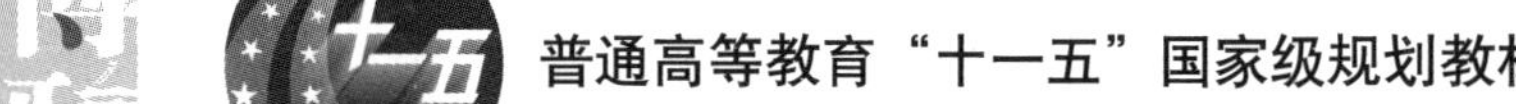

普通生态学（第三版）

General Ecology

尚玉昌　编著

图书在版编目(CIP)数据

普通生态学/尚玉昌编著. —3 版. —北京：北京大学出版社，2010.8
ISBN 978-7-301-17555-2

Ⅰ. 普… Ⅱ. 尚… Ⅲ. 生态学-高等学校-教材 Ⅳ. Q14

中国版本图书馆 CIP 数据核字(2010)第 140522 号

书　　　名：普通生态学(第三版)
著作责任者：尚玉昌　编著
责 任 编 辑：黄　炜　谢刚英　李宝屏
标 准 书 号：ISBN 978-7-301-17555-2
出 版 发 行：北京大学出版社
地　　　址：北京市海淀区成府路 205 号　100871
网　　　址：http://www.pup.cn　电子信箱：zpup@pup.pku.edu.cn
电　　　话：邮购部 62752015　发行部 62750672　编辑部 62764976　出版部 62754962
印　刷　者：河北滦县鑫华书刊印刷厂
经　销　者：新华书店
787 毫米×1092 毫米　16 开本　34.25 印张　860 千字
1992 年 6 月第 1 版　2002 年 1 月第 2 版
2010 年 8 月第 3 版　2024 年 2 月第11次印刷
定　　　价：75.00 元

内容简介

本书是作者数十年教学和科研工作的总结，全书80余万字，插图267帧，包括理论生态学和应用生态学两部分，共分成6篇：绪论；个体生态学；种群生态学；群落生态学；生态系统；全球生态学。本书是在此书前两版的基础上增补修订而成，除后两篇是新增补外，其他增补内容还有：生物与气候；植物对紫外线辐射的防护；植物如何应付洪涝；土壤生物的多样性；生物与营养物；生物活动周期与环境的关系；生物之间的关系；集合种群及其模型；种群遗传学及物种形成；应用种群生态学；群落的周期变化和岛屿群落等章节。书中有些内容是目前国内教材或专著尚未涉及的。

作为普通生态学教材，本书适用于综合性大学、师范院校和农林等院校相关专业师生及科技工作人员。

第三版说明

《普通生态学》第二版自2002年出版至今已过去8年了，在此期间本书曾多次重印，很多高等院校都选用此书作为生态学的基本教材。8年时间，生态学作为一门重要的生物学学科不论在国外还是国内都有了很大的发展，生态学的教学内容也要与时俱进，依学科的进展情况不断补充新的理论和新的资料，这也是写作第三版的主要原因和动力。

北京大学出版社及本书责编黄炜将《普通生态学》第三版上报国家教委，申报“普通高等教育‘十一五’国家级规划教材”并获得批准，使本书的出版纳入了国家的出版规划。

第三版新增补的内容包括5章30节。这5章分别是：生物与辐射和火；种群的生活史对策和生殖对策；干扰与群落的稳定性；生物多样性与保护生物学；全球气候变化。新增补的节主要包括：温度与细菌的代谢活动；种群增长实例；什么是生活史；身体大小对生活史的影响；生活史中的变态现象；生活史中的滞育和休眠期；生活史中的衰老和死亡；种群的生殖对策；干扰的特征；干扰的来源；干扰对营养物循环的影响；干扰对动物的影响；群落的稳定性；种群和物种的灭绝；初级生产量的能量分配；森林生态系统有机碎屑的分解；沉积型循环；资源的可持续性；农业的可持续性；林业的可持续发展；渔业的可持续发展；生境与物种灭绝；物种多样性与物种保护；生境保护的重要性；温室气体与地球的热平衡；大气 CO_2 增加对植物的影响；气候变化对生态系统的影响；全球气候变化对农业生产的影响；全球气候变化对人类健康的影响；气候变化与全球尺度生态学等。除此之外，第三版还提供了200多篇近期参考文献，供读者进一步学习时利用。

第三版因增补内容较多，为不使全书篇幅增加太多，只好将第二版第六篇“全球生态系统的类型及其功能”完全删除，请读者谅解。本书虽然在第二版的基础上尽力做了很多改进，但因水平和时间限制，不足之处一定还有很多，望读者多多指正并提出宝贵意见，以供再版时改进。

北京大学生命科学学院
尚玉昌
2010年3月

第二版说明

1992年北京大学出版社出版了我和蔡晓明合著的《普通生态学》，1993年高等教育出版社出版了我和孙儒泳、李博和诸葛阳合著的《普通生态学》。这两本书出版后曾被很多高等院校选为生态学教材，至今虽已重印多次，但仍供不应求。在第一本书中，我分工撰写绪论、种群生态学和群落生态学三部分，在第二本书中我分工撰写个体生态学（生物与环境）和生态系统生态学两部分，这五部分合在一起刚好是一部完整的普通生态学教材。从1992年至今，我在北京大学生命科学学院一直担任主干基础课"普通生态学"的主讲教师，在此期间，讲授此课所依据的主要资料就是这两本书中我分工撰写的这五个部分。但经过多年的教学实践和近年来生态科学的发展，已使实际的教学内容增加了很多新东西，无论从理论上还是从具体资料上都在原教材的基础上作了大量增补。可以说原来的教材已经越来越不适应现在的教学需要了。巧的是，正值此时，北京大学出版社希望我能在现有教材的基础上编写一本更能适应时代特点且能满足目前综合性大学、师范院校和农林院校对生态学教学需要的教材，这与我的想法不谋而合。

接受这一任务后，我便开始根据历年来我讲课的手稿和此前所出版的国内外教材、专著和文章拟定新教材大纲。新编教材无论是个体生态、种群生态、群落生态和生态系统，都在原教材的基础上作了很多增补。例如仅个体生态学的增补内容就包括生物与气候；植物对紫外线辐射的防护；植物如何应付洪水泛滥和水淹；土壤的形成因素和土壤生物的多样性；土壤的侵蚀和破坏；生物与营养；生物活动周期与环境的关系等章节。种群生态学部分增加了集合种群及其模型；种群遗传学和物种形成；应用种群生态学3章。群落生态学则增加了群落的周期变化和岛屿群落等。在大的框架方面则增加了第六篇全球生态系统的类型及其功能和第七篇全球生态学。有些内容是目前国内生态学教材或专著从未涉及的。新编教材的篇幅虽然有所增加，但学生不一定都读，目的是为教师提供更多的素材和更广泛的选择余地，也为因材施教提供了可能性。各个院校也可根据各自具体的教学大纲和学时选择其中的部分内容进行讲授。

对新版《普通生态学》作者虽下了很大工夫竭尽全力加以改进，但不尽如人意之处一定还有很多，望广大读者加以指正，如有机会再版一定会作进一步改进。

北京大学生命科学学院

尚玉昌

2001年3月

目　　录

第一篇　绪论

第二篇　个体生态学(生物与环境)

第三篇　种群生态学

第四篇　群落生态学

第五篇　生态系统

第六篇　全球生态学

第一篇 绪 论

一、生态学的定义

生态学 ecology 一词源于希腊文"oikos"(原意为房子、住处或家务)和"logos"(原意为学科或讨论),原意为研究生物住处的科学。1866 年,德国动物学家 Haeckel 首次为生态学下定义——生态学是研究生物与其环境相互关系的科学。他所指的环境包括非生物环境和生物环境两类。后来,Taylor(1936)、Allee(1949)、Buchsbaum(1957)、Woodbury(1954)和 Knight(1965)等人提出的定义都未超出 Haeckel 的范围。1967 年,Clarke 曾用图解说明了生态学的定义:

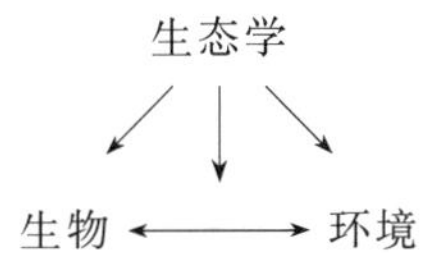

1966 年,Smith 认为"ECO"代表生活之地,因此,生态学是研究有机体与生活之地相互关系的科学,所以又可以把生态学称为环境生物学(environmental biology)。

著名生态学家 Odum(1971)在《生态学基础》(Fundamentals of Ecology)一书中,认为生态学是研究生态系统的结构和功能的科学,具体内容应包括:① 一定地区内生物的种类、数量、生物量、生活史及空间分布;② 该地区营养物质和水等非生命物质的质量和分布;③ 各种环境因素(如湿度、温度、光、土壤等)对生物的影响;④ 生态系统中的能量流动和物质循环;⑤ 环境对生物的调节,如光周期现象(photoperiodism),以及生物对环境的调节(如微生物的固氮作用)。生态学的基本原理既可应用于生物,也可应用于人类所从事的各项生产活动。事实上,现代生态学的发展已越来越把人放在了中心的位置。当代人口猛增所引起的环境、资源问题,使生态学的研究日益从以生物为研究主体发展到以人类为研究主体,从自然生态系统的研究发展到人类生态系统的研究。因此,在生态学的定义中应当反映这种变化,把研究人与环境的相互关系包括在内。总之,我们可以这样定义:生态学是研究生物和人与环境之间的相互关系,研究自然生态系统和人类生态系统的结构和功能的一门科学。

在一个功能完整的自然生态系统中,包括非生物成分和生物成分,如森林的非生物成分由大气、气候、土壤和水构成,而生物成分则包括栖息在森林中的所有生物,如各种植物、动物和微生物。这两种成分间的关系非常复杂,因为每一种生物不仅要对非生物环境作出反应,而且也改变着环境,同时它也是环境的一部分。森林冠层的树木在截留阳光用于自身光合作用的同时,也改变了下层植物的生存环境,如减弱光照、降低温度等。食虫鸟类在森林底层枯枝落叶中搜寻昆虫的活动不仅减少了昆虫的数量,改变了同样以昆虫为食的其他动物的生存环境,而且由于这些昆虫种群数量的减少,间接影响着生活在森林底层的各种昆虫物种间的相互关系。生态学的重要任务之一就是要研究生物与非生物环境之间这种复杂的相互关系。

二、生态学的研究层次

生态学研究可分为 4 个层次,它们由低到高的排列顺序为个体(individual)、种群(population)、群落(community)和生态系统(ecosystem)。个体是生态学研究的基本单位,对环境和环境变化作出直接感应和反应的只能是个体,种群的动态变化也是因个体的出生和死亡过程引起的,而不同物种的个体彼此相互作用又深刻影响着群落的结构和动态。最重要的是个体通过繁殖把遗传物质传给后继个体,而这些个体则是未来种群、群落和生态系统的构成成分。要想了解地球上生命和生态系统多样性的发生机制,首先得从研究生物的个体开始。

在其他研究领域中,population一词可有很多含义,但在生态学中,它是指占有某一特定空间或地区的同一物种个体的集合体。生态系统中的动植物种群在功能上是彼此相依不能分开的,一些种群会与另一些种群竞争有限的资源,如食物、水和空间等。两个种群也可能彼此互相有利,每一个种群都会因为另一个种群的存在而更加繁盛。生活在同一生态系统内彼此相互作用着的不同物种的种群集合体就构成了群落。在群落层次上,生态学家主要研究的是群落的结构和群落动态,以及影响群落结构的各种因素。群落包括生态系统中的所有生物,即生态系统的生物成分,而生物成分和非生物成分的总和才能构成一个生态系统。生态系统的基本功能是能量流动和物质循环。地球上最大的生态系统是生物圈(biosphere)。

三、生态学的分支学科及与其他学科的关系

生态学是一门综合性很强的科学,一般可分为理论生态学和应用生态学两大类。

理论生态学中的普通生态学(general ecology)是概括性最强的一门生态学,它阐述生态学的一般原则和原理,通常包括个体生态、种群生态、群落生态和生态系统生态4个研究层次。

依据生物类别,理论生态学可分为:动物生态学、植物生态学、微生物生态学、哺乳动物生态学、鸟类生态学、鱼类生态学、昆虫生态学等;依据生物栖息地则可分为:陆地生态学、海洋生态学、河口生态学、森林生态学、淡水生态学、草原生态学、沙漠生态学、太空生态学等。

应用生态学则包括:污染生态学、放射生态学、热生态学、古生态学、野生动物管理学、自然资源生态学、人类生态学、经济生态学、城市生态学等。

现代生态学的发展还催生一些新的分支学科,它们包括:行为生态学、化学生态学、数学生态学、物理生态学、进化生态学等。

生态学是生物学的重要组成部分,它与其他生物科学,如形态学、生理学、遗传学、分类学及生物地理学,有着密切的联系。此外,生物的生活环境很复杂,上至天文,下至地理,地球内外的一切自然现象都可能成为生物生存的环境因子,因此,深入研究生态学必然会涉及数学、化学、自然地理学、气象学、地质学、古生物学、海洋学和湖泊学等自然科学以及经济学、社会学等人文科学。作为一名生态学家,应当具有广博的学识。

四、生态学研究简史

现代人,即智人(*Homo sapiens*),在大约25万年前由直立猿人(*Homo erectus*)进化而来。随着现代人的诞生,人类开始慢慢积累生态学知识。早期人类为了衣食住行,必须选择躲避风雨猛兽的洞穴,从事捕鱼、狩猎和采集野生植物等活动,为此必须熟悉生物的活动规律及其与环境的关系。四五千年前,神农氏曾尝百草以鉴别各种植物。希腊最早的医药学家Hipporates(公元前460—前377年)曾写过一本《空气、水和草地》,指出必须研究植物与季节变化的关系。亚里士多德(公元前384—前322)在《自然史》一书中,曾描述生物与环境间的相互关系及生物间的竞争。他的学生Theophrastus(公元前370—前285)在《植物的群落》一书中,研究了陆地及水域中植物群落及植物类型与环境的关系,被后人认为是最早的生态学家。

从中世纪文艺复兴以后,生态学如其他自然科学一样,在欧洲经历一个漫长的黑暗时期

后，开始得到了蓬勃发展。Boyle(1627—1691)以小白鼠、猫、鸟、蛙、蛇和无脊椎动物为材料，研究低气压对动物的影响。Reaumur(1683—1757)在6卷《昆虫自然史》中，广泛涉及昆虫生态学知识，他也是研究昆虫积温现象的先驱。Buffon(1707—1788)在44卷《生命律》中，描述了生物与环境的关系，他认为动物的习性与其环境适应相关。Humboldt(1764—1859)于1799～1804年到南美洲热带和温带地区对植物及其生存环境进行了5年的考察，收集了大量的植物标本和资料，回国后出版了26卷巨著，从而奠定了植物地理学的基础。Malthus于1803年出版了《人口论》(Essay on Population)，书中不仅研究了生物繁殖与食物的关系，而且特别研究了人口增长与食物生产的关系，他的思想对达尔文(Darwin)有很大影响。世界著名生物学家达尔文(1809—1882)于1859年出版了他的名著《物种起源》，该书对生态学和进化论作出了巨大贡献。英国学者Forbes(1846)不仅研究了爱琴海动物的分布，指出在不同深度的海水中都有其特有的动物，而且还依据古地质资料，提出英伦诸岛的动植物是由欧洲大陆通过陆桥(land bridges)迁入的，从而对生态学和古生态学的研究作出了贡献。Mobius(德国)从事牡蛎养殖场的研究，于1877年提出了"生物群落"(biocoenose)的术语。Wallace(1822—1913)在马来半岛及南洋群岛从事8年的博物学考察后，著有《生物世界》和《动物的地理分布》等著作，对生态学、生物地理学和进化论都有很大贡献。丹麦生态学家Waroning的名著《植物生态学》(1881)是这一领域的经典著作之一。德国生态学家Schimper在《植物地理学》(1898)一书中，阐明了植物分布与各种环境因子之间的关系，并特别重视环境中非生物因子的作用。Waroning和Schimper二人都有许多学生(来自英、法、美、俄各国)，如英国的Tansley和美国的Cowles，他们后来都成了著名的生态学家，并对生态学作出了很大贡献。

进入20世纪后，生态学的发展更为迅速，人才辈出，著作颇丰。芝加哥大学的Cowles(1901)对植物群落颇有研究，是美国生态学知识的启蒙者。Shelford在1907～1951年间，发表了几十篇论文，对生态学贡献很大。他1929年出版的《实验室及野外生态学》一书着重于动物群落的研究，1931年又出版了《温带美洲的动物群落》，该书颇负盛名。Adams于1913年出版了《动物生态学研究指南》一书。英国牛津大学的Elton最先提出食物链和生态金字塔的概念，他擅长于种群生态学的研究，曾于1917年和1933年先后出版了两本《动物生态学》。Clements和Shelford于1936年合著的《生物生态学》至今仍是一本内容丰富的著作。1937年我国著名鱼类学家费鸿年出版了《动物生态学纲要》，这是我国第一本动物生态学著作。Tansley是英国植物生态学家，他把生物与其环境看成是一个整体，并于1935年首次提出了生态系统(ecosystem)的概念。Chapman著有《动物生态学》(1931)，他认为自然界中生物数量之所以能够保持平衡是由于生物的繁殖力与环境阻力相互制约的结果。Gause在《生存斗争》(1934)一书中表述了"生态位(niche)有差异的物种可以共存"的观点，他还详细分析了影响种群消长的各种生态因子。1934年Lotka出版了《生物群落的理论分析》，这是一部将数学应用于生态学的理论著作。Allee等人所著《动物生态学原理》(1949)是一部内容丰富的生态学巨著。Dies的《自然群落》(1952)论述了物理环境与生物群落的关系，并讨论了群落演替的问题。Andrewarth和Birch合著的《动物的数量与分布》主要以昆虫为材料，进行了生态学的定量分析，并讨论了生物的种群变动、分布和周期活动，还涉及遗传学方面的研究。

此外，Woodbury的《普通生态学原理》(1954)、Kendigh的《动物生态学》(1961)、Smith

RL 的《生态学及野外生物学》(1980,第 3 版)、Knight 的《生态学的基本概念》(1965)、Clarke 的《生态学基本原理》(1967)、Odum 的《生态学基础》(1971)、Krebs 的《生态学：分布和数量的实验分析》(1985,第 3 版)、McNaughton 和 Wolf 的《普通生态学》(1979,第 2 版)、May 的《理论生态学》(1976)、Varley 等人的《昆虫种群生态学分析方法》(1975)、Smith JM 的《生态学模型》(1975)、Kumar 的《现代生态学概念》(1983)、Anderson 的《环境生态学、生物圈、生态系统和人》(1981)、White 等人的《环境系统》(1984)、Mackenzie 等人的《生态学》(1998)和 Molles 的《生态学：概念和应用》(1999)都是近代生态学的代表著作。

人类生态学一词最早由美国社会学家 Park 等人于 1921 年提出,但人类生态学的兴起还是近三四十年的事。这方面的主要著作有：Ehrlich 的《人口、资源、环境——人类生态学的课题》(1972)、Ehrlich 等人的《生态科学：人口、资源和环境》(1977)和《人口与环境——人类生态学的当前课题》、Smith 的《人类生态学：一个生态系统方案》、Murdock 的《环境、资源、污染和社会》(1975)和 Pimentel 等人的《食物能量和社会》(1979)。在我国有宋健和于景元的《人口控制论》(1985)、夏伟生的《人类生态学初探》(1984)、尚玉昌的《生态学及人类未来》(1989)、窦伯菊等人的《生态学与人类生活》(1985)、孙儒泳的《生态学与人类》(1982)等。

进入 21 世纪后又有很多重要著作陆续出版,包括《湿地生态学》(Keddy,2000)、32 卷的《生态学研究进展》(Caswell,2001)、《生物入侵》(Pimental,2002)、《生物保护中的应用景观生态学》(Smith,2002)、《群落和生态系统》(Wardle,2002)、《散布生态学》(Bullock 等,2002)、《种群生态学》(Vandermeer,2003)、《生态学——自然经济学》(第 5 版)(Ricklefs,2004)、《生态学——概念与应用》(第 3 版)(Molles,2005)、《种群生态学》(Ranta,2006)等。

我国的生态学事业是在 1949 年以后才得到发展的,起初进展缓慢,与整个国家建设事业的发展极不适应,与世界先进水平及迅猛的发展速度差距极大。但随着我国人口、环境和资源问题的突出和现代化建设的需要,生态学日益受到国家和人民的重视,出现了加速发展的可喜形势。1972 年,我国当选为“人与生物圈”计划国际协调理事会的理事国,1978 年 9 月成立“人与生物圈”国家委员会,负责组织我国参加“人与生物圈”计划的各项研究工作,并提出了生态系统研究的各项课题。目前,我国已在长白山建立了森林生态系统的定位研究站,在内蒙古建立了草原生态系统定位研究站,并且在全国各地建立了上千个自然保护区,其中的长白山自然保护区、广东鼎湖山自然保护区和四川卧龙自然保护区还加入了国际生物圈自然保护区的协作网。1979 年 10 月,我国正式成立了生态学会;1981 年,《生态学报》创刊;1982 年,《生态学杂志》创刊;1983 年,《生态学进展》创刊,其前身为《陆地生态译报》;1990 年,《应用生态学报》创刊。新中国成立后的 60 年间,我国已陆续出版了数十部生态学著作,主要有：《植物生态学》(乐天宇,1958)、《植物生态学》(何景,1959)、《生物与环境》(林昌善、尚玉昌,1980)、《昆虫种群数学生态学原理与应用》(丁岩钦,1980)、《植物生态学》(云南大学生物系,1980)、《昆虫生态学》(邹钟琳,1980)、《动物生态学》(华东师范大学等,1982)、《森林生态系统与人类》(徐凤翔,1982)、《种群科学管理与数学模型——种群的盛衰兴亡》(孙儒泳,1983)、《植物生态学》第 2 版(曲仲湘等,1983)、《植物生态学的数量分类方法》(阳含熙、卢泽愚,1983)、《动物繁群生态学》(单国桢,1983)、《人类生态学初探》(夏伟生,1984)、《生态学引论——害虫综合防治的理论及应用》(赵志模、周新远,1984)、《昆虫生态学的常用数学分析方法》修订版(邬祥光,1985)、《生态经济学探索》(许涤新,1985);《植物群落学》(林鹏,1986)、《土壤-植物系统污染生态研究》(高拯民,1986)、《社会生态学》(丁鸿富等,1987)、《植物群落学》(王伯荪,1987)、《动物生态学原理》(孙儒泳,1987)、《昆虫种群生态学》(徐汝梅,1987)、《植物生态学》(祝廷成、钟章成等,1988)、《常绿阔叶林生态学研究》(钟章成,1988)、《生态学与社会经济发展》(孙儒泳、尚玉昌等,1989)、《生态学概论》(苏智先、王仁卿等,1989)、《现代生态学透视》(马世骏主编,1990)、《中国生态学发展战略研究》(马世骏主编,1991)、《普通生态学》上下册(尚玉昌、蔡晓明,1992)、《普通生态学》(孙儒泳、尚玉昌等,1993)、《普通生态学——原理、方法和应用》(郑师章、吴千红等,1994)、《行为生态学》(尚玉昌,1998)、《生态系统生态学》(蔡晓明,2000)、《生态生物化学》(李绍文,2001)、《普通生态学》第2版(尚玉昌,2002)。

进入21世纪后,我国又大量出版了涉及学科更广的生态学教材和著作,按出版的时间顺序依次为:《植被生态学》(宋永昌,2001)、《分子生态学》(周峰等主编,2001)、《园林生态学》(刘常福主编,2003)、《河口生态学》(陆健健,2003)、《非线性生态模型》(祖元刚等,2004)、《海滨系统生态学》(钦佩等,2004)、《海洋生态学》(李冠国等,2004)、《生态学研究的回顾与展望》(李文华等,2004)、《生态学——面向人类生存环境的科学价值观》(丁圣彦主编,2004)、《中国海洋生态系统动力学研究》(唐启升主编,2004)、《分子生态学》(张素琴主编,2005)、《恢复生态学》(孙书存等主编,2005)、《生态学导论》(邵孝候等主编,2005)、《海洋微型生物生态学》(焦念志,2006)、《景观生态学》(余新晓等,2006)、《景观生态学》(郭晋平等主编,2007)、《基础生态学》(孙振钧等主编,2007)、《分子生态学导论》(陈声明等主编,2007)、《景观生态学》(宇振荣主编,2008)、《进化生态学》(王崇云,2008),《产业生态学》(鞠美庭等主编,2008)、《高级生态学》(田大伦主编,2008)、《生态学进展》(孙儒泳主编,2008)、《现代生态学》(戈峰主编,2008)。它们的出版充分说明我国的生态科学正在加速发展,并且不断扩展着研究的深度和广度。

五、生态学的发展趋势

生态学知识的积累虽然可以追溯到史前时期,但作为专门的科学研究来说,只能从17世纪和18世纪的自然史或博物学研究算起。生态学主要是从自然史和博物学的研究中独立出来的。然而,现代生态学却是在19世纪末和20世纪初开始确立的,直到五六十年代才得到了更大的发展。现代生态学的基础是在19世纪后期奠定的,主要围绕下面几个领域开展研究:(1)自然史和生物区系调查;(2)环境生理和生态适应的研究(个体生态学);(3)进化论与自然选择的研究;(4)人口与人口统计学的研究;(5)生态地理和自然保护的研究。这说明生态学从一开始就继承了许多学科的研究成果,具有明显的综合性。

生态学发展迈出的第一步是从个体观察转向群体研究,即从个体生态学(autecology)转向群体生态学(synecology)的研究,从19世纪末到1930年Shelford等人《生物生态学》一书的出版,这期间生态学逐渐以群落(包括种群生态学)为研究重点,其代表著作有Warning的《植物生态学:植物群落研究导论》(1909,英译本)、Cowles的《密执根湖沙丘植被的生态关系》(1899)等。此时已逐渐形成了研究植物群落的几大学派,研究方法也有了明显进步:逐渐由描述到定量、静态到动态、局部到整体、考察到实验。不仅动物种群数量的研究开始定量,植物群落的调查也已定量化,因此在20世纪头10年中出现了丰盛度、恒定度和频度等概念。动态的研究从Cowles(1899)开始,他提出演替的概念,而且发展了顶级群落的思想。群体生态学从种间关系着眼,把所有生物看成一个整体,并与环境联系起来进行综合研究。1916 年,Clements 在《植物的演替:植被发展的分析》中,首次把生物带(biome)一词作为生物群体的基本单位。在 20 世纪前期还开始群体的实验研究:在植物中对植被进行实验研究,在动物中则用果蝇和黄粉甲等昆虫进行实验种群的数量变动研究。同时还诞生了研究种群遗传结构的遗传生态学。这期间的群落研究为后来生态系统概念的提出和研究打下了基础。

生态学第二步的重大发展是开展生态系统的研究。生态系统(ecosystem)一词首先是由英国植物生态学家 Tansley 于 1935 年在一篇题为"植被概念和名称的使用和滥用"的论文中提出来的。应当说,这不是 Tansley 个人的功绩,而是长期生态学研究的必然结果。生态系统思想的渊源至少可以上溯到达尔文,很多学者都提出过类似生态系统的概念和名词,如自然综合体、林分型和自然地理群落等。就现代生态学来说,Elton(1927)强调的食物链问题,Thienemann(1939)指出生产者、消费者和分解者三者的关系以及 Linderman(1942)在"生态学的营养动态"一文中强调的能量流动等,都对生态系统概念作出了重要贡献。此后,热力学和经济学的概念渗入了生态学,50 年代以后,信息论、控制论和系统论也为生态学带来了自动调节原理和系统分析方法,使得进一步揭示生态系统中的物质、能量和信息之间的关系成为可能。生态系统的研究经常涉及农、林、牧、猎、渔、野生动物管理和人类所面临的许多重大课题,可见,生态系统的研究具有重大的理论意义和实用意义。于是,生态学在 20 世纪 50 年代又进入了一个大发展时期,使生态系统成了生态学研究的重点课题。60～70 年代,有关生态系统理论和应用的研究论文如雨后春笋般地大量涌现,生态系统概念已开始应用于地学、农学和环境科学。生态系统的研究很自然地涉及了整个生物圈,这使生态学一方面与地理学、地球化学等学科交叉,另一方面又开始同社会科学互相渗透,从而显示了高度综合性的研究方向。

由于人口猛增、环境污染和资源枯竭三大社会问题的日益突出,生态学越来越受到人们的重视,于是人们开始向生态学寻求解决问题的途径。这除了使生态学具有越来越大的应用价值外,还使人类生态学、污染生态学和资源生态学等新的分支学科应运而生,并得到迅速发展。人类生态学的兴起和生态学与社会科学的交叉是现代生态学的最新发展趋势。70 年代,生态学与社会科学(诸如经济学、法律学和政治学等)相结合的专著相继面世,如《生态学与国际关系》(1978)、《生态学——政治、法律》(1976)、《政治生态学》(1975)、《社会生态学》(1973)、《城市生态系统》(1974)等。实际上,早在 60 年代就有人用生态系统观点考察人类社会了,后来又有许多学者要求在制订国民经济计划时,应考虑生态效益问题。这一方面是由于社会发展的紧迫需要,另一方面是由于生态学已经发展到了能够提供生态系统原理和方法的阶段。因此可以说,人类生态学不仅有必要发展,而且也有可能得到较快的发展。这促使生态学不仅与技术、经济密切相关,而且与政治和法律也发生了联系。

总之,现代生态学是在积累大量资料的基础上形成的生态学发展新阶段。生态学在 20 世纪初期以群落为研究重点时就显示出从描述到定量、静态到动态、局部到整体、单纯考察到实验分析的新特征。从 20 世纪中期生态系统概念提出以来,生态学研究在理论和方法上都发生了巨大变化,这给生态学的应用带来了更广阔的前景。现代生态学从以生物为研究中心发展到以人为研究中心,在改造世界和造福人类方面发挥着越来越重要的作用。

第二篇 个体生态学(生物与环境)

◎ 环境与生态因子

◎ 生物与环境关系的基本原理

◎ 生物与气候

◎ 生物与光

◎ 生物与温度

◎ 生物与水

◎ 生物与土壤

◎ 生物与营养物

◎ 生物与辐射和火

◎ 生物活动周期与环境的关系

◎ 生物与生物之间的关系

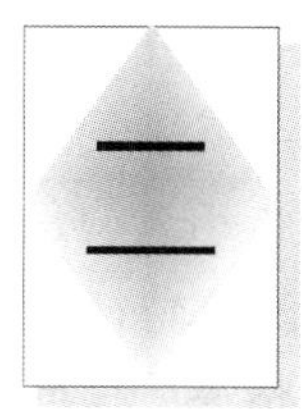

第1章　环境与生态因子

第一节　什么是环境

一、环境的基本概念

环境是指某一特定生物体或生物群体以外的空间及直接、间接影响该生物体或生物群体生存的一切事物的总和。环境总是针对某一特定主体或中心而言的，离开了这个主体或中心也就无所谓环境，因此环境只具有相对的意义。在环境科学中，一般以人类为主体，环境是指围绕着人群的空间以及其中可以直接或间接影响人类生活和发展的各种因素的总体。在生物科学中，一般以生物为主体，环境是指围绕着生物体或者群体的一切事物的总和。所指主体的不同或不明确，往往是造成对环境分类及环境因素分类不同的一个重要原因。

二、大环境和小环境

依环境范围大小可将生物的环境区分为小环境和大环境。小环境是指对生物有着直接影响的邻接环境，如接近植物个体表面的大气环境、土壤环境和动物洞穴内的小气候等。大环境则是指地区环境（如具有不同气候和植被特点的地理区域）、地球环境（包括大气圈、岩石圈、水圈、土壤圈和生物圈的全球环境）和宇宙环境。大环境不仅直接影响着小环境，而且对生物体也有着直接或间接的影响。

影响生物生存的非生物因子常常是在相当大的地理区域内起作用的，因此我们可以根据各种物理化学特性划分出不同的地理区域，如根据土壤类型、气候和地质形成过程等。从这种分类中可以得出生态学的一般结论，从而可以知道哪些生物可以在这里定居，哪些生物不能定居。继而，根据生物种类的一定组合特征（即生物群落）可以区分各个不同的气候区，像我们常说的热带森林群落带、温带森林群落带和苔原生物群落带等等。生物群落带（biome）是指具有相似群落的一个区域生态系统类型，它把具有相似非生物环境和相似生态结构的区域连成一个大区。但是这种区分只具有最一般的共性，因为生物只受其邻接环境的影响。例如，森林植物在其下面可提供一个阴凉场所；植物茎和叶的结构和角度可以改变气流并使其下面的地面产生绝热效应。植物的呼吸活动和对气流的阻碍作用都能使湿度和气体浓度发生局部变化。落叶及其所形成的枯枝落叶层在它们腐烂分解以前，会像地毯一样覆盖在土壤表面，起着绝热层的作用。在形成小环境特点方面，动物也起着一定的作用，例如，挖掘地道穴居的动物往往无意中为其他动物创造着可利用的新环境。草食动物的各种取食活动可改变和影响植被的结构，也可创造出小环境。甚至动物排出的粪便也能影响局部土壤条件，粪便本身也为食粪动物创造了一个新的小环境。

这些小环境的重要性及其与大环境特征的差异程度可以从 Schimitschek 的一项研究工作中看出,他研究了一根腐败倒木树干上的小环境分布格局(图 1-1),并分析了八齿小蠹(*Ips typographus*)对树干小环境的利用情况。首先,Schimitschek 把树木划分出 5 个环境特征明显不同的小生境(1～5 区),并分析了八齿小蠹在生殖时对这 5 个生境小区的利用情况。他的结论是,只有第 4 生境小区能使八齿小蠹进行正常的生殖。第 1 小区受日光照射太强烈,无法在此产卵;第 2 小区虽然可以产卵,但受日光照射时间仍然较长,卵会因湿度不足而干瘪;在第 3 小区,幼虫可以生长发育,但因温度仍然较高而使幼虫在成熟前死亡;第 5 小区位于倒木的最下面,阴暗潮湿,幼虫死亡率高达 75%～92%。

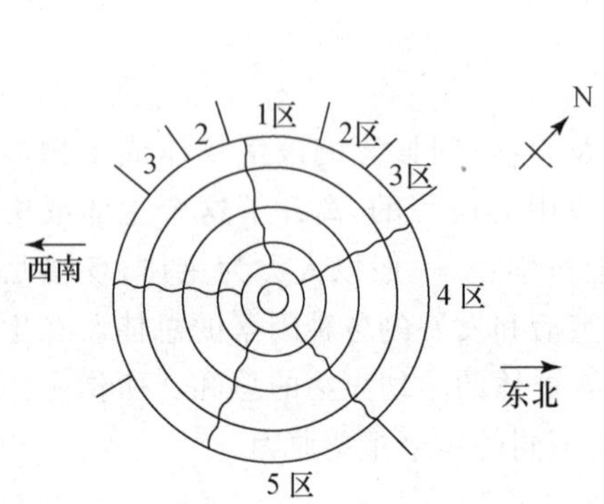

图 1-1　一根腐败树干上的小环境分布格局

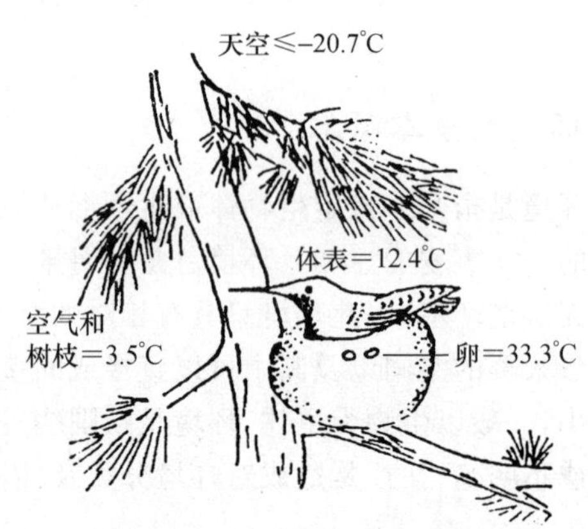

图 1-2　蜂鸟巢及其周围小气候在黎明前时的温度

巢上方树枝减少了孵卵雌鸟的热量损失

1973 年,Calder WA 研究了小气候与蜂鸟巢的关系,他发现蜂鸟巢的位置总是选择在使卵和雏鸟不致受到不利温度伤害的地方(图 1-2)。作为恒温动物的鸟类常因辐射作用而损失体热,蜂鸟巢几乎毫无例外地建筑在一个突出树枝的下方,这个树枝就成了鸟和天空之间的遮护物。此外,鸟巢本身又是一个绝热体,可使鸟卵的温度大大高于孵卵雌鸟身体表面的温度。据估计,如果没有突出树枝的遮护,鸟体辐射损失的热量将会增加大约 3 倍。如果鸟卵不是放在绝热的鸟巢内和受雌鸟孵卵的话,那么鸟卵的温度到晚上就会接近空气的温度(约 4℃左右),而鸟巢内的卵在夜晚时的温度通常都在 30℃以上。总之,由于小气候的创造,鸟卵周围环境的温度要比气象所记录的大气候温度高得多。

1969 年,Coe MJ 研究了由于巨大的羊茅草(*Festuca* spp.)草丛的隔离作用而产生的小气候效应。草丛外部空气的温度波动在草丛内部得到了缓冲。据测定:草丛外层叶间的空气温度波动范围是 0.3～13.6℃;而在草丛内层叶间的空气温度波动范围是 1.8～11.7℃;在羊茅草丛的基部,平均空气温度为 7℃,上下波动幅度只有 2.1℃。以上研究实例都说明了在生态学工作中,应当特别重视在小环境层次上对非生物因子进行研究。

第二节　什么是生态因子

一、生态因子的基本概念

生态因子是指环境中对生物的生长、发育、生殖、行为和分布有着直接或间接影响的环境要素，如温度、湿度、食物、氧气、二氧化碳和其他相关生物等。生态因子是生物生存所不可缺少的环境条件，也称生物的生存条件。生态因子也可认为是环境因子中对生物起作用的因子，而环境因子则是指生物体外部的全部环境要素。

二、生态因子的分类

在任何一种生物的生存环境中都存在着很多生态因子，这些生态因子在其性质、特性和强度方面各不相同，它们彼此之间相互制约，相互组合，构成了多种多样的生存环境，为各类极不相同生物的生存进化创造了不计其数的生境类型。生态因子的数量虽然很多，但可依其性质归纳为五类：

(1) 气候因子。如温度、湿度、光、降水、风、气压和雷电等。

(2) 土壤因子。土壤是在岩石风化后在生物参与下所形成的生命与非生命的复合体，土壤因子包括土壤结构、土壤有机和无机成分的理化性质及土壤生物等。

(3) 地形因子。如地面的起伏，山脉的坡度和阴坡阳坡等，这些因子对植物的生长和分布有明显影响。

(4) 生物因子。包括生物之间的各种相互关系，如捕食、寄生、竞争和互惠共生等。

(5) 人为因子。把人为因子从生物因子中分离出来是为了强调人的作用的特殊性和重要性。人类的活动对自然界和其他生物的影响已越来越大，越来越带有全球性，分布在地球各地的生物都直接或间接受到人类活动的巨大影响。

除了上述分类法以外，Smith(1935)曾把生态因子分成密度制约因子(density dependent factors)和非密度制约因子(density independent factors)两大类。前者的作用强度随种群密度的变化而变化，因此有调节种群数量，维持种群平衡的作用，如食物、天敌和流行病等各种生物因子；后者的作用强度不随种群密度的变化而变化，因此对种群密度不能起调节作用，如温度、降水和天气变化等非生物因子。但有些学者(如 Andrewartha 和 Birch)反对把生态因子区分为密度制约因子和非密度制约因子。

苏联学者 Мончадский(1953)则依据生态因子的稳定程度将其分为稳定因子和变动因子两大类。稳定因子是指终年恒定的因子，如地磁、地心引力和太阳辐射常数等，这些稳定生态因子的作用主要是决定生物的分布。变动因子又可分为周期变动因子和非周期变动因子，前者如一年四季变化和潮汐涨落等；后者如刮风、降水、捕食和寄生等，这些生态因子主要是影响生物的数量。Мончадский 的分类法具有一定的独创性，对了解生态因子作用的性质有很大帮助。

三、生态因子作用的特点

概括起来，生态因子作用有四大特性：

(1) 综合性。每一个生态因子都是在与其他因子的相互影响、相互制约中起作用的,任何一个因子的变化都会在不同程度上引起其他因子的变化。例如光强度的变化必然会引起大气和土壤温度和湿度的改变,这就是生态因子的综合作用。

(2) 非等价性。对生物起作用的诸多因子是非等价的,其中必有 1～2 个是起主要作用的主导因子。主导因子的改变常会引起许多其他生态因子发生明显变化或使生物的生长发育发生明显变化,如光周期现象中的日照长度和植物春化阶段的低温因子就是主导因子。

(3) 不可替代性和互补性。生态因子虽非等价,但都不可缺少,一个因子的缺失不能由另一个因子来替代。但某一因子的数量不足,有时可以靠另一因子的加强而得到调剂和补偿。例如光照减弱所引起的光合作用下降可靠 CO_2 浓度的增加得到补偿,锶大量存在时可减少钙不足对动物造成的有害影响。

(4) 限定性。生物在生长发育的不同阶段往往需要不同的生态因子或生态因子的不同强度。因此,某一生态因子的有益作用常常只限于生物生长发育的某一特定阶段。例如低温对某些作物的春化阶段是必不可少的,但在其后的生长阶段则是有害的;很多昆虫的幼虫和成虫生活在完全不同的生境中,因此它们对生态因子的要求差异极大。

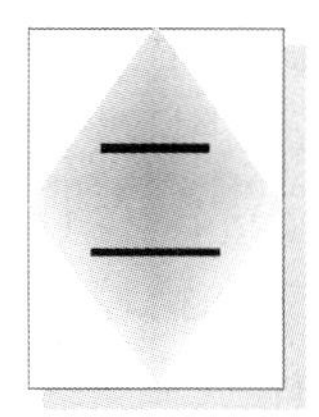

第2章　生物与环境关系的基本原理

第一节　利比希法则和耐受性法则

早在1840年，德国有机化学家Justus von Liebig(利比希)就认识到了生态因子对生物生存的限制作用。在他所著的《有机化学及其在农业和生理学中的应用》一书中，分析了土壤表层与植物生长的关系，并得出结论：作物的增产与减产是与作物从土壤中所能获得的矿物营养的多少呈正相关的。这就是说，每一种植物都需要一定种类和一定数量的营养物，如果其中有一种营养物完全缺失，植物就不能生存。如果这种营养物质数量极微，植物的生长就会受到不良影响。这就是Liebig的“最小因子法则”(law of the minimum)，即利比希法则。

Liebig之后又有很多人作了大量的研究，认为对最小因子法则的概念必须作两点补充才能使它更为实用：

(1) 最小因子法则只能用于稳态条件下。也就是说，如果在一个生态系统中，物质和能量的输入输出不是处于平衡状态，那么植物对于各种营养物质的需要量就会不断变化，在这种情况下，Liebig的最小因子法则就不能应用。

(2) 应用最小因子法则的时候，还必须考虑到各种因子之间的相互关系。如果有一种营养物质的数量很多或容易被吸收，它就会影响到数量短缺的那种营养物质的利用率。另外，生物常常可以利用所谓的代用元素，也就是说，如果两种元素属于近亲元素的话，它们之间常常可以互相代用。例如环境中钙的数量很少而锶的数量很多，一些软体动物就会以锶代替钙来建造自己的贝壳。

Liebig在提出最小因子法则的时候，只研究了营养物质对植物生存、生长和繁殖的影响，并没有想到他提出的法则还能应用于其他的生态因子。经过多年的研究，人们才发现这个法则对于温度和光等多种生态因子都是适用的。

1913年，美国生态学家Shelford VE在最小因子法则的基础上又提出了耐受性法则(law of tolerance)的概念，并试图用这个法则来解释生物的自然分布现象。他认为生物不仅受生态因子最低量的限制，而且也受生态因子最高量的限制。这就是说，生物对每一种生态因子都有其耐受的上限和下限，上下限之间就是生物对这种生态因子的耐受范围，其中包括最适生存区。Shelford的耐受性法则可以形象地用一个钟形耐受曲线来表示(图2-1)。

对同一生态因子，不同种类的生物耐受范围是很不相同的。例如，鲑鱼对温度这一生态因子的耐受范围是0～12℃，最适温度为4℃；豹蛙对温度的耐受范围是0～30℃，最适温度为22℃；斑鳉的耐受范围是10～40℃；而南极鳕所能耐受的温度范围最窄，只有－2～2℃。上述几种生物对温度的耐受范围差异很大，有的可耐受很广的温度范围(如豹蛙、斑鳉)，称广温性生物(eurytherm);有的只能耐受很窄的温度范围(如鲑鱼、南极鳕),称狭温性生物(stenotherm)。对其他的生态因子也是一样,有所谓的广湿性(euryhydric)、狭湿性(stenohydric);广盐性(euryhaline)、狭盐性(stenohaline);广食性(euryphagic)、狭食性(stenophagic);广光性(euryphotic)、狭光性(stenophotic)和广栖性(euryoecious)、狭栖性(stenoecious)等(图2-2)。广适性生物属广生态幅物种,狭适性生物属狭生态幅物种。

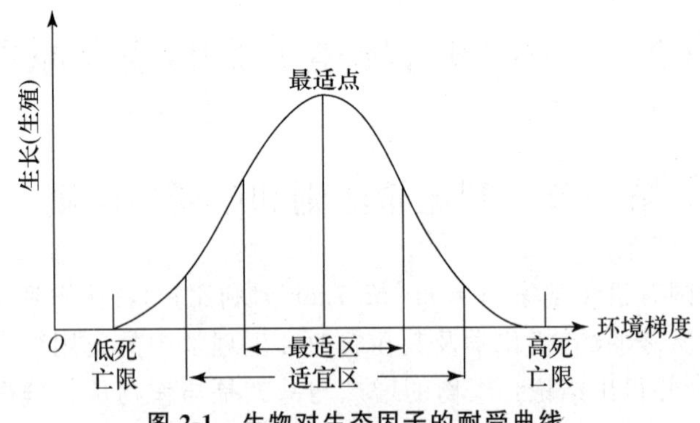

图 2-1 生物对生态因子的耐受曲线

一般说来,如果一种生物对所有生态因子的耐受范围都是广的,那么这种生物在自然界的分布也一定很广,反之亦然。各种生物通常在生殖阶段对生态因子的要求比较严格,因此它们所能耐受的生态因子的范围也就比较狭窄。例如,植物的种子萌发,动物的卵和胚胎以及正在繁殖的成年个体所能耐受的环境范围一般比非生殖个体要窄。

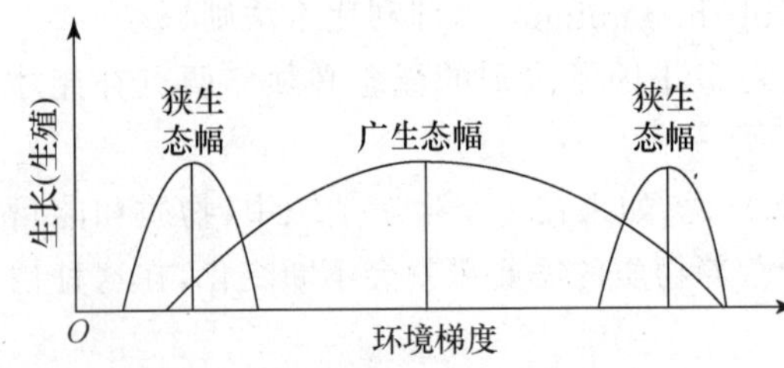

图 2-2 广生态幅与狭生态幅物种

Shelford 提出的耐受性法则曾引起许多学者的兴趣,促进了在这一领域内的研究工作,并形成了耐受生态学(toleration ecology)。应当指出的是,自然界中的动物和植物很少能够生活在对它们来说是最适宜的地方,常常由于其他生物的竞争而将其从最适宜的生境中排挤出去,结果它们只能生活在占有更大竞争优势的地方。例如,很多沙漠植物在潮湿的气候条件下能够生长得更茂盛,但是它们却只分布在沙漠中,因为只有在那里它们才占有最大的竞争优势。

生物的耐受曲线并不是不可改变的,它在环境梯度上的位置及所占有的宽度在一定程度上可以改变,这些改变有的是表现型变化,有的也出现遗传性上的变化。因此,生物对环境条件的缓慢而微小的变化具有一定的调整适应能力,甚至能够逐渐适应于生活在极端环境中。例如,有些生物已经适应了在火山间歇泉的热水中生活。但是,这种适应性的形成必然会减弱对其他环境条件的适应。一般说来,一种生物的耐受范围越广,对某一特定点的适应能力也就越低。与此相反的是,属于狭生态幅的生物,通常对范围狭窄的环境条件具有极强的适应能力,但却丧失了在其他条件下的生存能力。

虽然 Shelford 提出的耐受性法则基本上是正确的,但是大多数生态学家认为,只有把这个法则与 Liebig 的最小因子法则结合起来才具有更大的实用意义。这两个法则的结合便产生了限制因子(limiting factor)的概念,这个概念的含义是:生物的生存和繁殖依赖于各种生态因子的综合作用,但是其中必有一种和少数几种因子是限制生物生存和繁殖的关键性因子,这些关键性因子就是所谓的限制因子。任何一种生态因子只要接近或超过生物的耐受范围，它就会成为这种生物的限制因子。

如果一种生物对某一生态因子的耐受范围很广，而且这种因子又非常稳定，那么这种因子就不太可能成为限制因子；相反，如果一种生物对某一生态因子的耐受范围很窄，而且这种因子又易于变化，那么这种因子就特别值得详细研究，因为它很可能就是一种限制因子。例如，氧气对陆生动物来说，数量多、含量稳定而且容易得到，因此一般不会成为限制因子（寄生生物、土壤生物和高山生物除外）；但是氧气在水体中的含量是有限的，而且经常发生波动，因此常常成为水生生物的限制因子，这就是为什么水生生物学家经常要携带测氧仪的原因。限制因子概念的主要价值是使生态学家掌握了一把研究生物与环境复杂关系的钥匙，因为各种生态因子对生物来说并非同等重要，生态学家一旦找到了限制因子，就意味着找到了影响生物生存和发展的关键性因子，并可集中力量研究它。

第二节　生物对各生态因子耐受性之间的相互关系

一个常见的现象是，在对生物产生影响的各种生态因子之间存在着明显的相互影响，因此，完全孤立地去研究生物对任一特定生态因子的反应往往会得出片面的结论。例如，很多陆地生物对温度的耐受性往往是同它们对湿度的耐受性密切相关的，这是因为影响温度调节的生理过程本身是由摄水的难易程度控制的。一般说来，如果有两个或更多的生态因子影响着同一生理过程，那么这些生态因子之间的相互影响是很容易被观察到的。生物对于两种不同生态因子耐受性之间的相互关系，Pianka ER（1978）曾作过清楚的说明。他设想有一种生物生活在各种不同的小生境中，并把这种生物的适合度（fitness）看做是相对湿度的一个函数，如图2-3（a）所示。从图中不难看出，这种生物在什么湿度下适合度最大要取决于它所生活的小生境的温度条件。当温度适中（32.5℃）和湿度也适中（90%）时，该种生物的适合度将达到最大。同样，沿着一个温度梯度，该种生物的适合度也会发生类似的变化（图 2-3（b））。如果把

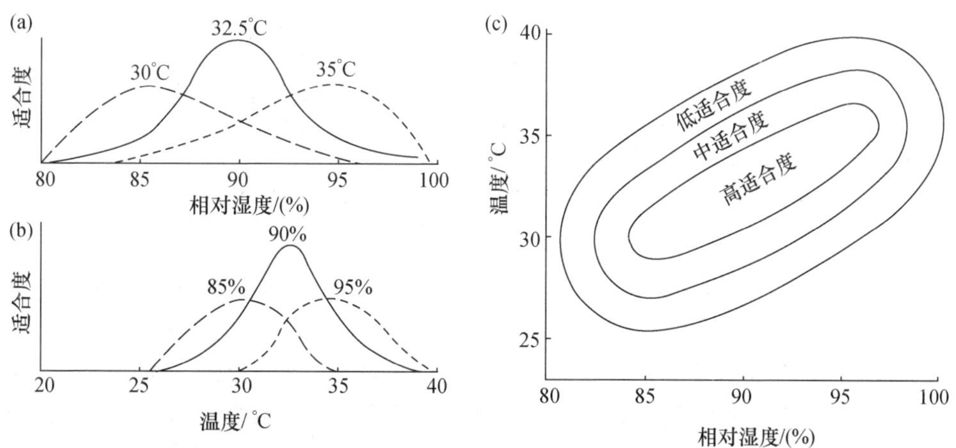

图 2-3　温度和湿度两个生态因子相互作用影响着生物的适合度

在极端温度或极端湿度下，生物的适合度都会下降

湿度条件和温度条件结合起来考虑,则会出现如图 2-3(c)所显示的那样。从图中可以看出,当湿度很低和很高时,该种生物所能耐受的温度范围都比较窄(中湿条件下所能耐受的温度范围较宽)。同样,在低温和高温条件下(两极端温度),该种生物所能耐受的湿度范围也比较窄,而在中温或最适温度条件下所能耐受的湿度范围比较宽。可见,生物生存的最适温度取决于湿度状况,而生物生存的最适湿度又依赖于温度状况。

以上关于两个生态因子之间相互作用的描述在很多研究实例中都得到了证实。1970 年,Haefner PA 研究了三种生态因子在决定一种褐虾(*Grangon septemspinosa*)最适耐受范围时的相互作用情况。他依据死亡百分数确定褐虾的忍受限度,并把携卵雌虾对温度和盐浓度的耐受能力分为许多等值同心带(图 2-4(a)),该图与图 2-3(c)极为相似。从图中可以再一次看到,褐虾的最大适合度也是发生在两个因子的中值处。在上述实验的基础上,还可以考虑增加第三个生态因子,即水中的溶氧量。图 2-4(a)实际上是褐虾在溶氧量很低的水体中对温度和盐浓度的耐受曲线,而图 2-4(b)则是褐虾在含氧丰富的水体中对温度和盐浓度的耐受曲线。将两个图加以比较就可以看出,第三个生态因子的存在使褐虾的耐受曲线发生了变化,这清楚地表明了 3 个生态因子之间的相互影响。这些实验表明:固定不变的最适概念只有在单一生态因子起作用时才能成立,当同时有几个因子作用于一种生物时,这种生物的适合度将随这几个因子的不同组合而发生变化,也就是说,这几个生态因子之间是相互作用、相互影响的。

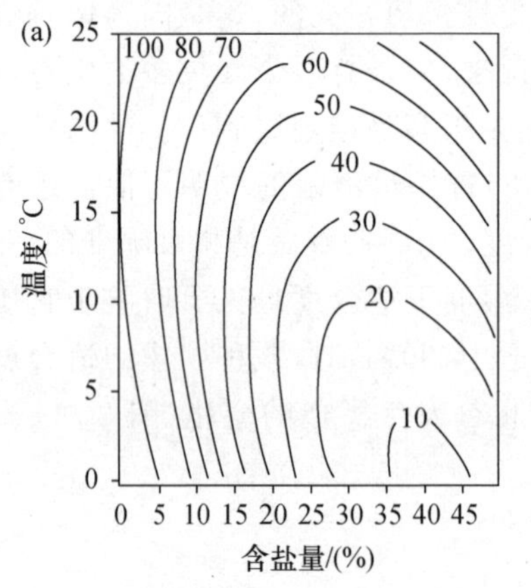

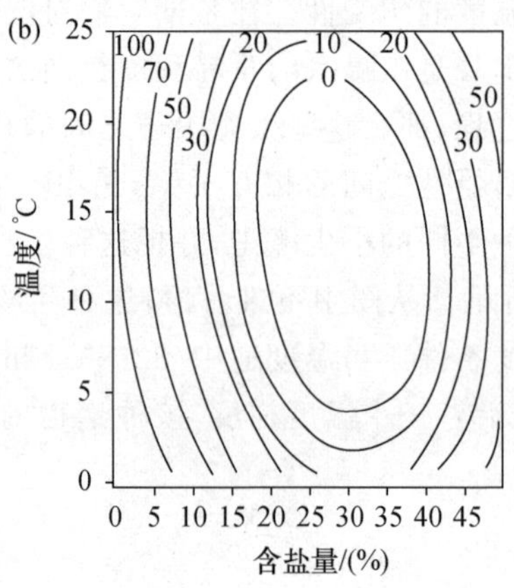

图 2-4　携卵雌褐虾在不同温度和盐浓度下的死亡率(各曲线上的数字代表死亡率)

(a) 在含氧量低的水体中;(b) 在含氧丰富的水体中

生物对非生物因子的生理耐受范围对植物和动物的分布显然具有重要影响,我们所观察到的现存生物的分布状况,大都能用非生物因子的作用来加以解释。但是,非生物因子通常只能告诉我们一种生物不能分布在什么地方,却不能准确地告诉我们生物将会分布在什么地方,这是因为在非生物因子允许生物存在的地方,却可能因受其他因子的限制,使生物无法在那里生存,如生物之间的竞争和生物地理发展史中的偶然事件等。同其他生物的关系有可能把这种生物从适于它们生存的地区排挤出去,这些关系包括竞争和捕食等。因此,我们可以把生物的分布区分为两种情况:① 生理分布区和生理最适分布区;② 生态分布区和生态最适分布区。前者只考虑生物的生理耐受性而排除其他生物对其分布的影响;后者是指生物在自然界的实际分布区,这种分布区是非生物因子和生物因子共同作用的结果(图 2-5)。

当然,生物因子和非生物因子之间也是相互影响的。例如,处在生物耐受范围边界或靠近

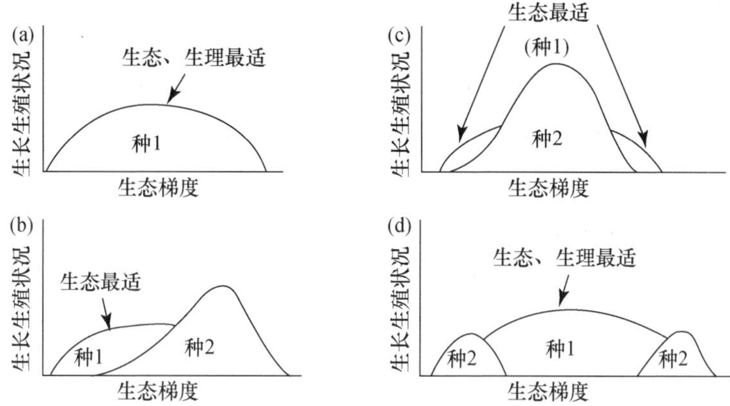

图 2-5　由于物种之间的竞争而引起一个物种的生态最适区与生理最适区发生分离

边界时，作为生物个体的竞争能力就会减弱，而作为种群对于寄生物和捕食者侵袭的抵御能力也会减弱。很多实验都已证实，生物对非生物因子的耐受范围或最适生存区段常因生物之间的竞争而被改变。正如前面我们所说过的那样，生物与其非生物环境之间的生理关系本身并不能完全地解释生物在自然界的分布现象，但依据非生物因子的作用却能够解释生物为什么不能在某些地方生活。

第三节　生物对生态因子耐受限度的调整

正如前面我们已经提到过的那样，任何一种生物对生态因子的耐受限度都不是固定不变的。在进化过程中，生物的耐受限度和最适生存范围都可能发生变化，也可能扩大，也可能受到其他生物的竞争而被取代或移动位置。即使是在较短的时间范围内，生物对生态因子的耐受限度也能进行各种小的调整。

一、驯化

生物借助于驯化过程可以稍稍调整它们对某个生态因子或某些生态因子的耐受范围。如果一种生物长期生活在它的最适生存范围偏一侧的环境条件下，久而久之就会导致该种生物耐受曲线的位置移动，并可产生一个新的最适生存范围，而适宜范围的上下限也会发生移动。这一驯化过程涉及酶系统的改变，因为酶只能在环境条件的一定范围内最有效地发挥作用，正是这一点决定着生物原来的耐受限度，所以驯化也可以理解为是生物体内决定代谢速率的酶系统的适应性改变。例如，把豹蛙(*Rana pipiens*)放置在 10℃的温度中，如果在此之前它长期生活在 25℃的环境中，那么它的耗氧率大约是 35 $\mu L \cdot g^{-1} \cdot h^{-1}$；如果在此之前它长期生活在 5℃的环境中，那么它的耗氧量就要大得多，大约是 80 $\mu L \cdot g^{-1} \cdot h^{-1}$。可见，豹蛙在同样是 10℃的条件下，却表现出两种差异很大的代谢率，这是因为在此之前它们已经长期适应了(驯化了)两种不同的温度(图 2-6)。同样，如果把金鱼在两种不同温度下(24 和 37.5℃)进行长期驯化，那么最终它们对温度的耐受限度就会产生明显差异(图 2-7)。

驯化过程也可以在很短的时间内完成，对很多小动物来说，最短只需 24 h 便可完成驯化过程。这里所说的驯化(acclimation)一词是指在实验条件下诱发的生理补偿机制，一般只需要较短的时间。而 acclimatisation 一词则是指在自然环境条件下所诱发的生理补偿变化，这种变化通常需要较长的时间。

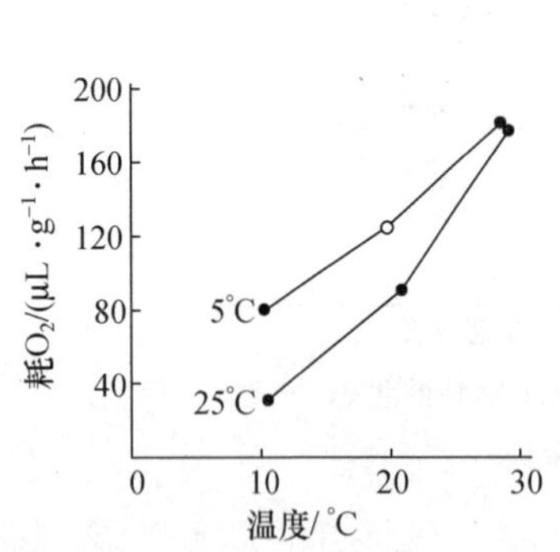

图 2-6　豹蛙在某一特定温度下的耗氧量决定于在此之前它们的驯化温度

图中数字示驯化温度

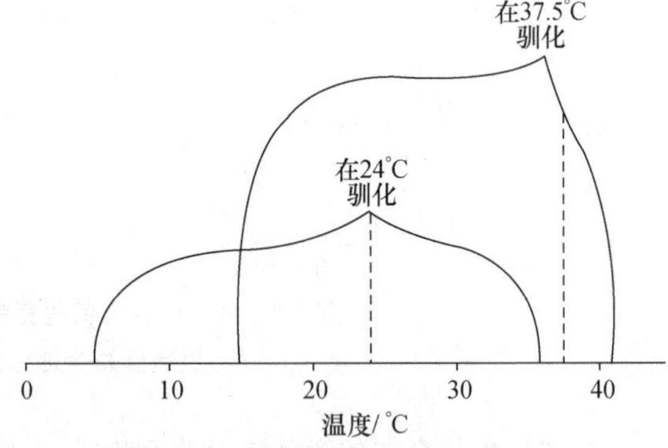

图 2-7　金鱼在两种不同温度下驯化后所形成的对温度的两种耐受限度

每一种耐受限度都有一个致死低温和致死高温

从 Billings WD 等人(1971)对一种高山植物肾叶山蓼(*Oxyria digyna*)的研究中，也证明了不同植物有不同的驯化能力。他把从两地采集来的种子先在一个条件一致的温室里培养 4 个月，任其萌发和生长，然后再分为三组分别培养在环境条件不同的三个小室中，即暖小室(日、夜温度为 32/21℃)、中温小室(21/10℃)和冷小室(12/4℃)。在这些小室中生长 5～6 个月以后，对每一组植物都在 10～43℃的范围内重复测定其净光合作用，并记录光合作用的最适温度，实验结果总结在表 2-1 中。从实验中不仅可以看出植物在驯化过程中使光合作用的最适温度发生了变化，而且也可看出不同生态型(ecotype)的植物具有不同的驯化能力。

表 2-1　驯化温度对高山生态型和北极生态型肾叶山蓼选择最适光合作用温度的影响

种群地点	光合作用最适温度/℃		
	高温驯化(32/21℃)	中温驯化(21/10℃)	低温驯化(12/4℃)
加州 Sonora Pass(高山)	28	21.5	17
阿拉斯加 Pitmegea River(北极)	21	20.5	20

二、休眠

休眠(dormancy)，即处于不活动状态，是一种动植物抵御暂时不利环境条件的非常有效的生理机制。环境条件如果超出了生物的适宜范围(但不能超出致死限度)，虽然生物也能维持生活，但却常常以休眠状态适应这种环境，因为动植物一旦进入休眠期，它们对环境条件的耐受范围就会比正常活动时宽得多。一个明显的例子是变形虫(*Amoeba*)，当小池塘一旦干涸时，它们就会进入休眠的胞囊期。更高级一些的生物如甲壳纲的丰年虫(*Chirocephalus*)，它们的卵可以休眠很多年。植物的种子在极不利的环境条件下也可以进入休眠期，并可长期保持存活能力，直到有利于种子萌发的条件重新出现为止（表 2-2）。目前，休眠时间最长的纪录是埃及睡莲（*Nelubium speciosum*），它经过了 1000 年的休眠之后仍有 80%以上的莲子保持着萌发能力。埃及睡莲显然是一个极为罕见的例子，但是休眠 30 年仍能保持萌发能力的植物是很普通的。

表 2-2 各种植物种子的休眠时间

植 物 种 名	100%失去萌发力/a	50%以上失去萌发力/a
野燕麦（*Avena fatua*）	1	1
向日葵（*Helianthus annuus*）	1	1
攀援蓼（*Polygonum scandens*）	1	1
匍匐冰草（*Agropyron repens*）	1～3	1
黍（*Panicum virgatum*）	3	1
大车前（*Plantago major*）	{10 {15	3 —
繁缕（*Stellaria media*）	{10 {30	6 —
欧防风（*Pastinaca sativa*）	16	1
梯牧草（*Phleum pratense*）	21	10
茼蒿（*Chrysanthemun leucanthemum*）	30	10
毛蕊花（*Verbascum glauca*）	30	—
马齿苋（*Portulaca oleracea*）	{30 {40	1 —
琉璃繁缕（*Anagallis arvensis*）	32	—
虞美人（*Papaver rhoeas*）	32	—
反枝苋（*Amaranthus retroflexus*）	40	—
苎麻（*Boehmeria nivea*）	39	21
荠菜（*Capsella bursa-pastoris*）	39	
藜（*Chenopodium album*）	39	21
旋花（*Convolvulus sepium*）	39	39
挪威委陵菜（*Potentilla norvegica*）	39	21
芸苔（*Brassica nigra*）	50	
月见草（*Oenothera biennis*）	80	21
酸模（*Rumex crispus*）	80	10～12

即使是在不太严酷的条件下，季节性休眠也是持续占有一个生境的重要方式。很多昆虫在不利的气候条件下往往进入滞育（diapause）状态，此时动物的代谢率可下降到非滞育时的 1/10，而且昆虫常表现出极强的抗寒能力。恒温动物虽然可以靠调节自己的体温而减少对外界条件的依赖性，但当环境温度超过适温区过多的时候，它们也会进入蛰伏（torpor）状态。对很多变温动物来说，低温可直接减少其活动性并能诱发滞育形式的休眠。真正的蛰伏多指恒温动物的类似现象。更为复杂一些的冬眠（hibernation）和夏眠（aestivation）现象则是靠中介刺激（如光周期的改变）激发的，或者是同动物内在的周期相关，使动物能提早贮备休眠期的食物。植物也能靠暂时的“休止”来抵御极端的环境条件，很多热带和亚热带的树木在干旱季节会脱落它们的树叶。温带的阔叶树则在秋季以落叶来避免干燥，因为土壤中水分的结冰对植

物是不利的,如果这些树木在冬季仍保留着树叶,那么通过叶面的水分蒸发很快就会使树木脱水。

休眠的生物学意义是很容易理解的。对囊鼠(*Perognathus calfornicus*)蛰伏反应的深入研究表明:蛰伏能使动物最大限度地减少能量消耗。这里让我们考虑一种极端情况,即如果一只囊鼠在15℃时进入蛰伏,然后马上又开始苏醒,这个过程要花费2.9 h。据计算,囊鼠保持2.9 h的正常体温每克体重要消耗11.9 mL氧气。但囊鼠入蛰和出蛰的2.9 h每克体重只需耗氧6.5 mL。可见,即使是短时间的蛰伏也能使动物节省不少能量。

动物的休眠伴随着很多生理变化。哺乳动物在冬眠开始之前体内先要储备特殊的低熔点脂肪。冬眠时心跳速率大大减缓,如黄鼠在冬眠期间的心跳速率是每分钟7～10次,而在正常活动时是每分钟200～400次。与此同时,血流速度变慢,为防止血凝块的产生,血液化学也会发生相应变化。变温动物在冬季滞育时,体内水分大大减少以防止结冰,而新陈代谢几乎下降到零。在夏季滞育时,耐干旱的昆虫可使身体干透以便忍受干旱,或者在体表分泌一层不透水的外膜以防止身体变干。植物的种子和细菌、真菌的孢子也有类似的休眠机制。

三、昼夜节律和其他周期性的补偿变化

前面我们曾谈到过较长时期内的补偿调节作用,这种补偿性的变化往往是有节律的。生物在不同的季节可以表现出不同的生理最适状态,因为驯化过程可使生物适应于环境条件的季节变化,甚至调节能力本身也可显示出季节变化,因此生物在一个时期可以比其他时期具有更强的驯化能力,或者具有更大的补偿调节能力。例如,跳虫(属弹尾目昆虫)等许多昆虫的过冷能力就是依季节而变化的。

补偿能力的这种周期性变化,实际上有很多是反映了环境的周期性变化,如温带地区温度的周期变化和热带地区干旱季节和潮湿季节的周期变化等。很多沿岸带生物在耐受能力方面常常以潮汐周期和月周期为基础发生变化。

耐受性的节律变化或对最适条件选择的节律变化大都是由外在因素决定的(即外源性的),很可能是生物对生态因子周期变化不断适应的结果。但也有证据表明,某些耐受性的周期变化或驯化能力的变化(无论是长期的或昼夜的)至少有一部分是由生物自身的内在节律引起的。例如,在适宜温区下限温度的选择上,蜥蜴(*Lacerta sicula*)表现出了明显的日周期变化,即在自然条件下的白天12 h内适宜温度下限可由4.5℃变化到7.5℃。实验证明,即使环境条件固定不变,蜥蜴对温度耐受性的这种周期变化也会表现出来,可见这种周期变化是由动物的某种内在周期性决定的。

第四节　内稳态生物和非内稳态生物

内稳态(homeostasis)机制,即生物控制自身的体内环境使其保持相对稳定,是进化发展过程中形成的一种更进步的机制,它或多或少能够减少生物对外界条件的依赖性。具有内稳态机制的生物借助于内环境的稳定而相对独立于外界条件,大大提高了生物对生态因子的耐受范围。

生物的内稳态是有其生理和行为基础的。很多动物都表现出一定程度的恒温性(homeothermy),即能控制自身的体温。控制体温的方法在恒温动物主要是靠控制体内产热

的生理过程，在变温动物则主要靠减少热量散失或利用环境热源使身体增温，这类动物主要是靠行为来调节自己的体温，而且这种方法也十分有效。图 2-8 是沙冠壁虎(*Dipsosaurus dorsalis*)在白天的行为热调节过程，不难看出，依靠行为机制也能保持相当恒定的体温。可见，恒温性绝不仅仅是恒温动物的特点。除调节自身体温的机制以外，许多生物还可以借助于渗透压调节机制来调节体内的盐浓度，或调节体内的其他各种状态。

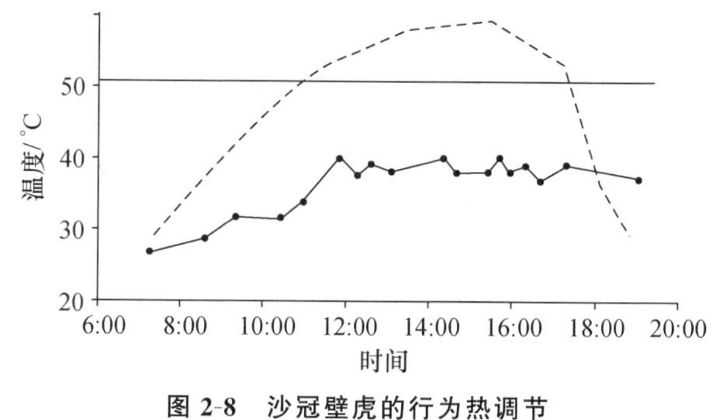

图 2-8　沙冠壁虎的行为热调节

实线是靠行为调节的体温变化曲线，虚线是日光下的地表温度变化曲线

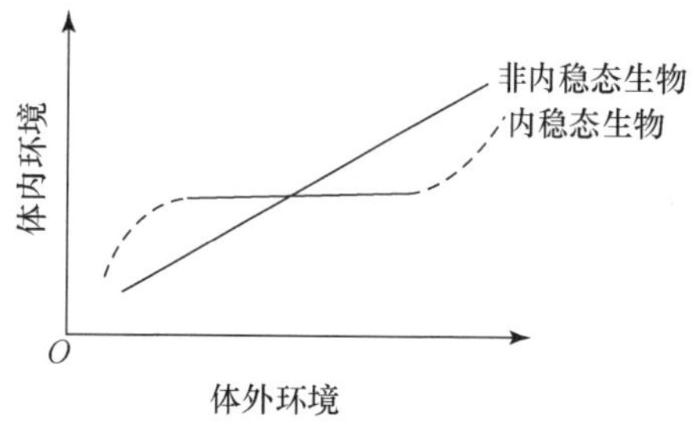

图 2-9　环境条件变化对内稳态生物和非内稳态生物体内环境的影响

维持体内环境的稳定性是生物扩大环境耐受限度的一种主要机制，并被各种生物广泛利用。但是，内稳态机制虽然能使生物扩大耐受范围，但却不能完全摆脱环境所施加的限制，因为扩大耐受范围不可能是无限的。事实上，具有内稳态机制的生物只能增加自己的生态耐受幅度，使自身变为一个广生态幅物种或广适应性物种(eurytopic species)。

依据生物对非生物因子的反应或者依据外部条件变化对生物体内状态的影响，可以把生物区分为内稳态生物(homeostatic organisms)和非内稳态生物(non-homeostatic organisms)(图 2-9)。这两类生物之间的基本差异决定其耐受限度的根据不同。对非内稳态生物来说，其耐受限度只简单地决定于其特定酶系统能在什么温度范围内起作用。对内稳态生物来说，其内稳态机制能够发挥作用的范围就是它的耐受范围(图 2-10)。

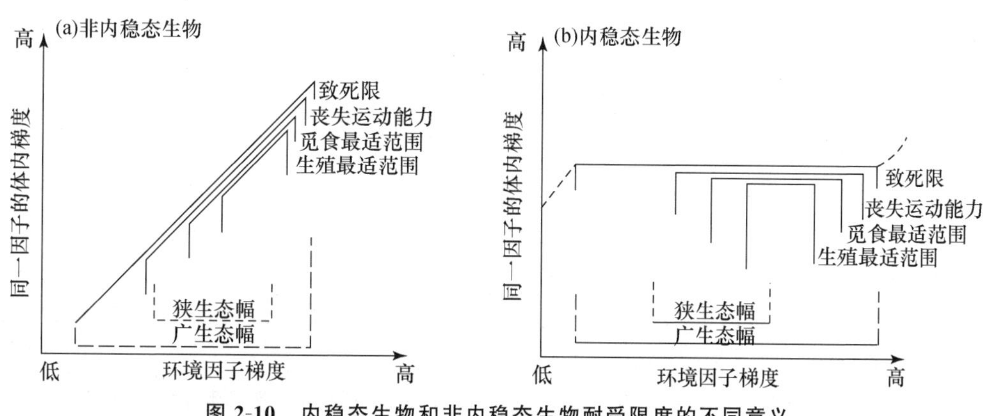

图 2-10　内稳态生物和非内稳态生物耐受限度的不同意义

总之，生物对不同非生物因子的耐受性是相互关联的。可以借助于驯化过程而加以调整，也可在较长期的进化过程中发生改变。内稳态机制只能为生物提供一种发展广耐受性的方式。

第五节　生物保持内稳态的行为机制

生物为保持内稳态发展了很多复杂的形态和生理适应,但是最简单最普通的方法是借助于行为的适应,例如借助于行为回避不利的环境条件。

在外界条件的一定范围内,动物和植物都能利用各种行为机制使体内保持恒定性。虽然高等植物一般都不能移动位置,但许多植物的叶子和花瓣有昼夜的运动和变化。例如豆叶的昼挺夜垂的变化或睡眠运动、向日葵花序随太阳的方向而徐徐转动等。动物也常利用各种行为使自己保持一个稳定的体温。在清晨温度比较低时,沙漠蜥常使身体的侧面迎向太阳,并把身体紧贴在温暖的岩石上,这样就能尽快地使体温上升到最适于活动的水平。随着白天温度逐渐升高,沙漠蜥会改变身体的姿势,抬起头对着太阳使身体迎热面最小,同时趾尖着地把身体抬高使空气能在身体周围流动散热。有些种类则尽可能减少与地面的接触,除把身体抬高外,两对足则轮流支撑身体。这种姿势可使蜥蜴在一个有限的环境温度范围内保持体温的相对恒定性。

除了靠身体的姿势以外,动物还常常在比较冷和热的两个地点(都不是最适温度)之间往返移动,当体温过高时则移向比较冷的地点,当体温过低时则移向比较热的地点。又如:动物可在每天不同的时间占有不同的地理小区,而这些地理小区在被占有时总是对动物最适宜的。生活在特立尼达雨林中的两种按蚊(*Anopheles billator* 和 *A. homonculus*)就有这样的行为机制。这两种按蚊都有一种特定的空气湿度对它们最为有利,因此它们便在每天不同的时间集中在雨林内的不同高度。比较两种按蚊的行为发现,后一种按蚊对湿度的垂直梯度利用范围较窄,它们通常不会离开地面太远,而是把自己的活动局限在每天湿度较大的时候。同样,沙漠蜥(*Amphibolurus fordi*)也总是在一天的一定时间内才在土壤岩石表面觅食,此时的地面温度处于43～50℃。以上谈到的几种行为机制(即身体姿势、往返移动和追寻适宜栖地)可以在很大程度上将身体内环境控制在一个适宜的水平上,并且可以大大增加生物的活动时间。

生物借助于其他的行为机制为自身创造一个适于生存和活动的小环境,是使自身适应更大环境变化的又一种方式。鼠兔靠躲入洞穴内生活可以抵御－10℃以下的严寒天气,因为仅在地下10 cm深处,温度的变动范围就不会超过1～4℃。各种白蚁巢所创造的小环境大大减少了白蚁生活对外界环境条件的依赖性。例如,当外界温度为22～25℃的时候,大白蚁(*Macrotermes natalensis*)巢内却可维持30±0.1℃的恒温和98%的相对湿度。实际上,白蚁巢结构本身就具有调节温湿度的作用。白蚁巢的外壁可厚达半米,几乎可使巢内环境与外界条件相隔绝,又由于白蚁的新陈代谢和巢内的菌圃都能够产生热量,这就为白蚁群体提供了可靠的内热来源。巢内的恒温则靠控制气流来调节,因为在巢的外壁中有许多温度较低的叶片状构造,其间形成了很多可供气体流动的通风管道,空气可自上而下地流入地下各室,从而使整个蚁巢都能通风。蚁巢内的湿度是靠专职的运水白蚁来调节的,这些运水白蚁有时可从地下50 m或更深的地方把水带到蚁巢中来。

澳大利亚眼斑塚雉(*Leipoa ocellata*)也有类似的行为机制保持鸟巢的恒温,这种奇特的鸟不是靠亲鸟的体热孵卵(图2-11)。生殖期开始前,雄雉收集大量的湿草并把它们埋藏在大约3 m深的巢穴内,不断地翻挖、通风促其腐败产热,直至巢穴温度达到适宜时为止。然后雌雉开始产卵,此后,巢穴的温度将保持在34.5℃左右,上下波动不会超过1℃。随着夏天的到来，太阳辐射将会成为白天巢穴的主要热源，只有在夜间才需要植物腐败所产生的热量。为此，早晨雄雉在巢堆上挖掘许多通风管道，让植物腐败所产生的热由此散出，到了晚上散热口又会被堵死。随着时间的推移，腐败过程会逐渐变缓，塚雉便不得不全部依靠太阳辐射的热来维持巢穴的温度。但此时白天太阳的热量太多，夜晚植物腐败所产生的热量又太少。于是，雄雉开始在巢堆上铺上一层起隔热作用的沙子，白天可减少太阳的热力，晚上则可减少热量的散失。塚雉的孵卵时间需持续好几周，直到入秋。入秋后，不仅植物的分解热会耗尽，而且太阳的热能也会逐渐减弱。为了使卵能在白天最大限度地吸收热量，雄雉此时会把覆盖卵上的沙层减薄到只有几厘米厚，以便卵能接受全部热量。为了准备度过寒冷的夜晚，雄雉会把白天从巢堆上扒下的沙子薄薄地铺在地面上，待它们充分吸收太阳热量后，晚上又把这些晒热的沙子(约有 20 m^3)全部收集起来盖在巢穴上，以便维持夜间巢穴的温度。这种十分吃力和复杂的行为却能在整个孵化期成功地把巢穴温度保持在 34.5℃左右。

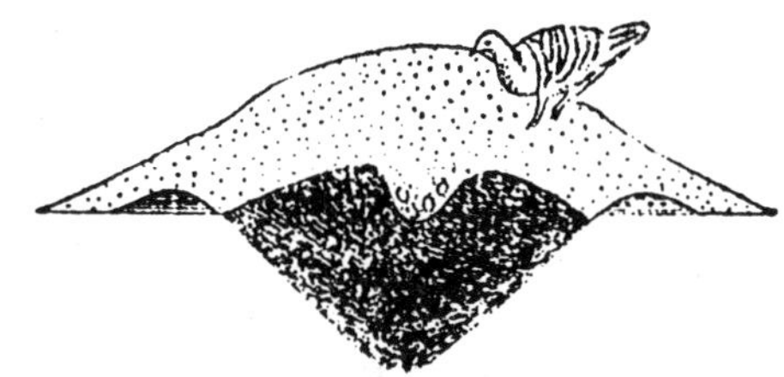

图 2-11　眼斑塚雉的巢穴靠太阳的辐射热和植物腐败所产生的热孵卵，并能使巢穴温度保持(34.5±1)℃的恒温

第六节　生物的适应性

生物对生态因子耐受范围的扩大或变动(不管是大的调整还是小的调整)都涉及生物的生理适应和行为适应问题。但是，对非生物环境条件的适应通常并不限于一种单一的机制，往往要涉及一组(或一整套)彼此相互关联的适应性。正如前面我们已经提到过的那样，很多生态因子之间也是彼此相互关联的，甚至存在协同和增效作用。因此，对一组特定环境条件的适应也必定会表现出彼此之间的相互关联性，这一整套协同的适应特性就称为适应组合(adaptive suites)。生活在最极端环境条件(如干旱沙漠)下的生物，适应组合现象表现得最为明显，所以下面介绍沙漠植物和沙漠动物的适应组合。

一、沙漠植物的适应组合

目前生态学家对极端环境条件的研究主要是集中在极炎热和极干旱方面，而沙漠正是具有这些极端环境条件的典型生境。在北极地区和温带地区，很多植物都在不同程度上发展了对干旱条件的适应性，因为在这些地区常因炎热和冰冻而使植物难以获得足够的水分。前面曾经谈到过落叶习性给植物水分代谢所带来的好处，但即使是在常绿植物中也有许多抗旱和节水适应，如叶表皮增厚、减少气孔数目和形成卷叶(这样气孔的开口就可以通向由叶卷缩所形成的一个气室中，而在气室中可以保持很高的湿度)。

然而，在极端干旱的沙漠中，以上那些适应还是不够的。在这种环境条件压力下，产生了一些最耐旱的旱生植物(xerophytes)，如所谓的肉质植物(succulents)。这些植物多肉汁，可以把雨季或水分供应充分时期所吸收的水分大量贮存在植物的根、茎或叶中。由于有了这些贮存水,植物在整个干旱时期,甚至不从环境吸收水分也能维持生命。旱生植物靠贮存水分维持生命,同时还要尽量减少蒸腾作用失水,如这些植物只在温度较低的夜晚才打开气孔,使伴随着气体交换的失水量尽可能减少。在夜晚气孔开放期间,植物吸收环境中的二氧化碳并将其合成为有机酸贮存在组织中。在白天时,这些有机酸经过脱羧作用将二氧化碳释放出来,这些二氧化碳至少可维持低水平的光合作用。

二、沙漠动物的适应组合

动物对沙漠生活的适应主要涉及热量调节和水分平衡,这两个问题彼此是密切相关的,其中的水分平衡具有更关键的意义。沙漠动物由于干旱缺水面临着身体失水的巨大危险。

骆驼是大家熟悉的典型沙漠动物,它对沙漠生活的一系列适应特征常令人赞叹不已。以骆驼为例,就可以看到这一个个似乎孤立的适应性特征是如何集中出现在一种动物身上形成协同适应的。骆驼于清晨取食含有露水的植物嫩枝叶或者靠吃多汁的植物获得必需的水分,同时靠尿的浓缩最大限度地减少水分输出。贮存在驼峰中和体腔中的脂肪在代谢时会产生代谢水,用于维持身体的水分平衡。骆驼身体在白天也可吸收大量的热使体温升高。一个体重为 450 kg 的骆驼体温只要升高几度就会吸收大量的热。体温升高后会减少身体与环境之间的温差,从而减缓吸热过程。当需要冷却时,皮下起隔热作用的脂肪会转移到驼峰中,从而加快身体的散热。不过,骆驼体温的变动范围要比长角羚和瞪羚小,它的体温不能超过 40.7℃,一达到这一温度,骆驼就会开始出汗。出汗会增加水分的散失,造成保水的困难。对大多数哺乳动物来说,失水就意味着血液浓缩,血液变得黏稠就会增加心脏的负担,当动物因失水减重 20%时,血流速度就会减慢到难以将代谢热及时从各种组织中携带出来,就会很快导致动物热死亡。但骆驼不会发生这种情况,它的失水主要是来自细胞间液和组织间液,细胞质不会因失水而受影响(若总失水量为 50 L,只有 1 L 是来自细胞原生质)。另外,即使是在血液失水的情况下,红细胞的特殊结构也可保证其不受质壁分离的损害,同样的适应结构也能保证红细胞在血液含水量突然增加时不会发生破裂。因此,骆驼只要获得一次饮水的机会,就可以喝下极大量的水分。

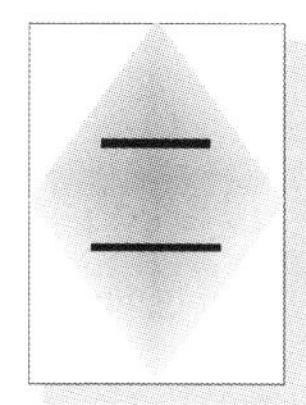

第3章　生物与气候

自然环境中对生物影响最大的就是气候。气候与天气有所不同，天气是温度、湿度、降雨、风、云量和其他大气条件在某个特定地点和特定时间的组合，而气候则是天气的长期平均值。气候决定着生物能获得多少热量和多少水分，而且影响着植物所能捕获的太阳能值，从而直接控制着植物和动物的分布和数量。

第一节　地球与太阳辐射

整个地球都处在阳光的照射之下，地球大气层的外缘截获大量的太阳辐射能，这些热能伴随着地球的自转和公转，形成了地球上的盛行风和洋流。盛行风和洋流又影响着全球降雨格局。

就能量收支来说，如果把地球截获的太阳能算做是100个单位的话，那么大气圈会把其中的25个单位反射回宇宙空间，自身吸收25个单位，其余的50个单位能穿过大气圈到达地球表面。在这50个单位能量中又会有5个单位被反射掉，剩下的45个单位才能被地球表面吸收。这45个单位的太阳能将使陆地、海洋和其他水体增温，植物在光合作用中能吸收一小部分。但最终这45个单位的太阳辐射能总能以不同的方式重新回到大气圈，主要是以热能的形式。

太阳辐射实际上是一种电磁波，它有各种不同的波长，从温度高达6000℃的太阳表面发出的电磁波大都属于短波辐射，而从温度较低的地球表面(平均温度是15℃)发出的电磁波主要是长波辐射。

来自太阳的短波辐射能可以很容易地穿过大气层到达地球表面，但从地球表面发出的长波辐射能则不容易离开地球，因为地球大气中的有些气体如二氧化碳和水蒸气能将其吸收并返还地球表面，这就是所说的温室效应。温室效应对保持地球表面的温度是非常重要的，因为如果没有这种效应，地球就会成为一个冰冷的星球。

地球表面各地所截获的太阳能依纬度的不同而有很大变化，主要受两个因素的影响。首先，在比较高的纬度上，太阳光的入射角度比较大，因而它的覆盖面积也就比较大；其次，以一定角度进入大气圈的太阳辐射必须穿过比较厚的空气层。它所遇到的空气粒子就比较多，因而遭到反射的机会也更多。这种情况足以说明为什么在赤道附近的热带地区气候炎热，而在高纬度的两极地区温度极低。

由于地球的主轴相对于太阳有一个23.5°的倾斜范围，所以使得太阳辐射在一年中垂直到达地球表面的部位不同，这就导致产生了温度和日照长度的季节变化。只有在赤道地区，一年的每一天都是12 h的光照和12 h的黑暗。春分(3月21日)和秋分(9月22日)时，太阳光垂直照射到赤道上,此时赤道地区最热,而地球各地的日照长度相等。

在北半球夏至时(6 月 22 日),阳光直接照射在北纬 23.5°的北回归线上,此时北半球最热,日照长度最长。相反,此时在南半球则是冬季。北半球的夏至正是南半球的冬至。在北半球的冬至时(9 月 22 日),阳光直接照射在南纬 23.5°的南回归线上,此时正值南半球的夏季和北半球的冬季(伴随着低温和短日照)。

太阳辐射、温度和日照长度的季节变化是随着纬度的增加而增强的。在北极圈和南极圈(南纬和北纬 66.5°),日照长度的全年变化是 0～24 h。白天逐渐缩短,直到冬至时全天黑暗。随着春季的到来,白天逐渐变长,直到夏至时,太阳不落。

第二节　气温和气团的全球循环

太阳辐射的变化可以说明温度的纬度变化、季节变化和昼夜变化,但却不能说明为什么空气会因海拔高度的增加而变冷。乞力马扎罗山是东非热带地区的山脉,但它终年覆盖着冰雪。对此问题的答案就在于空气的物理性质。

空气分子在加压时会互相碰撞和升温,当暖空气上升时,由于压力减弱,空气就会膨胀,此时空气分子的碰撞减少,于是空气变冷。这个过程常被称为绝热冷却(adiabatic cooling)。绝热冷却的速度则决定于空气中含有多少水分,干燥空气每上升 1000 m,温度大约要下降 10℃。潮湿空气温度下降得比较缓慢。温度随高度增加而下降的速度就是绝热递减率(adiabatic lapse rate)。

正如我们已讲过的那样,赤道地区所接受的太阳辐射能最多,暖空气上升是因为它的密度比位于其上的冷空气小。在赤道地区受热的空气将上升到大气圈的上层,当下面的空气继续上升时就会迫使气团向北极和南极方向移动。当气团接近两极时便会变冷、密度增加并在两极地区下沉。下沉的空气增加了对地表空气的压力,冷却后的空气会朝赤道方向移动,取代从热带地区产生的暖空气。

由于地球总是沿其主轴自西向东旋转,这就产生了一种偏向力,通常被称为地球自转偏向力(Coriolis force),也叫科里奥利效应,因为这一现象首先是由 19 世纪法国数学家 Coriolis GC 发现的。地球的自转使北半球所有移动的物体(包括气团)都向右偏斜,而使南半球所有移动的物体向左偏斜。

地球自转偏向力打破了空气从赤道直接流向南北极的简单格局,并导致一系列的盛行风带的产生,它们以风的来向命名。在两极地区,有极地东风带(polar easterlies);在赤道区域,有东信风带(easterly trade winds);在中纬度地区,有西风带(westerlies)。这些风带使得空气不是简单地流向赤道,并且使在高空流向两极的气流分离成许多小气环(图 3-1)。具体说可形成 6 个气环,其中 3 个在北半球,3 个在南半球。从赤道地区上升的空气形成了一个赤道低压带,航海家称其为赤道无风带(doldrums),赤道地区的空气上升冷却后便向南方和北方移动。在北半球,向北移动的气流就是一个西风流,它缓慢地向北移动,空气逐渐冷却并在大约北纬 30°的上空气团开始下沉,形成一个半永久性的包裹着整个地球的高气压带,这个区域就是副热带无风带(horse latitudes)。下沉的空气变暖后在低空向北朝北极移动或向南朝赤道移动,向北移动的气流因向右偏斜而形成了盛行西风带,而向南移动的气流也因向右偏斜而在低纬度地区形成了东北信风带。处于高空中的空气则继续向北移动并逐渐冷却,在北极地区

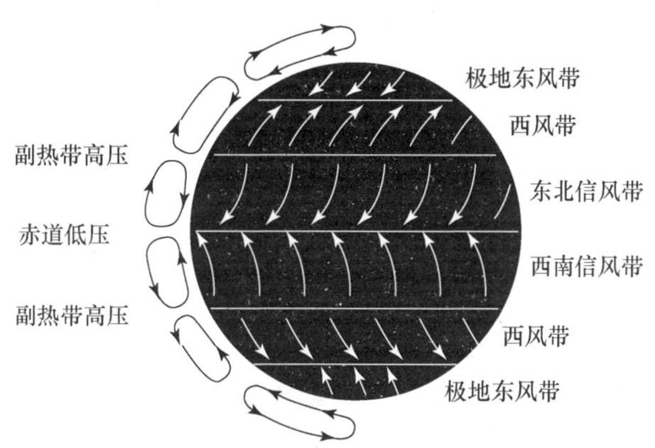

图3-1　大气循环所形成的风带和气团

下沉，下沉后在地面继续被冷却并开始向南移动。向右偏斜的气流将形成北极东风带。向南流动的空气将会与朝北极移动的升温气流相遇，并在大约北纬60°的区域形成半永久性的低气压区。类似的气流也会发生在南半球。

第三节　洋流及全球降雨格局

风的全球分布格局决定着全球洋流的分布格局。每个海洋都受两大股循环水流支配，这就是所谓的环流(gyres)。在每个环流内，北半球的洋流是顺时针移动的，而在南半球则是反时针移动(图3-2)。信风驱使赤道地区的表层暖水向西流动。当水流遇到大陆板块时就会沿着大陆东海岸向南向北分流，形成南北两支环流。随着海水向南向北流动，水温会逐渐下降，最终会进入南纬和北纬30～60°的西风带。在较高的纬度上，西风带会引起向东移动的洋流。这些洋流最终会与大陆相遇并终止于大陆的西部边缘。

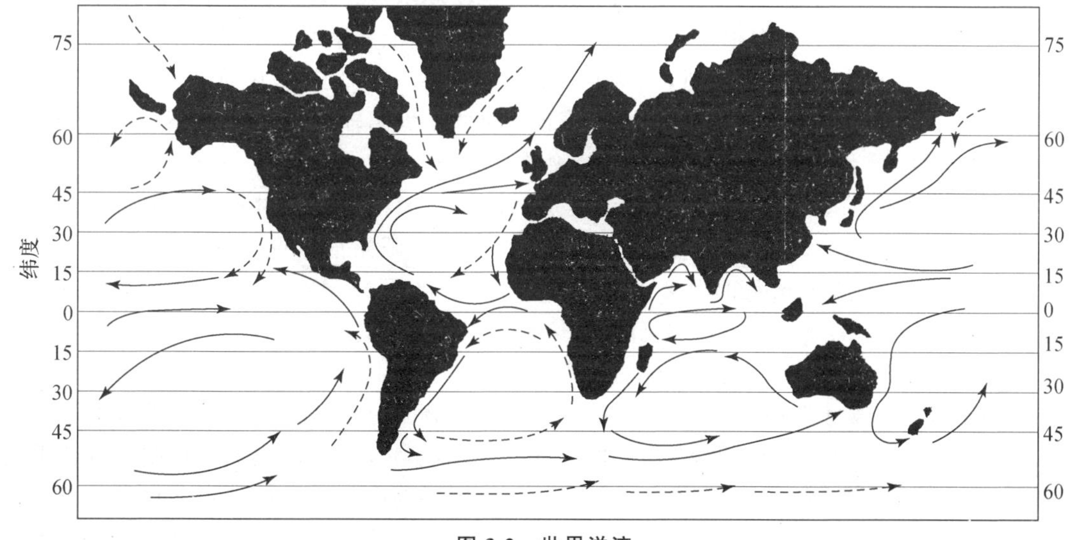

图3-2　世界洋流

虚线箭头代表冷水洋流，实线箭头代表暖水洋流

温度对气候的另一个作用是它影响着空气的含水量。可以说,一定体积空气的含水量是温度的一个函数,暖空气可以比冷空气含有更多的水分。空气中水蒸气的含量可以用压力单位测定,在特定温度下一定体积空气的水蒸气最大含量就是饱和蒸气压,其值将随气温的升高而增加。相对湿度是用饱和蒸气压的百分数表示的空气含水量,当达到饱和蒸气压时,相对湿度就是 100%。

当空气冷却但它的含水量不变时,其相对湿度就会增加,因为冷空气所能容纳的水量少于暖空气。当空气冷却超过饱和蒸气压时,空气中的水蒸气就会凝结为云,当凝结的水和冰因太重而无法再悬浮在空气中时,就会以雨雪的形式降落下来。对于空气中的一定含水量来说,能使其达到饱和蒸气压的温度就叫零点温度。在寒冷的早晨经常会出现露水和雾。随着黄昏的到来,空气温度会下降,相对湿度会增加。在寒冷的夜晚当气温达到零点温度时,空气中的水蒸气便开始凝结并形成露水,这样就降低了空气的含水量。随着太阳的升起,气温又会升高,空气所能容纳的水量也会随之增加,此时露水蒸发,增加了空气中水的蒸气压。

气温、风和洋流与全球的降雨格局有密切的关系。当西风吹过热带海洋的时候,它就吸饱了水分,在暖空气上升后就会冷却,一旦达到零点温度,就会形成云和雨降落地面。亚洲、南美洲和非洲热带地区充沛的降雨量就是这样形成的,此外,北美洲的东南部也有很丰富的降雨。

第四节　小气候对生物的影响

大多数生物都是生活在大气候下的小气候(microclimates)中,如果天气预报说天晴、气温 28℃,这并不意味着处处都是这样,这只是大气候,实际上地下和地面、植被内部和植被表面、山坡和山顶的环境条件可能有很大不同。依具体地点的不同,光照、水分、热量和空气的流动等方面都会存在明显的差异,造成了种种地方化的气候,正是这些小气候决定着生物的实际生存条件。

早春的天气阳光充足但仍很寒冷,此时蝇类可能受到从残树干渗出的树液吸引,它们在残树桩上很活跃,尽管此时气温很低,接近零度。蝇类之所以能在这么低的温度下积极活动是因为残树桩吸收了大量的太阳辐射热,为其表面薄薄的一层空气加了热,从而制造了一个局部的小气候。类似现象也会发生在冰冻的地面,当地面吸收了太阳辐射热之后,表层的一薄层土壤就会解冻,虽然天气仍然很冷,但表层土已经融化。

植被可借助于保湿、蒸腾、影响土壤温度和风的移动而创造一个对生物更加适宜的小气候,特别是在地面附近。在有植物覆盖的地面,其温度要比阳光直晒的地面低得多。在晴朗的夏天,森林内距地面 25 mm 处的温度要比开阔地面的温度低 7～12℃。在茂密的草丛或低矮的植被中,贴近地面的空气几乎是不流动的,这种平静状态是地面小气候的一个显著特征,它既影响温度也影响湿度,为昆虫和其他的地栖动物创造了一个适宜的生存环境。

小气候有一个规模和大小的问题,让我们考虑两个极端的小气候,即北半球山脉的南坡和北坡。山的南坡接受的太阳能最多,而北坡接受的太阳能最少。其他坡向所接受的太阳能将介于这两个极端坡向之间,具体依坡向方位而定。太阳辐射的差异对南坡和北坡的温度和湿度有明显的影响。高温及与其相伴发生的高蒸发率会导致土壤和植物大量失水。南坡的水分蒸发率通常高 50%,平均温度也较高,而土壤湿度较低,环境条件可变范围大。从南坡到北坡,小气候的变化通常是从高温到低温、从干燥到湿润、从环境条件的大范围变化到环境条件的小范围变化。南坡的环境条件最干燥、空气流动性最大，而在北坡低海拔处空气最为潮湿。

同样的小气候条件也可在小得多的规模上出现在蚁冢、沙丘和大土堆的南北坡，也可出现在树木、倒木和建筑物的南北面。建筑物的南面总是比北面更为温暖、更为干燥，而树干的北面则要比南面更凉爽更湿润，所以苔藓类植物通常是生长在北面的树干上。另外，北面树干的温度冬天常会降至冰点以下，而南面树干因受阳光照射而变得温暖。这种差异常会反映在动物对栖地的选择上，小蠹甲和其他树栖昆虫常常喜欢选择在凉爽而湿润的北面树干产卵。但树冠南面的花通常比树冠北面的花开得更早，也更茂盛。

在山谷中也会有明显的小气候变化，这里夜晚温度较低（特别是冬季），而白天温度较高（特别是夏季），相对湿度偏高。空气相对比较停滞，风力不大。夜晚，山谷高处的冷空气会沉到谷底，空气中的水蒸气会凝聚成雾和霜，形成所谓的霜洼（frost pocket）。霜洼的存在常会使这里生长的植物种类与附近较高地方的植物不同。

山地地形因改变降雨格局而影响局部或地方小气候。山脉有阻断气流的作用，当一个气团遇到山脉时，它就会上升、冷却，呈水分饱和状态（因为冷空气的饱和含水量要比热空气少得多）并在迎风面把水分释放出来。当冷却的干燥空气在背风面下沉的时候，空气会重新变暖并吸纳水分。其结果是在山脉的迎风面比在背风面植物生长得更茂盛，动植物的种类也更多，这个现象就被称为雨影（rain shadow）。

雨影现象也会在比较小的局部地区发生，例如在夏威夷岛，该岛的背风面只生长着矮小的灌丛植被，而在潮湿的迎风面则长满了郁郁葱葱的森林。同样，在北美洲的阿巴拉契亚山脉，西坡的迎风面长满了湿生的森林植被，主要树种有黄杨（*Liriodendron tulipifera*）、红栎（*Quercus rubra*）、白栎（*Q. alba*）和黑樱桃（*Prunus serotina*），而在东坡干燥的背风面则生长着猩红栎（*Q. coccinea*）、黑栎（*Q. velutina*）和板栎（*Q. prinus*）。

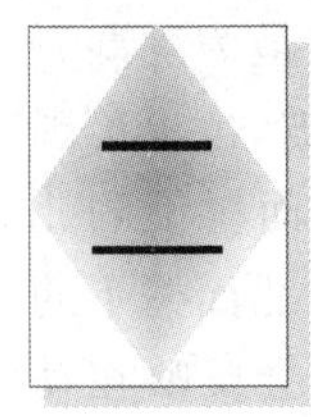

第4章 生物与光

第一节 光是电磁波

光是由波长范围很广的电磁波组成的，主要波长范围是150～4000 nm，其中人眼可见光的波长在380～760 nm之间，可见光谱中根据波长的不同又可分为红、橙、黄、绿、青、蓝、紫七种颜色的光。波长小于380 nm的是紫外光，波长大于760 nm的是红外光，红外光和紫外光都是不可见光。在全部太阳辐射中，红外光约占50%～60%，紫外光约占1%，其余的是可见光部分。由于波长越长，增热效应越大，所以红外光可以产生大量的热，地表热量基本上就是由红外光能所产生的。紫外光对生物和人有杀伤和致癌作用，但它在穿过大气层时，波长短于290 nm的部分将被臭氧层中的臭氧吸收，只有波长在290～380 nm之间的紫外光才能到达地球表面。在高山和高原地区，紫外光的作用比较强烈。可见光具有最大的生态学意义，因为只有可见光才能在光合作用中被植物所利用并转化为化学能。植物的叶绿素是绿色的，它主要吸收红光和蓝光，所以在可见光谱中，波长为760～620 nm的红光和波长为490～435 nm的蓝光对光合作用最为重要。

第二节 光质的变化及其对生物的影响

光质(光谱成分)随空间发生变化的一般规律是短波光随纬度增加而减少，随海拔升高而增加。在时间变化上，冬季长波光增多，夏季短波光增多；一天之内中午短波光较多，早晚长波光较多。不同波长的光对生物有不同的作用，植物叶片对日光的吸收、反射和透射的程度直接与波长有关。当日光穿透森林生态系统时，大部分能量被树冠层截留，到达下木层的日光不仅强度大大减弱，而且红光和蓝光也所剩不多，所以生活在那里的植物必须对低辐射能环境有较好的适应。

光以同样的强度照射到水体表面和陆地表面。在陆地上，大部分光都能被植物的叶子吸收或反射掉，但在水体中，水对光有很强的吸收和散射作用，这种情况大大限制着海洋透光带的深度。在纯海水中，10 m深处的光强度只有海洋表面光强度的50%，而在100 m深处，光强度则衰减到只及海洋表面光强度的7%(均指可见光部分)。更值得注意的是，不同波长的光被海水吸收的程度是不一样的。红外光仅在几米深处就会被完全吸收，而紫光和蓝光等短波光则很容易被水分子散射，因而也不能透到很深的海水中。由于水对光的吸收和散射作用，结果在较深的水层中只有绿光占有较大优势(图4-1)。植物的光合作用色素对光谱的这种变化具有明显的适应性。分布在海水表层的植物，如绿藻海白菜(*Ulva*)所含有的色素与陆生植物所含有的色素很相似，它们主要是吸收蓝、红光，但是，分布在深水中的红藻紫菜（*Porphyra*）则另有一些色素能使它在光合作用中较有效地利用绿光。

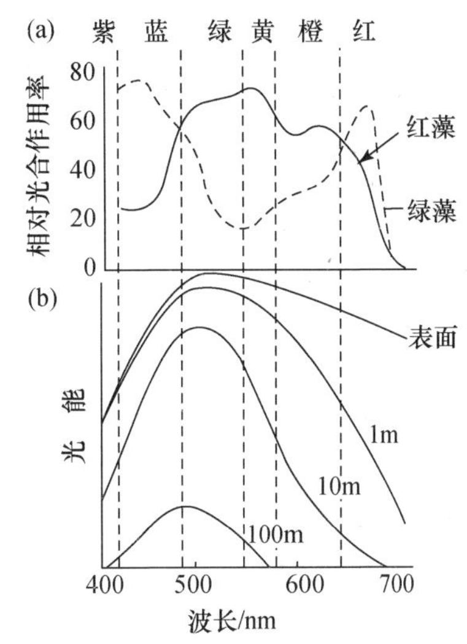

图 4-1　(a) 绿藻和红藻对不同光色的相对光合作用率；(b) 不同波长的光，其相对能值随海水(纯)深度而变化

能够穿过大气层到达地球表面的紫外光虽然很少，但在高山地带紫外光的生态作用还是很明显的。由于紫外光的作用抑制了植物茎的伸长，所以很多高山植物都具有特殊的莲座状叶丛。高山强烈的紫外线辐射不利于植物克服高山障碍进行散布，因此它是决定很多植物分布的一种因素。光质对于动物的分布和器官功能的影响目前还不十分清楚，但色觉在不同动物类群中的分布却很有趣。在节肢动物、鱼类、鸟类和哺乳动物中，有些种类色觉很发达，另一些种类则完全没有色觉。在哺乳动物中，只有灵长类动物才具有发达的色觉。

第三节　光照强度及其对生物的影响

一、光照强度的变化

光照强度在赤道地区最大，随纬度的增加而逐渐减弱。例如，在低纬度的热带荒漠地区，年光照强度为 8.37×10^5 J·cm^{-2} 以上；而在高纬度的北极地区，年光照强度不会超过 2.93×10^5 J·cm^{-2}。位于中纬度区域的我国华南地区，年光照强度大约是 5.02×10^5 J·cm^{-2}（图4-2）。光照强度还随海拔高度的增加而增强，例如，在海拔 1000 m 可获得全部入射日光能的 70%，而在海拔 0 m 的海平面却只能获得 50%。此外，山的坡向和坡度对光照强度也有很大影响。在北半球的温带地区，山的南坡所接受的光照比平地多，而平地所接受的光照又比北坡多。随着纬度的增加，在南坡上获得最大年光照量的坡度也随之增大，但在北坡上无论什么纬度都是坡度越小光照强度越大。较高纬度的南坡可比较低纬度的北坡得到更多的日光能，因此，南方的喜热作物可以移栽到北方的南坡上生长。在一年中，夏季光照强度最大，冬季最小。在一天中，中午的光照强度最大，早晚的光照强度最小。分布在不同地区的生物长期生活在具有一定光照条件的环境中，久而久之就会形成各自独特的生态学特性和发育特点，并对光照条件产生特定的要求。

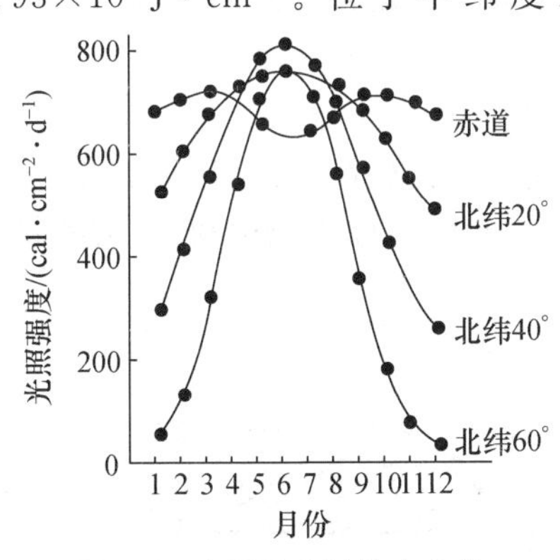

图 4-2　光照强度随纬度变化

为尊重原作者，图中仍沿用 cal 作为单位，1cal=4.18 J

光照强度在一个生态系统内部也有变化。一般说来，光照强度在生态系统内将会自上而下逐渐减弱,由于冠层吸收了大量日光能,使下层植物对日光能的利用受到了限制,所以一个生态系统的垂直分层现象既决定于群落本身,也决定于所接受的日光能总量。在水生生态系统中,光照强度将随水深的增加而迅速递减。水对光的吸收和反射是很有效的,在清澈静止的水体中,照射到水体表面的光大约只有 50%能够到达 15 m 深处,如果水是流动和混浊的,能够到达这一深度的光量就要少得多,这对水中植物的光合作用是一种很大的限制。

二、光照强度与水生植物

光的穿透性限制着植物在海洋中的分布,只有在海洋表层的透光带(euphotic zone)内,植物的光合作用量才能大于呼吸量。在透光带的下部,植物的光合作用量刚好与植物的呼吸消耗相平衡之处,就是所谓的补偿点。如果海洋中的浮游藻类沉降到补偿点以下或者被洋流携带到补偿点以下而又不能很快回升到表层时,这些藻类便会死亡。在一些特别清澈的海水和湖水中(特别是在热带海洋),补偿点可以深达几百米,但这是很少见的。在浮游植物密度很大的水体或含有大量泥沙颗粒的水体中,透光带可能只限于水面下 1 m 处,而在一些受到污染的河流中,水面下几厘米处就很难有光线透入了。

由于植物需要阳光,所以,扎根海底的巨型藻类通常只能出现在大陆沿岸附近,这里的海水深度一般不会超过 100 m。生活在开阔大洋和沿岸透光带中的植物主要是单细胞的浮游植物。以浮游植物为食的小型浮游动物也主要分布在这里,因为这里的食物极为丰富。但是动物的分布并不局限在水体的上层,甚至在几千米以下的深海中也生活着各种各样的动物,这些动物靠海洋表层生物死亡后沉降下来的残体为生。

三、光照强度与陆生植物

接受一定量的光照是植物获得净生产量的必要条件,因为植物必须生产足够的糖类以弥补呼吸消耗。当影响植物光合作用和呼吸作用的其他生态因子都保持恒定时,生产和呼吸这两个过程之间的平衡就主要决定于光照强度了(图 4-3)。从图中可以看出,光合作用将随着光照强度的增加而增加,直至达到最大值。图中的光合作用率(实线)和呼吸作用率(虚线)两条线的交叉点就是所谓的光补偿点(light compensation point,CP),在此处的光照强度是植物开始生长和进行净生产所需要的最小光照强度。适应于强光照地区生活的植物称阳地植物,这类植物补偿点的位置较高(图 4-3(a)),光合速率和代谢速率都比较高,常见种类有蒲公英、蓟、杨、柳、桦、槐、松、杉和栓皮栎等。适应于弱光照地区生活的植物称阴地植物,这类植物的

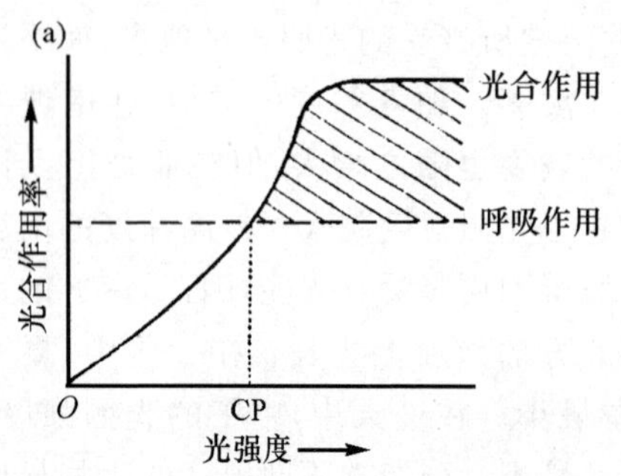

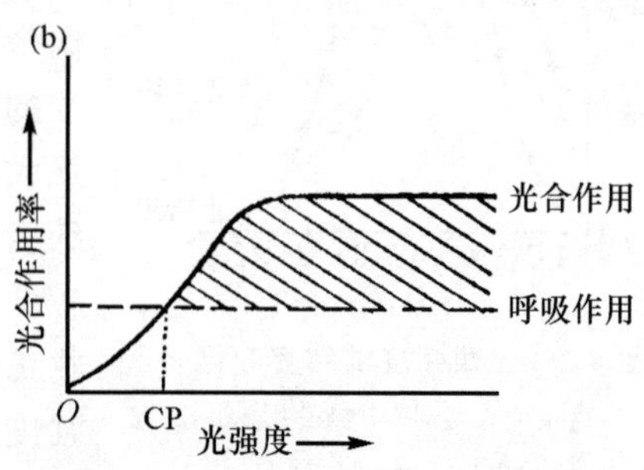

图 4-3　阳地植物(a)和阴地植物(b)的光补偿点位置示意图

▧ 净生产力;CP 为光补偿点

光补偿点位置较低，其光合速率和呼吸速率都比较低(图4-3(b))。阴地植物多生长在潮湿背阴的地方或密林内，常见种类有山酢浆草、连钱草、观音坐莲、铁杉、紫果云杉和红豆杉等。很多药用植物如人参、三七、半夏和细辛等也属于阴地植物。

光照强度在光补偿点以下，植物的呼吸消耗大于光合作用生产，因此不能积累干物质；在光补偿点处，光合作用固定的有机物质刚好与呼吸消耗相等；在光补偿点以上，随着光照强度的增加，光合作用强度逐渐提高并超过呼吸强度，于是在植物体内开始积累干物质，但当光照强度达到一定水平后，光合产物也就不再增加或增加得很少，该处的光照强度就是光饱和点。各种植物的光饱和点也不相同，阴地植物比阳地植物能更好地利用弱光，它们在极低的光照强度下(10^4lx)[①]便能达到光饱和点，而阳地植物的光饱和点则要高得多。在植物生长发育的不同阶段，光饱和点也不相同，一般在苗期和生育后期光饱和点低，而在生长盛期光饱和点高。几乎所有的农作物都具有很高的光饱和点，即只有在强光下才能进行正常的生长发育。

一般说来，植物个体对光能的利用效率远不如群体高，夏季当阳光最强时(可超过10^5lx)，单株植物很难充分利用这些光能，但在植物群体中对反射、散射和透射光的利用要充分得多，这是因为在群体中当上部的叶片已达到饱和点时，群体内部和下部的叶片还远没有达到光饱和状态，有的甚至还处在光补偿点以下，所以植物群体的光合作用是随着光照的不断增强而提高的，尽管有些叶片可能已超过了光饱和点。例如，水稻单叶的光饱和点要比晴天时的最强光照低得多，但水稻群体的光合作用却随着光照强度的增强而增加。

对植物群体的总光能利用率产生影响的主要因素是光合面积、光合时间和光合能力。光合面积主要指叶面积，通常用叶面积指数来表示，即植物叶面积总和与植株所覆盖的土地面积的比值。要提高植物群体的光能利用率，首先要保证有足够的叶面积以截留更多的日光能。在一定范围内，叶面积指数与光能利用率和植物生产量成正相关。但这并不是说叶面积指数越大越好，农作物的最适叶面积指数一般是4，其中小麦为6～8.8，水稻为4～7，玉米为5，大豆为3.2。光合时间是指植物全年进行光合作用的时间，光合时间越长，植物体内就能积累更多的有机物质并增加产量。延长光合时间主要是靠延长叶片的寿命和适当延长植物的生长期。光合能力是指大气中二氧化碳含量正常和其他生态因子处于最适状态时的植物最大净光合作用速率。光合能力是以每天每平方米叶面积所生产的有机物质干重($g \cdot m^{-2} \cdot d^{-1}$)来计算的。一般说来，个体的光合能力与群体的产量成正相关，而群体的光合能力则决定于叶层结构和光的分布情况。

四、光照强度与动物的行为

光是影响动物行为的重要生态因子，很多动物的活动都与光照强度有着密切的关系。有些动物适应于在白天的强光下活动，如大多数鸟类，哺乳动物中的灵长类、有蹄类、松鼠、旱獭和黄鼠，爬行动物中的蜥蜴和昆虫中的蝶类、蝇类和虻类等，这些动物被称为昼行性动物。另一些动物则适应于在夜晚或晨昏的弱光下活动，如夜猴、蝙蝠、家鼠、夜鹰、壁虎和蛾类等，这些动物被称为夜行性动物或晨昏性动物，因其只适应于在狭小的光照范围内活动，所以又称为狭光性种类。昼行性动物所能耐受的光照范围较广，故又称为广光性种类。还有一些动物既能适应于弱光也能适应于强光，它们白天黑夜都能活动，常不分昼夜地表现出活动与休息的不断交替，如很多种类的田鼠，它们也属于广光性种类。土壤和洞穴中的动物几乎总是生活在完全

① 勒[克斯]为光照度单位，$1\,lx=1\,lm/m^2=1\,cd \cdot sr \cdot m^{-2}$。——编辑注

黑暗的环境中并极力躲避光照,因为光对它们就意味着致命的干燥和高温。幼鳗的溯河性回游则是选择在白天进行,一到夜间便停止回游并躲藏起来。蝗虫的群体迁飞也是发生在日光充足的白天,如果乌云遮住了太阳使天色变暗,它们马上就会停止飞行。

在自然条件下动物每天开始活动的时间常常是由光照强度决定的,当光照强度上升到一定水平(昼行性动物)或下降到一定水平(夜行性动物)时,它们才开始一天的活动,因此,这些动物将随着每天日出日落时间的季节性变化而改变其开始活动的时间。例如,夜行性的美洲飞鼠,冬季每天开始活动的时间大约是 16 时 30 分,而夏季每天开始活动的时间将推迟到大约 19 时 30 分(图 4-4)。昼行性的鸟类每天开始活动的时间也是随季节而变化的,例如,麻雀在上海郊区(晴天)每天开始鸣啭的时间 3 月 15 日为 5 时 45 分左右,6 月 15 日为 4 时 20 分左右,9 月 15 日为 5 时 18 分左右,12 月 15 日为 6 时 20 分左右。这说明光照强度与动物的活动有着直接关系。

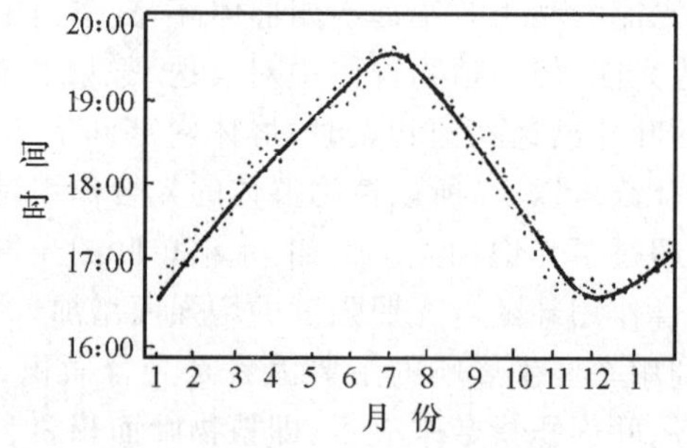

图 4-4　美洲飞鼠在自然光照条件下每天开始活动的时间与季节的关系

调查时间为 1958～1959 年

第四节　日照长度与光周期现象

日照长度是指白昼的持续时数或太阳的可照时数。在北半球从春分到秋分是昼长夜短,夏至昼最长;从秋分到春分是昼短夜长,冬至夜最长。在赤道附近,终年昼夜平分。纬度越高,夏半年(春分到秋分)昼越长而冬半年(秋分至春分)昼越短。在两极地区则半年是白天,半年是黑夜。表 4-1 是我国不同纬度的日照长度。从表中可以看出,由于我国位于北半球,所以夏

表 4-1　我国不同纬度的日照长度

地　点	纬　度	夏　至			冬至	年变幅/h
		日出时间	日落时间	日照长度/h	日照长度/h	
齐齐哈尔	47°20′	3:47	19:45	15.98	8.27	7.71
长　春	43°53′	3:56	19:24	15.68	8.94	6.74
沈　阳	41°46′	4:12	19:24	15.12	9.08	6.04
北　京	39°57′	4:46	19:47	15.01	9.20	5.81
南　京	32°04′	4:59	19:14	14.55	10.03	4.74
昆　明	25°02′	6:20	20:02	13.82	10.75	3.07
广　州	23°	5:42	19:15	13.73	10.43	3.30
海　口	20°	6:00	19:21	13.21	10.45	2.16
赤　道	0°			12.00	12.00	0

季的日照时间总是多于12 h，而冬季的日照时间总是少于12 h。随着纬度的增加，夏季的日照长度也逐渐增加，而冬季的日照长度则逐渐缩短。高纬度地区的作物虽然生长期很短，但在生长季节内每天的日照时间很长，所以我国北方的作物仍然可以正常地开花结实。

日照长度的变化对动植物都有重要的生态作用，由于分布在地球各地的动植物长期生活在具有一定昼夜变化格局的环境中，借助于自然选择和进化而形成了各类生物所特有的对日照长度变化的反应方式，这就是在生物中普遍存在的光周期现象。例如，植物在一定光照条件下的开花、落叶和休眠以及动物的迁移、生殖、冬眠、筑巢和换毛换羽等。

一、植物的光周期现象

根据对日照长度的反应类型可把植物分为长日照植物和短日照植物。长日照植物通常是在日照时间超过一定数值才开花，否则便只进行营养生长，不能形成花芽。较常见的长日照植物有牛蒡、紫菀、凤仙花和除虫菊等，作物中有冬小麦、大麦、油菜、菠菜、甜菜、甘蓝和萝卜等。人为延长光照时间可促使这些植物提前开花。

短日照植物通常是在日照时间短于一定数值时才开花，否则就只进行营养生长而不开花，这类植物通常是在早春或深秋开花。常见种类有牵牛、苍耳和菊类，作物中则有水稻、玉米、大豆、烟草、麻、棉等。还有一类植物只要其他条件合适，在什么日照条件下都能开花，如黄瓜、番茄、番薯、四季豆和蒲公英等，这类植物可称为中间性植物。

了解植物的光周期现象对植物的引种驯化工作非常重要，引种前必须特别注意植物开花对光周期的需要。在园艺工作中也常利用光周期现象人为控制开花时间，以便满足观赏需要。

二、动物的光周期现象

在脊椎动物中，鸟类的光周期现象最为明显，很多鸟类的迁移都是由日照长短的变化所引起，由于日照长短的变化是地球上最严格和最稳定的周期变化，所以是生物节律最可靠的信号系统，鸟类在不同年份迁离某地和到达某地的时间都不会相差几日，如此严格的迁飞节律是任何其他因素（如温度的变化、食物的缺乏等）都不能解释的，因为这些因素各年相差很大。同样，各种鸟类每年开始生殖的时间也是由日照长度的变化决定的。温带鸟类的生殖腺一般在冬季时最小，处于非生殖状态；随着春季的到来，生殖腺开始发育，随着日照长度的增加，生殖腺的发育越来越快，直到产卵时生殖腺才达到最大。生殖期过后，生殖腺便开始萎缩，直到来年春季才再次发育。鸟类生殖腺的这种年周期发育是与日照长度的周期变化完全吻合的。在鸟类生殖期间人为改变光周期可以控制鸟类的产卵量，人类采取在夜晚给予人工光照提高母鸡产蛋量的历史已有200多年了。

日照长度的变化对哺乳动物的生殖和换毛也具有十分明显的影响。很多野生哺乳动物（特别是生活在高纬度地区的种类）都是随着春天日照长度的逐渐增加而开始生殖的，如雪貂、野兔和刺猬等，这些种类可称为长日照兽类。还有一些哺乳动物总是随着秋天短日照的到来而进入生殖期，如绵羊、山羊和鹿，这些种类属于短日照兽类，它们在秋季交配刚好能使它们的幼仔在春天条件最有利时出生。随着日照长度的逐渐增加，它们的生殖活动也渐趋终止。实验表明，雪兔换白毛也完全是对秋季日照长度逐渐缩短的一种生理反应。

鱼类的生殖和迁移活动也与光有着密切的关系，而且也常表现出光周期现象，特别是那些生活在光照充足的表层水的鱼类。实验证实，光可以影响鱼类的生殖器官，人为延长光照时间可以提高鲑鱼的生殖能力，这一点已在养鲑实践中得到了应用。日照长度的变化通过影响内分泌系统而影响鱼类的迁移。例如，光周期决定着三刺鱼体内激素的变化，激素的变化又影响着三刺鱼对水体含盐量的选择，后者则是促使三刺鱼春季从海洋迁入淡水和秋季从淡水迁回海洋的直接原因，归根结底三刺鱼的迁移活动还是由日照长度的变化引起的。

昆虫的冬眠和滞育主要与光周期的变化有关，但温度、湿度和食物也有一定影响。例如，秋季的短日照是诱发马铃薯甲虫在土壤中冬眠的主要因素，而玉米螟(老熟幼虫)和梨剑纹夜蛾(蛹)的滞育率则决定于每日的日照时数，同时也与温度有一定关系(图 4-5)。很多昆虫的代谢也受日照长度的影响，一些昆虫依据光周期信号总是在白天羽化，另一些昆虫则在夜晚羽化。

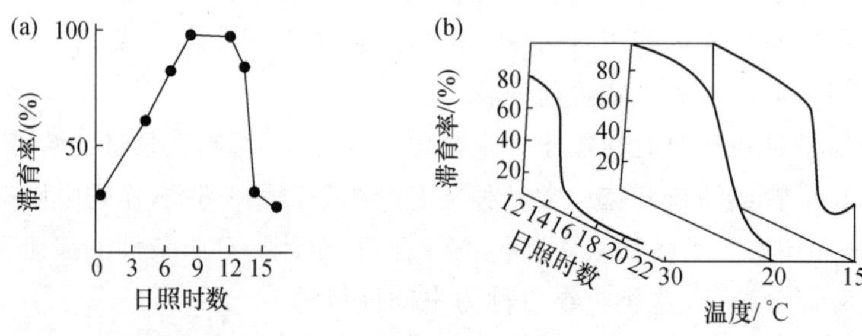

图 4-5　玉米螟(a)和梨剑纹夜蛾(b)的滞育率与光周期和温度的关系

第五节　植物对紫外线辐射的防护

太阳紫外光(UV)辐射虽然对地球上的生物有致癌和杀伤作用，但其大部分被大气平流层中的臭氧所吸收。紫外光可区分为两种类型，波长范围从 315 nm 到 380 nm 的紫外光属于 UV-A，而波长范围从 280 nm 到 315 nm 的紫外光属于 UV-B。太阳 UV-B 辐射从热带地区(臭氧层最薄)到两极地区(臭氧层最厚)随着纬度的增加而减弱。海拔越高，UV-B 辐射越强，大约每升高 1000 m 增强 14%～18%。近年来，由于破坏臭氧的一些人造化合物(如含氯氟烃)的大量释放，已使平流层的臭氧量减少，这对两极地区和热带地区影响最大。使到达地球表面的紫外线辐射增加，尤其是 UV-B 辐射。

UV-B 辐射强度的增加对动物的影响比对植物的影响更大。光色素生物(light-pigmented organisms)尤其敏感，特别是人类，因为紫外光最容易诱发人患皮肤癌。在美国 70%的皮肤癌是由紫外光辐射引起的，在世界的大部分地区皮肤癌的患病率都有所增加。据估计，平流层的臭氧每减少 1%，由 UV-B 辐射引起的皮肤癌就会增加 1.4%。

紫外线辐射的增加也会对植物产生影响，在实验室和温室中所做的实验表明：UV-B 辐射可使 DNA 受到损伤、抑制植物的光合作用、改变植物的生长型和减缓植物的生长。但是这些有害作用还未用野生植物加以阐明。

植物通过进化对 UV-B 辐射已经产生了一系列的防护适应，使 UV-B 辐射不能进入叶的内部。防止 UV-B 辐射进入叶内的主要障碍是叶的表皮细胞，它们含有某些能吸收 UV-B 辐射的物质，但能确保有光合作用活性的辐射进入叶内。植物在防护 UV-B 辐射能力方面存在着广泛差异，热带植物和高山植物由于受紫外线辐射比较强烈，因此它们对 UV-B 辐射的防护比温带植物和低海拔植物更为有效。

面对 UV-B 辐射的增加，我们对辐射效应所知甚少。对农作物的研究表明：在所研究的 300 种农作物中约有一半对 UV-B 辐射很敏感。UV-B 对森林树木和其他植物的影响我们几乎还一无所知。植物对 UV-B 辐射的防护机理我们也了解得不十分清楚。当叶内受到辐射危害时，植物能够进行修复吗？对 UV-B 辐射的抗性是由遗传决定的吗？辐射会引起植物的遗传变化吗？UV-B 辐射能否带给抗性植物选择上的好处并因此改变植物的多样性？这些重要问题都还有待研究。

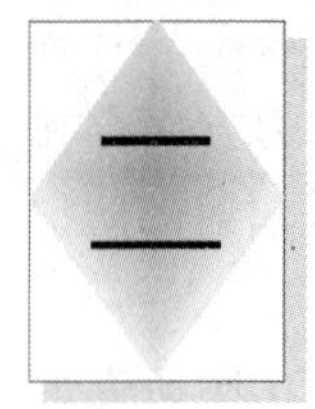

第5章　生物与温度

第一节　温度的生态意义

温度是一种无时无处不在起作用的重要生态因子，任何生物都是生活在具有一定温度的外界环境中并受着温度变化的影响。地球表面的温度条件总是在不断变化的，在空间上它随纬度、海拔、生态系统的垂直高度和各种小生境而变化；在时间上它有一年的四季变化和一天的昼夜变化。温度的这些变化都能给生物带来多方面和深刻的影响。

首先，生物体内的生物化学过程必须在一定的温度范围内才能正常进行。一般说来，生物体内的生理生化反应会随着温度的升高而加快，从而加快生长发育速度；生化反应也会随着温度的下降而变缓，从而减慢生长发育的速度。当环境温度高于或低于生物所能忍受的温度范围时，生物的生长发育就会受阻，甚至造成死亡。虽然生物只能生活在一定的温度范围内，但不同的生物和同一生物的不同发育阶段所能忍受的温度范围却有很大不同。生物对温度的适应范围是它们长期在一定温度下生活所形成的生理适应，除了鸟类和哺乳动物是恒温动物，其体温相当稳定而受环境温度变化的影响很小以外，其他所有生物都是变温的，其体温总是随着外界温度的变化而变化(图5-1)，所以如无其他特殊适应，在一般情况下它们都不能忍受冰点以下的低温，这是因为细胞中冰晶会使蛋白质的结构受到致命的损伤。

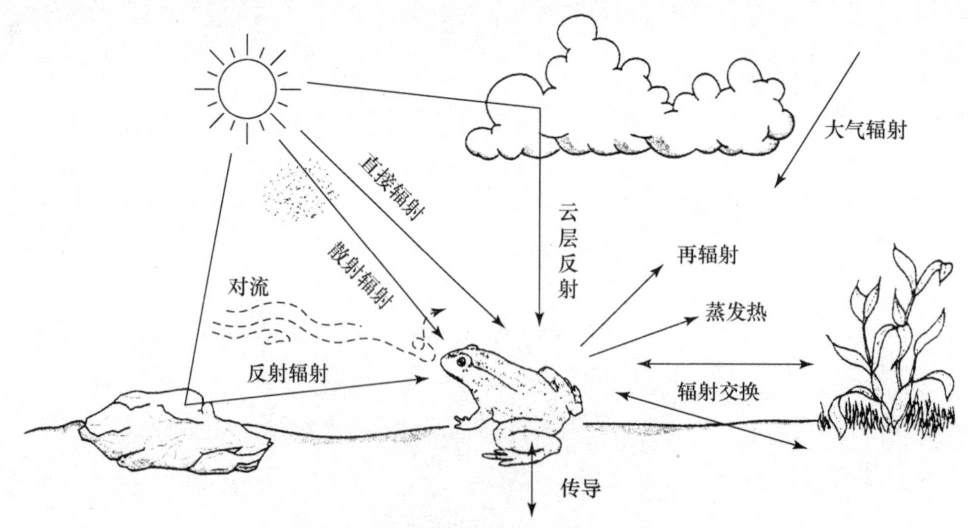

图5-1　变温动物与环境之间的热量交换

温度对生物的生态意义还在于温度的变化能引起环境中其他生态因子的改变，如引起湿度、降水、风、氧在水中的溶解度以及食物和其他生物活动和行为的改变等，这是温度对生物的间接影响，这些影响通常也很重要，不可忽视。不过有时很难孤立地去分析温度对生物的作用，例如当光能被物体吸收的时候常常被转化为热能使温度升高。此外，温度还经常与光和湿度联合起作用，共同影响生物的各种功能。

第二节　极端温度对生物的影响

一、低温对生物的影响

温度低于一定的数值，生物便会因低温而受害，这个数值便称为临界温度。在临界温度以下，温度越低生物受害越重。低温对生物的伤害可分为冷害、霜害和冻害三种。冷害是指喜温生物在零度以上的温度条件下受害或死亡，例如海南岛的热带植物丁子香(*Syzygium aromaticum*)在气温降至6.1℃时叶片便受害，降至3.4℃时顶梢干枯，受害严重。当温度从25℃降到5℃时，金鸡纳就会因酶系统紊乱使过氧化氢在体内积累而引起植物中毒。热带鱼，如虹鳉，在水温10℃时就会死亡，原因是呼吸中枢受到冷抑制而缺氧。冷害是喜温生物向北方引种和扩展分布区的主要障碍。

冻害是指冰点以下的低温使生物体内(细胞内和细胞间隙)形成冰晶而造成的损害。冰晶的形成会使原生质膜发生破裂，使蛋白质失活与变性。当温度不低于－3℃或－4℃时，植物受害主要是由于细胞膜破裂引起的；当温度下降到－8℃或－10℃时，植物受害则主要是由于生理干燥和水化层的破坏引起的。动物对低温的耐受极限(即临界温度)随种而异，少数动物能够耐受一定程度的身体冻结，这是动物避免低温伤害的一种适应方式，例如摇蚊(*Chironomus*)在－25℃的低温下可以经受多次冻结而能保存生命。一些潮间带动物在－30℃的低温下暴露数小时后，虽然体内90%的水都结了冰，但冰晶一般只出现在细胞外面，当冰晶融化后又能恢复正常状态。动物避免低温伤害的另一种适应方式是存在过冷现象，这种现象最早是在昆虫中发现的(图5-2)。当昆虫体温下降到冰点以下时，体液并不结冰，而是处于过冷状态，此时出现暂时的冷昏迷，但并不出现生理失调，如果环境温度回升，昆虫仍可恢复正常活动。当温度继续下降到过冷点(临界点)时，体液才开始结冰，但在结冰过程中释放出的潜热又会使昆虫体温回跳，当潜热完全耗尽后，体温又开始下降，此时体液才开始结冰，在此阶段仍可通过增温使昆虫复苏。直到温度再次降到过冷点以下使体液完全结冰时，昆虫才会死亡。昆虫的过冷点依昆虫的种类、虫态、生活环境和内部生理状态而有所不同。小叶蜂越冬时可过冷到－25～－30℃而不死亡，并且还可借助于分泌甘油使体液冰点进一步下降。小茧蜂(*Bracon cephi*)体内的甘油浓

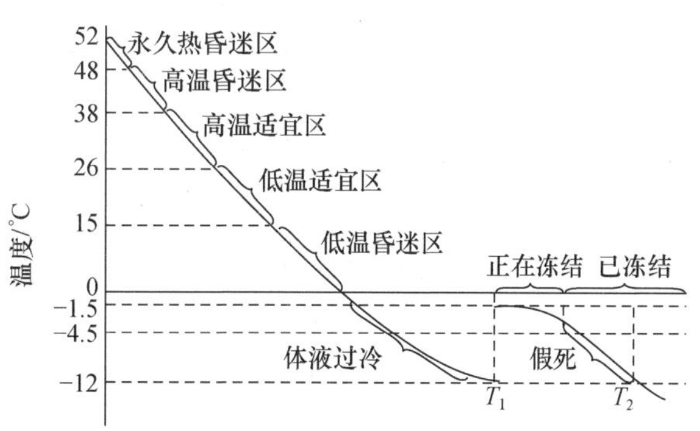

图5-2　昆虫生理状态与温度的关系

T_1为过冷点(临界点)，T_2为死亡点

度在冬季可达到30%,可使体液冰点下降到-17.5℃,甚至可过冷到-47.7℃还不结冰。

二、高温对生物的影响

温度超过生物适宜温区的上限后就会对生物产生有害影响,温度越高对生物的伤害作用越大。高温可减弱光合作用,增强呼吸作用,使植物的这两个重要过程失调。例如,马铃薯在温度达到40℃时,光合作用等于零,而呼吸作用在温度达到50℃以前一直随温度的上升而增强,但这种状况只能维持很短的时间。高温还可破坏植物的水分平衡,加速生长发育,促使蛋白质凝固和导致有害代谢产物在体内的积累。高温对动物的有害影响主要是破坏酶的活性,使蛋白质凝固变性,造成缺氧、排泄功能失调和神经系统麻痹等。

水稻开花期间如遇高温就会使受精过程受到严重伤害,因为高温可伤害雄性器官,使花粉不能在柱头上发育。日平均温度30℃持续5天就会使空粒率增加20%以上。在38℃的恒温条件下,水稻的实粒率下降为零,几乎是颗粒无收(表5-1)。

表5-1　水稻结实率与温度的关系(引自上海植生所,1976)

温　度/℃	28	30	32	35	38
实粒率/(%)	80.9	52.2	32.6	18.9	0
秕粒率/(%)	1.0	2.3	2.3	4.3	11.5
空粒率/(%)	18.1	45.5	65.1	76.8	88.5

动物对高温的忍受能力依种类而异。哺乳动物一般都不能忍受42℃以上的高温;鸟类体温比哺乳动物高,但也不能忍受48℃以上的高温。多数昆虫、蜘蛛和爬行动物能忍受45℃以下的高温,温度再高就有可能引起死亡。例如,家蝇(*Musca domestica*)在6℃时开始活动,28℃以前活动一直增加,到大约45℃时活动中止,当温度到达46.5℃左右时便会死亡。虽然生活在温泉中的斑鳉(*Cyprinodon macularius*)能忍受52℃或更高的水温,但目前除海涂火山口群落的动物以外,还没有发现一种动物能在50℃以上的环境中完成其整个的生活史。

第三节　生物对极端温度的适应

一、生物对低温环境的适应

长期生活在低温环境中的生物通过自然选择,在形态、生理和行为方面表现出很多明显的适应。在形态方面,北极和高山植物的芽和叶片常受到油脂类物质的保护,芽具鳞片,植物体表面生有蜡粉和密毛,植物矮小并常成匍匐状、垫状或莲座状等,这种形态有利于保持较高的温度,减轻严寒的影响。生活在高纬度地区的恒温动物,其身体往往比生活在低纬地区的同类个体大,因为个体大的动物,其单位体重散热量相对较少,这就是Bergman规律。另外,恒温动物身体的突出部分如四肢、尾巴和外耳等在低温环境中有变小变短的趋势,这也是减少散热的一种形态适应,这一适应常被称为Allen规律。例如,北极狐的外耳明显短于温带的赤狐,赤狐的外耳又明显短于热带的大耳狐。恒温动物的另一形态适应是在寒冷地区和寒冷季节增加毛和羽毛的数量和质量或增加皮下脂肪的厚度,从而提高身体的隔热性能。

在生理方面,生活在低温环境中的植物常通过减少细胞中的水分和增加细胞中的糖类、脂肪和色素等物质来降低植物的冰点,增加抗寒能力。例如,鹿蹄草(*Pirola*)就是通过在叶细胞中大量贮存五碳糖、黏液等物质来降低冰点的，这可使其结冰温度下降到－31℃。此外，极地和高山植物在可见光谱中的吸收带较宽，并能吸收更多的红外线，虎耳草（*Saxifraga*）和十大功劳（*Mohonia*）等植物的叶片在冬季时由于叶绿素破坏和其他色素增加而变为红色，有利于吸收更多的热量。动物则靠增加体内产热量来增强御寒能力和保持恒定的体温，但寒带动物由于有隔热性能良好的毛皮，往往能使其在少增加（图 5-3 中的红狐和雷鸟）甚至不增加（北极狐）代谢产热的情况下就能保持恒定的体温。从图 5-3 中可以看出，动物对低温环境的适应主要表现在热中性区宽、下临界点温度低和在下临界点温度以下的曲线斜率小。例如，北极狐和生活在阿拉斯加的红狐，其热中性区都很宽，下临界点温度可低到－10℃以下，即使在下临界点温度以下代谢率的增加也很缓慢（红狐），甚至不增加（北极狐）。在低温环境中减少身体散热的另一种适应是大大降低身体终端部位的温度，而身体中央的温暖血液则很少流到这些部位。例如，生活在冰天雪地的北极灰狼，其脚爪可保持在接近冰点的温度。一只站立在冰面上的鸥，其脚掌部的温度为 0～5℃，温度自下而上逐渐升高，到达生有羽毛的胫部为 32℃，而鸥的体温为 38～41℃。

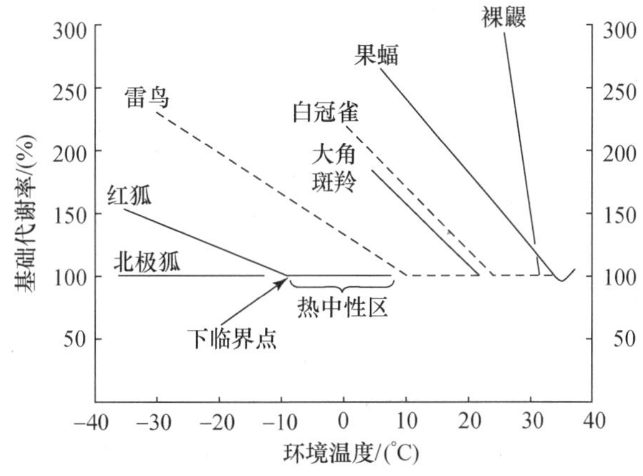

图 5-3　恒温动物的代谢率与温度的关系

行为上的适应主要表现在休眠和迁移两个方面，前者有利于增加抗寒能力，后者可躲过低温环境，这在前一节中已举过许多实例。

二、生物对高温环境的适应

生物对高温环境的适应也表现在形态、生理和行为三个方面。就植物来说，有些植物生有密绒毛和鳞片，能过滤一部分阳光；有些植物体呈白色、银白色，叶片革质发亮，能反射一大部分阳光，使植物体免受热伤害；有些植物叶片垂直排列使叶缘向光或在高温条件下叶片折叠，减少光的吸收面积；还有些植物的树干和根茎生有很厚的木栓层，具有绝热和保护作用。植物对高温的生理适应主要是降低细胞含水量，增加糖或盐的浓度，这有利于减缓代谢速率和增加原生质的抗凝结力。其次是靠旺盛的蒸腾作用避免使植物体因过热受害。还有一些植物具有反射红外线的能力，夏季反射的红外线比冬季多，这也是避免使植物体受到高温伤害的一种适应。

动物对高温环境的一个重要适应就是适当放松恒温性,使体温有较大的变幅,这样在高温炎热的时刻身体就能暂时吸收和贮存大量的热并使体温升高,而后在环境条件改善时或躲到阴凉处时再把体内的热量释放出去,体温也会随之下降。沙漠中的啮齿动物对高温环境常常采取行为上的适应对策,即夏眠、穴居和白天躲入洞内夜晚出来活动。有些黄鼠(*Citellus*)不仅在冬季进行冬眠,还要在炎热干旱的夏季进行夏眠。昼伏夜出是躲避高温的有效行为适应,因为夜晚湿度大、温度低,可大大减少蒸发散热失水,特别是在地下巢穴中。这就是所谓夜出加穴居的适应对策。在第 2 章介绍内稳态行为机制时,已举过很多实例,在此不再重复。

第四节　植物与温度间的复杂相互关系

由于大多数植物都固定在一个地点不能移动,不能主动选择适宜的温度环境,所以植物所处的环境温度变幅很大,例如:在早春天气,三叶草地上部分和地下部分的温度可能差别很大,在地上 3 cm 处茎周围的温度是 21℃,而在地下根周围的温度是 −1℃,上下相距虽只有 9 cm,但温度变幅却达 22℃。

更为复杂的是,每一株植物都有很多的叶、芽和小枝,其中有些完全暴露在阳光之下,另一些则受上方枝叶的遮蔽几乎完全见不到阳光,由于存在这种差异和存在对冷和热的不同耐受性,所以有些叶、芽和小枝会死于极端环境,而另一些却活了下来。

植物的代谢活动对其体内的温度调节几乎不起作用,叶子温度主要是受热辐射的影响,如果气温比植物体的温度高,那么通过对流,植物叶便既能吸收短波的太阳光,又能吸收长波的热辐射。植物会把一部分太阳辐射反射掉,并以长波辐射的形式返还给大气。植物所接受的辐射和它所返还的辐射之间的差值就是所谓的净能量平衡(R_n)。在植物所吸收的净辐射能中,有一部分用于光合作用并将其贮存在植物的生物量中,但这部分数量很少,不到 R_n 的 5%,其余的能量都用于为叶和周围的空气加温了。晴天时植物所吸收的热能可使叶内温度比周围温度高 10～20℃,有可能超过光合作用的最适温度,也可能超过临界温度。

植物到底能得到多少热量将决定于叶和茎皮的反射能力、叶与入射光的夹角、风以及叶的大小与形状。垂直于阳光的叶比其他任何角度都能吸收更多的热,有些植物在白天时可依据太阳的方位和光照强度改变叶子的指向。成年树木、巨大仙人掌和其他有粗茎的植物,其茎干阳面的温度通常要比阴面的温度高。

陆生植物可依靠对流和蒸发散热,而水生植物则只能靠对流散热。对流散热的效能主要决定于叶温与周围气温或水温的差值,如果叶温高于周围的气温,热量就会从叶向周围空气转移。蒸发散热通常是发生在植物进行蒸腾作用的时候,此时植物体内的水分会通过气孔进入周围的大气,这是一个耗能过程,伴随着叶温下降。

由于植物是靠对流和蒸发散热,因此叶的大小和形状就显得十分重要。像栎树的深裂叶和刺槐的小复叶,其散热效能要比阔叶不裂叶好,这些叶的每单位体积叶量相对会有更多的叶面积与空气接触并交换热量。

每片叶内的温度也存在差异,因为叶缘比叶中心能更快地冷却,这样就有可能使叶缘部分凝有露水或遭受霜害,而叶的中央部分不受伤害。大树干的温度常常会比周围空气的温度高,这是因为树干有热量贮存且热传导性能不良。这种特性常被鸟类和哺乳动物利用,它们喜欢在树洞内筑巢并把树洞作为隐蔽场所。

叶子温度与植物的光合作用能力有关，因为光合作用对温度非常敏感。一般说来，光合作用和呼吸作用都随温度的升高而增强，而且植物叶对二氧化碳的净摄入量决定于这两个过程之间的平衡关系。在光合作用得以进行的温度范围内，起初光合作用率是随着温度的增加而增加的，但当达到最适温度时，光合作用率便持平，此后便随着温度的继续升高而下降，在此处，热会造成酶和蛋白质的损伤，不利于光合作用进行，最终温度的升高会使光合作用率下降到零。

使光合作用得以发生的温度范围和最适温度都是随着植物种类的不同和同一种植物的不同种群而发生变化的。因为虽然是同一种植物，但不同种群可能生长在不同的温度环境中。一般说来，植物对温度的反应是与植物所在环境的温度密切相关的，这表明植物都经历了长期的温度驯化过程。另一方面，在不同环境中，植物对温度的反应也可能存在着遗传差异，这些差异在 C_3 植物和 C_4 植物之间表现得特别明显，这两类植物所利用的光合作用渠道是不一样的。C_4 植物通常是生长在比较温暖和比较干燥的环境中，光合作用的最适温度要比 C_3 植物高，一般是在 30～40℃之间（图 5-4）。

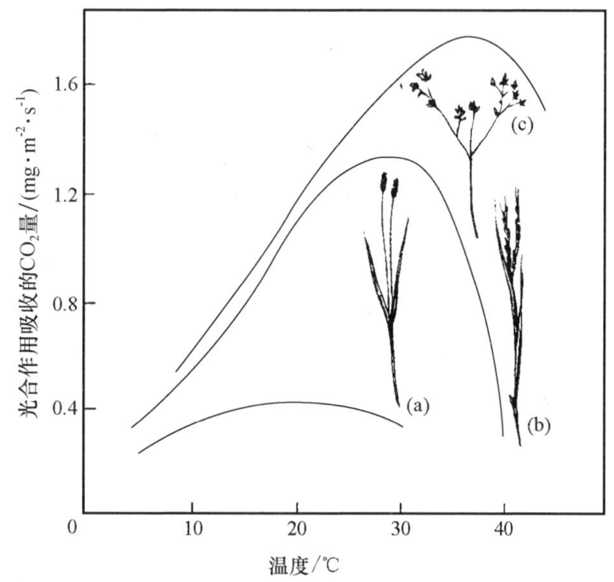

图 5-4　叶温度的变化对 C_3 和 C_4 植物光合作用率的影响

（a）C_3 植物（*Sesleria caerulea*），光合作用率随叶温升高而下降；（b）C_4 植物（网茅 *Spartina anglica*）；（c）C_4 沙漠灌木（*Tidestromia oblongifolia*）。C_4 植物的光合作用率随叶温升高而增加，直到达到某一点

第五节　温度与细菌的代谢活动

细菌已经适应了在液态水的所有温度下生活，包括从南极周围的冰冷海水到沸腾的温泉水。生活在深海中的生物不仅周围是一片黑暗，而且通常是处于 5℃以下的低温，但在这样的环境中却生活着很多种细菌，据研究，几乎所有细菌都能很好地生活在一个狭窄的温度范围内。事实上在水温极高和极低的两个极端情况下都有细菌生存。Richard Morita 曾研究了温

度对一种嗜冷细菌——弧菌(*Vibrio* sp.)种群增长的影响，弧菌是一种海洋细菌，生活在南极周围冰冷的海水中。Morita对这种细菌进行了分离和培养，在一个存在温度梯度的培养器中培养了80 h，在培养期间培养器中的温度梯度是从大约－2℃到9℃。培养结果表明，这种弧菌在4℃生长最快，高于或低于4℃时种群增长速度减慢。此外，Morita还记录了一些嗜冷细菌(psychrophilic bacteria)在－5.5℃的温度条件下的种群增长情况。

有些种类的细菌可以生活在很高的温度中，在人们所研究过的所有温泉中几乎都有细菌生存。有些嗜热细菌(thermophilic bacteria)可以在高达100℃以上的海水中生长。有一种嗜热的硫化裂片菌(*Sulfolobus*)生活在美国黄石国家公园的温泉中，它从元素硫的氧化中获取生存所需的能量。Mosser J及其同事以硫的氧化速率作为这种嗜热细菌的代谢活动指标，他们发现这种细菌的最适代谢温度是63～80℃，而黄石国家公园温泉的水温通常是63～92℃。应当特别指出的是，这些嗜热细菌的最适代谢温度通常是与它们所生存的特定温泉的温度相关的，例如：从59℃温泉中分离出的一个细菌品系，其硫氧化的最大速率发生在63℃。就硫化裂片菌来说，硫的高氧化率只发生在上下10℃的温度范围内，超出了这个范围，硫的氧化速率就会大大降低。

温度无论是对细菌的活动、对植物的光合作用还是对各种酶的活性都有着很大影响，这表明大多数生物都只在一个相当窄的温度范围内才会有最佳表现。这个温度范围对不同的生物是不一样的，存在着很大差异。

第六节　有效积温法则

温度与生物发育的关系比较集中地反映在温度对植物和变温动物(特别是昆虫)发育速率的影响上，即反映在有效积温法则上。有效积温法则最初是在研究植物发育时总结出来的，其主要含义是植物在生长发育过程中必须从环境摄取一定的热量才能完成某一阶段的发育，而且植物各个发育阶段所需要的总热量是一个常数，因此可用公式$NT=K$表示，其中N为发育历期即生长发育所需时间，T为发育期间的平均温度，K是总积温(常数)。昆虫和其他变温动物也符合这一公式，但无论是植物还是变温动物，其发育都是从某一温度开始的，而不是从零度开始的，生物开始发育的温度就称为发育起点温度(或最低有效温度)，由于只有在发育起点温度以上的温度对发育才是有效的(C表示发育起点温度)，所以上述公式必须改写为

$$N(T-C)=K \tag{1}$$

$$T-C=\frac{K}{N}, \quad 即 \quad T=C+\frac{K}{N} \tag{2}$$

$$T=C+K\frac{1}{N}=C+KV \tag{3}$$

其中：V是发育速率，它是发育时间(N)的倒数，所以$V=1/N$。公式(2)相当于数学上的双曲线公式$y=a+\frac{b}{x}$，表示温度与发育历期呈双曲线关系；而公式(3)相当于数学上的直线关系$y=a+bx$，表示温度与发育速度呈直线关系。

求C值和K值的简便方法是在两种实验温度(T_1和T_2)下，分别观察和记录两个相应的发育时间N_1值和N_2值。

因为

$$K_1 = N_1(T_1 - C)$$

$$K_2 = N_2(T_2 - C)$$

$$K_1 = K_2$$

所以

$$N_1(T_1 - C) = N_2(T_2 - C)$$

$$C = \frac{N_2 T_2 - N_1 T_1}{N_2 - N_1}$$

求出 C 后,将 C 代入公式(2)就可求出有效积温 K。

下面以地下害虫鳞翅目昆虫小地老虎为例,说明 C 值和 K 值的计算方法及其在害虫预测预报中的应用。表 5-2 是江苏省东台县测报站(1975)对小地老虎幼虫发育的 10 年观测资料。

表 5-2 小地老虎幼虫的发育温度和发育历期资料

观测年次	发育历期 N/d	发育平均温度 T/℃	发育速率 $V=1/N$	发育速率平方 V^2	VT
1	41	17.39	0.02439	0.0005949	0.4241
2	40	17.32	0.02500	0.0006250	0.4330
3	38	17.60	0.02632	0.0006980	0.4632
4	39	17.48	0.02564	0.0006574	0.4482
5	37	17.74	0.02703	0.0007306	0.4795
6	36	17.82	0.02778	0.0007717	0.4950
7	35	18.45	0.02857	0.0008163	0.5271
8	33.3	18.87	0.03000	0.0009018	0.5667
9	32	19.01	0.03125	0.0009765	0.5941
10	30.5	19.21	0.03279	0.0010750	0.6299

$$n = 10,\ \sum T = 180.89,\ \sum V = 0.27880$$

$$\sum V^2 = 0.0078420,\ \sum VT = 5.0608$$

$$C = \frac{\sum V^2 \cdot \sum T - \sum V \cdot \sum VT}{n \cdot \sum V^2 - \left(\sum V\right)^2}$$

$$= \frac{0.0078420 \times 180.89 - 0.27880 \times 5.0608}{10 \times 0.0078420 - 0.27880 \times 0.27880}℃$$

$$= 10.98℃$$

$$K = \frac{n \cdot \sum VT - \sum V \cdot \sum T}{n \cdot \sum V^2 - \left(\sum V\right)^2}$$

$$= \frac{10 \times 5.0608 - 0.27880 \times 180.89}{10 \times 0.0078420 - 0.27880 \times 0.27880}\ \text{日度}$$

$$= 254.68\ \text{日度}$$

有效积温法则的实际应用可包括以下几个方面:

(1) 预测生物发生的世代数。例如,小地老虎完成一个世代(包括各个虫态)所需总积温 $K_1=504.7$ 日度,而南京地区对该昆虫发育的年总积温 $K=2220.9$ 日度,因此小地老虎可能发生的世代数为

$$\frac{K}{K_1}=\frac{2220.9}{504.7}=4.54(\text{代})$$

南京地区小地老虎每年实际发生 4～5 代,与上述理论预测相符。

(2) 预测生物地理分布的北界。根据有效积温法则,一种生物分布所到之处的全年有效总积温必须满足该种生物完成一个世代所需要的 K 值,否则该种生物就不会分布在那里。

(3) 预测害虫来年发生程度。例如,东亚飞蝗只能以卵越冬,如果某年因气温偏高使东亚飞蝗在秋季又多发生了一代(第三代),但该代在冬天到来之前难发育到成熟,于是越冬卵的基数就会大大减少,来年飞蝗发生程度必然偏轻。

(4) 推算生物的年发生历。根据某种生物各发育阶段的发育起点温度和有效积温,再参考当地气象资料就可以推算出该种生物的年发生历。

(5) 可根据有效积温制定农业气候区划,合理安排作物。不同作物所要求的有效积温是不同的,如小麦、马铃薯大约需要有效积温 1000～1600 日度;春播禾谷类、番茄和向日葵为 1500～2100日度;棉花、玉米为 2000～4000 日度;柑橘类为 4000～4500 日度;椰子为5000日度以上。

(6) 应用积温预报农时。依据作物的总积温和当地节令、苗情以及气温资料就可以估算出作物的成熟收刈期,以便制定整个栽培措施。用有效积温预报农时远比其他温度指标和植物生育期天数更准确可靠。

有效积温法则的应用也有一定的局限性,如发育起点温度通常是在恒温条件下测得的,这与昆虫在自然变温条件下的发育有出入(变温下的昆虫发育较快);有效积温法则是以温度与发育速率呈直线关系为前提,但事实上两者间呈 S 形关系,即在最适温的两侧发育速率均减慢;除温度外,生物发育同时还受其他生态因子的影响。就小麦来说,长日照可加快发育,短日照则抑制发育,如果采用积温和光照时数的乘积即光温积来表示小麦的发育速度,就比单用积温值稳定、可靠;积温法则不能用于有休眠和滞育生物的世代数计算。

温度除了影响生物的生长发育外,还能影响生物的生殖力和寿命。例如,我国危害水稻的三化螟在温度为 29℃、相对湿度为 90%时产卵最多;粮库害虫米象在小麦相对湿度为 14%时,在最适温度下(约 29℃)产卵最多,偏离此温度产卵量便下降,偏离越远产卵数越少。温度对变温动物寿命影响的一般规律是在较低温度下生活的动物寿命较长,对恒温动物来说偏离最适温度将会使寿命下降,如饥饿麻雀在 36℃时能活 48 h,在 10℃和 39℃条件下只能分别存活 10.5 h 和 13.6 h。

第七节　温度与生物的分布

生物不仅需要适应一定的温度幅度,而且还需要有一定的温度量。极端温度(高温和低温)常常成为限制生物分布的重要因素。例如,由于高温的限制,白桦、云杉在自然条件下不能在华北平原生长,苹果、梨、桃不能在热带地区栽培;在长江流域和福建,黄山松因高温限制不能分布在海拔 1000～1200 m 以下的高度。菜粉蝶不能忍受 26℃以上的高温,所以 26℃就是这种昆虫分布的南限,虽然秋季和冬季菜粉蝶可以越过这个界限,但到夏季气温超过 26℃时,卵和幼虫就会全部死亡。高温限制生物分布的原因主要是破坏生物体内的代谢过程和光合呼吸平衡,其次是植物因得不到必要的低温刺激而不能完成发育阶段,如苹果、桃、梨在低纬地区不能开花结实。

低温对生物分布的限制作用更为明显。对植物和变温动物来说，决定其水平分布北界和垂直分布上限的主要因素就是低温，所以这些生物的分布界限有时非常清楚。例如，橡胶分布的北界是北纬24°40′(云南盈江)，海拔高度的上限是960 m(云南盈江)；剑麻分布的北界是北纬26°，海拔高度的上限是900 m(云南潞西)；油棕为北纬24°(福建诏安)和海拔600 m(西双版纳)；椰子为北纬24°30′(厦门)和海拔640 m(海南岛)。苹果蚜分布的北界是1月等温线为3～4℃的地区；东亚飞蝗分布的北界是年等温线为13.6℃的地方；玉米螟则只能分布在气温15℃以上的日子不少于70天的地区。有些昆虫在大发生时往往会超过它们正常分布的北界，但这只是一种暂时性的分布。温度对恒温动物分布的直接限制较小，但也常常通过影响其他生态因子(如食物)而间接影响其分布。例如，通过影响昆虫的分布而间接影响食虫蝙蝠和高纬地区鸟类的分布等。很多鸟类秋冬季节不能在高纬地区生活，不是因为温度太低而是因为食物不足和白昼取食时间缩短。

温度和降水是影响生物在地球表面分布的两个最重要的生态因子，两者的共同作用决定着生物群落在地球分布的总格局。

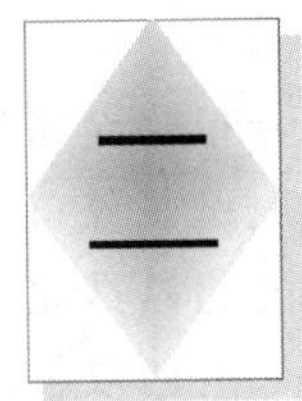

第6章 生物与水

第一节 水的生态意义

首先，水是任何生物体都不可缺少的重要组成成分，生物体的含水量一般为60%～80%，有些生物可达90%以上（如水母、蝌蚪等），从这个意义上说，没有水就没有生命。其次，生物的一切代谢活动都必须以水为介质，生物体内营养的运输、废物的排除、激素的传递以及生命赖以存在的各种生物化学过程，都必须在水溶液中才能进行，而所有物质也都必须以溶解状态才能出入细胞，所以在生物体和它们的环境之间时时刻刻都在进行着水交换。

各种生物之所以能够生存至今，都有赖于水的一种特性，即在3.98℃时密度最大。水的这一特殊性质使任何水体都不会同时全部冻结，当水温降到3.98℃以下时，冷水总是在水体的表层而暖水在底层，因此结冰过程总是从上到下进行，这对历史上的冰河时期和现今寒冷地区生物的生存和延续来说是至关重要的。此外，水的热容量很大，而且吸热和放热是一个缓慢的过程，因此水体温度不像大气温度那样变化剧烈，也较少受气温波动的影响，这样，水就为生物创造了一个非常稳定的温度环境。

生物起源于水环境，生物进化90%的时间都是在海洋中进行的。生物登陆后所面临的主要问题是如何减少水分蒸发和保持体内的水分平衡。至今，完全适应在干燥陆地生活的只有像高等植物、昆虫、爬行动物、鸟类和哺乳动物这样一些生物，因为它们的表皮和皮肤基本是干燥和不透水的，而且在获取更多的水、减少水的消耗和贮存水三个方面都具有特殊的适应。水对陆生生物的热量调节和热能代谢也具有重要意义，因为蒸发散热是所有陆生生物降低体温的最重要手段。

第二节 植物与水的关系

对陆生植物来说，失水是一个严重的问题。虽然植物不需要利用水来排泄盐分和含氮代谢产物，但植物在正常的气体交换过程中所损失的水要比动物多得多。动物在呼吸中所吸进的氧气约占大气成分的20%，而植物所需要的二氧化碳却只占大气成分的0.03%。因此，与动物吸入1mL氧气相比，植物要获得1mL二氧化碳就必须多交换700倍的大气，也就是说植物失水的可能性要比动物大700倍！一株玉米一天约需要2kg水，一生需水量超过200kg。夏天一株树木一天的需水量约等于其全部鲜叶重的5倍。植物从环境中吸收的水约有99%用于蒸腾作用，只有1%保存在体内。小麦每生产1kg干物质就需耗水300～400kg，因此只有充分的水分供应才能保证植物的正常生活。

在根吸收水和叶蒸腾水之间保持适当的平衡是保证植物正常生活所必需的。要维持水分平衡必须增加根的吸水能力和减少叶片的水分蒸腾,植物在这方面具有一系列的适应性。例如,气孔能够自动开关,当水分充足时气孔便张开以保证气体交换;但当缺水干旱时,气孔便关闭以减少水分的散失。当植物吸收阳光时,植物体就会升温,但植物表面浓密的细毛和棘刺则可增加散热面积,防止植物表面受到阳光的直射和避免植物体过热。植物体表生有一层厚厚的蜡质表皮也可减少水分的蒸发,因为这层表皮是不透水的。有些植物的气孔深陷在植物叶内,有助于减少失水。有很多植物是靠光合作用的生化途径适应于快速摄取二氧化碳(这样可使交换一定量气体所需的时间减少)或把二氧化碳以改变了的化学形式贮存起来,以便能在晚上进行气体交换,此时温度较低,蒸发失水的压力较小。

一般说来,在低温地区和低温季节,植物的吸水量和蒸腾量小,生长缓慢;在高温地区和高温季节,植物的吸水量和蒸腾量大,生产量也大,在这种情况下,必须供应更多的水才能满足植物对水的需求和获得较高的产量。

水与植物的生产量有着十分密切的关系。所谓需水量就是指生产1g干物质所需的水量。一般说来,植物每生产1g干物质约需300～600g水。不同种类的植物需水量是不同的,例如,各类植物生产1g干物质所需水量为:狗尾草285g、苏丹草304g、玉米349g、小麦557g、油菜714g、紫苜蓿844g等。凡光合作用效率高的植物需水量都较低。当然,植物需水量还与其他生态因子有直接关系,如光照强度、温度、大气湿度、风速和土壤含水量等。植物的不同发育阶段吸水量也不相同。

依据植物对水分的依赖程度可把植物分为水生、陆生等几种生态类型。

一、水生植物

水生植物的适应特点是体内有发达的通气系统,以保证身体各部分对氧气的需要;叶片常呈带状、丝状或极薄,有利于增加采光面积和对CO_2与无机盐的吸收;植物体具有较强的弹性和抗扭曲能力以适应水的流动;淡水植物具有自动调节渗透压的能力,而海水植物则是等渗的。水生植物有三种类型:

(1) 沉水植物。整株植物沉没在水下,为典型的水生植物。根退化或消失,表皮细胞可直接吸收水中气体、营养物和水分,叶绿体大而多,适应水中的弱光环境,无性繁殖比有性繁殖发达。如狸藻、金鱼藻和黑藻等。

(2) 浮水植物。叶片漂浮水面,气孔通常分布在叶的上面,维管束和机械组织不发达,无性繁殖速度快,生产力高。不扎根的浮水植物有凤眼莲、浮萍和无根萍等,扎根的有睡莲和眼子菜等。

(3) 挺水植物。植物体大部分挺出水面,如芦苇、香蒲等。

二、陆生植物

包括湿生、中生和旱生植物三种类型。

(1) 湿生植物。抗旱能力小,不能长时间忍受缺水。生长在光照弱、湿度大的森林下层,或生长在日光充足、土壤水分经常饱和的环境中。前者如热带雨林中的各种附生植物(蕨类和兰科植物)和秋海棠等;后者如水稻、毛茛、灯心草和半边莲等。

(2) 中生植物。适于生长在水湿条件适中的环境中,其形态结构及适应性均介于湿生植物和旱生植物之间,是种类最多、分布最广和数量最大的陆生植物。

(3) 旱生植物。能忍受较长时间干旱,主要分布在干热草原和荒漠地区。又可分为少浆液植物和多浆液植物两类。前者叶面积缩小,根系发达,原生质渗透压高,含水量极少,如刺叶石竹、骆驼刺和夹竹桃等;后者体内有发达的贮水组织,多数种类叶片退化而由绿色茎代行光合作用,如仙人掌、石蒜、景天和猴狲面包树等。

第三节 植物如何应付洪涝

水太多比水太少对植物的压力更大。不同种类的植物应付洪涝的能力是不一样的。水淹对植物的危害与干旱所造成的危害相似,主要症状包括气门紧闭、黄化、早熟、落叶、萎蔫和光合作用迅速减弱。然而引起这些症状的原因是各不相同的。

正在生长的植物既需要有充足的水分供应,又需要不断与环境进行气体交换,气体交换常发生在根与土壤中的空气之间,当水把土壤中的孔隙填满后,这种气体交换就无法再进行了,此时植物就会因缺氧而发生窒息,以至可能被淹死,根必须在有 O_2 的条件下才能进行有氧呼吸,如果因水淹而缺氧,根就不得不转而进行无氧代谢。土壤中无氧或缺氧会导致化学反应产生一些对植物有毒的物质。

有些植物以在根内积累乙烯(ethylene)作为对无氧条件的反应。乙烯气作为一种生长激素很难溶于水,在正常情况下,根只能产生少量的乙烯。在土壤被水淹的情况下,乙烯便难以从根扩散出来,氧气也无法向根内扩散,于是根内乙烯的浓度便会增高。乙烯可刺激根外皮中的相邻细胞,使其自毁和分离,形成许多相互连接的气室,这就是通气组织(aerenchyma)。这些气室通常是水生植物所特有的,有助于浸水根内的气体交换。

另一些植物,特别是木本植物,原生根(original root)在缺氧时会死亡,但在茎的地下部分会长出不定根(adventitious root),以便取代原生根,所谓不定根就是在本不该长根的地方长出的根,不定根在功能上替代了原生根,它们在有氧的表层土壤内呈水平散布。在排水不良的土壤中生长的槭树(*Acer rubrum*)和白松(*Pinus strobus*)为了应付洪涝而发展了呈水平分布的浅根根系,这些根系不耐干旱,生有浅根根系的树木容易被大风刮倒。

长时间水淹会引起顶梢枯死或死亡,特别是木本植物。树木对洪涝所作出的反应与季节、水淹持续时间、水流和树种有关。生长在泛滥平原上的树木和生长在低地的硬木树种对季节性短时间的洪水泛滥有着极强的耐受性。静止不流动的水比富含氧气的流水对这些树木所造成的损害更大。根被水淹的时间如果超过生长季节的一半,通常大多数树木就会死亡。

经常遭受洪涝的植物往往会通过进化产生一些适应,这些植物大都生有气室和通气组织,氧气可借助于通气组织从地上枝和茎干输送到根部。像水百合一类的植物,其通气组织遍布整株植物,老叶中的空气能很快地输送到嫩叶中去。叶内和根内各处都有彼此互相连通的气室,这种发达的通气组织几乎可占整个植物组织的一半。在寒冷和潮湿的高山苔原,有些植物在叶内、茎内和根内也有很多类似气室的充气空间,可保证把氧气输送到根内。

只有少数木本植物能够永久性地生长在被水淹没的地区,其典型代表是落羽杉(*Taxodium distibum*)、红树、柳树和水紫树(*Nyssa aquatica*)。落羽杉生长在积水的平坦地区,发展了特殊的根系,即出水通气根(pneumatopheres)。红树也有出水通气根,它有助于气体交换并能在涨潮期间为根供应氧气。

第四节　动物与水的关系

动物和植物一样必须保持体内的水分平衡。对水生动物来说，保持体内水分得失平衡主要是依赖水的渗透作用。陆生动物体内的含水量一般比环境要高，因此常常因蒸发而失水，另外，在排泄过程中也会损失一些水。失去的这些水必须从食物、饮水和代谢水那里得到补足，以便保持体内水分的平衡。

水分的平衡调节总是同各种溶质的平衡调节密切联系在一起的，动物与环境之间的水交换经常伴随着溶质的交换。生活在淡水中的鱼不仅要解决水大量渗透到体内的问题，而且还必须不断补充溶质的损失。排泄过程不仅会丢失水分，同时也会丢失溶解在水里的许多溶质。影响动物与环境之间进行水分和溶质交换的环境因素很多，不同的动物也具有不同的调节机制，但各种调节机制都必须使动物能在各种情况下保持体内水分和溶质交换的平衡，否则动物就无法生存。

一、水生动物的渗透压调节

1. 海洋动物

海洋是一种高渗环境，生活在海洋中的动物大致有两种渗透压调节类型。一种类型是动物的血液或体液的渗透浓度与海水的总渗透浓度相等或接近；另一种类型是动物的血液或体液大大低于海水的渗透浓度。

海水的总渗透浓度是 1135 mmol · kg^{-1}，与海水渗透浓度基本相同的动物有海胆(*Echinus*)和贻贝(*Mytilus*)等。这些动物一般不会由于渗透作用而失水或得水，但随着代谢废物的排泄总会损失一部分水，因此动物必须从以下几个方面摄取少量的水：① 从食物中(食物一般含有 50%～90%的水)；② 饮用海水并排出海水中的溶质；③ 食物同化过程中产生的代谢水。由于等渗动物所需要的水量很少，所以一般不需要饮用海水，代谢水的多余部分还要靠渗透作用排出体外。蟹(*Maja*)等的血液渗透浓度比海水略低一些，这些动物会由于渗透作用失去一些水，它们与等渗动物相比，失水量会稍多一些，但它们也会从食物、代谢水中或直接饮用海水(伴随着排泄溶质)而摄入更多一些的水。还有一些动物的血液或体液的渗透浓度比海水略高一些，如海月水母(*Aurelia*)、枪乌贼(*Loligo*)、海蛆(*Ligia*)、龙虾(*Nephrops*)、盲鳗(*Myxine*)和矛尾鱼(*Latimeria*)等。对这些动物来说，体外的水会渗透到体内来，渗透速率将决定于体内外的渗透压差。这些动物不仅不需要饮水和从食物和代谢过程中摄取水，而且还需借助于排泄器官把体内过剩的水排出体外。

生活在海洋中的低渗动物(如鲱、鲑、鮟鱇、豹蟾鱼)，由于体内的渗透浓度与海水相差很大，因此，体内的水将大量向体外渗透，如要保持体内水分平衡，低渗动物必须从食物、代谢过程或通过饮水来摄取大量的水。由于从食物和代谢过程中摄取的水量受到动物对食物需要量的限制，所以饮水就成了弥补大量渗透失水的主要方法。与此同时，动物还必须有发达的排泄器官，以便把饮水中的大量溶质排泄出去(图6-1)。在

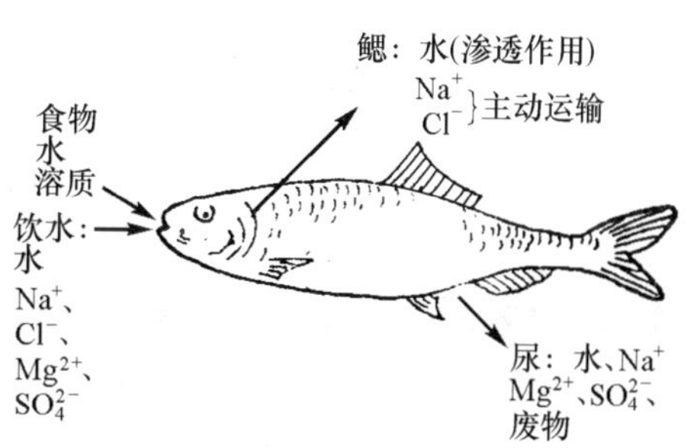

图 6-1　一个低渗鱼的水和溶质代谢

低渗动物中,排泄钠的组织是多种多样的。硬骨鱼类和甲壳动物体内的盐是通过鳃排泄出去的,而软骨鱼类则是通过直肠腺排出。这些排盐组织的细胞膜上有 K^+ 泵和 Na^+ 泵,因此可以主动地把钾和钠通过细胞膜排出体外。美洲鳗鲡(*Anguilla rostrata*)在生活过程中要从淡水迁入海水,尽管外部环境的渗透浓度要发生极大的变化,但它的血液渗透浓度却仍能保持稳定,它对低渗调节的控制是独具特色的。当美洲鳗鲡接触海水时,由于吞食海水并从海水中摄取钠而使血液的渗透浓度增加。接着便出现一些细胞脱水现象,肾上腺皮质增加皮质甾醇(一种激素)的分泌量。这种激素有两个重要作用,一是能使分泌氯化物的细胞从鳃内迁移到鳃的表面,二是在这些细胞膜内形成大量的 Na^+ 泵和 K^+ 泵。几天之内钠泵排盐机制便可形成,并能把从海水中摄取的钠排出体外,这样就实现了美洲鳗鲡血液浓度的低渗调节。

2. 低盐环境和淡水环境中的动物

生活在低盐环境和淡水环境中的动物,其渗透压调节是相似的,两种环境只是在含盐量和稳定性方面有所不同。低盐环境(如河海交汇处)的渗透浓度波动性较大,当生活在海洋中的等渗动物游到海岸潮汐区的河流入海口附近时,环境的渗透浓度下降,由于动物与环境之间的渗透浓度差进一步加大,所以动物必须对它们体内的渗透浓度进行调整。图 6-2 是环境渗透浓度的下降对几种海洋等渗动物体内渗透浓度的影响。当这些动物生活在真正的海水环境中时(图的右上部分),它们的体液浓度都与海水相等或稍高一些。但当环境的渗透浓度下降时(向图中左侧移动),这些动物的体液浓度也不同程度地跟着下降。体液浓度随着环境渗透浓度的改变而改变的动物称为变渗动物;而体液浓度保持恒定,不随环境改变而改变的动物称为恒渗动物。从图 6-2 可以看到,各种动物调整自身渗透压的精确程度是很不相同的,其中沙蚕(*Nereis diversicolor*)的体液浓度是下降最多的,当环境浓度是 100 mmol · L^{-1} 时,沙蚕的体液浓度是 200 mmol · L^{-1},其浓度差是 100 mmol · L^{-1}。为了维持这样的浓度差,沙蚕用于渗透压调节的能量消耗要增加 8 倍(图 6-3)。但如果靠主动从环境中摄取溶质来维持更大的浓度差,其能量消耗就会如图中曲线所示的那样呈指数上升。

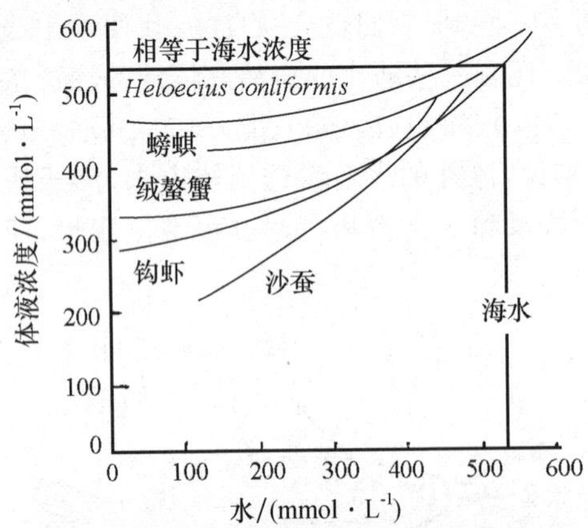

图 6-2　当环境渗透浓度从海水下降到淡水时(自右至左),几种海洋等渗动物体液浓度的变化

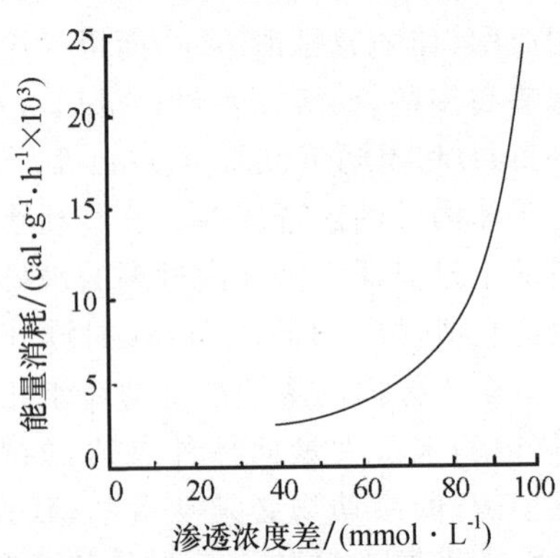

图 6-3　沙蚕与环境的渗透压差与为维持渗透压差而进行渗透压调节的能量消耗之间的关系(1cal=4.18 J)

淡水动物所面临的渗透压调节问题是最严重的，因为淡水的渗透浓度极低(约2～3 mmol・L^{-1})。由于动物血液或体液渗透浓度比较高，所以水不断地渗入动物体内，这些过剩的水必须不断地被排出体外才能保持体内的水分平衡。此外，淡水动物还面临着丢失溶质的问题。有些溶质是随尿排出体外的，另一些则由于扩散作用而丢失。丢失的溶质必须从两个方面得到弥补：一方面从食物中获得某些溶质，另一方面动物的鳃或上皮组织的表面也能主动地把钠吸收到动物体内。钠在数量上是细胞内最重要的一种溶质，其他溶质只依靠从食物中摄取就足够了(图6-4)。

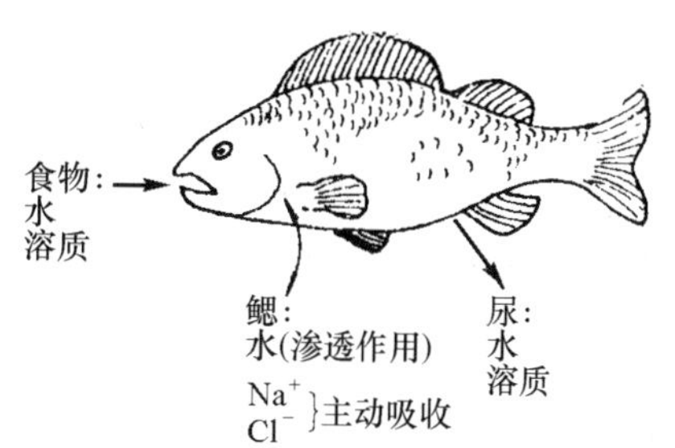

图6-4　一个高渗性鱼类的水分和溶质代谢

二、陆生动物的渗透压调节

陆生动物和水生动物一样，细胞内需要保持最适的含水量和溶质浓度。渗透压调节的重要性就在于能保持各种动物细胞内都有相似的含水量，否则细胞的功能就会受影响。

动物失水的主要途径是皮肤蒸发、呼吸失水和排泄失水。丢失的水分主要是从食物、代谢水和直接饮水三个方面得到弥补。但在有些环境中，水是很难得到的，所以单靠饮水远远不能满足动物对水分的需要。因此，陆生动物在进化过程中形成了各种减少或限制失水的适应。陆生动物皮肤的含水量总是比其他组织少，因此可以减缓水穿过皮肤。有很多蜥蜴和蛇，其皮肤中的脂类对限制水的移动发挥着重要作用，如果把这些脂类从皮肤中除去，皮肤的透水性就会急剧增加。

由于水是从动物身体表面蒸发的，所以随着动物身体的减小，其蒸发失水的表面积就会相应增加，这对生活在干燥环境中的小动物，例如陆生昆虫，非常不利。很多陆生昆虫和节肢动物都有特殊适应，尽量减少呼吸失水和体表蒸发失水。例如，昆虫利用气管系统来进行呼吸，而气门是由气门瓣来控制的，只有当气门瓣打开的时候，才能与环境进行最大限度的气体和水分交换。如果几个月不喂给粉甲(*Tribolium*)幼虫食物并把它们置于干燥的空气中，它们的气门瓣常常连续很多星期都紧闭着，气体交换只发生在气门瓣短暂开放的一瞬间(图6-5)，这样就可以把蒸发失水量降低到最低限度。节肢动物的体表有一层几丁质的外骨骼，有些种类在外骨骼的表面还有很薄的蜡质层，可以有效地防止水分的蒸发。

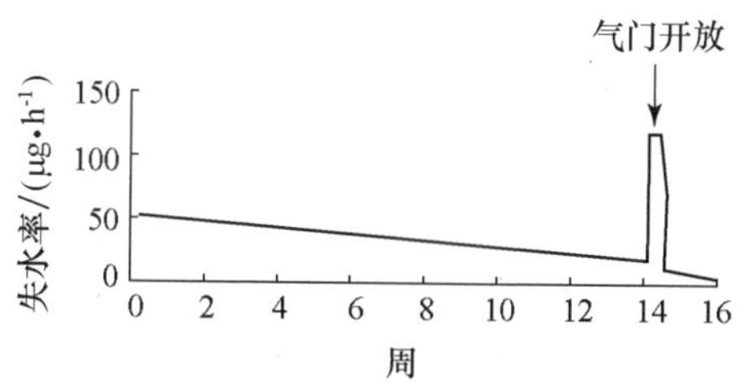

图6-5　在干燥的环境中，粉甲幼虫气门瓣的短暂开放

(在长达很多周的时期内紧闭不放，使失水率大大降低)

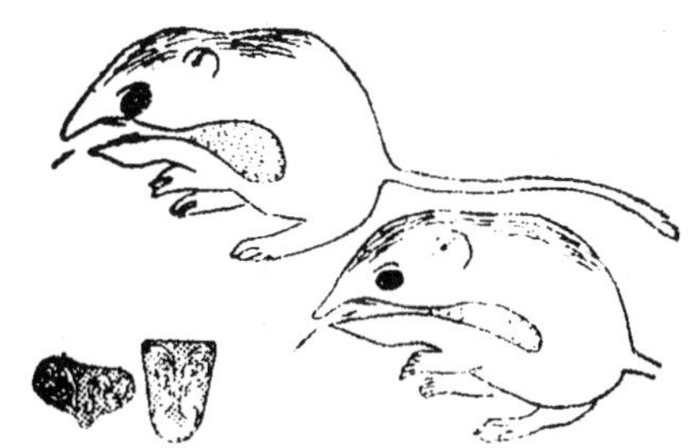

图6-6　更格芦鼠呼吸道的保水机制

(下左图是距离鼻孔3 mm和9 mm处的鼻道横切面图，显示鼻道借助迂回曲折而增加表面积)

鸟类、哺乳类中减少呼吸失水的途径是将由肺内呼出的水蒸气，在扩大的鼻道内通过冷凝而回收。鼻道温度低于肺表面，来自肺的湿热气遇冷后就会凝结在鼻道内表面并被回收。这种回收冷凝水的工作机制是与许多荒漠鼠类不断吸入干燥的冷空气有关的，当干燥的冷空气通过鼻道时，鼻道表面就会因水分蒸发而变冷，而变冷了的鼻道内表面能使来自肺部的饱含水分的热空气凝结为水，这样就可以最大限度地减少呼吸失水。值得注意的是，世居干燥荒漠的更格芦鼠的鼻道迂回曲折，大大增加了鼻道内的表面积，就是对这一功能的一种形态适应(图6-6)。

减少排泄失水，如许多荒漠鸟兽具有良好重吸收水分的肾脏。人尿中的盐离子浓度比血浆中的浓度高3倍，但更格芦鼠尿中的盐浓度却可以比血浆中的高17倍。一般说来，兽类中浓缩尿的能力越强，其肾脏髓质部的相对厚度指数越大，重吸收水的主要部位是位于髓质部中的亨氏袢。许多研究证明，越是栖息于干旱环境的兽类，其肾脏髓质部的相对厚度越大，相应的尿中盐离子浓度比血浆中高出的倍数也越大。

含氮废物的排出形式也是减少排泄失水的一种途径。大多数水生生物排出的氮代谢产物是铵(NH_4^+)。虽然铵也有一定的毒性，但水生生物可以在它达到有害浓度之前就迅速排出体外(主要由鳃排出)。陆生动物则无法为排氮而承受如此大量的水分丧失，因此在蛋白质代谢中常常产出一种毒性较小的代谢产物。哺乳动物所产出的这种氮代谢产物是尿素，即$CO(NH_2)_2$。由于尿素溶于水，所以排泄过程也会损失一些水分，失水的多少则视肾脏的浓缩能力而定。爬行动物和鸟类则以尿酸($C_5H_4N_4O_3$)的形式排泄含氮废物，这是对陆地生活的进一步适应。在炎热干燥的沙漠生境中，尿酸甚至可以结晶状态排出体外，这种节水适应可使一些鸟类和爬行动物在沙漠的烈日下也能积极地活动。

减少呼吸和体表蒸发失水增加了在高温下体温调节的困难，因此，必须靠其他方法加以解决。最普通的一种生理机制是使体温有更大的波动范围(与正常的内稳态动物相比，体温波动幅度要大得多)。例如，黄鼠(*Citellus leucurus*)体内的酶系统与大多数动物相比，其发挥作用的温度范围要宽得多，因此允许体温有较大幅度的变化。实际上，黄鼠就是靠体温达到极高的水平来解决散热问题的，体温常常比周围环境温度还要高，这样就可维持散热。当体温达到最高点时(42℃)，它会躲避到地下洞穴中去降温(图6-7)。生活在沙漠中的羚羊也有同样的适

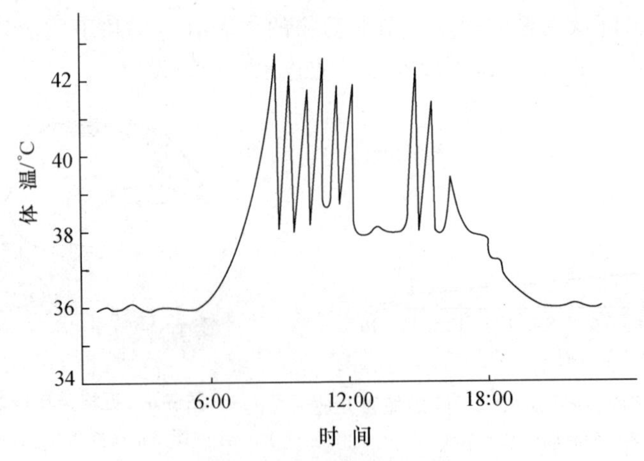

图6-7　黄鼠体温的日波动

应，长角羚和瞪羚的体温也常有很大变化。例如，长角羚的直肠温度可达45℃，而瞪羚则可达46.5℃。把身体作为一个热储存器加以利用，可使动物在高温条件下能继续有效地执行各种功能。羚羊的身体比黄鼠更大，因而可以吸收更多的热量，可以长时间地保持活动状态，而不必像黄鼠那样需定期退回洞穴中降温。对羚羊来说，白天所吸收的热量到了较凉爽的夜晚自然就会消散。动物在白天让自己的体温持续不断地升高还有另一种好处，这就是缩小动物体和环境之间的温度差，从而进一步减少动物体的吸热量。对大多数哺乳动物来说，体温超过43℃就会对脑造成损伤。但据观察，瞪羚直肠温度保持46.5℃长达6 h，大脑功能仍完全正常。这是因为血液在到达大脑之前就通过热对流交换使血液降了温，因此羚羊脑的温度比体温要低。

第五节　水的物理性质对水生生物的影响

水作为水生生物生活的环境介质，其物理性质，如密度、黏滞性和水的浮力等，对水生生物也有重要影响。

水的密度比空气大约大800倍，所以陆生生物必须发展茎或四肢等支持结构，而对水生生物来说，稠密的水就能起支撑作用。但是蛋白质、溶盐和其他物质的密度都比水大，因此生物体在水中通常还是要下沉的。为了克服下沉的趋势，水生植物和动物发展了多种多样的适应，以便降低身体的密度，减缓身体下沉的速度。这些适应对于微小的浮游植物和浮游动物来说是非常重要的，因为这些生物没有主动运动的能力。很多鱼类的体内都有鳔，鳔内充满了气体，使鱼体的密度能大体上等于周围环境水的密度。生活在浅水中的大型海藻也有类似的充气器官，这些海藻用固着器附着在海底，而充满气体的球形物则可使叶子浮在阳光充足的水面。很多单细胞的浮游植物能够大量地漂浮在湖泊和海洋近表面水层，因为在它们体内含有比水密度更小的油滴，抵消了细胞下沉的倾向。鱼类和其他大型的海洋生物也常利用脂肪增加身体的浮力。大多数脂肪的密度为0.90～0.93 $g\cdot mL^{-1}$（即相当水密度的90%～93%），因此倾向于上浮。减少骨骼、肌肉系统和体液中的盐浓度也能使水生动物减轻体重增加浮力。许多水生脊椎动物低渗透浓度的血浆（大约是海水渗透浓度的1/3～1/2）也是对减少身体密度的一种适应。对生活在海洋深处的生物来说，增加体内密度较小的油滴和脂肪，减少那些密度较大的身体构成成分就显得特别重要，因为这些生物在海水的巨大压力下，鳔中的气体密度往往会变得接近于水的密度，因此只能提供很小的浮力。

水的高度黏滞性也有助于水生生物减缓下沉的速度，但同时也对动物在水中的各种运动形成较大的阻力。微小的海洋动物往往靠细长的附属物延缓身体的下沉（图6-8）。在水中能够快速移动的动物，其身体往往呈流线型，这样可以减少运动的阻力。鲭和生活在开阔大洋中的其他鱼群则具有符合流体动力学原理最理想的体型。空气对动物运动的阻力要比水小得多，因为空气的黏滞性还不足水的黏滞性的1/50。

由于水的浮力比空气大，因此重力因素对水生生物大小的发展限制较小。蓝鲸的身长可达33 m，体重可达100 t，最大的陆地动物与其相比也显得相形见绌（大象的体重只有7 t）。水为动物提供了极好的支持以便克服自身的重力，鲨鱼的骨骼便能说明这一点。鲨鱼骨骼是由具弹性的软骨构成的，这种软骨对陆生动物几乎完全不能起支持作用。即使是呼吸空气的鲸，当它在海滩搁浅时也会很快窒息而死，因为它巨大的体重一旦失去了水的支持就会把它的肺压瘪。

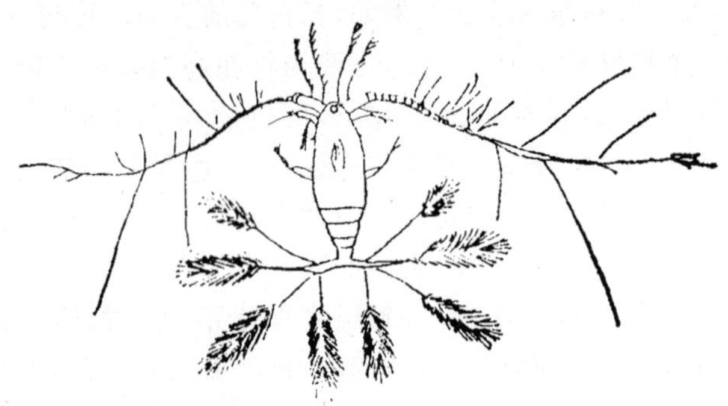

图 6-8　一种热带海洋浮游甲壳动物——丽哲水蚤(*Calocalanus pavo*),身体生有丝状和羽毛状突起,有利于延缓身体下沉

与此相反,大多数陆生动物都有强大的支持结构,可以克服重力的作用把身体支撑起来。脊椎动物体内的内骨骼、昆虫的几丁质外骨骼和植物细胞坚韧的纤维质细胞壁都具同一种功能,即支撑生物的身体。坚硬的结构出现在水生动物主要是起保护作用(如软体动物的外壳)或者是为肌肉提供坚实的附着点(如螃蟹的壳和鱼类的骨骼),而不是为了支撑身体的重量。

第六节　水生生物的呼吸

几乎所有的生物在呼吸过程中都需要氧气,虽然大气中的氧气很多(约占大气体积的1/5),但氧气较难溶于水,氧在水中的溶解性受温度和含盐量的影响。即使是在最大溶解度的情况下(0℃时在淡水中的溶解度),每升水中也只含有 10 mL 的氧气(即水体积的 1/100),这只相当于空气含氧量的 1/20。但在自然状态下,水体一般不会达到这样高的含氧量。溶氧是水生生物最重要的限制因素之一。

从水中摄取氧气,水生动物必须让水流不断流经呼吸器官,由于水有较高的黏滞性,要在呼吸器官周围经常保持水流并不容易,这种情况也限制着氧气的供应。对陆生动物来说,空气出入肺的速度是很快的;但对鱼和蛤来说,水流流经鳃的速度就要缓慢得多。据估计,在水含氧量较丰富的情况下(每升水含氧 7 mL),水生生物获得 1 g 氧气,必须有 100 000 g 的水流过它的鳃。而陆生动物获得 1 g 氧气只需吸入 5 g 空气就够了。显然,要想从水中摄取氧气,必须消耗很多的能量用来推动水流,陆生动物维持呼吸运动所消耗的能量则是微不足道的。

空气中的氧是均匀分布的,而溶解在水中的氧,其分布是极不均匀的。通常位于大气和水界面处附近的氧气最丰富,随着水深度的增加,氧气的含量也逐渐减少。静水中的含氧量一般比流水中的含氧量要少。水生植物的光合作用也是水中溶解氧气的一个重要来源,但是在不太流动的水体中,动物和微生物耗氧过程往往对水体含氧量有更大的影响,因为植物的光合作用只能在水的表层有阳光的区域进行,而动物和微生物的呼吸作用则发生在水体的所有深度,特别是在水底的沉积层中呼吸作用最为强烈。在一个层次十分清楚的湖泊中,位于温跃层(thermocline)以下的下湖层(hypolimnion)中,生物的呼吸作用常常会把氧气耗尽,造成缺氧环境,并可减缓或中止生命过程。在污浊的沼泽地和深海盆地也常常会出现这样的缺氧环境,以致使有机沉积物难以被微生物分解而形成石油和泥炭层。

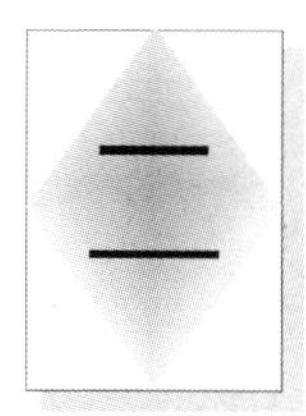

第7章 生物与土壤

第一节 土壤的生态意义

土壤是岩石圈表面的疏松表层，是陆生植物生活的基质和陆生动物生活的基底。土壤不仅为植物提供必需的营养和水分，而且也是土壤动物赖以生存的栖息场所。土壤的形成从开始就与生物的活动密不可分，所以土壤中总是含有多种多样的生物，如细菌、真菌、放线菌、藻类、原生动物、轮虫、线虫、蚯蚓、软体动物和各种节肢动物等，少数高等动物(如鼹鼠等)终生都生活在土壤中。据统计，在一小勺土壤里就含有亿万个细菌，25 g 森林腐殖土中所包含的霉菌如果一个一个排列起来，其长度可达 11 km。可见，土壤是生物和非生物环境的一个极为复杂的复合体，土壤的概念总是包括生活在土壤里的大量生物，生物的活动促进了土壤的形成，而众多类型的生物又生活在土壤之中。

土壤无论对植物还是对土壤动物来说都是重要的生态因子。植物的根系与土壤有着极大的接触面，在植物和土壤之间进行着频繁的物质交换，彼此有着强烈影响，因此通过控制土壤因素就可影响植物的生长和产量。对动物来说，土壤是比大气环境更为稳定的生活环境，其温度和湿度的变化幅度要小得多，因此土壤常常成为动物的极好隐蔽所，在土壤中可以躲避高温、干燥、大风和阳光直射。由于在土壤中运动要比大气中和水中困难得多，所以除了少数动物(如蚯蚓、鼹鼠、竹鼠和穿山甲)能在土壤中掘穴居住外，大多数土壤动物都只能利用枯枝落叶层中的孔隙和土壤颗粒间的空隙作为自己的生存空间。

土壤是所有陆地生态系统的基底或基础，土壤中的生物活动不仅影响着土壤本身，而且也影响着土壤上面的生物群落。生态系统中的很多重要过程都是在土壤中进行的，其中特别是分解和固氮过程。生物遗体只有通过分解过程才能转化为腐殖质和矿化为可被植物再利用的营养物质，而固氮过程则是土壤氮肥的主要来源。这两个过程都是整个生物圈物质循环所不可缺少的过程。

第二节 影响土壤形成的5种因素

任何一种土壤和土壤特性都是在5种成土因素的综合作用下形成的，这5种相互依存的成土因素是母质(parent material)、气候、生物因素、地形和时间。

母质是指最终能形成土壤的松散物质，这些松散物质来自于母岩的破碎和风化或外来输送物。母岩可以是火成岩、沉积岩，也可以是变质岩，岩石的构成成分是决定土壤化学成分的主要因素。其他母质可以借助于风、水、冰川和重力被传送，由于传送物的多样性，所以由传送物形成的土壤通常要比由母岩破碎形成的土壤肥沃。

气候对土壤的发育有很大影响,温度依海拔和纬度而有很大变化,温度决定着岩石的风化速度,决定着有机物和无机物的分解和腐败速度,还决定着风化产物的淋溶和移动。此外,气候还影响着一个地区的植物和动物,而动植物又是影响土壤发育的重要因素。

地形是指陆地的轮廓和外形,它影响着进入土壤的水量。与平地相比,在斜坡上流失的水较多,渗入土壤的水较少,因此在斜坡上土壤往往发育不良,土层薄且分层不明显。在低地和平地常有额外的水进入土壤,使土壤深层湿度很大且呈现灰色。地形也影响着土壤的侵蚀强度并有利于成土物质向山下输送。

时间也是土壤形成的一种因素,因为一切过程都需要时间,如岩石的破碎和风化,有机物质的积累、腐败和矿化,土壤上层无机物的流失,土壤层的分化,所有这些过程都需要很长的时间。良好土壤的形成可能要经历 2000～20 000 年的时间。在干旱地区土壤的发育速度较湿润地区更慢。在斜坡上的土壤不管它发育了多少年,土壤往往都是由新土构成的,因为在这里土壤的侵蚀速度可能与形成速度一样快。

植物、动物、细菌和真菌对土壤的形成和发育有很大影响。植物迟早会在风化物上定居,把根潜入母质并进一步使其破碎,植物还能把深层的营养物抽吸到表面上来,并对风化后进入土壤的无机物进行重复利用。植物通过光合作用捕获太阳能,自身成长后身体的一部分又以有机碳的形式补充到土壤中去。而植物残屑中所含有的能量又维持了大量细菌、真菌、蚯蚓和其他生物在土壤中的生存。

通过有机物质的分解把有机化合物转化成了无机营养物。土壤中的无脊椎动物,如马陆、蜈蚣、蚯蚓、螨类、跳虫等,它们以各种复杂的新鲜有机物为食,但其排泄物中却是已经过部分分解的产物。微生物将把这些产物进一步降解为水溶性的含氮化合物和碳水化合物。生物腐殖质最终将被矿化为无机化合物。

腐殖质是呈黑色的同质有机物质,由很多复杂的化合物构成,其性质各异,决定于其植物来源。腐殖质的分解速度缓慢,其分解速度和形成速度之间的平衡决定着土壤中腐殖质的数量。

植物的生长可减弱土壤的侵蚀与流失并能影响土壤中营养物的含量。动物、细菌和真菌可使有机物分解并与无机物相混合,有利于土壤的通气性和水的渗入。

第三节　土壤质地和结构对生物的影响

土壤是由固体、液体和气体组成的三相系统,其中固相颗粒是组成土壤的物质基础,约占土壤总重量的 85%以上。根据土粒直径的大小,可把土粒分为粗砂(2.0～0.2 mm)、细砂(0.2～0.02 mm)、粉砂(0.02～0.002 mm)和黏粒(0.002 mm 以下)。这些不同大小固体颗粒的组合质量分数(百分比)就称为土壤质地。根据土壤质地,可把土壤区分为砂土、壤土和黏土三大类。在砂土类土壤中以粗砂和细砂为主,粉砂和黏粒所占比重不到 10%,因此土壤黏性小,孔隙多,通气透水性强,蓄水和保肥能力差。在黏土类土壤中以粉砂和黏粒为主,约占 60%以上,甚至可超过 85%;黏土类土壤质地黏重,结构紧密,保水保肥能力强,但孔隙小,通气透水性能差,湿时黏干时硬。壤土类土壤的质地比较均匀,其中砂粘、粉砂和黏粒所占比重大体相等,土壤既不太松也不太黏,通气透水性能良好且有一定的保水保肥能力,是比较理想的农作土壤。

土壤结构则是指固相颗粒的排列方式、孔隙的数量和大小以及团聚体的大小和数量等。土壤结构可分为微团粒结构(直径小于 0.25 mm)、团粒结构(直径为 0.25～10 mm)和比团粒结构更大的各种结构。团粒结构是土壤中的腐殖质把矿质土粒黏结成直径为 0.25～10 mm 的小团块,具有泡水不散的水稳性特点。具有团粒结构的土壤是结构良好的土壤,因为它能协调土壤中水分、空气和营养物之间的关系,改善土壤的理化性质。团粒结构是土壤肥力的基础,无结构或结构不良的土壤,土体坚实、通气透水性差,植物根系发育不良,土壤微生物和土壤动物的活动亦受到限制。土壤的质地和结构与土壤中的水分、空气和温度状况有密切关系,并直接或间接地影响着植物和土壤动物的生活。

一、土壤中的水分

土壤中的水分可直接被植物的根系吸收。土壤水分的适量增加有利于各种营养物质的溶解和移动,有利于磷酸盐的水解和有机态磷的矿化,这些都能改善植物的营养状况。此外,土壤水分还能调节土壤中的温度,但水分太多或太少都对植物和土壤动物不利。土壤干旱不仅影响植物的生长,也威胁着土壤动物的生存。土壤中的节肢动物一般都适应于生活在水分饱和的土壤孔隙内,例如,金针虫在土壤空气湿度下降到 92%时就不能存活,所以它们常常进行周期性的垂直迁移,以寻找适宜的湿度环境。土壤水分过多会使土壤中的空气流通不畅并使营养物随水流失,降低土壤的肥力。土壤孔隙内充满了水对土壤动物更为不利,常使动物因缺氧而死亡。降水太多和土壤淹水会引起土壤动物大量死亡。此外,土壤中的水分对土壤昆虫的发育和生殖力有着直接影响,例如,东亚飞蝗在土壤含水量为 8%～22%时产卵量最大,而卵的最适孵化湿度是土壤含水 3%～16%,含水量超过 30%,大部分蝗卵就不能正常发育。

二、土壤中的空气

土壤中空气的成分与大气有所不同。例如,土壤中空气的含氧量一般只有 10%～12%,比大气的含氧量低,但土壤空气中二氧化碳的含量却比大气高得多,一般含量为 0.1%左右。土壤中空气各种成分的含量不如大气稳定,常依季节、昼夜和深度而变化。在积水和透气不良的情况下,土壤空气的含氧量可降低到 10%以下,从而抑制植物根系的呼吸和影响植物正常的生理功能,动物则向土壤表层迁移以便选择适宜的呼吸条件。当土壤表层变得干旱时,土壤动物因不利于其皮肤呼吸而重新转移到土壤深层,空气可沿着虫道和植物根系向土壤深层扩散。

土壤中空气的高浓度二氧化碳(可比大气含量高几十至几百倍)一部分可扩散到近地面的大气中被植物叶子在光合作用中吸收,一部分则可直接被植物根系吸收。但是在通气不良的土壤中,二氧化碳的浓度常可达到 10%～15%,如此高浓度的二氧化碳不利于植物根系的发育和种子萌发。二氧化碳浓度的进一步增加会对植物产生毒害作用,破坏根系的呼吸功能,甚至导致植物窒息死亡。

土壤通气不良会抑制好气性微生物,减缓有机物质的分解活动,使植物可利用的营养物质减少。若土壤过分通气又会使有机物质的分解速度太快,这样虽能提供植物更多的养分,但却使土壤中腐殖质的数量减少,不利于养分的长期供应。只有具有团粒结构的土壤才能调节好土壤中水分、空气和微生物活动之间的关系,从而最有利于植物的生长和土壤动物的生存。

三、土壤温度

土壤温度除了有周期性的日变化和季节变化外,还有空间上的垂直变化。一般说来,夏季的土壤温度随深度的增加而下降,冬季的土壤温度随深度的增加而升高。白天的土壤温度随深度的增加而下降,夜间的土壤温度随深度的增加而升高。但土壤温度在 35～100 cm 深度以下无昼夜变化,30 m 以下无季节变化。土壤温度除了能直接影响植物种子的萌发和实生苗的生长外,还对植物根系的生长和呼吸能力有很大影响。大多数作物在 10～35℃的温度范围内其生长速度随温度的升高而加快。温带植物的根系在冬季因土壤温度太低而停止生长,但土壤温度太高也不利于根系或地下贮藏器官的生长。土壤温度太高和太低都能减弱根系的呼吸能力,例如,向日葵的呼吸作用在土壤温度低于 10℃和高于 25℃时都会明显减弱。此外,土壤温度对土壤微生物的活动、土壤气体的交换、水分的蒸发、各种盐类的溶解度以及腐殖质的分解都有明显影响,而土壤的这些理化性质又都与植物的生长有着密切关系。

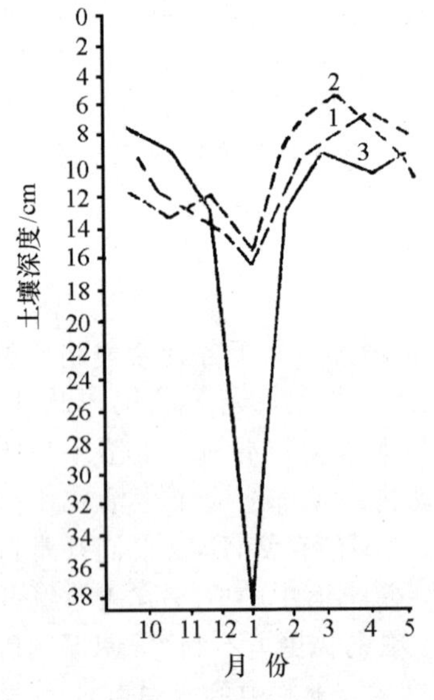

图 7-1　土壤无脊椎动物的垂直迁移

1. 沙质壤土动物;2. 粉质黏壤土动物;3. 沙砾黏土动物

土壤温度的垂直分布从冬到夏和从夏到冬要发生两次逆转,随着一天中昼夜的转变也要发生两次变化,这种现象对土壤动物的行为具有深刻影响。大多数土壤无脊椎动物都随着季节的变化而进行垂直迁移,以适应土壤温度的垂直变化。一般说来,土壤动物于秋冬季节向土壤深层移动,春夏季节向土壤上层移动。移动距离常与土壤质地有密切关系(图 7-1)。例如,沟金针虫(*Pleonomus canaliculatus*)每年有两次上升到土壤表层进行活动。很多狭温性的土壤动物不仅表现有季节性的垂直迁移,在较短的时间范围也能随土壤温度的垂直变化而调整其在土壤中的活动地点。

第四节　土壤的化学性质及其对生物的影响

一、土壤酸碱度

土壤酸碱度是土壤最重要的化学性质,因为它是土壤各种化学性质的综合反应,对土壤肥力、土壤微生物的活动、土壤有机质的合成和分解、各种营养元素的转化和释放、微量元素的有效性以及动物在土壤中的分布都有着重要影响。土壤酸碱度常用 pH 表示。我国土壤酸碱度可分为 5 级: pH<5.0 为强酸性,pH 5.0～6.5 为酸性,pH 6.5～7.5 为中性,pH 7.5～8.5 为碱性,pH>8.5 为强碱性。

土壤酸碱度对土壤养分的有效性有重要影响,在 pH 6～7 的微酸条件下,土壤养分的有效性最好,最有利于植物生长。在酸性土壤中容易引起钾、钙、镁、磷等元素的短缺,而在强碱性土壤中容易引起铁、硼、铜、锰和锌的短缺。土壤酸碱度还通过影响微生物的活动而影响植物的生长。酸性土壤一般不利于细菌的活动,根瘤菌、褐色固氮菌、氨化细菌和硝化细菌大多生长在中性土壤中,它们在酸性土壤中难以生存,很多豆科植物的根瘤常因土壤酸度的增加而死亡。真菌比较耐酸碱,所以植物的一些真菌病常在酸性或碱性土壤中发生。pH 3.5～8.5 是大多数维管束植物的生长范围,但生理最适范围要比此范围窄得多。pH<3 或>9 时,大多数维管束植物便不能生存。

土壤动物依其对土壤酸碱性的适应范围可区分为嗜酸性种类和嗜碱性种类。如金针虫在pH为4.0～5.2的土壤中数量最多，在pH为2.7的强酸性土壤中也能生存。如麦红吸浆虫，通常分布在pH为7～11的碱性土壤中，当pH<6时便难以生存。蚯蚓和大多数土壤昆虫喜欢生活在微碱性土壤中，它们的数量通常在pH为8时最为丰富。

二、土壤有机质

土壤有机质包括非腐殖质和腐殖质两大类。后者是土壤微生物在分解有机质时重新合成的多聚体化合物，约占土壤有机质的85%～90%。腐殖质是植物营养的重要碳源和氮源，土壤中99%以上的氮素是以腐殖质的形式存在的。腐殖质也是植物所需各种矿物营养的重要来源，并能与各种微量元素形成络合物，增加微量元素的有效性。土壤有机质能改善土壤的物理结构和化学性质，有利于土壤团粒结构的形成，从而促进植物的生长和养分的吸收。

一般说来，土壤有机质的含量越多，土壤动物的种类和数量也越多。因此在富含腐殖质的草原黑钙土中，土壤动物的种类和数量极为丰富；而在有机质含量很少并呈碱性的荒漠地区，土壤动物非常贫乏。

三、土壤中的无机元素

植物从土壤中所摄取的无机元素中有13种对任何植物的正常生长发育都是不可缺少的，其中大量元素有7种(氮、磷、钾、硫、钙、镁和铁)，而微量元素6种(锰、锌、铜、钼、硼和氯)。还有一些元素仅为某些植物所必需，如豆科植物必需钴，藜科植物必需钠，蕨类植物必需铝和硅藻必需硅等。植物所需的无机元素主要来自土壤中的矿物质和有机质的分解。腐殖质是无机元素的贮备源，通过矿质化过程而缓慢地释放可供植物利用的养分。土壤中必须含有植物所必需的各种元素，并维持这些元素的适当比例，才能使植物生长发育良好，因此通过合理施肥改善土壤的营养状况是提高植物产量的重要措施。

土壤中的无机元素对动物的分布和数量也有一定影响。由于石灰质土壤对蜗牛壳的形成很重要，所以在石灰岩地区的蜗牛数量往往比其他地区多。生活在石灰岩地区的大蜗牛(*Helix*)，其壳重约占体重的35%；而生活在贫钙土壤中的大蜗牛，其壳重仅占体重的20%左右。哺乳动物也喜欢在母岩为石灰岩的土壤地区活动，生活在这里的鹿，其角坚硬，体重也大，这是因为鹿角和骨骼的发育需要大量的钙。含氯化钠丰富的土壤和地区往往能够吸引大量的食草有蹄动物，因为这些动物出于生理的需要必须摄入大量的盐。此外，土壤中缺乏钴常会使很多反刍动物变得虚弱、贫血、消瘦和食欲不振，严重缺钴还可引起死亡。

第五节　土壤生物的多样性

虽然土壤环境与地上环境有很大不同，但两地生物的基本需求却是相同的，土壤中的生物也和地上生物一样需要生存空间、氧气、食物和水。没有生物的存在和积极活动，土壤就得不到发育。生活在土壤中的细菌、真菌和蚯蚓等生物都能把无机物质转移到生命系统之中。作为生命的生存场所，土壤有许多明显的特征，它有稳定的结构和化学性质，是生物的避难所，可使生物避开极端的温度、极端的干旱、大风和强光照。另一方面，土壤不利于动物的移动，除了像蚯蚓这样的动物以外，土壤中的孔隙空间对土壤动物的生存是很重要的，它决定着土壤环境的生存空间、水分和气体条件。

对于大多数土壤动物来说,生活空间只局限于土壤的上层,它们的栖息地点包括枯枝落叶层内,土壤颗粒之间的空隙、裂缝和根道等。土壤空隙内的水分是很重要的,大多数土壤动物只有在水中才显示出活力。土壤中水的存在方式通常是覆盖在土壤颗粒表面的一薄层水膜,在这层水膜内生活有细菌、单细胞藻类、原生动物、轮虫和线虫等。水膜的厚度和形状限制着这些土壤生物的移动,很多小动物和较大动物(如蜈蚣和倍足亚纲多足类)的幼年期受水膜的限制是不能活动的,它们无法克服水的表面张力。有些土壤动物(如蜈蚣和马陆等多足动物)对干燥缺水极为敏感,它们常常潜到土壤深层以防脱水。

如果暴雨之后土壤中的孔洞完全被水填满,这对一些土壤动物来说也是灾难性的。蚯蚓如果未能及时潜入土壤深层逃避水淹,它们往往会逃到地面上来,在那里常会死于紫外线辐射、脱水或被其他动物吃掉。

栖息在土壤中的动物有极大的多样性(图 7-2),细菌、真菌、原生动物的种类极多,几乎无脊椎动物的每一个门都有不少种类生活在土壤中。在澳大利亚的一个山毛榉森林土壤中,一位土壤动物学家采到了 110 种甲虫、229 种螨和 46 种软体动物(蜗牛和蛞蝓)。土壤中的优势生物是细菌、真菌、原生动物和线虫。每克土壤大约含有 10 万～100 万个鞭毛虫,5 万～50 万个变形虫和 1000 个纤毛虫。每平方米土壤中的线虫数量可达几百万个。这些土壤生物要从活植物的根和死有机物中获取营养。有些原生动物和自由生活的线虫则主要以细菌和真菌为食。螨类和弹尾目昆虫广泛分布在所有的森林土壤中,它们以真菌为食或是在有机物团块的孔隙中寻找猎物。它们数量极多,两者加起来大约占土壤动物总数的 80%。相比之下,螨类

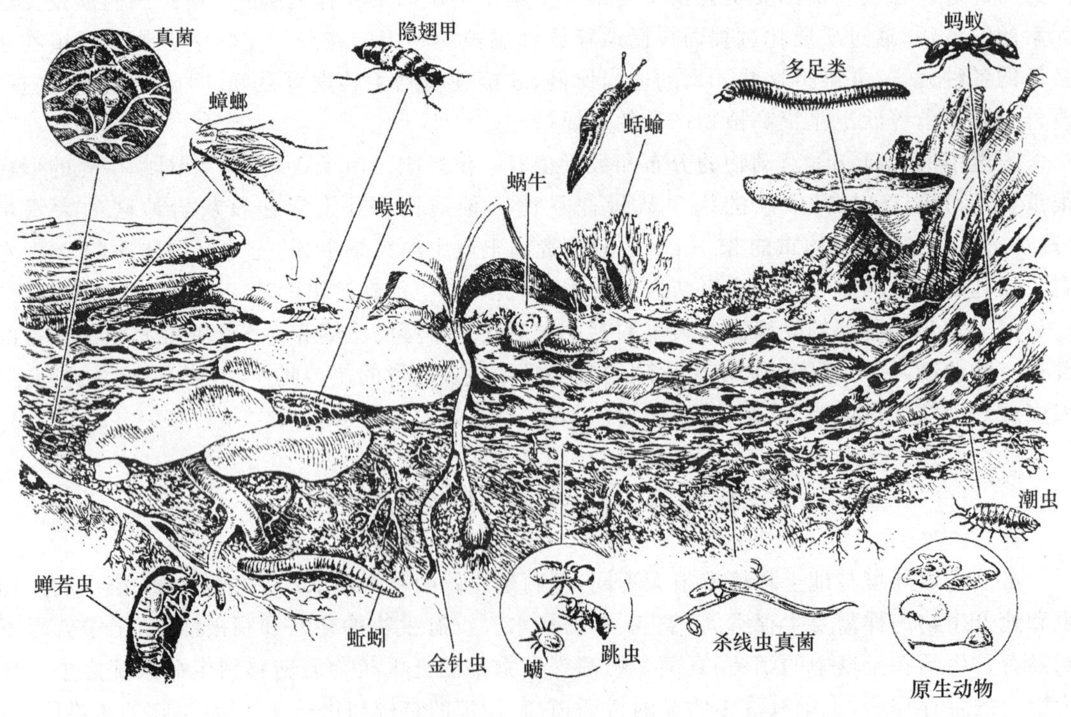

图 7-2　土壤中的生物

图示的仅仅为栖息在土壤中和枯枝落叶层中生物的一小部分

的数量要比弹尾目昆虫多，螨是一类很小的八足节肢动物，体长只有0.1～2.0 mm，土壤和枯枝落叶层中最常见的螨是 *Orbatei*，它主要以真菌菌丝为食，也能把针叶中的纤维素转化为糖。

弹尾目昆虫是昆虫中分布最广泛的一类动物，俗称跳虫，最明显的特征是身体后端生有一个弹跳器，靠此器官可以跳得很远。跳虫身体很小，一般只有0.3～1.0 mm，它们主要以腐败的植物质为食，也吃真菌菌丝。在比较大的土壤动物中，最常见的是蚯蚓（正蚯蚓科 Lumbricidae）。蚯蚓穿行于土壤之中，不断把土壤和新鲜植物质吞入体内，再将其与肠分泌物混合，最终排出体外，在土壤表面形成粪丘，或者呈半液体状排放于蚯蚓洞道内。蚯蚓的活动有利于改善其他动物所栖息的土壤环境。

多足纲的千足虫主要是取食土壤表面的落叶，特别是那些已被真菌初步分解过的落叶。由于缺乏分解纤维素所必需的酶，所以千足虫是依靠落叶层中的真菌为生。它们的主要贡献是对枯枝落叶进行机械破碎，以使其更容易被微生物所分解，尤其是腐生真菌（*Saprophytic fungi*）。在土壤无脊椎动物中，蜗牛和蛞蝓具有最为多种多样的酶，这些酶不仅能够水解纤维素和植物多糖，甚至能够分解极难消化的木质素。

在土壤动物中不能不提到白蚁（等翅目 Isoptera），因为在能分解木质纤维素的大型动物中，除了某些双翅目昆虫和甲虫幼虫之外，就只有白蚁了，它们是借助于肠道内共生原生动物的帮助才能利用纤维素的。在热带土壤动物区系中，白蚁占有很大优势，它们很快就能把土壤表面的木材、枯草和其他物质清除干净。白蚁在建巢和构筑巨大的蚁冢时会搬运大量的土壤。在食碎屑动物的背后是一系列的捕食动物，小节肢动物是蜘蛛、甲虫、拟蝎、捕食性螨和蜈蚣的主要捕食对象。

第六节 土壤的侵蚀和破坏

在世界各地，土壤正在受到严重的侵蚀和破坏。在铁路的路基下土壤被掩埋，人类的挖掘活动、表层开矿和修路严重破坏着土壤的天然结构和层次性；风和水对土壤的侵蚀也日趋严重；表层土壤因农业耕耘而被搅乱。只有受植被保护的土壤才能保持其完整性，植被可减弱风力和暴雨的冲击力，使雨水缓缓地进入枯枝落叶层渗入土壤之中。如果雨水太多，超过了土壤的吸收容纳量，过剩的雨水会从土壤表面流走，但植被将会减慢水流的速度。

如果因为垦荒、伐木、放牧、修路和各种建设活动而使土壤失去了植被和枯枝落叶层的保护，那它就极易遭到侵蚀，对各种侵蚀都会变得非常敏感。风和水会把土壤颗粒吹走或冲走，其速度要比新土壤的形成速度快得多。新土的形成速度每年每公顷大约只有1吨。一般说来，土壤的表层富含腐殖质，有团粒结构，吸收能力强，如果这些表土流失掉，下面的土壤腐殖质贫乏、吸收能力差、稳定性差，这些深层土一旦暴露到表面就易受到侵蚀。如果下层土壤是黏性土，那它的吸水能力就更差，一旦遇到洪水就会形成急速的地表径流，对土壤有极强的侵蚀性。

土壤常因各种原因被压实，这对土壤来说是更为严重的破坏。大型农业机械和各种建设机械的使用往往会把大面积的土壤压实。在牧场、农场、娱乐场所和田间、林间的小路上经常有人、马匹和其他动物的践踏；在道路之外的其他地方还经常使用多种适合于各种地形的车辆，这些都将会导致土壤被压实。大力推压也会把土壤颗粒压得更紧密，使土壤中的孔隙减少减小。湿润的土壤更容易被压实，因为潮湿的土壤颗粒更容易彼此黏接在一起。被压实的土壤就失去了对水的吸收能力，所以水很快就会从土壤表面流走。

降落在裸露地面的雨水对土壤表面有一种锤击效应，可把较轻的有机物移走，破坏土壤聚合体并在土壤表面形成一个不渗水层，结果雨水会以地表径流的形式流失并带走一部分土壤颗粒。土壤侵蚀至少可区分为 3 种不同的类型，即片状侵蚀(sheet erosion)、细沟侵蚀(rill erosion)和冲沟侵蚀(gully erosion)。片状侵蚀就是从整个受侵蚀的区域表面差不多是均等地冲走或带走一部分土壤。当地表径流汇聚到细沟或小沟里而不是均匀地散布在斜坡表面流动时，它就具有了向下的切割力，所谓细沟侵蚀就是指雨水沿着小沟或细沟迅速下泻，造成对小沟长时间的切割，或是指地表径流汇聚起足够多的水量后对土壤的深切作用，结果会形成破坏性极大的冲沟。冲沟侵蚀常常是从一个路外车辆所留下的车辙开始，经过雨水不断冲刷而加深加宽为真正的冲沟。

裸露的土壤粒细、松散而干燥，翻耕之后极易受到风的侵蚀，风会把土壤微粒扬起，吹到很高很远的地方形成扬尘天气，就像 2000 年春季北京多次出现的扬尘天气一样，严重时可形成沙尘暴。我国华北北部和西北地区大面积的土壤暴露和缺乏植被保护，是造成土壤风蚀严重和大气污染的主要原因。风蚀现象在全球范围内日趋严重，特别是在干旱和半干旱地区。沙尘粒被风带到高空后可水平运送几百千米甚至几千千米远。风蚀常会把植物的根暴露出来或用沙尘和其他残屑把植被掩埋。在很多地区，风蚀的危害比水蚀更大。

风蚀和水蚀可使陆地毁于一旦，变得难以再利用。全世界每年大约有 1200 万公顷的可耕地因风蚀和水蚀而变得无法再利用而被弃耕。这些土地大都毁损严重，以致连天然植被都难以恢复。当前，土壤侵蚀日趋严重，除非采取极端措施恢复植被，否则形势很难扭转。

土壤侵蚀所造成的危害既表现在本地也表现在外地。农用地和林地的土壤侵蚀可大大减少土壤中的有机物质和增加黏土成分，同时也减弱了土壤的吸水和保水能力，使得干旱地区更加干旱，湿润地区洪水频发。土壤侵蚀能破坏土壤结构，减少植物所需要的营养物质，使植物的根系变浅从而降低农作物产量。土壤侵蚀还会使土壤生物多样性下降，生物数量减少，尤其是对土壤生产力和透水能力有极大影响。据估计，土壤表层每流失 2.5 cm，玉米和小麦的产量就会减产 6%。美国每年因土壤侵蚀所造成的经济损失多达 270 亿美元，为此所付出的环境代价是 170 亿美元。

据测算，土壤侵蚀对外地造成的损失要比本地大一倍。被风和水带走的土壤会流散在各地，泥沙冲入河流会减弱光在水中的穿透性并可阻碍航行。沉积物会填满水库和水电站闸门，减少这些水力发电设施的使用年限并造成对水质的污染。风携带的沙尘将会造成大气的严重污染，近些年来，大气含尘污染已上升为北京空气污染的首要因素。含尘空气还可损毁机器，并使人致病。

所有类型的土壤侵蚀都能破坏生态系统的完整性和生态循环，使食物生产成本增加并能引发饥饿和饥荒。据 2000 年调查，我国东北黑土区平均每年流失 0.3～1.0 cm 的表层黑土，由于多年严重的土壤侵蚀，黑土区原本较厚的黑土层只剩下 20～30 cm 厚，有的地方甚至已露出黄土母质，基本丧失了生产能力。东北黑土区是目前世界上仅有的三大黑土区之一，其面积大、黑土层较厚、肥力较高，是我国主要的商品粮基地。近年来由于自然因素制约和人为活动破坏，东北黑土区土壤有机质每年约以千分之一的速率递减，每年流失的土壤养分价值达 5～10 亿元，由于细沟侵蚀和冲沟侵蚀的切割，每年约损失粮食 14.14×10^8(亿) kg。

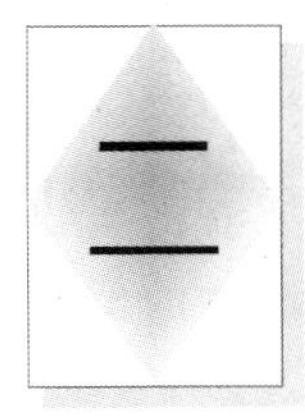

第 8 章　生物与营养物

除了光、温度和水以外，营养物是第四大非生物生态因子。没有营养物，生物便不能生存、生长和繁殖。生物需要哪些营养物？植物和动物如何才能获得这些营养物？如果在食物中缺乏这样营养物，将会产生什么后果？这些问题就是本章所要探讨的。

第一节　营养物的类别与功能

生物的生长、发育和繁殖大约需要至少 30～40 种化学元素。生物对有些元素的需要量很大，俗称大量营养物(macronutrients)；对另一些元素的需要量很小，俗称微量营养物。前者包括有碳、氧、氢、氮、磷、钙、钾、镁、硫、钠和氯等，后者包括有铁、铜、锌、硼、碘、钴、钼、锰和硒等。

所谓大量和微量只是指生物所需要的数量，而不是指它们对生物的重要性。因为对生物来说，缺乏微量营养物与缺乏大量营养物(如氮、钙和其他)是同样有害的。有些微量营养物对所有生物都是重要的，而另一些微量营养物只对少数生物是重要的。所有微量营养物(特别是重金属)只要超过了生物的需要量就会成为有毒或有害物质。

植物和动物所需要的微量和大量营养物主要是来自大气和地圈(土壤和地壳)。生物所需要的营养物大都是通过风化过程从岩石和矿物中释放出来的，土壤就是借助于岩石和矿物质的风化而形成的。风化的速度和从风化中释放出什么元素对营养物的供应具有重要影响。

风化速度取决于岩石的类型和环境条件，地质学家把岩石划分为三种类型，即火成岩、沉积岩和变质岩。火成岩是火山熔浆经过冷却而形成的，其特性决定于冷却的速度和温度。沉积岩是矿物颗粒(沉积物)在水中沉积而成的，其特性决定于沉积物的类型，有些沉积物是来自于生物，如沉入海底的海洋无脊椎动物的贝壳。变质岩是火成岩或沉积岩受热受压后形成的。

岩石经过破碎和溶解就会释放无机营养物并进入土壤。最初是火成岩破碎成沉积物和次生矿物质。至于形成什么类型的矿物质和次生矿物质，则决定于环境条件，这对其后所形成的土壤中的营养物和土壤的保水性能都有重要影响。

影响岩石风化速度的因素是温度、降雨和风。在比较温暖和比较潮湿的气候条件下，岩石风化的深度要明显大于气候寒冷潮湿或炎热干燥的地区。岩石风化的深度影响着营养物质在土壤中的分布。风化速度太慢会限制营养物的供应。大雨和高温也很不利，因为大雨会通过淋溶作用使营养物离开土壤进入溪流、河流和地下水。

现将一些主要营养元素的功能列举如下：

1. 大量营养物

碳、氢、氧——生物体的基本构成成分。

钙——与心脏的收缩和舒张有关，调控体液穿过细胞的移动，强化脊椎动物的骨骼，形成软体动物、节肢动物和原生动物的外壳。在植物中与果胶结合使细胞壁变得坚硬,对根的生长也很重要。

磷——能量在生物体内的传递离不开磷,是细胞核物质的主要成分。动物需要有适当的磷钙比例,在有维生素 D 的情况下,这个比例通常是 1∶2。比例不当会引起脊椎动物的佝偻病;植物缺磷会抑制生长、根系发育不良和晚熟。

镁——可促使细胞中酶反应速率达到最大,是叶绿素不可缺少的组成成分。它还与植物蛋白质合成有关;在动物体内可激活 100 种以上的酶,缺镁可引起反刍动物的多种疾病。

硫——是蛋白质的基本构成成分。植物对硫的需要量与磷差不多,过量的硫对植物是有毒的。

钠——钠对于维持生物体内酸碱平衡、渗透压的内稳定性、胃肠液的形成和流动都有重要作用。此外,对神经传递、泌乳、生长和体重的维持也很重要。

钾——有助于维持植物体内的渗透压和离子平衡,对很多酶都有激活功能;可促进动物蛋白质的合成、生长和糖类代谢。

氯——可增加植物体内从水到叶绿素的电子传递;对动物的作用与钠相似,其作用与盐(NaCl)相关联。

2. 微量营养物

铁——与植物叶绿素的生产有关,是复杂蛋白质化合物的构成部分。铁在线粒体和叶绿体内有运送氧气和传递电子的功能;脊椎动物血液中有富含铁的呼吸色素血红蛋白,昆虫血淋巴可把氧气传送到每一个器官和组织。缺铁会引起贫血。

锰——可增强植物体内从水到叶绿素的电子传递并能激活脂肪酸合成酶;动物的生殖和生长都不能没有锰。

硼——硼对植物有 15 种功能,包括细胞分裂、花粉萌发、糖类代谢、水代谢、维持输导组织、糖类易位等。缺硼会使根和叶生长不良,叶变黄。

钴——反刍动物需利用钴合成维生素 B_{12},具体合成工作是由瘤胃中的细菌完成的。

铜——多分布在叶绿体内,影响光合作用率并有激活酶的作用。铜过量时会干扰磷的吸收,抑制铁在叶内的浓集并可减缓生长。缺铜可影响脊椎动物对铁的利用效率,导致贫血,并可使钙从骨骼中流失。

钼——在自由生活的固氮菌和蓝细菌中,钼是一种催化剂,可促使气态氮转化为可利用氮。过量会引起反刍动物的一种特殊疾病,症状是腹泻、虚弱和毛色呈永久性褪色。

锌——有助于植物形成生长激素,是几种酶系统的必要组成成分。锌对动物的许多酶系统也有重要功能,特别是红血球中的呼吸酶碳酸酐酶(carbonic anhydrase)。缺锌会导致动物发生皮炎和角化不全(parakeratosis)。

碘——影响动物的甲状腺代谢。缺碘会引起甲状腺肿、脱毛和生殖力低下。

硒——其功能与维生素 E 密切相关,可防止反刍动物发生白肌病。在动物对硒的需要量和中毒量之间只有很小的差异,过量会引起动物脱毛、脱蹄、肝损伤,甚至死亡。

第二节　微生物与营养物循环

植物所需要的营养物来自于土壤,靠吸收土壤溶液中的离子和主动运输,溶解离子的吸收是发生在离子从土壤到根系的扩散过程中，在那里，根内营养物的浓度比土壤溶液低，因此植物主动把营养物摄入根内，随着根系对周围土壤中营养物的摄取，土壤中营养物的浓度就会逐渐下降，于是营养物就会从浓度较高的地区向这里扩散过来，补充根系周围营养物的减少。

不同的营养物是以不同的速率在土壤中扩散和渗透的，呈溶解态的钙和镁很容易在土壤中扩散，但氮和磷的扩散速度很慢，单靠扩散补充有根土壤中氮和磷的不足就需花费很多时间。结果，植物为了更快吸收某处土壤中的营养物就会长出大量的微根，此后这些微根便会死亡。微根的不断产生和死亡是植物获取大范围中土壤营养物的一种方法。营养物的移动能力和移动速度越小，植物就越不容易得到它们，在这种情况下，植物就会靠长出更多的微根在更大范围内摄取土壤中的营养物。

生物分解者是以消耗死的有机物质为生的，这些死有机物质都是含碳化合物并含有一些矿物质，其能量值决定于碳化合物的类型。简单的脂肪、比较简单的碳水化合物和蛋白质都是容易消化的和高质量的营养物，但像木质素和纤维素这样的有机物质就很难分解，而且其中所含能量很少。在细胞壁内，木质素是包在纤维素的外面以增强细胞壁的硬度和强度。事实上，木质素只能被某些真菌消化，分解缓慢。纤维素和木质素在死植物质中的含量决定着腐败分解速度的快慢。

死有机物质的营养质量是有很大差异的，下面以属于大量营养物的氮为例加以说明：温带地区在落叶树秋天的落叶中，氮的含量大约占叶总质量的 0.5%～1.5%。落叶的含氮量越高，它对以分解落叶为生的微生物和真菌的营养价值就越高。植物不能直接从蛋白质和酶类化合物中摄取能量，有机化合物必须先被分解并转化为无机化合物或矿质营养物时才能被植物利用。这个转化过程是靠细菌和真菌等微生物分解者来完成的。当这些分解者消化死有机物时，便会把固结在有机化合物中的营养物以无机物的形式释放到土壤中供植物利用。

像所有的生物一样，微生物分解者也有特定的营养需求，如果这些需求不能从分解有机物中得到满足，它们就必须从土壤中摄取已被矿化的营养物，这样，它们就与植物发生了营养竞争，减少了植物所能摄取的营养。微生物分解者直接从土壤中摄取营养物并将其转化为自身生物量的过程就叫固定化作用（immobilization）。对植物来说，营养物的矿化作用（mineralization）和固定化作用之间的差值就是营养物可摄取量，或称为净矿化值（net mineralization）。当有机物中的营养物含量很高，分解者就能完全靠分解有机物来满足自身的营养需求，此时固定化作用就会很弱，而净矿化作用就会很强。如果有机物中的营养物含量很低，固定化作用就会增强，而矿化作用就会减弱。

营养物在自然界总是处于循环状态，植物摄取营养物用于合成自己的组织，死亡分解后又将营养物释放出来并再次被植物摄取，这个过程就叫营养物循环。

虽然植物所需要的大部分营养物都是直接从土壤和大气中摄取的，但有些营养物（如氮）的摄取需要得到微生物的帮助。植物需要的氮是来自大气中的氮气（N_2）和其他含氮化合物，但植物不能直接利用大气中的氮气，氮气必须先被转化为可被利用的形式，而这种转化是被广泛分布于陆地和水体中的特定细菌类群来完成的。在水生环境中有自由生活的蓝细菌，而在陆生环境中除了蓝细菌（*Rhizobium*）外，还有法兰克氏菌（*Frankia*），它们都是固氮菌。蓝细菌在某些植物（特别是豆科植物）的根系上生长，而法兰克氏菌则生长在桤木和其他被子植物的根系上。这些植物为它们提供着赖以生存的碳素，而它们则为植物提供氮，两者是一种互惠关系。

另一类与陆生植物的根相伴生的微生物是真菌，这些特殊的真菌与根一起被称为根菌(*mycorrhiza*)，长在根外的叫外生真菌(ectomycorrhizal fungi)，长入根内的叫内生真菌(entomycorrhizal fungi)。这两类真菌都有助于植物从土壤中吸收氮和磷，而植物则为这些真菌提供含碳化合物作为它们的能量来源，两者也是一种互惠关系。

第三节　营养物质的可利用性

营养物的可利用性对植物的生存、生长和繁殖有很多直接影响。以氮为例，氮对植物的光合作用起着很重要的作用。在光合作用中有两个重要的化合物——核酮糖二磷酸羧化酶(rubisco)和叶绿素，前者可促使二氧化碳转化为简单的糖，而后者可吸收光能。这两种化合物都含有大量的氮，植物需要氮来合成这两种化合物。事实上，叶内有50%以上的氮是存在于这两种化合物中的。据观察，叶内含氮量越多，其光合作用率就越高。

植物对营养物的摄取决定于营养物的供应量和植物的需求量，图8-1表明了植物对营养物的摄取与土壤中营养物浓度之间的关系。通常摄取率会随着营养物在土壤中浓度的增加而增加，直到达到某个最大值为止，此后便不再随浓度的增加而增加，因为此时已经满足了植物对营养物的需求。就氮来说，土壤中或水中的低氮含量意味着氮的摄取率低，这将导致叶内核酮糖二磷酸羧化酶和叶绿素的含量不足，因此氮的缺乏会限制植物的生长。对其他营养物来说，情况也与此类似。

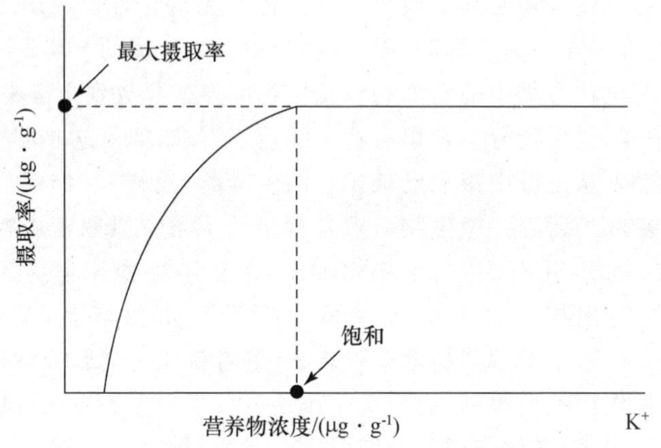

图8-1　营养物摄取随着营养物在土壤中浓度的增加而增加，直到达到最大摄取率为止

可见，地理因素、气候因素和生物因素都能影响土壤中营养物的可得性，正是这些因素使有些环境富含营养物，而另一些环境营养物贫瘠。植物如何适应营养物贫瘠的环境并在那里生存和繁殖呢？一般说来，植物的生长率影响着它对营养物的需求，而植物对营养物的摄取率也影响着植物的生长。重要的是并不是所有植物的生长率都是一样的。阴地植物的光合作用率和生长率总是比阳地植物低，即使是在强光照的条件下也是这样，这是由遗传性决定的。这种低光合作用率和低生长率意味着植物对资源的需求量比较低。同样，生长在营养物贫瘠环境中的植物，往往也有很低的光合作用率，这是植物适应贫营养环境的一种方法。翦股颖属有两种禾草，即 *Agrostis stolonifera* 和 *A. canina*，这两种禾本科草本植物在富氮土壤中的生长表现是不一样的，前一物种的生长率随土壤氮含量的增加而增加，而后一物种在土壤低至中氮量时生长率便达到了最大值，此后就不再随土壤含氮量的增加而增加了。

有些植物生态学家认为，低生长率是植物对低氮环境的一种适应性，生长减慢的一个好处是能使植物避开在低氮条件下所受到的压力。植物对低氮环境的另一种适应是使叶变得长寿。对植物来说，叶子的生产是一种投资，这种投资可以用生产叶所需的碳和其他营养物来衡量。在光合作用率较低的情况下，叶就需要较长的时间才能收回投资，因此生长在低氮环境中的植物，叶子的寿命往往较长。

营养物质也和水一样是植物所需要的地下资源，植物开拓利用这种资源的能力是与根的总量相关的。在低营养环境中，植物的一种补偿性适应就是增加根的生产量，对根生长的投资显然是造成植物低生长率的原因之一。这种情况与水资源短缺极为相似，当水资源不足时，植物就会把更多的碳用于生长根而不是生长叶。叶量的减少将会影响植物在光合作用中所固定的总碳量。

生长在低氮环境中的植物另一个明显特征是它们茎、枝、叶中的营养物含量较少，因此它们对分解者来说营养价值也比较低。在这种情况下，分解者就必须靠固定化作用从土壤中直接摄取营养，从而降低了净矿化作用。植物由于营养物可得性减小而不得不保持低的摄取率，使营养物在体内的浓度下降。这是一个典型的正反馈环(positive feedback loop)，特别是氮，因为氮的可得性主要是决定于营养物的循环率。

第四节　植物质量与动物营养

动物(特别是脊椎动物和节肢动物)需要各种矿物元素和大约20种氨基酸，其中有14种是必不可少的。脊椎动物和无脊椎动物对这些营养物的需求没有太大差别，所不同的是，昆虫与脊椎动物相比需要更多的钾、磷和镁，而需要较少的钙、钠和氯。这些重要营养物都是直接或间接从植物获得的，可见，植物的数量和质量直接影响着动物的营养。当食物的数量不足时，动物就会忍受饥饿，出现营养不良或迁往别处，另一方面，食物可能数量足够但质量较差，也会影响动物的生殖、健康和寿命。

动物借助于取食消化过程要把植物组织转化为自身的组织。植物和取食植物的动物具有不同的化学成分，动物有比较多的脂肪和蛋白质，并用其构建自己的身体。植物的蛋白质含量低，但有比较多的碳水化合物，其中大部分碳都以纤维素和木质素的形式存在于细胞壁中。植物的碳氮比是40∶1，而哺乳动物的碳氮比是14∶1。植食动物面临着把植物的纤维素和木质素转化为动物组织的任务。少数植食动物具有能够分解纤维素和木质素的酶，而大多数植食动物必须借助于肠内细菌微生物的帮助才能分解植物组织中的碳化合物。

对植食动物、脊椎动物和无脊椎动物来说，质量最好的植物食物是那些含氮量高的植物(以蛋白质形式)。植物中氮的含量越高就越容易被动物同化，常常表现为动物生长快、存活率高和生殖力强。蛋白质在植物的新叶、花蕾和顶芽内的含量最高，随叶、嫩枝的生长成熟及年龄增长而逐渐减少。植食性昆虫的幼虫在生长季的早期数量最多，它们赶在叶成熟变老之前就能完成自己的发育。植食性脊椎动物通常是在植物生长季开始时产仔，这样它们吃到的往往是蛋白质含量最高的植物。

虽然食物的可得性和季节性对食物选择有很大影响，但植食动物仍显示出了对高氮食物的共同偏爱。植食动物的食物选择是食物质量、食物嗜好和食物可得性三者之间相互作用的结果。

不同植食动物对食物质量的要求是不一样的。比较粗糙和低质量的食物就可以满足反刍动物的营养需求,但不能满足非反刍动物的需求。因为在反刍动物的瘤胃中有能合成维生素 B_1 和某些氨基酸的细菌,它们只需利用简单的含氮化合物和低质量的植物即可。可见对一些植食动物来说,某种食物的热值和营养状况并不能真正反映其营养价值。非反刍植食动物通常需要取食含有更复杂蛋白质的食物,虽然在它们的盲肠中也有助消化的细菌。对专门吃种子的动物来说,种子中固有的高质量和高富集的营养使这些动物只要资源不发生短缺,不太可能出现营养问题。

对肉食动物来说,食物的数量比食物的质量更重要。肉食动物几乎不存在食谱和配餐的问题,因为它们吃的是其他动物,这些动物已经利用植物再合成了自己的蛋白质和其他营养物质。因此,肉食动物只需简单地把其他动物的组织转化为自己的组织就可以了,而两种组织的基本化学成分是相同的。

第五节　矿物营养与动物的生长和生殖

矿物营养的缺乏显然也会影响动物的适合度和丰盛度。现已受到普遍关注的一种重要营养物就是钠,钠在森林生态系统和极地生态系统中是变化量最大的一种营养物。在土壤缺钠的地区,植食动物往往不能从食物摄入足够的钠,如在澳大利亚袋鼠、非洲象、白尾鹿、驼鹿和啮齿类动物中都已发现了这样的问题。

钠的缺乏可影响哺乳动物的分布、行为和生理状态,尤其是植食性哺乳动物。非洲象在中非 Wankie 国家公园中的空间分布与其饮水中钠的含量密切相关,在钠含量最高的水源处,非洲象的数量总是最多。在欧兔(*Oryctolagus cuniculus*)、驼鹿(*Alces alces*)和白尾鹿这 3 种植食性哺乳动物的分布区中都有部分地区是缺钠的。在澳大利亚西南部的缺钠地区,在非生殖季节欧兔总是在自己组织中增加钠的储备,这些储备钠通常会在生殖季节结束前后被耗尽。

春天,反刍动物常面临矿物营养的严重短缺。鹿、大角羊(*Ois canadensis*)、山羊(*Oreamnos americanus*)、麋(Cervus elapbus)和家养牛羊常受新生草叶的吸引,以新萌发的多汁草叶为食。春天的植物中钾的含量相对于钙、镁而言要高得多,钾的大量摄入会刺激肾上腺的发育并增加醛固酮(aldosterone)的分泌。醛固酮是主要的矿物激素,可促进钠在肝脏内的滞留。虽然醛固酮有助于留住钠,但它同时也可刺激钾和镁的分泌,由于镁在植食动物软组织和骨骼中的储备很少,所以这些动物容易缺镁。缺镁可引起腹泻、神经紊乱和肌肉强直。缺钾常常发生在雌兽妊娠的后期和雄鹿开始长角的时候,此时正是需要矿物营养较多的时期。

鹿身体的大小、鹿角的发育和生殖能力都与营养有关。在其他因素都适宜的情况下,只有能得到高质量食物的鹿才能长出大角来。低钙低磷和缺蛋白质的食物会使鹿发育不良,雄鹿只能长出单枝鹿角。营养丰富的食物可使雌兽的生殖力达到最大。

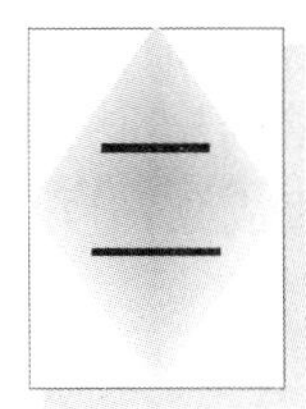

第9章 生物与辐射和火

电离辐射和火也是对生物有重要影响的非生物因素。本章将专门介绍这两种自然现象的生态学意义及对生物和人类的影响,同时它们也受人类活动的影响。

第一节 电离辐射

地球上的生物和生态系统从一开始就受着并一直受着低水平电离辐射的影响,这些辐射是来自宇宙射线和地壳中的放射性元素(如镭和铀)和放射性同位素。这种电离辐射具有很高的能量,可把原子中的电子俘走,也可把这些电子附着在其他原子上。千万年来,天然的电离辐射或背景辐射一直都是相对恒定的,这一稳定特性曾导致了很多生物和生态系统的进化适应,但人类的活动却使得这种辐射有了成倍增加,这种增加主要是来自于X射线在医学和牙科上的应用,也来自于建筑材料中加入的放射性同位素、磷肥、电视机、电脑、手机等消费性产品、原子武器的放射性坠尘和核反应堆的泄漏等。

最主要的电离辐射有3种,即α(alpha)、β(beta)和γ(gamma)辐射。α辐射(实际上是部分氦原子)只能在空气中移行几厘米,一些纸张厚薄的东西就可中断它的移行,但将导致一次大剂量辐射。β辐射是高速电子流,在空气中可移行几米,在生物组织内可移行几厘米。γ辐射是一种电磁辐射,其波长比光波要短,可移行很长的距离,穿透性强,在其移行的路径中可造成离子化。

除了电离辐射外,中子也能诱发非辐射性物质的辐射活动,这一现象主要是发生在核反应堆中或是原子爆炸的结果。X射线类似于γ辐射,主要是由X射线机产生的。宇宙辐射是由微粒辐射和电磁辐射两部分组成的。在各种不同的条件下,每一种辐射源都有一定的生态效应。宇宙辐射主要发生在太空和地球的高海拔处,花岗岩将会受到它的照射,而花岗岩内含有大量的放射性同位素。

生物和生态系统受来自两方面辐射源的影响,即来自体外辐射源的影响和来自体内辐射源的影响。体外辐射源就是宇宙射线、X射线、γ射线和中子。体内辐射源就植物来说是来自于在光合作用时结合到体内的一些放射性物质和在合成代谢构建自己的组织时结合到体内的放射性物质。就动物来说,体内的放射物质是来自于食物和饮水,也可能来自自然发生的放射性气体(如氡和钍)或核工业事故或原子弹爆炸所产生的放射性气体。

第二节 火

与电离辐射一样,火的发生也有其自然因素和人为因素。在引发火烧的自然因素中,闪电是最主要的。夏季炎热干旱低湿常常引发雷鸣闪电但又不下雨或很少下雨,在这种气候条件下，非洲广柔的大草原、北美洲和地中海区域的浓密常绿阔叶灌木丛以及我国西北部草原都很容易因雷暴闪电而引起自然火灾。这种自然发生的火灾在美国加利福尼亚州大约每隔 15～100 年就会发生一次，这种火烧可以大大改变浓密常绿阔叶灌木丛植被的物种构成成分；但在其他场合下，火烧、动物采食和环境因素的综合作用可以导致产生一个稳定的群落。

火可以大体上区分为两个主要类型，即林冠火(crown fires)和表火(surface fires)。林冠火的火势极强，可烧毁地面以上的整个植物群落，还常连带其中的动物一并烧毁。林下枯枝落叶层和其他有机物质的燃烧不仅烧掉了大量枯叶和各种生物，而且也烧死了植物的种子和其他可再生的器官结构，如球茎和块茎等。由于林冠火有很强的破坏力，所以被火烧过的地区会呈现出一片贫瘠荒芜的景观，通常要经过很多年才能得到适当的恢复。1987 年在我国黑龙江省大小兴安岭发生的罕见的森林大火就是一次大规模的、典型的林冠火，在此次大火中有近 600 万公顷的原始针叶林被烧毁，大火还导致 220 人死亡和至少 250 人受伤。

表火的破坏力远没有林冠火那么大，事实上，表火的作用常常是有益的，它可保持群落中生物成分的生存力或促进群落的再生和维持动植物群落的稳定性。表火正如其名称所显示的那样，它只能烧掉林下地表面的枯枝落叶和土壤的浅层。这种表火可大大减少累积在地面的易燃的枯枝落叶量，同时也就减少了引起林冠火发生的危险。

火(主要是表火，有时也包括林冠火)的有益效应之一是把枯枝落叶经燃烧化为灰烬并把其中的矿物营养成分释放出来，从而促进了营养物质的再循环，这一过程还将伴随着固氮豆科植物的加速增长，这种增长通常都是出现在不太大的表火烧过之后。在有些情况下，火是一些耐火植物或适火植物的再生所必不可少的，很多种植物的种子必须靠火才能把它们从球果中释放出来，如短叶松、白松、纸皮桦和桉树等。长叶松则需要火帮助它们与阔叶树种进行竞争，否则它们就会受到压制或被扼杀。在发生林冠火或剧烈的表火时，阔叶树就会被燃烧，但长叶松的顶芽受到它耐火的长针叶的保护，火烧过后长叶松便处于一个无竞争的环境，直到发育成熟。在以草为主的生物群落中，树木和灌木的燃烧会使草本植物摆脱了对阳光、水分和营养物的竞争。Clark JS 在研究了长岛东南面沿岸森林树木的发展史后指出：当环境条件发生改变，如当海平面上升不再适合于树木在低海拔处定居和再生时，火就会成为一个重要的生态因子，因为此时它可以为这些树木提供机会，使它们的树苗能在较高的海拔处定居下来。

以上介绍的是火的一些正面效应，其实火的负面效应也不少。首先，林冠火和剧烈的表火对生态群落是一种干扰，尤其是对其中的生物和它们之间的相互关系是一种破坏。林冠火和剧烈的表火会使地表面受到侵蚀，而侵蚀的严重程度则取决于土壤的性质和降水量的多少及降雨的强度。虽然火对于灰烬中营养物质的移动和循环是有正面效应的，但火也造成了营养物质的大量流失，尤其是通过烟雾和挥发所造成的物质损失。在较高的温度下，氮和硫的损失特别大。例如，在 750℃的温度下，氮和硫的损失将分别达到 57%和 36%。这种损失在 800℃时要比在 600℃时高 3～4 倍。钠、钾、铁、锌和铜等元素在火烧中也会通过挥发造成很大损失。

火对于群落和生态系统的这些效应说明，它在某些场合下比在另一些场合表现得更为有益。但对火的这些益害分析并不总是有助于改变人们的看法，人们常常是出于好意努力避免火的发生，但这种做法有时却会引发更为严重的林冠火和表火。依据生态学原理和知识对森林实施科学管理(包括对火的控制和利用)是极为重要的，这一点正逐渐为人们所认识。

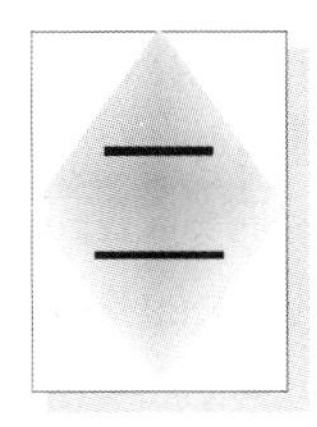

第10章 生物活动周期与环境的关系

日夜交替和季节变化决定着生物的活动。鸟类的鸣唱是白天到来的信号，此时蝴蝶、蜻蜓和蜜蜂开始暖身，鹰隼开始在空中盘旋，松鼠和花鼠在森林中积极活动起来。黄昏时刻，日行性动物停止了活动，水百合折叠起来了。晚上，夜光花开放了，夜行性动物出来活动了，狐狸、飞鼠、灵猫、猫头鹰和大型蚕蛾此时完全占据了其他动物在白天所占有的生态位。白天和晚上出来活动的动物种类完全不同。

随着季节的推移和日照长度的变化，生物的活动也在不断改变。春天使鸟类开始迁移，使很多植物和动物开始进行生殖。随着秋天的到来，温带地区的落叶树种便开始了休眠期，昆虫和草本植物停止了活动和生长并从人们的视野中消失，春天飞来的夏候鸟此时又飞向了南方。

生物的这种活动节律是受地球24 h自转一圈和365天围绕太阳公转一圈所控制的。时间会使生命活动与环境的日变化和季节变化变得协调一致。生物学家曾一度认为，生物只能对来自外部的刺激作出反应，如光的强度、湿度、温度和潮汐变化等，但实验研究证明，事情远不是这么简单。

第一节 生物的固有活动节律

天一黑，飞鼠(*Glaucomys volans*)就从树洞中出来开始活动了，它会伸展四肢，充分展开前后肢之间的皮肤膜，从一棵树滑翔到另一棵树，蓬松的大尾巴就是它的方向舵和制动器。由于它总是夜间出来活动，所以人们很难见到它。除非受到干扰，否则它是不会在白天出洞的，每天总是在第一缕阳光出现之前，它就回洞睡觉了。飞鼠日复一日的活动总是与24 h的日周期保持一致，每天开始活动的时间就是落日的时间，这表明光对飞鼠的活动有着直接或间接的调控作用。如果把飞鼠带入室内，使它生活在人为安排的白天与黑夜交替的环境中，那么它也总是在夜晚活动，在白天休息。不管是安排白天12 h，夜晚12 h，还是安排白天16 h，夜晚8 h，飞鼠总是在黑暗到来后不久就开始活动。

这种行为并不意味着飞鼠具有任何专门的保持相同节奏的机制，可能只是对黄昏和黎明作出的反应。但是如果让飞鼠生活在永恒黑暗的环境中，它仍然会日复一日地保持它固有的活动与不活动相交替的节律，而且不需要任何外界启动因素。在这些条件下，飞鼠的活动节律是决定于昼夜交替所确定的24 h周期性。在永恒黑暗的环境中，飞鼠所表现出的活动周期从22 h 58 min到24 h 21 min不等，平均不到24 h。由于飞鼠的活动周期并不是严格的24 h，所以它会逐渐偏离外部环境的周期性。如果让飞鼠生活在永恒光照的环境中(这对夜行性动物来说是极不正常的)，它的活动周期就会延长，很可能是为了躲避光照而尽可能推迟开始活动的时间。

飞鼠的这种大体 24 h 的活动和不活动相交替的固有节律是除细菌以外所有生物的特征。由于这种活动节律与地球自转一周的时间极为接近，所以就称为昼夜节律（circadian rhythms）。相邻两日开始活动时间的间距就是昼夜节律的一个周期，也称为自运周期（free-running cycle），意思是说，在永恒黑暗或永恒光照的条件下，生物仍能表现出这种活动的周期性，很像是一种自动的持续振荡。

活动的昼夜节律可从一个世代传递到另一个世代，具有很强的遗传性。它不是通过学习获得的，也几乎不受温度变化的影响。昼夜节律不仅影响着生物活动的时间安排，而且也影响生物的生理过程和代谢率。它提供了一种机制，生物就是靠这种机制与其环境保持同步的。

可见存在着两种日周期性，一个是外部环境的 24 h 节律，另一个是生物体内的昼夜节律，大体上也是 24 h。要使两种节律处于同相位，就必须有外界因素或时间调节器（time-setter）进行调节，以便使体内节律与环境节律相吻合。最明显的时间调节器是温度、光和湿度。在温带地区最主要的时间调节器是光，它可使生物的昼夜节律调整到与环境的 24 h 光周期保持同步。

第二节　昼夜节律与生物钟

昼夜节律及其对光明与黑暗的敏感性是生物钟（biological clock）起作用的主要机制，生物钟可以比做是生物行为和生理活动的计时器（timekeeper），那么这个计时器位于生物体内的什么地方呢？原则上，它的位置必须能够使其感受到和接受到时间调节器（如光）的作用。在单细胞原生动物和植物中，生物钟显然是在单个的细胞之中，光直接作用于光敏化合物，而后者能活化细胞通路。在多细胞动物中，生物钟是在脑中。

生物学家靠熟练精细的手术操作发现了一些哺乳动物、鸟类和昆虫生物钟的位置。在所研究的大多数昆虫中，生物钟是位于脑视叶内或位于两视叶之间的组织中，位于复眼基部细胞中的光感受器靠轴突与生物钟相连。鸟类和爬行动物的生物钟位于松果体中，松果体紧贴大脑表面，是动物的第三只眼。在哺乳动物（包括人）中，生物钟则位于视神经交叉上方的交叉上核（suprachiasmatic nuclei）中，交叉上核是两群神经细胞。生物钟的运作涉及一种专门的激素，即褪黑激素（melatonin）。这种激素有测定时间的功能，在黑暗条件下比在光亮条件下能产生更多的褪黑激素。因此，褪黑激素的生产量就可作为日照长短的一种测度。

褪黑激素使动物有了时间测度，而植物光敏素（phytochrome）则是植物的光检测器。植物光敏素有两种类型，即 P_r（吸收红光）和 P_{fr}（吸收远红光，far red light），当 P_r 吸收红光时它就会转化为 P_{fr}，当 P_{fr} 吸收远红光时它就会转化为 P_r。植物可以合成光敏素 P_r，如果使植物处于黑暗中，P_r 会保持不变，但所有的 P_{fr} 会转化为 P_r。因此，在太阳落山后，任何残留的 P_{fr} 都会转化为 P_r；在太阳升起后，P_r 很快就会转化为 P_{fr}。这种转化之所以能够发生，是因为在太阳光中的红光多于远红光。实际上，由于所有的 P_{fr} 在 3～4 h 内就能转化为 P_r，所以作为测定夜晚时间长短的生物钟来说，3～4 h 的时间显得太短了。由此推测，在生物钟的总体构成中一定还会有其他激素参与。

为了能记录时间，生物钟必须得有一种内部机制使生物的活动能大体保持 24 h 的自然节律。借助于各种环境信号（如日出时间和日落时间的改变），生物应当能够做到重新安排活动时间，以便能使自己的活动节律与外部环境的节律保持高度的一致性。在环境中没有时间调节器的情况下，生物钟也必须能够持续地起作用，而且必须在各种温度下都能正常运作。对于所有这些准则，昼夜节律都是符合的。

生态学家对昼夜节律和生物钟的适应价值最感兴趣，生物钟的适应价值之一就是能为生物提供一个时间依存机制（time-dependent mechanism），它能使生物对环境的周期变化提前做好准备。例如，非洲稀树草原上的树木总是赶在雨季即将到来之前长叶，时间不早也不晚，这对整个植物的生长发育最为有利。昼夜节律有助于使生物处理好环境中除了光照和黑暗之外的其他方方面面的关系。例如，随着夜晚到来的是湿度的增加和温度的下降，木虱、蜈蚣和马陆通常白天都是在黑暗、潮湿的石块下、倒木下和枯枝落叶下度过的，因为白天干燥的空气会使它们大量失水。黄昏之后它们就会出来活动，因为此时的空气湿度对它们比较有利。这些动物随着在黑暗中生活时间的增加，它们躲避阳光的趋势就越强烈。另一方面，黑暗会减弱它们对低湿环境的反应强度，因此这些无脊椎动物在夜晚时会出来，到那些在白天对它们来说是太干燥的地方进行活动，但只要一有光照，它们很快就会退回到阴暗的隐蔽场所。

很多生物的昼夜节律都与环境中的生物因素有关。捕食动物（如食虫蝙蝠）的取食活动必须与被捕食动物（猎物）的活动节律协调一致。蛾类和蜜蜂必须在花开的时候出来吸食花蜜；反之，花朵也必须在授粉昆虫出来活动时开花。昼夜节律和生物钟还让昆虫、爬行动物和鸟类能够依据太阳的方位进行定向。生物一旦适应了环境的周期性，它们就能够最经济最有效地利用能量。

第三节　临界日照长度与生物的季节反应

在北半球和南半球的中纬度和高纬度地区，昼长和夜长都将随着季节的变化而加长或缩短，植物和动物的活动都能适应于这种日夜长短的季节变化。例如，飞鼠每天都是在黄昏时开始活动，不管是什么季节，因此随着冬季的短日照逐渐过渡到春季的长日照，飞鼠每天开始活动的时间也逐渐向后推迟。

温带地区大多数动植物的生殖期都与昼夜长短的季节变化密切相关。对大多数鸟类来说，生殖高峰都是发生在白天逐渐加长的春季，而鹿的交配季节则是在白天逐渐缩短的秋季。延龄草（*Trillium* spp.）和紫堇（*Viola* spp.）的生长总是在白天逐渐加长的春季达到最盛期，因为那时森林底层的阳光最充足。紫菀（*Aster* spp.）和一枝黄花（*Solidago* spp.）都是在夏末白天逐渐变短时开花。

使动植物作出这些反应的信号就是临界日照长度（critical day-length），当光照（或黑暗）的持续时间在一天内达到一定时数的时候，它就会对生物的光周期反应起抑制或促进作用。临界日照长度在不同生物中是不一样的，但通常是在 10～14 h。在一年中，植物和动物时时都在把临界日照长度与实际的昼长和夜长作对照，并能对此作出适当反应。有些生物属于日照中性生物（day-neutral organisms），它们不受日照长短的调控，但可能受其他因素如降雨或温度的调控。其他生物则属于长日照生物（long-day organisms）和短日照生物（short-day organisms）（见本篇第 4 章）。

可以利用这两类植物对日照长短的不同反应迫使它们开花。当把植物置于昼短夜长的环境中时，短日照植物会开花而长日照植物不开花。如果增加日照长度，情况就会刚好相反。如果人为中止植物的黑暗期，那么无论是长日照植物还是短日照植物，它们对此所作出的反应都等同于它们对长日照的反应,即长日照植物开花而短日照植物不开花。实际上,短日照植物和长日照植物不是在对光照长度作出反应,而是对夜长(黑暗长度)作出反应,因此严格说来,这两类植物应被称为长夜植物(long-night plants)和短夜植物(short-night plants)。

温带地区昆虫在冬季的滞育现象(diapause)是受光周期控制的。这类昆虫对时间的测定是很精确的,一般是在 12～13 h 光照,光照期只要相差 1/4 h,就会关系到昆虫是否会进入滞育。夏末和秋季日照的逐渐缩短预示着严冬即将到来,于是昆虫准备进入滞育。冬末和早春日照的逐渐加长是昆虫重新开始发育、化蛹、羽化和进行生殖的信号。

日照长度的增加将诱发鸟类春天的迁移行为、刺激生殖腺的发育和开始一个新生殖周期。生殖期过后,鸟类生殖腺开始萎缩,在此期间光不再能引起生殖活动。初秋的短日照会加快生殖期的结束。但早春日照的逐渐增加又能使鸟类重新进入生殖阶段。光周期也影响着哺乳动物的各种活动,如食物的贮存和生殖。拿鹿和山羊来说,褪黑激素可诱发它们的生殖周期,黑暗可提高褪黑激素的产量,因此随着秋季白日的变短,体内褪黑激素的浓度就会增加,这将会降低松果体对来自卵巢和精巢的激素的负反馈效应。如果没有这种反馈,松果体前部就会释放另一种激素,即促黄体激素(luteinizing hormone),它可刺激卵巢中卵的生长和精巢中精子的生产。

第四节　潮间带生物的活动节律与潮汐周期

招潮蟹(*Uca* spp.)是潮间带最常见最活跃的十足目甲壳动物,其突出的形态特点是有一螯肢特别发达,另一个则很小。大潮过后,海水退到了低潮线,此时招潮蟹纷纷从洞穴中出来,成群结队地在潮间带的泥质海滩上活动(觅食和求偶);当潮水上涨,潮间带即将被海水淹没时,它们便重新躲入洞中等待下一次低潮的到来。其他的潮间带生物,从硅藻、绿藻、沙滩甲壳动物、盐沼采螺到各种潮间带鱼类(如鳚鱼和杜父鱼等),所有这些生物的日活动节律都与潮汐周期相一致。

如果把招潮蟹带进实验室,让它接受不到潮汐涨落的信息,而是生活在恒温和固定光照的条件下,结果它们的日活动节律仍和生活在潮间带一样,没有发生改变(图 10-1)。潮间带每 12.4 h 就会出现一次涨潮和退潮,刚好是月球日(lunar day,24.8 h)的一半。所谓月球日就是连续两次月出之间的时间间隔。在同样恒定的环境中,招潮蟹的体色也有昼夜节律变化,即白天色深,夜晚色浅。

在这种情况下,不能不使人猜想,招潮蟹的生物钟是一个具有 12.4 h 的单峰钟呢,还是一个具有 24.8 h 的双峰钟?显然后者更接近于一个 24 h 的昼夜节律(一个太阳日)。有没有可能同时存在两个生物钟呢?其中一个钟保持 24 h 为一周期的太阳日节律,另一个钟保持 24.8 h 为一周期的月球日节律。Palmer JD 及其同事通过实验解决了这个问题,实验表明:有一个太阳日生物钟可保持日活动的同步化,还有两个紧密耦合的月球日生物钟可保持潮汐活动的同步化。如果其中一个生物钟因缺失环境信息而停止运行,那么另一个生物钟仍会正常工作。这一特征能使潮间带生物在可变的潮汐环境中保持它们活动的同步性。日夜周期可重新安排太阳日节律,而潮汐变化可重新安排潮汐节律。生物即使是在细胞层次上,也不是单单依赖一个生物钟。不同的生物钟以不同的速度运行,控制着不同的生物过程。

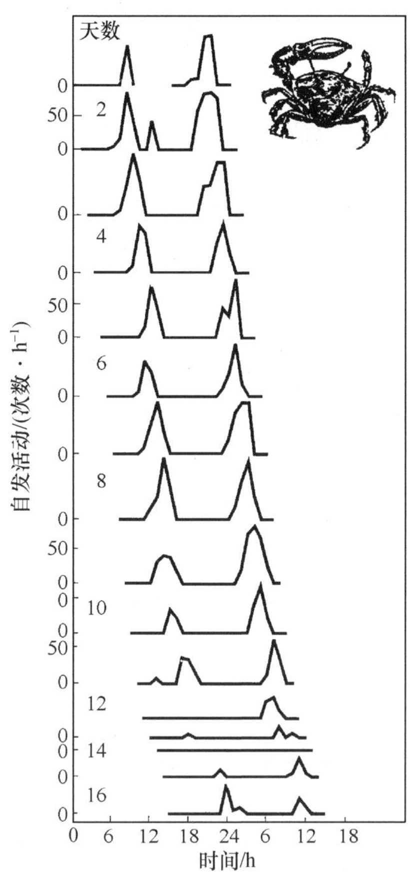

图 10-1　实验室内连续16天恒温(22℃)和固定光照条件下招潮蟹所显示的潮汐节律

由于月球日比太阳日长 51 min,所以如按太阳日计算时间,每发生一次潮汐(潮涨潮落)就会推后 51 min,这样招潮蟹的活动高峰就逐日向右推移

有些海洋生物的生殖活动只局限于一个特定的时期,而这个时期又与潮汐相关。这种有节律的生殖现象通常每一个月周期(28 天)发生一次,或者每半个月周期(14～15 天)发生一次。银汉鱼(*Leuretbes tenis*)和潮间蠓(*Clunio marinus*)就是这些生物的典型代表。银汉鱼总是定期到沙滩上来产卵,它是借大潮涨潮时被送上潮间带的。它们产卵的周期性极为精确,以致它们的活动完全可以被事先预测到。实验研究表明,这种活动周期与月光密切相关。

第五节　物　候　学

在温带地区人人都熟悉植物和动物的季节变化,春天植物开始萌发长叶,接着是开花、结果、种子成熟,直到秋天落叶;鸟类则春来秋去进行每年一次的迁飞。在热带地区,干旱季节开始的标志是有些树木落叶,有些树木结果。所有这些生物学现象都依季节而重复发生,这就是所谓的季节性(seasonality),而研究动植物季节性发生规律及其原因的科学就叫物候学(phenology)。

温带地区和北极地区生物的季节性主要依赖于光照和温度的变化。从大范围讲，温度和光照的季节变化是形成温暖期和寒冷期的原因，但变化是渐近的，所以温带地区的季节又可细分为初春和晚春，初秋和晚秋等。热带地区的季节性主要取决于降雨量，可分为雨季和旱季，它们的开始是突发性的。雨季的开始是一个可靠的环境信息，植物和动物就是靠这一信息使自己的生命活动与季节变化保持同步。雨季持续时间可多达 6 个月之久，但开始时间则随热带气团的季节性纬度移动而有所不同，因此，热带地区的雨季和旱季也是可预测的。在湿润的热带地区，雨季的标志是月降雨量为 100 mm 或更多，旱季的月降雨量为 60 mm 或更少。在热带季雨林，雨季和旱季的划分不明显。

从生物的季节反应中可以看出光照、湿度和温度是如何随海拔和纬度的变化而变化的。例如，温带地区的春季，同一种树或阔叶草本植物的开花时间将随海拔的增加而逐渐推迟，虽然这种渐近性的变化通常是在一个很大的地理分布区内才能观察到，但在一个山脉的不同高度上也能明显地看到这种变化。树木的长叶和开花是自低海拔到高海拔逐渐推进的，而秋季的褪色和落叶则是从上到下推进。

在有雨季和旱季明确划分的热带地区，植物的开花、结实和长叶顺序反映着雨季和旱季的交替。雨季到来的标志是植物营养体的大量生长，正如温带地区温暖的春天会促进叶的大量生长一样，而开花和结实大都是在旱季。有些植物是在雨季结束时开花，此时的土壤湿度还很高；还有一些植物是在旱季结束时开花。

动物的季节活动大都与生殖和觅食有关，例如白尾鹿(*Odocoileus virginianus*)，其生殖周期是从秋季开始，春季产仔，因为那时对哺乳的母鹿和幼鹿来说都能得到质量最好的食料。在中美洲热带地区，食物产量的季节特征决定着很多种食果蝙蝠的生殖期和巢域大小。食果蝙蝠的产仔期总是与果实产量的高峰期相一致，幼仔一出生就会有充足的食物。在哥斯达黎加森林中，昆虫和其他节肢动物在雨季初期数量最多，此时也正是食虫蝙蝠产仔的时间。

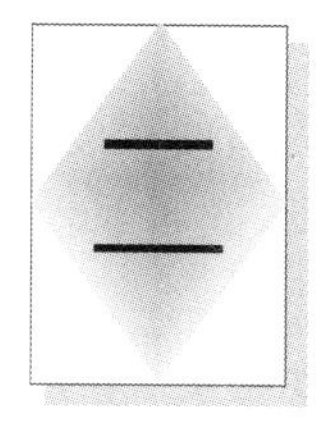

第 11 章　生物与生物之间的关系

在自然界中任何一个物种都不是孤立存在的，总要同其他物种发生这样那样的关系——肉食动物要吃植食动物，植食动物要靠消费植物为生，而在营自由生活的动植物体内外还寄生着很多寄生生物。在一个森林群落中，分布在不同层次上的植物，其相互依存性就非常明显。

物种之间的相互关系对于整个生物界的生存和发展是极为重要的，它不仅影响每一个物种的生存，而且还把各个物种连接为复杂的生命之网，决定着群落和生态系统的稳定性。现存的生物世界之所以能够年复一年地保持相当的稳定性，完全依赖于生物彼此之间的协调和相互作用。尽管群落中的生物有生有死，时多时少，但却在这种动态中保持了群落的一定结构和外貌。群落中的每一个物种都处在与其他物种的相互作用之中，因此对群落的稳定性都有一定的贡献。

物种之间的相互关系虽然是复杂的和多方面的，但对任何一个物种来说，都只存在着三种可能性：受益(＋)，受害(－)和中性(0)。因此，如果将两个物种相互作用时的三种可能性加以排列组合，就可把种间关系概括如表 11-1。

表 11-1　种间关系一览表

		物种 B（小，弱） ＋	0	－
物种 A（大，强）	＋	＋，＋ 互惠，共生	＋，0 共栖（偏利）	＋，－ 植　食 捕　食
	0	0，＋ 共栖（偏利）	0，0 中　性	0，－ 偏　害 竞　争
	－	－，＋ 寄　生 类寄生	－，0 偏　害 抗　生	－，－ 互　抗

由表 11-1 可以看出，物种之间的相互作用可以总结为 9 个方面，包括 11 种具体的相互关系。这 11 种种间关系是：互惠、共生、共栖、寄生、类寄生、植食、捕食、竞争、抗生、互抗和中性等。下面我们对这些种间关系一一加以介绍。

第一节　互 惠 共 生

互惠共生(mutualism)可细分为互惠和共生两种种间关系。

1. 互惠

互惠是指对双方都有利的一种种间关系,但这种关系并没有发展到彼此相依为命的程度,如果解除这种关系,双方都能正常生存。所以,可以把互惠看成是共生的初级阶段,或叫兼性共生(facultative mutualism),也可叫原始合作(proto-cooperation)。

海葵和寄居蟹是互惠的著名事例,海葵固着在寄居蟹的螺壳上,被寄居蟹带来带去,使它能更有效地捕捉食物,而海葵用有毒的刺细胞为寄居蟹提供保护,使其不易遭受天敌的攻击。

蚜虫和蚂蚁的互惠关系也到处可见。蚂蚁喜吃蚜虫分泌的蜜露,并把蜜露带回巢内喂养幼蚁。有时,蚂蚁用触角抚摸蚜虫,让蚜虫把蜜露直接分泌到自己的口中。同时,蚂蚁精心保卫蚜虫,驱赶和杀死蚜虫的天敌,有时还把蚜虫衔入巢内加以保护。

牛鸟和牛鹭喜欢啄食牛、羚羊、犀牛和长颈鹿等大型有蹄动物皮肤上的寄生虫;有些小鸟还飞入鳄鱼张开的大口中,剔食鳄鱼口腔中的蚂蟥。这种关系对双方都有好处,所以它们总是彼此友好相处。

在海洋里,有些小鱼专门取食其他鱼体表面的寄生物和污物,还帮助清除受伤的组织和死组织。由于这种互惠关系,甚至是凶猛的鱼类也从不伤害它们,而是乖乖地让它们清除体表的寄生物和污物。这些小鱼有时聚集在固定的地点,而其他鱼类则主动前来"就医",所以这些地点就被称为"卫生站"。

动物和植物之间的互惠关系可以开花植物和传粉蜂鸟为例。鸟媒植物的花朵鲜艳,具有蜜腺,可吸引各种蜂鸟为其授粉,而蜂鸟则在获得食物的同时,帮助植物完成生殖过程(图 11-1)。

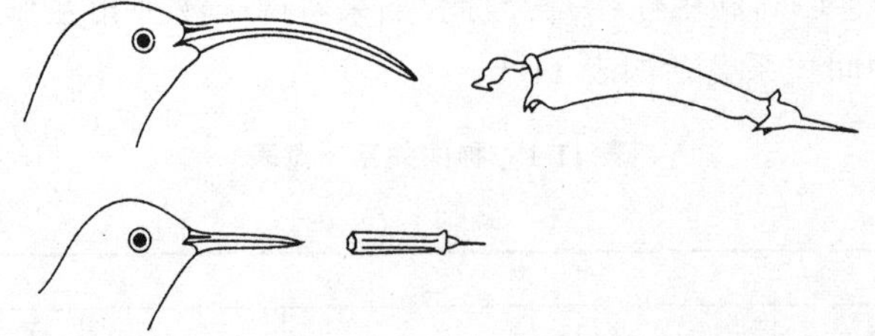

图 11-1　两种蜂鸟的喙专门适合于吸食一种特定植物花朵中的花蜜

草原上的草食兽同草本植物之间也有一种互惠关系。如果草食兽不去啃食草原上的植物,草原上就会渐渐长出木本植物和灌木来,这对草本植物的生长很不利。可见,草食兽的适量存在有利于草本植物同灌木作斗争,使草原保持原有的牧草成分。这是因为草本植物的生长点是在植株的基部,而灌木和树苗的生长点是在茎枝的顶部,因此草食兽的啃食不影响草本植物的生长,而对灌木和树苗则是致命的。

2. 共生

共生是物种之间相依为命的一种互利关系,这种互利已经达到了如此密切的程度,以致如果失去一方,另一方也就不能生存。所以,这种关系又叫专性共生(obligative mutualism)。

(1) 单细胞藻类和真菌共生。地球上最顽强的生物——地衣,就是单细胞藻类和真菌的共生体。真菌的菌丝深深长入单细胞藻的原生质内,使两者密切结合为一体,以致生物学家无法把它们区分为藻类或真菌,而只能把它们看成是一种奇妙的生物。组成地衣的真菌和单细胞藻彼此交换养料,共同维持水分和无机盐的平衡,共同抵抗干燥和极端的温度条件,这种密切的合作使地衣比任何单一的生物更能应付恶劣的环境,因而能够占有其他生物所不能占有的生境。

单细胞藻类不仅可与真菌共生形成地衣，而且海洋中的单细胞藻类还常与原生动物、海绵动物、腔肠动物、扁形动物、软体动物和棘皮动物共生。藻类为这些动物制造食物和充足的氧气，并从这些动物获得水分、无机盐、机械支持和适宜的生存场所。这些共生藻类有些是在动物吃食时吃进去的，有些则终生居住在动物体内，当动物细胞分裂时把它们传递到下一代。

(2) 昆虫和真菌共生。切叶蚁培养真菌是人所共知的，它们先在地下洞穴中修建面积达几平方米的菌圃，然后出去采集新鲜树叶，并把树叶嚼碎，当做肥料施在菌圃内，当真菌成熟结出硕大的球茎时，收获下来的球茎就作为全巢蚂蚁的食物。这种真菌早已被蚂蚁驯化，所以离开了蚂蚁菌圃就不能生长，因为它们竞争不过野生野长的真菌。蚂蚁菌圃内的杂菌则完全靠工蚁去清除。

一些热带白蚁也常常在它们的巢中种植真菌，但它们不是为了收获食物，而是为了利用真菌调节巢内的小气候。在种植着真菌的白蚁巢中，由于真菌的代谢活动，温度和湿度总是比较高，而且稳定，这样的环境最适宜白蚁生存。

此外，蠹材大花蚤、小蠹甲和叶蜂等蛀木昆虫，也常在它们蛀食的虫道内培育真菌，充作食物。真菌的大量繁殖，特别为这些昆虫幼虫的发育提供了丰富的营养。

(3) 植物和昆虫共生。在美国加利福尼亚州的沙漠中，生长着一种叫丝兰的植物，丝兰蛾是唯一为它传粉的昆虫。丝兰蛾凭着它的本能总能找到丝兰的花朵，在采集花粉的同时便为丝兰授了粉。如果没有丝兰蛾的来访，丝兰就不能结实，所以，丝兰的传宗接代绝对离不开丝兰蛾的帮助。另一方面，丝兰蛾的繁殖也离不开丝兰，因为雌蛾只把卵产在丝兰的子房内(一个子房内产卵一粒)，而且从卵中孵出的幼虫，必须在丝兰的子房里才能完成发育。

无花果和鹗榕小蜂之间的共生关系就更为复杂。食用无花果只有在鹗榕小蜂为其授粉时才能结出果实来。但鹗榕小蜂必须靠三种无花果的帮助，才能完成它的生活史：它必须在第一种无花果上过冬，到了生长季节，再转移到第二种无花果上完成发育，待成虫羽化后才飞去为食用无花果传粉。如果没有无花果，鹗榕小蜂就失去了唯一的越冬和发育场所。

(4) 昆虫和体内的微生物共生。在昆虫的口腔、肠道、血管和排泄管中和各种细胞原生质中，常常可以找到大量共生的细菌、真菌、立克次氏体、酵母菌和原生动物。这些微生物不但不会使昆虫致病，反而会使昆虫发育得更好，生殖力更强，它们能为昆虫提供生活所必需的各种维生素、葡萄糖和消化酶。白蚁自身没有消化纤维素的能力，它之所以能靠吃木材为生，完全靠肠内多鞭毛虫的帮助。多鞭毛虫分泌的纤维素酶，能把最难水解的木材消化为营养品，供白蚁利用。有人利用白蚁和多鞭毛虫对高温忍受能力的差异，做过这样一个实验，即用适当的高温把白蚁体内的多鞭毛虫杀死，而让白蚁存活，结果白蚁虽然继续大量地吃木材，但还是死于饥饿。多鞭毛虫一旦离开白蚁的消化道，也会很快死亡。有趣的是，白蚁每次蜕皮时，肠内的多鞭毛虫都随着肠上皮一道被丢弃，蜕了皮的幼虫则靠取食未蜕皮幼虫的粪便重新把共生物吃进肠内。在吃木材的蜚蠊肠道里也有类似的共生微生物，但这些微生物并不随每次蜕皮离开虫体，它们一旦进入幼蜚蠊肠内就永远留在那里了。

由于共生关系对参与共生的物种都是必不可少的，所以有各种巧妙的适应使这种共生关系能够一代一代地传下去。蔗黑长蝽在产卵的同时，总是把肠内的共生微生物当成一种排泄物排出体外，幼虫从卵壳里刚一孵出来，就立即把这种“排泄物”吃下去，从而使幼虫一开始就能建立共生关系。另有一种蟏象更是巧妙，卵子还没从母体中产下来，卵壳表面就已附着有大量的共生微生物，幼虫出壳后的第一件事就是吃下卵壳。这样，共生对象就进入了体内，开始了共生关系。在油橄实蝇那里，早在卵沿着输卵管下降时，共生细菌便开始附着在卵的表面，接着便穿透卵子内部，直接感染正在发育的小胚胎。所以，幼虫出壳之前，共生细菌就开始和它共生了。最巧妙的是，某些蜚蠊、象鼻虫和蚂蚁，早在卵子形成之前，共生微生物就大量潜入到卵巢之中，这真可以说是万无一失了。当然，也有不少共生关系是在昆虫出世之后建立起来的，但凡属这样的共生生物，必定有极强的繁殖能力和极多的数量，使共生双方必能相遇。

第二节　共栖(偏利)

共栖(commensalism)是指对一方有利，对另一方无利也无害的种间关系，所以这种关系又叫偏利。受益的一方可能在营养、栖息地、防卫和散布等方面得到好处，但这种单方面的好处决不会对共栖对象带来损害。

麻雀、椋鸟和其他小鸟常把巢安置在鹰或鱼鹰等猛禽巢的旁边或附近，从而得到可靠的保护，而这些猛禽从不伤害它们。因为鹰喜欢猎食较大的鸟和啮齿兽，而鱼鹰则以鱼为食。文鸟科的织巢鸟(产于非洲)则把鸟巢安置在社会性胡蜂巢的上方，织巢鸟从不啄食胡蜂，而胡蜂也不攻击织巢鸟。

在鸟巢和啮齿动物的巢穴中，常常居住着大量的昆虫和螨类，它们取食巢穴中死的有机物质。也有很多寄食性昆虫，这些昆虫不仅能找到适宜的栖所，而且还以巢内各种物质、栖主的尸体和过剩的食物为食。在海洋里，几乎所有的底栖动物的洞穴里都有其他动物与之共栖，这些共栖生物可以获得隐蔽所和废弃食物。许多海洋瓣鳃类的外套腔里常有小蟹栖息。海参泄殖腔的呼吸树里常有小鱼栖息，这些小鱼还不时外出寻找小虾为食。更有趣的是，在一种深海矽质海绵的中央腔里，常可发现一对小俪虾，它们终生都生活在那里，所以人们就把这种海绵叫“偕老同穴”。双锯鱼常常在海葵触手之间游来游去，这样不仅能得到海葵触手刺细胞的保护，而且还可以分享海葵吐出的过剩食物。

在热带雨林和浅海带，争夺居住空间是种间竞争的一个重要方面。很多不活动的或较小的生物常常找不到立足之地，于是便附着在其他较大动物的身体上，并被带来带去。藻类和藤壶常附着在龟鳖、甲壳动物、软体动物和鲸体上，它们既不从栖主获取食物，也不伤害栖主，但却被栖主带到各处而受益。在森林中巨大乔木树的树干上也常附着苔藓、地衣、蕨类和草本植物等。著名的鲫鱼以强大的吸附器官吸附在鲨鱼或箭鱼的体表，并以栖主吃剩的食物为食。有些水螅体附着在一种圆罩鱼的皮肤上，通常是在肛门附近，并以鱼的排泄物为食。类似的共栖还如，凸顶蛤附生在心形海胆的肛门近处，而在绫衣蛤的出水管周围则附着有一串串偏顶蛤。这些共栖动物都是以附着对象的排泄物为食。

在高等动物，特别是在大型有蹄动物的消化道里，常常有许多共栖的细菌和酵母菌，这些微生物最适于在消化道内繁殖，并以肠内的废物为营养，它们对动物完全无害。

第三节　植食现象(动物吃植物)

动物吃植物(herbivory)是生物相互关系中最为常见的现象。几乎找不到一种植物是不被动物所取食的。而在动物中，从最低等的原生动物到最高等的哺乳动物，都有许多专门以吃植物为生的种类。动物吃植物是自然界食物链的基础，也是食物链的基础环节，而食物链的其他环节都有赖于这一环节的存在。因此，归根结底，一切动物都直接间接依赖植物为食。

植食动物的数量对植物的数量有显著影响，而植物的数量反过来又限制着动物的数量。在长期进化和自然选择过程中，这种相互关系已经形成了一种微妙的平衡，植物的生产量是足够养活所有动物的，而被动物吃掉的往往只是植物生产量中"过剩"的那一部分。所以，在一个自然群落中虽然动物要吃掉大量的植物，但却不会影响群落成分和结构的稳定性。

动物吃植物的方式是多种多样的。有的动物把整个植物吃掉，如原生动物和鱼类取食单细胞的浮游植物；有的动物把植物的大部分吃掉，如啮齿动物和某些暴食性昆虫（黏虫、飞蝗等）；有的动物因吃去植物的要害部分而引起植物的死亡，如鸟类吃掉植物的嫩芽、小蠹沿着松树树干咬去一圈韧皮层；有的动物钻进植物的叶内、果实和木质部内取食，如潜叶蛾、天牛、象鼻虫等；有的动物对植物的侵袭使植物组织畸形生长形成虫瘿，如蚜虫、壁虱、线虫等；也有很多动物是靠吸食植物的汁液和花蜜为生的，如蚜虫、蝽象、蝉从植物的叶子、茎和种子中吸取汁液，而蜜蜂和蜂鸟则吸食花蜜。但大部分动物都只吃植物的非要害部分和营养器官，因此不会对植物造成重大损害，甚至完全不影响植物的生长。由于植物和动物仅在营养方面就有如此密切的关系，所以植物界的进化和动物界的进化是紧密联系在一起的。

植食动物的存在给植物造成了巨大的选择压力，迫使植物发展了像细毛、棘刺、坚硬的皮层、革质的叶子、黏性的分泌物等机械性的保护物。有些植物则采取了化学防御手段，例如颠茄里的颠茄碱可有效地防御反刍动物的取食；大戟属植物也含有对草食动物有毒的物质；水仙属、紫鸭跖草属、兰科植物和其他很多植物都含有对动物有毒的物质。但是，这种防御适应只有相对的意义，因为动物也在不断改进它们对有毒植物的适应，如颠茄跳甲能吃颠茄的叶子，蛞蝓喜欢吃毒蝇蕈，而大戟是某些天蛾幼虫的主要食物，很多鸟类（雀、鹬、鸥和鹑鸡等）能吃有毒的浆果和种子（龙葵、瑞香和曼陀罗等）而对自己无害。

另一方面，作为动物食物的植物，对动物的分布和数量也有直接影响。单食性昆虫只有在有食料植物生长的地方才能生存，它们的分布区通常要小于食料植物的分布区，如我国的三化螟。食性极为特化的交嘴雀和蜡嘴雀，它们的分布常常与松柏森林的分布非常吻合，因为它们只以松柏树籽为食。在松柏树籽丰收的年份，它们甚至在冬天也能繁殖，但在松柏树籽歉收的时候，这些鸟类就不繁殖，并且主要过着游牧式的生活。松鼠也是这样，它们总是在松柏树种子丰收的第二年大量繁殖，而在种子歉收年份，繁殖力便大大下降。对多食性动物来讲，它们受食料植物变化的影响较小，因为当一种食料植物歉收时，它们可以转而取食其他的植物。

第四节　捕食现象（动物吃动物）

捕食（predation）是指动物吃动物这样一种生物间的相互关系，也是物种之间最基本的相互关系之一。虽然所有的动物都直接间接依赖植物为生，但有的动物直接吃植物，而有的动物则通过捕食植食动物或其他肉食动物而间接依赖于植物，这些动物常被称为肉食动物或捕食者，而作为它们食物的动物则称为被食者或猎物。

捕食者是构成复杂食物链的必要环节，捕食者一般位于食物链和营养级的较高位置或顶位。捕食者的存在使生态系统中的营养物和能量的流通渠道变得多样化，并且提高了生态系统中能量的利用率，使生物之间的关系变得更加错综复杂。

由于捕食现象是在长期进化过程中形成的,所以捕食者和被捕食者在形态、生理和行为上对这种关系都有着多方面的适应性,这种适应性的形成常常表现为协同进化的性质。被食者在捕食的压力下,在形态上常利用毒丝(腔肠动物)、毒腺(蜂类、有毒鱼类和蟾蜍)、墨囊(头足类)、坚硬的外壳(软体动物、龟鳖、鲮鱼)、保护色、警戒色和拟态等进行防卫;在行为上利用变色(乌贼、甲壳动物、比目鱼、魟鱼、雨蛙、蜥蜴等)、恐吓姿态(蜥蜴、蛇、鸟类和哺乳动物等)、发出可怕的声音(响尾蛇、麝鼩、昆虫等)、排放恶臭气味(臭虫、臭鼬、步行虫等)、穴居(啮齿动物、蜂虎、沙燕、蜥蜴、蛇和昆虫等)、集群和迅速移动等方式进行防卫。但一切防卫都只有相对的意义,只能减少捕食,而不能完全避免捕食。

捕食者种群与被食者种群在数量上有着微妙的相互关系。捕食者对被食者数量的影响取决于每一捕食者的食量和捕食者总数量。在被食者数量很多的情况下,由于食物丰富,捕食者会很快通过繁殖而增加数量,捕食者数量增加会导致被食者数量下降,结果,捕食者数量也随着下降。这个过程将周而复始,使捕食者-被食者系统表现出周期性的数量波动规律,而且捕食者的数量高峰总是出现在被食者数量高峰之后。根据1845～1942年的连续观察,生活在北方针叶林中的猞猁和雪兔的数量就是按照大约每10年一个周期的规律变动的,而且每次雪兔数量高峰之后紧跟着便出现猞猁数量高峰。高斯在实验室用栉毛虫-草履虫系统所作的试验也观察到了这种周期现象。这使多数生物学家相信,捕食者数量受着被捕食者数量的制约,甚至捕食者的繁殖力也与被食者的数量多寡密切相关。在鼠类多的年份,以鼠为食的短耳鸮和雪鸮产卵可达十几个,有时还会出现第二次孵窝。而在鼠类稀少的年份,这些鸟类不繁殖或只有部分繁殖,而且每窝只产1～3个卵。

另一方面,捕食者对被捕食者的种群数量也有很强的控制作用,这在昆虫方面表现得特别明显,一旦天敌数量减少常会造成虫害的大发生。因此,人类常用引进天敌的方法达到防治害虫的目的,如我国用平腹小蜂防治荔枝蝽象、用大红瓢虫防治吹绵介壳虫、用金小蜂防治红铃虫等都取得了较好的效果。至今全世界已有一百多例生物防治成功的事例。

在脊椎动物中,捕食者对被捕食者的控制作用常常不像在昆虫中表现得那么明显,原因是被捕食的动物常常是病弱和衰老的个体,这些个体被淘汰掉对被食者的种群动态影响不大,甚至在很多情况下还会给被食者带来好处。例如,在美国曾由于大量猎杀狼和美洲狮而造成了有蹄动物蠕虫病的流行,因为感染了蠕虫病的动物不能及时被捕杀。又如,挪威为了保护雷鸟,在19世纪曾大力根除猛禽和猛兽,结果反而造成球虫病和其他疾病在鸟类中的广泛传播,使雷鸟多次大量死亡。

捕食者对被食者种群的影响不仅限于减少它们的数量,而且还会因选择性的捕食而影响被食者的年龄结构、性比、寿命、生殖力和同其他动物(如寄生动物)的种间关系。

第五节　寄　　生

生活在一起的两种生物,如果一方获利并对另一方造成损害就称为寄生(parasitism)。寄居在别种生物身上并获利的一方叫寄生物,被寄居并受害的一方叫寄主。寄生物通常以寄主的体液、组织或已消化好的食物为食,并经常或暂时地利用寄主的身体作为居住处。寄生物常常阻碍寄主的生长、降低寄主的生殖力和生活力,但一般不引起寄主的死亡(寄主死亡对寄生物也不利)。

寄生可分为兼性寄生和专性寄生。兼性寄生是一种偶然的寄生现象，寄生物不依赖寄主也能生存，如小杆线虫有时会偶然潜入人体，并在人肠道中找到有利的生存条件，但它正常的居住处是土壤。专性寄生是寄生物必须经常或暂时居住在寄主体上并从寄主获得营养。寄生在寄主体表的叫体外寄生，如蚊、虱、跳蚤、蝉和蛭等；寄生在寄主体内的叫体内寄生，如疟原虫、吸虫、绦虫和线虫等。

寄生物对寄主的寄生程度有很大差异，有些寄生物只在吃食时才接触寄主，它们大部分时间都是自由生活的，如蚊、虻和白蛉子，它们在寄主体上逗留的时间只限于吸血的短暂时刻。另一些寄生物则经常寄居在寄主体上，但有些种类在生活史的一定阶段(幼虫或成虫)周期性地离开寄主营独立生活，如钩虫、吸虫和寄生桡足类，有些种类则终生都和寄主发生关系，如旋毛虫、疥癣虫和锥虫等。

寄生物常常有两个或更多的寄主，这就使寄生物的生活史与寄主的相互关系变得十分复杂。寄生物在其中进行有性生殖的寄主叫终寄主，在其中进行无性生殖的寄主叫中间寄主。例如，日本血吸虫的终寄主是人，中间寄主是钉螺；格裂吸虫(*Uvulifer ambloplitis*)的终寄主是翠鸟，第一中间寄主是淡水螺，第二中间寄主是淡水鱼类(图 11-2)。

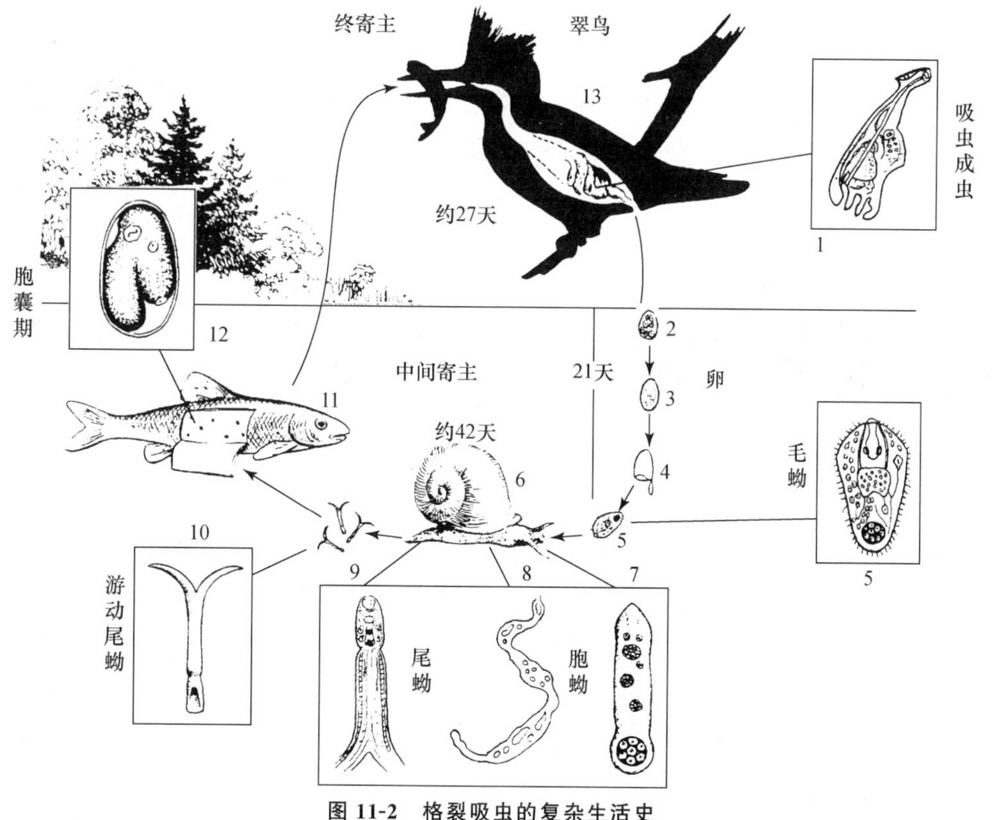

图 11-2　格裂吸虫的复杂生活史

幼虫期要经历毛蚴、胞蚴和尾蚴三个阶段

转换寄主有利于寄生物分布到更多的寄主体内去，以减轻对每个寄主的损害，使寄主不会因寄生物生殖过多而死亡。但转换寄主会使寄生物遭到大量死亡，所以在长期进化过程中，寄生物发展了强大的生殖力，如人蛔虫一昼夜可产卵 25 万个，一年所产的卵，其总重可超过产卵雌虫体重的1700倍;牛绦虫一年可产卵6亿个,一生产卵量可达100亿。

寄生物对寄生生活方式的适应还表现为神经感官和消化系统的退化;生殖器官和吸附器官的发达;厌氧呼吸的发展;体外吸血寄生物消化道长度的增加或形成侧盲囊以增加容量,耐饥能力极强(真壁虱可耐饥3年以上),并可分泌抗凝血素等。在寄生物寄生的压力下,寄主也相应地发展了保护机制,如体表覆盖层发达(可阻止寄生物的潜入),有较强的吞噬作用和血液保护反应(分泌抗毒素和能凝结异体蛋白的沉淀素)等。寄主发展保护机制虽可减少寄生物的入侵,但无法避免被寄生。事实上,自然界的每一种动物和植物都有各自的寄生物,这些寄生物包括细菌、病毒、原生动物、线虫、吸虫、绦虫、蛭、节肢动物(主要是昆虫)以及某些较高等的植物,如菟丝子和槲寄生等。

寄生微生物(细菌、病毒和原生动物等)常常是动物和人流行病的病原体,这些病原体有时必须靠吸血的节肢动物把它们从一个寄主带给另一个寄主,因此,只有在病原体、传病节肢动物和寄主同时存在,而且在传病节肢动物不断与寄主接触的情况下,流行病才有可能发生。当然,流行病的流行还要取决于有关动物的个体数量、分布、生理状况和寄主的免疫力等。预防流行病的最好方法就是根除带菌者和消灭传病的节肢动物,主要是吸血昆虫和蜱螨。

第六节　类寄生

寄生的特点是寄生物一般不把寄主杀死,类寄生(parasitoidism)则总是导致寄主的死亡,这一点又使类寄生与捕食现象接近。类寄生现象在昆虫中极为普遍,几乎所有昆虫都被某种其他昆虫所寄生,这种昆虫对昆虫的寄生一般都属于类寄生,如寄生蝇(图11-3)和寄生蜂等。寄生昆虫的成虫大都是自由生活的,这有利于它们寻找寄主和广泛分布。雌虫一般把卵产在寄主的体表或体内,从卵中孵出的幼虫则取食寄主的体液或组织,幼虫成长后便在寄主体内或体表化蛹,并伴随着寄主的死亡。有的寄生昆虫把卵产在寄主的食物上,卵随食物进入寄主体内。在一个寄主体内可以有几个寄生昆虫同时发育或只能有一个寄生昆虫发育,这主要取决于寄生昆虫的种类。有些寄生蜂能够进行多胚生殖,即产在寄主体内的一个卵可以发育出成百上千个幼虫,这是增强生殖力的一种极特殊的适应,如小茧蜂等。

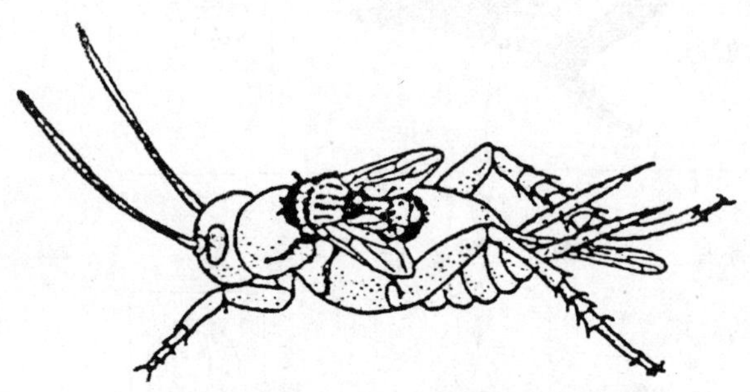

图11-3　一种寄生蝇正在寄主蟋蟀身体上产卵

寄生昆虫本身有时又被其他寄生昆虫所寄生,这种现象就叫重寄生。如果寄主是有害的,那么寄生昆虫就是有益的,而重寄生昆虫就是有害的了。但是重寄生昆虫还可以再次被别的昆虫寄生,这说明寄生昆虫之间有着极其错综复杂的相互关系。

寄生昆虫的生活史总是与寄主的生活史非常合拍,两者一年的世代数往往相同。如果寄主在土中过冬,寄生昆虫也在土中过冬,而且当春天寄主从土中羽化出来不久,它们也随之羽化出土,这种生活史的高度吻合对寄生昆虫的世代延续是极端重要的。

由于被寄生的昆虫总是不免一死,所以寄主对寄生昆虫一般都没有免疫力。寄生昆虫是害虫生物防治的重要利用对象。

第七节　种间竞争

两个物种之间的竞争关系(competition)是高斯在 1934 年首先用实验方法观察到的,他把大草履虫和双小核草履虫共同培养在一种培养液中,用一种杆菌作为它们的食物,结果总是一种草履虫战胜另一种草履虫,大草履虫最终总不免被完全排除掉。用针杆藻(*Synedra*)和星杆藻(*Asterionella*)两种硅藻所做的类似培养试验也获得了相同的结果(图 11-4)。其后,巴克在 1946 和 1954 年用赤拟谷盗和杂拟谷盗混养所作的实验也得出了同样的结果。有人用藻类把两种近缘水蚤养在一个容器内,在最初的 3 周内,由于水蚤的数量少,对食物的竞争不激烈,所以两种水蚤的数量都有增加,但此后随着竞争的加剧,便导致其中适应较差的一种水蚤被排除。

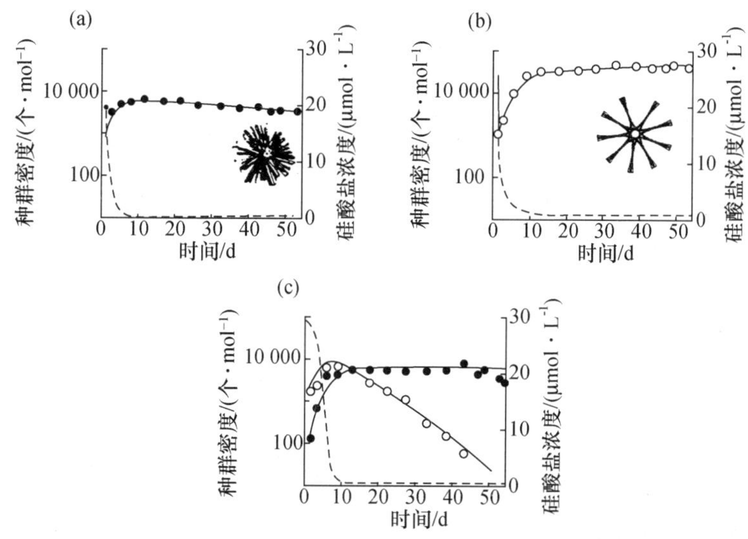

图 11-4　两种硅藻单独培养和混合培养时的种群动态

(a) 针杆藻单独培养;(b) 星杆藻单独培养;(c) 两种藻混合培养(自 Tilman 等,1981)

由上可知,当两个物种利用同一资源时(食物、空间等)便会发生种间竞争。两个竞争物种越相似,它们共同的生态要求就越多,竞争也就越激烈。因此,生态要求完全一致的两个物种在同一群落中就无法共存,这是一条基本的生态学原理,叫竞争排除原理。

自然界的种间竞争虽然普遍存在,但竞争过程却很难被人们直接看到。只有当一个物种侵入一个新地区时,竞争过程才易于觉察。例如,几十年前有一种欧洲百灵被引入了北美,它同本地的草地百灵开始竞争食物和巢域,结果不到几年时间就取代草地百灵而成了当地的优势种。20 世纪 40 年代中期,桔小实蝇被输入夏威夷,通过竞争,它把较早输入的地中海实蝇从滨海地区和低海拔的山地排挤到了高海拔地区。又如,从南美侵入北美的阿根廷蚁和里氏火蚁已经排除了本地的很多种蚂蚁。

可见,两个具有相同生态要求的物种在发生竞争时,总是导致一个物种排除另一个物种。但是,如果在两个物种重叠的分布区内,其生态要求发生分化,使它们在食物、居住地和筑巢地点的选择上略有不同,那么这两个物种就有可能在重叠的分布区内长期共存。生态要求的分化常常又导致形态上的分化,使它们在形态上又略有不同。但形态上的种间差异只在两个物种的重叠分布区内才存在,而在各自独占的分布区内则消失。例如,黄土蚁(*Lasius flavus*)及其近缘种(*L. ncarcticus*)在它们共存的分布区内至少有 8 点形态上的差异;但在它们各自独占的分布区内,这些形态差异便变得模糊起来。这种现象就叫特征替代。特征替代是相似物种对种间竞争在进化上表现出的一种适应。

第八节　抗生、互抗和中性现象

1. 抗生

一个物种通过分泌化学物质抑制另一个物种的生长和生存即称为抗生(antibiosis)。抗生现象属于偏害的范畴,主要发生在细菌和真菌之间,青霉素产生菌——产黄青霉就是著名的一例。但在某些高等植物和动物中也有发生,如有一种草本植物三芒草(*Aristida oligantha*),当它侵入一个新群落后便分泌酚酸,抑制土壤中的固氮菌和兰绿藻的发育,使土壤中可利用的氮素减少,从而防止其他需要硝盐且具有竞争能力的植物侵入。生活在海水中的红腰鞭毛虫(*Gonyaulax*)能排出剧毒的代谢产物,使鱼类和其他动物死亡,而自身则大量繁殖形成"红潮"。常绿阔叶灌木普遍分泌一种毒素,这种毒素被雨水淋入土中可抑制阔叶草本植物种子的萌发和生长。有趣的是,普累克西普斑蝶(*Danaus plexippus*)本身不能分泌有毒物质,而是靠幼虫吃马利筋属植物,从食物中获得的有毒化学物质使成虫味道不好,不被鸟类取食。

抗生现象是很多农作物具有抗虫性的基础,如抗玉米螟的玉米品种主要是含有一种特殊的化学物质苯并噁唑啉酮(benzoxazolinones),它能抑制玉米螟幼虫的生长和存活。抗生现象的发现导致了更广泛地研究他感作用化学物质,大大促进了化学生态学的发展。

2. 互抗

两个物种相互作用使双方都受害或引起死亡叫互抗(mutual antagonism)。互抗大都是由于两种生物竞争有限的资源而引起的,例如,当两种致病生物同时侵入一个寄主而导致寄主死亡时(两种致病生物也随之死亡),这两种致病生物即是对抗关系,因为任何一种致病生物在单独侵入时都不会引起寄主死亡。在寄生蜂之间也存在这种互抗关系。当两种寄生蜂(*Praon exsoletum* 和 *Trioxys complanatus*)同时寄生在一只蚜虫体内时,通常只能有一种寄生蜂存活,但有时这种竞争会引起寄主死亡,两种寄生蜂也随之死亡。盐生草属植物的叶中含有毒素,牛吃了盐生草属植物中毒死亡也属于互抗现象。作为种内互抗的一个例子是超寄生,即寄生物因在寄主体内产过多的卵而导致寄生物和寄主一起死亡。

3. 中性现象

两个或两个以上物种经常一起出现,但彼此间不发生任何关系,即互相无利也无害,这是一种特殊的种间关系,称为中性现象(neutralism)。当群落中的一种资源高度集中在某一地点时,常同时吸引很多种动物前来利用,在这些动物之间常表现为中性现象,如一个水源总是同时吸引某些种动物前来饮水,这些动物虽然经常一起出现,但彼此无利也无害。再如,在热带地区,食虫鸟类、捕食性昆虫和啮齿动物常常伴随着大群觅食的军蚁出现,它们不是以军蚁为食,而是以被军蚁惊扰的各种动物为食。这些捕食动物彼此之间是一种中性关系。

第三篇 种群生态学

◎ 种群生态学概论

◎ 种群生命表及其分析

◎ 种群的增长

◎ 集合种群及其模型

◎ 种群间的相互关系

◎ 种群遗传学和物种形成

◎ 种群的生活史对策和生殖对策

◎ 种群的数量波动和调节机制

◎ 应用种群生态学

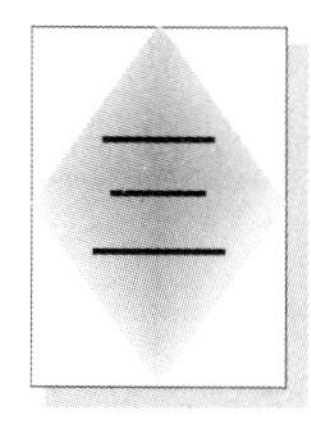

第12章　种群生态学概论

生态学有4个不同的研究层次,即个体、种群、群落和生态系统,本篇将研究同一物种内部个体间的相互关系,即研究种群生态学,种群生态学家常常提出以下的一些问题:

(1) 种群有什么特征?我们能够测定种群的哪些参数?不同种群在密度、年龄结构和性比率等方面都有哪些不同?

(2) 种群是怎样增长的?种群有哪些增长方式?我们可利用哪些参数定量地描述种群的变化?

(3) 种群的个体数量是如何控制的?种群大小都受哪些因素的限制?有使种群得到稳定的过程吗?

(4) 假定每个个体都只能把有限的能量用于生殖,那么这些能量是如何在后代之间进行分配的呢?应当繁殖多少后代?一生繁殖多少次?每次繁殖应投入多少能量?

(5) 在自然种群中,个体都有哪些能使自然选择发挥作用的变异方式?这些变异是怎样产生和怎样保持的?

(6) 种群中个体之间是如何在行为上相互作用的?是什么生态因素决定着这种相互关系的进化过程?

以上这些问题也是种群生态学研究的主要内容。

第一节　种群的基本概念

种群可以定义为同一物种占有一定空间和一定时间的个体的集合体,种群的基本构成成分是具有潜在互配能力的个体。种群是物种具体的存在单位、繁殖单位和进化单位。一个物种通常可以包括许多种群,不同种群之间存在着明显的地理隔离,长期隔离的结果有可能发展为不同的亚种,甚至产生新的物种。

事实上,种群的空间界限和时间界限并不是十分明确的,除非种群栖息地具有清楚的边界,如岛屿、湖泊等。因此,种群的空间界限常常要由研究者根据研究的需要予以划定。种群中的个体通常只和同一种群中的个体交配,但是,动物偶尔可以远远离开它的繁殖种群,植物的种子也有时被风吹送得很远很远。在这种情况下,不同种群的个体之间便偶尔发生基因交流,但这种交流一般也只能在同一物种的不同种群之间进行,因为在不同物种之间(特别是高等脊椎动物)存在着各种基因交流的障碍,如空间隔离、时间隔离、生态隔离、行为隔离、细胞学和遗传学隔离等。

种群不仅是构成物种的基本单位,而且也是构成群落的基本单位。任何一个种群在自然界都不能孤立存在,而是与其他物种的种群一起形成群落。物种、种群和群落之间的关系可由

表 12-1 看出。表中列出了 4 个物种和 7 个群落，每一个物种包括几个种群，并分别分布在不同的群落中，因此，每一个群落中都含有几个属于不同物种的种群。这说明种群不仅是物种的具体存在单位，而且也是群落的基本组成成分。

表 12-1　物种、种群和群落之间的关系

物种 \ 种群 \ 群落	1	2	3	4	5	6	7
A	A_1	A_2	A_3			A_6	A_7
B		B_2	B_3	B_4	B_5	B_6	B_7
C	C_1		C_3	C_4			
D	D_1		D_3		D_5		D_7

种群可以作为抽象的概念在理论上加以应用（如种群生态学、种群遗传学理论和种群研究方法），也可以作为具体存在的客体在实际研究中加以应用。种群作为具体的研究对象又可分为自然种群（如某一湖泊中的鲤鱼种群和秦岭山地的大熊猫种群等）和实验种群（如实验条件下人工饲养的果蝇种群和小白鼠种群）、单种种群（如以面粉饲养拟谷盗以研究其种群数量动态）和混种种群（如把两种草履虫养在同一容器内以研究种间竞争）。

第二节　什么是种群生态学

动物和植物种群因出生率、死亡率、迁入率和迁出率的变化而显示出各自所特有的种群动态特征，生态学家最关心的是如何解释种群的这种数量变化，以及如何对其进行定量分析。种群数量往往围绕某一种群密度而上下波动。当生境遭到破坏的时候，种群数量就会降至平衡密度以下；但当种群数量高于平衡密度的时候，又会面临灾难性死亡，甚至灭绝的危险。但从长远来看，种群却能保持自身的平衡，尽管有时会出现较大的波动（图 12-1 和 12-2）。种群生态学的基本任务之一就是要定量地研究种群的出生率、死亡率、迁入率和迁出率，以便能够了解是什么因素影响着种群波动的范围及种群的发生规律，了解种群波动所围绕的平均密度以及了解种群衰落和灭绝的原因。了解这一切的目的都是为了能够控制种群。正是由于人类的这一愿望，至今大部分种群生态学理论都是从昆虫的研究工作中总结出来的。以昆虫为材料

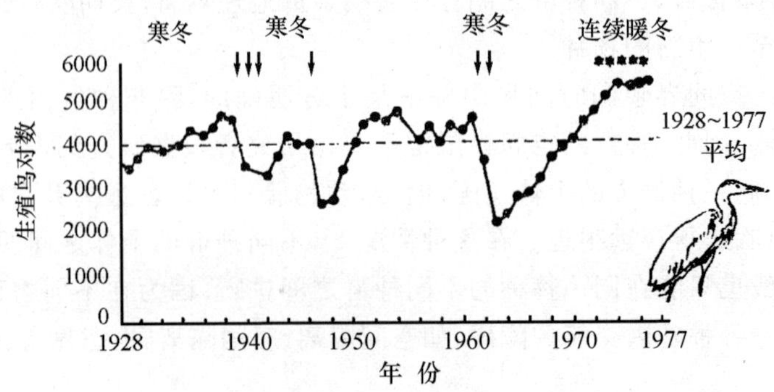

图 12-1　1928～1977 年灰鹭种群在英格兰和威尔士的数量波动

进行种群生态学研究有许多实际的优点，如昆虫世代短，可以很快得到所需要的资料。昆虫以其频繁地为害而引人注目，具有研究的实际意义。因此，昆虫的研究在种群生态学中占有显著的地位。由于同样的原因，在植物种群生态学中对草本植物的研究最多。借助于科学的耕作方法、合理地使用农药和最大限度发挥自然天敌的作用或引进其他生物控制因素就可以达到减少害虫为害的目的，但这一切都必须建立在对害虫种群数量进行科学调查，并能预测其种群动态的基础上。对有益生物种群的利用，也必须先了解有益生物的种群特性。例如，商业捕鲸、捕鱼活动往往要利用种群模型来决定捕捞量。

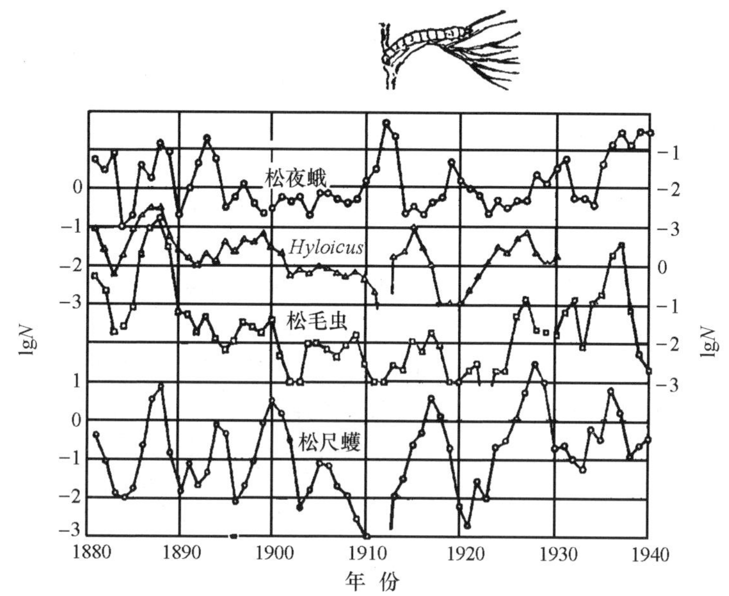

图 12-2　连续 60 年对德国 Letzlingen 的松林土壤中 4 种蛾蛹数量的调查结果

（松毛虫 *Dendrolimus* 调查越冬幼虫）

生态学家常常使用归纳法或演绎法来研究生物的种群动态，前一种方法是建立模拟种群部分过程的简单模型，为的是能够更好地了解现实种群（尽管常常是实验种群）。这种方法要受假设条件的限制，并且不太可能模拟种群的全过程。另一种方法（即演绎法）是从研究一个现实的野外种群开始，连续多年进行观察和记录，特别是详细地记录种群的出生率和死亡率，然后再通过分析和模拟，以便找出影响种群的主要生态因子。

在生态学和遗传学领域中，种群都是一个最重要的研究单位。进化理论的基本原理之一是自然选择作用于生物个体，而种群通过自然选择而进化，因此，种群生态学与种群遗传学有着非常密切的关系。

第三节　种群的基本特征

种群虽然是由个体组成的，但种群具有个体所不具有的特征，这些特征大都具有统计性质。种群的基本特征之一是种群的密度，影响种群密度的 4 个参数是出生率、死亡率、迁入率和迁出率。这 4 个参数是种群的基本参数，当我们问为什么种群密度增加了或减少了的时候，实际上我们是在问这些参数中的哪一个或哪几个发生了变化。除此之外，种群还有许多其他特征，如年龄结构、遗传组成、性比率和分布型等。值得注意的是，这些特征都是组成种群的每个个体特征的统计值。如个体可以用出生、死亡、年龄、性别、基因型、寿命、是否处于生殖期和是否已进入滞育来描述；但种群却只能用这些特征的相应统计值来描述，如出生率、死亡率、年龄结构、性比率、基因频率、平均寿命、生殖个体百分数和滞育个体百分数等。除此之外，种群作为一个更高的研究层次，还具有密度、分布型、扩散、集聚和数量动态等特征，而这些特征是个体所不具备的。下面我们介绍种群的几个基本特征。

一、种群的密度

密度(density)是种群的一个重要特征，从种群管理和种群保护的角度看，了解能引起种群大小变化的因素以及能调节这些因素的过程是很重要的。这种了解必须从种群个体数量的直接测量开始。整个种群的大小包括两个含义，即个体的局部密度和整个种群的分布范围。

密度的定义是单位面积上的个体数量，某一特定栖息地内的个体密度取决于该栖息地的内在质量和个体的迁入、迁出活动。从了解种群与其环境生态关系的观点考虑，局部密度比整个种群的大小更有意义，因为它更直接关系到地方的各种生态上的相互作用。在资源最丰富的地方，个体数量也最多，这是一个通则。因此局部的种群密度提供着种群与其环境相互关系的信息，而且种群密度的变化也反映着局部环境条件的变化。

由于种群所包含的个体数量太多和种群所占有的区域太大，所以对整个种群的个体数量进行完全的计数统计通常是不可能的。如果生物个体是像植物和固着生活的海洋无脊椎动物那样是不能移动的，那就可以靠统计已知面积样方内的个体数量来估算种群的密度。但如果个体在各样方之间的移动速度很快，以致使研究人员无法统计样方内的个体数量，那就必须采用其他方法。

对动物种群密度进行估算的一种常用方法是所谓的标志重捕法(mark-recapture methods)，即先从种群中捕获一些个体并用各种方法(志环、涂色等)进行标记，然后再将这些标记个体释放回种群中去。当标记个体从捕捉的惊吓或伤害中恢复过来并与种群中其他个体均匀混合之后，再对种群进行第二次取样(捕获)，然后记录下此次取样中标记个体与未标记个体的数量及所占的比例。如果在第二次取样中标记个体与未标记个体的比例能代表整个种群标记个体与未标记个体比例的话，那就能够计算出种群的大小了。例如，假定我们从一个小池塘中捕获了20条鲤鱼并用彩色标签对鱼鳍进行标记，如果整个池塘鲤鱼种群的个体数量是 N 的话，那 N 就是我们所要求得的数据。当把已标记的20条鱼(M)释放回池塘之后，整个种群已标记鲤鱼和未标记鲤鱼的比例就是 M/N。假如几天以后在另一次取样时捕获了50条鲤鱼，其中6条的鳍上带有彩色标签，如果在这次重捕中被标记的鲤鱼数用 x 表示的话，那 x 就将等于这次重捕鲤鱼数(n)乘以被标记鲤鱼在种群中所占的比例(M/N)，即

$$x=\frac{nM}{N}$$

在这个简单的公式中，我们唯一不知道的参数就是 N(种群大小)。为了求 N，将上述公式重排后得

$$N=\frac{nM}{x}$$

由此可知，小池塘中整个鲤鱼种群的数量 $N=50(20)/6=167$。这是用标记重捕法调查种群密度的一个经典实例。

由于种群密度是随着时间和空间而变化的，所以没有任何一个种群能长久保持单一的结构。人们对种群的感性认识将依时间和地点而有所不同，美国伊利诺伊州对麦长蝽(*Blissus leucopterus*)种群密度长达 100 年的记录就充分说明了这一点(图 12-3)。1873 年,麦长蝽对

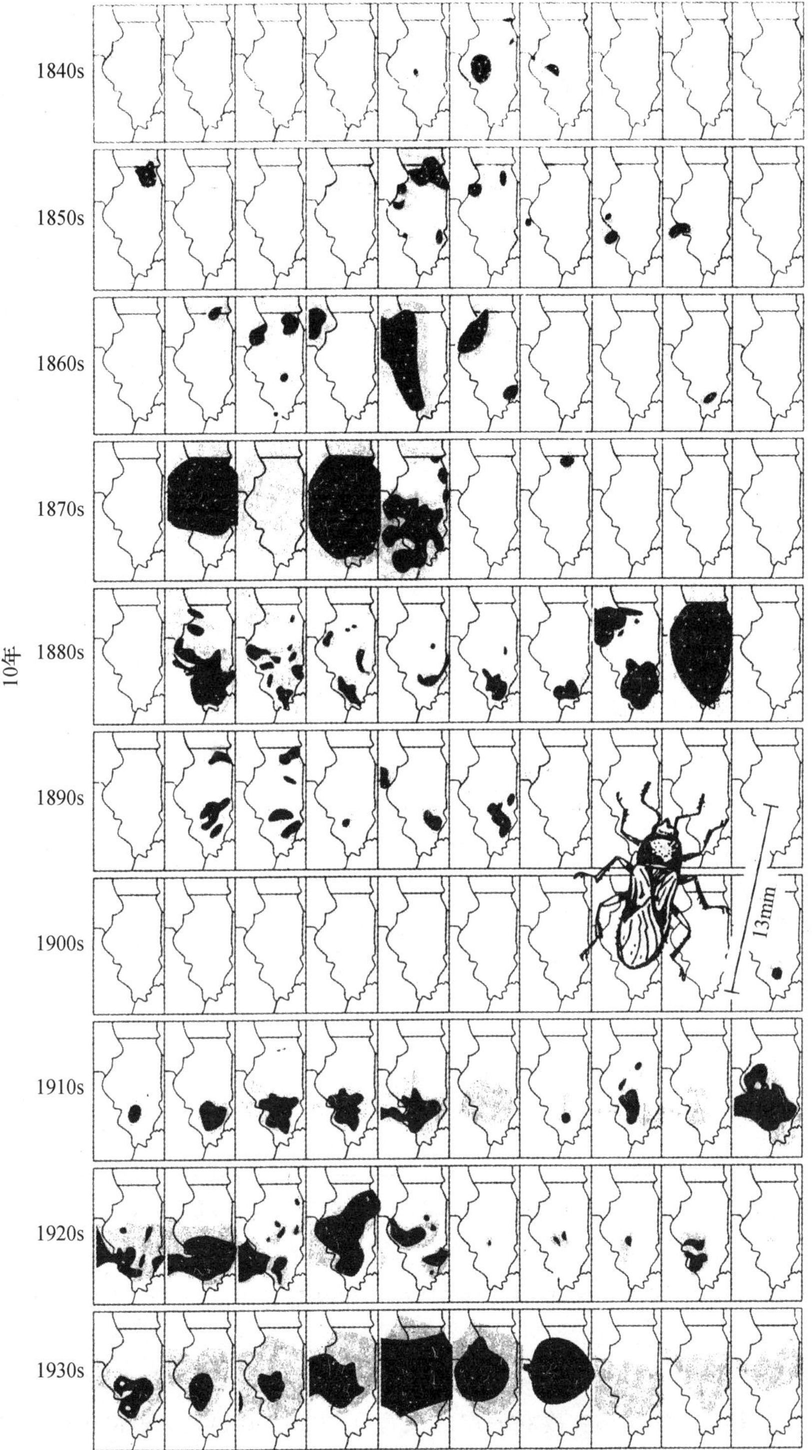

图 12-3　1840～1939 年麦长蝽对伊利诺伊州所造成的农作物损害分布图

(引自 Ricklefs RE,2000)

伊利诺伊州大部分地区的粮食作物造成了严重的损害。据调查，在 300 000 km^2 的广大范围内，麦长蝽的平均密度是 1000 头/m^2，其总个体数量达到了 3×10^{14} 头(即 300 万亿头或 300 兆头)。与此形成对照的是，在 1870 年和 1875 年，麦长蝽对农作物几乎没有造成任何损害，只在少数地区种群数量较多，有时在南方，有时在北方。但种群时空动态的连续记录却揭示了麦长蝽在长达 100 年间种群兴衰和危害农作物的全过程。

局部种群密度有可能受到与其他种群相互作用的影响，因为生殖的成功是依生境的质量而有所不同的。在资源丰富的生境中，个体产生的后代数通常会超过补充种群死亡所需要的数量，多余的后代就会散布到其他生境去，这样的种群称为源种群(source populations)。在条件较差资源贫乏的生境中，种群的维持则是靠有个体从其他地方迁入，因为它们所产生的后代数量不足以弥补种群死亡所造成的个体亏损，这样的种群称为汇种群(sink populations)。

据研究，一种小鸣禽蓝山雀(*Parus caeruleus*)可在两种森林生境中进行生殖，一种生境以落叶毛栎(*Quercus pubescens*)为优势树种，另一种生境则是以常绿圣栎(*Quercus ilex*)为优势树种。对两个生境中蓝山雀种群密度和种群生殖所进行的比较研究表明：栖息在落叶毛栎森林中的蓝山雀种群是源种群，如果没有外迁的话，每年产生的幼鸟可使种群增长约 10%；而栖息在常绿圣栎森林中的蓝山雀，种群的增长率是负值，如果没有迁入的话，种群数量每年将会下降 13%，显然是属于汇种群(表 12-2)。在法国南部，蓝山雀栖息在不同的生境斑块(habitat patches)内，这些斑块的平均距离约为 10 km。最近对这些蓝山雀的地方种群所做的遗传学分析表明，落叶毛栎林斑块中的幼鸟每年约有 2000 只迁入常绿圣栎林斑块进行繁殖，比它们进入同类型斑块(即落叶毛栎林)的个体数量约高出 100 倍。

表 12-2　两生境中蓝山雀种群密度和生殖力比较研究

	生　境	
	落叶毛栎林	常绿圣栎林
生殖鸟密度/(对·ha^{-1})	90	14
产卵日期(平均)	4 月 10 日	4 月 21 日
窝卵数	9.8	8.5
成活到出巢幼鸟百分数	60	43
每只亲鸟育成的幼鸟数	2.9	1.8
亲鸟死亡概率	0.50	0.50
每亲鸟净生殖力	+0.09	−0.13
种群类型	源种群	汇种群

在植物的种群密度与该种群所积累的植物生物量(plant biomass)之间也存在着密切关系。植物生物量有时又称为产量(yield)，产量对农作物种群和经济树种来说尤为重要。密度和产量的关系可以用下述方法来说明。例如，在一个小样地内按一定的密度(株/m^2)栽上树，随着树木的生长，每棵树的生物量会不断增加，树种群的总产量也会增加。当树木继续生长的时候，树木就会占有更多的空间，并需要从土壤中吸收更多的资源，最终树木会长大到树冠紧挨着树冠并抑制着新的实生苗在森林底层的发育和生长。到这时，树木彼此之间便出现了资源竞争，使树木的生长越来越慢，产量的增加也趋于缓慢。当用总产量相对于植物种群密度作图时，产量就会逐渐持平，不再随密度的增加而增加，这种现象称为最终恒定产量法则(law of constant final yield)。

局部种群密度的变化也可能是由于个体在种群之间的移动，这种移动通常称为散布(dispersal)，就特定的种群而论也就是迁出(emigration)或迁入(immigration)，幼年动物离开出生地的这种移动就被称为出生散布(natal dispersal)。散布，尤其是长距离的散布是很难直接测定的，因为观察这种移动常常需要对个体进行标记和重捕。关于散布距离的很多测算都是来自于种群遗传学的研究，在这些研究中，研究人员希望能获知种群的遗传结构。例如，最早试图测定自然种群散布距离的工作使用的是果蝇，即观测果蝇离开释放点的移动距离，而这些果蝇都带有明显可辨的突变特征以示区别。前面所提到的对蓝山雀的研究是利用遗传分析法研究动物散布的更为经典的一个实例。

二、种群分布型

原始密度只提供了种群的极少一部分信息，密度的更重要的一个方面是种群在一个地区的分布方式，即个体是如何在空间配置的。

1. 种群的 3 种分布类型

种群大体上有 3 种分布类型，即随机分布、均匀分布和集群分布(图 12-4)。

(1) 随机分布(random)。如果每个个体的位置不受其他个体分布的影响，如此所形成的分布格局就称为随机分布。随机分布是罕见的，只有当环境均一，资源在全年平均分配而且种群内成员间的相互作用并不导致任何形式的吸引和排斥时，才可能出现随机分布。呈随机分布的生物有森林底层的某些无脊椎动物、一些特殊的蜘蛛、纽芬兰中部冬季的驼鹿和某些森林树种等。生活在北美东北海岸潮间带泥沙滩的一种蛤(*Mulinia lateralis*)也由于海潮的冲刷而呈随机分布。玉米地中玉米螟卵块的分布也是随机的。又如，我们为了调查某一种植物而取了 100 个样方，假如有 30 个样方，每个样方中含有 1 株这种植物；有 8 个样方，每个样方含有 2 株，有一个样方含有 3 株，其余的 61 个样方都不含有这种植物，那么这种分布就是典型的随机分布，因为这种植物的分布既不均匀也没有集群。

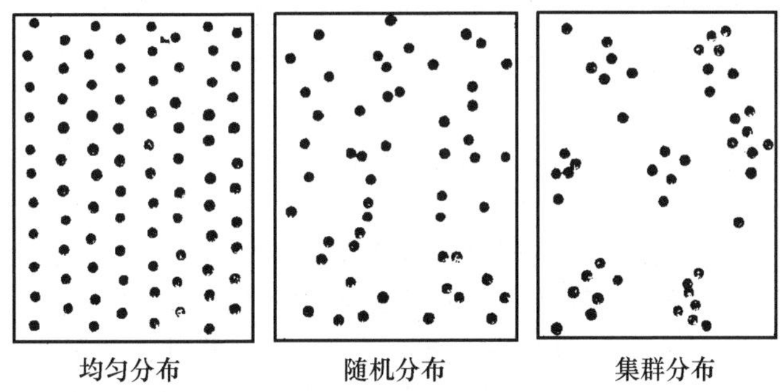

图 12-4　种群的 3 种分布类型

(2) 均匀分布(uniform)。均匀分布个体之间的距离要比随机分布更为一致。均匀分布是由于种群成员间进行种内竞争所引起的，例如，在相当匀质的环境中，领域现象经常导致均匀分布。在植物中，森林树木为争夺树冠空间和根部空间所进行的激烈竞争，以及沙漠植物为争夺水分所进行的竞争都能导致均匀分布。干燥地区所特有的自毒现象(autotoxicity)是导致均匀分布的另一个原因，自毒现象是指植物分泌一种渗出物，对同种的实生苗有毒。

(3) 集群分布(clumped)。集群分布是 3 种分布型中最普通、最常见的，这种分布型是动植物对生境差异发生反应的结果，同时也受气候和环境的日变化、季节变化、生殖方式和社会行为的影响。人类的人口分布就是集群分布,这主要是由社会行为、经济因素和地理因素决定的。集群分布可以有程度上的不同和类型上的不同。集群的大小和密度可能差别很大,每个集群的分布可以是随机的或非随机的,而每个集群内所包含的个体,其分布也可以是随机的或非随机的。

植物的集群分布常受植物繁殖方式和特殊环境需要的影响。橡树和雪松的种子没有散布能力,常落在母株附近形成集群;植物的无性繁殖也常导致集群分布;此外,种子的萌发、实生苗的存活和各种竞争关系的存在都能影响集群分布的程度和类型。

有些动物的集群是由于每个个体独自对环境条件发生反应的结果,它们可能被共同的食物、水源和隐蔽所吸引到一起,如蛾类的趋光、蚯蚓的趋湿、藤壶附着在同一块岩石上等等。这些集群的个体之间没有社会关系,彼此没有互助行为,因此是一种低水平的集群。社会性集群则反映了种群成员间有一定程度的相互关系,如松鸡聚集到一起以便相互求偶;麋形成麋群并有一定的社会组织,通常有一头公麋当首领;社会性昆虫(如蚂蚁和白蚁)是具有最高级社会结构的集群,其中每一个成员都按其工作职能而属于不同的社会等级。

种群分布型还有两个值得注意的特性,即强度(intensity)和粒性(grain)。如果在分布区内,种群的密度变化范围很大,则认为是强度大;如果种群的密度变化范围很小,则认为是强度小。如果种群分布区内的每个集群很大,而且各集群间的距离也大,则被认为是粗粒型分布(coarse grained);如果每个集群很小,而且集群间的距离也很小,则被认为是细粒型分布(fine grained)。虽然粗粒型分布更多地同相对密度而不是绝对密度相关,但密度的变化却可影响种群分布型的强度和粒性这两个特性。呈细粒型分布的种群(在生境中占有多种小生境)随着密度的增加常表现为随机散布,因此能在较大的密度变化范围内保持一种较均匀的分布。呈粗粒型分布的种群(在生境中只占有某种小生境)随着种群密度的增加总是表现为更大的集群性,这是由于个体偏爱某种小生境的结果。但当密度增加到极大时,种群中的个体便不得不去占有那些不太偏爱的小生境,因此,种群的分布也就趋向于均匀分布(图 12-5)。

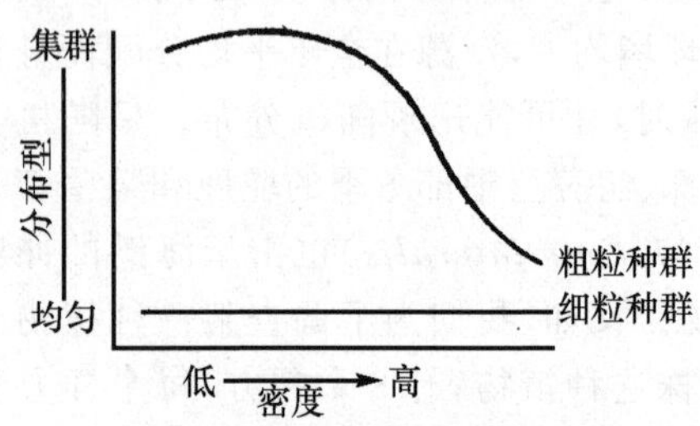

图 12-5　粗粒型种群和细粒型种群对密度增大时的不同反应

粗粒型种群起初更加集群,但最终趋向于均匀分布;细粒型种群则能在较大的密度变化范围内保持其均匀分布

同一物种的各个种群在该物种地理分布区内的分布也是不均匀的,各种群自身的分布则取决于该种群个体之间的间距。物种内种群的分布和种群内个体的分布是相似的,只是规模更大一些。因此,同一物种内的种群也可呈集群分布,即某些种群比另一些种群靠得更近。各个种群区域性分布的总和便勾画出了该物种的地理分布区。但物种地理分布区的边界并不是固定不变的,常常有很大波动。生境的改变、竞争、捕食和气候条件的改变都能引起物种分布区的变动,使分布区在有些年份扩大,有些年份缩小。

2. 用空间分布指数检验分布型

检验种群的空间分布型对于固着生活的生物和不活跃的生物是很重要的,例如对植物和软体动物。检验空间分布型的方法之一是计算各样方中的个体数量,然后对含有不同个体数的样方进行分析,利用这些分析资料就可以计算样方的均数和方差。如果方差＝均数,则为随机分布;方差＞均数,则为集群分布;方差＜均数,则为均匀分布。空间分布指数(index of dispersion)就是由方差和均数的关系决定的,即

$$I(\text{空间分布指数}) = \frac{V(\text{方差})}{\bar{x}(\text{均数})}$$

空间分布指数常被用来检查种群的分布型：当 $I=1$，随机分布；当 $I<1$，均匀分布（比随机分布更均匀）；当 $I>1$，集群分布（比随机分布更集群）。

如果一个种群在整个生境中都是呈随机分布的，那么一个样方含某一一定个体数的概率可由下式计算

$$p_r(\text{含 } x \text{ 个个体}) = \frac{\bar{x}^x e^{-\bar{x}}}{x!}$$

其中：e 是自然对数的底（e＝2.718），由此公式所得各概率的分布就称泊松分布（Poission distribution）。例如，如果想计算一个样方含有 0 个个体的概率，那么

$$p_r(\text{含 0 个个体}) = \frac{\bar{x}^0 e^{-\bar{x}}}{0!} = e^{-\bar{x}}$$

因为$\bar{x}^0=1$，$0!=1$，如果$\bar{x}=2$，那么，一个样方含有 0 个个体的概率就是

$$p_r(\text{含 0 个个体}) = e^{-2} = \frac{1}{2.718^2} = \frac{1}{7.388} = 0.135$$

同样，一个样方含有 3 个个体的概率是

$$p_r(\text{含 3 个个体}) = \frac{\bar{x}^3 e^{-\bar{x}}}{3!} = \frac{\bar{x}^3 e^{-\bar{x}}}{6}$$

假如$\bar{x}=2$，那么

$$p_r(\text{含 3 个个体}) = \frac{2^3 e^{-2}}{6} = \frac{8}{6\times 7.388} = 0.180$$

下面我们举一研究实例。1974 年，Pielou 用空间分布指数研究了屋极松的分布型。该松林为火烧后的更新林，树龄几乎都是 40～50 龄，由于个体之间的互相干扰而生长得不太密。研究方法是随机取 100 个样方（每样方面积为 7.3 m^2），然后统计每个样方内的树木株数（表 12-3）。从表中可以看出，在 100 个样方中有 7 个样方没有树，16 个样方只有 1 棵树，20 个样方有 2 棵树等，因此，平均每个样方中有树

$$\bar{x} = \frac{1}{n}\sum_{i=1}^{n} x_i = \frac{1}{100}\times 286 = 2.86$$

表 12-3　屋极松 100 个样方所含株数的观测值和理论值

株数	观测值 (O)	理论值 (E)	$\frac{(O-E)^2}{E}$
0	7	5.7	0.3
1	16	16.4	0.01
2	20	23.4	0.49
3	24	22.3	0.13
4	17	16.0	0.06
5	9	9.1	0.00
6 或更多	7	7.1	0.00
			0.99

利用 $\bar{x}$ 值和 p_r 公式就可以算出含有一定个体数的样方数目。举例来说，一个样方不含树木的概率是

$$p_r(\text{含 0 个个体}) = e^{-\bar{x}} = e^{-2.86} = \frac{1}{2.718^{2.86}} = 0.057$$

因为总共有 100 个样方，所以在 100 个样方中含 0 个个体样方数的理论值为 $0.057 \times 100 = 5.7$。

同理，一个样方含有 2 棵树的概率是

$$p_r(\text{含 2 个个体}) = \frac{\bar{x}^x e^{-\bar{x}}}{x!} = \frac{2.86^2 e^{-2.86}}{2!} = 0.234$$

因此，含 2 个个体样方数的理论值是 $(0.234)(100) = 23.4$，其他计算见表 12-3。值得注意的是，在这个研究实例中，观测值与理论值非常接近，两者的差异在统计学上是显著或是不显著，可以借助于卡方检验（即 χ^2 检验）确定。从表中可以看出

$$\chi^2 = \sum \frac{(O-E)^2}{E} = 0.99$$

根据 χ^2 值和自由度查 χ^2 值表，得知观测值与理论值差异不显著。

最后，根据观测值计算方差（V）

$$V = \frac{1}{h}\sum_{i=1}^{100}(x_i - \bar{x})^2$$

$$= \frac{1}{100}\sum_{i=1}^{100}(x_i - 2.86)^2 = 2.84$$

因此，空间分布指数

$$I = \frac{V}{\bar{x}} = \frac{2.84}{2.86} = 0.99$$

由于 I 值极接近于 1，所以屋极松种群属于随机分布。

3. 用相邻个体最小距离检验分布型

用空间分布指数检验分布型常常受到样方大小的限制，例如：图 12-6 是一种假定的空间分布和两个大小不同的样方，如果使用大样方 A，空间分布指数将表明是均匀分布，因为 4 个样方中，每一个都含有几乎相同的个体数。另一方面，如果使用小样方 B，则会表明是集群分布，因为很多样方都是或含 0 个个体，或含很多个体。显然，样方大小会成为用空间分布指数检验分布型的关键因素。

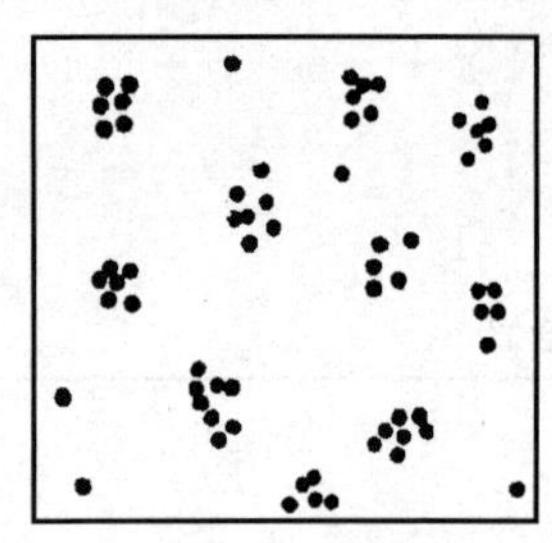

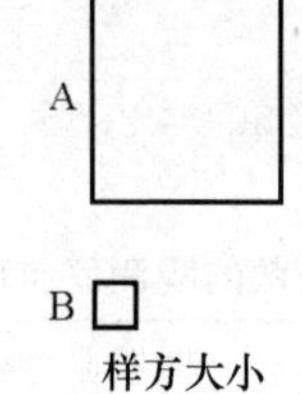

图 12-6　一种假设的空间分布及两种大小不同的样方（A 和 B）

为了使计算结果不受样方大小的影响，可以改为用计算相邻个体最小距离的方法来检验分布型。如果种群内的个体是随机分布的，那么，任何一个随机选择的个体与它相邻个体的最小距离应当符合以下公式，即

$$d = \frac{1}{2N^{1/2}}$$

其中：N 代表种群密度，d 代表最小距离的理论值，这个理论值可以与最小距离的观测值（平均）$\bar{d}$ 加以比较

$$\bar{d} = \frac{\sum_{i=1}^{n} d_i}{n}$$

其中：d_i 是第 i 个随机选择的个体与相邻个体的最小距离，n 是观测次数。

观测值与理论值之比是 J，即

$$J = \frac{\overline{d}}{d}$$

J 便可用来判断种群的分布型。当 $J=1$ 时，种群即为随机分布；当 $J<1$ 时，即为集群分布，也就是说，当种群内的个体如果都靠得很近，那么最小距离的平均观测值就必定很小，使 $\overline{d}/d$ 值接近于 0；如果 $J>1$，则表明是均匀分布的（即比随机分布更均匀）。

现举一实例。假定有一生物种群的种群密度为 4 个/m^2，那么，最小距离的理论值就是

$$d = \frac{1}{2(4/m^2)^{1/2}} = 0.25\ m$$

如果随机选 5 个个体，它们与相邻个体的最小距离分别为 0.10，0.12，0.16，0.21 和 0.16 m，那么

$$\overline{d} = \frac{1}{5}(0.10 + 0.12 + 0.16 + 0.21 + 0.16) = 0.15\ m$$

因此

$$J = \frac{\overline{d}}{d} = \frac{0.15}{0.25} = 0.6$$

因为 $J=0.6(<1)$，故属于集群分布。

显然，用测定相邻个体最小距离（nearest-neighbor distance）的方法来检验分布型的前提条件是：种群密度和相邻个体的最小距离都必须是可以精确测量的。

三、种群的散布

大多数生物都会在一生的某个阶段进行散布（dispersion），它们会永久性地或季节性地离开自己的生活环境去寻找更适宜的生境。散布对于个体的存活很重要。导致散布的主要激发因素通常是资源的短缺、生境的恶化和近交的负面效应。不管是出于什么原因，散布到一个新的领域总能提高和改善个体的适合度，尽管有时会冒一点出行的风险。散布的结果会使种群在新的更适宜的生境定居，使物种的分布范围扩大，也会使基因得到扩散。

散布可以是一去不回地离开一个生境和不再返回地进入另一个生境，前者就称为迁出，而后者就称为迁入。从一个地区的迁出自然就会转化为对另一个地区的迁入，而不返回原地的散布则称之为迁移（migration），如鸟类的迁飞。

对于可移动的动物来说，散布是主动的和积极的，但对于不能移动的生物（特别是植物），散布往往是被动的，常常借助于重力、风力、水、哺乳动物的毛皮、鸟类的羽毛或通过上述两类动物的消化道等。这些生物的散布距离通常是取决于散布因素的性质。大多数植物的种子会掉落在母株附近，其密度会随着距离的加大而迅速下降（图 12-7）。一般说来，种子越重（如栎树），散布的距离就越短，而种子越轻（如靠风力传播种子的槭树、桦树、马利筋和蒲公英等）散布的距离就越远。有很多动物也常借风力进行散布，如很多种蜘蛛的幼蛛、舞毒蛾的幼虫等。一些溪流中的无脊椎动物幼虫是靠水流将其带到适宜的微生境的，但在海洋中一些营固着生活的生物（如藤壶），其幼体是靠主动游泳的方式找到适宜生存地的。很多植物是靠鸟类或哺乳动物携带者将它们的种子散布出去的，在很多情况下双方都能从这种关系中获得好处。还有很多植物，它们的种子都生有棘刺或倒钩，能牢牢地附着在哺乳动物的毛被、鸟类的羽毛或

人的衣服上。其他植物,如樱桃和荚蒾等,则是靠鸟类或哺乳动物把它们的种子吃下并把它们带到比较远的地方以粪便的形式排出。能够主动进行散布的种子通常都比较大,但数量较少,在新生境萌发定居成功的机会要大于靠风进行散布的种子。

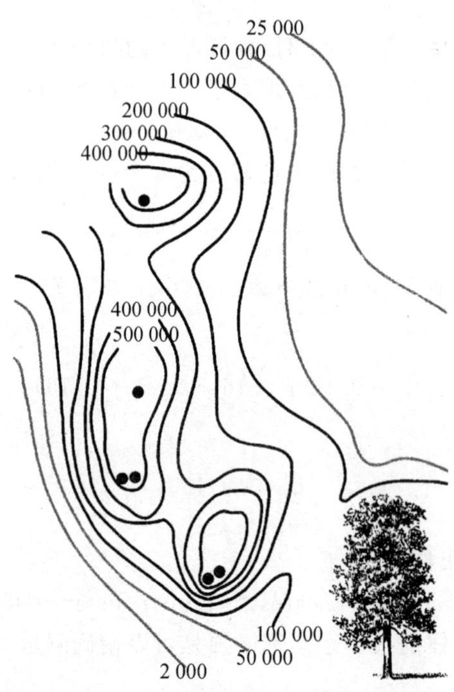

图 12-7 黄杨树种子的年散布格局

线条代表种子密度的等值线,点代表母株的位置,黄杨树的种子是靠风力散布的

(自 Smith RL,1996)

迁移行为可区分为3种类型,其中最常见的一种类型是反复或多次进行往返式迁移。这种反复往返迁移可以是日行为也可以是年行为,移动范围可以很小也可以很大。海洋浮游动物白天稍稍向水下移动,夜晚则上升到水面,这种日迁移似乎是对光照强度所作出的反应。蝙蝠是在傍晚时离开它们的栖息地去取食,拂晓时又飞回原地休息。动物的季节性迁移很常见,蚯蚓在冬天时迁入土壤深层越冬,春夏季又迁回到土壤表层。麋鹿每年都在它们的夏季高山牧场和冬季低地牧场之间进行往返迁移。北美驯鹿的迁移范围更加广泛,它们夏季在泰加林产犊,冬季则回到北极冻土带,那里的地衣是它们的主要食物资源。灰鲸每年夏季都从它们生活的北极水域向加州海岸的冬季水域迁移,而座头鲸则从北海迁往太平洋中部的夏威夷群岛。人们最熟悉的迁移则是鸟类每年秋天的离去和春天的返回。

迁移的第二种类型是一次性返回的迁移。最典型的例子就是太平洋鲑鱼,这种鱼的幼鱼是在通海河流和溪流的上游孵化和生长的,幼鱼发育到一定阶段便会沿溪流和河流顺流而下并进入开阔大洋,它们在大洋中发育成熟,此后便又游回它们出生的河流上游并在那里产卵和死亡。

第三种迁移类型的典型实例是黑脉金斑蝶(又称普累克西普斑蝶)。这种蝴蝶的迁移行为极为特殊,因为它每年秋天都要从加拿大迁往墨西哥越冬,但迁移者本身不再回迁,而是由它们的后代完成回迁。夏季最后一个世代的黑脉金斑蝶大约有70%的个体要飞往墨西哥的高地越冬，飞行距离约为 14 000 km。来年 1 月在当地繁殖的新一代黑脉金斑蝶便开始向北方迁飞，大约在早春时节到达美国北部地区并在那里再繁殖一代，然后继续向北迁飞。黑脉金斑蝶就这样一代接一代地向北方迁飞，直到到达最北方的繁殖地，所有这些世代都是前一年秋天飞往墨西哥的黑脉金斑蝶的后裔。与黑脉金斑蝶属于同一种迁移类型的昆虫还有两种叶蝉(*Macrosteles fascifrons* 和 *Empoasca fabae*)、卷心菜斑色蝽(*Murgantia histrionica*)和马利筋长蝽(*Oncopeltus fasciatus*)，不过这些昆虫的迁飞距离和范围远没有像黑脉金斑蝶那么大。

四、种群的出生率和死亡率

出生率(natality)和死亡率(mortality)是影响种群增长的最重要因素。出生率可用生理出生率(physiological natality)和生态出生率(ecological natality)表示。生理出生率又叫最大出生率(maximum natality)，是种群在理想条件下所能达到的最大出生数量。由于野生生物种群不太可能达到生理出生率的水平，所以，测定生理出生率对野生生物学家来说，意义可能不大，但将它与生态出生率相比较时，却是一个很有用的衡量标准。生态出生率又叫实际出生率(realized natality)，是指在一定时期内，种群在特定条件下实际繁殖的个体数量，它是生殖季节类型(连续的、不连续的或有强烈季节性的)、一年生殖次数、一次产仔数量、妊娠期长短和孵化期长短等因素的综合反应，并且还受环境条件、营养状况和种群密度等因素的影响。

出生率的高低在各类动物之间差异极大，主要决定于下列因素：① 性成熟速度：如人和猿的性成熟需要 15～20 年，熊需要 4 年，黄鼠只需要 10 个月，而低等甲壳类动物出生几天后就可生殖，蚜虫在一个夏季就能繁殖 20～30 个世代。② 每次产仔数量：灵长类、鲸类和蝙蝠通常每胎只产一仔，鹑鸡类一窝可孵出 10～20 只幼雏，刺鱼一次产几百粒卵，而某些海洋鱼类一次产卵量可达数万至数十万粒。③ 每年生殖次数：鲸类和大象每 2～3 年才能生殖一次；蝙蝠是一年生殖一次；某些鱼类(如大马哈鱼)一生只产一次卵，产卵后很快死亡；田鼠一年可产 4～5 窝。此外，生殖年龄的长短和性比率等因素对出生率也有影响。

出生率一般以种群中每单位时间(如年)每 1000 个个体的出生数来表示，如 1983 年我国的人口出生率为 18.62‰，即表示平均每 1000 个人出生了 18.62 个人。同样，死亡率一般也是以种群中每单位时间每 1000 个个体的死亡数来表示，如 1983 年我国人口的死亡率是 7.08‰，即表示平均每 1000 人死亡了 7.08 人。出生率减去死亡率就等于自然增长率，如我国 1983 年的人口自然增长率等于 18.62‰－7.08‰＝11.54‰，这就是说，1983 年我国每 1000 人口净增了 11.54 人。

此外，种群的出生率也可以用特定年龄出生率表示，特定年龄出生率就是按不同的年龄或年龄组计算其出生率，这样不仅可以知道整个种群的出生率，而且也可以知道不同年龄或年龄组在出生率方面所存在的差异。就人类来讲，15～45 岁是生育年龄，但出生率最高的年龄组是 20～25 岁，其次是 26～30 岁，其他年龄组的出生率都比较低。又如，2 龄野兔平均每雌每年可产 4 只幼兔，而 1 龄野兔平均每雌每年只能产 1.5 只幼兔。

同出生率一样，死亡率也可以用生理死亡率(或最小死亡率)和生态死亡率(实际死亡率)表示。生理死亡率是指在最适条件下所有个体都因衰老而死亡，即每一个个体都能活到该物种的生理寿命(physiological longevity)，因而使种群死亡率降至最低。对野生生物来说，生理死亡率同生理出生率一样是不可能实现的，它只具有理论和比较的意义。生态死亡率(或实际死亡率)是指在一定条件下的实际死亡率，可能有少数个体能活满生理寿命，最后死于衰老，但大部分个体将死于饥饿、疾病、竞争、遭到捕食、被寄生、恶劣的气候或意外事故等。在英国，有人曾研究过野鸭的自然寿命，它们的平均寿命只有 11 个月。通常幼鸟的死亡率最大，据估计，在自然条件下，能从鸟卵中孵出幼鸟，并能顺利发育到性成熟年龄的个体，最多只占鸟类产卵量的 25%，也就是说每 4 个鸟蛋只能有 1 个走完其生命发育的全历程。

死亡率一般也是以种群中每单位时间(如年)每 1000 个个体的死亡数来表示，此外，也可以用特定年龄死亡率来表示，因为处于不同年龄或年龄组的个体，其死亡率的差异是很大的。一般说来，低等动物的早期死亡率很高，而高等动物(包括现代人)的死亡主要发生在老年组。

自然种群的死亡率往往是很难调查的，但如果能够标志种群中的一部分个体，然后观察被标志个体从 t 时刻到 $t+1$ 时刻的存活个体数，就能计算出种群的死亡率。此外，根据某一特定时刻种群中各年龄组的相对个体数量，也能间接地推算出各年龄组之间的大致死亡率。在渔业中，可以利用各年龄组捕捞数的比值来估算种群的死亡率。例如，如果 2 龄鱼的捕捞数是 292 尾，而 3 龄鱼的捕捞量是 147 尾，那么，从 2 龄至 3 龄的种群死亡率就是

$$\left(1-\frac{147}{292}\right)\times 100\% = 50\%$$

五、种群的年龄结构

任何种群都是由不同年龄个体组成的，因此，各个年龄或年龄组在整个种群中都占有一定的比例，形成一定的年龄结构。由于不同的年龄或年龄组对种群的出生率有不同的影响，所以，年龄结构对种群数量动态具有很大影响。种群的年龄结构常用年龄金字塔图形来表示，金字塔底部代表最轻的年龄组，顶部则代表最老的年龄组，宽度则代表该年龄组个体数量在整个种群中所占的比例，比例越大越宽，比例越小越窄。因此，从各年龄组相对宽窄的比较就可以知道哪一个年龄组数量最多，哪一个年龄组数量最少。

从生态学角度，可以把一个种群分成 3 个主要的年龄组(即生殖前期、生殖期和生殖后期)和 3 种主要的年龄结构类型(即增长型、稳定型和衰退型)(图 12-8)。对于一个正在迅速增长的种群来说，不仅出生率很高，而且往往表现为指数增长。在这种情况下，后继世代的种群数量总是比前一世代多，使年龄结构图形表现出下宽上窄的金字塔形(图 12-8(a))，这就是一种

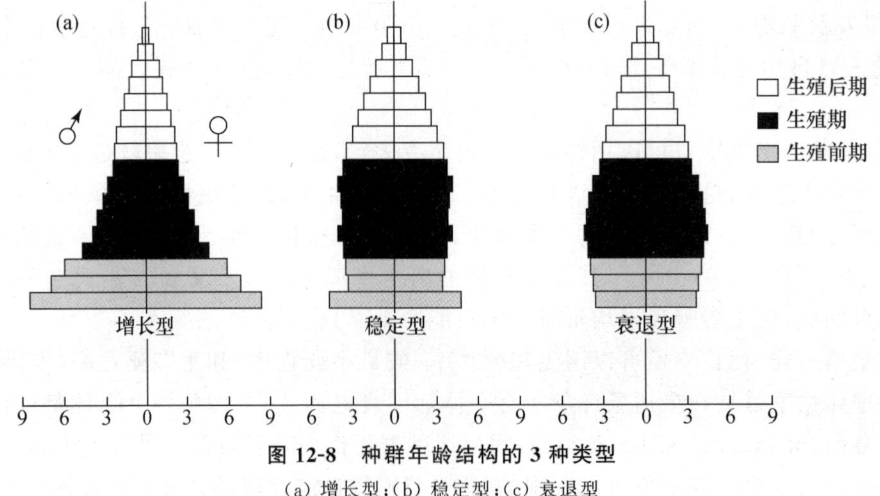

图 12-8　种群年龄结构的 3 种类型

(a) 增长型；(b) 稳定型；(c) 衰退型

增长型的年龄结构。例如，Howard LO 曾研究过家蝇的生殖过程。家蝇(*Musca domestica*)一年可生殖 7 个世代，雌蝇平均每次可产 120 粒卵，其中有 60 粒发育为雌蝇，假如后代都能存活，一年内的生殖结果见表 12-4。从表中给出的资料不难看出家蝇种群的年龄结构中，构成年龄金字塔顶部的最老个体只有 120 个，而处于年龄金字塔底部的最年轻个体是由 5.7～6.2 万亿个个体所组成。这是一种正在呈几何级数增长的年龄结构，即增长型年龄结构。

表 12-4　假定家蝇一年生殖 7 个世代，每雌蝇平均产卵 120 粒的生殖结果

世代	种　群	个　体	总　数
	全部个体都能存活但只活一个世代	全部个体能活一年但只生殖一次	全部都能存活，雌蝇在每个世代都能生殖
1	120	120	120
2	7200	7320	7320
3	432000	439320	446520
4	25920000	26359320	27237720
5	1555200000	1581559320	1661500920
6	93312000000	94893559320	101351520120
7	5598720000000	5693613559320	6182442727320

当种群的增长率逐渐下降，最终达到稳定的时候(此时的增长率 r 接近于零，而净增长率接近于 1)，生殖前期与生殖期的个体数量就会大体相等，而生殖后期的个体数量仍维持较小的比例，这就是稳定型年龄结构的特点，其年龄结构金字塔图形呈钟形(图 12-8(b))。如果一个种群的出生率急剧下降，生殖前期的个体数量就会明显少于生殖期和生殖后期，此时的年龄结构金字塔就会表现为瓮形，这是衰退型的年龄结构(图 12-8(c))。一箱蜜蜂，其种群的年龄结构具有明显的季节波动。Bodenheimer 曾经详细观察过蜜蜂种群年龄结构的变化，起初(1 月)是属于迅速增长的种群，年龄结构金字塔呈三角形，到 5 月份演变为一个稳定的种群，年龄结构金字塔呈钟形，从 7 月到 11 月，种群渐渐衰退，此时的年龄结构金字塔表现出典型的瓮形(图 12-9)。

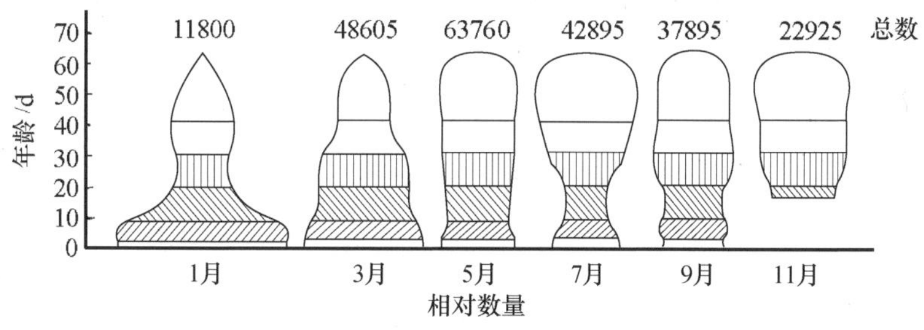

图 12-9　蜜蜂种群年龄结构的季节变化

每一个"生态"年龄(指生殖前期、生殖期和生殖后期)所占生命史的比例是随种类而异的。就人类来说，生殖前期(0～15 岁)大约占平均生命期望值的 21%，生殖期(15～45 岁)大约占 42%，而生殖后期大约占 37%。就鼠类来说，3 个生态年龄的相对比例大约是 25%、20%和 55%。总之，生殖前期所占的比例都很小。与此不同的是，有很多种类的昆虫(绝非全部)，生殖前期可占整个生命史的一半以上。有些蜻蜓，其卵期和幼虫期要经历两年的时间，而成虫只能活 1 个月，生殖产卵期只有 1 或 2 天。一些鸟类和哺乳动物的生殖后期(如果有的话)也很短，例如，黑尾鹿直到 10 岁死亡之前都能进行生殖，也就是说 2～10 岁都能进行生殖，只有0～

1 岁的个体不能生殖。种群中约有 42%的个体处于生殖前期(0～1 岁),约有 58%的个体处于生殖期。如果将种群中的个体对半平分的话,那么,1～3 岁的个体和 3～10 岁的个体将各占种群总数的一半。人虱种群的稳定年龄分布是:成年个体占 5.69%,幼虫占 26.43%,卵占 67.88%。拟谷盗和稻象甲也有与此类似的年龄分布。

在植物中,有很多一年生的植物在其生命的早期便能开花结籽,这对于生活在严酷生境(如沙漠)中的植物尤其明显。生长在稳定的可预测环境中的一年生植物,其生殖前期相对来说更长一些,从生殖前期到生殖期的转变往往决定于光周期。二年生植物至少要经过 1 年的营养生长(生殖前期)才能结籽,当处于逆境时,开花往往要推迟好几年。在多年生草本植物中,生殖前期变化很大,夏枯草(*Prunella vulgvris*)的生殖前期为 2 年,而水杨梅(*Geum rivale*)为 8 年。在鳞茎类植物中,生殖前期有的只有 1 年(如大丽花属和唐昌蒲属),有的则长达 4～7 年(如黄水仙和郁金香)。在多年生的木本植物中,针叶树一般要比被子植物(寿命相同)较早地进入生殖年龄。例如,可以活 200 多年的几种针叶树,树龄不足 10 年便可开始繁殖,而大多数可活 200 多年的被子植物,至少要发育 20 年才能进入繁殖年龄。一般说来,被子植物的寿命与生殖前期之比值为 10∶1。因此,生殖前期比较短的植物,寿命也短,而生殖前期长的种类,寿命和生殖期都比较长。

世界主要地区人类人口的年龄结构如图 12-10 所示。欧洲、北美和苏联的人口年龄结构呈明显的钟形,属于稳定类型。而南亚、非洲和拉丁美洲的人口年龄结构呈明显的三角形,基部很宽,属于增长型。目前我国的人口年龄结构也属于这一类型。从这 6 个人口年龄结构图

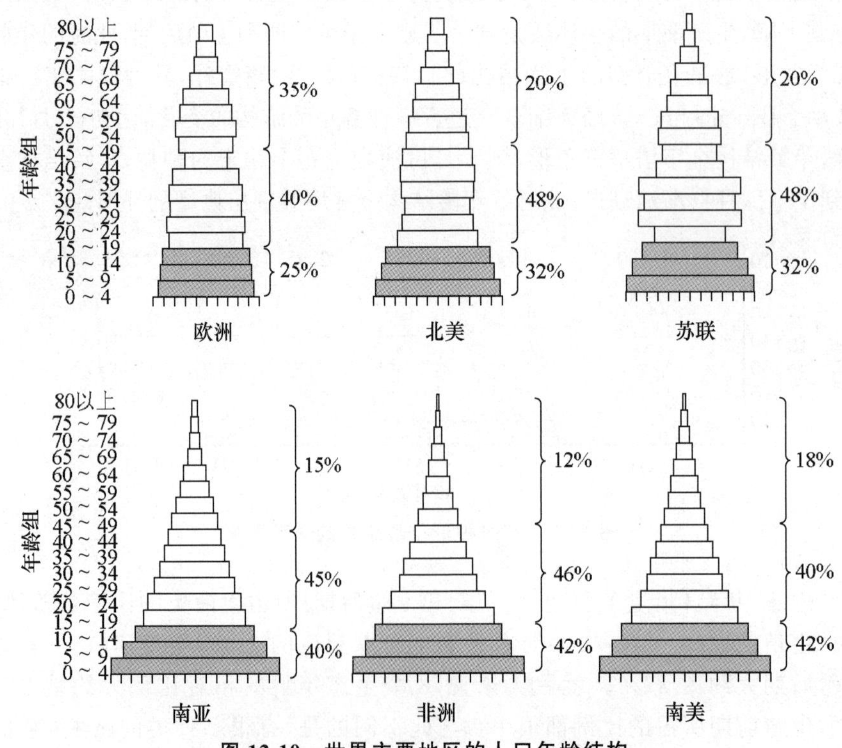

图 12-10　世界主要地区的人口年龄结构

图中的百分数分别表示 3 个生态年龄组所占总人口的比例(1965)

中，我们可以看到，处于生殖期的人口占总人口的比例在这 6 种人口年龄结构中，并没有明显的差异（40％～48％）。值得注意的是年轻人口与老年人口之间的比例关系，在非洲，老年人口所占的比例很少，传统的高出生率与目前婴儿死亡率的明显下降使年轻人口在总人口中占有非常高的比例。随着医学的进步，老年人口的高死亡率将会下降，再加上家庭计划和计划生育的推广，增长型的人口年龄结构将会逐渐向稳定型过渡。

最后我们要指出的是：种群的年龄结构与种群的增长率 r 之间有着密切的相互依存关系。r 的最适值取决于稳定的年龄结构，如果 r 值是已知的，那么稳定的年龄结构就能推算出来。对每一个物种来说，在每一特定的物化和生物条件组合下，都有一个特定的 r 值。因此，环境条件发生了变化，r 值也将发生变化，r 值的变化又会引起年龄结构的改变。当环境条件恢复到原来状态时，r 值和种群的年龄结构也将恢复到原来状态。

年龄结构一般很少用于植物种群的研究，因为许多植物都不适于进行年龄结构分析。但是，1968 年 Kerster HL 把研究动物种群的一些方法应用于植物种群的研究，详细地研究了一种非草本植物田间矮百合的年龄结构。他把 1/4 样方中的全部矮百合都收集起来，并通过计算矮百合球茎新鲜断面上的年轮来确定植物的年龄。矮百合还可以分成两类，一类只具有莲座，一类莲座上还有一个或更多花穗。据此，就可以把矮百合分为生殖个体和非生殖个体两个年龄范畴。

Kerster 根据矮百合的年龄资料和生殖与非生殖个体的资料，绘制了两个矮百合种群的年龄结构图，并在它们之间进行了比较（图 12-11）。从图中不难看出，矮百合的最大年龄是 35 年，但在 20 年以上的植株很少，这可能是由于野火、干旱和虫灾造成了较老植株的死亡。从图中还可以看出，相邻年龄组在个体数量上的差异一般要比动物种群更大，这是因为种子萌发和实生苗存活的变化很大。矮百合大约要生长 9 年才能进入开花生殖期，而且每个“成年”株都相当有规律地隔年繁殖一次。矮百合的平均世代历期与开花植株的平均年龄相等。图 12-11 中的两个矮百合种群，一个已经开始衰退和老化（图 12-11（a）），而另一个则主要由低龄植株所组成，正处于种群发展阶段（图 12-11（b））。

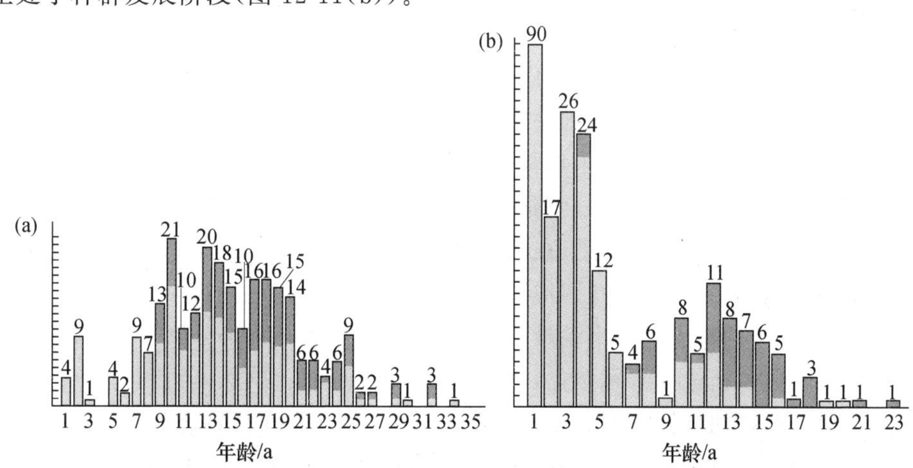

图 12-11　两个矮百合（*Liatris aspera*）种群的年龄结构

图中数字代表每个年龄组的植株数，直方图的浅色部分代表非生殖株，深色部分代表生殖株。

图（a）种群中的年轻植株很少，种群将趋于衰退。图（b）种群中 7～11 龄的植株很少，

但 1～5 龄的植株很多，说明将经历一次衰退，但很快又能复兴

六、性比率

在早期文献中，性比率(sex ratio)是指雄性个体对雌性个体的比率或指每 100 个雌性个体所拥有的雄性个体数，现在大多数生态学家都把性比率看成是种群中雄性个体或雌性个体所占的比例或百分数。精确地测算性比率可为我们提供重要的生态信息，了解两性中每个性别的年龄结构是非常有用的，可以据此构建每一个年龄级别的性比率。如一级(1°)性比率是指受精时的性比率；二级(2°)性比率是指出生或孵化时的性比率；三级(3°)性比率是指性成熟时的性比率；四级(4°)性比率是指成年个体的性比率。在一个特定种群中，这 4 个年龄级的性比率是明显不同的(图 12-12)。

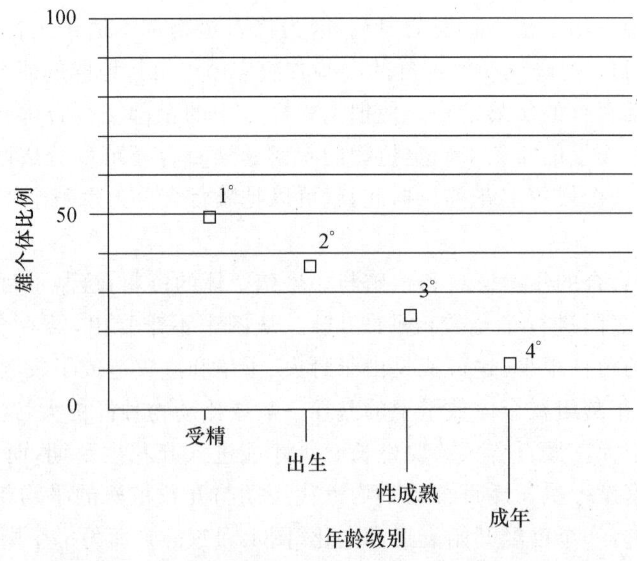

图 12-12　在一个特定的理论种群中，4 个不同年龄级别性比率的变化

性比率除了种群统计学上的这些变化外，雌雄两性个体行为的重要差异也会改变有效性比率。例如，很多种动物都只有少数雄性个体能得到交配的机会，松鸡科鸟类就是这一现象的典型代表。这些鸟类的交配总是在求偶场(lek)上进行，求偶场只不过是一小块土地，雄鸟在那里进行炫耀，尽力展示自己的魅力，而雌鸟则自由选择雄鸟与其交配，结果总是只有少数进行炫耀的雄鸟能得到交配机会。可见，在松鸡种群中，虽然成年雄鸟和雌鸟的数量大体相等，但从遗传学角度看，其有效性比率却因这种现象的存在而发生了偏斜。

在植物中，性比率的概念也会出现难题，因为雌雄两性并不总是分别出现在两个不同的植株上。下列事实会使事情进一步复杂化，即我们可以在单朵花、单株植物和植物群体(种群)的不同层次上谈论花朵中两性器官的有无问题。可见，花朵可能既有雄蕊也有雌蕊(雌雄同花)，花朵也可能只有雌蕊(雌性花)或只有雄蕊(雄性花)。就单株植物来说，花朵中的有性器官可有多种排列方式；而在一个种群内，雄性和雌性可以部分分离或完全分离(表 12-5)。

表 12-5　在单花、单株和植物种群的不同层次上两性器官的排列与组合

单个花朵
两性花(Hermaphroditic)——具有雄蕊和雌蕊
雄性花(Staminate)——只有雄蕊
雌性花(Pistillate)——只有雌蕊
单株植物
雌雄同体(Hermaphroditic)——只有两性花
两性单性花同株(Monoecious)——具有雄性花和雌性花
纯雄植物(Androecious)——只有雄性花
纯雌植物(Gynoecious)——只有雌性花
雄性两性同株(Andromonoecious)——具有两性花和雄性花
雌性两性同株(Gynomonoecious)——具有两性花和雌性花
三性花同株(Trimonoecious)——具有两性花、雄性花和雌性花
植物群体(种群)
雌雄同株(Hermaphroditic)——只有雌雄同株植物
两性单性花同株(Monoecious)——只有两性单性花同株植物
雌雄异株(Dioecious)——具有纯雄植物和纯雌植物
雄花两性花异株(Androdioecious)——具有雌雄同株植物和纯雄植物
雌花两性花异株(Gynodioecious)——具有雌雄同株植物和纯雌植物

对植物种群生物学家来说,性比率的概念却有可能变得模糊不清。像三角叶杨(*Populus deltoides*)和银杏(*Ginkgo biloba*)这类严格的雌雄异株植物,性比率概念的应用是没有问题的,因为我们很容易统计出属于雄性或雌性的植株数。但在两性单性花同株植物中,情况就不一样了。例如,荨麻(*Urtica dioica*)的每个植株都有数量不等的雄花和雌花,人们常常依据雄花和雌花数量的多少认定一个植株是雄性还是雌性,这就是说,每个植株都有一定比例的雄花,其余的则是雌花。在雌雄异株的植物种群中,一部分植株是雄性的,其余的植株全是雌性。

生态因素和遗传因素都可以导致种群的性比率偏离 50∶50,通常是两种因素相互作用的结果。在讨论存活曲线时,我们已经注意到了使性比率发生偏斜的一个主要原因,雄性个体和雌性个体在特定年龄死亡率方面的不同往往会导致产生 1∶3 或 1∶4 的性比率,使性比率有利于存活率较高的性别。因为通常是雄性个体死亡率较高,因此性比率常常更有利于雌性个体。例如,在很多爬行动物中,往往是卵的孵化温度决定着后代的性别,因此性比率可以因环境条件而改变。就龟来说,低温会导致从卵中孵出雄龟,而较高的温度则会导致从卵中孵出雌龟。Janzen FJ(1994)曾指出,锦龟(*Chrysemys pica bellii*)从同一窝中孵出的幼龟大都属于同一性别;在植被较稠密和温度较低的地方,从龟巢中孵化出来的幼龟几乎都是雄性的。

鹩哥(*Quiscalus mexicanus*)初孵雏鸟的性比率是 1∶1,但当雏鸟发育到第二年准备进行生殖时,性比率便发生了有利于雌鸟的偏斜,达到了 1.42∶1.00。显然,雄鸟夸大的长尾巴有利于吸引配偶,但过长的尾巴也会造成行动不便,从而降低雄鸟的生存机会。

遗传机制也可以导致一级性比率偏离 50∶50,而且这一性比率的任何偏离都将会表现在其后的性比率中。例如,林旅鼠(*Myopus schisticolor*)就具有能产生 XY 雌鼠的遗传机制,即细胞表面抗原基因的一个等位基因可导致 XY 个体发育为功能正常的雌鼠,结果常常会使林旅鼠种群中只有 25%的雄鼠。

由于一级性比率是受遗传控制的,所以自然选择就有可能改变它,以便提高个体的适合度。红隼(*Falco sparverius paulus*)在生殖季节早期产下的一窝卵中，雄雏多于雌雏；而在生殖季节晚期产下的一窝卵中，则是雌性多于雄性(图 12-13)。Smallwood PD(1998)对这种现象曾提出过一个假说，即所有在一龄时进行繁殖的雄鸟都是在前一年生殖季节的早期出巢的，因为早出巢会获得竞争优势，当它们离开出生地扩散以后能确保占有和保卫一个生殖地。可见，在生殖季节早期使性比率朝雄性偏斜就成了一种适应。

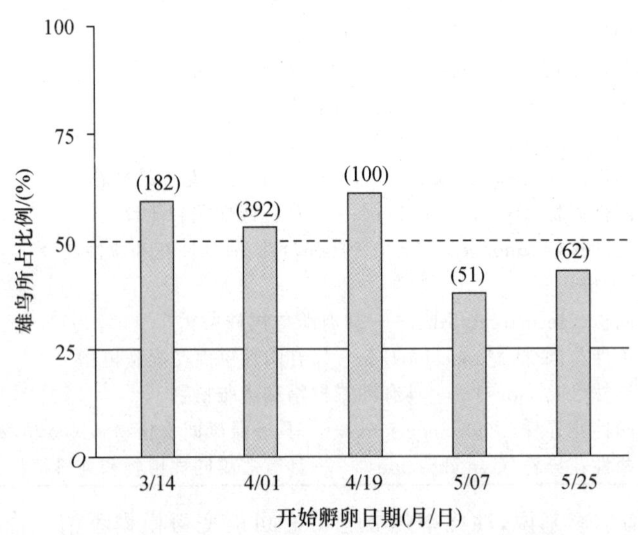

图 12-13　红隼的性比率与开始孵卵日期之间的关系

括弧内的数字代表取样鸟巢数(仿 Smallwood PD，1998)

关于性比率的进化，Fisher RA 曾提出过一个一般性的理论。该理论认为性比率的调节是靠双亲把等量的能量用于喂养两性的后代，该理论既包括了频率制约选择(frequency-dependent selection)的遗传方面，也包括了两性存活的生态差异。如果两性在出生时的死亡率相等，那么性比率就应当是 1∶1；但如果其中一性的死亡率较高或需要双亲投入更多的能量，那么性比率就会发生偏斜。例如，普通鹩哥(*Quiscalus quiscala*)的雄鸟比雌鸟更活跃，生长得更快，由于雄鸟需要双亲投入更多的能量，所以根据 Fisher 的理论预测，雄鸟的数量应当比雌鸟少。事实也正是如此，幼鸟在同巢时，雌鸟的数量明显多于雄鸟，其性比率可达 1.65∶1.00。有类似鸫的一种鸟(*Gymnostinops* spp.)，出巢时雄鸟比雌鸟大一倍，但种群中雌鸟的数量约为雄鸟数量的 5～10 倍。

根据 Fisher 的理论预测，如果其他方面的条件相同的话，双亲对雌性后代和雄性后代的能量投资应当是相等的，但其他的选择因素常常会影响性比率的进化。例如，在某些动物中，个体大的雌性动物会产生较多的后代，在这种情况下能产生个体较大后代的母亲将倾向于多产雌性后代少产雄性后代，它产出的大个体女儿将会从其身体的大小获得好处，女儿多产后代也能提高母亲的适合度。有一种寄生在蚊幼虫体内的线虫(*Romamnomeris culicivorax*)，蚊幼虫身体越大，寄生其体内的线虫也越大，大线虫同龄组的性比率常常是向雌性个体偏斜。

Trivers RL 和 Willard DE(1973)曾提出一种假说，认为脊椎动物后代的性比率应随母亲的身体条件而变化。他们的假说主要是依据下述事实，即在很多脊椎动物中，雄性个体的生殖成功是有很大差异的，少数优势个体常能占有大多数交配机会，而雌性个体几乎每一个能都参与生殖，因此，一个能产生健康强壮雄性后代(很可能是优势个体)的雌性动物将会具有很高的适合度，其雄性后代将会留下大量后代。如果母亲身体条件很差，不能产生强壮健康的雄性后代，那最好的办法就是产生雌性后代，因为雌性后代的适合度虽然没有优势雄性个体高，但却高于顺位较低的非优势雄性个体。可见，优势雌性个体后代的性比率应当向雄性偏斜，而身体条件较差的雌性个体，其后代的性比率应当向雌性偏斜。赤鹿(*Cervus elaphus*)的情况完全与此假说相符，优势雌鹿与顺位低的雌鹿相比，其后代中雄性个体所占的比例较大。

类似的性比率偏斜也与植物的生长条件有关，例如，兰科植物(*Catasetum viridiflavum*)的性别表达就具有很强的双峰性(bimodal)，即种群中常常具有很高比例的雄花或很低比例的雄花。在兰科植物生长的热带森林中，其性比率是与光照条件相关的，而光照条件又随着森林的年龄而变化，在年幼的森林中光照比较强，此时花朵的性比率是向雌性偏斜；在年龄较大、光照较暗的森林中，性比率通常是 1∶1。可见，在光照条件较好的环境条件下，兰科植物倾向于多向雌性组织投资。在年幼的森林中为植物提供遮阴的实验表明，光照是决定兰科植物性比率的因素之一。

七、多型现象

由于环境因素的作用，常使种群内的个体在形态、生殖力、体重、色斑以及其他生理生态习性上产生差异，因而产生种群内的不同生物型，这种现象称为种群的多型现象。多型现象在昆虫中较为常见，如蝗科、螽蟖科、夜蛾科、天社蛾科、天蛾科、豆象科、飞虱科和蚜科中都有多型现象。最典型、最常见的是东亚飞蝗、飞虱和蚜虫。

东亚飞蝗可分为群居型和散居型：群居型个体呈棕色或灰棕色，有集群行为并迁飞；散居型个体呈绿色，产卵量高，无群聚行为，不迁飞。Albrecht 曾采用密集与单头饲养飞蝗 3 个世代的方法，发现当种群密度增加时，蝗群内便散发出一种聚集信息素(gregarization pheromone)，它可渗入血淋巴液，活化各种生化反应，使蝗虫的体型、生理和习性发生变化，出现群居型和散居型。

同样，飞虱可区分为长翅型和短翅型，蚜虫可区分为有翅型和无翅型。长翅型和有翅型是迁飞个体，而短翅型和无翅型是非迁飞个体。一般说来，当种群密度增加、寄主植物营养条件恶化的时候，种群便开始产生大量的长翅型和有翅型个体，这是种群要进行迁飞的预兆。

从遗传学角度讲，多型现象可以看成是种群内不连续的表现型(phenotype)。例如，墨西哥有一种扁尾鱼(*Platypoecilus maculatus*)，身体上的黑色斑纹有些在背上，有些在侧面，有些呈网纹状，有些呈宽带形，花纹大小不一。这些斑纹在生态学上具有伪装、掩护、警戒和种内识别等作用，而且在不同斑纹中各表现型的频率都一定。用同一地区的扁尾鱼进行互配实验，结果表明，不同的斑纹是由不同的等位基因(alleles)所控制的。

深入探讨不同生物型的生理生态习性，密切注意种群内多型现象的发生和转化规律，是揭示种群数量变动机制，提高种群动态预测预报质量的途径之一。胡国文和周新远(1983)尝试用有翅蚜量作为一个因子，预报小麦黍缢管蚜种群的田间消长规律，收到了较好的效果。

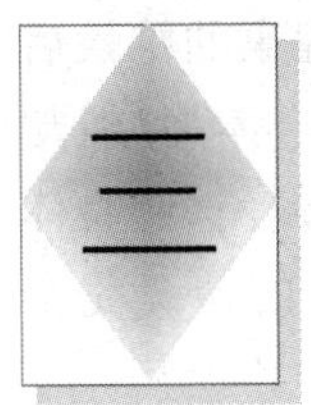

第13章 种群生命表及其分析

第一节 生命表的基本概念

生命表是最清楚、最直接地展示种群死亡和存活过程的一览表，它是生态学家研究种群动态的有力工具。生命表最先应用在人口统计学(human demography)上，特别是人寿保险事业上。人口生命表着重于人体寿命的概率统计，即估计人口的生命期望(life expectancy)。因为人口的保险费取决于人口的生命期望，人寿保险公司便在生命表的生命期望(用 e_x 表示)一项中，列出那些进入某个年龄组的保险者的平均余生(指该年龄组的人平均还能活多少年)，这样便能算出参加保险人的保险费用。

人口生命表是假定有同时出生的一代人(一般以1万人或10万人为基数)，按照某一人群的年龄组死亡率或根据其他相关因素而确定的死亡概率先后死去，直到死完为止，从而表现出这一代人的完整生命过程。生命表不是等到这一群人全部死完之后再编制，而是假定这一群人尚活着时，按照数学理论，根据各年龄组的死亡率水平来分别测定各年龄的死亡人数和存活人数，并计算其平均生命期望，最后编制成生命表。例如，根据人口抽样调查资料，我国编制了1978年的人口生命表，表中我国人口的平均生命期望为68.28岁。它表明，1978年出生的孩子，如果按照1978年的死亡概率陆续死去，那么，平均每个人可以活68.28岁。但是，平均生命期望将会随着社会经济条件的改变而改变。

生命表对研究人口现象和人口的生命过程有极其重要的意义。第一，生命表回答了今后要出生的一代人，按照现有的社会经济、科学技术、环境与卫生条件，预期平均每人可以活多大年龄，同时还可以回答你现在是多少岁，还能活多少岁或能够活到多少岁；第二，生命表为考察人口再生产状况、计算人口再生产率和平均世代年数，以及为预测未来人口数量变动、组成和制定长期人口规划等提供可靠的数据；第三，生命表可综合反映不同地区、不同国家和不同时代的社会生活条件对人口寿命的影响。因此，生命表可为规划人口就业、社会福利、文化教育和医疗卫生事业的发展方案提供人口过程的重要资料。

应用生命表来研究人口过程的生命现象，在世界上已有100多年的历史。我国第一个简易的人口生命表是1931年由袁贻瑾编制的。1947年，Deevey最早把人口生命表的概念和方法用在动物生态学的研究中。1954年，Morris和Miller等人把生命表技术应用于研究昆虫的自然种群，此后，昆虫生命表便迅速发展成为研究害虫种群数量的一个重要手段。昆虫生命表对个体的生命期望并不特别感兴趣，它主要是系统地记录在自然条件下或实验室条件下，昆虫种群在整个生活周期中，各个年龄或发育阶段的死亡数量、死亡原因和生殖力。由此可以明确不同致死因子对昆虫种群数量变动所起作用的大小，从而找出关键因子，并根据死亡和出生的数据估计下一世代种群消长的趋势。

我国在种群生命表的研究上起步较晚，但发展较快，并已取得了一定成绩，现已应用于害虫的数量测报，应用于评价各种防治措施对控制害虫的作用，以及应用在害虫的科学管理上(如松干蚧和稻纵卷叶螟等)。

第二节　生命表的一般构成

生命表是由许多行和列构成的表。第一列通常是表示年龄、年龄组或发育阶段(如卵、幼虫和蛹等)，从低龄到高龄自上而下排布；其他各列都记录着种群死亡和存活情况的一个观察数据或统计数据，并用一定符号代表(如用 n_x 表示存活数，用 d_x 表示死亡数等)。生命表的记录一般是从 1000 个同时出生或同时孵化的同龄个体(即一个同龄群)开始，但也并不总是如此。下面我们以一个假设的生命表来说明生命表的一般构成及各种符号的含义(表 13-1)。

表 13-1　一个假设的生命表

x	n_x	d_x	l_x	q_x	L_x	T_x	e_x
1	1000	550	1.00	0.550	725	1210	1.21
2	450	250	0.45	0.556	325	485	1.08
3	200	150	0.20	0.750	125	160	0.80
4	50	40	0.05	0.800	30	35	0.70
5	10	10	0.01	1.000	5	5	0.50
6	0		0.00				

表中各种符号的含义及计算方法如下：

x：年龄、年龄组或发育阶段。

n_x：本年龄组开始时的存活个体数。

d_x：本年龄组期间的死亡个体数，或从年龄 x 到年龄 $x+1$ 期间的死亡个体数，其值为 $n_x - n_{x+1}$。

l_x：在年龄组开始时存活个体的百分数，其值等于$\frac{n_x}{n_1}$。

q_x：本年龄组期间的死亡率或从年龄 x 到 $x+1$ 期间的死亡率，其值等于$\frac{d_x}{n_x}$，如 $q_3=\frac{d_3}{n_3}=\frac{150}{200}=0.750$。

L_x：本年龄组期间的生活个体数或本年龄组的个体寿命和，其值等于$(n_x+n_{x+1})/2$。

T_x：种群全部个体的寿命和，其值等于将生命表中的各个 L_x 值自下而上累加所得的值，如 $T_x=\sum\limits_x^{\infty}L_x$，或 $n_{x+1}+d_x/2$。

e_x：本年龄组开始时存活个体的平均生命期望，其值等于$\frac{T_x}{n_x}$，如 $e_1=\frac{T_1}{n_1}=\frac{1210}{1000}=1.21$。

在生命表的各个参数中，只有 n_x 和 d_x 是直接观测值，其余(q_x、L_x、T_x 和 e_x 等)都是统计值。

第三节　特定时间(静态)生命表

特定时间生命表(time-specific life table)又称静态生命表(static life table)(表 13-2)，它

适用于世代重叠的生物，表中的数据是根据在某一特定时刻对种群年龄分布频率的取样分析而获得的，实际反映了种群在某一特定时刻的剖面。这样的种群，其种群大小应当是稳定的，年龄结构也应当趋于稳定，只有这样，生命表才能反映种群各年龄组个体存活和死亡的一般规律。特定时间生命表是生命表的常见形式，虽然它们能够反映出种群出生率和死亡率随年龄而变化的规律，但却无法分析引起死亡的原因，也不能对种群的密度制约过程和种群调节过程进行定量分析。依据特定时间生命表也难以建立更详细的种群模型，但它的优点是很容易使我们看出种群的生存对策和生殖对策，而且比较容易编制。

表 13-2 Rhum 岛上赤鹿的特定时间生命表(1957)

	x/a	n_x	d_x	$1000q_x$	e_x
雄鹿	1	1000	282	282.0	5.81
	2	718	7	9.8	6.89
	3	711	7	9.8	5.95
	4	704	7	9.9	5.01
	5	697	7	10.0	4.05
	6	690	7	10.1	3.09
	7	684	182	266.0	2.11
	8	502	253	504.0	1.70
	9	249	157	630.6	1.91
	10	92	14	152.1	3.31
	11	78	14	179.4	2.81
	12	64	14	218.7	2.31
	13	50	14	279.9	1.82
	14	36	14	388.9	1.33
	15	22	14	636.3	0.86
	16	8	8	1000.0	0.50

	x/a	n_x	d_x	$1000q_x$	L_x	T_x	e_x
雌鹿	1	1000	137	137.0	931.5	5188.0	5.19
	2	863	85	97.3	820.5	4256.5	4.91
	3	778	84	107.8	736.0	3436.0	4.42
	4	694	84	120.8	652.0	2700.0	3.89
	5	610	84	137.4	568.0	2048.0	3.36
	6	526	84	159.3	484.0	1480.0	2.82
	7	442	85	189.5	399.5	996.0	2.26
	8	357	176	501.6	269.0	596.5	1.67
	9	181	122	672.7	120.0	327.5	1.82
	10	59	8	141.2	55.0	207.5	3.54
	11	51	9	164.6	46.5	152.5	3.00
	12	42	8	197.5	38.0	106.0	2.55
	13	34	9	246.8	29.5	68.0	2.03
	14	25	8	328.8	21.0	38.5	1.56
	15	17	8	492.4	13.0	17.5	1.06
	16	9	9	1000.0	4.5	4.5	0.50

编制特定时间生命表的第一步是确定年龄分组。对人口生命表来说，一般采用 1 年、5 年，甚至 10 年为一组；昆虫生命表一般以一天或一周为一组；而细菌生命表则可能以小时为划分年龄的单位。生物生命表一般是从 1000 个个体开始，如果起始数量不足 1000，则可以校正为 1000。

第四节　特定年龄(动态)生命表

特定年龄生命表(age-specific life table)又称为动态生命表(dynamic life table)(表 13-3，13-4)。对于世代不重叠的生物来说(如一化性昆虫)，特定时间生命表显然就不适用了，因为这些昆虫在春季只经历一个很短的产卵期，此后卵就孵化为幼虫，幼虫经过几次蜕皮再发育为蛹，最后羽化为成虫。显然，在一化性昆虫(如温带地区的蝶类)种群发展的任何一个特定时间，其种群剖面都不可能给出包括所有年龄或发育阶段(如卵、幼虫、蛹和成虫)的年龄频率分布，因此就必须采用另一种类型的生命表，这就是特定年龄生命表或叫动态生命表，也叫同龄群生命表(ohort life table)。

表 13-3　藤壶*(*Balanus glandula*)的特定年龄生命表

x/a	n_x	d_x	q_x	L_x	T_x	e_x	l_x
0	142	80	0.563	102	224	1.58	1.000
1	62	28	0.452	48	122	1.97	0.472
2	34	14	0.412	27	74	2.18	0.239
3	20	(4.5)	0.225	17.75	47	2.35	0.141
4	15.5	(4.5)	0.290	13.25	29.25	1.89	0.109
5	11	(4.5)	0.409	8.75	16	1.45	0.077
6	6.5	(4.5)	0.692	4.25	7.25	1.12	0.046
7	2	0	0.000	2	3	1.50	0.014
8	2	2	1.000	1	1	0.50	0.014
9	0	0	—	0	0	—	0

* 1959 年固着，1968 年全部死亡(连续观察 9 年)。

表 13-4　舞毒蛾种群生命表

x	n_x	d_{xf}*	d_x	$100q_x$
卵	550.0	被寄生	82.5	15
		其他	82.5	15
		总计	165.0	30
1～3 龄幼虫	385.0	散布等	142.4	37
4～6 龄幼虫	242.5	鹿鼠捕食	48.5	20
		寄生、病	12.1	5
		其他	167.3	69
		总计	227.9	94
前蛹期	14.6	被捕食等	2.9	20
蛹　期	11.7	被捕食	9.8	84
		其他	0.5	4
		总计	10.3	88
成虫(♀+♂)	1.4	性比(30∶70)	1.0	70
成虫(♀)	0.4	—	—	—
整个世代	—	—	549.5	99.93

* 表中 d_{xf} 为死亡原因。

特定年龄生命表是从同时出生或同时孵化的一群个体(同龄群)开始,跟踪观察并记录其死亡过程,直至全部个体死完为止。例如,从一代产卵成虫开始直到下一代成虫出现为止,跟踪观察一个完整世代的死亡历程。特定年龄生命表在记录种群各年龄或各发育阶段死亡过程的同时,还可以查明和记录死亡原因,从而可以分析种群发展的薄弱环节,找出造成种群数量下降的关键因素。

表 13-3 是节肢动物门甲壳纲蔓足亚纲藤壶的特定年龄生命表,表中总结了从藤壶幼虫固着直至死亡连续 9 年(1959～1968)的跟踪观察的资料。表 13-4 是鳞翅目昆虫舞毒蛾的特定年龄生命表。对世代不重叠的昆虫来说,n_x 值只有通过下列方法才能得到,即在一个时期内(例如一个夏季),坚持观察一个自然种群,并在每一观察时刻对种群的大小作出估计。很多昆虫还可以通过对从卵到成虫各发育阶段种群存活数的统计或估算来获得,同时也可以计算有多少幼虫和蛹发育到了成虫。如果同时记录天气情况、捕食者和寄生物的数量和患病情况的话,那么就可以对上述各种原因所引起的死亡数作出估计,就像舞毒蛾生命表中所记载的那样。

第五节　动态混合生命表

动态混合生命表(dynamic-composite life table)记载的内容同动态生命表一致,只是该生命表把不同年份同一时期标记的个体作为一组动物处理,也就是说,这组动物不是同一年出生的。野生动物专家可以在几年内,连续每年都在同一时期标记一批新孵化的幼鸟或新出生的仔兽,并对每一批都进行跟踪观察和记录,然后再把对这些动物的观察资料汇集起来,作为同年的一组动物而编制成生命表。例如,Barkalow FS 从 1956～1964 年连续几年标志新生未离巢的灰松鼠,然后观察各年龄组的命运,最后将所有观测数据合并起来,当做一个同龄群来处理(表 13-5)。表的上部是原始观测资料,记录了历年的标志个体数及以后各年的再现数量;表的中部是根据原始资料进行分析后得出的各年龄组的存活和死亡数字,并将总标志数(即 0 年龄组的 n_x 值)校正为 1000,其他各年龄组也将依此进行相应的校正;表的下部是依据校正好的数据所编制的动态混合生命表。

表 13-5　灰松鼠的动态混合生命表(1956～1964)

标记年份	标记鼠数	再出现年份							
		1957	1958	1959	1960	1961	1962	1963	1964
1956	40	8	4	3	2	0	0	0	0
1957	138		60	30	28	13	9	4	3
1958	229			61	26	12	10	7	3
1959	193				58	26	19	12	9
1960	162					19	13	8	6
1961	99						4	1	1
1962	82							18	6
1963	80								25

x/a	已知总活鼠数	最大可能回捕数	已知活鼠占最大可能回捕数的比例/(‰)
0～1	1023	1023	1000.0
1～2	253	1023	247.3
2～3	106	943	112.4

续表

x/a	已知总活鼠数	最大可能回捕数	已知活鼠占最大可能回捕数的比例/(‰)
3～4	71	861	82.5
4～5	43	762	56.4
5～6	25	600	41.7
6～7	7	407	17.2
7～8	3	178	16.9

x/a	n_x	d_x	q_x	L_x	T_x	e_x
0～1	1000.0	752.7	0.753	538.9	989.6	0.99
1～2	247.3	134.9	0.545	179.9	450.7	1.82
2～3	112.4	29.9	0.266	97.4	270.8	2.41
3～4	82.5	26.1	0.316	69.5	173.4	2.10
4～5	56.4	14.7	0.261	49.0	130.9	1.84
5～6	41.7	24.5	0.588	29.4	54.9	1.32
6～7	17.2	0.3	0.017	17.1	25.5	1.48
7～8	16.9	16.9	1.000	8.4	8.4	0.50

第六节 图解式生命表

一、图解式生命表的一般形式

图 13-1 是一个理想化的高等植物图解式生命表，图中的长方形框图分别代表几个发育阶段（种子、实生苗和成株）的起始数量。在 $t+1$ 时刻的成年植株（即 N_{t+1}）有两个来源，一个是来自 t 时刻存活的成株，其存活率用 p 表示，放在三角框图内。例如，如果 $N_t=100$，$p=0.9$，那么就会有 $100\times0.9=90$ 株存活到 $t+1$ 时刻。换句话说，就是将有 10 株死亡，因此，t 至 $t+1$期间的死亡率就是 $1-p=0.1$。

N_{t+1} 植株的另一个来源是出生，出生包括种子的生产、种子萌发和实生苗的生长存活等过程。每株植物平均生产的种子数量（即种群的平均生育力）用 F 代表，放在菱形框图内。因此，种子总产量等于 $N_t\times F$。这些种子的平均萌发率用 g 代表，放入三角形框图内。因此实生苗的数量就等于 $N_t\times g\times F$。最后一个过程是实生苗发育为能独立进行光合作用的成年植株，其存活率用 e 代表。可见，种群的出生总数应当是 $N_t\times F\times g\times e$。因此，种群在 $t+1$ 时刻的数量就等于$(N_t\times F\times g\times e)+(N_t\times p)$。

根据生命表的上述各个成分，可以建立一个种群增长的基本方程式，即

$$N_{t+1}=N_t-N_t(1-p)+N_t\times F\times g\times e$$

对上述方程应当指出以下几点：首先，该方程为简便起见，没有把迁入和迁出考虑在内，因此对种群数量变化的描述是不完全的；其次，该方程是用 $N_t(1-p)$来计算死亡率的，因为存活率和死亡率是一个问题的两个方面；再次，该方程所使用的出生概念实际上是本来意义上的出生与出生后存活率的乘积。

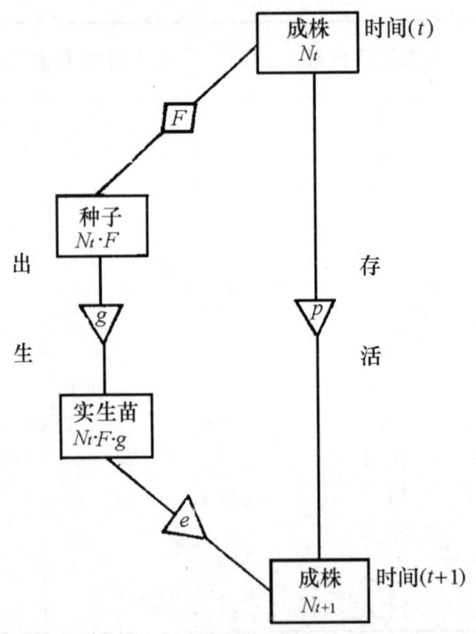

图 13-1　一个理想化的高等植物图解式生命表

F 是每株植物的种子产量；g 是每粒种子的萌发率（$0 \leqslant g \leqslant 1$）；$e$ 是每株实生苗成长为成年植株的概率（$0 \leqslant e \leqslant 1$）；$p$ 是每株成年植物的成活概率（$0 \leqslant p \leqslant 1$）

二、雏蝗的图解式生命表

为了编制图解式生命表，必须进行深入细致的田间调查，而且需要正确地估计各种转化率（如 p，g 和 e 值）和计算成年个体的生育力。图 13-2 是一化性昆虫雏蝗（*Chorthippus brunneus*）的图解式生命表，表中的各项数据是根据田间取样和室内补充实验而获得的（Richards OW 和 Waloff N，1954）。该种群是一隔离种群，因此无需考虑迁入和迁出。

对雏蝗的生命表可以指出下列几点：第一，没有一头蝗虫能够活到第二年（即 $p=0$），也就是说，这是一种一化性昆虫，每个世代的生活史是一年，各世代不互相重叠（属于离散种群）；第二，成年蝗虫的“出生”是一种复杂的过程，至少包括 6 个发育阶段，第一阶段是雌蝗把卵囊产于土中，平均每头雌蝗产 7.3 个卵囊，每个卵囊含有 11 粒卵，因此 $F=80.3$。这些卵越冬后到第二年初夏时，只有 7.9%（即 0.079）能孵化为一龄若虫。此后，各龄幼虫之间的转化率大体是相等的，经过几次转化以后，一龄若虫中只有不足 1/3 能够发育为成虫。虽然雏蝗的生育力很

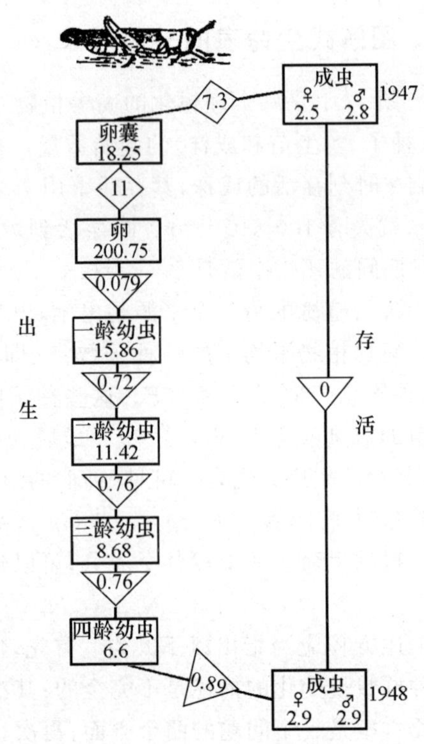

图 13-2　雏蝗的图解式生命表

以 10 m^2 内的蝗虫头数代表种群大小

高，但经过一年的繁殖，1948 年的种群数量并不比 1947 年多多少。

雏蝗的图解式生命表可以简化为如图 13-3(a)所示的那样，这个生命表对于具有离散生殖过程和世代不重叠的所有物种都是适用的，如果 t_0 到 t_1 之间是一年时间，那么该种生物的生活史周期就是一年。但生活史为一年的图解式生命表仅仅是这种生命表的一种类型。如果有一种生物可以生活两年，而且仅在第二年才进行繁殖，那么这种生物的生活史就会表现为生殖过程是离散的，但成虫世代却是重叠的，这种情况如图 13-3(b)所示。如果以年为单位划分时期，那么这种生活周期就是二年性的，在任何一个夏季，都会同时存在未成熟的亚成年个体(不繁殖)和成熟的成年个体，后者当年进行繁殖，而前者第二年才能繁殖。

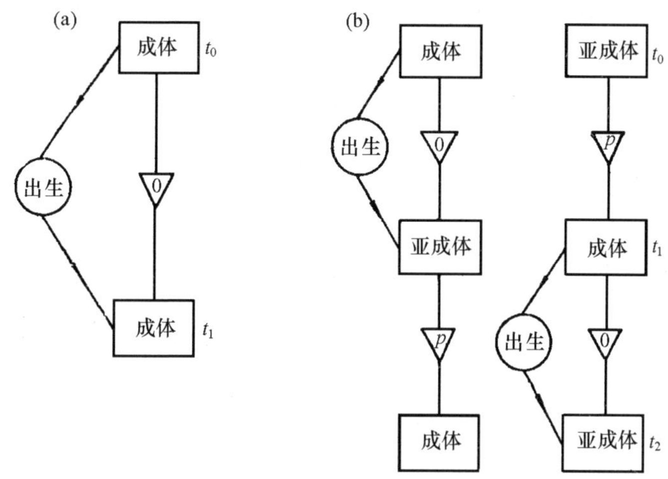

图 13-3　具有离散生殖季节的物种的图解式生命表

(a) 世代不重叠种群；(b) 世代重叠种群(出生过程已被简化)

三、较复杂的图解式生命表

世代重叠的种群并不限于两年生的生物，例如图 13-4 是大山雀(*Parus major*)的图解式生命表。大山雀成鸟在初夏时建巢和产卵，但鸟卵中只有 84%(即 0.84)能孵出雏鸟(Perrins CM，1965)，这些雏鸟还会有一些因遭遇各种危险而死去，其中大约只有 71%能发育到离巢进行独立生活。在离巢的幼鸟中，又只能有一小部分能顺利地渡过严冬，发育为有生育能力的成鸟。但是，前一世代的成鸟有很大一部分能够存活下来，因此，进行生殖的成鸟种群是由不同年龄的成鸟组成的(1～5 岁或更大)，这种情况很容易用图 13-4 来描述。图 13-4 与图 13-3很相似，只是稍有变化而已。在这里，我们所看到的是这样一类种群，它的生殖期是离散的，但个体寿命很长，因此有多个世代重叠。

在上述大山雀的图解式生命表中，我们没有表示出不同年龄成鸟在生殖力等方面的差异，而是把它们作为种群中无差异成员处理的。但实际上有很多种群，其成员的统计学特性是随年龄而变的。在这种情况下，采用图 13-5 的图解式生命表似乎更为合适。在这个生命表中，处在任一特定时刻的种群都是由不同年龄的个体组成的：a_0 是最年轻的年龄组，接着是 a_1、a_2、a_3、…。每过一个单位时间，一个年龄组中的一些个体就会进入下一个比较老的年龄组。因此，p_{01} 就是一个单位时间以后 a_0 年龄组中进入 a_1 年龄组的个体数，以此类推。从图 13-5 中还可以看出，每一个年龄组借助于出生过程都可能使最年轻的年龄组(即 a_0)得到补充。为了简便起见，可以把所有年龄组出生的个体数加在一起算。实际上，生育力和存活率一样是依年龄而变化的。

从图 13-5 可以看出：虽然大山雀的各世代是重叠的，而且包括许多不同的年龄组，这些年龄组又各有自己的出生率和死亡率，但是，它们的生殖期却是离散的。然而有很多生物，其种群内的出生(和死亡)过程是连续的。即便如此，图 13-4 对这样的种群也是适用的，不过必须人为地划分时间间隔，并且各项的含义略有不同。例如，我们以月为单位时间间隔来研究种群数量，在 t_0 时刻，a_2 代表种群中 2 月龄至 3 月龄的个体数，一个月后(即 t_1 时刻)，其中将会有 p_{23}存活下来并转化为 a_3 年龄组(即 3 月龄至 4 月龄)。因此，即使出生和死亡是连续进行的，我们也可以把它们看成是一个月繁殖一次。

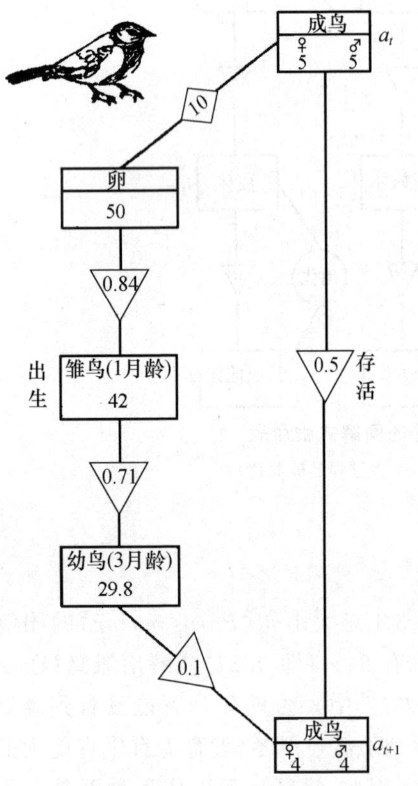

图 13-4　多年生的大山雀的图解式生命表

种群大小以 $10^4\,m^2$ 内的个体数量表示，但未表示年龄生育力差异

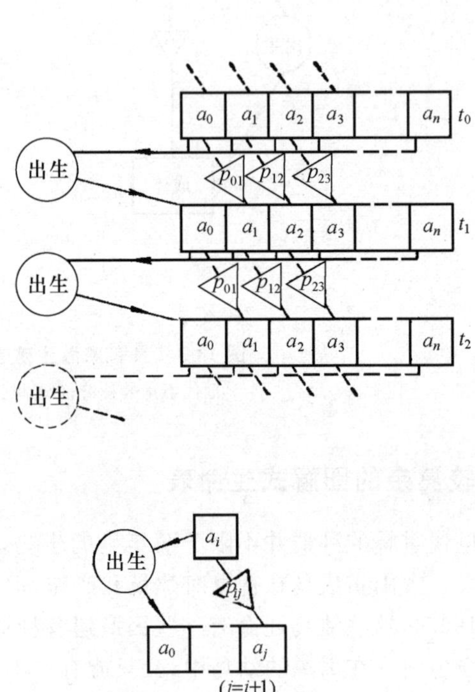

图 13-5　该图解式生命表适用于任何一种世代重叠并持续进行繁殖的生物

a_0，a_1～a_n 代表个体的年龄组，a_n 是最大年龄组。p_{ij} 是一个特定年龄组的存活概率。例如：p_{01} 代表 a_0 年龄组中的个体存活并进入 a_1 年龄组的概率($0 \leqslant p_{ij} \leqslant 1$)。下图是一般生命表的一个子集

第七节　植物生命表

同动物相比，植物有许多不同的特点，因此在编制生命表时，也有一些不同的处理方法。植物的存活可以用种子的萌发百分数和实生苗的存活百分数来表示，有些研究者还考虑到了

由于干旱、疾病和虫害等各种原因所造成的树木或灌木的死亡率。

Sharitz RR 等(1973)以一种景天属植物(*Sedum smallii*)为材料，提出了利用生命表研究植物死亡率的方法(表 13-6)。他们把种子形成作为生活史的起点，在种子阶段，这种一年生植物的生命期望急剧下降，而在实生苗定株以后，又恢复到一个较高的水平。虽然实生苗定株后有很高的成活率，但早期的高死亡率使平均生命期望很低。由于各发育阶段所经历的时间是不相等的，所以这里所说的生命期望与一般生命表中生命期望的含义是不完全一样的。

表 13-6　一种景天属植物自然种群的生命表

x	n_x	d_x	$1000q_x$	L_x	T_x	e_x
种 子 产 量	1000	160	160	920	4436	4.4
种子可得数	840	630	750	525	756	0.9
种子萌发数	210	177	843	122	230	1.1
实生苗定株	33	9	273	28	109	3.3
莲 座 叶 丛	24	10	417	19	52	2.2
成 年 植 物	14	14	1000	7	14	1.0

另一种植物生命表是林业生产实践中所使用的产量表(表 13-7)。产量表同动物生命表一样，把树木按年龄分成不同的年龄组，并计算每一年龄组的株数，此处还给出树木的直径、基底面积和体积等数值。产量表用每一年龄组所减少的树木株数表示死亡率，但是，当树木株数由于竞争或移走而减少的时候，基底面积和生物量反而增加。死亡并不一定表明一个种群正在衰落，而更可能表明一个种群正在成熟。产量表同生命表一样，对一个物种来说并不是一成不变的，随着树木所生长的环境条件不同，所编制出的产量表也不相同，因此可以编制同一种树木在各种生境条件下的产量表。

表 13-7　冷杉的产量表

年龄/a	森林生境指数 200		
	树木株数/$10^3\,m^2$	平均胸高直径/m	基底面积/m^2
20	2311	0.145	9.383
30	1416	0.229	14.307
40	971	0.310	18.116
50	712	0.389	20.816
60	558	0.462	23.039
70	457	0.516	24.897
80	393	0.592	26.477
90	340	0.650	27.777
100	304	0.701	28.985
110	279	0.747	30.007
120	255	0.790	30.843
130	239	0.831	31.679
140	223	0.871	32.515
150	206	0.910	33.165
160	194	0.945	33.816

下面我们再介绍一个一年生植物天蓝绣球(*Phlox drummondii*)的特定年龄生命表(表 13-8)。1979 年,Leverich WJ 等人曾在美国得克萨斯研究了该种植物的种群。大多数植物种群的世代是互相重叠的,因此,要想获得一个同龄群组是不容易的,特别是有些植物的休眠种子,一年年地在土壤中保存下来,要想获得一些同年龄的种子就更困难。但是,天蓝绣球的种子的存活力不会超过一个季度,因此它们的世代是不重叠的。另外,种子萌发的同步性又确保了种群中的所有成员都属于同一年龄群,并可形成一个离散的世代。上述两点可使收集资料的工作大为简化。

表 13-8　天蓝绣球的特定年龄生命表

$x \sim x'$/d	$D_x(x'-x)$	n_x	l_x	d_x	q_x
0～63	63	996	1.0000	328	0.0052
63～124	61	668	0.6707	373	0.0092
124～184	60	295	0.2962	105	0.0059
184～215	31	190	0.1908	14	0.0024
215～231	16	176	0.1767	2	0.0007
231～247	16	174	0.1747	1	0.0004
247～264	17	173	0.1737	1	0.0003
264～271	7	172	0.1727	2	0.0017
271～278	7	170	0.170	3	0.0025
278～285	7	167	0.1677	2	0.0017
285～292	7	165	0.1657	6	0.0052
292～299	7	159	0.1596	1	0.0009
299～306	7	158	0.1586	4	0.0036
306～313	7	154	0.1546	3	0.0028
313～320	7	151	0.1516	4	0.0038
320～327	7	147	0.1476	11	0.0107
327～334	7	136	0.1365	31	0.0325
334～341	7	105	0.1054	31	0.0422
341～348	7	74	0.0743	52	0.1004
348～355	7	22	0.0221	22	0.1428
355～362	7	0	0.0000		

对天蓝绣球的种子种群,在其萌发之前共进行了 7 次调查,种子萌发后,坚持每 7 天调查一次,直到全部存活植株开花和死亡为止。生命表的第一纵列表示出了以日(d)为单位的年龄划分情况;第二纵列显示出各年龄期的长短,从中可以看出各个年龄期的长短是不均等的;第三纵列记载了每一年龄期开始时的存活个体数(n_x),而第四纵列则表示每一年龄期开始时的个体存活率(l_x)。该生命表中的平均日死亡率(q_x)是用各年龄期的死亡数 d_x 除以年龄期日数 D_x 得到的。在大多数情况下,由于生命表的编制者只对年龄与存活之间的关系感兴趣,所以一般不含有出生和生育力方面的资料,这方面的资料通常是总结在另外的生育力表(fecundity schedule)中,这两种表常常平行地摆在一起。表 13-9 就是天蓝绣球的生育力表。表中的 B_x 代表年龄 $x \sim x'$期间全部个体的种子产量,而 b_x 则代表平均每个个体的种子产量(其值等于B_x/n_x)。生命表和生育力表为建立种群动态模型提供了必要的资料。

表 13-9　天蓝绣球的生育力表

$x \sim x'$/d	B_x	n_x	b_x	l_x	$l_x b_x$
0～299	0.000	996	0.0000	1.0000	0.0000
299～306	52.954	158	0.3394	0.1586	0.0532
306～313	122.630	154	0.7963	0.1546	0.1231
313～320	362.317	151	2.3995	0.1516	0.3638
320～327	457.077	147	3.1904	0.1476	0.4589
327～334	345.594	136	2.5411	0.1365	0.3470
334～341	331.659	105	3.1589	0.1054	0.3330
341～348	641.023	74	8.6625	0.0743	0.6436
348～355	94.760	22	4.3072	0.0221	0.0951
355～362	0.000	0	0.0000	0.0000	0.0000
					$\sum = 2.4177$

第八节　生命表的编制方法

一、根据研究对象和目的确定生命表的类型

对于世代重叠、寿命较长和年龄结构较为稳定的生物，一般都采用特定时间生命表（即静态生命表）；而对于具有离散世代、寿命较短和数量波动较大的生物，一般都采用特定年龄生命表（即动态生命表或同龄群生命表）。如果一次所能跟踪观察的同时出生或同时孵化的个体较少，则可把不同年份跟踪观察的几个同龄群综合起来作为一年的一个同龄群处理，编制动态混合生命表。昆虫由于有其特殊性（如不能划分等距离的时间间隔以及没有生命期望或人们对其生命期望不感兴趣等），所以其生命表往往有以下几点改进：① 关于 x 的分期，一般采用卵、一龄幼虫、二龄幼虫、……蛹和成虫等几个自然发育阶段，而不采用等距离的时间间隔；② 生命表中要记录各发育阶段 d_x 的死亡原因，即统计和记录每种死亡原因的死亡数量，死亡总数就是 d_x，而死亡原因一栏用符号 d_{xf} 表示；③ 有时把性比率换算成死亡率，只计雌虫的存活，而把雄虫计为死亡，有时还把产卵量的变化也换算成死亡率。

二、合理划分时间间隔

根据不同的研究对象，一般可采用年、月、日或小时等。从室内实验动物和人口调查中，很容易获得编制生命表所需的年龄资料，但是在野外要想得到有关生物年龄的资料就非常困难。对同一时刻出生的大量动物，如果当它们死亡时能鉴定它们的年龄，就可以对 d_x 值作出估计，为要做到这一点就必须对大量动物进行标记或系环。另一种方法是从动物的遗骸鉴定动物的死亡年龄，例如，通过检查鹿齿的磨损和替换、检查有蹄类和食肉类牙齿的生长环和牙骨质(cementum)，以及称量动物眼晶状体的重量都能确定动物的年龄。如果在一次灾难性事件中，导致一个种群的毁灭性或大量死亡，则可以通过死亡个体的年龄测定提供一系列的 n_x 资料。另外，根据狩猎季节对大量猎物年龄的鉴定，也能提供有关 n_x 的资料，不过这些资料大都是属于较老年龄组的，特别是在非生殖季节收集的资料就更是如此。1977 年，Sinelair 在东非

收集了由于各种自然原因死亡的非洲水牛（*Syncerus caffer*）的头骨遗骸，根据角上的年轮确定死亡年龄，编制了生命表。由于幼体头骨不容易保留下来（易受气候和食肉动物破坏），所以他就直接在牛群中观察头两年的死亡率以作补充。

三、实验与田间调查相结合

可以在田间一次接种大量卵块，以后每过一定时间调查一块样地，记载调查数量，并尽可能记载数量减少的原因，如我国对水稻螟虫生命表的研究。

此外，还可以人工大量饲养虫源，在大田分期接种，然后按发育阶段取样调查并记录各发育阶段的死亡数量和死亡原因。例如，编制稻纵卷叶螟的生命表时，可先收集成虫，让其产卵于养虫笼内的稻叶上，以后把带有不同龄期幼虫的植株按龄期分别插入稻田内，此龄期一旦发育完成便采回室内，检查损失的虫数（记载损失原因如捕食、扩散等），并继续进行室内饲养和观察，并记录被寄生的数量和寄生天敌的种类。同时还可调查成虫的性比率和雌虫的产卵量。

有时还可进行各个专项的辅助调查和实验，以便与系统调查互相补充、互相校正。例如，通过室内饲养以便确定寄生天敌的种类和寄生率；对于捕食性天敌，可在大罩笼内（无天敌）接种一定数量的虫数进行观察，并与大田样点内有天敌环境中的数量动态作对比，其差值可以看成是被捕食的死亡数；除此以外，通过实验室内的实验还可以了解种群在极端的最高或最低温度下的死亡率等。

第九节　生命表分析

生命表可以使我们直观地观察种群数量动态的某些特征，如种群各年龄或各发育阶段的死亡数量、死亡原因和生命期望等，但这终究是一些表面的直观现象。如果将这些表面的资料加以综合归纳，运用各种方法（包括数学方法）进行分析，我们就可以进一步了解种群数量动态的内在规律和机制。

一、死亡率曲线

根据生命表的 q_x 值和 n_x 值作图，可以得到两种曲线，即死亡率曲线（mortality curve）和存活曲线（survivorship curve）。

以生命表中的年龄或年龄组为横坐标，以相应于各年龄或年龄组的 q_x 值为纵坐标作图，便可得出死亡率曲线（图 13-6，13-7）。

使用 q_x 值有一个很大的好处，这是因为大多数野生生物生命表常常由于一龄年龄组的资料不充分而产生误差，如果初始数据不准确，必然会影响后继 n_x 和 d_x 值的准确性。但 q_x 值是某一年龄组期间的个体死亡数同该年龄组开始时存活个体数的比值，因此，如果初始 q_x 值不准

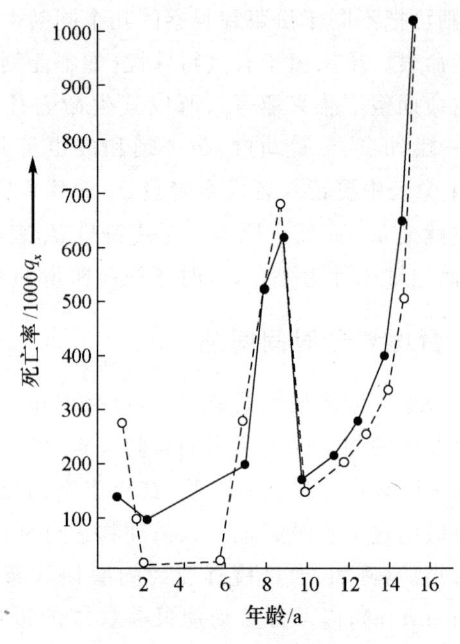

图 13-6　Rhum 岛上的赤鹿种群死亡率曲线(1957)

确，其误差不会影响后继的 q_x 值。虽然死亡率曲线不能直接地表示出死亡率，但却比存活曲线有更大的参考价值。

二、存活曲线

存活曲线是借助于存活个体数量来描述特定年龄死亡率，它是通过把特定年龄组的个体数量，相对于年龄作图而得到的。存活曲线可用两种方法绘制。一种方法是以存活数量的对数值（即 n_x 的对数值）为纵坐标，以年龄为横坐标作图，如图 13-8。另一种方法也是用存活数量的对数值相对于年龄作图，但年龄是用平均生命期望的百分离差表示，如图 13-9。存活曲线是否反映真实情况，主要取决于生命表和 n_x 值是否可靠。由于生命表和存活曲线并不是某一标准种群所特有的，而是用来描述在不同环境条件下，处于不同时刻、不同地点的种群性质的，因此，存活曲线可以用来把某时某地的种群同他时他地的种群加以比较，也可在不同性别之间进行比较。

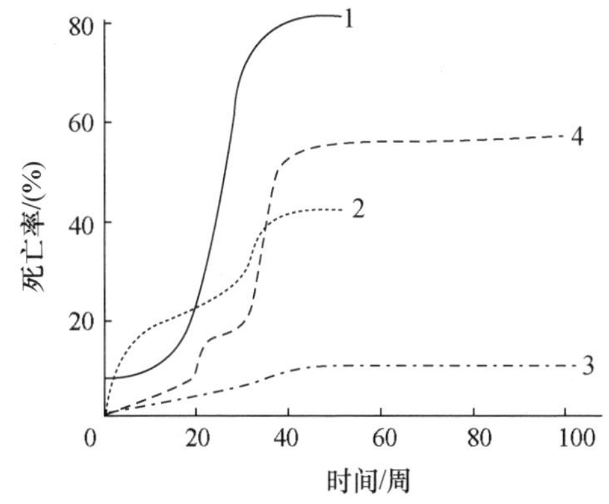

图 13-7　蒲公英（Taraxacum officinale）种群的死亡率曲线

4 条曲线代表 4 种生态条件：1. 高密度，弱光照；2. 低密度，弱光照；3. 低密度，自然光照；4. 水分充足

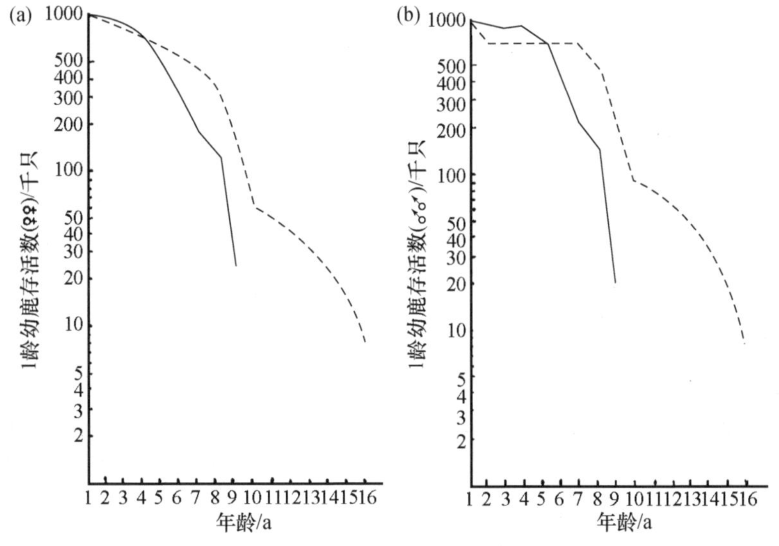

图 13-8　Rhum 岛上赤鹿的存活曲线（1957），根据特定时间生命表和动态生命表两种方法绘制

（a）- - -雌鹿（特定时间），——1 龄雌鹿（动态）；

（b）- - -雄鹿（特定时间），——1 龄雄鹿（动态）

存活曲线至少有 3 种基本类型（图 13-10）。类型Ⅰ是凹曲线，早期死亡率极高，一旦活到某一年龄，死亡率就比较低，如牡蛎、鱼类，很多无脊椎动物、寄生动物和某些植物（景天和高山漆姑草）。属于Ⅰ型生存曲线的种群特点是具有很高的死亡率，寿命短，因此需要有高出生率来补偿。例如，树蛙一生可产卵 750 多粒，但能完成发育到成年树蛙的并不多，但一旦发育为

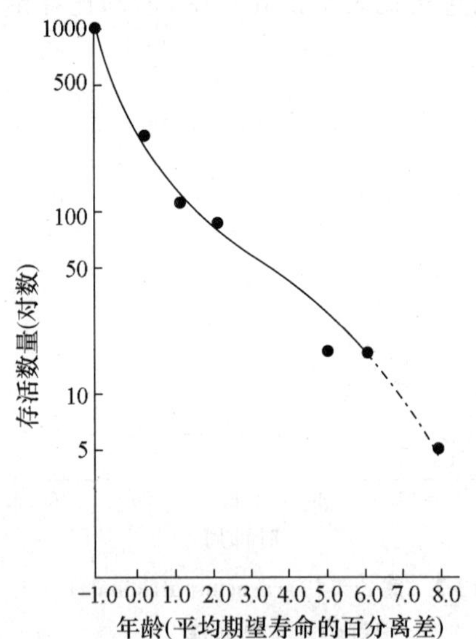

图 13-9　已知年龄的1023只灰松鼠的存活曲线

成年树蛙就可以活许多年。又如牡蛎，自由游泳的幼虫死亡率极高，一旦固着在岩石上，死亡率就很低。

类型Ⅱ呈直线，也称对角线型，属于该型的种群各年龄的死亡率基本相同，如水螅、小型哺乳动物、鸟类的成年阶段和某些多年生植物(毛茛属)等。

类型Ⅲ呈凸曲线，属于该型的种群，绝大多数个体都能活到该物种的生理年龄，早期死亡率极低，但当达到一定生理年龄时，短期内几乎全部死亡。如人类、盘羊和其他一些哺乳动物，以及某些植物(垂穗草 *Bouteloua hirsuta* 等牧草)。

以上 3 种存活曲线只不过是一些最典型的情况，实际的存活曲线不一定有这么典型，大多数生物的存活曲线都是介于两种类型之间的中间类型。例如，从 18 世纪中期到现在的几百年间，瑞典人口的存活曲线就经历了由Ⅰ型到Ⅲ型的转变过程。在 18 世纪早期，年轻人的死亡率相当高，所以生命期望值很低；但随着医药和生活条件的改善，平均生命期望越来越高，存活曲线类型的转变反映了人口存活状况的实际变化(图 13-11)。

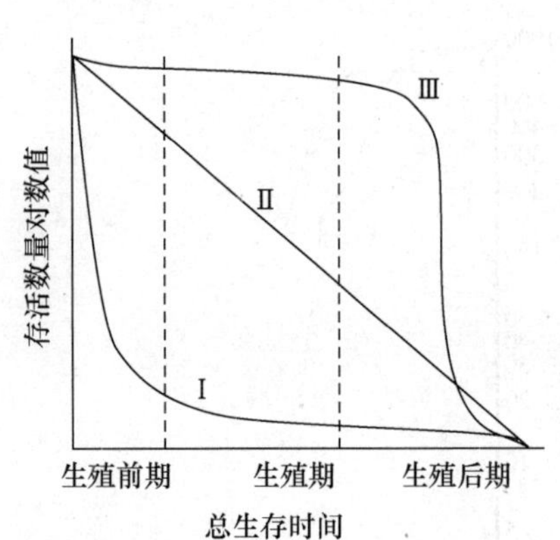

图 13-10　存活曲线的3种基本类型

Ⅰ. 早期死亡率极高，呈凹曲线；Ⅱ. 所有年龄或年龄组的死亡率大致相等，呈直线；Ⅲ. 多数个体都能生存到该物种特有的生理年龄，然后突然大批死亡

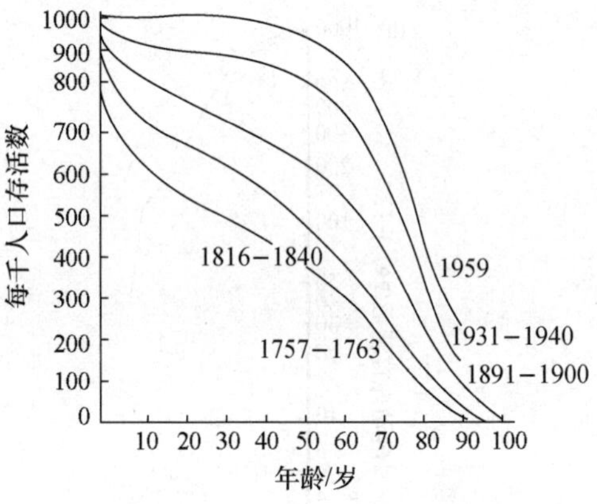

图 13-11　瑞典人口的存活曲线在几世纪内已由Ⅰ型转变为Ⅲ型

三、特定年龄生育力(m_x)和净生殖率(R_0)

前面介绍的几种生命表(除天蓝绣球生育力表外)都没有包括特定年龄生育力一项，即这些生命表只考虑了种群的死亡和存活过程，而没有考虑种群的出生过程。要想对种群的统计特征进行分析和计算则必须同时考虑出生和死亡两个过程，因此在这里，我们必须适时引入特定年龄生育力的概念。

显然，个体生育力(fecundity)是随年龄而变化的，年轻个体的生育力常常等于零或很低，较老的个体也是一样。因此，包括特定年龄生育力(m_x)的生命表就称做生育力表，它可以给出任何一个年龄组平均每个个体的产仔数，m_x 则表示 x 年龄组平均每个个体的产仔数。图 13-12 是两个图解式的生育力表，其中图 13-12(a)所代表的生物具有一个生殖前期(此期不进行生殖)，而生殖期一开始就具有很高的生育力，以后生育力则随着年龄的增长而下降，并且没有生殖后期。可以说，除了人和某些大型哺乳动物以外，大多数生物都没有生殖后期，有些生物(如很多种树木)的 m_x 值一直随年龄的增加而增加。图 13-12(b)是 1973 年美国妇女的生育力表，其中的 m_x 代表每一特定年龄组每个妇女所生的女婴数(在很多其他生物中，m_x 通常都是代表每雌产雌数)。该表以 5 年为一个年龄组，因此，15～19 岁年龄组的个体平均生育力(即 m_x)为 0.142(表示该年龄组中平均每个妇女所生的女婴数)。从图中还可以看出，20～24 岁年龄组妇女的生育力最高，此后便开始下降，直到 45～49 岁年龄组时生育力为零。

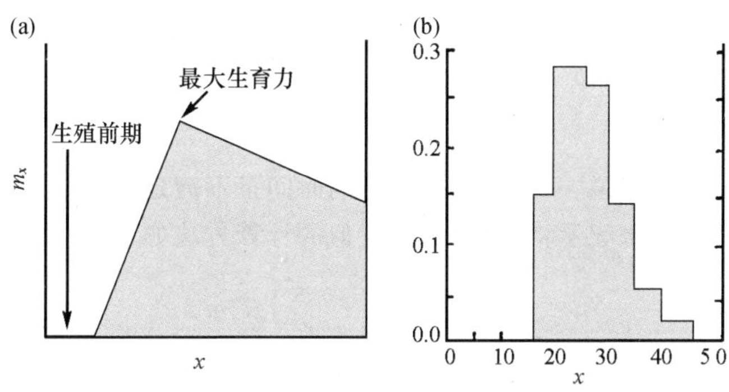

图 13-12　图解式生育力表

(a) 生育力最初很高，以后随年龄增长而下降；(b) 1973 年美国妇女的生育力表

有了生育力表(即包括 m_x 的生命表或包括特定年龄生育力的生命表)，我们就可以用来计算很多种群统计值，这些值对于解释种群的数量动态是非常有用的。首先，我们可以计算种群的净生殖率(net reproduction rate)，即 R_0。对于一年生植物或一化性昆虫来说(世代不重叠)，净生殖率(R_0)等于下一世代种群数量与本世代种群数量之比值，即

$$R_0 = \frac{N_{t+1}}{N_t}$$

但是，对于世代重叠的生物来说(如人和树木)，则可以利用生育力表中的 l_x 值和 m_x 值来计算。在这种情况下，R_0 等于各年龄组的 l_x 与 m_x 值的乘积之累加，即

$$R_0 = \sum_{x=0}^{n} l_x m_x$$

其中的 n 是种群年龄组数。上式给出了种群整个生存期间平均每个个体的产仔(卵)数。为了说明 R_0 的计算方法，我们可以用一个最简单的生育力表为例(表 13-10)。在这个实例中，从每一个年龄到下一个年龄组的存活概率都是 0.5，因此每过一年，种群数量便减少一半，直到 4 年龄组开始时，种群全部死去。由表中的 m_x 值可以看出，前两个年龄组中的个体是不生育的，其后的两个年龄组(成年个体)，平均每个个体可产生 5 个后代，因此

$$\begin{aligned} R_0 &= \sum_{x=0}^{4} l_x m_x \\ &= l_0 m_0 + l_1 m_1 + l_2 m_2 + l_3 m_3 + l_4 m_4 \\ &= 1.0 \times 0 + 0.5 \times 0 + 0.25 \times 5 + 0.125 \times 5 + 0.0 \times 0 \\ &= 1.875 \end{aligned}$$

从上式计算出的 R_0 值可以看出，这是一个数量正在增长的种群，平均每个个体可以产生1.875个后代。这里应当注意的是，如果 $R_0<1.0$，则表示种群将会下降；如果 $R_0=1.0$，则表示种群数量保持不变。因此，R_0 的更确切的定义应当是每个世代的增殖率。

表 13-10　一个包括 l_x 和 m_x 值的简单生育力表

x/a	l_x	m_x	$l_x m_x$
0	1.0	0	0
1	0.5	0	0
2	0.25	5	1.25
3	0.125	5	0.625
4	0.0	0	0.0
			1.875

四、计算世代历期

对于世代重叠的种群来说，一个世代所经历的时间是不清楚的。在这种情况下，可以以个体产仔(卵)时的平均年龄来表示世代长短，其近似的计算方法如下

$$T \approx \frac{\sum_{x=0}^{n} x l_x m_x}{\sum_{x=0}^{n} l_x m_x} \approx \frac{\sum_{x=0}^{n} x l_x m_x}{R_0}$$

其中，T 是世代历期。根据表 13-10 中的资料，并不计乘积等于零的各项，则

$$T \approx \frac{2\times 0.25\times 5+3\times 0.125\times 5}{1.875}\mathrm{a} \approx 2.33\mathrm{a}$$

五、计算种群的内禀增长能力(r_m)

在一个特定的环境中，任何一个种群都有一定的平均寿命和存活率，有一定的平均出生率和死亡率以及有一定的平均个体增长率和发育速度。这些平均值将决定于环境条件和种群自身的某种内在特性，这些内在特性用简单方法是不能测定的，因为它不是固定不变的。但是我们可以测定它在特定条件下的数值，这个数值就是每一个种群所特有的内禀增长能力(innate capacity for increase)。因此，内禀增长能力(r_m)实际上是种群的一个统计特性，并与特定的环境条件有关。

自然环境是不断变化的，因此环境条件对种群并不总是有利的，也不会总是不利的。当环境条件有利时，种群的增长能力就是正值，表现为数量增加；当环境条件不利时，种群的增长能力就是负值，表现为数量下降。显然，种群不可能无止境地增长，也不可能永远下降。在自然界，我们只能观察到种群的实际增长率(r)，而这种增长率是不断地从正值到负值和从负值到正值变化的。但是在实验条件下，可以人为地排除环境条件的不利变化，排除捕食者和疾病的影响，并提供理想的和充足的食物，在这种最适条件下，我们所观察到的种群增长能力就是内禀增长能力(r_m)。可见，内禀增长能力是在特定实验条件下的最大增长率(特定条件包括最适的温湿度组合、充足的和高质量的食物、无限的空间、最佳种群密度并排除其他生物的有害影响等)。

一种生物的内禀增长能力将决定于该种生物的生育力、寿命和发育速率。为了说明内禀增长能力的计算方法，我们先以一种进行孤雌生殖的动物为例。假定这一动物可以活 3 年，然后便死去，它 1 岁时可以产生两个后代，2 岁时产生一个后代，3 岁时不产生后代，那么这种动物的生命表和生育力表就会变得非常简单(表 13-11)。

表 13-11　一种孤雌生殖动物的生育力表

x/a	l_x	m_x	$l_x m_x$	$x l_x m_x$
0	1.0	0.0	0.0	0.0
1	1.0	2.0	2.0	2.0
2	1.0	1.0	1.0	2.0
3	1.0	0.0	0.0	0.0
4	0.0	—	—	—
		$R_0 = \sum_{0}^{4} l_x m_x = 3.0$		4.0

如果这种孤雌生殖动物的一个种群是从 0 年龄组的一个动物开始，那么它的增长情况就可以从表 13-12 中看出。值得注意的是：该孤雌生殖动物种群的年龄分布在经过一段时间的繁殖以后，很快就会稳定下来，其中 0 年龄组个体约占整个种群数量的 60%；1 年龄组个体占种群总数的 25%；2 年龄组占 10%；3 年龄组占 4%。这表明，当种群按几何级数增长时将会导致出现一个稳定的年龄结构，这正是计算种群内禀增长能力 r_{m} 值的一个基本前提条件。

表 13-12　一个进行孤雌生殖动物的数量动态

x/a	年龄组				种群总数	0 年龄占种群总数的比例/(%)
	0	1	2	3		
0	1	0	0	0	1	100.00
1	2	1	0	0	3	66.67
2	5	2	1	0	8	62.50
3	12	5	2	1	20	60.00
4	29	12	5	2	48	60.42
5	70	29	12	5	116	60.34
6	169	70	29	12	280	60.36
7	408	169	70	29	676	60.36
8	985	480	169	70	1632	60.36

根据这一模式动物，下面我们就来说明如何计算 r_{m} 值。一般说来，生命表中只要有 l_x 和 m_x 值就足够用来计算 r_{m} 值了。为了计算 r_{m}，首先必须计算出净生殖率 R_0。对我们所选择的这一模式动物来说，$R_0=3.0$。其次还要计算出世代历期 T，世代历期也可以认为是从亲代出生到子代出生所经历的时间。显然，这只能求出一个近似值，因为子代出生本身是一个过程，而且往往不止出生一次。就我们所研究的这一动物来说，$T=4.0/3.0=1.33$(a)。

知道了 R_0 值和 T 值后，我们就可以用下述公式直接求出作为瞬时增长率的 r_{m} 值

$$r_{\mathrm{m}} = \frac{\ln R_0}{T}$$

具体计算结果是

$$r_m = \frac{\ln 3.0}{1.33} = 0.824(\text{每年每个个体})$$

因为世代历期 T 是一个近似的估算值，所以 r_m 也只能是一个近似值(当世代重叠时)。但是，通过解下述方程(即 Euler 方程)

$$\sum_{x=0}^{\infty} e^{-r_m x} l_x m_x = 1$$

就可以比较精确地求出内禀增长能力 r_m。下面我们仍以上述模式动物为例说明方程的解法。根据上面所求得的 r_m 近似值(即 $r_m=0.824$)，我们可以编制出表 13-13。

表　13-13

x/a	$l_x m_x$	$e^{-0.824x}$	$e^{-0.824} l_x m_x$
0	0.0	1.00	0.000
1	2.0	0.44	0.877
2	1.0	0.19	0.192
3	0.0	0.08	0.000
4	0.0	0.04	0.000
		$\sum e^{-r_m x} l_x m_x =$	1.070

从表 13-13 可以很容易地看出，$r_m=0.824$ 显然有些偏低，于是我们可以用 $r_m=0.85$ 代入 Euler 方程试解(同样采用制表法)。经过多次试解后就会发现，如果 $r_m=0.881$，则

$$\sum e^{-r_m x} l_x m_x = 1.0004$$

由于 1.0004 极接近于 1，所以 $r_m=0.881$ 也就可以认为是很精确的了。

Euler 方程的优点，是它把 r_m 直接与生育表中的 l_x 和 m_x 值联系起来，也就是说，只要有后面两个值就可以直接求内禀增长能力，而且求出的值更加准确可靠。下面我们不妨再举一例说明用 Euler 方程计算 r_m 的过程。这次我们利用表 13-10 中给出的资料，从该表中可以看出，0 年龄组、1 年龄组和 4 年龄组的 $l_x m_x$ 值等于零，因此，我们只需要考虑 2 和 3 年龄组，这就是说

$$l_2 m_2 e^{-2r_m} + l_x m_x e^{-3r_m} = 1$$

即

$$1.25e^{-2r_m} + 0.625e^{-3r_m} = 1$$

此后，只需找到一个 r_m 值代入上述方程，使方程右边等于 1 就行了。首先试用的 r_m 值还是先用下列公式求得

$$r_m = \frac{\ln R_0}{T}$$

在我们所研究的这个实例中

$$r_m = \frac{\ln 1.875}{2.33} = 0.27$$

把 $r_m=0.27$ 代入 Euler 方程，得

$$1.25e^{-0.54} + 0.625^{-0.81} = 1.006$$

因为 1.006 比 1 大一些，所以需要再试用一个更大的 r_m 值。比如说，尝试着把 $r_m=0.28$ 代入 Euler 方程，结果得到的值是 0.982，这个值又太小，因此需要再次选择大于 0.27 和小于 0.28 的 r_m 值代入方程。经过几次试解后，就可以找到最精确的 r_m 值(0.273)。

现在我们说明一下 Euler 方程的来源，即

$$1 = \sum_{x=0}^{\infty} e^{-r_m x} l_x m_x$$

是怎样推导出来的。因为

$$N_t = N_0 R_0 \text{ 和 } R_0 = \sum_{x=0}^{\infty} l_x m_x$$

所以

$$N_t = \sum_{x=0}^{\infty} N_0 l_x m_x$$

将上述方程式两边同除以 N_t，得

$$1 = \sum_{x=0}^{\infty} \left(\frac{N_0}{N_t}\right) l_x m_x$$

如果种群具有稳定的年龄结构，而且按 x 年龄划分等距离的时间间隔，那么

$$\frac{N_0}{N_t} = \frac{1}{e^{r_m x}} = e^{-r_m x}$$

所以

$$1 = \sum_{x=0}^{\infty} e^{-r_m x} l_x m_x$$

有时为了计算方便，可将公式

$$\sum_{x=0}^{\infty} e^{-r_m x} l_x m_x = 1 \text{ 改为} \sum_{x=0}^{\infty} e^{6.9078 - r_m x} l_x m_x = 1000$$

此外，计算内禀增长能力近似值的公式的推导过程如下：

$$r_m = \frac{\ln R_0}{T}$$

$$\frac{dN}{dt} = r_m N$$

$$N_t = N_0 e^{r_m t}$$

若 $t=T$，则

$$\frac{N_t}{N_0} = e^{r_m T}$$

$$\ln R_0 = r_m T$$

$$r_m = \frac{\ln R_0}{T}$$

内禀增长能力是一种瞬时增长率，因此，可以借助于下列公式将其转化为周限增长率(finite rate of increase)，即转化为 λ

$$\lambda = e^{r_m}$$

例如，如果 $r_m=0.881$，那么 λ 就等于 2.413(每年每个个体)，其含义就是种群一年后的数量为一年前数量的 2.413 倍，即种群以每年 2.413 倍增长。现举我国的一个研究实例。1964 年，林昌善等曾研究过杂拟谷盗的内禀增长能力，编制了杂拟谷盗的生育力表(表 13-14)，该实验是在温度为 27℃和湿度为 75%的条件下进行的，食物为面粉。根据生育力表可以计算出

$$R_0 = \sum l_x m_x = 279.0051$$

$$T = \frac{\sum x l_x m_x}{R_0} = \frac{21157.6099}{279.0051} = 75.8323$$

$$r_m = \frac{\ln R_0}{T} = \frac{5.6312}{75.8323} = 0.07426\ d^{-1}$$

表 13-14　杂拟谷盗内稟增长能力计算资料*（27℃，相对湿度 75%）

年龄组 /d	代表性年龄 (x)	存活率 (l_x)	每雌产雌率 (m_x)	$l_x m_x$	$x l_x m_x$
0～3	1.5	1.000	0	未成熟期（卵、幼虫和蛹期）	
3～6	4.5	0.940	0		
6～9	7.5	0.890	0		
⋮					
33～36	34.5	0.768	0		
36～39	37.5	0.768	0		
39～42	40.5	0.768	0.238	0.1828	7.4034
42～45	43.5	0.768	1.062	0.8158	35.4786
45～48	46.5	0.768	13.906	10.6798	496.6107
48～51	49.5	0.768	17.469	13.4162	664.1019
51～54	52.5	0.768	19.438	14.9284	783.7410
54～57	55.5	0.768	20.188	15.5044	860.4942
57～60	58.5	0.768	19.188	14.7364	862.2079
60～63	61.5	0.768	19.344	14.8562	913.6563
63～66	64.5	0.768	21.438	16.4644	1061.9538
66～69	67.5	0.768	20.438	15.6964	1059.5070
69～72	70.5	0.750	18.812	14.1090	994.6845
72～75	73.5	0.733	17.094	12.5299	920.9476
75～78	76.5	0.730	17.125	12.5012	956.3418
78～81	79.5	0.730	17.531	12.7976	1017.4092
81～84	82.5	0.730	18.250	13.3225	1099.1062
84～87	85.5	0.730	16.750	12.2275	1045.4812
87～90	88.5	0.730	15.607	11.3931	1008.2894
90～93	91.5	0.730	14.500	10.5850	968.5275
93～96	94.5	0.730	14.072	10.2725	970.7512
96～99	97.5	0.730	13.214	9.6462	940.5045
99～102	100.5	0.730	13.428	9.8024	985.1412
102～105	103.5	0.730	12.000	8.7600	906.6600
105～108	106.5	0.730	11.786	8.6038	816.3047
108～111	109.5	0.730	11.286	8.2388	902.1486
111～114	112.5	0.730	9.500	6.9350	780.1876
总　计	$R_0 = \sum l_x m_x$			279.0051	21157.6099

* $R_0 = 279.0051, T = \frac{\sum x l_x m_x}{\sum l_x m_x} = \frac{21157.6099}{279.0051} = 75.8323, \lambda = e^{r_m} = 1.077\ d^{-1}$；同理，可求得在 32℃ 下，

$r_m = \frac{\ln R_0}{T} = \frac{5.6312}{75.8323} = 0.07426\ d^{-1}, r_m = 0.09367, \lambda = 1.098\ d^{-1}$。

这就是说，杂拟谷盗种群平均每日每雌增加 0.07426 个雌体。若将 r_m 转化为周限增长率 λ，则

$$\lambda = e^{r_m} = e^{0.07426} = 1.077\ d^{-1}$$

这意味着，种群以每天 1.077 倍的速度增长，即后一天的种群数量是前一日的 1.077 倍。

林昌善等还在温度 32℃和相对湿度 75%的条件下，研究和计算了杂拟谷盗的 r_m 值和 λ 值，即

$$r_m = 0.09367\ d^{-1}$$

$$\lambda = 1.098\ d^{-1}$$

最后需要强调说明两点：第一，内禀增长能力（r_m）同净生殖率（R_0）是两个完全不同的概念。净生殖率是指每过一个世代的种群数量增长倍数，即下一世代种群数量是本世代的多少倍。由于不同生物的世代长短不同，因此，在不同生物种群的 R_0 之间不能进行比较。内禀增长能力则消除了这种不可比性。第二，内禀增长能力总是与特定的环境条件相联系的，环境中的任何因素（如温度、湿度和降水等）都能影响出生率和死亡率，因此也必然会影响 r_m 值。Birch LC（1953）对储粮害虫米象（*Calandra oryzae*）的研究最清楚地表明了环境条件对内禀增长能力的影响。正如图 13-13 所表明的那样，米象的内禀增长能力是随着温度和麦粒含水量的变化而变化的，因此，为了减少米象的危害，谷物应当贮存在低温和干燥的地方。此外，Birch 还研究了两种储粮害虫的内禀增长能力（图13-14）。他发现，这两种害虫的 r_m 值都随温度和小麦含水量的变化而变化，图中的 $r_m = 0$ 的等值线标出了每种害虫对温度和湿度可能忍受的生态限度。米象较能忍受低温，而谷蠹（*Rhizopertha dominica*）则较能忍受高温和干燥。这一研究结果同两种害虫的地理分布是完全吻合的。

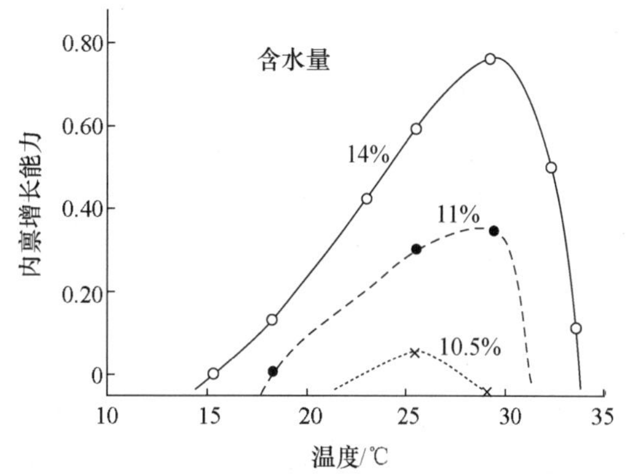

图 13-13　温度和小麦含水量对米象内禀增长能力的影响

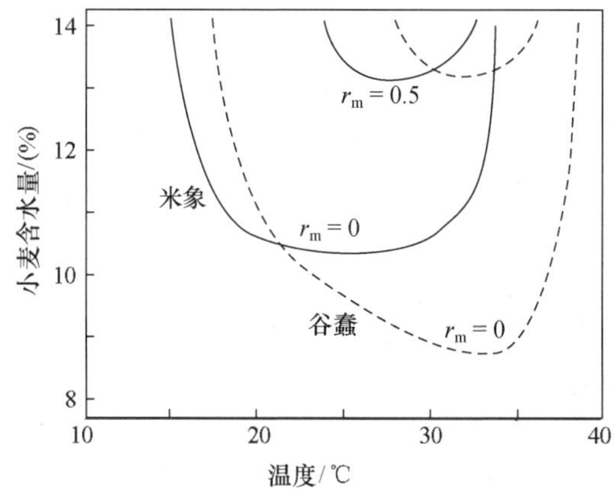

图 13-14　米象和谷蠹在不同温度和小麦不同含水量时的内禀增长能力

下面我们给出一个黄鼠种群在两种密度下的生育力表，并列出 R_0、T 和 r_m 值的计算结果(表 13-15)，你不妨自己计算一下，检验一下计算结果是否正确。

表 13-15 黄鼠种群的生育力表及 R_0、T 和 r_m 值

x/a	高密度		低密度	
	l_x	m_x	l_x	m_x
0	1.000	0.00	1.000	0.00
0.25	0.662	0.00	0.783	0.00
0.75	0.332	1.29	0.398	1.71
1.25	0.251	0.00	0.288	0.00
1.75	0.142	2.08	0.211	2.24
2.25	0.100	0.00	0.167	0.00
2.75	0.061	2.08	0.115	2.24
3.75	0.026	2.08	0.060	2.24
4.75	0.011	2.08	0.034	2.24
5.75	0.000	—	0.019	2.24
6.75	—	—	0.010	2.24
R_0	0.927		1.686	
T	1.616		1.961	
$r_m=\ln R_0/T$	−0.047		0.266	
r_m 精确值	−0.046		0.306	

六、计算生殖值(V_x)

在种群生命表中，不仅个体的生命期望是随年龄变化的，而且个体对未来种群发展的贡献(产仔数)也是随年龄变化的。生殖值(reproductive value)就是衡量这种贡献大小的一种尺度。具体来说，生殖值(V_x)是指某一特定年龄个体未来产仔数的期望值，例如 0 年龄组的生殖值是

$$V_0=\frac{1}{l_0}\sum_{y=0}^{n}l_y m_y$$

其中：l_y 和 m_y 就是生命表中的 l_x 和 m_x，它们的含义完全相同，只是为了某种方便而采取了不同的表达符号。由于 l_0 总是等于 1.0，所以上式便可简化为

$$V_0=\sum_{y=0}^{n}l_y m_y=R_0$$

其他年龄组的生殖值可按以下公式计算

$$V_x=\frac{1}{l_x}\sum_{y=x}^{n}l_y m_y$$

例如，根据表 13-10 所给出的资料

$$\begin{aligned}V_1&=\frac{1}{l_1}(l_1m_1+l_2m_2+l_3m_3+l_4m_4)\\&=\frac{1}{0.5}(0.5\times0.0+0.25\times5+0.125\times5+0.0\times0)\\&=3.75\end{aligned}$$

这就是说，1 年龄组中的个体平均将会产生 3.75 个后代。值得注意的是，这个值高于 V_0（$V_0=1.875$），这是因为，1 年龄组中的个体已经渡过了一个高死亡率时期。一般说来，生殖值（V_x）是在生殖期开始时最大，在此之前，生殖值是随着年龄的增加而增加的，此后，生殖值便下降，到了老年组，生殖值便会变得很低或等于零。

以上我们讲的生殖值是绝对生殖值（absolute reproductive value），因为绝对生殖值（V_x）与 V_0 的关系是一定的（记住 $V_0=R_0$），所以就提出了相对生殖值（relative reproductive value）的概念。相对生殖值（V'_x）就是 V_x 与 V_0 之比值

$$V'_x=\frac{V_x}{V_0}$$

有了相对生殖值（V'_x），我们就可以在具有不同净生殖率（R_0）的两个种群之间进行比较。

表 13-16 是白冠雀种群的生育力表及各年龄组的生殖值。从表中可以看出，白冠雀种群生活的第一年死亡率特别高（82.6%）；1 龄以后的各成年组，生育力大体相等；0 年龄组的生殖值非常低是因为其中的大多数个体在开始生殖前就死去了。生殖值的总趋势是随年龄增长而下降。此外，绝对生殖值（V_x）和相对生殖值（V'_x）非常接近，这是因为该种群是一个稳定种群，种群的净生殖率 $R_0=1.033$。

表 13-16　白冠雀种群的生育力表和生殖值

x/a	l_y	m_y	$l_y m_y$	$\sum_{y=x}^{n} l_y m_y$	V_x	V'_x
0	1.000	0.0	0.0	1.033	1.033	1.000
1	0.174	3.142	0.547	1.033	5.937	5.747
2	0.084	3.333	0.280	0.486	5.786	5.603
3	0.044	3.556	0.156	0.206	4.682	4.532
4	0.009	3.750	0.034	0.050	5.556	5.379
5	0.004	4.000	0.016	0.016	4.000	3.872

此外，根据表 13-15 黄鼠种群的生育力表资料，我们也可以计算黄鼠种群各年龄组的生殖值，并根据计算结果绘制相对生殖值（V'_x）的曲线图（图 13-15）。从图中可以看出，在两种不同种群密度下的相对生殖值曲线非常相似，生殖值的最大值都在 1～3 年龄组。曲线的波动是因为冬季的停育（不生殖）和部分个体死亡。

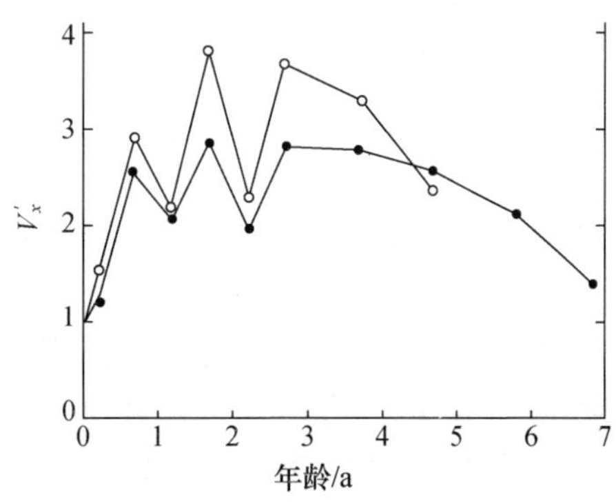

图 13-15　黄鼠种群在两种不同密度下的相对生殖值（V'_x）

白点（◦）代表高密度，黑点（•）代表低密度

七、估算种群大小和年龄结构

生命表和生育力表中，种群统计值的重要属性之一是可用于预测未来种群的大小和种群的年龄结构，这种预测有助于了解种群的增长，并已广泛地用来预测人类人口的发展趋势。

在预测种群大小时，可利用生殖力表资料计算出每一段时期内的存活概率（不同于 l_x）。例如，从 x 至 $x+1$ 年龄期间的存活概率是

$$p_x = \frac{l_{x+1}}{l_x}$$

也可认为是该年龄期结束时的存活率除该年龄期开始时的存活率。例如，根据表 13-10 中的资料

$$p_1 = \frac{l_2}{l_1} = \frac{0.25}{0.5} = 0.5$$

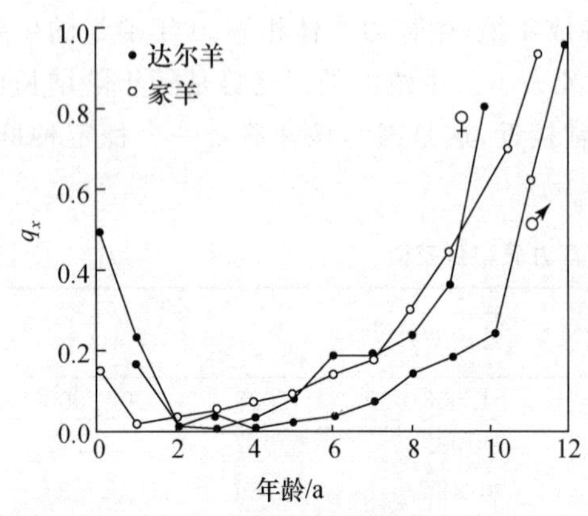

图 13-16　达尔羊和家羊的特定年龄死亡率曲线

这就是说，进入该年龄组的个体只有一半活到了该年龄结束。我们常常还要计算特定年龄组的死亡率，特定年龄死亡率实际上是特定年龄存活率的余数，即

$$q_x = 1 - p_x$$

图 13-16 是达尔羊和家羊的特定年龄死亡率曲线，应当注意的是，在第一年时死亡率很高，在较老的年龄组死亡率也很高。

对每一个年龄组来说（0 年龄组除外），其个体数量都决定于前一段时间内较年轻年龄组的个体数量及其存活概率。换句话说，就是在 $t+1$ 时刻 $x+1$ 年龄组的个体数量是

$$N_{(x+1)\cdot(t+1)} = N_{x\cdot t}p_x$$

例如，假设在 t 时刻 1 年龄组的个体数量是 100，即 $N_{1\cdot t}=100$，并假定 $p_1=0.5$，那么

$$N_{2\cdot(t+1)} = N_{1\cdot t}p_1 = 100 \times 0.5 = 50$$

也就是说在下一段时间的 2 年龄组中将有 50 个个体。

计算 0 年龄组的个体数量则比较复杂，因为进入 0 年龄组的个体通常是来自几个不同年龄组个体的出生过程。例如，如果 2 年龄组有 100 个个体和 $m_2=5$，那么该年龄组就会有 500 个个体进入 0 年龄组，通式为

$$N_{0\cdot(t+1)} = \sum_{x=1}^{n} N_{x\cdot(t+1)} m_x$$

此式的含义是，新出生的个体数等于 m_x 值与各年龄组个体数乘积之和。应当注意，必须首先知道所有较高年龄组中的成年个体数，才能计算出新生的个体数。

下面我们举一个实例来说明对种群大小和年龄结构的预测问题。例如，l_x 值和 m_x 值如表 13-17所给出的那样，在这种情况下，$R_0=1.0$，经过计算，$r=0.0$ 和 $\lambda=1.0$，每个年龄组的存活值将如表中的 p_x 所示。假定有一个种群每个年龄组在 0 时刻都从 20 个个体开始（表 13-18），那么，1 时刻 1 年龄组的个体数量将是

$$N_{1\cdot1}=N_{0\cdot0}p_0=20\times0.2=4$$

表 13-17 用于种群大小预测的生育力表

x/a	l_x	m_x	p_x
0	1.0	0	0.2
1	0.2	3	0.5
2	0.1	4	0.0
3	0.0	0	—

表 13-18 利用表 2-17 资料对种群数量动态所作的预测

x/a	时间						
	0	1	2	3	4	5	6
0	20	4(3)+10(4)=52	38	44	43	47	47
1	20	20(0.2)=4	10	8	9	9	9
2	20	20(0.5)=10	2	5	4	5	5
	—	—	—	—	—	—	—
$\sum$	60	66	50	57	56	61	61

同样,1 时刻 2 年龄组的个体数量将是

$$N_{2\cdot1} = N_{1\cdot0}p_1 = 20 \times 0.5 = 10$$

1 时刻 0 年龄组的个体数量是 1 和 2 年龄组出生个体数的总和,即

$$N_{0\cdot1} = N_{1\cdot1}m_1 + N_{2\cdot1}m_2 = 4 \times 3 + 10 \times 4 = 52$$

总之,在 1 时刻种群总共有 66 个个体,比 0 时刻稍微增加了一点(0 时刻为 60)。这种增加主要是因为在可以进行生殖的 1、2 年龄组中,起始个体数量比较多。

正如表 13-18 所显示的那样,我们可以对种群未来任何时刻的数量进行预测。值得注意的是,到时刻 5 时,种群便停止了增长,各年龄组之间的个体数量比也趋于稳定。此后,如果种群各年龄组中的个体数量不再发生变化,就可认为是一种稳定的年龄分布。在这一具体实例中,当种群达到稳定年龄分布时,3 个年龄组中,个体的数量比是 0.770,0.148 和 0.082。如果另有一个种群具有不同的 l_x 和 m_x 值,那么该种群可能增长也可能下降,但仍然可以达到一种稳定的年龄分布。

种群一旦达到稳定年龄分布,其增长速度就将取决于周限增长率 λ。显然,在我们举出的这一实例中,种群的数量已不再发生变化,例如

$$\lambda = \frac{N_6}{N_5} = \frac{61}{61} = 1$$

如果我们利用上面提到的 Euler 方程来计算 r,那么

$$l_1 m_1 e^{-r} + l_2 m_2 e^{-2r} = 1$$

$$0.6e^{-r} + 0.4e^{-2r} = 1$$

在这种情况下,如果 $r=0$,这个方程就等于 1。因为 $\lambda = e^r$,所以 $\lambda=1$,这一计算结果与上述种群的实际状况完全一致,即种群此时刻同下一时刻的数量比等于 1,或种群此时刻各年龄组的个体数量同下一时刻的数量比等于 1。

种群一旦达到稳定的年龄分布,就会以几何级数方式发生变化,这种变化将决定于周限增长率 λ 的值。为了使这一模型更符合实际情况,可以将 l_x 和 m_x 值作为种群密度的一个函数来处理,以便能够反映种内竞争随种群密度的增加而愈加激烈的情况,这样就会使种群数量达

到某一平衡密度。为了实现这一点，可以利用逻辑斯谛系数，即

$$l'_x = l_x\left(\frac{K-N}{K}\right)$$

$$m'_x = m_x\left(\frac{K-N}{K}\right)$$

应当注意，此时种群的平衡密度不是 K（环境容纳量），而是 l'_x 和 m'_x 将导致 λ 值等于 1 时的种群密度。

八、生命方程和关键因素分析

分析生物种群的存活情况和生育力的另外两种方法是生命方程和关键因素分析，下面我们将分别介绍。

1. 生命方程

从生命方程表中（表 13-19）我们可以看出每年限制种群增长的各种因素、种群在各个季节的增加或减少情况，以及种群中所发生的一些重要事件。生物的生殖、存活和性比率只要稍稍发生变化就可能对生物各年的增长率产生重大影响，因此生态学家（尤其是野生生物学家）认为，生命方程所提供的信息是极其有用的。

生命方程同生命表很相似，但生命表是对种群的一些重要统计值所做的数学分析，而生命方程是对种群内部所发生的一些变化的一个更直观的说明，它包括对一个特定种群所做的一些调查资料。生命方程中的年龄是指种群在一个生殖周期内的某个发育阶段，而不是以日、月或年计。

生命方程同生命表一样，也是从一个特定种群开始的（一般是具有 1000 个个体的种群），该种群将被分成不同的性别和年龄组。如果研究对象是一种狩猎动物，则常常是从狩猎前的种群状态开始，被猎杀的个体则按性别和年龄组从种群中减去，剩下的则为狩猎后的种群数量。冬季结束时的种群数量也就是生殖季节前的种群数量，动物在生殖季节的产仔数应加到种群总数量中去，最后所得的数字便是下一年狩猎前的种群数量估算值。

表 13-19　1949～1954 年黑尾鹿种群的生命方程（种群占地面积）

年　份	种群增减原因	雄　性			雌　性			总　计
		成鹿	1 龄鹿	初生鹿	初生鹿	1 龄鹿	成鹿	
1949	狩猎前	312	140	456	475	274	1003	2690
	合法狩猎	204	3	—	—	—	—	−207
	残废和非法狩猎	10	11	8	8	8	38	−83
	冬季死亡	13	19	304	229	40	135	−740
1950	产仔前	85	107	144	238	226	860	1660
	生殖季节产仔	192	144	+707	+589	238	1098	2968
	夏季死亡	2	1	221	83	12	52	−371
	狩猎前	190	143	486	506	226	1046	2597
	合法狩猎	125	25	71	86	43	160	−510
	残废	6	12	21	26	13	50	−128
	冬季死亡	2	6	80	61	10	37	−196
1951	产仔前	57	100	314	333	160	799	1763
	生殖季节产仔	157	314	+617	+515	333	959	2895
	夏季死亡	2	3	311	195	17	48	−576

续表

年　份	种群增减原因	雄　性			雌　性			总　计
		成鹿	1 龄鹿	初生鹿	初生鹿	1 龄鹿	成鹿	
	狩猎前	155	311	306	320	316	911	2319
	合法狩猎	96	9	—	—	—	—	−105
	残废	5	10	3	3	6	15	−42
	冬季死亡	2	8	89	67	9	42	−217
1952	产仔前	52	284	214	250	301	854	1955
	生殖季节产仔	336	214	+762	+601	250	1155	3318
	夏季死亡	3	2	436	260	12	58	−771
	狩猎前	333	212	326	341	238	1097	2547
	合法狩猎	178	80	62	64	55	205	−644
	残废	9	20	19	20	17	70	−161
	冬季死亡	5	6	71	54	8	30	−174
1953	产仔前	141	106	174	203	158	786	1568
	生殖季节产仔	247	174	+608	+503	203	944	2672
	夏季死亡	2	2	338	225	10	47	−624
	狩猎前	245	172	270	281	193	897	2058
	合法狩猎	85	26	38	36	18	70	−273
	残废	4	9	8	8	7	27	−63
	冬季死亡	5	7	71	53	7	29	−172
1954	产仔前	151	130	153	184	161	771	1568

生命方程并不是绝对精确的，因为方程中的某些数据靠实际调查是很难得到的，因此不得不取估计值。但是，从这些估计值所得到的信息常常是很有用的。一个好的生命方程可以告诉我们很多关于种群的信息，如由于各种原因所导致的种群数量下降情况，各次数量下降所发生的时间和在各年龄组中的分布，种群的产仔情况及产仔对未来种群动态的影响等。此外，在构成生命方程的过程中，还有利于我们发现在种群行为知识方面的一些空白，并有助于启发我们下一步应着重研究哪些问题。

2. 关键因素分析

关键因素（又叫 K 因素）可以是任何一种同死亡率相关的生物因素或非生物因素。关键因素对预测种群的未来趋势是很有用的，但它同死亡率不一定有因果关系。关键因素分析经常被昆虫学家用来评价某一环境因素对未来种群动态的影响。同时关键因素分析也要利用特定年龄生命表或生命方程中的各种资料。

为了说明 K 因素分析是如何进行的，我们可以利用舞毒蛾生命表（表 13-4）中所提供的资料。首先我们把有关资料编制成关键因素表（表 13-20），表中的第一横行数字代表每个世代的最大潜在出生率，它决定于正在产卵的雌虫数，而每个雌虫都按潜在的最大产卵量来计算产卵数。在这里，我们只简单地从一只雌舞毒蛾开始，并把它的最大产卵量定为 800。以下各横行的 n_z 值依次代表各发育阶段开始时的存活个体数，并将各个 n_x 值转换为对数值。从某一发育阶段 n_x 的对数值减去下一发育阶段 n_x 的对数值所得到的数值，就是该发育阶段的 K 值（即该发育阶段死亡率的相应指标）。把各个发育阶段的 K 值相加，就得到整个世代的总 K 值。这个工作要连续进行许多世代或许多年，以便求出每一世代的总 K 值和其相应的 K_1、K_2、K_3 等各个发育阶段（或年龄组）的 K 值。

表 13-20　根据舞毒蛾生命表计算舞毒蛾种群的各个 K 值

x	n_x	n_x 的对数值	K 值
最大产卵量	800.0	2.903	0.163
卵期	550.0	2.740	0.155
1～3 龄幼虫	385.0	2.585	0.200
4～6 龄幼虫	242.0	2.385	1.221
前蛹期	14.6	1.164	0.096
蛹期	11.7	1.068	0.922
成虫	1.4	0.146	K=2.757

然后，为了找出影响该种群数量变动的关键因素，就必须用各个发育阶段的 K 值相对于总 K 值作图(图 13-17,13-18)，从作图中我们就可以看出是哪一个 K 值与总 K 值最相关，这个与总 K 值最相关的 K 值就是影响种群数量变动的关键 K 值。然后我们就可以进一步找出在这个 K 值所代表的发育阶段中，影响该发育阶段死亡率的因素是什么，这个因素就是影响整个种群死亡率的关键因素。

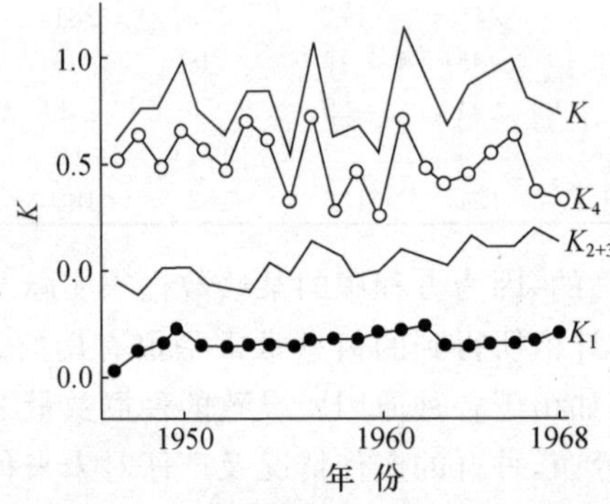

图 13-17　大山雀种群关键因素的作图分析

K_1 代表窝卵数，K_2 代表孵卵成功率，K_1 和 K_2 都是密度制约因素，具有调节种群数量的作用，K_4 是非生殖期的死亡率，K_4 与总 K 的值最相关，因此 K_4 是关键因素

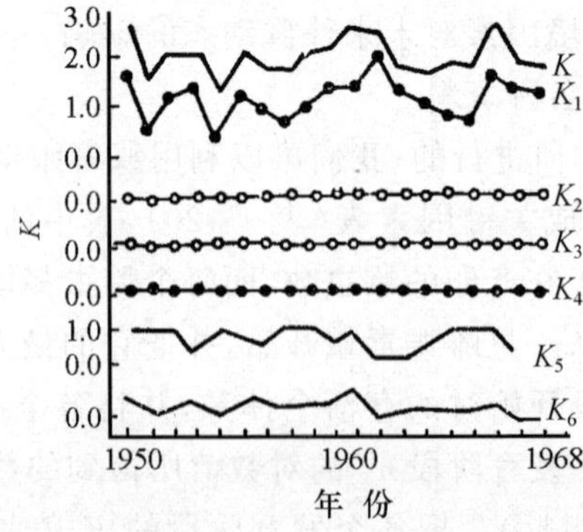

图 13-18　用作图法对冬尺蛾(*Operophtera brumata*)种群进行关键因素分析

K_1 代表越冬卵的死亡率和在春天对幼虫作第一次调查以前的幼虫死亡率，显然，K_1 是关键因素；K_5 是在春季，蛹在土壤中因捕食而遭受的死亡，这种死亡同蛹的密度有关

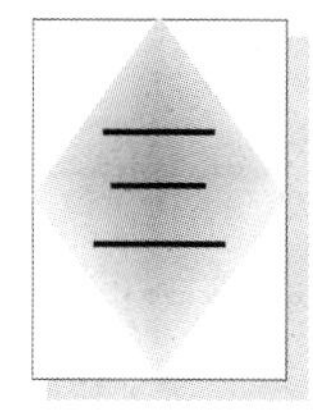

第 14 章　种群的增长

种群的密度是随时间而变化的，而且存在着许多不同的变化类型。一般说来，当种群密度较低的时候，就会由于各种因素的作用而上升到一个较高的水平。这些因素有些是种群本身所固有的，如出生率和死亡率；有些则是种群外在的因素，如竞争、捕食、光、水和温度等。如果所有这些因素的影响都是已知的，那么从理论上讲，我们就应当能够预测种群总的增长率。

第一节　种群增长的一个简单模型

为了了解引起种群数量发生变化或保持不变的过程，我们先来研究一个最简单的模型，这个模型只与影响种群增长的内在因素有关。在这个模型中，种群数量将只会因出生(B)和迁入(I)而增加，因死亡(D)和迁出(E)而下降，种群数量从一个时刻到下一时刻的变化就是由这 4 个参数决定的，即

$$N_{t+1} - N_t = B + I - D - E$$

其中，B、I、D、E 分别代表出生个体数，迁入个体数、死亡个体数和迁出个体数(在一个特定时期内)。N_t 是种群在 t 时刻的数量，N_{t+1} 是种群在 $t+1$ 时刻的数量。这里我们只考虑 I 和 E 等于零的简单种群(即没有迁入和迁出)，于是可把上式简化为

$$N_{t+1} - N_t = B - D$$

当然，种群的迁入和迁出在有些情况下也是很重要的，如当研究一种生物的地理分布或种群密度调节问题时，就必须考虑种群的迁入和迁出。

种群的出生数和死亡数都是种群密度的一个函数，因此可以表达为

$$B = bN_t$$

$$D = dN_t$$

其中，b 和 d 是种群中每个个体的出生率和死亡率。换句话说，b 是每个个体的出生数，d 是每个个体的死亡概率(在某一特定时期内)。如果我们用 bN_t 取代 B，用 dN_t 取代 D，那么，上式就可改写为

$$N_{t+1} - N_t = (b-d)N_t$$

显然，如果出生率大于死亡率，种群数量便增加；如果出生率小于死亡率，种群数量便下降。例如，$b=0.1$，$d=0.05$(一年期间)，$N_t=1000$，那么

$$N_{t+1} - N_t = (0.1-0.05)1000 = 50$$

即种群数量从 t 时刻和 $t+1$ 时刻将增加 50 个个体。

第二节　种群的几何级数增长

上述种群增长模型的前提条件是每个个体的出生率和死亡率是固定不变的，在这一前提条件下，让我们研究另一个种群增长模型，即几何级数增长（geometric growth）模型。在这个模型中，一个世代只生殖一次，例如，一年生植物和一化性昆虫（univoltine insects）。假定平均每个个体出生 R_0 个后代，那么，R_0 就是每个世代的净生殖率，因此

$$R_0 = \frac{N_{t+1}}{N_t}$$

即 $t+1$ 世代个体数量与 t 世代个体数量的比值，或写为

$$N_{t+1} = R_0 N_t$$

由此我们可以看到，第一世代的种群数量（N_1）是

$$N_1 = R_0 N_0$$

第二世代的种群数量是

$$N_2 = R_0 N_1$$

或

$$N_2 = R_0^2 N_0$$

一般说来，第 t 个世代的种群数量是

$$N_t = R_0^t N_0$$

如果 $R_0>1$，种群数量就增长，例如：若 $R_0=2$，$t=4$，那么 $N_4=16N_0$；如果 $R_0<1$，种群数量就下降；如果 $R_0=1$，种群数量不增不减。图 14-1 是给出 4 个不同的 R_0 值时的种群数量变化情况，其中两个 R_0 值大于 1（分别为 1.1 和 1.2），一个 R_0 值等于 1，一个 R_0 值小于 1。就最大的 R_0 值（1.2）来说，种群的增长趋势呈 J 字形，即种群数量在开始时增长很慢，以后当种群基数很大时就增长得很快。值得特别注意的是，每一个世代的种群数量变化都是呈离散跳跃式的。

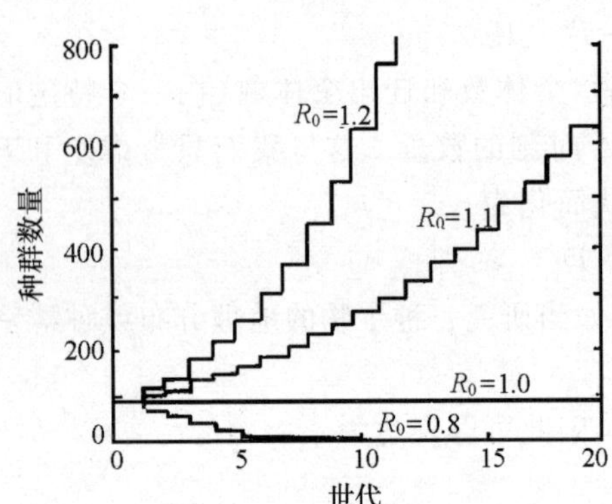

图 14-1　种群的起始数量为100时，种群在 4 个不同的 R_0 值条件下的增长情况

但是，有很多生物一生可以繁殖多次，例如，很多大型脊椎动物每年均可繁殖一次。在这种情况下，我们可以把在一定时期内（如 1 年、1 个月或其他的一个时间单位）的增长率看成是周限增长率（finite rate of increase）并用符号 λ 代表。这样，种群在 $t+1$ 时刻的数量就可表示为

$$N_{t+1} = \lambda N_t$$

其中，t 代表一个时间单位。正如离散世代（discrete generations）一样，在经历了许多时间单位以后，种群数量可以表达为

$$N_t = \lambda^t N_0$$

无论是室内实验还是在田间观察都能发现，很多种群在一个新生境定居以后或通过了瓶颈（bottle neck）期以后，其种群增长形式很像是几何级数增长。例如，在 20 世纪 30 年代时，曾将环颈雉引入美国华盛顿州沿岸的一个岛屿，此后环颈雉种群的增长如图 14-2 所示，最初

几年种群增长很慢，到 40 年代时，种群增长加快。由于环颈雉是一种经济狩猎鸟类，所以种群的增长受到了限制，但在此之前的增长形式很像是 $\lambda=1.46$ 的几何级数增长模型，其理论曲线就是图中的虚线。

环颈雉种群是从 1937 年的 50 只开始增长的，应当注意的是，环颈雉的越冬死亡率降低了每年春季所观察到的种群数量（低于前一年秋季的个体数量），结果使种群的增长曲线呈 Z 字形（图 14-2）。

以上我们介绍的是 R_0 值不变，而且具有离散世代的种群的增长情况。如果 R_0 值随种群密度而变化，那么情况又会怎样呢？例如，当种群处于高密度时，会因各种原因（食物不足、传染病流行等）而导致出生率下降和死亡率上升。为此，我们可以建立一个最简单的线性数学模型，假定在种群密度和生殖率之间存在一种直线关系，即种群密度越高，生殖率就越低。在图 14-3中，两条直线的交叉点（此点 $R_0=1.0$）就是种群密度的平衡点。

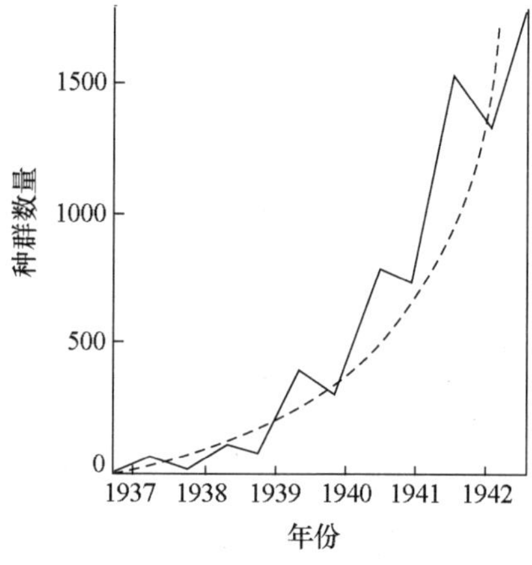

图 14-2　环颈雉种群的实际增长（实线）和当 λ=1.46 时所预测的理论增长（虚线）

为清楚起见，理论曲线采取了平滑形式

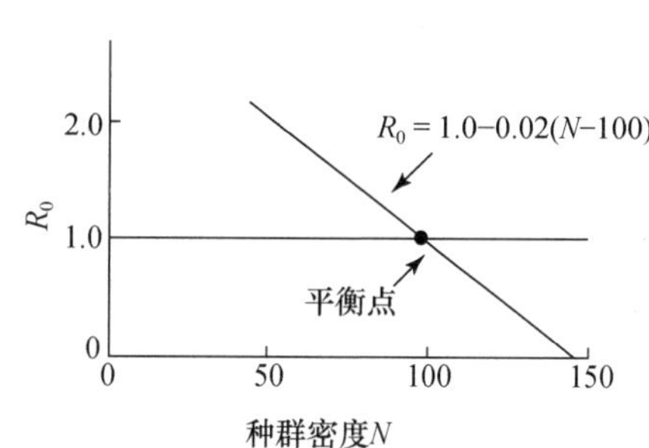

图 14-3　净生殖率（R_0）与种群密度呈线性相关

在此例中，种群的平衡密度为 100

为了方便起见，我们可以计算出种群密度与种群平衡密度之间的离差值（z），则

$$z = N - N_{eq}$$

其中，z 为距平衡密度的离差值，N 为种群密度观测值，N_{eq} 为种群密度平衡值（这时的 $R_0=1.0$）。因此，图 14-3 中的直线方程可表示为

$$R_0 = 1.0 - B(N - N_{eq}) = 1.0 - Bz$$

其中，B 为直线的斜率，R_0 为净生殖率。在图 14-3 中，$B=0.02$，据此，该基本方程可改写为

$$N_{t+1} = R_0 N_t = (1.0 - Bz)N_t$$

上述方程的性质将决定于种群的平衡密度和直线斜率。下面让我们举几个实例。首先举一个最简单的例子：假如 $B=0.011$，$N_{eq}=100$ 和种群的起始密度 $N_0=10$，那么

$$N_1 = [1.0 - 0.011(10 - 100)] \times 10$$
$$= 1.99 \times 10 = 19.90$$
$$N_2 = [1.0 - 0.011(19.90 - 100)] \times 19.90$$
$$= 1.88 \times 19.90 = 37.40$$

同样

$$N_3 = 63.10$$
$$N_4 = 88.70$$
$$N_5 = 99.70$$

种群密度将渐趋近于平衡点 100。

第二个实例(种群具有离散世代,R_0 可变且与种群密度呈线性相关):假定 $B=0.025$,$N_{eq}=100$ 和 $N_0=50$,那么,按公式 $N_{t+1}=[1.0-0.025(N_t-100)]N_t$ 计算,则

$$N_1 = [1.0-0.025(50-100)]\times 50 = 2.25\times 50 = 112.50$$
$$N_2 = [1.0-0.025(112.5-100)]\times 112.5 = 0.6875\times 112.5 = 77.34$$
$$N_3 = [1.0-0.025(77.34-100)]\times 77.34 = 1.5665\times 77.34 = 121.15$$
$$N_4 = [1.0-0.025(121.15-100)]\times 121.15 = 0.4712\times 121.15 = 57.09$$

同样

$$N_5 = 118.33$$
$$N_6 = 64.09$$
$$N_7 = 121.63$$
$$N_8 = 55.80$$

由上述计算可以看出,该种群将发生比较有规则的波动。

第三个实例(种群具有离散世代,R_0 值可变且与种群密度呈线性相关)可用图 14-4 说明,

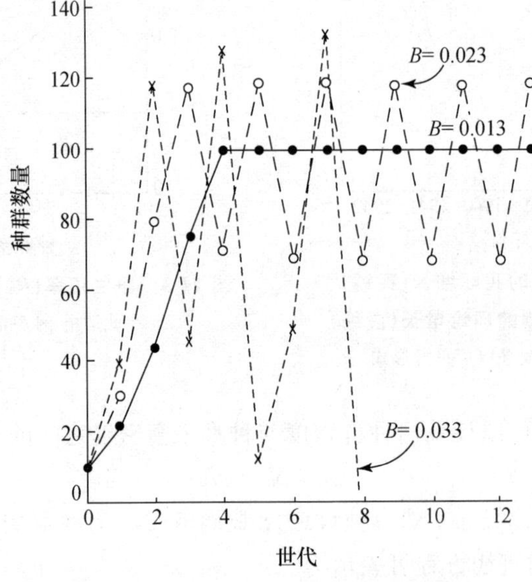

图 14-4　具有 3 个 B 值的种群数量动态

该种群的$N_0=10$,平衡密度 $N_{eq}=100$。该图显示了在具有不同 B 值时的种群数量动态。当 $B=0.013$ 时,种群将逐渐达到一个饱和密度;当 $B=0.023$ 时,种群将以两个世代为周期发生持续波动;当 $B=0.033$ 时,种群将产生趋异波动(divergent oscillation),直到第八个世代绝灭为止。如果我们令 $L=BN_{eq}$,那么

若 $0<L<1$,种群将无波动地趋于平衡;

若 $1<L<2$,种群波动逐渐减弱并达到平衡点(趋同波动);

若 $2<L<2.57$,种群将发生稳定的周期波动;

若 $L>2.57$,种群将发生随机波动。

这一模型实质上是逻辑斯谛方程应用于离散世代种群的产物。

第三节　种群的指数增长

有些生物可以连续进行繁殖，没有特定的繁殖期，在这种情况下，种群的数量变化可以用微分方程表示

$$\frac{\mathrm{d}N}{\mathrm{d}t} = (b - d)N$$

其中，$\mathrm{d}N/\mathrm{d}t$ 表示种群的瞬时数量变化，b 和 d 分别为每个个体的瞬时出生率和死亡率。在这里，出生率和死亡率可以综合为一个值 r，即

$$r = b - d$$

其中，r 值就被定义为瞬时增长率，因此种群的瞬时数量变化就是

$$\frac{\mathrm{d}N}{\mathrm{d}t} = rN$$

显然，若 $r>0$ 种群数量就会增长；若 $r<0$ 种群数量就会下降；若 $r=0$ 种群数量不变。

这一方程可以有几种用法。首先，如果方程两边都除以 N，就可以计算出每个个体的增长率，即

$$\frac{1}{N}\frac{\mathrm{d}N}{\mathrm{d}t} = r$$

换句话说，当种群呈指数增长(exponential growth)时，r 就是每个个体的增长率。应当注意的是，对这一方程来说，每个个体的增长率是独立于种群数量的。

其次，对 $\mathrm{d}N/\mathrm{d}t=rN$ 式积分后，可得

$$N_t = N_0 \mathrm{e}^{rt}$$

其中，N_t 是 t 时刻的种群个体数量，N_0 是种群起始个体数量，e 是自然对数的底(=2.718)。利用这一方程式，就可以计算未来任一时刻种群的个体数量。例如，图 14-5 是 4 个不同 r 值的种群增长曲线，其中有 2 个 r 值大于零，1 个等于零，1 个小于零。

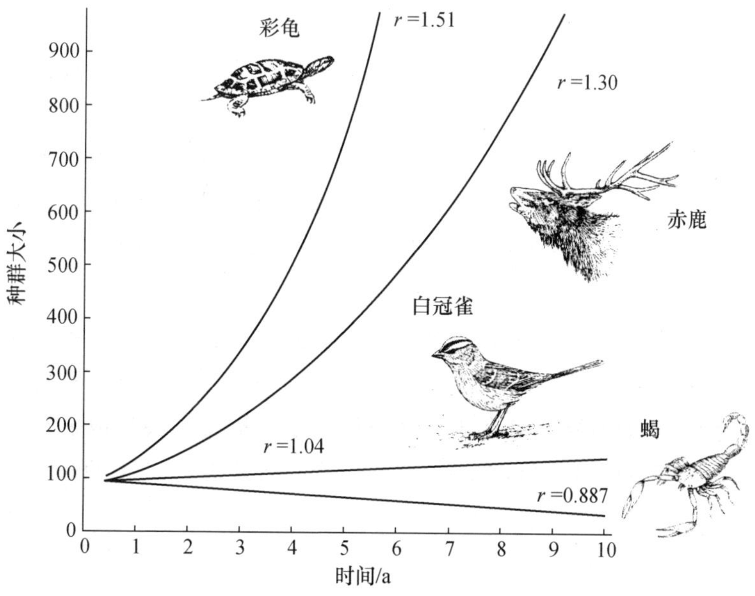

图 14-5　当种群的起始数量为100时，4 个不同 r 值的种群增长曲线

应当指出，种群的数量变化是连续的，因此增长曲线是平滑的，如果 r 值较大，增长曲线就呈 J 字形。

$N_t = N_0 e^{rt}$ 这个表达式非常类似于周限增长时的表达式 $N_t = \lambda^t N_0$，所不同的只是用 e^r 取代了 λ。也就是说

$$\lambda = e^r$$

解此式可知 r 是 λ 的一个函数，可表示为

$$r = \ln\lambda$$

第四节　种群的逻辑斯谛增长

种群的几何级数增长模型和指数增长模型告诉我们，只要 R_0 和 λ 大于 1 或 r 值大于零，种群就会持续增长下去，实际上这是一种无限增长。但就现实情况来说，种群增长都是有限的，因为种群的数量总会受到食物、空间和其他资源的限制(或受到其他生物的制约)。也就是说，种群的每头出生率和每头死亡率都随着种群密度的变化而变化，因为种群密度大时，种群内个体之间竞争资源的斗争也就更为激烈，由环境资源所决定的种群限度就称为环境容纳量(carring capacity)，即某一环境所能维持的种群数量。在一些简单试验中，环境容纳量的大小一般是直接与食物相关的，例如，实验室中饲养的水蚤，其种群数量将随着食物供应量的增加而呈直线增长。对自然种群来说，环境容纳量的大小也主要是由环境资源水平所决定的。

环境容纳量(即 K 值)可以引入种群增长方程，因为随着种群数量的增加，种群增长率就会下降。当种群大小等于环境容纳量的时候，种群就会停止增长，此时种群数量就不再发生变化。

为了研究自然界种群的增长，人们常常在生物定居一地之后，密切监视种群数量的变化情况。有些种群的数量增长主要是受空间限制，例如藤壶的种群就常常呈逻辑斯谛增长(logistic growth)。对这种营固着生活的节肢动物来说，限制种群数量发展的主要因素是环境空间，即岩石的表面积。藤壶一旦盖满了岩石表面，种群密度就不再增加了。图 14-6 是藤壶种群在两块岩石表面的定居和发展情况，从图中可以看出，两块岩石对藤壶的容纳量几乎是相等的，而且两个藤壶种群的数量增长曲线也十分相似，基本上都呈逻辑斯谛增长。

种群大小一旦接近了环境容纳量(K)，那就不难想象，如果种群密度超过了 K，密度就会下降。相反，如果种群密度低于 K 值，种群数量就会继续增加。

在对灶鸟(*Seiurus auroeapillus*)种群的一项研究中发现，灶鸟种群密度同密度变化率呈负相关，即，当种群密度较低时(少于 15 只)，种群密度就增加；当种群密度较高时(多于 20 只)，种群密度就下降；当种群密度处在 15～20 只之间时(指在一块林地中)，种群密度有时增加有时下降。从这些资料可以看出，这块林地的环境容纳量是 15～20 只(图 14-7)。

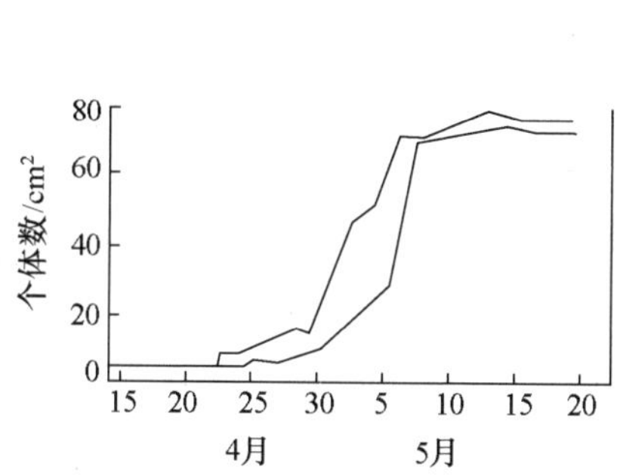

图 14-6　藤壶种群在两块岩石表面上的数量发展情况

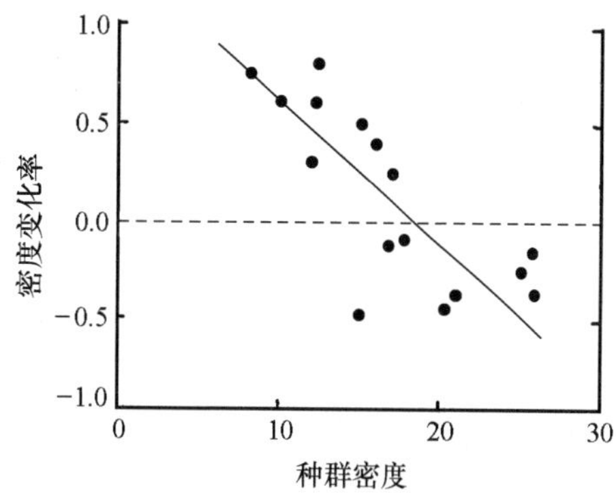

图 14-7　灶鸟种群在不同密度下的种群密度变化率

为了描述上述种群的数量增长过程，就必须在指数增长方程中引入一个包括 K 的新系数，即

$$\frac{\mathrm{d}N}{\mathrm{d}t}=rN\left(\frac{K-N}{K}\right)$$

其中，$\frac{\mathrm{d}N}{\mathrm{d}t}$是种群的瞬时增长量，$r$ 是种群每头增长率，N 是种群大小，$\frac{K-N}{K}$就是逻辑斯谛系数。当 $N>K$ 时，$\frac{K-N}{K}$是负值，种群数量下降；当 $N<K$ 时，$\frac{K-N}{K}$是正值，种群数量上升；当 $N=K$ 时，$\frac{K-N}{K}=0$，此时种群数量不增不减。可见，逻辑斯谛系数对种群数量变化有一种制动作用，使种群数量总是趋向于环境容纳量，形成一种 S 形的增长曲线(图14-8)。

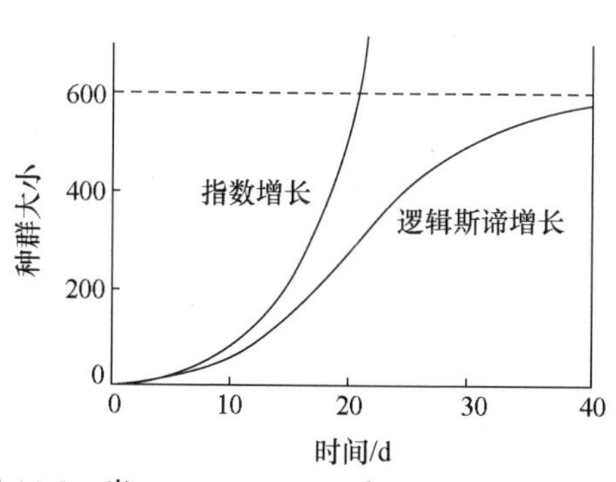

图 14-8　当 $N_0=10, r=0.2$ 和 $K=600$ 时，种群的指数增长和逻辑斯谛增长(虚线代表 K 值)

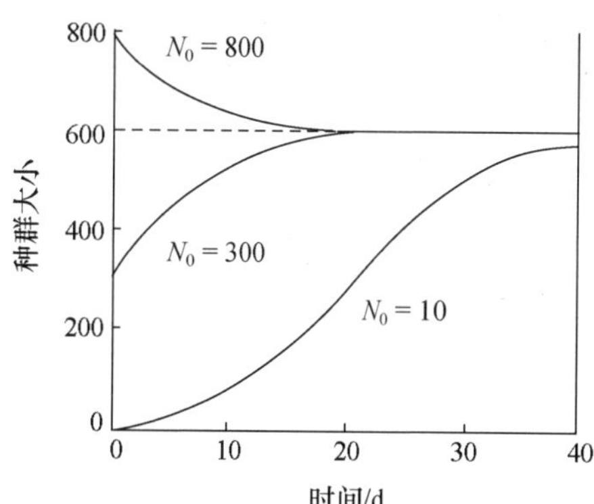

图 14-9　当种群的起始数量分别为10、300和 800 时的种群动态

由于种群数量高于 K 时便下降，低于 K 时便上升，所以 K 值就是种群在该环境中的稳定平衡密度(stable equilibrium density)(图 14-9)。

对逻辑斯谛增长方程可以用两种方法加以分析，首先是计算方程中每个个体的增长率，即

$$\frac{1}{N}\frac{\mathrm{d}N}{\mathrm{d}t}=r\left(\frac{K-N}{K}\right)$$

当种群密度很低时

$$\frac{1}{N}\frac{dN}{dt}=r$$

此时种群呈指数增长(图 14-10)。但是随着种群数量 N 的增加,当 N 接近 K 时,每个个体的增长率便下降为零,由于其在 K 时为零,所以种群数量也就不再发生变化。

另一方面,种群的瞬时增长量和每个个体的增长率是不同的,这是通过计算在不同 N 值时的 dN/dt 值得出的结论(图 14-11)。显然,dN/dt 值在 $N=0$ 和 $N=K$ 时最小;在 $K/2$ 时最大(即在种群中等密度时最大)。可见,种群的最大增长量是出现在 $N=K/2$ 时,此时的种群密度正处在种群增长曲线由凹到凸的拐点上。

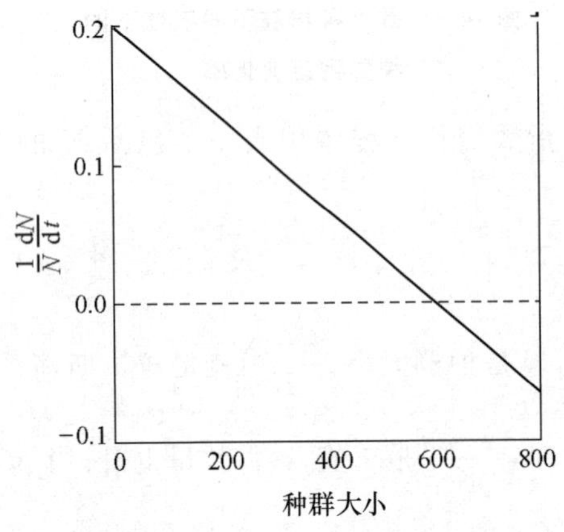

图 14-10　当 $K=600$,$r=0.2$ 时,在不同种群密度下的每个个体的增长率

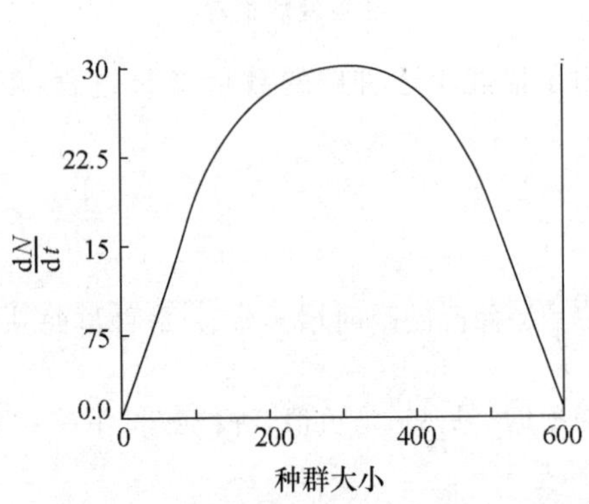

图 14-11　当 $K=600$,$r=0.2$ 时,在不同种群大小时的种群瞬时增长量

利用下述方程式,我们可以求出在逻辑斯谛增长过程中,任一时刻的种群数量,即

$$N_t=\frac{K}{1+\left(\frac{K}{N_0}-1\right)e^{-rt}}$$

其中,N_0 是种群起始数量。例如,$K=1000$,$N_0=100$,$r=0.1$,$t=5$,那么

$$\begin{aligned}N_5&=\frac{1000}{1+\left(\frac{1000}{100}-1\right)e^{-(0.1)5}}\\&=\frac{1000}{1+9e^{-0.5}}\\&=\frac{1000}{1+9\left(\frac{1}{\sqrt{2.718}}\right)}\\&=\frac{1000}{1+9(0.6)}\\&=156.3\end{aligned}$$

在实验室内用草履虫、果蝇和酵母所作的试验表明,种群在受控试验条件下的增长,一般都表现出一种简单的S形。图 14-12 是酵母种群在人工培养条件下的增长曲线,它与逻辑斯

谛增长曲线完全一致。在这种情况下，K 值是 665，$r=0.53\ h^{-1}$，因此预测在任一特定时刻种群数量的方程式是

$$N_t=\frac{665}{1+\left(\frac{665}{N_0}-1\right)e^{-0.53t}}$$

假定 $N_0=K/2=332.5$，那么 3 h 后的种群数量为

$$N_3=\frac{665}{1+\left(\frac{665}{332.5}-1\right)e^{-0.53\times3}}=\frac{665}{1+e^{-1.59}}=\frac{665}{1+0.20}=554$$

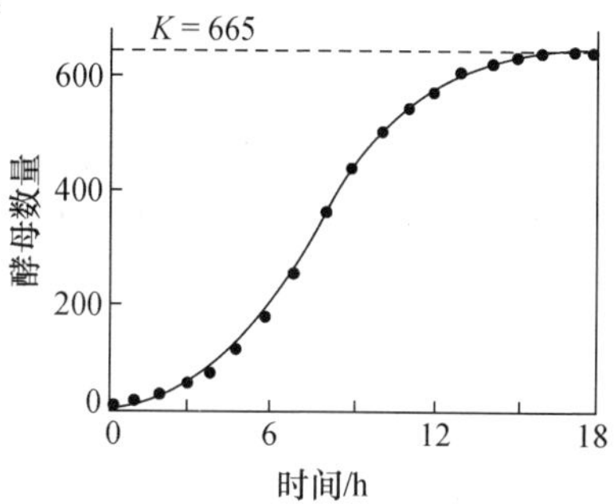

图 14-12　酵母实验种群的增长曲线与逻辑斯谛增长曲线相吻合

任何时刻的种群数量都可按此方程式计算出来。试验观测值与逻辑斯谛理论曲线能够吻合得如此好，说明逻辑斯谛模型是预测种群数量的一个有效工具。

用比酵母更高等的生物做实验也能很好地拟合逻辑斯谛增长曲线。Pearl R(1927)把黄猩猩果蝇(*Drosophila melanogaster*)饲养在瓶内并喂以酵母菌，结果，果蝇种群的增长资料与逻辑斯谛曲线拟合得相当好(图 14-13)。但是 Sang JH(1950)曾对这一工作提出过不同意见，认为作为果蝇食物的酵母本身就是一个正在增长着的种群，因此，果蝇所得到的食物不是定量的。另外，酵母的成分是随着酵母的年龄而变化的；其次，果蝇的生活史是由几个发育阶段组成的，作者未明确应当采用什么方法来测定种群密度，Pearl 只统计了果蝇成虫的数量，但果蝇的成虫和幼虫都吃同一种食物。

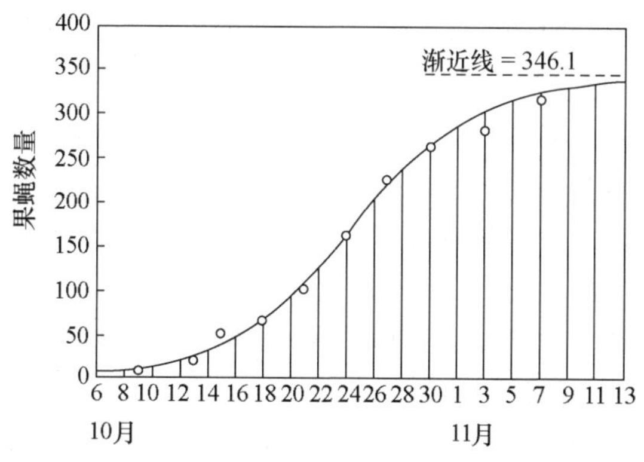

图 14-13　黄猩猩果蝇实验种群的增长

图中的曲线是拟合的逻辑斯谛曲线

生活在面粉中的拟谷盗(*Tribolium castaneum*)和生活在麦粒中的米象常被用来进行实验种群研究。这些甲虫比果蝇更适于进行实验种群研究，虽然它们也有复杂的生活史(具有卵、幼虫、蛹和成虫)，但它们的食物是非生命的，因此便于控制，成虫和幼虫的食物基本相同。Chapman RN(1928)是第一个把拟谷盗用于生态学研究的人，他发现拟谷盗和米象实验种群

的增长过程非常符和逻辑斯谛增长曲线。大多数研究者，每当他们所培养的种群数量达到上面的渐近线时，便终止了实验和观察，唯有 Thomas Park 对拟谷盗种群连续培养和观察了好几年，并把研究结果总结在图 14-14 中。从图中可以看出，种群最初是呈 S 形增长，但此后种群密度并没有稳定下来，而是在一个很长的时间内表现为下降趋势，典型的逻辑斯谛曲线最上面的所谓渐近线实际上是不存在的。Birch LC(1953) 对谷象(*Calandra oryzae*)所作的研究也得到了类似的结果，他发现谷象种群最初是呈逻辑斯谛增长，但此后种群数量波动很大，并没有稳定在渐近线附近。

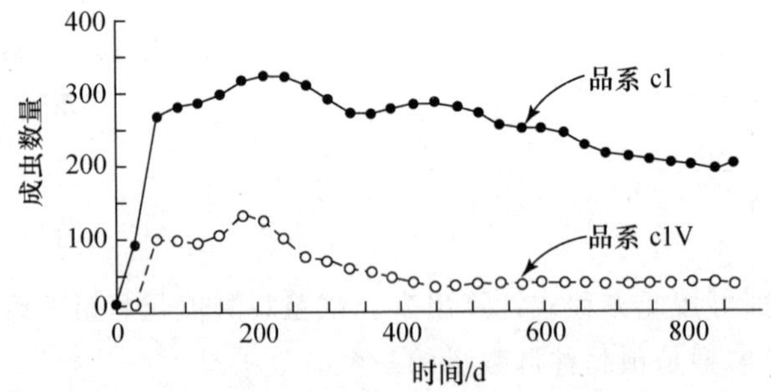

图 14-14　在 8 g 面粉中赤拟谷盗的种群增长过程，不同遗传品系的表现很不相同

培养温度 29 °C，相对湿度 70%（引自 Park，1964）

应当指出，这些单种种群是生活在气候条件稳定和有定量食物供应的条件下，它们的种群数量显示了较大的波动。波动原因主要是由于动物之间的相互影响，而完全与温度、食物、捕食和疾病无关。目前还没有一种具有复杂生活史的动物种群能够把种群数量稳定控制在逻辑斯谛曲线的渐近线上。

一般说来，当种群数量达到逻辑斯谛曲线的渐近线(即环境容纳量 K 值)以后，并不是像图 14-15 中的(a)那样保持绝对的稳定平衡，而是仍然会在 K 值(即渐近线)上下进行波动。总共可归纳出 4 种波动类型(图 14-15(b)～(e))：

(1) 无序波动：是一种无规律的较大幅度的波动，这种波动可以导致种群的突然灭绝；

(2) 稳定周期波动：种群在某一平衡水平上波动，这种波动具有一定的周期和振幅；

(3) 减幅波动：种群波动的振幅越来越小，当超过 K 值时便开始持平并能借助于补偿出生率和死亡率而维持在 K 值上；

(4) 毁灭性波动：种群数量先是大大超过 K 值，然后又突然下降到一个极低的水平，此后要么是恢复到一个较低的平衡密度，要么是走向灭绝。

当我们认为一个种群的增长过程可以用逻辑斯谛曲线加以描述的时候，该种群通常应符合以下几点：

第一，种群具有稳定的年龄分布。逻辑斯谛模型假设种群在开始增长时，此时$(K-N)/K$ 接近于 1，其增长速度几乎等于 rN。但是，作为种群增长率的 r 只有在种群的年龄分布处于稳定状态时才能实现。因此，所有有关逻辑斯谛增长的实验都应当选用年龄分布大体稳定的种群。目前只有少数研究工作注意到了这个问题。

第二，采用恰如其分的单位测量种群密度。上述提到的果蝇种群就存在这一困难，在测量种群密度时是只计算成虫数量呢，还是把卵、幼虫和成虫也考虑在内？另一个相类似的问题

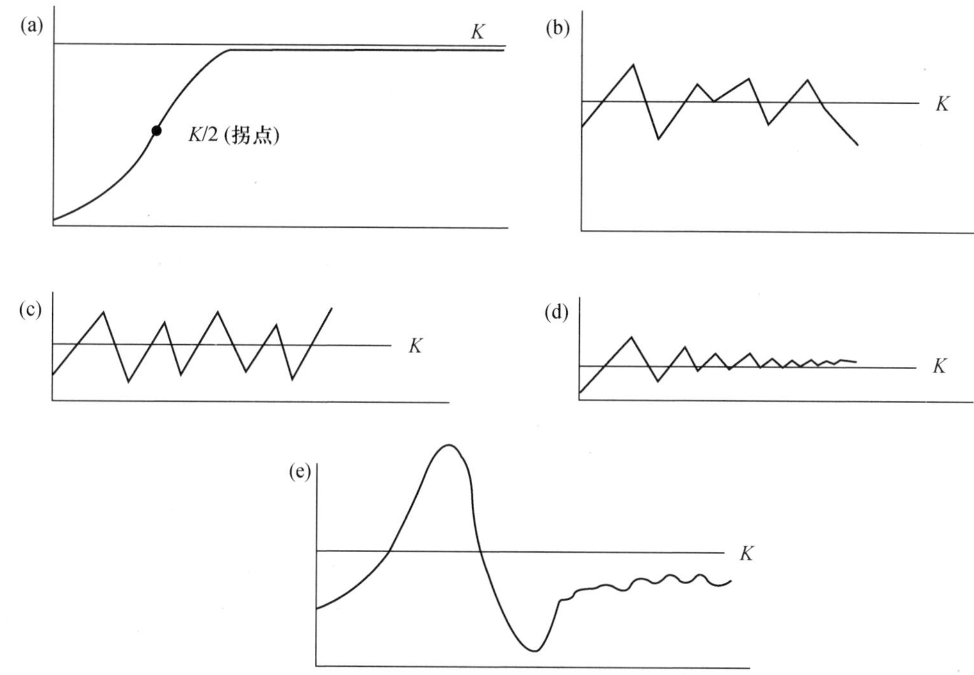

图 14-15　在逻辑斯谛增长中，种群数量达到 K 值后的 4 种不同类型的波动类型

(a) 程式化的逻辑斯谛曲线；(b) 无序波动；(c) 稳定周期波动；(d) 减幅波动；(e) 毁灭性波动

是，许多动物和植物在种群拥挤时所产生的个体较小。就果蝇来说，在实验开始时我们所采用的果蝇个体往往较大，而在实验后期所产生的果蝇个体往往较小。在这种情况下，测定种群生物量似乎更为精确一些。

第三，种群密度与种群增长率之间存在线性关系。根据这种关系，可以把逻辑斯谛方程改写为

$$\frac{\mathrm{d}N}{\mathrm{d}t}\frac{1}{N}=r-\frac{r}{K}N$$

该方程的含义是种群每个个体的增长率是种群密度的线性函数。1965 年，Morisita M 曾经指出：这个瞬时方程在代数学上相当于一个有限差分方程，即

$$\frac{N_{t+1}-N_t}{N_t}=A-BN_{t+1}$$

其中，N 为种群密度；t 为时间；$A=\mathrm{e}^{rt}-1.0$（常数）；$B=A/K$（K 是渐近密度，即环境容纳量）。目前还很少有直接的实验来检验这一假设，但有很多种群的增长与此并不相符。1963 年，Smith FE 曾迫使大型水蚤（*Daphnia magna*）按预定的一定增长率增长，然后测定该种群所达到的密度。在这种情况下，他发现种群增长率与种群密度之间并未表现出线性关系，虽然他既采用了个体数量，又采用了生物量（干重）来测定种群密度。

第四，种群密度对增长率的影响是瞬时起作用的，而不存在任何时滞。对于具有复杂生活史的生物来说，种群密度的变化马上就能反映在种群增长率上似乎是不可能的。例如，从昆虫幼虫发育到成虫通常需要几周至几个月的时间，甚至更长（如 17 年蝉）。就比较简单的生物草履虫和细菌来说，也不会完全如此，只是近似正确而已。

第五节　对种群增长模型的修正

上述的几个种群增长模型都有许多假设的前提条件，例如，逻辑斯谛模型的一个前提条件是每个个体的增长率是随着种群密度的增加而呈直线下降的。但是，用水蚤(*Daphnia*)所做的实验(Smith，1963)表明，它并非是直线而是一条凹线，也就是说，每个个体的增长率在种群处于中等密度的时候比直线所预测的要低。如果能对这些模型加以改进使其不受某些前提条件的约束，那么改进后的模型就能够更真实地反映现实的种群增长。

下面对种群模型提出几点改进意见。

一、周限增长率(λ)的变化

在至今为止的讨论中，我们一直假定决定种群增长率的各项值(如 R_0、λ、r 和 K)是不随时间变化的。显然，如果环境是随时间变化的，那么种群的出生率和死亡率也就会发生变化，结果就必然会引起这些值的变化。为了研究它们的变化对种群增长的影响，让我们先来看看具有不变 λ 值的几何级数增长方程。

假定 λ 值各年不同，λ_0 和 λ_1 分别代表第 0 年和第 1 年的有限增长率，那么

$$N_1 = \lambda_0 N_0$$
$$N_2 = \lambda_1 N_1$$

通过置换

$$N_2 = \lambda_0 \lambda_1 N_0$$

一般说来，t 世代的种群数量就是

$$N_t = \lambda_0 \lambda_1 \lambda_2 \cdots \lambda_{t-1} N_0 = \prod_{i=0}^{t-1} \lambda_i N_0$$

其中，$\prod$ 为累乘符号。如果 $N_0 = 100$，$\lambda_0 = 1.2$ 和 $\lambda_1 = 1.6$，那么

$$N_2 = 1.2 \times 1.6 \times 100 = 192$$

即 2 年以后，种群将发展到 192 个个体。

我们可以把一个具有可变 λ 值的种群同一个具有不变 λ 值的种群加以比较，当然，比较的前提条件是它们的最后增长结果应当相同。例如，在上述的例子中，我们可以采用 2 个 λ 值乘积的平方根，即

$$(1.2 \times 1.6)^{1/2} = 1.386$$

用 1.386 计算，2 年后的种群数量也是

$$N_2 = 1.386 \times 1.386 \times 100 = 192$$

事实上，不管计算多少年以后的种群数量，都可以用不变的 λ 值代替可变的 λ 值。其一般式是

$$N_t = (\lambda')^t N_0$$

其中不变的 λ' 是

$$\lambda' = \left(\prod_{i=0}^{t-1} \lambda_i\right)^{1/t}$$

或者是可变 λ 各值乘积的 t 次方根。λ' 是一个几何均数(即 n 个数相乘开 n 次方)，它与算术均数(n 个数相加除以 n)不同。

下面我们研究一个实例，在这个实例中，λ 各值都大于 1，其连续 10 年的值分别为 1.2，1.4，1.4，1.3，1.1，1.3，1.2，1.2，1.3 和 1.1。假定种群的起始数量为 100 个个体，那么种群将会像图 14-16 中的实线所表示的那样增长，并于 10 年后达到 900 个个体，该曲线正如几何级数增长模型所预测的那样是级进式的。如果我们采用 10 个 λ 值乘积的几何均数

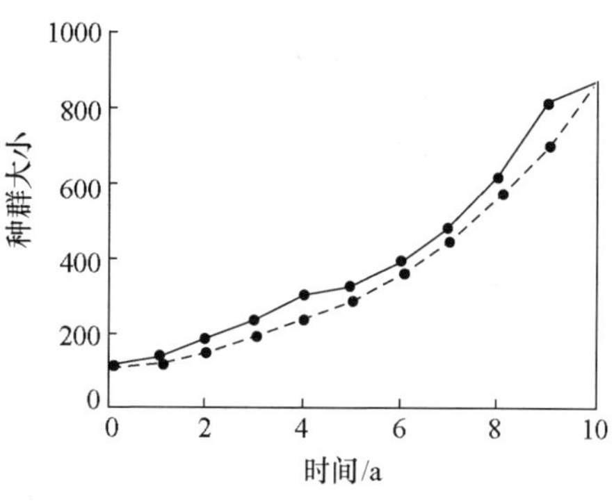

图 14-16　当 λ 值可变(实线)和不变(虚线)情况下的种群增长曲线

$$\lambda' = (9.0)^{1/10} = 1.245$$

来计算，那么 10 年后的种群数量也将达到 900 个个体，但其增长曲线是一连续的平滑曲线(见图 14-16 中的虚线)。

二、种群的最低起始密度

种群增长方程的前提条件之一是每个个体增长率的最大值发生在种群密度最低的时候。事实上，有些生物在种群密度很低时，其种群数量是下降的，并且会因每个个体增长率的下降而走向灭绝(称阿利氏效应，Allee effect)。原因可能是起码的种群密度对于有效地寻找配偶和逃避敌害是必不可少的，这对于那些具有一定社会结构的动物来说尤其重要，社会结构可提高交配成功率并有利于个体的存活。

为了改进种群增长方程，以便把种群最低起始密度的概念包括在内，我们可以在逻辑斯谛方程中再增加一个系数，即把 M(种群增长所必需的起始密度)引入原方程之中，使逻辑斯谛方程改进为

$$\frac{\mathrm{d}N}{\mathrm{d}t} = rN\left(\frac{K-N}{K}\right)\left(\frac{N-M}{N}\right)$$

应当注意的是，当 $N<M$ 时，新系数 $(N-M)/N$ 是负值，种群下降；只有当 $N>M$ 时，$(N-M)/N$ 是正值，种群才能上升。

从图 14-17 中可以看出，改进后的逻辑斯谛方程，每个个体增长率 $\mathrm{d}N/N\mathrm{d}t$ 是如何随着种群大小的变化而变化的。我们可以看到，每个个体增长率在曲线的两个点上(M 和 K 点)其值为零，因此，这两个点都是平衡点，但是 M 是一个不稳定的平衡点，因为只要种群大小低于 M，$(\mathrm{d}N/N\mathrm{d}t)$(每个个体增长率)就是负值；只有当种群大小高于 M 时，每个个体增长率才是正值，种群数量才能得以回升。也就是说，种群大小总是朝两个相反的方向离开 M 点。与此不同的是，K 点是一个稳定平衡点，种群数量总是趋近于该点。

图 14-18 是当 $K=600$ 和 $M=100$，并给出 3 个种群起始数量(75，300 和 800)时的种群数量变化曲线。应当注意，如果种群起始数量小于最低起始密度($M=100$)，种群就会走向灭绝；如果种群起始数量大于 M，种群就会走向稳定平衡点 K。

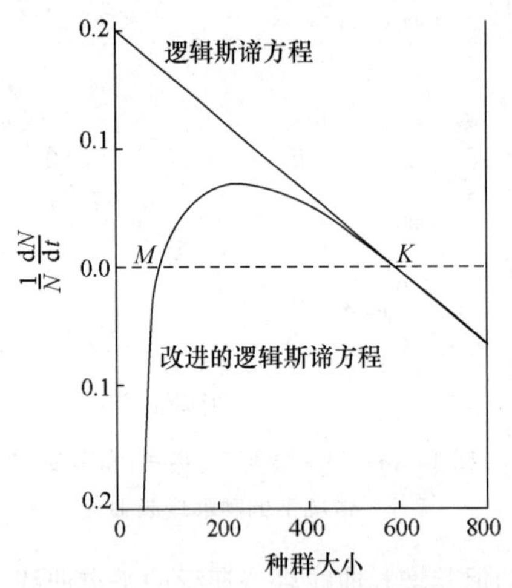

图 14-17 当 $K=600, r=0.2$ 时，具有最小起始密度（$M=100$）的逻辑斯谛方程的每个个体的增长率

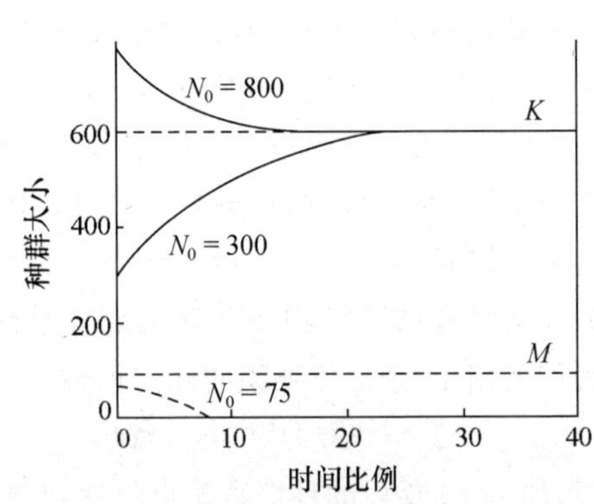

图 14-18 当 $K=600, M=100$ 时，在 3 个种群起始密度下（75，300 和 800）种群的数量动态

三、种群增长的时滞效应

如果一个具有离散世代的种群，其 t 世代的生殖率不是与本世代的种群密度呈线性相关，而是与 $t-1$ 世代的种群密度呈线性相关。那么我们就可以测定其与平衡密度的离差，即

$$z = N - N_{eq}$$

式中，z 为与平衡密度的离差；N 为种群密度观测值，N_{eq} 为种群平衡密度（$R_0=1.0$）。

在图 14-3 中是用一条直线（即 $R_0=1.0-B_z$）来描述生殖率，因此可把种群增长模型表达如下

$$N_{t+1} = R_0 N_t = (1 - B_{z-1}) N_t$$

在上述公式中，生殖率是由前一个世代种群密度所决定的，该方程的性质将取决于种群的平衡密度和斜率

$$B = 0.011$$

$$N_{eq} = 100$$

如果种群的起始密度 $N_0=10$，并考虑到有一个世代的时滞，那么各世代的种群数量将是

$$N_1 = [1.0 - 0.011(10 - 100)] \times 10 = 19.9$$

$$N_2 = [1.0 - 0.011(10 - 100)] \times 19.9 = 39.6$$

$$N_3 = [1.0 - 0.011(19.9 - 100)] \times 39.6 = 74.4$$

同样计算

$$N_4 = 123.9$$

$$N_5 = 158.7$$

该种群将以 6～7 个世代为一个周期，发生有规则的波动。如果没有时滞效应，该种群将不会出现波动，而是逐渐接近种群的平衡密度（图 14-19）。从图中可以看出，一个世代的时滞效应可以使种群由稳定增长改变为不稳定增长。如果令 $L=BN_{eq}$，那么

若 $0<L<0.25$，种群将达到稳定平衡(无波动)；

若 $0.25<L<1.0$，种群将发生趋同波动(convergent oscillation)；

若 $L>1.0$，种群将发生稳定周期波动或趋异波动。

对逻辑斯谛方程稍加改进，就可以把时滞效应包括在内。最简单的情况就是所谓的反应时滞(reaction time lag)，即在环境变化和种群生长率产生相应变化之间的时滞。这种时滞在逻辑斯谛方程中可以表达如下：

$$\frac{\mathrm{d}N}{\mathrm{d}t}=rN\left(\frac{K-N_{t-w}}{K}\right)$$

其中，w 即代表反应时滞。将时滞效应引入逻辑斯谛方程后，往往会导致种群出现多种增长情况，在图 14-20 中，因时滞时间的不同而出现了 5 种不同的增长曲线。一般说来，时滞时间越长，种群增长的波动性也就越大。

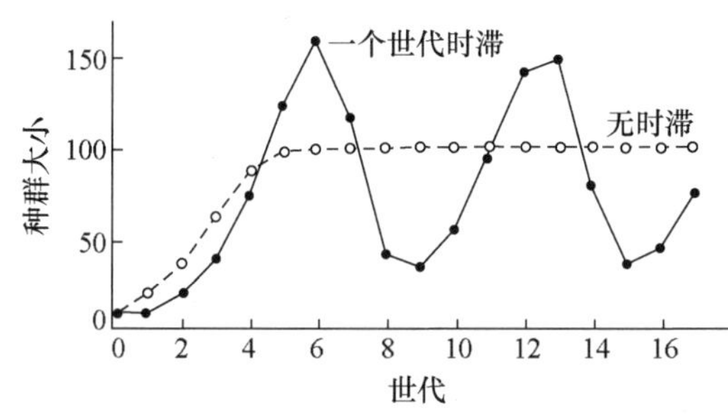

图 14-19　有时滞和没有时滞效应的种群增长情况

种群世代是离散的，生殖率与种群密度呈线性相关，$N_0=10$，种群平衡密度＝100 和生殖曲线斜率＝0.011

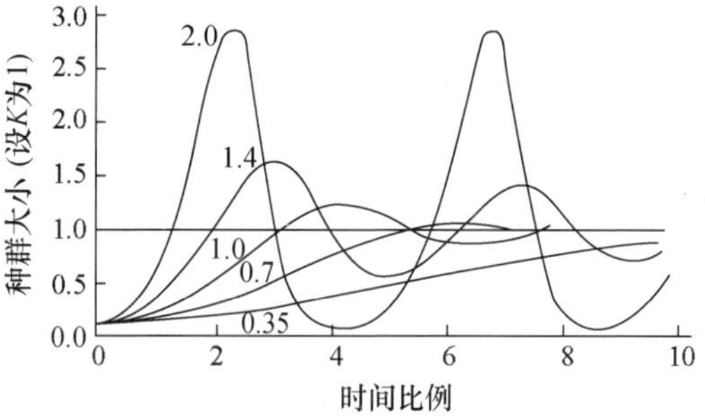

图 14-20　种群在不同时滞条件下的逻辑斯谛增长

图中数字是种群内禀增长能力与时滞时间的乘积

第二种时滞称为生殖时滞(reproductive time lag)，通常与高等动物的妊娠时间有关，因此可用妊娠时间加以测定。用逻辑斯谛方程表达如下

$$\frac{\mathrm{d}N}{\mathrm{d}t}=rN_{t-g}\left(\frac{K-N_{t-w}}{K}\right)$$

式中，g 为生殖时滞，w 为反应时滞。在种群增长的早期，生殖时滞对于抑制种群的增长率往往起着重要作用。

水蚤(*Daphnia*)的实验种群是用来研究时滞对种群增长影响的极好材料。Pratt DM (1943) 在两种温度下观察过水蚤的种群动态，在 50 mL 经过过滤的池塘水中放入 2 个孤雌生殖水蚤，并喂给绿藻(*Chlorella*)，每 2 天计数一次并换新鲜的培养液。结果，在 25 ℃条件下培养的水蚤种群表现出了种群数量的波动，而在 18 ℃条件下培养的种群则数量渐渐趋于稳定(图 14-21)。在 25 ℃下，种群发生波动的原因是因为种群密度对出生率和死亡率的影响存在时滞效应，当种群密度增加时，首先是出生率受到影响，然后才会引起死亡率增加，这样就会使水蚤的数量忽儿超过种群平衡密度，忽儿又低于种群平衡密度。但这种波动是生物系统的自身特性引起的，而不是由外部环境的变化引起的。

水蚤种群发生时滞的生物学机制现在已经研究清楚。水蚤在食物丰富时，以脂肪滴的形式(主要是三酰甘油酯)贮藏能量，一旦食物发生短缺，它便利用体内的这些贮存能量，所以食物不足并不能马上对种群增长产生影响，而是要推后一些时间。在这种情况下，雌蚤在食物发生短缺后仍能产出后代。当体内贮存的能量被耗尽以后，才会发生饥饿和死亡，使种群发生像图 14-21 那样的波动。

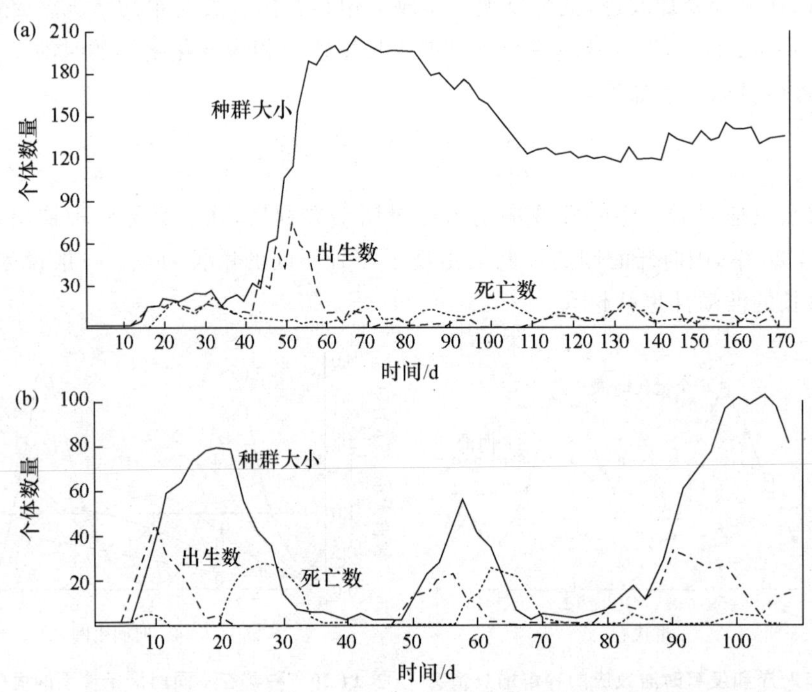

图 14-21　在 18℃和 25℃条件下水蚤种群的增长过程

(a) 18℃；(b) 25℃。为使图中曲线清楚可见，出生数和死亡数均比实际增加一倍

有一种丽蝇（*Lucilia cuprina*），其种群几乎每过 40 天种群数量就上下波动达 10 倍以上（图 14-22）。丽蝇种群的这种波动类型完全可以用逻辑斯谛时滞模型加以解释（时滞期为 9 天）。在这个改进了的逻辑斯谛模型中，密度变化对种群增长的影响被推迟了 9 天，这刚好是幼虫发育到成虫所需要的时间。虽然我们还可以建造更复杂的模型，但这一简单的改进就足以作出与种群实际增长十分符合的理论预测。

由此可以看到，时滞效应被引入种群增长模型以后，典型的逻辑斯谛增长曲线将不复存

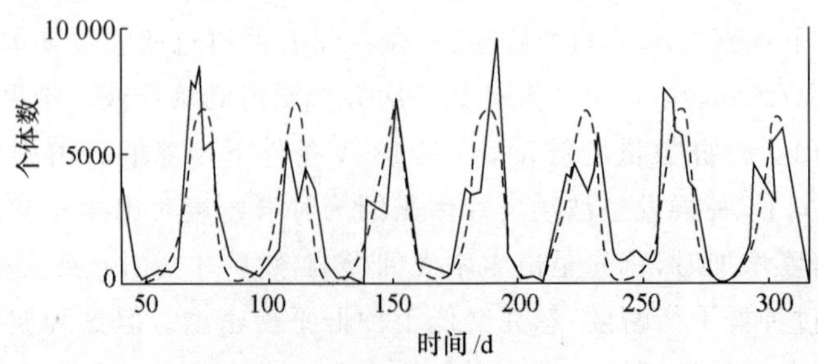

图 14-22　丽蝇种群的实际数量动态曲线（实线）和用逻辑斯谛时滞模型所预测的种群数量动态曲线（引自 May，1975）

在,它将被以下 3 种可能的情况所取代:① 发生趋同波动并渐渐达到平衡状态;② 在种群平衡密度上下发生稳定的波动;③ 平稳地趋近于种群的平衡密度。另外,某些时滞类型可以导致种群发生趋异波动,这种波动是不稳定的并将导致种群灭绝。这些结果显然更符合种群在自然界所发生的情况。

第六节　种群增长实例

种群的内禀增长能力(r_m)代表着种群的增长潜力。显然,r_m 的大小在不同生物中是有很大变化的,特别是 r_m 值会依生物个体的大小而有明显变化。一般说来,r_m 会随着生物个体大小的增加而下降,因为小的物种(如鼠类)比大的物种(如大象)繁殖得更快,应当说,在 r_m 和身体大小之间的这种负相关关系实属正常。但是在大生物和小生物之间繁殖速度差异之大还是令人印象深刻的,如家牛(大型动物)r_m 值是每天 10^{-3},而微小生物噬菌体的 r_m 值是每天 300,两者相差极大!

似乎任何人都难以想象那些极小生物如细菌和病毒等的种群增长速度之快。它们的内禀增长力要比我们人类的人口大 100 000 倍!在这里我们可以对小生物和大生物的种群增长速度加以比较。小生物可以选择一种小型海洋无脊椎动物——被囊动物,它的体重大约只有 1 g,大生物可以选择鲸,鲸的体重可以达到 25 000 000 g。选择这两种大小不同的生物对它们的种群增长情况进行比较,可以使我们更清楚地知道生物的内禀增长能力是如何随着生物身体的大小而发生变化的。

一、海洋小无脊椎动物的种群增长

当海洋浮游植物大量繁殖时,一种浮游在海洋表层的被囊动物(*Thalia democratica*)就会随之大量繁殖,使其种群呈现指数增长。这种小被囊动物属于脊索动物门,至少在幼虫期它有很多形态特征与其他脊索动物是一样的,如咽部鳃裂、脊索和一条中空的背神经索等。它生活在热带和亚热带海洋的上层水域,往往是那里数量最多的浮游动物,但它们却以滤食浮游植物为生,是典型的海洋滤食动物。它们数量最多的原因是与同一水域其他的滤食动物相比,它们对浮游植物大发生所作出的数值反应要快得多。当春季浮游植物大量繁殖,早在其他滤食动物作出反应之前,被囊动物就已开始大量取食这种浮游植物了。这种行为上的数值反应可使这种被囊动物的种群大小在短短的几周内增长 1000 倍。

快速的数值反应并不是由于种群的扩散或散布,像北方针叶林中的猛禽和猫头鹰那样,因为被囊动物与其他浮游生物一样是被动漂浮的,常被洋流带来带去,主动运动的能力很弱。实际上,被囊动物极快的数值反应是因为它有极高的生殖率。在实验室培养中发现,它完成一个世代只需要 2 天时间,而种群数量加倍的时间有时还不到 1 天。据计算,它每天每个个体的增长率是 0.47～0.91,其内禀增长能力可高达 1.0。

在这样的增长速度下,我们可以算一算,从每立方米(m^3)水中含有一个个体增加到每立方米水中含有 1000 个个体需要花费多长时间。如果 $r=0.47$ 的话,所花费的时间是不足 15 天($N_0=1, N_{15}=e^{0.47(15)}=1153$);如果 $r=0.91$,所花费的时间就会不足 8 天($N_0=1, N_8=e^{0.91(8)}=1451$)。显然,只用高生殖率就能够解释被囊动物所表现出的快速数值反应。由于指数增长往往是与小生物联系在一起的，那么体型大的生物是不是也能实现指数增长呢？下面我们以海洋最大的哺乳动物灰鲸来说明这一问题。

二、鲸的种群增长

目前，鲸的利用和保护已成为世界普遍关注的问题，捕鲸的争论仍在激烈进行，出于经济的、文化的和技术方面的理由，这一争论还会继续进行下去。然而在争论期间已至少有一种鲸的种群表现出了指数增长趋势。太平洋灰鲸（*Eschrichtius robustus*）可区分为两个亚种群：一个栖息在太平洋西部海域，称西太亚种群；另一个栖息在太平洋东部海域，称东太亚种群。前者在商业捕鲸中受到严重捕杀，资源已近枯竭，但后者已从较早的毁灭性捕鲸活动中恢复了过来。针对灰鲸的猎杀活动是从大约 1845 年在加利福尼亚州和加利福尼亚半岛沿岸开始的，到 1874 年已猎杀了 8000 头左右。此后灰鲸的种群密度大为下降，已不利于再继续对其进行猎杀，于是大部分商业捕鲸活动停止了，但 1914～1946 年仍然有大约 1000 头灰鲸被猎杀。1946 年，保护鲸类的国际组织一致同意停止一切捕杀灰鲸的活动，但当地土著人赖以生存的传统捕鲸活动除外。这一捕鲸禁令为已近枯竭的灰鲸种群提供了一个展现其增长潜力的机会。

灰鲸每年都会在它们的取食地（白令海和楚克奇海）和繁殖地（加利福尼亚半岛沿岸）之间进行往返迁移，迁移距离可长达 18 000 km。每年 5～10 月，灰鲸种群大部分成员都会逗留在取食地，只有少数成员分散在北美洲的西海岸进行活动。10 月以后，灰鲸就会向南迁往它们的越冬地，到达加利福尼亚半岛西海岸和加利福尼亚南部海湾的温暖水域，雌鲸将于 1 月或 2 月在加利福尼亚半岛沿西海岸的泻湖中产仔，平均每隔一年产 1 仔。

Rice D 和 Wolman A 通过构建灰鲸的生命表和检查在捕鲸活动中被猎的灰鲸而估算了灰鲸种群的增长趋势。据他们估计，灰鲸的年死亡率是 0.089。还通过检查在捕鲸活动中被猎杀的雌鲸的生存条件而估算出了灰鲸种群的年出生率是 0.13。根据年出生率和年死亡率之差就算出了灰鲸种群的年增长率，其年增长率是 0.13－0.089＝0.041，即 $r=0.041$，这表明灰鲸的种群是以每年大约 4.1%的速率在增长。

1983 年，Reilly SB 等人采用不同的方法估算了同一灰鲸种群的增长趋势。他们的方法是当灰鲸每年向南迁往越冬地的时候统计灰鲸的数量，根据连续多年的统计数据就可以知道 1967～1980 年灰鲸种群的年增长率大约是 2.5%，即 $r=0.025$。已知在这项研究期间，西伯利亚当地人为生计起见在灰鲸的夏季取食地捕杀了大约鲸种群总数的 1.2%。把 2.5%与 1.2% 相加就应该是灰鲸种群潜在增长率的估算值，该值大约是 3.7%。有趣的是，这个估算值与较早 Rice 和 Wolman 依据灰鲸存活和生命表所得出的估算值非常接近。1967～1980 年，灰鲸种群的增长情况与指数增长模式吻合得非常好

$$N_t = N_0 e^{0.025t}$$

也就是说，1967～1980 年灰鲸种群一直是以指数增长的方式在增长的，而此后的一段时间仍然会是这样。到 1993 年，灰鲸的数量已经恢复到了商业捕鲸前的大约 21 000 头的水平，这使得美国海洋渔业管理部门不得不把灰鲸从美国濒危物种名录中拿掉。

2003 年，Rugh DJ 等人的研究表明，直到 1998 年，灰鲸种群的年增长率一直保持在2.5%左右。据计算，到 1998 年时灰鲸的数量已发展到了大约 28 000 头，但是在 2001 和 2002 年它们的数量又有所下降。有一些种群生态学家认为，1998 年的灰鲸数量已经超过了长期环境容

纳量，因此 2001 和 2002 年灰鲸种群数量的下降是属于正常的种群波动。2002 和 2003 年幼鲸出生数量的增加说明灰鲸种群又恢复了增长。

灰鲸的内禀增长力与被囊动物有很大不同。Heron AC 曾计算过被囊动物的日内禀增长力是 $r_m=1.0$。为了便于比较，我们把前面所估算的灰鲸的年内禀增长力 $r_m=0.037$ 转换成日内禀增长力，即 $r_m=0.037/365=0.0001$。通过对这两种动物种群增长能力的比较分析，可以明显地看出，不同物种的种群增长率是有很大差异的。此外，还可以看出小生物的种群增长率要比大生物高得多。从灰鲸种群动态的连续跟踪观察，还可以得出这样的结论：即使是大生物的种群也能实现指数增长。从全球人口的增长也可以看出，大生物也可能具有很大的增长潜力。

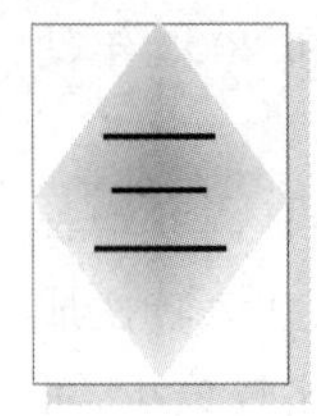

第15章 集合种群及其模型

第一节 什么是集合种群

随着地球上物种灭绝速度的加快和大量濒危物种的出现，人类挽救珍稀濒危物种的工作变得越来越重要，工作量也越来越大。在这种背景下，生态学家提出了集合种群(metapopulation)的概念，并对集合种群的研究投入了极大的热情。集合种群的概念和理论对于了解生物种群从兴旺走向濒危，特别是从濒危走向灭绝的过程是极为重要的。当一个大的兴旺的种群因环境污染、栖息地破坏或其他干扰而破碎成许多孤立的小种群的时候，这些小种群的联合体或总体就是一个集合种群。可见，集合种群是由很多小种群构成的，它是一个种群群体，而在各个小种群之间通常都存在个体的迁入和迁出现象。

与研究一般种群不同，因为研究一般种群是为了预测种群达到平衡时的密度，即种群的大小，而研究集合种群主要不是为了知道每个种群的大小，而是为了知道它会不会走向灭绝或它还能维持生存多长时间。生态学家构建集合种群模型，其目的就是为了预测种群的这两种可能的状态——是趋于灭绝呢，还是能维持一段时间？因此对集合种群来说，代表种群大小的只有两个可能的值，即0或1。0表示种群的局部灭绝(local extinction)，1表示种群的局部存活。

与研究一般种群的另一个不同点是，研究集合种群时通常是着眼于一个较大的区域，而在这个区域内包含有很多小种群的栖息地点(斑块)。在这样的一个大区域内，生态学家主要关注的已不再是任一特定小种群的命运，而是构建一个模型，以便描述在这个区域内适宜栖息地点(生境斑块)被种群占有的情况，也就是哪些斑块被占有了，哪些还没有被占有，被占有斑块占可占有斑块总数量的百分数是多少，还有多少可被利用等。

第二节 集合种群的灭绝风险模型

集合种群动态的两种趋势使生态学家提出了两种不同的灭绝概念，即局部灭绝(local extinction)和区域灭绝(regional extinction)。前者是指单个小种群的灭绝，后者是指在整个大区域内全部小种群的灭绝。即使在各个小种群之间没有个体的迁移，区域灭绝的风险也要比地方灭绝小得多。

下面对这一问题进行定量分析。令 P_e 为局部灭绝的概率，此概率的值为0～1。如果 $P_e=0$，种群肯定会存在下去；如果 $P_e=1$，种群肯定会灭绝。由于从长期运作看，所有种群都会灭绝，因此灭绝概率的测定必须限定在一个特定的时间范围内。就集合种群的种群动态来说，这个时间范围通常是几年或几十年。

假定 $P_e=0.7$，而且测定灭绝概率的时间范围是年，那么这就意味着一个种群在一年期间的灭绝概率是 70%，而它的生存概率是 30%，也就是 $1-P_e=0.3$。那么可以问，种群在 2 年期间的生存概率是多少呢？显然，种群在 2 年期间的生存概率 P_2 应当是第一年不灭绝的概率 $(1-P_e)$ 乘以第二年不灭绝的概率 $(1-P_e)$，即

$$P_2=(1-P_e)(1-P_e)=(1-P_e)^2 \qquad \text{表达式(1)}$$

一般说来，种群在 n 年期间 (P_n) 的生存概率应当是连续 n 年不灭绝概率的乘积，即

$$P_n=(1-P_e)^n \qquad \text{方程式(1)}$$

例如，如果 $P_e=0.7$ 和 $n=5$，那么 $P_n=(1-0.7)^5=0.00243$。这就是说，如果种群在 1 年期间的灭绝概率是 70% 的话，那么该种群在 5 年内的存活概率就只有 0.2%。

现在假定不是有一个种群，而是有两个同样的种群，每个种群的 P_e 都是 0.7，而且这两个种群彼此是互不影响的，也就是说一个斑块内的灭绝概率不受另一斑块内种群存亡的影响。那么对这两个种群来说，区域存活的概率是多少呢？或者说，至少一个种群在一年内的存活概率是多少呢？答案是在 1 年内区域存活的概率 (P_2) 是 1 减两个种群在该年内灭绝概率的乘积，即

$$P_2=1-(P_e)(P_e)=1-(P_e)^2 \qquad \text{表达式(2)}$$

概括起来说就是区域存活的概率就是所有 x 种群同时灭绝的概率，即

$$P_x=1-(P_e)^x \qquad \text{方程式(2)}$$

可见，如果有 10 个斑块，每个斑块内种群的 P_e 都是 0.7 的话，那么区域存活的概率就是

$$P_{10}=1-(0.7)^{10}=0.97$$

换句话说就是，在有 10 个斑块（即 10 个种群）的情况下，至少有一个种群存活下来的概率将会是 97%，虽然任一特定种群的灭绝概率都是 70%（即 $P_e=0.7$）。从图 15-1 可以看出，随着斑块（即小种群）数目的增加，区域存活概率 P_x 将迅速增加。

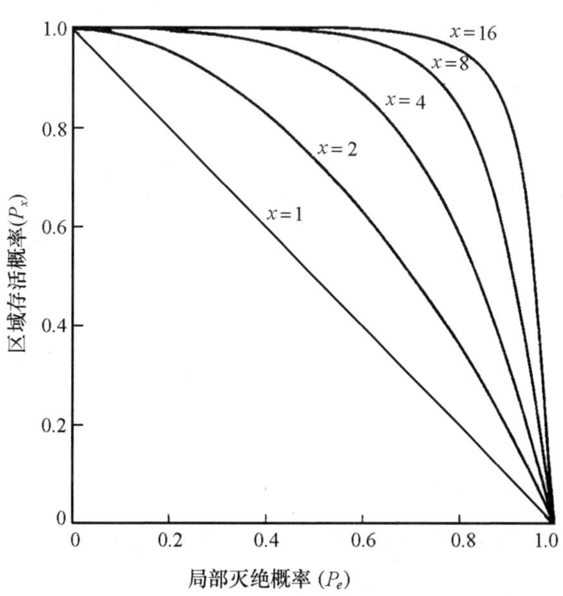

图 15-1　区域存活概率 (P_x)、局部灭绝概率 (P_e) 和种群数目之间的关系

在地方灭绝概率不变的情况下，种群数目越多，区域存活概率越高

方程式(2)说明了一个原理，即多种群能分散灭绝风险的原理。即使是每一个种群注定都要灭绝，但如果有多个种群，其存活的时间就会长得多。下面我们将提出这样一个集合种群模型，在这个模型中，局部种群是彼此相联系的，因此局部灭绝概率与局部定居(local colonization)概率都依赖于斑块的占有情况。

第三节　集合种群的动态模型

假定存在一组同质斑块，每个斑块都能被一个小种群占有，令 f 为这些斑块被种群实际占有的百分数，因此 f 将处于 0～1 之间。如果 $f=1$，说明全部斑块都被种群占有了，整个区域达到了饱和状态；如果 $f=0$，说明全部斑块都未被占有，集合种群处于区域灭绝状态。

那么 f 会随时间发生怎样的变化呢？如果未被占有的斑块不断被种群成功定居，那么 f 就会增加。令 I 为迁入率，即每单位时间内斑块被成功定居的百分率，因此这里所说的迁入率实质上是定居率。如果已被占有的斑块遭到灭绝，f 也会下降。再令 E 为灭绝率，即每单位时间斑块灭绝的百分率。f 的变化将决定于定居所得和灭绝损失之间的平衡

$$\frac{\mathrm{d}f}{\mathrm{d}t} = I - E \qquad \text{表达式(3)}$$

下面我们比较详细地研究一下 I 和 E。首先，令 P_i 为局部定居概率，如果每一个斑块都是独立定居的，也就是说这一概率只决定于斑块内的自然条件和生物条件，那么很多因素就都能影响 P_i，包括斑块的面积、食物资源、捕食者、竞争者和病源物的有无和数量等。此外，局部定居概率也受各种外部因素的影响，特别是在各斑块之间存在个体迁移的情况下。在这种情况下，定居概率还取决于其他斑块内有无种群存在。换而言之，当大量斑块已被占有时(即 f 值大)，迁移个体的数量就会增加，因此，定居概率就会比只有少数斑块被占有时(f 值小)高。可见，P_i 将决定于 f。下面我们将提出一些 P_i 依赖于 f 或不依赖于 f 的模型。

迁入率不仅决定于 P_i，而且也决定于还有多少斑块未被占有(即 $1-f$)，未被占有的斑块越多，整体迁入率就越高，因此，迁入率就等于局部定居概率 P_i 与 $1-f$ 的乘积，即

$$I = P_i(1-f) \qquad \text{表达式(4)}$$

迁入率(I)在两种情况下将会等于 0，第一种情况是局部定居概率等于 0(即 $P_i=0$)；第二种情况是当集合种群中的所有斑块都已被占有时(即 $f=1$)。

同理，灭绝率(E)等于局部灭绝概率(P_e)与 f(已被占有斑块的百分数)的乘积，即

$$E = P_e f \qquad \text{表达式(5)}$$

灭绝率也在两种情况下等于 0，即当灭绝概率等于零时($P_e=0$)和集合种群中所有斑块都未被占有时($f=0$)。把表达式(4)和(5)代入表达式(3)，就可得到一个基本的集合种群模型，即

$$\frac{\mathrm{d}f}{\mathrm{d}t} = P_i(1-f) - P_e f \qquad \text{方程式(3)}$$

这个方程是集合种群动态的一个基本模型，可以作为构建更复杂模型的基础。只要改变定居和灭绝过程的一些假设，就能构建一些新的集合种群模型。如果让 $\hat{f}$ 代表平衡时已被占有斑块的百分数，那么这些模型就将对 $\hat{f}$ 作出不同的预测。

第四节　集合种群模型的假定条件

方程式(3)所代表的集合种群模型有以下一些假定条件：

(1) 斑块是同质的：各种群栖息地点(即斑块)在其大小、隔离程度、生境质量、资源水平和其他可影响局部定居和局部灭绝概率的因素都没有差异。

(2) 无空间结构：定居和灭绝概率可能受已占斑块百分率(f)的影响，但不受其空间排列的影响。在较为现实的集合种群模型中，某一特定斑块的定居概率将决定于近邻斑块的占有情况，而不是决定于综合的 f 值。这类模型可借助于计算机模拟或扩散方程进行研究，种群在空白斑块间的散布情况与一滴墨汁在一杯水中的扩散是很相似的。

(3) 没有时滞效应：由于这里是用连续的微分方程来描述集合种群动态的，所以集合种群的增长率(df/dt)实际上是对 f、P_i 或 P_e 的即时反应。

(4) P_e 和 P_i 值固定不变：即 P_e 和 P_i 不随时间而变化，虽然我们不能说出哪个种群将会灭绝、哪个种群将会定居，但这些事件的发生概率是不变的。

(5) f 对局部定居(P_i)和局部灭绝(P_e)有重要影响：除了岛屿-大陆模型之外(见后)，所有的集合种群模型都假定个体迁移对局部种群动态有重要影响，而且对定居概率和灭绝概率也有明显影响。也就是说，P_i 和 P_e 是 f 的函数。

(6) 斑块数量多：在我们的模型中，当已被占有斑块的百分数极小时，集合种群仍能存活，因此，当斑块数量很少时，我们就不能假定集合种群会有任何种群统计上的随机性。

第五节　集合种群模型的 4 个修正模型

从实际出发，在集合种群基本模型的基础上可以构建几个适应于各种具体情况的更复杂的模型，主要有岛屿-大陆模型、内部定居模型、救援效应模型和另一个把内部定居与救援效应结合起来的模型。

一、岛屿-大陆模型

在最简单的集合种群模型中，P_i 和 P_e 是固定不变的。如果 P_e 是不变的，那么每一个种群的灭绝概率就都是一样的，而且与有多少斑块被占有无关。这种情况与种群增长模型中的非密度制约死亡率很相似，因为这种死亡率与种群大小无关。同样，如果定居概率(P_i)是固定不变的，这就意味着存在繁殖体雨(propagul rain)，即存在一个源源不断的迁入者源，迁入者可以在任一空白斑块内定居(图 15-2(a))。如果存在一个稳定的大陆种群，那么对集合种群中的许多“岛屿”来说就会形成繁殖体雨。在岛屿-大陆模型中，如果让方程(3)等于零，并求解 f，就可以得到 f 的平衡值

$$0 = P_i - P_i f - P_e f \qquad \text{表达式(6)}$$

$$P_i f + P_e f = P_i \qquad \text{表达式(7)}$$

将表达式(7)两边都除以($P_i + P_e$)，就可以得到 f 的平衡值 $\hat{f}$

$$\hat{f} = \frac{P_i}{P_i + P_e}$$ 方程式(4)

在岛屿-大陆模型中，平衡时被占斑块的百分数是灭绝概率与迁入概率之间达到的一种平衡。值得注意的是，即使灭绝概率(P_e)很高和定居概率(P_i)很低，至少也会有一些斑块被占有，这是因为集合种群是一个连续得到外部繁殖体雨补充的种群。

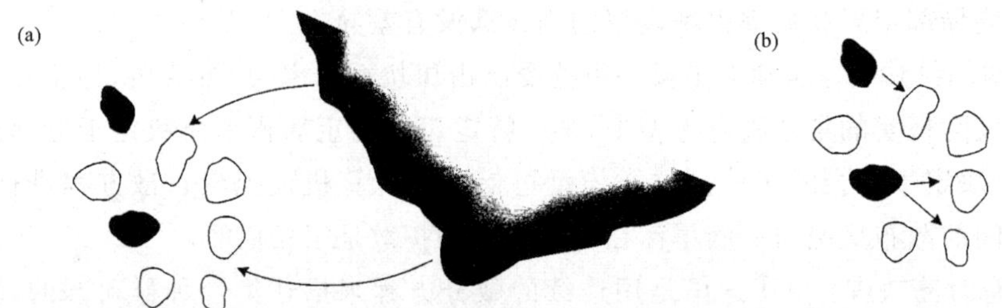

图 15-2　(a) 岛屿-大陆模型中的定居过程和(b) 内部定居模型中的定居过程

(a) 对一群岛屿来说，定居者总是来自一个大陆，白色代表未定居的岛，黑色代表已被定居的岛。

(b) 定居者是来自近邻已被定居的岛屿，而不是来自外部的大陆。

二、内部定居模型

现在让我们放弃繁殖体雨的假设并设想集合种群唯一的繁殖体来源是一些已被占有的斑块(图 15-2(b))。这就是说

$$P_i = if$$ 表达式(8)

i 是一个常数，它表示的是随着每一个斑块被定居，空白斑块定居概率所能提高的量。在这个模型中，每个种群都会为繁殖体库贡献一些个体，这些个体是空白斑块的潜在定居者。值得注意的是，如果所有种群都灭绝了($f=0$)，定居概率就会等于零，因为没有其他的定居者来源。这与岛屿-大陆模型刚好相反，在岛屿-大陆模型中，定居者总是存在的，因为存在着一个外部的大陆种群。

假定灭绝仍然是独立的并把表达式(8)代入基本模型即方程(3)，得

$$\frac{df}{dt} = if(1-f) - P_e f$$ 方程式(5)

再让此方程等于零，求 f 的平衡解

$$P_e f = if(1-f)$$ 表达式(9)

$$P_e = i - if$$ 表达式(10)

$$if = i - P_e$$ 表达式(11)

两边都除以 i，得

$$\hat{f} = 1 - \frac{P_e}{i}$$ 方程式(6)

与岛屿-大陆模型的预测相反，集合种群的存活($\hat{f}>0$)不再有保证。相反，只有当内部定居效应的强度(i)大于局部灭绝概率(P_e)时，集合种群才能存活下来。如果这个条件得不到满足，集合种群就将灭绝($\hat{f}\leqslant 0$)，之所以会灭绝是因为集合种群不再会得到外部定居的好处。

三、救援效应模型

前面介绍的两个模型(岛屿-大陆模型和内部定居模型)都曾假定灭绝概率是与被占斑块的百分数无关的,现在我们应当考虑灭绝可能受 f 影响的概率。假定每个被占斑块都能产生过量的繁殖体,它们将离开这个斑块加入到其他种群中。如果繁殖体到达一个空白斑块,它们就代表着潜在的定居者。假如条件很好,它们就能在到达的斑块内建立起一个繁殖种群。但是,迁移者也可能进入一个已被占有的斑块,在这种情况下就会增加那里已有种群的大小,这种能使种群数量(N)增加的效应就叫救援效应,它有助于防止局部种群的灭绝。可见,已被占有的斑块越多,进行迁移的个体就越多,救援效应也就越强,局部种群灭绝的概率也就越低。

在简单的集合种群模型中借助于作出如下假定就可把握住救援效应的实质,即

$$P_e = e(1-f) \qquad \text{表达式(12)}$$

上式是说,随着有更多的斑块被占有,局部种群灭绝的概率将会下降。其中,e 是衡量救援效应强弱的一个量度,因为它决定随着另一个斑块被占有 P_e 的下降幅度。值得注意的是,如果全部斑块都被占有了($f=1$),局部灭绝概率就会等于零,但这种情况是不现实的,因为即使是在饱和的条件下也会存在一些内在背景的灭绝风险。在存在一个外部的繁殖体雨和救援效应的前提下将表达式(12)代入基本模型方程(3),得

$$\frac{\mathrm{d}f}{\mathrm{d}t} = P_i(1-f) - ef(1-f) \qquad \text{方程式(7)}$$

如前,我们让方程(7)等于零,然后求 f 的平衡值

$$ef(1-f) = P_i(1-f) \qquad \text{表达式(13)}$$

$$ef = P_i \qquad \text{表达式(14)}$$

两边都除以 e,得

$$\hat{f} = \frac{P_i}{e} \qquad \text{方程式(8)}$$

正如最初的岛屿-大陆模型那样,在有繁殖体雨和救援效应的情况下,集合种群肯定可以存活下去。事实上,如果灭绝参数(e)小于定居概率(P_i)的话,集合种群就将处于平衡饱和状态,全部斑块都会被占有($\hat{f}=1$)。

四、第四个衍生模型

这个模型的主要特点是试图把内部定居和救援效应两者结合起来。在这种情况下,集合种群完全不受外部的影响,无论是定居概率还是灭绝概率都是已定居斑块百分数的函数。该模型方程式是来自把表达式(8)和(12)代入方程式(3)所得的结果,即

$$\frac{\mathrm{d}f}{\mathrm{d}t} = if(1-f) - ef(1-f) \qquad \text{方程式(9)}$$

但是,如果试图让方程式(9)等于零,然后求 f 解,你会发现没有简单的解,而是“平衡”取决于 i 和 e 的相对大小。如果 $i>e$,迁入率 $if(1-f)$ 就总会大于灭绝率 $ef(1-f)$,所以集合种群就将得到发展直到 $f=1$ 为止(即区域饱和为止)。相反,如果 $e>i$,灭绝率就会大于迁入率,集合种群就将收缩,直到 $f=0$(区域灭绝)。如果 i 和 e 发生随机波动,集合种群就会在这两个平衡

点之间发生波动。最后，如果 $i=e$，f 就不会发生变化，因为迁入率总是等于灭绝率。假如有某些内部作用力改变了 f，那么它就会固定在这个新的平衡值上，这就是所谓的中性平衡(neutral equilibrium)。

上面我们所讨论过的集合种群模型都把定居看做是要么来自于内部，要么来自于外部。同样，灭绝要么是独立的，要么是有救援效应的介入(表 15-1)。这 4 种可能的情况实际是代表着一个连续体的终点。在大多数集合种群中，定居要么是来自内部产生的繁殖体，要么是来自外部"大陆"产生的繁殖体。灭绝也同样有其内在因素和外在因素。这些因素综合起来可以构建一个更具普遍意义的集合种群模型，它应当包括本章作为特例提出来的 4 种模型。

表 15-1　集合种群的 4 种模型

		灭　绝	
		独　立	有救援效应介入
定居	来自外部(繁殖体雨)	$\frac{df}{dt}=P_i(1-f)-P_ef$	$\frac{df}{dt}=P_i(1-f)-ef(1-f)$
	来自内部	$\frac{df}{dt}=if(1-f)-P_ef$	$\frac{df}{dt}=if(1-f)-ef(1-f)$

第六节　集合种群研究的几个实例

一、花斑蝶

花斑蝶(*Euphydryas editha bayensis*)种群栖息在很多离散的环境斑块内，从而形成了一个很大的集合种群。成虫春季羽化，雌蝶喜欢把卵产在一年生的车前草(*Plantago erecta*)上，这种寄主植物构成了蝶幼虫的食物，幼虫取食 1 或 2 周后便开始进入夏季滞育或休眠期。当 12 月至来年 2月温度较低的雨季到来时便又重新恢复取食，接着便结茧化蛹。车前草生长在美国加州北部的草原上，但草原是被蜿蜒曲折的山地地形和岩石露头分割为许多远近不同和大小不一的斑块，就是这些斑块为花斑蝶种群提供了潜在的定居点(图 15-3)。栖息在这一区域的花斑蝶已被连续研究了 30 多年。

气候的波动可以破坏花斑蝶及其寄主植物在生活史上的同步化并引起局部灭绝。例如，在 1975～1977 年的严重干旱期间，至少已有 3 个花斑蝶种群灭绝了。1986 年曾记录到一些很小的种群在空白斑块内成功地重新定居下来。摩根山(Morgan Hill)栖地是一个很大的斑块，斑块内的种群含有成百上千的花斑蝶。由于这个斑块面积很大而且地形多样，所以这个种群安全地度过了干旱期并成了其他空白斑块的一个定居者源。

花斑蝶集合种群在某些方面与岛屿-大陆模型很相似，在这个模型中存在一个持久的外部的定居者源。虽然我们提出的简单集合种群模型都假定所有的斑块都是一样的，但这一假定显然不符合花斑蝶的实际情况。在越是接近摩根山种群的斑块内发现花斑蝶种群的可能性也越大，那里寄主植物的密度很大。为达到自然保护的目的，首先应保护好摩根山的花斑蝶种群，因为它为其他斑块提供着定居者，其重要性相当于岛屿-大陆模型中的大陆。

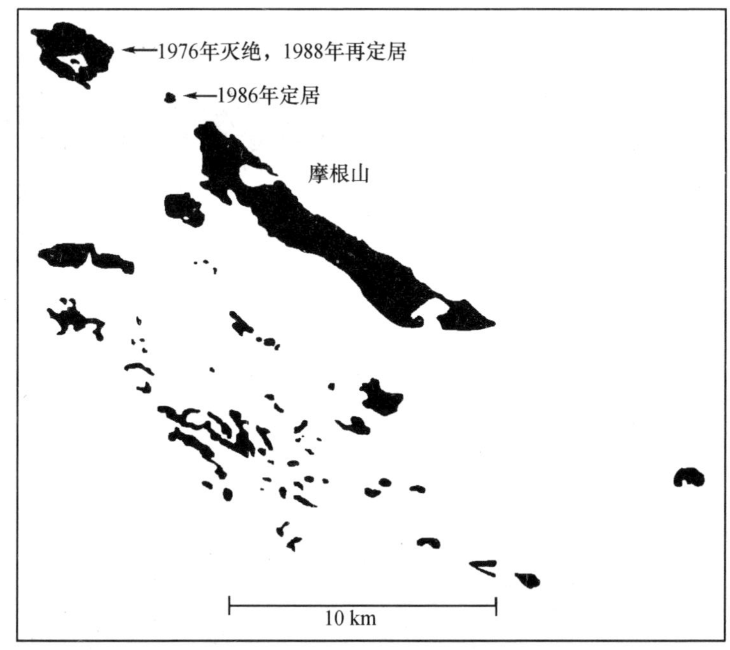

图 15-3　加州北部车前草草原的斑块状分布

黑色部分是大小不一的草原斑块，其中摩根山斑块最大，对其他小斑块来说是一个持续的定居者源，其作用相当于岛屿-大陆模型中的大陆

二、步行甲

并不是所有的集合种群都像花斑蝶那样分布在有明确边界的离散斑块内，即使不存在离散的生境斑块也可能形成集合种群。在荷兰北部用陷阱诱捕的方法对步行甲（*Pterostichus versicolor*）种群已进行了整整 35 年的研究。采用放射标记的方法发现，大多数个体都在一个很小的范围内活动，例如，90％的个体一天的移动距离都不足 100 m，因此在一个不太大的范围内就可以含有几个不同的亚种群，并在这些亚种群之间存在个体的迁移。

图 15-4(a)是该种步行甲（*Pterostichus versicolor*）19 个亚种在 21 年间的种群数量动态曲线。从图中可以看出，虽然这些种群的数量波动是非同步化的，但在这 21 年期间几乎没有发生灭绝。这可能是因为在任一时刻都有一些种群处于数量增长状态，因此可以起到源种群（提供定居者）的作用，这有助于防止其他衰落汇种群（接受定居者）的灭绝。与此相反的是，在此期间另一种步行甲（*Calathus melanocephalus*）的种群波动是基本同步化的（图 15-4(b)）。其结果是，当环境条件变得不利时对所有种群都是同样不利的，此时就不存在源种群了，因此常常会导致一些种群灭绝。前一种步行甲由于各个亚种群种群数量动态的非同步化而分散了灭绝的风险，而后一种步行甲因各个亚种群行为的一致性而增加了灭绝的风险。但至今尚不清楚的是，为什么这两种步行甲的种群动态会存在这样的差异，但显然集合种群的结构对局部灭绝是有影响的，很可能对长期存活也有影响。

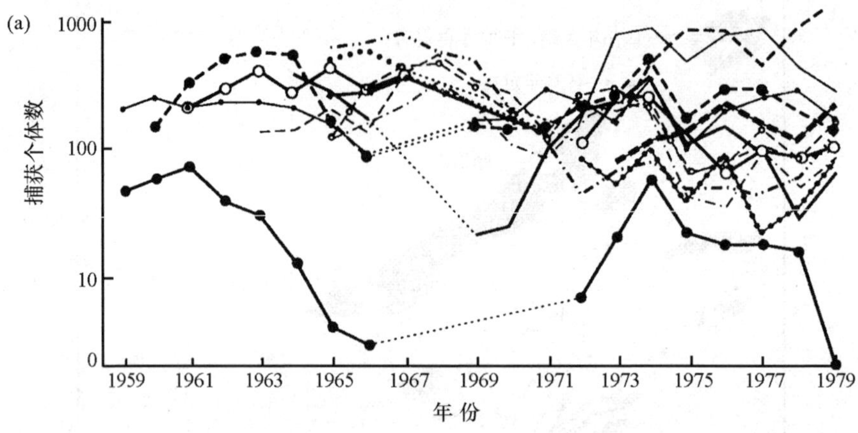

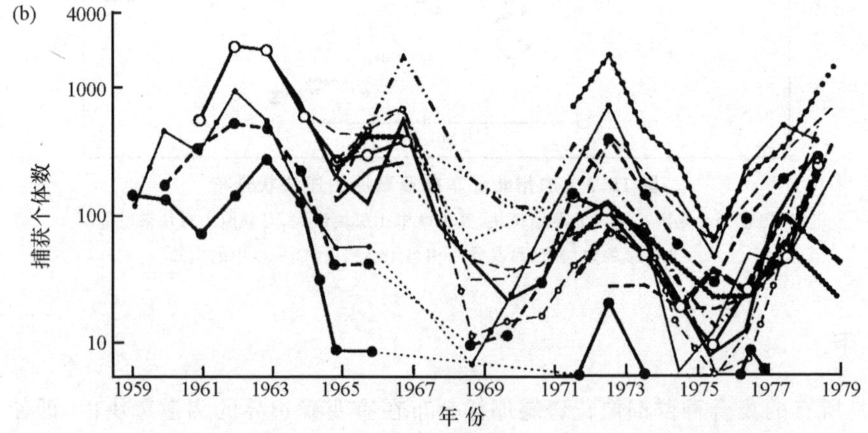

图 15-4　(a) 步行甲集合种群的种群数量动态，21 年间几乎没有发生灭绝；(b) 另一种步行甲集合种群的种群动态，其动态的同步化更容易引起种群的局部灭绝

三、河流中的鱼

河流中的鱼类种群也能形成集合种群，因为它们经常会因洪水泛滥和干旱而发生局部灭绝，而且各斑块之间也有个体迁移。曾对美国 Cimmaron 河 10 个斑块中的鱼进行了连续 10 年的研究，所获得的资料足以用于估算局部灭绝率和定居率。在所研究的 46 种鱼中，每种鱼都能计算其所占斑块数和平均灭绝概率与定居概率。正如本章集合种群模型所预测的那样，当有更多的斑块被占有时，P_e 是随着 P_i 的增加而下降的。值得注意的是，与基本模型预测不一样的是，P_e 和 P_i 与 f 的作图关系不是线性的(图 15-5)。这就是说，要想精确地描述集合种群还需要一些不同种类的方程。还应指出的是，图中的每一个点都代表一个不同的物种，而集合种群模型所描述的是单个物种的行为，但采用单个物种构图所获得的结果是很相似的。

与花斑蝶的实例一样，河流中鱼的生境质量也是随地点的不同而有所改变的，河源头处的水就比河口处的水浅，而且条件多变，因此栖息在这里的鱼其灭绝概率就比较高。灭绝概率也会随着时间的推移而发生变化。例如，Cimmaron 河中的棱背鲂(*Notropis girardi*)曾是广泛

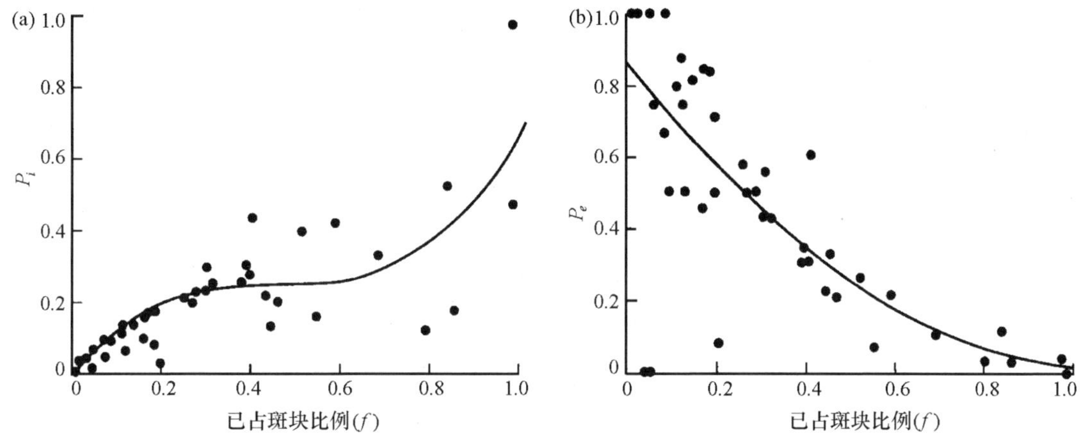

图 15-5　Cimmaron 河中鱼类的局部定居(P_i)和局部灭绝(P_e)概率

每个点都代表一个不同的鱼种，是 10 年所获资料的平均值。正如集合种群模型所预测的那样，(a) 定居概率随已占斑块比例的增加而增加；(b) 灭绝概率随已占斑块比例的增加而下降

分布的一种淡水鱼，但经常会因河流干涸、污染和水质变化而发生局部灭绝，之后因灭绝概率明显超过了定居概率而于 1986 年从 Cimmaron 河中完全消失。虽然河流鱼类集合种群的资料进一步确认了集合种群模型的一般特征，但如果要想能预测一个物种的灭绝(如河鱼棱背鲂)，还需要有更详细的关于种群大小和斑块质量的信息。

第七节　集合种群的习题及题解

一、集合种群习题

1. 习题 1

假如你正在研究一种稀有而美丽的昆虫蚁狮(*Euroloen sinicus*)(属昆虫纲脉翅目蚁蛉科)。该种蚁狮种群分布在一群岛屿及其相邻的大陆上，大陆可作为永久性的定居者源(即大陆种群是源种群)。假定大陆是唯一的定居者源和各岛屿种群的灭绝是彼此不相关的。

(1) 如果 $P_i=0.2$，$P_e=0.4$，请计算达到平衡状态时被定居岛屿所占的比例；

(2) 如果相邻大陆因人类活动的扩展而把蚁狮种群完全排除掉了，但保留了各个岛屿上的种群作为永久性的“蚁狮自然保留地”。在这种情况下，假定 $P_e=0.4$ 和 $i=0.2$，请预测一下当大陆蚁狮的源种群消失后岛屿种群的命运如何。

2. 习题 2

在一个池塘中生活着 100 只青蛙，这是一个濒危的青蛙种群。为了保护这个濒危种群，有人建议把它分为 3 个种群，每个种群由 33 只青蛙组成，并分别放养在 3 个彼此隔离的池塘内。根据种群统计学研究可知，青蛙种群数量由 100 只减少到 33 只将会使年灭绝风险从 10%增加到 50%。请问在短期内哪一种对策更好？是保留单一种群呢，还是把它分为 3 个种群？

3. 习题 3

假如一个集合种群具有繁殖体雨和救援效应，主要参数是：$P_i=0.3$，$e=0.5$ 和 40%的斑块已被占有，请问在这种情况下这个集合种群是扩大，还是缩小？

二、集合种群习题题解

1. 习题1题解

(1) 因为定居者源是外部的，而各岛屿种群的灭绝又是独立的，因此这个集合种群符合岛屿-大陆模型，即方程式(3)。在这种情况下，通过解方程(4)，就可求得平衡值

$$\hat{f} = \frac{P_i}{P_i + P_e} = \frac{0.2}{0.2 + 0.4} = 0.33$$

(2) 在丧失大陆种群的情况下，定居就会成为完全的内部定居，因此这个集合种群完全符合方程式(5)的描述，即内部定居和独立灭绝。通过解方程(6)，就可求得平衡解

$$\hat{f} = \left(1 - \frac{P_e}{i}\right) = \left(1 - \frac{0.4}{0.2}\right) = -1$$

由于平衡值小于零，所以岛屿种群将会全部灭绝。也就是说，它们的存活依赖于大陆种群的存在。

2. 习题2题解

就单一池塘来说，青蛙种群的存活概率是(1－0.1)＝0.9。但就3个池塘来说，我们可利用方程式(2)和一个新的 P_e 值(即0.50)来计算。在这种情况下，3个池塘中至少有一个池塘青蛙种群存活下来的概率是

$$P_x = 1 - (P_e)^x = 1 - (0.50)^3 = 0.875$$

所以就短期来看，保持单一种群的存活概率(0.90)稍高于分成3个种群的存活概率(0.875)。就长期来看，最好的对策将取决于青蛙的种群动态。如果每个被分开的种群在数量上能够很快增长到100只、甚至更多的青蛙，那么就值得冒短期风险，因为这样做有可能培养出3个有生存力的青蛙种群而不是一个。

3. 习题3题解

由于集合种群具有繁殖体雨和救援效应，因此它的种群动态可以用方程式(7)描述，即

$$\begin{aligned}\frac{\mathrm{d}f}{\mathrm{d}t} &= (P_i)(1-f) - ef(1-f) \\ &= (0.3)(1-0.4) - (0.5)(0.4)(1-0.4) \\ &= 0.18 - 0.12 \\ &= 0.06\end{aligned}$$

由于0.06大于零，因此这个集合种群是在扩展的。同时，我们也可以用方程式(8)求平衡状态下被占斑块的百分数

$$\hat{f} = \frac{P_i}{e} = \frac{0.3}{0.5} = 0.6$$

由于40%的斑块已被占有，即 $f=0.4$，此值尚小于0.6的平衡值。由此也可以看出，这个集合种群正处于扩展期。

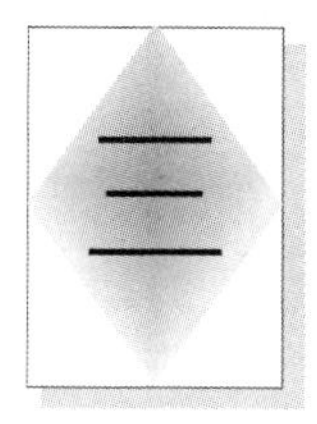

第16章　种群间的相互关系

第一节　种群相互关系的类型

两个种群可以彼此相互影响，也可以互不相扰。如果彼此相互影响的话，这种影响可以是有利的，也可以是有害的。因此，我们可以用一个加号(＋)表示有利，用一个减号(－)表示有害，而用一个零号(0)表示无利也无害。用这种方式就可以很方便地把种群之间的各种相互关系表达出来。例如，如果两个种群互不影响，就可以表达为(0,0)；互相有利可以表达为(＋,＋)；互相有害可以表达为(－,－)；对一方有利而对另一方有害可以表达为(＋,－)；其他的相互关系还有(－,0)和(＋,0)等。总之，种群之间可以以上述6种方式中的任何一种彼此相互作用(表16-1)。

表16-1　两种群之间可能存在的各种相互关系

关系类型	物种 A	物种 B	关系的特点
竞　争	－	－	彼此互相抑制
捕　食	＋	－	种群A杀死或吃掉种群B中一些个体
寄生和贝次拟态	＋	－	种群A寄生于种群B并有害于后者
中　性	0	0	彼此互不影响
共　生	＋	＋	彼此互相有利，专性
互惠(原始合作)和谬勒拟态	＋	＋	彼此互相有利，兼性
偏　利	＋	0	对种群A有利，对种群B无利也无害
偏　害	－	0	对种群A有害，对种群B无利也无害

注：谬勒拟态是指两个有毒物种互相模拟，以减轻捕食者对每一个物种的捕食压力。

如果两个种群彼此发生有害影响，这种关系就是竞争(－,－)。竞争关系通常发生在两个种群共同利用同一短缺资源的情况下，此时每个种群的存在都会抑制另一种群的发展。捕食(＋,－)是指一种群以另一种群为食，从而对被食者种群有害而对自己有利。寄生(＋,－)实质上很像捕食，所不同的是寄生通常不会被杀死，而是被缓慢地取食。中性关系是指两个种群彼此互不影响，毫不相干，这种关系在自然界可能极少或根本不存在，因为在任何一个特定的生态系统中，所有的种群都可能存在着间接的相互关系。对两个种群都有利的相互关系(＋,＋)，如果这种关系是专性的(即缺少一方，另一方也不能生存)，就叫共生；如果这种关系是兼性的(即解除关系后双方都能生存)，就叫互惠或原始合作。当对一个种群有利而对另一个种群无利也无害时，这种关系就叫偏利(＋,0)。如果对一个种群有害而对另一个种群无利也无害(一,0),这种关系就叫偏害。在以上6种种群相互关系中,以竞争和捕食关系最为常见,也最为重要,因此是本章所要讨论的重点。

第二节　竞　　争

生活在同一地区的两个物种,由于利用相同的资源,常可导致每一个物种的数量下降。所谓资源,对植物来说包括阳光、水分、空间和营养物质,对动物来说则包括食物、空间和水等。与其他物种竞争可以导致出生率下降或死亡率上升,例如在较冷气候条件下越冬鸟类的数量主要决定于冬季的食物供应,因此吃同类食物的其他鸟类的存在就会使越冬期间的死亡率增加,也可能造成来年春季的出生率下降。应当指出,资源竞争可以发生在同种个体之间(种内竞争),也可以发生在不同物种之间(种间竞争)。

有时,竞争关系表现得非常明显,当一个物种损害另一个物种或一个物种直接排挤另一个物种使其得不到资源时,就属于这类明显的竞争。例如,藤壶就常排挤其他的种类,甚至直接生长在其他藤壶的上面。有时,竞争表现得比较微妙和隐蔽。例如,植物之间借助于它们的根系和分泌异株克生物质(allelopathic chemicals)而互相竞争水分;又如,吃相同食物的动物往往在不同的时间外出觅食,有的白天取食,有的夜晚取食。

一般说来,我们可以把竞争区分为两种类型:一种是干扰竞争(interference competition或contest competition),即一种动物借助于行为排斥另一种动物使其得不到资源;另一种竞争类型是利用竞争(exploitive competition 或 scramble competition),即一个物种所利用的资源对第二个物种也非常重要,但两个物种并不发生直接接触。下面我们就这两种竞争类型各举一个实例。

(1) 干扰竞争实例。在美国西北部的沼泽地中,经常有两种鸫在其中繁殖,一种是红翅鸫(*Agelaius phoeniceus*),一种是黄头鸫(*Xanthocephalus xanthocephalus*)。每年,红翅鸫雄鸟都在黄头鸫到来前大约一个月就在沼泽地较浅的外围地带建立起自己的领域,但当较大的黄头鸫到来后,黄头鸫便开始在水较深和植物较少的沼泽中央地区建立领域。由于黄头鸫的排挤,红翅鸫已建立的十几个领域就不得不进一步向沼泽外围退缩。

(2) 利用竞争实例。在很多生境中,蚂蚁、啮齿动物和鸟类都以植物种子为食。在亚利桑那沙漠中,Brown 和 Davidson (1977)为了研究蚂蚁和啮齿动物在种子利用上的竞争关系,曾建立了3个观察试验区:在对照区内,蚂蚁和啮齿动物共存;在第二区内,将啮齿动物全部捕获并移走,建起栅栏防止啮齿动物进入;在第三区内,用杀虫剂将蚂蚁全部清除。观察试验结果如表16-2所示,在无啮齿动物的试验区内,蚂蚁群由对照区的318群增加到543群;在无蚂蚁的试验区内,啮齿动物的数量由对照区的122只增加到了144只。显然,啮齿动物的存在减少了蚂蚁群的数量,而蚂蚁的存在也降低了啮齿动物的密度(表16-2)。

表16-2　在对照区和处理区内蚂蚁和啮齿动物的数量

	对照区	移走啮齿动物	移走蚂蚁
蚂蚁群体	318	543	—
啮齿动物	122	—	144

一、种群竞争的理论模型

大约60年前,Lotka(1925)和 Volterra(1926)奠定了竞争关系的理论基础。他们提出的竞争方程对现代生态学理论的发展有很大影响，并促进了许多新概念的提出，而这些新概念是非常有用的，如竞争系数(competition coefficients)、群落矩阵(community matrix)和分散竞争(diffuse competition)等。

Lotka-Volterra 竞争方程是在逻辑斯谛方程的基础上建立起来的，它们具有共同的前提条件。现在让我们考虑两个发生竞争的物种 N_1 和 N_2，它们各自的环境负荷量为 K_1 和 K_2(在不发生竞争的情况下)，每个物种的每个个体最大瞬时增长率分别为 r_1 和 r_2。下面的两个微分方程可以描述两个物种互相竞争时，每个物种的增长情况

$$\frac{dN_1}{dt} = r_1 N_1 \left(\frac{K_1 - N_1 - \alpha_{12} N_2}{K_1} \right) \tag{1}$$

$$\frac{dN_2}{dt} = r_2 N_2 \left(\frac{K_2 - N_2 - \alpha_{21} N_1}{K_2} \right) \tag{2}$$

其中，α_{12} 和 α_{21} 是竞争系数。α_{12} 是物种 2 的竞争系数，指物种 2 中每个个体对物种 1 种群的竞争抑制作用；同样，α_{21} 是物种 1 的竞争系数，指物种 1 中每个个体对物种 2 种群的竞争抑制作用。从竞争系数符号很容易看出是哪一个物种受到了抑制，哪一个物种施加了这种抑制。例如，α_{12} 表示 N_2 种群中的一个个体对 N_1 种群增长所起的抑制影响，而 α_{21} 则表示 N_1 种群中的一个个体对 N_2 种群增长所起的抑制影响。实质上，在环境负荷量一定的情况下，可以被物种 1 利用的环境负荷量部分既与物种 1 的个体数量有关，又与物种 2 对同一资源的利用有关。如果 $\alpha_{12}=0$，说明 N_2 种群对 N_1 种群的增长没有任何影响；如果 $\alpha_{12}=0.5$，说明 N_2 种群中一个个体的资源利用量只相当 N_1 种群中一个个体对同一资源利用量的一半。换句话说，就是 N_2 种群中 100 个个体对 N_1 种群增长的抑制作用，约相当于 N_1 种群中 50 个个体对自身种群增长的抑制作用。

在没有种间竞争的情况下(即方程中的 α_{12} 或 N_2 等于零和 α_{21} 或 N_1 等于零)，两个种群都能按逻辑斯谛方程呈“S”形增长，直到种群数量达到各自的环境负荷量为止(即达到平衡种群密度)。

根据定义，N_1 种群中每个个体对自身种群增长的抑制作用等于 $1/K_1$；同样，N_2 种群中每个个体对 N_2 种群增长的抑制作用等于 $1/K_2$。从(1)和(2)两个竞争方程中，可以看出：N_2 种群中每个个体对 N_1 种群增长的抑制作用等于 α_{12}/K_1，而 N_1 种群中每个个体对 N_2 种群增长的抑制作用等于 α_{21}/K_2。在一般情况下，竞争系数是大于 0、小于 1 的某个数值(虽然并不总是如此)，竞争的结果将取决于 K_1、K_2、α_{12} 和 α_{21} 4 个值的相互关系。以上 4 个值的不同组合可使竞争出现 4 种结果(表 16-3)。

表 16-3　根据竞争方程可能产生的 4 种竞争结果

	物种 1 能抑制物种 2 ($K_2/\alpha_{21}<K_1$)	物种 1 不能抑制物种 2 ($K_2/\alpha_{21}>K_1$)
物种 2 能抑制物种 1 ($K_1/\alpha_{12}<K_2$)	两物种都能得胜 (结果 3)	物种 2 总是得胜 (结果 2)
物种 2 不能抑制物种 1 ($K_1/\alpha_{12}>K_2$)	物种 1 总是得胜 (结果 1)	两物种都不能抑制对方(稳定平衡) (结果 4)

为了说明问题，现在让我们提出问题——当 N_1 种群达到何种密度时，刚好使 N_2 种群保持在零水平上；反之，也可以提出问题——当 N_2 种群达到何种密度时，刚好使 N_1 种群保持在

零水平上。换句话说,就是每个种群在什么密度下才能阻止另一种群的增长。结论是:N_2 种群数量达到K_1/α_{12}时,N_1 种群就再也不能增长;同样,当 N_1 种群数量达到 K_2/α_{21}时,N_2 种群就再也不能增长。

因此,在没有竞争者存在的情况下,两个种群处于各自环境负荷量(K_1 和 K_2)以下的任何密度时,都会表现为增长,而处于环境负荷量以上的任何密度时,都会表现为下降。正如上面已经提到的,在 N_2 种群中,只要有 K_1/α_{12}个个体,则 N_1 种群无论处在什么密度都会表现为种群下降;同样,在 N_1 种群中,只要有 K_2/α_{21}个个体,N_2 种群也总是表现为下降。

现在让我们回顾一下,在逻辑斯谛方程中,瞬时增长率 r 是随着种群数量 N 的增加而呈直线下降的,当种群数量达到环境负荷量 K 值时,r 值等于零。这种情况也适用于 Lotka-Volterra 竞争方程,所不同的是这里存在着 r_1 相关于 K_1 和 r_2 相关于 K_2 的一组直线,而每条直线则代表着发生竞争物种的不同种群密度(图 16-1)。

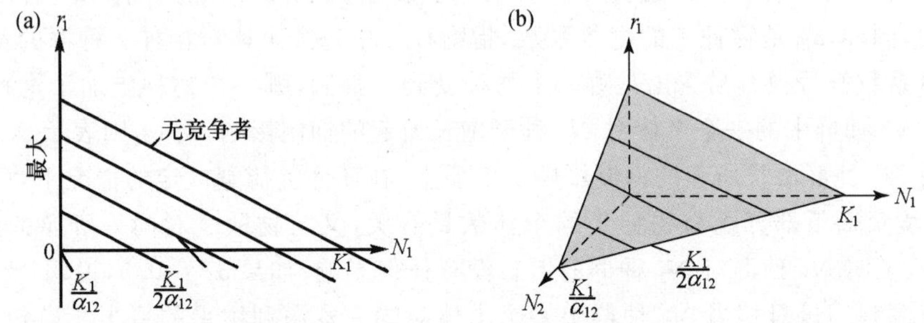

图 16-1　此图表示在竞争方程中,r_1 是如何随着 N_1 及其竞争者 N_2 的密度而改变的

(a) 二维图,4 条线各代表一个特定的种群密度;(b) 具 N_2 轴的三维图,4 条线均在一个平面上,当 $N_1>K_1$ 和 $N_2>K_1/\alpha_{12}$时,该平面延伸使 r_1 变为负值

如果把图 16-1 中的 r 轴拿掉,只以 N_1 相对于 N_2 作图,那么在 N_1-N_2 平面上的所有点就都能代表两个物种不同的数量比和每个物种的不同密度(图 16-2)。如果令方程(1)和(2)

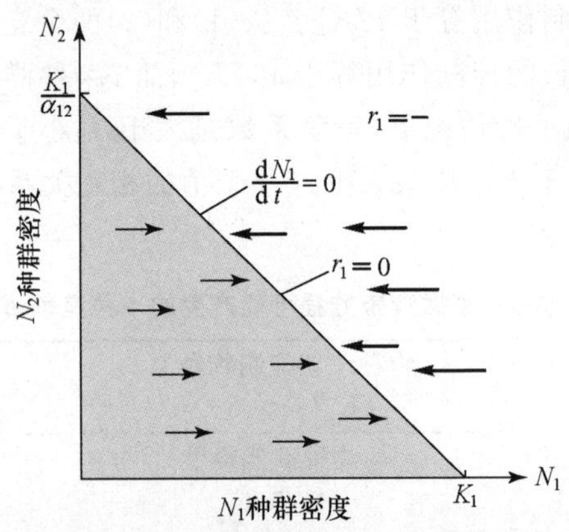

图 16-2　此图相当于图16-1(b),但只以 N_1-N_2 平面显示 $r_1=0$ 的一条直线

该线代表全部平衡条件($dN_1/dt=0$):在该线上,N_1 种群保持稳定($r_1=0$),在线的下方,r_1 为正值,N_1 种群增长;在线的上方,r_1 为负值,N_1 种群下降。在此图上同样也可以绘出竞争者 N_2 的等值线,所不同的是其截点是 K_2 和 K_2/α_{21},箭头方向将平行于 N_2 轴(参看图 16-3)

中的 dN_1/dt 和 dN_2/dt 等于零，并求解，就可以得到每个种群增长和下降之间的边界条件方程

$$\frac{K_1 - N_1 - \alpha_{12}N_2}{K_1} = 0 \quad 或 \quad N_1 = K_1 - \alpha_{12}N_2 \tag{3}$$

$$\frac{K_2 - N_2 - \alpha_{21}N_1}{K_2} = 0 \quad 或 \quad N_2 = K_2 - \alpha_{21}N_1 \tag{4}$$

用这两个线性方程作图将能得出每个物种的 dN/dt 等值线(图16-3)。在等值线下面是种群数量增长区，在等值线上面是种群数量下降区。因此，这些等值线代表着种群的平衡密度或饱和值。

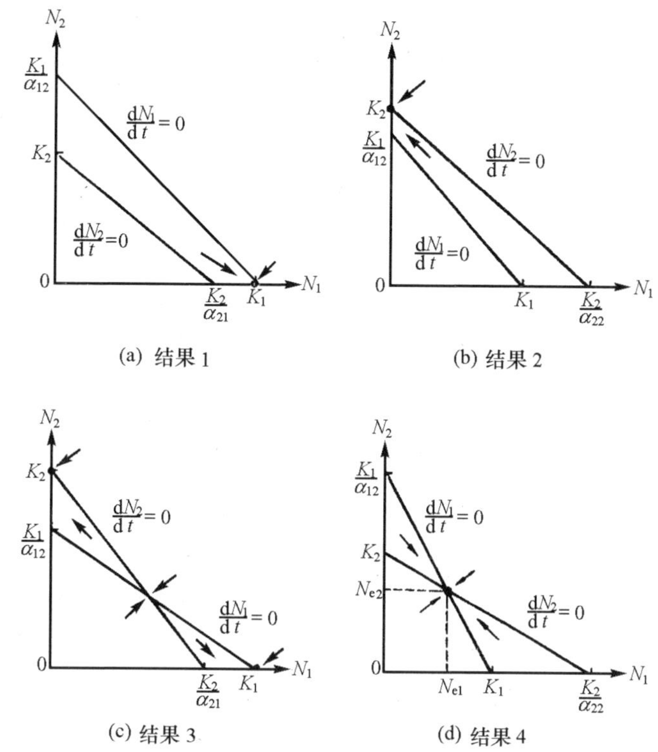

图16-3 具有两个物种等值线的坐标图，表示竞争的4种结果

(a) 结果1：N_1 等值线位于 N_2 等值线之上，物种1总是得胜，只有当 $N_1=K_1$ 和 $N_2=0$ 时才能达到稳定平衡；(b) 结果2：与结果1刚好相反；(c) 结果3：每个物种都能抑制对手，存在3种平衡，但交叉点平衡是不稳定的，稳定平衡条件是 $N_2=K_2$，$N_1=0$ 或 $N_1=K_1$，$N_2=0$，谁能得胜将决定于两物种的最初数量比；(d) 结果4：哪个物种都不能抑制对手，只存在一个平衡点，即在交叉点上(坐标为 N_{e1} 和 N_{e2})，两物种可以在它们各自环境容纳量以下，特定密度下共存

表16-3和图16-3是种群竞争4种结果的总结和图解。从中可以看出，其中只有一种情况(即结果4)可导致两个种群的稳定平衡。达到这种稳定平衡的条件是任何一个种群的密度都不能高到足以排除另一种群的程度，也就是说，必须同时满足 $K_1 < K_2/\alpha_{21}$ 和 $K_2 < K_1/\alpha_{12}$。要想满足这一点，当 $K_1 = K_2$ 时，α_{12} 和 α_{21} 必须小于1；当 $K_1 \neq K_2$ 时，α_{12} 和 α_{21} 可以大于1，只要两者的乘积小于1($\alpha_{12}\alpha_{21} < 1$)和 K_1/K_2 比值处于 $\alpha_{12} \sim 1/\alpha_{21}$，竞争双方仍然可以共存。如图16-3所示，在两个种群等值线交叉点上的种群密度都低于各自的环境负荷量 K_1 和 K_2，因此

在竞争中双方都达不到它们在无竞争时所能达到的最大种群密度。在其他 3 种竞争结果中，没有一种结果能够导致两个种群实现稳定共存。在图 16-3(c)中存在着一个不稳定平衡点，在这种情况下，竞争结果完全取决于两个种群的起始数量比。

下面我们具体分析一下两个竞争种群实现稳定共存的条件，基本条件就是 $dN_1/dt=0$ 和 $dN_2/dt=0$。若 $dN_1/dt=0$，则

$$K_1 - N_1 - \alpha_{12}N_2 = 0$$

或

$$N_1 = K_1 - \alpha_{12}N_2$$

解这一方程，可以得到 $dN_1/dt=0$ 的一条等值直线(见图 16-2)。现在我们给出 K_1 和 α_{12} 的值，即 $K_1=100$，$\alpha_{12}=0.5$，则

$$N_1 = 100 - 0.5N_2$$

如果 $N_2=0$，则 $N_1=100$(即 N_1 种群的环境容纳量)；如果 $N_1=0$，则 $N_2=100/0.5=200$。据此，我们就可以绘出这条等值线的具体位置(图16-4(a))。在这条等值线以下的区域内，N_1 和 N_2 数量任意组合都会使 dN_1/dt 为正值，因此 N_1 种群会上升(因为 $N_1+\alpha_{12}N_2<K_1$)。但是，在这条等值线以上的区域内，N_1 和 N_2 数量的任意组合都会使 dN_1/dt 为负值，因此 N_1 种群将下降(因为 $N_1+\alpha_{12}N_2>K_1$)。

以上我们只讨论了 N_1 种群的平衡条件。若使两个竞争种群都能达到平衡和稳定，dN_2/dt也必须等于零，因此

$$K_2 - N_2 - \alpha_{21}N_1 = 0$$

或

$$N_2 = K_2 - \alpha_{21}N_1$$

我们给出 K_2 和 α_{21}的特定值：$K=80$ 和 $\alpha_{21}=0.4$，则

$$N_2 = 80 - 0.4N_1$$

如果 $N_1=0$，则 $N_2=80$(即 N_2 种群的环境容纳量)；若 $N_2=0$，则 $N_1=80/0.4=200$。据此，我们同样可以把这条等值线的具体位置绘出来(图16-4(b))。在这条等值线下面的区域内，$dN_2/dt>0$；在等值线上面的区域内，$dN_2/dt<0$。

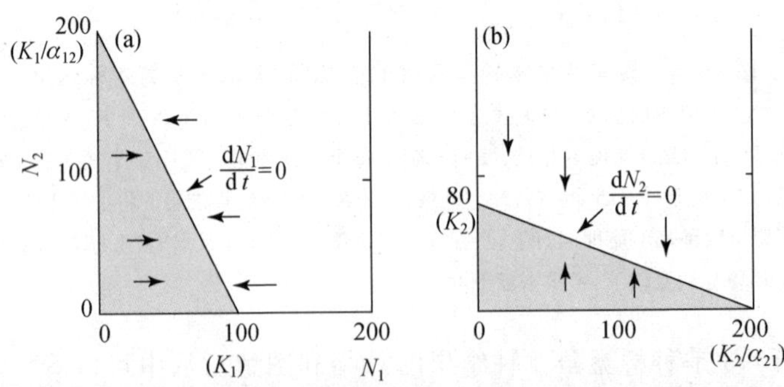

图 16-4　在发生种间竞争时，种群 1(a)和种群 2(b)的数量动态

显然，要想使两个竞争种群的数量都保持稳定不变，dN_1/dt 和 dN_2/dt 必须都等于零，这种情况只能发生在两种群等值线的交叉点上。为此，我们把图 16-4 中的两幅图合并在一起便得到了图16-5。在图中两条交叉的等值线把平面划分出了 4 个区域，无论在哪一个区域内，两

个种群数量变化的总趋势都是趋向于交叉点(如箭头所示),也就是说,无论从坐标平面上的哪一点开始,两个种群的数量都朝着一个单一的稳定平衡值演变,最终会使两个竞争种群实现稳定共存。例如,假定 $r_1=0.1$,$r_2=0.1$,并假定 N_1 种群的起始数量是 30,N_2 种群的起始数量是 120(K_1 和 K_2 仍然分别为 100 和 80),那么我们就可以计算两个竞争种群各自的数量变化。由于 N_1 和 N_2 起始数量的坐标点是在图16-5中的 1 区内,因此我们就可以知道 N_1 种群将会增长,N_2 种群将会下降。对 N_1 种群来说,其变化如下

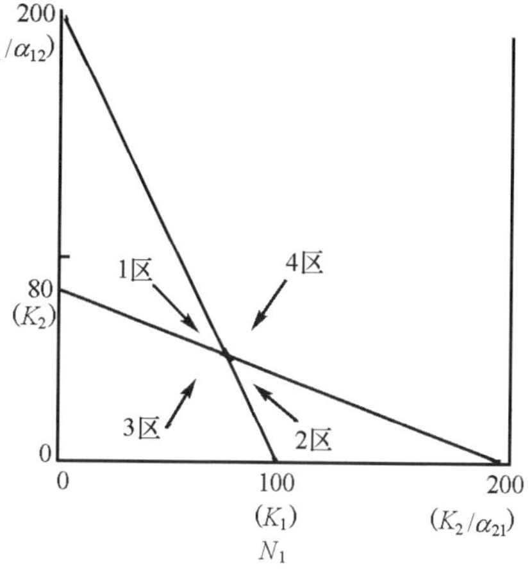

图 16-5　当两个竞争物种处于稳定共存时的种群数量动态

$$\frac{dN_1}{dt}=0.1\times30\left(\frac{100-30-0.5\times120}{100}\right)$$
$$=0.3$$

对 N_2 种群来说,其变化如下

$$\frac{dN_2}{dt}=0.1\times120\left(\frac{80-120-0.4\times30}{80}\right)$$
$$=-7.8$$

可见,一个单位时间以后,N_1 种群将由 30 增加到 30.3,而 N_2 种群将由 120 下降到 112.2。

那么,当两个种群达到稳定平衡时,每一种群的个体数量是多少呢?令上述两个方程等于零并求解,便可计算出两个种群在达到稳定平衡时的个体数量。也就是说,要使所求的 N_1 和 N_2 满足以下两个方程,即

$$N_1=K_1-\alpha_{12}N_2$$
$$N_2=K_2-\alpha_{21}N_1$$

利用已知各值(即 $K_1=100$,$K_2=80$,$\alpha_{12}=0.5$ 和 $\alpha_{21}=0.4$),就可以解这两个方程

$$N_1=100-0.5N_2$$
$$N_2=80-0.4N_1$$

把第一方程中的 N_1 值代入第二个方程,得

$$N_2=80-0.4(100-0.5N_2)$$
$$N_2=50$$

把 N_2 值代入第一个方程,得

$$N_1=100-0.5\times50=75$$

因此,两种群达到稳定平衡时,$N_1=75$,$N_2=50$,其坐标点刚好是在图16-5中两条等值线的交叉点上。应当指出的是,两个种群达到平衡时的个体数量总和是 125,比任何一个种群的环境容纳量都大。

如果把(1)和(2)两个方程改写一下,就可以得到以下两个方程

$$\frac{dN_1}{dt}=r_1N_1-\frac{r_1N_1^2}{K_1}-\frac{r_1N_1\alpha_{12}N_2}{K_1}$$
$$\frac{dN_2}{dt}=r_2N_2-\frac{r_2N_2^2}{K_2}-\frac{r_2N_2\alpha_{21}N_1}{K_2}$$

这些方程还可以加以简化,重写如下

$$\frac{\mathrm{d}N_1}{\mathrm{d}t} = r_1 N_1 - z_1 N_1^2 - \beta_{12} N_1 N_2 \tag{5}$$

$$\frac{\mathrm{d}N_2}{\mathrm{d}t} = r_2 N_2 - z_2 N_2^2 - \beta_{21} N_1 N_2 \tag{6}$$

其中，z_1 和 z_2 分别等于 r_1/K_1 和 r_2/K_2；同样，β_{12} 代表 $z_1\alpha_{12}$，β_{21} 代表 $z_2\alpha_{21}$。在方程(5)和(6)中，等号右边的第一项代表着非密度制约种群增长率，而第二项和第三项则分别代表对这种增长率的种内自我抑制和种间竞争抑制。

对于一个由 n 个不同物种组成的群落，Lotka-Volterra 竞争方程也可以改写成一种更加普适的形式

$$\frac{\mathrm{d}N_i}{\mathrm{d}t} = r_i N_i \left\{ \frac{K_i - N_i - \left(\sum_{j \neq i}^{n} \alpha_{ij} N_j \right)}{K_i} \right\} \tag{7}$$

其中，i 和 j 是指物种，并按 $1 \rightarrow n$ 排列。在稳定状态下，对于所有的 i 来说，$\mathrm{d}N_i/\mathrm{d}t$ 都必定等于零。借助于类似方程(3)和(4)的一个方程，就可以给出种群的平衡密度，该方程如下

$$Ne_i = K_i - \sum_{j \neq i}^{n} \alpha_{ij} N_j \tag{8}$$

应当注意的是，某一特定物种所具有的竞争者越多，$\left(\sum_{j \neq i}^{n} \alpha_{ij} N_j \right)$ 的值也就越大，种群的平衡密度离它的 K 值也就越远。从生物学直觉出发，也很容易理解这一点。

二、竞争排除

一个种群在竞争中是如何驱使另一个种群走向灭绝的呢？从图 16-3 中的(a)～(c) 3 种结果可以看到，当两个种群开始竞争的时候，一个种群最终会将另一个种群完全排除掉，并使整个系统趋向饱和，这一现象在生态学上就称之为竞争排除(competitive exclusion)。现在让我们考虑存在一个生态学上的真空，其中每个物种只含有极少量的个体。起初，两个种群几乎都能呈指数增长，其增长速度决定于它们各自的最大瞬时增长率。随着生态真空逐渐被填满，两个种群的实际增长率就会越来越小。然而，它们各自的增长率、竞争能力和环境容纳量不可能完全相同，因此随着生态真空的逐渐被填满，必然会出现这样一个时刻，此时一个种群的实际增长率已下降为零，而另一个种群却还在继续增长。这正代表着两个种群竞争的一个转折点，对第二个种群来说，它的继续增长不仅会强化对第一个种群的竞争抑制作用，而且会使第一个种群的实际增长率降为负值。此时，第一个种群已开始下降，而第二个种群仍在增长。这样下去，第一个种群迟早会走向灭绝，这就是竞争排除现象。

根据以上现象，有人曾提出了竞争排除原理，其主要内容是：两个在生态学上完全相同的物种不可能同时同地生活在一起，其中一个物种最终必将把另一个物种完全排除，因此，完全的生态重叠是不可能的。如果两个物种实现了共存，那么在它们之间，必然会存在生态学差异。由于在现实世界中，不可能找到两个在生态需求上完全相同的物种，因此竞争排除原理也很难通过实验加以证实。虽然如此，这一原理仍然是很有用的，因为它强调不同物种要实现在饱和环境和竞争群落中的共存，就必须具有某些生态学上的差异。

三、实验条件下的种群竞争

1. 实验一

Gause(1934)把大草履虫(*Paramecium caudatum*)和双小核草履虫(*P. aurelia*)培养在一个容器内,起初由于两种草履虫的数量都很少,所以两个种群的数量同时增长。但是几天之后,大草履虫种群数量便开始下降,最后被完全排除。另一方面,双小核草履虫种群数量增长到了它们的环境负荷量水平(稍多于 100)。然而,双小核草履虫种群达到它们环境负荷量的速度却由于大草履虫种群的存在而减慢了,这说明存在着种间竞争。从图 16-6 中可以看出,双小核草履虫在单独培养时,能够更快地使种群数量达到环境容纳量,这说明,即使大草履虫最终被完全排除了,但它的存在仍然对双小核草履虫的种群增长有影响。这个实验与种群竞争理论模型所预测的结果是一致的(参看图 16-3(a))。

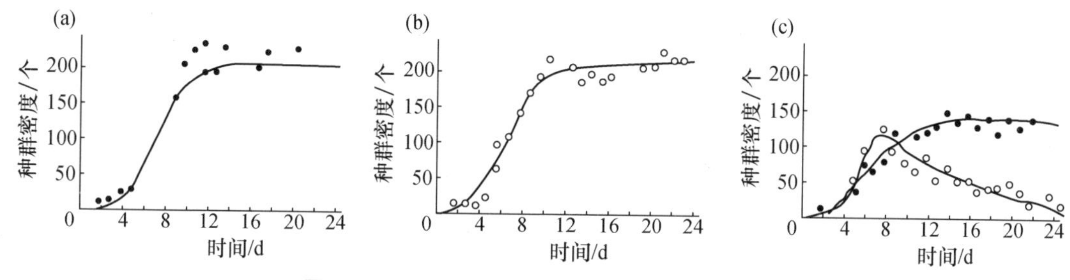

图 16-6　大草履虫和双小核草履虫之间的竞争

(a) 双小核草履虫单独培养;(b) 大草履虫单独培养;(c) 两种草履虫混合培养

2. 实验二

生态学家常常用面粉甲虫进行各种种群生态学实验,利用这类昆虫的好处之一是它们的卵、幼虫、蛹和成虫都生活在面粉里,因此便于分离和计数。如果把两种面粉放入同一盛满面粉的容器内,那么过一段时间以后,其中一种甲虫就会被另一种所排除。至于哪一种得胜,哪一种被排除则主要决定于环境条件。表 16-4 给出了两种拟谷盗(*Tribolium*)在 6 种不同环境条件下的竞争结果(Park, 1954)。在潮湿的环境条件下,赤拟谷盗(*T. cautaneum*)竞争得胜的机会较多;而在低温的环境条件下,杂拟谷盗(*T. confusum*)得胜的机会较多。

表 16-4　两种拟谷盗在不同环境条件下竞争得胜的比例

环境条件(温度,湿度)	赤拟谷盗	杂拟谷盗
高温潮湿(34 °C, 70%)	1.0	0.0
高温干燥(34 °C, 30%)	0.1	0.9
中温潮湿(29 °C, 70%)	0.86	0.14
中温干燥(29 °C, 30%)	0.13	0.87
低温潮湿(24 °C, 70%)	0.31	0.69
低温干燥(24 °C, 30%)	0.0	1.0

当赤拟谷盗同另一种面粉甲虫锯谷盗(*Oryzaephilum suranimensis*)在装有面粉的容器内发生竞争时,则总是锯谷盗被排除(图 16-7(a))。但是如在面粉中放入细玻璃管,两种甲虫便能实现共存(图 16-7(b)),因为玻璃管为锯谷盗提供了隐蔽场所(锯谷盗比赤拟谷盗小),使

锯谷盗免于被排除。也可以说，玻璃管增加了另一个生态位，使两种甲虫实现了共存。从这个实验和其他一些实验可以看出，在特定环境中，相似物种实现共存的基础是：环境要有足够的异质性，并能划分为许多不同的生态位。

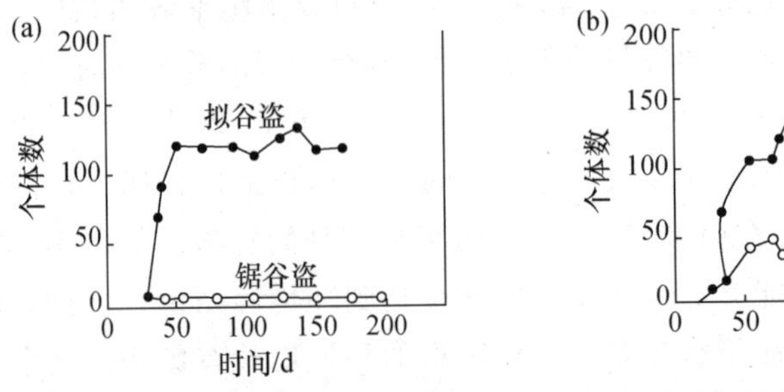

图 16-7　两种面粉甲虫竞争时的种群动态

(a) 容器只放面粉；(b) 容器内加放细玻璃管

3. 实验三

为了计算各物种对资源的利用情况，首先需要确定这些物种的资源利用范围，并获取有关的资料。在北美洲中部生活着几种太阳鱼，它们大小几乎相等，而且共同生活在小池塘里。Werner 和 Hall(1976)把这些太阳鱼饲养在实验鱼塘里，为了确定它们的食物利用情况而检查了它们的胃含物。表 16-5 列出了 4 种食物在鳞鳃太阳鱼(*Lepomis gibbosus*)和绿太阳鱼(*L. cyanellus*)胃内所占的比例。显然，这两种太阳鱼对食物资源的利用情况是有差异的，鳞鳃太阳鱼吃较多的底栖动物，而绿太阳鱼更多的是吃生活在植丛中的动物。根据表中给出的资料，可以计算出竞争系数，即 $\alpha_{12}=0.72$，$\alpha_{21}=0.82$(鳞鳃太阳鱼为物种 1，绿太阳鱼为物种 2)。有意义的是，当把这两种太阳鱼单独饲养在池塘中时，它们对食物资源的利用几乎是相同的(见表 16-5 中括号内的数字)，这表明，种间竞争曾引起了食物利用的趋异。

表 16-5　4 种食物在两种太阳鱼胃内所占的比例

(括号内为单养数据)

	植丛中的生物	底栖动物	浮游动物	其他
鳞鳃太阳鱼	0.05 (0.41)	0.34 (0.12)	0.06 (0.01)	0.05 (0.47)
绿太阳鱼	0.40 (0.43)	0.12 (0.23)	0.04 (0.00)	0.44 (0.33)

四、在自然条件下的种群竞争

竞争现象在自然界是很难直接观察到的。但是大量的观察和研究表明，竞争现象在自然界的确是存在的，而且对于很多动植物的生态学有着重要的影响。积极地回避种间竞争现象本身就说明以前曾经发生过竞争，参与竞争的物种现在已经彼此适应了对方的存在。在自然界难以直接观察到种间竞争，还因为竞争的弱者已被排除，因此在正常情况下是不可能被观察到的。

现在，生态学家已掌握了几方面的证据，证明竞争现象在自然界曾经发生过和正在发生。这些证据有以下几个方面：① 对生活在同一地区的近缘物种生态学的研究；② 特征替代现象

(character displacement);③ 对于所谓“不完全”动植物区系及其生态位相应变化的研究;④ 群落的分类组成。

近缘物种(特别是同属种)常常在形态、生理、行为和生态方面是非常相似的,因此如果它们生活在同一地区,其竞争也是最激烈的。自然选择的强大压力将会迫使它们在生态学上发生分化,这种分化可以表现在 3 个方面,即利用不同的生境或微生境;吃不同的食物;在不同的时间出来活动。这些生态学差异对于决定一个物种在群落中的作用以及它同其他物种的相互关系是非常重要的。

MacArthur(1958)曾对树莺属(*Dendroica*)中的 5 种树莺的空间利用情况进行过详细研究。这 5 种树莺同栖于同一针叶林内,MacArthur 深入观察和记载了每种树莺在针叶树上的觅食部位和所花费的时间,结论是每种树莺对针叶树都有自己独特的利用方式,主要表现为在树丛中的觅食部位有明显划分(图 16-8)。

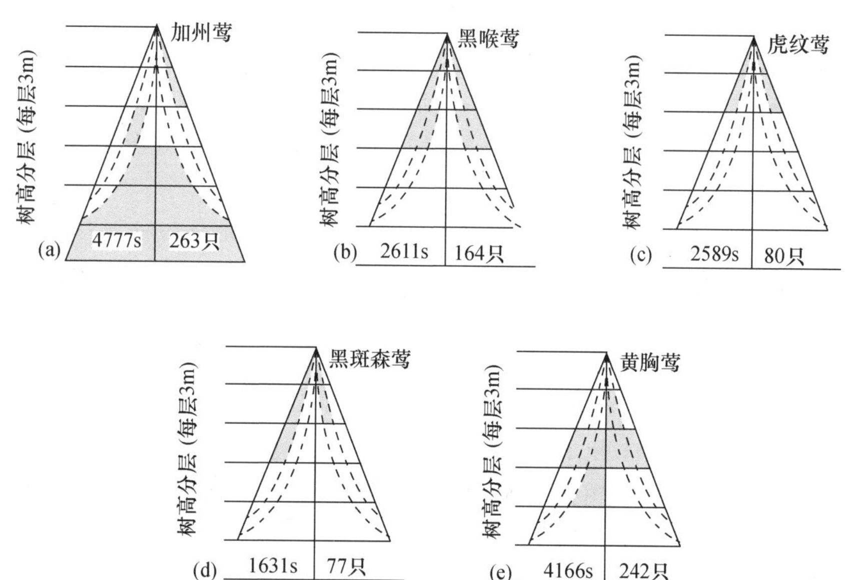

图 16-8　树莺属中,5 种同地分布的树莺在针叶树上觅食部位的空间分化

阴影区是每种树莺觅食活动最集中的部位,每图右半面是依据观察到的总鸟数绘制(观察数写在树下),每图左半面是依据观察总时间(s)绘制的(观察时间写在树底下),树高分 5 层,每层高 3 m

领域现象在动物界的普遍存在也说明在自然界存在着种内和种间竞争。正是由于这种竞争才导致了领域行为的进化,领域行为可以有效地减少竞争。

如果资源在不同时间存在差异的话,生态相似物种在活动时间上的分离也可有效地减少竞争。对于可迅速更新的资源来说就更是如此,因为这种资源在任一时刻的资源量都较少受到此前利用状况的影响。最明显的活动时间分离就是日活动和夜活动的分离,如鹰和猫头鹰、雨燕和蝙蝠、蝗虫和蟋蟀等就是最突出的例子。单就白天来讲,各种动物也有不同的活动时间,有的种类清晨活动,而有些种类则在中午活动。

近亲物种之间的食物分化也很常见。例如,栖息在夏威夷潮线下珊瑚礁上的 8 种芋螺(*Conus*),每种都有自己最偏爱的食物,同属的 8 个近缘物种虽然生活在同一生境,但由于食物分化明显,便能够实现共存(表 16-6)。分布在同一地区内的近缘物种,其食性产生分化的事实在昆虫(如 *Arcynopteryx* 属的 3 种石蝇所吃猎物的大小不同)、蜥蜴(如不同种的沙蜥分别以蚂蚁、白蚁、其他蜥蜴和植物为主要食物)、鸟类和哺乳动物中都很常见。

表 16-6　芋螺属(*Conus*)中 8 个物种的食性分化

种　名	腹足类	肠鳃类	沙　蚕	矶沙蚕	蛰龙介	其他多毛类
C. flavidus	0	4	0	0	64	32
C. lividus	0	61	0	12	14	13
C. pennaceus	100	0	0	0	0	0
C. abbreviatus	0	0	0	100		
C. ebraeus	0	0	15	82	0	3
C. sponsalis	0	0	46	50	0	4
C. rattus	0	0	23	77	0	0
C. imperialis	0	0	0	27	0	73

同地分布的近缘物种在空间、时间和食性方面同时发生分化的记载也有不少,例如 *Ctenotus* 属的几种同地分布的蜥蜴,不仅在不同时间、不同地点觅食,而且它们的食性也各不相同。在这种情况下,一对物种往往在某一方面重叠较多,而在另一方面就重叠较少,这样就可大大减少它们之间的竞争。

特征替代现象是指同地分布近缘物种之间的差异往往比异地分布时所表现的差异大。原因是同地分布时,彼此由于竞争而发生分化;而异地分布时,由于无竞争而分化不明显。这种由于竞争而引起的分化可以表现在形态、行为和生理各个方面。形态上的分化常表现为取食器官(如口器、喙和颚等)大小的不同,猎物的大小往往与取食器官的大小和结构密切相关,因此,口器的差异即意味着食性的分化。形态上的特征替代还常常表现在身体的大小方面,例如,两种泥螺(*Hydrobia ulvae* 和 *H. ventrosa*)在它们重叠分布区内,个体平均壳长前者为 4.5 mm,后者为 2.8 mm,而在它们非重叠分布区内则分别为 3.3 和 3.1 mm。可见,由于竞争的存在,使两种泥螺壳长的差异明显加大了。

自然界存在竞争的另一个证据是来自对所谓"不完全"生物区系的研究,例如,海岛就属于这种区系。在海岛上缺少大陆上的许多物种,而侵入海岛的那些物种又常常扩展它们的生态位,并可利用一些新生境和新资源,而这些新生境和新资源在竞争较为激烈的大陆上往往是被其他物种所占有的。例如,百慕大(Bermuda)岛上的鸟类要比大陆鸟类少得多,但有 3 种鸟类数量最多,即拟腊嘴雀、猫声鹅和白眼绿鹃。同大陆相比,这 3 种鸟的数量要比大陆多得多,它们所占有的生境范围也更加广阔。此外,所有这 3 种鸟的觅食习性与大陆鸟也略有不同,至少有一种鸟,即白眼绿鹃,其觅食技巧要比大陆个体更加多种多样。

我们可以把高山山顶看成是大陆上的孤岛,就像百慕大是海洋里的孤岛一样。山顶和岛屿往往有着相似的生态现象,例如,在美国东部山地分布着无肺螈属(*Plethodon*)的两种蝾螈(*P. jordani* 和 *P. glutinosus*)。当这两种蝾螈共同生活在一个山地时,它们各自占有一定的海拔高度,*P. jordani* 分布在高海拔处,而 *P. glutinosus* 分布在低海拔处,两者的垂直重叠高度绝不会超过 70 m,山顶上只有前者没有后者。但是在相邻的一座山上,由于没有 *P. jordani*,另一物种 *P. glutinosus* 便可分布在较高的山地,常常可到达山顶。

生态位在种间竞争减弱情况下的扩展常被称为生态释放(ecological release),生态释放现象本身就意味着存在竞争。当把大陆生物引入岛屿时，岛上的本地生物常因竞争排除而灭绝。例如，自从欧洲的雀鸟和椋鸟引入夏威夷岛以后，仅产于夏威夷岛的许多特有鸟类很快就消失了。类似现象在澳洲大陆也发生过，随着有胎盘哺乳动物的引入(如欧洲的野犬和狐)，本地有袋类哺乳动物也曾发生过灭绝。这种灭绝过程主要是因为引入种与本地种生态位重叠太大，两者无法共存，而引入物种常常又是竞争优势种，在自然选择尚未来得及产生特征替代或发生生态位分离以前，竞争劣势种就灭绝了。

通过对自然种群作各种人为处理(如移走、引入和转地)，也能获得有关竞争的一些信息。选用不太活动的动物最适于进行这方面的研究。Menge(1972)曾对生活在珊瑚小岛潮间带的两种海星作了人为处理，他把个体较大的海星(*Pisaster ochraceus*)从一个小岛上全部拿走，并移放到另一个小岛，而第三个小岛则不作任何处理以作对照。结果，大海星被全部拿走后，个体较小的一种海星(*Leptasterias hexactis*)的体重有了明显增加，因为在两种海星之间有食物竞争关系。另一个小岛移入大海星后，生活在那里的个体较小的海星(*L. hexactis*)体重又明显下降。而在对照小岛上，小海星的体重保持不变。这一研究揭示了种间竞争的存在。在另一个类似的野外研究中，Dunham (1980)对于栖于岩石地带的大小两种鬣蜥作了相互移走的处理。在食物短缺的两个干旱年份，当把大鬣蜥(*Sceloporus merriami*)移走时，发现小鬣蜥(*Urosaurus ornatus*)不仅种群密度增加了，而且生长速度、体内脂肪含量和越冬前的体重都比对照有明显增加。但是，在昆虫资源(食物)极丰富的两个湿润年份作同样的处理，结果与对照没有明显差别。在两个干旱年份里，如果把小鬣蜥移走，发现对大鬣蜥也有影响，但唯一的影响是大鬣蜥在其中一个年份里的存活率有较大提高。显然，两种鬣蜥之间的竞争力并不是对等的，而且在不同的年份竞争强度也不一样。

第三节　捕　　食

捕食现象是指一个物种的成员以另一物种成员为食，而被食者常常会被杀死(虽然并不总是如此)。狭义的捕食概念只包括动物吃动物这样一种情况，而广义的捕食概念除包括上述一种情况外，还包括植食(herbivory)、拟寄生(parasitoidism)和同种相残(cannibalism)3 种情况。植食现象是指动物以绿色植物及其种子和果实为食，动物吃植物通常不会造成植物的死亡，但却会给植物造成损害。拟寄生是指昆虫界的寄生现象(即昆虫寄生在昆虫体内)，寄生昆虫常常把卵产在其他昆虫体内(寄主)，待卵孵化为幼虫后便以寄主组织为食，直到寄主死亡为止。同种相残是捕食的一种特殊形式，即捕食者(predator)和猎物(prey)均属于同一物种。

广义捕食的以上 4 种形式(即肉食、植食、拟寄生和同种相残)都可以用同一数学模型加以描述。生态学家常常从理论和应用两个方面研究捕食对种群的影响，因为这个问题对人类具有重要的经济意义。

捕食是一个重要的生态学现象，因为：① 捕食可限制种群的分布和抑制种群的数量，如果受抑制的种群是有害动物的话，那么捕食现象就可用于防治目的；② 捕食现象同竞争一样，是影响群落结构的主要生态过程；③ 捕食是一个主要的选择压力，生物的很多适应都可以用捕食者和猎物之间的协同进化(coevolution)加以说明。下面我们就从描写捕食过程的数学模型开始谈起。

一、捕食过程的数学模型

第一个预测捕食者种群及其资源种群数量变化的数学模型是由 Lotka AJ 和 Volterra V 在 20 世纪 20 年代提出来的。他们用数学方程说明了在捕食者-资源系统中，一个物种的种群数量对另一物种种群数量的反影响。他们的基本假设是：捕食者种群的出生率是资源种群数量的一个函数，而资源种群的死亡率也是捕食者种群数量的一个函数。这里，我们用 P 代表捕食者的种群数量，用 R 代表资源种群的数量。

首先，让我们看看资源种群的增长率，假定在捕食者不存在的情况下，资源种群将按指数增长，即

$$\frac{\mathrm{d}R}{\mathrm{d}t}=rR$$

其中，r 代表资源种群的增长率。如果捕食者存在，那么资源种群的增长率就会因捕食者的数量及其捕食能力而下降。这种下降可以用下述方程表达

$$\frac{\mathrm{d}R}{\mathrm{d}t}=(r-aP)R$$

其中，a 是一个常数，代表捕食者个体攻击的成功率。如果 P 是常数，那么 R 就会呈指数增长或下降。

因为捕食者依赖于作为食物的资源种群，所以，如果资源种群不存在，捕食者种群就会呈指数下降，这种下降可用下述数学方程表达

$$\frac{\mathrm{d}P}{\mathrm{d}t}=-dP$$

其中，d 代表在资源种群不存在时的捕食者死亡率。但是，当资源种群存在时，捕食者种群的增长率就会取决于资源种群的数量及捕食者利用资源种群的能力。捕食者种群的这种增长率可以表达为

$$\frac{\mathrm{d}P}{\mathrm{d}t}=(-d+bR)P$$

其中，b 是一个常数，代表捕食者将资源种群转化为新生捕食者的个体转化率（individual conversion rate）。如果 R 是常数，那么 P 就会呈指数增长。

值得注意的是，当把这两个方程写成二项式时，它们的最后一项（即 $-aPR$ 和 bPR）都包含有两物种数量的乘积（即 PR）。不难看出，由于捕食作用，无论是资源种群增长率的下降还是捕食者种群增长率的提高，都可以很快发生变化，因为导致发生这种变化的该项是两个物种联合密度的函数。

现在让我们求两个种群处于平衡时的方程解。对资源种群来说，只有当 $r-aP=0$ 时，种群增长率才能等于零。换句话说，只有当 $P=r/a$ 时，才能使 $\mathrm{d}R/\mathrm{d}t=0$，即资源种群不再发生数量变化。正如以前我们处理两个竞争种群时所采用的方法一样，现在我们也采用作图法，即以捕食者种群数量为一个轴和以资源种群数量为另一个轴作图。图 16-9(a)中的水平线代表着资源种群的零等值线，即代表种群平衡。在该线以上，由于捕食者数量多，资源种群将会下降；在该线以下，由于捕食者数量少，资源种群将会增长。

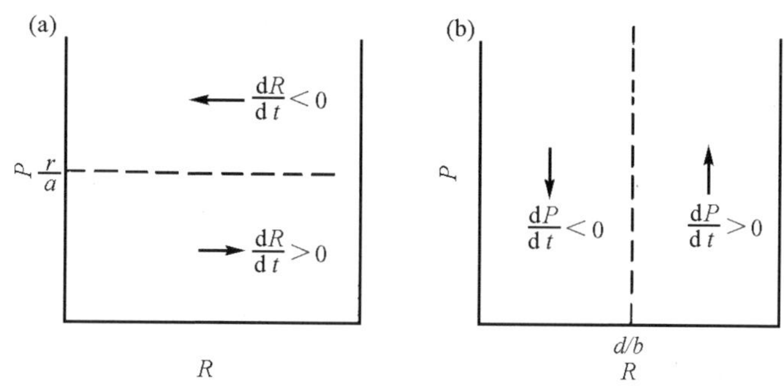

图 16-9　资源种群和捕食者种群的数量变化

(a) 资源种群,(b) 捕食者种群

对捕食者种群来说,种群平衡的条件是

$$-d+bR=0$$

也就是说,此时捕食者种群的增长率等于零。因此,只有当 $R=d/b$ 时,才能使 $dP/dt=0$,即捕食者种群的数量不再发生变化。这种情况可用图 16-9(b)中的垂直线表示,这就是捕食者种群的零等值线。在该线右面,捕食者种群将会因资源种群过剩而增长;在该线左面,捕食者种群将会因资源种群数量不足而下降。

如果把图 16-9 中的两图合并为一图,便会得到图 16-10。图 16-10 中两个种群零等值线的交叉点应该是一个稳定平衡点,即在这个点上,$dR/dt=0$ 和 $dP/dt=0$。但实际上,如果两个种群的起始数量位于交叉点外的某处,那么它们的数量变化就都不会再回到这个平衡点上来。例如,在图 16-10 的右上象限内,捕食者种群上升而资源种群下降;但在左下象限内,捕食者种群下降而资源种群上升。结果是两个种群永远都不可能会聚在平衡点上,而是在平衡点周围波动。波动幅度的大小则决定于两个种群的起始数量,而且这种波动幅度将不随时间而改变。然而,环境的随机变化将会影响种群数量,因而使捕食者与资源种群之间产生新的数量组合并开始新的周期波动。

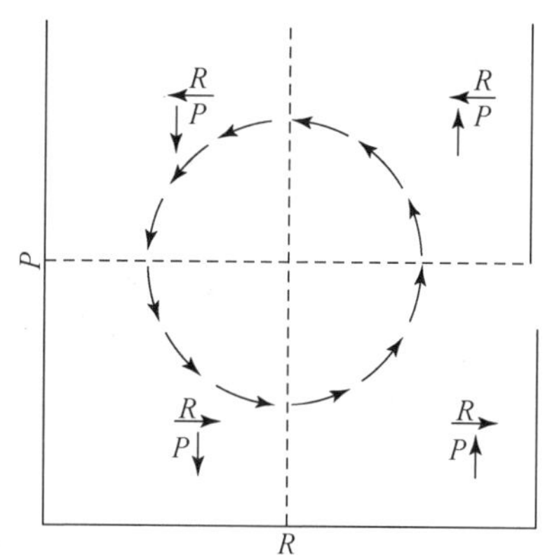

图 16-10　资源种群和捕食者种群数量变化的综合图解

两个种群的数量变化也可以相对于时间作图,图 16-11 绘出了两个物种种群数量在两个周期内的变化曲线,变化起始点相当于图 16-10 下半部分的中间位置。值得注意的是,捕食者种群数量达到高峰和低峰的时间总是比资源种群晚 1/4 周期。两个种群数量变化上的这种差异主要是由资源种群对捕食者种群影响的时滞效应所引起的。例如,在图 16-10 左下象限内,资源种群已开始回升,而捕食者种群还在下降,这种下降将一直持续到进入右下象限时为止。

下面让我们用具体的数字实例来说明这些变化,假定 $r=0.2$ 和 $a=0.01$。当 $dR/dt=0$ 时(即在资源种群的零等值线上),捕食者种群的数量是

$$P=\frac{r}{a}=\frac{0.2}{0.01}=20$$

同样,如果 $d=0.2$ 和 $b=0.001$,当 $dP/dt=0$ 时(即在捕食者种群的零等值线上),资源种群的

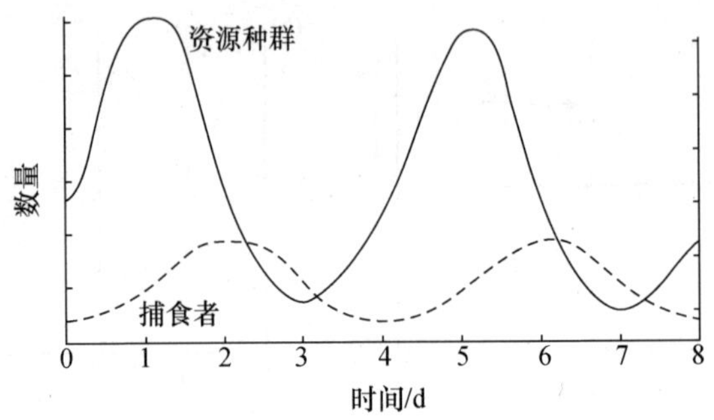

图 16-11　资源种群和捕食者种群数量随时间而发生的变化

数量是

$$R=\frac{d}{b}=\frac{0.2}{0.001}=200$$

如果令 $P=10$ 和 $R=100$(相当于图 16-10 左下象限里的一个点),那么资源种群的数量将按下式发生变化

$$\frac{\mathrm{d}R}{\mathrm{d}t}=(r-aP)R=(0.2-0.01\times 10)\times 100=10$$

捕食者种群将按下式变化

$$\frac{\mathrm{d}P}{\mathrm{d}t}=(-d+bR)P=(-0.2+0.001\times 100)\times 10=-1$$

因此,资源种群数量将增加到 110,而捕食者种群数量将减少到 9。对位于其他 3 个象限内的各点,同样也能计算出两个种群的数量变化。

根据这一简单模型,我们可以作出 3 点预测：第一,捕食者和资源种群的数量将处于波动状态;第二,因为捕食者平衡时的种群数量 $P=r/a$,所以随着 a 值的增加(即个体攻击成功率的增加),P 值就会减少;第三,如果非密度制约死亡率因素对捕食者及其资源种群有同等的影响,那么捕食者种群的平衡数量将会下降,而资源种群的平衡数量将会增加。对捕食者来说,死亡率的增加会降低 r 值,使平衡时的 r/a 值较小;对资源种群来说,死亡率的增加会提高 d 值,使平衡时的 d/b 值增加。这一点可说明,为什么杀虫剂的应用有时反而使害虫种群更加猖獗(这里的害虫相当于是资源种群)。

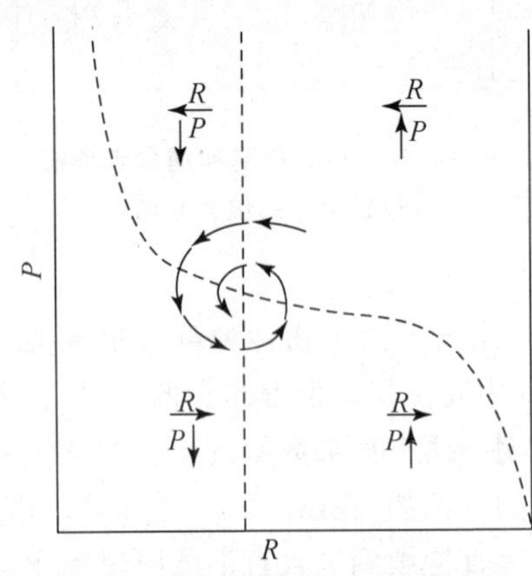

图 16-12　引进密度制约增长和包含一个避难所时的资源种群零等值线

用来描述捕食者和资源种群相互关系的 Lotka-Volterra 模型,曾经用各种方式加以改进和充实,以便能够获得一些应用范围更加广泛的模型。其中一个最明显的改进是把每个物种的种群增长率看成是它们自身种群数量的一个函数,换句话说,就是模型要把逻辑斯谛增长包括在内。我们只要把图 16-10 改进一下绘成图 16-12,就能反映出资源种群的逻辑斯谛增长这一现实情况。在图 16-12 中,资源种群的零等值线是一条曲线,该曲线与水平轴的交叉点代表着资源种群的环境负荷量。曲线的另一端将随着资源种群数量的减少而升高,这意味当资源种群

数量很少时，就不会受到捕食者攻击，因而会使种群数量增加，此时资源种群数量的增加将不再取决于捕食者的数量。当存在一个避难所时，资源种群的数量也会发生类似变化，因为避难所能够保护一定数量的资源种群使其免受捕食者攻击。

给定这样一个资源种群的零等值线以后，其种群数量变化就将取决于捕食者种群零等值线的相对位置。例如，如果两条零等值线的交叉点位于资源种群零等值线的中间偏左（正如图16-12那样），那么种群的数量波动就会逐渐衰减，并逐渐接近两种群零等值线的交叉点（即平衡点）。

二、捕食者的功能反应

捕食者与猎物种群相互关系的模型揭示出捕食者对猎物密度的变化可以作出不同类型的反应。随着猎物密度的增加，每个捕食者可以捕获更多的猎物或可以较快地捕获猎物，这种现象就是捕食者的功能反应。捕食者的数量反应是指借助于繁殖和迁入而使数量增加。

功能反应（functional response）的概念最早是被 Solomon ME（1949）提出来的，后来又被 Holling CC 详尽地进行过研究。Holling 提出了3种不同的功能反应类型（图16-13）。Ⅰ型功能反应是指每个捕食者所捕获的猎物数量随猎物密度的增加而呈线性增长，直到达最大值为止（图(a)）。Ⅱ型功能反应是指每个捕食者所捕获的猎物量以递减的速率增加，直到达最大值为止（图(b)）。Ⅲ型功能反应是指每个捕食者开始时所捕获的猎物量很少，然后呈S形增长，并趋近于一个较高的渐近线（图(c)）。

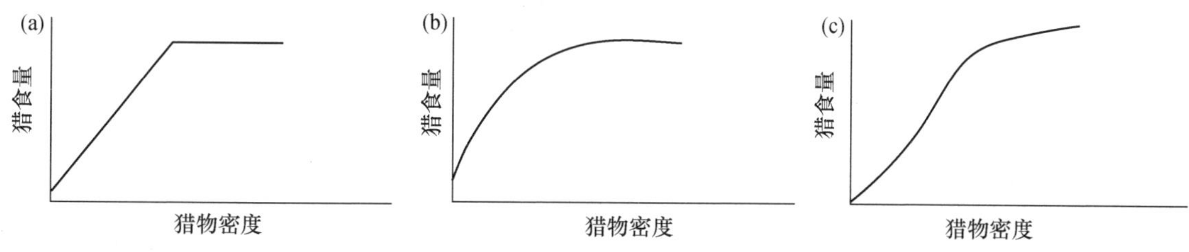

图16-13　3种功能反应类型曲线

(a) 类型Ⅰ：每个捕食者的猎食量随猎物密度的增加而呈线性增长，直到最大值；
(b) 类型Ⅱ：捕食量呈非线性增长（捕食速率逐渐下降），直到最大值；
(c) 类型Ⅲ：捕食量开始很低，然后呈S形增长，并趋近于一个渐近线

1. Ⅰ型功能反应

Ⅰ型功能反应是最简单的一种功能反应。在这种类型中，当食物供应达到饱和状态时，一定数量的捕食者在一定时间内，所捕获的猎物数量是固定不变的。作为一个实例，我们介绍一下 Rigler FH（1961）关于水蚤（*Daphnia magna*）取食速率的研究工作，其食物是酵母菌（*Saccharomyces cerevisiae*）。水蚤是一种滤食性的动物，当水流过过滤器官时，水中的酵母菌便被留了下来。从图16-14中可以看出，当1 mL水中酵母菌的浓度低于10^{-5}时，捕食速率随酵母浓度的增加而呈线性增长。但水蚤取食酵母也有一个吞咽过程（处理时间），在低密度时，这个吞咽过程（即处理时间）不会影响取食速率，因为被过滤下来的酵母全能及时地被吞咽下去。但是，当1 mL水中酵母菌的浓度大于10^{-5}时，水蚤就不能及时把过滤出来的酵母菌全部吞食下去，此时它们的吞咽速率（即取食速率）将会达到最大值，该值是由处理时间决定的。

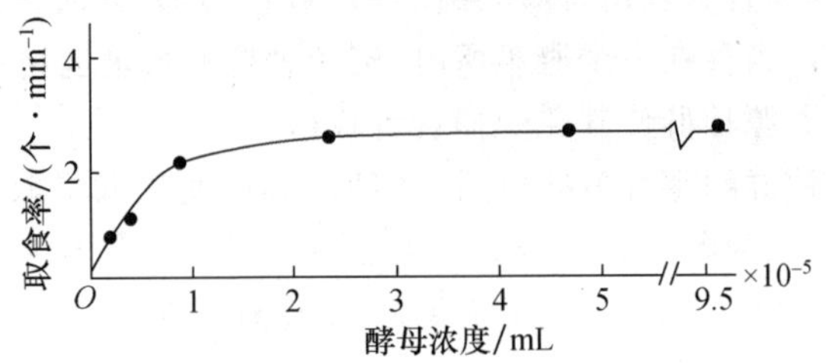

图 16-14　水蚤取食不同浓度酵母菌时的功能反应(Ⅰ型功能反应)

Ⅰ型功能反应实际上是Ⅱ型功能反应的一种特例,其处理时间不是逐渐对取食速率起作用,而是突然发挥作用的。

2. Ⅱ型功能反应

Ⅱ型功能反应是最常见和最使人感兴趣的一种功能反应,这种反应可以用圆盘方程加以描述。Holling 在他所做的实验中,用蒙住眼睛的人代表捕食者,用直径 4 cm 的砂纸圆盘代表猎物,并把圆盘以不同的密度用图钉固定在一个大约 0.3 m^2 的桌面上。然后,“捕食者”用手指轻敲桌面,当找到一个“猎物”后便把它拿走。捕食者持续工作 1 min(搜寻、发现和移走圆盘)。结果,Holling 发现:捕食者所拿走的圆盘的数量随着圆盘密度的增加而增加,但增加的速率是递减的。起初,捕食效率会随着圆盘密度的增加而迅速增加,直到达到一个最大值为止,此时,捡起圆盘和移走圆盘要花费大部分时间,使捕食者在一定时间内,所能处理的圆盘数量达到一个最大值。这个实验揭示了捕食过程的几个重要组分,即猎物密度、捕食者的攻击率和处理时间(包括追逐、征服、吞食和消化猎物)。

根据 Holling(1959)提出的圆盘方程,捕食者(P)攻击猎物(N)时,包括两种时间消耗,即搜索时间(T_s)和处理时间(T_h)。当总时间(T)取定值时将有如下关系

$$T_s = T - T_h N_a \tag{1}$$

根据(1)式,并令

$$a = a' T_s$$

于是一个捕食者所攻击的猎物数量是

$$N_a = a' T_s N \tag{2}$$

将(1) 代入(2),则有

$$N_a = \frac{a' T N}{1 + a' T_h N} \tag{3}$$

(3)式就是圆盘方程,其中,N_a 为每个捕食者所攻击的猎物数量,a' 为一个常数,代表捕食者的攻击率或成功搜寻率;N 为猎物数量;T 为总时间;T_h 为处理时间;T_s 为搜寻时间。

方程(3)表明 N_a 随猎物密度而变化,而且具有一个上限。从(1)式可以看出,N_a 的上限是由于总处理时间($T_h N_a$)占去了总的搜寻时间所造成的。

图 16-15 是一个典型的Ⅱ型功能反应,它描绘了 10 龄豆娘稚虫(*Ischnura elegans*)在24 h 内所吃掉的水蚤(*Daphnia*)数量(水蚤的大小是一定的)。从图中可以明显地看出,随着猎物密度的增加,捕食率的增长越来越慢,最后趋于一个稳定值,即每 24 h 大约捕食 16 只水蚤。

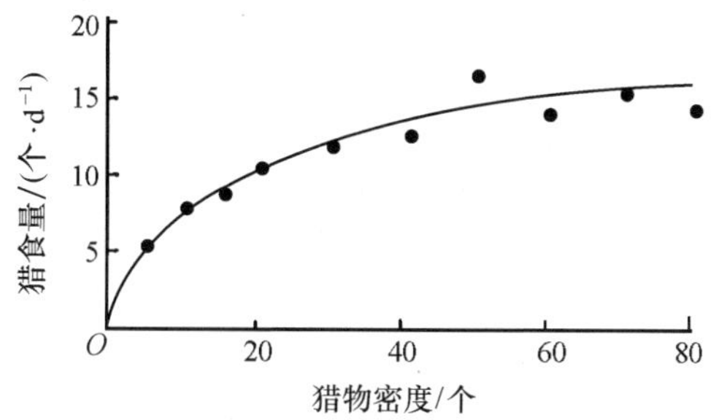

图 16-15　10 龄豆娘稚虫的功能反应猎物是大小一致的水蚤

图 16-16 是一种植食性动物——蚝蝓的功能反应曲线，它所吃的食物是一种毒麦(*Lolium perenne*)，该曲线同豆娘稚虫的功能反应曲线是很相似的。Holling(1959)认为，Ⅱ型功能反应曲线的特定图形是由捕食者的处理时间所决定的。随着猎物密度的增加，捕食者的搜寻时间会越来越少，而处理时间所占的比重会越来越大。因此，当猎物密度很大时，捕食者几乎会把全部时间都花在处理猎物上，使捕食率达到最大值。这一观点已由 Griffiths KJ(1969)的工作得到进一步证实。他研究了一种寄生昆虫对寄主数量变化的功能反应，寄生昆虫是一种姬蜂(*Pleolophus basizonus*)，寄主是锯角叶蜂(*Neudiprion sertifer*)的茧。研究结果总结于图 16-17。Griffiths 分别研究了不同年龄(3 日龄和 7 日龄)姬蜂的每头产卵次数同寄主(叶蜂茧)密度的关系，同时他也计算出了实际的最大产卵次数，方法是提供过量的叶蜂茧供同龄姬蜂攻击产卵。从该研究结果不难看出，Ⅱ型功能反应曲线总是趋近于一个适当的最大值。然而，从这个最大值(即每日大约产卵3.5次)分析，处理时间应当是 7 h 左右。但实际观察表明，产卵平均只需花费0.36 h。这种差异的存在主要是由于每次产卵之后存在一个“不应期”，在此期间，体内无卵可产。可见，处理时不仅应当包括实际产卵所花的时间，而且也应当包括为

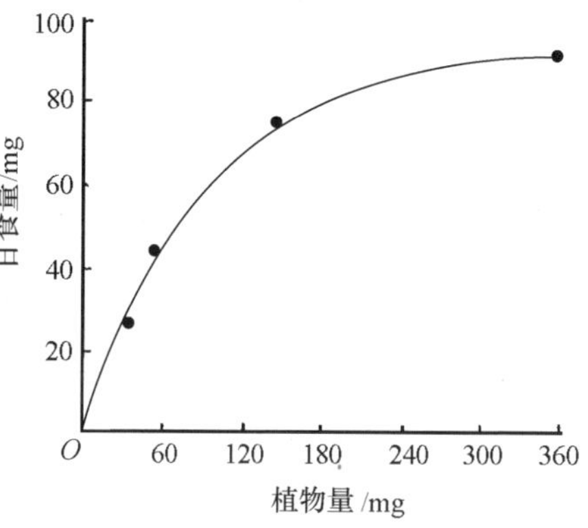

图 16-16　蚝蝓对它的食物——毒麦的数量变化所作出的功能反应

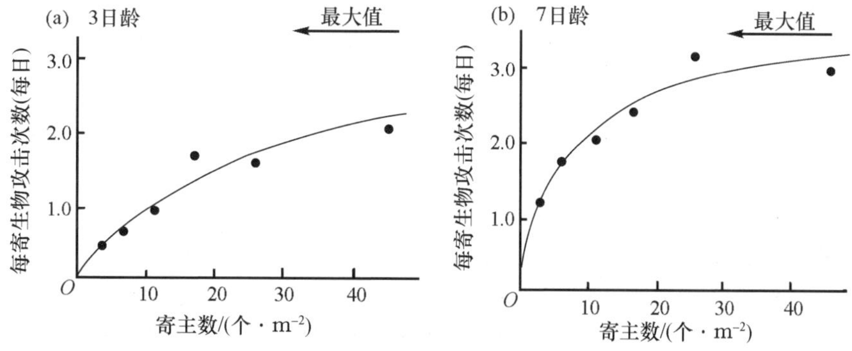

图 16-17　姬蜂对其寄主锯角叶蜂密度变化的功能反应

箭头指示当寄主过量时的最多攻击次数。

(a) 3 日龄姬蜂的功能曲线；(b) 7 日龄姬蜂的功能曲线

下次产卵所花的准备时间。同样，就上面谈到过的豆娘和蛞蝓来说，根据最大捕食量和食量所估算出来的处理时间，除了包括对食物的实际处理过程以外，肯定也包括其他一些活动。这是我们在理解处理时间的概念时应当特别注意的。

从图 16-17 中还可以看出另外一点，即攻击(产卵)次数的最大值是一定的，不随年龄而变，但趋于这个最大值的速度，年轻姬蜂比较老个体要缓慢得多。这主要是因为年轻姬蜂的搜寻效率较低或攻击率较低。因此，在寄主密度较低时，它们的产卵次数常常少于较老个体，但是当寄主密度很高时，攻击率便只受处理时间的限制而不受搜寻效率的限制。因此，Ⅱ型功能反应只涉及处理时间和搜寻效率(或攻击率)这两个参数。Hassell HP(1978)曾讨论过从资料中估算这些参数的方法。Thompson DJ(1975)对这些参数值也曾作过估算，他用不同大小的水蚤喂养 10 龄的豆娘稚虫，结果总结于图 16-18。从图 16-18(b)中可以看出，(a) 图中绘出的不同的功能曲线主要是由于处理时间和攻击率随猎物大小而发生变化的结果。显然，对于较大的猎物，捕食者就需要花费较多的时间去处理，对于 D 级水蚤，豆娘的捕食效率最高，因为猎物大小若继续增加，攻击率就会迅速下降。

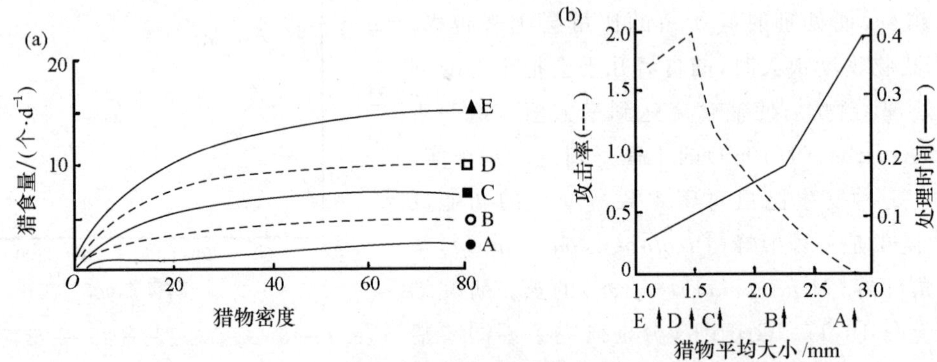

图 16-18 (a) 10 龄豆娘稚虫对不同大小水蚤(A～E)的功能反应
(b) 各种功能曲线的攻击率(次/h)和处理时间(h)

3. Ⅲ型功能反应

进一步分析一下处理时间和搜寻效率的各个亚成分，我们就可以看到：处理时间包括

(1) 追赶和征服一个猎物所花的时间；

(2) 吃每一个猎物(或在猎物体内产卵)所花的时间；

(3) 捕食发生之前的休息、清理或完成任何其他重要功能(如消化)所花的时间。

搜寻效率(即攻击率)则决定于

(1) 捕食者开始对猎物进行攻击时所处的最大距离；

(2) 攻击成功次数所占的比例；

(3) 捕食者和猎物的移动速度(将决定彼此相遇率)；

(4) 同完成其他重要活动相比，捕食者从捕获猎物中所得到的好处。

正如我们已经看到的那样，至少其中有几个组分是随着捕食者的年龄(图 16-17)和猎物的大小(图 16-18)而发生变化的。而且，两次猎食之间间隔时间的长短也可影响捕食者对猎物的反应(如对猎物的兴趣和攻击率会有所变化)。更重要的是，这些组分是以何种方式随猎物密度的变化而变化。

说明攻击率随猎物密度而发生变化的一个很好实例如图 16-19(a) 所示(Hassell 等，1977)：当寄主谷螟幼虫(*Plodia interpunctella*)的密度很低时，这种姬蜂(*Nemeritis canescens*)将会相对地把更多的时间用于刺探幼虫以外的其他活动。这样做的结果如图16-19(b)所示(Takahashi，1968)。在寄主粉斑螟(*Cadra*)密度很低时，功能反应曲线有一段呈下凹状(图16-19(b)中的 A 区)，因为寄主密度的增加诱发了刺探时间的增加，因而增加了有效攻击率。另一方面，在寄主密度较高时，攻击率(以及处理时间)保持相对恒定，导致曲线斜率下降(B 区)。从整体来看，所形成的功能曲线是 S 形的，这种形状的功能曲线就是Ⅲ型功能曲线。

此外，还有一种情况也可导致Ⅲ型功能反应的发生。即在捕食者发生食物转换的情况下，此时捕食者所捕食的不是一种猎物，而是两种猎物，因此所食猎物的数量是随着两种猎物的相对密度而变化的，使所形成的功能曲线呈 S 形。

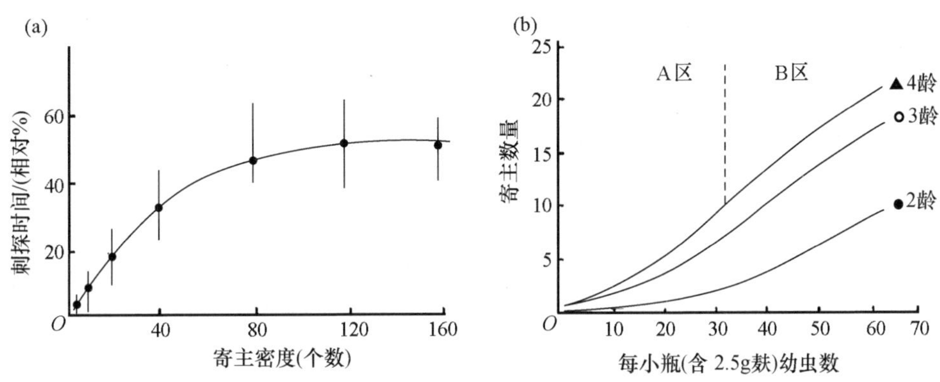

图 16-19　(a) 一种姬蜂刺探幼虫所花时间与其寄主谷螟幼虫密度之间的关系
(b) 姬蜂对粉斑螟各龄幼虫的 S 形功能反应曲线

第四节　寄生物与寄主之间的相互关系

一、寄生物对寄主种群的影响

寄生物利用寄主种群的对策与捕食者利用猎物的对策是不同的。猎物的死亡是捕食者捕食的必然结果，但寄主的死亡却常常导致寄生物的死亡。捕食者的进化适应可使它们的捕获能力达到最大，但对寄生物却存在着一种强大的选择压力，迫使它们把自己的食物消耗水平保持在寄主能够忍受的水平上。寄生物和寄主共同进化达到一种平衡状态：寄生物朝减少其致病性的方向发生适应，而寄生则通过增强免疫和抗性朝减弱寄生物危害的方向发生适应。当寄生物偶然传播到一个新种寄主时(常常是人及其家畜或作物)，寄生物和寄主之间的这种平衡关系便被打乱，并可能引起一场广泛传播的流行病。

关于寄生物对自然种群的感染率及其对自然种群的影响，目前我们还知道得很少。寄生物种群的限制因素，除了它们的寄主以外还有很多，大多数寄生物都具有复杂的生活史。对于已适应于在寄主体内生活的寄生物来说，环境必然是严峻的，但它们为了将后代传播到另一个寄主体内，它们首先必须进入环境，常常还要利用中间寄主。

寄生物的感染往往有很强的季节性，例如，鼠类的一种外寄生物——蜱(*Thrombicula*)，在初秋时达到传染的高峰，冬春季节感染力下降，最后则完全消失，直到夏末时再开始一个新的季节周期变化。这种蜱对不同寄主的感染情况也有很大不同，岸鼾(*Clethrionomys*)遭到寄生的时间最长，而草原田鼠(*Microtus*)和姬鼠(*Apodemus*)一到晚秋就不再被寄生。

寄生物种群也具有明显的年周期波动，例如，寄生在红松鼠种群和金花鼠种群中的锥虫(*Trypanosoma duttoni*)的发生率(锥虫是一种寄生原生动物，寄生在血液中，锥虫可引起人类几种致命的疾病，其中睡眠病最引人注意，这种病是靠采采蝇吸血时传染的)在1961～1963年的3年期间有很大不同。松鼠和金花鼠似乎是被不同的锥虫品系所感染的，因为锥虫在这两种寄主种群内的发生率是彼此不相关的。在1961、1962和1963年，松鼠种群的发病率分别为4%、37%和5%；而在金花鼠种群内的发生率则分别为42%、26%和12%(Dorney, 1969)。寄生虫病的发生率在各年间不同是因为成年鼠一旦得过这种病便产生了免疫力，而幼鼠都是易染病的，幼鼠在种群中所占的比例在不同年份是不相同的。就金花鼠来说，3年间幼鼠的染病率是成年鼠的4倍多(48%∶11%)。而且，夏季幼鼠在种群中所占的百分数由1961年的68%下降到了1963年的29%，这种下降在一定程度上说明了锥虫对整个金花鼠种群染病率的逐年下降。在这3年期间，成年鼠的发病率也从19%下降到4%，这不能不说也是整个金花鼠种群染病率逐年下降的原因之一。

据研究，感染锥虫病本身对松鼠和金花鼠的存活并不构成威胁，但是寄生物的寄生可以加重由于寒冷或食物不足所产生的有害影响，因此可增加在这些恶劣条件下的死亡率。试验表明，受到锥虫感染的实验鼠对恶劣条件的忍受力明显下降。将各组试验鼠饲养在温暖(19～22℃)和寒冷(3～8 ℃)两种环境条件下，并作充分供应食物和将食量减半两种处理，结果在19天试验期间，充分供应食物组中没有一只鼠死亡(不管饲养温度如何和有无寄生)，但是未被寄生的鼠体重增加量约相当于被寄生鼠的2倍(分别为14%和7%)。在食物减半组中，各组鼠在寒冷环境中的平均存活时间都比在温暖环境中短，而且正如你可能想到的那样，遭受锥虫寄生的鼠，其存活时间在两种环境条件下，都明显减少。对人类来说，营养不良也同样能导致患病率和寄生率的增加，并对已患病和遭受寄生虫寄生的人产生很大影响。

疾病媒介动物(指携带和传播寄生虫的生物)的生态学特点常常限制着寄生物种群的散布。例如，当鸟疟疾和鸟瘟于19世纪被引入夏威夷群岛时，当时在那里的鸟类中从未发生过这些寄生虫病，因此，由于当地鸟类对这些疾病极为敏感而遭到了毁灭性的打击，其中有几种鸟类绝了种(Warner, 1968)。但是，疟疾和鸟瘟的病源物是由一种蚊虫从一个寄主传到另一个寄主的，但这种蚊虫不能生活在600 m以上的高地，因此那些生活在高海拔地区的鸟类就完全避开了这些寄生物的寄生(传带寄生物的蚊虫也是引入夏威夷的外来物种)。

二、寄主和寄生物之间的相互关系

在很多例子中，寄生物可以杀死它们的寄主，因此它们对寄主种群的影响同捕食者对其猎物种群的影响似乎没有多大区别。两个主要区别是，寄生物需要较长的时间才能杀死寄主，而且它们对寄主的消耗比较少，而留给腐食者和分解者的部分比较多。在大多数情况下，寄生物虽然不杀死寄主，但却可以降低寄主对外来压力的抵抗力，寄生物也可能造成寄主不育。例如，一种蛤(*Transenella*)的寄生线虫可将寄主的卵巢吃光，这虽然不能马上影响寄主的种群数量，但却能大大抑制寄主的生殖。

寄主和寄生物种群之间也存在着相关的数量周期波动吗？由于寄主同寄生物的关系与猎物同捕食者的关系没有实质的差异，所以这种相关的数量周期波也应当存在。事实上，在一种蚜虫（*Acrythosiphon pisum*）及其寄生物（*Aphidius smithi*）之间就存在这种周期波动，正如在猎物和捕食者系统中那样，寄主和寄生物系统也显示有时滞效应。例如，如果以黑头卷叶蛾（*Acleris variana*）被寄生蛹的百分数相对于幼虫密度（每 10 m^2 叶面虫数）作图就找不到什么相关规律。但是，如果以被寄生蛹的百分数相对于前一世代的幼虫密度作图，就能看到两者直接相关，这意味着幼虫的高密度可引来更多的寄生物，而高寄生率反过来又降低了幼虫密度，反之也是一样。在研究寄生物和寄主之间可能存在的周期现象时，寄主密度与寄生率之间的相关性应该到不同世代间去寻找，因为在同一世代中，这种关系表现不出来。

尼科尔森和贝利（Nicholson 和 Bailey，1935）曾建立过一个简单的寄主-寄生物系统模型。他们令：H_n 为第 n 个世代的寄主数量，P_n 为第 n 个世代的寄生物数量，a 为寄生物的搜寻力。那么，在一个世代寄主被寄生物杀死的速率（假定被感染后便死亡）为

$$\frac{1}{H_n} \cdot \frac{\mathrm{d}H_n}{\mathrm{d}t} = -aP_n$$

所以，一个世代以后，仍能进行生殖的寄主比例是

$$\frac{H_n^{(t+1)}}{H_n^{(t)}} = \mathrm{e}^{-aP_n}$$

在有寄生物感染的情况下，下一世代的种群数量是

$$H_{n+1} = R_0 H_n \mathrm{e}^{-aP_n}$$

在没有寄生物感染的情况下，下一世代的种群数量是 $R_0 H_n$，因此，寄主种群被杀死的数量是

$$R_0 H_n - H_{n+1} = R_0 H_n (1 - \mathrm{e}^{-aP_n})$$

假定平均从每一个因寄生而死亡的寄主中，产生出一个成年寄生物，那么下一个世代寄生物种群的数量就是

$$P_{n+1} = R_0 H_n (1 - \mathrm{e}^{-aP_n})$$

如果给出 H_0 和 P_0 的值，利用上式计算出 H_1 和 P_1，再继续计算出 H_2 和 P_2，那么该寄主-寄生物系统的数量动态就可以推算出来。1941 年，德贝奇和史密斯（DeBach 和 Smith）用家蝇（*Musca domestica*）及其蛹寄生蜂（*Mormoniella vitripennis*）为试验材料检验了这一模型。他们首先通过试验，摸索适当的家蝇、寄生蜂数量和食物供应量的配比关系，以便使每个寄生蜂平均每 24 h（等于一个世代）刚好能找到一个家蝇。结果，这种配比关系是 18 只寄生蜂、36 只家蝇和38101.7 g大麦，然后用此配比关系开始试验。这种关系意味着到下一世代，有一半的家蝇将被杀死，因此，要想保持家蝇种群数量不变，必须使 $R_0 = 2.0$和 $a = -\ln(H_{n+1}/H_n)/P_n$。在试验期间通过在不同时间的多次计算，结果找到了 a 的平均值是 0.045。于是，可以利用 $P_0 = 18$，$H_0 = 36$ 和 $a = 0.045$计算出 P_n 和 H_n，计算结果可与实际观测值进行比较（表16-7）。

表 16-7　家蝇及其蛹寄生蜂的种群动态

		世代(n)							
		0	1	2	3	4	5	6	7
P_n	预测值	18	21	18	15	11	9	11	14
	观察值	18	20	19	15	11	9	9	11
H_n	预测值	36	31	26	22	23	29	37	47
	观察值	36	32	26	22	22	26	34	45

从表中可以看出，预测值与观察值很接近，这表明用上述方程预测寄主和寄生物的种群动态是可行的。

第五节　协同进化

一、协同进化的概念

进化的基本单位是个体或种群，而不是生态系统，目前还没有人试图证实整个系统也在进化。尽管如此，整个系统的确也显示出了适应性，至少是生态系统内各物种之间的协同适应使整个生态系统似乎也发生了进化。

整个系统所显示的这种协同进化主要是由于下述事实，即个体的进化过程是在其环境的选择压力下进行的，而环境不仅包括非生物因素，而且也包括其他生物。因此，一个物种的进化必然会改变作用于其他生物的选择压力，引起其他生物也发生变化，这些变化反过来又会引起相关物种的进一步变化。在很多情况下，两个或更多物种的单独进化常常互相影响，形成一个相互作用的协同适应系统(coadapted system)。

捕食者和猎物之间的相互作用可能是这种协同进化的最好实例。捕食对于捕食者和猎物都是一种强有力的选择力：捕食者为了生存必须获得狩猎的成功，而猎物的生存则依赖逃避捕食的能力。在捕食者的压力下，猎物必须靠增加隐蔽性、提高感官的敏锐性和疾跑来减少被捕食的风险。所以，瞪羚为了不成为猎豹的牺牲品就会跑得越来越快，但瞪羚提高了奔跑速度反过来又成了作用于猎豹的一种选择压力，促使猎豹也增加奔跑速度。捕食者或猎物的每一点进步都会作为一种选择压力促进对方发生变化，这就是我们所说的协同进化。

二、昆虫与植物间的相互关系

昆虫与植物间的相互作用同捕食者与猎物间的相互作用是非常相似的。植食昆虫可给食料植物造成严重的损害，这对植物来说可能是一个最大的选择压力。作为对这种压力作出的反应，植物会发展自身的防卫能力。对于在演替早期阶段定居的一年生植物来说，主要靠植物体小、分散分布和短命来逃避取食；对长命植物来说，由于更容易受到昆虫攻击，它们必须发展其他的防卫方法：很多植物靠物理防卫阻止具有刺吸式口器昆虫的攻击，如表皮加厚变得坚韧、多毛和生有棘刺等；还有一些植物则发展了化学防卫。

所有植物都含有许多化学物质，这些物质似乎对植物的主要代谢途径(如呼吸和光合作用)没有明显的作用(目前这类化学物质已知有 30000 种之多)。不管这些化合物的来源和代谢作用如何，其中很多都具有了新的功能，即防卫功能(Edwards 和 Wratten, 1982)。所有的植物即使有大量的昆虫以它们为食物，它们也总是显示出对某些昆虫有毒性。例如，甘蓝的次生化学物质使它具有特殊的气味，这些次生化合物对于那些不适应于吃这类植物的昆虫是有毒的。

植物借助于一个生物化学突变，一旦获得了一种化学防卫能力，就会对植食动物形成一种选择压力。在这种压力下，动物会逐渐适应并克服这种防卫手段，并反过来对植物造成一种新的压力，并迫使植物产生新的适应性变化。植物与食植昆虫协同进化的一个最好实例是纯蛱蝶(*Heliconius* 属)与西番莲科(Passifloraceae)植物之间的进化关系。纯蛱蝶是新大陆热带低地森林中最常见的一种蝴蝶，成蝶可生活 6 个月，取食各种植物的花粉和花蜜。幼虫只以西番莲(*Passiflora*)及其近缘种类为食。纯蛱蝶属大约有 45 种蛱蝶,其中每一种都只吃西番莲科中的少数几种植物,而且生活在同一地点的蛱蝶,通常每一种都有自己特有的寄主植物。不同种类的蛱蝶占有不同寄主植物的这种现象只能是蝶类与西番莲科植物在化学上协同进化的结果。但是,视觉在雌蝶选择产卵寄主时却起着主要的作用,所以雌蝶在产卵前,往往要花许多时间靠视觉仔细选择适宜的寄主植物。

西番莲属(*Passiflora*)植物的一个明显特征就是叶片形状的多样性 ,这些叶片很像雨林中其他植物的叶片。由于雌蝶主要是靠视觉选择产卵寄主,所以叶片形状的多样性就成了适应进化的产物,使这类植物难以辨认。越是分布在同一地点的西番莲,其叶片形状的差异也越大(图 16-20)。这是因为,作为一种可能的寄主,叶片形状差异越大就越不容易被可能以它们为食的纯蛱蝶所发现(以它们为专有寄主的蛱蝶除外)。试验已经证明:许多种类的纯蛱蝶用非专食的西番莲饲养也能产卵。由于叶片形状的差异是有限度的,所以能够生活在同一地点的西番莲的种类也就受到了限制,一般不会超过 10 种。

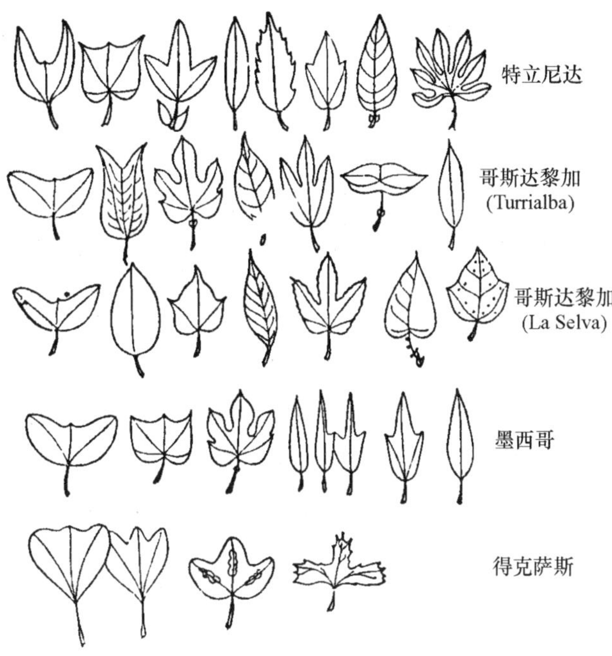

图 16-20　同地分布的各种西番莲的叶形变化

叶形相似于不受蛱蝶取食的其他植物的叶形(引自 Gilbert, 1975)

三、大型食草动物与植物的协同进化

大型食草动物的啃食活动可对植物造成严重的损害,这无疑对植物也是一个强大的选择压力。在这种压力下,很多植物都采取了俯卧的生长方式或者长得很高大。几乎所有的植物都靠增强再生能力和增加对营养生殖的依赖来适应食草动物的啃食。最耐啃食的草本植物,其生长点都不在植物的顶尖而是在基部,这样草食动物的啃食就不会影响它们的生长。很多植物在茎上和叶面还生有毛和棘刺以抵御动物的啃食,某些植物还发展了化学防卫。

黄花茅(*Anthoxanthum odoratum*)含有一种叫香豆素(Coumarin)的化学物质,它可直接降低食草动物的取食量，一般可减少山羊食量的 15%。已被取食的部分又能干扰动物的消化过程，使草类的可消化性降低 32%。

大型食草动物与植被之间的相互作用是非常复杂的，上面只谈到了问题的一面。有许多种植物的确是依靠食草动物的啃食才能维持其生存的(McNaughton, 1976)，这些植物常常分布在遭到食草动物严重啃食的地区，在那里，其他植物的生长受着食草动物的抑制。这些事实表明，大型食草动物(如各种有蹄类动物)的存在对整个植物群落的结构有显著影响。通过啃食活动，它们淘汰了那些对啃食敏感的植物；通过啃食，它们还能抑制抗性较强植物的营养生长，从而减弱种间竞争，使某些植物能得以在此定居，这在一定程度上保持了物种的多样性。人们普遍认为，野兔的活动有助于维持草原植被的多样性，维持一个含有丰富物种的草原群落。

大型食草动物的存在可影响植物群落的结构和物种组成，就像捕食动物的存在可影响猎物群落的物种多样性一样。这种平行现象还表现在其他方面，例如，正像捕食者可以增加和减少猎物种群的生产力一样，大型食草动物也可以改变食料植物的生产力——中等程度的啃食可能有提高植物生产力的作用(吃掉衰老的部分和刺激再生等)；过度啃食可降低植物叶面指数(leaf area index)，使植物不能维持有效的光合作用并导致生产力下降。

大型食草动物与植物的关系在很大程度上不同于昆虫与植物的关系，主要区别在于大型食草动物一般都是多食性的(polyphagous)。植物不管是在昆虫的取食压力下还是在大型食草动物的取食压力下，都会因这种压力而发展防卫机制。而动物的对策要么是专门吃少数1～2 种特定的植物，要么是发展特殊的机制使植物的防卫无效，也可能通过适应过程，演变为多食性物种，即能够吃极多种类的植物，这样对任何一种有毒物质来说，都只能摄入极少的数量。詹森(Janzen, 1975)认为，动物采取什么对策将取决于动物的大小。如果与食物相比，动物显得很小(如昆虫，不仅体小，世代也很短)，那么就很可能采取寡食性或单食性对策；如果与食物相比，动物很大，就更可能采取多食性对策。动物在适应植物防卫上所采取的不同对策，将会导致出现不同类型的食植动物与植物间的相互作用。

四、植物与食草动物种群之间的动态模型

正如我们已经讲过的那样，一个种群对另一个种群的作用将会产生一种选择压力，在这种压力下，会形成一系列的适应。食草动物同植物之间的营养关系很相似于捕食动物同猎物之间的关系。关于捕食者-猎物系统的动态模型，我们已经讨论过了，这里我们着重分析一下植物-食草动物系统的动态模型。1976 年，Caughley G 首次对这一问题提供了一个简单的分析，后来他又将这一模型加以扩展，加入了第三个营养级——食肉动物。

植物通常要受许多资源的限制，如水、日光和二氧化碳等，而这些资源的再生又同植物种群密度没有关系。为了建立一个简单的植物种群增长模型，Caughley 令：g 为每单位面积上有限资源的可利用率，b 为每单位生物量在自我维持时和在下一世代仍维持等量生物量时的资源摄取率，因此，在相同单位面积上，植物生物量(V)所利用的资源部分就是 bV/g，而未用于植物生长的剩余资源部分就是 $1-bV$。该植物种群的增长过程可表达为

$$\frac{\mathrm{d}V}{\mathrm{d}t}=r_{\mathrm{m}}\left(1-\frac{bV}{g}\right)$$

其中，r_{m} 是植物的内禀增长率。当植物种群密度很低时，种群增长率 $\mathrm{d}V/\mathrm{d}t$ 就接近于内禀增

长率；但是随着 b 值的增加，$\mathrm{d}V/\mathrm{d}t$ 值就逐渐下降。最后，V 值将稳定在一个最大值，此时 $bV=g$。如果植物种群最大密度用 K 表示的话，那么 $K=g/b$，此时植物种群的增长方程就可写为

$$\frac{\mathrm{d}V}{\mathrm{d}t}=r_{\mathrm{m}}\left(1-\frac{V}{K}\right)$$

用常数 K 取代 g/b，只有在有限资源的更新率完全与种群密度无关时才是可能的。这一性质除少数例外，只适用于第一个营养级(即绿色植物)。

现在我们把食草动物引入这一简单模型。此时需要建立两个方程，一个用于描述植物种群的增长，一个用于描述食草动物种群的变化。第一个方程是在原方程的基础上增加一项，以便表达受食草动物啃食的程度，即

$$\frac{\mathrm{d}V}{\mathrm{d}t}=r_{\mathrm{m}}\left(1-\frac{V}{K}\right)-c_1H(1-\mathrm{e}^{-d_1}V)/V$$

在这个方程中，H 代表食草动物种群的生物量，c_1 代表每个食草动物单位的最大食物摄取率(在食物过量供应的情况下)。当 V 减少时，动物便不再能充分取食，c_1 便以 $(1-\mathrm{e}^{-d_1}V)$ 的速率下降；当 V 趋近于 0 时，$(1-\mathrm{e}^{-d_1}V)$ 也趋近于 0。d_1 是一个常数，它决定着下降率，而且是食草动物取食效率的一个函数。可见，对食草动物来说，$c_1(1-\mathrm{e}^{-d_1}V)$ 一项就相当于捕食动物的功能反应，用以表示食草动物摄取率对食物量变化所发生的反应。食草动物种群的增长率可推导如下

$$\frac{\mathrm{d}H}{\mathrm{d}t}=-a_2+c_2(1-\mathrm{e}^{-d_2}V)$$

其中，a_2 是在没有食物时的每头下降率；c_2 是在食物丰富时每头下降率的改善率；$c_2(1-\mathrm{e}^{-d_2}V)$ 一项则代表食草动物的数值反应(numerical response)，即在存活和生殖方面对食物密度所作出的反应。

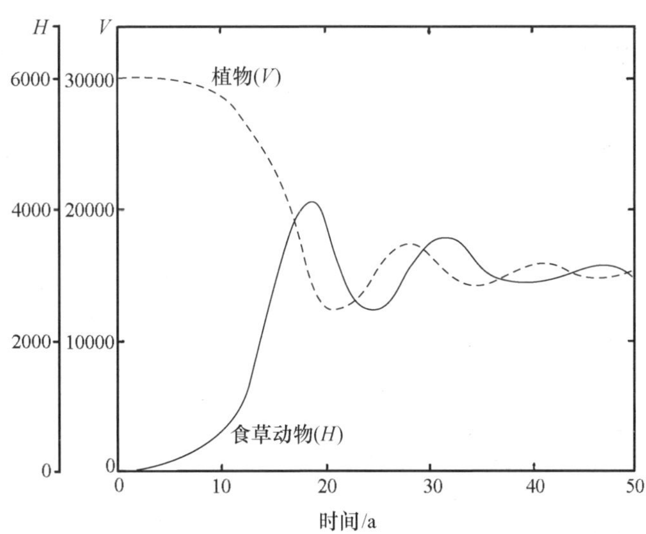

图 16-21　食草动物种群及其食料植物种群生物量的动态模型

图 16-21 是上述两个方程(植物和食草动物)的相互作用情况，最终两个种群都趋于稳定，达到了各自的平衡密度

$$V^x = \frac{1}{d_2}\ln\left(\frac{c_2}{c_2 - a_2}\right)$$

$$H^x = \frac{V^x r_1\left(1 - \frac{V^x}{K}\right)}{c_1(1 - e^{-d_1 V^x})}$$

图 16-21 所描述的种群动态极好地模拟了自然界有蹄动物在种群大增长时期的真实过程。该模型所给出的增长,形式与我们在自然界所观察到的是一致的。

如果把捕食动物猎杀食草动物引入上述模型,模型就会变得更加复杂,但其中的植物种群方程仍保持不变,即

$$\frac{dV}{dt} = r_1\left(1 - \frac{V}{K}\right) - c_1 H(1 - e^{-d_1}V)/V$$

但是,描述食草动物增长的方程会因加入食肉动物而变得复杂起来

$$\frac{dH}{dt} = a_2 + c_2(1 - e^{-d_2}V) - fP(1 - e^{-d_3}H)/H$$

对于食肉动物,我们则采用一个新方程加以描述

$$\frac{dP}{dt} = -a_3 + c_3(1 - e^{-d_4}H)$$

由这些方程所描述的整个系统将依据各种常数值或是达到一种稳定平衡状态或是表现为上下波动。上述各式中的 d_1、d_2、d_3、d_4 代表 4 个不同值的常数。图 16-22 是引入食肉动物以后的种群动态模型。

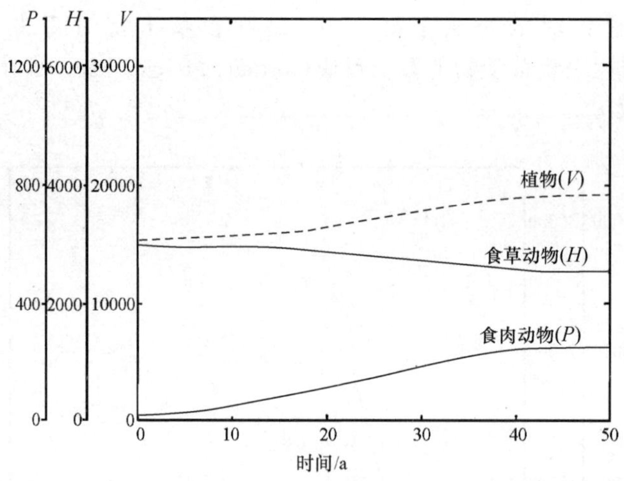

图 16-22　将食肉动物引入植物-食草动物系统后的种群动态模型

上述模型仍然是比较简单的模型,因为它包含有许多不现实的假设,例如,该模型的几个前提条件是:① 只含一种植物;② 只含一种食草动物;③ 啃食对象是生长季节内的绿色营养体,植物生长是连续的,影响生长的环境因素不变;④ 食草动物的需求和摄食功能以及影响这种需求和功能的环境和生理因素不随时间而改变。

因此,上述模型的应用是有限制的,只能应用于具有恒定生长、恒定需求和单一的食草动物系统,例如,由一种多年生草本植物所形成的一个均匀草原或常绿灌木带。现实的植物-食草动物系统大都是多物种系统,即由多种植物和多种食草动物所组成的系统,这使上述模型的实际运用受到了最大限制。

五、互惠共生物种之间的协同进化

生物之间的适应和反适应过程是一个持续的螺旋式发展过程，选择压力不断地起作用。但更有可能会导致一种稳定状态，此时每一方都以这样的方式发生适应，即尽量减少对对方的干扰和损害，从而最大限度地减少对方的反适应。在寄生关系中，可以清楚地看到这一点，一种适应很差的寄生物常遭寄主的排除或致寄主于死地。在这两种情况下，寄生物都会死亡。相反，一种适应性很强的寄生物只带给寄主很小的损害，使寄主不仅可以忍受而且能较好地生存下去，这样寄生物本身的延续也就有了保障。寄生物与寄主之间这种协同进化肯定将导致一种彼此干扰最小的平衡状态。这种关系甚至会逐渐发展成一种互惠关系。绿水螅（*Hydra viridis*）体内的绿藻虫（*Zoochlorella*）使绿水螅呈现绿色并能在缺乏食物的条件下进行光合作用。显然，绿藻虫一度曾是一种兼性寄生的原生动物。地衣也是从菌类和藻类间的寄生关系中发展起来的一种极为成功的生命形式。真核生物细胞中的线粒体原初也是一种寄生细菌，后来才逐渐演化为一种共生菌。另外，有蹄动物瘤胃中的共生菌能使有蹄动物消化植物纤维素并对动物的消化生理产生了极大影响，这些共生细菌原初完全是寄生菌。

以上所述的渐趋减少对另一方损害的协同进化过程决不只限于寄生物和寄主之间的关系，大型食草动物和食料植物之间某些关系也常常具有互惠的性质，甚至在食植昆虫和植物之间也是如此。一般说来，食植昆虫也有可能对它们的寄主植物带来好处，而植物的防卫适应往往不是为了阻止所有昆虫的攻击，而是把它限于某个特定的种类和限制它们的数量。Owen和Wiegert(1976)举了很多实例来支持这种见解。蚜虫和其他同翅目昆虫所分泌的蜜露具有明显的生态作用，蜜露的生产虽然会消耗植物的能量，但最终还是对植物有益，因为蜜露落入土壤中，会为固氮菌提供能源。在缺氮的环境中，用碳氢化合物换取氮，对植物来说不仅是有利的而且是重要的。土壤中增加糖分不仅对固氮菌有利，而且对大多数微生物都是有利的。在某些蚜虫所分泌的蜜露中，有40%以上是松三糖(melizitose)，这些糖能够有选择地促进固氮菌的生长，从而也能促进植物的生长，反过来对蚜虫有好处。

互惠共生关系的一个极好实例是Janzen(1967)对南美洲合欢树和合欢蚁共生关系的研究。在热带地区很多树种都同蚂蚁（通常是一种特定的蚁）发展了某种形式的互惠共生关系。在很多情况下，蚂蚁居住在树木的空心树干或空心刺中，食物也靠树木提供。蚂蚁的食物可以直接取自树木（如花蜜和由小叶特化成的富含脂肪的小体），也可间接地依赖植物（如在空心树干内壁上的特殊虫瘿内培养介壳虫，并以介壳虫的蜜露和幼虫为食）。作为对树木提供栖所和食物的回报，蚂蚁勇敢地攻击危害树木的一切外来动物和藤本植物。

Janzen曾详尽地描述了一种金合欢（*Acacia cornigera*）和一种伪蚁（*Pseudomymex ferruginea*）之间的专性共生关系。这种金合欢树的特点是有膨大的叶形刺（刺内有蚁群定居）、膨大的叶蜜腺和供蚁食用的小体。栖于空心刺中的蚁群则保卫金合欢树不受食植动物危害，并攻击在树上遇到的任何其他昆虫。此外，它们还攻击生长在金合欢树下方圆150 cm以内的任何外来植物。因此，一棵栖有足量共生蚁的成年金合欢树可在自己独占的一个圆筒形空间内生长，因蚂蚁的保卫而使天敌减少并在其周围创造了一个无竞争的空间，使金合欢树生长得特别迅速并能得到自由伸展。在同蚂蚁共生之前，金合欢实生苗的生长非常缓慢；一旦同蚂蚁群建立了共生关系，生长就会大大加速。如果不同蚁群建立这种关系，金合欢树就永远不会发育成熟。

六、协同适应系统

上面我们的讨论只限于两个物种之间的进化关系。实际上，每一个物种都处在一个由很多物种组成的群落环境之中，一种树栖昆虫不可能孤立地只同树木发生关系，而是同树上的所有其他昆虫都处在相互作用之中。协同进化不仅仅存在于一对物种之间，而且也存在于同一群落的所有成员之间。

坦桑尼亚 Serengeti 国家公园中的狮子是同野牛共同进化的，但同时它也影响着其他 10 种被食动物的进化，而且也受着后者的影响。狮子的这些猎物同时也是猎豹、鬣狗和野犬的捕猎对象，它们都同样处于相互作用之中。另外，所有种类的捕食者之间也存在着互相影响、互相作用和互相竞争的关系。捕食者要适应它们的每一种猎物，而每种猎物也要适应捕杀它们的每一种食肉动物。总之，所有物种都处于协同进化适应的相互作用之中。不同的捕食动物采取不同的猎食方式和依据年龄和性别选择自己的猎物，以便最大限度地减少它们之间的竞争。在坦桑尼亚的矮草草原上，各种食草动物（斑马、野牛、转角牛羚和汤姆森瞪羚）按照严格的次序一种接一种地陆续穿过草原，每一种都取食草被的不同部分，并为下一个到来的物种准备食料。在这里我们可以再一次看到，每种食草动物不仅直接与植被相互作用，而且与食草序列中的其他动物也相互作用。

虽然自然选择是在个体或由亲缘个体组成的群体水平上起作用的，但是由于群落中生物之间的相互作用总是包含着对相关物种的巨大选择压力，所以协同进化总是导致生态系统的进化。显然，这种协同进化压力对决定群落的结构和多样性也起着重要作用。

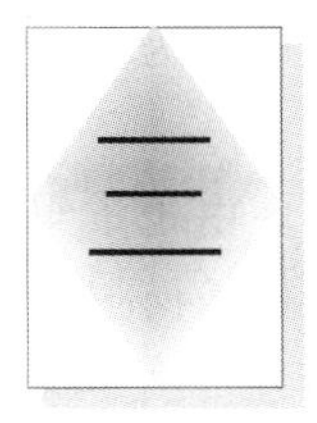

第 17 章 种群遗传学和物种形成

种群既是一个种群统计学单位,也是一个遗传学单位,种群中的每一个个体在遗传上都有差异,各自都含有物种总遗传物质的一部分。适应是通过生物与其环境的相互作用而发生的,如果生物能够在某一特定环境条件存活下来并能在种群中留下具有生殖能力的后代,那么就可认为该生物适应于它所生存的环境。但如果生物只能留下极少或不具有生殖能力的后代,那么就可认为该生物的适应性极差。

种群中的个体并不都是一样的或同质的。个体差异的存在使得有些个体比另一些个体能更好地适应环境。一个物种作为一个整体要想生存下去,就必须要有足够数量的个体能够适应环境的变化,问题是有很多环境条件的变化速度比生物对其获得适应的速度更快。

第一节 遗传变异和自然选择

种群内的个体在遗传上都是存在差异的。对大多数种群来说,个体在形态、生理、行为和生物化学方面存在差异是很普遍很正常的现象。这些差异大都受遗传控制,有些特征则影响个体的存活和生殖。例如,如果种群内较小的个体比较大的个体更有利于躲避捕食者,那么小个体就会有更高的存活率并能留下更多的后代,也就是说小个体的适合度最大。种群内个体生殖成功率的差异迟早会改变种群的遗传特征,这个过程就是自然选择。

个体和种群的可遗传变异使自然选择得以发挥作用,这些遗传变异大都是来自有性生殖中基因和染色体的改组。在细胞的染色体上载有遗传信息,染色体的主要成分是复杂的分子脱氧核糖核酸即 DNA。DNA 又是由比较小的单核苷酸(nucleotide)组成的,核苷酸是按一定格局排列的,而每一种生物都有自己独特的核苷酸排列格局。

染色体是成对的,同一对染色体称为同源染色体(homologous chromosomes),其中一条来自母本,另一条来自父本。每条染色体都有作为遗传单位的基因,基因也是以等位基因(alleles)的形式存在的。因为在体细胞中染色体是成对存在的,所以基因也是成对的。等位基因在染色体上所占有的位置就叫位点(locus),同一等位基因中的一对基因在同源染色体上占有相同的位点。如果在同源染色体上占有相同位点的等位基因以同样方式影响某一特征,那么具有这些基因的个体就被认为是纯合的(homozygous);但如果等位基因影响某一特征的方式不同,那么具有这些基因的个体就被认为是杂合的(heterozygous)。在这种情况下,往往只有一个基因能得到充分表达,而另一个基因则无显著影响。前者就是显性基因,而后者就是隐性基因。

当细胞进行有丝分裂的时候,每个子细胞核都能获得全套染色体,从而保持其二倍性。生物在进行有性生殖时通过减数分裂产生配子(卵和精子),在这个过程中,成对的染色体将发生分离。每个精细胞核只能接受全套染色体的一半，表现为单倍性。当精子和卵子结合为合子时，便又恢复为双倍体。

当两个配子结合形成合子时，双亲染色体上的基因就会在子代体内发生重组。由于重组的可能次数极多，因此重组是发生变异的直接原因和主要原因。重组虽然不能改变任何遗传信息，但却可以提供基因的各种不同组合，从而为发挥自然选择的作用提供了可能性。由于某些基因组合比另一些基因组合有更强的适应性，最终自然选择将会决定哪些基因组合能在种群中保存下来。

生物个体所具有的遗传信息总和就是基因型(genotype)。基因型指示发育方向，决定个体的形态特征、生理特征和行为特征。基因型可观察到的外在表达就是表型(phenotype)。表型中有些明显的变异是不遗传的，如短尾、附肢缺失、肌肉膨大或其他特征等，这些变异往往是疾病、受伤或经常使用的结果。

有些基因型在不同的环境条件下有着很广泛的表型表达能力，而另一些基因型的表型表达能力有限，只能在很窄的范围对环境作出反应。这就是所谓的表型可塑性(phenotypic plasticity)。表型可塑性的最好实例是植物，植物叶子的大小、生殖组织与营养组织的比例以及叶子的形状都会随着营养条件、光照和湿度的不同而有很大的变化。

基因或染色体中的一个可遗传的变化往往可以引起遗传物质的改变。遗传物质的这种可遗传的改变就被称为突变(mutation)。基因突变是一个或更多核苷酸排列顺序的改变。在减数分裂期间，某一位点上的基因通常能被精确地复制。偶尔，这种精确的复制会被打乱，新基因并不是原基因的准确复制品。大多数基因突变都几乎没有影响或没有明显影响，有较大影响的单基因突变通常是有害的。基因突变之所以很重要，是因为它可增加基因库的遗传多样性。但是这种突变并不能直接引起进化上的改变。

染色体突变可能是因染色体数量或结构的变化而引起的，结构的改变涉及部分染色体的重复、易位或缺失。这些改变将会导致表型状态异常，如人类的唐氏先天愚症等。染色体的数量变化可以有两种情况：① 染色体的完全重复或部分重复；② 1 个或更多的染色体缺失。

多倍性(polyploidy)是指整套染色体的重复，原因是减数分裂紊乱或整个细胞在减数分裂末期未能一分为二。在正常情况下，体细胞应当是二倍体($2n$)，1 个二倍体的配子与 1 个单倍体的配子相结合就会产生一个三倍体，三倍体通常是不育的。两个二倍体的配子相结合会产生一个四倍体(tetraploid)，四倍体通常也是不育的。在同源四倍体(autotetraploid)植物中可以自然地产生四倍体植株，柳叶菜(*Epilobium*)就是一个实例，它是田间和灌丛中很常见的一种植物。

来自不同物种的两个二倍体配子相结合会产生一个杂种四倍体，即异源四倍体(autotetraploid)。异源四倍体是可育的，因为其染色体可像二倍体一样进行分裂并在配子中产生 $2n$ 染色体(而不是正常情况下的 $1n$)。异源倍性(alloploidy)在植物中是很常见的，但在动物中却很少见，因为性染色体的增加会干扰性决定机制并使动物不育。植物可自我受精并能进行营养生殖，这在很多物种中都能带给多倍性选择上的好处。在同一物种中，多倍体植株在形态上往往与二倍体植株有所不同，它们通常较为高大、生活力较强、生殖力也较强。大多数农作物都是多倍体植物。

突变可以是中性的、有益的或有害的，这要看环境状况和突变发生的遗传背景。如果突变对表型是有害的，那么突变基因就会在选择中被淘汰；但如果突变基因对表型是有益的或中性的，它就可能被保存下来，特别是当它在变化的环境中能够带来某些选择上好处的时候。单个的突变往往是很难觉察到的，通常我们所看到的都是很多突变累积的结果，其中的每一次突变对生物形态和功能的改变是很轻微的。大多数突变都有助于保持种群基因库的变异性。如果没有突变，种群对自然选择就不会作出任何进一步的反应。

第二节　稳定化选择、定向选择和分裂选择

由于自然选择的作用，生物的生殖并不是毫无规律随机进行的。环境压力（非生物的或生物的）有时对某些基因型（表型是它的外在表达）比对另一些基因型更为有利。这些选择压力会导致种群内的基因频率发生变化，这种变化过程也就是进化过程。虽然自然选择是进化的主要动力，但两者并不是同义的。

自然选择可以在表型不发生任何明显变化的情况下进行。如果把种群的所有表型按某种标准排列成一个序列，那么当自然选择有利于序列中位的表型并淘汰序列两端的表型，我们就可把这种自然选择称为稳定化选择（stabilizing selection）（图 17-1(a)）。另一种情况是，自然选择更有利于其中一端的表型而不利于另一端（图 17-1(b)），这样的选择类型就叫定向选择（directional selection）。定向选择会使表型均值向一端偏移。作为一个实例，下面让我们看一看栖息在加拉帕戈斯（Galapagos）群岛一个小岛（面积 40 公顷的 Daphne Major 岛）上的一种中等大小的达尔文地雀（*Geospiza fortis*）从 1975 年到 1978 年的存活情况。在 70 年代早期，小岛年降雨量均匀正常（127～137 mm），岛上植物种子产量丰富，供养着一个很大的地雀种群（1500 只地雀）。但 1977 年的降雨量只有 24 mm，由于干旱，种子产量急剧下降。由于小种子的数量下降得比大种子更快，这就使可食用种子的大小和坚硬程度都增加了。这种达尔文地

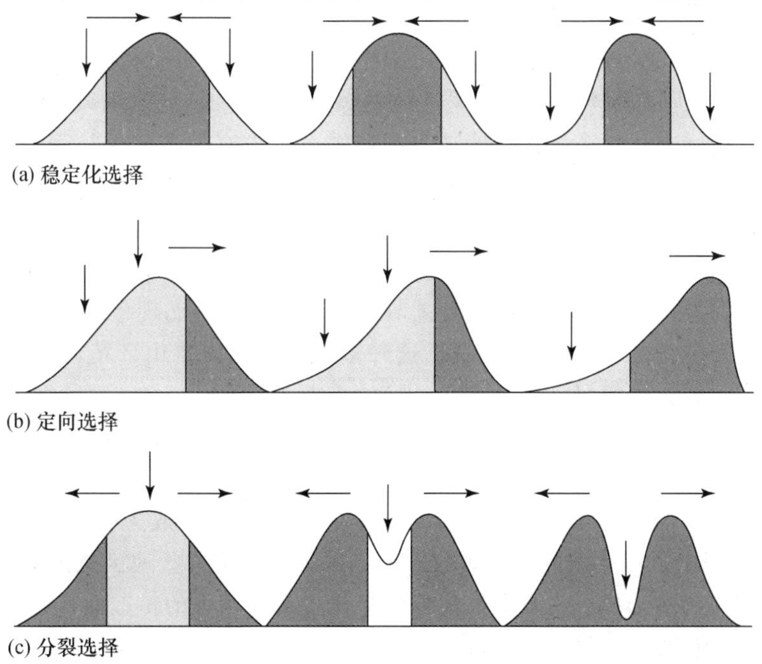

图 17-1　自然选择的 3 种类型

雀在正常年份是吃小种子的,但现在不得不以较大的种子为食了。在这种环境压力下,小型鸟难以找到食物,而大型鸟(尤其是喙较大的雄鸟)的生存状况最好,因为它们能咬碎大而坚硬的种子,雌鸟则大量死亡。总的来看,该种地雀的种群数量因死亡和外迁而下降了 85%。

图 17-2 非洲燕尾凤蝶(*Papilo dardanus*)的雌蝶在不同的区域所模拟的 3 种类型蝴蝶(*Amauris* 属),雄蝶(下)则保持其特有的色型

这个实例表明,自然选择的最大影响力是发生在环境胁迫期和生物生活史的某一小段时期。同时还表明,在一个易变环境的选择压力下,一个小的被隔离的和形态易变的种群能够经历一个迅速的进化过程。

在有些情况下,自然选择可同时对序列两端的表型都有利,虽然有利的程度可能不同,这种选择就是所谓的分裂选择(disruptive selection),见图 17-1(c)。当种群成员在不同环境(如小生境)中经受不同选择压力时就会发生分裂选择,分裂选择通常会导致一个种群含有两个或更多的基因型。下面以燕尾凤蝶(*Papilo dardanus*)为例加以说明。这种凤蝶广泛分布在非洲各地,雌蝶靠模拟各地具有警戒色的其他蝶类而获得安全上的好处,但雄蝶不模拟其他蝶类,而是保持自己特有的色型供雌蝶辨认,这对于交配和生殖成功是很重要的。由于燕尾凤蝶分布区广大,所以雌蝶在分布区的不同地方分别模拟了 3 种当地具有警戒色的蝶类(图 17-2),使燕尾凤蝶的色型至少有了 3 种不同的类型。生活在这 3 个地区中间地带的雌蝶由于没有拟态的保护而遭自然选择淘汰。拟态雌蝶一旦飞到了没有被模拟蝶存在的地区也会被自然选择淘汰。在这个实例中,捕食者对种群的分裂选择起了很重要的促进作用。

一个物种通过分裂选择也可以同时在同一个栖息地中产生几个不同的形态型,这个现象就叫多态现象,可以表现为形态差异、生理差异和行为差异。多态现象的重要特征是各形态型差异显著而且是不连续的,缺乏中间类型。这种多态现象通常是由环境诱发的。遗传多态现象的一个经典实例是桦尺蠖(*Biston betularia*)的工业黑化现象。在 19 世纪中叶以前捕到的桦尺蠖都是白色的,翅和身上有小黑斑点。1850 年在曼彻斯特工业中心第一次捕到了黑色蛾(图 17-3)。

此后黑色蛾在曼彻斯特和其他工业区的数量逐渐增多,直到成为当地的优势类型,占整个种群数量的 95%以上。黑化型的桦尺蠖(*B. b. carbonaria*)从这些地区逐渐向农村地区扩散。黑化型是在鸟类捕食的选择压力下通过优势和半优势突变基因的扩散而产生的。当初在工业污染之前,树干上覆着地衣,呈灰白色,白色蛾停栖在树干上得到了保护,鸟类主要取食颜色较深的蛾子。后来由于工业污染,地衣死亡,树干被煤染色,在这种变化了的背景下,白色蛾子变得易被鸟类发现和捕食,而深色、暗色的蛾子则受到了保护,于是随着污染的逐渐加重,蛾子的

图 17-3　桦尺蠖的多态现象

右为正常的白色型，左为黑化型

颜色变得越来越深，直到形成稳定的黑色型桦尺蠖种群。

在这个实例中可以看到，环境的改变把不利的突变基因转化成了有利的基因，并使它得到了散布。这种多态现象将会一直存在下去，只要环境条件对黑色蛾有利。1965 年以后有些地区由于大气污染得到控制，树干上又长满了地衣，使正常蛾的数量开始回升，而黑化蛾占种群的比例则由 90％下降到了 30％。

第三节　近交使遗传变异性减弱

一个分布广泛的种群通常都是由很多地方群或繁殖群(demes)所组成的，如白尾鹿种群就是由很多相对独立的鹿群所构成的，各繁殖群之间往往缺乏个体之间的相互交流，这可能与白尾鹿的母系社会性质有关，雌鹿倾向于在其出生地或附近生活，雄鹿为寻找配偶也无须走很远的路。这种情况似乎表明近交应是很普遍的现象，但雄鹿在各繁殖群之间的移动能够保持一定的遗传变异性。事实上，白尾鹿在其整个分布区显示出了很高的变异性。种群基因库是由分布区内所有的繁殖群构成的。

现在假定，森林遭到砍伐、城市继续扩展、工厂林立、道路四通八达，人类的活动使种群日益破碎，有些繁殖群被消灭，另一些则被隔离。目前世界各地的很多生物种群正在遭受这样的变化。每一个被隔离的种群就像是种群总基因库的一次取样，它不得不采取自交的生殖方式。自交是指亲属之间的婚配，在小种群中，自交是迫不得已的。自交会使种群内个体之间的亲缘关系越来越近。自交可增强纯合性和减弱杂合性。

自交的极端形式是自体受精(self-fertilization)，这种极端形式提供了与其他自交形式进行比较的基础。如果自交的每一个世代都是纯合子 AA 和 aa 时，就是纯种繁殖。如果子代是来自杂合子 Aa，那么它就有一半是杂合的 Aa，1/4 是纯合的 AA，另 1/4 是纯合的 aa，下一个世代情况也是如此。如果把这些新的纯合子加入到种群中已有的纯合子中，你就会发现——自体受精的种群最终都会成为纯合的 AA 和 aa。最常有的情况是近亲近交，如兄弟姐妹之间、父母与子女之间和嫡表兄妹之间等，在这些个体之间都共同占有很多相同的基因。

在正常情况进行远交(outbreeding)的种群中，近亲近交是非常有害的，常会使稀有基因、隐性基因和有害基因得到表达，造成受精率下降、生活力减弱、适合度降低、植物花粉和种子的受精率下降，甚至会引起死亡。这些后果就称为近交衰退(inbreeding depression)。

当然,并不是所有的近交都是有害的。近交有时能把稀有基因保留下来,否则它就会流失。动植物的培育者常利用近交把一些希望保留的基因固定下来,以便进行纯种繁殖。除了自体受精的植物以外,近亲近交在自然界是很少见的。对有资料记载的自然种群来说,近交率不到2%。自然界的一些防护措施有助于减少近交的发生,如空间隔离和两性幼体在散布时所存在的差异等。后代达到一定年龄后往往是一性留下,另一性迁走。对哺乳动物来说,通常是年轻雌兽留在出生地,而雄兽迁往他地或被赶走。亲属识别(kin recognition)也是避免近交的一种机制,从小一起长大的雌雄个体之间彼此都很熟悉,双方都不会选择与自己有亲缘关系的异性作配偶。值得注意的是,当种群很小且被完全隔离的时候,所有这些防护措施就会被破除。

近交的有害影响可通过远交或杂交而被减轻。远交通常是发生在足够大的繁殖群中,其中的很多个体都没有密切的亲缘关系。远交也可能发生在不同种群的个体之间,条件是有从远处迁来的个体或人类从远处引入的个体。虽然远交可增加遗传多样,但也会带来一些问题。当两个非亲缘个体进行交配时,如果其双亲都只适应于各自当地的环境,那么其后代的生活力就有可能下降。其后代(即两个不同地方种群的杂种)有可能对父母双方所适应的地方环境都不能获得很好的适应。例如,把南方炎热地区的白喉鹑引入寒冷的北方,让其与北方种群杂交,结果其后代因不能适应北方寒冷的冬天而死亡。这种后代的适应不良症也属于远交衰退。

第四节　小种群的遗传漂变和最小可生存种群

小种群生成的原因是生境破碎、大量死亡或大量外迁等。小种群对基因频率的随机波动更为敏感。这些种群最容易发生奠基者效应(founder effect)。个体只不过是双亲种群基因库的一个小样本,在其后续种群中的所有基因都将来自于奠基者所携带的有限遗传物质。种群太小使近交难以避免,隐性基因会更广泛地显示出来,使存活率下降。双亲种群的小样本和遗传物质的有限多样性对新种的发展可能有很大影响。

遗传漂变(genetic drift)是指种群遗传成分的改变,它是基因频率的随机变动,特别是对小种群影响很大。基因的随机取样可引发基因频率的随机波动。在小种群中,每次婚配都是对双亲种群已然是小样本的一次更小的取样,因为种群中只有一部分个体在进行繁殖。种群越小,遗传漂变的速度就越快,如果所涉基因不能获得良好的适应,那么小种群就会逐渐走向灭绝。但如果所涉基因在新环境中能得到选择上的好处,那它们就能在进化过程中发挥重要作用并会增加种群的适合度。

遗传漂变对遗传多样性的影响与近交相似。两者的主要区别是,近交涉及的是非随机交配,而遗传漂变涉及的是随机交配。近交和遗传漂变都能导致纯合性增加和杂合性减弱。

种群是一个动态系统,它的数量总是处于波动状态。在不利的环境条件下或栖息地突然丧失时,种群数量有可能急剧下降,甚至崩溃。种群崩溃后的残存个体,也是未来种群的祖先,它们仅仅具有原初基因库的一个小样本。种群数量的这种急剧下降使种群进入了一个瓶颈期,瓶颈期会大大降低残留种群和未来种群的遗传多样性。北方象海豹(*Mirouna angustirostris*)就是一个实例。1890年,北方象海豹遭人类滥捕滥猎只残存大约20头,但经过保护后现在已恢复到了万头以上。两位生物学家Bonnell MC和Selander RK使用电泳技术研究了象海豹的遗传变异性,在24个电泳基因座(loci)取样中,他们没有发现变异。相反,在从未经历过种群急剧下降的南方象海豹种群中反而有很高的遗传变异性。北方象海豹遗传变异性弱增加了它们对环境变化的敏感性。

象海豹种群只要不被某种地理障碍完全隔离，那么在亚种群之间总会存在个体的相互交流。外来个体一旦进入一个繁殖种群就会带入不同的遗传样本，这将能减少或减缓遗传漂变并有助于保持遗传多样性。遗传学家认为，每个世代都需要 1～5 个迁入者以便减缓遗传漂变。至于具体需要多少迁入者，则要看种群是单配制还是多配制。正如近交一样，遗传漂变在多配制种群中进行得更快，新基因的散布也是这样，尤其是当群体很大时。在单配制种群中，新基因的散布要缓慢得多。

对物种和生物多样性的保护来说，最重要的概念是有效种群大小(effective population size)、近交、遗传漂变和散布。人口的增长、栖息地的破碎和压缩以及偷猎已造成越来越多物种的种群数量下降。很多物种的种群数量已经下降到了危险的低水平，其中包括白鳍豚、朱鹮、虎、黑犀牛(*Diceros bicorn*)、黑猩猩(*Pan troglodytes*)、小绢猴(*Leontopitbecus* spp.)、红顶啄木鸟(*Picoides borealis*)和斑纹鸮(*Strix occidentalis*)等，这个名录还在继续扩大。很多物种的基因库正在被耗尽。问题是种群需要多大才能保持物种的延续。

为了保持一个种群在数百年间的生存活力，必须要有一定的个体数量即临界个体数。这个临界个体数就是最小可生存种群(minimum viable population)。这个最小可生存种群必须要有足够的个体数量，以便应付个体出生和死亡的偶然变化、一系列的环境随机改变、遗传漂移和各种灾难性事件。遗传模型告诉我们，一个由 100 个或不足 100 个个体组成的有效大小种群和一个由不足 1000 个个体组成的实际大小种群，它们对种群灭绝都是极为敏感的。中度有害突变的积累可在 100 个世代之内驱使这样的种群走向灭绝。为了生存下去，它们每个世代至少得需要有 1000 个能够进行繁殖的个体。

由于栖息地的破碎化，使很多不同大小的地方种群结合起来成为一个联种群(metapopulation)。什么是最小可生存联种群呢？对这样的种群来说，既需要有足够的亚种群(subpopulation)，也需要有足够的适宜栖息地。我们必须保护那些尚未被占据的小块生境，以便必要时利用。要想估算最小可生存联种群的大小是很困难的，但从理论上讲，要保持长期存在，必须得有 10 个相互作用的有活力的地方种群，同时还要有潜在的生境斑块。

第五节　物种的概念和地理变异

物种的概念对于研究种群遗传学、生态关系和种群的管理和保护是非常重要的。在目前人口猛增、生境破坏和种群数量下降的严峻形势下，很多物种的生存都取决于人类的干预。物种中彼此分离的各个种群在遗传上是一样的吗？它们的不同能够成为将它们区别对待的依据吗？最值得关注的物种保护问题是从遥远的外地引入物种的问题吗？这些问题对某些物种来说是至关重要的。栖息在 Sumatra 和 Borneo 两地的猩猩种群虽然看上去毫无差异，但它们的染色体却各不相同，当把一个种群中的猩猩(*Pongo pygmaeus*)引入另一个种群的时候，两种染色体类型的杂交后代表现出了远交衰退现象。蜘蛛猴(*Ateles* spp.)、东非小羚羊和其他物种也有类似现象。如果不了解这种情况，我们就会因盲目行事而犯错误。因此，给物种(species)下定义就成了一个很重要的研究领域。

依据分类图谱，我们可以很容易地把鸲和鸫区分开来，也可以识别白栎和红栎。每一个物种都有区别于其他物种的独有的形态特征。每个物种都是一个存在实体，一个离散的单位，并被赋予了一定的名称。林奈(Carl von Linne)是第一个采用双名法给每一种动植物命名的人。他和他同时代的其他人一样，都把生物物种看成是一个个固定不变的单位，它们都各有各的颜色、形态、结构和其他特征。生物学家就是靠这些标准对物种进行描述、区分和分门别类的。每一个物种都是分离的，虽然允许有些变异，但把变异体看成是偶然现象，这就是典型的形态种概念。这一概念现在仍在流行和使用，大多数动植物的分类都是建立在形态种概念的基础上。

后来，达尔文(Charles Darwin)对变异的研究，华莱士(Alfred Wallace)对生物地理分布的研究和孟德尔(Gregor Mendel)对遗传学的研究都强调种内变异的普遍性。由于性二型现象的存在，使同一物种的雄性个体和雌性个体看上去就像是两个不同的物种。很多密切相似的种类在地理分布上可以互相取代。变异体是逐渐融合的，所以很难把它们截然分开。可见，我们需要一个更好的物种定义。

进化生物学家和分类学家梅厄(Ernst Mayr)提出了生物种(biological species)的概念。所谓生物种，就是一组彼此能够互配并产生后代的种群，而且组与组之间在生殖上是被隔离的。按此概念，物种就是生活在某一区域类似环境中的某些生物个体的总和，在它们之间存在着实际或潜在的互配关系，并能产生正常的后代。物种的这个定义是受到限制的，它只适用于两性生物而不适用于无性生物。它把物种看成是一个单一的生物学实体，但实际上物种是由很多地方种群构成的，各种群之间都略有差异，各地方种群之间进行杂交会使种群的特征得到融合并能产生中间类型。在同一地区内其他一些可辨明的种群，如果不能与该种种群进行杂交，那就可以被看做是另外一个物种。

分布广泛的物种常常在形态、生理、行为和遗传特征上存在广泛变异，在生活在不同区域的种群之间经常会存在显著差异。种群之间的距离越大，种群差异也就越显著。地理变种实际上反映了环境对各种表型的选择作用，因为每一个种群都适应于它们所在的当地环境。物种的地理变异可表现为梯度变异(cline)、生态型(ecotypes)和地理隔离群(geographic isolates)。

所谓梯度变异，是指发生在整个地理分布区内的一些可测定的渐近变化，主要是一些表型特征平均值的变化，如大小、体重、颜色等。梯度变异通常是和某些生态因素的梯度变化相联系的，如湿度、温度、光照和高度等。连续的变异是来自基因沿着这一梯度从一个种群到另一个种群的流动。由于沿着这一梯度环境选择压力是在变化的，所以沿着这一梯度的一个种群与另一个种群在遗传上也会有某种程度的差异。这种差异将会随着种群距离的增加而加大，由此可知，位于梯度两端的两个种群其遗传差异应当最大，其表现有可能像是两个不同的物种。梯度变异的长度将决定于种群之间的基因流和散布距离。

对动物来说，梯度变异的差异可表现在身体大小、身体比例、颜色和生理适应等各个方面。以北美洲白尾鹿体重的梯度变异为例，加拿大种群平均在136 kg以上，堪萨斯州种群为93 kg，路易斯安纳州种群为60 kg，而巴拿马种群只有46 kg。植物的地理梯度变异有些是表现在植株的大小，还有些是表现在开花和生长的时间不同或表现在对环境的生理反应不同。有很多生长在大草原上的草本植物，如格兰马草(*Bouteloua gracilis*)、须芒草(*Andropogon gerardi*)和柳枝稷(*Panicum virgatum*)等，它们在分布区的西北部开花较早，随着向东南方向移动，开花期也逐渐延后。

地理梯度变异常表现出明显的不连续性,会发生突然变化,这种梯度变异的突然中止反映了地方环境选择压力的改变。在这种情况下所形成的变种就叫生态型(ecotypes)。生态型就是种群适应于一个独特地方环境的遗传品系。例如,在同一物种中,生长在山顶的种群可能与生长在低谷的种群有明显不同。生态型常常像一个嵌合体那样呈分散分布。当物种所适应的几个生境在该物种的整个分布区同时存在的时候,这种镶嵌状分布是很常见的。有些生态型是独立地从不同的地方种群进化来的。

蓍草(*Acbillea millefolium*)所能适应的温度范围很广,在北半球的副北极地带有极多的生态型并显示出了很强的变异性,这是对各种纬度不同气候所作出的一种适应性反应。生长在低海拔处的蓍草种群植株高大,种子产量高;而生长在高山上的蓍草种群植株矮小,种子产量低。

在北美洲南阿巴拉契亚山脉(Appalachian)栖息着很多种蝾螈,山中的环境条件多种多样,蝾螈的散布能力有限,各个蝾螈种群被彼此分隔开来,基因很难自由交流。其中有一种蝾螈(*Pletbodon jordani*)包含有很多半隔离的种群,每一个种群都占有山脉的一个特定部分,这些种群的集合体就叫地理隔离群。种群与种群之间的天然障碍(河流和山脊)阻碍了基因在种群间的自由交流。种群的隔离程度取决于天然障碍的有效性,但完全的隔离是很少见的。这些地理隔离将会导致形成亚种。有效地理隔离所造成的基因难以交流可能是物种形成的第一步。与梯度变异不同的是,群与群之间有一条明确的线,可将它们划归为不同的亚种。

第六节　物种隔离和物种形成

每年春天在森林中和田野上都会有很多动物进行求偶和交配活动。鱼类将游向产卵区,蛙类迁入生殖池塘,而鸟类则频频鸣唱。在这些激情的活动中,每一个物种的行为都是独特而醒目的。求偶的结果是歌雀与歌雀交配、狼蛛为狼蛛授精,林蛙与林蛙配对,绝不会出错,即使两个物种极为相似也不会错配。各个物种保持自身独特性和不融合性靠的就是隔离机制。隔离机制包括形态隔离、行为隔离、生态隔离和遗传的不兼容性。隔离机制可以是在交配前起作用,也可以是在交配后起作用。交配前可防止种间杂交的机制包括生境选择、时间隔离、行为以及机械的或结构的不兼容性。交配后的隔离机制可降低种间杂交后的存活力和生殖成功率。

如果两个潜在的配偶根本就没有机会相遇,那它们就不可能进行杂交。青蛙和蟾蜍的生境选择有助于强化它们之间的这种空间隔离。在同时进行生殖的青蛙和蟾蜍中,鸣叫声的差异和交配地点的不同也能把它们完全分开。拟蝗蛙属的两种蛙(*Pseudoacris triseriata* 和 *P. nigrata*)是近缘种,在同一个池塘繁殖,但鸣唱的雄蛙总是聚集在池塘的不同部位,前一种蛙通常是从较为开阔的地点发出叫声,而后一种蛙则总是隐藏在密集的植物丛中。

时间隔离是指在不同的时间生殖和在不同的季节开花,这种隔离机制可防止同域分布的物种(sympatric species)发生种间杂交。美洲蟾是在早春繁殖,而花蟾则在几周之后才开始繁殖。环境因素的刺激往往能决定动物的繁殖时间,例如,在姬蛙属(*Microbyla*)中,*M. olivacea* 只有在下过雨后才进行繁殖,而 *M. carlinensis* 的繁殖则不受下雨的影响。此外,雄蛙叫声的差异和雌蛙对同种雄蛙叫声的识别也能防止种间杂交的发生。

不同物种之间在求偶和交配行为上的差异是最重要的隔离机制。雄性动物一般都具有本种所特有的求偶炫耀方式。在大多数情况下,只有同种的雌性个体才能对其求偶炫耀作出反应,这些炫耀行为涉及视觉、听觉和化学刺激。有些昆虫(蝶类和果蝇)和某些哺乳动物能散发物种所特有的气味。鸟类、蛙类、蟾蜍、某些鱼类和一些能够鸣叫的昆虫,如蟋蟀、蝗虫和蝉等,它们发出的声音都是本物种所特有的,因此只对同种个体有吸引力。鸟类和一些鱼类的视觉信号极为发达。像蜂鸟科和鸭科中的鸟类,在长期性选择的作用下,已显示出了极明显的性二型现象。每个物种都有独特的色型、形态结构和炫耀行为。在夏天的晚上,每一种萤火虫所发出的光信号都不相同,仅颜色就有白光、蓝光、绿光、黄光、橙色光和红光的区别,而且每次发光的持续时间和间隔时间也不相同。

机械隔离机制有助于避免在近缘物种之间发生交配和授粉。机械隔离机制虽然在动物中所见不多,但在植物中却是很常见的。除了花结构的差异,还有其他一些机制可防止种间授精,即使出现了种间杂种,也会由于两种花结构的不协调结合而丧失其功能,要么对昆虫没有吸引力,要么昆虫无法进入花朵之中。

以上 4 种隔离机制(生态的、时间的、行为的和机械的)有助于防止配子的浪费、减少杂交个体的数量,并有可能使新生物种的种群成为完全的或部分的同域分布种(sympatric species)。

交配后隔离机制可减少交配成功率,它虽然不能防止配子的浪费,但却可以有效地防止杂交。发育不全的杂种常常是不育的,而且还有很多选择上的不利。

物种形成(speciation)是使物种数量增加的一个进化过程。对大多数植物和动物来说,这是一个遗传变异、自然选择和基因流障碍相互作用的过程。物种的一个单一谱系在整个进化期间会经历很多变化,如果这些变化影响生殖的相容性(compatibility),那其后代就会产生足够大的差异,以致可以把它们看成是一个新物种。最常见的物种形成过程是来自同一祖先物种的不同品系的趋异发展,它可导致一个祖种分化出两个或更多的物种。这种物种形成过程只有在祖先种的种群出现生殖隔离的情况下才能完成。

物种形成的最常见类型是异域物种形成(allopatric speciation)或地理型物种形成(geographic speciation)。异域物种形成的第一步是一个种群在空间上分裂成两个互相隔离的种群,每一个种群都沿着自己的进化路线发生演变。

请想象,物种 A 分布在一块温暖而干燥的陆地上,在地理尺度的某一时刻,突然发生了山脉隆起、陆地沉降并遭受水淹。这些事件会使这块陆地被分割,并使 A 种群的一小部分与种群的其余部分分离开来。这个新分离出来的种群就会成为亚种群 A′,它所占据的地区具有凉爽而潮湿的气候。由于种群 A′只是种群 A 的一次随机取样,因此,两个种群在遗传上差异不大,但这两个种群分布地的气候条件和选择压力是不同的。对种群 A′来说,自然选择最有利于那些最能适应凉爽和湿润气候的个体。而对种群 A 来说,自然选择将继续有利于那些最能适应温暖而干燥气候的个体。由于作用于这两个种群的选择压力不同,于是它们便向不同的方向演化。伴随着遗传趋异的将是形态、生理和行为变化,这将会使两个种群的外在差异越来越大。如果在差异还没有变得足够大的时候地理障碍就撤除,那两个种群就会重新合二为一;但如果在地理障碍撤除之前它们已经有了足够大的差异,即使它们又重新合在一起,彼此也很难互配产出正常的后代了。

异域物种形成的第二种类型是由一个或少量的奠基者发展成一个新群体,这个新群体可能就是生活在母种群分布区的周围并与母种群隔离开来的一个小种群,也可能是通过外迁在一个尚未被利用的适宜生境定居下来的一个小种群。不管是哪种情况，这些小种群必定是和母种群相分离的。一般说来，在母种群的中心分布区，基因库内的变异性很强，而在奠基者小种群中的遗传变异比较弱。种群的任何适应性突变都能很快固定下来，这种遗传变化有利于种群开拓和利用新的生境。一个奠基者种群一旦在一个新生境中定居下来，就有可能发生生殖隔离。分布在夏威夷群岛的大量果蝇物种可能就是以这种方式形成的。

新物种也可能是起源于一个占有单一生境的种群，或者说是起源于一个种群的分布区域内，这种类型的物种形成就叫同域物种形成（sympatric speciation）。这个过程发生在种群分布区中心的一个斑块状环境中，先是产生生殖隔离机制，接着转而利用新的食物资源或新的生境。新物种可能利用一种未充分利用的或全新的资源并侵入一个空缺生态位。同域物种形成最常发生在寄生昆虫之中，这类昆虫身体小、寿命短、生殖力极强，容易适应环境，而且存在一定形式的近交。在植物中，同域物种形成在兰花中表现得最为明显。兰花具有特化的授粉系统，兰花的一个单个突变就能引起为其传粉的昆虫的改变。

同域物种形成的一种表现形式是突发物种形成（abrupt speciation），常常表现在植物中，是指新种的突然产生。最常见的方法是形成多倍体，也就是使染色体的数目加倍。其配子是多倍体的生物不能与二倍体的祖先种群互配产生能育的后代，但却能够与另一个多倍体生物互配产生能育的后代。可见，多倍体生物本身就形成了与母种群的生殖隔离。如果多倍体生物能够散布到一个新的生境中去，就会形成一个新的物种。

很多最普通的农作物，如西红柿、小麦、苜蓿、咖啡和禾本科植物等，都是多倍体生物。在广泛分布的野生植物中也有很多多倍体物种，如黑草莓（*Rubus*）、柳树（*Betula*）和桦树（*Salix*）等。单子叶植物菖蒲（*Iris versicolor*）也是一种多倍体植物，它可能是起源于两种其他的菖蒲 *Iris virginica* 和 *I. setosa*。它们一度广泛分布，后来在冰川消退期间相遇。红杉（*Sequoiadendron giganta*）是一个残遗的多倍体物种，它的双倍体祖先现已灭绝。

第七节　物种形成和适应辐射

有些物种在其进化史中从其分布中心向外广泛散布并不断进入新的和尚未利用的生境。在一个物种开始一种新生活方式之前，首先必须接近并进入一个新的环境并建立起一个立足点，即滩头堡。接着还必须具有足够的遗传变异性以便适应新的环境。但是能使生物生存下来的适应性还只是暂时性的，它们还必须在自然选择的作用下进一步加强、改进和完善，最终入侵者只有在缺乏竞争或竞争很弱的条件下才能真正定居下来。具备这种进化条件的通常是一些远离大陆的群岛，如加拉帕戈斯群岛、夏威夷（Hawaiian）群岛和南太平洋的一些群岛。当最初的移入者到达这些群岛以后，经过快速进化，很快就会填满大量的和多种多样的空缺生态位。

夏威夷蜜鸟（蜜鸟科 Drepanididae）就是这方面的一个极好实例（图 17-4）。蜜鸟的祖先是食蜜食虫的鸟类，很像是现今的 *Himatione* 属，最初在一个或两个岛上定居之后又扩散到了周围其他一些岛屿上。由于在每一个岛上都面临着多少有些不同的选择压力，所以这些被海洋隔离着的种群便渐渐地朝不同方向演化。通过在一个接一个的岛上定居并形成新种之后，有些种类又重新返回原来的故乡岛定居（二次入侵），新的迁入者增加了岛上鸟类的多样性，特别是在那些有着多样生境的大岛上。同时，在同域分布物种之间的竞争也促使了不同物种间

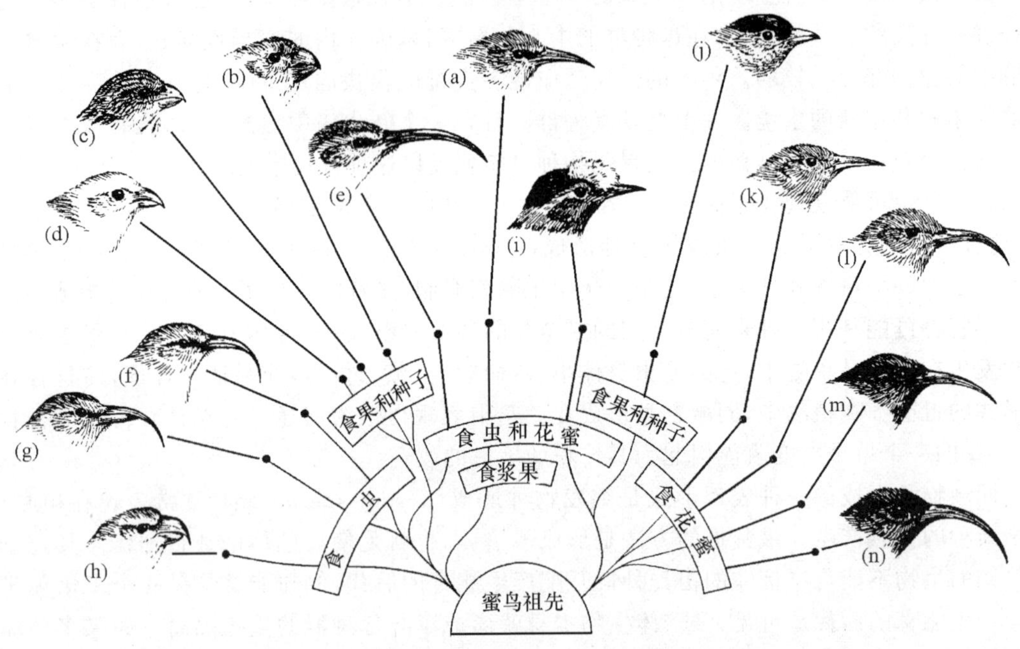

图 17-4　夏威夷蜜鸟的适应辐射

(a) *Loxops virens*,从树皮缝中探食昆虫,也吃花蜜和浆果;
(b) *Psittirostra kona*,吃种子,已灭绝;(c) *Psittirostra cantans*,吃各种果实和种子;
(d) *Psittirostra psittacea*,吃种子;(e) *Hemignathus obscurus*,吃昆虫和花蜜;
(f) *H. lucidus*,吃昆虫;(g) *H. wilsoni*,吃昆虫;(h) *Pseudonestor xanthophryx*,
吃天牛的幼虫、蛹和成虫;(i) *Palmeria dolei*,吃昆虫和花蜜;(j) *Ciridops anna*,吃果实和种子,已灭绝;(k) *Himatione sanguinea*,吃花蜜;
(l) *Vestiaria coccinea*,吃花蜜;(m) *Drepanis funerea*,
吃花蜜,已灭绝;(n) *Drepanis pacifica*,吃花蜜,已灭绝

的趋异进化。这种由一个物种经过趋异进化而形成很多物种的现象就叫适应辐射(adaptive radiation)。每一个新形成的物种都密切适应于一个不同的生态位,开拓一个新环境或选择一种新的食物资源。

这一原理可在 *Hemignathus* 属的蜜鸟中得到极好的验证(见图 17-4(e)～(g))。该属所有种类都以食虫为主,其喙最适合于取食昆虫和花蜜。*Hemignathus obscurus* 的上下喙几乎等长,呈弧形向下弯曲,当它沿着树干和树枝跳来跳去的时候可像镊子一样用喙把昆虫从裂缝中夹出来。*H. lucidus* 的喙也是向下弯曲的,但下喙比上喙更短更粗,当它在树干上寻觅昆虫的时候,常用下喙剥撬疏松的树皮。*H. wilsoni* 的喙有了更大改变,下喙直且粗重,可用它像啄木鸟一样猛烈敲击树木探取昆虫,为了不使纤细的上喙成为障碍而保持张开状。

蜜鸟的两个亚科 Drepanidinae 和 Psittistrinae 也表现出了明显的平行进化(parallel evolution)现象,即具有共同进化遗产的不同生物为适应相似的环境条件而发生的适应性变化。例如,Psittirostrinae 亚科的 *Hemignathus obscurus* 生有细长而向下弯曲的喙,最适合于取食昆虫和花蜜(图 17-4(e))。而 Drepanidinae 亚科的几种蜜鸟 *Vestiaria coccinea*(图 17-4(l))、*Drepanis funerea*(图 17-4(m))和 *D. pacifica*(图 17-4(n))也都生成大体相似的喙。

第八节　新种进化是一个缓慢的过程

关于生物进化的速度和新种形成的速度，目前还没有明确的答案。我们应当牢记的是，生物进化是基因频率随时间而发生变化的过程，而且涉及表型的一些变化；此外，物种形成是一个物种数目增加的过程。因此，上面提出的两个问题应当分开考虑。

进化涉及生物对变化了的环境的某些适应性。在一个物种内部，这样的变化可以迅速发生，例如，家养动植物通过人工繁育可以很快地改变其表型特征和生长效率。这种繁育是在人的干预下目的性极强的一种进化过程。在天然物种中，桦尺蠖在工业污染的背景下，其黑化基因的频率曾在 50 年内从 0 上升到了 98%。家麻雀（*Passer domesticus*）是在大约 100 年前引入美国的，现在已广泛散布到了北美各地并分化出大量的生态型，它们无论在大小、颜色和其他形态特征方面都有了明显差异，代表着对北美各地不同环境条件的适应，包括东部的落叶阔叶林和西南部的荒漠地带。这些适应性变化只涉及某些特征，另一些特征则完全没有变化。每一个物种都既有从祖先那里继承下来的特征，也有近期演化所产生的特征，可以说是这些特征的镶嵌体。

物种进化的速度是难以确定的。进化生态学家认为，如果新种产生是靠环境大变动时期爆发式的物种形成，那么确定物种进化速度就没有多大代表性。但如果新种的产生是由于小种群与母种群隔离的结果，那物种进化的速度就会因具体情况的不同而有很大变化。果蝇（*Drosophila*）在夏威夷群岛经过几千年的趋异演化已经产生出了大量的物种。栖息在非洲 Nabugabo 湖的 5 种丽鱼（丽鱼科 Cichlidae）显然是在不到 4000 年的时期内进化来的，因为该湖是在 4000 年前才与 Victoria 湖分离开的。在波利尼西亚人把香蕉引入夏威夷群岛后，只经过了大约 1000 年时间，一种吃香蕉的卷叶蛾（*Hedylepta*）便从吃棕榈的卷叶蛾分化出来了，主要是借助于趋异进化。美洲的西克莫槭树（*Platanus orientalis*）和地中海的悬铃木（*P. occidentalis*）自从它们在至少 2000 万年前分离到现在，几乎还没有发生什么变化。在 18 世纪，当把这两种树共同引种到英国的公园里时，它们进行了杂交。其杂种后代叫伦敦悬铃木树，生活力很强而且是能育的。伦敦悬铃木树常作为园林树种和用材林被种植，它们在不同气候和不同纬度下都能生长得很好，而且已经逐渐野化。

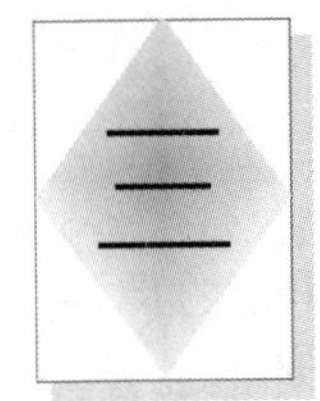

第18章　种群的生活史对策和生殖对策

第一节　什么是生活史

首先让我们观察几种生物的生活史现状，然后再对生活史对策作进一步的分析。

(1) 生活史类型Ⅰ。鲑鱼(大马哈鱼)先是在太平洋北部生活5年，待发育长大成熟后便游进黑龙江逆流而上，约行进2000 km最后游进小的支流，全程不吃任何东西，而是靠消耗自己的肌肉和器官维持生命。当到达最终目的地(双亲的生殖地)时，它便接近了生命的终点，配对、产卵，然后死去。

(2) 生活史类型Ⅱ。生活在澳大利亚沙漠地区的雌性袋鼠同时养育处在不同发育阶段的3个幼仔，最大的一个虽然已经离开了母亲的育儿袋进行独立生活，但仍留在母亲的身边；第二个是新生崽，附着在母亲育儿袋内的乳头上，尚未完全发育，不能独立生活；第三个是尚停留在子宫中的受精卵，要在子宫内停留约204天。

(3) 生活史类型Ⅲ。蜉蝣的卵在小溪中孵化之后要在水中取食生活几周时间，然后稚虫游到水面羽化为第一期有翅成虫，飞离水体后躲入溪流附近的植丛中。几小时之后便进行蜕皮，演变为具有生殖能力的成虫，此后，雌雄成虫便在水面上空飞翔交配，雌性成虫把卵产于水面，然后双双死去。

(4) 生活史类型Ⅳ。巴塔格尼亚竹可连续100年进行营养生殖，然后形成稠密的竹林，接着在一个季节内，所有植株都会同时开花并进行有性生殖，之后便会枯死。在下一个100年，这个生活史全过程会再一次重复进行。

(5) 生活史类型Ⅴ。一粒蒲公英的种子落在草地的当天便能萌发，1周之内便能长成一个莲座叶丛并开出一朵花，花靠无性生殖就可产生大量的种子。风把这些种子吹向各地，几天以后这株植物便能再次开花。

上述几种生物的生活史只是大量的动植物生活史类型的几个实例，远远不能概括生活史类型的多样性。这里我们可以问：生物生活史类型多样性的原因是什么？是什么选择因素作用于这些不同的生物？我们能够预测出在某一特定环境中是哪一种生活史类型最为常见吗？对于我们所观察到的各种各样的生活史类型，能有什么可用的方法对它们进行组织和分类呢？下面我们将试图回答这些问题和与此相关的问题。

生活史(life history)一词的生态学含义十分丰富，就广义来说，一个物种的生活史可包括以下5个基本方面：

- 身体大小，指成年个体的质量和长度；
- 变态(metamorphosis)，指从幼体发育到成体要经历几个形态上不同的发育阶段；

- 滞育(diapause),指生活史中存在的生长发育休止期;
- 衰老(senescence),指生命的老化过程,衰败和死亡;
- 生殖格局(reproductive patterns),指生殖事件的量值和时间安排,如窝卵(仔)数、性成熟时间、幼仔大小、生殖次数和亲代抚育投资大小等。

有些人只是狭义地将生活史的概念限定于物种的生殖格局,本章最后一节将专门研究生活史的生殖格局,这是生态学中特别活跃的一个研究领域。

在前面所介绍的 5 种生活史类型中,可明显地看出,每种生物所处的环境是极不相同的,而这些环境差异通过选择作用导致生物采取了不同的生长、发育、变态和生殖策略。可以说,生活史是说明进化与生态之间相互作用的一个最好实例。下面我们就分别介绍构成生活史的 5 个基本成分。

第二节 身体大小对生活史的影响

不同生物身体大小的差异极大,从体长只有 1 μm(10^{-6} m)的细菌到树高 100 m 的红杉,其数量级相差可达 8 个等级,即使是在同一类群的生物之中,其身体大小的差异也是极大的(图 18-1)。对很多分类类群来说,身体大小的分布常常是偏斜的。此外,平均身体大小常常与该分类群中的物种数目呈负相关,这表明身体较小的分类群可占有更多的生态位。

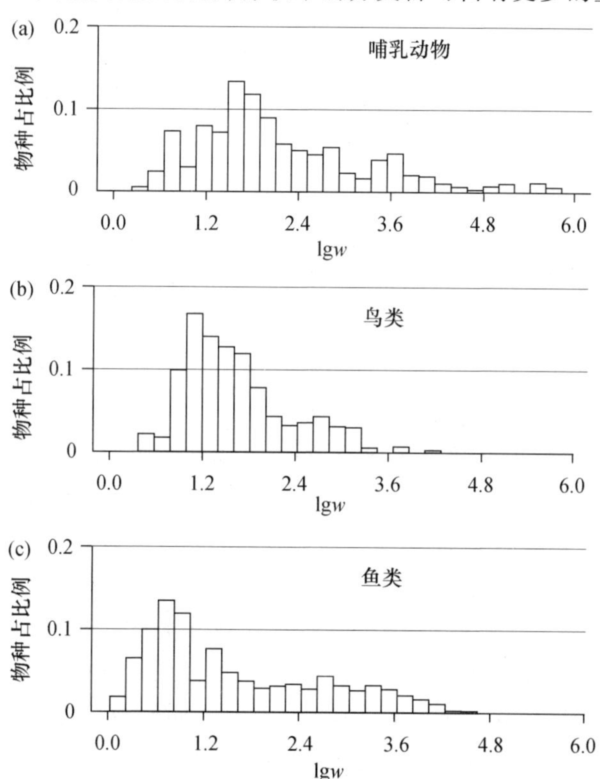

图 18-1 不同相对体重(w)对数值动物种数的频率分布

(a) 北美哺乳动物;(b) 鸟类;(c) 鱼类

(引自 Krohne DT 等,2001)

显然，生物身体大小是对其生存环境的重要适应，身体大小可以多种方式影响生物的生态特性。例如，高大的红杉树比较矮的树木能得到更多的阳光，但也更容易遭到雷电和狂风的破坏；细菌是如此之小，以致水分子的偶尔轰击都能影响它的运动，但体小的好处是，借助于简单的扩散就能有大量的营养物进入细菌体内。

对任何生物来说，身体大小对其生活都有重要影响，这些影响可以是生态的和生理的，或者两方面兼而有之。水黾可以占有和利用独一无二的生态位，因为它的身体小而轻，可以在平静的水面划行而不破坏水的表面张力。身体大小的生理效应可部分地决定动物的取食习性和栖息地的适宜程度，例如，体重可达 80 000 kg 的蓝鲸为了维持生命必须取食大量的食物，但由于它散热的身体表面积相对于产热的身体体积来说要小得多，所以它能生活在深海的冷水中。与此相反的是，体重只有 10 g 的鼩鼱所吃食物的绝对数量要少得多，但它身体的表面积相对于身体的体积来说非常之大，因此散热速率极高，几乎需要不停地吃东西。

总之，动物的食物总需求量是随着身体大小的增加而增加的，但平均每克体重的食物需求量却下降。动物越大，遭受捕食的风险就越小。对其他自然因素的敏感性也是随着身体大小的变化而变化的，例如，树木高度的增加肯定更容易遭到雷击，但树干变粗又有利于抵御强风的吹袭和冻冰造成的损害。一般说来，生物越大，寿命就越长，世代历期也就越长，这些因素通过自然选择就能影响生物的进化速率。生命周期比较短的生物（如昆虫）能够更快地适应环境的变化。

Cope ED 曾提出，在特定的分类类群内，生物身体的大小常随着进化过程而表现出增大的趋势，这就是所谓的科普法则（Cope's law），例如，在鲟鱼中越是接近该科鱼类系统树根部的种类，其体型越小。但在化石记录中却难以找到与科普法则相一致的证据，虽然有些哺乳动物和鸟类类群其身体大小有随时间而增大的趋势，但不是所有的类群都是这样的。以始马属（*Hyracotherium*）的共同祖先矮马为例，它就是一种小型动物，化石记录表明，导致形成现代马的谱系，其体型是逐渐增大的，但类似马的其他哺乳动物却没有表现出这种趋势。

Brown JH 等人 1993 年曾对哺乳动物身体大小的进化提出过一个有趣的新假说，即 100 g 体重代表着哺乳动物的最适大小。在他们提出的模型中，把适合度（fitness）定义为是生殖力（reproductive power），或把能量转化为子代的能力。生殖力受限于两个过程：① 获得能量的过程；② 能量转化为子代的转化率。该模型预测，最适身体大小是上述两个过程平衡的结果，即使是最小的个体也能高速率地把能量转化为生殖输出，它们的高代谢率要求它们必须花很多时间进行觅食。与此相反的是，最大的个体能够高速获取资源，但受限于将资源转化为子代的速度。Brown 等人利用上述的两种能量关系计算了不同大小哺乳动物的生殖力，体重大约是 100 g 的动物生殖力最大（图 18-2），这也与哺乳动物身体大小的分布格局相一致。

在动物身体大小的进化过程中，身体的不同部位所经受的选择压力是不一样的，结果导致了身体的不同部位或结构具有不同的生长格局。这种不同的器官具有不同的生长速度的现象叫异速生长（allometry），异速生长的方程式是 $y=ax^b$，x 和 y 是生物体某些方面的量度，$b\neq1$。图 18-3 显示哺乳动物体重（对数值）与脑重（对数值）之间的关系，描述这种关系的方程式是 $y=0.16x^{0.67}$，其中 y 是脑重，x 是体重，即使就绝对值来讲，动物越大脑量也就越大，但相对于体重来讲，较大的动物脑量却比较小。对于体重为 10 000 kg 的动物来说，脑重/体重的比

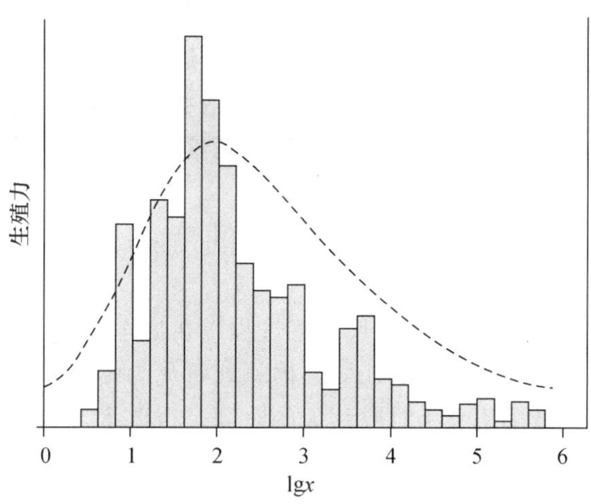

图 18-2　生殖力曲线是体重(x)对数值的函数,模型预测的分布与实际观测到的分布(直方图)非常吻合(引自 Brown 等,1993)

率是 0.0056;对体重为 100 g 的动物来说,其比率是 0.018,这就是说,脑重和体重的变化是不同速的,这就是异速增长。正如图 18-3 所表示的那样,这些变量的对数坐标图是一条直线($\lg y=\lg b+a\lg x$),其中的 y 是截距,a 是斜率。当 $a<1$ 时,y 的变化比 x 的变化更慢;但当 $a>1$ 时,情况就会相反。有时,两个变量之间的异速生长只是简单地决定于几何学原理,例如,一个小动物的面积/体积的比率要比大动物大,因为面积是随着线性维的平方变化的,而体积则随着线性维的立方变化。在这种情况下,异速生长方程就会是 $y=bx^{2/3}$,其中的 y 是表面积,x 是体积。

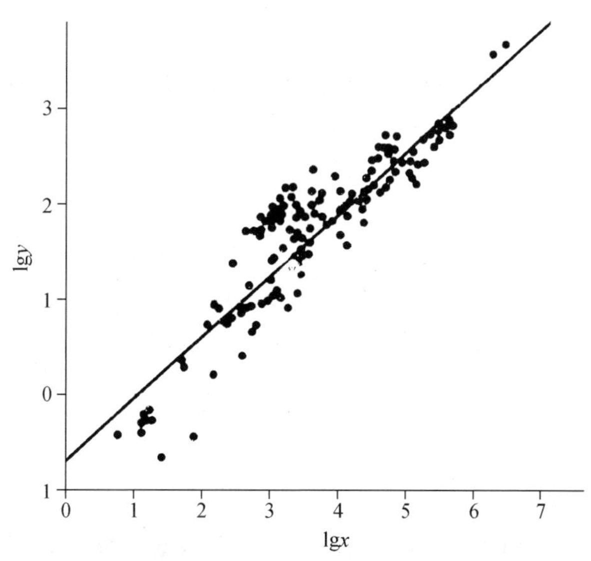

图 18-3　哺乳动物体重(x)和脑重(y)之间的关系

有趣的是,在哺乳动物的代谢率和身体大小之间也存在着类似的异速生长关系,其斜率是 0.75,这种现象常被称为克雷伯法则(Kleiber's law)。生理学家曾试图找到他们所观察到的异速生长关系的一般模式和规律，而生态学家则试图利用这些规律解释一些生态学现象。在很多生理学上和生态学上的异速生长现象中，b 值常常是 0.25 或 0.75。通过本节的讲述，我们可以知道，一个动物成年个体的大小实际上是它生活史的一个适应性特征——从近期看，它是生物个体发育的产物；从远期看，它是自然选择的结果。

第三节　生活史中的变态现象

变态(matamorphosis)是指生物在生长发育过程中在形态、生理和生态方面所经历的重大的或根本性的变化。一粒蛙卵在几天或几周之内就能孵化为蝌蚪，然后再演变为一只成年蛙。从果蝇卵中孵化出的幼虫要花几个小时或几天的时间进行取食，然后便化成蛹，几天以后有翅的果蝇便从蛹壳中羽化了出来。Metamorphosis 一词所包含的变化非常之大，以致将其描述为该种生物的两个分离的和极不相同的生态位(niches)也不过分。事实上，两个物种的幼虫彼此的相似程度比它们与各自物种成虫的相似程度更大。

在不同发育阶段利用不同资源的那些生物所面对的进化难题非常之大，因为靠同一体型结构是很难占有和利用不同生态位的，其解决难题的办法就是使幼体的体型对一个生态位形成专门的适应，然后再经过变态形成一个全新的体型(成虫)去适应另一个完全不同的生态位。

显然，具有变态的物种在转变过程中必须经受复杂的遗传和生理变化，这些变化需要有复杂的调节机制，包括很多基因在适当时间的开关功能。此外，变态物种身体结构的重组需要消耗大量的能量，那么变态带来哪些生态学上的好处能够补偿为变态付出的这些能量代价呢?

当前流行的一种假说——变态物种因利用具有短暂的高生产力和高生长潜力的生境而发生特化。构成这一对策的一部分是取食、散布和生殖都发生了特化，而且是在个体发育的不同阶段去完成。青蛙的蝌蚪生活在水体中(如池塘)，具有极高的生长潜力，但池塘及其丰富资源的存在是有一定时限的和短暂的。如果池塘变干或变得不再适合居住，那么蝌蚪是没有能力主动迁往另一个池塘的，但成年蛙却能做到这一点。在这种情况下，蝌蚪的快速生长和成年蛙的散布和生殖是被完全分隔开的。虽然成年蛙也要取食，但其生长速度要比蝌蚪慢得多。成年蛙从食物中获得的能量主要是用于物种的散布和生殖。

很多昆虫都从这种对策中得到了好处。虽然蝶类幼虫食量极大，而且常常只限于吃一定种类的植物，但其成虫却不再生长。成虫如果取食的话也只是为了维持能量储备，以便进行散布和生殖。说明这一生活史对策的最好实例就是王蝶(monarch)，它的幼虫专门取食一种叫马利筋的植物，同时也在这种植物上化蛹，成虫羽化后要进行长距离的迁飞，飞过北美洲的东部直到墨西哥的 9 个地点，到达那里后雌蝶开始性成熟并在向北迁飞的途中完成交配。成虫取食只是为了维持能量储备。在这个实例中我们再次看到，取食、散布和生殖是分别在不同的发育阶段完成的。

在很多海洋无脊椎动物中，情况刚好相反。幼虫是专门的散布期，而成虫是生长期和生殖期。一只藤壶可以产生大量的浮游幼虫，这些幼虫可积极地在海水中游动，最终才固着在一个物体或基底的表面。如果幼虫找到了合适的固着地点，它们就开始变态，演变为一个营固着生活的小藤壶(成虫)，藤壶的取食方式是滤食，其生长是同所摄取的能量多少成比例的。成虫的生殖方式是把配子释放到海水中，卵与精子融合后便发育成一个新的浮游幼虫。显然，营固着生活的成虫是不能进行散布的，种群的散布只能由幼虫来完成。

在上述所有实例中，生殖功能都是由成虫承担的。但在某些生态条件下，由幼虫承担生殖功能显然更为有利。因此，即使那些通常是在成虫期进行生殖的物种，在某些情况下也会通过自然选择而发生改变。这种变态的生活周期发生改变的物种常常表现有幼态早熟(neoteny)现象，即发育到幼虫阶段便达到了性成熟，并不再进行会导致出现成虫的变态。幼态成熟是次生适应(secondary adaptation)的一个实例，因为它是在变态现象产生之后再次发生的进化现象。在一种蝾螈(*Ambystoma maculatum*)的一些种群中就有幼态成熟现象。事实上，这种蝾螈的幼体曾一度被认为是一个独立的物种并被命名为 *Sirenodon mexicanum*，但后来才发现它们是一种幼态成熟型。

对能导致出现幼态成熟的选择因素虽然尚不十分了解，但我们知道，幼态成熟现象最常出现在极端环境中，如高纬度和高海拔地区。就两种蝾螈(*Ambystoma gracile* 和 *A. tigrinum*)来说，生活在高海拔地区的种群，其幼态成熟型出现的概率就比生活在低海拔地区的种群高。如果幼虫的生活环境比成虫的生活环境好，自然选择就更有利于幼体早熟现象的发生。Licht LE(1992)已经排除了单一食物的影响，用补充食物的办法并不能增加变态的频率。对某些两栖动物的生活史来说，幼态成熟现象很可能是由遗传决定的一个特征。

变态赋予了生物特定的形态和功能，以便于完成整个生活史，而这些形态和功能都是依据生存环境的选择要求“设计”的。但有时生物会面对极为恶劣的环境条件，因此，生活史常常还包括一个能抵御不良环境的停育或休眠期。

第四节　生活史中的滞育和休眠期

如果偶尔或经常会遇到恶劣的生存条件，那么在生活史中包含一个能抵抗不良环境的阶段，对生物的生存就是有利的。在这样的生活史对策中，生物就会有一段时间不生长，不生殖，也不进行其他活动，以便等待适宜环境的到来。滞育是遗传所决定的停育期，其特点是停止发育，不再进行蛋白质合成，代谢率下降等。除此之外，还有很多其他的休眠方式，其生理活动水平都有不同程度的下降。

生物抵御恶劣环境的方式是多种多样的。细菌对干旱、高温和有害化学物质所作出的反应是形成抵抗力极强的孢子，而真菌的孢子也同样具有极强的抵抗力。当然，很多植物的种子也具有渡过不良环境的功能；很多昆虫在秋季化蛹，而蛹能忍受冬季严寒的气候，直到春天有利条件的到来。

有些生物的停育和休眠期极长，例如，属于豆科植物的羽扇豆(*Lupinus arcticus*)的种子，有人从北极久已废弃的旅鼠洞穴中发现了它，经碳标记测定是 10 000 多年前遗留在那里的，但经过 3 天的培育竟然发了芽。

生物面对着两个非生物因素的难题，这些非生物因素对生物的生长和存活能力有着明显的影响。其中一个是严酷的自然条件，包括极端的温度、水的不足或过量以及强风等；另一个是自然条件的不可预测性，它可能给生物的生存造成更大的威胁。相对说来，对温度和两极地区有规律的季节变化形成适应还是比较简单的，例如，很多植物的种子在萌发之前必须经历一个低温期，这种简单的适应可确保萌发是发生在严冬之后，而不是在冬季到来之前。哺乳动物的冬眠显然也是对同样的自然条件所形成的适应。

不利条件不规则发生和不可预测性为生物提出了一个很大的难题，生物通常是采取两种对策来应对这一难题。首先,生物的很多适应性都与停育和休眠有关,休眠期的实质是停止生长发育,等待有利环境条件的到来;其次,生活史中对不利环境条件特别敏感的发育阶段(如生殖)往往被压缩在较短的有利环境期内完成。但生物是如何知道有利的或不利的环境条件何时到来呢?要知道这些条件的出现是完成不可预测的。

这里举出两个脊椎动物的研究实例。其一是赤袋鼠(*Megaleia rufa*)。这种有袋类动物栖息在澳大利亚中部的沙漠中,那里何时能下雨并带来茂盛的植被是极难预知的。显然,雌袋鼠选择在植被最茂盛的时候产仔是最为有利的,但赤袋鼠是相当大的动物,它的妊娠期很长,如果等到降雨开始之后再交配和育幼,那有利的生殖时期就可能错过。赤袋鼠的生活史对这种情况所产生的适应是在妊娠期进行胚胎滞育。

雌袋鼠在怀孕31天之后会产出一个极小的幼仔,幼仔出生后便进入育儿袋并附着在乳头上,继续生长和发育。235天之后便离开育儿袋,但仍与母亲生活在一起并吸吮母乳。生产期过后两天雌袋鼠便再次发情和交配,受精卵先是进入一个长达204天的胚胎滞育期,在此期间它留在子宫中但不植床,植床后经过31天发育便会产出第二个幼仔。值得注意的是,第一个幼仔离开育儿袋也刚好是在这个时候。接着,雌袋鼠会进入第三次发情、交配和受精,并开始再一次的胚胎滞育。最终的结果是,在任何时间,雌袋鼠都有3个处在不同发育阶段的幼仔:一个正在滞育;一个生活在育儿袋中;第三个已离开育儿袋独立生活。如果环境条件不利,就会有一个幼仔死去,而另一个幼仔就会顶替它的位置。但如果环境条件突然得到改善,幼仔几乎总能从这种暂时有利的环境中受益。

两栖动物之所以能够栖息在沙漠中,也是因为它们采取了类似的生活史对策,即加速发育与休眠相结合的对策。以在北美洲最干旱的沙漠中生活着的一种锄足蟾(*Scaphiopus couchi*)为例。这种蟾可在地下挖掘很深的洞穴,洞内不仅比较潮湿,而温度也比较低,可使身体降温。它们常在那里进入休眠期,休眠时身体表面覆盖着一层死的皮肤。只要一下雨,锄足蟾就会从洞穴中跑出来,聚集在临时形成的水塘中进行交配。受精卵的发育速度极快,卵在48 h内便能孵化为蝌蚪,而蝌蚪的变态时间是16～18天。结果在有利环境极短的时间"窗口"内,它们便能过完成整个生活周期的发育,然后便重新回到能抵抗不利环境的休眠期,等待再一次降雨。

沙漠中的很多植物也能适应不可预测的环境条件。在莫哈维(mohave)沙漠,雨量极少,虽然降雨的季节是可预测的,但任何一年的降雨都只局限在一个狭长的地带,至少降雨带是在什么地理位置就很难预测了。生长在这里的很多种植物都是一年生的,它们在一年或一个季节内便能完成一个生活周期,然后便枯死。种子对干旱具有很强的抵抗力,可在很多年内处于休眠状态。一遇到雨水便能很快萌发,在土壤湿度能维持植物的生长和开花期间迅速完成它的整个生活史。生物生活史中的休眠期大都是对光周期、温度或湿度条件所形成的适应。最近,Hunter MD(1997)等人的研究表明:食料植物的质量会影响卷叶蛾幼虫(*Choristoneura raceana*)的滞育,当这种幼虫以红槭(*Acer rubrum*)和黑梣(*Fraxinus nigra*)等营养质量较低的植物为食时,比以黑樱桃(*Prunus virginaiana*)等营养质量较高的植物为食更容易进入滞育期。可见,休眠具有多方面的适应,它可使生物避开最艰难的环境条件。但不管生物具有多么好的适应性,它们的寿命也是有限的。

第五节　生活史中的衰老和死亡

衰老(senescence)和死亡是任何生物都不可避免的生活史事件。这里我们最关心的问题是：生物为什么必然会走向死亡呢？死亡真的是无法避免的吗？死亡的时间安排能在进化过程中发生变化吗？为什么有些生物的寿命比另一些生物更长呢？其中每一个问题都是生活史研究中非常令人感兴趣的问题。近期的研究发现，生物的寿命是有一定遗传学基础的，事实上也会借助于进化而有所改变。例如，Finch CE(1990)有选择地培育的果蝇品系比野生果蝇的寿命长 30%，最近还发现了一种线虫(*Caenorhabditis elegans*)的突变体，其寿命是含有野生型基因线虫的两倍。

生物学家把 senescence 一词定义为是生物的退行性变化，其结果死亡率将随着年龄的增长而增加，最终的存活概率将达到零。衰老变化的时间安排将决定生物的寿命，而各种生物寿命长短的差异极大。一方面，生活在沙漠中的一年生植物在几天之内就能完成萌发、生长、开花和死亡的全过程；而另一方面，有些植物的寿命可长达几千年，如芒松(*Pinus aristata*)，已知最老的一株芒松的寿命已超过了 5000 年。有些生物的寿命虽然不属于这些极短或极长的类型，但有时也是很长寿的。已知鲟鱼可以活 150 年，低等动物蚯蚓也能活 10 年，家养舞蛛的寿命为几十年。

最有趣的是那些可以自我克隆(clone)的物种，显然目前还很难确定一个单一克隆株的寿命。以生活在北美沙漠中的一种蒺藜科常青灌木(属于三齿拉瑞拉属)为例，其寿命至少与芒松相等。但随着单一植株的生长，它会形成一个克隆植株环，环的中心部位是最老的植株，这样一个单一的同合子发育体可以活数千年，虽然该植物的生活部分并不一定有那么老。最近在北美森林中发现了一个巨大的蘑菇(*Armillaria bulbosa*)，其寿命可能已超过了 10 000 年(Smith ML 等，1992)。在动物中，软珊瑚的寿命完全可以与这些植物的寿命相匹敌。

长期以来一直认为生物的寿命决定于生物活动的“强度”或“速率”，通常小动物的寿命比大动物短，而小动物的每克体重代谢率和心搏率等又比大动物高得多，因此认为短寿是生理活动强的结果，或者说是由于身体耗损得更快。但鸟类的代谢率、产热量和心搏率比哺乳动物更高，当人们发现与哺乳动物大小相同的鸟比前者的寿命更长时，这一理论便不得不放弃了。

当前有两种流行的假说——突变积累假说(mutation accumutation hypothesis)和进化衰老假说(evolutionary senescence hypothesis)——用以解释生物的衰老过程。根据突变积累假说，生物体的每一个细胞都会受到来自自然环境的有害影响，紫外线辐射、有害化学物质和无氧自由基都能给细胞造成损害并引起细胞突变。损伤的积累最终会导致存活率随年龄的增长而下降。按照这一假说，衰老本身并不是进化的产物，而是生物体暴露于环境所引起的必然结果。

进化衰老假说认为，生物的衰老格局是逐渐形成的，特别是，存活率随着年龄而下降是突变的结果，这些突变的负面效应到生命的较晚时期才得以显现。如果这些突变是在生物生殖之后才起作用，那么自然选择就无法将它们从种群中排除，因此它们就会逐渐积累下来并将增加较老年龄组的死亡率。与此相类似的一种假说则认为，我们所观察到的衰老格局是由一些具有多种效能的基因所引起的。这些基因在生物进行生殖之前或生殖期间具有正面效应，此后便会产生负面效应，这些基因的频率将逐渐增加并导致生殖后期年龄组死亡率的增加。

值得注意的是这两种假说之间的基本差异。首先，第一种假说是强调即时环境效应的近期原因解释，第二种假说是强调进化和自然选择对种群效应的远期或最终的原因解释。有很多证据支持上述的两种假说，细胞中含有一些酶，如过氧化物歧化酶(SOD)，这些酶可清除氧自由基从而保护细胞免受损害。Orr WC 和 Sohal RS(1994)曾培育了一种转基因果蝇，其体内含有这些酶基因之一的 3 个拷贝，这些含有额外拷贝基因的果蝇，其寿命要比正常果蝇长 33%。

Partidge L 和 Fowler K(1992)借助于果蝇实验检验了突变积累假说。他们用人工选择的方法培育出了两个遗传品系，一个是通过只让最老个体交配而培育出的"老品系"，另一个是通过只让年轻个体交配而培育出的"年轻品系"。结果发现，"老品系"的果蝇寿命更长。Partridge 认为这一实验结果支持了突变积累假说，因为通过选择尚有生殖能力的较老的个体就能排除此前在较老个体中得到表达的有害基因。可见，在选择实验进行之前果蝇的寿命是受到了有害等位基因表达的限制。

支持进化衰老假说的一个思路是对有性生殖物种和无性生殖物种进行比较研究，特别是进行二分裂(binary fission)生殖的无性物种。无性的分裂生殖将会产生两个"姐妹"个体，它们的年龄是完全相同的。如果进化衰老假说是正确的话，生殖后的突变就不应当在这样的物种中积累下来，至少与有性生殖物种相比较是如此。当 Bell G 将进行分裂生殖的蚯蚓与相同大小进行有性生殖的无脊椎动物进行比较时，他发现，进行无性分裂生殖的物种没有表现出衰老现象，也就是说，在"姐妹"细胞的存活概率方面不存在明显的与年龄相关的变化。

1997 年，Tatar M 等人发现蚱蜢(*Melanoplus*)的衰老存在着海拔高度变异。根据进化衰老假说，在高海拔地区，发生衰老的年龄应当越早，因为在高海拔地区晚龄生殖的机会受到季节较短和严酷环境条件的限制。事实上，正如图 18-4 中的存活曲线所显示的那样，生活在低海拔地区的种群，衰老常发生在较晚的年龄。这些资料是从培养在相同条件下的实验室种群中获得的，这可表明，高海拔和低海拔种群之间的衰老差异是有遗传基础的。

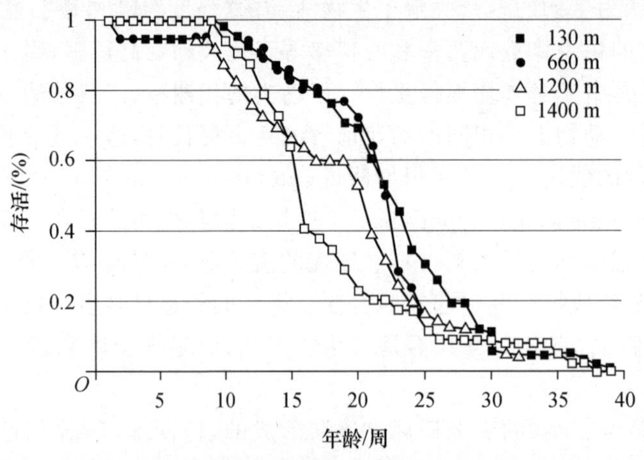

图 18-4　来自不同海拔高度的雄性蚱蜢的存活曲线

(引自 Tatar M 等，1997)

这些实验还不能最终证实进化衰老假说，因还存在一个变量——生殖的作用，几乎与所有关于衰老进化的研究有关。因为生殖不仅要消耗能量，而且生殖期间还更易遭到捕食或增加其他死亡风险，人们很难把生殖的作用与具有特定年龄效应的突变的潜在影响区分开来。能够说明生殖对死亡率影响的实验是由 Vanoorhies WA(1992)设计的，他比较了两种突变体线虫(一种不能产生成熟的精子，另一种不能与野生型线虫交配)的死亡率，野生型线虫与两种突变体线虫相比有比较高的特定年龄死亡率和比较短的寿命(图 18-5)。衰老的遗传基础及其可能的适应意义是进化生态学家最感兴趣的研究领域之一。死亡率是自然选择背后的一个主要作用力，另一个作用力则是个体的生殖贡献。下面我们即将讨论种群的生殖对策问题。

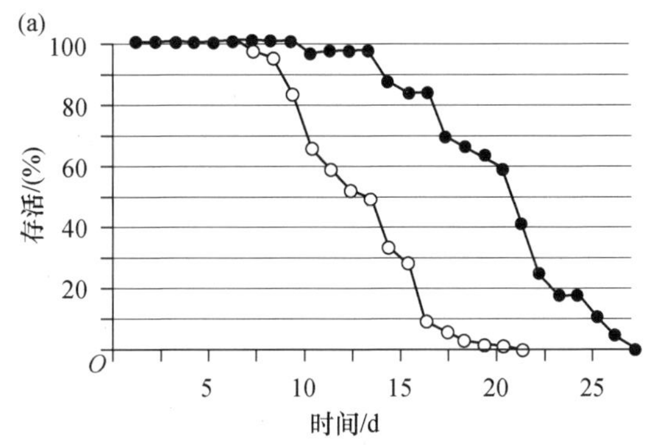

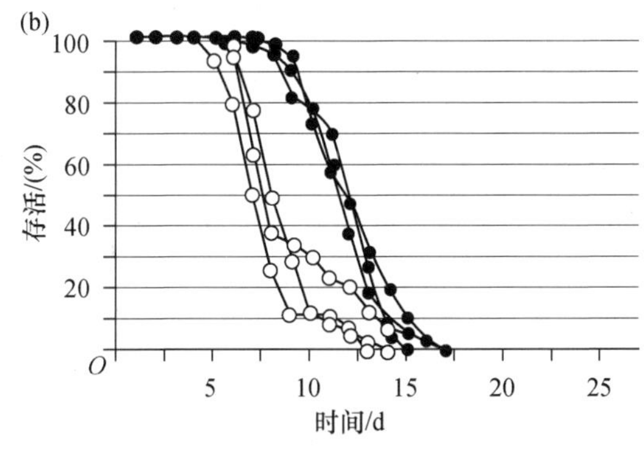

图 18-5　线虫的存活曲线

(a) 图中：○代表野生雄线虫，●代表突变雄线虫(不产精子)；

(b) 图中：○代表可交配的野生雄线虫，●代表不可交配的突变体雄线虫

第六节　种群的生殖对策

有性生殖和无性生殖是两种最主要的生殖方式。无性生殖的方式是多种多样的，细菌靠简单的二分裂法进行生殖，其他生物如酵母和很多无脊椎动物是靠出芽或母体断裂产生新的个体。在植物中，来自母体的匍匐茎和根状茎可以产生新的个体，其他植物如蒲公英，其花朵中产生的种子是没有配子融合的。在动物中常有孤雌生殖现象发生，例如，在鞭尾蜥属(*Cnemidophorus*)的一些蜥蜴中只有雌蜥没有雄蜥，它们是由未受精卵发育而成的。

显然，无论是有性生殖对策还是无性生殖对策都是成功的，因为它们普遍存在于几乎所有的动植物分类群中。从生态学的观点看，无性生殖是有利的。首先，无性生殖可以精确地产生生物的遗传复制品，在均一或不变的环境中，这种情况十分有利，因为它不需要借助于有性生

殖的重组对基因进行洗牌；其次，生物不需要寻找配偶，在某些生态场合下，例如，只需要一个或少数几个个体就能够完成对一个新栖息地的占有和定居，这是非常有利的。

一、生殖能量学

生物的一个基本特性是只能把有限的能量用于生殖，后面我们将会介绍哪些因素决定着生物会把多少能量用于生殖过程。现在我们可以肯定地说，这种能量限制对每一个生物都有影响。在考虑生殖的生活史对策进化时，存在着两个基本假设：

(1) 由于用于生殖的能量是有限的，所以任何物种在面对应把多少能量用于生殖的问题时都必须作出一个进化上的决策。生殖过程包括很多方面，每个方面消耗能量的方式都不一样。每窝多卵或多仔要比每窝少卵或少仔消耗的能量多，全面而持久的亲代抚育所投入的能量要比只简单地产下受精卵，然后便弃而不管所投入的能量多。动物在发育的早期达到性成熟与晚期达到性成熟相比，其消耗能量的方式也必然会有所不同。可见，每一种生物都会面对一系列的权衡(trade-offs)，是采取这一种生殖对策呢，还是另一种。从一窝多卵或多仔中所获得的好处必须大于为此所付出的能量代价，因为为一窝多卵或多仔所投入的能量就不能再被生殖的其他方面所利用了。

(2) 在一个物种的种群统计学(尤其是死亡的时间分布)与其生殖格局之间是存在一定关系的，正如在本章后面我们将要详述的那样，生殖与死亡率之间以复杂的方式相互作用——每一次生殖都可能使种群死亡率增加，用于生殖的能量通常是来自生物体内的能量储备，而这些能量储备对维持生物的生存是很重要的，如用于冬眠和用于逃避捕食者等。筑巢和保护后代可能造成直接的死亡，除了这些直接的死亡代价外，特定年龄死亡率(age-specific mortality)的格局也会影响生殖的最适方式。生殖对策可借助于进化而发生改变，以便能确保生物在死亡之前完成生殖任务。

二、生殖对策中的权衡

本节将介绍生物生殖对策中的一些基本权衡。这些权衡决定着生殖生活史的进化方向，如每次生殖产多少后代、总共生殖几次，在什么年龄达到性成熟等。需要牢记的是，每一次权衡都是与其他权衡相互影响的，所以，每次权衡的改变也会影响到其他的权衡。

1. 每次生殖产多少后代

作为生殖对策的一部分，人们一直非常注意窝卵数或窝仔数的多少。相对说来，这些数据比较容易在野外获得，至少与某些其他参数相比是这样，这些参数包括性成熟年龄的微妙变化和一生的生殖次数等。种内和种间的自然变异通常是很大的，使得人们能够比较容易地通过比较在不同环境中的窝卵数大小而检验各种假说。

对于每次生殖所产的后代数，存在着两种基本对策——要么把用于生殖的能量分配给少数几个较大的后代，要么分配给大量较小的后代。

人们可能会认为，每次生殖产出较多的后代总是有利的，因为它可增加生物的适合度。但有资料表明，最适窝卵数或窝仔数存在着一个上限，例如，Jacobsen K 和 Erikstad KE(1995)曾研究了人为增加三趾鸥(*Rissa tridactyla*)窝卵数所造成的影响，当他们把2～3只雏鸥补充到正常的天然鸟巢中时，发现没有哪一对双亲能把这一窝增加了数量的雏鸟养大到离巢。显然，有某些因素限制着亲鸟所能养育的雏鸟数量，如亲鸟为雏鸟提供食物的能力，雏鸟数量的增加更容易吸引天敌等。这些限制因素所决定的窝卵数要少于雌鸟的最大产卵量。

其他资料也说明，一窝多卵或一窝多仔常常会使生物付出太高的代价。就旅鼠(*Dicrostonyx groenlandicus*)来说，一窝多仔与一窝少仔相比，出生时幼仔的体重是相似的，但当发育到断奶时，一窝多仔幼鼠的体重就会明显小于一窝少仔，而这时的幼鼠体重则是影响其存活的一个重要因素(图 18-6)。在林鼠(*Neotoma lepida*)中，出生幼鼠的平均体重是随着窝仔数的增加而下降的，即使幼鼠体重到继奶时没有明显差异，一窝 5 仔与一窝 1 仔相比，前者幼仔达到后者幼仔断奶时的体重需多花费 1 倍半的时间。除此之外，一窝多仔常常是有较小比例的幼仔能活到断奶期。

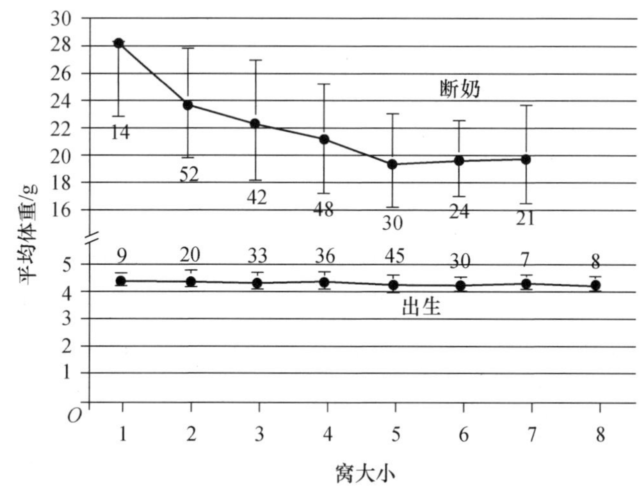

图 18-6　旅鼠一窝多仔和一窝少仔时幼鼠出生时和断奶时的体重

(仿 Krohne DT，2001)

窝卵数和窝仔数的大小也存在着地理变异，对很多哺乳动物和鸟类来说，窝卵数或窝仔数是随着纬度的增加而增加的(图 18-7)。冬眠哺乳动物和洞居鸟类是这方面的例外，它们的窝仔数或窝卵数通常比根据一般的纬度趋势所作的预测要少。生态学家曾提出过几种假说来解释这一现象。Lack D 认为，高纬度地区白日较长，能使双亲有更多的时间觅食喂养较多的幼

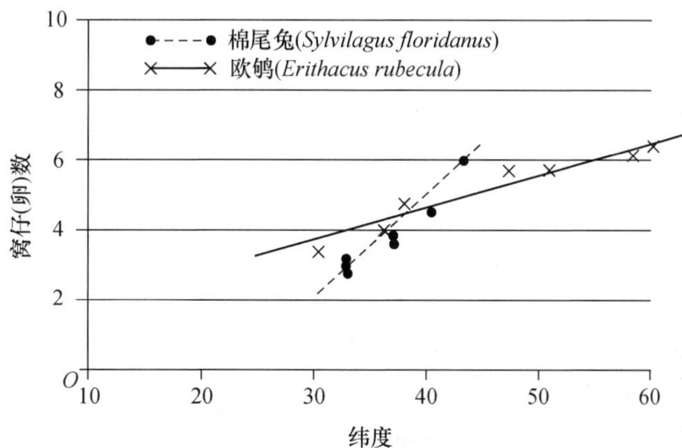

图 18-7　棉尾兔的窝仔数和欧鸲的窝卵数随纬度的增加而增加

(仿 Krohne DT，2001)

鸟，但这一假说无法解释一些例外，如冬眠哺乳动物和洞居鸟类，其中很多动物都是夜行性的。Smith MH 和 Spencer AM 等人(1968)提出的假说认为，高纬度地区比较短的生殖季节将会使得生物的窝卵数或窝仔数增加，但这一假说也不能解释上述的一些例外。Ricklefs RE(1968)提出了第三个假说——较多的窝卵数或窝仔数是因北方严酷气候条件的高死亡率所引起的。这一假说的优点是对上述例外中的窝卵数或窝仔数少的现象提出了解释，自然选择不利于这些物种窝卵数或窝仔数增加是因为冬眠动物一年中有好几个月生活在地下从而避开了严酷的气候条件，洞居鸟类也因生活在洞穴中而较少受到捕食或遭到其他天敌的威胁。应当注意的是，所有这些解释都是彼此相互关联的，在纬度、窝卵数和种群统计特征之间也存在着关联性。

2. 现在生殖与未来生殖

一个个体的生殖值是其生殖输出与其存活概率的乘积。如果生殖行为本身会降低它的存活概率，那就必须在现在生殖和未来生殖概率之间作出权衡。可见，最适生殖对策就是要在现在生殖的收益和未来生殖的付出之间进行平衡。

从种群的存活曲线(图 13-10)可以看出：属于Ⅲ型存活曲线的生物，在其生命的早年具有很高的生存概率；与此相反的是，属于Ⅰ型存活曲线的生物，在其低年龄组时便有很高的死亡率，对这样的物种来说，如果性成熟是发生在存活曲线的斜线部位，那么自然选择将会有利于那些能最大限度地将生殖安排在生命早期进行的物种；如果性成熟较晚，那生殖前死亡的风险就很大。但对属于Ⅲ型存活曲线的生物来讲，就没有必要把生殖时间提前，常常是将生殖分布于成年寿命的各个时段，这是因为成年个体的死亡率极低，使得它们完全能够活到下一个生殖期。

Ⅲ型存活曲线生物的主要代表是哺乳动物，以栖息在北美西北部山区的野大白羊为例，在它的一生中可以进行多次生殖，这种生殖对策常被称为 iteroparity(反复生殖)。而属于Ⅰ型存活曲线的生物，常常是在一生中只进行一次大的生殖，这种生殖对策常被称为一生一次生殖(semelparity)或大爆炸式生殖(big-bang reproduction)。

荒漠中的一年生植物是采取一生一次生殖对策生物的典型实例。这些植物在短期降雨后的存活概率非常低，这使得自然选择有利于它们在死亡之前进行一次能产生大量后代的生殖。值得注意的是，前面所讲的权衡所表达的是一种关联性，这就是说，具有Ⅲ型生存曲线的生物通常是进行多次生殖的，而具有Ⅰ型存活曲线的生物通常是一生只进行一次生殖。正如很多关联性一样，要想解开其中的因果关系有时是很困难的。我们已经描述了一个与特定生殖对策相关联的存活曲线，但正像我们看到的那样，生殖行为常会付出存活的代价，而且Ⅰ型存活曲线实际上可能是一次大量生殖的产物，而不是它的原因。

一生一次或大爆炸式生殖对策的典型实例是红大马哈鱼(*Oncorhynchus nerka*)。这种鱼有一个溯河产卵的生活周期。它们在淡水中孵化，鱼苗在淡水中生活几周之后便迁往大海，并充分利用温带和寒带海洋中丰富的食物资源，在辽阔的海洋中生活几年之后便又开始向它们双亲繁殖的淡水溪流中迁移，这些迁移可长达数千千米，而且要过无数的急流险滩和瀑布。红大马哈鱼进入淡水后会出现一系列的形态和生理变化，颚会变得更加弯曲而锐利，很少用于取食，体色从鲜亮的银白色转变为红色。溯河迁移的能量消耗是如此之大，以致它们不得不开始消化自己的肌肉和器官，当它们到达溪流上游的产卵地区时，生理上已被完全耗尽，一次大量产卵后便会死去。红大马哈鱼的生活史是生殖与死亡率相互关系的一个经典实例。这一特殊的生活史对策显然是建立在这些鱼类利用海洋极其丰富食物资源的基础上的。Gross MR 等人(1988)指出,像红大马哈鱼这样的溯河性鱼类常常生活在温带海域,因为那里的生物生产力比淡水水域更高,当海洋水域的生产力超过淡水水域时,溯河性鱼类的比例就会明显增加。

3. 性成熟年龄

从自然选择的角度看,使生物在尽可能早的年龄阶段达到性成熟是有一定道理的。正如有人所指出的那样,这很像是往银行存钱,如果钱的增加是靠复利的话,那么越早存入的钱最终的回报就越大。由于种群也是以这样的方式增长的,所以自然选择就有利于生物在年龄较早时达到性成熟。Cole LC 认为,对一生一次生殖的物种来说,在生命早期达到性成熟的好处甚至更大。

生殖对策的这个方面也可能涉及权衡问题,因为推迟生殖也可能带来好处。如果年轻个体的存活率大于成年个体的存活率,而且为生殖付出的代价很高的话,那么在较晚的年龄达到性成熟并进行生殖就是有利的事情。此外,如果生殖成功率是决定于年龄、身体大小和经验,那推迟生殖也是有利的。

三、r 选择和 K 选择理论

r 选择和 K 选择理论最早是由 MacArthur RH 和 Wilson EO(1967)提出来的,用于对生殖对策所采取的各种形式作出解释。该理论原来是他们所提出的岛屿生物地理学理论的一个组成部分。MacArthur 和 Wilson 认为,可以根据生物在 S 形增长曲线上的位置把它们分为两种基本类群：一类是 r 选择物种,通常在种群处于低密度时呈指数增长,这些物种常因灾难性的环境因素而大量死亡,如遇到暴风雨、火和干旱等;另一类物种的种群常处于高密度状态并处在环境容纳量(K)附近,这就是所说的 K 选择物种,它们常面对激烈的种内资源竞争。

上述两种很不相同的生物类群所采取的生活史对策也是不同的。对于 K 选择物种来说,自然选择有利于它们产生个体较大和竞争力较强的后代,以便能够获得有限的资源。对通常呈指数增长的 r 选择生物来说自然选择有利于它们最大限度地把能量用于生殖,而不太在意竞争能力的高低(表 18-1)。这些物种的生殖期短但繁殖力强,能产生大量后代,因为有利于种群繁殖的环境条件可能很快消失。这些物种的生殖对策包括：提高窝卵数或窝仔数;产生多而小的后代;亲代抚育不发达或完全没有;性成熟较早;采取一生一次或爆炸式的生殖模式。

表 18-1　r 选择和 K 选择物种的特征

特　征	r 选择物种	K 选择物种
种群大小	波动极大	稳定,密度大
死亡率	难以预测,有时很高	维持在环境容纳量(K)附近
存活曲线	一般属于Ⅱ型或Ⅰ型	一般属于Ⅲ型
竞争力	弱	强(尤其是种内竞争)
生殖和发育	早熟,快速生长,窝卵数或窝仔数多,亲代抚育不发达,一生一次生殖	晚熟,生长慢,窝卵数或窝仔数少,亲代抚育发达,一生多次生殖
生殖侧重点	重产量和子代数量	重效率和子代质量

依据生物的生活史,可以对其是 r 选择物种或 K 选择特种作出预测吗？按照物种的种群统计学特性,大象的数量比果蝇的数量更加接近环境容纳量(K),后者对非生物环境的变化莫测更为敏感。根据理论的预测,这两种生物的生殖格局应当是不一样的,大象的生殖格局是一

生多次生殖，性成熟期较晚，每次只生一个较大的后代，双亲为子代提供全方位的保护和照顾。与此不同的是，果蝇寿命短，性成熟早，只需几天时间便能开始生殖，所产之卵小但数量极多，没有双亲照料。

除了上述对不同物种的种群统计学差异进行比较分析外，还可以对亲缘关系很近、种群统计学特征差异不大的物种进行比较分析，通过这种分析同样可以对这一理论提供支持。例如，根据 r 选择和 K 选择理论完全可以把两种近缘田鼠（*Microtus pennsylvanicus* 和 *M. breweri*）区分开来。这两种田鼠都是生活在草原上的食草啮齿动物，但 *M. breweri* 是岛屿草原种，而 *M. pennsylvanicus* 是大陆草原种。遗传资料表明，前者岛屿田鼠是从后者大陆田鼠进化来的，岛屿田鼠未经历过大幅度的种群周期变化，而大陆田鼠和很多其他小啮齿动物则经常会发生种群数量的大幅波动（图 18-8）。岛屿田鼠 *M. breweri* 总能保持相当高的种群密度，显然，它应当归属于 K 选择物种；而大陆田鼠 *M. pennsylvanicus* 则应归属于 r 选择物种（表 18-2）。

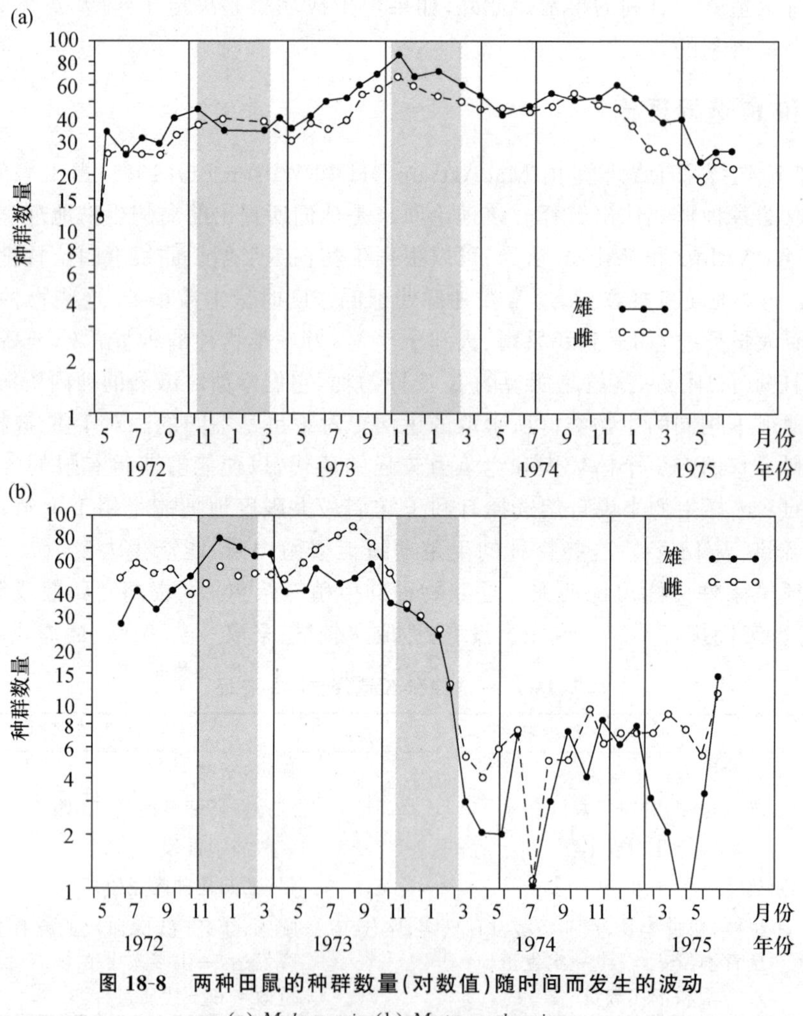

图 18-8　两种田鼠的种群数量（对数值）随时间而发生的波动

（a）*M. breweri*；（b）*M. pennsylvanicus*

注意：*M. breweri* 始终维持在高密度上，种群没有发生大幅度的周期波动

表 18-2　K 选择田鼠(*M. breweri*)和 r 选择田鼠(*M. pennsylvanicus*)的 3 个特征比较

特　征	*M. breweri*(岛屿)	*M. pennsylvanicus*(大陆)
平均体重/g	54.0	44.7
平均窝仔数	3.5	4.5
平均寿命/周	13.5	9.5

Gadgil M 和 Solbrig OT(1972)所作的一系列重要研究表明,r 选择和 K 选择也可以发生在种内。他们研究了生长在 3 种不同环境中的蒲公英(*Taraxacum officianale*):第一种环境是通行的小路,第二种是定期刈草的草地,第三种是一年只刈一次的演替中的田野。这 3 种生境代表着不同程度的非密度制约干扰。对来自这 3 种环境的蒲公英所做的电泳分析表明,存在着 4 种与特定环境相关的基因型,在小路种群中最常见的是基因型 A,在演替田野种群中最常见的是基因型 D(表 18-3)。

表 18-3　采自三地的蒲公英 4 种基因型的分布频率和每株花序数量

种　群	基因型				每株花序头数			
	A	B	C	D	A	B	C	D
小路	73	13	14	0	3.6	2.3	1.5	—
草地	53	32	14	1	2.6	2.1	1.9	—
田野	17	8	11	64	3.8	2.3	0.5	1.2

对各基因型生殖对策的比较研究表明,在高干扰生境中最常见的基因型是 r 选择的,而在演替田野中最常见的基因型是 K 选择的。基因型 D 的特点是具有多种适应性,有利于其进行生殖竞争——每株植物只具有较少的头状花序以及光合作用叶面积较大等。这些结果不仅支持了根据 MacArthur 和 Wilson 的理论所作的预测,而且也证明了 r 选择和 K 选择可以发生在种内,哪怕是种群相距很近。

很多类似的比较研究都支持了 r 选择和 K 选择理论。这里应当特别指出的是,r 选择和 K 选择只代表一个连续系列的两个极端,实际上在 r 选择和 K 选择之间存在着一系列的过渡类型。所以,r 选择和 K 选择都只有相对的意义,无论在种间还是种内都存在着程度上的差异。当生境尚未被生物充分占有时,生物往往表现为 r 选择;当生境已被最大限度地占有时,生物又往往表现为 K 选择。由于 r 选择和 K 选择物种的基本特性不同(前者数量不稳定,后者数量稳定),所以它们的种群数量动态曲线也存在着明显差异(图18-9)。从图中可以明显看出,K 选择物种有两个平衡点:一个是稳定平衡点 S,一个是不稳定平衡点 X(又叫灭绝点)。种群数量高于或低于平衡点 S 时,都趋向于 S(用两个收敛箭头表示);但是在不稳定平衡点处,当种群数量高于 X 时,种群能回升到 S,但种群数量一旦低于 X,则必然走向灭绝(用两个发散箭头表示),这正是目前地球上很多珍稀动物所面临的问题。与此相反,r 选择物种只有一个稳定平衡点 S,而没有灭绝点,它们的种群在密度极低时也能迅速回升到稳定平衡点 S,并在 S 点上下波动,这就是很多 r 选择有害生物(如农业害虫、鼠类和杂草)很难消灭的原因。对 r 选择物种来说,天敌因素(生物防治手段)对控制种群数量所起的作用是微不足道的,因为任何天敌的繁殖速度都赶不上受控种群的繁殖速度。相反的是,天敌因素对控制 K 选择物种的数量却可以发挥重要作用,因为 K 选择物种的个体大,繁殖速度慢,天敌常可把受控物种压制在一个较低水平上。

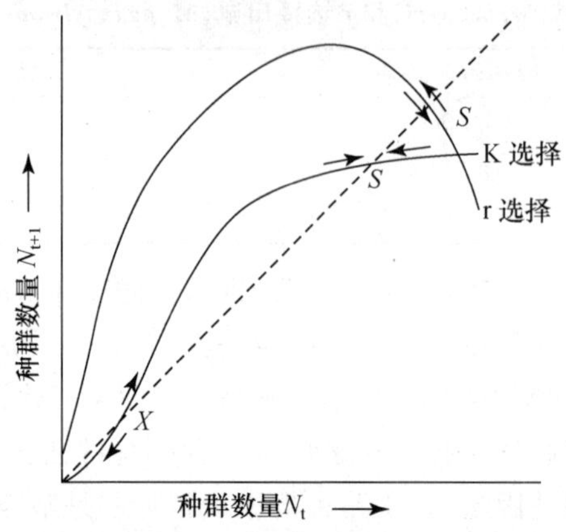

图 18-9　r 选择物种和 K 选择物种的种群数量动态曲线

S 是稳定平衡点，X 是不稳定平衡点或灭绝点

显然，动物和植物的分类类群往往也倾向于属于其中一种选择。在动物中，昆虫通常属于 r 选择，而鸟类和哺乳动物通常属于 K 选择。在植物中，几乎所有的一年生植物和由一年生植物构成的分类单元都属于 r 选择物种，而组成森林的树木(如栎树和山毛榉)大都属于 K 选择物种。但这并不是绝对的，事实上，在每一个分类类群中都会有一些例外。鸟类主要由 K 选择物种组成，最典型的例子就是信天翁(*Deomedea exulans*)。这种鸟每隔一年才繁殖一次，每窝只产一个卵，需生活 11 年才能达到性成熟，这在鸟类中是独一无二的。信天翁的种群数量很低但非常稳定，栖息在 Gough 岛的一个信天翁种群从 1889 年以来一直稳定在 4000 只左右。与此相反的是蓝山雀(*Parus caeruleus*)，它明显地属于 r 选择型鸟类，繁殖速度快，死亡率高，种群数量波动大。昆虫的大多数种类都属于 r 选择物种，例如，以兽尸腐肉为食的丽蝇就是一种典型的 r 选择物种。因为动物腐肉代表一种极不稳定的生境，以腐肉为食的丽蝇适应这种生境而表现出很高的生育力，幼虫能很快发育为成蝇(即世代历期很短)，种内竞争在竞争不太激烈时，往往并不引起死亡，而是导致蛹体变小。这些小型蛹也有很强的生活力，并能发育成小而具有正常生殖能力的成蝇。除此之外，昆虫中也有一些种类具有很长的寿命和很稳定的种群数量，如热带的很多蝶类，这些蝶类的身体往往很大，而且有领域行为，有些闪蝶(*Morpho* spp.)需生长 10 个月才能达到性成熟，成蝶的生育力低但存活率很高，它们显然是属于昆虫中的 K 选择物种。

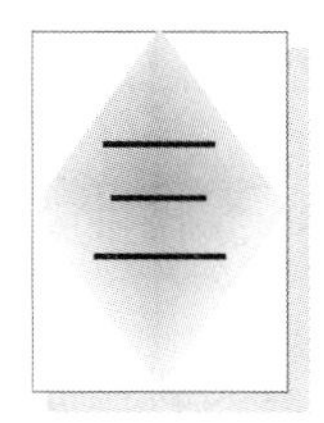

第19章 种群的数量波动和调节机制

第一节 种群数量调节问题的研究简史

自古希腊以来，人们就普遍信奉自然平衡说，并以此为基础来考虑自然调节问题。早期博物学家的朴素思想是：动物和植物的数量是固定不变的，并且处于平衡状态，至于人们所观察到的自然失调现象（如蝗虫大发生等）则是由于神灵的作用。只是在达尔文以后，生物学家才开始研究自然平衡是怎样达到的以及当自然平衡遭到破坏后又是如何恢复的。

进入20世纪后，人类投入了大量人力物力从事引进寄生天敌防治害虫的工作。两位美国经济昆虫学家 Howard LD 和 Fiske WF(1911)研究了两种外来蛾（舞毒蛾和棕尾毒蛾）的寄生天敌，试图控制这两种毒蛾的危害。他们相信，如果从多年的平均数字看，每一种昆虫都是处在一种平衡状态，因此当其种群密度增加的时候，必定会有一种或一种以上的兼性因素(facultative)对种群增长施加更大的限制。他们认为，只能有少数因素（如寄生）才能起这样的作用，而大多数因素（如暴风雨、高温和其他气候条件）都属于灾难性因素(catastrophic)，因为它们的作用强度与昆虫数量无关。例如，如果一场暴风雨杀死了50只害虫中的10只，那么如果害虫是100只就只能杀死20只，如果害虫是500只就只能杀死100只。可见，不管害虫的密度多大，它所杀死的害虫的百分数是不变的。

Howard 和 Fiske 还同时注意到了其他一些因素（如鸟类和其他捕食动物）是以一种完全不同的方式起作用。这些捕食动物历年的种群数量都很稳定，而且每年都吃掉大约相同数量的害虫，因此在害虫数量增加的年份，它们吃掉害虫的百分数就会相对下降，也就是说，它们的作用方式与兼性因素刚好相反。于是，Howard 和 Fiske 便得出了这样一个结论——自然平衡只能靠兼性因素来维持，因为当害虫数量增加的时候，只有兼性因素才能消灭更大比例的害虫，而寄生天敌就是最有效的兼性因素，此外还有疾病和饥饿等。Howard 和 Fiske 是种群自然调节问题生物学派(biotic school)的先驱，他们主张生物因素（主要是寄生和捕食）是种群数量自然调节的主要因素。

与此同时，另一个学派（即气候学派，climate school）也正在形成。Bodenheimer FS(1928)是最早主张昆虫种群密度主要是靠气候来调节的学者之一，因为气候可影响生物的发育和存活。20世纪20年代，Bodenheimer 在昆虫环境生理学领域所做的工作给人留下了深刻印象，例如，他阐明了低温影响昆虫产卵和发育的机理，并指出在昆虫的早期发育阶段大约有85%～90%的死亡率是由气候因素引起的。

1931年，Uvarov BP 发表了“昆虫与气候”的长篇文章，他评述了气候对昆虫生长、生殖力和死亡率的影响，并特别强调昆虫种群波动与气候的相关性。他认为这些气候因素是控制种群数量的主要因素。Uvarov 对所有种群通常都处于一种自然平衡状态的说法表示怀疑，他更加强调自然种群的不稳定性。

早期的气候学派有 3 个主要观点：① 气候对昆虫种群的各个参数有极大影响；② 昆虫大发生常常与气候相关；③ 强调昆虫种群的波动性，而不太重视其稳定性。

1933 年，《动物生态学杂志》出版了一期题为《动物种群平衡》的增刊，作者是澳大利亚经济昆虫学家 Nicholson AJ。他对昆虫的寄生物-寄主系统特别感兴趣，并与数学家 Bailey V 合作建立了该系统的模型。Nicholson 不喜欢 Lotka 和 Volterra 建造的捕食者-猎物系统模型，并批评该模型没有考虑时滞效应。后来，Nicholson 又把他的模型扩散到应用于研究动物间的各种相互关系。

Nicholson 对 Bodenheimer 和 Uvarov 的观点也提出了质疑，认为种群密度虽然可以反映气候的变化，但不能因此就说气候决定着种群密度，这正如海平面的升降与月球的位置有关，但不能因此就说月球的位置决定着海洋的深度一样(只能说决定着海洋深度的变化)。他认为气候控制种群密度的说法之所以错误，是因为混淆了两种完全不同的过程——毁灭和控制。他举例说，假定有一种昆虫每个世代可增长 100 倍，那么死亡率必须达到 99%才能保持这种昆虫种群的平衡。如果气候毁灭了种群中 98%的个体，那么该种群每个世代仍能增长一倍，而气候对控制这一增长则会显得无能为力，因为气候的作用是不受种群密度影响的。但是，如果有一些受密度影响的因素(如寄生)存在，那么它们很快就会把其余的 1%个体消灭，因为它们的作用强度随种群密度的增加而增加。在这种情况下，控制作用完全是由寄生物施加的。总之，气候因素虽然毁灭了 98%的个体，但却不能起控制作用；寄生物虽然只消灭了 1%的个体，却能把种群控制在平衡水平上。

按照 Nicholson 的观点，控制因素总是与竞争相关的，如竞争食物、竞争栖地以及捕食者和寄生物的竞争等。Nicholson 的理论特别强调生物的作用，对生物学派的形成起了奠基石的作用。

Smith HS(1935)特别重视 Nicholson 的观点。他曾详细地研究过种群调节问题，并指出，种群既是稳定的，又是不断变化的。种群密度虽在不断地变化，但总是围绕着一个特定的密度而变化。他用海洋作比喻，海平面虽然是测量海拔高度的一个基准面，但它因受潮汐和海浪的影响也在不断变化。

不同种类的生物常常具有不同的平衡密度，同一种动物在不同的环境条件下，也会有不同的平衡密度，而动物数量的变化常常只围绕在平衡密度周围，这是因为动物种群有一种趋于平衡密度的倾向。平衡密度本身也是可以随时间而改变的，这常常会给经济昆虫学家带来极大的麻烦。一种外来害虫的平衡密度常常可以达到很高的水平并对农作物造成持久的损失，于是，Smith 便开始研究决定种群平衡密度的各种因素。他承认 Howard 和 Fiske 对兼性因素和灾难性因素的区分，但他把兼性因素称为密度制约因素(density-dependent)，而把灾难性因素称为非密度制约因素(density-independent)。他的结论是：种群的平衡密度永远不会决定于非密度制约因素，只有密度制约因素才能使种群达到平衡。他还认为，密度制约因素主要是生物因素，如寄生、疾病、竞争和捕食等；而非密度制约因素则主要是非生物因素，如气候等。但气候因素在某些情况下，也可以起密度制约因素的作用。

到这时，生物学派的核心思想已经形成，这就是自然平衡的思想——自然平衡是由密度制约因素引起的，而密度制约因素通常都是生物因素如寄生、捕食和疾病等。在 20 世纪 30 年代和 40 年代，多数生态学家都支持生物学派的观点，而气候学派则日益显得不景气。到 1954 年，两本关于种群数量调节问题的重要著作问世了，这就是 Andrewartha H G 和 Birch L C 著的《动物的分布和丰盛度》和 David Lack 著的《动物数量的自然调节》。前书作者是两位澳大利亚动物学家，他们极力反对 Nicholson 的观点，并通过自己的工作，重新使气候学派充满了活力。他们首先对环境因素重新进行分类，他们反对把环境因素分为生物因素和非生物因素。他们说，食物和隐蔽所有时是生物因素，而有时又是非生物因素。他们也不同意把环境因素分为密度制约因素和非密度制约因素，认为环境中所有的因素都是密度制约的，严寒霜冻也是一种密度制约因素，因为大种群和小种群在耐寒性方面可能存在着遗传差异，而且生活在不同地点的昆虫受到严寒毁灭的程度是不一样的。例如，大种群往往被迫生活在栖息地的边缘地带，因此遭受严寒毁灭的程度较大。因此，根据 Androwartha 和 Birch 的意见，环境只能被分成以下 4 种成分：① 气候；② 食物；③ 其他动物和病原体；④ 居住地。这 4 种成分彼此是不重叠的，如有必要也可进一步细分，如把其他动物细分为同种的和不同种的。利用这 4 种成分和它们彼此间的相互作用，就可以对任何一种动物的生存环境进行全面的描述。

据 Androwartha 和 Birch 的观点，自然种群中的动物数量只受 3 个方面的限制：① 资源数量的短缺；如食物和营巢地的不足；② 动物获取这些资源的能力（如散布能力和寻觅能力有限）；③ 当种群增长率为正值时，受种群增长时间不足的限制。在后一种情况下，种群增长率的波动可以是由气候、捕食者或任何其他环境成分引起的。

英国鸟类学家 Lack 在他的《动物数量的自然调节》一书中，首先讨论了鸟类种群的稳定性，认为鸟类种群一般只在很小的范围内发生波动。鸟类在高密度时，生殖率所受到的影响很小，因此，死亡率自然就成了调节种群大小的一种密度制约因素。

Lack 曾研究过鸟类的死亡率。他发现幼鸟的死亡率总是比成鸟高，例如，在雀形目鸟类中，45％的卵可以发育到离巢和独立飞翔阶段，但只有 8％～18％的卵能发育为成鸟。也就是说，在雀形目鸟类发育的第一年，其死亡率为 82％～92％，每年成鸟的死亡率为 40％～60％，这个百分数比较固定而且与年龄无关。可见，鸟类的生命期望值很小，几乎没有一只鸟是死于衰老。

Lack 认为，引起鸟类密度制约死亡，从而控制种群数量的因素只能有 3 个，即食物短缺、天敌捕食和疾病。他认为主要因素是食物不足，因为：① 成鸟很少因天敌捕食和疾病而死亡；② 通常在食物最丰富的地方，鸟类也最多；③ 每种鸟所吃的食物都不相同，如果食物供应是无限的，那就很难理解为什么鸟类会有如此明显的食性分化；④ 鸟类经常为食物而发生争斗，特别是在冬天。

Lack 还把食物不足看成是限制大多数脊椎动物种群的因素，但是植食性昆虫通常不受食物的限制，而主要是受寄生物和捕食性天敌的限制。Lack 认为，气候因素不能控制鸟类的种群，因为它们是非密度制约因素。恶劣天气的确可以造成鸟类的大量死亡，但鸟类种群很快就可以恢复。

最近有人主张，应当把生物学派和气候学派的观点结合起来，因为这两种观点都各有一定的道理。在良好的环境条件下，种群数量的变化主要是一个密度制约过程，如 Lack 所研究的大多数鸟类种群。而在恶劣的或不太适宜的环境条件下，由于环境条件波动极大，种群数量的变化主要是一个非密度制约过程，如那些生活在分布区边缘和临时栖息地中的种群，以及 Androwartha 和 Birch 所讨论过的那些昆虫种群（这两位生态学家主要是在澳大利亚的沙漠和半沙漠地区进行他们的昆虫种群研究的)。

第二节　种群数量调节模型

观察任何一个动物或植物种群,都可以得出两个最基本的结论:第一,种群数量是随地点而变化的,在适宜的地点,种群密度较高,而在不适宜的地点,种群密度较低;第二,没有任何一个种群是可以无限增长的,也就是说,种群达到一定密度后,就会因某些限制因素的作用而停止增长。实际上,以上两个基本结论是种群数量波动问题。生态学家在讨论种群数量自然调节问题时,经常会涉及这些问题,但这两个问题是有区别的,不能混淆。

关于种群自然调节问题的争论曾经持续了很长时间。早在1900年以前,很多学者(包括马尔萨斯和达尔文)就已经认识到种群不能无限制地增长,并指出许多限制种群增长的因素。但是直到20世纪,人们才开始对这些事实进行认真的科学分析。首先研究这一问题的是经济昆虫学家,因为他们经常要研究各种外来的和本地的害虫数量动态。下面让我们通过一个简单的模型,来说明种群数量自然调节的基本原理。

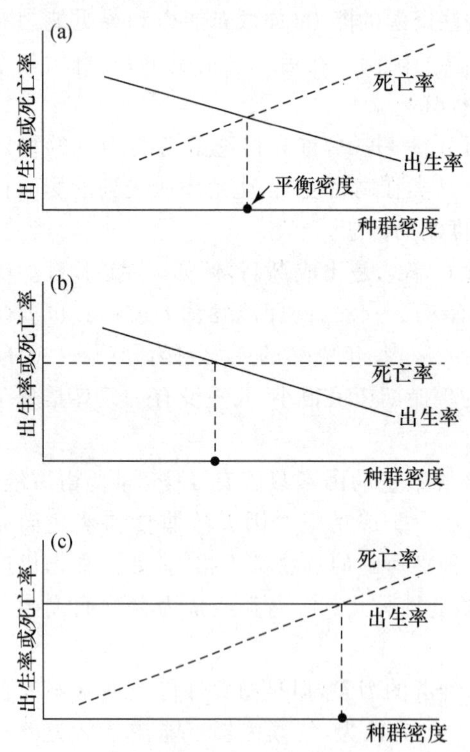

图 19-1　种群数量自然调节的一个简单模型

种群密度只有在种群出生率等于死亡率时才能达到平衡状态,而且出生率和死亡率必须是受密度制约的

如果种群不能无限制地增长,那么是什么力量压制着种群增长呢?在一个封闭系统中,一个种群在达到平衡点以前,将会一直处于增长状态,这个平衡点就是出生率等于死亡率。从图19-1的简单模型中,我们可以看出种群达到平衡的3种方式:随着种群密度的增加,要么是出生率下降,要么是死亡率增加,或者两者同时发生。

为了说明图19-1中的一些概念,我们先来介绍几个名词。如果死亡率是随着种群密度增加而增加的,那么这种死亡率就叫密度制约死亡率(图19-1(a)和(c));同样,如果出生率随着种群密度的增加而下降,那么这种出生率就叫密度制约出生率(图19-1(a)和(b));另一种可能是,出生率和死亡率都不随种群密度的增加而改变,这种情况就叫非密度制约。

值得注意的是,图19-1中并没有包括所有可能的情况,如出生率可能随着种群密度的增加而增加,或者死亡率可能随着种群密度的增加而下降。这两种情况都被称为是反密度制约(inversely density dependent),因为它们的作用刚好与密度制约作用相反。反密度制约因素决不会使种群密度走向平衡状态,所以在图19-1的模型中就没有把它们包括进去。从这一简单模型中,我们得出关于种群数量调节的第一个原理——如果出生率和死亡率是不受密度制约的,那么种群就不会停止增长。

我们可以把上述的简单模型扩大为包括两个种群的模型,而这两个种群又各有自己的平衡密度(图 19-2)。首先让我们考虑一种简单情况,即两个种群都具有固定的非密度制约出生率。在这个前提下,这两个种群的平衡密度便只随以下的两种原因而发生改变:① 死亡率曲线斜率的不同(图 19-2(a));② 死亡率曲线位置的不同(图 19-2(b))。在前一种情况下,密度制约死亡率是随着斜率的改变而改变的;在后一种情况下,密度制约死亡率不变,而发生改变的只是非密度制约死亡率。从这个稍复杂一点的模型中,我们可以得出关于种群自然调节的第二个原理——两个种群的平衡密度可因密度制约或非密度制约出生率和死亡率的不同而不同,这就是说,任何改变出生率和死亡率的因素都会影响种群的平衡密度。

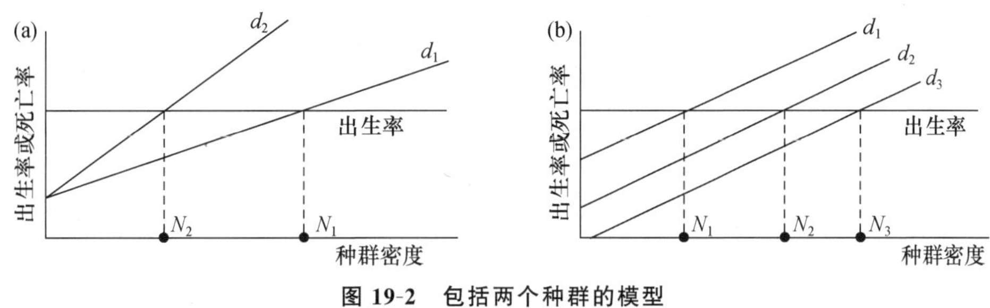

图 19-2　包括两个种群的模型

(a) 两个种群具有不同的密度制约死亡率;(b) 两个种群具有不同的非密度制约死亡率

第三节　密度制约和非密度制约因素

涉及种群调节的因素大致可分为密度制约因素和非密度制约因素两大类。密度制约因素对种群变化的影响是随着种群密度的变化而变化的,而且种群受影响部分的百分比也与种群密度的大小有关。非密度制约因素对种群的影响则不受种群密度本身的制约,在任何密度下,种群总是有一个固定的百分数受到影响或被杀死。

种群的密度制约调节是一个内稳定过程(homeostatic process)。当种群达到一定大小时,某些与密度相关的因素就会发生作用,借助于降低出生率和增加死亡率而抑制种群的增长。如果种群数量降到了一定水平以下,出生率就会增加,死亡率就会下降。这样一种反馈机制将会导致种群数量的上下波动。一般说来,波动将发生在种群的平衡密度周围,平衡密度的维持是靠新的个体不断出生以便取代因死亡而减少的种群数量(即 $R_0=1, r=0$)。对种群平衡密度的任何偏离都会引发调节作用或补偿反应,由于时滞效应的存在(即对种群密度作出反应需要时间),种群很难保持在平衡密度的水平上。

非密度制约因素对种群增长率的影响,实际上对种群的增长无法起调节作用,因为调节意味着是一个内稳定反馈过程,其功能与密度有密切关系。但是,非密度制约因素可以对种群大小施加重大影响,也能影响种群的出生率和死亡率。非密度制约因素对种群影响之大,可以使得任何密度制约调节因素的影响变得难以觉察。例如,寒冷的春天可以冻死橡树的花朵,导致橡实产量大大下降,使接着到来的冬季松鼠发生严重的饥荒。虽然饥饿同松鼠种群的密度和食物量相关,但气候却是引起种群下降的主要原因。一般说来,由环境的年变化或季节变化所决定的种群波动是不规则的,而且多与温度和湿度变化有关。

生态学家们在密度制约因素和非密度制约因素对种群影响的相对重要性问题上,曾存在着很大的意见分歧。这种意见分歧往往与在不同的领域进行研究有关。例如，昆虫种群生态学家大都强调非密度制约因素的作用，而脊椎动物种群生态学家则更重视密度制约因素的作用。现在，大多数生态学家都一致同意，只有通过密度制约因素和非密度制约因素的相互作用才能决定生物的数量。一个特定种群的数量波动将决定于气候变化幅度与该种群对环境变化敏感程度之间的相互作用。如果气候只能在小范围内波动，对气候变化较敏感种群的数量波动就主要靠密度制约机制来调节。一个物种对环境波动越敏感，非密度制约机制所起的作用也就越大。

第四节　种群数量的周期波动

种群是一个动态系统，种群数量是随时间而变化的，这就是所说的种群波动。种群数量的波动是由于出生率和死亡率的变动和环境条件的改变而引起的。逻辑斯谛增长曲线的渐近线只代表着种群数量的一个平均值，实际的种群数量是在这个平均值上下波动的。波动幅度有大有小，可以是规则波动也可以是不规则波动。大多数种群的数量波动都是不规则的(图19-3)，但有些种群的波动是规则的，这种有规则的波动就称为种群数量的周期波动。严格说来，任何波动只要在两个波峰之间相隔的时间相等，就可称为周期波动。尼科尔森(Nicholson)所研究的丽蝇种群的数量波动就是一种周期波动，这种周期波动是由丽蝇密度的时滞效应引起的。

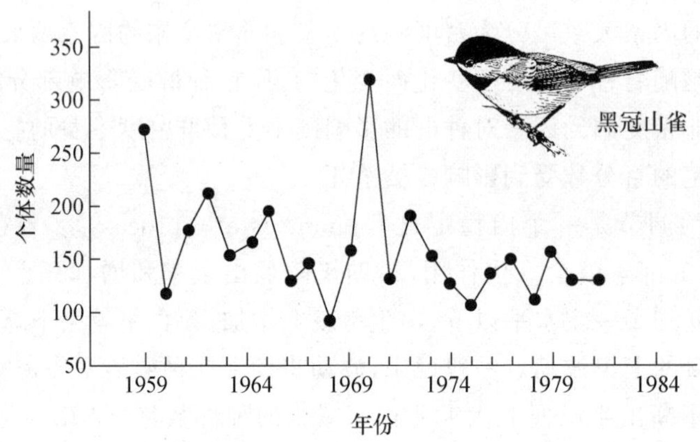

图 19-3　1959～1982 年黑冠山雀冬季种群的不规则波动，长期平均密度是 160 只

最常见的两种周期波动是每隔3～6年出现一次数量高峰(以旅鼠为典型代表，图19-4)和每隔9～10年出现一次数量高峰(以猞猁和雪兔为典型代表，图19-5)。这种周期现象主要发生在比较单纯的生境中，如北方针叶林和北极苔原地带，而且常局限于一定的地区(在加拿大中西部地区表现最明显)，离这些地区越远种群的周期波动也就越不明显。在苏联广阔的北方针叶林带也有类似的种群周期波动现象。

生态学家曾提出过很多理论来解释种群数量的周期波动现象，这些理论大体可归纳为两大学派。一派主张种群数量的周期波动是由自然环境中的某些因素或种群自身的一些因素引起的。在这个学派中，有人提出捕食是引起种群数量周期波动的因素，但这个说法存在的问题

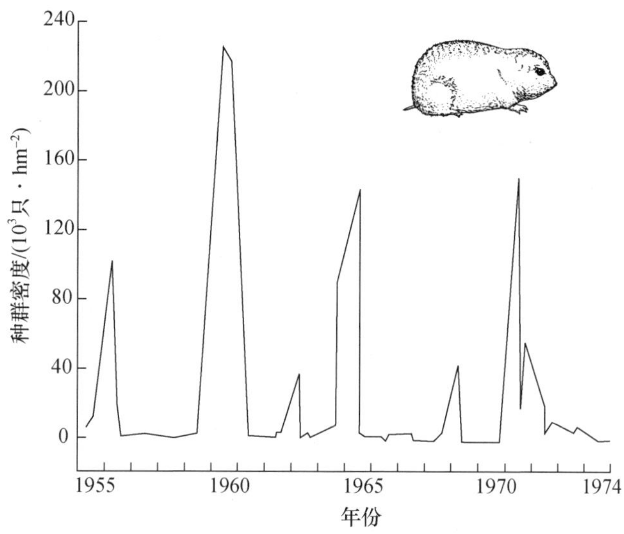

图 19-4　旅鼠种群一个周期(3～6 年)的数量波动

是，当猎物的数量达到高峰时，造成其下降的主要因素不是捕食作用，因为捕食动物的数量往往不够大。还有人提出，因种群数量过剩而引起的食物不足是造成种群数量周期波动的原因，而 Lack DL(1954)则主张食物不足和捕食作用两者结合起来，才能引起种群数量的周期波动。

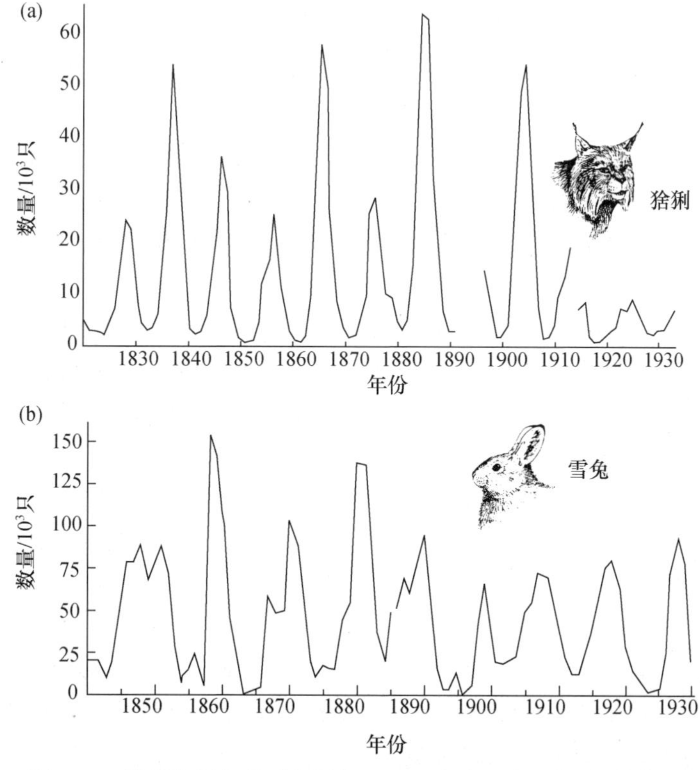

图 19-5　猞猁和雪兔种群的周期(9～10 年为一个周期)数量波动

(a) 猞猁，(b) 雪兔

1957 年 Pitelka FA 则提出了营养恢复学说来解释旅鼠数量的周期波动。当旅鼠数量达到高峰时，植被因遭到过度啃食而被破坏，引起食物短缺和隐蔽条件恶化，因此会有更多的旅鼠饿死、外迁或被捕食动物捕食；当旅鼠数量因死亡率的增加而下降到低谷时，植被又逐渐恢复，食物和隐蔽条件又得到改善，于是旅鼠数量又开始上升，并开始进入下一个周期。此外，还有人提出过内分泌功能调节学说，认为内分泌变化可导致动物素质和行为的改变，而后又反作用于种群数量。

以科尔(Cole LC)等人为代表的另一个学派，则认为种群的周期波动和随机波动在统计学上是难以区分的，种群因受到多种环境因素的影响而表现出随机波动，而环境条件的随机波动也可能引起种群的周期波动。1975 年，Bulmer MG 从统计学上证实了很多动物在从 1951 年到 1969 年期间都表现出了周期波动，这些动物包括郊狼、红狐、猞猁、毛脚燕、水貂、麝鼠、臭鼬、狼獾、雪兔、角鸮和披肩榛鸡等。种群数量周期波动的主要特点是波的间距是有规律的，而波的振幅是无规律的。Keith L(1978)及其同事曾在阿尔伯达(Alberta)中部地区对雪兔种群进行了连续 15 年的观察，记录到了两个数量下降期和一个数量回升期(总共相当于一个半周期)。在数量下降期，雪兔种群的主要特点是：从冬季到春季雪兔体重明显下降；幼兔生长速度减缓；越冬死亡率增加；种群数量达到高峰以后，成年兔的成活率开始下降，直到降至最低点；雌兔的生殖力衰退(表现在排卵、第 3～4 胎的妊娠率和生殖期的相应改变上)。种群数量回升大约发生在种群数量达到高峰(在冬季)以后的第三年，回升期的主要特点包括：冬春之交雪兔体重的下降不太明显；幼兔的生长率和越冬存活率同时增加；雌兔生殖力开始恢复；在种群回升期间，种群的出生率至少比下降期的最坏年份高一倍。

Keith 根据他自己和其他生态学家对动物种群周期波动的研究，提出了一个雪兔及其相关动物 10 年周期波动的模型(图 19-6)。这一多种群的相关周期波动是由雪兔与植被的相互作用所激发的，当雪兔的密度达到最大时，雪兔冬季的食料植物就将受到最大强度的啃食。雪兔冬季的食料主要是前一年夏季新生长出来的嫩枝，直径大都在 3 mm 以下。当这些嫩枝的数量下降到不足以养活雪兔的整个越冬种群时，雪兔与其食料植物之间的相互关系就会成为决定种群动态的关键因素。过度的啃食会造成第二年食料植物生长量下降，引起食物严重缺乏，使幼兔在冬季的死亡率增加及次年夏季的生殖力衰退。雪兔数量的减少将导致捕食动物(猞猁)和雪兔之间的数量比例失调，从而强化了捕食作用。在雪兔种群的下降期，天敌作用的加强将一直起作用，直到把雪兔种群的数量压到环境所能维持的最低水平上。此后，雪兔的减少将迫使捕食动物转而捕杀披肩榛鸡，从而引起披肩榛鸡种群死亡率的急剧增加。雪兔数量减少以后，植被状况便开始得到改善，植物生长量逐渐增加。但此时捕食动物的数量却由于食物条件的时滞效应而急剧减少，直接原因是幼仔早期夭折、幼兽死亡率增加和外迁。随着捕食动物数量的下降和冬季食料植物的复壮，雪兔种群便又开始回升并进入另一个循环周期。

决定 10 年为一个周期的主要因素是雪兔与植被的相互关系和捕食动物与雪兔之间的相互关系。雪兔种群回升期的长短主要取决于下列两个方面：① 种群从低密度到高密度的种群平均增长率；② 主要食料植物(嫩枝)的平均生物量。雪兔种群下降期的长短将随着以下两个因素的改变而改变：① 食料植物对雪兔的过度啃食所作出的反应，包括由此而引起的对食料植物再生产的长远影响；② 在雪兔因食物不足而开始下降以后，捕食作用的强度和持续时间。在 3～6 年为一个数量波动周期的小型哺乳动物中，也有与上述类似的波动形式和特点。

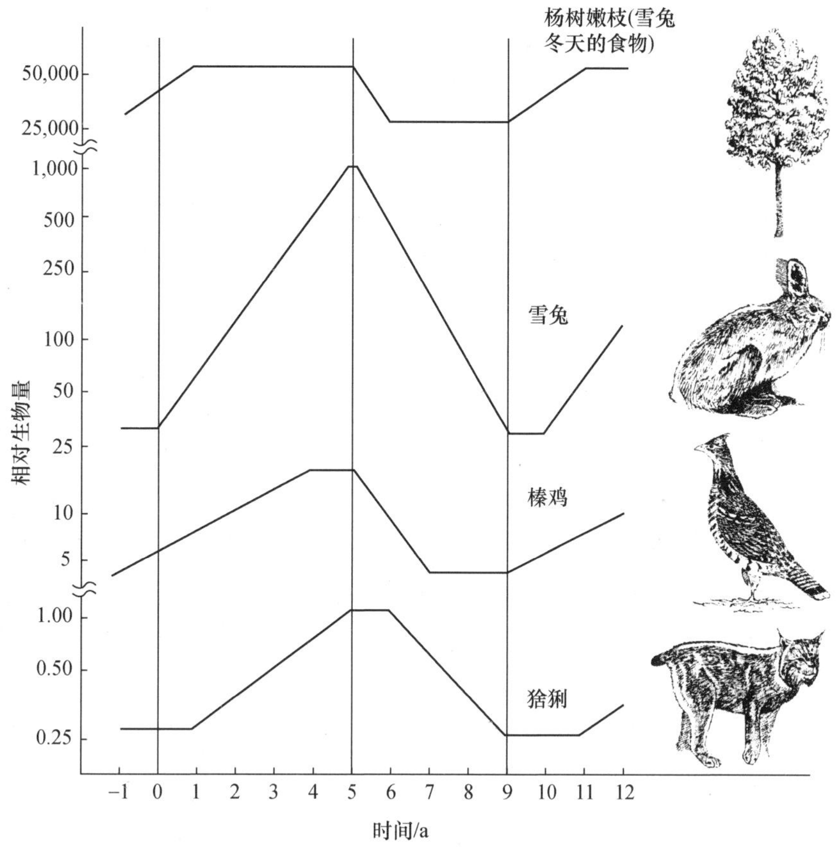

图 19-6　植物、食植动物和肉食动物种群的周期波动

应注意在植物的复壮与雪兔种群升降和猞猁种群升降之间存在时滞效应，还应注意雪兔数量减少对披肩榛鸡的影响，此时猞猁会转向捕食榛鸡。

但是，上述模型并不能解释各地雪兔种群周期波动的同步现象，这种同步现象可以用雪兔在种群数量高峰期以最适生境向边缘生境的扩散来解释。这种扩散可以确保在数量高峰期，各生境中雪兔的密度比较一致。在雪兔数量下降的时期，这种扩散便不再发生。在此情况下，各地雪兔种群的同步化可能是由大范围气候的一致而决定的。例如，如果连续出现两个或两个以上温暖的冬季，就会使各地雪兔种群同时出现高峰，因为这样的冬季会使高密度的种群不发生灾难性死亡，而使低密度的种群逐渐达到高密度。此后如果冬季重新转冷、食料植物减少，各地种群就会同时出现下降趋势。各地方种群的同步化一旦实现，就可维持几十年而无需重新校正。

据 Tanner JT(1975)等人的研究，雪兔的种群周期波动只出现在具有单一植被的简单环境中，如单纯的云杉林和冷杉林。而在由多种植被类型组成的复杂环境中，雪兔种群往往不表现出周期波动现象。这是因为生活在优质生境中的雪兔因能得到良好的保护而很少遭到天敌的捕杀，而生活在劣质生境中的雪兔则经常遭到天敌的捕杀。当雪兔不断从高密度的优质生境迁入低密度的劣质生境并不断被捕食动物猎杀时，优质生境中的雪兔数量就会因外迁和捕食作用而得到调节和控制，不致使种群密度太高而过量消耗资源，因此也就避免了大的周期波动。

第五节　种群数量调节的外源性因素

一、气候

对种群影响最强烈的外在因素莫过于气候,特别是极端的温度和湿度。超出种群忍受范围的环境条件可能对种群产生灾难性影响,因为它可以影响种群内个体的生长、发育、生殖、迁移和散布,甚至会导致局部种群的毁灭。一般说来,气候对种群的影响是不规律的和不可预测的。种群数量的急剧变化常常直接同温湿度的变化有关,胡桃蚜(*Chronophes juglandicola*)就是种群受极端温度影响的一个极好实例。1967 年,Sluss RR 曾连续很长时间跟踪观察过一个蚜虫种群,他发现该蚜虫种群的变化受以下几个因素影响: ① 可决定最大蚜量的胡桃小叶的年龄;② 此前的蚜虫取食量,这种取食量造成了叶片的损伤并降低了蚜虫承载量;③ 捕食;④ 温度。Sluss 发现,胡桃蚜种群的急剧下降与高温有关,特别是连续几天温度都在 38 ℃时。高温引起种群数量的急剧下降会形成一个典型的"J"形增长曲线(图 19-7(a))。由于高温到来之前种群密度很大,这不仅大大消耗了食物资源,而且也使叶片受到损害,因此当温度降下来以后,种群仍然难以回升。如果除了高温的影响再加上食蚜瓢虫的捕食,那么所形成的"J"形增长曲线就会变得不那么典型(图 19-7(b)),在这种情况下,种群增长得比较慢,高峰也比较低,但仍然能够看出一个急剧下降的过程。因为种群在急剧下降以前密度仍然很大,对食物消耗和损害也是严重的,因此种群也难以再回升。如果食蚜瓢虫对蚜虫的捕食强度很大,那么蚜虫种群的增长速度就会变慢,而且难以达到较高的水平,因此当高温到来时,种群下降也不会那么剧烈(图19-7(c))。由于叶片未遭受严重破坏,所以当高温期过后,种群仍能有一定程度的回升。又由于蚜虫保持了一定的数量,所以食蚜瓢虫也就能留在那里,继续发挥抑制蚜虫增长的作用。

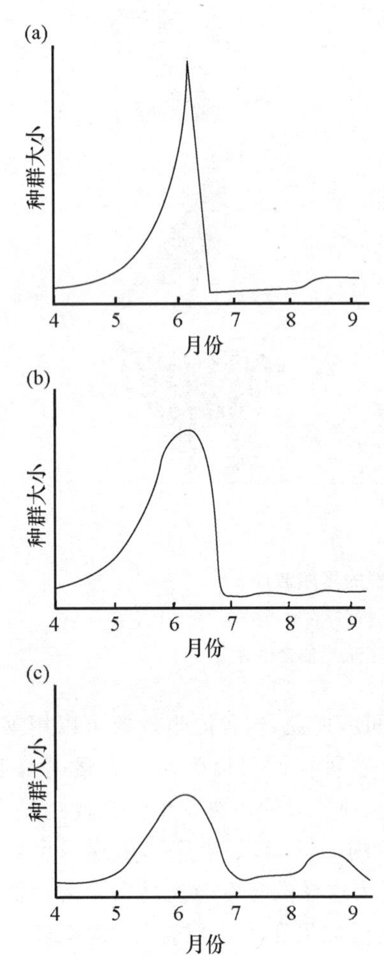

图 19-7　蚜虫种群数量变化的 3 种类型

该图表示高温和捕食(非密度制约机制)对种群变化的影响

鹿种群在其分布区的北部对严寒的冬季气候极为敏感,如果连续出现几个严冬天气(积雪 38 cm 达 60 天以上或积雪 61 cm 达 50 天以上),Adirondack 山脉的鹿种群就会急剧下降。种群数量下降的原因主要是因为无法得到足够的食物。冬季生长缓慢的食料植物将被长期埋在雪被以下。幼鹿在 40 cm 深的雪地活动和成年鹿在 60 cm 深的雪地活动,所消耗的能量将会超过它们从食物和贮存脂肪中可能获得的能量。由于鹿群无法从越冬地以外的地方获取额外的能量补充，因此幼鹿的死亡率往往很高。例如，在 1968～1969 年、1969～1970 年和 1970～1971 年的严冬期间，不仅温度很低，而且雪层厚，覆盖时间长，结果每 6 只幼鹿中就有 5 只死于恶劣的气候条件，大大影响了来年鹿种群的数量。

在沙漠地区，某些啮齿动物和鸟类的种群数量与降雨量有着直接的相关关系。更格芦鼠（*Dipodomys merriami*）只栖居在 Mojave 沙漠的低地，虽然它们具有贮存水分和长期忍受干旱的生理适应，但在它们栖居的环境中必须保持一定的湿度，以有利于食料植物在秋季和冬季的生长。更格芦鼠于 1 月和 2 月开始生殖活动，那时食料植物因受秋雨的影响而生长旺盛，色绿并含有较多水分，这些绿色的沙漠植物为怀孕或正在哺乳的雌鼠提供了水分、维生素和食物。如果雨量不足，这些一年生的食料植物的生长发育就会受到影响，更格芦鼠的生殖力就会很低。对生活在沙漠中的其他啮齿动物来说，在季节降水量和食料植物的生长之间也存在着同样密切的关系。

二、可获资源量

可获资源量（如食物和生殖场所）具有直接或间接调节种群数量的作用，主要是通过种内竞争的形式。在资源短缺的时候，种群内部必然会发生激烈的竞争，并使种群中的很多个体不能存活或不能生殖。Nicholson AJ（1954）用绿蝇（*Lucilia cuprina*）所作的试验说明了种内竞争对种群数量的影响。他把绿蝇饲养在一个养虫笼内，为成蝇提供无限量的食物（干蔗糖和水），为幼虫提供有限量的食物（每日喂给 0.5 g 牛肝）。饲养结果，笼内成蝇的数量波动很大（图 19-8），当成蝇数量很多时，产卵量就会很大，结果幼虫化蛹之前就会把有限的食物全部吃光，这样，从这批卵中就不会有成蝇羽化出来。由于自然死亡，成蝇数量就会逐渐减少，产卵量也会相应下降，最终总会减少到使幼虫之间的竞争变得不那么激烈，并使一些幼虫能够得到足够的食物，直到发育至化蛹并从蛹中羽化出产卵的成蝇。由于从幼虫存活到发育为成蝇之间存在着发育上的时滞效应，因此在这一期间，成蝇数量继续减少，这将会进一步减弱幼虫之间的竞争强度，使得存活下来的幼虫数量越来越多。最后，成蝇种群会再次达到高峰，并重复上述变动过程。可见，对有限食物的竞争能防止绿蝇种群的持续增长或持续下降，并保持一个稳定的平衡密度。绿蝇种群围绕着平衡密度的上下波动主要是由于时滞现象引起的（即从食物条件的改善到产卵成蝇数量的增加需要经历一定时间）。

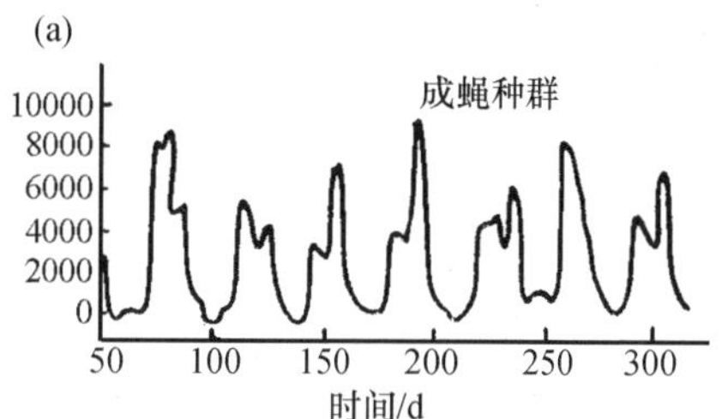

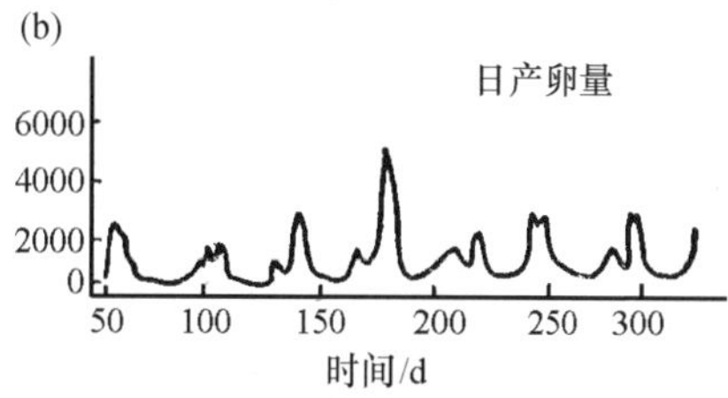

图 19-8 在实验条件下绿蝇成蝇(a)及其日产卵量(b)的波动。成蝇食物无限，幼虫食物有限

在另一个试验中，Nicholson 喂给幼虫无限量的食物，而每日喂给成蝇的食物是有限的。在这种情况下，成蝇种群也会出现波动。当成蝇产卵量很高时，由于幼虫之间缺乏竞争，几乎全部发育为成蝇。但成蝇的食物是有限的，于是很多成蝇因得不到足够的食物而死亡或只能产很少的卵，导致成蝇数量下降。此后，由于成蝇间的食物竞争逐渐缓和，总能使一部分成蝇摄取到足够的食物产下较多的卵，大约 2 周以后，成蝇种群便又开始回升。

从这些试验结果，Nicholson 推想——如果喂给成蝇和幼虫的食物都是有限的，种群的波动幅度一定会减弱。后来，他用试验证实了这一推想。在这种条件下，不仅种群的波动性减弱了，而且种群数量变化的周期性也消失了，但种群的平均密度几乎提高了3倍。

事实上，个体之间对资源或食物的竞争可以分为两种不同的类型：一种是分摊型竞争(scramble type of competition)，一种是争夺型竞争(contest type of competition)。分摊型竞争是指参与竞争的每个个体都有同等的机会分得一部分食物，这样，总食物资源就被分成了许多许多份，当种群密度很高时，每一份就很少，难以维持个体的生存。显然，在这种情况下，分摊型竞争就会造成资源的浪费，使种群发生剧烈的波动(这种波动不是因环境的波动而引起的)。分摊型竞争常常会使种群的平均密度远远达不到资源量所能允许的水平。

与分摊型竞争相反，在争夺型竞争中，强者可以获得足以维持自身生存和生殖的资源，而弱者则完全得不到资源或食物，因此资源短缺只对种群中的一部分个体产生有害影响。争夺型竞争常常能使种群维持较高的密度，并可防止种群发生剧烈波动。

在丽蝇试验中，食物是对种群的直接限制因素，食物的日供应量对种群的增长和大小有很大影响(图19-9)。在食物不足时，由于饥饿和生殖必需的营养缺乏而使种群数量发生急剧波动。

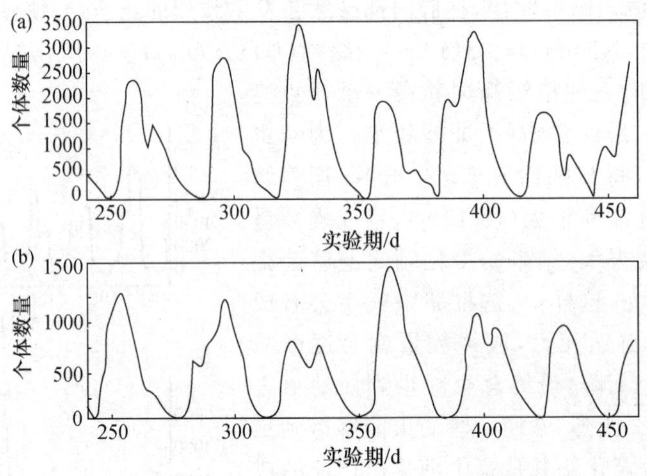

图19-9 两种不同的日食物供应量(a和b)所引起的丽蝇成虫的数量波动

在试验中，要想确定食物对种群增长和大小的限制作用并不困难，因为在试验条件下，各种变量是可以控制的。但是在自然条件下，要想做到这一点就极其困难，因为食物同其他各种限制因素总是处在相互作用之中。然而，也有不少野外观察表明，食物对种群的生育力和死亡率的确有着直接或间接的影响。

如果食物的数量和质量都很高，种群的生殖力就会达到最大；但当种群增长到高密度时，食物的数量和质量就会下降。在艰难时期(如寒冬)，常常会发生饥荒。对黑尾鹿和白尾鹿来说，更可能由于种群数量过多而引起营养不足，造成生长缓慢、性成熟期推迟、妊娠率下降和宫内死亡率增加，同时由于幼兽死亡率日渐增加而使种群年龄结构趋于老化。

肉食动物对于食物短缺比草食动物更加敏感。当猎物种群密度很低时，猛禽常常孵窝失败。例如，在雪兔数量很少的年份，长耳鸮(*Bubo virginiana*)只有20%的孵窝率；但在雪兔数量多的年份，100%的长耳鸮都能孵窝。同样，当雪兔的种群密度很低时，生活在同一地区的猞猁虽然能够继续繁殖，但幼兽大都死于饥饿。

正如食物不足可以限制动物种群的大小一样，水分和土壤中营养物质等资源的不足也可限制植物种群的发展。1976 年，Grame JP 和 Curtis AV 将羊茅草(*Festuca ovina*)和燕麦草(*Arrhenatherum elatius*)两种丛生草类的种子播种在天然贫瘠的土壤中，在试验区给予水肥处理(灌水、施磷、氮肥)，在对照区不作任何处理。结果，播种在对照区的燕麦草整个冬季缓慢地陆续死亡，夏季时则大量死亡，虽然有一些实生苗是被草食动物吃掉的，但绝大部分是死于缺水。羊茅草比较耐旱，所以情况比燕麦草要好得多。在施用氮肥、磷肥但不浇水的实验小区内，羊茅草和燕麦草都能维持生存。土壤中只要有足够的营养成分，燕麦草就能把根延伸到土壤的深处吸收水分。在施用磷肥和氮肥、同时又浇水的处理中，燕麦草生长旺盛而羊茅草数量下降，原因是羊茅草的根浅，而燕麦草既有浅根也有深根，占有竞争优势。

三、疾病和寄生物

由于传染病和某些寄生物的致病力和传播速度是随着种群密度的增加而增加的，所以可以把它们看成是密度制约调节因素。疾病虽然很普遍，但只有当它们达到流行病水平的时候才会成为重要的种群调节因素，尤其是在寄主种群密度极高的情况下。

细菌和病毒是动物的一些重要疾病的病原体，它们可借助于直接接触或媒介昆虫而在动物之间进行传播。与野生哺乳动物的种群密度密切相关的一种重要疾病就是狂犬病。在野生哺乳动物中，最易感染狂犬病的种类是郊狼、狐狸、鼬和浣熊，而狐狸和狗是引起狂犬病传播的主要动物。

如果种群对疾病完全没有抵抗力或疾病是由于环境改变而引起的，那么疾病就可能是一种非密度制约调节因子。在这种情况下，疾病会导致种群下降、局部灭绝或限制寄主的分布。

在欧洲人发现和登上夏威夷岛以前，鸟类从海岸一直分布到植被的上限。1826 年，一种热带蚊虫被偶然引入该岛，这种蚊虫很快就散布到岛屿的所有低地，并在鸟类中传播一种瘟病和另一种未知的疾病。结果，在海拔 600 m 以下的低地，有几种当地特有的鸟类消失了，还有一些鸟类绝了种，留下来的鸟类也只在海拔 600 m 以上的高度才能见到，虽然低地也有适合于它们生存的栖息地。因此，夏威夷的高山森林便成了这些鸟类的避难所。

植物的疾病主要是由真菌引起的，而真菌是以一种密度制约方式进行散播的。层孔菌(*Fomes annosus*)是松树的一种疾病的病原菌，在纯松林中，它可以通过相邻树木根系的接触而迅速蔓延。另一种真菌(*Ceratocystes fagacearium*)可使橡树患病，这种疾病既可以通过根系的接触传播，也可靠昆虫露尾甲传播。

四、捕食

捕食是一种强有力的外在调节机制。从理论上讲，捕食动物的数量和捕食效率如果能够随着猎物种群数量的增减而增减，那么捕食动物就能够调节或控制猎物种群的大小。换句话说，就是只有当每个猎物的平均被捕食概率随着猎物种群密度增加而加大的情况下，捕食动物才能发挥调节作用。只要捕食者主要依赖某一猎物种群为生，同时又不破坏猎物种群的自我更新能力，那么捕食者和猎物种群便都能保持相对稳定，这是一种典型的补偿捕食(compensatory predation)。如果捕食者的增长率超过了猎物的增长率，后者的自我更新能力就有可能被削弱，并可导致局部种群的下降或毁灭，接着捕食者种群也会因饥饿而急剧下降。偶尔，猎物种群会摆脱捕食者的调节作用而急剧增长。在这种情况下，捕食者种群很少能跟得上猎物种群的增长，也难以把猎物种群数量压下来。

如果捕食者是凶猛的肉食动物（如犬科动物或大型猫科动物），它们常能有效地压制有蹄动物的种群增长。有时捕食会成为主要的种群调节机制，因为很多动物（如鹿、鼠和北极驯鹿）显然还未产生有效的种内调节机制。

捕食者对北极旅鼠种群数量的周期波动起着非常重要的作用。积极活动的捕食者（如雪鸮和贼鸥等鸟类）经常到旅鼠数量多的地方觅食，当积雪刚刚融化，植物生长的高度还不足以为旅鼠提供有效保护的时候，这些鸟类通过大量捕食处于种群高峰期的旅鼠，就会迫使旅鼠种群数量下降。这种捕食的时机不仅可减少成年旅鼠的数量，而且也能减少新生幼鼠的数量。

现有证据表明，如果旅鼠种群密度很高（>65 头/100 m^2），捕食者就难以使旅鼠种群数量下降，此时旅鼠种群数量下降主要是因为它们自身的啃食活动对食料植物的数量和质量所造成的损害。值得注意的是，这个阈值（>65 头/100 m^2）主要决定于贼鸥的领域行为。贼鸥的领域不能小于一定的面积，这样在旅鼠种群密度很高时，领域内就有了过量的食物，于是旅鼠种群的一部分就得到了有效的保护。旅鼠种群密度一旦降到很低时，少数的捕食者（特别是冬季的鼬鼠）就可把大部分具有潜在生殖能力的旅鼠吃掉。有些证据已经表明，旅鼠种群在其数量有希望达到高峰期的 1968～1969 年并未实现种群增长，原因就是鼬鼠对它的过量捕食，尤其是冬季，在雪层下所进行的捕食。鼬使旅鼠种群保持在低密度，但此后，鼬鼠本身也逐渐减少，减少原因是外迁和（或）死亡。

如果一种捕食者能够取食好几种猎物，而且能够依据各猎物的丰富程度而有选择地猎食的话，那么这种捕食者就可以对几个猎物种群起调节作用。有些捕食者对某一种猎物表现出很强烈的偏爱，如一种肉食性的荔枝螺只喜欢吃某一种贻贝，即使另一种贻贝数量很多，它也很少去吃。如果在几个星期内，只给它另一种贻贝吃，过后它仍然恢复原来的偏爱。Murdoch WW（1969）曾训练过另一种肉食螺（*Acanthina*），它对紫贻贝（*Mytilus edulis*）有较弱的偏食性，训练方法是先只给它喂食藤壶，然后同时喂食藤壶和紫贻贝，但以藤壶为主。经此训练后，如仍按训练前那样喂食 50%的藤壶，其所吃藤壶的相对数量要比训练前多。在这种情况下，如果继续喂食藤壶，肉食螺就会渐渐增加对藤壶的偏爱，表现出食物转换现象（switching）。但是，受过训练的肉食螺，在紫贻贝数量很多的情况下，仍然会很快恢复对紫贻贝的偏爱。由于存在食物转换现象，肉食螺便能有效地调节紫贻贝和藤壶种群。

第六节 种群内的自我调节机制

前面我们提到过，关于种群调节的两个主要学派（即气候学派和生物学派）都特别强调外在因素的作用，如食物、天敌、气候和隐蔽所等。其基本的前提条件是：组成种群的个体是没有差异的。两个学派都忽视了个体差异对种群调节的重要性。另有一些生态学家把他们的研究重点放在了种群内部的变化上，并认为这种变化对种群的数量调节是十分重要的。

表现型和基因型是个体可能发生的两种基本变化形式，虽然自我调节学派在具体问题上，对表现型和基因型个体在种群调节时各有怎样的重要性，认识并不一致，但不管正在起作用的是什么机制，它必定是进化的产物。因此，凡是支持种群自我调节理论的生态学家都非常重视进化方面的论据。

1955 年，Chitty D 提出了关于自我调节理论的一个基本前提。他说，假定我们在 i 和 n 两个时刻观察一个种群，并假定种群在 n 时刻的死亡率(D_n)高于 i 时刻的死亡率(D_i)。这种死亡率是生物与死亡率因素(M)相互作用的结果。由此提出的问题是，为什么 D_n 会大于 D_i。回答这一问题的第一种设想是：在这两种场合下，生物本身的特性是一样的，因此必须在死亡率因素上寻找差异，如可能在 n 时刻有较多的捕食者和寄生物，或者可能气候条件更加不利等。用这种设想肯定可以解释某些种群的变化，但对另一些种群可能并不适用。因此，在后一种情况下，我们就必须从其他角度来考虑问题。

现在让我们考虑第二种设想，即环境条件在两个时刻都是一样的，因此，在 i 时刻和 n 时刻的死亡率因素也就不存在差异。在这种情况下，种群死亡率的任何变化都必定是由生物自身性质的改变所引起的，这种改变可能降低了它们对正常死亡率因素的抗性。例如，动物在 n 时刻可能死于寒冷的气候，但在 i 时刻却不会死亡。这些设想可概括为表 19-1。

表 19-1 动物死亡率因素的两种设想

	第一种设想	第二种设想
时　间	i　n	i　n
死亡率	$D_i < D_n$	$D_i < D_n$
生　物	$O_i = O_n$	$O_i \neq O_n$
环　境	$M_i \neq M_n$	$M_i = M_n$

在上表中，第一种设想实际上是气候学派和生物学派所主张的种群调节理论，主要强调外因的作用。第二种设想则是自我调节学派所主张的种群调节理论，主要强调内因的作用。当然，在自然界，一个进行自我调节的种群不太可能是完全依靠内因进行种群调节的，往往是内因和外因相结合。

种群内的个体变异，有些是由遗传引起的，有些则是由环境引起的。英国遗传学家 Ford EB(1931)是最早指出遗传变化对种群调节重要性的学者之一。他认为，在种群增长期间，自然选择作用会减弱，结果会增加种群内的变异，并使很多劣质基因得以保存下来。当条件恢复正常时，这些劣质个体由于自然选择的加强而被淘汰，引起种群下降，同时，种群内的变异也随之下降。因此，Ford 认为种群的上升不可避免地将为种群下降铺平道路。

1960 年，Chitty 根据对小啮齿动物种群波动的研究提出了一个观点，即所有种群都能调节它们自己的种群密度，而无需借助于天敌、恶劣的气候或耗尽资源的反作用。对某一特定物种来说，并非所有的种群都需要自我调节，每种调节机制都只能适应于一个有限的环境范畴。一个在劣质生境中也能生活得很好的物种，自我调节机制就难以起作用。Chitty 的自我调节理论是主张种群密度的无限增加主要是靠种群自身质量的下降来防止的。

自然种群自我调节过程的实现主要是靠种内个体之间某种形式的互相干扰，因此自我调节理论只适用于那些具有这种相互干扰或空间行为的物种。对这样的种群来说，最重要的环境因素就是种内其他个体的存在。

英国生态学家 Wynne-Edwards VC 曾从另外一个角度研究过种群的自我调节问题，他的主要工作是在鸟类方面。据 Wynne-Edwards 观察，大多数动物都有高效的散布机制，如果我们注意在自然界观察，就很容易看到，动物总是集中分布在资源丰富的地方，而在资源贫乏的地方则数量很少。这说明，动物的散布是同它们的重要资源密切相关的。

对动物来说，最重要的资源显然是食物。当然，很多其他资源对动物的生存也是必不可少的，但是食物总是限制动物种群密度的一个关键因素。因此，我们必须把食物资源作为理解种群调节的一个至关重要的因素来加以研究。在这一点上，Wynne-Edwards 同鸟类学家 David Lack 的观点是一致的。

Wynne-Edwards 认为，很多物种都具有某种类型的竞争。这种竞争是无害的，主要是作为一种缓冲机制，把种群的增长控制在一定的水平上，以免食物资源被耗尽。这种缓冲机制的最好实例就是鸟类的领域系统。鸟类所保卫的领域只不过是一小块地域，独占这块地域便排除了食物竞争，因为领域的主人无可争辩地享有该地域的取食权。如果领域大小是随着生境生产力高低而变化的，那么这就再好不过地证明了种群密度是受领域现象所控制的，领域现象将能保证食物资源不会枯竭。

领域现象既防止了个体间为食物而发生直接的冲突，又能把种群密度限制在饥饿水平以下，但这种调节方式需要物种具备一定类型的社会组织。由于不同动物类群的社会组织结构的不同，领域行为也就存在着很大差异。Wynne-Edwards 曾研究过很多动物的领域行为，他认为种群是一个自我调节系统（或内稳定系统），许多不同类型的社会显示行为，其功能都可被看做是对种群大小信息的反馈，而且与食物资源相关。

处在物种分布区边缘的种群，一般不太可能显示自我调节能力，因为在劣质生境中，物理因素常常起着主导作用。因此，当我们研究种群的自我调节能力时，应当把注意力集中在分布区最典型的生境中，因为只有在那里，种群的自我调节能力才表现得最明显。

关于种群自我调节的很多理论都是来自对哺乳动物和鸟类的研究，特别是来自对具有周期变动规律的小啮齿动物的研究。生活在温带和北极地区的很多种田鼠和旅鼠，其种群波动往往是每 3～4 年显示一个周期。在 20 世纪 50 年代，Christian JJ 曾提出，这些显示出周期波动的种群主要是靠拥挤效应引起内分泌系统的改变来进行种群自我调节的。种群密度高时，其社会压力将会改变体内激素的平衡，并导致生殖失败，此后种群数量便开始下降。1960 年，Chitty D 在“田鼠的种群过程及其与一般理论的关系”一文中，承认这些小啮齿动物的确具有自我调节能力，但认为这种调节主要是通过拥挤对间隔行为和侵犯行为的影响而实现的。大多数生态学家似乎都不否认小啮齿动物种群的周期波动是靠自我调节来完成的，但完成这种自我调节的精确机制尚无定论。

第七节　种群的自然调节与进化

本节我们将要讨论进化上的改变对种群自然调节的影响。近年来生态遗传学的研究已经表明，以前一直认为需要经历很长时间的进化过程也可以在较短的时间内完成，因此，进化过程与生态过程在时间规模上的区别就大大缩小了。在这种情况下，自然选择就可能对种群的自然调节产生直接影响。

种群数量的很多变化都可归之于外在因素的变化，如气候、疾病和捕食等。但也有一些变化（指种群数量）却是由于种群内个体遗传特性的改变而引起的。正如昆虫学家 Pimental D (1961)在“物种的多样性及昆虫种群大发生”一文中所指出的那样，这种进化上的改变有其遗传反馈机制，他相信自然种群的调节将以进化过程为基础。

为了说明这种与遗传反馈机制有关的体质变化，让我们先看一个简单的模型。假如有一种植物和一种植食动物组成一个双物种系统。为了使模型简化，我们可以只注意植物某一染色体上的一个基因,这个假设的基因将主要影响植物的存活能力和可食程度。在这个基因的位点上,显然会发生两个不同的等位基因 A 和 a,而且其基因型的特性将如表 19-2 所示。

表　19-2

	植物基因型		
	AA	Aa	aa
植物存活能力	强	弱	极弱
植物可食程度	高	低	极低

显然,基因型为 AA 的植株存活能力很强,但却引来很多植食动物,因为它的可食程度高。每一种基因型的植株在它因受动物过度取食而死亡之前,都只能维持一定数量的植食动物。假定动物的生殖率将受它们所取食的植株基因型的影响,那么植物的可食程度越高,对植食动物的生殖也就越有利。如果这个双物种系统是从 100 个植食动物和一个具有特定基因型频率(即0.36 AA,0.50 Aa 和0.14 aa)的植物种群开始,那么在上述给定的条件下,该系统将会达到一种稳定的平衡(图 19-10)。

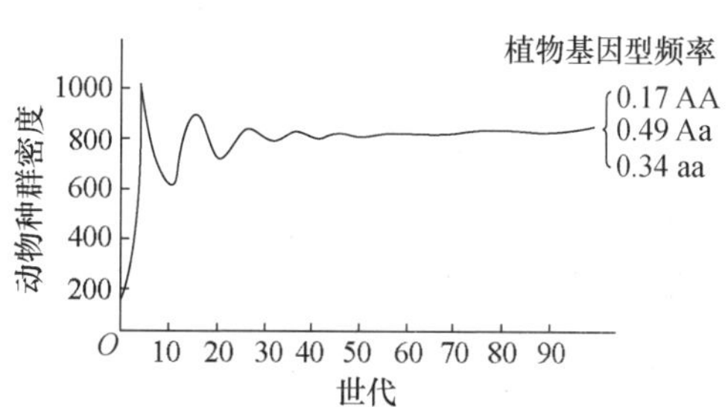

图 19-10　一种植物和一种植食动物通过遗传反馈机制而相互作用,最终将导致植食动物的稳定平衡

对于影响种群调节的这种变化,Pimental 曾收集了许多实例。例如,当小麦抗性品种于 1942 年被引入堪萨斯州以后,小麦瘿蚊的种群数量便大大下降了。另一个实例是在澳大利亚的黏液瘤病和野兔的相互作用。欧洲兔是在 1859 年被引入澳大利亚的,此后 20 年内,野兔的种群密度达到了极高的水平。第二次世界大战后,人们为了减少野兔的数量而从南美洲引入一种病毒病(即黏液瘤病)。黏液瘤病病毒对欧洲兔有极高的致死率,病兔的死亡率可达 99%以上。自从这种病毒于 1951 年被引入澳大利亚以后,病毒和野兔都在相互作用中不断进化。病毒的毒性变得越来越弱,这不仅使病兔的死亡率越来越低,而且致死时间也越来越长。由于蚊虫是这种病毒病的主要传播者,所以病兔死亡前,供蚊虫吸血的时间对这种病毒的传播是很重要的。表 19-3 对野兔黏液瘤病病毒所发生的变化作了总结。表中资料是用标准实验兔作病毒感染试验时所获得的,由于兔的感病力是恒定的,因此就能测出病毒本身的变化。自从 1951 年以来,在野兔的自然种群中,致病力较弱的病毒已经逐渐取代了致病力较强的病毒。

表 19-3　澳大利亚野兔黏液瘤病病毒类型及其致病力

	致病类型分级					
	Ⅰ	Ⅱ	ⅢA	ⅢB	Ⅳ	Ⅴ
兔平均存活时间/d	<13	14—16	17—22	23—28	29—50	—
病兔死亡率/(%)	>99	95—99	90—95	70—90	50—70	<50
澳大利亚						
1950～1951 年	100	—	—	—	—	—
1958～1959 年	0	25.0	29	27	14	5
1963～1964 年	0	0.3	26	33	31	9

与此同时，野兔对这种病毒的抗性也逐渐增强，这一点已通过用标准病毒感染野兔而得到证实。这表明，自然选择曾使野兔朝着增加抗性的方向进化。

现在我们尚不清楚的是，野兔-病毒系统是否已经达到了稳定平衡状态，也许它们还在继续进化，直到使野兔种群重新回升到原来的水平。在英国有些证据表明，野兔和黏液瘤病之间的相互关系正在发生变化，一方面野兔的抗病力在增强，另一方面病毒的致病力也在增强，而且野兔的种群数量似乎又在增加。

Pimental 提出的遗传反馈机制的概念涉及物种之间的相互作用，并提到了这种相互作用对决定种群平均数量的某些意义。这一概念特别强调进化的作用，并告诫人们当不断把新物种引入新的生态群落时可能会发生的后果。

自我调节种群的存在使人们自然会产生这样一个问题，即种群的自我调节机制是怎样进化来的？对于任何有可能破坏自身资源的种群来说，自我调节显然是很好的适应，问题是这种适应是针对种群而不是针对个体的。那么，种群又如何能产生这样的适应呢？答案很简单，是通过所谓的群选择(group selection)。正如自然选择可以在个体层次上起作用一样，群选择也可以在群体层次上起作用。具有某种适应的群体很可能会逃脱灭绝的命运。群选择是 Wynne-Edwards(1962)用来解释它的自我调节理论的，但大多数学者都反对把群选择看做是一种可能的进化机制，他们总是根据个体选择来解释一切适应。

如果某一特征对种群有利，对个体不利，那么群选择就会使这一特征的频率增加，而个体选择就会使这一特征的频率下降。也就是说，群选择与个体选择的方向是相反的。在这种情况下，个体选择总是强于群选择，结果必然导致种群(即群)渐渐灭绝。但如果群选择与个体选择的作用方向一致，那么选择特征就会既对种群有利也对个体有利，这样就不会存在什么矛盾。所以，关键问题是自我调节适应是不是对种群和个体都有利。如果在个体层次上起作用的自然选择也有利于自然调节机制的产生，那么问题就解决了，此时群选择就显得不那么重要了。

下面我们自然会问，自然选择是怎样有利于自然调节的呢？众所周知的是，自然选择不仅有利于那些靠提高生殖力和降低死亡率而增加自身适合度的个体，而且也有利于那些靠提高自身的种内竞争能力而降低其他个体适合度的个体。因此，自我调节机制就可以很容易地用对种内竞争机制起作用的个体选择来加以解释。

种群自我调节机制之一是个体从适宜生境向不太适宜生境的转移。这种转移看来对外迁个体总是不利的，因此，MacArthur RH(1972)认为，外迁不可能通过个体选择而产生。但 Lomnicki A(1978)不认为这一观点是正确的，个体选择可以通过外迁而有利于种群的自我调节，因为在自然种群中，并不是所有个体都有同等机会得到资源。在自然环境中，资源的时空分布都存在着明显差异。因此，完全没有必要用群选择的理论来解释种群自我调节机制的产生。

总之，我们可以把种群的自然调节问题概述如下：动物和植物种群都不能无限地增长，但可以显示一定幅度的数量波动。因此可以提出以下两个问题：一是什么力量制止了种群的增长？一是什么机制决定着种群的平衡密度？

生态学家根据种群与环境因素(气候、食物、隐蔽所、捕食者、寄生物和疾病等)之间的相互作用提出过 3 种理论来回答这两个问题。生物学派主张密度制约因素是制止种群增长和决定种群平均密度的关键因素，而自然天敌又是最主要的密度制约因素(对很多种群来说)。气候学派则强调气候因素在决定种群大小中的作用，并认为气候也可以起密度制约作用。一种折中观点则认为，包括密度制约因素和非密度制约因素在内的所有因素都是重要的，并且主张种群的变化受控于生物因素和非生物因素的综合作用，而这些因素又都是随着时空而变化的。

与上述学派相反，自我调节学派更重视种群内部发生的变化，即特别强调种群内个体在行为、生理和遗传上的差异。这一学派总的前提是：种群数量发生变化是起因于个体特性发生了变化。当种群密度增加的时候，制止种群增长的力量不是环境因素的改变，而是个体特性的劣化。种群的平衡密度也可因种群内部遗传构成的改变而改变，因此个体的数量和质量对种群都是重要的。

种群数量自然调节的各种理论不应当是相互排斥的，而应当互相补充。在回答各种实际问题的时候，最好的办法是对各种理论进行综合分析并加以应用。种群自然调节问题是理论生态学的一个重要研究领域，它不仅具有理论意义，而且也具有重要的实际意义。

第八节　植物种群的自然调节

因局部灾难性因素而导致的植物种群数量波动可借助于以下两种基本方法得到缓冲：① 从未受灾难影响地区迁入新个体；② 种群自身的生育力和死亡率发生变化，以弥补灾难性因素所造成的损失。

成年植物种群历年都保持相当稳定的一个明显实例是一种小的沙丘植物——点地梅(*Androsace septentrionalis*)。Symonides E(1979)曾连续 8 年对这种植物进行了研究，每年都记录一个完整世代的死亡情况(图 19-11)。她发现每平方米内实生苗的数量为 150～1000 株，每年因死亡率可减少种群数量 30%～70%。最明显的一个事实是，这种一年生植物的死亡率从不会超过一定的限度，至少能保证有 50 株存活到结实期。

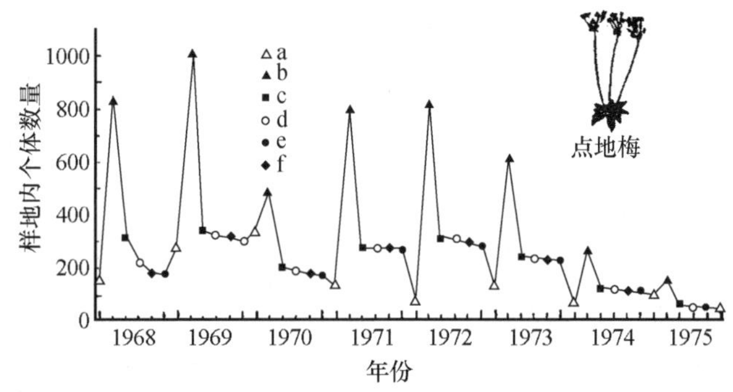

图 19-11　点地梅(*Androsace septentrionalis*)连续 8 年的种群动态

(a) 开始萌发；(b) 最大萌发量；(c) 实生苗末期；

(d) 营养生长期；(e) 开花；(f) 结实

植物的种群调节是受密度制约过程控制的，密度制约过程可以依据种群密度的变化而改变生育力或死亡率对种群大小的数量影响。当植物种群密度下降的时候，密度制约死亡率因素的作用强度也随之减弱；当植物种群密度增加的时候，密度制约死亡率因素就会导致更大比例的种群数量死亡。图 19-12(a)是槭树(*Acer saccharum*)种群中实生苗的死亡率与种子密度之间的关系。从图中可以看出，种子密度越大，实生苗的死亡率就越高。密度制约生育力也可调节种群大小,调节方式是当种群密度增加时,降低每株植物的种子产量(图 19-12(b))。

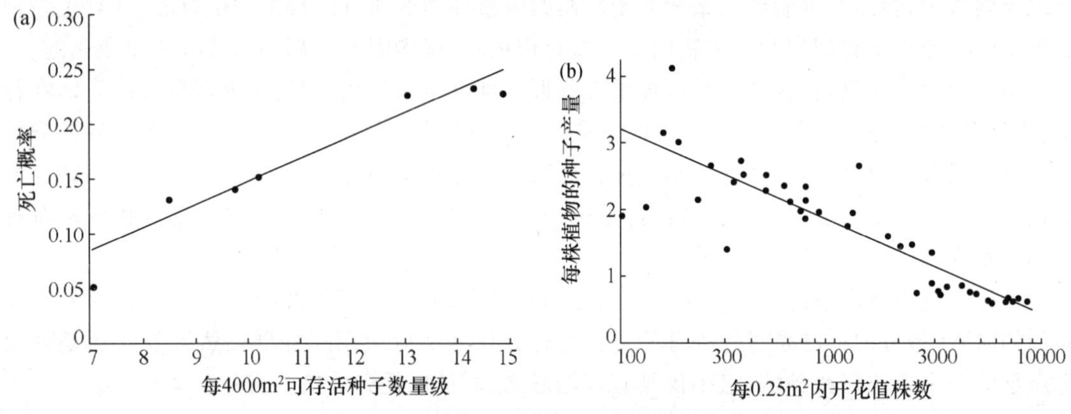

图 19-12　两个植物种群的密度制约过程

(a) 槭树的种子密度与实生苗死亡率之间的关系;

(b) *Vulpia fasiculata* 自然种群每株植物的种子产量与开花植株密度的关系

各种密度制约过程的作用在于可使植物种群的密度保持相对稳定,密度制约死亡率可使实生苗期间较大范围的密度变化转变为成年植株的较小范围的密度变化。而密度制约生育力可确保植物种群在各种不同的密度下,所生产的种子数量大体相等(图 19-13(a))。在温室中,如果将雀麦(*Bromus tectorum*)的种子按 5,50,100 和 200 粒 4 种密度播种在不同试验小区内,结果由于密度制约死亡率和密度制约生育力的联合作用,最终会使各个种群数量趋于一致(图 19-13(b))。这就会使下一个世代开始时的种子数量相等,尽管它们亲代的播种密度并不一样。

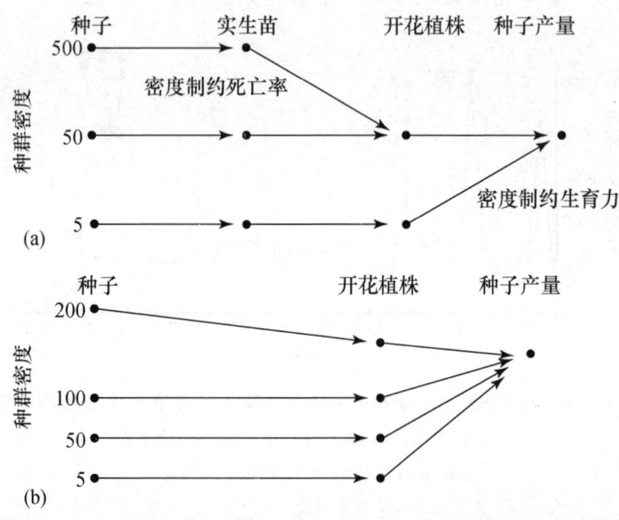

图 19-13　(a) 实生苗的密度制约死亡率和密度制约出生率及其在调节植物种群中的作用;
(b) 在雀麦的 4 个种群中,密度制约死亡率和密度制约生育力对种群大小的调节作用

由于密度制约生育力可以调节一个种群的种子产量,所以它就可以影响下一个世代成年植株种群的大小。事实上,这种影响是发生在一定时间以后,所以又叫延后密度制约(delayed density dependence)。

不同的密度制约因素调节种群大小的效果可能很不相同。例如，就密度制约死亡率来说，有的能刚好补偿种群的变化，有的不足以补偿种群的变化，有的则补偿种群变化有余。这 3 种情况在图 19-14 中(用种群死亡率相对于种群密度作图)分别用斜率＝1(图(b))，斜率＜1(图(a))和斜率＞1(图(c))表示。有些死亡率因素实际上是随着种群密度的增加而下降的，这就是反密度制约。例如，松树(*Pinus ponderosa*)的种子被昆虫和松鼠吃掉的比例是随着种子产量的增加而下降的。根据种群调节的定义，反密度制约因素是不能调节种群密度的。

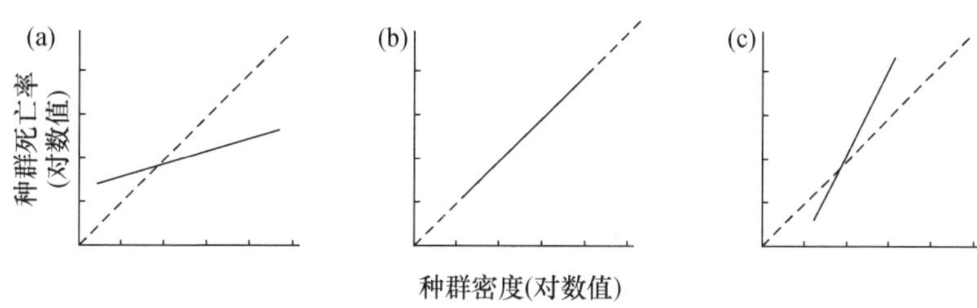

图 19-14　密度制约死亡率对调节种群的 3 种不同效果

(a) 不足以补偿种群的密度变化；(b) 刚好补偿种群的密度变化；
(c) 补偿种群密度变化有余(图中虚线的斜率＝1)

第九节　种群和物种的灭绝

当死亡超过出生和迁出超过迁入的时候，种群数量就会下降。此时 R 就会小于 1，r_0 就会小于 0。如果种群不能扭转这种趋势的话，它就可能走向灭绝或增加其发生灭绝的危险。对种群和物种发生灭绝的敏感性，不同的物种是很不相同的。有些物种属于常见种，分布范围很广，而且占有多种多样的生境，但大多数物种相对来说比较少见，虽然有些物种分布较广，但在其分布区内只能局限于某些生境内。还有的物种的分布范围就很窄，而在其中也只能占有一些很小的生境，属于所谓的地方种(endemic)，最典型的例子就是岛屿生物。这些物种对于灭绝要比那些常见种敏感得多。但即使常见种也不是没有灭绝的危险，如美洲的旅鸽和非洲的黑犀牛等。

造成稀有种群下降的原因有多种。首先，当种群中的个体数量很少时，成熟的雌雄个体相遇的机会就会减少，使很多雌性个体保持未受精状态，从而降低了平均生育力；其次，一个小的种群更易遭到捕食和受到突发环境改变的影响，种群中的个体数量会越来越少，直到种群消失。灭绝是一个自然过程，地球经历了千百万年的发展，物种不断地出现与消失，留下了大量的化石和印痕记录。有些物种无法适应地理和气候的变化，另一些物种则在祖种消失的时候分化成了新的物种，还有一些物种因无法忍受人种(*Homo sapiens*)出现后对其施加的巨大捕食压力而灭绝。地球上物种的大量灭绝曾发生在下列几个地质年代：奥陶纪(Ordovician)晚期；泥盆纪(Devonian)晚期；二叠纪(Permian)晚期。这些地质年代导致了多达 96％的物种的灭绝，而促使恐龙灭绝的地质年代是白垩纪和第三纪。

现在的地球正在加速物种灭绝的步伐。有人估计，目前每天约有 100 个物种灭绝，其中很多尚未在科学上定名。最大量的物种灭绝发生在公元 1600 年以后，其中 75％以上的物种灭绝是由于人类的活动造成的，如改变和破坏栖息地、人为引入捕食者和寄生物、喷洒农药防治害虫、害兽以及各种方式的狩猎等。

应当知道的是，灭绝并不是在一个物种的整个分布区内同时发生的，而是在环境遭到破坏和种群衰退时先发生局域种群的灭绝。种群成员先是被迫占有边缘生境（marginal habitat）并在那里存活一定时间，然后便因饥饿或捕食而陆续死亡。当生境变得越来越破碎的时候，物种便破碎成小的隔离种群或“岛屿”种群并失去了与同种其他种群的联系，其结果是种群不得不实行近交和发生遗传漂变，使小种群减弱了应对环境改变的能力。

局域种群的维持往往是依赖于同种其他种群个体的迁入。随着局域种群之间距离的增加，种群就会变得越来越小，其存在的可能性就越来越小。当种群数量下降到一定水平时就会因种群的随机波动而灭绝。虽然这种情况经常发生在稀有物种，但比较常见的物种也会发生局域灭绝。这种情况常常不被人们所注意，因为从周围地区迁入的个体会掩盖种群个体数量减少的过程。对城郊的一个歌鸲种群所进行的研究表明，猫的捕食和人的干扰对歌鸲的减员作用已经超过了种群的自然增殖力，所以每年春天人们所听到的歌鸲鸣叫声都是从别处新迁入个体所发出的。可见，城郊的歌鸲已经成为一个汇种群，而不再是一个源种群了。

事实上，大多数局域种群都不可能长期保持兴盛状态，它们会靠新个体的迁入而维持其存在并保持活力。常常是当一个局域种群开始衰落和趋于灭绝的时候，另一局域种群则可能正处于繁盛期，可以向其他生境输入新生的个体。

生物的灭绝可区分为确定性灭绝（deterministic extinction）和随机性灭绝（stochastic extinction）两种类型。确定性灭绝是因一些不可避免的作用力或变化而引起的，如白垩纪和第三纪所发生的生物大灭绝。在一个局域或大区尺度上所发生的生境破坏也归属于这一类。单单是生境的破坏则很难导致一个物种的灭绝，除非这个物种已处在了灭绝的边缘，如曾栖息在 Merritt 岛上于近期灭绝的黑滨雀（*Ammodramus maritimus*），现在分布在美国西北部太平洋沿岸的斑点枭也已处在灭绝的边缘。

物种内的一些小局域种群更容易遭受随机灭绝。随机灭绝是因种群内或环境中的某些随机变化引起的，在正常情况，这种随机变化不会导致种群灭绝，但对于比较小的种群来说会大大增加灭绝的风险。随机事件可以表现在种群统计方面，也可以表现在环境方面。前者是指个体出生和死亡的随机变化，导致这种变化的是生境的破坏和正常演替过程中的损失，结果是使种群变小并被局限在生境中的一些地方斑块内。对于一个小种群来说，高死亡率和低出生率是可以导致种群随机或偶然灭绝的。当一个种群数量下降到最小存活力以下时，就会面临极大的灭绝风险。环境的随机性是指一系列偶发的环境不利变化，主要是由环境质量恶化引发的。如果一个局域种群中的所有个体都同时受到环境恶化影响的话，那就可能因种群变小而引发种群统计上的不利事件，如遗传漂变增加和近交频繁发生等。种群在低水平上能维持多长时间，则取决于种群个体数量的多少、个体寿命、生殖方式和植物的种子库等。

动物灭绝的一个典型事例是石楠雉（*Tympanuchus cupido cupido*）。以前它在新英格兰的数量曾经很多，后因人的过度狩猎和生境破坏而被迫退缩到马萨诸塞州海岸外的 Martha's Vineyard 岛上和新泽西州的小片松林中，到 1880 年就只能在 Martha's Vineyard 岛上发现了。此后种群先是经历了一次发展，从 1890 年的 200 只发展到了 2000 年的 2000 只，接着便遭遇到一次随机性灭绝事件——火灾、风灾和严寒的共同作用使种群下降到了 50 只，最后一只死于 1932 年。

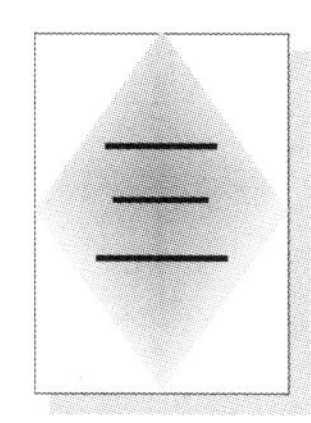

第20章 应用种群生态学

人类与植物和动物有着非常密切的关系，这种关系对人类或是有益的或是有害的。首先，人类的衣、食、住和生产活动都离不开动植物，同时，大型食肉动物和很多寄生生物也给人类的生命和健康造成了威胁。早期的狩猎技术曾使人类成功地猎获了大量的野生动物并迫使一些动物走向灭绝，如更新世的一些哺乳动物。后来，人类学会了驯化和驯养一些动植物，从而使人类的社会单位发展得更大，相互间有更强的依存性。有些动物则成了家养动植物的竞争者或威胁者。有些植物开始侵入农田并与农作物发生竞争。

人口的增长和文明的发展要求人类开拓和利用更多的资源。森林因作为建筑材料而被大量采伐；大型哺乳动物被猎杀以满足人类食物的需求；野生生物随着人类人口中心的不断增大和向四周扩展而日益减少；其他动物在遭到人类改变或逐渐缩小的生境中越来越难以生存，甚至完全消失。

当前已有越来越多的人认识到，人类与野生生物共同居住的这个星球正由于资源的过度开发利用、生境的破坏和压缩，以及环境的污染而逐渐衰落。出于经济的、美学的和道德伦理的考虑，以及考虑到人类在地球上的持续生存和发展，人们正在开始对野生生物种群进行科学的保护和管理，大体包括三方面的工作：① 对于已在开发利用的动植物种群加强科学管理，保持其种群的稳定性；② 想方设法增加濒危物种的种群数量，避免使其灭绝；③ 控制对人类有害生物的种群数量，使其保持在经济或健康所允许的阈值以下。

第一节 种群的最大持续产量

几千年来，人类一直在有意无意地对野生动植物种群进行着开发和利用。有些种群能够承受和消除人类开发利用所造成的影响，有些种群则不能，结果常使种群数量急剧减少，甚至处于灭绝的边缘。直到18世纪后期，人类还没有作出任何努力对正在利用的种群进行科学管理，以确保其产量的持续和稳定。那时，渔获量有很大波动，而这种波动是与商业利益的波动相平行的。于是人们展开了一场捕鱼活动对渔业影响的大辩论。有人认为，捕鱼对鱼类的繁殖没有影响，另一些人则认为有影响。后来，丹麦鱼类学家 Petersen CDJ 提出了标志重捕技术用于估算种群大小，在此之前还没有生物学家能够知道鱼类资源的储量到底有多大。标志重捕技术同时可用于鱼类年龄构成和鱼卵的调查。所有这些研究都表明，过量捕鱼的确对渔业的持续发展极为不利。

第一次世界大战给这个问题找到了一个现实的答案。因为在第一次世界大战期间，北海的捕鱼作业完全中止，战争结束后，渔民的渔获量得到了稳定增长。鱼类学家认为，当在战争期间累积下来的经济鱼储量一旦被捕完，资源鱼种群的大小和捕捞量就会保持稳定。至于资

源鱼种群能保持多大规模，则决定于捕鱼的规模和捕鱼量。1931 年，Russell ES 曾提出过一个鱼产量模型，即

$$S_2 = S_1 + (A+G) - (M+C)$$

其中，S_2 是捕捞前的种群数量，S_1 是捕捞后的种群数量；A 是大小可供捕捞的鱼重量；G 是在已捕鱼中这些鱼和其他鱼的生长量；M 是死亡量和减重；C 是捕捞鱼量。如果$(A+G)$能保持与$(M+C)$相等，那么经济鱼的种群就会保持稳定。

如果收获量能保持长期稳定而又不会使种群数量下降，那么这一收获量就被称为可持续产量（sustained yield），也就是单位时间的收获量等于单位时间的生产量。在一个基本未受干扰的稳定环境中，构成种群的主要是大龄个体，当人们利用这一种群时，这些个体往往最早被收获，为了补偿，种群就会提高生长率、降低性成熟年龄、增加生殖投入和减少低龄小个体的死亡率。随着收获量的逐渐减少，人们就会强行增加收获量，当生物资源受到过度利用的时候，种群年龄结构就会变得以幼小个体为主，会使种群因无法繁殖而崩溃。在这种情况下，该物种的生态位就会被尚未被利用的有较强竞争力的物种所取代，或是被引入的外来物种所取代。

就持续产量来说，利用率显然是取决于种群增长率 r。持续产量并不意味着要使种群维持在环境容纳量(K)的水平上，在这个水平上 $dN/dt=0$。通过提高种群的 r 值，就可以从一个在未收获状态下的稳定种群中取得持续产量。具体方法之一是通过增加资源供应提高环境容纳量。另一个常用的方法是靠从种群中取出一些个体使种群密度稳定在环境容纳量以下的某个水平上。在一定限度内，在环境容纳量以下的种群密度越低，种群的增长率就越高。应使收获率等于种群的增长率，以便使种群能稳定在较低的密度水平上。

就某一特定的种群来说，持续产量并不是一个固定不变的值，它依不同的种群水平和不同的管理技术可以有很多值。如果取得比持续产量更大的产量就会造成种群数量的下降，那么这个持续产量就是最大持续产量（MSY）（图 20-1）。最大持续产量意味着除了补偿收获量以外，要把全部多余的生产量拿走。收获应使种群数量减少到这样的一个水平，使余下的部分能在下一个收获期之前刚好补偿种群所受到的损失。

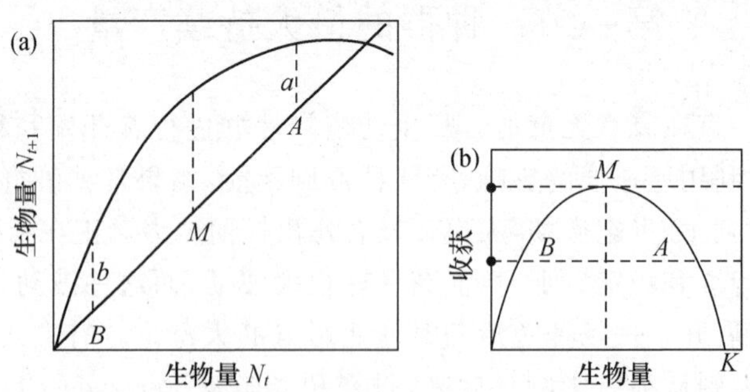

图 20-1　(a) 持续产量模型和(b) 最大持续产量发生处(M)

(a) 中：45°直线代表种群的稳定水平，虚线 a 是使种群稳定在 $N_t=A$ 时每年的收获量，虚线 b 使种群稳定在 $N_t=B$ 时每年的收获量，最大持续产量是发生在种群稳定在 $N_t=M$ 时，此时曲线与直线离差最大；(b) 中：M 处种群数量等于 $K/2$，A 是高密度种群平衡点，B 是低密度种群平衡点，此处收获量占种群比例甚大，易灭绝

除了最大持续产量之外，还有最适持续产量（OSY），它比 MSY 更复杂，因为它既考虑生物因素又考虑社会因素，它比 MSY 要谨慎保守得多，它所获取的产量总是比 MSY 少，而且不一定非按种群的某一特定比例拿走。但是政治的和社会的压力往往会将“最适”量提高。

通常是种群增长率越高，收获率也就越高。对 r 选择的物种来说，生殖力虽然很强，但非密度制约死亡率也高，主要是受温度和营养供应等环境变量的影响。对这类物种的管理目标是减少这方面的浪费，方法是把将会发生自然死亡的全部个体拿走。

这样的种群往往是很难管理的，除非不断地进行繁殖，否则储备个体就会被耗尽，沙瑙鱼（*Sardinops sagax*）就是一个实例。20 世纪 40 年代和 50 年代对沙瑙鱼的捕捞曾使沙瑙鱼种群的年龄结构向低龄组倾斜。在捕捞前 77％的生殖是由前 5 龄个体完成的，而在捕捞后 77％的生殖是分布在 1～2 龄的个体中。对于靠密度制约因素调节种群数量的 K 选择物种来说，最大收获率将决定于种群的年龄结构、收获频度、收获后留下的个体数量以及生育力和环境的波动等，同时也取决于所利用的种群密度和为把种群稳定在该密度水平所需要的收获率。

持续产量的概念也可应用于体育狩猎运动。争夺竞争（contest competition）和密度制约调节是大多数狩猎动物的特征。野生动物管理者认为，通过有计划的狩猎所拿走的动物实际上是取代了动物的自然死亡率。如果不进行过度狩猎，对动物种群是无害的，否则动物也会死于疾病和天敌等，因此，每一只被狩猎的动物都能降低这方面的死亡率。假定种群是稳定的，那么持续产量就可以靠以下方法得以维持，即把种群每年所出生的年轻个体按一定比例拿走。对某些物种来说（例如某些水鸟），被狩猎的个体常常被算做是种群的自然死亡率。

有几个原则可以应用于种群的开发和利用。为了能得到可以收获的过剩产量，首先必须使种群数量降低到稳定密度以下。对于种群稳定密度以下的每一种密度，都会有一个相应的过剩产量。对于某一特定的持续产量来说，都可以从种群的两个密度水平上获得，但最大持续产量只能是在其中的一个密度水平上。如果所猎取的个体数量超过了最大持续产量，种群密度就会下降，直到灭绝。如果每年所猎取的动物数量总是占种群生物量的一定百分数，那么种群数量也会下降，但下降到一定密度就会稳定下来，此密度刚好能与收获率保持平衡。

目前有几种方法正在用于种群管理。其中一种方法叫固定限额（fixed quota），即按最大持续产量的估算值，在每个收获期都从种群中拿走一定比例的个体，收获量应当与种群的再生量相等。这一方法在渔业中最常使用。尽管有环境改变的原因，但过度捕捞仍然是造成沙瑙鱼、鳀、星鲽、鳕鱼和鲆鱼种群走向衰退的主要原因。

第二种方法是渔猎管制，常用于规定体育狩猎和垂钓的季节。通过限制狩猎人数、狩猎期的长短和猎物袋的大小而控制被狩猎动物的数量。规定用小的猎物袋、缩短狩猎期或禁猎等措施都有利于减少猎杀量。使猎物种群得以恢复。当然，采取相反的措施就会增加猎杀量。可以说，这种方法比固定限额更为有效。

第三种方法是动态库模型（dynamic pool model）。该模型假定种群的自然死亡是发生在生命的早期阶段，因此捕捞死亡不能算作是自然死亡。实际上，动态库模型是靠选用适当的捕捞工具来控制捕鱼死亡率，如选择具有一定大小网眼的渔网捕鱼，以便有目标的捕捉一定大小的鱼。动态库模型的缺点是不能精确地估算种群的自然死亡率。

所有这三种方法的共同缺陷是忽视了种群利用中的一个最重要因素，即经济学因素。人们一旦开始了对种群的商业利用，对种群的压力就会增加，试图降低利用率常会遇到极大的阻力。人们普遍认为降低利用率就意味着失业和破产，因此只能增加利用强度。其实这种观点是短视的，因为资源的过度利用是难以持续下去的。过度利用资源迟早会把人们赖以生存的自然资源完全耗尽。只有在比较低的经济学和生物学规模上对自然资源实行保护性利用，才能保证自然资源的持续利用。

第二节　野生生物种群及其栖息地的保护和恢复

20世纪30年代以后，白尾鹿、叉角羚和野火鸡等少数动物的种群数量开始回升，因为它们受到了禁猎的严格保护。当它们的种群数量恢复到一定水平后，虽允许狩猎，但狩猎季节和狩猎强度都严格按计划进行。野生动物管理部门为了保护这些动物和它们的栖息地而预留了专用地和避难所。可以说，恢复野生生物种群最有效的措施是为它们预留大面积的空白生境。在30年代这些动物种群衰落期间，被废弃的农田和牧地长满了野生植物，遭砍伐而荒芜了的林地又渐渐恢复了生机，这为白尾鹿和其他动物提供了丰富的食物来源。有些动物的种群数量已多到近乎有害的程度，这是这些种群成功恢复的重要标志之一。现在白尾鹿的数量比它们最初定居时还多，它们有时会在高速公路上造成交通事故、入侵郊区花园威胁当地植物和啃食农作物。

从濒临灭绝到种群恢复，一个最好实例就是野火鸡(*Meleagris gollopave*)。野火鸡最初广泛分布于北美和中美洲各地，包括美国的39个州，但到19世纪中期已从美国东北部消失，到1900年时中西部各州已无它的踪迹。在1949年只有少量野火鸡生存了下来，其分布区已缩小到大约为原来的12%，大都栖息在遥远的阿巴拉契亚山地区。

对野火鸡的生物学和生态学所进行的大量研究和有力的财政支持为该物种的种群恢复和重建工作奠定了基础。在美国西部地区曾把少量活捕的野火鸡从其产地运往适于其栖息的空白生境中，例如，1948～1950年，南达科他州就引入了29只野火鸡，到1960年已繁衍增加到了7000多只。通过大规模的种群重建和恢复工作，人们发现野火鸡对于以前认为是不适宜的生境有着出乎意料的适应能力。现在野火鸡种群大约有300万只，它们像白尾鹿一样已在有林木的广大地区定居下来。

种群的成功恢复有着方方面面的原因。对靶标物种生物学、生态学和行为学的科学研究为种群重建工作提供着必要的资料和信息。完善的保护法、执法的严格性、足够的财政资助、公众的参与和关注以及各方面的合作都是种群恢复取得成功的重要条件。此外，建立自然保护区，保留大面积的适宜生境和物种本身的适应能力也是很重要的。

野生生物种群的恢复和保护工作现在比以前更为困难，野生物种正面临着环境中有毒化学物质的急剧增加、人类人口的增长和栖息地的丧失。尚未被利用的土地往往破碎成斑块状，要么把物种分割为一个个小的隔离种群，要么因面积太小而无法定居。

被隔离的小种群常会面临很多问题和危险。它们很容易成为偷猎者和捕食动物的捕杀对象。由于与同种其他种群相隔离，它们可能无法保持使交配和生殖获得成功所必不可少的社会内聚力，近交对其危害甚大，杂合性将逐渐减弱。如若种群有所发展，多出的个体也很难找到适合定居的栖息地。大象被严格地限制在亚洲和非洲的一些国家公园和保护区内。被保护在美国国家黄石公园内的野牛由于种群膨胀已越出了公园的边界，并与当地居民的利益发生了冲突。把狼重新引入黄石公园正遭到一些人的反对，他们害怕狼的种群发展后会越过黄石公园的边界扩散到其他地区。

其实,光是设法增加野生生物种群的数量还是不够的,地球上大多数野生生物的命运都取决于它们赖以生存的栖息地的存亡。当前最有效的方法是着眼于整个生态系统的恢复和保护,而不是单个的濒危物种。

生境恢复涉及对一个地区的设计、保护和管理,一块受侵蚀的陆地可以恢复为草地;一片遭到砍伐的森林可以重新栽上树木;被排干了的湿地可重新灌满水并重新播种水生植物。有些物种的生存依赖于群落演替的早期阶段,有时必须靠砍割和火烧才能维持这样的阶段。例如,珍稀的柯特兰莺(*Dendroica kirtlandii*)只能生活在处于演替早期的短叶松林中,为了能保有这样的松林,就必须对老短叶松林分期分片进行周期性火烧,以便刺激松林再生。在这种情况下,种群管理的目的就是要使各片植被分别保持在不同的演替阶段上,以确保柯特兰莺在任何时候都能找到它们所需要的生境。

必须保护好小种群所需要的生存环境,避免各项建设、垦荒和伐木所造成的干扰,否则它们是很难生存下来的。一些最濒危的物种是生活在自然保护区内,但有些保护区的面积太小,不足以维持一个有生存力种群的存活,因此我们应当设法扩大保护区的面积,为小种群的发展提供适宜生境,或者使保护区能包含一个完整的生态系统。大多数自然保护区都还没有做到这一点。人类在自然保护区周围从事各种活动,如伐木、农耕、放牧、建筑房屋和娱乐设施等,这些活动使很多生态系统的完整性受到了破坏。

一般说来,保护区的面积越大其保护效果也就越好,而且可以容纳更大的野生生物种。但是目前即使是最大的自然保护区,对于某些大型食肉动物和食草动物来说也还是不够大。比较小的自然保护区也有其不可替代的存在价值,小的保护区虽然是被隔离的和受到人类各种用地的包围,但生活在小保护区内的种群往往代表着物种基因库的不同取样样本,它们受到的自然选择力稍有不同,而且会经受一定程度的遗传漂变。这些比较小的种群有助于保持物种种群的遗传多样性。

把一个生境斑块与另一个生境斑块连接起来的走廊可以增强破碎种群的完整性和稳定性。就小规模来说,连接两片林地的灌木树篱就是一个走廊。在更大的规模上,城市和郊区城镇的绿化带,沿交通干道两侧种植的树木和河溪两岸的植被都为野生动物提供了往返移动的走廊,同时也为各种木本植物提供了散布的通道。特别有价值的是,沿河溪两岸种植的树木和灌木走廊,因为它们为大量的野生动物提供了食物、水和隐蔽场所。

我们常常把栖息地的保护仅仅看做是保留动物营巢地的一种手段。很多野生动物都有迁移的习性,对这些动物来说最重要的是越冬栖息地。如果这些动物的热带越冬地遭到破坏,那么要想保护这些动物的种群就会变得极为困难。其他的重要栖息地分布在这些动物的迁移路线上,各种莺科小鸟都沿着大西洋海岸进行长距离迁飞,在它们漫长的飞行途中必须要有能够夜宿的森林和食物丰富的觅食区。在滨岸鸟类(鹬形目鸟类)的迁飞途中必须要有供它们觅食的海岸沙滩,这些栖息地对它们顺利完成飞行是必不可少的。

如果种群恢复工作获得了成功,那么该种动物的种群数量就有可能超过栖息地容纳量。过剩的种群数量将会导致栖息地质量下降、食物短缺和相关物种的损害。为了防止这种情况发生就必须把过剩的个体捕获和移走,可把它们转移到个体数量较少或空白栖息地中。例如,在南非 Umfolozi Game 自然保护区白犀牛(*Diceros simus*)种群有着很强的生殖力,该保护区向其他保护区输送了大量的白犀牛。

第三节　栖息地的种群再引入

如果在一个物种的自然分布区内由于局部灭绝而使一些适宜的栖息地没有被占用，那么就可以把核心种群中的一些个体引入这些栖息地，这项工作就叫种群的再引入。用于再引入的动物或植物通常是从野生种群中捕捉来的，也可以是人工繁育的。重要的一点是最初引入个体的数量（即奠基种群的大小）必须足够多，否则就难以形成社会聚合力和有效的生殖群体。

借助人工繁育的方法恢复种群数量是一种万不得已的办法，只是为了在开始时能使种群数量有所增加。采用人工繁育个体的缺点是：数量有限难以形成较大的种群；容易发生近交衰退和生殖上的不亲和性；缺乏个体间的社会交往等。人工繁育不能无限期地进行下去，因为繁育几个世代以后（要视种群大小而定）就会出现近交衰退的征兆。因此重要的是要掌握种群再引入的时机，应做到适宜可行。

把人工繁育的种群引入自然栖息地，必须做好释放前和释放后的工作。释放前动物必须学会猎食、遇到危险应知道怎样隐蔽、学会躲避人类，并需与同伴建立起一定的社会关系。人类在这方面的很多尝试都失败了，但也有一些成功的事例，其中包括鸟类中的鸣鹤（*Grus americana*）、白喉鹑（*Colinus virginiana*）、黑雁（*Branta sandvicensis*）和哺乳动物中的麋鹿（四不像）、美洲野牛及其近亲欧洲野牛（*Bison bonasus*）等。近期的成功事例还有游隼（*Falco peregrinus*）、金狮猬（*Leontopithecus rosalia*）和长角羚（*Oryx leucoryx*）等。种群再引入工作中的问题是人力财力投入巨大、后勤支援工作困难、栖息地短缺，此外，还有被引入种群如何适应野生环境的问题。

无论是来自野生种群的个体还是来自人工繁育的个体，当它们被引入一个栖息地时都同时会把新的遗传物质引入当地种群。这种引入必须十分慎重，这不仅仅是因为有同时引入疾病的危险，而且新个体必然会加入到当地种群的社会和生殖结构中去。因此，弄清引入动物的遗传背景是很重要的，除非这些动物能够适应新的栖息地，否则它们反而会削弱当地的种群。例如，为了增加北方宾夕法尼亚和新英格兰白喉鹑种群日渐减少的数量，从南方引入了一些个体，结果带来的是一场灾难——被引入的白喉鹑及其杂交后代全部死于它们无法适应的严寒冬季，而北方种群也随之死亡。

任何一个物种的分布一旦只局限在一个隔离的小岛上，就更容易受到其他动物的捕食或偷猎。被迫在周围是农田的小块湿地中营巢的水鸟很容易引起捕食动物臭鼬、浣熊和鼦的注意，这些动物对于农田景观具有极好的适应性。在这种情况下，成功营巢的必要条件就是保护它们免受捕食动物的攻击。

云集在一个有限区域内的一些大型哺乳动物也很容易引起偷猎者的注意。种群再引入后的安全保护工作需要得到政府和当地部门及民众的长期支持。在得到当地人民的支持前，必须向他们明确说明种群再引入工作的意义和从中可能得到的经济利益。保护必须伴随着科普教育，宣传普及有关物种及其栖息地的科学知识。可以说，基层的科普教育是绝对必要的，因为没有地方及群众的支持，种群再引入工作是不会获得成功的。

第四节 有害生物的科学管理

一、什么是有害生物

有害生物是指与人类的福利和利益发生冲突的动植物,它们的益害是随时间、地点、具体情况和个人的观点态度而变化的。鼠类、蟑螂、跳蚤、螨虫、虱子和蚊蝇一直是人群的伴生动物,虽然极不受欢迎,但它们却极适应于人的住处和文化习俗。随着农业的发展使一些生物变成了有害生物,如食谷鸟类、侵入农田和花园的植食性哺乳动物和威胁家养动物的大型捕食者等。很多植物也成了人类的竞争者,它们侵入农田和花园与农作物和各种栽培植物竞争空间、阳光、水分和营养,人们称其为杂草或杂树。杂草或杂树就是那些生长在人类不希望它们生长的地方的植物。紫罗兰如果生长在牧场上,就会理所当然地被看成是杂草;树木若生长在有输电线路通行的地方,就被电力部门认为是杂树。但这些杂树如果是生长在旷野,则会被生物学家认为是野生生物栖息地。林业工作者会把任何一种没有商业价值的树木看成是杂树,但在生态学家眼里,这些杂树不但树形美丽,而且对野生生物的生存具有极高的价值。

有害生物(如害虫和杂草)大都属于 r 选择生物,或占有从 r 选择到 K 选择连续序列上的某个位置。我们最熟悉和最讨厌的一些害虫,如家蝇、蟑螂、跳蚤、螨虫和介壳虫,都具有 r 选择生物的特征,如体小、生殖力强和散布能力强等,它们能极好地适应人类所提供的一些环境条件,并能在食物丰富的均质环境中很快散布开来。最常见的杂草也有大体相同的特征,它们不仅数量多而且有极强的散播能力,即使是在受到严重干扰的地点也能定居下来,有时是以种子的形式在土壤中潜伏很长时间,最好的例子就是豚草和蒲公英。

其他一些动植物也会在不同的条件组合下成为害虫或杂草,它们的生殖率低、占有较特殊的栖息地,并需较为特殊的资源。它们之所以成为了有害生物,常常是因为人类闯入了它们的栖息地。例如,非洲的采采蝇(睡眠病的传播者)是一种 K 选择的昆虫,只有当人类及其家畜进入它们的自然分布区时它们才是有害的。又如,只有当人改变了森林和田野的植物构成成分时才会使某些树种成为杂树。

自农业出现之后,人类一直想消灭这些害虫。但经过几百年的实践证明,这些害虫是不能彻底消灭的,我们所能做到的最好结果是控制它们的数量,使它们的数量保持在经济所允许的较低水平上,也就是说不让它们造成太大的经济损失就算达到了防治目的。把害虫控制在这种低水平上的防治费用将会少于或等于因防治而获得的净收益值。

二、大量使用农药的危害性

防治有害生物的方法之一是喷洒农药。古代的苏美尔人(Sumerians)使用硫黄与农业害虫作斗争,我国早在公元前 3000 年前就利用植物提取物作为杀虫剂。到 19 世纪初,像巴黎绿、波尔多液和砷已普遍用于灭虫和杀真菌。但在第二次世界大战以后生产出了有机杀虫剂并用它与传播人类疾病的昆虫作斗争,特别是在热带地区有机杀虫剂得到大量应用。有机杀虫剂的成功使用促成了它在农业上的广泛应用。化学工业已为农业害虫防治生产了 50 万种以上的杀虫剂。

这些毒性和特效性各不相同的有机化合物中,有些是人工合成的,有些是从植物中提取的。人工合成的杀虫剂主要有氯化烃类、有机磷类和氨基甲酸酯类，所有这些均属于广谱杀虫剂，它们对神经系统有破坏作用。从植物中提取的杀虫剂主要有除虫菊酯、烟碱和鱼藤酮等，它们对鱼类有很高的毒性。

这些杀虫剂的特点是应用方便、使用剂量小、成本低和杀伤力大，这似乎一时使它们成了消灭害虫的灵丹妙药。但这些农药在杀死一些害虫的同时也杀死了害虫的天敌。于是，问题变得更复杂了，未被杀死的害虫在失去天敌的控制后数量很快就得到了回升，此外，自然天敌的减少也会使受这些天敌控制的其他害虫的数量急剧增加，变成了新的害虫。

世界各地有很多这方面的实例。如美国棉象甲曾连续 15 年被氯烃类农药所控制，但到 20 世纪 50 年代后期，棉象甲对这种农药产生了抗性。当棉农改用有机磷杀虫剂时，出现了两种其他害虫，即棉铃虫(*Heliothis zea*)和烟芽夜蛾(*Heliothis virescens*)，但到了 1962 年，它们对氨基甲酸酯农药也产生了抗性。到 1980 年，这种杀虫剂则完全失去了效用。当棉铃虫和烟芽夜蛾变成为主要害虫的时候，最早的害虫棉象甲消失了。现在烟芽夜蛾已对所有农药都产生了抗性，使棉田深受其害。

这个实例说明了使用化学杀虫剂的一个主要缺点，即害虫通过进化会对杀虫剂产生抗性，当一种农药代替另一种农药的时候，害虫仍能对新农药继续产生抗性。截止到 1988 年的统计，全世界已有 1600 多种害虫对一种或多种杀虫剂产生了抗性。有些昆虫，特别是家蝇、蚊子、马铃薯甲虫、棉铃虫、蜱和螨等，凡是用过的杀虫剂，对它们都失去了毒杀作用。害虫大约只需 5 年时间就能对一种杀虫剂产生抗性，而它们的天敌对杀虫剂产生抗性的时间要长得多。

用于杀灭杂草的化学物质叫除草剂(herbicides)。依据其作用原理，除草剂可分为 3 种类型。接触除草剂(contact herbicides)是靠干扰植物的光合作用而使叶子失去功能，如莠去净(atrazine)。内吸除草剂(systemic herbicides)可被植物吸收导致产生过量的生长激素，可使植物快速生长因营养供应不足而死亡，如 2,4-D 和 2,4,5-T，土壤杀菌剂(soil serilant)能杀死植物生长所必需的微生物。虽然生产除草剂是为了清除杂草，但很多除草剂同时对人的毒性也很高，特别是 2,4-D 和 2,4,5-T，它们是众所周知的除草剂橙试剂(Agent Orange)的两种成分(这种除草剂因其容器的标志条纹为橙色而得名)，含有二氧杂芑(dioxin)，与人的出生缺陷和癌(如白血病)有关。

三、生物防治的成功事例

农民很早以前就知道害虫的天敌有控制害虫数量的作用。早在公元前 300 年，我国橘农就已把天敌蚂蚁引入柑橘园用以防治食叶的鳞翅目幼虫和各种鞘翅目害虫。在文艺复兴后期，博物学家就已对昆虫寄生现象作过仔细的观察。19 世纪的昆虫学家在理解害虫和杂草的生物防治方面就已取得了重要进展。

害虫在自己的天然栖息地内有一系列的天敌。当人们把一种动物或植物从它的自然分布区带出并引入一个新的栖息地时，它就会因摆脱了天敌的制约而数量大增，并能很快成为害虫或杂草。这将促使人们寻找和引入适宜的天敌对其加以控制。各种寄生蜂和寄生蝇常被用于防治各种害虫，如我国曾用平腹小蜂防治荔枝蝽象、用金小蜂防治红铃虫、用赤眼蜂防治玉米螟和松毛虫，用丽蚜小蜂防治白粉虱等都取得了显著效果。

1872 年美国加州首次发现吹绵蚧(*Icerya purchasi*)，这是从澳大利亚传入的一种危险害虫，吸食柑橘树汁液，此害虫传入 15 年内就威胁到了整个柑橘园和柑橘业。1887 年昆虫学家在吹绵蚧的原栖息地发现了吹绵蚧的捕食性天敌澳洲瓢虫(*Rodolia cardinalis*)和寄生天敌隐毛蝇(*Cryptochaetum icergae*),这两种天敌经人工繁育后在加州柑橘园释放获得了巨大成功。到 1889 年底,吹绵蚧已基本得到控制,澳洲瓢虫现已成为吹绵蚧的主要捕食性天敌。1946 年和 1947 年,当地橘农开始使用 DDT,农药杀死了澳洲瓢虫但未能控制住吹绵蚧,使吹绵蚧重新失去了天敌的制约并造成柑橘树的大量死亡。此后 3 年,橘农停止了 DDT 的喷洒,又靠引入澳洲瓢虫使吹绵蚧再次得到了控制。

生物防治也可用于清除杂草。一个著名事例就是从阿根廷引入当地的仙人掌螟(*Cactoblastis cactorum*)控制住了澳大利亚多刺仙人掌的蔓延趋势。另一个事例是对一种杂草贯叶莲翘(*Hypericum perferatum*)的防治——这种原产于北非的有毒杂草于 1900 年被引入美国加州,入侵后很快就在过牧的牧场上定居了下来并散布到了美国西北部的广大地区。在贯叶连翘的原栖息地大约有 600 种昆虫以它为食,其中包括吃叶的四双叶甲(*Chrisolina quadrigema*)。这种叶甲自 1945 年引入加州后已大大减少了杂草贯叶连翘的数量。

四、遗传防治法的好处和问题

很多野生动植物都通过进化对其自然天敌产生了一定的防御能力,包括用体内含有的有毒物质抑制和减少捕食者的攻击和取食。因此害虫防治的方法之一就是培育具有遗传抗性的品种,这一方法已成功地用在了很多作物上,如玉米、小麦和水稻等。这一方法涉及让栽培植物与野生近缘物种进行杂交,以便让有益基因能进入栽培植物的基因库,但需要作出巨大努力去寻找、识别和研究野生近缘物种。随着自然群落的日趋减少和消失,我们正在失去可被我们利用的天然基因宝库。

增加植物对害虫和杂草抗性的最新技术是基因工程,特别是通过 DNA 物质的重组把所需性状的基因引入栽培作物中。引入单个基因就能对病毒或除草剂产生抗性,或者通过编码产生内毒素和毒素,对昆虫天敌的取食活动起抑制作用。

用于害虫防治的遗传工程也会带来一定的危险性。带有转基因特征的农作物有可能产生一些新的表型特征,与原作物的生活史和生理特征有所不同。转基因作物还可能通过与野生近缘植物(具有不同的生活史特征)的杂交而使转基因广泛散布开来。很多农作物,如芹菜、芦笋和胡萝卜等,都有着生殖能力强、种子散布能力也强的野生近缘物种。如果让这些野生植物获得了这些抗性转基因的话,那么现用的除草剂就会对它们失去效力。抗虫植物有可能加快具有更大抗性害虫的进化,如果出现这种结果那将会适得其反,走向人们愿望的反面。

遗传防治的另一种方法是释放不育雄虫。这些不育雄虫在实验室内被大量培养出来后,将其释放到田间去与正常雌虫交配,使雌虫产下的卵不能孵化。如果随着害虫种群数量的下降,所释放的不育雄虫仍能保持很大数量的话,那么就能造成不育的交配次数在总交配次数中的比率增加,从而使一种害虫的大多数交配以失败告终。但如果害虫的种群数量在开始时很多,就可以先用杀虫剂把害虫数量降下来,然后再释放不育雄虫。这种遗传防治法的成功应用必须具备 3 个前提条件:① 害虫种群有较强的隔离性,使野生雄虫难以迁入或不育雄虫不能迁出;② 不存在遗传上有差异的其他亚种群;③ 在实验中饲养的种群未发生遗传变化。

这种防治方法的一个成功事例就是螺旋锥蝇的防治计划。螺旋锥蝇(*Cochliomyia*

hominivorix)把卵直接产在恒温动物的伤口上,幼虫进入伤口取食动物的鲜肉,是家畜的一种主要害虫。消灭螺旋锥蝇的计划是从50年代开始的,不育雄蝇经工厂化大量饲养后在田间释放,直到1972年,释放效果一直很好,可以说是获得了很大成功。但在1972年,害虫种群又明显回升,原因是在释放的不育雄蝇和野生雄蝇之间出现了明显的遗传差异。1977年,将工厂培育出的不育雄蝇品系加以改进之后,重又获得了良好的防治效果。这一事实说明,对工厂培育的种群必须通过严格的质量控制随时监测可能发生的遗传变化。

五、物理防治法和农业防治法

几百年来农民一直在使用围栏或其他障碍物豢养家畜和保护农作物,使农作物免遭食草动物(如鹿兔)的啃食。在树干周围设置一个黏性的围网,可阻止鳞翅目幼虫向树冠爬行。性信息素诱器和黏纸能有效吸引和捕捉很多种害虫的雄虫,如舞毒蛾、玉米螟和梨小食心虫等。黑光灯诱杀虽然有效,但在杀死害虫的同时也会杀死很多有益昆虫和害虫天敌。各种诱捕方法也常用于捕捉某些有害的哺乳动物和鸟类。用锄头或手清除杂草也是一种典型的物理防治法,常能有效地控制杂草在农田和花园中的蔓延。

均质单一的栖息地常为害虫的大发生提供机会。种植单一作物的大面积农田和由单一树种组成的大片森林为某些有害生物提供了无限丰富的食物和栖息场所,因此极易造成某些害虫的大发生。例如,1970年我国江西省马尾松松林中的松毛虫大发生,给大面积松林造成了毁灭性的影响,针叶几乎全被吃光。在美国,松芽螟和松小蠹也曾使成千上万公顷的松林受害。制止害虫大面积为害的方法之一是使大面积的单一植被破碎化,使其呈斑块状分布,其间夹杂其他植被类型。农作物和人工林都可以采用间播套种的方式,使多种农作物和经济林木隔行播种。这些措施不仅分散了害虫的食物资源、控制了害虫的蔓延,而且可把害虫种群破碎成更小的单位,使其更容易遭到捕食动物的捕食。此外,这样的环境条件也更有利于害虫天敌的保存。

另一种农业防治法是调整播种或收获的时间。棉农通常是在棉铃虫和棉象甲羽化高峰过后才播种棉花,而且对早熟的棉花品种进行适时收割,这一举措对控制害虫的危害常能获得很好的效果。

六、有害生物的综合治理

前面我们曾介绍了有害生物的化学防治法、生物防治法、遗传防治法、物理防治法和农业防治法。但这些方法中没有一种方法能够单独持久地达到最理想的防治效果,因此昆虫学家提出了一个更全面并带有整体性的防治方法,这就是害虫的综合治理。综合治理考虑到了各方面的因素,如生物的、生态的、经济的、社会的、甚至是美学的,而且会采用各种技术和措施。害虫综合治理的原则之一是在当害虫种群大小尚容易控制时解决问题,而不是等种群达到数量高峰时再采取措施。治理者首先是寄希望于因天气和天敌而引起的自然死亡率,并在尽可能保留和不干扰这种自然杀伤力的前提下采取措施把害虫数量控制在经济所允许的水平以下。

为了使害虫综合治理获得成功,必须深入了解每种害虫及其相关物种的种群生态学,还需了解它们所危害物种的种群动态,并需做大量的田间工作,常常靠田间查卵和诱捕成虫来监测害虫及其天敌的种群动态。治理者将根据这些数据决定是否采取防治措施以及防治的时机和强度等。这些防治措施有时也包括在适当时间喷洒少量农药或对受害森林进行择伐。害虫综合治理之所以把农药的使用降低到最小限度，是为了尽可能防止害虫对农药产生抗性。具体防治措施必须依地点的不同而有所不同。

根据可承受的害虫为害程度、防治费用和从防治中所获得的收益，管理人员可以作出一系列的决策，决策可分 A、B、C 三阶段进行。在 A 阶段，首先是对害虫进行田间监测，找出可能发生的问题并从问题的生物学方面作出评估，然后确定治理目标并了解害虫对这一治理目标有没有影响。如果没有影响就不必采取行动，如果有影响则开始进入第二阶段决策。在 B 阶段，首先是要对治理措施中可能带来的问题进行评估，然后是对可能带来的环境社会问题进行评估，最后还要对投资-效益关系进行评估。在这些评估的基础上比较各种备选方案，看看需要不需要实施某一方案，如果不需要则决策到此为止，如果需要则开始进入第三阶段决策。在 C 阶段，首先是对害虫和资源管理计划进行全面综合性考虑，接着是实施某一方案并对该方案实施情况作出评价，看看这一害虫综合治理方案是不是获得了成功。如果成功了，目的达到，则圆满结束；如果没有成功，则重新开始第一阶段的决策。害虫综合治理已成功地用于防治松树顶芽害虫、松小蠹、果园害虫、棉田害虫和苜蓿害虫等。迄今为止我们为清除杂草和防治害虫所提出的各种方法中，害虫综合治理是最敏感和最有效的。

第五节　种群和栖息地的破碎

珍稀物种保护的最大问题是栖息地的破碎。人类已经把大部分陆地表面用于从事农业生产，而很多野生动植物是无法在农业景观中生存的。其余的陆地表面很多都正在经历破碎化过程或者已经破碎成很多小的斑块。热带森林的破碎速度很快，这已被较早的航拍照片和近期的卫星照片所证实。栖息地破碎在很多方面都对种群动态有影响(图 20-2)。保护生物学家所关注的主要问题是栖息地的破碎将会减弱种群之间的联系与沟通，使处在隔离破碎栖息地内的小种群无法靠迁入而得到补充和复壮。

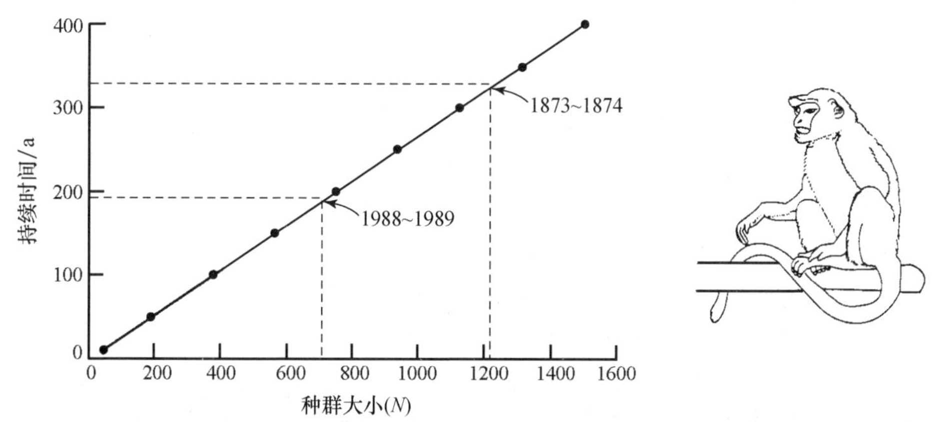

图 20-2　森林濒危物种白脸猴(*Tana River*)的种群大小与种群维持时间的关系

栖息地的破碎可以以很多不同的方式发生，大体有 3 种不同的类型(图 20-3)：细粒型的栖息地破碎可使栖息地破碎成比一个动物的巢域更小的斑块；粗粒型的栖息地破碎使其破碎后的每个斑块尚能容纳几只动物生存；而等级型的栖息地破碎则是森林栖息地破碎的最常见类型。栖息地的破碎常会对某一特定物种产生影响。像鹰这样的猛禽，由于它的活动范围很大，所以它常会把呈细粒型破碎的栖息地看成是一个连续的栖息地。但同样的栖息地对一种散布能力很弱的植物来说则可认为是粗粒型的。衡量栖息地破碎的尺度是很重要的，而每一个物种都有自己所特有的生态学尺度。

(a)
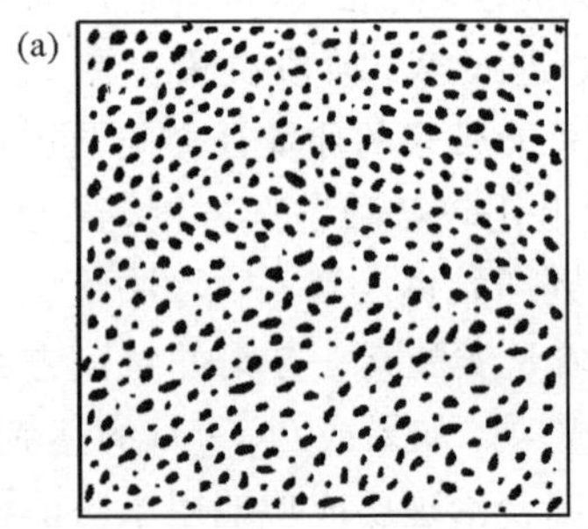
(b)
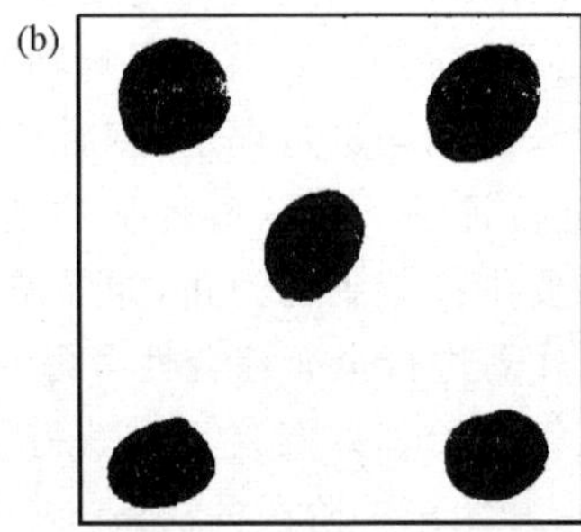
(c)
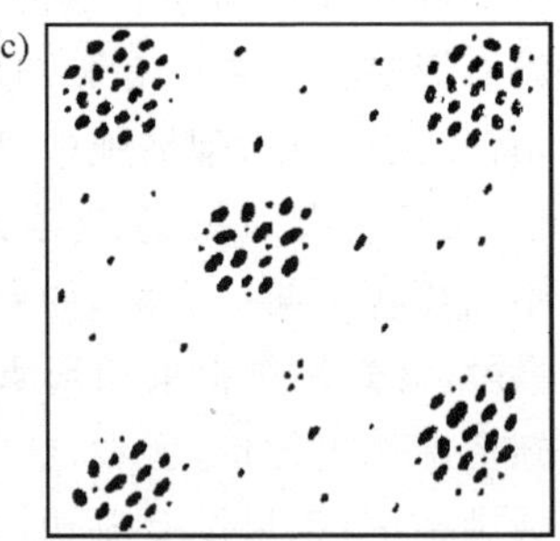

图 20-3 栖息地破碎的 3 种类型

(a) 细粒型，(b) 粗粒型，(c) 等级型

栖息地的破碎常常会把种群分割为许多小的斑块。当这些斑块太小时，该物种就难以维持下去了。小斑块比大斑块更容易因气候和疾病等原因而突然灭绝。欧洲红松鼠(*Sciurus vulgaris*)占有很多森林斑块，而这些小片森林又镶嵌式地分布在农田之间。红松鼠的巢域(*Home range*)面积从 1.5 公顷到 13.4 公顷不等。拥有松树的小片林地为红松鼠提供了较多的食物，栖息地质量的这种改善对维持红松鼠种群的存在也是很重要的。这些小片森林有时可以借助于篱笆墙或行道树彼此连接起来，这对于动物在各斑块之间的移动和交流是非常重要的。对破碎斑块的研究实际也是对联种群(metapopulation)的研究。组成联种群的各个小种群往往会走向灭绝，其所占斑块将会被其他个体重新定居。

再定居的过程不可能总是发生在被隔离的斑块内。印尼爪哇岛西部占地 86 公顷的茂物(Bogor)植物园建立于 1817 年，直到 1936 年该植物园都是与爪哇岛东部的森林区相连接的。但近 60 年来，它已成了一个被隔离的森林孤岛，与最近的一小片森林相距 5 km 之遥。从 1932～1952 年，植物园中曾记录到 62 种繁殖鸟，但到 1980 年已有 20 种鸟灭绝了，并有 4 种以上的鸟濒临灭绝。造成这些鸟灭绝的原因主要是个体数量较少而且缺乏来自周围地区的新定居者，结果使该植物园在保护鸟类方面的价值日益丧失。其主要原因是植物园的林地面积太小，难以维持很多热带森林鸟类种群的生存和繁殖。

栖息地破碎的重要后果之一是增加了栖息地的边界数量(表 20-1)。如果捕食者是沿着栖息地的边界觅食，那么在比较小的斑块内就会有比较高的觅食效率。为了检验这一看法，Andren H 和 Angelstam P 曾于 1988 年在瑞典中部针叶林与农田交错分布的地区做过这样一个试验，即把含有两个棕色鸡蛋的人工地面巢放在农田中和森林斑块内，每年放置 50 个巢，连续放 3 年。结果发现农田和森林边缘处的巢被捕食机会要大得多，这种边缘捕食效应可深入林内大约 50 m，因此，小森林斑块内的巢被捕食的可能性要比大森林斑块大得多。

表 20-1　栖息地破碎及其对种群动态的影响

层次	栖息地变化	种群动态后果
种群层次	减少连通性;栖息地岛屿化;增加破碎斑块的距离	直接影响散布和降低迁入率
	斑块面积减小,栖息地总面积减少	直接影响种群大小和增加灭绝率
群落层次	减少内部-边缘比	因捕食、竞争、寄生和疾病压力增加间接影响死亡率和出生率
	减少斑块内的生境异质性	因斑块内容纳量降低而间接影响种群大小
	增加周围基质中的栖息地异质性	因周围基质中增加了捕食者和竞争者的容纳量而间接影响死亡率和出生率
	栖息地关键种的丧失	因互惠共生关系或食物网的破坏而间接影响种群大小

在破碎栖息地内种群动态的最重要变量之一是个体在斑块之间的迁移。目前在自然保护学者中讨论最多的问题是如何在动物的各个避难地之间建立走廊,以便能让动物从一个斑块迁移到另一个斑块的问题。建立走廊将有助于克服近交衰退,并有利于动物的再定居。但是建立走廊也有其不利的一面,如传送疾病、火更易蔓延和增加动物遭受捕食的风险等(表 20-2)。美洲狮(*Felis concolor*)曾从 1400 只减少到大约 30 只,被隔离在加州南部的未开发地区,管理人员希望在各避难所之间建立走廊系统而增加美洲狮的有效种群数量,但没有资料说明走廊需要多宽才适合大型哺乳动物(如美洲狮)利用。建立和维持走廊的费用高昂,需要有可靠的财政支持,此外,走廊的管理也有一定困难,很难制止偷猎现象。对于动物在各斑块之间和沿着走廊的移动规律,也需要进行深入的研究。虽然同是受栖息地破碎的影响,但不同的物种情况是不一样的,因此走廊的建立也需要有针对性。在制订对破碎生境和濒危物种的保护计划时,建立走廊只是有效措施之一,应与其他措施相配合。

表 20-2　在栖息地各斑块间建立走廊的优缺点

潜在优点	潜在缺点
1. 增加迁入率	1. 增加迁入率
(1) 增加或保持物种多样性 (2) 增加种群大小、减少灭绝概率 (3) 防止近交衰退,保持种群的遗传变异性	(1) 引入疾病、害虫、杂草等 (2) 降低种群遗传变异水平或破坏地方适应性
2. 扩大广布种的觅食范围	2. 促进火和其他灾害的蔓延
3. 动物在斑块之间移动时可得到走廊植被的保护	3. 容易引起猎人、偷猎者和其他天敌的注意
4. 为动物的活动提供更加多种多样的栖息地和植被演替阶段	4. 沿河岸的走廊无助于山地动物的散布或存活
5. 发生严重自然灾害(如火灾)时可为动物提供避难所	5. 需财政支持,有时与传统的陆地保护对策相矛盾(当走廊生境质量较低时)
6. 提供绿化带,限制城市扩展,减轻污染,提供娱乐机会,增加景区和陆地的价值	

总之,保护生物学研究的重点是稀有和濒危物种的生态学,但并不是所有的珍稀物种都存在自然保护问题。只有靠深入了解每一种濒危动植物的种群生物学,才能制定出挽救这些生物的科学计划。像非洲象和我国华南虎这样的动物,它们种群下降的原因是很清楚的。但对

更多的动物来说,我们对它们的生态学并不十分了解。

如果动物个体数量较多,那么种群存活的机会就会更大一些。这一普遍真理已导致最小可生存种群(MVP)概念的提出。能导致种群灭绝的原因大致有 4 种:① 种群统计学上的改变;② 遗传同质化作用;③ 环境的改变;④ 自然灾变。能引起灭绝的种群统计学和遗传学过程的数量模型在制订濒危物种管理计划时是非常有用的。目前,只对少数物种的最小可生存种群进行过估算。一般说来,为保持种群长期存活所需要的个体数量约为 1000 个或更多一些。现有的国家公园和自然保护区所含有的珍稀动物个体数量大都没有这么多,特别是较大型的脊椎动物,所以自然保护工作仍需做出更大努力。

栖息地破碎是发展农业生产和采伐林业所带来的必然后果,它对生物种群有多方面的不利影响,被分隔在栖息地斑块中的种群很可能会走向灭绝,除非有外来个体来这里再定居。在各保护地之间建立走廊有助于动物在各斑块之间移动,但也有潜在的问题,如加速疾病的散布等。对保护生物学所提出的生态学挑战是制订各个保护物种的专门管理计划,而对更广泛的自然保护运动所提出的政治挑战是要保护巨大的自然地理区域,使其免遭破坏。如果没有国家公园和自然保护区,就谈不上自然保护。至于自然保护,除非保护生物学能够解决濒危物种生态学问题所提出的挑战,否则也很难获得成功。

第六节 商业捕鲸与鲸种群的保护

在 20 世纪 70 年代和 80 年代曾就鲸种群的开发利用进行过激烈的辩论。目前,商业捕鲸几乎已全部停止,所有种类的鲸都已列为保护对象。10 种大型鲸可分为两个不均等的类群。抹香鲸是唯一一种具有商业捕猎价值的齿鲸,其他 9 种则全都是须鲸,其口腔上部生有鲸须(骨板)。须鲸是滤食动物,主要食物是磷虾、虾形甲壳动物和其他浮游生物。

捕鲸历史的特点是,起初只捕猎有较大利用价值的鲸,但随着这些鲸数量的下降便逐渐转而捕猎其他种类的鲸。现代捕鲸业是从 1868 年开始的,那年挪威人 Svend Foyn 发明了捕鲸炮和炸裂捕鲸炮。大约是在 1905 年,捕鲸活动发展到了南极海域并在那里发现了很大的蓝鲸种群和长须鲸种群。在整个 30 年代,捕鲸业的主要捕杀对象是蓝鲸,但到 1955 年,蓝鲸就很难再捕到了(图 20-4),于是人们又转而捕杀长须鲸。起初长须鲸在南部海洋中的数量是很多的,但到 60 年代初期,其数量便急剧减少,几近消失。当捕杀较大体形种类的鲸尚有利可图的时候,人们是不会对较小的鳁鲸感兴趣的,所以直到 1958 年,鳁鲸都未成为捕猎对象。1972 年以后,国际捕鲸业委员会又限制了对鳁鲸的捕杀,这样才避免了鳁鲸种群的崩溃。

自 1961 年以来曾提出过一些鲸种群的收获模型,其中的逻辑斯谛模型被证明是不太适用的。根据此模型预测,鲸种群的最大持续产量应发生在 $K/2$ 处,即种群平衡密度的 50%处,但实际的最大持续产量是发生在种群平均密度的 80%处。而且该模型还假定南极海域所有的长须鲸都属于同一个种群。但据现在所知,长须鲸可分为几个亚群。另外,大多数鲸种群模型都是单种种群模型,这些模型没有考虑各种鲸之间的相互作用。例如,生活在南极海中的很多种鲸和海豹都以磷虾为食,因此它们的数量是密切相关的。

目前对鲸种群的管理主要集中在测定已衰减的鲸种群的恢复速度。自相矛盾的是,目前我们关于鲸种群的大部分资料都是来自于捕鲸活动;但现在商业捕鲸已完全停止,因此我们不

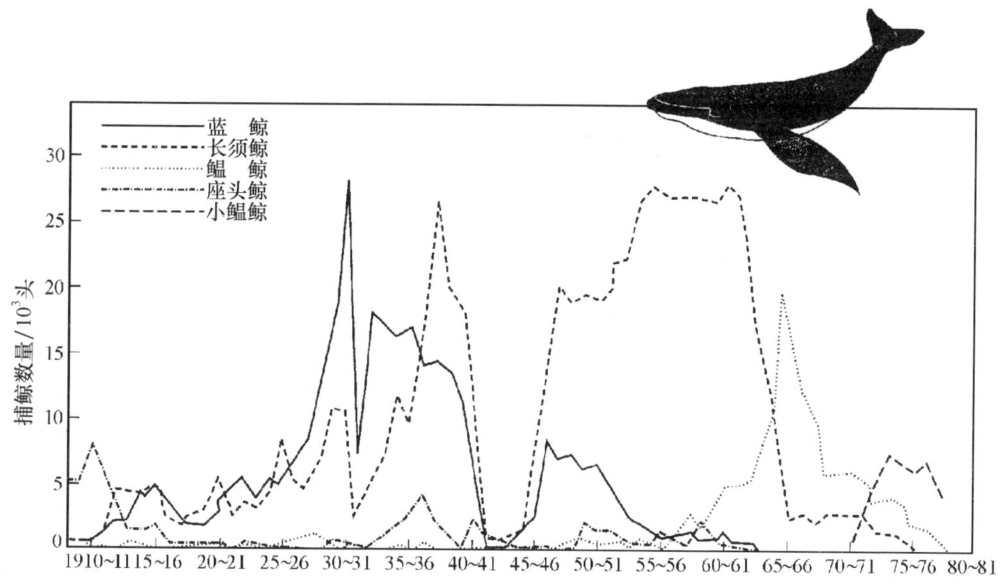

图 20-4　1910～1977 年南半球的捕鲸记录

被捕鲸体长：蓝鲸，21～30 m；长须鲸，17～26 m；

鳁鲸，14～16 m；座头鲸，11～15 m；小鳁鲸，7～10 m

得不想别的办法对鲸的种群动态进行监测。鲸种群的变化是很缓慢的，甚至 10 年的时间对于准确估算鲸种群对保护措施所作出的反应都是很短的。

须鲸的主要食物是磷虾，而磷虾现在也已成了南极海域的商业开发对象。因此，南极海域鲸保护的一个新问题就是如何评估磷虾捕捞对鲸种群恢复的影响。

第四篇 群落生态学

◎ 群落生态学概论

◎ 群落的结构

◎ 干扰与群落的稳定性

◎ 生物在群落中的生态位

◎ 群落的演替和群落的周期变化

◎ 岛屿群落

第21章 群落生态学概论

第一节 什么是群落

在地球上几乎没有一种生物是可以不依赖于其他生物而独立生存的，因此，往往是许多种生物共同生活在一起。由于地球各地的自然条件不同，生活在各地的生物种类也不相同。在任何一个特定的地区内，只要那里的气候、地形和其他自然条件基本相同，那里就会出现一定的生物组合，即由一定种类的生物种群所组成的一个生态功能单位，这个功能单位就是群落(community)。可见，群落是占有一定空间的多种生物种群的集合体，这个集合体包括了植物、动物和微生物等各分类单元的种群。群落也可以理解为是生态系统中生物成分的总和。群落的概念有时也可狭隘地指某一分类单元物种数目的总和，如植物群落、动物群落、鸟类群落和昆虫群落等。

群落具有一定的结构、一定的种类组成和一定的种间相互关系，并在环境条件相似的不同地段可以重复出现。在一个群落中，生物的种类往往是很多的，生物的个体数量则更是多得惊人。有人曾估计，在4000 m^2 左右的森林面积中，有4000多万个生物，大约包括400多个物种，但其中还没有包括低等的原生动物和微生物(Williams, 1941)。群落并不是任意物种的随意组合，生活在同一群落中的各个物种是通过长期历史发展和自然选择而保存下来的，它们彼此之间的相互作用不仅有利于它们各自的生存和繁殖，而且也有利于保持群落的稳定性。

群落的边界有时很明显，但有时也难以截然划分。一个湖泊群落及其周围的陆地群落之间具有很明确的分界线；在高山地带，森林群落和高山草甸群落之间的分界线也很明显。但是，在沙漠群落和草原群落之间、在草原群落和森林群落之间以及在针叶林群落和阔叶林群落之间，边界就难以截然划分了。两个群落之间往往存在一个宽达几千米的过渡地带，在这个过渡地带内，一个群落的成分逐渐减少，而另一个群落的成分逐渐增加。

群落虽然是一个完整的生态功能单位，但是它在自然界也不是孤立存在的，群落之间或多或少都存在一定的联系。有些生物可以生活在两个或更多的生物群落中。例如，我国的丹顶鹤，夏天是黑龙江沼泽群落的一部分，冬天就迁往我国江苏沿海的海滩植物群落越冬。有些陆生动物，如雕、熊和浣熊等，常常跑到水中去捕鱼或捕捉其他水生动物，并把猎物带到岸上。

群落有大有小，大的如南美洲亚马逊河谷的热带雨林、横贯北欧和西伯利亚的针叶林以及地中海的水生群落，小的如森林中的一根倒木、一个温泉和树洞中的一点积水。

群落有自养的，也有异养的。自养群落中总是含有能进行光合作用的植物，因此能够利用太阳能合成有机物质；异养群落中没有光合作用植物，因此必须依靠从外界输入有机腐屑等物质才能维持群落中生物的生存，如某些温泉和地下河。

群落的性质是由组成群落的各种生物的适应性(如对土壤、温度、湿度、光和营养物质的适应)以及这些生物彼此之间的相互关系(如竞争、捕食和共生等)所决定的。这些适应性和相互关系将决定群落的结构、功能和物种的多样性。实际上,群落就是各个物种适应环境和彼此相互适应过程的产物。

第二节　群落的基本特征

群落和种群一样,种群的特征是组成种群的个体所不具有的,而群落的特征是组成群落的各个种群所不具有的,这些特征只有在群落的水平上才有意义。群落主要有下面5个基本特征:

(1) 物种的多样性。一个群落总是包含着很多种生物,其中有动物、植物和微生物。因此,我们在研究群落的时候,首先应当识别组成群落的各种生物,并列出它们的名录,这是测定一个群落中物种丰度的最简单方法。

(2) 植物的生长型和群落结构。组成群落的各种植物常常具有极不相同的外貌,根据植物的外貌可以把它们分成不同的生长型,如乔木、灌木、草本和苔藓等。对每一个生长型还可以作进一步的划分,如把乔木分为阔叶树和针叶树等。这些不同的生长型将决定群落的层次性。

(3) 优势现象。当你观察一个群落的时候就会发现,并不是组成群落的所有物种对决定群落的性质都起同等重要的作用。在几百种生物中,可能只有很少的种类能够凭借自己的大小、数量和活力对群落产生重大影响,这些种类就称为群落的优势种(dominant species)。优势种具有高度的生态适应性,它常常在很大程度上决定着群落内部的环境条件,因而对其他种类的生存和生长有很大影响。

(4) 物种的相对数量。群落中各种生物的数量是不一样的,因此我们可以计算各种生物数量之间的比例,这就是物种间的相对数量。测定物种间的相对数量可以采用物种的多度(如可分为极多、很多、多、尚多、少、稀少和个别等7个等级)、密度(指单位面积上的个体数量)、盖度(指植物枝叶垂直投影所覆盖土地面积的百分数,也可分为5个等级)、频度(指含有某种生物的样方占总样方的百分数)、体积和重量(多用于林木)等指标。

(5) 营养结构。指群落中各种生物之间的取食关系,即谁是捕食者,谁是被食者。这种取食关系决定着物质和能量的流动方向(植物→植食动物→肉食动物→顶位肉食动物)。

群落的这5个特征是随着群落的变化而变化的。群落随时间而发生的变化就是演替(succession),演替总是导致一个群落走向稳定的顶极群落(climax community)。群落随空间位置的不同(如沿着一个环境梯度分布)也会发生变化。因此,当我们沿着一个湿度或温度的环境梯度(由低湿到高湿或由低温到高温)旅行的时候,虽然是在同一个群落中,但是它的特征却会逐渐显现变化。

第三节　有关群落的两个不同观点

对于群落组织(community organization),一直存在着两种对立的观点。第一种观点以著名植物生态学家Clements FE(1916,1936)为代表,他认为群落是具有明确边界的离散单位,或者说是自然界的一个基本组织单位,这就像人体是自然界的一个实体单位一样。自然界存在许多优势植被类型这一事实加深了人们的这一印象。例如，黄松林与占有较潮湿生境的冷杉林之间，以及与占有较干燥生境的灌木林和草原之间就存在着明显分界。当沿着一个气候条件梯度从一个群落过渡到另一个群落时，往往能在短短的几米距离内完成。有些群落之间的边界，如阔叶林和大草原之间的边界，只有极少的物种能够跨越，而大多数物种都分布于边界的一侧或另一侧。

持相反观点的另一派代表人物是 Gleason HA(1926，1939)，他认为群落绝不像一个生物体那样是一个个的离散单位，群落仅仅是一种偶然的生物组合，这些生物在特定的地点和特定的生物和非生物条件下，由于自身的适应性恰好能生活在一起罢了。

Clements 和 Gleason 关于群落组织的概念对于物种沿生态和地理梯度分布格局的预测是不一样的。一方面，Clements 认为，属于同一群落的所有物种彼此是密切相关的，每个物种分布的生态局限性同整个群落分布的生态局限性是一致的。这种类型的群落组织通常称为封闭群落(closed community)。另一方面，Gleason 认为，每个物种都是独立分布的，而与共同生活在同一群落内的其他物种的分布无关。这种群落组织类型通常就称为开放群落(open community)。开放群落的边界可以由人们任意划定，而无需考虑群落中每个物种的生态和地理分布如何，这些物种可能各自独立地将其分布范围扩展到其他的生物组合中去。

图 21-1 是封闭群落和开放群落的结构图。图(a)是封闭群落示意图，每个群落内物种沿着环境梯度(如从干到湿)的分布彼此密切组合在一起，每个群落都代表一个自然生态单位，群落之间有明确的边界。群落交界处是生态交错区(ecotone)，它是物种沿着环境梯度迅速置换的地点。在图(b)中，物种是随机分布的，彼此互不相干，人们可以任意划定一个开放群落的边界。例如，在干湿梯度的最左面可能是一个喜干的森林群落，其中的一些物种在更干燥的生境中，可能更为常见；而另一些物种则在较湿的生境中，其生产力才能达到最大。

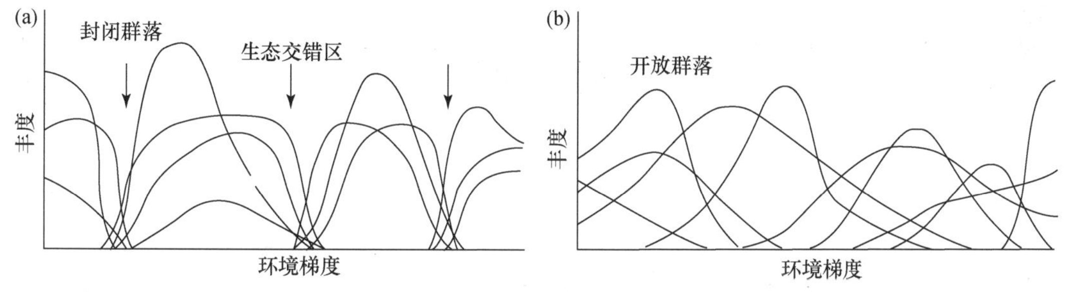

图 21-1　封闭群落(a)和开放群落(b)的物种分布图解

在开放群落的情况下，物种是沿着环境梯度随机分布的，在任何一小段环境梯度内或任何一点所发现的物种都可认为是一个开放群落

开放和封闭群落的概念都可用于研究自然界的物种组合问题。在下述两种不同的情况下，我们都可看到会出现明显的生态交错区：一种情况是自然环境发生了突然变化，例如，在水生群落和陆生群落的交界处、在两种不同类型土壤之间以及在山脉的阴坡和阳坡之间等；另一种情况是当一个物种决定着整个群落环境时，该物种分布区的边界往往就限制着很多其他物种的分布。

阔叶林群落和针叶林群落之间的过渡地带往往会伴随着土壤酸度的突然变化。在草原群落和灌丛群落之间以及在草原群落和森林群落之间,表面温度、土壤湿度和光照强度的急剧变化往往会引起很多物种的更替。草原和灌丛之间明确的边界有时还缘于一种或另一种植被类型具有边缘竞争效应。例如,草原植被由于降低了土壤表层的水分含量而阻止了灌木实生苗的生长,而灌木植被则由于有较强的遮阴作用而不利于草类萌发。火有时也有利于维持草原和森林之间的明确分界,因为多年生草本植物不怕火烧,但火能彻底烧毁树木的实生苗;另一方面,火难以深入潮湿的森林深处,因而对森林不会构成威胁。

第四节 生态梯度分析与群落的开放性

自然条件的突然变化常常导致植被类型的急剧变化。在这种情况下,物种很难同时生活在两个群落中,它们只能适应于边界一面或另一面的群落环境。可能有少数物种专门适应在生态交错区内生活,但它们的数量必定有限,因为它们赖以存在的生境总是面积不大。

同水陆之间、森林与田野之间的急剧变化相比,大多数的生态变化都是渐近的。地球上的主要生物群落都占有许多渐变的生态条件梯度,一个梯度是从冷到热,另一个梯度是从干燥到潮湿,此外还会有许多其他的生态条件梯度。沿着这些梯度缓慢地发生变化可一直延伸到很远很远的地方。因此,当我们研究物种沿湿度梯度或温度梯度分布时,我们就会发现,地方植物群落实际上是一种开放系统(Whittaker 1967, Shimwell 1971)。

Whittker R(1967)曾研究过好几个山区的植物分布状况。在这些山区,湿度和温度在很小的范围内,便可依海拔、坡度和照度而发生变化。当在相同的海拔,Whittker 以每个物种沿土壤湿度的分布为横坐标,以该物种在各地的数量为纵坐标作图时,他发现,每个物种都有自己特有的分布范围,在横坐标上彼此虽有部分重叠,但每种数量最多的分布点却绝不重叠(图21-2)。在 Siskyou 山,物种数目较少,但每一物种占有较宽的湿度梯度。在 Santa Catalina 山,物种数目较丰富,但每一物种只占有较窄的湿度梯度。因此在两个山的每个取样点所能取到的物种数目大体相等。

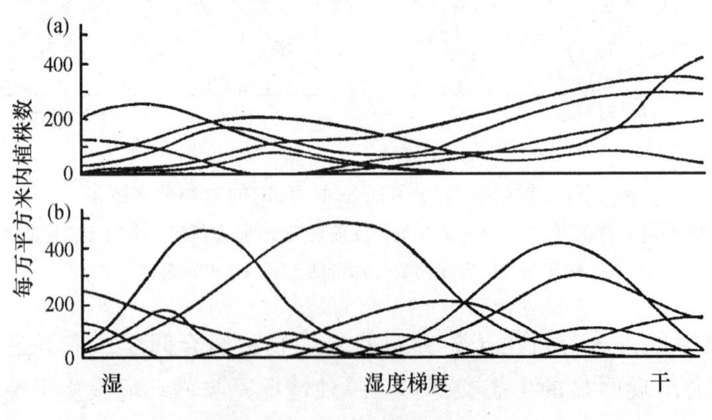

图 21-2 物种沿湿度梯度分布图

(a) 海拔460～470 m 的 Siskyou 山;(b) 海拔 1830～2140 m 的 Santa Catalina 山

在大烟雾山，群落中的一些优势树种（群落以它们的名字命名）远远分布到该群落以外的地区。例如，在高海拔干燥地区红栎的数量最多，但它的分布却可以扩展到以山毛榉、白栎、板栗和铁杉（一种常绿针叶树种）为优势的森林中，甚至在整个大烟雾山的所有高度上都有红栎分布。同红栎相比，山毛榉更喜欢潮湿的生境，而白栎在较为干燥的地方数量最多，但所有这 3 种树木在很多地方都能同时生长。在同一地区，各种昆虫的分布也是彼此独立的。在秘鲁，对于鸟类沿着不同海拔分布所作的类似分析表明，在各种不同的鸟类组合之间，很难找到明显的生态交错区。

第五节　群落成分沿环境梯度发生变化的 3 种假说

关于群落成分沿环境梯度发生变化的原因，Terborgh J（1971）曾提出过 3 种假说（图 21-3），也可说是物种沿环境梯度分布规律的 3 种假说：① 梯度假说（gradient hypothesis）：物种的分布界限决定于缓慢连续变化着的环境因素；② 竞争假说（competition hypothesis）：物种的分布界限决定于物种间的竞争排除关系；③ 生态交错区假说（ecotone hypothesis）：物种的分布决定于生境的不连续性，即决定于环境的突然变化。这 3 种假说对物种分布格局和群落成分沿环境梯度变化所作的预测是不相同的。梯度假说预测：物种的分布曲线是一典型的钟形曲线，群落相似性沿着环境梯度是均匀发生变化的。竞争假说预测：物种分布曲线将被平截，在平截处，一个物种会取代另一个物种，而相邻群落的相似性将均匀发生变化（如果在同一地区竞争排除现象不是很多的话）。生态交错区假说预测：物种分布曲线将在生态交错区处被平截，而且在生态交错区物种成分的变化将会引起群落相似性的不连续。

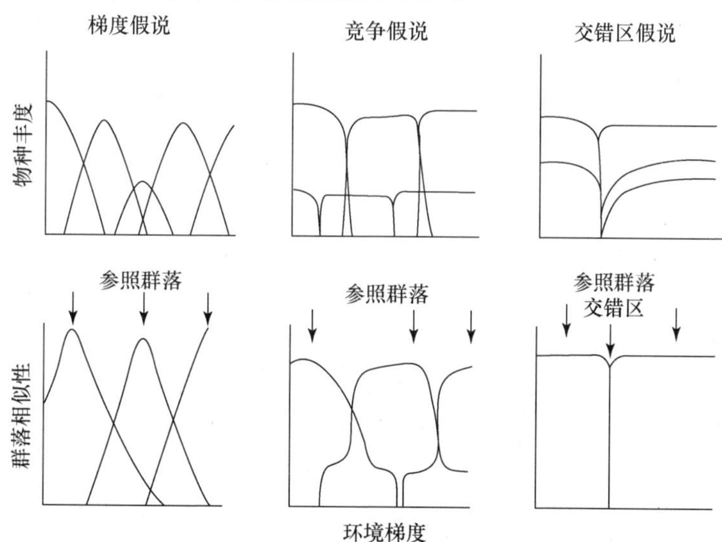

图 21-3　群落成分沿环境梯度发生变化的 3 种假说

梯度假说：所有物种都是独立分布的，群落相似性是逐渐发生变化的；
竞争假说：物种因竞争而会被突然替代，但突然性的程度因种而不同，
所以群落相似性的变化有一定的渐变性（中等程度）；
交错区假说：群落成分因环境的突然变化而急剧改变（仿 Terborgh，1971）

1971年,Terborgh在秘鲁研究了鸟类沿海拔高度梯度的分布,为的是检验上述3种假说。山高从600至3600 m,植被类型从低山雨林到高山草甸,不同植被类型之间的交界处代表着鸟类的生态交错区,而高度变化则表示一个连续变化的气候梯度。Terborgh分析鸟类种类组成沿高度梯度所发生的变化(以每10 m鸟类种类变化的百分数为指标),以便确定是否像生态交错区假说所预测的那样,存在着急剧变化区(图21-4)。除了在低地和山地雨林交界处,鸟的种类有较大增加,以及在山地雨林与云林的交界处,鸟的种类略有减少外,鸟类群落成分沿海拔高度梯度所发生的变化基本上是连续的。这种变化特点表明生态交错区的存在产生了一定的影响。

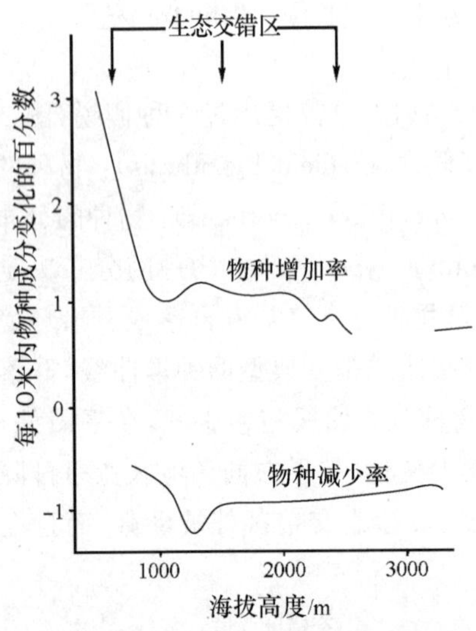

图21-4　鸟类群落成分沿海拔高度梯度(具有3个生态交错区)所发生的变化

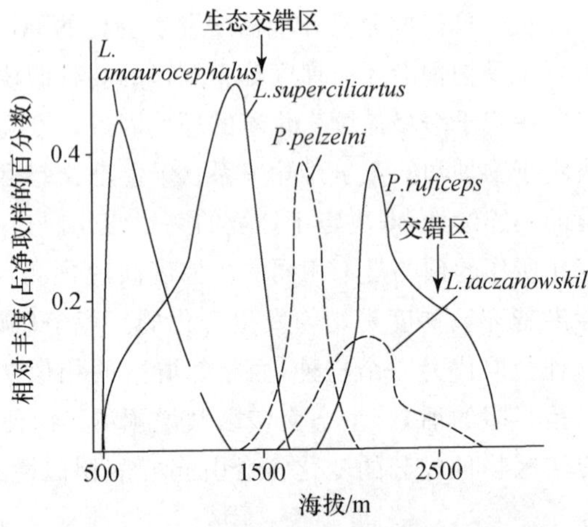

图21-5　5种鹟沿海拔高度梯度的分布

其中*L. superciliarius*和*L. taczanouskii*,以及*P. pelzelni*和*P. ruficeps*的分布决定于近缘种的竞争

另外,从图21-5可以看出,在一个很狭窄的高度范围内,一种鸟类可以被另一种鸟类所取代(如*Leptopogon superciliarius*被*L. taczanowskii*所取代和*Pseudotriccus pelzelni*被*P. ruficeps*所取代),而且这种情况常常是发生在近缘物种之间(图21-5中给出了5种鹟的分布关系)。这表明物种间的竞争排除作用是引起群落成分变化的主要原因。

根据以下5个标准可以把全部261种鸟类分布的上限和下限归因于3种假说之一,这5个判断标准是:① 物种分布边界如不在取样高度范围之内则不予考虑,因为这种情况无法分析;② 物种分布边界如果刚好是落在一个取样的海拔为10 m的范围之内,而且在这个取样带内包括一个生态交错区的话,那么这种分布就将归因于生态交错区假说;③ 如果一个物种的分布刚好终止于另一同属近缘物种的分布边界,这种分布模式则归因于竞争假说;④ 两个同属近缘物种的分布边界若同时落在一个生态交错区内,也将归因于竞争假说,因为在这些生态交错区内,尚未发现有明显的区系变化;⑤ 其余的所有分布都归因于梯度假说。

在分析了全部261种鸟类的分布边界(包括上界和下界)后发现:其中有43%的上界和56%的下界与梯度假说的预测相符;有28%的上界和36%的下界可归因于竞争假说;符合生态交错区假说所预测的分布情况,上界只有16%,下界只有21%。

这项研究工作表明：物种沿环境梯度所发生的取代现象是由多种相互作用的因素所决定的，其中，环境的渐近性变化是引起物种成分改变的主要原因；其次是物种间的竞争排除关系。相对说来，生态交错区的存在影响最小。因此，在任何一个地点，鸟类群落成分都是由很多复杂的、相互作用的生态机制所决定的。当然，其他因素（如捕食）也会有一定的影响，但在本研究中，并未予以考虑。总之，鸟类的群落组织是由多种原因所决定的，而决不会简单地只受一种因素所影响。

第六节　个体间的进化适应对群落功能和稳定性的影响

群落是由无数彼此相互作用着的个体聚合而成的，因此，群落功能是个体功能的总和并反映着个体的适应性。但是，群落的属性不能完全用个体的属性之和来解释，因为群落本身也是一个适应单位，它有着自己所特有而为个体所不具有的功能。由于适应性的产生是自然选择对个体特性加以改进的结果，所以我们只能在这个框架内考虑适应性对群落功能的改进。一般说来，对个体有利的变化将会被保存，而不管这种变化对群落是不是有利。但是，我们常常可以看到，猎物对捕食者的适应以及竞争者彼此之间的相互适应总是有利于使它们之间的关系保持稳定，最终这种适应也能改善生态系统的功能并增加群落的稳定性。

通常，群落的效率和稳定性是随着群落内种群之间的进化适应程度而呈正比例增加的，这是一条基本的生态学原理。当一个外来物种被引入一个群落时，这条原理就会清楚地被人们所认识。在大多数情况下，外来物种都难以成功地侵入一个群落，侵入后也会很快灭绝。但是，外来物种偶尔也能在群落中获得一个立足点，并能成为该群落的优势种。这些外来种可以打乱群落各成员间所取得的微妙平衡，引起群落功能的瓦解。像松叶蜂和舞毒蛾这样的外来害虫在大发生时，常把树叶全部吃光，几乎可将整个群落毁灭。

一个种群对另一个种群的进化适应取决于它们之间的结合程度，如果两个物种总是出现在一起，那么它们之间的相互作用就会对彼此的进化产生重大影响。但是，如果两个物种的分布区大部分不重叠，那么每个物种对另一个物种的影响就会很小。群落中物种之间的结合程度往往处于两种极端情况之间：一种情况是专性结合，即两个物种彼此紧密地相互依赖（例如虫媒植物和传粉昆虫以及生物间的各种互惠共生关系）；另一种情况是彼此独立分布，这两种情况在群落中都是存在的。但是，尽管物种之间存在着独立分布现象，一个物种总是会对其周围的其他物种产生适应，而且这种适应的程度将同两物种的结合程度成正比。1961 年，Southwood 在英国通过对昆虫和树木间结合关系的研究提供了这方面的证据。他发现，在英国近代森林发展史上，一种树木的数量越多（以在化石花粉取样中所记载的数量为依据），栖息在该种树木上的昆虫种类也就越多，这类树木包括有柳树、栎树和桦树等。相反，在英国植物区系中代表性很差的树木，栖息在这类树木上的昆虫种类就很少，这类树木包括榜树、鹅耳枥和槭树等。此外，于近期内引入英国的树种一般都只有很少的昆虫与其发生联系。在夏威夷岛上，树木和昆虫之间也有类似的关系。Opler PA（1974）曾强调指出，我们可以把寄主看成是岛屿或一小片生境，与其相结合的物种数目是定居和灭绝两个过程相平衡的结果。不管对于特定寄主有着怎样的适应，以稀有草类为食的食草动物和以稀有动物为寄生的寄生物，总是更容易发生灭绝，因此与稀有生物联系在一起的其他生物总是最少。

第七节　进化史对群落结构和功能的影响

生物在地球表面的分布是不均匀的,生物分布格局的不规则性往往与气候格局有关。例如,蛇类和蜥蜴类不能忍受极地的严寒气候。历史上因地理障碍而引起的分布偶然性对主要动植物类群的分布也起着重要作用。在岛屿上,这种分布的非常规现象表现得最为明显。澳洲大陆除了有丰富的有袋类动物和蝙蝠以外,几乎没有哺乳类动物。在远离大陆的小岛上,动物的种类也很少,群落结构与大陆群落相比要简单得多。

生物的分布不仅在岛屿上受到限制,各大陆之间也因彼此隔离而影响生物种类的交流。长期以来,东半球大陆和西半球大陆只靠阿拉斯加和西伯利亚之间的一个陆桥相连接,有许多生物类群在一个大陆产生了,但只能扩展至该大陆的边缘,在相邻大陆却不见其分布。植物、昆虫和其他小无脊椎动物却很容易克服水的隔离,因而这些生物的大多数类群几乎都能在世界各地见到。但是,陆栖脊椎动物(包括鸟类)在各大陆动物区系之间却表现出了明显差异。在西半球,鬣鳞蜥科(Iguanidae)是最常见的一类蜥蜴,但是在东半球的大部分地区却见不到它们的踪影,而是被鬣蜥科(Agamidae)所取代。在世界不同的地区,很多鸟类的生态类型却由无亲缘关系的分类类群(科)所代表。例如,北美和南美洲的蜂鸟(Trochilidae)主要取食花蜜和小昆虫;而在亚洲和非洲,太阳鸟(Nectariniidae)的生态习性却与其极其相似,这可表现在取食行为、身体大小、羽衣的光泽鲜艳、明显的性二型以及交配制度等方面。同样,生活在中南美洲的巨嘴鸟(Ramphastidae)(与啄木鸟亲缘关系很近),其生态地位在非洲却被犀鸟(Bucerotidae)(与翠鸟亲缘关系较近)所取代。巨嘴鸟和犀鸟不仅都有巨大的喙,而且都喜欢群居并在树洞中营巢。属于不同科的鸟类采取相同的取食方式,必然会导致它们在形态上和行为上的趋同进化。

趋同进化处处可见。在一个动物区系中,如果没有啄木鸟,往往就会有其他鸟类填补它的生态位。分布在非洲和南美热带雨林中的很多动植物都具有不同的进化起源,但它们的适应性却非常相似。北美洲和南美洲的啮齿动物在形态特征上的相似性比人们根据它们的系统发生所预料的要明显得多。澳大利亚和北美洲的蜥蜴,尽管它们属于不同的科而且已经各自独立进化了大约1亿年之久,但它们在行为和生态方面仍有许多相似之处。趋同现象使生态学家更加坚信,群落组织对地方环境条件的依赖性比对包含在群落中的物种的进化起源的依赖性更大。在不同地区普遍存在着生态相似种的事实表明,环境对于塑造物种的特定特征起着很重要的作用,这些特征只同气候和其他自然因素有关。当我们详细地研究群落结构的时候,我们就会发现,群落特征更多的是环境作用的结果,而对生物进化史的依赖性较小。

第八节　群落的主要属性

群落可测定的最简单属性是群落中物种的数量和相对多度。物种在群落中的规则排列最早引起了生态学家 Raunkiaer C(1934)的注意。他指出,群落中有些物种是优势种,它们在样方中,总是占有较大的比例;而有些物种则属于从属种,代表性极差。在一个群落中,物种的相对多度往往具有该群落所特有的格局,但一个物种在多度分级中的位置却可能依群落而不同。群落中物种的数目也会依取样面积的大小而变化。其后的研究表明,物种的多度和物种面积曲线(species area curve)只不过是群落的一个统计特性,而且它对取样程序极为敏感。

群落中的所有物种总是被纳入包括取食者和被取食者在内的营养级之中,而且能量总是沿着食物链单方向流动的。由于植物能够固定日光能,所以植物也总是位于群落全部能量关系的最基层。在植物营养级以上相继会有植食动物、一级肉食动物、二级肉食动物、……以及顶位肉食动物等。群落的营养结构具有许多网结把所有物种相互联系在一起,形成复杂的食物网。捕食者总是以多种不同的食物为食,而它们彼此之间又为每一种食物展开竞争。

营养结构的概念已被现代生态学家广为应用。有些生态学家详尽地研究食物网的结构本身,试图找出是什么因素影响着每个营养级内物种的多样性,食物网的复杂性是如何决定的,以及是什么因素决定着群落的结构和稳定性。另一些生态学家则主要对群落内部的能量流动和物质流动的速率和效率感兴趣,试图确定一个群落能够维持多少个营养级,群落内的生产力和能量贮存(以生物量的形式)之间存在着怎样的关系,以及这种关系如何影响群落的稳定性。

第九节　群落的分类和群落类型

一、群落的分类

为了更好地对群落进行描述、研究和比较,有必要对群落进行分类并建立一些分类系统。群落的分类方法目前已有许多,但每一种分类方法都是人为的并适应一定的需要或某种观点。其中最常用的分类系统是依据群落的外貌、物种成分、优势种和生境所进行的分类。

外貌特征是描述群落并为群落命名的一种非常有用的方法,特别是在大区域内进行调查研究时和需要把主要的群落类型进一步区分为亚群落时。由于动物的分布与植被结构密切相关,所以外貌分类法既同一个地区的植被有关,也同该地区的动物有关。依据外貌进行分类的群落通常是用优势物种命名的(一般是用优势植物),如针叶林或落叶林,北美艾灌丛、矮草草原和苔原等。也有的群落是以动物优势种命名的,如潮间带的藤壶-蓝贻贝群落。在一个生境具有明确边界的地区,外貌常常是对群落进行分类和命名的依据,例如沙丘、潮间泥沼滩、池塘和溪流群落等。

欧洲生态学家曾提出过依据植物种类对群落进行分类的方法,该法特别重视种类的优势度(dominance)、恒有度(constancy)和代表性。他们往往把群落分成(群落)纲、(群落)目、(群落)属和群丛(associations)等(详细方法见 Poore MED, 1962;Whittaker RH, 1962)。

群落分类目前所存在的一个主要问题是未能建立一个既照顾到动物又照顾到植物的较全面的分类体系。依据植物成分所划分的群落很难符合动物的实际情况,因为动物的分布不可能与植物的分布完全相关。因此,生态学家往往把植物群落和动物群落分开来进行研究,这样不可避免地就会割裂群落的整体性,限制了人们对群落功能的理解。

为了克服群落分类的这一缺陷,有人把动物的分布同植物的生活型和植被类型联系起来一并考虑,提出了更加广义的分类,分类单元可以包括几个植物群落和所有与这些群落相联系的动物,这就是所谓的生物带(biome)。生物带是具有一些相似群落的区域生态系统,它是一个更为广泛的生态学单位,其特点是包括许多各具特色的顶极群落物种的生活型(动物或植物)。根据顶极群落及其各演替阶段生物成分的一致性和差异性,生物带还可以被划分为一些较小的单位。因此,在生物带的划分中,特别重视植物的生活型,而不太重视分类类群的组成。

二、群落的主要类型

1. 北方针叶林

北方针叶林又称泰加林，大部分位于北纬 45～57°之间，是世界木材的主要产地。北方针叶林气候寒冷，但雨量比较丰富，降雨多集中在夏季。如我国东北和新疆北部的森林。

北方针叶林主要是由常绿的针叶树种组成，主要种类有红松、白松、云杉、冷杉和铁杉。由于森林透光性很弱，所以林下植被不发达，主要是兰科植物和石楠灌丛。

栖息在北方针叶林的哺乳动物有驼鹿、熊、鹿、熊貂、貂、猞猁、狼、雪兔、金花鼠、松鼠、鼩鼱和蝙蝠等，其中很多都是珍贵的毛皮兽。生活在北方针叶林中的鸟类也很多，主要有雷鸟、榛鸡、灯心草雀和各种鸣禽。北方针叶林中的爬行动物很少，但是在南部地区两栖动物比较常见。昆虫种类丰富，其中有很多是危害树木的害虫，如小蠹甲、锯蜂和蛀食树芽的蛾类。

北方针叶林土壤的特点是有很厚的枯枝落叶层，腐殖质分解过程很缓慢。由于有大量的水渗入土壤深处，把可溶性的钾、钙、氮等重要的营养元素淋溶到了植物根系所达不到的土壤深层，因此造成土壤中矿物质的含量贫乏，同时还造成土壤中因为缺乏碱性阳离子与枯枝落叶中的有机酸相中和，因此使土壤呈酸性。

2. 温带落叶阔叶林

温带落叶阔叶林分布于北半球气候温和的温带地区，主要树种是落叶阔叶乔木，最常见的有槭、山毛榉、栎、山核桃、椴、栗、悬铃木、榆和柳等。在一些地区还生长着针叶树，如雪松、白松和铁杉等。

林下灌木和林下阔叶草本植物发育得很好，种类也很丰富。林下植被主要是在春季进行光合作用和开花，因为这时阔叶树还没有抽叶，树冠透光性很强，因此林内阳光充足，传粉昆虫种类多，活动性强。

温带落叶阔叶林中最大的食草动物是鹿，最大的食肉动物是黑熊，黑熊实际上是杂食性的动物。其他哺乳动物还有红狐、林猫、鼬、负鼠、浣熊和很多小食草动物，如田鼠、家鼠、松鼠和金花鼠等。

温带落叶阔叶林中还栖息着种类繁多的鸟类，如红眼绿鹃、林鸦、灶鸟、榛鸡、山雀、吐绶鸡和各种啄木鸟。爬行动物、两栖动物和昆虫的种类也很多。

温带落叶阔叶林中的土壤是属于棕色的森林土壤，由于腐殖质的分解过程很迅速，所以土壤表面的枯枝落叶层很薄。蚯蚓在腐殖质分解和翻耕土壤方面起着重要的作用。土壤表层因为富含腐殖质而呈微弱的酸性，土壤酸性一般随土壤深度的增加而减弱。落叶阔叶林的土壤通常比北方针叶林土壤更为肥沃，因为黏性的棕色土壤和有机颗粒吸附着大量的硝酸盐和其他营养物质，这些营养物质可以被植物的根吸收。

落叶阔叶林带的气候是比较温和的，虽然从北到南、从东到西的气候差异比较大，但是总的来说，气候适宜，冬季时间不太长。落叶阔叶林的北部，冬季有雪，土壤和湖泊要封冻，但是南部较为凉爽多雨，雨量全年分布比较均匀。

3. 热带雨林

热带雨林分布在亚洲东南部、非洲中部和西部、澳大利亚东北部以及中美洲和南美洲的赤道附近。年降雨量大约在 2000～2250 mm 之间，全年雨量分布均匀。全年温度和湿度都很高。年平均温度大约为 26℃，因此热带雨林中的植物生长迅速，生物死后的分解速度也很快，有机物质分解以后很快又被植物吸收和利用，以致使热带雨林土壤中所能积累的腐殖质很少。

热带雨林的植物区系是极其丰富多彩的，在 10^6 m^2 的范围内，仅树木的种类就有 12 种之多，这是任何其他群落所达不到的。整个热带雨林约有几千个树种，是地球上最丰富的生物基因库。热带雨林的植物种类虽多，但是每一种植物的个体数量却很少，缺乏明显的优势种。

热带雨林的层次性非常明显。我国海南岛的一块热带雨林，乔木树可分为 3 层。第一层由蝴蝶树、青皮、坡垒、细子龙等散生巨树构成，树高可达 40 m；第二层由山荔枝、厚壳桂、蒲桃、柽木和大花弟伦桃等组成；第三层有粗毛野桐、几种白颜、白茶和阿芳等。乔木树下面还有灌木层和草本植物层。除此之外，各个层次还有许多附生植物和藤本植物。

热带雨林中的大多数植物都是常绿的，生有巨大的、暗绿色的革质叶。树干挺直、高大而细长，但树干基部粗壮，以支撑整棵大树。

热带雨林没有大型的草食动物，最大的食草动物是两种貘（Tapiridae）和一种霍加坡（*Ocapia johnstoni*）。大多数草食动物都生活在树上。热带雨林中的灵长类动物最为丰富，如各种猴类、长臂猿、猩猩、黑猩猩和大猩猩等。热带雨林也缺乏大型食肉兽，中型食肉兽有山猫、美洲虎、虎猫、长尾猫（*Felis wiedi*）和小耳犬（*Atclocynus microtis*）等。

热带森林中的鸟类极为丰富。鹦鹉科（Psittacidae）鸟类像猿猴一样是热带雨林的特有类群，其他特有鸟类还有鴂（Tinamidae）、蚁鸟（Formicariidae）、喷䴕（Bucconidea）和咬鹃（Trogonidae）等。热带雨林中很多鸟类都有鲜艳的羽色，特别是极乐鸟。

热带雨林的昆虫种类也很丰富。已知地球上最大的昆虫（蜚蠊）、最重的昆虫（犀甲）和最长的昆虫（竹节虫）都产于热带雨林。此外，蚁类和蚊类昆虫也是热带雨林的优势种类。总之，单位面积热带雨林所含有的植物、昆虫、鸟类和其他生物种类比其他任何群落都多。

4. 草原

地球上最大的两个草原群落都分布在北温带：一个起自欧洲东部，经过俄罗斯南部、伊朗和阿富汗，一直延伸到我国；另一个分布在美国和加拿大南部的大平原。此外，在南美洲、澳洲和非洲还有一些比较小的草原。

草原地区的年降雨量约为 250～750 mm。北美洲的草原可明显地分为高草草原（东部）和矮草草原（西部），高草草原的降雨量要比矮草草原多得多。分布于南美洲的草原属于热带草原。

高草草原的优势种类是须芒草，这种草可以长到 1～2 m 高，密密地覆盖着地面。矮草草原主要生长着野牛草和其他一些禾本科植物，高度只有几厘米。

生长在草原的显花阔叶草本植物主要是各种菊科和豆科植物，它们分布很广泛，但是其重要性远不及禾本科植物。我国的草原群落以针茅、羊草、赖草、冰草、芨芨草和蒿属为主，景色十分开阔。

栖息在草原的哺乳动物主要是地下穴居的小食草动物（如旱獭、野兔、黄鼠和鼢鼠等）和地面奔跑的大食草动物（如黄羊、鹅喉羚、野牛、叉角羚和麋等）。

草原食肉动物以獾、狼、黑足鼬和美洲狮最为常见。我国草原最常见的种类是沙狐、狐、兔狲、黄鼬、艾鼬和香鼬，它们对控制草原小食草动物的数量有一定作用。

草原上最多的鸟类是云雀、角百灵、蒙古百灵、穗鹏和沙鹏等。具有经济价值的鸟类是大鸨和毛腿沙鸡，它们以植物为主要食物，善于在开阔地面奔走。草原猛禽以鸢、雀鹰、苍鹰和大鸶最为常见，它们捕食草原上的小食草动物。

草原爬行动物以麻蜥、沙蜥、锦蛇和游蛇最为常见，两栖动物相对比较少，只有蟾蜍比较常见。

5. 苔原

苔原群落又称冻原或冻土带，主要分布在北纬 60°以北环绕北冰洋的一个狭长地带。那里是永久冻土带，土壤从几厘米以下终年冻结不化。

苔原地带气候严寒，雨量和水分蒸发量都很少。在最温暖的月份，月平均温度也在 10℃以下，而在最潮湿的月份，月平均降雨量也只有 25 mm。

苔原地带没有树木，其他植物生长得也很矮小。构成苔原群落的植物种类贫乏，在排水不良的广大沼泽地区，长满着各种苔草，只有少数几种禾本科植物。在苔原的其他地区主要生长着石南灌丛、低矮的显花植物和地衣，而地衣可算是极地苔原群落最典型的植物了，它也是驯鹿的主要食物，因而有着重要的生态意义和经济意义。

苔原群落最主要的食草动物是驯鹿、麝牛、北极兔、田鼠和旅鼠，肉食动物有北极狐和狼。代表性的鸟类有铁爪鹀、雪鹀、雪鸮、角百灵和各种鸻。苔原群落中，几乎没有爬行动物和两栖动物，昆虫种类也很少，只是在夏季才会出现各种蚊虫和墨蚊。

高山苔原和极地苔原非常相似，所不同的是高山苔原没有永冻层、排水条件比较好和植物的生长季比较长。在高山苔原，地衣和苔藓植物比较少，而显花草本植物比较多。

苔原群落和针叶林群落之间的界限在高山地区表现得比较明显，而在北极地区，两者是逐渐过渡的，过渡地带有时可宽达几百千米。

夏季，麋鹿、鹿和大角羊常常迁移到高山苔原啃食苔草，那里最常见的食草动物还有岩羊、鼠兔和旱獭。鸟类和昆虫也很常见，种类比极地苔原丰富。

6. 沙漠

沙漠群落主要分布在年降雨量不足 250 mm 的世界各地。地球上比较大的沙漠大都分布在北纬 30°和南纬 30°之间。撒哈拉沙漠、阿拉伯沙漠和我国的戈壁沙漠呈不连续的条状分布横贯非洲和亚洲大陆。此外，在北美洲、澳大利亚中部、南美洲的西海岸和南部非洲都有较大面积的沙漠。

沙漠地区不仅雨量稀少，而且土壤和空气的温度在白天极高，但是一到夜晚就突然下降。

沙漠植物对干旱的主要适应是减少叶表面的面积，在极端干旱时落叶，这样就可以减少植物体的水分蒸发。此外，植物的根系也存在对干旱的适应，例如树形仙人掌大约 90%的根系是分布在 1 m 以内的表土中，这是最有利于吸收雨水的深度。很多沙漠植物的根毛都是短命的，在干旱条件下，它们就会干掉，这有利于减少渗透失水。

还有一些沙漠植物是一年生的短命植物，它们在一个短暂的雨季里，就可以完成整个世代的发育，当干旱季节到来的时候，它们的种子已经进入了休眠状态。

动物对沙漠生活的适应主要表现在增加皮肤的不透水性、排泄尿酸而不是尿素和充分利用体内的代谢水等。为躲避白天的炎热，大多数哺乳动物都是夜行性的或限于晨昏活动，如狐、更格芦鼠、沙漠兔和袋鼠等。木鼠在庞大的仙人掌上打洞，直通其水室吸水；沙漠兔能从许多沙漠植物肥厚的根和块茎获取它们需要的营养和水分。

沙漠中的鸟类比较少，蜥蜴和蛇的种类也很少。昆虫中以沙漠蝗最典型，历史上曾经有过多次沙漠蝗大发生的记载。

7. 淡水生物群落

淡水可分为流水和静水两种类型(图 21-6)。

(1) 流水包括溪流和河流等。溪流和河流的主要特点是上游河床狭窄、水浅、流速快,但是在整个流程中,河床会逐渐加宽,水渐渐变深,水流速度也渐趋缓慢。这种变化也同时反映在水底性质的变化上,开始时水底是石质的,没有沉积物,后来不但会出现沉积物,而且沉积层会越来越厚。

(a)

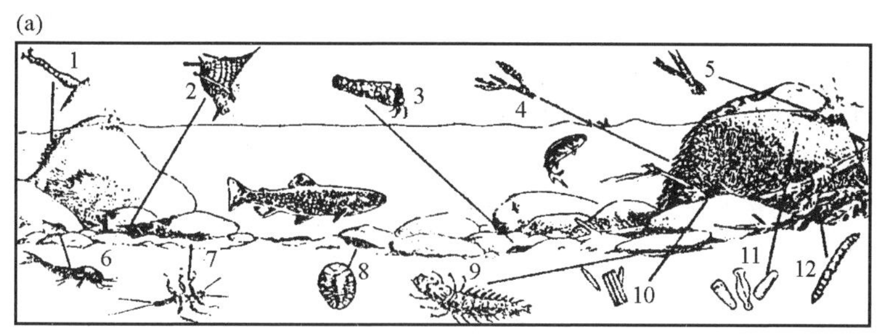

(b)

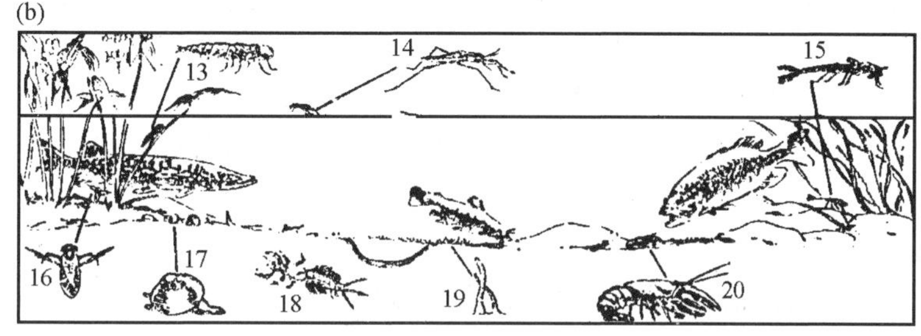

图 21-6　淡水生态系统中的流水类型(a)和静水类型(b)

1. 蚋;2. 网石蚕;3. 石石蚕;4. 水藓;5. 丝藻;6. 蜉蝣;7. 石蝇;8. 龟甲虫;9. 鱼蛉;10. 硅藻;11. 蓝绿藻;12. 大蚊幼虫;13. 蜻蜓稚虫;14. 水黾;15. 豆娘稚虫;16. 松藻虫;17. 蚌;18. 穴居蜉蝣;19. 摇蚊幼虫;20. 虾蛄

大部分溪流在其流程中,都是急流段和静水潭交替出现,但越是到下游,交替频率就越小。有些生物能够黏附或附着在水中物体(如岩石、植物等)的表面,但是这种附着生物只有在溪流的上游才能找到,如丝状的蓝绿藻和各种营固着生活的无脊椎动物,其中包括蚋和蠓的幼虫、蜉蝣、石蚕的稚虫和真涡虫等。

沿着溪流下行,就逐渐会出现漂浮植物和挺水植物,还有营固着生活的无脊椎动物和在底泥中营钻埋生活的动物,如蛤和穴居蜉蝣。在以上两种环境中,我们都可以找到螯虾和各种大小的鱼类(如鲈、鳟和鲑等)。沿溪流再往下行,冷水性鱼类(鲑和鳟)就会消失,并代之以暖水性的鱼类(如鲇鱼和鲤鱼)。

在化学性质方面,上游氧气含量丰富,随着水流的减缓,水中氧气的含量也就越来越少。但是下游营养物质的含量要比上游丰富,因为陆地上的各种营养物质和有机碎屑不断补充到溪流中来。在很小的溪流中,由于生产者稀少或没有,所以溪流中的营养物质主要是来自陆生群落。

(2) 静水群落包括池塘、沼泽和湖泊等。依据类型不同,其物理、化学和生物学特性也极不相同。但是每个静水群落都可以分为 3 个带,即沿岸带、湖沼带和深水带。

沿岸带从岸边开始,一直延伸到有根植物所能生长的最里边为止,其间要经过有根挺水植物生长区(芦苇和香蒲等)、有根浮叶植物生长区(水百合等)和有根沉水植物生长区等。栖息在沿岸带的动物有青蛙、蜗牛、蛇、蛤和各种昆虫的成虫和幼虫。

湖沼带占有除沿岸带以外的全部水面,一直向下延伸到阳光所能穿透的最大深度(在较浅的静水群落中,阳光可一直照射到水底)。湖沼带生活着各种浮游植物(硅藻和蓝绿藻)和各种浮游动物(从原生动物到小甲壳动物),以及各种自游动物(如鱼类、两栖动物)和比较大的昆虫。

深水带是指比湖沼带更深的水域,这个水域只有在水极深的大型湖泊和水库中才有。深水带没有阳光,不能进行光合作用,因此深水带中的食物主要是来自湖沼带中生物死亡后沉降下来的遗体和有机碎屑,湖底生物主要是各种分解者。自游动物的种类将依水温和营养条件的不同而不同:在水温低和营养条件贫乏的湖泊中,深水带生活着湖鳟;在暖水和营养物丰富的湖泊中,深水带的动物有河鲈、狗鱼和金鲈等。

8. 海洋生物群落

海洋占地球表面的70%,平均水深3750 m,最大水深10 750 m(太平洋马里亚纳海沟),平均盐浓度3.5%(其中27%是氯化钠)。海洋的生态意义是独特的和不可替代的,它与陆地和淡水不同,它的各大洋是彼此相通的,并且通过表面洋流、深层海水的上涌、表层海水的季节升降运动以及海浪和潮汐作用而不断循环。

海洋生物群落依生物栖息的环境特点可以分为海岸带、浅海带、远洋带和海底带(图21-7)。

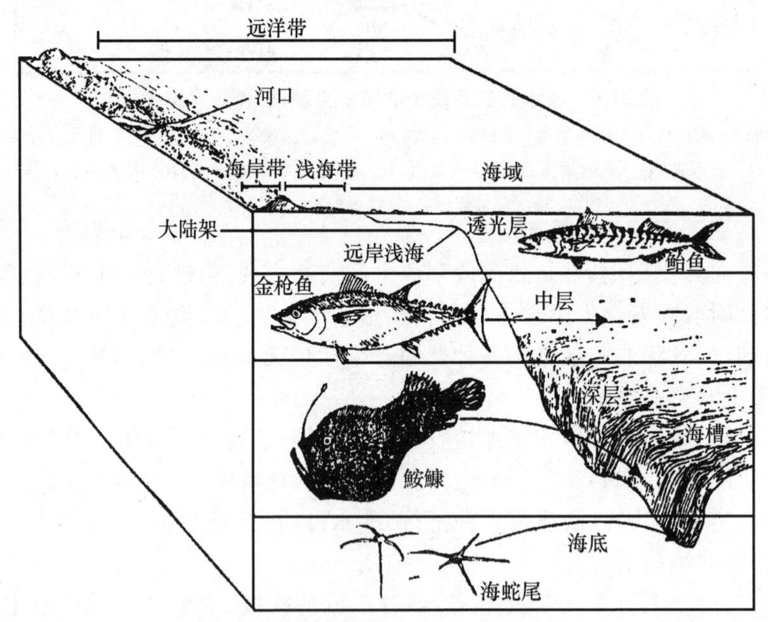

图21-7　海洋的分带和分层

(1) 海岸带:是指位于大陆和开阔大洋之间的海岸线地区,这里受海浪和海潮冲击最大,温度、湿度和光强度的变化有时也很大。沿着岩石海岸,我们可以找到各式各样的固着生物,如海藻、藤壶和海星等,它们的种类比其他任何地方都多。在沙质海岸,生物多在沙中营钻埋生活,如沙蟹和各种沙蚕。在泥质海滩上,栖息着大量的蛤、沙蚕和甲壳动物。

(2) 浅海带：是指大陆架海域，从海岸带的低潮线一直延伸到大约 200 m 深处。浅海带约占整个海洋面积的 7.5%。浅海带的生物种类丰富，生产力也很高，这是因为这里海水比较浅，有阳光射入，而且有来自陆地的营养物补给。但是，生物种类和生产力将随着水深的逐渐增加而减小。

海底有大型海藻群落(如海带)和各种较小的单细胞、多细胞藻类。瓣鳃类、腹足类软体动物、多毛类(沙蚕)和棘皮动物(海星、海胆、海参和海蛇尾)也是海底最常见的动物。

(3) 远洋带：是指开阔的大洋，约占海洋总面积的 90%。在远洋带海面进行光合作用的浮游植物主要是硅藻和双鞭甲藻，远洋带浮游动物主要是桡足类甲壳动物和箭虫，自游动物有虾、水母和栉水母。远洋带虽然占海洋的大部分，但是海水中的营养物质含量很低，因此生产力也很低。但是当夏季浮游生物达到盛期的时候，远洋带却能养活像露脊鲸和蓝鲸这样巨大的哺乳动物，蓝鲸的体长可达 33 m，体重可达 136 000 kg。

在远洋带没有阳光的深海里，只有异养生物能在那里生存，它们完全依靠从海洋上层沉降下来的生物残体为食，即所谓的依靠“尸雨”为生。深海生物往往视力退化，还有一些生物能够发光，并具有专门的发光器官。

(4) 海底带：从大陆架的边缘一直延伸到最深的海沟。海底铺满厚厚的软泥，这些海底软泥主要是由有孔虫、放射虫、腹足类软体动物和硅藻的骨骼所构成的(钙质或矽质)。生活在海底带的生物全都是异养生物，其中很多种类都“扎根”在海底软泥中，如海百合、海扇、海绵和鳃足类甲壳动物。腹足类和瓣鳃类软体动物也包埋在软泥之中，而海星、海黄瓜和海胆则在软泥表面爬行。

第22章　群落的结构

群落结构包括物理结构和生物结构两个方面，本章主要讨论群落的物理结构。当我们观察一个群落，最容易看到的就是群落的物理结构。例如，当我们走进一个落叶林时，印象最深的首先是那些高大的树木，正是这些树木决定着落叶林的主要结构，而下层林木、灌木和生长在地面的草本植物则决定着落叶林的次级结构。落叶林中所有的植物都扎根于森林土壤之中，土壤是植物生长的基质，而森林中的动物则分布于由植物和土壤所形成的群落结构之中。

群落结构的另一个方面是生物结构。生物结构包括物种成分和优势度、群落的演变和群落内物种间的相互关系。群落的生物结构对物理结构有一定的依赖关系。

群落结构的这两个方面反过来又对群落功能有很大影响。群落功能主要是指群落作为能量和营养物质的处理者是如何工作的。群落功能是借助于物种相互作用的复杂网络而起作用的，可以说，群落的结构和功能都离不开形形色色的物种相互关系。群落的形成是相互作用的物种之间协同进化（coevolution）的结果，因此，自然选择通过对构成群落的个体起作用，也能改变群落的结构和功能。

植物是构成群落的基础，而植物的生长型（growth forms）又是群落结构的重要成分，因此，本章将从讨论植物的生长型开始。

第一节　植物的生长型

植物可以根据它们之间的亲缘关系进行分类，但也可以根据它们的生长型进行分类。

1. 植物的生长型

生长型是根据植物的可见结构分成的不同类群，例如，树木是一种生长型，草类也是一种生长型。植物的很多形态特征都可用于区分植物的生长型，如植物的高大和矮小、木本和非木本、常绿和落叶等。植物的生长型也可进一步根据叶片的形状、茎的形态和根系特点加以细分。陆生植物大体可分为以下6种主要的生长型：

(1) 树木：大都是高达3 m以上的高大木本植物，包括针叶树（如松树、云杉、落叶松和红杉等）、阔叶常绿树（叶中等大小，如热带和亚热带的许多树种）、硬叶常绿树（叶小而坚韧）、阔叶落叶树（树叶于温带冬季和热带旱季脱落）、多刺树（树长有棘刺，多为复叶落叶）和莲座树（无分支，树冠上长有许多大叶，如棕榈和树蕨等）。

(2) 藤本植物：木本攀缘植物或藤本植物。

(3) 灌木：是指较小的木本植物，通常高不及3 m。包括针叶灌木、阔叶常绿灌木、阔叶落叶灌木、常绿硬叶灌木、莲座灌木（如丝兰、龙舌兰、芦荟和扇叶棕等）、肉质茎灌木（如仙人掌和某些大戟等)、多刺灌木、半灌木(在不利季节时,茎和枝的上部死亡)和矮灌木(高不及25 cm,紧贴地面而生)。

(4) 附生植物:其地上部分完全依附在其他植物体上生长。

(5) 草本植物:没有多年生的地上木质茎,包括蕨类、禾草类植物和阔叶草本植物。

(6) 藻菌植物:包括地衣、苔藓等低等植物。

2. 植物群系

如果不考虑一个群落的物种组成成分的话,我们就可以依据植物的可见结构(即生长型)对群落进行分类。植物群系(formation)一词最早是指具有单一生长型的植被,如草地或森林。依据几个主要的生长型,我们就可以把世界植被分成几大群系。对各地区植物生长型的深入研究还可以使我们建立更细致的分类系统。

群系概念的一个优点是可以使我们识别那些远隔于世界各地的生态等值种(ecological equivalents)。生长型反映了植物所处的环境条件,而相似的环境条件通过生物的趋同进化又能产生相似的生长型。例如,沙漠植物产生了一系列的形态适应,如叶片小,可减少热负荷和水分蒸发。这些适应特征在亚洲、北美、非洲和澳大利亚许多属于不同科的植物中都可看到,类似的植物生长型在世界不同的地区重复出现。80多年前,Schimper AFW就已经注意到了这一现象,并对世界植物群系作了如下的分类,同时指出了它们与环境条件的关系。

(1) 热带雨林:森林垂直分层很多,叶大、全缘、常绿,树高大具板状根,附生植物和藤本植物发达,植物种类丰富。分布于高温高湿地区的亚马逊、刚果、马来西亚等。

(2) 亚热带雨林:温度和雨量呈现一定的季节变化。森林结构和物种成分的复杂性仅次于热带雨林。分布于湿润的亚热带地区,如巴西、非洲高原、东南亚、中国南部。

(3) 季风林 (monsoon forest):森林高大多层次,冠层以落叶树种为主。分布于具有温和冬季和旱季的热带和亚热带地区,如中美洲、印度和东南亚等地。

(4) 温带雨林:森林稠密,中等高度,分层较少,叶常绿、小或坚韧。森林中有丰富的苔藓和地衣。生长在热带山地的山地雨林或云林也属于温带雨林群系。分布于雨量充沛的较寒冷地区,如塔西马尼亚、新西兰和智利。

(5) 夏绿落叶林(summer-green deciduous forest):冬季寒冷有雪,夏季温热潮湿。树木高大,结构简单,阔叶落叶。分布于有明显季节变化的温带地区,如中国、欧洲和北美东部。

(6) 针叶林:冬季漫长,雨量充沛。树为针叶或鳞叶,树体高大。分布于寒冷地带,如中国北部、西伯利亚、北欧和北美西部。

(7) 常绿硬材林(evergreen hardwood forest):夏季干燥,冬季温和多雨。树小(澳大利亚除外),硬叶。分布于澳大利亚、加利福尼亚和地中海。

(8) 热带稀树草原林地(savanna woodland):常年干旱,仅夏季有雨。树小,长绿,地面是热带从生草(bunchgrasses)。分布于巴西利亚、非洲平原和澳大利亚北部。

(9) 多刺森林和密灌丛(thorn forest and scrub):树小多具刺,落叶,地被层包括许多肉质植物(succulents)、一年生植物和禾草。分布于热带干燥地区,如巴西、非洲和印度。

(10) 干草原和半荒漠(steppe and semidesert):长有一年生草本植物的稀疏灌丛(open shrublands)或干燥草原。分布于冬季有雨的干燥地区,如北美、澳大利亚、俄罗斯和阿根廷。

(11) 萨王纳群系：是湿润的热带草原，起源于火烧或逆境土壤条件。见于泛热带区(pantropical)。

(12) 石楠灌丛(heath)：类似于热带萨王纳群系，发生在温带地区，受火和逆境土壤所控制。它是一个欧石楠形(ericoid)灌丛群系，一些较大的灌木和小树分散其间。见于世界各地。

(13) 干荒漠(dry desert)：分布于少雨的温暖地区，植被稀疏。在世界不同地区都有本地特有的种类，如北美洲的肉质仙人掌科(Cactaceae)、非洲南部的肉质百合科(Liliaceae)、番杏科(Aizoaceae)、大戟属(*Euphorbia*)和千岁爷属(*Welwit-schia*)以及澳大利亚的冰丘草(Hummock grasses)等。

(14) 苔原和冷森林(tundra and cold forest)：这是寒冷地区的半荒漠，夏天的生长季很短，在苔草和矮树下地衣非常丰富，在多岩地区，藓类是优势植物。见于北半球高纬度地区。

(15) 冷荒漠(cold desert)：分布于冰盖冰川的边缘和永久积雪带，植被稀疏，以草本植物为主。

如果植物群系的确能够反映环境条件的话，那么一旦我们知道了重要环境因子，就应当能够预测出植被结构。图 22-1 是在植被的两个主要限制因子(温度和降雨)的坐标图上绘出的世界植物群系分布图。如果再增加土壤和火两个次级因子的作用，群系边界就会发生一些小的变动(如图中阴影区所表示的那样)。在温带和热带地区，当我们沿着一个重要的环境梯度移动时，我们就会看到植物群系将发生明显变化。如果我们是从有利的环境条件向不利的环境条件走去，优势植物的高度通常就会降低，地面覆盖率也会减小。沿着环境梯度，植物的每种生长型都在特定的地点，表现出自己特有的优势，在那里，它们的重要值将会最大。

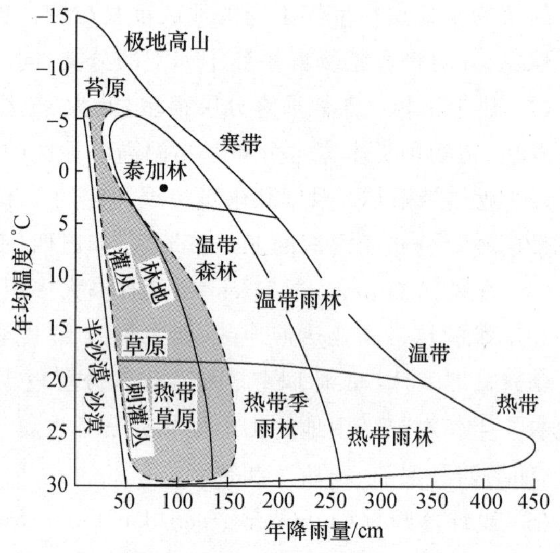

图 22-1　同温度和降雨量相关的世界植物群系分布格局

阴影区是在考虑到土壤和火的作用后，对群系边界所作的调整

3. 最适叶面大小

植物的生长型在一定程度上也决定叶的结构，因为叶是植物进行光合作用的重要器官，必然要经受强大的进化压力。不同植物的叶在形状和大小方面是千变万化的，早在1000 多年前，Theophrastus 就已经观察到，植物叶的大小是随气候而变化的，但直到最近，我们才能解释在特定环境条件下，最适叶面大小是如何在自然选择的作用下形成的。

1976 年，Givnish TJ 和 Vermeij GJ 提出过两个模型，用以预测最适叶面大小。

(1) 第一个模型假设：叶面大小是为了调节叶的温度，以使叶温保持在最有利于进行光合作用的位置并防止热损伤。这一模型显然是不成功的，因为光合作用机制本身将能保证对不同温度的适应性。因此，决定叶面大小的必定还有其他的因素，最适叶面大小一旦确定，光合作用便会适应由此而导致的叶片温度。

（2）第二个模型是根据下述事实提出来的：伴随着光合作用气体交换，植物在蒸腾作用中会丧失水分，因此，最大限度地提高水的利用率，对植物来说可能是最适宜的，这类似于经济学中的模型，使收益-投资比增至最大。下面我们简要地介绍一下这个模型。

阳光充分照射时，叶面积的增加通常会提高叶子的温度和强化蒸腾作用，而大叶的热量散发（通过对流）将会受到影响，结果导致叶温升高。但在遮阴的条件下则刚好相反，大叶的温度会冷却到低于大气温度。叶子温度会影响光合作用率，但由于光合作用受气体交换量的限制，所以在较高的温度下，光合作用率不能无限增加，最终总要持平。另外，只要水分充足，叶子的蒸腾作用率是不受限制的，它会随着温度的升高而不断增加。图 22-2 是上述说明的一个图解。图中的光合作用曲线（实线）代表收益曲线，蒸腾作用曲线（虚线）代表投资（消耗）曲线，最适叶面积应当刚好使投资-收益差最大（图 22-2(a)）。

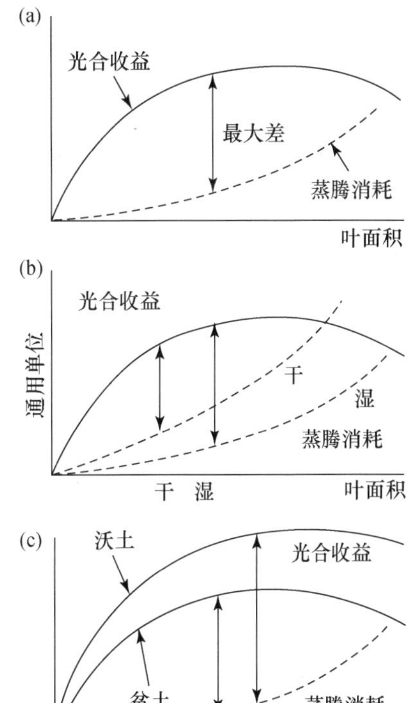

图 22-2　最适叶面积模型图解

（a）投资曲线指根系投资，根要供应水分以便平衡蒸腾作用；收益曲线表示不同叶面积的光合作用水平。（b）在不同生境中，根系投资可改变投资曲线。（c）温湿度、风，牧食者和营养状况可以改变收益曲线

该模型可用于各种情况。例如，干旱环境中，光合作用曲线保持不变，但蒸腾作用消耗由于吸水困难而大大增加，因此在干旱环境中，叶面积一定会减小。相反，在肥沃或湿润的土壤中，在蒸腾作用变化不大时，光合作用效率却可明显增加，因此，在肥沃或湿润土壤中生长的植物，其最适叶面积会增加。

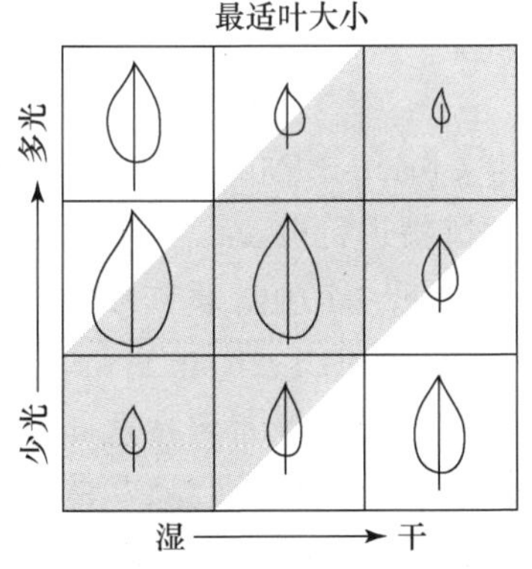

图 22-3　根据水分利用的投资-效益模型所预测的最适叶面积（与表 22-1 中的资料一致）

阴影区相当于一个雨林的垂直断面，右上代表树冠部位，左下代表森林底层部位

图 22-3是根据该模型所作出的预测结果，现在让我们看一看这些预测结果与从自然植物群落中所获得的资料是否一致。表 22-1 中列出了菲律宾 Maquiling 山森林群落的叶宽资料，从这些资料可以明显地看出两种趋势。首先，叶面积从树冠往下先是增加，接着又减小，这与图 22-3 所作的预测是完全一致的；其次，叶面积通常是随着海拔的增加而减小的。在较高海拔处，植物会遇到较低的温度和较高的湿度，按模型预测，在这种情况下，叶面积本应增大而不是减小，这种不一致说明另有某种环境因素一定在影响着叶面积沿海拔所发生的变化，而这种因素尚未被包括在模型之内。

从其他群落中所获得的叶面积资料也与图 22-3 所作的预测相符，例如，荒漠中的植物和多刺森林中的植物都生有小形叶片，这是因为阳

光辐射强烈和缺水；又如，在北极地区也是以小叶植物占优势。

表 22-1　菲律宾 Maquiling 山森林叶宽*（依海拔高和层位而变）　（单位：cm）

	择伐羯布罗香森林（海拔 200 m）	原始羯布罗香森林（海拔 450 m）	中山森林（海拔 700 m）	苔藓森林（海拔 1100 m）
第一层树种	4.9	4.4	3.9	3.1
第二层树种	5.9	5.0	3.9	—
第三层树种	4.7	6.1	—	—
下木层	2.5	3.3	—	—

* 只测量单叶宽度。

叶片大小是古植物学家用以推测地球过去气候状况的依据之一。表 22-2 中的数据表明，森林植物的平均叶长是同雨量和温度直接相关的，这一点同 Givnish 和 Vermeij 模型所预测的完全一致。

表 22-2　森林植物平均叶长与湿度和温度的关系　（单位：cm）

	干湿分级				
	干　旱	季节性干旱	低　湿	中　湿	高　湿
热　带	7	12	16	20	—
亚热带	—	—	—	15	—
暖温带	—	—	10	12	9
寒温带	—	—	—	4	—

可见，植物的生长型是可以根据各种气候变量（如温度、雨量和太阳辐射等）作出科学预测的，但即使这些关系已十分清楚，我们仍不能利用这种关系说明不同植物之间的细微结构差异。

第二节　植物的生活型

除了按生长型对植物群落进行分类以外，丹麦植物学家 Christen Raunkiaer 于 1903 年提出了一个更加有用的分类系统，即按照生活型（life form）对植物进行分类。生活型是指植物地上部分的高度与其多年生组织（冬季或旱季休眠并可存活到下一个生长季节）之间的关系。多年生组织是植物的鳞茎、块茎、芽、根和种子的胚胎组织或分生组织。Raunkiaer 把植物区分为 5 种主要的生活型（表 22-3 和图 22-4），生长在一个地区的全部植物都可按这 5 种生活型对它们进行分类。具体说这 5 种生活型是：一年生植物（therophytes，Th）、隐芽植物或地下芽植物（cryptophytes 或 Geophytes，G）、地面芽植物（hemicryptophytes，He）、地上芽植物（chamaephytes，Ch）和高位芽植物（phanerophytes，Ph）。

表 22-3　植物的 5 种生活型及其特征

生活型名称	特　征
一年生植物	以种子渡过不利季节，生活史（从种子到种子）在一个季节内完成
隐芽植物（或地下芽植物）	芽隐藏在地面以下的鳞状茎或块根上
地面芽植物	多年生的枝或芽紧贴于地表，并常盖以植物的枯死物
地上芽植物	多年生的枝或芽位于地面以上大约 25cm 高度处
高位芽植物	多年生的芽距离地面 25cm 以上，如树木、灌木和藤本植物

这 5 种生活型之间的比例（以百分数表示）就是一个地区的植物生活型谱（life form spectrum），生活型谱可以反映植物对环境的适应，特别是对气候的适应（表 22-4 和图 22-5）。在一个植物生活型谱中，高位芽植物所占的比例越大，说明群落所处的气候条件越温和；相反，如果在一个群落中，地面芽和地上芽植物占有优势，则说明群落所处的环境条件比较寒冷。荒漠群落则以一年生植物为主要成分。

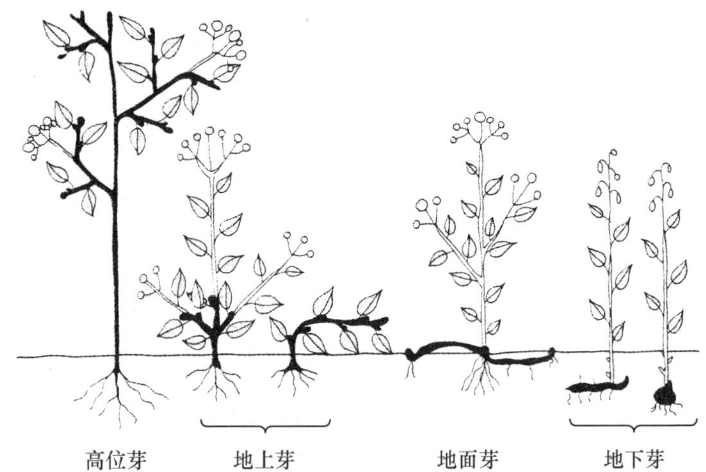

图 22-4　几种不同生活型植物的示意图（高位芽，地上芽，地面芽和地下芽植物）

表 22-4　国内外不同群落的生活型谱（引自武吉华等）

	高位芽植物 (Ph)	地上芽植物 (Ch)	地面芽植物 (He)	地下芽植物 (G)	一年生植物 (Th)
我国东北温带草原	3.6	2.0	41.0	19.0	33.4
我国长白山鱼鳞云杉林	23.3	4.4	39.6	26.4	3.2
我国秦岭北坡夏绿阔叶林	52.0	5.0	38	3.7	1.3
我国浙江常绿阔叶林	76.7	1	13.1	7.8	2.0
我国西双版纳热带雨林	94.7	5.3	0	0	0
极地苔原	1	20	66	15	2
利比亚荒漠	12	21	20	5	42
巴西莫康巴雨林	95	1	3	1	0

Raunkier 的生活型只考虑了有花植物，而忽视了其他植物的存在。因此，Braun-Blanquet J 于 1932 年提出了另一个生活型系统，该系统包括了所有植物，共分下列 10 种生活型：

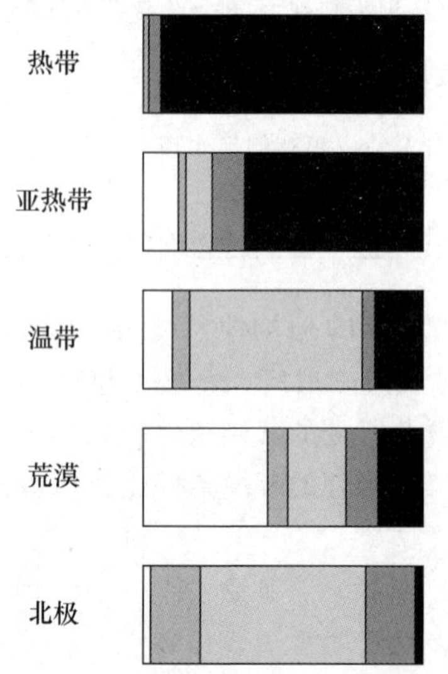

图 22-5　在具有不同气候的地理区域内各种不同生活型植物所占的比例

■ 高位芽；■ 地上芽；□ 地面芽；■ 地下芽；□ 一年生

(1) 浮游植物：包括大气中、水中和冰雪中的浮游植物。

(2) 土壤微生物：包括好气和嫌气微生物两类。

(3) 内生植物：包括石内植物(地衣、藻菌类)、植物体内的植物和动物体内的植物(病原性微生物等)。

(4) 水生植物：包括漂浮水生植物、固着水生植物(藻类、真菌和苔藓)和生根水生植物(包括水生地下芽植物、水生地面芽植物和水生一年生植物)。

(5) 一年生植物：包括叶状体一年生植物(黏菌和霉菌)、苔藓一年生植物、蕨类一年生植物和一年生种子植物(直立的、攀援的和匍匐的)。

(6) 地下芽植物：包括真菌地下芽植物(如根菌的子实体在地下)、寄生的地下芽植物(根寄生)和真地下芽植物(如鳞茎、根茎和根地下芽植物)。

(7) 地面芽植物：包括叶状体地面芽植物(固着藻类、壳状地衣和叶状苔藓等)和生根的地面芽植物。

(8) 地上芽植物。

(9) 高位芽植物：包括灌木高位芽植物(0.25～2 m)、乔木高位芽植物(2 m 以上)、草本高位芽植物和攀援藤本高位芽植物。

(10) 附生植物。

Braun-Blanquet 系统是一个比较全面的生活型系统，在群落生态学研究中曾被广泛采用。生活型是植物在外貌上由于长期适应特定的环境条件而表现出来的不同类型，同一生活型的植物表示它们对环境的适应途径和适应方法相同或相似。亲缘关系很远的植物可以表现为同一生活型，而亲缘关系很近的植物却可属于不同的生活型，这是生物之间趋同适应和趋异适应的结果，深刻地反映了生物和环境之间的相互关系。

第三节　群落的垂直结构

群落的垂直结构也就是群落的层次性(stratification)，大多数群落都具有清楚的层次性，群落的层次主要是由植物的生长型和生活型所决定的。苔藓、草本植物、灌木和乔木自下而上分别配置在群落的不同高度上，形成群落的垂直结构。群落中植物的垂直结构又为不同类型的动物创造了栖息环境，在每一个层次上，都有一些动物特别适应于那里的生活。

在一个发育良好的森林中，从树冠到地面可看到有林冠层、下木层、灌木层、草本层和地表层(图 22-6)。其中林冠层是木材产量的主要来源，对森林群落其他部分的结构影响也最大。若林冠层比较稀疏，就会有很多阳光照射到森林的下层，下木层和灌木层的植物就会发育得更好；若林冠层比较稠密，那么下面的各层植物所得到的阳光就很少，植物发育也就比较差。不同的树木、灌木和草本植物在离地面不同的高度伸展开它们的枝叶并适应于在不同的光照强度下生长。

其他群落也和森林群落一样具有垂直结构，只是没有森林那么高大，层次也比较少。草原群落可分为草本层、地表层和根系层。草本层随着季节的不同而有很大变化；地表层对植物的发育和动物的生活（特别是昆虫和小哺乳动物）有很大影响；而草原根系层的重要性比任何其他群落的根系层更大。

水生群落也有分层现象，其层次性主要是由光的穿透性、温度和氧气的垂直分布所决定的（图 22-7）。夏天，一个层次性较好的湖泊自上而下可以分为 4 层：表水层（指循环性比较强的表层

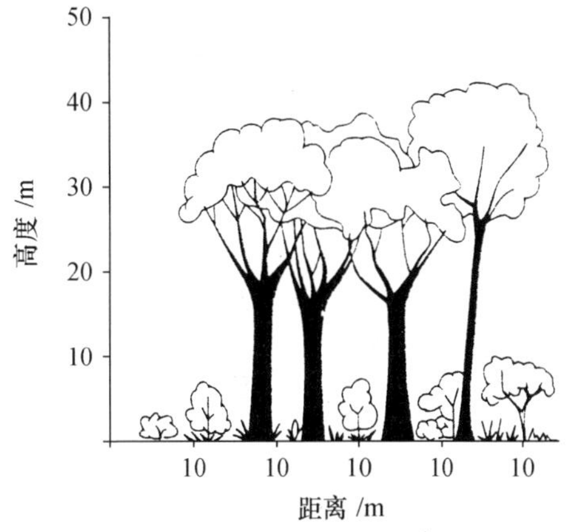

图 22-6　一个温带落叶阔叶林的垂直结构

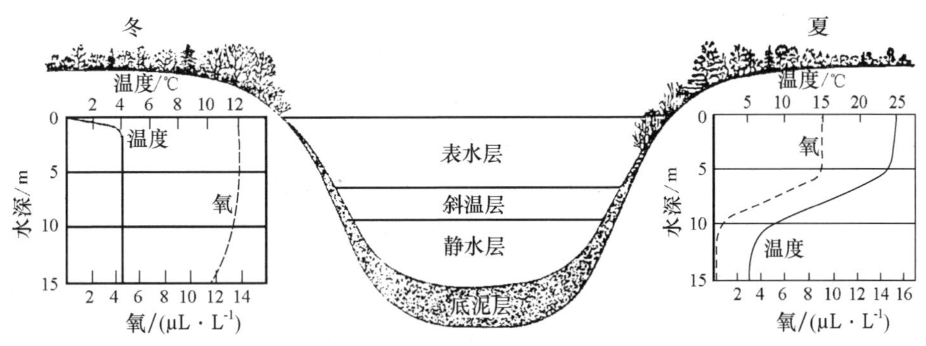

图 22-7　北温带湖泊的分层现象

夏季湖水温度和含氧量的垂直分布如右图所示；冬季如左图所示。在夏季，表水层（水温暖、含氧丰富且循环性强）与湖下静水层（水温低、含氧量少）是被完全隔离开的。它们中间是斜温层（水温和含氧量随深度的增加而急剧变化）

水）、斜温层（湖水温度变化比较大）、湖下静水层（水的密度最大，水温大约为 4℃）和底泥层等。表水层是浮游生物活动的主要场所，光合作用也主要在这里进行。动物、植物残体的腐败和分解过程主要发生在底泥层。

无论是陆地群落还是水生群落，从生物学结构的角度都可以把它区分为自养层和异养层。自养层的光线充足，生物具有利用无机物制造有机物的能力并可固定太阳能，如森林的林冠层、草原的草本植物层和海洋湖泊的动荡层。异养层只能利用自养生物所贮存的食物，并借助于最广义的捕食作用和分解作用使能量和营养物质得以流动和循环。

在群落垂直结构的每一个层次上，都有各自特有的生物栖息，虽然活动性很强的动物可出现在几个层次上，但大多数动物都只限于在 1～2 个层次上活动。在每一个层次上活动的动物种类在一天之内和一个季节之内是有变化的。这些变化是对各层次上生态条件变化的反应，如温度、湿度、光强度、水体含氧量的日变化和季节变化等；但也可能是各种生物出于对竞争的需要，例如，生活在热带干燥森林上层的鸟类，几乎每天中午都要迁移到比较低的层次上活动，迁移的目的是为了获得食物（因为昆虫迁到了下层）、躲避日光的强烈辐射以保持湿度。

一般说来，群落的层次性越明显、分层越多，群落中的动物种类也就越多。在陆地群落中，

动物种类的多少是随着植物层次的多少和发育程度而变化的，如果缺乏某一个层次，同时也会缺乏生活在那个层次中的动物。因此，草原的层次比较少，动物的种类也比较少；森林的层次比较多，动物的种类也比较多。在水生群落中，生物的分布和活动性在很大程度上是由光、温度和含氧量的垂直分布所决定的，这些生态因子在垂直分布上所显现的层次越多，水生群落所包含的生物种类也就越多。

植物之间竞争阳光是决定森林分层现象的一个重要因素，只要一种植物遮盖了另一种植物或是同一植物的一些叶片遮盖了另一些叶片，都会出现对阳光的竞争。农学家对这一问题研究得最为详尽，因为只要水分和营养物充足，阳光就会成为限制农作物产量的主要因子。优势植物不仅要有大量的叶片，而且叶片要配置在最有利的位置以便拦截阳光。在很多情况下，高高在上是拦截阳光的最有利位置。

在研究陆地群落的垂直分布时，有一个很重要的概念，这就是叶面积指数（leaf area index）。叶面积指数是指总的叶面积与地表面积之比值，如果叶面积指数是 2，那就是说在 1 m^2 地面上方的全部叶片的叶面积和为 2 m^2。当叶面积指数增加到一定程度的时候，最下面的叶片就会因得不到进行光合作用所需的最低光照而死亡。

当然，树叶不会完全排列在一个个水平层面上，当阳光穿过树冠时，会从一个叶片反射到另一个叶片。叶片的排列方式有两种极端情况：一种是单层排列，即所有叶片都排列在一个连续层上；另一种情况是多层排列，即叶片松散地分散在许多层面上。单层排列时，叶面积指数显然等于 1，这种排列方式在光线弱时最为有效，因此常发生在森林的下木层。多层排列在光照强时最为有效，因此应出现在森林的树冠层。Horn HS 于 1971 年曾在一个栎树山核桃林中，仔细测定过各层树叶的排列方式，证实了上述说法是符合实际情况的。他的计算结果是：树冠层树木的叶面积指数是 2.7，下木层树木的叶面积指数是 1.4，灌木层为 1.1，而地表层植物的叶面积指数为 1.0。

不同草本植物叶的生长高度差别很大，是什么进化因素决定着一个草本植物应当长多高呢？长得高的最大好处是可以拦截较多的阳光。草本植物生长在森林的底层，因此，它们的光合作用受到光照强度的很大限制。长得高虽可多吸收些阳光，但同时必须消耗更多的能量，建造支持组织，这其中就有一个经济权衡问题，即植物到底长多高才最合算。据模型预测：植物叶的相对生物量将随植物高度的增加而下降，而植物的生长高度则与森林中草本植物的盖度密切相关。盖度越大，植物长得越高；盖度越小，植物长得越矮。事实与上述预测是一致的。

同样，当阳光穿透一个水生群落时，光强度也会因水的吸收作用而急剧下降。生活在湖泊和海洋开阔水面的植物体积都很小，但它们的形状却有很大变化。浮游植物面临着陆地植物所没有遇到过的问题，即如何使自己漂浮在水中？大多数淡水浮游植物的密度都相当于水密度的 1.01～1.03 倍，所以当它们处于静水中时会缓慢下沉。浮游植物的不同形状多少会影响它们的下沉速度，例如，一个圆柱状的浮游植物就比一个同等体积的球状浮游植物下沉得更慢一些。

浮游植物通常是集中分布在淡水湖和海洋的表层水中（图 22-8），这种垂直分布可能是靠水的流动来维持的，因为水流可以抵消浮游植物的下沉趋势。

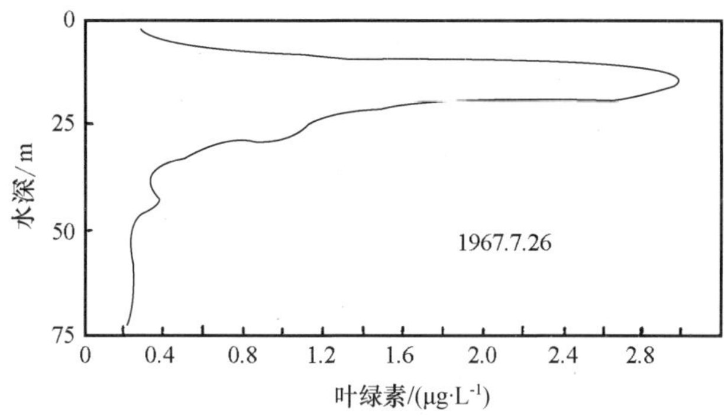

图 22-8　加利福尼亚沿岸太平洋表层水中浮游植物的垂直分布

浮游植物的密度是靠测定叶绿素的浓度确定的

浮游动物的分布可以扩展到湖泊和海洋较深的无光区，它们的垂直分布比浮游植物有更多变化，因为很多浮游动物都有游动能力，垂直分布不是固定不变的。很多浮游动物都有垂直迁移现象，通常是夜间从深水层迁移到表水层。也有少数种类是白天迁移到水的表层，但这种反方向的迁移比较罕见。迁移距离因种类不同而有很大差异。

磷虾每天垂直迁移达 100 m 以上已为人所共知。磷虾是海洋甲壳动物，是构成南极海洋食物链的主要成分，很多种鲸和重要的经济鱼类（如鲱和鲭）都以磷虾为食。磷虾常密集成很大的群体。大多数磷虾都有上下迁移的习性，主要是对光的反应。图 22-9 是苏格兰沿岸一种

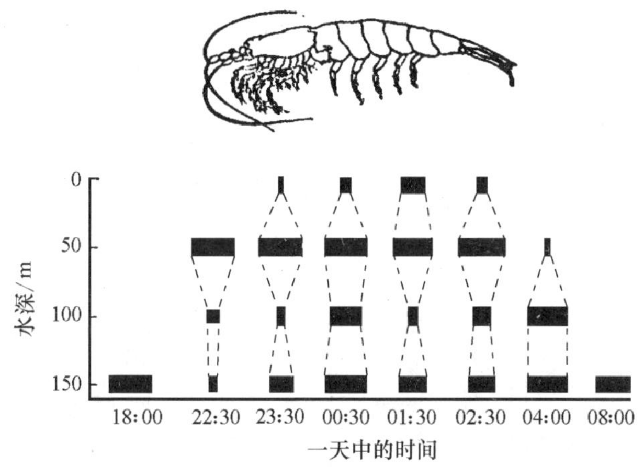

图 22-9　一种磷虾在苏格兰沿岸的日垂直迁移

测量时间（1957 年 7 月 22～23 日），黑棒长度表示捕捞量的比例

磷虾（*Meganyctiphane norvegica*）的垂直迁移，磷虾的迁移与光强度密切相关。夜晚黑暗降临时，它们游到海水的表层，白天则游向海水深层。这种迁移节律全年如此，因此夏季时，磷虾在表层水中停留的时间最短。磷虾的垂直迁移主要是靠积极的游动来完成的。磷虾向上迁移时速度为 $90\ \mathrm{m \cdot h^{-1}}$，向下迁移时速度可达 $130\ \mathrm{m \cdot h^{-1}}$。

光是浮游动物垂直迁移的直接诱因，但迁移对动物会带来什么选择上的好处呢？为了说明垂直迁移对水生动物的适应意义，曾经提出过好几种假说。首先，大多数浮游动物的食物都集中在水的表层，因此垂直迁移有利于增加食物的摄取量。这一假说对于所有动物可能都是

适用的,但问题是为什么浮游动物还要离开食物丰富的表层水向下迁移?为什么它们不留在表层水附近?

浮游动物垂直迁移的另一种假说是为了逃避白天在水域上层捕食的肉食动物。鲸类和鱼类都在水的表层捕食磷虾,因此,浮游动物向较深的水层迁移便能增加个体的生存和生殖机会。这一点通常被认为是浮游动物进行垂直迁移的主要原因,但它并不能解释所有情况,因为在有些情况下,浮游动物迁移到较深的水层后,会遇到许多新的捕食动物。

第三种假说认为垂直迁移是浮游动物进行散布的一种方式。如果表层水的流动速度与深层水不同的话,那么垂直迁移就会有利于浮游动物占领那些尚未被占有的小生境。但不利于这一假说的事实是垂直迁移总是不停地在进行,即使未被占领的小生境全被占领后,垂直迁移也不会终止。可见,垂直迁移虽然有助于种群散布,但似乎并不是它的最终原因。

1974 年,Mclaren IA 认为垂直迁移对浮游动物的好处是:当动物迁入冷水层时,由于新陈代谢降低而获得发育上的好处。Mclaren 曾观察到,在冷水中生长发育的浮游动物,其个体一般比较大,而个体比较大的动物通常产卵数目比较多,因此自然选择将倾向于对迁移个体有利而对非迁移个体不利。这一假说虽然具有一定的吸引力,但同样不能解释所有的垂直迁移现象。1976 年,Swift MC 曾从能量学的角度深入地研究了幽蚊(*Chaoborus trivittatus*)的垂直迁移,结论是使能量净收入增至最大的最好对策是留在水的表层而不作垂直迁移。

真宽水蚤(*Eurytemora hirundoides*)是食浮游生物鱼类的重要鱼饵,生殖雌蚤(体长 1.7 mm)带有一个卵囊(内含 10～20 粒卵),由于卵囊较大和卵色鲜艳,因此易被捕食者发现。1983 年,Vuorinen IM 提出:如果真宽水蚤的垂直迁移是为了逃避捕食者的捕食的话,那么带卵雌蚤和非带卵雌蚤的垂直分布就应当有所不同。图 22-10 是真宽水蚤雌蚤的垂直分布图,从图中可以看出,带卵囊的雌蚤几乎从不出现在离水面 20 m 以内的表水层内。由于深水层的水温较低,卵在此处的发育时间要比在表水层长 3 倍,因此种群增长必然要减慢,也许这就是为了逃避表层水中鱼类的捕食所付出的代价。

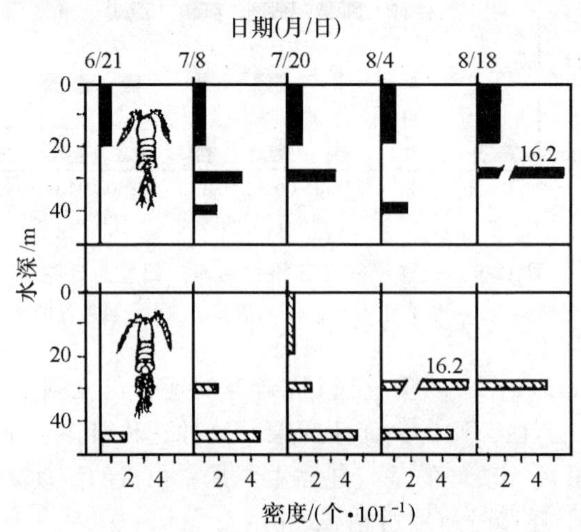

图 22-10　真宽水蚤雌蚤于1977年夏季在波罗的海的垂直分布

上图是非生殖雌蚤的分布,下图是带卵囊雌蚤的分布(仿 Vuorinen IM 等,1983)

垂直迁移对浮游动物可能有很多好处,因此单从某一个方面考虑可能是不全面的。通常认为,像垂直迁移这类现象,由于存在于许多生境和大量物种之中,它必然会有极大的选择优势。普遍现象之所以普遍,可能是因为它有着许多进化方面的好处,而不是单一的好处。因此,逃避捕食可能是垂直迁移的主要原因,但不是唯一的原因。

第四节 群落的季节性

群落随着季节的更替而呈现出明显的变化,因此任何群落的结构都是随着时间而改变的。陆生植物的开花具有明显的季节性,各种植物的开花时间和开花期的长短有很大不同。1976年,Heinrich B曾在美国缅因州中部的3个不同生境内,耐心地对所有常见植物的开花季节作了详细的记录:生长在沼泽地上的草本植物在整个夏季陆陆续续都有植物开花;而生长在森林中的草本植物集中在春季树叶萌发前开花;在遭受过人为干扰的生境内,草本植物大都在夏季的中期(盛夏)开花。在这3种生境内,草本植物开花期的长短也有很大差异。沼泽地草本植物的开花期平均为32天;森林草本植物的开花期平均为18天;受干扰生境内,草本植物的开花期平均为45~55天。

植物的花朵常常要依靠动物来传粉,因此植物和传粉动物之间的协同进化过程也决定着群落的季节性。植物和传粉动物都能从它们的相互关系中得到好处。植物以花粉和花蜜为动物提供了食物,而传粉动物则促进了植物的异型杂交(远交),使各种遗传物质得到融合。

植物的开花时间是在各种植物争夺传粉动物的自然选择压力下形成的,因此沼泽植物在整个生长季节陆陆续续都有不同的植物开花,但是每一种植物的开花时间都很短;生长在森林底层的草本植物开花时间就更短,因为传粉昆虫不喜欢在缺少阳光的森林底层活动,因此可供植物利用的开花季节就很短,一般是在春天树叶萌发之前;在受干扰的生境内,群落成分不是在进化中自然形成的而是来自四面八方,所以植物的开花时间就比较长,彼此互相重叠,为吸引传粉动物而进行激烈竞争。植物在进化过程中形成一定的开花期,有利于增加它们异花授粉的机会,同时也会减弱植物之间为争夺传粉动物而进行的竞争。

如果植物之间为争夺授粉昆虫而进行的竞争能够影响植物开花期的话,那最好的证据就要从各种植物开花期的比较研究中来获得。1978年,Waser NM研究了两种最常见的多年生植物(飞燕草 *Delphinium nelsoni* 和 *Ipomopsis aggregata*),蜂鸟和蜜蜂常到这两种植物的花上采蜜,如果排除了动物的来访,种子产量就会下降。图22-11是这两种植物的开花物候学。从图中可以看出,这两种植物的开花期只有很少的重叠,Waser认为这是由于存在着一种避免种间授粉的选择压力。当两种植物同时开花时,蜂鸟就会从一种植物的花飞到另一种植物的花。实验证实,在两种植物之间进行人工异花授粉会使 *Ipomopsis* 的种子产量减少约25%。在自然种群中,两种植物在开花重叠期的种子产量大约减少30%~45%。这些多年生植物为了争夺传粉动物而进行竞争,自然选择则借助于使开花期尽量不重叠而减少种间传粉。

动物为植物传粉是为了获得能量,因此,传粉动物的能量收支的效益对植物花朵形态的进化有着重要影响。花朵以一定的速率生产花蜜,而传粉动物又以一定大小的身体来适应为某一些植物传粉。像蜂鸟、蝙蝠和大蛾这么大的传粉动物一般要比小的传粉昆虫需要更多的能量。传粉动物在访花活动中所消耗的能量必须同它们从花朵中所摄取的能量保持平衡。如果

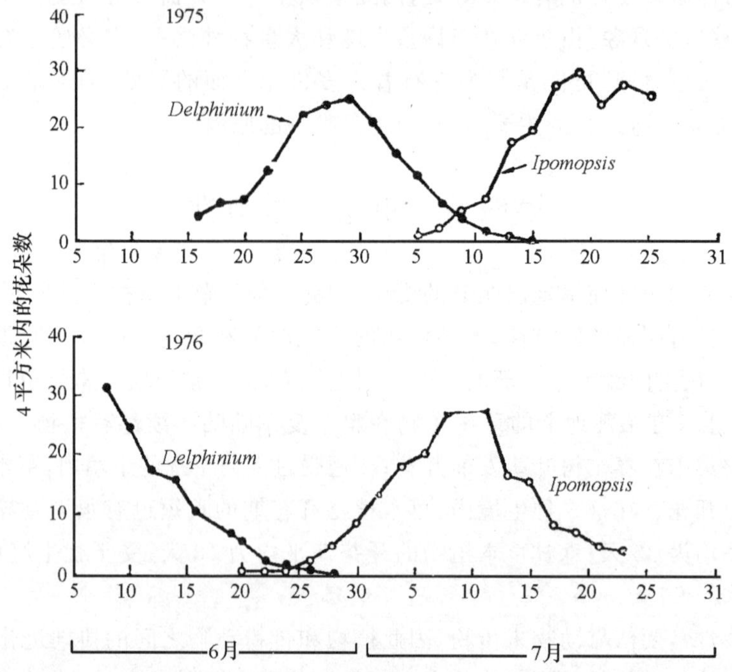

图 22-11　两种多年生植物(*Delphinium nelsoni* 和 *Ipomopsis aggregata*)的开花物候学

蜂鸟和蜜蜂为它们传粉,自然选择将减少它们开花期的重叠

花朵之间的距离加大,那么传粉动物为每朵花授粉所消耗的能量就会增加。此外,在北极地区温度较低的条件下,传粉动物对能量的需要也会增加。

人们通常认为在热带地区没有季节现象,其实这种看法是错误的,它只从温度条件着眼,而忽视了很多生物学现象。在很多热带地区,降雨是一个关键的生态因子,旱季和雨季的交替对群落结构有着强烈影响。1974 年,Frankie GW 及其同事在哥斯达黎加研究了两个森林生境的物候学：一个是湿地森林生境,那里长满了热带雨林,全年雨量充沛,每个月都有一定的雨量,树木全年常绿;另一个是旱地森林生境,那里旱季和雨季交替,生长的是热带落叶林。

在湿地热带雨林中也有季节落叶现象,但是不像在旱地阔叶林那样明显(图 22-12)。热带雨林的落叶情况依树种而不同,一般说来,上层树种有较明显的季节性落叶和长叶现象,而下层树种季节性表现不明显,而是全年陆续不断有旧叶脱落和新叶萌发。

在湿地热带雨林中,树木的开花也有两种类型。长时间开花的树种大约占 40%,开花期平均为 5～6 个月;季节性开花的树种大约占 60%,平均开花期为 6～7 周。在湿地热带雨林中,全年都有树木在开花;但是在旱地森林中,开花主要集中在旱季。旱地森林大约只有 10%的树种是长时间开花树种,季节性开花树种共有 59 种,它们集中在旱季陆陆续续地开花,尽量避免使各树种开花期发生重叠,因为它们全都依靠动物传粉。

在中美洲的热带落叶林中,树木也主要是集中在旱季开花和结实,这是在强大的自然选择作用下形成的。对树木来说,在旱季开花有很多好处——传粉昆虫喜欢在干燥晴朗的天气活动;旱季树叶比较少,花朵更容易被远处的昆虫看到;雨水少,有利于在地下营巢的蜜蜂生存和繁殖。因此,在热带森林群落中,旱季有利于增加传粉动物的数量和增强它们的活动性。

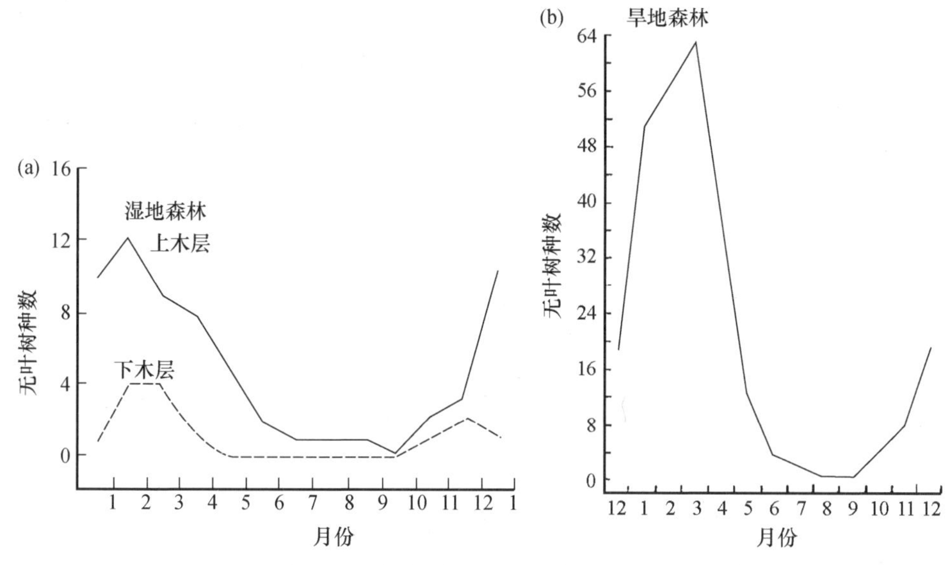

图 22-12　湿地森林(a)和旱地森林(b)树木落叶的周期现象

两个森林生境都有季节性落叶，但在旱地森林表现极为明显

由此可见，即使是在热带雨林中也存在季节性，了解并测定这种季节变化对于分析群落结构是很重要的。

第五节　群落中的关键种、优势种和物种多样性

一、关键种

如果一个物种在群落中占有独一无二的作用，而且这种作用对于群落又是至关重要的，那么这个物种通常就被称为关键种(keystone species)。因为关键种的活动决定着群落的结构，如果把它们从群落中移走，其作用就显而易见了，这也是识别关键种的最简便方法。海星(*Pisaster ochraceous*)是北美西海岸潮间带岩石群落的一个关键种，如果把海星从这个群落中移出，那么贻贝(*Mytilus californianus*)就会独占这一空间，并把附着在这里的其他无脊椎动物和藻类全部排除掉。贻贝的生态优势使它能够非常有效地竞争潮间带的空间。海星的捕食作用可以消除贻贝的竞争优势，使其他物种得以在此立足，利用贻贝所让出的空间。但是，海星也无法将贻贝完全排除，因为当贻贝长得太大时，海星就不能以它为食了，这种有限捕食又为贻贝提供了避难机会，这些个体较大的贻贝能够产出大量的受精卵。

龙虾是加拿大潮线下群落的又一个关键种。这种龙虾曾遭渔民大量捕捞，因而使生活在这里的球海胆(*Strongylocentrotus droebachiensis*)数量大增。球海胆是植食性的棘皮动物，可控制藻类的分布。球海胆种群数量的大量增加曾导致海带(*Laminaria*)和翅藻(*Alaria*)的消失，出现大面积的无藻区。可见，龙虾的捕食活动是维持潮线下群落结构的一个关键因素。

非洲象也是一个关键种。它是一种广食性的植食动物，以各种植物的嫩芽嫩叶为食，非洲象的取食活动使灌木和小树难以生长起来，成熟的大树也常因非洲象啃食树皮而发生死亡，因此非洲象的存在有利于把林地转变为草原。侵入林地的草本植物越多，火灾也就越频繁地发

生，这就更加速了林地向草原的转化过程。这种转化显然有利于其他各类食草有蹄动物的生存。

海獭一度是太平洋东海岸的常见海洋哺乳动物，它对保持近海海洋群落结构起着至关重要的作用，因此也被认为是一个关键种。海獭主要以海胆为食，海胆如果失去了海獭对它们的数量控制，它们的种群就会发展得过大，因而会过量消耗它们的食物资源——海藻。在潮线下群落的实验样方中，如果把海胆的作用排除，海藻很快就能在这里定居，海带（*Laminaria groenlandica*）渐渐就会成为这里的优势种。重新引入海獭也能导致海藻数量的大量增加，并因此使鱼类的数量也会随之增加。海胆数量一旦减少，海獭就不得不把更多的时间用于捕食，因为作为替补食物的鱼类比海胆更加难以捕捉。19 世纪对海獭的过度捕猎，严重地影响了潮线下群落的组织结构，使海藻生物量大大减少。当海獭种群受到保护并重新出现在太平洋沿岸时，情况就发生了逆转，海洋中又出现了密密的海藻层。

在自然群落中，关键种是比较稀少的。也许它们并非稀少，只是未被认识到。目前，还没有发现有太多的陆地群落是受关键种所控制的；但在水生群落中，关键种则较为常见。

二、优势种

群落中的优势种（dominant species）对群落中其他物种的发生具有强大的控制作用。优势种的主要识别特征是它们的个体数量多（或生物量大），而且通常是指对某一个营养级而言。例如，糖槭是北美东部顶极森林群落中的优势树种，它的数量之多对该森林群落的自然条件有着决定性的影响。

优势度（dominance）的概念在群落生态学中早已提出来了，这一概念常与物种多样性的概念相关，有些用来测定物种多样性的量度也可以用来表示优势度。我们可以把一个简单的群落优势度指数表示为

$$\text{群落优势度指数} = \text{两个多度最大物种对群落总多度贡献的百分数}$$
$$= 100 \times \frac{y_1 + y_2}{y}$$

其中，y_1＝多度最大物种的多度；y_2＝多度较次物种的多度；y＝群落中全部物种的总多度。上面所说的多度（abundaece）可以用种群的密度、生物量或生产力表示。用群落优势度指数来描述的优势度通常是同物种多样性成反比的，即物种多样性越大，优势度就越小。

如果优势度在任何情况下，总是同物种多样性密切相关，那我们就只需要有物种多样性的概念就够了，而无需再去谈论优势度。有证据表明，优势度并不总是同物种多样性联系在一起的。Fager EW（1968）曾研究过英国一个栎树森林底层正在腐烂的栎树倒木上的无脊椎动物群落：倒木上有两个多度最大的物种，它们的个体数量约占群落总个体数的一半，第三个多度较大的物种其个体数量约占余下数量的 25%。栖息在倒木上的动物个体数量越多，倒木所含有的物种总数目也就越多，但余下的这些物种都属于非常见种，而且物种多样性越高，优势度就越低的这种关系表现得不太明显。

通常认为优势种都占有竞争优势，并能通过竞争排除来取得它们的优势。另外，优势种也常常在群落中占有持久不变的优势。例如，在一个以山毛榉和甜槭占优势的落叶林中，极不可能发生稀有种（如黑胡桃和白桦树）转化为优势种的事件。但在有些群落中，优势种似乎主要是由机遇来决定的。例如，上面我们刚讨论过的栎树倒木，这种倒木总是有一种优势——无脊

椎动物栖居其中，但是，对任何一根倒木来说，哪一种无脊椎动物在其中占有优势则是不能预测的。在栎树倒木中所发现的 108 种无脊椎动物中，至少有 48 种曾作为优势种被记载过，但没有一种能在每一根倒木中都成为优势种。原因是优势种的确立在很大程度上取决于谁先到达那里，因此栎树倒木中的物种成分有很大的随机性。

湖泊的富营养化常常会改变浮游植物群落的优势度结构。湖泊的这种人为"施肥"对生活在湖泊中的常见种一般不会产生太大影响，但却能使原来的稀有种数量很快增加，直到发展为优势浮游植物为止。1968 年，Dickman M 对 Marion 湖的研究表明，在富营养化实验期间，构成浮游植物群落的物种数目并没有发生变化（每 200 mL 取样中，保持 50 种左右），另外也无法预测将有哪些稀有种会因富营养化而演变为优势种。

以上这些实例表明，优势的取得可能是靠以下 3 种方法：第一种，最早到达一个新资源地（如一根腐木）的物种能迅速增加数量，并在与其他物种发生竞争以前就取得数量优势；第二种取得优势的方法是专门利用资源中分布较广且数量丰富的部分，这种类型的优势种往往是高度特化的；第三种则是尽可能广泛地利用各种各样的资源，这样的物种往往是泛化种，而不形成对某些资源的特殊适应。在这种情况下，如果资源发生短缺，竞争就会非常激烈，一个最为泛化的物种只有凭自身的竞争优势才能成为优势种。

目前对水生群落优势度的研究较为详细。在温带地区很多湖泊的浮游动物群落中，当没有鱼类存在时，较大的浮游动物占优势；当有鱼类存在时，则较小的浮游动物占优势。1965 年，Brooks JL 和 Dodson SI 在把一种西鲱鱼（*Alosa pseudoharengus*）引入 Crystal 湖以后，观察到了这种现象。他用大小-效率假说（size-efficiency hypothesis）来解释湖中浮游动物群落所发生的变化，该假说根据以下两点假定：① 开阔水域中所有植食性的浮游动物都争食微小的单细胞藻类（1～15 μm）；② 较大的浮游动物比较小的浮游动物能够更有效地取食微小藻类，而且大浮游动物能够取食小浮游动物无法利用的较大藻类。根据这两点假定，Brook 和 Dodson 作了以下 3 点预测。

（1）在捕食强度很弱或无捕食的情况下，大浮游动物（枝角类和桡足类）将把小浮游动物完全排挤掉，因此大浮游动物将在群落中占有优势；

（2）在捕食强度很大的情况下，捕食者将会把大浮游动物排挤掉，而使小浮游动物在群落中占有优势；

（3）在捕食强度适中的情况下，捕食者的捕食活动将会减少大浮游动物的数量，从而不致使小浮游动物因竞争而被排除。

可见，浮游动物之间的竞争会导致群落中的大浮游动物占优势，而捕食性鱼类的存在则会导致群落中的小浮游动物占优势。以上 3 点预测同前面所讨论的关键种的概念是一致的。

大小-效率假说的 3 点假定虽然较适当地描述了许多湖泊中的浮游动物分布状况，但它们至今还未得到充分的验证。鱼类主要捕食比较大的浮游动物，但浮游生物中的无脊椎动物捕食者则主要猎食比较小的浮游动物，所以在没有鱼类的湖泊中，大浮游动物占优势或者是因为它们有较强的竞争能力，或者是因为小浮游动物受到了无脊椎动物捕食者的选择性捕食。

我们可以在实验室中，采用人工小群落来检验上述假说中的某些假定。1975 年，Neill WE 在实验室中，创建了一个由藻类和浮游动物组成的小群落，并作了两种不同的处理。第一种处理是在人工小群落中排除捕食作用，第二种处理是在人工小群落中引入鱼类捕食者（1 或 2 条）。如果把专吃大浮游动物的食蚊鱼（*Gambusia affinis*）引入人工小群落（每周两次，每次

45 min)，则使小群落中数量最多的大浮游动物网纹水蚤(*Ceriodaphnia*)大为减少，网纹水蚤的减少将导致另外3种浮游动物出现在该群落之中。无鱼小群落(对照群落)的情况则刚好与大小-效率假说所预测的结果相反，始终是较小浮游动物(锐额水蚤 *Alonella* 和小形网纹水蚤)的数量多于较大浮游动物(水蚤 *Daphnia*)的数量。小浮游动物之所以占优势，其原因主要是它们在发育的早期专门以一定大小的单细胞藻类为食。浮游动物之间的竞争在早期发育阶段最为关键，那时只有小型单细胞藻类可以被利用。此外大小-效率假说所预测的，"浮游动物的竞争能力与身体大小呈简单相关"的规律，也不可能出现在所有的种类中。

鱼类的捕食作用对浮游动物群落结构的重要影响现在已被确认，但人们对浮游动物之间取食关系的竞争性质还不十分了解。在有些池塘和湖泊中，虽然没有鱼类生存，但其中的小浮游动物却占有优势。因此，生态学家还需要对不同大小浮游动物的取食对策作进一步的研究。

可见，优势度是群落组织的一个重要方面，优势种的特征不仅对群落的结构和群落中物种间的相互关系有重要影响，而且还影响着群落的稳定性。

要想找出哪些物种是优势种，并不容易。在一个群落中，优势种可能是那些数量最多、生物量最大、预先占有最大空间和对能流和物质循环贡献最大的物种，或者是那些借助于其他方法对群落中其余物种能够加以控制和施加影响的物种。有些生态学家很强调优势种的数量优势，但是对于优势种来说，仅仅数量很多是不够的。例如，有些植物在群落中极为常见，但它们对群落整体的影响却很小。在森林中，下木层的树木在数量上可能占有优势，但群落的性质却不受它们的控制，而是取决于少量覆盖在它们之上的那些大树。在这种情况下，优势度并不取决于数量，而是取决于生物量或底面积。

优势种的个体数量可以很少，但借助于它的活动性能够控制群落的性质。例如，一种捕食性的海星(*Piaster*)猎食其他多种海星，它的存在有利于减少各种海星之间的竞争，从而可以使它们维持共存。如果将捕食性海星排除，其他许多种被猎食的海星就会随之消失，其中之一就会成为优势种。

从能流和物质循环的角度看，优势种也不一定是群落中最重要的物种。有时，优势种是属于那些能够抢先占有潜在生态位空间的物种。例如，在一个栎-板栗林中，如果板栗因患枯萎病死亡，板栗在群落中的位置就会被栎树和山核桃所取代。

虽然优势种常常会影响到其他营养级中的各个种群，但优势度必定与占有同一营养级的那些物种相关，在那些具有相似生态要求的所有物种中，毕竟只能有一个物种或一个小的物种群取得优势。其中一个或几个物种因它们比处于同一营养级的其他物种更能有效地利用环境资源而变成优势种。从属种之所以能够同时存在，是因为它们能够占有优势种所不能有效地占有生态位。优势种常常是泛化种，具有很广的生理忍耐性，而从属种(subdominants)对环境的需求往往趋于特化，它们的生理忍耐性较窄。

任何一个物种所表现出来的优势度常常同群落在一个物理或化学梯度上所占有的位置有关。例如，在湿度梯度的某一特定点上，物种A和物种B可能是优势种；但如果该梯度渐趋干燥，物种B可能就会转化为从属种，而它的位置则可能被物种C所取代。富营养化也可以改变群落的结构。一个湖泊在接受大量污物排入以前，可能以多种多样的硅藻为主；但当湖泊富营养化以后，贫营养的硅藻就会消失，并代之以少数种类的蓝绿藻，这些藻适宜于在富含营养物质的水中生长。

为了确定物种的优势度，生态学家曾使用过几种方法：① 测定物种的相对多度，即把所测物种的个体数量同所有物种的个体总数相比较；② 测定物种的相对优势度，即一个物种所占有的底面积(basal area)与总底面积之比值；③ 测定物种的相对频度(relative frequency)。生态学家常常把这 3 种方法结合起来应用，以便确定每一个物种的重要值(importance value)。事实上，群落中大多数物种的重要值都不会很高，因而少数重要值很高的物种就可以被看成该群落的指示种(guiding species)。

三、群落中的物种多样性

多样性(diversity)是指一次采样中，成员间的多样化(或差异)程度，例如一个种群在年龄结构、发育状态和个体的遗传构成上可能是多种多样的。在生态学上，多样性通常是指物种多样性(species diversity)，它是以一个群落中物种的数目及它们的相对多度为衡量的指标。物种多样性的含义既包括现存物种的数目(即物种的丰度 richness)，又包括物种的相对多度(即均度)。

1. 几种多样性指数

表 22-5 给出了 4 种假定的群落，并用几种不同的多样性指数对各群落的多样性进行了计算。群落多样性通常是靠测定物种的多度分布来决定的，P_i 代表第 i 个物种的个体数量与群落中其他物种总个体数量之比值，也可采用生物量和生产力为比较单位。表 22-5 给出了如下 4 种群落：① 物种的多度和均度都很低；② 物种的多度低但均度高；③ 物种的多度和均度都很高；④ 物种的多度高但均度低。从表 22-5 中可以看出，各种多样性指数对物种丰度和均度的敏感程度差别很大，生态学家比较常用的多样性指数是 H'、S 和 J。其中

$$H' = -\sum_{i=1}^{S}(P_i)(\ln P_i)$$

式中：P_i 表示第 i 个物种的个体数量与群落总个体数量之比，也可采用生物量和生产力为比较单位。多样性指数 H' 是根据信息论建立的。最初通讯人员用其预测在一段电文中，下一个字母可能是什么，因此该指数表示一种不确定性程度。H' 值越高，不确定性程度就越大，即下一个字母与前一个字母相同的可能性就越小；H' 值越低，不确定性程度就越小。例如，在一个多样性很低的森林中(84%的树木是红松)，在下一次树木的随机取样中取到红松的机会就很大。但是在一个多样性很高的森林中，下一次取样取到红松的机会就会大大减少。

表 22-5　几种最常用的多样性指数计算实例

	群落			
	1	2	3	4
物　种				
A	50	20	39	35
B	4	20	39	33
C	5	20	39	30
D	21	20	39	234
E			39	23
F			39	28
G			39	21
H			39	26

续表

	群落			
	1	2	3	4
I			39	16
J			39	19
K			39	2
L			39	1
$\sum$	80	80	468	468
多样性指数				
S（物种丰度）	4	4	12	12
$H'=-\sum P_i \ln P_i$（信息指数）	0.97	1.39	2.48	1.80
$J=H'/\ln S$（物种均度）	0.70	1.00	1.00	0.73
$e^{H'}$	2.63	4.00	12.00	6.06
$\sum(P_i)^2$（Simpson 指数）	0.47	0.25	0.08	0.28
$\frac{1}{\sum(P_i)^2}$（Simpson 反指数）	2.15	4.00	12.00	3.59
$S/(\log P_i-\log P_s)$（Whittaker 指数）	3.65	0.00	0.00	5.06
$1-(\sum P_i^2)^{1/2}$（Mclntoson 指数）	0.32	0.50	0.71	0.47

多样性指数 H' 以其提出者的名字命名，又叫 Shannon-Wiener 指数。该指数虽然直接与物种的数目相关，但稀有物种的计数显然要比常见物种少。正如计算公式中所表明的那样，H' 值大致是同物种数目的对数值成比例的。但为了更加方便起见，也可以修订该指数的尺度，以便让它直接与物种的数目成比例。因此，我们可以以指数函数的形式表示 H'，即 $e^{H'}$。

下面我们举例说明这个最常用的多样性指数的应用。假定一个群落是由 4 个多度相等的物种所组成的，那么每一次取样 P_i 所占的比例都是 0.25，即 $P_i=0.25$。因此，$P_i \ln P_i=0.25\times(-1.386)=-0.347$。4 个物种该项值的累加就是 $-H'$，可见 $H'=1.386$，$e^{H'}=4.00$。如果再增加 1 个物种，而且与其他 4 个物种的多度相等，那么每个物种的 P_i 值都是 0.20，而 $\ln P_i=-1.609$，相应的 $P_i \ln P_i=-0.322$；$H'=1.609$ 和 $e^{H'}=5.00$。假定这第五个物种比其他 4 个物种在数量上少得多，使 $P_5=0.04$，则其他物种的 P_i 就会是 0.24。在这种情况下，$H'=1.499$，$e^{H'}=4.48$。如果第五个物种的个体取样数只占总取样数的 0.1%，即 $P_5=0.001$，此时，$H'=1.393$；$e^{H'}=4.03$，也就是说，第五个物种对多样性指数几乎不起作用。

物种多样性不仅可用来比较某一特定区域内的相似群落或生境，而且也可用于研究全球的生态系统。从赤道到北极，人们会发现动植物的种类将逐渐减少。例如，在哥伦比亚营巢的鸟类有近 1395 种，由此往北到巴拿马，营巢鸟类就减少到了 630 种，再往北的佛罗里达又减少到 143 种，到纽芬兰就只有 118 种，而格陵兰只有 56 种了。这种情况也适用于哺乳动物、鱼类、蜥蜴类和树木。总之，随着气候由暖到冷，物种多样性将逐渐降低。

但是，物种多样性不仅是沿着从赤道到北极的纬度梯度发生变化。在海洋中，从大陆架（那里食物丰富，但环境多变）到深水区（那里食物较少，但环境稳定），物种多样性通常会随之增加（图 22-13）。山地一般比平原具有更多的生物种类；半岛同与其相连的大陆相比，生物种类通常较少。小的岛屿或离大陆较远的岛屿与大的岛屿和大陆相比，生物种类也比较少。岛屿上的物种数目主要取决于岛屿上物种的置换率和到达一个岛屿的物种能够生存多长时间。因为在平衡的条件下，迁入率和灭绝率保持平衡，所以，人们只要知道一个岛屿的大小和它与大陆之间的距离，就能够对岛屿的物种多样性作出预测。

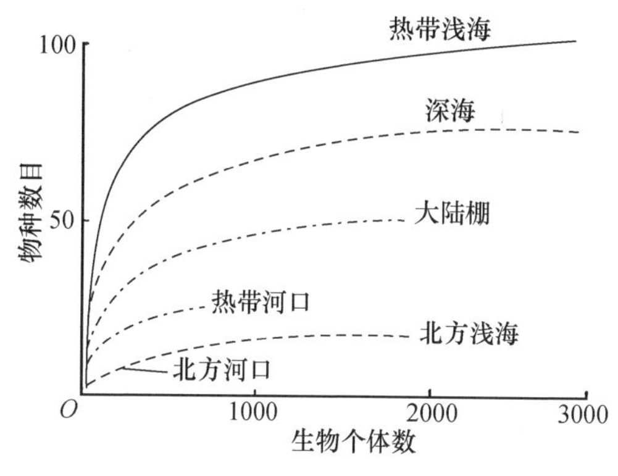

图 22-13　在不同海洋环境中，多毛类和瓣鳃类动物的物种数目与个体数量之间的关系

2. 几种相关理论

人们曾提出过很多理论来说明为什么热带群落比温带群落含有更多的物种和为什么一个岛屿比另一个岛屿生物种类更丰富。现将这些理论简要介绍如下。

(1) 进化时间理论。该理论认为，群落中的物种多样性与群落的年龄有关。在进化意义上，一个年龄较老的群落将比一个年龄较轻的群落具有更大的物种多样性。同温带群落和北极群落相比，热带群落存在的时间更为悠久，而且演变和多样化的速度比较快，原因之一是热带群落所处的环境比较稳定，灾变性气候变化较少。有些事实对这一理论提供了有力支持，例如，采自北半球白垩纪的浮游有孔虫化石，显示出了由赤道到北极种类递减的趋势，这同现今尚存有孔虫所表现出的趋势是一致的。

就较短的时间规模来说，相应地有所谓生态时间理论。这个理论的主要依据是一个物种需要一定的时间才能进入适宜生境未被占有的地域。对于很多物种来说，由于没有足够的时间进入温带地区，因此，使温带地区现在所生存的物种数目并未达到饱和状态。有些物种未进入温带地区是因为存在着分布的地理障碍，一旦地理障碍消失，这些物种就会进入温带地区；有些物种则已经从热带地区分布到了温带地区，如非洲的牛白鹭经过南美洲到达了北美洲，而犰狳的分布也在向北推移。

(2) 空间异质性理论。该理论认为，自然环境越复杂、异质性越强，该地区的动植物区系也就越复杂越多样化。地势起伏越是多变，植被的垂直结构也就越复杂；群落中所包含的小生境类型越多，群落所能容纳的动植物种类也就越多。这一理论受到下述事实的支持，即群落垂直分层越多越复杂，群落中鸟类的种类也就越多。

(3) 气候稳定性理论。该理论认为，环境越是稳定，现存动植物的种类就越多。就地球的所有地区来讲，热带地区一直是最稳定的地区，相对说来，它很少受到严酷环境条件的影响，而严酷的环境条件对生物种群的影响往往是灾难性的。在热带自然条件下，自然选择有利于生物发展狭窄的生态位和特化的取食习性。由于每一个物种都只利用总环境资源中很小的一部分，所以在具有稳定气候的地区就能同时容纳更多的动植物种类生存。在高纬度地区，气候条件是严酷的，而且气候多变难以预测，在这样的条件下，自然选择较有利于生物发展较宽的生态位，即忍受环境变化的幅度较大，并具有泛化的取食习性。

(4) 生产力理论。生产力理论与气候稳定性理论密切相关，是 Connell JH 和 Orias E 于 1964 年提出来的。简单说来，该理论主张一个群落的多样性高低决定于通过食物网的能流量，而能流速度又受有限生态系统和环境稳定程度的影响。

如果假定自然环境的稳定性有所增加，那么随着环境稳定性的增加，生物就需要较少的能量来调节其活动，而把较多的能量用于净生产，净生产量的增加则能维持群落中有更多更大的种群生存。大种群比小种群有更多的遗传变异性，因而可以增加种间组合的机会。单位面积的生产力越高，动物的活动力和活动范围就越小，这就有利于物种分解为许多处于半隔离状态的种群，并导致产生更大的种内遗传变异，促进物种的形成过程。特别是当半隔离种群处在新环境中时，任何新发生的物种往往更为特化，种群也比较小。

在群落进化的早期阶段，正反馈将会增加物种形成的速度，结果会导致更快的物质循环和使净生产力增加。随着物种数目的增加，食物网就会变得更加复杂，而群落将变得更为稳定。但是，过度特化和使每个物种拥有许多小种群的趋势常常会降低群落的稳定性，并可作为一种负反馈影响整个系统。

生产力理论实际上是说生产的食物越多，物种多样性也就越高。一般说来这可能是对的，但例外情况也不少。例如，在一些水体生态系统中，因富营养化而引起的生产力增加常常会导致物种多样性下降；又如，在生产力低的海底区域往往比生产力高的海域具有更高的物种多样性。

(5) 竞争理论。该理论认为，在恶劣的自然环境中，例如，在严寒的北极和年温度波动很大的温带地区，自然选择主要是受气候因素所控制；而在温和的气候带，生物间的竞争对物种的进化和生态位的特化更为重要。

(6) 捕食理论。1966年，Paine RT根据他对潮间带岩栖动物的研究提出了捕食理论。由于在热带地区比任何其他地区都拥有更多的捕食者和猎物，所以捕食者常常把猎物种群压制在很低的水平上，以至于能大大削弱猎物种群彼此之间的竞争。捕食理论认为，群落构成越是多样化就越能维持较大比例的捕食者生存，而捕食者在调节猎物数量方面是很有效的，这一点对所有营养级(包括初级生产者)都是适用的。Jansen DH(1971)曾确认在热带地区的确是这样，由于以种子为食的动物常常聚集在生产种子的树木周围，所以种子的死亡率在种子产源最大，而种子被漏食的概率将随着同种子产源距离的加大而增加。

(7) 稳定性-时间理论。1968年，Sander HL把环境稳定性理论同进化时间理论结合起来提出了另一个理论，即稳定性-时间理论。该理论认为存在着两种明显不同的群落类型，一类群落主要受自然因素(如气候等)调控，另一类群落则主要受生物因素调控。

在受自然因素调控的群落中，由于自然条件的波动，生物将经受生理压力，迟早会产生各种适应机制，以便适应这些自然条件。但至少生物会在一定时间内，经受巨大的生理压力，使其生殖和存活的机会大大下降，这样便会导致群落的物种多样性较低。多样性低的环境又可区分为3类：① 定居生物不断增加的新环境，但这些定居生物要经受环境压力；② 严酷环境，环境的很小变化(如温度或盐度的增加)就有可能引起生物的全部死亡；③ 不可预测的环境，此类环境性质围绕着平均值变化很大，而且难以预测。环境的广泛波动对生物种群形成了极大压力。

在受生物因素调控的群落中，自然条件在相当长的一个时期内是相对均一的，而且自然因素不是控制物种的关键因素。进化的重要因素是种间竞争，一个物种将适应另一个物种的存在，并同它共同分享自然资源。环境有较强的可预测性，而生物的生理忍受力较低。在这样的环境中，物种的多样性很高。

但是应当指出的是，没有一个群落是完全受自然因素调控或完全受生物因素调控的。通常，群落是受这两种因素相互作用的影响。在生物所受生理压力一直很小的场合下，将会形成一个受生物因素调控的群落。但是随着生理压力的增加(由于自然环境的波动性增大)，群落将会从一个受生物因素调控的群落转化为一个受自然因素调控的群落，物种数目会沿着压力梯度逐渐减少。当压力太大或自然条件变得太严酷时，便不再有任何生物生存。

以上这些理论虽然引起了人们的兴趣，但是却难以在田间对它们进行检验，也难以把它们纳入数学模型加以验证。尽管如此，人们还是相信物种多样性可能同多种因素相关，如生境结构、小生境的多寡、自然环境的性质、气候、食物和营养物的供应以及时间因素等。

第六节　群落中物种的相对多度

在一个群落中，有些物种的个体数量很少，而有些物种的个体数量却很多。所谓群落中物种的相对多度(或相对重要值)(如表 22-5 所示)，是指物种对群落总多度(或总重要值)的贡献的大小。通常物种的相对多度有 3 种分布格局：① 对数正态分布(lognormal distribution)，② 折棒分布(broken stick distribution)，③ 几何级数分布(geometric series distribution)。物种的绝对多度可以用个体数量、生物量或生产力为衡量的指标。如果以物种的相对多度(%)为纵坐标，以物种多度值大小顺序排列物种为横坐标，那么 3 种分布格局在平面图上所得出的曲线是不同的(图 22-14)，这种曲线通常叫优势度-多样性曲线(dominance-diversity curve)。在这 3 种分布格局中，对数正态分布和折棒分布反映着一种随机过程，而几何级数分布则是由成功的生态竞争所引起的。在折棒分布格局中，各物种的相对多度差异最小；在几何级数分布格局中，各物种的相对多度差异最大；而在对数正态分布格局中，各物种的相对多度差异居中。折棒分布和几何级数分布适合于含有少量物种的取样，而这些物种的生态特性又比较相似并共同占有范围有限的生境类型。对数正态分布适合于含有大量物种的取样，这些物种的生态特性又差异很大或来自于极不相同的各种生境。

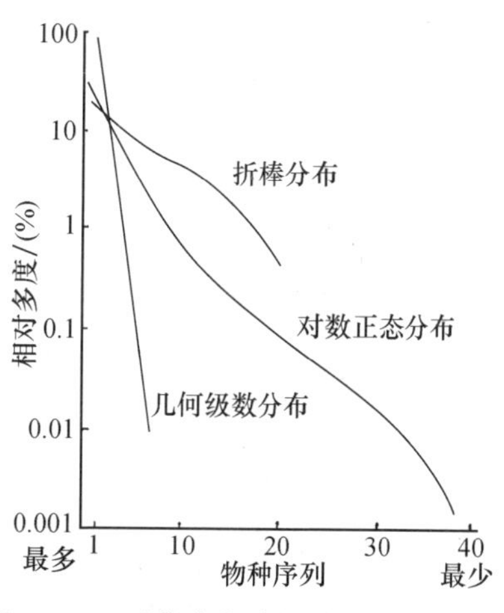

图 22-14　群落中物种相对多度的 3 种分布格局，即 3 种优势度-多样性曲线

(引自 Whittaker，1965)

一、对数正态分布

当取样中含有大量个体时，人们往往会发现个体数量很多的物种一般很少，而大多数的物种都只有很少的个体数量。在黑光灯下诱捕的各种蛾子，其相对多度最符合这一规律——在总共诱集到的 56 131 个蛾子中，有 40 000 多个只属于 6 种蛾；在总共诱到的 349 种蛾子中，大多数种类都是稀有种，通常每种只有几个个体。这种少数物种个体数量很多，多数物种个体数量很少的情况符合一种叫对数正态分布的统计格局，它反映着一种随机过程。Preston FW

(1948)根据他的调查资料,按物种所拥有的个体数量多少把物种分级排列,从而更具体地揭示了这一分布规律。表 22-6 就是按 Preston 的方法加以排列的一组虚构的调查资料。物种分组是根据物种所含有的个体数(如级数 2,4,8,16,32,…)划分的,在表中所有含有 9,10,11,12,13,14 或 15 个个体的物种都属于 D 组。一个刚好含有 8 个个体的物种则为 C 组和 D 组所共有,即该物种一半属于 C 组,一半属于 D 组;同样,一个刚好含有 64 个个体的物种则 1/2 属于 F 组,1/2 属于 G 组,以此类推。Preston 根据对 Quaker Run 山谷鸟类相对多度的实际调查总结为表 22-7。从表中不难看出,在级数分组的序列中,被分在开始组和末尾组的物种数目都很少,大多数种类都归属于中间的一些组,因此根据这种情况所绘出的曲线将是一个峰形曲线(图 22-15),这就是对数正态分布曲线。很多群落的物种相对多度都表现为对数正态分布,例如溪流中的硅藻、植物的多度调查以及鸟类和昆虫等。

表 22-6　根据相对多度排列的调查材料

物种分组	A	B	C	D	E	F	G	H	I	J	K	L
物种含个体数	1	2	4	8	16	32	64	128	256	512	1024	2048

表 22-7　根据对 Quaker Run 山谷鸟类的多度调查进行分组

组　别	<1	1至2	2至4	4至8	8至16	16至32	32至64	64至128	128至256	256至512	512至1024	1024至2048
每组物种数		$1\frac{1}{2}$	$6\frac{1}{2}$	8	9	9	12	6	9	11	4	3

对数正态分布本身是随机过程的产物,当每一个物种在取样中的个体数量是随机决定的,而不依赖于其他物种的时候,就常常表现为对数正态分布。

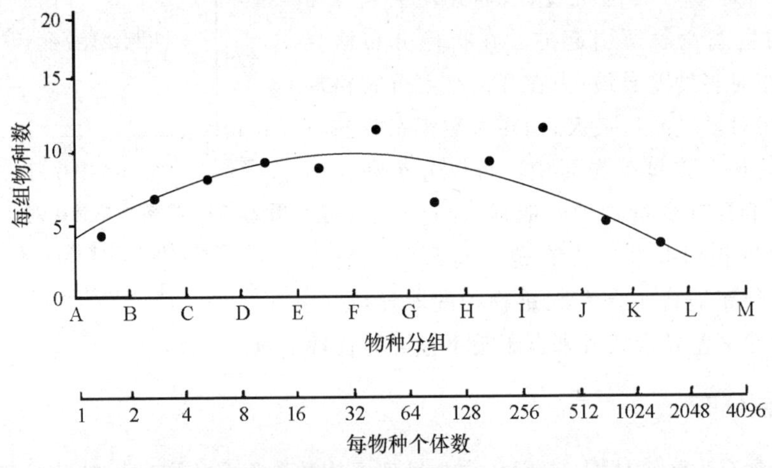

图 22-15　Quaker Run 山谷鸟类物种相对多度的对数正态分布(引自 Preston FW, 1948)

从物种相对多度的对数正态分布中,可以经验性地总结出以下几点结论:① 位于对数正态分布曲线右面的物种个体数量多且分布广,但属于这样的物种很少;② 位于对数正态分布左面的物种个体数量少且分布范围小,属于这样的物种也很少;大多数物种将属于③,在数量适中的群落中,个体数量适中;或④只在少数群落中,个体数量很多;或⑤分布广泛,但各地数量都很少。在以上几种情况中,除了情况②外,其他对策都能较成功地适应环境的变化。那些个体数量稀少、分布又狭窄的物种,其生态位置很不稳定,环境稍有变化就可能灭绝,因此这些物种通常只能生活在非常稳定的环境中。

二、折棒分布

物种相对多度(或相对重要值)的对数正态分布虽然在自然界相当普遍,但是在某些范围较窄的比较均匀的群落中,特别是在亲缘关系较密切的动物小样本中(例如,森林中一定地区作窝的鸟),物种的相对多数度往往决定于物种间的竞争、捕食和互惠共生关系。在这种情况下,物种的相对多度常常表现为折棒分布。

折棒分布模型最初是在 1957 年由 MacArthur RH 提出来的。他假定各个物种会将资源分摊,每个物种占有一份,而且物种的相对多度将只决定于一种关键资源。他还探讨了这一资源是如何被分成许多份的,种群大小则是它所接受的那份资源的一个函数,因此折棒分布主要同物种在单一资源梯度上的分布有关(例如,潮间带生境中动物对岩面空间的占有和利用)。资源沿着一个生态位轴被划分,可以比作是一根棒。为了把这根棒分成 n 段(相当于 n 个物种的 n 份资源),MacArthur 在棒上随机地选择 $n-1$ 个点,在这些点上将棒折断,得到长短不等的许多断棒,从最长的断棒到最短的断棒就会形成一条曲线。每根断棒的长度可代表一个物种的相对多度,应按下列级数排列

$$I_r = \frac{m}{n}\sum_{i=1}^{r}\left(\frac{1}{n-i+1}\right)$$

其中,I_r 为某个种的相对多度,m 为群落中所有种的多度值总和(总个体数、总生物量或总生产力),n 是群落中物种的数目,而 i 是在物种序列中种的数目——从最不重要的种($i=1$),经过讨论中提出的种($i=r$),到最重要的种($i=n$)。$\sum$是指 $1/(n-i+1)$中,从 $i=1$ 到 $i=r$ 种的重要值总和。

在自然界中,相对多度的折棒分布格局通常只限于亲缘关系密切的一些不大的动物类群,如鸟类、软体动物和化石微甲壳动物等。这些类群往往只占有一个有限的分布区,生活史也趋于同步化。

三、几何级数分布

群落中物种相对多度的几何级数分布是一种非随机分布,主要决定于物种之间的竞争关系和由此而导致的生态优势(ecological dominance)。含有极大优势种的植物群落,其物种的相对多度分布格局往往极接近于几何级数分布。这种分布格局反映在坐标图上是一条直线(图 22-14),这是因为从最重要的种到最不重要的种,其重要值总是按固定的比例下降。反映种群间激烈竞争关系的小取样常常表现为几何级数分布。

几何级数分布是优势物种对生态位优先占领的结果。假定群落的总资源量为 E 和最重要的一个物种占有总资源的百分数为 P,因而该物种的多度就是 PE;余下的资源则被第二个物种按同样比例占有,那第二个物种的多度就会是 $P(E-PE)$;如此下去,直到剩下的资源不再能满足一个物种的需要为止。在这种生态位优先占有的条件下,第 r 个物种的多度可以按如下公式计算

$$A_r = E[P(1-P)^{r-1}]$$

也就是说，如果第一个物种利用总资源量 1/3 的话，那么，第二个物种所利用的总资源量将是

$$\frac{1}{3}\left(1-\frac{1}{3}\right)=\frac{1}{3}\times\frac{2}{3}=\frac{2}{9}$$

第三个物种利用总资源量将为

$$\frac{1}{3}\left(1-\frac{1}{3}-\frac{2}{9}\right)=\frac{1}{3}\times\frac{4}{9}=\frac{4}{27}$$

第四个物种等，依此类推。

生态位优先占领说是同下述条件相联系的，即一个物种的相对多度是同该物种对资源的利用成比例的。假定总资源库为 1，那么在被第 r 个物种利用之后，群落中所剩资源就是 $1-(1-P)^r$。当所剩资源量太少，以致不能再维持一个物种存在的时候，该几何级数就终结了。

生态优势存在的本身就意味着物种之间存在着相互作用，特别是存在相互竞争关系。这种优势常常表现为少数物种对群落资源的优先占有，并导致这些物种的重要性比任何随机过程所能达到的重要性要大得多。到目前为止，生态优势现象在温带植被中表现得最明显，特别是温带森林的顶极群落。此外，在富营养化的河口和受到污染的湖泊中，少数几种藻类也常取得类似的优势。在潮间带的简单群落中，往往是少数几种底栖生物优先占领空间，而将其他生物排除掉。

生态优势可限制和降低物种的丰度。例如，在富营养化的水体中，少数竞争力很强的生物由于占有明显的生态优势而会大大降低群落的物种多样性。在温带森林生态演替期间，物种多样性也常因少数物种优势度的增加而下降。通常，物种的丰度在次生演替的大部分时间内是稳步增加的；但演替到顶极阶段，当大部分空间被少数几个优势树种优先占有时，物种丰度便明显下降。在亚马逊河热带雨林中，每 $10^4\ m^2$ 有多达 179 种树木，那里简直没有什么生态优势可言，这也许是造成热带雨林物种多样性极大的原因之一。

第23章　干扰与群落的稳定性

干扰(disturbance)是指任何一种自然作用力,如火、风、洪水、酷寒和流行病等。这些自然作用力会对自然系统造成破坏并可导致生物的死亡或生物量损失。这些干扰本身虽不能使生物多样性增加,但却可以提供新物种在受干扰地点定居的机会。

第一节　干扰的特征

干扰的特征可表现在空间和时间两个方面,包括干扰的强度、干扰的频率和干扰的规模(面积)等。

一、干扰的强度

干扰的强度(intensity)的测算是靠计算一个特定物种受损(死亡或减少)生物量或受损种群所占的比例。干扰的强度至少受三种因素的影响——第一是自然力的大小如风的强度。第二是生物的形态和生理特性,这些特性影响着生物对干扰所作出的反应,高大成熟的树木比矮小年轻的树木对风的抵御能力要弱。第三是生物所在基底的性质,这一点对于固着在岩岸上的生物来说尤为重要。地上生物量累积的多少以及植被的高度都对风和火的破坏力有明显影响。火的强度也与燃烧期间所释放的能量相关。

二、干扰的频度

干扰的强度和干扰的频度(frequency)有时是很难分开的,后者是指在一个特定的时间间隔内所发生的干扰的平均数。在同一个地点所发生的干扰之间的间隔时间越长,频度就越低,在此期间所积累的生物量就越多,而干扰的强度可能比较高。在温带和热带森林中,自然干扰的规模很小,但在某一特定林地内的频度较高。就全部林地来说,干扰率较低,每年约在0.5%～2.0%之间,间隔时间是50～200年。据Runkle JR估算,美国大烟雾山国家公园约有4%～14%的陆地面积约10年经历一次干扰。这么低的干扰率可长期维持这个成熟森林的多样性,使各种具有不同生活史特征的物种能够共存。这种干扰状态使观察者看上去似乎觉察不到森林会有什么变化。

在这样的群落中,干扰的间隔时间大体上是与优势生物的寿命长短成比例的。在森林群落中,如果树木的寿命能够长达几百年的话,其干扰的时间往往就会短于树木的寿命,干扰的频率也很低,但干扰的强度很大。以一个北方云杉(*Picea mariana*)林为例,云杉的寿命大约是200年,但能活过70年的云杉群落却很少见。事实上,没有被火烧过的云杉林是很少见的。北方云杉林生长在寒冷潮湿的地方,过火频率大约是每40～45年一次。稠密的云杉林容易遭到雷击起火，常被完全烧掉，但再生的速度也很快。苔藓和禾叶草本植物往往会对云杉种子的萌发和实生苗的生长提供保护和有利条件，大约在40～60年之内，云杉便能长得比灌木更高大，并长成密闭稠密的云杉群落。也正是在这个年龄阶段，群落的生产力开始下降，小环境会变得越来越冷和越来越湿润，最终没有经历过火烧的老朽云杉林地会退化成没有树木生长的、长满了苔藓和地衣的沼泽地。

在一个特定区域内，火的发生频率受很多因素的影响，其中包括干旱的发生、可燃物的积累和人类的干扰活动等。在北美草原大约每3年便会发生一次火烧，此时地面总会累积足够的地面覆盖物，如枯茎和枯叶。在森林生态系统中，火烧的频率有很大差异，主要是取决于森林的类型。较频繁发生的小规模的地面火大约每1～25年发生一次；而能烧到树冠的大火，则大约每间隔25、100或300年发生一次。通常轻微的地面火与严重的树冠火都会发生。红松林群落大约每5～30年发生一次轻度和中等程度的地面火，而每隔100～300年发生一次较严重的树冠火。

不同的森林群落，火的发生频率是不一样的。对美国黄松林(*Pinus ponderosa*)来说，低强度的地面火大约每5～20年便会发生一次。这种火可防止易燃枯枝落叶的积累，使林地变疏，排除耐阴针叶树木的生长，后者易引发树冠火的发生。红松和白松林地面火的发生频率较低，两次地面火的间隔时间大约是28～35年。但每隔150～300年可能会发生一次较为严重的地面火和树冠火，常常会把整个林地烧毁。

有些群落的再生是依靠不太频繁发生的大规模的干扰，而对于频频发生的干扰则会作出负面的反应，如群落退化或转变为其他群落。Zedler PH曾报道了这种短间隔的火烧对北美浓密常绿阔叶灌丛(chaparral)的影响。1979年该地区曾发生过一次大面积的火烧，虽然过火后很快就长出了种苗，而且为了控制土壤侵蚀又人为播种了黑麦草，但由于黑麦草是易火物种，第二年该地区又发生了一次火烧并使植被发生了巨大变化，原来生长最多的灌木蓟木(*Ceanothus olignathus*)和腺喉木(*Adenostoma fasciculatum*)的数量大约减少了97%。由于种子的储备因火烧而耗尽，使该地区退化成了相对持久的灌木地和一年生的草地。

抑制自然干扰的发生往往会使抗干扰系统变得更加脆弱、自我恢复能力减弱和对破坏变得更加敏感。在一个天然的混合针叶林中，往往是每7～25年或更长时间就会发生一次地面火。这种地面火对于保持树木再生和营养循环的条件是非常必要的，它也可以创造和保持森林树冠的天窗。抑制火的发生会使燃材越积越多，使树冠密闭，还会使下木层蓬勃生长，而下木层常常会把火引向树冠层，从而引发树冠层大火。这种不让火发生的抑制措施会大大延长火的自然发生周期。一旦有火，往往就是能导致大面积树木破坏和死亡的大火。

1981年，Kessel SR和Fischer WC建立了一个模型，用于预测高强度干扰和低强度干扰对黄杉森林的影响。预测结果表明，高频度的火烧会使得黄杉林群落的物种构成中机会种(opportunistic species)占有优势；低频度的火烧有利于黄杉森林的确立和发展；而中频度的火烧(其特点是地面火和低强度的表火)会形成更开阔的林地、更大的物种多样性和耐受种(tolerant species)与不耐受种的混生。

飓风或暴风雨是另一种群落的强大干扰因素，其强度很大，但频度较低。1989年发生在加勒比海的Hugo飓风其风速达到了166 km・h^{-1}，其发生频度为每50～60年一次。一般来说，飓风发生的时间间隔大约是21年。

三、干扰的规模

干扰对群落结构的影响也与干扰的规模有关。干扰的规模可以很小，如森林中频繁发生的单株树木的死亡；干扰的规模也可以很大，如野火将大面积的群落烧光、火山爆发时喷出的火山灰将群落整个掩埋以及山体滑坡时将整个群落摧毁等，不过这些大规模的干扰不是经常发生的。导致单植树木或部分树木死亡的小规模的干扰对小林地的影响比对大森林的影响更大。

海浪的冲刷和磨蚀作用可以把潮间带岩石上的贻贝和藻类冲走；獾和旱獭在草原上的挖掘活动会形成一个个的土质斑块，然后又被一些草本植物定居；森林中的一棵大树有时也会倒下形成倒木。以上种种干扰的后果就会形成所谓的天窗(gap)。天窗一词最早是在1947年由Watt AS提出来的，用于描述群落中的空地，这些空地为植物的再生和生长提供了地点和空间。以森林为例，如果一株树木因雷击或真菌感染而枯死，那么它就会在原地留下一个残桩，形成了一个简单的天窗。如果是一棵大树被暴风连根拔起，那就会形成一个更大和更复杂的天窗，当这棵大树倒下时，它就会在森林的树冠层打开了一个口子，就好像是向天空打开了一扇窗。它翻出的根会在森林底层留下一个坑并把土壤暴露出来，为其他植物在此处定居创造了条件，它倒下的树干会使相邻的树木受害并伤及下木层的树木。这种情况一旦发生，当周围的树木因风灾和虫害而枯死时，天窗就会继续扩大。

天窗中的小气候与森林中其他地方的小气候有所不同。天窗中的光照和土壤温度都比较高，但相对湿度比较小，木本植物对这些变化会作出什么反应呢？有人建议可针对不同的伐木方法对森林再生的影响进行研究，把单株树木或少量树木移走(择伐)会刺激天窗的形成。在小的天窗内通常的反应是植被的重组，位于天窗边缘的树冠会向外扩展以填补空缺，它们的填位扩展会使森林树冠重新封闭起来，这样便抑制了下木层树木最初所作出的生长反应。采伐多棵树木所留下的比较大的天窗则为温带硬木森林中耐受性树种的生长提供了条件和机会。对热带森林中处于成熟期的物种也是如此。在这种情况下，新生的树种通常都与树冠层的树种相似。在森林的小天窗内，新生的树种如果不借助于其他干扰是很难生长到树冠层的，而这些干扰在天窗内又不太可能发生。应当说，在这样的天窗内，耐受性很强的下木层树种(如茱萸科的梾木)将会比新生的树冠层树苗作出更快和更成功的反应，它们会填满较低冠层处的空位，至少也能抑制年轻冠层树种的生长。

大天窗有利于不耐受物种(intolerant species)的生长，这些物种生长所需要的空地至少是0.1 ha或1 ha，空地的宽度最少也要达到周围树木高度的2倍。这些树种大都是在天窗的中心部位生长起来的，如黄杨树和黑樱桃树。这就是为什么在以耐受物种占优势的成熟森林中会有不耐受树种生长的原因，面积达到0.4 ha的天窗就能为森林提供最大的多样性。总的说来，森林中经历不同时间的各种空地会形成处于不同演替阶段的各种生境斑块。在一个成熟的生态系统中，不断发生的小规模的干扰对保持物种的丰度(species richness)和结构的多样性是很重要的。

草本植物和蕨类的强劲生长对树木幼苗的生长具有不利影响。在草本植物和蕨类生长稀疏的地方，树苗的生长密度要大得多。稠密的草本植物和蕨类斑块对森林树木再生的抑制作用是尽人皆知的，特别是森林的经营者和管理人员。因火烧、伐木、清理陆地和其他事件而引发的大规模干扰除了会导致植被重组外，还涉及机会物种(opportunistic species)的定殖问题。

这些机会物种中，有一些已经以种子、根茎、残枝残芽和存活树苗及幼苗的形式存在在那里了，另一些定居者可能是被风和动物传带来的。植被的长期恢复还涉及一系列的演替阶段，在这些演替过程中，短寿的机会物种将会被长寿的物种所取代，而长寿物种才是群落的固有构成种。

第二节　干扰的来源

对群落的很多重要和强大的干扰都来自于自然界，如雷击火烧、飓风和洪水等。还有不少干扰则是来自于人类的活动，如刀耕火种、开辟农业用地和从事各种建设等。

一、火

经常发生的火是一个主要的自然干扰源，它对全球植被的发展发挥着重要的作用。就全球来讲，各大地理区域的植被都是在火的作用下演变的，其中包括北美洲的草地灌丛针叶林和非洲的大草原和稀树草原。在欧洲的白种人来到北美大陆定居之前，95%的原始森林都曾经历过火烧。这种火烧不仅使黄桦、铁杉、松树和栎树得以生长，而且也维持了由这些树木所构成的森林的生存。在阿拉斯加，火把白杉林转变成了草本和灌木群落，它们的主要构成植物是柳叶菜、禾草、矮桦和矮柳等。这种草本和灌木群落的生长极为茂盛，使得森林树种已无法再重新立足。可见，火对于很多生态系统的进化和维持都是一种很强的选择因素和调节因素。

有些地区具备自然火发生和蔓延的条件，特别是气候条件，如干旱期很长。在较长的干旱期内，此前堆积起来的薪柴和易燃物很容易在雷电的作用下燃烧起来。这种气候条件在北美、非洲、地中海区域、澳大利亚和我国的部分地区是很常见的。据统计，美国西部地区70%的森林火灾都是在夏季由雷电引起的。由于雷电的季节性质，所以大部分森林火灾都是在植物的生长季发生的，此时的火灾不会烧得很大，但作为一种选择因素将会发挥最大的作用。

火可区分为3种类型，即表火、地火(ground fire)和林冠火。火的发生类型及其表现将取决于各种因素，如可燃物的种类和数量、大气湿度、风力、火的发生季节、植被的性质以及其他气象条件等。

表火是最常见的类型，它起因于枯枝落叶层和其他的凋落物。在草原上，表火可以把枯草和有机物烧掉，把覆盖在地表面上的有机物质烧成灰土。一般说来，表火不会伤害植物的根、茎、块茎和地下芽的基本部位，但却可以烧死入侵的木本植物。在森林中，表火可以把树叶、针叶、小树枝和腐殖质烧掉，也可把草本植物和植物幼苗烧死，偶尔也能烧到林冠层。表火对树木的损害程度取决于火的强度和树木对热的敏感程度。表火可以烧死薄皮树种，如通过烤焦形成层而把枫树烧死；但厚皮树种则比较耐烧(如栎树和松树)，有时不会被烧死，但却会留下伤疤，此后易被真菌感染。

如果薪柴和易燃物积累得很多且风力很大的话，表火也可能窜上树冠引起林冠火，并烧遍整个森林的冠层。林冠火在针叶林中是最常见的，因为针叶的可燃性很强。如果林冠层是连续的、完整的和密闭的，那么火势就可能烧遍整个林冠层，落到地面上的枝叶也会继续被烧毁。林冠火可毁掉地面以上的大部分植物，漏烧的部分则呈斑块状分布在森林的底层。

地火是破坏力最强的一种火，常把全部有机物质烧成灰烬，并露出裸岩。在具有很厚的干燥泥炭层的地方或堆积着大量针叶树落叶的地方比较容易发生地火。地火是一种没有火焰但温度极高和持续时间很长的火，直到把可燃物都烧尽为止。在杉树林和松树林中，经常积累着大量的可燃性很强的枯枝落叶，地火常常是烧到把岩石和矿质土壤暴露出来，这样就排除了原植被类型得以恢复的任何可能性。

火具有某种增效作用，这在其他类型的大规模干扰中是不多见的。火可提高土壤的温度，其作用强度取决于土壤当时的湿度。在土壤中的水分全部蒸发之前，土壤的温度是不会超过100℃的。在半干旱地区，即使火力极强也很难使地下 2.5 cm 深处的土壤温度超过 200℃。但火的热力会使得土壤团块分解，减少了水在土壤中的渗透性，因此更易形成地表径流，促进土壤的侵蚀。

作为一种干扰因素，火通过刺激根的生长和种子的萌发可引发林地的再生过程。火烧后使矿质土壤暴露了出来，同时排除了对火烧敏感和耐阴物种对土壤水分和营养的竞争，这样就为某些森林树种准备了生长的苗床。周期性发生的表火可使一些针叶树林减密变疏，如长叶松林和黄松林等。重要的是，火作为一种消毒剂可终结一切害虫的危害。像槲寄生这样的寄生植物，通过消除衰老的树木和枯死的树木而为有活力的年幼树木的再生创造了条件。在草原上，火烧掉了现存的枯死草茎和积累的死物质，把土壤暴露在太阳的热力之下，并加速了营养物质的再循环。这两种作用都有利于新生草类的生长。

有些植被必须在周期性火的作用下才能得到更新和复壮，这种植被的很多特征都有助于使火蔓延开来并增加火的光亮度，它们包括很多次生的代谢产物，如树脂、蜡、萜烯和其他挥发性产物等。还有一些特征是属于形态方面的，如细细的分支状针叶有助于火从一棵树烧到另一棵树。死的可燃性物质会随着树龄的增长堆积得越来越多等。

浓密常绿阔叶灌丛、屋极松森林和桉树林都是典型的易火群落，其中的植物具有很多适应特征，能以下列 3 种方法中的一种对火作出反应。

第一种，成年树木发展了对火的防御机制。防御方法之一是树皮很厚，可把形成层与火的热力隔离开来。由于这种方法不是百分之百地有效，而且火的热力在树的周围不是均匀的，所以树的一侧常常受到火烧，受火烧的一面有时会形成永久性的伤疤，又称火疤。防御方法之二是在林下地面积累一层针叶，以便频频引发低强度的表火，这种频发的表火可防止大量可燃物的积累，这些可燃物一旦被点燃就有可能烧毁整个森林群落。防御方法之三是进行快速生长，自我剪掉低矮的树枝杈并提升树冠的高度，以防止表火窜上树冠层。

第二种，利用成熟植物的死亡作为群落再生和立足的方法。森林的这种自毁现象可以导致同龄树木群落的形成，即组成森林的树木年龄基本相同，所有树木几乎是同时生长和同时衰老。这种情况常会导致不经常发生的严重火烧，两次火烧之间的时间间隔很长，足以让树木能发育成熟并产生种子，种子贮存在于土壤中或存在于母株上，它等待着火将其释放出来并激活其生命的活力——萌发生长。

短叶松和屋极松是两个针叶树物种，未成熟的球果可留在树上很多年，球果内种子的萌发力可一直维持到树冠火将整个松林烧毁为止。在大火中，热力会把松果打开并将种子释放出来落在新制备的苗床上，火中形成的灰分就是松树种子最好的肥料。其他一些树种也依赖于林地的破坏和依靠火来激发土壤中种子的萌发。这些种子很坚硬，种皮不会受到水和其软化剂的影响，只有火烧后土壤的高温才能使种皮破裂，或把种子从土壤中其他植物分泌的抑制剂的作用下解放出来。浓密常绿阔叶灌丛中一些最常见的灌木，如蓟木(*Ceanothus*)和熊果(*Arctostaphylos*)，它们只能靠种子繁殖，而不是靠根和茎的抽芽生长。在大火中，这些灌木的成熟的和衰老的根茎就全部被烧掉了，只有种子留作再生之用。

对火的第三种适应是重新发芽生长。虽然植物的上部和叶丛被火烧毁了，但植物的根和芽却可表现为新的生长。有些树木，特别是澳洲的桉树，在较大树枝的厚皮下具有受到很好保护的芽，这些芽在树冠火中可以存活下来并发育出新的叶丛。其他一些植物的新枝是从根、根茎、根颈和专门结构上的芽长出的。在蕨类植物的根茎上生有地下芽，当地上部分的叶丛受到损失时，地下芽就会作出反应。像黑刺莓和蓝刺莓这样的灌木以及像白杨(*Populus*)这样的树木，其强壮的新枝都是从根部长出的；而在栎树和山核桃树中，发出新枝的芽则刚好是位于地表面以下的根颈上。有些地中海型的灌木，如被称为腺喉木(*Adenostoma fasciculatus*)的常绿灌木，其新枝是从被称为木质块茎(lignotuber)的一种特殊构造生发出来的，这是该种灌木的一种有效的存活和增长方式。

二、风

对植被和植物群落来说，风是一种重要的干扰因素。树冠的形状通常是在盛行风(prevailing wind)的作用下形成的，风还影响着树木的生长，强风还能把树木连根拔起。成熟的树木最易受到强风的损害，因为它们缺乏幼树的柔韧性。生长在土层比较薄和排水不良土壤中的树也易受到风的伤害，因为在这些地方树根扎得比较浅，固着力较弱。受到真菌感染、害虫危害和遭受过雷击的树木以及在热带森林中那些树冠上带有大量附生植物的树木，对于风的干扰都比较敏感。当强风伴随着暴雪和暴雨时，风的危害性就会加重，因为大量的雪会重重地压在树冠上，暴雨会让树根周围的土壤变得松软。树木在森林中所在的位置也会影响风的危害程度，那些生长在森林天窗边缘以及生长在整个森林边缘和道路边缘的树都更容易被大风吹倒。

飓风，尤其是风速在 166 $km \cdot h^{-1}$ 以上并伴随着 200 mm 以上的降雨时，对生物群落和生态系统具有极大的破坏力，其破坏力可从飓风中心向外延伸到大约 40 km 处。飓风可以引发山体滑坡、森林树木的大量落叶和树木木材的突然爆裂，它大大增加了森林底层营养物质的输入并改变着营养物质的循环过程，尤其是氮和磷。此外，飓风还是保持加勒比山地森林多样性的一个主要因素。1989 年的雨果飓风横扫了美国南部和波多黎各，还有 1992 年的安德鲁飓风，这两次飓风对它们所经路线上的植被都造成了极大破坏，对很多动物也造成了灾难性影响。以雨果飓风为例，它摧毁了大部分成熟衰老的短叶松林和濒危鸟类红冠啄木鸟(*Picoides borealis*)的栖息地。这种鸟必须在老熟的松林中才能繁殖，筑巢地点是选在因真菌寄生而导致心材变软和腐烂的松树上。

三、流水

流水是群落的一个强有力的干扰因素，暴雨引发的河水泛滥可冲刷河底、冲垮河堤、使溪流与河流改道、将沉积物带走并沉积在他处。泛滥的河水还常常会把水生生物埋葬或冲走。大浪冲击岩岸潮间带和潮下带，常可把砾石和卵石打翻，把固着在岩石上的生物冲离岩石并带走。大浪的这种冲刷和清除作用有助于新生物在坚硬的岩石表面定居，保持局部区域的生物多样性。大的海潮海浪还能把阻挡其前进的沙丘推倒打碎，这样就能使海水侵入到沙丘后面的地区，从而改变海岸地带岛状障碍物的分布格局。

四、干旱

长期干旱对植被的成分和结构具有深远影响。在草原上各种草对干旱的敏感程度是不一样的。例如，牛草比格兰马草对干旱更敏感，所以在同等干旱条件下，格兰马草的生长密度是牛草的2倍；但当有降雨时，两者的表现恰好相反，牛草的生长密度是格兰马草的5倍。在无干旱条件10年之后，两种草本植物的竞争优势处于基本相同状态。在温带森林中，长期干旱可导致浅根植物的大量死亡，这些植物包括铁杉、黄桦以及下木层的树木和灌木等。干旱期间，湿地会干涸，导致发生水鸟和湿地鸟类的生存危机，并可使两栖动物的种群数量大大下降。

五、动物

当你走进一个有大量的鹿生存的森林或穿过一个过牧的草原时，你就可看到食植动物会对植物群落造成什么样的影响了。牧豆树和其他灌木的种子可以通过食植动物的消化道以粪便的形式散布在草原上，并使这些木本植物在过度放牧的草原上生长起来。在很多地方，由于白尾鹿种群的扩大而使很多树种从森林中消失了，如雪松(*Thuja occidentalis*)和紫杉(*Taxus canadensis*)，这些动物干扰了森林的繁殖，使森林形成了一个叶丛所在位置的上限，即白尾鹿取食树叶所能达到的最高位置。在森林的采伐地，由于鹿的采食而使樱桃和黑刺莓的数量大大减少。它们有选择地取食减少了槭树的数量而使蕨类和草本植物得到扩展，后者对于栎树和其树木的再生有着很强的抑制作用。

非洲象长期以来一直被认为是影响稀树草原植被发展的一个主要因素。当非洲象的种群数量与当地植物处于一种平衡状态，而且其活动不会受到限制的时候，它们对林地的出现和维持就会发挥重要作用。但当非洲象的种群数量过多并超过环境容纳量的时候，它们的取食行为再加上火的作用就会对当地的植物区系、动物区系和土壤造成很大破坏。非洲象对树木的破坏作用以及火的灾难性影响是非洲林地退化为草原的两种主要因素。

但是，在主要食植动物与群落结构之间的相互关系并不像人们想象的那样简单，实际上，在植被、气候、火和大型食植动物之间都存在着复杂的相互作用以达到一种长期平衡状态。在北美洲、欧洲和亚洲北部地区(包括我国黑龙江和新疆的北部)，河狸改变着很多森林的面貌，它们在溪流与河流上拦河筑坝改变了这些流水生态系统的结构与动态，拦河坝的上游便形成了贮水区，有利于沉积物的沉积和有机物在这里的分解，而森林低处的积水又将森林转变成了湿地。河狸还借助于取食杨树、柳树和槭树而维持着这些树林的生存，否则它们就会在群落的演替中被其他树种所取代。

一般说来，鸟类不太可能使植被发生太大的变化，但在哈德逊弯沿潮湿海岸的低地上，雪雁(*Chen caerulescens*)却对那里微咸的淡水沼泽有着明显影响，早春时节，雪雁掘食禾草状植物的根和根茎，到夏季则大量取食草本植物和苔草的叶。随着雪雁数量的急剧增加，这些食料植物就会被大面积地吃光，使表土和其下的冰川砾石暴露出来遭受侵蚀。此后重新恢复的植被就不太可能与以前完全一样了。

当舞毒蛾和云杉卷叶蛾等害虫大发生时，常常会把大面积森林的树叶吃光，甚至造成树木死亡。受舞毒蛾危害的硬木林的树木死亡率为10%～50%，而云杉和冷杉林的死亡率可达100%。我国大小兴安岭小蠹甲大发生时对松树林的危害也同样严重。对于那些由单一树种组成的大面积森林来说，这些害虫所造成的危害就更加严重。特别是长期未经历火烧的老熟森林，对害虫的大发生特别敏感。当森林已处于衰老和发育停滞的晚期阶段时，这些昆虫可能对这些森林具有促其再生的功能。

六、伐木

对全球森林的砍伐是对群落的一种大规模干扰。这种干扰与伐木的方式有关，伐木主要有择伐(selection cutting)和皆伐(clear cutting)两种方式。择伐是把分散在森林各处已成熟的单株树木或小群树木移走，每公顷所砍掉的树木并不多，而取代它们的可能是下木层的树木或未伐的树龄较大的树木。择伐的后果只是在森林的树冠层制造了一些天窗并有利于耐阴树种的繁殖，而整个森林的组成成分则保持不变。

皆伐是将森林中整片整片的树木砍倒并移走，被砍伐的林地将会退回到演替的早期阶段。在通常情况下，采伐迹地很快就会长满草本植物、灌木和树木的实生苗，并能很快经过演替的灌木阶段而进入到由同龄树木组成的幼林期。因为很多最有价值的用材树种都是不耐阴的或不太耐阴的，所以只有把成熟的树木砍掉移走并使阳光照射到森林底层后它们才能得到再生。

皆伐不一定是将整个森林一次砍光，而是有计划、有先后、有保留地一片一片地采伐，这有利于不耐阴树种的再生，甚至可在保留原始林某些特征的情况下促进不耐阴树种的再生。森林管理人员常在森林发育期间借助于引入另一种形式的干扰来改造正在再生的森林。在新林地发育的早期，管理人员可把低质量的用材树种砍掉移走或把树形不好的树木砍掉。这么做是从经济学的角度而不是从生态学的角度改进森林的构成成分和树木的质量。还可以借助于疏林措施使用材林木达到最大生长量，增加树木与树木之间的距离可刺激树冠向四周扩展和增加生长量。

伐木时森林树冠会突然被移走，植物对此所作出的反应往往是很快的，因为当环境条件因此而发生改变时，不耐阴木本植物的种子和幼苗将获益最大。以樱桃林中的松樱桃树(*Prunus pensylvanica*)为例，它的种子是靠鸟类和小哺乳动物散播的，可保持多达50年的休眠期。当森林树冠被移走后，林中的湿度、温度和光照条件就会发生很大变化，这将非常有利于松樱桃树种子的萌发，长成的幼树很快就会在当地占有竞争优势并把黑刺草莓排挤掉，这些黑刺草莓也是靠当地种子的萌发在这里定居下来的。如果松樱桃树的树苗密度很大的话，那么在4年之内它的树冠就会封闭起来，密闭的树冠层会把其他树种排除掉，但高耐阴树种的树苗除外，如槭树和山毛榉。但如果松樱桃树苗的密度保持适中的话，那么靠风传播种子的树种也将能在这里定居，如黄桦和纸皮桦等。松樱桃树会在30～40年内枯死，这样它的竞争优势就会被槭树和山毛榉所取代。但在这个优势丧失的时期内，松樱桃树已把大量的种子散布在了森林的底层，当另一种干扰为它提供机会的时候，它就会再次赢得竞争优势。

虽然木本植物对伐木所造成的大规模干扰的反应已经了解得比较清楚了，但对于林下耐阴的草本植物对这种干扰会作出怎样的反应目前还不太了解，这个问题也未引起太多注意。1976年，Ash JE和Barkham JP研究了一个矮林遭砍伐后林下草本植物层所作出的反应。所谓遭砍伐就是将树冠层完全移走，使森林底层的表面温度增加并完全暴露在阳光下。在通常情况下会出现很多开阔地和机会性植物到处萌发生长，但这些植物很快就会因树冠重新封闭而被排除。尽管存在这种干扰，矮林中所特有的物种构成成分在整个周期中基本保持不变。这些植物在春季树叶长出之前能忍受强光照环境，同时还能与一年生植物和开阔生境中的多年生植物实现共存，后者像树木一样也能在地面留下阴影。随着机会性物种的消失，林地阔叶草本植物就会重新占有优势，经常会发展为单一物种立地。

七、人类活动

人类活动所造成的干扰比自然干扰对群落的影响更大。人类能从根本上改变自然环境，人类对自然群落的一个持久而重大的干扰就是开垦农田以取代自然群落。其实早在 5000 年以前人类就开始把陆地用于放牧和种植农作物了，这种活动改变着地球上的景观格，扩大或缩减了木本和草本植物的分布范围，导致机会性物种的入侵和扩散并改变着林地的优势结构。

农作物群落结构简单并高度依赖人类的管理，农作物主要是引入的并经过遗传改造过的物种，它们适应于在受人类干扰的地方生长。农田是一种简单的和同质的生态系统，容易引发害虫的大发生，耕作本身对土壤结构也是一种干扰，容易使土壤受到水的冲刷和风的侵蚀。在温带森林区，弃耕和退化了的农田最终都会演替为某种类型的森林，等于又恢复到了原初的自然状态。但在热带地区，经历刀耕火种的干扰之后，粮食生产很难持续 3 年以上，之后如果距离种子源很近和土壤未受到严重侵蚀的话，还能恢复原来的森林群落。但如果经历的是精耕细作而不是粗放原始的刀耕火种的话，那么这样的农田在弃耕之后就很难再恢复到原来的森林面貌了。

第三节　干扰对营养物循环的影响

一些主要的干扰因素如火、砍木和害虫大发生等，都能引发营养物的突然释放，并能提供重建一个变化周期的机会，还能提供重新演替和增加生产力的机会。最重要的是营养物的留存不流失。营养物的留存靠的是新生植物的吸收、土壤微生物的活动和土壤的胶体性质，否则就会造成营养物的大量流失。

在正常情况下，食叶昆虫对森林营养物质的循环有极大影响，可促使多达 40%的氮和磷输入到了枯枝落叶层。在食叶昆虫大发生期间，树叶中所含的大量营养物都会以虫粪、蛀屑的形式进入枯枝落叶层，这些食叶昆虫包括舞毒蛾、尺蠖（*Alsophila pometaria*）和榆尺蠖（*Ennoomos subsignarius*）等。

1981 年，Swank WT 及其同事研究了尺蠖的大发生对混生硬木林硝酸盐输出的影响。尺蠖幼虫以槭树、栎树、山核桃树和椴树等硬木树的树叶为食，它们差不多要吃掉 33%的树叶并产生大量的虫粪，这种情况将会加快淋溶过程并通过溪流输出硝酸盐氮（NO_3），虽然其他营养物的浓度并没有发生变化。昆虫大量食叶的总体影响是多方面的，其中包括大大增加了树木的落叶量、使硝化细菌和微生物总现存量（standing crop）增加、增强土壤代谢和各种营养物的库存。树木对昆虫大量食叶所作出的反应是增加营养物的摄入量，而这些营养物是虫粪中可被利用的那些部分。此外，还会把用于生产木质部分的能量转用于生产树叶，以弥补昆虫大量食叶所造成的树叶损失。

火是营养物质的一个重要再生因素，前提条件是烧成的灰烬留在原地不被带走。借助于火所进行的营养物再循环受很多因素的影响，其一是枯枝落叶的燃烧率和温度，其他因素还包括可燃物中的营养物含量、营养物从灰烬中沥出的速度、土壤贮存营养物的能力、地表径流、土壤侵蚀和再生植物的反应等。石楠灌丛的火烧可降低年初级生产量并能减小钙和镁的可溶性。火烧后的前几年石楠幼株的生长会十分兴旺，K、Mg、P 和 N 的浓度也会增加，但接着就会迅速下降到火烧发生前的水平。

火烧会把土壤中的有机物降解为灰分，200～300℃的温度就能把土壤中85%的有机物破坏掉并将CO_2、氮和一些灰分释放到大气中，已成灰的矿物质还可沉降在土壤表面。200℃以上的温度就可使氮挥发并可释放出钾，但200℃以下的温度几乎不会造成多少营养损失。大部分损失的氮都是以植物不能利用的形式，其中一些又借助于豆科植物固氮和土壤微生物（包括自由生活的固氮菌）的活动而得到了补充。应当指出的是，火有利于激发固氮豆科植物的生长。

伐木、农耕和地表开矿与其他类型的干扰是不同的，因为前者都从群落和生态系统中移走了大量的生物量或营养物，就伐木来说，通过伐木移走的营养物的数量取决于伐木的方式。这些伐木方式包括只伐走树干留下树叶，将树木的地上部分全部伐走只留下一些树叶和木屑和将树木的地上地下部分（包括根）全部移走等。在第一种伐木方式下，大约要移走地上生物量所含钙的28%，所含钾的28%，所含氮的24%，所含硫的34%和所含磷的19%。

伐木之后几乎马上就会使受干扰森林的营养物循环发生改变。树木的丧失阻断了营养物的摄取并使森林底层的碎屑落叶大量增加，林冠层的消失又会使森林底层的降水量和光照量有所增加，增强和促进了分解和硝化过程，可溶性有机和无机营养成分浓度的增加更容易受到淋溶并被地面水和地下水带入溪流中。溪流如果是贫养的，那么这种营养输入的效果就是正面的；但如果溪流已经富养化了，其效果就是负面的。一般说来，砍伐的第二年比砍伐的当年输入溪流的营养物更多，到第四年时，溪流中的营养物浓度才能恢复到砍伐前的水平。

第四节 干扰对动物的影响

对于各种大小的干扰动物会作出什么反应呢？就短期来讲，干扰对动物的影响可能是负面的，但从长期来讲则可能是正面的。这种影响还与动物类型有关，一些小规模的干扰，尤其是倒木形成的森林天窗会导致新植物的生长，这一方面填补了天窗，一方面又为地面提供了覆盖物，后者又会吸引冠森莺（*Wilsonia citrina*）和另一种莺（*Oporornis formosus*）到这里来活动。林冠层的天窗还为鹟提供了捕食昆虫所需要的开阔场地。森林的皆伐区还为一些动物提供了它们所需要的早期演替生境，这些动物大都是一些机会性物种或短命物种，如草地莺（*Dendroica discolor*）、栗莺（*D. pensylvinica*）和山鹬等。这些动物需要反复发生干扰以维持它们所需要的生境。另一方面，大面积的皆伐区排除了冠栖脊椎动物和无脊椎动物的生存之地，甚至几十年都得不到恢复。一般说来，地栖的小哺乳动物几乎不会受到伐木的影响。砍掉老熟林可以永久性地排除那些依靠老熟林为生的动物，如斑点枭（*Strix occidentalis*）和田鼠（*Phenacomys longicaudus*）。

火是影响野生动物生存的一个主要干扰因素，而且即时便能看到后果。就短期来说，火可把动物栖息地完全或部分烧毁，使动物受伤或死亡。它可以直接烧，也可以间接起作用，如把猎物驱赶出来或烧毁它们的隐藏场所，使捕食者受益。在非洲的稀树草原上，鸢和其他鸟类追随着火势捕食被火驱赶而飞出来的昆虫。很多昆虫（如蝗虫和蛾类）在火焰周围飞舞，甚至会有一些飞虫穿过火焰而未受损伤。鸟类很少受到火烧的直接威胁（幼鸟除外），它们主要是因栖息地的短期丧失而蒙受损失。有些种类的鸟在火烧之后数量会减少，但在地面觅食的鸟数量反而会增加。

很多哺乳动物，尤其是那些居住在洞穴中的种类，通常都能在火烧之后存活下来。大型哺乳动物逃避火烧的能力比较强，它们常常能穿过火场的未燃烧地段进入火焰后面已过火的区域，这样就逃过了火对它们的直接威胁。这些哺乳动物所面临的主要问题是缺乏食物和隐蔽场所，火烧之后以新再生植物为食的动物种群数量往往过多，常会造成食物供应不足或将它们所喜食的植物吃光。

对于不耐火烧的物种(如树栖松鼠)来说，剧烈的火烧会在一定时间内烧毁栖息地和排除掉依赖该栖息地生存的某些物种。与此同时，火还能改善那些耐火物种的栖息地和生存环境，特别是有利于那些生活在开阔地和灌丛地带的物种。还有很多种动物，无论是火烧前还是火烧后的环境条件都有利于它们的生存。实际上，这些动物的生存是依赖于栖息地的波动性，而火烧可以创造出灌丛、林地和开阔地相互交错的栖息地斑块环境，这种斑块环境对于很多动物的生存都是很重要的，如雪兔、黑熊、白尾鹿和松鸡等。

还有少数动物的生存是离不开火烧的，它们需要火的周期干扰以便维持它们赖以生存的栖息地。柯特兰莺(*Dendroica kirtlandii*)就是一个很好的实例。这种濒危鸟类只分布在美国密歇根州的短叶松林中，而且它的生存对短叶松林的要求也很高：森林必须是由树高为 1.5～4.5 m 树木组成的均龄林，林地面积不能小于 40 ha，树枝必须贴近地面等。柯特兰莺对比这大和比这小的树都不能接受。两次火烧之间必须要有足够的时间间隔，以便在任何时候都会有一定面积的年轻松林的存在。

另一类离不开火烧的鸟类是莺属(*Silva*)中的几种鸟，莺属的 5 种鸟中有两种的生存是有赖火烧的。其中一种(*S. sarda*)可占有一个在 6 年内曾经历过火烧的生境斑块，另一种(*S. undata*)则只能生活在 18～20 龄的高大老熟的灌木丛中。莺属其余的 3 种鸟也都是能适应火烧或能忍耐火烧的物种。

第五节 群落的稳定性

群落稳定性一直是生态学中的一个基本理论问题。生态学家曾把群落看成是协同进化物种之间高度有组织的集合体，其中的每一个物种都在自己的生境生态位中占有优势，在这些物种之间的竞争相互关系中维持着群落的平衡状态和物种的多样性并可长期保持物种构成成分的稳定性。在经历过一次干扰后，物种最终都会重新占有它们原先占有的位置，群落也会再次达到平衡状态并趋于稳定。

一、平衡群落

群落的平衡或稳定性可以从两个方面去理解，即它的抗性(resistance)和恢复力(resilience)。抗性是群落忍受或抵制变化的能力，其测定方法是看一个群落在经受一次干扰后被改变而偏离平衡状态的程度。对变化抵抗力最强的群落通常都会具有较大的生物结构(像树木那样)，并在现存生物量(standing biomass)储备有各种营养物和能量。一般说来，森林群落的抗性就比较强，它能耐受很多种环境干扰，如剧烈的温度变化、干旱和昆虫的大发生等。因为这样的群落能够动用它所储存的大量营养物和能量，例如，晚春的霜冻能杀死森林树木新生的树叶，但树木也能动用根中储存的营养物和能量支持叶的再生。如果是因火烧或伐木而受到大的干扰，那它恢复到原初状态的速度就比较慢。

恢复力是指一个受到干扰的群落在发生变化之后重新回到原来状态或达到平衡的速度，速度越快即表示恢复力越强。例如，在一个云杉-冷杉林中，云杉食芽蛾幼虫会在一定环境条件下发生种群爆炸并失去捕食性和寄生性天敌对它的控制，它大量取食香脂冷杉并使很多树木枯死，只留下抗性较强的云杉树和桦树。但在食物资源被耗尽，害虫数量急剧下降之后，香脂冷杉幼树便能在生有云杉和桦树的森林中重新生长起来。可见，在两次害虫大发生之间，香脂冷杉会占有竞争优势；但在害虫大发生期间，这种优势就会让位给抗虫性更强的云杉和桦树。

水生群落的生物量缺乏长期的能量和营养物储备，因此表现为抗性很低但其有一定的恢复力。频发的洪水常常会把溪流中的无脊椎动物冲走，使它们离开原位，因而产生很多没有动物定居的空白斑块。但这些空白斑块可以被其他的溪流无脊椎动物重新占有和定居。虽然这些斑块中的生物与以前有所不同，但溪流又恢复到了原来的状态。污染物（如废水）的输入对溪流群落是一种干扰，它会增加溪流中的营养物和有机物质。但由于溪流生态系统保留住这些营养物并使其进行再循环的能力有限，所以当输入的营养物减少或被移走后，该系统就能恢复到原初的状态。由此可以看出，溪流生态系统具有比较高的恢复力和比较低的抗性。

以我国湖北省一个中小型湖泊为例。该湖曾被作为污水处理场使用，它接纳着大量的营养物，尤其是磷，这些输入物杀死了湖中的硅藻和绿藻，使湖泊的生物群落从绿藻转变成了蓝绿藻，特别是丝状形式的藻。污染物可把湖水搅混并改变湖泊生态系统的结构，废水输入物一旦从湖泊中被转移，湖水的磷含量就会下降，丝状藻的数量也会减少，湖水也会重新变得清澈起来。

每一次大的干扰都会使群落的稳定性层级发生改变，太大的干扰甚至会使群落无法再恢复到原来的状态，有可能被一个具有不同稳定性范围（层级）的群落所取代。以一个面积为10～15 ha的白冷杉（*Abies concolor*）林为例，该森林在皆伐之后曾喷洒了除草剂以防止阔叶树的生长并准备再造针叶林。但在这些森林中，受干扰之后（如火烧）的自然演替恢复过程是生长阔叶树而不是生长针叶树。阔叶树的快速生长能遮蔽土壤，改善地面的温湿度状况，维持土壤生物的完整和稳定性。人为排除阔叶树生长的自然演替过程会大大削弱植物与土壤和已改变了的地下生物群体之间的密切联系。某些土壤细菌会快速增长（主要是放线菌）并抑制其他微生物和植物的生长，减少地下的互惠共生生物。地下微生物群落的丧失反过来又会导致土壤结构的破坏，减少土壤中的孔隙和土壤的持水能力。于是当初的白冷杉森林就会被杂草、羊齿蕨和熊果属的曼萨利塔树所取代，这些植物在菌根真菌和根际生物数量下降的时候就会获得竞争上的好处。

根据平衡理论，稳定性（stability）就是生态系统达到和保持一种平衡条件的趋向性。这种平衡条件要么是一种稳定状态，要么是一种稳定的波动。如果生态系统是高度稳定的，它就会对偏离平衡条件表现出极强的抗性。另一方面，如果该系统因受到干扰而偏离了平衡条件，它就会表现出抗性并能很快回到最初的状态。这种稳定性可以是局部的，也可以是全局的。局部稳定性（local stability）是指一个群落从一次小的干扰中恢复到原初状态的趋向，实例是借助于树木的生长而填补森林的天窗。而全局稳定性（global stability）则是指一个群落从所有可能的干扰中恢复到原初状态的趋向，实例是干旱灌木群落（chapparal）和大帽藓森林经历火烧后很快便能恢复到原初的状态和原来的物种组成成分。

二、非平衡群落

虽然平衡理论很长时间都在生态学中占有主导地位，但现在大多数生态学家都认为生态群落是很难达到平衡的。防止群落走向高度有序状态的分裂现象是很常见的，与平衡理论相反，由于环境的干扰，群落总是处于一定水平的不平衡状态。

群落会经受大大小小各种各样的干扰，如暴风雨、大风、水流、冰、暴雪、干旱、火灾、害虫大发生和食草动物的取食等，所有这些干扰都会对群落中的物种造成大小不一的影响。虽然物种之间的资源竞争很激烈，但干扰有助于暂时中断或减弱竞争，使其不能一直进行下去，否则就会使少数最有竞争优势的物种占有主导地位，甚至将其他物种排除掉，这样也会造成群落物种多样性的下降。但如果干扰是发生在物种被排除之前，那么这种干扰就能保护一些物种使其免遭淘汰，从而增加了群落的物种多样性。在非平衡群落中，最高的物种多样性是出现在发生中等程度干扰时，这一概念又被称为中水平干扰假说(intermediate disturbance hypothesis)。

依据中水平干扰假说，当干扰频率很高时(即干扰频频发生)，有些物种就没有足够的时间发育到成熟期，因此群落中占优势的物种就是那些生长速度快、寿命短和在受干扰地点有很强定居能力的物种(即 r 选择种)。但是当干扰频率很低时(即两次干扰间隔时间长)，短寿的 r 选择物种就竞争不过长寿物种(即 K 选择种)，后者就会在群落中占有优势。但是在上述干扰频率的两种极端情况中间，群落中的物种多样性就会达到最大，因为在这种情况下，具有不同生长率、不同寿命和不同竞争能力的物种都能生存下来。能进一步影响这一过程的是干扰的规模。一般说来，小规模干扰比大规模干扰更有利于维持较高的物种多样性，而中水平干扰和小规模干扰相结合对物种多样性是最有利的。

第24章 生物在群落中的生态位

Niche一词，20世纪50年代在我国首次译为“生态龛”，后来又出现了“小生境”的译名。这两种译法显然更强调niche一词的空间含义，而忽视了它的功能含义，而且“小生境”又与microhabitat一词同义，因此十分不妥。1982年，在《中国大百科全书(生态学册)》编写会议上，与会专家一致认为采用“生态位”的译法更为合适，“位”字既有空间含义又有功能含义，能比较准确地表达niche一词的原意。自此以后，生态位一词便得到了广泛使用。

应当说，niche是一个既抽象而含义又十分丰富的生态学专有名词。在现代生态学中，对它的研究已经渗透到了很多研究领域，而且应用范围越来越广，已成为生态学最重要的基础理论研究之一。因此，有人甚至把生态学的研究定义为生态位的研究。当然，这种极端观点是不可取的，但生态位的研究在现代生态学中确实占有十分重要的位置。很多重要的生态学理论问题都是以生态位概念为基础的，如，群落的结构和功能；物种的多样性和物种在群落中的重要值分析；群落的物种集聚原理；物种的特化和泛化；小环境的最适利用；时间、物质和能量收支；生物的觅食对策和觅食效率以及生物之间的竞争和其他各种相互关系的研究等。

第一节 生态位的定义和研究简史

第一个使用生态位一词并给它下定义的人是Grinnel J(1917,1924,1928)。他把生态位看成是生物在群落中所处的位置和所发挥的功能作用，他认为生态位实质上是一个行为单位，虽然最终他也强调生态位作为一个最终的分布单位所起的作用(包括环境的空间特性)。后来，Elton CS(1927)把动物的生态位定义为“该物种在其生物环境中的地位以及它与食物和天敌的关系”，以后他又说过：“一个动物的生态位在很大程度上决定于它的大小和取食习性”。Clarke GL(1954)则把生态位区分为功能生态位和地点生态位，他曾写道：“在生态群落中，不同的动植物执行着不同的功能，但是在不同的地理区域内，同样的功能生态位也可被完全不同的物种所占有”。

应当说，现代生态位研究中最有影响的人是Hutchinson GE(1957)。他利用数学上的点集理论，把生态位看成是一个生物单位(个体、种群或物种)生存条件的总集合体。此外，他还把生态位区分为基础生态位和现实生态位，而且认为，一个动物的潜在生态位在某一特定时刻是很难被完全占有的。这一思想无论是在确定一个生物的生态位时，还是在阐明其他生物(包括竞争者和捕食者)的作用时都是很有用的。

著名生态学家Odum EP(1959)把生态位定义为“一个生物在群落和生态系统中的位置和状况”，而这种位置和状况则决定于该生物的形态适应、生理反应和特有的行为(包括本能行为和学习行为)。他曾强调指出：“一个生物的生态位不仅决定于它生活在什么地方，而且决定于它干些什么。"Odum 把生物的生境比做生物的"住址",而把生物的生态位比做生物的"职业",这种拟人的比喻也在一定程度上说明了问题。Weatherley A H(1963)提出,生态位的定义应当局限于"动物在其生态系统中的营养作用,即局限于它同全部可得食物之间的关系"。另一些生态学家则喜欢更广义地为生态位下定义,必要时可把生态位区分为一些亚单位,如食物生态位(图 24-1)和地点生态位等。

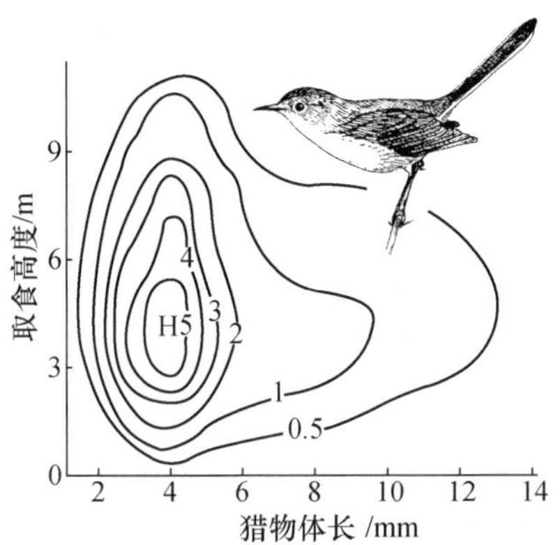

图 24-1　蓝灰鹟(*Polioptila caerulea*)的取食生态位

同心圆代表不同的猎食频率,最频繁的猎食活动是发生在 H 处,越是外圈的等值线猎食频率就越低

Pianka ER(1983)还认为,一个生物单位的生态位(包括个体、种群或物种生态位)就是该生物单位适应性的总和。生物环境与生物生态位之间的差异仅仅在于:在生物生态位的概念中,包括生物开拓和利用其环境的能力,也包括生物与环境相互作用的各种方式。现在,生态位的概念实际已同种间竞争现象密不可分,而且越来越同资源的利用相联系。关于群落中竞争物种之间的生态位关系,目前已经积累了大量文献。

第二节　生态位的超体积模型

Hutchinson 根据生物的忍受法则提出了生态位的一种形象表达方法。如果把一个生物(或一个生物单位)对某一环境因子的忍受性相对于这一环境因子的梯度作图,那么通常就会绘出一条钟形曲线。如果同时采用两个环境梯度作图,绘出的图形就如图24-2所示。采用 3

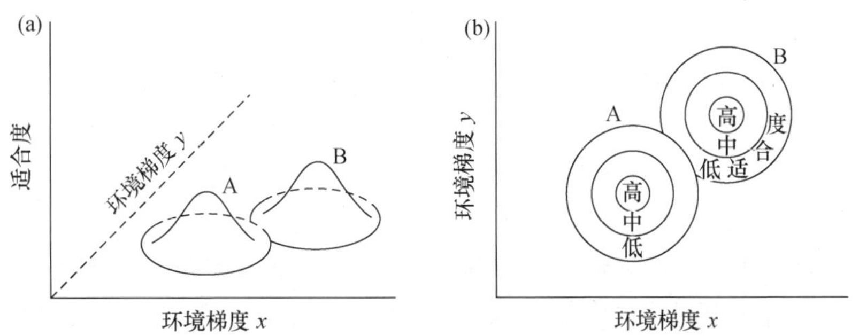

图 24-2　A 和 B 两个物种的适合度相对于两个环境梯度(x 和 y)的两种坐标法

(a) 含有一个适合度轴的三维坐标图;(b) 不含有适合度轴的二维坐标图,

高、中、低适合度用等高线代表

个环境梯度就会得到图 24-3。显然，3 个环境梯度就会决定一个三维空间，以后每增加一个环境梯度就会增加一个坐标轴或一维。图 24-3 所代表的实际上是一个四维空间，图中见到的 3 个轴代表 3 个不同的环境变量，而第四个轴则代表“适合度密度”(此轴不能直接绘出，但也得到了清楚表达，正如图 24-2(b)用二维坐标表达出了图 24-2(a)用三维坐标表达的内涵一样)。具有高适合度密度的那部分空间对生物来说是最适宜的，而具有低适合度密度的那部分空间则对生物的生存和生殖不太适宜。利用 n 维几何学，我们可以从概念上把这一过程推广到任何一个坐标轴。据此，Hutchinson 给生态位下了这样一个定义：“一个生物的生态位就是一个 n 维的超体积，这个超体积所包含的是该生物生存和生殖所需的全部条件，因此，与该生物生存和生殖有关的所有变量都必须包括在内，而且它们还必须是彼此相互独立的。”不难看出，采用这一生态位模型的困难在于并非所有的环境变量都能极好地按线形排列。为了回避这一困难，Hutchinson 又把他的 n 维超体积模型改进成为一个集合论模型。

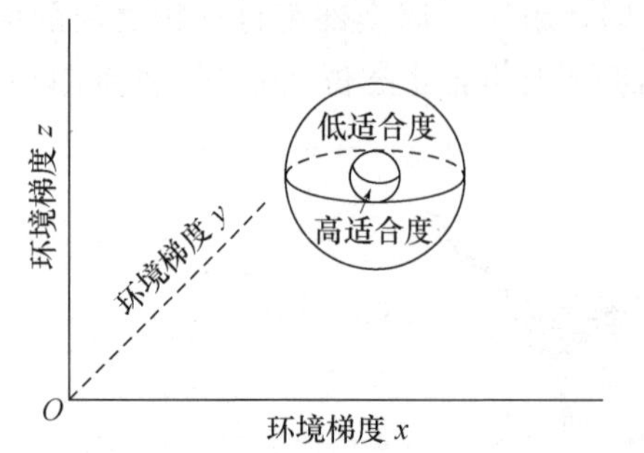

图 24-3　具有 3 个不同环境梯度(x，y 和 z)的适合度

三维坐标图(类似于图 24-2(b))，可表示出高、低适合度区。此图相当于一个具有一个适合度轴的 4 维坐标图

Hutchinson 令某特定生物生存和生殖的全部最适生存条件为该种生物的基础生态位，并用环境空间中的一个点集来代表，因此基础生态位就是一个假设的理想生态位。在这个生态位中，生物的所有物化环境条件都是最适宜的，而且不会遇到竞争者和捕食者等天敌。但是，生物生存实际所遇到的全部条件总不会像基础生态位那么理想，所以被称为现实生态位。现实生态位包括了所有限制生物的各种作用力，如竞争、捕食和不利的气候等。

第三节　生态位的重叠与竞争

当两个生物(或生物单位)利用同一资源或共同占有其他环境变量时，就会出现生态位重叠现象。在这种情况下，就会有一部分空间为两个生态位 n 维超体积所共占，从点集理论说，就是有一部分点为两个生态位点集所共有。假如两个生物具有完全一样的生态位，就会发生百分之百的重叠，但通常生态位之间只发生部分重叠，即一部分资源是被共同利用的，其他部分则分别被各自所独占。

Hutchinson 处理生态位重叠的方式非常简单。他假设环境已充分饱和，即任何一段时间的生态位重叠都不能忍受，因此，在任何两个生态位的重叠部分都必然要发生竞争排除作用。如果竞争是强烈的，那么在发生竞争的生态位空间内就只能保留一个物种。虽然 Hutchinson 处理问题的方法有其缺点，但这种方法对于研究各种可能出现的情况时(图 24-4)，却具有一定的理论指导作用。① 两个基础生态位有可能完全一样，即生态位完全重叠。虽然这种情况极不可能发生，但如果出现这种情况时，竞争优势种就会把另一物种完全排除掉。② 一个基础生态位有可能被完全包围在另一个基础生态位之内(图 24-4(a))。在这种情况下，竞争结果将取决于两个物种的竞争能力。如果生态位被包在里面的物种处于竞争劣势，它最终就会消失，优势种将会占有整个生态位空间。如果里面的物种占有竞争优势，它就会把外包物种从发生竞争的生态位空间中排挤出去，从而实现两个物种的共存，但共存的形式仍然是一个物种的生态位被包围在另一物种的生态位之中。③ 两个基础生态位可能只发生部分重叠，也就是说，有一部分生态位空间是被两个物种共同占有的，其余则为各自分别占有(图 24-4(b)，(c))。在这种情况下，每一物种都占有一部分无竞争的生态位空间，因此可以实现共存，但具有竞争优势的物种将会占有那部分重叠的生态位空间。④ 基础生态位也可能彼此邻接(图 24-4(d))，两者虽不发生直接竞争，但这样一种生态位关系很可能是回避竞争的结果。⑤ 如果两个基础生态位是完全分开的(不重叠)，那么就不会有竞争，两个物种都能占有自己的全部基础生态位(图 24-4(e))。

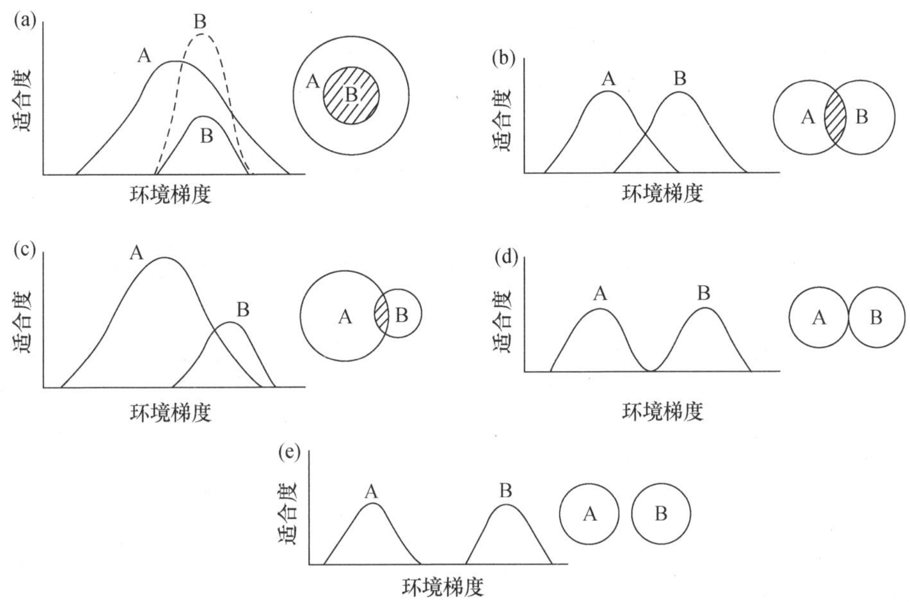

图 24-4　几种可能的生态位相互关系

左图是具有适合度密度的模型，右图是集合论模型。A 和 B 代表两个物种。(a) 内包生态位，其竞争后果可能有二：第一种，物种 B 占优势(点线)，迫使物种 A 减少对共占资源的利用；第二种，A 占优势，B 被完全排除。(b) 等宽生态位重叠。(c) 不等宽生态位重叠；B 的生态位空间有较大比例被共占，竞争是不对等的。(d) 邻接生态位，代表竞争回避现象。(e) 分离生态位，不存在竞争

基础生态位与现实生态位之间的区别可以清楚地从图 24-5 中看出来。图 24-5 是基础生态位与现实生态位关系的理论模型，其中左灰圈代表一个物种的基础生态位，右灰色部分代表其现实生态位，5 个白圈代表 5 个与之发生竞争的物种并都占有竞争优势。

上述理论阐述的一个主要缺点是，在自然界，生态位经常发生重叠但并不表现有竞争排除现象。生态位重叠本身显然并不一定伴随着竞争，例如，生境重叠就不一定意味着竞争，如果资源很丰富，两种生物就可以共同利用同一资源而彼此并不给对方带来损害。事实上，生态位的大范围重叠常常表明只存在微弱竞争，而邻接生态位反而意味着有潜在的激烈竞争，只是由于竞争回避才导致了生态位的邻接。可见，资源量与供求比以及资源满足生物需要的程度对研究生态位重叠与竞争的关系是非常重要的，这一点很容易被人们所忽视。

生态学家曾设计过大量试验，以便从理论上和经验上阐明竞争与生态位重叠之间的关系。现代生态学家不断地给自己提出问题，例如，在共存物种之间能够忍受多大程度的生态位重

叠？这种最大限度的生态位重叠又是如何随着外界条件的变化而变化的？等等。当代很多生态学问题都涉及物种之间的竞争，但竞争现象直到目前还难以在自然界直接进行观察，这可能是因为回避竞争对生物总是有利的，所以我们对竞争的了解是很不够的。在充分了解决定物种多样性和群落结构的因素之前，必须首先弄清群落成员间对资源进行分配的正确机制，因此在共存物种之间的资源再分配问题便引起了现代生态学家的极大兴趣。

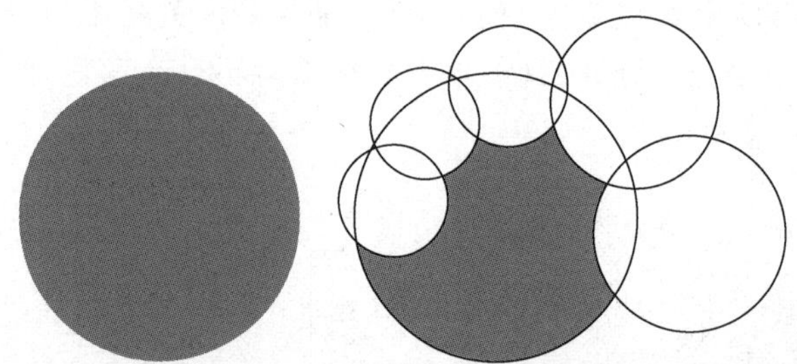

图 24-5　基础生态位(左)与现实生态位(右灰色部分)的理论模型

5 个白圈代表 5 个与之发生竞争的物种并占有竞争优势

根据对生态位重叠原始资料的分析，我们可以列出资源矩阵。资源矩阵就是一个简单的 $m\times n$ 矩阵，其中 m 代表 m 个资源状态，n 代表 n 个不同的物种。该矩阵可以表示每个 m 被每个 n 的利用量(或消耗率)。从这个矩阵，我们就可以得到一个 $n\times n$ 的矩阵，该矩阵就是各对物种之间的生态位重叠矩阵。这个矩阵对角线上的各个元素值都是 1(代表每个物种的自我重叠)，而对角线以外的各元素值都小于 1(代表各对物种之间的重叠)。由于生态位重叠比竞争系数更容易测定，所以常常用生态位重叠值等同于竞争系数(当然是在资源短缺，存在竞争的条件下)。根据机会均等原理，沿着任何一个特定的资源梯度，需求/供应比应当是一个常数，因此竞争强度应当与在特定资源梯度上所观察到的生态位重叠值成正比。

第四节　生态位分离

在现实生态位的形成中，与种内种间竞争完全相反的作用力也发挥着重要作用。生活在同一群落中的各种生物所起的作用是明显不同的，而每一个物种的生态位都同其他物种的生态位明显分开，这种现象就称为生态位分离(niche separation)。

在很多生物占有同一特定环境的情况下，资源常常被这些生物以下述方式所瓜分，即全部资源将被充分利用并将容纳尽可能多的物种，同时还能使种间竞争减少到最低限度。1963 年，Lamprey HF 在坦桑尼亚的 Tarangire 自然保护区所进行的研究工作是关于生态位分离的经典研究之一。在那里，只有 3 种基本生境类型：稀疏草原、稀疏林地和稠密森林，共生活着 14 种主要的食草动物。特别值得注意的是，其中有 8 种几乎生活在同一生境之中，这是连续 4 年对食草动物的种类和数量进行定点观测所得出的结论。这 8 种食草动物包括大羚羊、野牛、长颈鹿、高角羚、疣猪、犀牛、象和水羚，它们有 5%～10%的时间生活在稀疏草原，有 75%的时间生活在稀疏林地，有 10%～20%的时间生活在稠密森林。虽然如此，但在各种动物之间，似乎并不发生利害冲突。据 Lamprey 研究，这是因为它们的生态位借助于以下几种方法而发生分离：① 不同的食草动物吃不同种类的食物；② 不同的食草动物吃同一种植物的不同部位；③ 不同的食草动物在距地面的不同高度上取食；④ 不同的食草动物出现在同一地区的时间(一天内)和季节不同;⑤ 在任一特定的季节内,分散在不同地点取食。1970 年,Bell RHV 就上述生态位分离的几种方法中的一种方法(即取食同一种植物的不同部位)深入研究了这 4 种食草动物。斑马(*Equus burchelli*)、转角牛羚(*Damaliscus korrigum*)、牛羚(*Connochaetes taurinus*)和汤姆森瞪羚(*Gazella thomsoni*)都栖息在矮草草原,以同一种草为食,但它们彼此不存在竞争关系。这是因为斑马啃食植物茎的上部(这部分蛋白质含量低,但斑马消化系统以很高的通过量适应于取食低质食物);转角牛羚则啃食植物茎的下部(蛋白质含量相对较高);牛羚主要吃植物的叶;而汤姆森瞪羚则吃新抽出的嫩茎叶,这些茎叶一般在其他动物吃过后的 1～2 天内长出来的。此外,汤姆森瞪羚也啃食贴地面生长的双子叶植物,否则双子叶植物数量增加会影响单子叶植物的生长,对其他有蹄类动物带来不利。有关生态位分离的研究实例在其他动物中还有很多很多,此处不能一一列举。

第五节　生态位宽度

生态位宽度是指现实生态位超体积的限度,通常用宽或窄加以描述,这种描述方式主要是依据生态位在一个资源轴上所截段落的宽窄。生态位宽度的测定常常与测定某些形态特征(如鸟喙的大小)或某些生态变量(如食物大小)或生境空间有关。显然,要想确知构成生态位的是哪些变量是不容易的,更不用说实际测定这些变量和把它们标明在坐标图上了。但是,多维分析法可以使我们把许多生态位变量一个个地在坐标图上标出来,坐标图可以包括多个资源轴。

更准确地说,生态位宽度是一个生物所利用的各种资源之总和。一个物种的生态位越宽,该物种的特化程度就越小,也就是说它更倾向于是一个泛化物种;相反,一个物种的生态位越窄,该物种的特化程度就越强,也就是说,它更倾向于是一个特化物种。泛化物种具有很宽的生态位,以牺牲对狭窄范围内资源的利用效率来换取对广大范围内资源的利用能力。如果资源本身不能十分确保供应,那么作为一个竞争者,泛化物种将会优于特化物种。另一方面,特化物种占有很窄的生态位,具有利用某些特定资源的特殊适应能力,当资源能确保供应并可再生时,特化物种的竞争能力将超过泛化物种。一种可确保供应的资源常被许多特化物种明确瓜分,从而减少它们之间的生态位重叠。

为了简便起见,生态位宽度可以按照食物资源、空间利用情况以及形态差异加以考虑。例如,在具有领域行为的动物中,往往是少数个体把一片适宜生境分割为几部分分别占有,因为在这些表现有种间领域的动物中,对空间的需求是最重要的。

空间可以被分割为取食生态位(feeding niches)。从植物或植被的垂直剖面上看,动物常常只局限于在一定的范围内觅食(图 24-6)。不同的物种可以借助于把一种资源分离为许多部分而共同占有它,这种分离可以是空间的,也可以借助于食物特化来完成。空间分离是由动物的行为和形态特化引起的,这种特化可以使每一个物种限定于生境的一定部位和利用特定部分的资源。空间分离包括垂直分离和水平分离。在空间分离的情况下,如果一方缺失,另一方就会扩大自己的垂直或水平活动范围(图 24-6(b′)和(c′))。例如在图 24-6(c′)中,红尾鸲(*Phoenicurus phoenicurus*)和鹟(*Muscicapa hypoleuca*)都捕食飞虫和从树叶及树冠末梢上捉食昆虫。但在两种鸟类共同占有的地区,红尾鸲喜在疏林和缓坡处活动,而鹟则更喜欢选择密林和陡坡,如果其中一种鸟类消失,另一种就会扩大自己的取食范围。在图 24-6(b′)中,鸸

(*Sitta europaea*)和鹟(*Muscicapa hypoleuca*)的取食地点明显分开，䴓常在树干和树枝上取食多种昆虫，而鹟在可能的情况下，常捕食同一类飞虫。

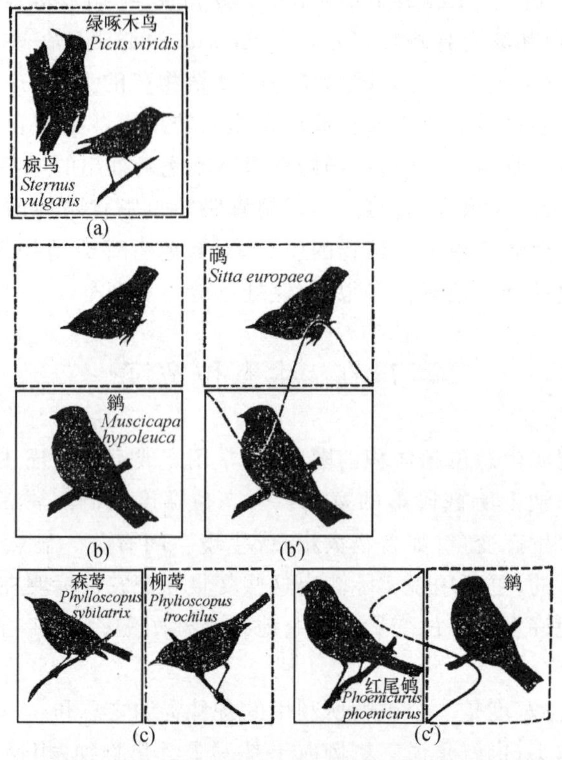

图 24-6　在空间分隔基础上的生态位关系

(a) 食物特化：绿啄木鸟和椋鸟都在地面取食，但前者吃蚂蚁，后者吃昆虫幼虫；(b) 空间的垂直分离：䴓在树干和大树枝上取食昆虫幼虫，而鹟从一停歇点起飞捕捉飞虫；(c) 空间的水平分离：森莺和柳莺各有自己的领域，互不侵入；(c′) 空间的水平分离：红尾鸲和鹟各有自己的取食范围，在空间分离的情况下，如果一方不存在，另一方就会扩大自己的垂直或水平活动范围(b′和 c′)

同一物种的不同性别也常有取食空间的分离或两性占有不完全相同的生态位。例如，雄红眼绿鹃(*Vireo olivaeus*)在树冠上部捕食昆虫，而雌红眼绿鹃则在树冠下部和接近地面的部位捕食昆虫，两性的取食区域大约只有 35%的重叠。两性所吃的食物虽然相似，但它们却是在不同的高度获得这些食物。有几种啄木鸟雌雄之间也存在着类似的生态位分离现象。

对取食有影响的形态差异也可能是决定生态位的一个变量。对鸟类来说，生态位的分离常常是通过取食不同大小的食物，而这又取决于喙的大小。喙长差异通常是同取食行为的差异相关的。例如，亚利桑那啄木鸟(*Dendrocopus arizonae*)两性个体在喙大小上存在着很大差异，雄啄木鸟在树干上取食，而雌啄木鸟则在树枝上搜寻食物。

第六节　生态位压缩、生态释放和生态位移动

生态位宽度表明了一个物种利用资源的一些情况。如果构成一个群落的物种都具有很宽的生态位，那么这个群落一旦遭到外来竞争物种的侵入，本地物种就会被迫限制和压缩它们对

空间的利用。例如，被迫把它们的取食活动或其他活动限制在生境中那些可提供最适资源的斑块内。这种竞争所导致的是生境压缩，而不会引起食物类型和所利用资源的改变，这种情况就称为生态位压缩(niche compression)。

相反，当种间竞争减弱时，一个物种就可以利用那些以前不能被它所利用的空间，从而扩大了自己的生态位。由于种间竞争减弱而引起生态位扩展就称为生态释放(ecological release)。例如，当一个物种侵入一个岛屿后，由于岛上没有竞争物种存在，它就可以进入以前它在大陆上从未占有过的生境，这种生态位的扩展就是生态释放。如果把一个竞争物种从一个群落中移走，留下的物种也会进入以前它们无法占有的小生境，这种生态位扩展也是生态释放。

与生态位压缩和生态释放有关的另一种反应是生态位移动(niche shift)。生态位移动是两个或更多个物种由于减弱了种间竞争而发生的行为变化和取食格局变化，这些行为上或形态特征上的变化可以是对环境条件作出的短期的生态反应，也可以是长期的进化反应。例如，1976 年 Werner EE 和 Hall DJ 研究了棘臀鱼科(Centrarchidae)中 3 种互有竞争关系的太阳鱼，即蓝鳃太阳鱼(*Lepomis maerochirus*)、鳞鳃太阳鱼(*L. gibbosus*)和绿鳃太阳鱼(*L. cynellus*)。当把 3 种太阳鱼在实验池塘中分开饲养的时候，它们的取食习性很相似，而且平均生长率和所吃食物的大小都有增加。但如果把 3 种太阳鱼一起放养，则蓝鳃太阳鱼主要捕食开阔水域的浮游动物，它有细而长的鳃耙，用以截留浮游动物；鳞鳃太阳鱼主要捕食栖息在池底沉积物中的动物，主要是摇蚊(Chironomidae)，它的鳃耙短而稀疏，当它过滤淤泥的时候不至于被壅塞；绿鳃太阳鱼则主要在水生植物的茎叶上和底泥表面寻找昆虫为食，它在植物上搜寻食物的效率最高。这 3 种太阳鱼形态特征的变化有利于使它们可在必要时，如互相竞争时或非竞争时，改变自己的行为和取食格局。行为的可塑性通常有助于使它们产生和保持形态差异。因此，生态位移动是借助于上述两个方面来完成的，无论是环境的长期变化还是资源的短期季节性改变，都可以导致发生生态位的移动。夏季，当食物资源减少的时候，3 种太阳鱼就会发生竞争，并被迫对资源进行分配，从而使竞争减弱。另一个实例是对生活在淡水溪流中两种涡虫(*Planaria montenegrina* 和 *P. gonocephala*)的研究。当这两种涡虫重叠分布时，所占有的温度梯度幅度要比不重叠分布时小得多(图 24-7)，这就是说，当存在竞争时，双方的生态位都有明显移动。

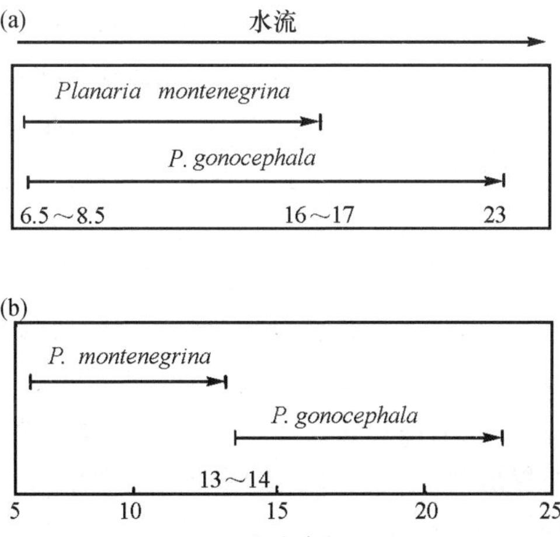

图 24-7　两种涡虫在(a)不重叠分布和(b)重叠分布时沿溪流温度梯度的分布

每一种涡虫在另一种涡虫同时存在时，其沿温度梯度分布的幅度都要小得多(仿 Pianka ER，1976)

第七节　生态位动态

大多数生物的生态位是依时间和地点而变化的。生态位的时间动态可发生在两种时间规模上：① 短期的生态规模，通常只涉及一个生物的一生或少数几个世代；② 长期的进化规模，至少要涉及许多世代。因此，现实生态位可以被看做是基础生态位的一个变化的亚集。在 n 维超体积模型中，则可以被看做是一个被基础生态位超体积包围着的一个具有伸缩性的超体积。

有些生物(特别是昆虫)在生活史的不同时期，具有完全分离的不重叠的生态位。蝶类的幼虫与成虫、双翅目的蛆与蝇、蝌蚪与成蛙以及很多幼虫生活在水里而成虫生活在陆地的昆虫(蚊、石蝇和蜻蜓)等，它们在变态过程中，体形要发生急剧的和重大的变化，生态位也随之发生深刻转变。其他生物的生态位在其生活史中的变化比较渐近和连续，比如幼体蜥蜴只比成年个体吃较小的食物，每天在较低的环境温度下，较早地开始活动等。

一个生物的生态位近邻(常是潜在的竞争者)有可能对该生物的生态位施加强大影响。从理论上讲，种间竞争的减弱常可导致生态位的扩展。为了证实这一点，Crowell KL(1962)曾对栖息在 Bermuda 岛上的 3 种鸟类的生态学与它们的大陆种群作了比较。一般说来，岛上的鸟类种类要比大陆上少得多，Bermuda 岛上 3 种数量最多的鸟是拟腊嘴雀、猫声鸫和白眼绿鹃。这 3 种鸟在岛上有着很高的种群密度；但是在大陆上，由于鸟的种类繁多，种间竞争比岛上激烈，因此这 3 种鸟的种群数量就比岛屿上少得多。当然，岛屿与大陆的生境条件必然存在差异，但起主要作用的还是鸟类之间的竞争，岛上白眼绿鹃的空间生态位和食物生态位宽度都明显大于大陆种群。

第八节　生态位的维数

虽然生态位的 n 维超体积模型是一个很好的模型(特别是对澄清概念)，但实际应用起来却又觉得它太抽象。为了构造这样一个 n 维超体积，我们就必须了解有关生物的几乎一切方面，但实际上我们不可能掌握影响生物的所有因素，所以基础生态位只能是一个理论概念。即使是现实生态位，它的维数之多也很难将其全部考虑在内。因此，在研究 K 选择生物的生态位时，生态位的维数一般只限于那些竞争已得到有效减弱的维。一般说来，竞争常常借助于小生境的利用、所吃食物的大小和捕食高度的差异而大大减弱，这样就可以把生态位的有效维数减少到 3 个，图 24-8 是食虫鸟的三维生态位。我们可以把一个饱和群落看做是在这样的一个三维空间内占有的一定体积，因此群落就有点像是一个三维的拼板玩具，而每一块拼板就是一个物种，它只能占有整个群落体积的一部分。

迄今为止，大多数的生态位理论都是建立在一维生态位基础之上的，因此，每个物种在其生态位空间内就只有两个相邻物种。沿着两个或两个以上的生态位维，各对物种最终的生态位重叠通常会适当减弱，因此生态位各维之间经常会发生互补，如一对物种在一个生态位维上重叠较多，而在另一个生态位维上就很少重叠，反之也是一样。多维的生态位关系可能是很复杂的，随着维数的增加，生态位可以在一个维上部分重叠或完全重叠，而在另一个维上却完全

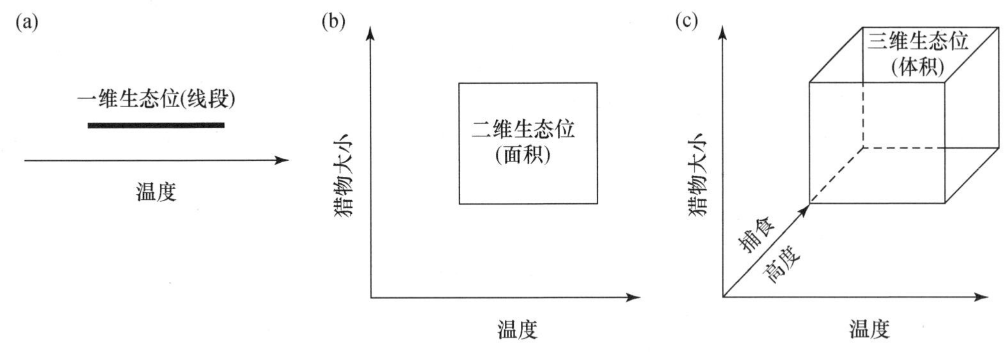

图 24-8　一种食虫鸟的三维生态位

(a) 一维生态位(对温度的忍受范围)是一条线段;(b) 二维生态位(温度+猎物大小)是一个面积;(c) 三维生态位(温度+猎物+捕食高度)是一个体积

分离或相互邻接。在图 24-9 中,图(a)是两个物种在两个生态位维上的重叠情况及最终的重叠结果,图(b)是 7 个物种(ABCDEFG)在两个生态位维上的重叠情况及最终的重叠结果。

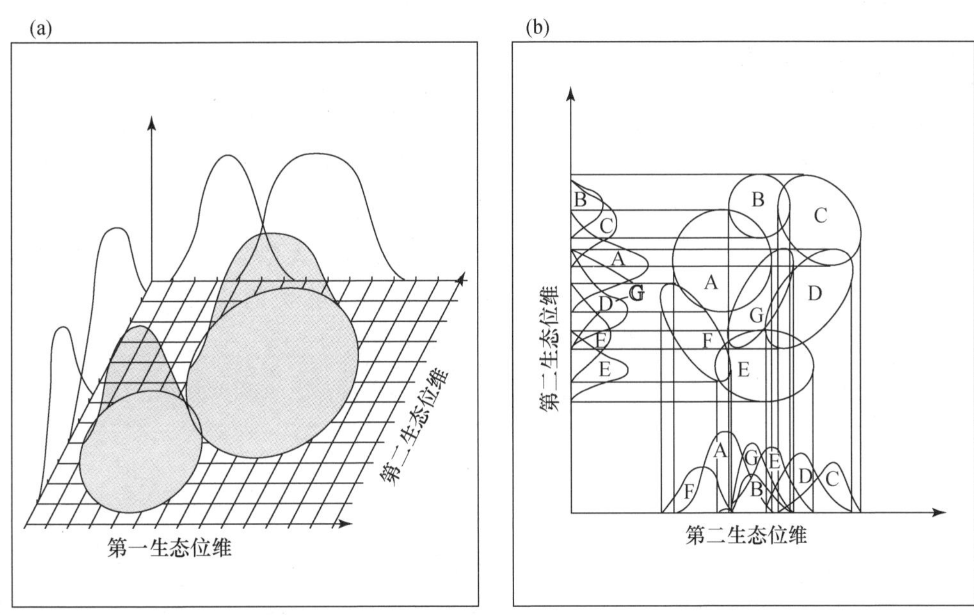

图 24-9　物种在生态位维上的重叠及最终的重叠结果

(a)2 个物种,2 个生态位维;(b) 7 个物种(ABCDEFG)在两个生态位维

在一维生态位空间中,任一物种的生态位都只有来自两面的竞争者,但在二维生态位空间中,相邻物种的数目却可以有很多。随着生态位有效维数的增加,潜在相邻物种的数目差不多是呈几何级数增长的。随着维数的增加,生态位重叠矩阵对角线外的元素将会出现少数零值,而且重叠值通常会下降。这是因为维数的增加使每个物种的生态位空间都具有更多的相邻竞争者,因而大大地分散了竞争。Lack D(1971)在评论导致鸟类生态位隔离的因素时曾指出,地理分布、生境和食物差异是 3 个最主要的因素。最近,Schoener TW(1974)评述了 80 多个自然群落内的资源分隔型,所涉及的生物包括真菌、各种软体动物、甲壳动物、昆虫及其他节肢

动物，此外，还包括脊椎动物5个纲中的很多高等动物。他根据其对生态位隔离的重要性，依次列出了5个资源维，即大生境、小生境、食物类型、日活动时间和活动季节。Schoener的结论是：一般说来，对于生态位隔离，生境维比食物维更为重要，而食物维又比（活动）时间维更重要。比起其他动物来，陆生变温动物更经常采用在一天的不同时间进行活动的方法来分隔食物资源。捕食性动物也常常是这样。

第九节　生态位的计算公式

近些年来，关于生态位的形式和生态位关系的研究已经成了群落生态学中最活跃的领域之一。在一维和多维的基础上，对群落内的生态位宽度、生态位分离和生态位重叠的分析工作越来越多。正是由于这些研究的进展，已使我们能够对现实群落中的生态位重叠作出可靠的评价。生态学家已经提出了许多数学方法来定量地测定生态位的宽度和重叠。对这些方法，Abrams P(1980)和Slobodkichoff CN(1980)曾作过全面详细的评介，本书只能就最常用的方法作一简单介绍。

一、生态位宽度的计算

生态位宽度的概念主要是指任何一个生物或生物单位对资源利用的多样化程度。如果实际被利用的资源只占整个资源谱的一小部分，那么我们就说这种生物具有较窄的生态位；如果一种生物在一个连续的资源序列上可利用多种多样的资源，我们就说它具有较宽的生态位。曾有很多生态学家致力于寻找测定生态位宽度的方法，但最后大都采用了比较简单和现成的多样性测定法。这种方法最初是用来测定群落中物种多样性指数的，现在则用来表示任何生物所利用的资源的多样性，因此生态位宽度的计算公式为

$$B = \frac{1}{\sum_{1}^{i} P_{ia}^{2}}$$

或

$$B = -\sum_{1}^{i} P_{ia} \ln P_{ia} \qquad \text{(Shannon-Wiener 指数)}$$

上述公式中：P_{ia}代表物种i中利用资源的个体比例，或者说代表第i个个体所利用的资源占总资源的比例。有人曾对这种测定方法提出过批评，最主要的是认为，其测定结果在很大程度上取决于所考虑的资源种类的多少，因此很难使测定程序标准化，这不利于对同一群落或不同群落中的物种生态位进行比较研究。为此，Colwell等人曾提出过生态位宽度的新测定法，这种方法后来又被Hurfbert SH(1978)加以改进，但令人遗憾的是改进后的方法对一般应用来说又过于复杂。

二、生态位重叠的计算

计算生态位重叠的各种方法与计算生态位宽度的方法一样，主要是来自对各种多样性指数的分析，特别是对资源分割的分析。最常用的生态位重叠计算公式有以下几个。

$$O_{ij}=1-\frac{1}{2}\sum_{a=1}^{n}|P_{ia}-P_{ja}| \qquad \text{(Schoener, 1968)}$$

$$O_{ij}=\sum_{a=1}^{n}P_{ia}P_{ja}\bigg/\sqrt{\sum P_{ia}^2\sum P_{ja}^2} \qquad \text{(Pianka, 1973)}$$

$$O_{ij}=\sum_{a=1}^{n}P_{ia}P_{ja}\bigg/\sum_{a=1}^{n}{P_{ia}}^2 \qquad \text{(MacArthur, 1972)}$$

以上 3 个公式中，O_{ij}代表物种 i 和物种 j 的生态位重叠；P_{ia} 和 P_{ja} 分别代表物种 i 和物种 j 对资源 a($a=1\rightarrow n$)的利用部分，或者说是物种 i 和物种 j 中利用资源 a($a=1\rightarrow n$)的个体数。生态位重叠值的取值范围是 0→1，0 表示生态位完全分离，1 表示生态位完全重叠。

上述生态位重叠公式各有其特点。MacArthur 公式所使用的重叠矩阵是不对称的，也就是说，物种 i 对物种 j 的重叠不等于物种 j 对物种 i 的重叠，这虽然有些不便，但有一个显著优点，即对于每个物种的个体数量非常敏感。该公式不仅反映了资源利用上的重叠，而且也适当反映了由于生态位重叠而产生的竞争压力。而 Pianka 的公式则主要是反应物种在资源利用上的重叠。Schoener 的公式是较早提出来的，曾得到广泛使用，计算简便，但敏感性较差。

第 25 章　群落的演替和群落的周期变化

第一节　演替的基本概念和演替理论

群落是一个动态系统，它是不断发生变化的，生物生生死死一代顶替一代，能量和营养物质也不停地在群落中流动和循环。但是，大多数群落的外貌和物种成分却相当稳定，今年看到了桦树，多少年之后还是桦树，今年看到了山雀，多少年之后还是山雀，似乎它们是永久地存在在那里并不断地自我繁衍。如果群落一旦受到干扰和破坏（如森林遭砍伐、草原被烧荒和珊瑚礁遭台风破坏等），它还能慢慢重建。首先是先锋植物在遭到破坏的地方定居，后来又被其他种植物所取代，总是后来者占优，直到群落恢复它原来的外貌和物种成分为止。在一个遭到破坏的群落地点所发生的这一系列变化就是演替（succession），演替所达到的最终状态（物种组合达到稳定时）就叫顶极群落（climax）。

演替的概念主要是由植物学家 Warming JEB（1896）和 Cowles HC（1901）提出来的，他们曾研究过沙丘群落演替的各个阶段。后来，对演替的研究曾导致各种演替理论的出现。最早的和最经典的演替理论是由 Clements FE（1916，1936）提出来的。他认为群落是一个高度整合的超有机体，通过演替，群落只能发展为一个单一的气候顶极群落（climatic climax）。群落的发育是逐渐的和渐近的，从一个简单的先锋植物群落最终发育为顶极群落。演替的动力仅仅是生物之间的相互作用，最早定居的动物和植物改造了环境，从而更有利于新侵入的生物，这种情况一再发生，直到顶极群落产生为止。该理论有一个重要前提条件：物种之所以相互取代是因为在演替的每一个阶段，物种都把环境改造得对自身越来越不利而对其他物种越来越适宜定居。因此，演替是一个有序的、有一定方向的和可以预见的过程。该理论又叫促进作用理论。

演替的第二个主要理论是由 Egler FE（1954）提出来的，又称抑制作用理论。他认为演替具有很强的异源性，因为在任何一个地点的演替都取决于谁首先到达那里。物种取代不一定是有序的，因为每一个物种都试图排挤和压制任何新来的定居者，使演替带有很强的个体性。又由于演替并不总是朝着气候顶极群落的方向发展，演替也就更难以预测。该理论认为没有一个物种会对其他物种占有竞争优势，首先定居的物种不管是谁，都将面临所有后来者的挑战。演替通常是由短命物种发展为长寿物种，但这不是一个有序的取代过程。

演替的第三个重要理论是由 Connell JH 和 Slatyer RO（1977）提出来的，称为忍耐作用理论。该理论认为，早期演替物种的存在并不重要，任何物种都可以开始演替。某些物种可能占有竞争优势，这些物种最终在顶极群落中有可能占有支配地位。较能忍受有限资源的物种将会取代其他物种，演替是靠这些物种的侵入或原来定居物种逐渐减少而进行的，主要决定于初始条件(3 种演替理论见图 25-1)。

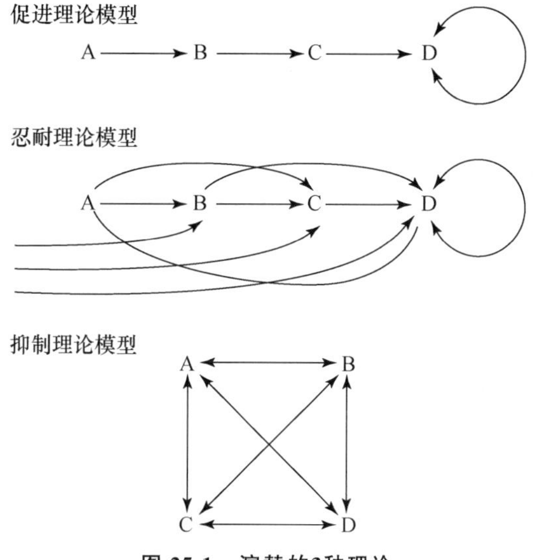

图 25-1　演替的3种理论

A、B、C 和 D 代表 4 个物种,箭头指示被取代。在 Connell 的理论中,后来物种可以取代先来物种,但当后者不存在时,前者也可侵入。在 Egler 的理论中,彼此都有可能取代,主要取决于谁先到达演替地点(引自 Krebs CJ, 1985)

以上 3 种演替理论都一致预测:在一个演替过程中,先锋物种总是最早出现,因为这些物种有许多适于定居的特性,如生长速度快、种子产量高和具有极大的散布能力等。但这些定居物种通常都是短命的和易消失的,因为它们总是使环境变得对自己不利。3 种演替理论的重要区别在于物种取代的机制不同,在 Clements 的经典理论中,物种取代是受前一个演替阶段所促进的。在 Egler 的演替理论中,物种取代则受到已定居物种的抑制,直到这些定居物种受到损害或死亡为止。在 Connell 的理论中,物种取代则不受现存物种的影响。

第二节　演替的主要类型

演替通常可以区分为初生演替(primary succession)和次生演替(secondary);自发演替(autogenic succession)和异发演替(allogenic succession)。初生演替是指生物在裸地(此前从未被生物定居过的地点)的定居,并将导致顶极群落对该生境的首次占有。例如,在沙丘上进行的演替就是初生演替,此外,在火山岩上、在冰川泥上以及在大河下游的三角洲上所发生的演替都是初生演替。初生演替的基质条件恶劣严酷,演替时间很长。

次生演替是指演替地点曾被其他生物定居过,原有的植被受到人类或自然力(如野火、暴风和洪水泛滥等)破坏后再次发生的演替。例如,森林遭受砍伐或火烧之后或农田弃耕之后所开始的演替过程就是次生演替。由于次生演替的基质条件较好(有机物质丰富、土壤层厚并遗留有少量的生物遗体、种子或孢子等),所以演替所经历的时间较短。

自发演替是指生态系统内自身变化所引发的演替,特别是指由生物群所引起的生境变化,如土壤的形成和营养物质的积累。如果土壤的上述改良可促进下一个群落取而代之,那么,这种类型的演替就叫自发演替。

异发演替是指由生态系统外力所引发的演替过程。例如，因为溪流流量减少而使沼泽水位逐渐下降，并导致一个适应较干沼泽地的新群落的出现，那么这个变化过程就叫异发演替。在异发演替中，群落本身对生境的重大变化并无很大影响。自发演替和异发演替之间的概念差异是显而易见的：在自发演替中，植物和动物是变化的起因；而在异发演替中，植物和动物只不过是对发生变化的环境和地理因素作出反应而已。

从最早定居的先锋植物开始，直到出现一个稳定的群落（可能经由地衣、苔藓、草本植物、灌木直到森林），这一系列的演替过程就叫一个演替系列（a sere）。在湿地上所发生的一个演替程序就叫水生演替系列（hydrosere）。湿地演替通常叫水生演替（hydrarch successions），旱地演替则叫旱生演替（xerarch successions）。

在一个演替系列中所包含的各个群落称为演替系列群落（seral community），在一个地点最早出现的演替系列群落叫先锋群落（pioneer community）。演替过程以顶极群落（climax）告终，顶极群落是演替的终点，意味着演替结束。在顶极群落中，各物种借助于繁殖维持自身的永存。顶极群落的物种成分取决于生境的特性和当地气候，每个区域生境类型的顶极群落可以靠特有的优势植物来辨认。

正常的演替过程和演替结果有时会因各种干扰而受到阻碍，如重复发生火烧或过牧，常能阻止演替的进行，并导致形成一个完全不同的顶极群落，这种顶极群落就叫原顶极群落（proclimax）。对原顶极群落，非常重要的物种与不受干扰情况下所形成的群落中的重要种可能极不相同。例如，在过度放牧的草原，不可食的草类极为常见，甚至会成为优势种类，但当过牧的压力一旦减轻，它们很快就会消失。原顶极群落的一个最明显实例就是农业用地，在那里由于反复地进行耕犁，便会形成一个幸存的草本植物群落。

第三节　演替的时间进程

演替的时间进程与生态系统内主要生物的生活史有关。从新沉降的火山灰演替到森林的陆生演替过程，通常要经历数十年甚至数百年的时间。与此相对照的是，水生生态学家却经常在年周期进度内，研究季节性演替和浮游生物之间的物种取代过程。同样，分解者在腐败有机物质内的演替过程在生态系统内也是反复进行的。在这样的系统内，演替的速度变化是很大的，一个动物尸体可以在几天内被完全分解，而一根倒木却可以分解好几百年。

有些演替过程比人的一生所经历的时间还要长得多，这类演替过程往往可以根据对演替地点的分析推断出来。例如，在密歇根南岸的沙丘上存在着一些明显不同的植被类型（图 25-2），而这些植被却分布在不同年龄的沙丘上。显然，离湖水越近的沙丘越年轻，离湖岸越远的沙丘形成的时间越遥远。在年轻的沙丘上通常只能看到一年生的匍匐植物，这些植物能迅速定居并能将沙丘稳住；在年轻沙丘的后面，在离湖岸稍远的已固定沙丘上生长着丛生的草类，这些丛草已经取代了一年生的匍匐植物；在离湖岸更远一些的沙丘上，丛草又被三角叶杨（*Populus deltoides*）所取代；再离湖岸远些，松树（*Pipus*）又取代了三角叶杨；最后，栎树（*Quercus*）又取代了松树，成了主要的森林树种。这个演替过程是一个初生演替和自发演替过程。

所有演替类型的一个共同特征是：在演替的早期阶段，物种成分变化很快，但随着演替的进行，这种变化就会越来越慢。在演替开始时，群落中的物种数目将迅速增加，但最终会达到

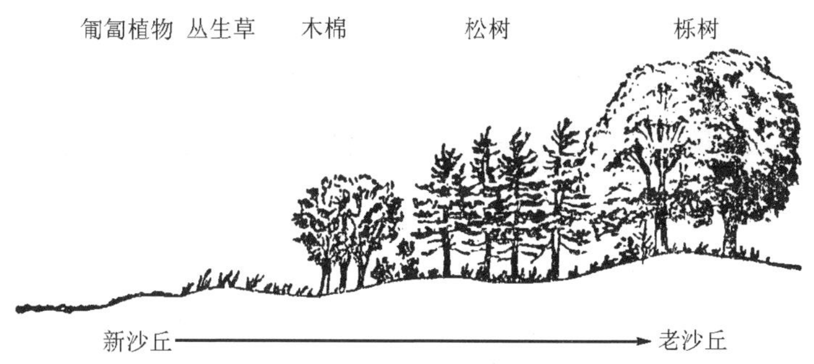

图 25-2　湖岸沙丘的演替

离湖岸越远，沙丘越老，演替时间越长；离湖岸越近，沙丘越新，演替时间越短

一个基本稳定的数目，不再继续增加。当然，物种丰度的实际变化将取决于生态系统的各种性质。物种的更新速率是新种迁入和旧种灭绝之间取得平衡的结果，用公式表达则为

$$\frac{\mathrm{d}S}{\mathrm{d}t} = I - L$$

其中，$\mathrm{d}S/\mathrm{d}t$ 是物种丰度随时间而发生的变化，I 是新种定居速率，L 是旧种消失速率。随着演替的进行，物种消失率总是下降，无论是陆生演替和水生演替都是这样，对极不相同的生物群落(如鸟类群落和植物群落)也是一样。演替初期的物种消失率和消失率的变化速度将依演替地点而有很大不同。例如，在湿地所进行的演替，其物种的消失率下降速度通常要比在旱地进行的演替快得多。因此，物种的取代率是随着演替的进行而下降的，而且最初的取代速度和取代速度随时间而减慢的情况将由群落和生境类型而定。

群落的很多功能特性在演替早期的变化速度也比演替晚期快。例如，Marks PL(1974)曾研究过皆伐后森林演替过程中，松樱桃树(*Prumus pensylvanica*)的功能作用。在森林演替开始后的 5～20 年间，松樱桃树将成为优势树种，成熟林地的某些功能性质因松樱桃树的存在将能很快得到恢复，如叶面积指数在大约 5 年之内就能达到成熟林所特有的值。在最初演替的几年间，生物库中所累积的氮量在 6 年左右的时间内就可以接近大约 20 g/m^2 的平衡值。与此相反的是，在松樱桃树存在期间，生物量增加缓慢，而且从不会达到成熟林所特有的水平，但年净初级生产量却与成熟林相差不大。

总的说来，Marks 的上述研究说明：当原有的生态系统遭到毁灭后，生态系统的许多功能在早期演替物种的作用下进行重建的速度，生产力可以很快地恢复到原来的水平，营养物质也能很快补充到生物库中。虽然在不再发生干扰的情况下，松樱桃树在那里存在的时间并不很长，但它的生长特性却对生态系统很多功能特性的迅速恢复起了很大的作用。

第四节　演替的 6 个实例

一、从湖泊演替为森林

一个湖泊经历一系列的演替阶段以后，可以演变为一个森林群落，演替过程大体要经历以下几个阶段(图 25-3)。

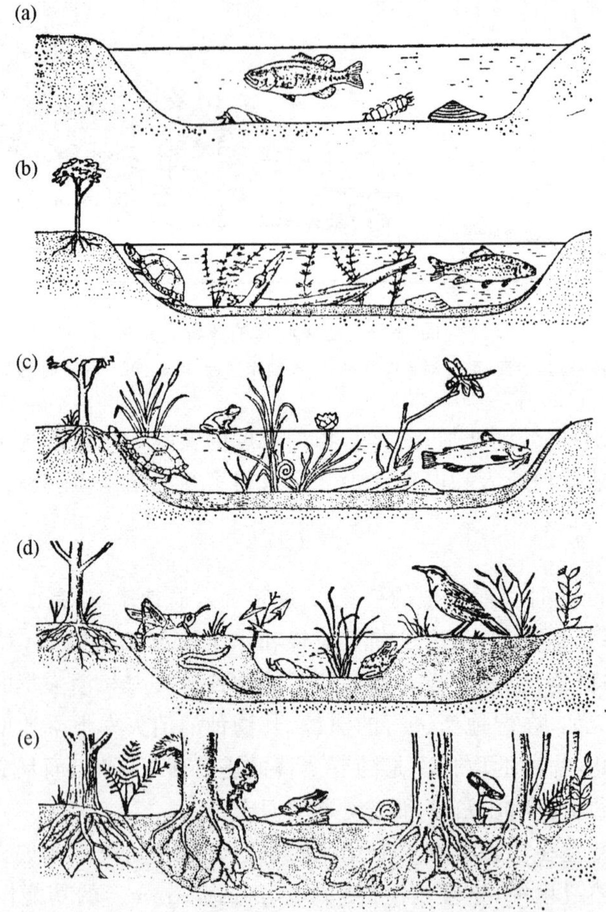

图 25-3　从一个湖泊演替为一个森林群落所经历的5个演替阶段

(a) 裸底阶段；(b) 沉水植物阶段；(c) 浮叶根生植物阶段；
(d) 挺水植物和沼泽植物阶段；(e) 森林群落阶段(顶极群落)

演替的第一个阶段是裸底阶段。这时湖底很相似于陆地的裸岩，几乎没有什么植物能够扎根生长。一个人工池塘和人工湖在初建的时候，大致就是处于这个演替阶段。最早出现在湖泊里的生物只能是浮游生物，主要是微小的浮游藻类和浮游动物。这些浮游生物死亡后，就沉到湖底形成很薄的一层有机物质。随着浮游生物的生长和繁殖，它们的数量不断增加，当数量达到一定程度的时候，其他的生物就出现了，如栖息在湖底的石蚕，它以微生物为食并用小砂粒营造自己的居室，此外，还有蓝鳃太阳鱼和大嘴鲈鱼等。

与此同时，陆地上的泥沙不断冲入湖中，这些泥沙同有机物质混合在池底铺垫出一层疏松的软泥，这就为有根的沉水植物的定居创造了条件，于是像轮藻、眼子菜和金鱼藻之类的沉水植物就在湖底扎根生长起来了。这些植物的定居生长使湖底软泥变得更加坚实和富含有机质，这时演替已逐渐进入了第二个阶段，即沉水植物阶段。由于环境条件的改变，前一演替阶段的很多生物都不适应了，于是它们逐渐消失，并代之以其他种类的生物，如蜻蜓稚虫、蜉蝣和小甲壳类动物。用砂粒营造居室的石蚕也不见了，陆续出现了其他种类的石蚕，这些石蚕可在沉水植物上爬行，并选用植物材料营造巢管。

湖底有机物质和沉积物的迅速增加使湖底逐渐垫高，湖水变浅。于是有些植物就可以把根扎于湖底，使叶浮在水面，这就是浮叶根生植物，如睡莲和荇菜等。这些植物的出现标志着演替已经进入了第三个阶段，即浮叶根生植物阶段。由于漂浮在水面的叶子阻挡了射入水中的阳光，使沉水植物的生长受到影响而逐渐被排除。在演替的这个阶段，动物的生存空间大为增加，于是动物的种类逐渐变得多样化起来。水螅、青蛙、潜水甲虫和以浮叶根生植物的叶为食的各种水生昆虫纷纷出现。

湖水水位的季节波动使湖边浅水地带的湖底时而露出水面，时而又被水淹没。在这些地带，柔弱的浮叶根生植物就失去了水对它的浮力和保护，因此无法再生存下去，于是挺水植物就占据了这一地带，它们把纤维状的根伸向四面八方牢牢地扎在湖底，使茎直立地挺出水面，叶伸向水面以上的空间，最大限度地吸收着阳光。这是一类更高等的维管植物，最常见的种类有芦苇、香蒲、白菖和泽泻等。它们的定居标志着演替已发展到了第四个阶段——挺水植物阶段。挺水植物有柔韧的叶和棍状的茎，可随着风浪弯来弯去。

到这时，浮叶根生植物阶段的动物逐渐减少或消失，一个新的动物群开始出现，这些动物更适应于生活在密集的挺水植物丛中。用肺呼吸的螺类取代了用鳃呼吸的螺类。各种蜉蝣和蜻蜓稚虫生活在水下植物的茎秆上，当它们准备羽化时，就沿着茎秆爬到水面。红翅乌鸫、野鸭和麝鼠也成了这里的常见动物。

当水中的含氧量因生物的呼吸和有机物质的腐烂分解而逐渐减少的时候，就只有那些耗氧量较少的动物才能生存下去，于是杜父鱼就取代了太阳鱼，环节动物水蚯蚓等开始出现在湖底缺氧的腐泥中。

挺水植物出现以后，由于湖底密集根系的发展和每年有大量的植物叶沉入水底，使湖底的有机物质大大增加，湖泊边缘的沉积物也开始变实变硬，很快就形成了坚实的土壤。这时候，大部分湖面因长满了苔草、香蒲和莎草科植物而演变成了沼泽。当湖底抬升到地下水位以上的时候，湖泊的残存部分一到夏季就会干涸。这时的湖泊实际上已变成了临时性的积水塘。在这里，只有那些夏季能忍受干燥、冬季能忍受冰冻的生物才能立足。同时，湖泊也已经演替成一个介于水生群落和陆生群落之间的湿生草本植物群落。

随着地面的进一步抬升和排水条件的改善，在沼泽植物群落中会出现湿生灌木，接着灌木又会逐渐让位于树木，如杨树、榆树、槭树和白皮松等。随着森林密闭度的加大，这些不耐阴树种的实生苗就不再能够生长，而适应于在弱光条件下发育的树木实生苗就会生长起来并渐渐取得优势，如山毛榉、铁杉、枞树和雪松等。

这些树种适合于生长在它们自己所创造的环境中，因此它们可以长久地在这里定居和繁衍下去。这是湖泊演替的最后一个阶段，即森林群落阶段。

从一个湖泊的演替过程可以看出，水生演替系列实际上就是湖泊池塘的填平过程，这个过程是从湖泊或池塘的边缘向中央水面逐渐推进的，因此有时我们可以在离岸不同距离的地方（水的深浅不同），看到处于同一演替系列中不同阶段的几个群落。这些群落都围绕着湖中心呈环状分布，并随着时间的变化而改变其位置。

湖泊演替实质上是湖泊群落组成成分和生物环境的更替，每一个新生群落的结构和成分都比前一个群落更复杂，高度也逐渐增加，并能充分地利用各种资源。与此同时，改造环境的能力也逐渐加强。

每一个群落在发展的同时都在改变着环境条件并创造着新的环境条件。环境的改变将越来越不利于本群落的生存和发展，但是却为下一个群落的形成创造了条件。一个新的群落迟早会在原有群落的基础上产生出来。

二、沙丘演替(初生演替)

沙丘是研究群落演替的一个理想地点，因为整个沙区的气候比较一致，各个沙丘的外貌相同，供植物演替的基质都是细沙，而前来定居的植物和动物大体上也都有相同的来源。因此，不同沙丘之间的差异只在于演替所经历的时间和与生物的散布和定居有关的各种机遇事件。

最早来到光裸的沙丘表面并在那里定居的生物是各种固沙草本植物，其中最重要的是滨草(*Ammophila breviligulata*)。滨草主要是靠根状茎的蔓延来繁殖的，很少用种子繁殖。它蔓延得很快，固沙能力极强，6 年时间就可固定一大片沙区。沙丘被固定以后，滨草反而不适应比较稳定和优越的生存条件，因而生活力开始下降，最终死亡，其原因至今尚未完全弄清。在沙丘被固定大约 20 年以后，滨草就会完全绝迹。

另外两种对沙丘的形成和固定起重要作用的草本植物是沙拂子茅(*Calamovilfa longifolia*)和小须芒草(*Andropogon scoparius*)。沙李(*Prunus pumila*)和沙柳(*Salix* spp.)也有较强的固沙作用。最早出现在沙丘上的树种是三角叶杨(*Populus deltoides*)，它也有固沙作用。

一旦沙丘被固定，短叶松和白松的种子一落上去很快就会在那里生长起来。通常，各种松树是在沙丘形成 50～100 年之后才会在那里得到立足之地的。在正常情况下，当演替到100～150年的时候，松树将会被黑栎树所代替。在松树林和黑栎树林发展的初期，由于林内阳光充足，各种喜阳的灌木就会侵入林内形成林内灌丛。但是当黑栎树生长变密使林内变暗的时候，喜阳的灌木就会被喜阴的灌木所取代。

演替到黑栎树林阶段并不是演替的终点，沙丘还将继续向白栎、红栎和山核桃混合林的方向演替，最后还要演替到顶极群落，即山毛榉-槭树群落。

伴随着沙丘群落的演替，土壤也会渐渐发生变化。一般说来，土壤的 pH(酸碱度)将随着沙丘年龄的增长而下降。演替开始时 pH 很高，为 7.6，1 万年以后下降为 4.0。pH 的下降主要是由于淋溶作用引起的，雨水的淋溶作用使土壤中的碳酸盐含量减少。土壤中氮的含量在沙丘演替的头 1000 年是迅速增加的。开始时土壤含氮量很少，以后能够逐渐增加到 0.1%，再往后，含氮量就不再发生变化。土壤中有机碳的含量大体同含氮量的变化相类似。

由此可见，沙丘土壤肥力的改善主要是发生在固沙以后的大约头 1000 年内。演替到1000 年的时候，正好是黑栎树群落阶段，此后，如果肥水条件能够继续得到改善(如在潮湿低洼的沙丘地区)，黑栎树群落就会继续向山毛榉-槭树群落演替。但是在那些低肥干燥的沙丘地区，黑栎树群落常常就不再向前演替，本身就成了顶极群落。可见，沙丘演替的方向是依地点、土壤和水分条件的不同而不同的，并不是所有的沙丘都将演替到同一个顶极群落的。

三、从裸岩演替到森林

裸岩是比沙丘更严酷的演替基质。但是如果当地的气候条件适合于森林生长的话，那么在裸岩上经过漫长艰难的演替迟早会长出森林来。从裸岩到森林，大致要经历以下几个演替阶段。

1. 地衣阶段

地衣是唯一能在光裸的岩石上首先定居的植物，因为它们能够忍受极为严酷的自然条件，俗称开拓植物。它们在坚硬的岩石表面生长并可微微地潜入岩石的基质。岩石表面可供利用的水分很少，因为即使经常下雨，雨水很快就会蒸发掉或从岩石表面流走。风化作用会慢慢地使岩石分解为微小的岩屑和微粒，再借助于地衣分泌的代谢酸和地衣死后所产生的腐殖酸的作用，可加速岩石风化为土壤的过程。于是，土壤和腐殖质逐渐发展起来，但只有薄薄的一层。随着条件的改善，地衣也由壳状地衣演变为叶状地衣（可贮存较多水分）和枝状地衣（高可达几厘米）。

地衣阶段所经历的演替时间在热带地区只需 3～5 年，但在寒冷的冻土带则需 25～30 年。

2. 苔藓阶段

当地衣将环境改造到一定适宜程度的时候，苔藓便能够开始在那浅浅的土层中生长，并因具有竞争优势而逐渐将先锋植物——地衣排挤掉。实际上，各种植物的种子或孢子都会落到这里。问题是，在特定的环境条件下，只有最适应这些条件的植物才能定居。由于苔藓比地衣长得高大，最终会使地衣因得不到足够的阳光而死亡。地衣消失后，该地区就完全被苔藓所占有。

苔藓植物在干旱期可以休眠，有雨水期则大量生长。苔藓的生长会进一步使岩石分解，苔藓死后留下更多的腐殖质，随着土层的加厚和有机物含量的增加，土壤中形成一个由细菌和真菌组成的丰富的微生物区系。

3. 草本植物阶段

当土壤的厚度增加到能够保持一定湿度的时候，草本植物的种子就能够在这里萌发生长了，最终它们将以苔藓取代地衣的同样方式把苔藓排除掉，使禾草、野菊、紫菀和矮小的草本植物占据优势。这时，小型哺乳动物、蜗牛和各种昆虫开始侵入这个地区，并且可以找到适宜的生态位。由于土壤中的有机物质越来越丰富、通气性能越来越好，小气候条件便逐渐得到改善，更加适宜生物的生存。在生存条件不断得到改善的情况下，草本植物也逐渐从低草（0.3 m 以下）向中草（0.6 m 左右）和高草（1 m 以上）演变，并会出现多年生的草本植物（图 25-4）。

图 25-4　陆地植物群落的几个主要演替阶段

演替顺序自左向右

4. 灌木阶段

到草本植物演替的后期，会出现喜阳灌木与高草混生的现象，以后灌木成分逐渐增多并形成真正的灌木群落。演替到这个阶段，灌木和小树就完全取代了草本植物，这是因为：土壤有利于灌木生长；灌木长起来以后，由于植株比较高大，剥夺了草本植物的阳光，促使草类消亡。此时，高大的灌木和小树使整个地面得到更好的遮阴，同时也起着风障的作用。草类消失后，昆虫也随之大为减少，但环境变得对吃浆果的鸟类及以灌丛作为掩蔽所和营巢地的鸟类更有利，于是鸟类的种类和数量明显增加。由于灌木和乔木的定居和生长，湿潮的地方会变得比较干燥一些，而干燥的地方会变得比较潮湿一些，这种变化将会使环境变得更加适中，不同地方含水量的差异缩小，变幅不大。

5. 森林阶段

由灌木群落所形成的潮湿、遮阴的地面为各种树木种子的萌发创造了条件，于是树木就会渐渐生长起来，最后终将超过灌木，转劣势为优势。这些树木的树冠连成一片，残留下来的一些耐阴灌木可继续在林下生长，此时，因为光线微弱使草类无法生存，林下地面又重新长满了苔藓。树木枯死后倒在地面，腐食生物把枯木分解后，就会产生大量的腐殖质。在演替的初期，几乎没有哪一个树种能够占有明显优势，有的只是那些在演替过程中生存下来的一般树种。

随着演替的进行和树木的成林，一个阔叶林演替的顶极状态就达到了。依据当地特定的气候条件，会有一种或几种树木最终将成为优势种，因为它们更适应那里的气候。

演替为什么要按以上的几个阶段发生呢？大家知道，一个稳定的阔叶森林是不能一开始就发展起来的，这是因为组成这样一个生态系统的阔叶树、灌木和苔藓，它们的适应性各不相同。阔叶树的实生苗需要遮阴，它们不能在开阔的地方萌发生长，而且这些实生苗生长缓慢，无法与生长迅速的草本植物相竞争。当土地休闲时，各种植物的种子都会落上去，然而首先成长起来的将是草本植物。灌木和乔木树的幼苗竞争不过生长迅速的草类。因此，尽管这里的气候条件适宜于阔叶林生长，但是仍然不能首先长出阔叶林来。

那么，草本植物一旦生长起来，灌木又如何生长呢？树木最终又如何占有这个地区呢？首先，大多数草本植物的生长是有季节性的，每年争夺空间的竞争都要重新开始，而且这种竞争不仅是在已有的草类之间和新侵入的草类之间进行，而且也会在各种灌木的实生苗之间进行。竞争的这种季节性现象使一些灌木将能够在开放的阳光下参加竞争并最终得到成功。树木的实生苗对遮阴条件的要求排除了它们在竞争中取得成功的可能性。

灌木一旦在竞争中得胜，就会长得比草本植物更高，并使地面的阳光的强度减弱。灌木是多年生的植物，当年并不死去，因此每年的竞争都是在已生长起来的灌木和草类的幼苗之间进行的。草类不能在灌木之下生长，然而灌木之下的遮阴环境却对树木和灌木的实生苗有利。可见，新类型植物的定居开辟的新的生态位为后继植物的出现创造了条件。例如，一旦有一棵树木生长起来，就会造成更遮阴的条件，并能进一步限制草类的生长，最终，草类将被完全排挤掉，只留下树木和灌木。

所有的陆地群落和水生群落的顶极状态都是在经历了一系列不同的演替阶段之后才达到的。在本实例中，演替是从裸露的岩石表面开始的，至于演替进行到什么阶段为止，或以何种顶极群落告终，则取决于当地的气候条件。在温度和湿度适中的北温带地区，演替只能进行到草本植物阶段，结果会形成稳定的草原顶极群落；在雨量充沛的气候条件下，演替可继续向前进行，直到形成森林为止。在寒冷地区，顶极群落是针叶林；在温暖地区，顶极群落是阔叶林；

而在炎热地区，顶极群落则是热带雨林。

在不利的自然因素和人为因素(污染和过牧)干扰下，演替也可以向反方向进行，使群落逐渐退化，如草原退化为荒漠或沙漠，森林退化为灌丛草地等。这种朝反方向进行的演替称为逆行演替，逆行演替的结果是群落结构的简单化和群落生产力下降。

四、弃耕农田的演替

有人曾经在美国北卡罗来纳详尽地研究过一个被弃耕的农田的变化，揭示了农田一旦放弃耕种以后所发生的次生演替过程。农田弃耕后立刻就会有野生植物在农田定居，并开始进行一系列的演替，这一演替过程可总结于表 25-1。

表 25-1　弃耕农田的演替系列

弃耕年数	优势植物	其他常见植物
0～1	马唐草	
1	飞篷草	豚　草
2	紫　菀	豚　草
3	须芒草	
5～10	短叶松	火炬松
50～150	硬木林(栎)	山核桃

从表中可以看出，草本植物的演替比较迅速，而木本植物的演替比较缓慢，这种情况可以用群落中优势植物的生活史来说明。飞篷草(*Erigeron canadensis*)的种子 8 月就成熟了，成熟后马上就可以萌发。它以较耐干旱的丛生状态越冬，到第二年夏天再生长、繁殖和死亡(一年生殖物)。

在演替的第二年，第二代飞篷草虽然可以萌发，但是发育不良。飞篷草的腐根对幼苗的生长很不利，第二年飞篷草的数量虽然比第一年多得多，但是由于紫菀(*Aster pilosus*)和其他植物的竞争能力越来越强，使飞篷草的数量越来越少。

紫菀的种子在秋季成熟，当年不能萌发。种子在第二年春季萌发以后，经过缓慢的生长，到秋季可以长到 5～7.5 cm 高。紫菀生长缓慢主要是因为飞篷草挡住了阳光，而且飞篷草的腐根也影响着紫菀的发育。可见，飞篷草并不能为紫菀的定居开辟道路，紫菀的侵入是另有原因的。

紫菀是多年生的草本植物，在它侵入农田的第二年才能达到生长的最盛期，那时飞篷草已经开始衰减。由于紫菀不耐干旱，所以到第三年的时候，虽然紫菀的幼苗仍然大量存在，但是它们终因竞争不过耐旱的须芒草(*Andropogon virginicus*)而开始大量死亡。当水分条件比较好的时候，它们仍然能够存活下来，不过最终都将被须芒草所取代。

须芒草的种子必须经过一个寒冷的休眠期才能萌发。在弃耕农田演替的第一年，就可能出现少量的须芒草，但是直到第二年的秋季，种子才会从植株上落下来。须芒草是一种耐旱能力很强的多年生草本植物，对于土壤的湿度条件要求不高。在农田演替的前两年，它们数量稀少主要是因为落入土壤中的种子太少。到第三年，随着一些植株开始结籽，它们的数量就会迅速增加。在土壤有机物含量比较多的情况下，须芒草就生长得更好。但是在遮阴的条件下，须芒草就发育不良。

可以说，在弃耕农田演替的初期，各种植物之间以竞争为主，而不是以合作为主。首先在这里定居的先锋植物并不能为后来的植物创造适宜的环境条件，后来者主要是靠它们自己的竞争能力逐渐取得优势。如果能有种子落到田里的话，那么须芒草马上就可以在弃耕农田扎根，而不必在飞篷草和紫菀出现以后。

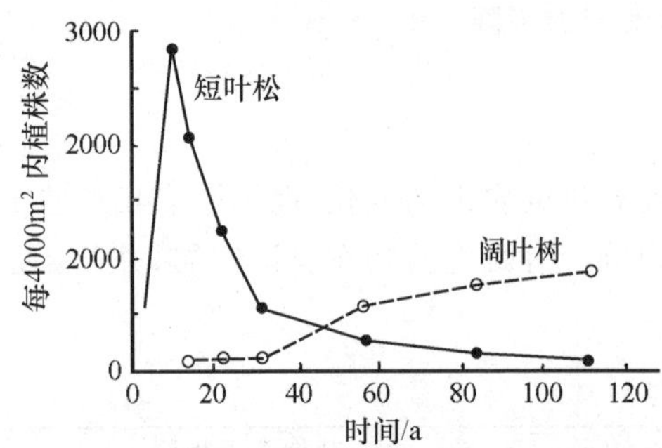

图 25-5　在废弃农田演替期间，短叶松数量下降而阔叶树实生苗的密度增加

（引自 Krebs CJ，1985）

在草本植物演替阶段过后，短叶松（*Pinus echinata*）紧跟着就会大量出现。松树种子只有在含无机物比较多的土壤中才能萌发，而且只有在根系之间竞争不太激烈的情况下才能定居。松树生长的密度虽然可以很高，但是它们在同阔叶树（栎树等）的竞争中，一旦丧失了优势，密度很快就会下降（图 25-5）。大约 50 年以后，几种栎树就会成为下木层的重要树种，各种阔叶树会逐渐在群落中占有优势。再过 20 年，短叶松就完全不能繁殖了，因为这时松树种子萌发所必需的裸土已经不复存在，松树的实生苗在遮阴的地方也不能存活。

栎树实生苗的第一次出现是在 20 年以后，那时地面已经积累了足够的枯枝落叶，使栎树不致干死，同时它们的实生苗可以把根系扎在比较深的土壤中，便于吸收水分。

随着弃耕农田植物群落的演替，土壤的性质也会发生明显的变化。土壤表层的有机物质逐渐增多，土层渐渐加厚。同时，土壤的保水能力也会随着土壤中有机物质含量的增加而增加，这将更加有利于植物的生长。

由此可见，短叶松的侵入并不依赖于在这以前所发生的初期演替，因为短叶松只需要有裸露的土壤，它的种子就可以萌发了。也就是说，如果把所有草本植物都从弃耕农田中铲除掉，松树照样能在那里定居。

但是，栎树和其他硬木树种就不一样了，这些树种只有等待松树的枯枝落叶层使土壤的性质发生变化以后才能在那里定居。如果没有短叶松对环境的改造，栎树和其他硬木树的实生苗就不可能在那里扎根生长。

五、异养演替

在每一个主要群落内部都包含着许多小群落（microcommunities）。朽木、动物尸体和粪便、植物虫瘿、树洞等，它们都为各种植物和动物群提供了一个演替基质，经过动植物在其上的演替，它们最终将会消失，变成群落自身营养的一部分。这类演替的特点为最早的定居者都是异养生物，开始时可供利用的能量最多，但随着演替的进行，可供利用的能量逐渐减少。

一个橡果从它落地到完全被分解为腐殖质期间，它可以养活许多微小的生物。在橡果上进行的演替，实际上当它还挂在树上的时候就开始了，昆虫常常侵入橡果并把致病真菌带入橡果内。最常攻击橡果的是象甲（*Curculio rectus*），它把果皮咬成洞进入胚胎并且产卵，幼虫孵出后可将橡胚吃掉一半。如果真菌（*Penicillium* 和 *Fusarium*）与象甲一起侵入橡果或单独侵入橡果，也同样以消耗橡果为主。此后，橡胚会变为棕褐色和革质化，使象甲发育不良。这些生物是演替开始阶段的先锋生物。

当橡胚部分或全部被先锋定居者消耗掉的时候，其他种类的动物和真菌就会进入橡果。象甲幼虫离开橡果时，会在果壳上留下一个洞，食真菌者和食腐动物就可由此进入，其中最重要的就是橡蛾(*Valentinia glandenella*),它把卵产在洞口或洞内,幼虫孵出后便进入橡果,并在洞口上织一个坚韧的网,幼虫以残留的橡胚和前定居动物的粪便为食。与此同时,会有好几种真菌侵入橡果并在那里生长发育,它们只被另一种定居者,即酪螨(*Tryophagus* 和 *Rhyzozhphus*)所利用。到此时,残留的橡胚组织已被降解为粪便,于是,一些分解纤维素的真菌开始侵入橡果,这些真菌的子实体以及橡果的外皮又被其他螨类和弹尾目昆虫所食。这时,捕食螨开始进入橡果(特别是革塞螨属 *Gamasellus*),它们的身体极为扁平,可捕食藏在小缝隙内的螨类和弹尾目昆虫。在橡果的外面,以纤维素和木质素为食的真菌可把橡果的外壳软化。

随着橡果外壳越来越脆,孔洞也就更多,最大的孔洞将出现在橡果基部种脐的地方,一些较大的动物(如毛虫、多足虫和跳虫等)便可从这个最大的孔洞进入橡果,虽然它们对于橡果的腐烂分解起不了什么作用。但橡果内的含土量会越来越多,当它的外壳软化到一定程度的时候,就会崩裂成一个小土墩,并渐渐成为土壤腐殖质的一部分。

上述这个小群落的异养演替(heterotrophic succession)说明了演替的一个概念,即演替基质的变化是由生物本身引起的。当生物利用一个环境的时候,它们的生命活动会使环境变得对它们自己的生存不利,而为其他的生物创造着有利的环境条件。在橡果演替的初期,定居者的食性都很特化,越是往后,定居者食性的特化程度就越来越小;演替后期的定居者常常就是那些最普通的土壤动物,如蚯蚓和多足类等。

六、动物随植物群落的演替而演替

随着植物群落的演替,群落中的动物也将与植物一起发生变化(图 25-6)。在陆地植物演替的早期阶段,群落中的动物大都是开阔田野中的种类,如草地鹨、草原百灵、田鼾和蚱蜢等。

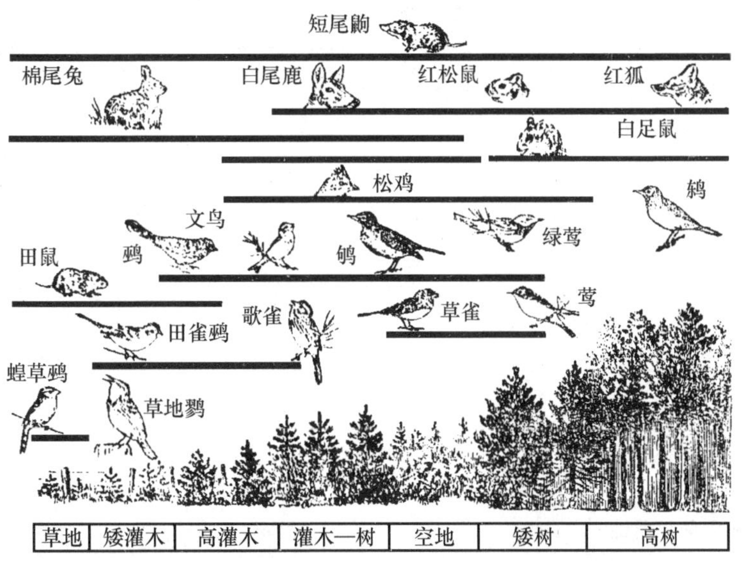

图 25-6　群落中的动物随着一个针叶林群落的演替而发生的变化

随着植被密度和高度的增加,有些种类出现了,而有些种类消失了,还有一些种类可以生活在所有演替阶段(引自 Smith RL,1980)

但是，随着乔木树的出现和群落垂直结构的复杂化以及生境条件的变化，一年生和草本植物演替阶段最常见的那些动物便消失了，新出现的动物则适于生活在草类和灌木混生的生境内。于是，森林鼠类代替了草原鼠类，还会出现许多栖息于灌木丛中的鸟类和野兔。当演替进入森林阶段的时候，群落的分层性更为复杂，此时，生活在森林中和森林边缘的动物则与占据树冠层的动物同时出现。随着森林发育趋于成熟，灌丛动物和林缘动物数量开始减少，并逐渐被生活在树冠层的松鼠、鸟类和昆虫所取代。每一个演替阶段都有自己所特有的动物种类，随着演替阶段的结束，它们所特有的动物也就随之消失了。因此，野生动物的多样性主要取决于演替阶段的多样性和每一个演替阶段是否有足够长的时间以保证其特有种的生存。

第五节　顶极群落

一、顶极群落的概念

演替是一个漫长的过程，一个人的一生很难看到一个完整的演替系列，但是演替也并不是一个无休无止、永恒延续的过程。一般说来，当一个群落或一个演替系列演替到同环境处于平衡状态的时候，演替就不再进行了。在这个平衡点上，群落结构最复杂、最稳定，只要不受外力干扰，它将永远保持原状。演替所达到的这个最终平衡状态就叫顶极群落(climax)。顶极群落与非顶极群落的性质有明显不同(表 25-2)。首先，顶极群落中，生物的适应特性与非顶极群落有很大不同。处于演替早期阶段的生物必须产生大量的小型种子，以有利于散布；而生活在顶极群落中的生物，只需要产生少量的大型种子就够了。因为生物的散布能力在群落演替的早期阶段是非常重要的，而在群落演替的后期则无关紧要。

表 25-2　演替中群落和顶极群落特征比较

群落特征	演替中群落	顶极群落
群落能量学		
1. 总生产量/群落呼吸(P/R)	$\geqslant 1$	$=1$
2. 总生产量/生物量(P/B)	高	低
3. 单位能流维持的生物量(B/E)	低	高
4. 群落净生产量	高	低
5. 食物链	线状，牧食为主	网状，腐食
群落结构		
6. 有机物质总量	少	多
7. 无机营养物	生物外	生物内
8. 物种多样性	低	高
9. 生化多样性	低	高
10. 层次性和空间异质性	简单	复杂
生活史		
11. 生态位特化	宽	窄
12. 生物大小	小	大
13. 生活周期	短，简单	长，复杂

续表

群落特征	演替中群落	顶极群落
物质循环		
14. 无机物循环	开放	封闭
15. 生物与环境的物质交换	快	慢
16. 腐屑在营养物再生中的作用	不重要	重要
内稳定性		
17. 内部共生	不发达	发达
18. 营养保持	差	好
19. 抗干扰能力(稳定性)	弱	强
20. 熵	高	低
21. 信息	少	多

其次，处于演替早期阶段的生物体积小、生活史短但繁殖速度快，以便最大限度地适应新环境和占有空缺生态位。处于顶极群落中的生物则由于面临激烈的生存竞争，往往体积大、生活史长并且长寿，这有利于提高竞争能力。

另外，在森林顶极群落中，树木的实生苗都具有在阴暗的环境中进行缓慢而正常生长的能力，否则它们就不能自我更新和长期定居下去。

在群落演替的早期阶段，群落生产大于群落呼吸($P>R$)，因此净生产量很高，使生物量不断增加。但随着演替的进行，越来越多的总生产量被用于呼吸消耗，当生产量等于呼吸消耗的时候($P=R$)，演替便不再进行(已达到顶极群落)，此时的生产量将全部用于群落的维持。

有些群落在未与气候和土壤因子达到平衡的条件下，似乎也能达到一种稳定的平衡状态。最明显的例子是英国欧洲兔在爆发黏液瘤病之后所引起的植被变化。在 1954 年以前，欧洲兔在英国各地的草原上是很常见的食草动物。自从 1954 年黏液瘤病在欧洲兔种群中流行以来，欧洲兔的数量大大减少。欧洲兔数量的减少却出人意料地使草原群落发生了巨大变化。最明显的变化是开花植物的数量大为增加，有些多年未见的植物突然大量出现，木本植物也有所增加，其中包括欧洲兔所喜食的一些树木的实生苗。没有人能够预料到，欧洲兔一旦消失，草原的植物成分会发生如此明显的变化。这说明，生态学家常常忽视动物的啃食活动对植物群落成分所造成的影响。由此也可以看出，在欧洲兔爆发流行病以前，保持群落稳定的一个关键因素是欧洲兔的存在。欧洲兔一旦消失，群落的稳定性就被打破，于是演替继续进行。

二、关于顶极群落的 3 种理论

关于顶极群落，目前主要存在着 3 种理论。

第一种理论是单元顶极理论(monoclimax theory)，它是美国生态学家 Clements FE (1916)首先提出来的。单元顶极理论的要点是：在同一个气候区内，只能有一个顶极群落，而这个顶极群落的特征完全是由当地的气候决定的，因此又叫气候顶极。在任何一个特定的气候区内，所有的演替系列最终都将趋向于同一个顶极群落(只要给它们足够的演替时间)，而这个区域最终也将被一种单一的植物群落所覆盖。Clements 相信，气候是植被的决定因素，而任何一个地区的顶极群落只不过是当地气候的一个函数而已。

然而，在任何一个地区显然都存在着一些并不属于气候顶极群落的群落。例如，在本该是生长落叶林的地区却会发现生长着一片片孤立的铁杉林。换句话说，在自然界我们常常会看到一些群落，这些群落按 Clements 的标准判断并不是顶极群落，但它们显然也已处在了平衡状态。这种群落可能是由地形、土壤或生物因素(如欧洲兔)所决定的，有人则分别将这些群落称为地形顶极、土壤顶极和动物顶极。

第二种理论是多元顶极理论(polyclimax theory)，它显然是针对 Clements 的单元顶极理论而提出来的，最早提出这一理论的人是英国植物生态学家 Tansley AG。这个理论的要点是：一个区域的顶极植被可以由几种不同类型的顶极群落镶嵌而成，而每一种类型的顶极群落都是由一定的环境条件所控制和决定的，如土壤的湿度、土壤的营养特性、地形和动物的活动等。也就是说，只要一个群落能基本达到稳定，做到自我维持并结束了它的演替过程，就可以看做是顶极群落，而不必汇集于一个共同的气候顶极终点。因此，在同一气候区域内，就可以有多个顶极群落同时存在，这种顶极群落的镶嵌体是由相应的生境壤嵌所决定的。

单元顶极和多元顶极之间的真正差异可能在于衡量群落相对稳定性的时间因素。支持单元顶极理论的人认为，只要有足够的时间，总会产生一个单一的顶极群落，土壤顶极最终也会被气候顶极所取代。问题在于我们是以地理学的时间尺度考虑问题，还是以生态学的时间尺度考虑问题。如果我们是以地理学的时间尺度考虑问题，就会对群落这样分类，例如，把针叶林看成是过渡到阔叶林的一个演替系列阶段。在这里，重要的是气候的影响，因为气候从来都不是一成不变的。这一点我们只要看一看更新世冰川的发育和近 1000 年间山地冰川的前进和后退情况就不难明白了。由于植被并不是在趋近于一个永恒不变的气候，而面临的是变化着的气候，所以平衡条件从来也不会达到。无论是用地理学的时间尺度来衡量，还是用生态学的时间尺度来衡量，气候都是在变动的。从这个意义上讲，演替是连续进行的，因为在气候不断变化的条件下，植被也是不断变化的。

1953 年，Whittaker RH 提出了关于顶极群落的第三种理论，即顶极型理论(climax pattern theory)，它实际上是在多元顶极概念的基础上提出来的。该理论强调指出：一个自然群落是对诸环境因素(如气候、土壤、火、风和生物因素等)的整个格局发生适应。单元顶极理论只允许在一个地区有一个气候顶极存在，多元顶极理论则允许有几个顶极群落存在，而顶极型理论则强调各个顶极群落类型的连续性，这些顶极群落类型沿着环境梯度是逐渐变化的，难以明确地把各个顶极群落类型划分开来。因此，顶极型理论发展了连续统一体的概念，并对植被采用了梯度分析的研究方法。顶极群落被看成是处于稳定状态的群落，其中的生物种群都已同环境梯度处在动态平衡之中。因此，除非是由气候、土壤、地形、各种生物因素以及风和火等诸多因素(也包括机遇)共同作用下最终所形成的优势群落外，其他群落都不能说是气候顶极群落。

三、顶极群落和群落稳定性

根据传统观点，当群落或演替系列演替到同环境达到平衡状态时，演替便会停止。在这个平衡点上，群落是稳定的，而且可以自我重复和自我维持。演替的这个终点就是顶极群落。顶极群落的这一概念与群落的稳定性概念密切相关，群落稳定性是指群落的自我维持能力，尽管可能存在各种干扰。群落从各种干扰中恢复自我的过程就是演替。群落的稳定性包括对干扰的抵抗能力和复原能力两个方面。如果一个群落能够抵抗住干扰，那么就不会发生演替。群落之所以能够达到稳定，是因为群落中的生物个体能够抵制干扰，如能有效地抵御昆虫、火、啃食和竞争侵入等。如果一个群落具有复原力,那么在其受到干扰后,它就会借助于演替过程恢复稳定的平衡。传统的顶极群落理论认为:受到干扰后,群落会慢慢地得到恢复,而且它的物种成分会与原来群落非常相似。可能存在着一个稳定平衡点,所有的演替都趋近于这个平衡点。因此,一个地点通过演替可以重建那里的森林群落,但构成这个森林的树种可能与原来的森林略有不同。

为了对稳定性作出判断,我们需要知道群落的物种组合应当维持多长时间。如果我们把稳定性理解为群落中的长命个体(它们的种群很稳定)不会被迅速置换,而且能抵制其他物种的入侵,那么这种群落成熟后就是一个稳定群落。但是,一个处于早期阶段的群落也可能很快恢复原来的条件,经常是恢复原来的物种成分,甚至对于其他物种的侵入也有相当强的抵制能力。如果对一块长满一年生野草的田地加以耕犁,那么到第二年春天,占领这块田地的可能还是那些野草。一块草地遭到践踏和毁坏以后,只需 1～2 年时间,这些草又会重新在那里长起来。一片成熟的森林被砍伐后,至少要过 100 年的时间,一个与原来森林大体相似的森林才会在原地出现。

顶极群落的稳定性还与下述事实有关,即群落中的每一个个体都将被本物种的其他个体所置换,与平均物种组成成分达到平衡。如果同一物种的子代比其他物种的子代占有优势,那么,当一个成年植株死亡后,就会被同种植物的个体所替换。如果子株是分布在成熟母株的周围,那么母株死后也会被同种的子株替换。但是,如果成熟母株下的生存条件对其他物种反而比对本种个体更为有利,那么,母株死亡后就会被其他物种所取代。如果母株下的生存条件对本种个体和其他物种个体的有利性无太大差别,那么,谁将取代母株将取决于谁先到达那里、相对个体数量和它们之间的竞争关系。

在顶极群落中,自我破坏(self-destructive)的生物学过程是不断发生的。树木生长衰老和死亡后,常常是被本种个体所取代,但偶尔也会被其他种植物所取代。这种变化在群落各处不断地进行,使群落的平均物种组成成分缓慢地发生变化。虽然演替的速度逐渐变慢,但它却从不会停止。顶极群落的稳定性主要是反映着这样一个事实,即顶极群落中的优势物种以人生的时间尺度衡量都是长命的。

第六节　演替的开始——生物定居

一、群落演替从生物定居开始

群落演替是从定居(colonization)开始的。在定居期间,一个尚未被占有的生境将会陆续被生物所占有。定居的首要条件是生物必须到达定居点,其次是要在那里立足。生物到达定居点的能力取决于生物的散布能力。最早的定居者一定是来自离定居点不太远的生态系统,而且要具备一定的在新生境定居的能力。1953 年,Maguire 研究过一些小形水生生物的散布能力。他把一些含有无菌营养液的广口瓶放置在离池塘(定居者源)不同距离和离地面不同高度的地方,结果发现,广口瓶中物种的数目起初增加很快,然后便渐渐趋近于一个稳定的数目。在另一次实验中,广口瓶放置 25 天后,瓶内的物种数将依距离池塘的远近而定,总的趋势是距离池塘越远,瓶中的物种数目越少,大体同池塘的距离呈对数函数关系。昆虫到处移动,常常可以携带大量的藻类、许多原生动物和轮虫;雨水中也常发现含有多种藻类和原生动物。每单位时间内所定居的新物种数目通常是随着时间的演进而下降的，并逐渐接近于一个恒定值。另一方面，各个广口瓶内的物种组成成分常常并不相同。因此，Maguire 的研究所得出一个重要结论：就物种的结合而论，在一些小而匀质的水体中，可以产生许多不同的群落，这些相结合的物种能够形成一个稳定的、彼此相互作用的集合体，但任何一个集合体所包含的物种数目都是有限的。

在有些生态系统中，储备着大量的潜在定居者，这些定居者暂时受着当地优势群落的抑制。例如，从一个已生长了 100 年的针叶林中取来土壤，土壤中萌发出的种子有 69%是赤杨(*Alnus rubra*)，但是在 1.1×10^4 m^2 的这种针叶林中，却只生长着 2 株赤杨。黄杉(*Pseudotsuga menzesii*)和铁杉(*Tsuga heterophylla*)虽然是组成这一针叶林的主要树种，但土壤中却没有它们的种子萌发。另一方面，从所取土壤萌发出来的种子中，有 28%是这个针叶林完全没有的种类。在每平方米所含有的 100 多个有生活力的种子中，几乎全都是来自早期演替阶段的植物，而不属于顶极群落物种。可见，这个针叶林的土壤是一个巨大的潜在先锋植物储存库，很多早期演替阶段的植物都以休眠状态保留着定居的潜力。

定居物种对于远距离散布往往具有特别有效的机制。植物的种子往往具有特殊的形态构造，以便让动物把它们带来带去。例如，种子外面的刺可以钩住兽类的皮毛和鸟类的羽毛。很多迁移水鸟是各种维管植物和藻类远距离散布的有效工具。一系列的实验都已证明，很多水生定居植物的种子被野鸭和喧鸻吃下，有些可在鸟类体内停留 120 h，当通过整个消化系统被鸟类排出体外时，仍保留着萌发能力。假如迁飞鸟类每小时飞行 60～80 km，那么在对 24 种植物种子所作的检测中，有 9 种植物的种子在鸟类体内的存活时间足以让鸟类把它们携带到 1500 km 以外的地方；其中有 2 种植物的种子在鸟体内的存活时间足够让鸟类把它们运送到 4000 km 以外的生境去。对许多生物来说，风也是很主要的散布机制，但这种散布方式有很大的随机性。与此相反，靠鸟类散布随机性要小得多，因为鸟类具有寻找某一特定生境的倾向性。很多鸟类都是在彼此相似的生境之间飞来飞去，因此依靠鸟类进行散布的物种，其定居效率要比那些随机散布种高得多。

定居植物的种子对环境条件的反应都有很大的应变能力，其极端表现就是休眠。1966 年，Cavers PB 和 Harper JL 发现，有 2 种定居植物的种子具有明显的多态萌发特性，特别是当它们的种子处在有利条件的时候，萌发常常是断断续续地进行的。1970 年，Salisbury EJ 也发现，定居植物的种子常常是在一个相当长的时期内度过其萌发期的。对有些个体来说，其实生苗在适于生长的环境中发育的可能性比较小，因此断断续续地萌发有利于在生态系统中保留一个子代的储存库，以便保证能有一些后代存活到生殖年龄。Cavers 和 Harper 还发现，同一种群不同个体的种子和在同一个体不同位置上所结出的种子，其萌发特点都不尽相同。

当然，定居植物到达一个地点和在那里定居是完全不同的两件事。对植物在火山灰上的定居过程所作的研究表明，只有极少的潜在定居者能够在这样的基质上生存下去。当把几种植物的种子播种在火山灰里时，其中很多种子都萌发了并长成了小实生苗，但大部分很快就表现出了营养不良症状，当种子中的营养贮备被耗尽的时候，实生苗就全部死亡了。

二、生物定居引起的环境变化

1. 演替基质的变化

生物在一个地方定居后将会使定居地的性质发生重大变化。陆生初生演替的早期定居者通常是土壤微生物，如地衣。地衣是火山岩的先锋定居植物，这些植物对它们所定居的岩石特性有很大影响。1970 年，Silverman MP 等人曾研究了青霉属的一种真菌（*Penicillium simplicissimum*）在培养基中对岩石颗粒的影响。真菌是从风化的玄武岩表面分离出来的，然后把它放入含有 500 mg 无菌岩石微粒的标准培养基中培养，结果发现，岩石中有多达 56％的矿物元素（包括很多种）被真菌溶解并释放到了培养液中。

1955 年，Crocker RL 和 Major J 研究了生境伴随着初生演替所发生的变化，发现冰川土壤的很多特性都在演替中期发生了迅速的变化。在冰川作用以后 30 年，仍有一些地区呈裸露状态，未被植物所覆盖。裸区土壤的 pH 要大大高于有植物定居的土壤。有赤杨（*Alnus crispa*）定居的土壤，pH 下降最快。在赤杨定居的第 35～50 年间，土壤 pH 从 8 左右下降到了 5 左右。如果从赤杨林年龄最大的中心位置到相邻的裸土区作一剖面，那么裸土区土壤的 pH 为 7.9；9 龄赤杨区土壤的 pH 是 7.2；而 18 龄赤杨区土壤的 pH 为 6.5。

在上述的初生演替过程中，赤杨实际上可以被我们称做是一个反应性物种（reactive species），因为土壤性质的主要变化都同赤杨在那里定居有关。主要的几个演替阶段是苔藓、草本植物，接着是柳树（*Salix*），然后是赤杨（它大约在 10～15 年之后出现），最后大约在 80～100 年后，将会出现云杉（*Picea sitchensis*）和铁杉（*Tsuga*）。土壤中的有机碳（枯枝落叶）和总氮量的最大增加是发生在赤杨林定居时期。在赤杨林下，氮的积累速率平均为 $6.2\,g \cdot m^{-2} \cdot a^{-1}$。生态系统含氮量的迅速增加主要是由于固氮微生物与赤杨根共生的结果。此后，土壤中的氮将逐渐被云杉和铁杉混合林所消耗，这表明赤杨建立了一个氮的储存库，供以后出现的针叶树种所利用。在云杉-铁杉针叶林的土壤中，氮逐渐被消耗，但它们并没有从生态系统中消失，而是转移到了植物体内。在演替期间，土壤中有机碳的积累速率平均大约是 $15\,g \cdot m^{-2} \cdot a^{-1}$，但演替到针叶林时便达到了最大值，此时土壤中的有机碳大约稳定在 $5\,kg \cdot m^{-2}$。

同初生演替一样，在次生演替过程中，土壤营养物质的浓度也要经历明显的变化。1960 年，Odum EP 发现，在弃耕农田演替的头 3 年，土壤有机物质（枯枝落叶）的含量可增加 3 倍。铵和硝酸盐是植物所需氮的主要来源，在很多生态系统中，土壤中铵和硝酸盐的含量和平衡关系通常都随着生态系统的演替而发生变化。硝酸盐是早期演替阶段的主要含氮化合物，而铵则是顶极群落中最常见的含氮化合物。到演替后期，由于生物的死亡分解而使有机化合物积累起来，这显然抑制了土壤中硝化生物的活动，导致了铵的积累。在弃荒的干草地，土壤中磷、钾、镁和钙的含量与干草地弃荒的年龄有关。在次生演替的早期，土壤中磷的含量会急剧下降，但钾、镁和钙的含量通常是逐渐增加的。

2. 空间变异性增加

生物在演替地点的定居对生境的另一种影响是使生境的空间变异性增加。多瓣木（*Dryas drummondii*）是阿拉斯加冰川海湾初生演替最重要的垫状植物。多瓣木垫可使土壤的性质产生明显的梯度，垫中心土壤的有机物质的含量（以 $g \cdot cm^{-2}$ 干重计算）为 0.223，垫边缘为 0.074，垫半径中点部位为 0.154。但是，定居植物对生境最重要的影响则是使生境异质化，使各种生态因子形成空间梯度。

植物的覆盖对于温度、光和蒸发作用通常会引起良性变化，并因此能够影响该地的动物和植物的生境特征。这种影响最明显的表现就是在森林植被的树冠层下，温度会下降，蒸发作用会减弱。由于森林的呼吸作用常常使森林内保持很大的湿度，所以生活在森林中的生物，身体失水量将明显减少。此外，在处于演替后期的森林中，空气的温度和流动性也比较低。

3. 对不同演替阶段的适应

有利于一个物种在顶极群落中生存下去的特征，通常是不利于这个物种迅速去占领生境中的新空位，无论这种空位是因个体死亡而产生的还是因灾难性破坏事件而产生的。1976 年，Wells PV 研究了北美东部阔叶林中的 234 种树木，对每一个树种的 26 个特征都作了数值分析。这 26 个特征可归纳为 3 类：第一类与光吸收有关，第二类与繁殖有关，第三类则与生长、生存和寿命有关。与光吸收有关的特征包括顶端优势、分支分布格局、叶形状、叶大小、叶向、气孔布局和几个其他与树叶截留阳光有关的特征；与生殖有关的特征包括种子重量、种子散布机制、首次生殖的年龄和几个其他特征；与生长、生存和寿命有关的特征，则包括生长速度、高度、木质强度、抗腐能力、生活期限长短及其他特征等。根据这些特征，可以把每一种树木置于从先锋物种到顶极树种的演替系列中。先锋物种的特征是生长速度快、散布能力强和生殖力强等，而顶极物种的特征则是树冠稠密、实生苗耐遮阴和寿命长等。

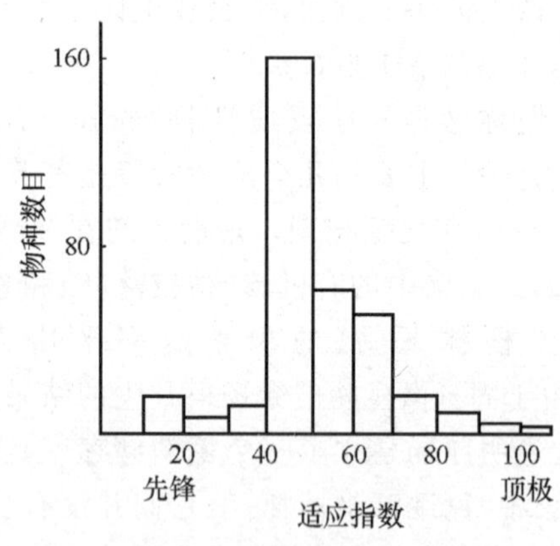

图 25-7　234 种树木对演替系列中的先锋群落和顶极群落适应的相对性

在所调查的 234 种树木中，只有很少的树种是属于极端先锋种或极端顶极种(图 25-7)。大多数树种都适应于在中期演替阶段定居。少数适应于极端顶极群落的树木是该地区顶极森林的优势种，分类上属于山毛榉科(Fagaceae)或槭科(Aceraceae)。与此相反，大多数属于杨柳科(Salicaceae)的树木都生长速度快，不耐阴，种子小而轻并靠风来散布，而且生活期限较短，木质脆弱，易受各种环境因素的损害。

少数耐阴树种通过发展稠密的树冠层而增加顶端优势，将会有损于大多数其他树种的生存，这将会导致顶极森林群落物种多样性的下降。在先锋群落中，物种多样性也比较低，因为在那里，只有少数物种具有迅速定居和在生境新空位中生长的特性。因此，Wells 认为顶极群落和先锋群落的物种多样性都比较低，但各自的原因完全不同。很多物种都适应于生活在处于中期演替阶段的生境中，只有很少的物种适应于生活在处于早期演替阶段的生境中或顶极群落中。

第七节　群落演替中的物种取代机制

群落演替中的物种取代机制，正如本章一开始时所讲述的那样存在着 3 种理论。① 促进作用理论：后来物种的侵入依赖于先来物种所创造的条件，这些先定居物种对环境的改造反而有利于提高后来物种的竞争能力，并因此被取代；② 忍耐作用理论：后来物种比先定居物种更能忍受较低的资源水平，因此，当资源水平下降到先定居物种所不能忍受的水平以下时，后来物种便开始侵入并取代先定居物种；③ 抑制作用理论：所有定居物种都能抵制竞争者的入侵，只有当它们死亡后或遭到非竞争因素的破坏时才能被取代。

很多陆地植物群落演替的趋势是逐渐占有优势的树种越长越高，从而增加树冠层的高度，使被遮盖在下面的下木层植物不得不在低光照的条件下生长。这个问题对于那些被下木层和更上层树木所遮盖的实生苗来说就显得尤其重要。此外,在荫蔽处生长的实生苗更容易遭受真菌的侵染,对真菌侵染的抵抗力是植物演替中,物种取代的一个重要因素。实生苗在荫蔽条件下的存活能力通常与种子的重量有很大关系。种子大的树木与种子小的树木相比,其实生苗在荫蔽条件下的死亡率要低得多。实生苗的死亡常常与真菌感染有关。对于在树冠层下面生长的植物来说,在阴暗条件下的生长能力以及对真菌感染的抵抗力是一个至关重要的特性。然而,在阴暗条件下的生长力往往又与在阳光充足时的低生长潜力相联系。例如,耐阴树种在阳光下的相对生长率为 1.22 $mg \cdot g^{-1} \cdot h^{-1}$,不耐阴树种为5.25 $mg \cdot g^{-1} \cdot h^{-1}$,而早期演替阶段的草本植物在充足光照条件下的相对生长率为 12.07 $mg \cdot g^{-1} \cdot h^{-1}$。低呼吸率是同在阳光下的低生长率相关的,例如,耐阴树种的平均呼吸率为 1.87 $mg \cdot g^{-1} \cdot h^{-1}$,不耐阴树种为4.42 $mg \cdot g^{-1} \cdot h^{-1}$,而早期演替阶段草本植物的呼吸率为 5.32 $mg \cdot g^{-1} \cdot h^{-1}$。因此,植物的演替取代可以部分地理解为是在阳光下能迅速生长与在荫蔽条件能抗御真菌感染和生长之间的一个调和过程。

早期演替物种通常比顶极群落物种所生产的种子要多得多和小得多,这些种子萌发产生的幼苗在阳光充分照耀下具有很大的生长潜力。小种子易于散布的特性有利于它们在各种受到破坏的新生境内定居。种子产量高和生长潜力大会使这些早期演替物种迅速独占生境中的资源。种子小虽然确保了物种的散布能力,但却减少了物种在荫蔽条件下的存活力,因此在已建成的群落中,这些物种的竞争能力很低。通过自然选择的长期作用,使这些物种只适合于不断地在新生境内定居。与此相反,晚期演替物种则适应于侵入已存在的群落。这些事实有力地支持了物种取代的前两种理论。

在弃耕农田所发生的次生演替过程往往是一个迅速的物种取代过程,在演替的前 1～2 年,通常是一年生植物占有优势,但很快它们就会被更长寿的植物所取代。根据 Keever C (1950)的研究,农田弃耕通常是在秋季收割以后。因此,最早的优势定居种就是飞篷草(*Erigeron canadense*),它的种子当年便可萌发,幼苗在整个秋季都能生长并能越冬。第二个可能的优势种是豚草(*Ambrosia elatior*),但豚草的种子到第二年春季才能萌发,幼苗常常被飞篷草遮盖。飞篷草成熟后可产生大量的种子,但在前一年飞篷草占优势的地方,由种子萌发出来的幼苗往往发育不良,原因是土壤中留有大量的飞篷草腐根。可见,飞篷草对环境的改造导致了对自身继续生存的不利。

一年多之后,紫菀(*Aster pilosus*)将取代飞篷草而成为优势种。紫菀是多年生植物,虽然飞篷草的腐根对它的抑制作用更大,但在第一代飞篷草大量死亡之前,它就已经在这里定居了下来。在第二年,由于飞篷草幼苗生活力的下降和紫菀的迅速生长,使紫菀成了弃耕农田的主要植物。

在演替的第三年,紫菀将被另一种多年生的优势草本植物——须芒草(*Andropogon virginicus*)所取代。须芒草的幼苗是在演替的前两年慢慢发展起来的。Keever 的试验表明,须芒草的生长抑制了紫菀,须芒草比紫菀更能忍受土壤水分不足,须芒草丛通过营养繁殖向四周扩展,渐渐将紫菀排挤掉。夏末所发生的周期性干旱则加重了这一影响,引起紫菀的大量死亡。飞篷草和紫菀的生长都因土壤中存在着前定居物种的分解产物而受到抑制,但须芒草却与此相反,Keever 通过往土壤中加入紫菀和飞篷草的腐烂植物体的试验证实,在这种情况下,须芒草反而生长得更好。少数在第一年便定居下来的须芒草,到第二年秋季便能产出种子,其幼苗在前定居物种分解产物的作用下生长茂盛，到第三年时，须芒草便成了弃耕农田的优势植物。

Keever的其他观察研究也指出了演替的机遇性质。飞篷草在演替的第一年之所以能够占有优势，是因为它的种子易散布、秋季时萌发和在第二年的生长季节能够迅速生长。但是，如果农田是在春季(冬小麦收割后)而不是在秋季被弃耕的，那么豚草就会取代飞篷草而成为最早的优势种。这是因为豚草的种子需要经过低温处理才能打破休眠，因此它当年不能萌发。秋季为播冬小麦所进行的耕犁活动会把全部飞篷草苗除掉，而豚草的种子总是在下一年的春季萌发，这无疑会使它成为优势植物。此外，如果雨量充沛或者在低洼地区由于土壤含水量高而降低了须芒草的竞争优势时，紫菀也可能存活到第三年。

Keever的研究工作，使我们看到了群落演替过程中物种取代的繁杂性质。在这些弃耕田里，优势顺序的发生是由很多方面的因素所决定的，如物种生活史特点的相互作用、相继定居种对环境的改造、物种间的竞争和对各种环境因子的忍耐力等，有些则决定于本物种自身的存在。简言之，这些试验表明：物种取代的3种机制在这一群落的演替中都起了作用。先定居物种的分解产物刺激着须芒草的生长，这一事实支持了促进作用理论；须芒草一旦定居下来便因竞争水分优势而取代紫菀，这一事实完全符合忍耐作用理论；飞篷草的幼苗比紫菀的幼苗更能忍受飞篷草的分解产物，这一事实为抑制作用理论提供了依据。

在伊利诺伊长达40年的次生演替过程中，植物的物种多样性在演替早期阶段比较低(此时的优势种是须芒草)，后来当演替到灌木阶段和树木开始侵入时，物种多样性又逐渐增加。在演替初期的田野中有多种植物共存，对这些共存植物的生理特性所作的研究表明，由于不同的植物有不同的根系分布特点和生理特性，使得资源得以在这些等优势物种之间进行合理分配。蓼(*Polygonum pensylvanicum*)是一种深根植物，对土壤湿度压力的忍受性较差，但依靠根的深层分布能使植物体在整个生长季都保持较高的含水量；另一种叫狗毛草(*Setaria faberii*)的植物根系很浅，但它较耐干旱，当土壤含水量不足、完全抑制了深根植物光合作用的时候，它却能保持很高水平的光合作用；第三种植物苘麻(*Abutilon theophrasti*)，其生理特性介于前两种植物之间，而且根的深浅也适中。因此，在这些竞争物种之间实现共存主要是靠生态位分割和靠不同的生理和生长适应，减弱了种间竞争。

随着演替的进行，须芒草将会取代这3种植物，这时，物种多样性会明显下降。须芒草所产生的化学物质不仅可以抑制较早定居的物种，而且对于将以演替优势种取代它的物种也有抑制作用。所以，须芒草的竞争优势除表现在一般形式的竞争外，还表现在它对其他物种的化学抑制作用。这种干扰竞争(interference competition)可对很多其他物种造成损害，从而降低了这些物种的共存能力，并将导致物种多样性的下降。

虽然在前面的讨论中，我们强调了物种取代的竞争机制，但也有大量的事实证明，捕食现象对演替的性质和过程也有影响。对羽衣甘蓝上的昆虫区系所作的研究表明，在只有少数植物所组成的群落中，植食动物大量繁衍可降低植物的适合度并可导致其他植物的入侵。

处于同一个营养级的各种植物也可能相互起促进作用，并影响群落的组织和演替过程。当把川续断(*Dipsacus sylvestris*)的小苗单株移入正在演替中的弃耕地时，在小苗周围地区往往会有一些短命的一年生植物侵入，这将导致群落物种多样性的增加。川续断的引入并不会影响弃耕田草本植物的生产力，但随着川续断的生长，附近其他双子叶草本植物的生产力将会缓慢下降。总的来看，引入川续断以后的弃耕田生产力还是比对照田要高，因为川续断及其相关联种的生产力足以补偿其他草本植物生产力的下降。在另外的试验中表明，如果把优势植物移走，亚优势植物的生产力就会有明显增加，但这种增加并不能完全补偿因优势植物移走所受到的损失。

对川续断的研究说明，竞争和捕食的相互作用最终可能导致川续断从群落中被排除。当川续断被其他植物遮盖住时，它就很容易遭受剑纹夜蛾(*Papaipema cacaphracta*)幼虫的严重危害(蛀茎)。总之，把川续断单株引入一个群落不仅影响群落的净生产力、物种多样性和空间异质性，而且也对弃耕农田中的植食动物种群有影响，这种影响不仅是多方面的，而且有些是很难预料的。

第八节　群落演替和物种多样性

随着演替的进行，组成群落的生物种类和数量会不会发生变化呢？如果发生变化，那么变化的趋势是什么呢？对于这个问题，生态学家曾经作过很多定量研究。本节只介绍一个弃耕农田在 40 年演替期间，植物的种类和数量发生变化的情况。

这些植物可大体分为草本植物、灌木和乔木三大类。演替开始后 1 年，田间只有草本植物生长，主要是禾草。演替 4 年以后，就出现了一些灌木。演替到 25 年的时候，乔木开始出现并逐渐增加。到第 40 年的时候，草本植物、灌木和乔木 3 种类型同时存在，数量也大体相等。值得注意的是，随着演替的进行，3 种类型植物的种数都有所增加，特别是灌木和乔木(表 25-3)。

表 25-3　一个弃耕农田的演替和植物种数的变化

演替年数/a 植物种类 植物类型	1	4	15	25	40
草本	31	27	26	30	34
灌木	0	3	4	7	19
乔木	0	0	0	14	23
总　计	31	30	30	51	76

从表 25-3 中可以看出，草本植物的种数在整个演替期间的变化不是太明显，而灌木和乔木却显著增加。可见，灌木和乔木并不是靠排挤草本植物而使自己的数量增加的，它们在演替中一旦出现，种数就稳步增长。

在演替的第一年，就有多达 31 种草本植物出现和定居，这说明在还没有被任何生物占有的土地上是非常适合于草本植物定居的。当那里还没有其他植物生长的时候，草本植物最适应于在那里扎根。因此，在演替的第一阶段，演替速度最快，新种数目迅速增加并很快占领整个地面。

草本植物的定居对以后的演替过程有两种影响：一种影响是短期的，由于它们很快就铺满了地面，而且生长迅速，这样就延缓了其他植物的侵入；另一种影响是草本植物以发达的根系把土壤固牢，使那些生长比较缓慢的植物(如灌木和乔木)能够在这里扎根，以后新种侵入的速度就开始下降。

一般说来，在演替的初期，植物种类比较少，演替后期植物种类增加，但是每种植物的种群密度下降，而且各种植物的密度也更趋于一致。这说明，在演替过程中，随着物种多样性的增加，各物种之间在数量上的差异逐渐减小，演替早期阶段的少数物种往往占有明显优势的状况逐渐消失。

演替为什么会像如上所说的那样进行呢？这是因为在演替开始的时候，很多植物的种子都有可能被风吹到田里，绝不可能只是一种植物的种子被带到那里。但是，在落到田里的种子中，只有草本植物生长最快，因此它们首先在那里定居和繁殖。

草本植物定居后就开始了改造环境的工作，为其他生物(特别是动物)的进入创造条件，如固结土壤、为动物提供食物和栖息场所等。当新的生物侵入以后，它们也同样会由于自身的生存而使环境条件发生变化。

灌木的出现会给一些比较大的动物提供新的栖息地和避难所，如野兔和环颈雉；而树木的出现会给更多的生物创造栖居条件和食物条件，这些生物可以包括各种真菌、昆虫、鸟类和松鼠等。因此随着演替的进行，组成群落的生物种类就会越来越多。演替过程只要不遭到人类的破坏和各种自然力的干扰(如洪水和火灾等)，其总的趋势会导致物种多样性的增加。

第九节　群落的周期变化

当一个群落与其环境处于平衡状态的时候，通常人们就认为这个群落不再发生变化了。其实这种看法是不全面的，因为群落除了有定向性的演替变化之外，还有非定向性的周期变化(cyclic changes)，这是因物种的相互关系而引起的群落内部变化。周期变化通常是在比较小的规模上发生，而且是一次次地重复发生。周期变化是群落内在动态的一部分，而不是演替的一部分。

Watt AS曾研究过群落周期变化的几个实例，其中之一是苏格兰的矮帚石楠(*Calluna*)灌丛。该灌丛群落的优势植物就是帚石楠，它将随着年龄的增长而逐渐衰败，然后便被石蕊属(*Cladonia*)的地衣所取代，地衣植被层死后留下的便是裸地，裸地又被熊果属植物(*Arctostaphylos*)侵入，接着熊果属植物又让位于帚石楠。在这个变化过程中，帚石楠是优势植物，当帚石楠的生长进入衰败期时，其临时空出的生长地就会被石蕊属植物和熊果属植物所占有。这一变化周期可分为4个时期。

(1) 先锋植物定居期。表现为帚石楠属植物的定居和早期生长，同时还有很多其他种类的植物生长，约经历6～10年的时间。

(2) 建成期。帚石楠属植物的覆盖率达到最大，生长最为繁盛，只有少数其他种类的伴生植物，约经历7～15年的时间。

(3) 成熟期。帚石楠灌丛的冠层开始出现裂隙，入侵的其他植物逐渐增多，此期约经历14～25年时间。

(4) 衰退期。帚石楠属植物的主枝枯死，地衣和苔藓植物成了最常见的植物，约经历20～30年时间。

有人曾在一个永久性的样地上详细地研究了这一变化过程，发现这一过程主要是受着帚石楠属植物生活史的控制。

Watt还研究过一个与草原微地形有关的群落周期变化，即所谓的隆起和凹陷周期。Watt所研究的草原植被呈明显的斑块状分布。优势植物是羊茅草(*Festuca ovina*)，整个周期都是围绕着羊茅草进行的。与帚石楠一样，该周期也可分为 4 个时期：建成期、成熟期、衰退期和裸地期(图 25-8)。首先，羊茅草的幼苗在裸地期的裸露土壤上定居下来并逐渐长大，借助于自身的生长和固结风传土粒而在植株周围形成一个高约 2 cm 的土墩。进入成熟期后，土墩可增高到 3 cm，但羊茅草的生活力将随着年龄的增加而下降，并不可避免地进入衰退期。在衰退期的早期，地衣类植物便开始入侵，地衣可利用有机物，地衣死后羊茅草土墩便逐渐被侵蚀削减到基准水平，这时便进入了裸地期。从此再开始一个新的周期。

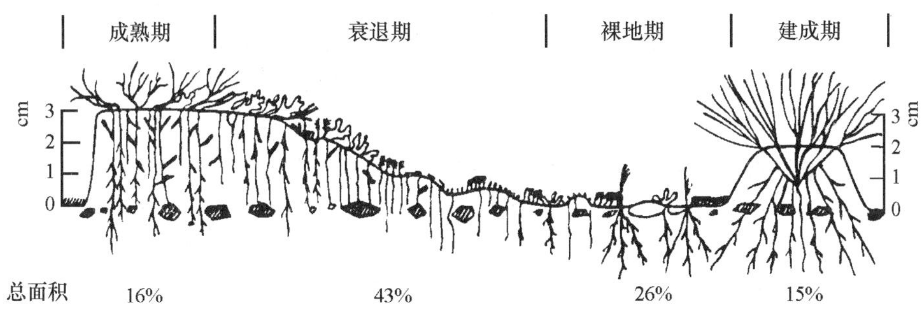

图 25-8　羊茅草群落的周期变化

在羊茅草草原的任一时刻都能同时看到这 4 个时期。羊茅草的幼苗通常只有在裸地期和建成期才能定居生长。显然，羊茅草是草原上的优势植物(图 25-9)。地衣则只能在其衰退期时占优势，此时它们可利用累积下来的残留有机物。苔藓植物会遇到来自羊茅草的强烈竞争，因此只能在衰退期或裸地期生长。

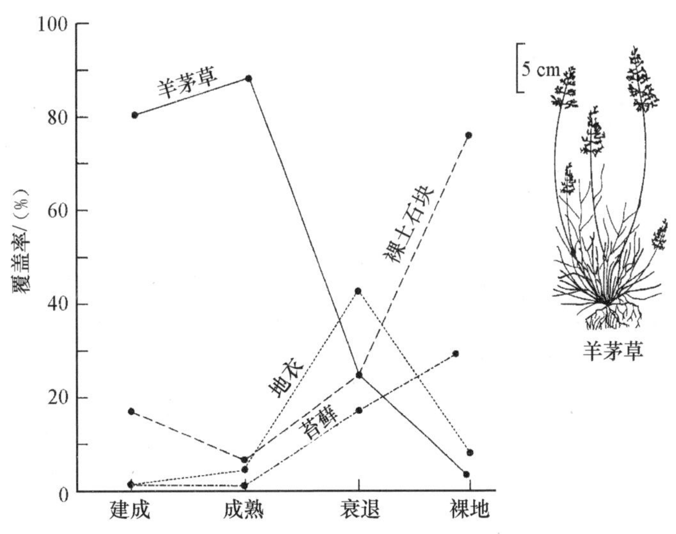

图 25-9　优势植物羊茅草在群落周期变化不同时期的数量动态及地衣、苔藓和裸土的相应改变

总之，群落的变化包括两种含义，即定向的演替变化和非定向的周期变化。关于群落变化的大部分研究工作都是用植物进行的，但所得出的基本原理对动物群落也是同样适用的。

生态学家曾提出过 4 种理论以便解释群落的定向变化。这 4 种理论都一致认为演替中的先锋物种通常都是机会种(oppotunistic species),能快速增长并有很强的散布能力。至于先锋物种是如何被取代的,那就有不同的理论了。最早和最经典的一个理论叫促进作用理论,该理论认为,演替较晚阶段的物种取代是由较早阶段存在的生物所促成的。处于另一极端的理论是抑制作用理论,该理论认为物种取代受到较早定居者的抑制,而且演替程序受控于最先到达那里的生物。忍耐作用理论则认为,物种取代不受早期定居者的影响,后来物种比先来物种更能忍受资源的不足。最后的随机作用理论是说,物种取代过程的发生完全是随机的、偶然的,与物种之间的相互作用无关。可以说在上述的 4 种理论中,单靠其中的任何一种理论都无法解释一个完整的演替系列。因此我们在分析演替时可以把它看成是一个动态过程,最终会在某些物种的定居能力和另一些物种的竞争能力之间达到一种平衡。演替并不总是从简单群落到复杂群落的进行性变化。

作为群落内部动态的一部分,周期性变化是一次次重复发生的。常常是优势物种的生命周期决定着群落的周期性变化,在很多情况下周期性变化都是由于多年生植物的生活力随着年龄的增长而下降引起的。在很多森林群落中,树木枯死后产生的间隙是呈斑块状分布的。即使是在一个顶极群落内,这些斑块也会经历周期性变化。

由于气候和其他环境因素的短期变化和群落内部生长和死亡的周期性变化,所以从长远看,群落并不是稳定的。对大多数群落来说,我们可以观察到群落的变化,但不会知道引起变化的全部原因。

第 26 章　岛 屿 群 落

第一节　岛屿群落的建成过程

岛屿生物地理学是研究当迁入率和灭绝率保持平衡时一个岛屿所能容纳的物种数目。提出该理论最初是为了预测在一个海洋岛屿上最多能发现多少个物种，但后来发现这一理论实际可应用于所有被隔离的、生物必须克服某种障碍才能进入的栖息地。

假如通过火山爆发产生了一个全新的岛屿，如位于冰岛南部的 Surtsey 岛。这是一个在 20 世纪 60 年代由于火山喷发而形成的小岛，岛上没有任何生命，陆地动物只有隔海通过长距离输送才能偶尔来到岛上。当最早的外来生物来到岛上时，岛上很快就出现了外来定居者并成功地在岛上定居了下来。由于新岛在相当长的一段时间内生物密度很小，因此对迁入者的定居几乎不存在竞争排斥现象。迁入者将会以一定的速率陆续到来，虽然其中新种的数目会越来越少。

但是，一个小的岛屿，特别是一个年轻的小岛，其保证生存的条件常常是不稳定的或难以预料的，因此最早到来的生物有可能在定居后很快又灭绝。另外，种群太小也是可能造成种群灭绝的原因之一。由于此时岛屿仍远未被充分占有，因此生物的灭绝不会是由于竞争所致，可能仅仅是决定于不利的自然条件。因此在定居的早期阶段可以把灭绝率看做是一个常数，正如迁入率一样。

图 26-1(a)显示的是岛屿上群落建成早期的情况，此时因迁入率和灭绝率都与种群密度无关，因此都表现为直线。随着岛上物种数目的增加，物种的到达率就会下降，它是岛上已有物

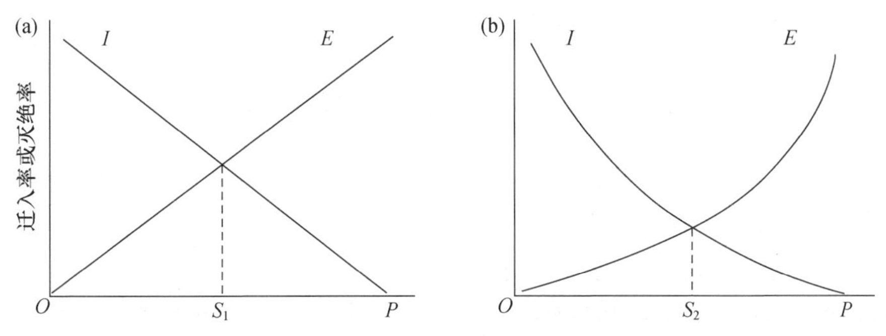

图 26-1　岛上物种数目调节模型

(a) 定居初期无生物竞争；(b) 定居中后期，有生物竞争

（I 代表迁入，E 代表灭绝；S_1 和 S_2 是平衡后的物种数，两者不太可能相等；P 是种源地物种总数）

种数量的一个简单函数。该模型表明，当迁入率与灭绝率达到平衡时，平衡种数 S_1 就将被确立，但这种平衡并不是决定于岛上种群间的相互作用，因为前提条件是没有竞争也没有捕食。这是一种没有相互作用的物种平衡。但当岛上的种群大到足以发生竞争和捕食成为常见现象的时候，这种无相互作用的物种平衡（S_1）就会被打破。此后，衡量迁入是否成功就要看两个条件，即是否来到岛上和是否能在岛上定居下来，这将取决于岛上已有物种的抵制和竞争。这时的迁入率和灭绝率都将受到种群密度的制约，而且两条曲线会转变为指数曲线（图 26-1(b)）。一个新平衡的物种数目 S_2 就位于这两条曲线的交叉点上，S_2 在很大程度上依赖于岛上物种之间的相互作用，这就是有相互作用的物种平衡。

这个岛屿群落建成模型最初是由 Preston FW(1962)提出来的，后来又由 MacArthur RH 和 Wilson EO(1967)发展成为正式的岛屿生物地理学理论。该理论的第一个预测就是可以存在两种物种平衡，即有相互作用物种平衡和无相互作用物种平衡。后者（即 S_1）只能暂时存在，随着种群密度的增加就会逐渐过渡到前者（即 S_2）。但是，如果环境条件不利于种群平衡的确立，那么无相互作用的物种平衡就会继续存在下去。这实际上是这样一些人的主张，这些人认为在胁迫的环境中种群是受非密度制约因素控制的。但不管种群是不是受密度制约因子控制，物种数目总是要达到一种平衡。S_2 将随岛的大小和距大陆的远近而变化。

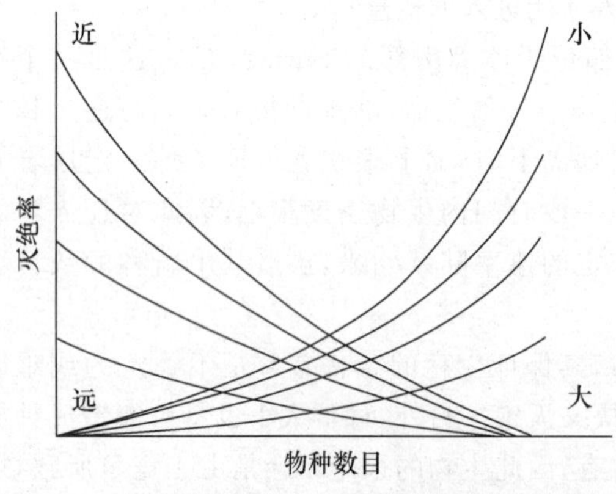

图 26-2　岛屿的远近和大小对物种平衡数量的影响

离大陆越远，迁入曲线越低；岛屿越大，灭绝曲线越低

图 26-2 是表示该理论对远岛、近岛和大岛、小岛所作的各种预测。离大陆远的岛所接受的迁入者肯定比离大陆近的岛少，但灭绝率却不会受岛屿与大陆距离的影响，因此该理论预测：离大陆越远，平衡时的物种数目越少；反之，则越多。

岛屿的大小与岛屿离大陆的远近刚好相反，它既影响迁入率，也影响灭绝率。迁入率将随岛屿大小的增加而增加，这是因为接受迁入者的面积比较大；灭绝率将随岛屿大小的增加而减小，因为在较大的岛上会有更多的机会避开竞争和捕食。另外，大岛上的大种群随机灭绝的可能性也比较小，因此物种的平衡数目要比小的岛屿多。

第二节　去除岛上动物区系的试验

红树林生长在热带海洋沿岸的浅水地带，常在离大陆沼泽森林几米到几百米的地方形成红树林小岛。可以选择一些离散分布、相距约 10～20 m 的小岛进行试验，在这些小岛上大约采集了 1000 种陆生节肢动物，这表明定居在这些小岛上的物种库是 1000，即 $P=1000$。但实际上在任何一个小岛上所能找到的物种数目通常都不到 40。Wilson EO 和 Simberloff DS 认为，在 $P=1000$（潜在物种数）和 $S<40$（实际物种数）之间的差距是因为当迁入和灭绝达到平衡时，总物种库中只能有一小部分成功定居。研究初期所获得的资料支持了这一观点，因为不同小岛上的物种名录彼此是不一样的。Wilson 和 Simberloff 选择了 6 个直径为11～18 m，距离陆岸 2～500 m 的小岛，并将岛上的全部节肢动物杀死，方法是用大塑料篷把整个小岛罩住，

然后注入大量杀虫剂。这样,他们就有了 6 个完全去除了动物区系的小岛,此后就可以直接观察这 6 个小岛的生物再定居过程,每过几个星期便进行一次全面调查。

图 26-3 是 4 个小岛的试验结果。在动物被全部杀死前,正如理论预测的那样,物种数目是小岛距离的函数,距离最远的 E_1 岛物种数目最少,距离最近的 E_2 岛物种数目最多。在定居两年之后物种数目便达到了稳定状态,但各个小岛的物种名录是各不相同的,每个小岛差不多都只恢复到了原来的物种数目。连续的定期调查清楚地表明,正如理论预测的那样,频频发生物种取代现象。

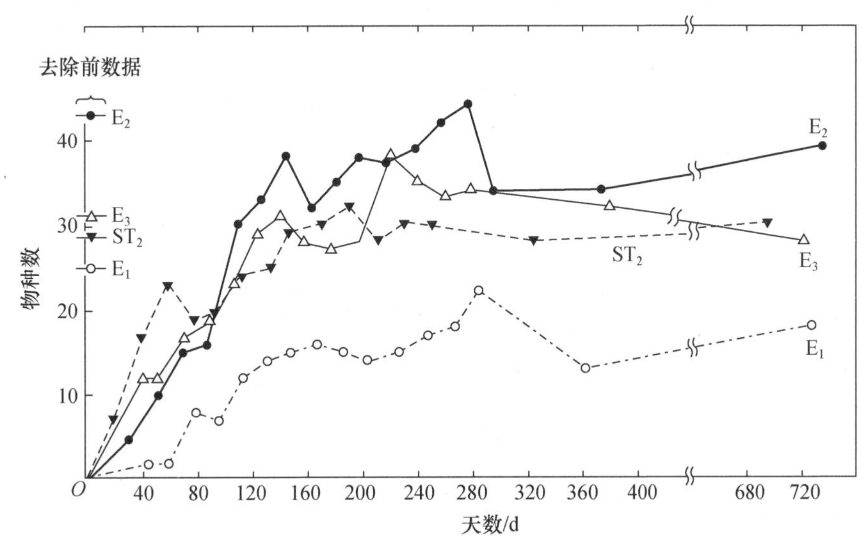

图 26-3　被去除了动物区系的红树林小岛的生物再定居过程

左为去除前每个小岛的物种数;E_1 是最远的小岛,E_2 是最近的小岛,其他两个居中

Simberloff 和 Wilson 所研究的对象主要是昆虫。最初的研究表明:在一个距虫源地 200 m的小岛上,昆虫的定居率和灭绝率都很高,结果导致每 1～2 天就会有一种昆虫被置换(原来的昆虫区系由 20～50 种昆虫组成,而虫源地大陆的昆虫约有数百种之多)。岛屿昆虫区系大约在半年内就可恢复到原来的数量。虽然此后定居和灭绝会继续发生,但昆虫的种数不会再有很大变化。尽管昆虫多样性恢复到了原来的水平,但在去除动物区系一年后,岛上只有 25%～30%的昆虫是原昆虫区系中的种类。后来,进一步的研究和分析表明,早期的研究对灭绝的物种数量估计过高,实际上每年灭绝的物种数目不会超过 1.5。该试验不仅表明岛屿有较高的定居率和灭绝率,而且也支持了这样一种观点,即物种数目可在短期内保持稳定并有一个合适的周转量。

第三节　岛屿群落的特点

同任何其他生物种群一样,岛屿上的生物种群也必须能够适应岛屿环境的周期变化才能生存下来。但是岛屿生物所面临的风险比大陆生物更大,原因是多方面的,首先,自然灾难(如火山爆发)对岛屿的影响比对大陆的影响更为深远和持久,因为岛屿生物几乎不可能在遇到灾难时迁出原栖息地,随后再安全返回。大陆生物则不一样,如果某地区的一个物种突然灭绝了，同种个体还可从其他地方迁进来。同大陆一个有类似生态条件的地区相比，一个岛屿所包含的物种数目比较少。例如，在巴拿马陆地 2 ha 的湿地森林中生活着 56 种鸟，类似的一块灌丛生活着 58 种鸟；而在近海岛屿 Puercos 岛上，只生活着 20 种鸟，岛的面积 70 ha，其生态条件也介于前两种大陆生境之间。

由于存活和成功定居是衡量生物能否适应环境和适应程度的唯一尺度，所以一种生物如果灭绝了就说明它不能适应环境中的生物压力和气候条件。对一种生物来说，适应岛屿环境尤为困难。首先，迁入岛屿的生物原本是生活在大陆的，已对大陆环境形成了适应，因此，它们对不同的岛屿环境不太适应。其次，如果迁入者个体数量很少，那么它的种群就会缺乏足够的遗传变异来应付环境的变化。最后，小种群对其遗传构成的非适应性的偶然变化要敏感得多，很容易受到这种变化的影响。由于迁入者难以很好地适应岛屿环境，所以岛上的小种群更容易走向灭绝。

岛上的一个物种如果能利用多种多样的食物，那它就会获得很大的好处，因为这有利于最大限度增加自己种群的数量。特别是在一个小岛上，这种好处尤其明显，因为在任何情况下小岛上的种群总是比较小的。这也许就是为什么在加拉帕戈斯群岛的一些小岛上只分布有中等大小的地雀，而在一些较大的岛上除分布有中等大小的地雀(*Geospiza fortis*)外，还分布有小型地雀(*G. fuliginosa*)的原因。

对于岛上的捕食动物来说，随机灭绝的风险也是很大的，因为它们的数量总是远远低于它们所捕食的猎物的数量。结果常会造成岛屿动物区系物种组成上的失衡，与大陆的相似区域比较，总是含有较少的捕食动物种类。这反过来又会导致整个岛屿动植物种类的贫乏，外来物种进入岛屿和在岛上定居的风险很大。大陆群落含有丰富的动植物种类，各物种之间复杂的相互作用可作为一种缓冲器，有助于克服不同物种密度的偶然波动，甚至有助于防止物种一时性的局部灭绝。这种复原力是简单的岛屿群落所不具有的。因此，一个岛上物种的偶然灭绝可能会带来严重后果，并能导致其他物种的灭绝。所有这些因素都会增加岛屿物种的灭绝率。

有很多不同的理由可以用来说明为什么在某个岛上缺乏某种特定的生物。首先，这种生物可能无法到达这个岛屿；其次是它来到了这个岛上，但未能定居下来；最后是它虽然定居了下来，但后来又灭绝了。常常很难知道是哪一个理由起了决定作用。有时两个物种在同一群岛上呈互补分布，但它们从不会出现在同一个岛上，这一事实说明它们之间的竞争太激烈，以致无法共存。

第四节　研究实例——喀拉喀托火山岛

对不同岛屿生物区系所作的比较研究表明，不同岛屿的生物迁入率和灭绝率是不同的，因此各岛生物区系的潜在多样性也不相同。其他方面的研究则为这些观察的正确性提供了更为直接的证据，这些研究包括无生物岛屿、面积发生了变化的岛屿或刚从大陆分离出来的岛屿的生物定居过程。最著名的一个研究实例是印度尼西亚东南部位于苏门答腊岛同爪哇岛之间的一个活火山岛——东印度岛。该岛面积 17 km^2，海拔高度 780 m，它是喀拉喀托火山岛的一个残留岛，该岛上的生物曾在 1883 年一次威力巨大的火山爆发中被全部毁灭。从 1886 年开始直到 1983 年的 100 年间曾对岛上的生物区系进行了长期深入的调查。这些调查表明，生物在岛上的定居和灭绝都不是平平稳稳进行的，而是受新生态系统出现次数的极大影响，同时也受植物和动物相关联的影响，如动植物之间的营养关系和散布机制等。

最早记录到的在岛上定居的植物差不多有一半(11/24)是属于蕨类植物，因为蕨类植物的孢子很快就能被风吹送到岛上来并形成岛内的大部分植被，虽然在以后的植物演替中只保留了 3 种蕨类植物。虽然植物的迁入率开始时很高，但接着就会下降，以后随着新生态系统(如森林)的出现，植物迁入率会再次增加，这是因为生态系统提供了新的生态位。在 20 世纪 20 年代时，森林挤占了最后的开阔草地，于是随着草原的消失就出现了一个新的草本植物、草原蝶类和草原鸟类的灭绝期。

对植物在喀拉喀托火山岛上的散布方法所作的分析为研究生物的定居过程提供了科学依据(图 26-4)。构成海岛沿岸群落的植物都是被海水送上岸的，它们是最早的定居者。在 25 年间(到 1908 年)，种子植物已占到群落成分的 70%，其中只有 12%后来又灭绝了，但经常还有新的定居者。岛内更多的种子植物主要是靠风力散布来的。据 1897 年记载，岛内种子植物的 50%是在群落演替过程中灭绝的。从 20 世纪 20 年代以后，动物传带成了植物散布的主要方式，因为随着岛内森林的发展和多样性增加，较大较重的树木种子就必须靠动物传带和散布。据调查，在 57 种树木中有 53 种是靠动物散布种子的。这其中可能存在着正反馈关系，因为果树越多，它们所吸引的蝙蝠和鸟类就越多，蝙蝠和鸟类越多，它们随粪便所排出的植物种子就越多。

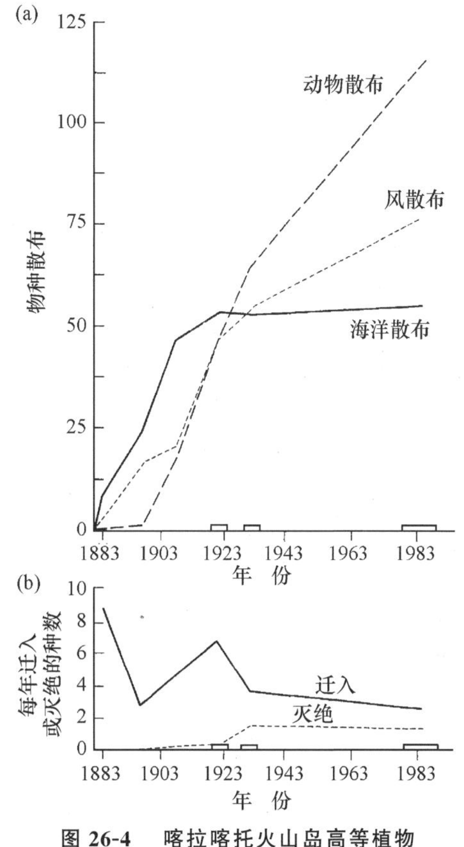

图 26-4　喀拉喀托火山岛高等植物的移入和定居过程(1883～1983 年)

(a) 散布方式；(b) 迁入率和灭绝率

进一步的证据是来自对喀拉喀托火山岛蝶类的研究。自 1933 年以来，依赖于靠海洋散布的植物为生的蝴蝶种类几乎增加了 1 倍，虽然这些植物群落成分在过去的 90 年间几乎没有什么变化，这表明蝶种的数目仍然受到来岛机遇的限制，即使是那些滨岸蝶类也是这样，它们最容易被风吹到海上去，因而它们是非随意的定居者。这反过来也表明，来岛机遇也是岛内陆地区蝶类的限制因素，它们的栖息地使它们不太容易被风吹到海上去。但是在岛内的森林(只有 50～60 龄)深处，问题就不仅仅是蝶类的散布问题了，可能还有食料植物缺乏的问题。

森林新树种的迁入是一个很缓慢的过程，这是因为后来树种必须与先来树种竞争已被占有的地面空间。而一个森林要达到完全成熟可能要花费几百年的时间，而树木从生到死也可能活上几百年。由于环境不可能在一个很长的时期内保持稳定不变，所以能处于完全平衡状态的低地热带森林可能是很少见的，也许就没有。

生态条件和演替变化的复杂性，表明生物群落在岛屿上的建成过程决不会像岛屿生物地理学理论所预测的那么简单。一个植物群落被另一个植物群落所取代将会使生物迁入和灭绝的曲线图变得极不规律，这不仅会表现在植物方面，也会表现在与植物密切相关的动物区系上。例如，在喀拉喀托火山岛的鸟类区系中包括有啄花鸟(*Dicaeum*)，它可帮助桑寄生科(Laranthaceae)植物种子的散布，而后者是森林树木的表面寄生植物，它只寄生于成熟的树木或枯死的树木。但喀拉喀托火山岛的森林还没有发育到包含有成熟树木和枯死树木的程度，因此，森林中也就没有桑寄生科植物，同时也就没有以这种植物为食的桑寄生黄粉蝶(*Delias*)，虽然蝶类有极强的迁移能力，但它们也只能是未来可能的定居者。因此，演替群落的综合特性将会使喀拉喀托火山岛的生物定居史表现出明显的波动性，而不会像岛屿生物地理学理论所预测的那样是一条简单而单调的曲线。

第五篇 生态系统

◎ 生态系统概论

◎ 生态系统中的初级生产量

◎ 生态系统中的次级生产量

◎ 生态系统中有机物质的分解

◎ 生态系统中的能量流动

◎ 生态系统中的物质循环

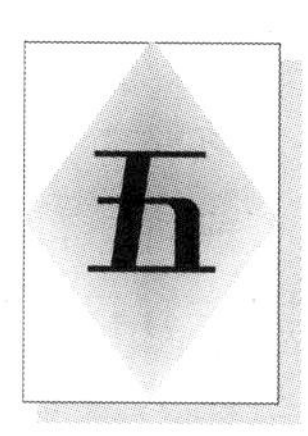

第 27 章　生态系统概论

第一节　什么是生态系统

生态系统(ecosystem)一词是英国植物生态学家 Tansley AG 于 1936 年首先提出来的。后来苏联地植物学家 Sucachev VN 又从地植物学的研究出发，提出了生物地理群落(biogeocoenosis)的概念。这两个概念都把生物及其非生物环境看成是互相影响、彼此依存的统一体。生物地理群落简单说来就是由生物群落本身及其地理环境所组成的一个生态功能单位，所以在 1965 年丹麦哥本哈根会议上决定生态系统和生物地理群落是同义语，此后生态系统一词便得到了广泛的使用。

生态系统一词是指在一定的空间内生物的成分和非生物的成分通过物质的循环和能量的流动互相作用、互相依存而构成的一个生态学功能单位(图 27-1)。我们可以形象地把生态系统比喻为一部机器，机器是由许多零件组成的，这些零件之间靠能量的传递而互相联系为一部

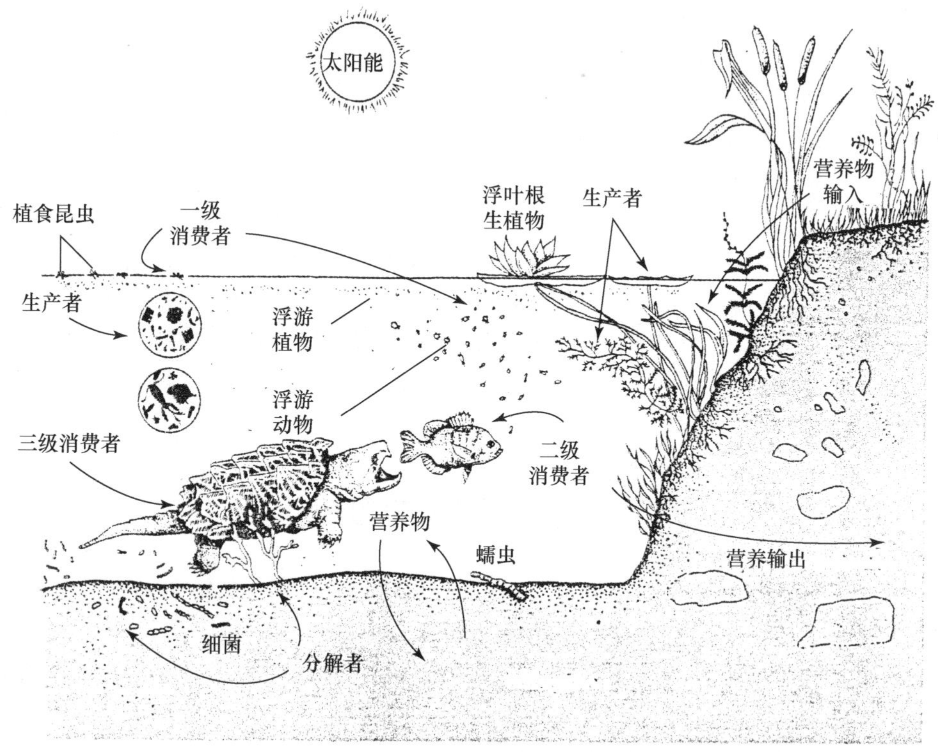

图 27-1　一个池塘生态系统中的生物和非生物成分及其各种相互关系

完整的机器并完成一定的功能。自然界中只要在一定空间内存在生物和非生物两种成分，并能互相作用达到某种功能上的稳定性，哪怕是短暂的，这个整体就可以视为一个生态系统。因此，在我们居住的这个地球上有许多大大小小的生态系统，大至生物圈（biosphere）或生态圈（ecosphere）、海洋、陆地，小至森林、草原、湖泊和小池塘。除了自然生态系统以外，还有很多人工生态系统，如农田、果园、自给自足的宇宙飞船和用于验证生态学原理的各种封闭的微宇宙（亦称微生态系统）。微宇宙是一种实验装置，用来模拟自然的或受干扰的生态系统的变化特性和化学物质在其中的迁移、转化、代谢和归宿。这些微宇宙只需要从系统外部输入光能，就好像是一个微小的生物圈。

生态系统不论是自然的、还是人工的，都具有下面一些共同特性。

(1) 生态系统是生态学上的一个主要结构和功能单位，属于生态学研究的最高层次（生态学研究的4个层次由低至高依次为个体、种群、群落和生态系统）。

(2) 生态系统内部具有自我调节能力。生态系统的结构越复杂，物种数目越多，自我调节能力也越强。但生态系统的自我调节能力是有限度的，超过了这个限度，调节也就失去了作用。

(3) 能量流动、物质循环和信息传递是生态系统的三大功能。能量流动是单方向的，物质流动是循环式的，信息传递则包括营养信息、化学信息、物理信息和行为信息，构成了信息网。通常，物种组成的变化、环境因素的改变和信息系统的破坏是导致自我调节失效的3个主要原因。

(4) 生态系统中营养级的数目受限于生产者所固定的最大能值和这些能量在流动过程中的巨大损失，因此，生态系统营养级的数目通常不会超过5～6个。

(5) 生态系统是一个动态系统，要经历一个从简单到复杂、从不成熟到成熟的发育过程，其早期发育阶段和晚期发育阶段具有不同的特性。

生态系统概念的提出为生态学的研究和发展奠定了新的基础，极大地推动了生态学的发展。当前，人口增长、自然资源的合理开发和利用以及维护地球的生态环境已成为生态学研究的重大课题。所有这些问题的解决都有赖于对生态系统的结构和功能、生态系统的演替、生态系统的多样性和稳定性以及生态系统受干扰后的恢复能力和自我调控能力等方面进行深入的研究。目前在生态学中，生态系统是最受人们重视和最活跃的一个研究领域。国际生物学计划（IBP）和人与生物圈计划（MAB）的主要研究对象就是地球上不同类型的生态系统。我国土地辽阔资源丰富，生态系统类型丰富，具有生态系统研究的得天独厚的条件。目前我国已建立了多个生态系统定位研究站（包括寒带针叶林、温带草原和亚热带森林），并结合我国现代化建设的实际提出了生态系统研究的各项课题。

第二节　生态系统的组成成分

任何一个生态系统都是由生物成分和非生物成分两部分组成的，但是为了分析的方便，常常又把这两大成分区分为以下6种构成成分。

(1) 无机物质。包括处于物质循环中的各种无机物，如氧、氮、二氧化碳、水和各种无机盐等。

(2) 有机化合物。包括蛋白质、糖类、脂类和腐殖质等。

(3) 气候因素。如温度、湿度、风和雨雪等。

(4) 生产者(producers)。指能利用简单的无机物质制造食物的自养生物,主要是各种绿色植物,也包括蓝绿藻和一些能进行光合作用的细菌。

(5) 消费者(consumers)。异养生物,主要指以其他生物为食的各种动物,包括植食动物、肉食动物、杂食动物和寄生动物等。

(6) 分解者(decomposers 或 reducers)。异养生物,它们分解动植物的残体、粪便和各种复杂的有机化合物,吸收某些分解产物,最终能将有机物分解为简单的无机物,而这些无机物参与物质循环后可被自养生物重新利用。分解者主要是细菌和真菌,也包括某些原生动物和蚯蚓、白蚁、秃鹫等大型腐食性动物。

生态系统中的非生物成分和生物成分是密切交织在一起、彼此相互作用的,土壤系统就是这种相互作用的一个很好实例。土壤的结构和化学性质决定着什么植物能够在它上面生长,什么动物能够在它里面居住。但是植物的根系对土壤也有很大的固定作用,并能大大减缓土壤的侵蚀过程。动植物的残体经过细菌、真菌和无脊椎动物的分解作用而变为土壤中的腐殖质,增加了土壤的肥沃性,反过来又为植物根系的发育提供了各种营养物质。缺乏植物保护的土壤(包括那些受到人类破坏的土壤)很快就会遭到侵蚀和淋溶,变为不毛之地。

生态系统中的生物成分按其在生态系统中的作用可划分为三大类群:生产者、消费者和分解者,由于它们是依据其在生态系统中的功能划分的而与分类类群无关,所以又被称为生态系统的三大功能类群。

(1) 生产者。包括所有绿色植物、蓝绿藻和少数化能合成细菌等自养生物,这些生物可以通过光合作用把水和二氧化碳等无机物合成为碳水化合物、蛋白质和脂肪等有机化合物,并把太阳辐射能转化为化学能,贮存在合成有机物的分子键中。植物的光合作用只有在叶绿体内才能进行,而且必须是在阳光的照射下。但是当绿色植物进一步合成蛋白质和脂肪的时候,还需要有氮、磷、硫、镁等 15 种或更多种元素和无机物参与。生产者通过光合作用不仅为本身的生存、生长和繁殖提供营养物质和能量,而且它所制造的有机物质也是消费者和分解者唯一的能量来源。生态系统中的消费者和分解者是直接或间接依赖生产者为生的,没有生产者也就不会有消费者和分解者。可见,生产者是生态系统中最基本和最关键的生物成分。太阳能只有通过生产者的光合作用才能源源不断地输入生态系统,然后再被其他生物所利用。

(2) 消费者。是指依靠活的动植物为食的动物,它们归根结底都是依靠植物为食(直接取食植物或间接取食以植物为食的动物)。直接吃植物的动物叫植食动物(herbivores),又叫一级消费者(如蝗虫、兔、马等);以植食动物为食的动物叫肉食动物(carnivores),也叫二级消费者,如食野兔的狐和猎捕羚羊的猎豹等;以后还有三级消费者(或二级肉食动物)、四级消费者(或叫三级肉食动物),直到顶位肉食动物。消费者也包括那些既吃植物也吃动物的杂食动物(omnivores),有些鱼类是杂食性的,它们吃水藻、水草,也吃水生无脊椎动物。有许多动物的食性是随着季节和年龄而变化的,麻雀在秋季和冬季以吃植物为主,但是到夏季的生殖季节就以吃昆虫为主,所有这些食性较杂的动物都是消费者。食碎屑者(detritivores)也应属于消费者,它们的特点是只吃死的动植物残体。消费者还应当包括寄生生物,寄生生物靠取食其他生物的组织、营养物和分泌物为生。

(3) 分解者。在生态系统中,分解者的基本功能是把动植物死亡后的残体分解为比较简单的化合物,最终分解为最简单的无机物并把它们释放到环境中去,供生产者重新吸收和利用。由于分解过程对于物质循环和能量流动具有非常重要的意义，所以分解者在任何生态系统中都是不可缺少的组成成分。如果生态系统中没有分解者，动植物遗体和残遗有机物很快就会堆积起来，影响物质的再循环过程，生态系统中的各种营养物质很快就会发生短缺并导致整个生态系统的瓦解和崩溃。由于有机物质的分解过程是一个复杂的逐步降解的过程，因此，除了细菌和真菌两类主要的分解者之外，其他大大小小以动植物残体和腐殖质为食的各种动物在物质分解的总过程中都在不同程度上发挥着作用，如专吃兽尸的兀鹫，食朽木、粪便和腐烂物质的甲虫、白蚁、皮蠹、粪金龟子、蚯蚓和软体动物等。有人则把这些动物称为大分解者，而把细菌和真菌称为小分解者。

第三节　食物链和食物网

一、食物链和食物网的概念

植物所固定的能量通过一系列的取食和被取食关系在生态系统中传递，我们把生物之间存在的这种传递关系称为食物链(food chains)。Elton(1942)是最早提出食物链概念的人之一。他认为，由于受能量传递效率的限制，食物链的长度不可能太长，一般食物链都是由4～5个环节构成的，如鹰捕蛇、蛇吃小鸟、小鸟捉昆虫、昆虫吃草(图27-2)。最简单的食物链是由 3 个环节构成的，如草→兔→狐狸。

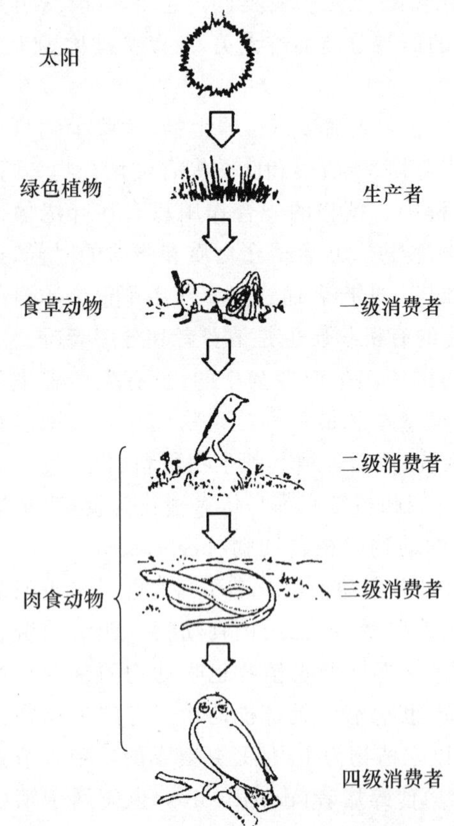

图 27-2　能量沿着陆地食物链传递

但是，在生态系统中生物之间实际的取食和被取食关系并不像食物链所表达的那么简单，食虫鸟不仅捕食瓢虫，还捕食蝶蛾等多种无脊椎动物，而且食虫鸟本身不仅被鹰隼捕食，而且也是猫头鹰的捕食对象，甚至鸟卵也常常成为鼠类或其他动物的食物。可见，在生态系统中的生物成分之间通过能量传递关系存在着一种错综复杂的普遍联系，这种联系像是一个无形的网把所有生物都包括在内，使它们彼此之间都有着某种直接或间接的关系，这就是食物网(food web)的概念(图 27-3)。

一个复杂的食物网是使生态系统保持稳定的重要条件。一般认为，食物网越复杂，生态系统抵抗外力干扰的能力就越强；食物网越简单，生态系统就越容易发生波动和毁灭。假如在一个岛屿上只生活着草、鹿和狼，在这种情况下，鹿一旦消失，狼就会饿死。如果除了鹿以外还有其他的食草动物(如牛或羚羊)，那么鹿一旦消失，对狼的影响就不会那么大。反过来说，如果狼首先灭绝，鹿的数量就会因失去控制而急剧增加，草就会遭到过度啃食，结果鹿和草的数量都会大大下降，甚至会同归于尽。如果除了狼以外还有另一种肉食动物存在,那么狼一旦灭绝,这种肉食动物就会增加对鹿的捕食压力而不致使鹿群发展得太大,从而就有可能防止生态系统的崩溃。

图 27-3　我国一个草原生态系统的食物网

在一个具有复杂食物网的生态系统中,一般也不会由于一种生物的消失而引起整个生态系统的失调,但是任何一种生物的灭绝都会在不同程度上使生态系统的稳定性有所下降。当一个生态系统的食物网变得非常简单的时候,任何外力(环境的改变)都可能引起这个生态系统发生剧烈的波动。

苔原生态系统是地球上食物网结构比较简单的生态系统,因而也是地球上比较脆弱和对外力干扰比较敏感的生态系统。虽然苔原生态系统中的生物能够忍受地球上最严寒的气候,但是苔原的动植物种类与草原和森林生态系统相比却少得多,食物网的结构也简单得多,因此,个别物种的兴衰都有可能导致整个苔原生态系统的失调或毁灭。例如,如果构成苔原生态系统食物链基础的地衣因大气中二氧化硫含量超标而导致生产力下降或毁灭,就会对整个生态系统产生灾难性影响。北极驯鹿主要以地衣为食,而爱斯基摩人主要以狩猎驯鹿为生。正是出于这样的考虑,自然保护专家们普遍认为,在开发和利用苔原生态系统的自然资源以前,必须对该系统的食物链、食物网结构、生物生产力、能量流动和物质循环规律进行深入的研究，以便尽可能减少对这一脆弱生态系统的损害。

二、食物链的类型

在任何生态系统中都存在着两种最主要的食物链，即捕食食物链(grazing food chain)和碎屑食物链(detrital food chain)。前者是以活的动植物为起点的食物链，后者是以死生物或腐屑为起点的食物链(图 27-4)。

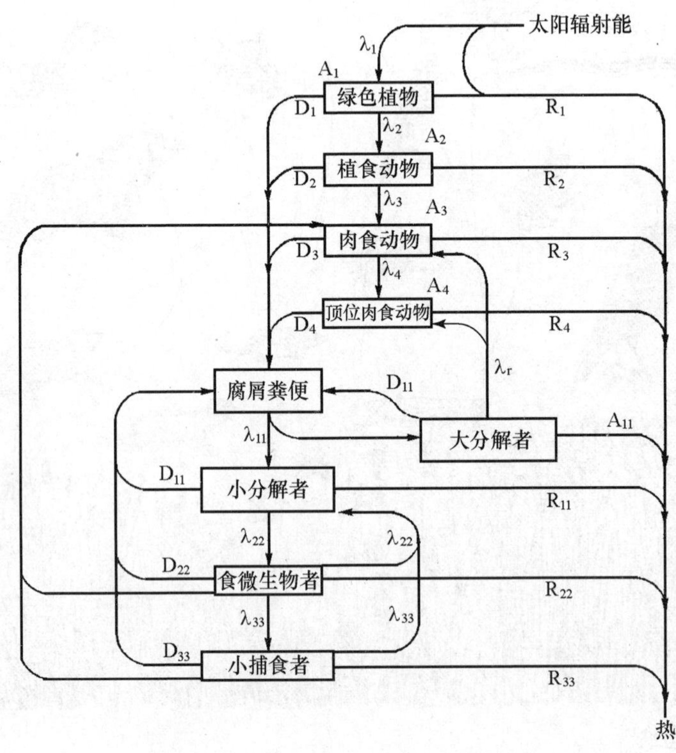

图 27-4　捕食食物链和碎屑食物链及两类食物链之间的相互关系

(λ=能量摄取，D=死亡，R=呼吸，A=营养级)

1. 碎屑食物链

在大多数陆地生态系统和浅水生态系统中，生物量的大部分不是被取食，而是死后被微生物所分解，因此能流是以通过碎屑食物链为主。例如，在潮间带的盐沼生态系统中，活植物被动物吃掉的大约只有 10%，其他 90%是在死后被腐食动物和小分解者所利用，这里显然是以碎屑食物链为主。据研究，一个杨树林的生物量除 6%是被动物取食外，其余 94%都是在枯死后被分解者所分解。在草原生态系统中，被家畜吃掉的牧草通常不到四分之一，其余部分也是在枯死后被分解者分解的。

如图 27-4 所示，碎屑食物链可能有两个去向，这两个去向就是微生物或大型食碎屑动物，这些生物类群对能量的最终消散所起的作用已经引起了生态学家的重视。但这些生物又构成了许多其他动物的食物。蛞蝓吃某些蝇类和甲虫的幼虫，这些昆虫幼虫生活在真菌的伞状体内并以真菌的软组织为食，哺乳动物(特别是红松鼠和花鼠)也以这些森林菌类为食。死后的植物残体是跳虫和螨类的食物来源，跳虫和螨类反过来又被食虫昆虫和蜘蛛所捕食，而后者又构成了食虫鸟和小哺乳动物的能量来源。丽蝇在动物尸体内产卵，卵在 24 h 内便能孵化出蝇幼虫，这些幼虫不能吃固体的组织，但它们却可以通过分泌特殊的酶把兽肉降解为腐臭物质，它们便依赖其中的蛋白质为生，而它们又是其他一些动物的食物。

2. 捕食食物链

捕食食物链虽然是人们最容易看到的，但它在陆地生态系统和很多水生生态系统中并不是主要的食物链，只在某些水生生态系统中，捕食食物链才会成为能流的主要渠道。例如，Carter 和 Lund(1968)曾发现某些植食性的原生动物在 7～14 天内就可将 99%的某种浮游藻吞食掉。1975 年，Ilbricht-Ilkowska AH 还研究了淡水湖泊浮游植物初级生产量与其取食者生产量之间的相互关系。他发现，滤食性浮游动物直接取食初级生产量的强度很大，而且当浮游植物的大小和构造适合于浮游动物取食时，其能量转化效率就极高。例如，在浮游植物的生产量为8.4×10^5～5.0×10^6 J·m^{-2}·a^{-1}时，滤食浮游动物的生产量为 4.2×10^4～1.0×10^6 J·m^{-2}·a^{-1}，其能量转化效率为 2%～3%。在滤食浮游动物的生产量为 2.1×10^5～6.3×10^5 J·m^{-2}·a^{-1}的湖泊里，肉食浮游动物的生产量为 8.4×10^3～2.1×10^5 J·m^{-2}·a^{-1}，其能量转化效率为 5%～40%。

在陆地生态系统中，净初级生产量只有很少一部分通向捕食食物链。例如，在一个鹅掌楸-杨树林中，净初级生产量只有 2.6%被植食动物所利用。1975 年，Andrews 等人研究过一个矮草草原的能流过程，此项研究是在未放牧、轻放牧和重放牧三个小区进行的。他们发现，即使是在重放牧区，也只有 15%的地上净初级生产量被食草动物吃掉，约占总净初级生产量的 3%。实际上，在这样的草原上，家畜可以吃掉地上净初级生产量的 30%～50%。在这种牧食压力下，矮草草原会将更多的净生产量集中到根部。例如，在重放牧区内，根的净初级生产量可占到 69%，植物冠部占 12%，茎秆占 19%。与此不同的是，在轻放牧区，根部的净初级生产量只占 60%，冠部占 18%，茎秆占 22%。在未放牧区，茎秆只占净初级生产量的 14%。这表明，轻放牧有刺激地上部分净初级生产量生产的效果；在轻放牧区和重放牧区内，被家畜消耗的能量大约有 40%～50%又以畜粪的形式经由碎屑食物链还给了生态系统。

虽然地面以上的食草动物是最醒目的牧食者，但地下的食草动物对初级生产量和捕食食物链也有很大影响。Andrews 发现地下食草动物主要是线虫、金龟子和步行虫，它们在矮草草原的未放牧区约占总被食量的 81.7%，在轻放牧区约占 49.5%，而在重放牧区只占约 29.1%。植食性的无脊椎动物大约有 90%是在地下为害。在轻放牧的草原上，家畜在放牧季节的食量约为 1.9×10^5 J·m^{-2}，而地下无脊椎动物的食量为 1.8×10^5 J·m^{-2}。因此，地下植食动物给草原生态系统造成的压力可能比地上植食动物更大。如果在草原上使用杀线虫剂将线虫杀死，那么地上部分的净生产量就可能增加 30%～60%。

植物的适口性和大小将对捕食食物链的能流产生一定影响。1973 年，Caswell 曾提出过这样一个假设，即具有 C_4 能流通道的植物与具有 C_3 卡尔文循环的植物相比较为不适口。对动物取食行为的研究已经证实植食动物常常回避取食 C_4 植物。能流与动物体重之间并不存在线性相关，但能流与动物的有效代谢体重之间确实存在着某种相关关系。动物体重每增加一倍意味着代谢体重只增加 70%，因为随着体重的增加，控制代谢的神经内分泌系统是随着动物身体的表面积而不是随着体重的增加按比例增长的。因此，每克体重的代谢率将随着动物体重的下降而呈指数增长。当然也会有例外，具有毒液的蜘蛛和蛇可以杀死比它们身体大得多的猎物，狼靠集体狩猎可以捕杀麋鹿等大型有蹄动物。因此，沿着食物链动物个体越来越大的概念只适用于一般情况。对寄生食物链(parasitic chain)来说则刚好相反，越是在食物链的基部环节动物个体越大，随着环节的不断增加，寄生物也越来越小。唯一的一个能够以任何大小的食物为食的物种就是人。1960年，Golley较为详尽地研究过一个捕食食物链，即植物→田鼠→鼬。田鼠几乎完全以植物为食，而鼬主要靠捕食田鼠为生。据测定，植物大约能把1%的日光能转化为净初级生产量(即植物的各种组织)，田鼠大约能吃掉2%的植物，而鼬能捕杀大约31%的田鼠。在被这些生物各自所同化的能量中，植物的呼吸消耗大约占15%，田鼠的呼吸消耗占68%，而鼬则把93%的能量收入用于呼吸。由于鼬用于呼吸的能量消耗极高，因此就不可能再有一种以捕食鼬为生的动物了。

一般说来，生态系统中的能量在沿着捕食食物链的传递过程中，每从一个环节到另一个环节，能量大约要损失90%，也就是能量转化效率大约只有10%。因此，每4.2×10^6 J的植物能量通过动物取食只能有4.2×10^5 J转化为植食动物的组织，或4.2×10^5 J转化为一级肉食动物的组织，或4.2×10^3 J转化为二级肉食动物的组织。从这些事实不难看出，为什么地球上的植物要比动物多得多，植食动物要比肉食动物多得多，一级肉食动物要比二级肉食动物多得多……这不论是从个体数量、生物量或能量的角度来看都是如此。越是处在食物链顶端的动物，数量越少、生物量越小、能量也越少，而顶位肉食动物数量最少，以致使得不可能再有别的动物以它们为食，因为从它们身上所获取的能量不足以弥补为搜捕它们所消耗的能量。一般说来，能量从太阳开始沿着捕食食物链传递几次以后就所剩无几了，所以食物链一般都很短，通常只由4～5个环节构成，很少有超过6个环节的。

3. 寄生食物链

除了碎屑食物链(图27-5)和捕食食物链外，还有寄生食物链。由于寄生物的生活史很复杂，所以寄生食物链也很复杂。有些寄生物可以借助于食物链中的捕食者而从一个寄主转移

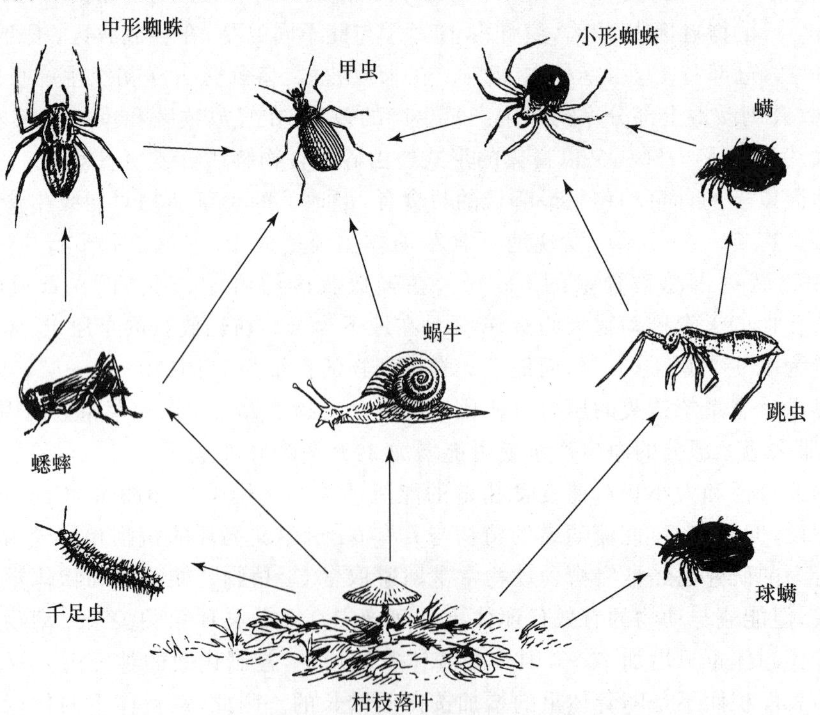

图27-5 一个黄杨林枯枝落叶层中的有机碎屑食物链和网

其中包括很多食腐的和食肉的无脊椎动物

到另一个寄主，外寄生物也经常从一个寄主转移到另一个寄主。其他寄生物也可以借助于昆虫吸食血液和植物液而从一个寄主转移到另一个寄主。食物链也存在于寄生物彼此之间，例如，寄生在哺乳动物和鸟类身上的跳蚤反过来可以被细滴虫(Leptomonas，一种寄生原生动物)所寄生。又如，小蜂把卵产在姬蜂或寄生蝇的幼虫体内，而后者又寄生于其他昆虫幼虫体内。在这些寄生食物链内，寄主的体积最大，以后沿着食物链寄生物的数量越来越多，体积越来越小。

三、各种有害、有益物质沿食物链浓缩

第二次世界大战后，滴滴涕(DDT，2，2-双(对氯苯基)-1，1，1-三氯代乙烷)曾经被人们当成防治各种害虫的灵丹妙药而大量使用。虽然大部分 DDT 都只喷洒在仅占大陆面积 2%的土地上，事实上 75%的陆地面积从没有施用过 DDT，但是后来人们不仅在荒凉的北极格陵兰岛动物体内测出了 DDT，而且也在远离任何施药地区的南极动物企鹅体内发现了 DDT。

在南极企鹅体内曾经测得 DDT 的浓度是 0.015×10^{-6}～0.18×10^{-6}，而在一种食鱼鸟体内，DDT 的浓度竟高达 1×10^{-6}。

数百篇关于这一问题的研究报告表明，DDT 已经广泛进入了世界各地的食物链和食物网。目前，没有被污染的生物已经不多了。人类自己也受到了污染，根据对各大洲人体脂肪的抽样分析，人体内已经普遍含有 DDT(表 27-1)。

表 27-1　一些国家人体脂肪内的 DDT 含量

英格兰	2.2×10^{-6}	美国	11×10^{-6}
德国	2.3×10^{-6}	匈牙利	12.4×10^{-6}
加拿大	5.3×10^{-6}	印度	12.8×10^{-6}～31.0×10^{-6}
法国	5.2×10^{-6}	以色列	19.2×10^{-6}

我国 1977 年曾经在上海测过人体内六六六(六氯环己烷，$C_6H_6Cl_6$)的含量。抽样测定结果表明，每公斤体重含有 9.52 mg 六六六。这一浓度约比日本高 3.7 倍，比印度高 5 倍，比美国高 100 倍。我国虽然已经在 1982 年开始禁用六六六，但是其残毒仍将在很长时期内产生影响。

2008 年，据墨西哥科学家研究，DDT 残留物非常容易聚集在鱼、家禽和人体组织中，在接触过 DDT 的哺乳期妇女的乳汁中都含有 DDT 的残留物，它会影响婴儿的生长发育。在妊娠期接触 DDT 的妇女，其婴儿早产率大大提高。研究还进一步证实，在环境中存留 DDT 的地区，食用鱼类越多的儿童，其体内的 DDT 残留物含量就越高。DDT 的代谢物进入食物链，会导致当地居民极易患胃肠消化道疾病和哮喘、支气管炎和呼吸道疾病。DDT 的残留时间至少长达 20 年。

DDT 和其他有害物质是怎样进入动物和人体的呢?

DDT 可以通过大气、水和生物等途径被广泛传带到世界各地，然后再沿着食物链移动，并逐渐在生物体内累积起来(图 27-6)。DDT 的一个基本特性是易溶于脂肪而难溶于水，并且性能稳定，难于分解。因此，它极容易被生物体内的脂肪组织吸收，并且具有逐渐浓缩的倾向。当 DDT 随着食物进入动物体内的时候，大部分都能滞留在脂肪组织中，并逐渐积累到比较高的浓度。越是沿着食物链向前移动，DDT 的浓度也就越大，最后，可使生物体内的 DDT 浓度比外界环境高几万至十几万倍！这种现象就叫生态浓缩。

例如，地球大气中的 DDT 浓度一般只有 0.000003×10^{-6}，而在海洋浮游生物体内，其浓度可达 0.04×10^{-6}；在吃浮游生物的小鱼体内，DDT 的浓度为 0.5×10^{-6}；在吃小鱼的大鱼体

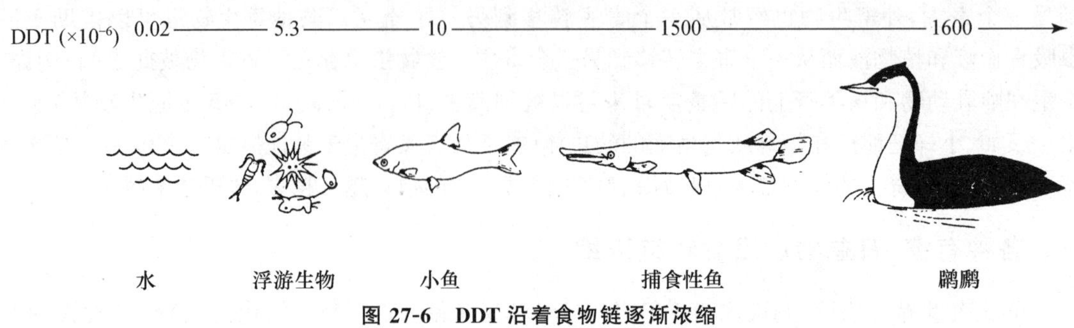

图 27-6　DDT 沿着食物链逐渐浓缩

内为 2.0×10^{-6}；在吃鱼的海鸟体内，其浓度高达 20×10^{-6}(图 27-7)。

DDT 在动物体内的浓缩，常会引起动物的死亡或有害于动物的生殖和遗传。据统计，全世界已经有 2/3 的鸟类生殖力下降，有害物质通过食物链的浓缩是造成这种状况的重要原因之一。

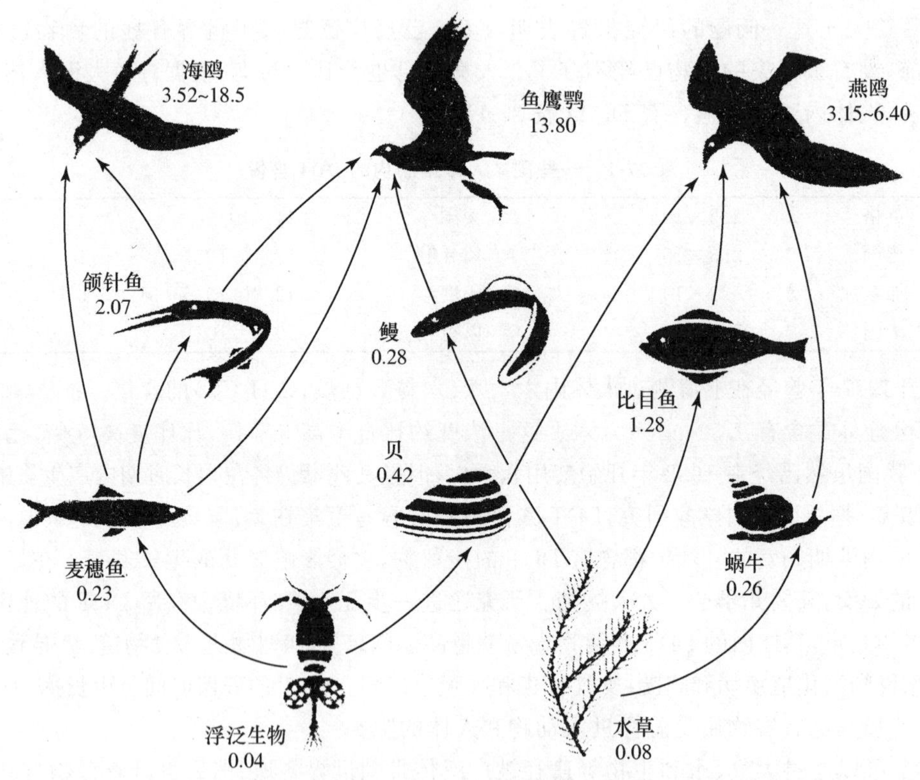

图 27-7　在从浮游生物到水鸟的食物链(网)中，有毒物质 DDT 的浓缩情况($\times10^{-6}$)

(Ahlheim，1989)

苏联通过原子试验，曾经把大量的放射性物质释放到高纬度地区的上空，这些原子裂变的产物主要是铯(^{137}Cs)、锶(^{90}Sr)和碘(^{131}I)等同位素。碘(^{131}I)的半衰期很短只有 8 天，因此它对环境的污染只是暂时性的。但铯(^{137}Cs)的半衰期是 30 年，锶(^{90}Sr)的半衰期是 28 年，因此它们的危险性是长期存在的。

又由于铯是钾的近亲元素，而钾又是贻贝(瓣鳃纲软体动物)从外界摄取的重要营养元素，因此铯就常常被贻贝吸收，在贻贝的组织中积累和浓缩，并且通过食物链传送到其他动物和人体中(贻贝是人的食物)。

锶是钙的近亲元素，而钙又是各种动物建造骨骼的基本元素，并且哺乳动物的乳汁中也含有大量的钙。因此，锶就常常在各种动物的骨骼和乳汁中积累和浓缩下来，并且同样会通过食物链传送到其他动物或下一代，使浓度越来越大。

1967 年，美国学者汉逊在阿拉斯加的苔原地带研究了放射性同位素铯沿着食物链移动和浓缩的情况。

他发现铯的散落物首先是被低等植物地衣吸收，地衣是苔原地带驯鹿在冬季的主要食物. 因此铯在驯鹿体内的含量比其他任何草食动物都高。而且每年 4～5 月间，当驯鹿离开冬季牧场向夏季牧场转移的时候，体内铯的浓度最大。

驯鹿又是当地爱斯基摩人的主要食物，因此在夏季期间，铯在爱斯基摩人的体内含量最高，不仅沿着食物链移动，而且在移动过程中也逐渐被浓缩。据估计，铯沿着食物链每上升一级，浓度就增加 1 倍，这一点已经通过对苔原狼体内铯含量的测定所证实。生活在苔原地带的狼群，几乎完全靠追逐驯鹿为生，所以狼体内铯的浓度大体要比驯鹿高 1 倍。

除了 DDT、六六六和放射性物质可以沿食物链浓缩以外，其他如各种杀虫剂、除草剂和工业排放的废物都可沿着食物链浓缩。

目前，人类每年大约将 5000～10000 t 汞排放到环境中去，其中大部分都进入了海洋。这些汞在浩瀚海水中的浓度并不大，但是它们一旦被浮游植物吸收，再沿着浮游植物→浮游动物→小甲壳动物→虾→鱼的食物链浓缩，就会对吃鱼虾的大型动物和人带来危害。

除汞以外，人类还把砷、铅、铁、铜、镉、铍、锌和硒等元素排放到海洋和大气中去，从而造成对环境的污染。

目前，海洋中铅的输入量已经超过自然过程的 40 倍，使海水表层的含铅量成倍增加。据估计，被人类释放到环境中去的人造物质已经多达 50 万种。

虽然人类所排放的有害物质，同整个大气圈和水圈的容纳量相比，数量不是很多，浓度也不很大，但是只要按照自然界物质循环的规律广泛散布开来，再沿着食物链逐渐积累和浓缩起来，最终就会达到有害的程度。所以，保护环境的根本措施就是减少有害物质的排放，并且做好废水、废气的净化和有毒物质的回收工作。

自然界中的各种物质以及人造物质沿着食物链的移动和浓缩，是客观存在的生态规律。了解和掌握这一生态规律，不仅是预防环境污染和制定环境保护措施的必要前提，而且人类在认识这一规律的基础上，已经开始学会利用这一规律，使有益动物得到保护。如果把自然界的有害物质引向有害生物、无任何经济价值的生物或抗毒性比较强的生物，有益动物就可以少受或免受其害。在这方面所作的初步试验已经获得了很大成功。

1962 年，美国为了保护水鸟鸊鷉，曾经在明湖大量释放一种小银汉鱼，结果使鸊鷉所喜食的太阳鱼体内的 DDT 浓度大为下降，从而减少了 DDT 对鸊鷉的威胁。

到 1969 年，鸊鷉胸肌内的 DDT 含量已经减少了一半，鸟蛋内的 DDT 含量也减少了 3/5，并使这种水鸟的种群数量又回升到了 1949 年的水平。

又如，我国劳动人民在湖泊中大量繁殖芦苇，实际也是在利用食物链的浓缩规律，减少湖水中的有害物质，使水生物得到保护的一种极好措施。因为芦苇可以大量吸收水中的有毒物质. 而且抗毒能力非常强。这些成功的事例，为我们指出了利用食物链浓缩规律治理环境和为人类造福的光明前景。

不仅有害物质可沿食物链浓缩，各种有益物质也可沿食物链浓缩，这就为人类从生物体内提取某些稀有物质和元素提供了可能性。

1934年，苏联化学家巴比契卡在进行玉米成分化学分析的时候，发现每吨灰分中大约含有10 g黄金，其含量比土壤中的含量大50倍！其他化学家也发现，在每吨松树和杉树球果的灰分中也含有7～10 g黄金，而另一种未知植物，每吨灰分竟含有294 g锌。这表明，植物有吸收和浓缩金属的高超本领。

钼是最昂贵和稀有的金属之一，苜蓿是含钼量最高的植物，但是从40公顷的苜蓿中也只能提取200 g钼，成本相当高。后来发现，钼可沿着食物链进一步浓缩，在以苜蓿为蜜源植物酿制的蜂蜜中，每700 kg蜂蜜就含有200 g钼，这使钼的提取成本大为下降。

很多稀有金属在动物体内的含量都比植物高。据分析，金龟子体内的含金量比玉米高2.5倍，比松杉球果高3倍。把1 kg金龟子投入小冶炼炉中焚烧，可提取黄金25 mg。

目前，已经在动物体内发现了45种金属。哺乳动物的心脏几乎含有全部金属；脑组织中含有20种金属，其中包括对发展航空工业和电子工业极重要的铝和锗；肺脏中含有可作为核燃料的钼；胰脏中含有炼钢工业不可缺少的镍；而肌肉中含有最优秀的金属钛，它是现代军事工业的理想金属。

研究各种有益物质沿食物链积累和浓缩的规律，必将为人类从生物体内提炼各种稀有物质和元素开辟广阔的前景。

第四节　营养级和生态金字塔

自然界中的食物链和食物网是物种和物种之间的营养关系，这种关系是错综复杂的。至今生态学家已经绘出了许多复杂的食物网，但是还没有一种食物网能够如实地反映出自然界食物网的复杂性。实际上，这种千丝万缕的复杂关系是根本无法在有限的图纸上用图解的方法完全表示出来的。为了使生物之间复杂的营养关系变得更加简明和便于进行定量的能流分析和物质循环的研究，生态学家又在食物链和食物网概念的基础上提出了营养级(trophic levels)的概念。

一个营养级是指处于食物链某一环节上的所有生物种的总和，因此，营养级之间的关系已经不是指一种生物和另一种生物之间的营养关系，而是指一类生物和处在不同营养层次上另一类生物之间的关系(图27-8)。例如，作为生产者的绿色植物和所有自养生物都位于食物链的起点，即食物链的第一环节，它们构成了第一个营养级。所有以生产者(主要是绿色植物)为食的动物都属于第二个营养级，即植食动物营养级。第三个营养级包括所有以植食动物为食的肉食动物。以此类推，还可以有第四个营养级(即二级肉食动物营养级)和第五个营养级等。由于食物链的环节数目是受到限制的，所以营养级的数目也不可能很多，一般限于3～5个。营养级的位置越高，归属于这个营养级的生物种类和数量就越少。当少到一定程度的时候，就不可能再维持另一个营养级中生物的生存了。

有很多动物，往往难以依据它们的营养关系把它们放在某一个特定的营养级中，因为它们可以同时在几个营养级取食或随着季节的变化而改变食性，如螳螂既捕食植食性昆虫又捕食肉食性昆虫，野鸭既吃水草又吃螺虾。有些动物雄性个体和雌性个体的食性不相同，如雌蚊是

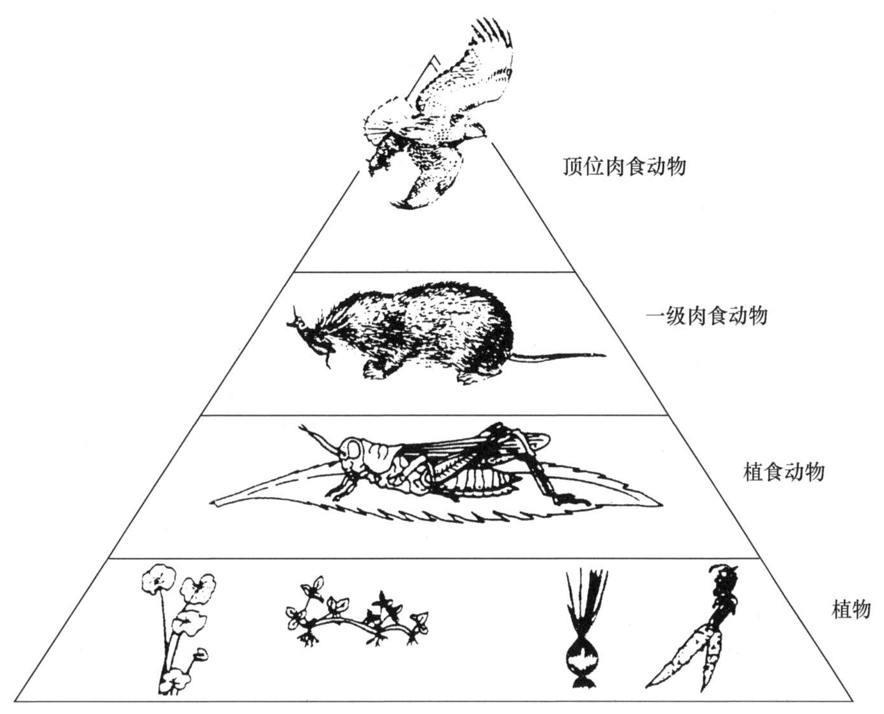

图 27-8　生态系统中的营养级图解

吸血的，而雄蚊只吃花蜜和露水。还有一些动物，其幼虫和成虫的食性也不一样，如大多数寄生昆虫的幼虫是肉食性的，而成虫则主要是植食性的。但为了分析的方便，生态学家常常依据动物的主要食性决定它们的营养级，因为在进行能流分析的时候，每一种生物都必须置于一个确定的营养级中。一般说来，离基本能源(即第一营养级中的绿色植物)越远的动物就越有可能对两个或更多的营养级中的生物捕食；离基本能源越近的营养级，其中的生物受到取食和捕食的压力也越大，因而这些生物的种类和数量也就越多、生殖能力也越强，这样可以补偿因遭强度捕食而受到的损失。

生态金字塔(ecological pyramids)是指各个营养级之间的数量关系，这种数量关系可采用生物量单位、能量单位和个体数量单位。采用这些单位所构成的生态金字塔就分别称为生物量金字塔、能量金字塔和数量金字塔。

生物量金字塔以生物组织的干重表示每一个营养级中生物的总重量。一般说来，绿色植物的生物量要大于它们所养活的植食动物的生物量，而植食动物的生物量要大于以它们为食的肉食动物的生物量。例如，有人曾计算过一块荒地中各个营养级的生物量，其中植物的生物量(干重)为 $500\,g \cdot m^{-2}$，植食动物的生物量为 $1\,g \cdot m^{-2}$，而肉食动物的生物量只有 $0.01\,g \cdot m^{-2}$。还有人计算过一个珊瑚礁生态系统不同营养级的生物量，其中生产者的生物量为 $703\,g \cdot m^{-2}$，一级消费者的生物量为 $132\,g \cdot m^{-2}$，而二级消费者的生物量为 $11\,g \cdot m^{-2}$。从上述两个实例不难看出，从低营养级到高营养级，生物的生物量通常是逐渐减少的，因此，利用生物量资料所绘出的生态金字塔图形是下宽上窄的锥形体。尤其是在陆地和浅水生态系统中，这种正锥体图形最为常见，因为在这些生态系统中，生产者个体大，积累的有机物质多，生活史长且只有很少量被取食(图 27-9(a))。但是，在湖泊和开阔海洋这样的水域生态系统中，微小的单细胞藻类是主要的初级生产者，这些微型藻类世代历期短、繁殖迅速，只能累积很少的有机物质，并且浮游动物对它们的取食强度很大，因此生物量很小，常表现为一个倒锥形的生物量金字塔(图 27-9(b))。例如，对英吉利海峡各营养级生物量的测定表明，其中浮游植物的生物量(干重)只有4 g·m^{-2}，而以浮游植物为食的浮游动物和底栖动物的生物量却高达 21 g·m^{-2}。这种反常情况是因为浮游植物个体小含纤维素少，因此可以整个被下一个营养级的浮游动物所吞食和消化，并能迅速转化为下一个营养级的生物量。可见，有时一些生物的生物量虽然很小，但是它们在生态系统能量转化中所起的作用却远比它们的生物量所显示的要大(如海洋单细胞藻类)。

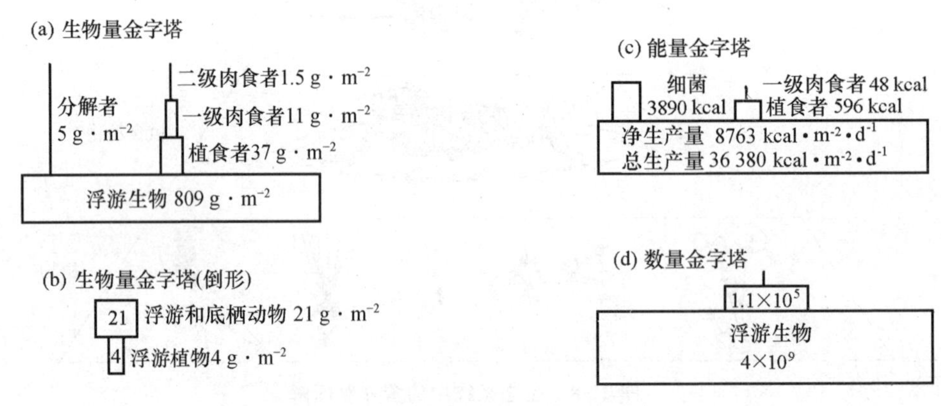

图 27-9 生态金字塔的 4 种类型

为尊重原作者，此处仍沿用 cal(1 cal=4.18 J)

数量金字塔(图 27-9(d))是 Elton CS 在 1927 年首先提出来的，他曾指出在食物链不同环节上生物的个体数量存在着巨大差异。通常在食物链的始端生物个体数量最多，在沿着食物链往后的各个环节上生物个体数量逐渐减少，到了位于食物链顶位的肉食动物，数量就会变得极少，因此，数量金字塔一般也是下宽上窄的正锥体。例如，在草原上吃草的黄鼠比草的数目少，吃黄鼠的鼬比黄鼠的数目少。有人曾仔细统计过 0.1 ha 草原上各个营养级的生物数量，结果有草类 150 万株，食草动物 20 万头(包括鼠、兔、羊和各种植食性昆虫等)，一级肉食动物 9 万头(包括鼬、狐、狼和各种捕食性昆虫)和顶位肉食动物 1 头。数量金字塔的缺点是它忽视了生物的重量因素，如一头大象和一只昆虫，生物数目都是 1，但是它们的重量却差别太大，难以类比，有时一些生物的数量可能很多，但它们的总重量(即生物量)却不一定比较大生物的总重量多。数量金字塔在有些情况下也可以呈现出倒锥形，例如，在夏季的温带森林中，生产者(树木)的个体数量就比植食动物的个体数量少得多，前者平均 0.1ha 中有 200 株，而植食动物却有 150 000 个之多(主要是昆虫)，表现为明显的上宽下窄的倒金字塔。

能量金字塔(图 27-9(c))是利用各营养级所固定的总能量值的多少来构成的生态金字塔。一般说来，不同的营养级在单位时间单位面积上所固定的能量值是存在着巨大差异的。就一个泉水生态系统来说，生产者营养级每年每平方米所固定的能量为 8.7×10^7 J，表示为 8.7×10^7 J·m^{-2}·a^{-1}；一级消费者营养级所固定的能量为 1.4×10^7 J·m^{-2}·a^{-1}(指所有植食动物的能量生产值)；二级消费者营养级所固定的能量为 1.6×10^6 J·m^{-2}·a^{-1}；顶位消费者营养级所固定的能量为 8.8×10^4 J·m^{-2}·a^{-1}。可见，能量随着从一个营养级到另一个营养级的流动是逐渐减少的。能量金字塔不仅可以表明流经每一个营养级的总能量值，而且更重要的是可以表明各种生物在生态系统能量转化中所起的实际作用。生物量金字塔和数量金字塔在某些生态系统中可以呈倒金字塔形，但能量金字塔绝不会这样，因为生产者在单位时间单位面积上所固定的能量绝不会少于靠吃它们为生的植食动物所生产的能量。同样，肉食动物所生产的能量是靠吃植食动物获得的，因此依据热力学第二定律，它们的能量也绝不会多于植食动物。即使是在生产者的生物量小于消费者生物量的特定情况下（即生物量金字塔呈倒锥形），生产者所固定的能量也必定多于消费者所生产的能量，因为消费者的生物量归根结底是靠消费生产者而转化来的。总之，能量从一个营养级流向另一个营养级总是逐渐减少的，流入某一个营养级的能量总是多于从这个营养级流入下一个营养级的能量，这一点在任何生态系统中都不会有例外。

第五节　生态效率

生态效率（ecological efficiencies）是指各种能流参数中的任何一个参数在营养级之间或营养级内部的比值关系，这种比值关系也可以应用于种群之间或种群内部以及生物个体之间或生物个体内部，不过当应用于生物个体时，这种效率更常被认为是一种生理效率。文献上使用的生态效率有很多种，并且学者间不统一，造成一些混乱。Kozlovsky（1969）曾作过评述，并提出最重要的几个，而且说明了其间的相互关系。介绍这些生态效率前，首先要给出能流参数的定义。

I（摄取或吸收）：表示一个生物（生产者、消费者或腐食者）所摄取的能量；对植物来说，I 代表被光合作用色素所吸收的日光能值。

A（同化）：表示在动物消化道内被吸收的能量（吃进的食物不一定都能吸收）。对分解者来说，是指细胞外产物的吸收；对植物来说，是指在光合作用中所固定的日光能，即总初级生产量（GP）。

R（呼吸）：指在新陈代谢和各种活动中所消耗的全部能量。

P（生产量）：代表呼吸消耗后所净剩的能量值，它以有机物质的形式累积在生态系统中。对植物来说，它是指净初级生产量（NP）；对动物来说，它是同化量扣除维持消耗后的生产量，即 $P=A-R$。

利用以上这些参数，可以计算生态系统中能流的各种效率

$$\text{同化效率}\left(\frac{A_n}{I_n}\right)=\frac{\text{固定的日光能}}{\text{吸收的日光能}}\qquad\text{（植物）}$$

$$=\frac{\text{同化的食物能}}{\text{摄取的食物能}}\qquad\text{（动物）}$$

$$\text{生长效率}\left(\frac{P_n}{A_n}\right)=\frac{n\ \text{营养级的净生产量能量}}{n\ \text{营养级的同化能量}}$$

$$\text{消费或利用效率}\left(\frac{I_{n+1}}{P_n}\right)=\frac{n+1\ \text{营养级的摄食能量}}{n\ \text{营养级的净生产能量}}$$

$$\text{林德曼(Lindman)效率}\left(\frac{I_{n+1}}{I_n}\right)=\frac{n+1\ \text{营养级摄取的食物能}}{n\ \text{营养级摄取的食物能}}$$

若 n 营养级为植物，I_n 即为植物吸收的日光能。并且

$$\frac{I_{n+1}}{I_n}=\frac{A_n}{I_n}\times\frac{P_n}{A_n}\times\frac{I_{n+1}}{P_n},$$

即林德曼效率相当于同化效率、生长效率与利用效率的乘积。但也有学者把营养级间的同化能量之比值视为林德曼效率,即

$$\text{林德曼效率}\left(\frac{A_{n+1}}{A_n}\right)=\frac{n+1\text{ 营养级的同化能量}}{n\text{ 营养级的同化能量}}$$

一般说来,大型动物的生长效率要低于小型动物,老年动物的生长效率要低于幼年动物。肉食动物的同化效率要高于植食动物。但随着营养级的增加,呼吸消耗所占的比例也相应增加,因而导致在肉食动物营养级净生产量的相应下降。图 27-10 是对多个生态系统中利用效率和林德曼效率的实测值。从利用效率的大小可以看出一个营养级对下一个营养级的相对压力,而林德曼效率似乎是一个常数,即 10%。生态学家通常把 10%的林德曼效率看成是一条重要的生态学规律。但近来对海洋食物链的研究表明,在有些情况下,林德曼效率可以大于30%。对自然水域生态系统的研究表明,在从初级生产量到次级生产量的能量转化过程中,林德曼效率大约为 15%～20%。就利用效率来看,从第一营养级往后可能会略有提高,但一般说来都处于20%～25%的范围之内。这就是说,每个营养级的净生产量将会有 75%～80%通向碎屑食物链。

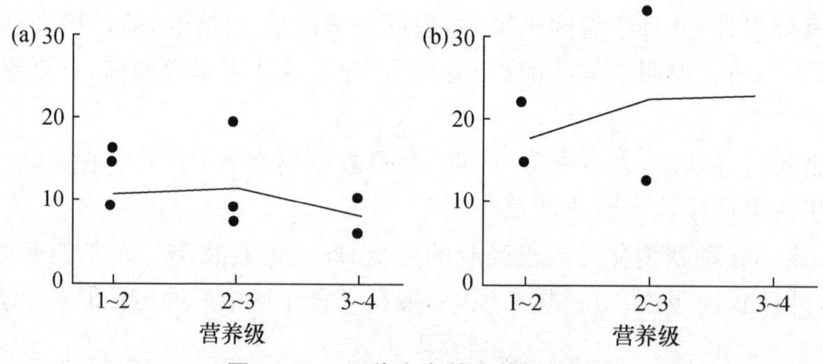

图 27-10　两种生态效率的实测值

(a) 林德曼效率;(b) 利用效率,所测生态系统包括门多塔湖,赛达伯格湖、盐沼、银泉和冷泉。4 个营养级分别是绿色植物、植食动物、一级肉食动物和二级肉食动物(仿 Krebs, 1985)

生态效率的概念也可用于物种种群的研究。例如,非洲象种群对植物的利用效率大约是 9.6%,即在 $3.1\times10^6\ \mathrm{J\cdot m^{-2}}$ 的初级生产量中只能利用 $3.0\times10^5\ \mathrm{J\cdot m^{-2}}$;草原田鼠(*Microtus*)种群对食料植物的利用效率大约是 1.6%,而草原田鼠营养环节的林德曼效率却只有 0.3%,这是一个很低的值。我们通常认为是很重要的一些物种,最终发现它们在生态系统能量传递中所起的作用却很小。例如,1970 年,Varley GC 曾计算过栖息在 Wytham 森林中的很多脊椎动物的利用效率,这些动物都依赖栎树为生,其中大山雀的利用效率为 0.33%、鼩鼱的利用效率为 0.10%、林姬鼠为 0.75%,即使是这里的优势种类,也只能利用该森林净初级生产量的 1%。草原生态系统中的植食动物通常比森林生态系统中的植食动物能利用较多的初级生产量(图 27-11)。在水生生态系统中,食植物的浮游动物甚至可以利用更高比例的净初级生产量。1975 年,Whittaker 对不同生态系统中净初级生产量被动物利用的情况提供了一些平均数据。这些数据表明,热带雨林大约有 7%的净初级生产量被动物利用,温带阔叶林为 5%,草原为 10%,开阔大洋 40%和海水上涌带 35%。可见,在森林生态系统中,净生产量

的绝大多数都通向了碎屑食物链。

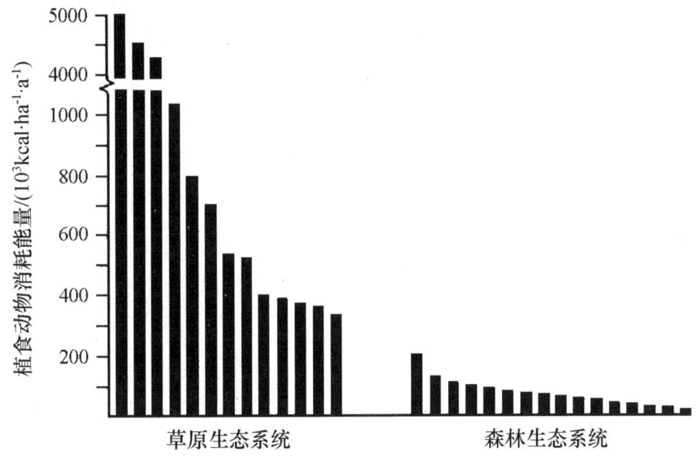

图 27-11　草原生态系统和森林生态系统中植食动物利用效率的比较

(1 kcal＝4.18 kJ)

对动物种群生态效率的研究大都与能流的研究相联系，但也有从营养循环角度研究动物种群生态效率的，而且这方面的工作越来越多。1962 年，Gerking S D 曾从氮(蛋白质)代谢的观点研究过鱼类的生产量。他的研究工作表明：在印第安纳湖中，蓝鳃太阳鱼的生长效率(只考虑蛋白质)为 15%～26%。在夏季的月份中，蓝鳃太阳鱼对底栖蠓蚊幼虫的蛋白质利用效率可达到 50%，这是全年中利用效率最高的时期。其他动物种群的生态效率见表 27-2。

表 27-2　不同种类动物的生态效率(引自 Smith RL)　(单位：kcal·m^{-2}·a^{-1})

动物种类	摄取量 (*I*)	同化量 (*A*)	呼吸量 (*R*)	生产量 (*P*)	同化效率 (*A*/*I*)	生长效率 (*P*/*A*)	*R*/*A*
收割蚁(植食)	34.50	31.00	30.90	0.10	0.90	0.0002	0.99
光　蝉(植食)	41.30	27.50	20.50	7.00	0.67	0.169	0.75
小蜘蛛(肉食)(<1 mg)	12.60	11.90	10.00	1.90	0.94	0.151	0.84
大蜘蛛(肉食)(>10 mg)	7.40	7.00	7.30	−3.00	0.95	—	1.04
盐沼蝗(植食)	3.71	1.37	0.86	0.51	0.37	0.137	0.63
麻　雀(杂食)	4.00	3.60	3.60	0	0.90	0	1.00
田　鼠(植食)	7.40	6.70	6.60	0.1	0.91	0.014	0.98
黄　鼠(植食)	5.60	3.80	3.69	0.11	0.68	0.019	0.97
田　鼾(植食)	21.90	17.50	17.00	—	0.82	—	0.97
非洲象(植食)	71.60	32.00	32.00	0	0.44		1.00
鼬　(肉食)	5.80	5.50	—	—	0.95	—	—

1kcal＝4.18 kJ。

从表中可以看出，不同类型动物的同化效率和生长效率是很不相同的，脊椎动物的呼吸消耗大约占其同化能量的 98%，因此，只有 2%的同化能量用于生长；无脊椎动物的呼吸消耗大约占同化能量的 79%，因此可以把更多的同化能量用于生长。如果按照代谢类型把动物区分为恒温动物和变温动物两大类群，那么这两类动物生态效率的差异是很明显的：一般说来，恒温动物的同化效率很高(约为 70%)，但生长效率极低(约为 1%～3%)；变温动物的同化效率虽然比较低(约为 30％),但生长效率极高(约为 16％～37％)。把这两种生态效率综合起来分析,不难看出,变温动物的总能量转化效率要比恒温动物高得多。例如,蝗虫每吃 50 kg 植物可以长6.85 kg肉(包括构成身体的各种组织),而田鼠每吃 50 kg 植物只能长 0.7 kg 肉(包括各种组织)。两类动物的总能量转化效率大约相差 14 倍！可见,变温动物是生态系统中更有效的"生产者",它们在把自然界中的植物有机质转化为动物有机质方面发挥着更大的作用。从这个角度看,这类动物在生态系统能量流动过程中所起的作用是举足轻重的。归根结底是因为变温动物用于呼吸的能量消耗比较少,因此可以把更多的同化能量转化为动物有机产品。其中特别值得注意的是昆虫类,自然界的昆虫数量多,繁殖快,在温带草原,蝗虫每年每平方米约消费 31 g 植物茎叶,这相当于年生产量的 9％。可以设想,如果没有昆虫,食物链的环节数和营养级的数目肯定还会减少。

第六节　生态系统的反馈调节与生态平衡

宇宙中有两类系统：一类是封闭系统,即系统和周围环境之间没有物质和能量的交换；一类是开放系统,即系统和周围环境之间存在物质和能量交换(图 27-12)。除了宇宙之外,自然界所有的系统都是开放系统,生态系统就是一种开放系统。但各生态系统的开放程度却有很大不同,例如,一个溪流系统开放的程度就比一个池塘系统大得多,因为在溪流系统中,水携带着各种物质不停地流入和流出。

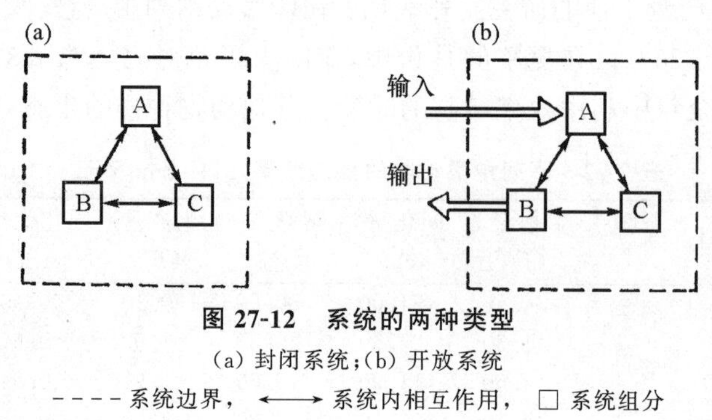

图 27-12　系统的两种类型

(a) 封闭系统；(b) 开放系统

- - - - 系统边界，⟷ 系统内相互作用，□ 系统组分

自然界生态系统的一个很重要的特点就是它常常趋向于达到一种稳态或平衡状态,使系统内的所有成分彼此相互协调。这种平衡状态是靠一种自我调节过程来实现的。借助于这种自我调节过程,各个成分都能使自己适应于物质和能量输入和输出的任何变化。例如,某一生境中的动物数量决定于这个生境中的食物数量,最终这两种成分(动物数量和食物数量)将会达到一种平衡。如果因为某种原因(如雨量减少)使食物产量下降,因而只能维持比较少的动物生存,那么这两种成分之间的平衡就被打破了。这时动物种群就不得不借助于饥饿和迁移加以调整,以便使自身适应于食物数量下降的状况,直到调整到使两者达到新的平衡为止。

生态系统的另一个普遍特性是存在着反馈现象。什么是反馈？当生态系统中某一成分发生变化的时候,它必然会引起其他成分出现一系列的相应变化,这些变化最终又反过来影响最初发生变化的那种成分,这个过程就叫反馈。反馈有两种类型,即负反馈(negative feedback)和正反馈(positive feedback)。

负反馈是比较常见的一种反馈。它的作用是能够使生态系统达到和保持平衡或稳态，反馈的结果是抑制和减弱最初发生变化的那种成分所发生的变化。例如，如果草原上的食草动物因为迁入而增加，植物就会因为受到过度啃食而减少；植物数量减少以后，反过来就会抑制动物数量(图 27-13,27-14)。

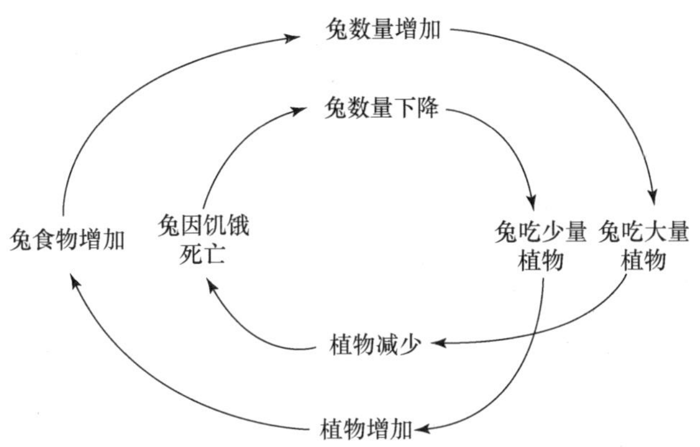

图 27-13　兔种群与植物种群之间的负反馈

另一种反馈叫正反馈。正反馈是比较少见的，它的作用刚好与负反馈相反，即生态系统中某一成分的变化所引起的其他一系列变化，反过来不是抑制而是加速最初发生变化的成分所发生的变化，因此正反馈的作用常常使生态系统远离平衡状态或稳态。在自然生态系统中正反馈的实例不多，下面我们举出一个加以说明：如果一个湖泊受到了污染，鱼类的数量就会因为死亡而减少，鱼体死亡腐烂后又会进一步加重污染并引起更多鱼类死亡。因此，由于正反馈的作用，污染会越来越重，鱼类死亡速度也会越来越快。从这个例子中我们可以看出，正反馈往往具有极大的破坏作用，但是它常常是爆发性的，所经历的时间也很短。从长远看，生态系统中的负反馈和自我调节将起主要作用。

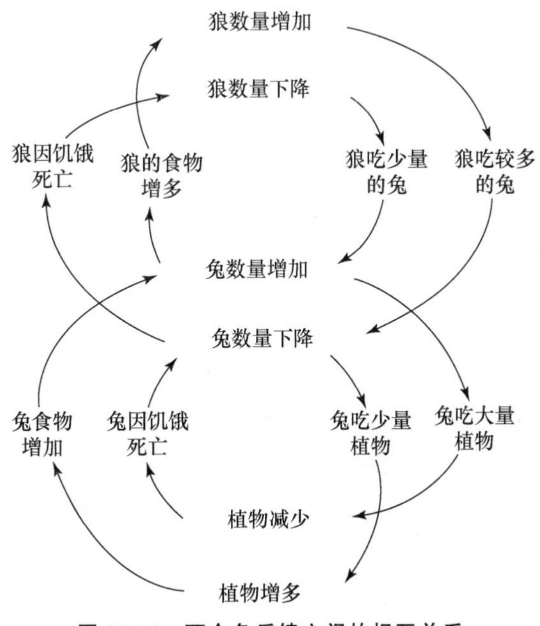

图 27-14　两个负反馈之间的相互关系

由于生态系统具有自我调节机制，所以在通常情况下，生态系统会保持自身的生态平衡。生态平衡是指生态系统通过发育和调节所达到的一种稳定状况，它包括结构上的稳定、功能上的稳定和能量输入输出上的稳定。生态平衡是一种动态平衡，因为能量流动和物质循环总在不间断地进行，生物个体也在不断地进行更新。正如前面我们所介绍的，生态系统是由生产者、消费者和分解者三大功能类群以及非生物成分所组成的一个功能系统：一方面，生产者通过光合作用不断地把太阳辐射能和无机物质转化为有机物质；另一方面，消费者又通过摄食、消化和呼吸把一部分有机物质消耗掉，而分解者则把动植物死后的残体分解和转化为无机物质归还给环境供生产者重新利用。可见，能量和物质每时每刻都在生产者、消费者和分解者之间进行移动和转化。在自然条件下，生态系统总是朝着种类多样化、结构复杂化和功能完善化的方向发展，直到使生态系统达到成熟的最稳定状态为止。

当生态系统达到动态平衡的最稳定状态时，它能够自我调节和维持自己的正常功能，并能在很大程度上克服和消除外来的干扰，保持自身的稳定性。有人把生态系统比喻为弹簧，它能忍受一定的外来压力，压力一旦解除就又恢复原初的稳定状态，这实质上就是生态系统的反馈调节。但是，生态系统的这种自我调节功能是有一定限度的，当外来干扰因素，如火山爆发、地震、泥石流、雷击火烧、人类修建大型工程、排放有毒物质、喷洒大量农药、人为引入或消灭某些生物等，超过一定限度的时候，生态系统自我调节功能本身就会受到损害，从而引起生态失调，甚至导致发生生态危机。生态危机是指由于人类盲目活动而导致局部地区甚至整个生物圈结构和功能的失衡，从而威胁到人类的生存。有关生态危机种种表现，本书将在第六篇介绍。生态平衡失调的初期往往不容易被人们觉察，如果一旦发展到出现生态危机就很难在短期内恢复平衡。为了正确处理人和自然的关系，我们必须认识到整个人类赖以生存的自然界和生物圈是一个高度复杂的、具有自我调节功能的生态系统，保持这个生态系统结构和功能的稳定是人类生存和发展的基础。因此，人类的活动除了要讲究经济效益和社会效益外，还必须特别注意生态效益和生态后果，以便在改造自然的同时能基本保持生物圈的稳定与平衡。

第七节　地球上最大的生态系统——生物圈

生物圈(biosphere)是地球上最大的生态系统，它是指地球上有生命存在的所有地方，其中包括水域、岩层表面、土壤和大气圈的下部。水圈(hydrosphere)是指地球表面及其附近的全部液态和固态水，包括海洋和各种大小的水体、地表水、两极冰盖和少量的大气水。大气圈(atmosphere)是指各种气体、浮尘和水蒸气所在的地方。大气质量的大约80%分布在地球表面17 km的范围内。

生物圈中的生态系统大小不一，可小至一个小池塘，大至一片巨大的陆地森林。除了深海生态系统外，所有生态系统都受气候的极大影响。气候是指主要的天气条件，如温度、湿度、风速、云量和降水等。对气候的形成有重要影响的4个因素是：① 太阳辐射能的变化，② 地球的自转和绕太阳的运行轨迹，③ 大陆和海洋的全球分布格局，④ 大陆块的抬升。上述4种因素的相互作用就决定了地球上的盛行风和洋流，而后者则影响着全球气候；气候又影响着土壤和沉积物的发育；而土壤和沉积物的成分又直接影响着主要生产者的生长，从而间接影响整个生态系统的分布。

进入大气圈的太阳辐射能大约只有一半能够到达地球表面。大气中的臭氧(O_3)和氧分子有吸收紫外线的功能,臭氧的浓度在距海平面 17～25 km 处最大,这里就是臭氧层。由于紫外线对大多数生物来说都是致命的,所以臭氧层极为重要。云层、浮尘和水蒸气可吸收波长较长的光能或将其反射到宇宙空间去。其余的太阳辐射能会使地球表面增温,其后又会通过辐射和蒸发把热量散失掉。低层大气中的分子也会吸收一部分热量,并将其中的一部分返还给地球,这有点类似于温室中的热量维持。一个温室会让阳光照射进来,但却能阻挡住热量从室内植物和土壤表面的逸散。

太阳的照射在不同的纬度具有不同的热效应。投射到两极地区的太阳辐射热比投射到赤道地区的太阳辐射热更容易散失掉,所以赤道上空的大气更容易增温。当赤道地区温暖的空气上升并向南、向北移动的时候就开始了全球大气的环流过程。由于在不同的纬度有不同的太阳辐射热,再加上地球自转对大气环流的影响,就导致在地球上形成了不同的气候带。

全球的大气环流也会导致在不同的纬度有不同的降水量。在赤道地区,当热空气上升到较冷的高度时就会形成雨水降到地面,丰富的雨水维持着郁郁葱葱的森林。因降水而变得干燥的空气将飘离赤道地区,并在大约 30°的纬度下沉,此时的空气会有所增温和变得更加干燥,在那里常常会出现沙漠。当空气进一步远离赤道时,又会变得湿润起来并上升到很高的高度,在大约纬度 60°的地区将会形成另一个湿润带。这股空气最终会在两极地区下降,那里由于低温和几乎无雨而形成寒冷干燥的极地荒漠。可见,温度和降水的纬度带状分布会导致各地出现不同的生态系统。

在北半球和南半球,投射到地球表面的太阳辐射能在一年中是不断变化的,这种变化将会引起气候的季节改变。很多生物节律都与季节变化非常合拍,在温带地区,生物几乎都能对日照长度和温度的季节变化作出反应。在荒漠和热带森林中,生物则更多的是对降雨量的季节变化作出反应。例如,植物会表现出长叶、开花、结实和落叶的季节周期,驯鹿、蝶类、很多鸟类和其他动物则表现有生殖和迁移周期。海龟、海豹和鲸则是海洋中的迁移动物,这种迁移活动是同初级生产力的季节兴衰相一致的。

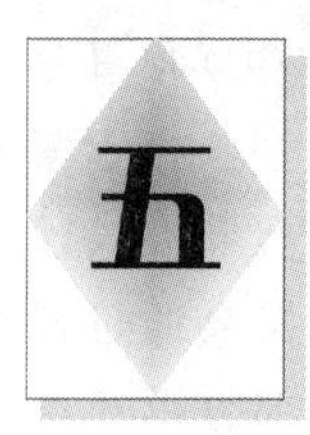

第 28 章　生态系统中的初级生产量

第一节　初级生产量和生物量的基本概念

生态系统中的能量流动开始于绿色植物的光合作用和绿色植物对太阳能的固定。一株植物当它还不能进行光合作用的时候,它只能依靠贮存在种子中的能量进行生长和发育。但是光合作用一旦进行,它就开始了自己制造有机物质和固定能量的过程,所以绿色植物是生态系统最基本的组成成分,没有绿色植物就没有其他的生命(包括人类),也就没有生态系统。因为绿色植物固定太阳能是生态系统中第一次能量固定,所以植物所固定的太阳能或所制造的有机物质就称为初级生产量或第一性生产量(primary production)。动物虽然也能制造自己的有机物质和固定能量,但它们不是直接利用太阳能,而是靠消耗植物的初级生产量,因此,动物和其他异养生物的生产量就称为次级生产量或第二性生产量(secondary production)。

在初级生产量中,也就是说在植物所固定的能量或所制造的有机物质中,有一部分是被植物自己的呼吸消耗掉了(呼吸过程和光合作用过程是两个完全相反的过程),剩下的部分才以可见有机物质的形式用于植物的生长和生殖,所以我们把这部分生产量称为净初级生产量(net primary production),而把包括呼吸消耗在内的全部生产量称为总初级生产量(gross primary production)。从总初级生产量(GP)中减去植物呼吸所消耗的能量(R)就是净初级生产量(NP),这三者之间的关系是

$$GP = NP + R$$
$$NP = GP - R$$

净初级生产量代表着植物净剩下来可提供给生态系统中其他生物(主要是各种动物和人)利用的能量。

初级生产量通常是用每年每平方米所生产的有机物质干重($g \cdot m^{-2} \cdot a^{-1}$)或每年每平方米所固定能量值($J \cdot m^{-2} \cdot a^{-1}$)表示,所以初级生产量也可称为初级生产力,它们的计算单位是完全一样的,但在强调率的概念时,应当使用生产力。克和焦之间可以互相换算,其换算关系依动植物组织而不同,植物组织(干重)平均 1 kg 换算为 1.8×10^4 J,动物组织(干重)平均 1 kg换算为 2.0×10^4 J 热量值。

净生产量用于植物的生长和生殖,因此随着时间的推移,植物逐渐长大,数量逐渐增多,而构成植物体的有机物质(包括根、茎、叶、花、果实等)也就越积越多。逐渐累积下来的这些净生产量,一部分可能随着季节的变化而被分解,另一部分则以生活有机质的形式长期积存在生态系统之中。在某一特定时刻调查时,生态系统单位面积内所积存的这些生活有机质就叫生物量(biomass)。可见,生物量实际上就是净生产量的累积量,某一时刻的生物量就是在此时刻以前生态系统所累积下来的活有机质总量。生物量的单位通常是用平均每平方米生物体的干

重($g \cdot m^{-2}$)或平均每平方米生物体的热值($J \cdot m^{-2}$)来表示。应当指出的是,生产量和生物量是两个完全不同的概念:生产量含有速率的概念,是指单位时间单位面积上的有机物质生产量;而生物量是指在某一特定时刻调查时单位面积上积存的有机物质。

因为 $GP=NP+R$,所以

$GP-R>0$	$GP-R<0$	$GP=R$
生物量增加	生物量减少	生物量不变

对生态系统中某一营养级来说,总生物量不仅因生物呼吸而消耗,也由于受更高营养级动物的取食和生物的死亡而减少,所以

$$dB/dt = NP - R - H - D$$

其中,dB/dt 代表某一时期内生物量的变化,H 代表被较高营养级动物所取食的生物量,D 代表因死亡而损失的生物量。一般说来,在生态系统演替过程中,通常 $GP>R$,NP 为正值,这就是说,净生产量中除去被动物取食和死亡的一部分,其余则转化为生物量,因此生物量将随时间推移而渐渐增加,表现为生物量的增长(图 28-1)。当生态系统的演替达到顶级状态时,生物量便不再增长,保持一种动态平衡(此时 $GP=R$)。值得注意的是,当生态系统发展到成熟阶段时,虽然生物量最大,但对人的潜在收获量却最小(即净生产量最小)。可见,生物量和生产量之间存在着一定的关系,生物量的大小对生产量有某种影响。当生物量很小时,如树木稀疏的森林和鱼数不多的池塘,就不能充分利用可利用的资源和能量进行生产,生产量当然不会高。以一个池塘为例,如果池塘里有适量的鱼,其底栖鱼饵动物的年生产量几乎可达其生物量的 17 倍之多;如果池塘里没有鱼,底栖鱼饵动物的生产量就会大大下降,但其生物量则会维持在较高的水平上。可见,在有鱼存在时,底栖鱼饵动物的生物量虽然因鱼的捕食而被压低,但生产量却增加了。了解和掌握生物量和生产量之间的关系,对于决定森林的砍伐期和砍伐量、经济动物的狩猎时机和捕获量、鱼类的捕捞时间和渔获量都具有重要的指导意义。

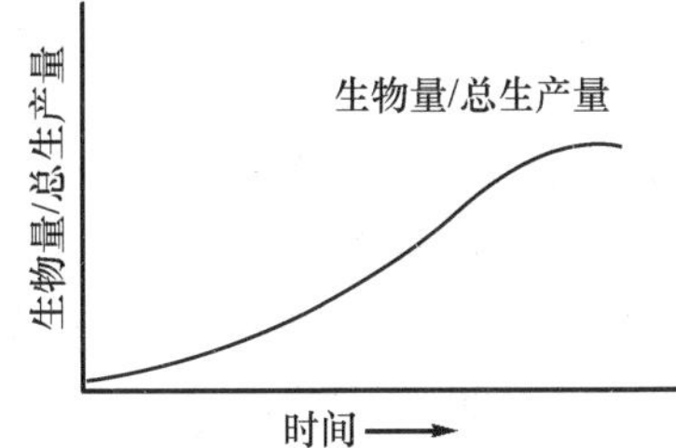

图 28-1　生态系统中的生物量和总生产量之比值随时间而发生变化(初始时生物量小,后来生物量逐渐增加)

植物的净生产量分别用来生长根、茎、叶、花和种子,因此,植物体各部分所占总生物量的比例是很不相同的。根据对一个栎松林幼年期的研究,树干约占生物量的 25%,树根占 40%,树枝和树叶占 33%,而花和种子只占 2%。在林下灌木的生物量中,根占 54%,茎占 21%,叶占 23%。植物的地下生物量和地上生物量有时差异也很大。地下生物量(根)和地上生物量(茎、叶、花等)的比值(简称 R/S)如果很高,就表明植物对于水分和营养物质具有比较强的竞争能力,能够生活在比较贫瘠恶劣的环境中,因为它们把大部分净生产量都用于发展根系了;如果 R/S 比值很低,说明植物能够利用较多的日光能,具有比较高的生产能力。在苔原生态系统中,由于冬季漫长而严寒,植物生长季短,所以 R/S 比值一般为 5～11,即地下生物量是地上生物量的 5～11 倍。在温带草原生态系统中,R/S 比值大约为 3,这表明冬季还是比较寒冷的,雨水也不太充足。在森林生态系统中,R/S 比值一般都很低。例如在美国新罕布什尔州的一个森林中,树木的 R/S 比值仅为 0.213,灌木为 0.5,阔叶草本植物为 1.0。从这些数值中不难看出,从森林的树冠层到底层,各层植物的 R/S 比值是逐渐增加的。

植物地上部分的生物量是随着季节而变化的。在草原和荒地生态系统中,大部分活的有

机体当年就会死去,因此活有机质的生物量在不同季节差异是很大的。例如,在一块荒地上,活有机质的生物量在春末时只有 80 kg · ha^{-1},而到夏末时可达到 4000 kg · ha^{-1}。但是在春末时,死有机质的生物量几乎可以达到 3000 kg · ha^{-1}。在高草草原,地上部分的生物量(包括活的和死的有机质)大约等于每年生长季节新增加的活有机质的两倍。在海岸盐沼生态系统中,秋季的生物量约为 9000 kg · ha^{-1},冬季的生物量只有秋季生物量的 1/3。

在生态系统的结构剖面图中,生物量存在着明显的垂直分布现象。森林叶生物量的垂直分布和水域浮游生物量的垂直分布影响着生态系统的透光性,从而也影响着生产量在生态系统中的垂直分布。在水生生态系统中,最大的生产量并不是在水的最表层(因为强光抑制光合作用),而是在表层下面的一定深度,这要依水的透明度和浮游生物的密度而定。光强度通常是随水深度的增加而减弱,当达到浮游植物所固定的日光能刚好够维持自身呼吸的需要时,这就是所谓的补偿层(此处的生产量等于呼吸量)。森林生态系统也是这样,其最大光合作用生物量以及最大净生产量都不是在树冠的最顶部,而是在最大光强度以下的某处。尽管植物种类和生态系统类型可能有很大差异,但各种生态系统生物量的垂直剖面图却十分相似。

生物量的概念不仅应用于植物,也可以应用于动物。通过动物生物量的计算和比较,可以推测各类动物在生态系统中的相对重要性,如加拿大西部动物总生物量(干重)是 20～25 g · m^{-2},其中地下无脊椎动物为 15～20 g · m^{-2}(线虫占大部分),而地上动物只占4 g · m^{-2}。地上动物中,蝗虫和蜘蛛占大部分,鸟类占 7 mg,小哺乳动物和其他小脊椎动物只占 1 mg。又如,昆虫生物量往往很大,因为昆虫不仅种类多,而且数量惊人。据估计,俄罗斯境内仅土壤和植物中的昆虫总生物量即达 5 000 多万吨,约相当人口总重量的 10 倍。

地球上不同生态系统的初级生产量和生物量受温度和雨量的影响最大,所以,地球各地的初级生产量和生物量随气候的不同而相差极大, 表 28-1 比较了地球上主要生态系统的净初级

表 28-1　地球主要生态系统的净生产量(干重)和生物量(干重)比较

生态系统类型	面　积 $10^6 km^2$	平均净初级生产力 $g \cdot m^{-2} \cdot a^{-1}$	世界净初级生产量 $10^9 t$	平均单位面积生物量 $kg \cdot m^{-2}$	世界生物量 $10^9 t$
湖、河	2	500	1.0	0.02	0.04
沼　泽	2	2000	4.0	12	24
热带森林	20	2000	40.0	45	900
温带森林	18	1300	23.4	30	540
北方森林	12	800	9.6	20	240
林地和灌丛	7	600	4.2	6	42
热带稀树草地	15	700	10.5	4	60
温带草原	9	500	4.5	1.5	14
冻土带	8	140	1.1	0.6	5
荒漠密灌丛	18	70	1.3	0.7	13
荒漠、裸岩冰雪	24	3	0.07	0.02	0.5
农　田	14	650	9.1	1	14
陆地总计	149	730	109.0	12.5	1852
开阔大洋	332	125	41.5	0.003	1
大陆架	27	350	9.5	0.01	0.3
河　口	2	2000	4.0	1	2
海洋总计	361	155	55.0	0.009	3.3
地球总计	510	320	164.0	3.6	1855

生产量和生物量。从表中可以看出，在陆地生态系统中净初级生产力最高的是热带雨林，其平均值为 2000 $g \cdot m^{-2} \cdot a^{-1}$（1000～3500 $g \cdot m^{-2} \cdot a^{-1}$）；生物量也以热带雨林最大，其平均值为 45 $kg \cdot m^{-2}$。温带森林的气温和雨量都较热带雨林低，所以净初级生产力平均为 1300 $g \cdot m^{-2} \cdot a^{-1}$（600～2500 $g \cdot m^{-2} \cdot a^{-1}$）；生物量平均为 30 $kg \cdot m^{-2}$。温带草原的净初级生产力平均为500 $g \cdot m^{-2} \cdot a^{-1}$，生物量平均为 1.5 $kg \cdot m^{-2}$。冻土带的净初级生产力只有 140 $g \cdot m^{-2} \cdot a^{-1}$，生物量只有 0.6 $kg \cdot m^{-2}$。一般说来，开阔大洋的净初级生产力是很低的，如北海只有大约170 $g \cdot m^{-2} \cdot a^{-1}$，马尾藻海为 180 $g \cdot m^{-2} \cdot a^{-1}$。但是，在某些海水上涌的海域（即深海的营养水向表层涌流），净初级生产力却相当高，如在秘鲁海岸的海水上涌区，其净初级生产力可达到1000 $g \cdot m^{-2} \cdot a^{-1}$。总的来说，海洋的净初级生产量要比陆地低得多。例如，海洋的面积约比陆地大一倍，但其净初级生产量却只有陆地的一半。

在水陆交界的沼泽生态系统中，净初级生产力可高达 3300 $g \cdot m^{-2} \cdot a^{-1}$。在河口生态系统中，由于有来自河流和潮汐的营养补给，净初级生产力也可高达 1000～2500 $g \cdot m^{-2} \cdot a^{-1}$。另有一些生态系统的净初级生产比较高是因为有来自外部的能量补给。例如，在温度比较高、雨量比较充沛的地区，水的循环和流动比较迅速，因此常常把各种营养物质带入生态系统。又如，在人类经营的农田、果园和菜地，机耕、灌溉、施肥和使用杀虫药剂都属于额外的能量补给，因为所有这些活动都要利用化石燃料作为动力。

在任何一个生态系统中，净初级生产力都是随着生态系统的发育而变化的。例如，一个栽培松林在生长到 20 年的时候，净初级生产力达到最大，即达到 22000 $kg \cdot ha^{-1} \cdot a^{-1}$；当其生长到 30 年的时候，就下降到 12000 $kg \cdot ha^{-1} \cdot a^{-1}$。一般说来，林地发育到杆材期的时候生产力达到最大，此时乔木树占最大优势，而下木层发育最弱。此后随着树龄的增长，用于呼吸的总初级生产量会越来越多，而用于生长的总初级生产量会越来越少，即净初级生产量越来越少。正如一个生态系统的净生产量会随着生态系统的成熟而减少一样，净生产量和总生产量的比值（NP/GP）也会随着生态系统的成熟而下降，这将意味着呼吸消耗占总初级生产量的比重越来越大，而净初级生产量占总初级生产量的比重越来越小，即用于新的有机物质生产的总初级生产量越来越少。

第二节　初级生产量的生产效率

绿色植物直接利用太阳能进行有机物质的生产和能量固定，其过程可用化学方程式简单表达为

$$6CO_2 + 12H_2O \xrightarrow[\text{叶绿素}]{2.8\times10^6\ \text{J 能量}} C_6H_{12}O_6 + 6O_2 + 6H_2O$$

太阳实际上是一个巨大的热核反应堆，当太阳中的氢嬗变为氦时，伴随着释放出大量的辐射能，这种辐射能是以电磁波的形式向宇宙空间发散的。太阳辐射能从高频短波的 X 射线和 γ 射线一直到低频长波的雷达波，其中 99% 的能量是在紫外线和红外线之间，即波长范围在 0.136～4.0 μm 之间，最有生态意义的是有大约一半的太阳辐射能是位于可见光谱之内（0.38～0.77 μm）。太阳的辐射能量虽然巨大，但只有其中的 5000 万分之一能够发射到地球大气层的外圈。

整个地球一年所接受的太阳辐射能总量约为 5.4×10^{24} J，平均每分钟每平方厘米所接受

的太阳辐射能为 8.1 J(即 8.1 J · cm^{-2} · min^{-1})。但是,由于地球的公转和地球赤道面相对于地球运行轨道平面的倾斜,所以对地球上任一特定地点来说,一年四季所接受的太阳辐射能是不断变化的(图 28-2),又由于地球的自转,在一天的不同时刻,这种辐射能也是在变化的。

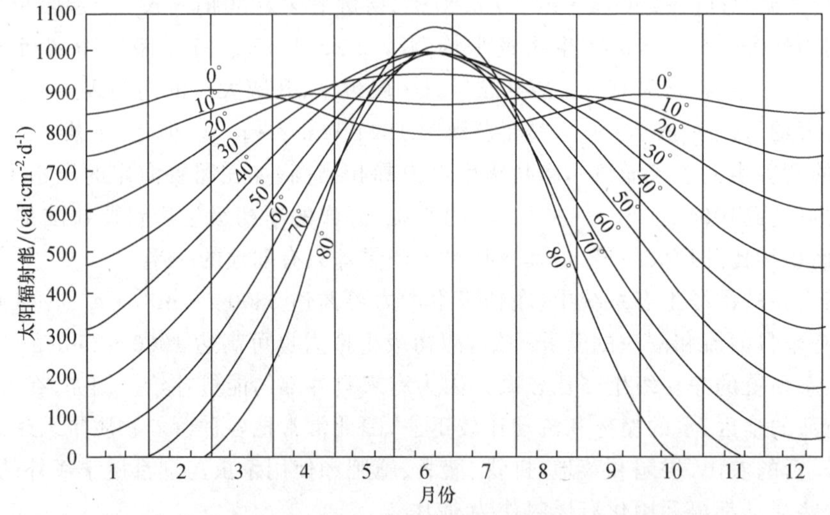

图 28-2　地球表面不同纬度不同季节所接受的太阳辐射能值

到达地球大气层的太阳辐射能,大约有一半或更多不能穿透对流层达到地球表面(图 28-3)。在北半球大约有 42%的太阳辐射能被重新反射回宇宙空间,其中 33%是被云层反射的,9%是被大气微尘反射的。另外,还有 10%的太阳辐射能被大气中的臭氧、水蒸气和碳

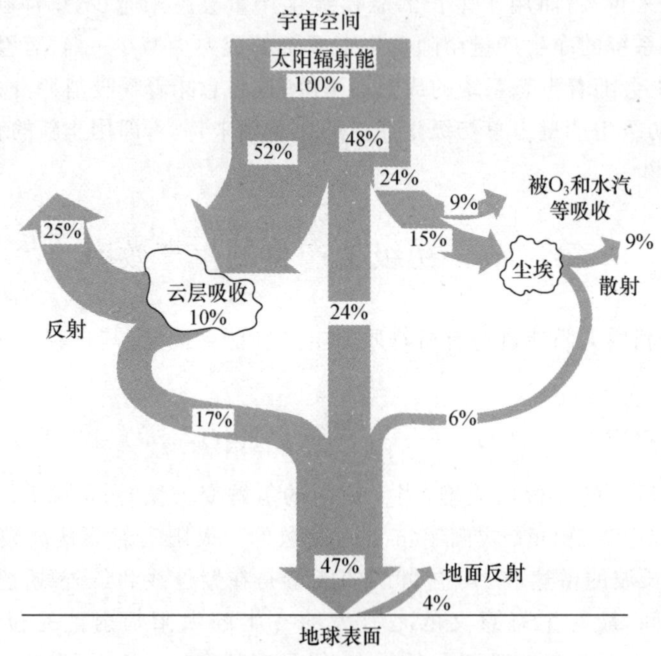

图 28-3　地球表面在正午时分所接受的太阳辐射能

酸吸收或被空气分子和微尘所漫射。可见,能够到达地球表面的太阳辐射能只占进入地球大气圈的太阳辐射能的 47%,其中还会有一部分被地球表面重新反射到大气中去,特别是照射到光洁明亮的沙地上的太阳光,将会有 80%被重新反射回大气层。在对流层中被吸收的太阳辐射能,还会以超红外线的波长向各个方向辐射,其中有一部分仍然能到达地球表面(虽然其中一小部分又被反射回大气层)。对地球表面来说,这两部分能量来源(直接的太阳辐射和间接的超红外线辐射)将会使地球表面的土壤、水、各种生物和低层大气层变得温暖起来,并能影响气候、天气和各种生物的活动。直接太阳辐射能中的可见光成分是植物进行光合作用所不可缺少的,我们最关心的就是在这部分能量中到底有多少能够被光合作用所利用,有了这个数据就可以计算生态系统中初级生产量的生产效率了,而生态系统中的能量流动就是从植物固定太阳能开始的。

1963 年,Loomis RS 和 Williams CB 根据太阳光中可被利用的光能对植物的潜在生产量进行了估算(表 28-2)。在太阳光能中,植物只能利用波长范围在 0.38～0.77 μm 之内的可见光部分,而不能利用紫外光能和红外光能。在理想条件下,植物的叶大约可以吸收入射太阳能的一半,其中的 90%将用于水分蒸腾和有机键能量的固定上,只有大约 10%的太阳能被固定为有机分子的潜能。因此,净初级生产量的最大估计值是总入射日光能的 2.4%,相当于光合作用器官所吸收能量的 5.2%。实际上,只有在具有各种最适因子和严格控制的实验条件下才能获得这个数值。下面我们就不同生态系统的初级生产效率举几个研究实例。

表 28-2　最适条件下初级生产量的估计效率(引自 Loomis 等,1963)(单位: $kcal \cdot m^{-2} \cdot d^{-1}$)

	能量输入	能量损失	所占百分数/(%)
总入射日光能	5000		100
不能被植物色素吸收的		2780	−55.8
可被植物色素吸收的	2220		44.2
植物表面反射		185	−3.7
非活性吸收		220	−4.4
光合作用可利用的能量	1815		36.1
在有机物合成中未利用的能量		1633	−32.5
总初级生产量(*GP*)	182		3.6
呼吸消耗(*R*)		61	−1.2
净初级生产量(*NP*)	121		2.4

1926 年,美国生态学家 Edgar Transeau 在美国伊利诺伊北部对一块面积为 0.405 ha 的玉米田在一个生长季节内(100 天)的净初级生产效率进行了深入的定量研究,研究结果总结见表 28-3。他在这块玉米田里共收割了 10 000 株玉米,总重量为 6000 kg,并对玉米的化学成分进行了分析。根据这些分析,他计算出了在这 10 000 株玉米里共含有碳 2675 kg。由于碳只有通过光合作用才能进入植物体,所以他用下列计算方法把这些碳折合成了葡萄糖 6687.5 kg。

表 28-3　0.405 ha 玉米田在一个生长季节内的初级生产效率

	葡萄糖/kg	热值/10^6kcal	占入射日光能的百分数/(%)
入射日光能		2043	100.0
被利用的日光能			
用于光合作用			
净生产量(*NP*)	6687	25.3	1.2
呼吸(*R*)	2045	7.7	0.4
总生产量(*GP*)	8732	33.0	1.6
用于蒸腾作用		910	44.4
未被利用的日光能		1100	54.0

分子组成	碳的质量分数	质量
$\frac{C_6}{C_6H_{12}O_6}$	$\frac{72}{180}$	$\frac{2675\ \text{kg}}{x\ \text{kg}}$

$$x=\frac{2675\times180}{72}\text{kg}=6687.5\ \text{kg(葡萄糖)}$$

这 6687.5 kg 葡萄糖就是玉米的净初级生产量。此外，Transeau 还估算出在整个生产季节玉米呼吸代谢所消耗掉的葡萄糖为 2045 kg，由此算出总初级生产量为 8732 kg 葡萄糖。此后，Transeau 还根据每生产 1 kg 葡萄糖需消耗 3760 kcal(1.6×10^7 J)能量的数据，估算出了总初级生产量一共消耗了 33×10^6 kcal(1.4×10^{11} J)的日光能，其中有 7.7×10^6 kcal(3.2×10^{10} J)用于呼吸代谢。此外，据计算，从玉米的叶表面总共蒸发了 150×10^4 kg 水(约 1545 m^3)，这些水如果铺满在 0.405 ha 的玉米田里，水深可达 38 cm 深。玉米的蒸腾作用大约要消耗 910×10^6 kcal(3.8×10^{12} J)的日光能，这些能量是无法被光合作用所利用的。

根据以上数据和入射玉米田的总日光能为 2043×10^6 kcal(8.5×10^{12} J)，可以按下法计算出这块玉米田的日光能利用效率为 1.6%：

$$\frac{\text{总初级生产量}}{\text{总入射日光能}}\times100=\frac{33\times10^6\ \text{kcal}}{2043\times10^6\ \text{kcal}}\times100=1.6\%$$

在总初级生产量中，呼吸代谢大约消耗了 23.4%：

$$\frac{\text{呼吸消耗}}{\text{总初级生产量}}\times100=\frac{7.7\times10^6\ \text{kcal}}{33.0\times10^6\ \text{kcal}}\times100=23.4\%$$

其余的 76.6%则转化为净初级生产量。由此可见，尽管植物的光合作用只能利用入射日光能的一小部分，但是在把总初级生产量转化为净初级生产量方面效率还是比较高的。

在 Transeau 对玉米田进行研究工作 30 多年以后，即 1960 年，另一位美国学者 Frank Golley 在气候条件相似的密执安南部对一块荒地的初级生产效率进行了类似的研究。这块荒地主要生长着各种一年生的禾本科植物和阔叶草本植物，Golley 在生长季节结束时把所有植物收割下来，称重并估算出呼吸的能量消耗，最后的研究结果总结见表 28-4。经过计算可以看出，这个荒地的总初级生产效率为 1.2%，即 $5.83\times10^6\div(471.0\times10^6)=1.2\%$；而植物的呼吸消耗只占总初级生产量的 15.1%，即 $0.88\times10^6\div(5.83\times10^6)=15.1\%$。虽然这块荒地的总初级生产效率只有 Transeau 所研究的玉米田的 3/4，即 1.2%÷1.6%=3/4，但是它用于呼吸的能量消耗却只有玉米田的 2/3，即 15.1%÷23.4%=2/3。可见，虽然荒地的总初级生产效率比人类经营的玉米田低，但是它把总初级生产量转化为净初级生产量的效率却比较高。

表 28-4　一个荒地生态系统的初级生产效率*　（单位：cal・m^{-2}・a^{-1}）

入射日光能	471.0×10^6
被利用的日光能	
净初级生产量	4.95×10^6
呼吸	0.88×10^6
总初级生产量	5.83×10^6

* 引自 Golley FB 的数据，1 cal＝4.184 J。

为了进行比较，Golley 还研究了南卡罗来纳的一块荒地，在这里主要生长的是须芒草。他发现在 1960 年的生长季节内，须芒草用于呼吸的能量消耗竟高达总生产量的 48%。据另一位生态学家 John Teal 的研究，在潮湿的海边草地（属盐沼生态系统），植物的呼吸能耗可占总初级生产量的 77%。在上述两个生态系统中，植物所固定的日光能大约有一半或一半以上都在生产者营养级被消耗掉了，也就是说，这些能量还未来得及传递到第二个营养级（即植食动物营养级）就从生态系统中消失了。

以上是农田和荒地两个陆地生态系统的初级生产效率分析，下面我们再介绍两个水域生态系统（Mendota 湖和 Cedar Bog 湖）的初级生产效率。Mendota 湖位于美国的威斯康星州，其的地理位置刚好同上面介绍的两个陆地生态系统相同。生态学家 Juday C 曾经研究过这个湖泊的初级生产过程，并对研究结果进行了总结（表 28-5）。从表中提供的数据可以看出，总初级生

表 28-5　Mendota 湖的初级生产效率　（单位：cal・cm^{-2}・a^{-1}）

入射日光能	118 872
被植物利用的日光能	
浮游植物	
净生产量（*NP*）	299
呼吸（*R*）	100
总生产量（*GP*）	399
底栖生物	
净生产量	22
呼吸	7
总生产量	29
合　　计	428

产量只利用了入射日光能的 0.35%（即 428÷118872），可见，其初级生产效率只相当于 Transeau 所研究的玉米田的 1/4 和 Golley 所研究的荒地的 1/3。在 Mendota 湖中，浮游植物的呼吸消耗约占其总生产量的 25%（即 100÷399），底栖生物的呼吸消耗约占其总生产量的 24%（即 7÷29），这方面同上述的两个陆地生态系统（玉米田和荒地）差不太多。但是，值得注意的是，Juday 没有计算初级生产量中被动物吃掉的和被分解者分解的部分，因此他对总初级生产效率的估计偏低。几年之后，经过一位美国年轻生态学家 Lindeman 的计算，得出被动物吃掉的初级生产量为 42 cal（176 J）・cm^{-2}・a^{-1}，而被分解者分解的初级生产量为 10 cal（41.8 J）・cm^{-2}・a^{-1}。据此，Mendota 湖的总初级生产量应当从 428 cal（1791 J）・cm^{-2}・a^{-1} 修正为 480 cal（2008 J）・cm^{-2}・a^{-1}，同时，总初级生产效率也应当从 0.35%修正为 0.40%，呼吸

消耗也应当相应地从25%降低到22.3%。

Lindeman除了修正Juday的工作误差以外，他还独立地研究了另一个湖泊——位于明尼苏达州的Cedar Bog湖。这个湖的入射日光能同Mendota湖没有差异，其他数据均总结在表28-6中。从表中可以看出，该湖泊生态系统的总初级生产量为111.3 cal(465.7 J)·cm^{-2}·a^{-1}(其中已经把因动物取食和分解者分解所受的损失计算在内)；总初级生产效率为0.10%(即111.3÷118872.0)；呼吸消耗为23.4 cal(97.9 J)·cm^{-2}·a^{-1}，约占总初级生产量的21%。

表28-6 Cedar Bog湖的初级生产效率 (单位：cal·cm^{-2}·a^{-1})

入射日光能	118 872.0
植物利用	
净生产量	87.9
呼吸	23.4
总生产量	111.3

从这两个湖泊生态系统的情况看，它们的总初级生产效率(分别为0.10%和0.40%)要比上述两个陆地生态系统的总初级生产效率(分别为1.2%和1.6%)低得多。这种差别主要是因为入射日光能是按到达湖面的入射量计算的，当日光穿过水层到达实际进行光合作用地点的时候，已经损失了相当大的一部分能量。因此，两个湖泊生态系统的实际总初级生产效率应当比Juday和Lindeman所计算的高，大约应当是1%～3%。另一方面，两个湖泊中植物的呼吸消耗(分别占总初级生产量的21.0%和22.3%)和玉米田(23.4%)大致相等，但却明显高于荒地(15.1%)。

根据对以上两个陆地生态系统和两个水域生态系统的研究可以看出，大约只有0.1%～1.6%的入射日光能被固定到了植物所生产的有机物质之中。从20世纪40年代以来，对各生态系统的初级生产效率所作的大量研究表明，在自然条件下，总初级生产效率很难超过3%，虽然在人类精心管理的农业生态系统中曾经有过6%～8%的记录。一般说来，在富饶肥沃的地区总初级生产效率可以达到1%～2%；而在贫瘠荒凉的地区大约只有0.1%。就全球平均来说，大概是0.2%～0.5%。

应当注意的是，在生态学家用于计算的入射日光能数据中，大约只有一半(主要是蓝色和红色的可见光)是能够被光合作用利用的。如果考虑到这一事实，总初级生产效率就应当加倍。另外，大多数生态学家都采用全年的入射日光能值，但却忽视了光合作用的季节差异。例如，在温带地区光合作用主要是在4～10月份进行，特别是6～8月这三个月，所以实际的入射日光能值大约只有全年入射日光能值的一半，因此，总初级生产量的实际效率还应该再增加一倍。还有，生态学家在研究水域生态系统初级生产效率的时候，常常不把日光穿透水层后的能量损失考虑在内，这必然会低估初级生产效率。如果能对以上几种情况作出适当的校正，那么总初级生产效率就会提高到2%～6%。

根据上面介绍的玉米田和荒地的情况，植物的呼吸消耗约占总初级生产量的15%～24%；但是在温带森林中，呼吸消耗约占总初级生产量的50%～60%；在热带森林中呼吸消耗可占总初级生产量的70%～75%。就大多数情况来说，植物的呼吸消耗约占总初级生产量的30%～40%，也就是说只有大约60%～70%的总初级生产量能够转化为净初级生产量。这只是一个一般性的统计数据，对任何一个特定的生态系统都应当进行具体的分析，因为影响光合作用速率和强度的不仅是光合作用所必需的一些营养物质，而且还有各种物理因素（如温度和太阳辐射等）和生物因素（如年龄等）。温度的变化可以改变植物叶表面的温度，从而影响植物呼吸和蒸腾作用的速度。季节的转换总是伴随着温度和入射日光能的变化，因而也会对光合作用有影响。例如，伊利湖的浮游植物冬季的总初级生产量只有 $1.7\times10^4\ J\cdot m^{-2}\cdot a^{-1}$，而夏季则可达到 $1.5\times10^5\ J\cdot m^{-2}\cdot a^{-1}$，两个季节的总初级生产量可以相差约 9 倍。

除了上面谈到的那些情况，在能量换算方面也可能存在误差。在初级生产量的计算中，生态学家常常把有机物质的干重换算成能量值，即把 1 g 有机物质干重折合成 18.8×10^3 J 能量。实际上各种有机物质的能值是有很大变化的，例如，1 g 干甜菜（主要成分是糖）约含有 16.7×10^3 J 能量，而 1 g 干花生（主要成分是油脂）含有 37.7×10^3 J 能量，两者相差 1 倍以上。一般说来，1 g 干有机物质含能量约在 $17.2\times10^3\sim21.8\times10^3$ J 之间，平均值会高于 18.8×10^3 J。个别的如某些藻类，其含能值可高达 $39.2\times10^3\ J\cdot g^{-1}$。可见，按任何一个固定值换算都会有一定的误差，而且目前生态学家所普遍采用的换算值（即 $18.8\times10^3\ J\cdot g^{-1}$）有些偏低。

第三节　初级生产量的限制因素

影响初级生产量的因素除了日光外，还有 3 个重要的物质因素（水、二氧化碳和营养物质）和两个重要的环境调节因素（温度和氧气）（图 28-4）。二氧化碳主要是水域生态系统初级生产量的重要限制因素，当其他因素最适时也可能成为陆地生态系统初级生产量的限制因素。水对于水域生态系统来说总是过剩的，但对陆地生态系统的初级生产量却常常是一个重要的限制因素。此外，初级生产量的大小也受到各种营养物质（如磷和镁等）供应的影响。例如，在海洋中磷多沉入深水之中，致使大部分海洋表层因缺乏磷和其他营养物质的供应而生产量很低，尽管那里的日光十分充足。可以说，初级生产量是由光、二氧化碳、水、营养物质、氧和温度 6 种因素决定的，6 种因素各种不同的组合都可能产生等值的初级生产量，但是在一定条件下，单一因素可能成为限制这个过程的最重要因素。这个因素的变化对初级生产量的影响程度取决于该因素离最适值有多远和它同其他限制因素间的平衡关系。例如，在无机元素供应充足、高的光强度和最适宜的氧气和温度的平衡条件下，限制藻类初级生产量的将是二氧化碳从大气进入水体的扩散程度，因此借助于往水中通入二氧化碳便能很快使初级生产量提高，但当二氧化碳在这个生态系统饱和时，生产量的提高便会逐渐缓慢下来。如果全部环境因素都

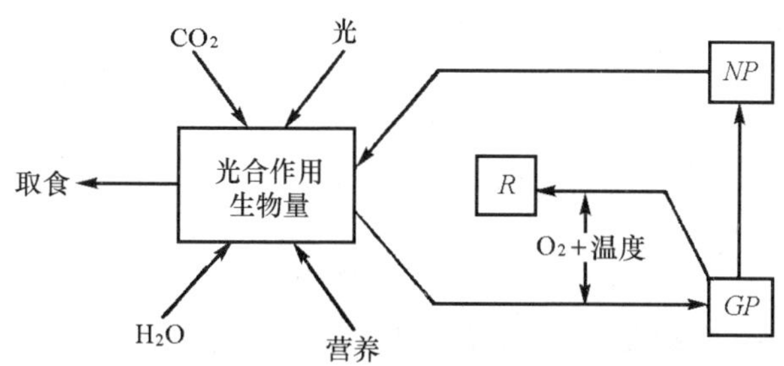

图 28-4　初级生产量的限制因素图解

是适量的，初级生产量最终将会受到光合作用生物量自身数量的限制。

生态系统常常能够以巨大的光合作用生物量使日光能得到充分利用。在实验条件下对模式群落的研究指出，植物能调节叶层次的数量，以使 *GP* 和 *R* 之间存在一种平衡，并使 *NP* 达到最大值。叶表面积的总和与群落下土壤表面积的比值称为叶面积指数（简称 *LAI*）。例如，如果 *LAI* 是 4，则表明该群落的叶表面积之和等于群落下的土壤面积的 4 倍。群落通过叶的层次性和交错排列可以利用全部可利用的日光能。在较低的层次中，可以达到刚好使 *R* 与 *GP* 相等；当光强度增加时，已达到平衡的叶面积指数也随之增加，以便用增加的光合作用生物量充分利用日光。在森林中几乎没有可被光合作用利用的日光到达森林的底层，由于其他潜在的限制因素常常还有可利用的余地，所以很多森林都能利用大部分可利用的光。在沙漠中，水这样的限制因素可以导致十分稀疏的群落；在开阔的大洋表层，营养物质的缺乏使浮游生物的密度很低，在这种群落中，大部分日光都不能被植物截取，这样的生态系统，其能量的输入是极低的，净生产量与光能的比值也是很低的。

1968 年，Rosenzweig ML 曾指出，用水分的实际蒸发蒸腾量可以精确地预测陆地群落地上部分的初级生产量（图 28-5）。水分的实际蒸发蒸腾量是太阳辐射、温度和降雨量的一个综合指标。蒸发蒸腾作用是指从地面蒸发和从植物蒸腾到大气中的水分。1975 年，Lieth H 把多种简单的模型用于预测陆地生态系统的净初级生产量，除利用蒸发蒸腾作用外，还把降水量、温度和生长季的长短用来估算净初级生产量，而国际生物学计划（IBP）自 20 世纪 60 年代以来已经在这方面积累了大量的研究资料。1975 年，Kira T 分析了各种不同类型森林的初级生产力并把分析结果概括在图 28-6 中。从图中可以看出分布在日本的 5 种林型（即北方针叶林、落叶阔叶林、松林、温带针叶林和常绿阔叶林）初级生产力的分布频次，其中以暖温带的常绿阔叶林生产力最高，而针叶林的生产力则大于在同一气候条件下生长的落叶林。据分析，各种类型森林之间的生产力差异是由于生长季的长短不同和叶面积指数的不同。针叶树的叶面积大于落叶树，又由于常绿针叶林不落叶，因此可以有比较长的生长季节。Kira 依据叶面积指数和生长季的长短已精确地预测了阔叶林和针叶林的总初级生产力。

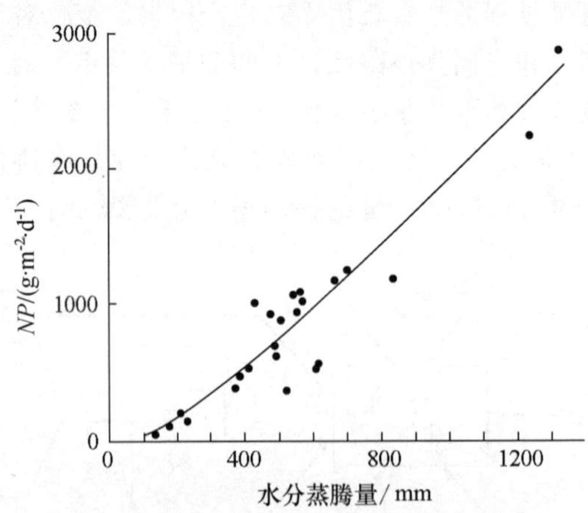

图 28-5　用水分蒸发蒸腾量预测陆地生态系统的净初级生产量（*NP*）

在全球范围内，决定陆地生态系统初级生产力的因素往往是日光、温度和降水量；但在局部地区，营养物质的供应状况往往决定着某些陆地生态系统的生产力。例如，施用氮、磷、钾肥

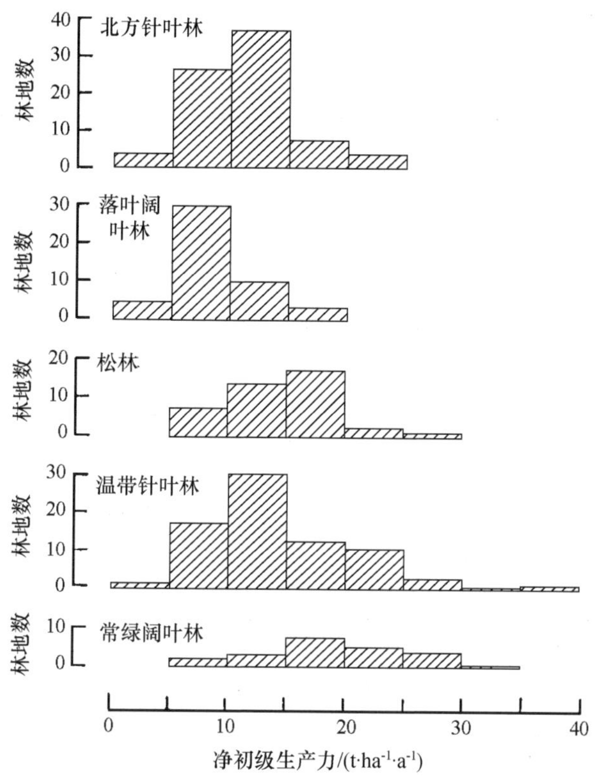

图 28-6　258 个林地中 5 种林型年净初级生产力的频次分布

暖温带的常绿阔叶林生产量最高，寒温带针叶林的生产量高于落叶林(只计算地上部分)

的农作物往往能够获得高产。试验表明，施肥玉米的生产量可高达 1050 $g \cdot m^{-2} \cdot a^{-1}$，而不施肥玉米的生产量则只有 410 $g \cdot m^{-2} \cdot a^{-1}$。在未经开垦的原始森林中，植物从土壤中所吸收的全部营养物质和植物体内所含有的营养物质，最终都将以枯枝落叶的形式归还给土壤并被分解，因此，森林中的营养流必须处于稳定状态(即输入＝输出)，否则，森林就会渐渐衰退。但是在用材林中情况就不同了，因为通过砍伐，各种营养物质不断地从森林中被移走，这正如农作物不断被收割一样。因此，人们必须研究森林的各种营养需要，以防止森林土壤中的营养物质被逐渐耗尽。现在，森林施肥已得到广泛应用，为了提高林产品产量往往需要施用多种营养物，其中氮、磷、钾是最重要的。Gentle W 等人(1965)曾在澳大利亚对一个火烧后 8 年的松林施用磷肥，15 年后发现，施过肥的松林其基底面积为 27 $m^2 \cdot ha^{-1}$，而未施肥的松林为 12 $m^2 \cdot ha^{-1}$。据 Brix H 等人(1969)研究，每公顷施用 225 kg 氮同每公顷施用 450 kg 氮，对树木的影响是一样的。氮素的作用是增加叶量，但单位叶面积的光合作用率并未因施用氮肥而增加。

在淡水生态系统中，太阳辐射对初级生产量的限制作用是可以以日计算的。生态学家甚至可以根据太阳辐射值预测一个湖泊的日初级生产量。在水体中温度是同光强度密切相关的，因此很难作为一个独立因子对它进行分析，但营养物对湖泊的初级生产量有明显影响，植物的生长需要氮、磷、钾、钙、硫、氯、钠、镁、铁、锰、铜、碘、钴、锌、硼、钒和钼等多种元素。这些营养元素并不是都能单独起作用的，因此很难分析每一种元素的具体作用。早期的研究认为，氮和磷是淡水湖泊初级生产量的主要限制因子，这个结论是一个经验性的结论，因为对小型池塘施肥可以提高鱼的产量。在小型池塘中施肥的确可以增加初级生产量。Hepher B(1962)的研究工作表明,对小池塘施用磷和硫酸铵可使初级生产量增加4～5倍。因此,对那些贫养湖和生产量很低的湖泊可以进行人工施肥,以便提高鱼的产量。

事实证明,直接向湖泊排污或农用化肥随地表径流输入湖中,可大大增加湖泊中藻类的数量,并已经使很多以硅藻和绿藻占优势的湖泊转变成了以蓝绿藻占优势的湖泊,这个过程称为富养化(entrophication)。现已查明,氮、磷和碳是造成湖泊富养化的主要营养物,而且磷是大多数湖泊浮游植物生产量的主要限制因子。在加拿大安大略西北部实验湖区曾广泛地进行过全湖添加营养物试验,以便了解磷对富养化的影响。在一项试验中,曾对一个湖泊连续5年施用磷酸盐和硝酸盐,结果浮游植物的密度比对照湖增加了50～100倍。为了区别磷酸盐和硝酸盐的不同影响,曾把该湖分隔为两半,一半施用碳和氮,另一半则施用磷、碳和氮。2个月后,在施用磷的湖区藻类极为繁盛,证明磷的确是限制浮游植物初级生产量的一个关键因子。对于碳和氮的短缺,湖泊中似乎存在着一种生物学机制可及时加以调整。碳和氮都以气态形式(CO_2 和 N_2)存在于大气之中,因此水的流动和气体交换可维持湖水中有足量的 CO_2;氮可以被蓝绿藻所固定,当氮可能出现短缺的时候,这些蓝绿藻便特别繁盛。因此,当湖泊中磷含量突然增加时,藻类会在短时期内表现出缺氮或缺碳的迹象,但长期过程会使这种短缺得到调整。由此看来,湖泊中浮游植物的生物量是与湖水中磷的含量密切相关的。因此,防止富养化的一个简单方法就是控制湖泊和江河中磷的输入量。

水体中的各种营养物质往往以多种化合物的形式存在,这给研究营养物与初级生产量的关系带来了一定的困难。在有些情况下,水体中存在某种营养物,但这种营养物又无法被植物利用,因为它是以有机物的形式存在的,特别是在酸沼中,这种湖常常含有大量的磷,但磷的存在形式却不能被浮游植物利用,但如果往湖中撒石灰($CaCO_3$)提高湖水的pH,磷就会从湖底沉积物中释放出来,大大增加浮游植物的生产量。伴随湖泊富养化所发生的变化之一是绿藻被蓝绿藻所取代,蓝绿藻属于富养藻类,在高度富养化的湖泊中它们极为繁盛并形成藻类漂浮层。蓝绿藻能成为优势浮游植物的原因有两个:① 浮游动物和鱼宁可吃其他藻类也不愿以蓝绿藻为食;② 很多蓝绿藻都能固定大气中的氮,因此当氮短缺时,它们便处在有利的竞争地位。在华盛顿湖中,氮/磷比只要小于23,蓝绿藻就会成为湖泊中的优势藻类,但是当这个比值大于25时,蓝绿藻就会消失。在富养化过程中,湖水的含磷量会越来越多,因而使氮/磷比下降,此时氮就会成为一种限制因子。

在海洋生态系统中,光对于初级生产量有着重要影响。海水很容易吸收太阳辐射能,在距海洋表面1 m深处,便可有一半以上的太阳辐射能被吸收掉(几乎包括全部红外光能),即使是在清澈的水域,也只有大约5%～10%的太阳辐射能可到达20 m深处。这种情况可用下述公式描述

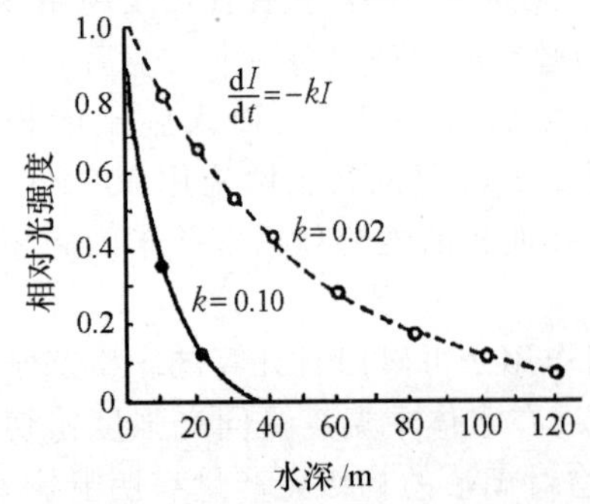

图 28-7　光强度随水深增加而减弱

消退系数(k)越大,光强度消退越快。在纯净水中,k值约为0.02;在海水中,k值约为0.10;在海岸带k值可达0.30

$$\frac{dI}{dt}=-kI$$

其中,I代表太阳辐射量,t代表水深,k代表消退系数。图28-7给出了在纯净水中和海水中的2个不同的k值,从图中可以看出k值越大,光随着水深度的增加消退得越快。光线太强反而会抑制

绿色植物的光合作用，这种抑制作用常发生在热带和亚热带海洋的表面。当海洋表面太阳辐射太强时，最大初级生产量就会发生在海面以下数米深处（图 28-8）。

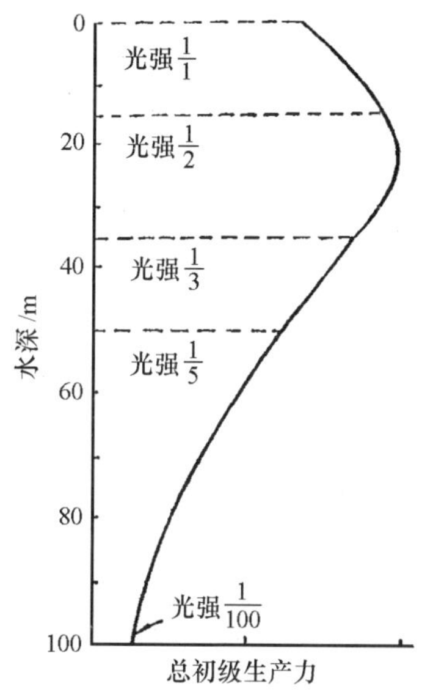

图 28-8　在海洋不同深度的光强与总初级生产力

曲线代表热带海洋一个晴日的平均值

光是限制海洋初级生产量的一个重要因子，如果我们知道了光强的消退系数、太阳辐射量和海水中植物叶绿素的含量，就可以根据下列公式计算出浮游植物的净生产力

$$P = \frac{R}{k} \times C \times 3.7$$

其中，P 代表浮游植物的光合作用率（以每天每平方米海洋表面所固定碳的克数表示）；R 代表入射光量的相对光合作用率（图 28-9）；k 是每米水深光的消退系数（图 28-7）；C 是每立方米海水所含叶绿素的克数。公式中的常数 3.7 是由实验确定的一个平均值，含义是在光饱和的条件下每克叶绿素每小时在光合作用中可固定 3.7 g 碳。举例来说，经测定在阿拉斯加海湾太阳辐射为 229 cal（958 J）$\cdot$ cm^{-2} $\cdot$ d^{-1}，光的消退系数是 0.10 m^{-1}，海水的叶绿素含量为0.0025 g $\cdot$ m^{-3}，由图 28-9 可以得出 R 值约为 14.5，因此

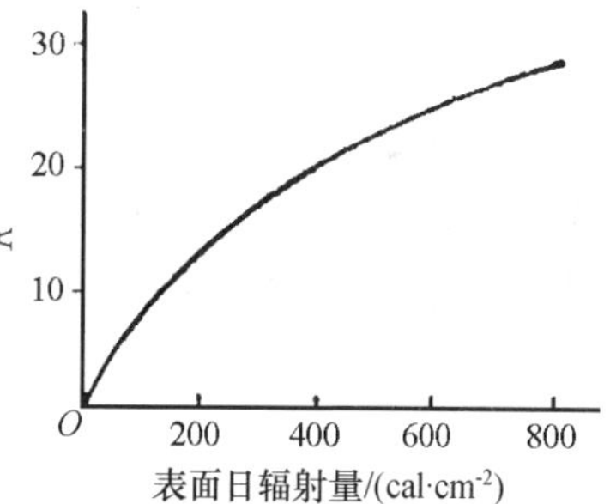

图 28-9　太阳辐射与相对光合作用率（R）之间的关系

在海洋表面 1 m^2 以下，

10 cal $\cdot$ cm^{-2} = 1 kcal $\cdot$ m^{-2}

$$P = \frac{14.5}{0.10} \times 0.0025 \times 3.7 = 1.34\ \text{g} \cdot \text{m}^{-2} \cdot \text{d}^{-1}$$

净初级生产力的实际测定值是 1.50 g $\cdot$ m^{-2} $\cdot$ d^{-1}，可见利用该公式对初级生产力进行理论预测还是比较准确的。

除了光以外，限制海洋初级生产量的另一个重要因子就是营养物质。正如前面刚谈过的，我们可以根据光强度和叶绿素的生物量来预测初级生产量，但浮游植物叶绿素的生物量往往受营养物质的限制，其中氮和磷是海洋初级生产量的主要限制因子。海洋生态系统有一个明

显的规律，即浮游植物主要生活在海洋表层，但海洋表层磷和氮的浓度却很低，而在深水中反而含有高浓度的营养物质。

在大西洋的亚热带区域，马尾藻海是生产量很低的一个海域，海水清澈透明，海洋表层所含营养物质很少。但奇怪的是，这里冬季(11～4月)的初级生产量反而比夏季更高，虽然夏季的太阳辐射最强。原因是，冬季的风和风暴可搅动海水，把深海中的营养物质带到海洋表层，而分布在海洋表层的浮游植物主要由于营养物质短缺而生产量极低。在这个亚热带海洋中，太阳辐射对光合作用总是足够的，但缺少的是营养物质。

同陆地相比，海洋的生产力明显偏低，原因也主要是海水中缺乏营养物质。肥沃的土壤可含5%的有机物质和多达0.5%的氮，每平方米土壤表面可以生长50 kg的植物(按干重计算)。但在海洋中，富饶的海水也只含有0.00005%的氮，每平方米这样的海水只能维持不足5 g(干重)浮游植物的生存。虽然海洋的最大初级生产力可能与陆地的最大初级生产力相同，但这种高生产力只能维持几天时间，除非是在海水上涌海域。海洋中最大海水上涌区分布在南极海，在那里，富含营养物质的深海冷水沿着南极大陆的广阔地带移动到海洋表层。其他的海水上涌区则分布于秘鲁和加利福尼亚沿岸。还有很多沿岸地带，风和海流的联合作用可把海洋的表层水带走，使得深海中的冷水能够上涌到海洋表面。在这些海域渔产往往非常丰富，因为这里有足够的营养物质供浮游植物生长，初级生产量极高。

第四节　初级生产量的测定方法

一、收割法

收割法(harvest methods)是测定初级生产量的一种最常用和最古老的方法，历来农民都是用这种方法来计算各种农作物的产量的。生态学家也使用这种方法定期地把所测植物收割下来并对它们进行称重(干重)。植物被收割的部分要依据研究目的而定，草本植物通常只收割地上部分，水生植物也常常是这样。但最近的研究表明，忽视对植物根的测定往往会造成很大的误差，特别是树木和很多水生植物其根系往往很发达。因为有机物质的转移主要是发生在植物的地上部分和地下部分之间，所以只对植物体的某些部分进行取样就难免产生较大误差。此外，取样频次和取样时间也会造成误差。

将收割下来的植物烘干成恒重后，该重量便可代表单位时间内的净初级生产量。收割法用于野生植物时常常需要进行多次收割，因为野生植物的生长很少是同步的。在任何一处荒地式森林中的生物现存量(standing crop)几乎总包括有上年或上季的生物量，因此对现存量至少要进行两次测定，一次在生长季开始时，一次在生长季结束时。测定工作可在生长季的不同时间用样方法进行。

草本植物的取样方法通常是割取样方内的全部地上部分，同时应仔细收集植物已枯死的部分和落叶。如果目的是为了计算全部净初级生产量，还需要收集植物的根。假如我们只想了解可供食草动物利用的净初级生产量，就不必对根进行取样。为了排除因食草动物的取食而带来的误差，必要时可在样地周围设立围栏。收割法对测定草本植物的净初级生产量是比较有效的。

用连续收割的方法也可以精确地测定森林的净初级生产量，但这种工作是很费力的，必须定期对树干的变粗、树枝的伸长以及花果、叶的生物量进行测定,更困难的是测定植物已枯死部分,即枯枝落叶和被植食动物吃掉的部分。对树木的枯枝落叶可以使用特定的收集装置,但要想排除植食动物(主要是鞘翅目昆虫和鳞翅目幼虫)的取食则是非常困难的,方法之一是在枝外罩网并进行化学熏蒸,具体方法必须依据所研究的林地特点而定。

二、二氧化碳同化法

在陆地生态系统中,植物在光合作用中所吸收的二氧化碳和在呼吸过程中所释放的二氧化碳都可利用红外气体分析仪加以测定。把植物的叶或枝放入一个已知面积或体积的透光容器内,用红外气体分析仪便可测定二氧化碳进入和离开这个密封容器的数量。我们假定容器内气体中所含二氧化碳的减少都是被植物用来合成有机物质,那么所减少的二氧化碳量就能代表光合作用量和光合作用率。但是,当光合作用进行时,植物也在进行呼吸,因此,我们所测得的数据实际上是短期间的净初级生产量。如果我们设置一个不透光的容器作比较,该容器内只有植物的呼吸过程而没有光合作用,因此在一定时期内所释放出来的二氧化碳量可作为植物呼吸量或呼吸率的一个测度。此值加上在透光容器内所测得的值就可以大体代表该系统的总初级生产量。

上面所说的那种把树木的枝叶放入密封室中的小取样测定显然有其局限性。被套入小室中的植物,其呼吸组织和光合作用组织要被完全密封起来,这就有可能影响它们的功能。此外,小室内的二氧化碳浓度往往波动较大,常使计算二氧化碳的平均浓度发生困难。对小室的测定工作完成后,还需根据所获得的结果推算整个群落。为了克服小室取样的局限性,生态学家曾设计过像巨大温室一样的大室把森林的一部分包围在内,在这种大室中所测得的数据将能代表整个生态系统的气体交换量。当然,这种测定仍需在黑夜和白天分别进行,以便根据两者数据计算出生态系统的总初级生产量。1974 年,Odum HT 就曾经把热带雨林的一部分包围在一个巨大的塑料薄膜室内,并大体按照小样方(小室)的工作程序对二氧化碳进行测定,把白天森林所吸收的二氧化碳与夜晚森林所释放的二氧化碳相加,即能得到这部分森林的总初级生产量。

比密封室的方法更先进一点的方法是空气动力法(aerodynamic method)。这种方法是在生态系统的垂直方向按一定间隔安置若干二氧化碳检测器,这些检测器可定期对不同层次上的二氧化碳浓度进行检测。自养生物层内(有光合作用)的二氧化碳浓度与自养生物层以上(无光合作用)二氧化碳浓度之差便是净初级生产量的一个测度。这种方法已成功地用于测定农田、草原和森林生态系统的光合作用率。有时还可把这种方法与密封室结合起来使用。

三、黑白瓶法

用红外气体分析仪无法对水生生态系统的二氧化碳进行测定,所以在二氧化碳同化法的基础上又提出了适应于水生生态系统的黑白瓶法,主要是对含氧量进行测定。1927 年,Gaarder T和 Gran HH 首次将这种方法用于海洋生态系统生产量的研究。这种方法现在已得到了广泛应用,其方法十分简便。首先是从池塘、湖泊或海水的一定深度采取含有自养生物(如藻类)的水样(水样中难免也含有某些异养生物如细菌和浮游动物等),然后将水样分装在成对的小样瓶中,样瓶的容积通常是 125～300 mL。在每对样瓶中总是有一个白瓶和一个黑瓶,所谓白瓶就是透光瓶,里面可进行光合作用;所谓黑瓶就是不透光瓶,里面不能进行光合作用，但有呼吸活动。黑瓶和白瓶同时被悬浮在水体中水样所在的深度，放置一定时间后（通常是4～8 h，也可到 24 h）便从水体中取出，用标准的化学滴定法或电子检测器测定黑瓶和白瓶中的含氧量。根据白瓶中含氧量的变化，可以确定净光合作用量和净光合作用率；根据黑瓶中所测得的数据，可以得知正常的呼吸耗氧量。同时利用黑瓶和白瓶的测氧资料，就可以计算出总初级生产量。

黑白瓶法的基本假设条件是植物的呼吸作用在黑瓶中和白瓶中是一样的，这一点对于某些种类的植物来说和对于短时间的实验来说是可以成立的，但也有很多种类的植物在黑暗条件下常表现出不同的呼吸率。黑白瓶法的另一个不足之处，是它必须把整体群落的一部分（一个取样）完全密封起来，而这个取样往往不能完全反映取样所属种群的实际状况（可通过多次重复实验进行校正）。此外，取样中异养生物的数量变化也会使呼吸消耗偏离正常值。再有，取样中的水是静止的，而在实际情况下水是不断流动的，使运动中的各种营养物质不断到达和离开光合作用发生地点。最后，从一定水深处采上来的水样如果曝光时间太长也会发生光合作用。尽管黑白瓶法存在上述的一些缺点，但这种方法还是得到了广泛应用。

黑白瓶的基本原理是测定水中含氧量的变化。另一种类似的方法，是在一天时间内（24 h）每隔 2～3 h 对水生生态系统的含氧量进行一次自动监测。如果把一个电子检测器接到一个自动记录装置上，就可以连续 24 h 对一个水生生态系统的含氧量进行取样。这个方法的优点是直接测定整个生态系统而不是测定一些小的取样，此法还用自然光周期取代黑瓶对夜晚的模拟。总之，上述两种方法都是运用各种计算来确定氧的净生产量，然后再利用光合作用方程计算出总初级生产量。

四、放射性同位素测定法

在光合作用过程中使用放射性同位素示踪剂测定初级生产量不仅可以获得精确的结果，而且有极高的敏感性。虽然其他同位素如著名的^{32}P已得到应用，但放射性的^{14}C应用效果最佳。在一种类似于黑白瓶法的方法中可使用^{14}C测定氧，但测氧法只能测定总初级生产量，现在已能利用^{14}C测定净初级生产量。具体步骤仍然是从一定的深度取出水样，然后把水样分装在成对的黑瓶和白瓶中，并把已知数量的^{14}C（通常是以重碳酸盐的形式如 $NaH^{14}CO_3$）放入黑白瓶中，此后便把黑白瓶悬浮于水样所在的深度，通常在大约 6 h 后将瓶取出。在此期间，以 CO_2 和 HCO_3 形式存在的稳态碳和非稳态的^{14}C都将同化为碳氢化合物，并成为自养生物原生质的组成部分。黑白瓶取出后便将水样过滤，已形成碳水化合物的稳态碳和放射性碳便留在滤物上，将滤物干燥后放入计数室中，通过计算它们的放射水平就可以知道总共生产了多少放射性碳水化合物。计算是依据光合作用方程式进行的，并假定放射性碳和稳态碳的吸收是成比例的

$$\frac{6\,^{14}CO_2}{6CO_2} = \frac{^{14}C_6H_{12}O_6}{C_6H_{12}O_6}$$

取样器和水样容器化学成分对水样的影响以及水样长时间曝光可能产生的光抑制作用，都可能使放射性同位素法（即^{14}C法）产生误差。此外，水样的酸碱性、^{14}C溶液中各种离子可能存在的抑制作用、滤物的性质以及计数室的效率，也可以影响^{14}C的吸收或决定^{14}C浓度的精确性。用另外一种方法（测三磷酸腺苷的变化）所作的比较研究表明，^{14}C法常常低估了碳的吸收量，从而也低估了初级生产量。虽然如此，这种方法在近 30 多年来一直在被使用，目前仍然是

测定水生生态系统初级生产量的一种最便利、最实用的方法。

五、叶绿素测定法和 pH 测定法

叶绿素测定法主要是依据植物的叶绿素含量与光合作用量和光合作用率之间的密切相关关系。测定的具体程序是对植物进行定期取样，并在适当的有机溶剂中提取其中的叶绿素，然后用分光光度计测定叶绿素的浓度。由于假定每单位叶绿素的光合作用率是一定的，所以依据所测数据就可以计算出取样面积内的初级生产量。叶绿素法优于其他方法之处，是取样品无需再装入透光和不透光的容器内，它的适应性较广，已被广泛地用于研究水生生态系统的初级生产量。例如，在研究藻类时，先把藻类从已知体积的水中过滤出来，再用丙酮提取其中的叶绿素，并用分光光度计测定叶绿素的浓度。从大量取样的测定中，很快便能计算出藻类的生物量。样品取得后也可先保存起来供以后在实验室进行测定。这样，在野外就可以于短时间内采得大量样品，待有时间时再进行测定，因而十分方便。对叶绿素进行测定后便可根据叶绿素浓度和光强度推算出初级生产量，所得结果还需要用已知的同等生物量所具有的生产量（用黑白瓶法在野外测定过的）进行经验性的比较和校准。

测定 pH 是研究水生生态系统初级生产量的又一种方法。这种方法的原理主要是依据初级生产量与溶于水中的二氧化碳有一定的关系，即水体中的 pH 是随着光合作用中吸收二氧化碳和呼吸过程中释放二氧化碳而发生变化的。虽然这种方法需要对每一个具体水生生态系统中的 pH 和二氧化碳之间的关系进行专门的校准，但它的优点是对整个系统不会带来任何干扰，因为 pH 电极是被固定在水内一定的地点。

第五节　初级生产量的能量分配

净初级生产量代表着有机物质在植物组织中的积累和贮存，植物会将这些已固定的能量或净收入用于不同的方面。其中的一部分用于生长，构建茎、叶，以便进一步获得能量和营养物；另一部分作为光合作用的产物被贮存下来，可用于未来的生长或其他功能，这种贮存涉及积累、储备物形成和再循环三个方面。积累（accumulation）是增加不直接用于生长的化合物，这包括碳化合物如淀粉、果糖，以及专门用于贮存蛋白质的氮和矿物离子。积累过程是发生在资源供应量大于资源需求量的时候，这在生长缓慢的树木中是最常见的。储备物形成（reserve formation）是指用资源合成贮存的化合物，否则这些资源就会被分配去促进生长。再循环（recycling）是指营养物从衰老组织进入新生组织的过程，通过再循环植物就能留住这些营养物，否则它们就会丢失在枯枝落叶层中。植物如何分配它们的能量往往与它们的生活史密切相关，而且也是植物对环境条件和环境压力所作出的反应。

由于可支配的能量有限和生活史不同阶段对能量需求的变化，植物在一年中就常常要把能量的一种用法转变为另一种用法。如果不能保持能量收支的平衡，植物就会死亡。在生活史的早期，植物必须把净生产量用于茎和叶的生长，因为这将增加它的光合作用能力；但当生长达到了一定限度后，植物就会把能量转用于储备，以便一旦需要时加以利用。例如，当害虫吃掉大量树叶需要补充新叶时。在生活史的后期，植物需要用大量的光合作用产物来构建花朵和果实，此时植物就会从它的能量储备中动用适量的资源进行生殖，这有利于增进自己的适合度。这种资源动用在成熟的一年生和多年生植物中是很明显的，植物不仅会把资源从生长

在茎下部的叶中转运走，而且也会把叶中的各种营养物调走，使叶片逐渐枯萎。植物只保留茎上部的一些叶片以满足生存的基本需求，其余的能量则全部用于生殖和贮存。

植物净初级生产量的能量分配在不同类型和不同种类的植物中是不一样的，甚至在生长于不同环境条件下同一种植物的成员之间也是不一样的。生长在有利环境条件下的植物与生长在不利环境条件下的同一种植物相比，其能量分配也会有很大不同。生长在贫瘠环境中的植物总是会把更多的光合产物用于根的生长以保证从土壤中摄取足够的营养物和水分，但这相应地就会减少对叶和茎的资源供应，最终也会减少对生殖的能量投入。生长在富养环境中的同一种植物则会把较少的能量用于根的生长，而把更多的能量用于营养器官的生长。

一年生草本植物、多年生草本植物和木本植物的资源分配有很大不同。一年生草本植物的发育是从种子中所含有的极少量能量开始的，一旦第一片幼叶开始进行光合作用，它就会把高达 60%的生产量用于地上营养器官的生长；当叶、茎和根得到充分生长后，一年生植物就会把它的生产量转用于花朵的生长，只用大约 10%～20%的能量供叶生长；当受精的花朵发育为种子时，植物就会从叶和根中回收能量，并将 90%的光合生产量用于种子的发育和成熟。种子是确保一年生植物能存活到下一年的唯一生命体。

多年生草本植物有着不同的生活方式，因而能量分配也不相同。像紫菀、一支黄花和雏菊这样的植物，春天是从利用贮存在根中的能量开始生长的；另一些植物，如虎耳草(*Saxifraga*)和园叶狗舍草(*Senecio obovatus*)，则是利用从生基叶中的能量进行生长的。生长一旦开始，植物就会把它全部的生产量用于构建自己的营养结构，并为了以后的开花将能量储备起来；到了开花时节，植物就会动用这些储备的能量去生产花朵和种子；到生长季节快结束时，多年生植物就会把衰老叶子中的能量转运到根中，待来年生长季节到来时再利用。

其他草本植物，如延龄草(*Trillium grandiflorum*)和春美草(*Claytonia* spp.)，则采取不同的策略。它们利于贮存在根中的能量供应春天早开的花朵和早生的树叶，到春末和夏初时，它们已生产了更多的叶子，这些叶子的光合作用产物又送回到根中贮存起来供明年生长时利用。当植物完成这一任务后便不再进行生产，地上生物量会全部枯死。

木本植物必须把能量用于更多的方面，其中的木本组织和根所需能量较多。春季树木需动用至少 1/3 的储备能量用于新叶的生长，光合作用一旦开始进行，落叶树就会把它们的光合作用产物用于树叶的生长，然后是花朵、果实、新的形成层、新芽，最后是根和树皮中淀粉的沉积，大体上是按这个先后顺序。树木在一年中最大的能量支出可能是果实的生产，一棵松树要用它一年光合作用生产量的 5%～15%去维持松果的发育和成熟；山毛榉和栎树要用 20%以上的净能量收入去生产它们的坚果和橡实，而苹果树会用多达 35%的能量去生产苹果。事实上，果实的生产是非常消耗能量的，所以大部分树木都只能每隔 3～7 年才能有一次果实的丰收。在果实丰收年，树木必须动用它的碳水化合物储备并限制其他组织和器官的生长。当生长季结束时，落叶树就会及时从叶中回收碳水化合物和各种营养物并把它们转运到根中储备起来。

能量分配也可以在更广的生态系统的基础上进行分析。在这种情况下所涉及的植株分属于具有不同生活史的很多物种，其生殖活动存在着年度变化，全季的能量分配也有所不同。例如，在一个由栎树、松树组成的年轻的森林中，根据年生物量的积累，树木是将 25%的净初级生产量用于构建树干和树皮，40%构建树根，33%构建树枝和树叶和 2%构建花朵和种子；灌木约用 54%的净初级生产量构建根，21%构建茎，23%构建叶和 2%构建花和果实。

总起来讲,植物的净初级生产量是按照一定比例分配给地上生物量和地下生物量的。当根/茎比(R/S)很高时,说明大部分净初级生产量都用在了维持植物生存的功能上,使地下生物量所占比例很大,这使植物能够更有效地竞争水分和各种营养物,从而使植物能够在贫瘠和不利的环境中生存下来。植物的 R/S 比值低,说明地上生物量所占比例很大,使植物能够利用和同化更多的日光能,从而提高植物的生产力。

各种不同的生态系统都有自己所特有的 R/S 比值。在苔原生态系统中,冬季漫长严寒、生长季短,所以苔原草本植物的 R/S 比值是 5～11,苔原灌木的 R/S 比值是 4～10。再往南移,温带草原的 R/S 比值大约是 3,这说明冬季偏冷、雨水偏少。森林生态系统因为有着很多的地上生物量而使得 R/S 比值很低,就 Hubbard Brook 森林实验站来说,森林中树木的 R/S 比值是 0.213,灌木是 0.5,草本植物是 1.0。正如我们所能预测的那样,R/S 比值将会随着从树木层到草本植物层而逐渐增加。R/S 比值的变化反映了植物对环境压力所作出的反应。例如,草原对于过牧压力所作出的反应是把更多的净初级生产量运送到根中去,实验表明,在重过牧区,草本植物会把 69%的净初级生产量分配到根中,19%分配到地上茎,12%分配到根颈(由根过渡到茎的部位);与此不同的是,在轻牧实验区,草本植物只把 60%的净初级生产量分配到根中,22%分配到地上茎,18%分配到根颈。

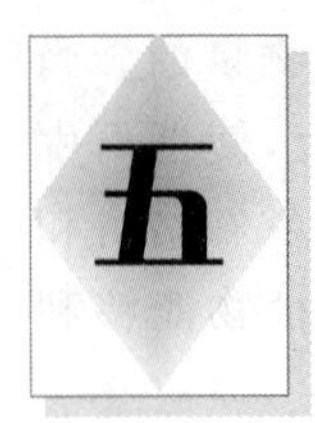

第29章　生态系统中的次级生产量

第一节　次级生产量的生产过程

净初级生产量是生产者以上各营养级所需能量的唯一来源。从理论上讲,净初级生产量可以全部被异养生物所利用,转化为次级生产量(如动物的肉、蛋、奶、毛皮、骨骼、血液、蹄、角以及各种内脏器官等)。但实际上,任何一个生态系统中的净初级生产量都可能流失到这个生态系统以外的地方去,如在海岸盐沼生态系统中,大约有45%的净初级生产量流失到了河口生态系统。还有很多植物是生长在动物达不到的地方,因此也无法被利用。总之,对动物来说,初级生产量或因得不到,或因不可食,或因动物种群密度低等原因,总是有相当一部分不能被利用。即使是被动物吃进体内的植物,也还有一部分会通过动物的消化道被原封不动地排出体外。例如,蝗虫只能消化它们所吃进食物的30%,其余的70%将以粪便形式排出体外,供腐食动物和分解者利用。但是鼠类一般可消化它们所吃进食物的85%~90%。食物被消化利用的程度将依动物的种类而大不相同。可见,在动物吃进的食物中并不能全部被同化和利用,其中有相当一部分是以排粪、排尿的方式损失掉了。在被同化的能量中,有一部分用于动物的呼吸代谢和生命的维持,这一部分能量最终将以热的形式消散掉,剩下的那一部分才能用于动物各器官组织的生长和繁殖新的个体,这就是我们所说的次级生产量。当一个种群的出生率最高和个体生长速度最快的时候,也就是这个种群次级生产量最高的时候,这时往往也是自然界初级生产量最高的时候。但这种重合并不是碰巧发生的,而是自然选择长期起作用的结果,因为次级生产量是靠消耗初级生产量而得到的。

次级生产量的一般生产过程可概括于下面的图解中。

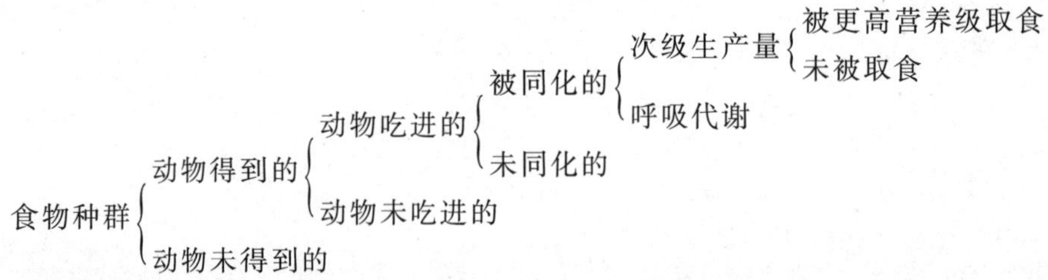

上述图解是一个普适模型,它可应用于任何一种动物,包括植食动物和肉食动物。对植食动物来说,食物种群是指植物(初级生产量),对肉食动物来说,食物种群是指动物(次级生产量)。肉食动物捕到猎物后往往不是全部吃下去,而是剩下毛皮、骨头和内脏不吃,所以能量从一个营养级传递到下一个营养级时往往损失很大。对一个动物种群来说,其能量收支情况可以用下列公式表示

$$C = A + FU$$

其中，C 代表动物从外界摄取的能量，A 代表被同化的能量，FU 代表以粪、尿形式损失的能量。A 项又可分解为

$$A = P + R$$

其中，P 代表次级生产量，R 代表呼吸过程中的能量损失。综合上述两式，可以得到

$$P = C - FU - R$$

上式的含义是次级生产量等于动物吃进的能量减掉粪尿所含有的能量，再减掉呼吸代谢过程中的能量损失。

下面以春季的地栖蜘蛛种群作为一个实例，定量地分析一下这种食肉动物的次级生产过程和生产效率。

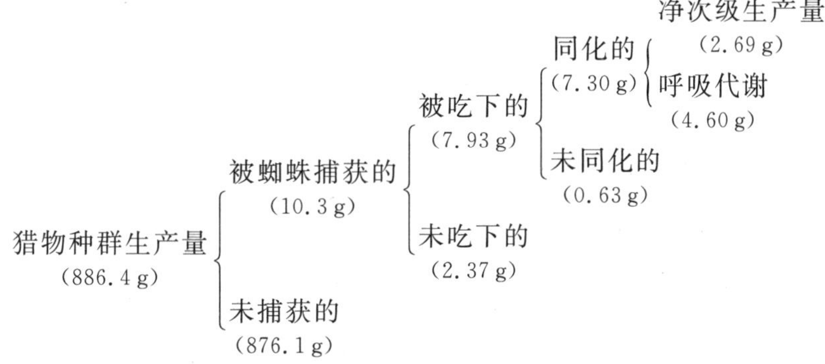

从以上数据可以计算出这种蜘蛛在次级生产过程中的两种生态效率

$$\text{同化效率} = \frac{A}{I} = \frac{7.30\ \text{g}}{7.93\ \text{g}} = 92\%$$

$$\text{生长效率} = \frac{P}{A} = \frac{2.69\ \text{g}}{7.30\ \text{g}} = 37\%$$

第二节　次级生产量的测定

测定动物群落次级生产量的方法有好几种，但总的程序大体如下：每种动物都要分别测定，为了确定种群所摄取的总能量值，必须知道动物的取食率，为此，可把动物圈养在一个取食样地内，并在动物的取食前后测定样地内的草本植物生物量。对有些动物则可采用直接观察的方法了解其所猎食动物的种类和数量，如猛禽。对动物胃的内含物进行称重这种间接技术也常被应用，但必须要知道所测动物的取食率和消化率。

在实验室里测定被动物同化的能量较为简单，因为在实验条件下，动物所摄取的总能量是可调节的，动物所排出的粪便和尿也可以收集；但在野外，要想直接估算动物所同化的能量则是最困难的。普遍采用的方法是利用下列关系进行间接测定，即

$$\text{同化能量} = \text{呼吸消耗} + \text{净生产量}$$

如果我们能够测定出呼吸消耗和净生产量，那么把两者相加便可得到同化能量。在实验室中很容易测定动物的呼吸消耗，方法是把动物饲养在一个小容器内并直接测定它的耗氧量、二氧化碳输出量或产热量。对恒温动物来说，基础代谢率（即最小代谢率）是动物身体大小的一个简单函数，即

$$基础代谢 = 70 \times (体重)^{3/4}$$

当体重用 kg 表示时，这种函数关系可用图 29-1 表示。基础代谢是在动物不活动和空胃时测定的，测定时的环境温度应刚好保持在不需动物消耗能量进行额外的热生产。在这种理想条件下所测得的基础代谢率与田间动物实际的呼吸消耗不会非常吻合，因为在自然条件下，动物随时在活动，消化在不断进行，温度也在变化。据 Brody S 估计，动物的平均日代谢消耗大约是基础代谢率的 2 倍。另据 Grodzinski W(1967)等人的研究，田鼠(*Microtus agrestis*)的平均日代谢率约为基础代谢率的 1.5 倍。动物的呼吸消耗受多种环境因子的影响，其中温度是特别重要的因子，无论对恒温动物和变温动物都是这样。例如，盐沼蝗(*Orchelimum fidicinium*)，其呼吸消耗与个体大小和环境温度都呈函数关系。

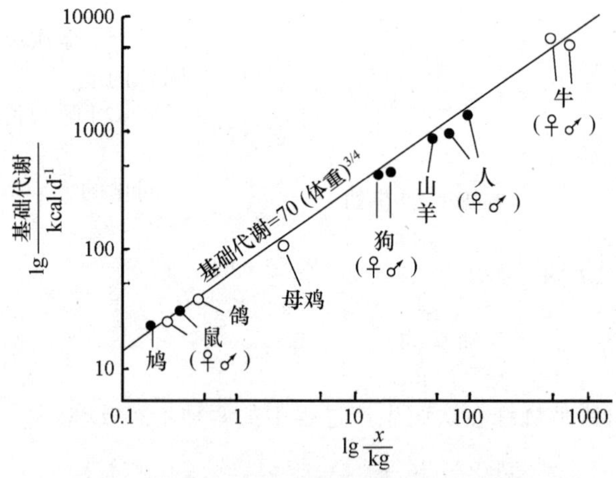

图 29-1　恒温动物体重和基础代谢率之间的关系

动物的净生产量可以通过计算种群内个体的生长和新个体的出生来获得，测定个体生长的方法是连续多次测量动物个体的体重。但应注意的是，取样间隔时间不应太长，以防止在两次取样之间一些个体出生后又死去。净生产量通常是以生物量来测量的，并可依据该物种的单位体重与能量的换算值将其转化为能量单位。图 29-2 说明了如何利用种群个体生长和出生的资料来计算动物的净生产量。在这个假想的种群中，净生产量等于种群中个体的生长和出生之和，即

$$\begin{aligned}净生产量 &= 生长 + 出生\\ &= 20 + 10 + 10 + 10 + 10 + 30 - 10 - 10\\ &= 70(生物量单位)\end{aligned}$$

此外，我们也可以用另一种方式来计算净生产量，即

$$\begin{aligned}净生产量 &= 生物量净变化 + 死亡损失\\ &= 30 + 40 = 70(生物量单位)\end{aligned}$$

因为死亡和迁出是净生产量的一部分，所以不应该将其忽略不计。我们通过观察一个稳定种群(生物量的净变化等于零)就可以很清楚地看清这一点——一个种群生物量的净变化等于零，但其生产量不一定等于零。

下面以生活在乌干达 Ruwenzori 国家公园的非洲象为实例，来说明次级生产量的具体计

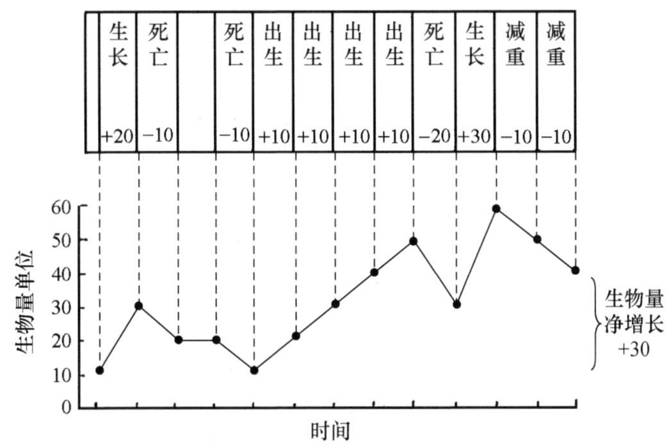

图 29-2　在一个特定时间内生物量的净变化是生长、生殖(增加)和死亡、迁出(减少)的结果

(据 Krebs,1985,改绘)

算过程。该非洲象种群是一个稳定的种群,最大年龄估计是 67 岁,表 29-1 给出了各年龄组的存活情况和生产量资料。体重增长数据是根据动物园的记录和少量野外资料,表中同时也给出了每个年龄组的平均体重和增重情况,如果种群的年龄结构处于稳定状态的话,那么各年龄组的 L_x 值乘以平均个体增重之累加便是该种群生物量的增长量,计算结果可见表 29-1 的最后一列数据。非洲象体重(活重)和热值的换算关系约为 1.5 kcal(6.3×10^3 J)·g^{-1}。由表 29-1 可以知道,总共生活了 10 487.5 年次的 1000 头非洲象,其体重增长总值为2 552 875 lb。

$$\text{平均每年每象增重} = \frac{2\ 552\ 875\ \text{lb}}{10\ 487.5} = 243.4\ \text{lb}$$

$$243.4\ \text{lb} \times 0.45359\ \text{kg/lb} = 110.40\ \text{kg}$$

$$110\ 400\ \text{g} \times 1.5\ \text{kcal}(6.3 \times 10^3\ \text{J}) \cdot \text{g}^{-1} = 165\ 600\ \text{kcal}(6.9 \times 10^8\ \text{J})$$

非洲象的种群密度是 2.077 头/km^2 或 0.000002077 头/m^2,因此每年 1 m^2 的增长量为

$$165\ 600\ \text{kcal} \times 0.000002077 = 0.34\ \text{kcal}(1.42 \times 10^3\ \text{J})$$

被非洲象吃下的大量食物都以粪便的形式排到体外。根据对饲养象的研究,平均 5000 lb (2268 kg)的一头象每天要吃 23.59 kg 干草,并排出 13.25 kg 的粪便(干重),而每 g 干草约含 4 kcal(66.9 J)热能。由此,可以计算非洲象的年食物消耗量和产粪量,即

$$\text{年食物消耗量} = 94\ 360\ \text{kcal} \cdot \text{d}^{-1} \times 365\ \text{d} \times 0.000002077\ \text{m}^{-2}$$

$$= 71.5\ \text{kcal}(2.99 \times 10^5\ \text{J}) \cdot \text{m}^{-2} \cdot \text{a}^{-1}$$

$$\text{年产粪量} = 53\ 000\ \text{kcal} \cdot \text{d}^{-1} \times 365\ \text{d} \times 0.000002077\ \text{m}^{-2}$$

$$= 40.2\ \text{kcal}(1.68 \times 10^5\ \text{J}) \cdot \text{m}^{-2} \cdot \text{a}^{-1}$$

我们已知

$$\text{食物能量} = \text{粪便} + \text{生长} + \text{呼吸代谢}$$

$$71.5 = 40.2 + 0.34 + \text{呼吸代谢}$$

因此,如果不考虑出生和尿能损失的话,呼吸代谢值将是 31.0 kcal(1.30×10^5 J)·m^{-2}·a^{-1}。

表 29-1　非洲象的生命表和生产量资料(1956-11～1957-06)

x	n_x	q_x	L_x	平均个体重量/lb	平均个体增重/lb	种群总增重/lb
1	1000	0.30	850.0	200	200	170 000
2	700	0.20	630.0	450	250	157 500
3	560	0.10	532.0	700	250	133 000
4	504	—	478.5	1000	300	143 550
5	453	—	430.5	1350	350	150 675
6	408	—	387.5	1750	400	155 000
7	367	—	348.5	2200	450	156 825
8	330	—	313.5	2650	450	141 075
9	297	—	282.0	3100	450	126 900
10	267	0.05	260.5	3550	450	117 225
11	254	—	247.5	4000	450	111 375
12	241	—	235.0	4450	450	105 750
13	229	—	223.5	4850	400	89 400
14	218	—	212.5	5250	400	85 000
15	207	0.02	205.0	5700	450	92 250
16	203	—	201.0	6150	450	90 450
17	199	—	197.0	6600	450	88 650
18	195	—	193.0	7000	400	77 200
19	191	—	189.0	7450	450	85 050
20	187	—	185.0	7900	450	83 250
21	183	—	181.0	8250	350	63 350
22	179	—	177.0	8500	250	44 250
23	175	—	173.0	8700	200	34 600
24	171	—	169.5	8900	200	33 900
25	168	—	166.5	9000	100	16 650
26～27	3107	0.02～0.20	3026.5	9000	0	0
总计	10 933		10 487.5	5041	9000	2 552 875

从图 29-1 中也可以估算出一头 5000 lb 重(2268 kg)的非洲象的期望基础代谢率，即

$$\begin{aligned}\text{基础代谢} &= 70W^{3/4}\\ &= 70\times(2\,268\ \text{kg})^{3/4}\\ &= 23\,005\ \text{kcal}(9.63\times10^{7}\ \text{J})\cdot\text{d}^{-1}\end{aligned}$$

如果动物的活动代谢两倍于基础代谢的话，我们就可以计算出非洲象呼吸代谢的能量消耗，即

$$\begin{aligned}\text{呼吸代谢} &= 2\times23\,005\ \text{kcal}\cdot\text{d}^{-1}\times365\ \text{d}\times0.000\,002\,077\ \text{m}^{-2}\\ &= 34.9\ \text{kcal}(1.46\times10^{5}\ \text{J})\cdot\text{m}^{-2}\cdot\text{a}^{-1}\end{aligned}$$

此值与前面我们所计算的 31.0 kcal(1.30×10^{5} J)·$\text{m}^{-2}\cdot\text{a}^{-1}$相差并不太大。

最后，我们以能量值计算非洲象的现存量

$$\text{现存量} = 0.000\,002\,077\ \text{m}^{-2}\times2\,268\,000\ \text{g}\times1.5\ \text{kcal}\cdot\text{g}^{-1}$$

$$= 7.1\ \mathrm{kcal}(2.97 \times 10^4\ \mathrm{J}) \cdot \mathrm{m}^{-2}$$

利用收割法对非洲象觅食地区的净初级生产量进行了计算，结果所获得的净初级生产量的数据是 747 kcal(3.13×10^6 J)・m^{-2}・a^{-1}。

从上述这些资料不难看出，非洲象所摄取的食物能量虽然达71.5 kcal(2.99×10^5 J)・m^{-2}・a^{-1}，但其中大部分都用在呼吸代谢上[31.0 kcal(1.30×10^5 J)・m^{-2}・a^{-1}]，或者以粪便的形式[40.2 kcal(1.68×10^5 J)・m^{-2}・a^{-1}]排出体外；而用于生长的却很少，只有 0.34 kcal(1.42×10^3 J)・m^{-2}・a^{-1}。

估算次级生产量的具体细节显然应依物种而有所不同，而且应依对物种的了解程度而作不同数量的假设。对生态系统中全部的优势种都应按此程序进行重复计算，然后把计算结果相加就是整个生态系统的次级生产量。

第三节　陆地和海洋中动物的次级生产量

在所有生态系统中，次级生产量都要比初级生产量少得多。表 29-2 列出了地球表面各种不同类型生态系统中的次级生产量估算值。表中的数据并不是实际测得的，而是依据净初级生产量资料并参照各地域动物的取食和消化能力推算出来的。推算程序首先是从植物的净初级生产量开始，然后对每一类型生态系统都要确定一个初级生产量被动物利用的百分数和利

表 29-2　地球各种生态系统的年次级生产量

生态系统类型	净初级生产量(C) /(10^9 t・a^{-1})	动物利用量 /(%)	植食动物取食量(C) /(10^6 t・a^{-1})	净次级生产量(C) /(10^6 t・a^{-1})
热带雨林	15.3	7	1100	110
热带季林	5.1	6	300	30
温带常绿林	2.9	4	120	12
温带落叶林	3.8	5	190	19
北方针叶林	4.3	4	170	17
林地和灌丛	2.2	5	110	11
热带稀树草原	4.7	15	700	105
温带草原	2.0	10	200	30
苔原和高山	0.5	3	15	1.5
沙漠灌丛	0.6	3	18	2.7
岩面、冰面和沙地	0.04	2	0.1	0.01
农田	4.1	1	40	4
沼泽地	2.2	8	175	18
湖泊河流	0.6	20	120	12
陆地总计	48.3	7	3258	372
开阔大洋	18.9	40	7600	1140
海水上涌区	0.1	35	35	5
大陆架	4.3	30	1300	195
藻床和藻礁	0.5	15	75	11
河口	1.1	15	165	25
海洋总计	24.9	37	9175	1376
全球总计	73.2	17	12 433	1748

用量，最后再根据每个生态系统典型动物的同化效率推算出该生态系统的净次级生产量。

进行这种推算的一个最显著的事实是：海洋生态系统中的植食动物有着极高的取食效率，海洋动物利用海洋植物的效率约相当于陆地动物利用陆地植物效率的5倍。正是由于这一特点，海洋的初级生产量总和虽然只有陆地初级生产量的1/3，但海洋的次级生产量总和却比陆地高得多(1376∶372)。研究海洋的次级生产量具有重要的经济意义，因为这个问题与海洋鱼类潜在产量的估算有密切关系。海洋中只有少数经济鱼类是植食性的，而大多数鱼类都以高位食物链上的生物为食。1969年，Ryther JH对世界海洋鱼类的潜在产量进行了估算(表29-3)，这种估算是从测定初级生产量开始的，然后是对每一个海区内的植物与可捕捞鱼类之间必须有几个营养级进行推算。在生产力低的开阔大洋，食物链应该比较长(5个环节)，但在生产力很高的海区通常只有1个或2个环节。此后便是确定各营养级之间的能量转化效率。Ryther对世界海洋鱼类潜在产量的估计虽然是按上述步骤一步一步推算出来的，但目前被普遍认为是较为符合实际的，因此得到了广泛的引用。在我们能够找到更便利的方法对海洋食物链每一个营养级的取食量进行实际测定之前，还谈不到对Ryther的计算结果加以改进的问题。

表29-3 世界海洋鱼类的潜在产量

	面积/(%)	面积/km^2	平均生产力(C)/($g\cdot m^{-2}\cdot a^{-1}$)	总生产量(C)/(10^9 $t\cdot a^{-1}$)	初级生产量(C)/($t\cdot a^{-1}$)	营养级	转化效率/(%)	鱼类生产量(鲜重)/t
开阔大洋	90	326×10^6	50	16.3	16.3×10^9	5	10	1.6×10^6
海岸带	9.9	36×10^6	100	3.6	3.6×10^9	3	15	1.2×10^8
上涌区	0.1	3.6×10^5	300	0.1	0.1×10^9	1.5	20	1.2×10^8
总计				20.0				2.4×10^8

根据初级生产力的高低可以把海洋分为3个区域，即开阔大洋区、沿岸区和海水上涌区。在海水上涌区浮游植物的生产量最高，但该区只占海洋的一小部分，食物链比较特殊(图29-3)；从沿岸带到远离海岸的海域，小型浮游生物(>100 μm)渐渐被微小浮游生物(5～25 μm)所取代，这一点很重要，因为一般说来在食物链开始时浮游植物个体越大，有机物质转化到鱼类所需要的营养级数目就越少；在远离海岸的海域微小浮游生物又被小型浮游动物所取食，如原生动物和小甲壳动物的幼虫，后者又构成了肉食性浮游动物的食物，毛颚动物则属于二级食肉动物，它们以各种浮游动物为食。因此，处在初级生产者以上三个营养级中的动物，体长仍然只有1～2 cm，至少还需要经过1～2个营养级才能转化到鱼类(如金枪鱼)。在海水上涌区，食物链最短，这是因为浮游植物的个体很大，其中很多种类还能形成直径达几毫米的群体。这些很大的绿色植物的群体可直接被大鱼所取食，其中很多在海水上涌区占优势的鱼类(如鳀和沙丁鱼)都是植食性鱼类。

在海洋的热带、温带和寒带部分，食物链也各不相同。在比较温暖的海水中初级生产力比较高，但能量传递到较高营养级的效率却比冷水海洋低。在南北极海域，底栖动物和浮游动物的能流渠道几乎是同等重要的，但在热带海洋中，能流以浮游动物为主。因此，在热带海域，海

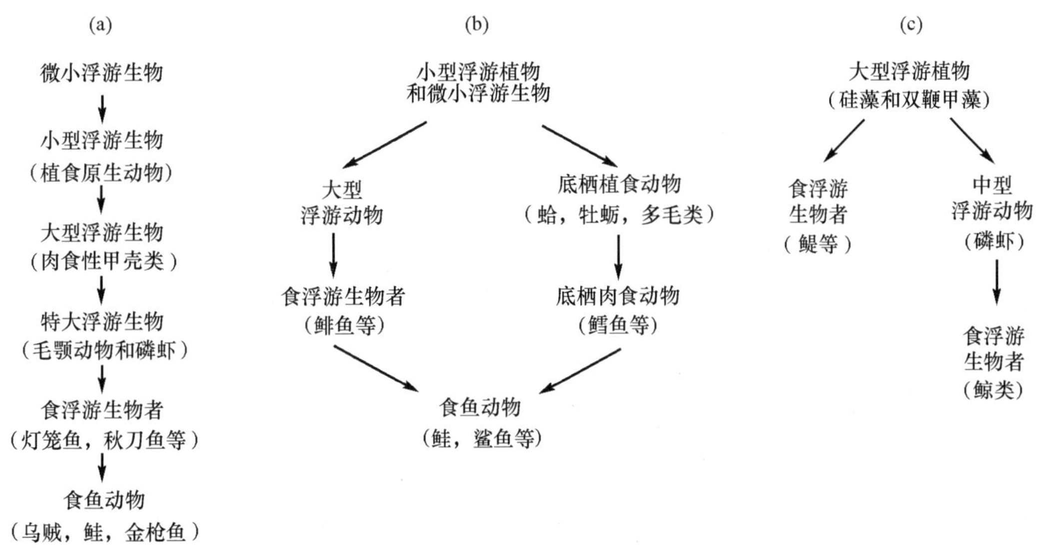

图 29-3　海洋中的三种类型食物链

(a) 一般海洋食物链；(b) 大陆架食物链；(c) 上涌区食物链

洋渔业主要是捕捞海面鱼类，而在南北极海域更偏重于捕捞底栖鱼类。

如果海洋每年可以生产 2.4×10^8(亿) t 鱼的话(表 29-3)，那么人类可以捕捞多少呢？显然，这些鱼的生产量不可能全被捕捞上来，因为海洋里还有很多以鱼为食的动物，此外，一部分生产量还必须用于维持鱼类自身的生殖和生长。据 Ryther 估计，人类每年只能从海洋中捕捞大约 1 亿吨鱼，这就是海洋鱼类的最大持续产量。1969 年，人类从海洋中总共捕捞了 6300 万吨鱼，并且以每年 8%的增长率增长。1970 年，因秘鲁鳀鱼捕捞量不景气，使当年世界渔捞量略有下降，但到 1974 年又恢复到了 7000 万吨。显然，海洋中的鱼类资源并不是无限量的，很可能在今后 20 年内人类就会达到年捕鱼 1 亿吨的最大值。当然，还有一些种类的鱼目前尚未被人类捕捞，这些鱼类大约可提供 2000 万至 5000 万吨的产量。

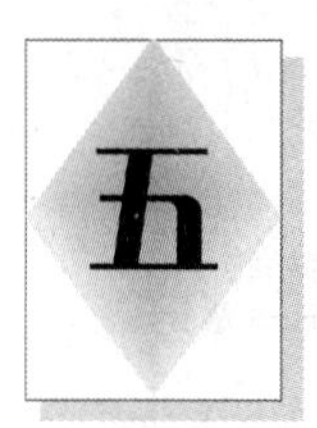

第 30 章 生态系统中有机物质的分解

第一节 分解过程的性质

生态系统的分解(decomposition)是死有机物质的逐步降解过程。分解时，无机元素从有机物质中释放出来，称为矿化，它与光合作用时无机营养元素的固定正好是相反的过程。从能量而言，分解与光合也是相反的过程，前者是放能，后者是贮能。

从名字上看，分解作用似乎很简单，但实际上是一个很复杂的过程，它包括碎裂、混合、物理结构改变、摄食、排出和酶作用等过程。它是由许多种生物完成的，参加这个过程的生物都可称为分解者。所以分解者实际上是一个很复杂的食物网，包括食肉动物、食草动物、寄生生物和少数生产者。对分解者亚系统的食物网研究比较困难，通过放射性元素标记能获得一些资料。图 30-1 就是森林枯枝落叶层中的一部分食物网，包括千足虫、甲形螨、蟋蟀、弹尾目等食草动物，它们又供养食肉动物。

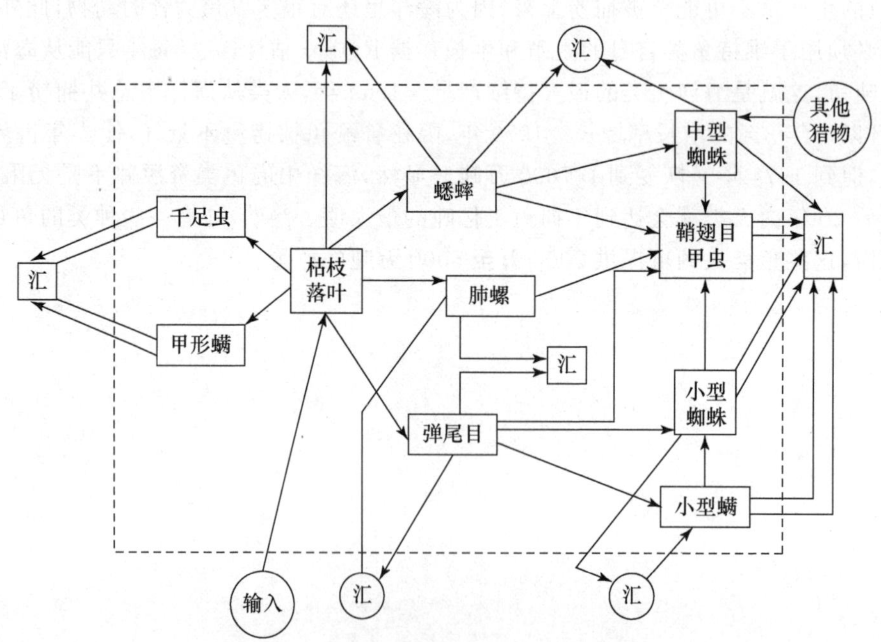

图 30-1 森林枯枝落叶层中的部分食物网

分解过程的复杂性还表现在它是碎裂、异化和淋溶三个过程的综合。由于物理的和生物的作用，把尸体分解为颗粒状的碎屑称为碎裂；有机物质在酶的作用下分解，从聚合体变成单体(例如,由纤维素变成葡萄糖),进而成为矿物成分,称为异化;淋溶则是可溶性物质被水淋洗出来,是一种纯物理过程。在尸体分解中,这三个过程是交叉进行、相互影响的。

当植物叶还在树上时,微生物已经开始分解作用:活植物体产生各种分泌物、渗出物,还有雨水的淋溶,提供植物叶、根表面微生物区系的丰富营养;枯枝落叶一旦落到地面,就被细菌、放线菌、真菌等微生物所进攻。活的动物机体在其生活中也有各种分泌物、脱落物(如蜕皮、掉毛等)和排出的粪便,它们又受各种分解者生物所进攻。分解过程还因许多无脊椎动物的摄食而加速,它们吞食角质、破坏软组织、穿成孔,使微生物更易侵入。食碎屑的动物也包括千足虫(马陆、蜈蚣等)、蚯蚓、弹尾虫等,它们的活动使叶等有机残物暴露面积增加十余倍。因为这些食碎屑动物的同化效率很低,大量的、未经消化吸收有机物通过消化道而排出,很易为微生物分解者所利用。从这个意义上讲,大部分动物既是消费者,又是分解者。

分解过程是由一系列阶段所组成的。从开始分解后,物理的和生物的复杂性一般随时间进展而增加,分解者生物的多样性也相应地增加。这些生物中有些具特异性,只分解某一类物质,另一些无特异性,对整个分解过程都起作用。随着分解过程的进展,分解速率逐渐降低,待分解的有机物质的多样性也降低,直到最后只有组成矿物的元素存在。最不易分解的是来源于木质的腐殖质,它是一种无构造、暗色、化学结构复杂的物质,其基本成分是胡敏素(humin)。在灰壤中腐殖质保留时间平均达 250±60 年,而在黑钙土中保留 870±50 年。在没有被翻乱的有机土壤中,这种顺时序的阶段性可以从土壤剖面的层次上反映出来(表30-1)。植物的残落物落到土表,从土壤表层的枯枝落叶到下面的矿质层,随着土壤层次的加深,死有机物质不断地为新的分解生物群落所分解着,各层次有不同的理化条件、有机物质的结构和复杂性也有顺序的改变。微生物呼吸率随深度的逐渐降低,反映了被分解资源质量的相应变化。但水体系统底泥中分解过程的这种时序系列变化一般不易观察到。

表 30-1　松林土壤各层次的耗氧率变化(引自 Anderson, 1981)

层次	特点	有机质含量 /(%)	耗氧/(μL·$(5h)^{-1}$)	
			每克干土	每克有机质
OO(L)	枯枝落叶	98.5	2366.0	2406.0
$O_1(F_1)$	发酵层	98.1	1400.0	1428.0
$O_2(F_2)$	发酵层	89.3	245.2	274.6
O_3(H)	腐殖质	54.6	80.9	148.3
A_1	淋溶层	17.2	13.3	77.7
A_2	淋溶层	1.9	4.5	238.8
B_1	淀积层	10.6	9.8	91.9
B_2	淀积层	5.2	2.9	56.6
C	矿物层	1.4	1.4	96.3

虽然分解者亚系统的能流(和物流)的基本原理与消费者亚系统是相同的,但其营养动态的面貌则很不一样。进入分解者亚系统的有机物质也通过营养级而传递,但未利用物质、排出物和一些次级产物又可成为营养级的输入而再次被利用,称为再循环。这样,有机物质每通过一种分解者生物,其复杂的能量、碳和可溶性矿质营养都再释放一部分,如此一步步释放,直到最后完全矿化为止。例如,假定每一级的呼吸消耗为 57%,而 43%以死有机物形式再循环,按此估计,要经 6 次再循环,才能使再循环的净生产量降低到 1%以下,即 43%→18.5%→8.0%

→3.4%→1.5%→0.43%。

第二节 作为分解者的生物类群

分解过程的特点和速率取决于待分解资源的质量、分解者生物的种类和分解时的理化环境条件三方面。三方面的组合决定分解过程每一阶段的速率。下面从分解者生物开始，分别介绍这三者。

一、细菌和真菌

动植物尸体的分解过程一般是从细菌和真菌入侵开始的。它们利用其可溶性物质(主要是氨基酸和糖类)，但通常缺少分解纤维素、木质素、几丁质等结构物质的酶类。例如青霉属、毛霉属和根霉属的种类多能在分解早期迅速增殖，与许多种细菌在一起，能在新的有机残物上暴发性增长。

细菌和真菌成为有成效的分解者，主要依赖于生长型和营养方式两类适应。

(1) 生长型。微生物主要有群体生长和丝状生长两类生长型。前者如酵母和细菌，后者如真菌和放线菌。丝状生长能穿透和入侵有机物质深部，例如，许多真菌能形成穿孔的菌丝，机械地穿入难以处理的待分解资源，甚至只用酶作用难以分解的纤维素，真菌菌丝体也能分开其弱的氢键。丝状生长的另一适应意义是使营养物质在被菌丝体打成众多微小空隙的土壤中移动方便，从而使最易限制真菌代谢的营养物质得到良好的供应。营养物质的位移一般在数微米间，但有些分解木质素的真菌，如担子菌，它所形成的根状菌束可传送数米之远。

丝状生长有利于穿入，但所需时间较长，单细胞微生物的群体生长则适应于在短时间内迅速地利用表面微生境。此外，细菌细胞的体积小，有利于侵入微小的孔隙和腔，因此适于利用颗粒状有机物质。

虽然微生物的扩散能力有限(除孢子以外)，但其营养增殖的适应范围很广。利用极端环境增殖、休眠、扩散等许多生态特征，都是适应于分解的有利特征。各种微生物类群还发展了不同对策。

(2) 营养方式。微生物通过分泌细胞外酶，把底物分解为简单的分子状态，然后再被吸收。这种营养方式与消费者动物有很大不同：动物摄食要消耗很多能量，其利用效率很低。因此，微生物的分解过程是很节能的营养方式。大多数真菌具分解木质素和纤维素的酶，它们能分解植物性死有机物质；而细菌中只有少数具有此种能力。但在缺氧和一些极端环境中，只有细菌能起分解作用。所以细菌和真菌在一起，就能利用自然界中绝大多数有机物质和许多人工合成的有机物。

二、动物

根据陆地生态系统的分解者动物的身体大小，可将其分为下列类群：① 小型土壤动物(microfauna)，体宽在 100 μm 以下，包括原生动物、线虫、轮虫、最小的弹尾和螨，它们都不能碎裂枯枝落叶，属黏附类型。② 中型土壤动物(mesofauna)，体宽 100 μm～2 mm，包括弹尾、螨、线蚓、双翅目幼虫和小型甲虫，大部分都能进攻新落下的枯叶，但对碎裂的贡献不大，其作用主要是调节微生物种群的大小、处理和加工大型动物的粪便。只有白蚁，由于其消化道中的共生微生物，能直接影响系统的能流和物流。③ 大型（macrofauna，2～20 mm）和巨型（megafauna，>20 mm）土壤动物，包括食枯枝落叶的节肢动物，如千足虫、等足目和端足目，蛞蝓、蜗牛、较大的蚯蚓，是碎裂残叶和翻动土壤的主力，因而对分解、土壤结构有明显影响（图 30-2）。

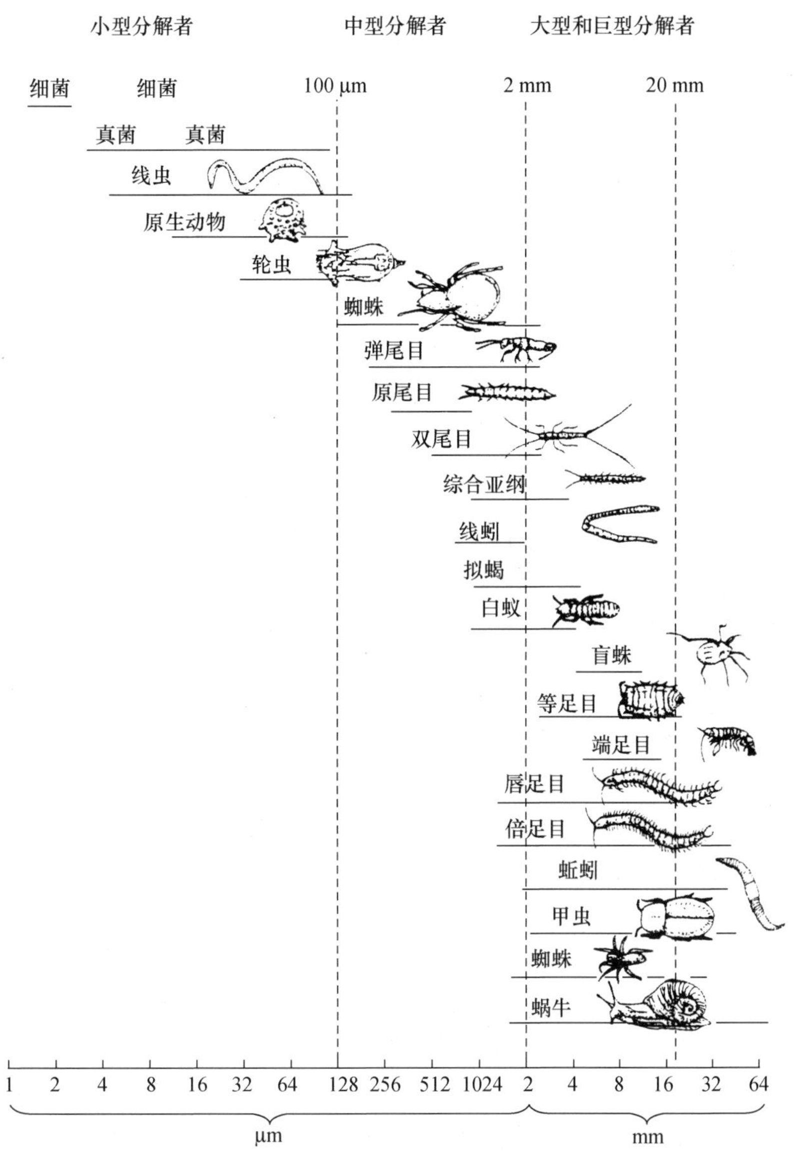

图 30-2　陆地生态系统土壤中的大、中、小型分解者及其身体大小

一般通过埋放装有残落物的网袋以观察土壤动物的分解作用。网袋具不同孔径，允许不同大小的土壤动物出入，从而可估计小型、中型和大型土壤动物对分解的相对作用，并观察受异化、淋溶和碎裂三个基本过程所导致的残落物失重量。

Anderson 曾比较栗和山毛榉两种森林的土壤中枯叶的分解过程。栗林中三种孔径网袋的残落物失重区别不大，表明分解作用主要是由于微生物的异化和淋溶作用。山毛榉林中的结果是大孔径网袋失重较高,这显然是由于千足虫、蚯蚓等取食活动所造成的。山毛榉林土壤的腐殖质粒细,pH 高,多大型的土壤动物;而栗林土壤的腐殖质粒粗,土壤富有酸性有机物质,土壤动物以中型占优势,其碎裂作用不大,大型土壤动物很稀少或完全没有。

水生生态系统的分解者动物通常按其功能可分为下列几类:① 碎裂者,如石蝇幼虫等,以落入河流中的树叶为食。② 颗粒状有机物质搜集者,可分为两个亚类,一类从沉积物中搜集,例如摇蚊幼虫和颤蚓;另一类在水柱中滤食有机颗粒,如纹石蛾幼虫和蚋幼虫。③ 刮食者,其口器适应于在石砾表面刮取藻类和死有机物,如扁蜉蝣若虫。④ 以藻类为食的食草性动物。⑤ 捕食动物,以其他无脊椎动物为食,如蚂蟥、蜻蜓若虫和泥蛉幼虫等。淡水生态系统分解者亚系统的主要功能联系如图 30-3。

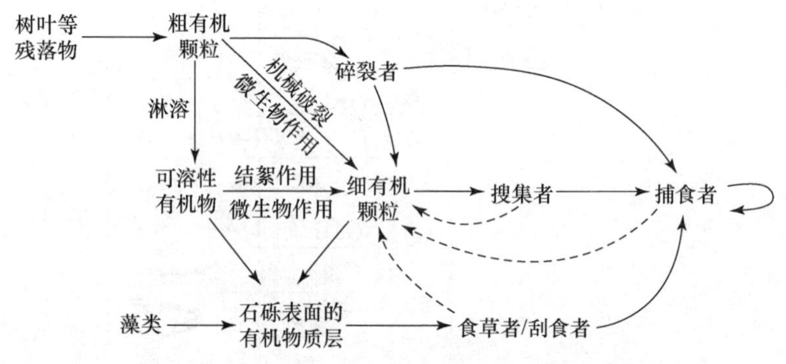

图 30-3 淡水水体分解者亚系统的主要功能联系

由陆地系统带入的树叶等残落物,其碎片构成粗有机颗粒,其中可溶性有机物通过淋溶释放,其余部分通过以下三条途径转变为细有机颗粒:① 机械的碎裂作用,② 微生物活动,③ 碎裂者生物的活动。可溶性有机物质同样可通过结絮作用或微生物活动而成为细有机颗粒。沉积或黏附在石砾表面的有机物质及藻类则被食草者和刮食者生物所取食,而在水柱中的细有机颗粒被搜集者生物所取食,此二类生物又供更高营养级的捕食者取食。此外,各类动物还向水体排出粪便,其中含有很多有机颗粒。由此可见,水生生态系统与陆地生态系统的分解过程,其基本特点是相同的,陆地土壤中蚯蚓是重要的碎裂者生物,而在水体底物中有各种甲壳纲生物起同样的作用。当然,水体中生活的滤食生物则是陆地生态系统所缺少的。

第三节 分解物性质对分解的影响

待分解资源在分解者生物的作用下进行分解,因此资源的物理和化学性质影响着分解的速率。资源的物理性质包括表面特性和机械结构,资源的化学性质则随其化学组成而不同。图 30-4 可大致地表示植物死有机物质中各种化学成分分解速率的相对关系:单糖分解很快,一年后失重达 99%;半纤维素其次,一年失重达 90%;然后依次为纤维素、木质素、酚。大多数营腐养生活的微生物都能分解单糖、淀粉和半纤维素,但纤维素和木质素则较难分解。纤维素是葡萄糖的聚合物,对酶解的抗性因晶体状结构而大为增加,其分解包括打开网格结构和解聚,需几种酶的复合作用,它们在动物和微生物中分布不广。木质素是一复杂而多变的聚合体,其构造尚未完全清楚,其抗解聚能力不仅由于有酚环,而且还由于它的疏水性。

因为腐养微生物的分解活动，尤其是合成其自身生物量需要有营养物的供应，所以营养物的浓度常成为分解过程的限制因素。分解者微生物身体组织中含氮量高，其 C∶N 约为 10∶1，即微生物生物量每增加 11 g 就需要有 1 g 氮的供应量。但大多数待分解的植物组织其含氮量比此值低得多，C∶N 为 40～80∶1。因此，氮的供应量就经常成为限制因素，分解速率在很大程度上取决于氮的供应。

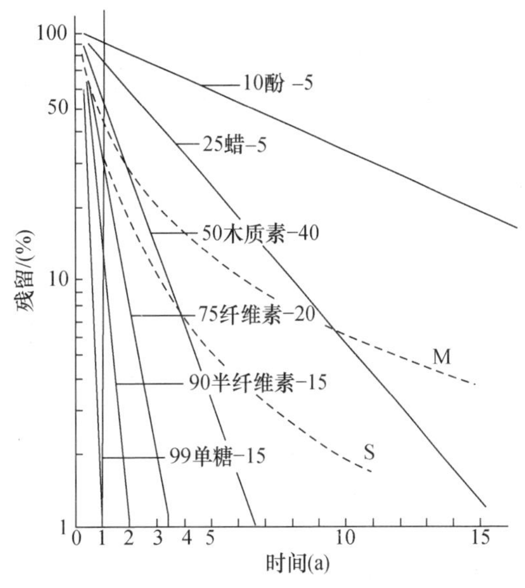

图 30-4　植物枯枝落叶各种化学成分的分解曲线

各成分前数字表示每年失重率，后面数字表示各成分重量占枯枝落叶原重的百分率，其他见正文

待分解资源的 C 与 N 之比，常可作为生物降解性能的测度指标。最适 C∶N 大约是 25～30∶1，此值高于微生物组织的 C∶N (10∶1)，这是因为微生物在进行合成时同时要进行呼吸作用，使碳消耗量增加。如果 C∶N 大于这个最适值，碳被呼吸消耗和从有机物丢失，全部的氮都转为微生物的蛋白质。C∶N 也随时间而逐渐降低，直到接近于 25∶1 的最适值。相反，如果 C∶N 小于 25∶1，这意味着氮过多，多余的氮将以氨的形式而散掉。因此，有机物质的 C∶N 与分解速率之间有一明显的相关；当然，其他营养成分的缺少也会影响分解速率。农业实践中早已高度评价了 C 与 N 之比的重要意义。

第四节　环境条件对分解的影响

一般说来，温度高、湿度大的地带，其土壤中的分解速率高；而低温和干燥的地带，其分解速率低，因而土壤中易于积累有机物质。图 30-5 说明由湿热的热带森林经温带森林到寒冷的

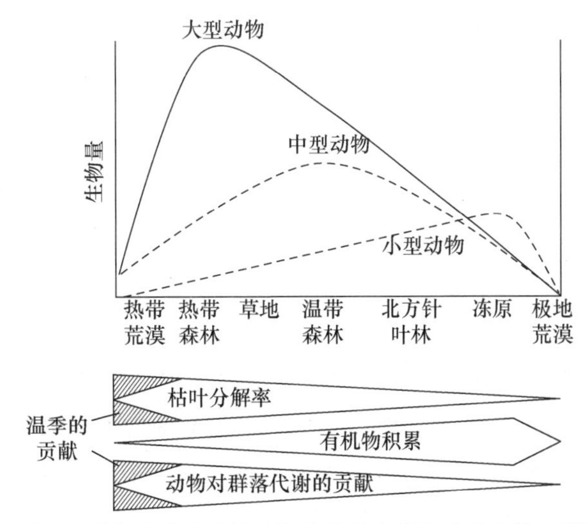

图 30-5　分解速率和土壤有机物积累率随纬度变化的规律以及大、中、小型土壤动物区系的相对作用

冻原,其有机物分解率随纬度增高而降低,而有机物的积累过程则随纬度升高而增高的一般趋势。图中也说明由湿热热带森林到干热的热带荒漠,分解率的迅速降低。除温度和湿度条件以外,各类分解生物的相对作用对分解率地带性变化也有重要影响。热带土壤中,除微生物分解外,无脊椎动物也是分解者亚系统的重要成员,其对分解活动的贡献,明显地高于温带和寒带的,并且,起主要作用的是大型土壤动物。相反,在寒温带和冻原土壤中多小型土壤动物,它们对分解过程的贡献甚小,土壤有机物的积累主要决定于低温等理化环境因素。

在同一气候带内局部地方分解率也有区别,它可能决定于该地的土壤类型和待分解资源的特点。例如,在婆罗洲的热带石楠林,其分解率较热带雨林低得多,土壤有机物质积累量低到北方针叶林,甚至冻原的水平。据分析,其原因是残落物中营养物质含量很低,木质素很高,并且影响微生物活动的单宁含量也很高,虽然气候条件有利于促进分解,但其分解速率仍很低。又如受水浸泡的沼泽土壤,由于水饱和和缺氧,抑制微生物活动,分解速率极低,有机物质积累量很大,这是沼泽土可供开发为有机肥料和生物能源的原因。

一个表示生态系统分解特征的有用指标为

$$k = I/X$$

其中,k=分解指数,I=死有机物输入年总量,X 为系统中死有机物质总量(现存量)。因为要分开土壤中活根和死根很不容易,所以可以用地面残落物输入量(I_L)与地面枯枝落叶现存量(X_L)之比来计算 k 值。例如,湿热的热带雨林,k 值往往大于 1,这是因为年分解量高于输入量;温带草地的 k 值高于温带落叶林,甚至与热带雨林接近,这是因为禾本草类的枯枝落叶,其木质素含量和酚的含量都较落叶林的低,所以分解率高。

Whittaker(1975)等学者曾对 6 类生态系统的分解过程进行比较(表 30-2),大致能反映上述地带性规律。每年输入的枯枝落叶分解量要达到 95%(相当于 $3/k$ 值),在冻原需要 100 年,北方针叶林为 14 年,温带落叶林 4 年,温带草地 2 年,而热带雨林仅需半年。热带雨林虽然年枯枝落叶量高达 $30\,t \cdot ha^{-1} \cdot a^{-1}$,但由于分解快,其现存量有限;相反,冻原的枯叶年产量仅为 $1.5\,t \cdot ha^{-1} \cdot a^{-1}$,但其现存量则高达 $44\,t \cdot ha^{-1}$。

表 30-2 各生态系统类型的分解特点比较

	冻原	北方针叶林	温带落叶林	温带草地	稀树草原	热带雨林
净初级生产量/($t \cdot ha^{-1} \cdot a^{-1}$)	1.5	7.5	11.5	7.5	9.5	50
生物量/($t \cdot ha^{-1}$)	10	200	350	18	45	300
枯叶输入/($t \cdot ha^{-1} \cdot a^{-1}$)	1.5	7.5	11.5	7.5	9.5	30
枯叶现存量/($t \cdot ha^{-1}$)	44	35	15	5	3	5
k_L/a^{-1}	0.03	0.21	0.77	1.5	3.2	6.0
$3/k_L(a^{-1})$	100	14	4	2	1	0.5

青藏高原的高寒草甸生态系统相当于高山冻原,近年研究表明其分解率很低:① 微生物分解者种群高峰出现在 6 月中旬~9 月,10 月后就迅速减少;② 反映分解速率的二氧化碳释放量或土壤呼吸率 5 月中旬甚低($0.96\sim2.67\,g \cdot m^{-2} \cdot d^{-1}$,下同),高峰期为 7 月中旬~8 月末($4.64\sim7.31\,g \cdot m^{-2} \cdot d^{-1}$),8 月后就明显降低。

第五节　森林生态系统有机碎屑的分解

一、有机碎屑的积累

森林底层的有机碎屑包括近期的枯枝落叶和表土层中正在分解的有机物质，它们不仅是很多种生物的栖息地，而且还对土壤和沉积物的输送和贮存有很大影响。虽然粗糙的木质物营养含量很低，分解速度也很慢，但正如我们将要看到的那样，它在能量流动和营养物循环中却发挥着重要作用。粗糙的木质物含有大量的有机物质，如纤维素、木质素和其他有机物，因此构成了一个重要的、长期的能量来源。虽然木质物分解速率很低，但正是这一特点使它成为短期内的营养汇和长期内的营养源。

一般情况下，在距离赤道越远的森林中，枯枝落叶积累得就越多，也就是说，热带森林有机物质的积累量要比温带森林少；另外，在温带地区，松柏树森林的枯枝落叶量要比阔叶树森林多 3 倍。表 30-3 是各种类型森林生态系统森林底层有机物的积累量和枯枝落叶的年凋落量。从表 30-3 中可以看出，常绿林和阔叶林在森林底层有积物累积量方面存在着明显差异。在北纬 40°以内的热带、亚热带和暖温带森林，它们的森林底层有机物累积量是相似的，落叶林是 8789，8145 和 11480 $kg \cdot ha^{-1}$，而常绿林是 22456，22185 和 19148 $kg \cdot ha^{-1}$。一般说来，落叶林的森林底层有机物积累量只有常绿林的一半，不管是针叶还是阔叶。另一方面，阔叶常绿林的森林底层有机物的累积量大体上与针叶林相同。在北纬 40°以上，落叶林的森林底层有机物累积量大约平均只有常绿林的 3/4。

表 30-3　森林底层有机物积累量和枯枝落叶的每年凋落量(引自 Vogt KA，1986)

森林类型	年均温度/℃	年降雨量/mm	有机物积累量/($kg \cdot ha^{-1}$)	年凋落量/($kg \cdot ha^{-1} \cdot a^{-1}$)	木本凋落量/($kg \cdot ha^{-1} \cdot a^{-1}$)
热带阔叶落叶林	23.0	2147	8789	9438	—
热带阔叶常绿林	26.1	2504	22 547	9369	3114
热带阔叶半落叶林	22.5	1431	2170	5890	3477
亚热带阔叶落叶林	12.5	738	8145	3333	637
亚热带阔叶常绿林	12.8	1705	22 185	5098	2902
暖温带阔叶落叶林	13.9	1391	11 480	4236	891
暖温带阔叶常绿林	12.8	1409	19 148	6484	—
暖温带针叶常绿林	13.9	1374	20 026	4432	1107
寒温带阔叶落叶林	5.4	875	32 207	3854	1046
寒温带针叶落叶林	10.2	1806	13 900	3590	—
寒温带针叶常绿林	8.1	1278	44 574	3144	602
北方针叶常绿林	2.1	694	44 693	2428	991

从表 30-3 中还能看出一个规律：在北纬 40°以上的地理区域内，森林底层的平均有机物累积量比较多；而在北纬 40°以下的地理区域内，森林底层的平均有机物积累量比较少。

二、温带落叶森林中有机碎屑的能量流动

Likens G 及其同事曾对一个实验森林进行过深入和长期的研究，该森林中的树种主要是槭树、山毛榉和黄桦。他们的研究除了涉及几种主要营养物质的循环外，还研究了经由有机碎屑的能量流动过程。该实验森林的净初级生产量只占总初级生产量的 45%，其余的 55%都用于森林的呼吸代谢。在总共 4680 kcal/($m^2 \cdot a^{-1}$)的年净初级生产量中，有 75%(3481 kcal/($m^2 \cdot a^{-1}$))进入了牧食和碎屑通道，但牧食通道微乎其微，只有大约 1%。其余的年净初级生产量(1199 kcal/($m^2 \cdot a^{-1}$))是以枯枝落叶和未利用碎屑的形式贮存在了地上或地下。

由于还有一些有机物质不是来自森林植物，所以实际流经碎屑食物链的能量要比 3481 kcal/($m^2 \cdot a^{-1}$)更多一些，大约是 3505 kcal/($m^2 \cdot a^{-1}$)。总起来看，流经碎屑通道能量的全部来源是：叶占 83%，枯根占 12%，非叶凋落物占 2%；经由雨雪沉降的有机物 2%，粪便等排泄物 0.9%，根泌物 0.1%和微量的死动物。在这个 60 龄的实验森林中，大约有 150C(4%)的有机碎屑没有被食碎屑生物(细菌、真菌和很多无脊椎动物)所利用，而是年复一年积累在森林的底层。

这里特别要提到的是，节肢动物由于生有几丁质的外骨骼，所以它们的分解速度就比较慢，这使它们成为了森林枯枝落叶层中一个缓慢释放的备用营养库。Seastedt TR 发现，有 30%的多足类和 14%的昆虫在死亡一年之后都仍未被分解。由于这些节肢动物的死体现存量比活体现存量还多，因而形成了一个不小的待用营养库。

第六节 草原生态系统有机碎屑的分解

在草原生态系统中，60%～90%的净初级生产量和 90%的次级生产量是来自土壤中，牧食和分解是草原生态系统的两个主要营养通道。就分解者的构成成分来看，现存微生物的生物量据估计仅次于初级生产者而位居第二，其生物量的热值大约是草原净初级生产量的一半，因此这个庞大的微生物群落一直被称为“看不见的草原”。在这个微生物群落中，真菌是最占优势的类群，细菌的生物量大约只有真菌生物量的 1/4～1/2，这些细菌包括假单胞菌属(*Pseudomonas*)、黄杆菌属(*Flavobacterium*)和产碱杆菌属(*Alcaligenes*)。

Lussenhop J 曾对草原进行过一次人为的实验性的火烧，然后将火烧过的草原土壤与对照土壤进行比较。他发现，遭受过自然干扰的土壤大大增加了细菌和几类螨虫对植物的有机碎屑和真菌菌丝的分解能力，这些螨虫包括甲形螨、prostigmatid 和 astigmatid 等。

草原上每年的净初级生产量只有少部分被食草动物吃掉，大部分都积累下来，枯死后又成为食碎屑生物的食物。Golley FB 和 Gentry JB 曾研究一个生长茂盛的苔草地，他们报告称，在 1960 年总共 2692 kcal/($m^2 \cdot a^{-1}$)的净初级生产量中，有 53%没有被食草动物吃掉，而是作为死物质积存下来，还有 9%成了当年的凋落物。最值得注意的是，在当年的净初级生产量中只有不足 2%是被食草动物吃掉的；这一数字在 Golley 研究的另一个老熟荒地中是 1.6%。

第七节　荒漠和浓密常绿阔叶灌丛有机碎屑的分解

一、荒漠生态系统有机碎屑的分解

在荒漠生态系统中，小型节肢动物(螨虫、跳虫和啮虫目昆虫等)对凋落物和有机碎屑的分解发挥着很重要的作用，这种作用主要是通过传带真菌孢子、取食真菌和捕食自由生活的线虫来完成的。在一次实验中，用杀虫剂和杀真菌剂对荒漠灌木的凋落物和有机碎屑进行处理后，发现真菌遭受抑制使分解作用减少了 29%，而小型节肢动物被杀虫剂杀灭后，分解作用减少了 53%。而在未经处理的凋落物和有机碎屑中，有 55%在生长季期间被分解，还有 23%～29%是在冬季期间消失的。

在一个相关研究中，Santos PF 等人发现：排除小型节肢动物(主要是镰螯螨)，将会使噬菌线虫增加和细菌数量减少；而排除线虫和小型节肢动物，又会使细菌数量增加。排除螨虫，会使分解作用减少 40%，这表明在荒漠生态系统中，镰螯螨通过调节噬菌的头叶线虫种群的大小而对凋落物和有机碎屑的分解有很大影响。

二、浓密常绿阔叶灌丛生态系统有机碎屑的分解

在两次天然火的间隔期间，海岸山地浓密常绿阔叶灌丛叶凋落物和有机碎屑的分解是灌丛生长所需营养的重要来源。据 Schlesinger WH 等人研究，分布在海拔 910 m 高处的一种优势常绿硬叶灌木(蓟木 Ceanothus)一年期间的干有机物质的分解率是 15%；而分布在海拔 350 m 高处的同种灌木，其分解率则是 19%。另一种落叶灌木(*Salvia mellifera*)在与蓟木同样的条件下，其落叶和有机碎屑一年内的分解率分别是 20%(海拔 910 m)和 24%(海拔 350 m)。

在接下来的研究中，Schlesinger 又连续 3 年跟踪观察了这两种灌木在同样海拔的分解过程。他发现，分解率在两个海拔和两种灌木之间都比较相似，有机物质在凋落物中的平均存留时间是 5.3～7.7 年，这进一步支持了下述论点，即枯枝落叶层和有机碎屑的分解对于成熟灌丛的营养供应是非常重要的。

第八节　水生生态系统中的分解和有机碎屑的能流

1. 静水生态系统

在水体有机物的分解中，微生物发挥着主要作用，并受着各种环境因素的影响，如温度、氧含量、营养物的可获得性和受分解物质的特性等(如碎屑颗粒的大小、有无抑制剂以及是植物的茎还是叶等)。水生生态系统可区分为静水(如池塘和湖泊)、流水(溪流与江河)、河口(淡水与海水交汇处)和海洋(含盐量高)。

根泉是一个很小的静水池塘，直径 2 m，水深只有 10～20 cm，Teal JM 曾测定了它的能量输入。据 Teal 的研究，根泉通过光合作用输入的能量是 $2.97\times10^{6}\ J\cdot m^{-2}\cdot a^{-1}$，而通过接纳周围陆地植物的残枝败叶和有机碎屑而输入的能量是 $9.83\times10^{6}\ J\cdot m^{-2}\cdot a^{-1}$，后者相当于前者的 3 倍多。在这总共输入的 $1.28\times10^{7}\ J\cdot m^{-2}\cdot a^{-1}$ 能量中，食碎屑动物大约要吃掉 75%($9.62\times10^{6}\ J\cdot m^{-2}\cdot a^{-1}$)，其余的则作为沉积物沉在水底。可见，根泉中的大部分能量都用

在维持较高营养级中生物的生存，但这些能量既不是来自于根泉的光合作用生产，也不是来自于其他活的生物，而主要来自外部输入的枯枝落叶和有机碎屑。

Odum WE 和 Heald EJ 还描述了一个类似于根泉的红树沼泽地，红树沼泽地还有一个微生物分解与食碎屑动物之间相互作用的问题。红树沼泽中的各种有机物质和碎屑将依次被食植动物吃进，被微生物分解吸收，被食粪动物再次吃进或再被其他食植动物或微生物吸收，直到这些植物残遗物被完全耗尽，但以有机碎屑为食物的食植动物只是能量传递中的一个中间环节，它还维持着食肉动物种群的生存。

2. 激流生态系统

据 2001 年 Petersen RC 等人对森林中溪流的研究，溪流一年期间的有机碎屑现存量从 $87.8\,g\cdot m^{-2}$到 $970.9\,g\cdot m^{-2}$不等。据计算，有机碎屑的平均现存量是 $426.4\,g\cdot m^{-2}$。微生物代谢活动一年约消耗掉平均现存量的 15%，主要是那些颗粒最小的有机碎屑。大型无脊椎动物(体长超过 75 mm)通过取食和同化要消费掉 11.6%的有机碎屑现存量。而在大型无脊椎动物中，食碎屑者，如石蚕、石蝇、等足目和端足目甲壳动物，约占 20%；而滤食者和牧食者，如蚋、蜉蝣、水甲虫、水蚯蚓和瓣鳃类软体动物则占有 80%。

3. 河口生态系统

河口位于河流入海的淡-海水交界处，是淡水生物群落和海洋生物群落的一个生态交错区。2004 年，Baird D 研究了一个注入 Chesapeake 湾的河口，他发现食有机碎屑的生物数量大约是食植动物或牧食者数量的 10 倍，食碎屑生物包括各种浮游的微小生物和底栖的多毛类、端足类和蓝蟹等。此外，他还研究了有机碎屑的来源问题，证实有 70%是河口内自生的，其余的 30%则是由注入海湾的激流小溪输入的。

4. 海洋生态系统

据 2000 年 Duggins DO 在太平洋阿留申群岛海域的研究，当地海域的优势大型海藻海带(*Laminaria*)和翅藻(*Alaria*)可以产生大量颗粒悬浮物和不溶解的有机碎屑，这些悬浮物和有机碎屑可大大促进海底以悬浮物为食的贻贝(*Mytilus edulis*)和藤壶(*Balanus glandula*)的生长。通过比较分析发现，生活在海带占优势海域中的贻贝，其生长速率要比生活在海胆占优势海域中的贻贝快大约 3 倍；而生活在海带占优势海域中的藤壶，其生长速度大约快 4 倍。

在海洋中，能进行光合作用的浮游植物是构成牧食食物链和碎屑食物链的基础。大量的研究已经证明。海洋初级生产量的大部分不是直接被食植动物吃掉了，而是以有机碎屑的形式被细菌分解了。可见，这些建立在浮游植物基础上的生态系统很像底栖的和陆地生态系统。

从上面的一些研究实例中不难看出，在能量流动的研究中，有机碎屑食物链不能不引起特别的重视。近年来的研究已经积累了大量的证据，证明在很多生态系统的能量流动中，有机碎屑食物链比植食动物、肉食动物和杂食动物食物链更重要。正如我们已经看到的那样，在很多群落和生态系统中，有多达 90%的能量是流经食碎屑生物的。此外，有机碎屑的腐败分解释放出了大量营养物供自养生物利用，这反过来又促进了这些营养物质的循环周转。据 Waring RH 提供的资料，有机碎屑的分解提供了森林生长所需营养物的 69%～87%。

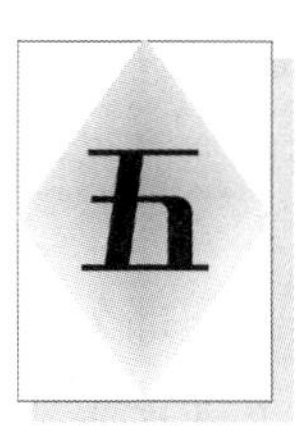

第31章　生态系统中的能量流动

第一节　研究能量传递规律的热力学定律

能量是生态系统的动力，是一切生命活动的基础。一切生命活动都伴随着能量的变化，没有能量的转化，也就没有生命和生态系统。生态系统的重要功能之一就是能量流动，而热力学就是研究能量传递规律和能量形式转换规律的科学。

能量在生态系统内的传递和转化规律服从热力学的两个定律。热力学第一定律可以表述如下："在自然界发生的所有现象中，能量既不能消灭也不能凭空产生，它只能以严格的当量比例由一种形式转变为另一种形式。"因此热力学第一定律又称为能量守恒定律。依据这个定律可知，一个体系的能量发生变化，环境的能量也必定发生相应的变化。如果体系的能量增加，环境的能量就要减少，反之亦然。对生态系统来说也是如此，例如，光合作用生成物所含有的能量多于光合作用反应物所含有的能量，生态系统通过光合作用所增加的能量等于环境中太阳所减少的能量，总能量不变。所不同的是太阳能转化为潜能输入了生态系统，表现为生态系统对太阳能的固定。

人们都知道，非生命自然界发生的变化都不必借助外力的帮助而能自动实现，热力学把这样的过程称为自发过程或自动过程。例如，热自发地从高温物体传到低温物体，直到两者的温度相同为止。而与此相反的过程都不能自发地进行。可见，自发过程的共同规律就在于单向趋于平衡状态，绝不可能自动逆向进行。或者说，任何自发过程都是热力学的不可逆过程。应当指出，不应把自发过程理解为不可能逆向进行，关键在于这个过程是自动还是消耗外功，借助外功是可逆向进行的。例如，生态系统中复杂的有机物质分解为简单的无机物质是一种自发过程，但无机物质绝不可能自发地合成为有机物质，借助于外功太阳能却可以实现，这就是光合作用，不过这不是自发或自动的。既然任何自发过程总是单向趋于平衡状态，绝不可能自动逆向进行，由此可以推测体系必定有一种性质，它只视体系的状态而定，而与过程的途径(或进行的方式)无关。可以大致打一个比喻：假定有水位差的存在，水自动地从高水位流向低水位的趋势必定存在，但水流是快是慢显然都不可能改变水向低水位方向流动的自发倾向。这就是说，要研究给定的始态和终态条件下自发过程的方向，可以不考虑过程的细节和进行的方式。为了判断自发过程进行的方向和限度，可以找出能用来表示各自发过程共同特征的状态函数。熵(entropy)和自由能就是热力学中两个最重要的状态函数，它们只与体系的始态和终态有关，而与过程的途径无关。

热力学第二定律有很多表达方式，其中之一是"不可能把热从低温物体传到高温物体而不引起其他变化"；另一表达方式是"不可能从单一热源取出热使其完全变为功而不产生其他变化”。热力学第二定律是对能量传递和转化的一个重要概括，通俗地说就是：在封闭系统中，一切过程都伴随着能量的改变，在能量的传递和转化过程中，除了一部分可以继续传递和做功的能量（自由能）外，总有一部分不能继续传递和做功而以热的形式消散的能量，这部分能量使熵和无序性增加。以蒸汽机为例，煤燃烧时一部分能量转化为蒸汽推动机器做功，另一部分能量以热的形式消散在周围空间而没有做功，只是使熵和无序性增加。对生态系统来说也是如此，当能量以食物的形式在生物之间传递时，食物中相当一部分能量被降解为热而消散掉（使熵增加），其余则用于合成新的组织作为潜能储存下来。所以一个动物在利用食物中的潜能时常把大部分转化成了热，只把一小部分转化为新的潜能。因此能量在生物之间每传递一次，一大部分的能量就被降解为热而损失掉，这也就是为什么食物链的环节和营养级的级数一般不会多于 5～6 个以及能量金字塔必定呈尖塔形的热力学解释。

开放系统（同外界有物质和能量交换的系统）与封闭系统的性质不同，它倾向于保持较高的自由能而使熵较小，只要不断有物质和能量输入和不断排出熵，开放系统便可维持一种稳定的平衡状态。生命、生态系统和生物圈都是维持在一种稳定状态的开放系统。低熵的维持是借助于不断地把高效能量降解为低效能量来实现的。在生态系统中，由复杂的生物量结构所规定的“有序”是靠不断“排掉无序”的总群落呼吸来维持的。热力学定律与生态学的关系是明显的，各种各样的生命表现都伴随着能量的传递和转化，像生长、自我复制和有机物质的合成这些生命的基本过程都离不开能量的传递和转化，否则就不会有生命和生态系统。总之，生态系统与其能源太阳能的关系，生态系统内生产者与消费者之间及捕食者与猎物之间的关系都受热力学基本规律的制约和控制，正如这些规律控制着非生物系统一样。热力学定律决定着生态系统利用能量的限度。事实上，生态系统利用能量的效率很低，虽然对能量在生态系统中的传递效率说法不一，但最大的观测值是 30%。一般说来，从供体到受体的一次能量传递只能有 5%～20%的可利用能量被利用，这就使能量的传递次数受到了限制，同时这种限制也必然反映在复杂生态系统的结构上（如食物链的环节数和营养级的级数等）。由于物质的传递并不受热力学定律的限制，因此生物量金字塔和数量金字塔有时会表现为下窄上宽的倒塔形，但这并不意味着高营养级生物所利用的能量会多于低营养级生物所传递的能量。

第二节　食物链层次上的能量流动

对生态系统中的能量流动进行研究可以在种群、食物链和生态系统三个层次上进行，所获资料的互相补充，有助于了解生态系统的功能。

在食物链层次上进行能流分析是把每一个物种都作为能量从生产者到顶位消费者移动过程中的一个环节，当能量沿着一个食物链在几个物种间流动时，测定食物链每一个环节上的能量值，就可提供生态系统内一系列特定点上能流的详细和准确资料。1960 年，Golley FB 在密执安荒地对一个由植物、田鼠和鼬三个环节组成的食物链进行了能流分析（图 31-1）。从图中可以看到，食物链每个环节的净初级生产量（NP）只有很少一部分被利用。例如，99.7%的植物没有被田鼠利用，其中包括未被取食的（99.6%）和取食后未被消化的（0.1%）；而田鼠本身又有 62.8%（包括从外地迁入的个体）没有被食肉动物鼬所利用，其中包括捕食后未消化的 1.3%。能流过程中能量损失的另一个重要方面是生物的呼吸消耗（R）。植物的呼吸消耗比较少，只占总初级生产量（GP）的 15%；但田鼠和鼬的呼吸消耗相当高，分别占各自总同化能量的 97%和 98%。这就是说,被同化能量的绝大部分都以热的形式消散掉了,而只有很小一部分被转化成了净次级生产量。由于能量在沿着食物链从一种生物到另一种生物的流动过程中,未被利用的能量和通过呼吸以热的形式消散的能量损失极大,致使鼬的数量不可能很多,因此鼬的潜在捕食者(如猫头鹰)即使能够存在的话,也要在该研究地区以外的大范围内捕食才能维持其种群的延续。

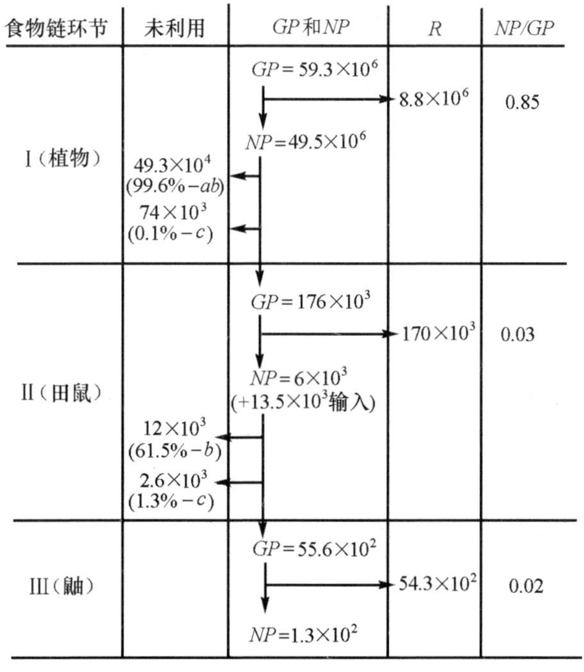

a: 前一环节NP的%; b: 未吃; c: 吃后未同化 (单位: kcal • ha^{-1}•a^{-1})

图 31-1　食物链层次上的能量流动

最后应当指出的是,Golley 所研究的食物链中的能量损失,有相当一部分是被该食物链以外的其他生物取食了,据估计,仅昆虫就吃掉了该荒地植物生产量的 24%。另外,在这样的生态系统中,能量的输入和输出是经常发生的。当动物种群密度太大时,一些个体就会离开荒地去寻找其他的食物,这也是一种能量损失;另一方面,能量输入也是经常发生的。据估算,每年从外地迁入该荒地的鼬的生产量为 13 500 kcal • ha^{-1} • a^{-1}。

第三节　实验种群层次上的能量流动

为了研究能流过程中影响能量损失和能量储存的各种重要环境因素,必须在实验室内控制各无关变量,进行实验种群的能流研究。1960～1962 年,Slobodkin LB 用一种单细胞藻(*Chlamydomonas reinbardi*)喂养水蚤(*Daphnia pulex*),以不同的速率添加单细胞藻控制食物供应量,还以各种速率移走水蚤并变更移走水蚤的年龄,测定不同年龄对净生产量的影响。他比较详细地研究了 Y/I 和 NP/GP 与各种因素的关系,其中,Y 代表收获量(即移走的水蚤量),I 代表取食量(即添加的单细胞藻量,通常全部都被水蚤吃掉),NP 代表净生产量,GP 代表总生产量(即被水蚤同化的总能量)。被移走的水蚤数量便可代表水蚤的收获量或产量,喂给水蚤的单细胞藻数量便可代表水蚤的取食量,因为通常喂给的食物全能被吃掉。研究表明,Y/I 值不仅随取食速率的增加而增加,而且与移走水蚤的年龄有关,此值在移走成年水蚤时较高,而在移走幼年水蚤时较低。当成年水蚤的数量达到前 4 天中加入的幼体数量的 90%时被移走,Y/I 值可达到最大值 12.5%(图 31-2)。这表明,食物转化为下一个营养级生物量的最大效率是 12.5%,这一效率只有在被移走的水蚤大都是成年水蚤时才能达到。

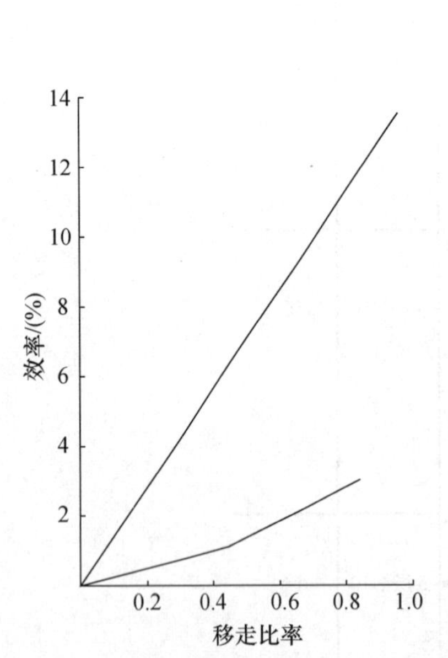

图 31-2　以不同的比率从水蚤种群中将个体移走时的净生产效率

横坐标表示移走的数量占新生幼体数量的比率。上线代表移走的个体全是成年水蚤,下线代表移走的是幼年水蚤

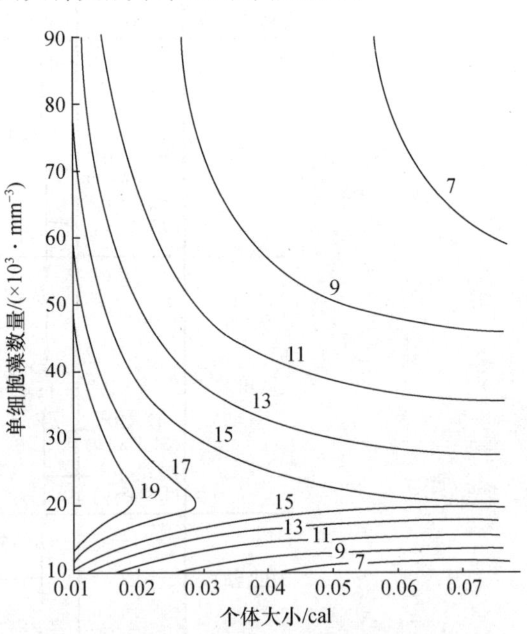

图 31-3　水蚤种群的 NP/GP 值等值线与水蚤个体大小和食物供应量相关

此外,NP/GP 值与水蚤个体大小和食物充足程度有关(图 31-3)。当水蚤个体大和食物很充足时,NP/GP 值小;反之,当水蚤个体小和食物不很充足时,NP/GP 值大;在两者最适配合时(水蚤个体小和供食量为每毫升含 2 万个单胞藻时),NP/GP 值可达到最大值 19%,这就是说,水蚤总同化能量(即总次级生产量)的 19%可以转化为净次级生产量。如果食物浓度低于每毫升 2 万个单细胞藻时,那么不管水蚤个体大小如何,NP/GP 值都会下降。另一方面,食物供应过于充足时会降低水蚤所摄取食物的同化率,因而导致生长率下降,因为在这种情况下食物的利用率不高。在食物供应太少的情况下,总次级生产量显然会下降,而且其中用于呼吸代谢的部分会占更大的比例,这样也会使 NP/GP 值下降。

第四节　营养级层次上的能量流动

在生态系统层次上分析能量流动,是把每个物种都归属于一个特定的营养级中(依据该物种的主要食性),然后精确地测定每一个营养级能量的输入值和输出值。这种分析目前多见于水生生态系统，因为水生生态系统边界明确，便于计算能量和物质的输入量和输出量，整个系统封闭性较强，与周围环境的物质和能量交换量小，内环境比较稳定，生态因子变化幅度小。由于上述种种原因，水生生态系统（湖泊、河流、溪流、泉等）常被生态学家用来作为研究生态系统能流的对象。下面我们举几个生态系统能流研究的实例。

一、银泉的能流分析

1957 年，Odum HT 对美国佛罗里达州的银泉（Silver spring）进行了能流分析，图 31-4 是银泉的能流分析图。从图中可以看出，当能量从一个营养级流向另一个营养级时，其数量急剧减少，原因是生物呼吸的能量消耗和有相当数量的净初级生产量（57%）没有被消费者利用，而是通向分解者被分解了。由于能量在流动过程中的急剧减少，以致到第四个营养级时能量已经很少了，该营养级只有少数的鱼和龟，它们的数量已经不足以再维持第五个营养级的存在。如果要增加营养级的数目，则必须先增加生产者的生产量和提高 *NP*/*GP* 的比值，并减少通向分解者的能量。Odum 对银泉能流的研究比 Lindeman 1942 年对 Cedar Bog 湖的研究要深入细致得多。他首先是依据植物的光合作用效率来确定植物吸收了多少太阳辐射能，并以此作为研究初级生产量的基础，而不像通常那样是依据总入射日光能；其次，他计算了来自各条支流和陆地的有机物质补给，并把它作为一种能量输入加以处理；更重要的是，他把分解者呼吸代谢所消耗的能量也包括在能流模式之中，虽然没有分别计算每一个营养级通向分解者的能量有多少，但他估算了通向分解者的总能量是 5060 kcal（2.12×10^{7} J）$\cdot$ m^{-2} $\cdot$ a^{-1}。

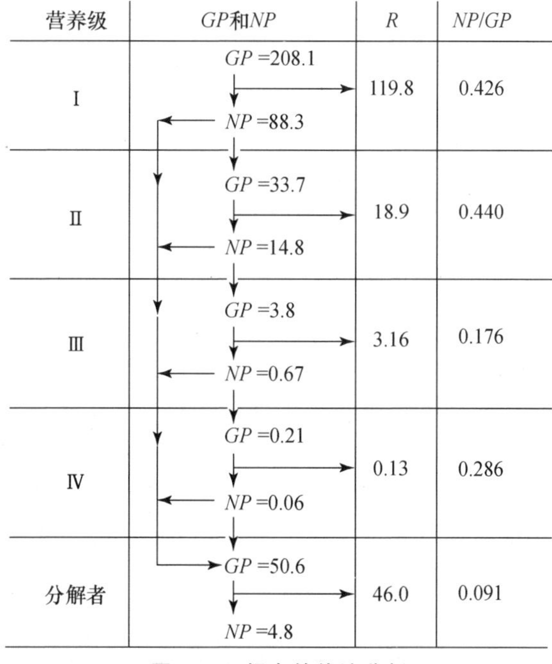

图 31-4　银泉的能流分析

单位：$\times10^{2}$ kcal（4.184×10^{5} J）$\cdot$ m^{-2} $\cdot$ a^{-1}

二、Cedar Bog 湖的能流分析

Cedar Bog 湖的初级生产量资料前面已有所介绍（见表 28-6），现在我们继续介绍该湖泊

的能量流动情况，并提供 Cedar Bog 湖能量流动的一个定量分析图(图 31-5)。从图中可以看出，这个湖的总初级生产量是 111 cal(464 J)・cm^{-2}・a^{-1}，能量的固定效率大约是 0.1%(111.0/118761)。在生产者所固定的能量中有 21%[即 23 cal(96 J)・cm^{-2}・a^{-1}]是被生产者自己的呼吸代谢消耗掉了，被植食动物吃掉的只有 15 cal(63 J)・cm^{-2}・a^{-1}(约占净初级生产者的 14%)，被分解者分解的只有 3 cal(13 J)・cm^{-2}・a^{-1}(占净初级生产量的 3.0%)。其余没有被利用的净初级生产量竟多达 70 cal(293 J)・cm^{-2}・a^{-1}(占净初级生产量的 63%)，这些未被利用的生产量最终都沉到湖底形成了植物有机质沉积物。显然，在 Cedar Bog 湖中没有被动物利用的净初级生产量要比被利用的多得多。

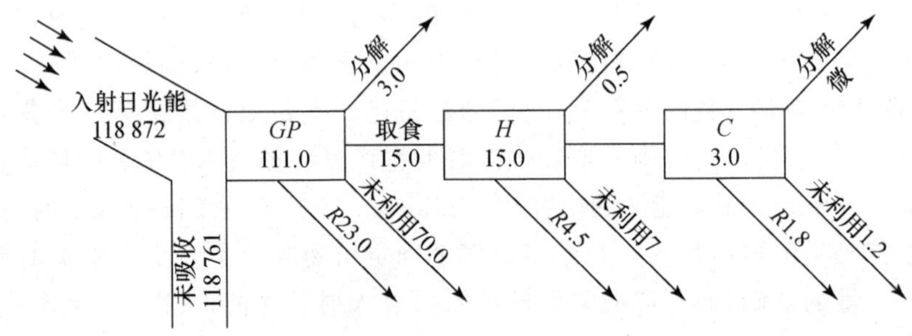

图 31-5　Cedar Bog 湖能量流动的定量分析

GP：总初级生产量；*H*：植食动物；*C*：肉食动物；*R*：呼吸(单位：cal・cm^{-2}・a^{-1})

在被动物利用的 15 cal(63 J)・cm^{-2}・a^{-1}的能量中，大约有 4.5 cal(18.8 J)・cm^{-2}・a^{-1}(占植食动物次级生产量的 30%)用在植食动物自身的呼吸代谢(比植物呼吸代谢所消耗的能量百分比要高，植物为 21%)，其余的 10.5 cal(43.9 J)・cm^{-2}・a^{-1}(占 70%)从理论上讲都是可以被肉食动物所利用的，但是实际上肉食动物只利用了 3 cal(12.6 J)・cm^{-2}・a^{-1}(占可利用量的28.6%)。这个利用率虽然比净初级生产量的利用率要高，但还是相当低的。在肉食动物的总次级生产量中，呼吸代谢活动大约要消耗掉 60%，即 1.8 cal(7.5 J)・cm^{-2}・a^{-1}，这种消耗比同一生态系统中的植食动物(30%)和植物(21%)的同类消耗要高得多；其余的 40%，即1.2 cal(5.0 J)・cm^{-2}・a^{-1}，大都没有被更高位的肉食动物所利用，而每年被分解者分解掉的又微乎其微，所以大部分都作为动物有机残体沉积到了湖底。这一能流分析中说明几个重要特点：① 生态系统中的能量流动是单方向和不可逆转的。② 能量在流动过程中逐渐减少，这是因为在每一个营养级生物的新陈代谢活动(呼吸)都会消耗相当多的能量，这些能量最终都将以热的形式消散到周围空间中去。能量流动的这两个特点(即能流是单方向和能量传递效率不可能是百分之百)告诉我们：任何生态系统都需要不断得到来自系统外的能量补充，以便维持生态系统的正常功能。如果在一个较长的时期内断绝对一个生态系统的能量输入(太阳辐射能或现成有机物质)，这个生态系统就会自行消亡。

下面我们把已分别介绍过的 Cedar Bog 湖和银泉这两个生态系统的能流情况加以比较(表 31-1)。我们这样做是有充分理由的：它们分别代表两个完全不同的生态系统，一个是沼泽水湖，一个是清泉水河；它们能流的规模、速率和效率都很不相同。这两项研究都被认为是现代生态学的经典研究。

就生产者固定太阳能的效率来说，银泉至少要比 Cedar Bog 湖高 10 倍，但是银泉在呼吸代谢上所消耗的能量所占总生产量的百分数，大约相当 Cedar Bog 湖的 2.5 倍，而且这种呼吸代谢的高消耗可以表现在所有营养级上(生产者、植食动物和肉食动物营养级)。虽然把两个生态系统中被分解者分解的和没被利用的能量加在一起计算，它们所占的百分数在每一个营养级都相差不太多，但是如果分别计算(见表 31-1 中最后两行)就会看到两者之间存在着明显

表 31-1　Cedar Bog 湖和银泉两个生态系统的能流比较(引自 R. Lindeman，1942 和 H. Odum，1957)

	Cedar Bog 湖		银泉	
	能量/($kcal \cdot m^{-2} \cdot a^{-1}$)	比例/(%)	能量/($kcal \cdot m^{-2} \cdot a^{-1}$)	比例/(%)
入射日光能(S)	1 118 720		1 700 000	
有效日光能(ES)	?		410 000	
生产者营养级				
总生产量(GP_1)	1113		20 810	
效率$\left(\frac{GP_1}{S\text{ 或 }ES}\right)$		0.10		1.2 或 5.1
呼吸(R)	234		11 977	
呼吸消耗$\left(\frac{R}{GP_1}\right)$		21.0		57.6
净生产量(NP_1)	879		8833	
被分解或未利用		83.1		61.9
植食动物营养级				
总生产量(GP_2)	148		3368	
效率$\left(\frac{GP_2}{NP_1}\right)$		16.8		38.1
呼吸	44		1890	
呼吸消耗		29.7		6.1
净生产量(NP_2)	104		1473	
未分解或未利用		70.2		72.7
肉食动物营养级				
总生产量(GP_3)	31		404	
效率$\left(\frac{GP_3}{NP_2}\right)$		29.8		27.3
呼吸	18		329	
呼吸消耗		58.1		81.4
净生产量	13		73	
未分解或未利用		100.0		100.0
呼吸总消耗	296	26.6	14 196	68.2
被分解的能量值	310	27.9	5060	24.3
未被利用的能量值	507	45.5	1554	7.5

差异：在 Cedar Bog 湖，净生产量每年大约只有 1/3 被分解者分解，其余部分则沉积到湖底，逐年累积形成了北方泥炭沼泽湖所特有的沉积物——泥炭；与此相反，在银泉中，大部分没有被利用的净生产量都被水流带到了下游地区，水底的沉积物很少。

三、森林生态系统的能流分析

1962 年，英国学者 Ovington JD 研究了一个人工栽培松林(树种是苏格兰松)的能量流动过程，主要是研究这片松林从栽种后的第 17～35 年这 18 年间的能流情况(图 31-6)。研究表明，这个森林生态系统所固定的能量中有相当大的部分是沿着碎屑食物链流动的，表现为枯枝落叶和倒木被分解者所分解(占净初级生产量的 38%)；还有一部分经人类砍伐后以木材的形式移出了松林(占净初级生产量的 24%)；而沿着捕食食物链流动的能量微乎其微。可见，动

物在森林生态系统能流过程中所起的作用是很小的。但是,应当注意的是,在被人类砍伐利用的净生产量中,实际上只拿走了木材,而把树根留在了林中地下。其中木材占人类所利用的净生产量的70%,树根占30%。这30%的树根实际上没有被利用,而是又还给了森林。在森林生态系统中,树根是净生产量的重要组成部分,因此在研究能量流动的时候不能忽视这一点。

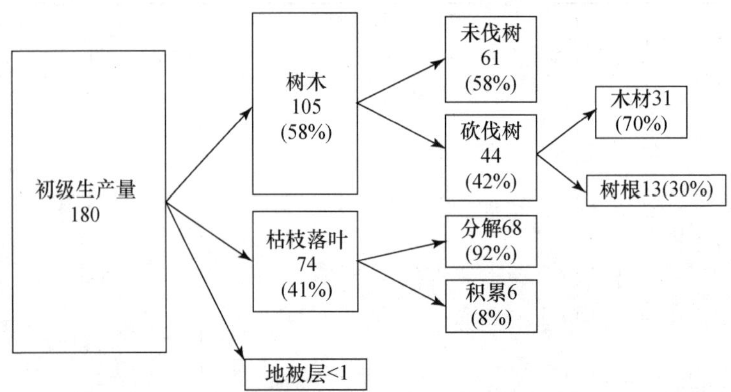

图 31-6　一个栽培松林 18 年期间(17～35 龄)的能量流动分析

单位:$\times 10^7$ kcal(4.184×10^{10} J)·ha^{-1}

在新罕布什尔州的Hubbard Brook森林实验站,康乃尔大学的Gene Likens和耶鲁大学的Herbert F及其同事研究过一个以槭树、山毛榉和桦树为主要树种的森林。他们所计算的初级生产量是4680 kcal(1.96×10^7 J)·m^{-2}·a^{-1},其中有大约247 kcal(1.03×10^6 J)·m^{-2}·a^{-1}(约占5%)用于生长新根;有大约952 kcal(3.98×10^6 J)·m^{-2}·a^{-1}(20%)用于生长树干、树枝和树叶;其余的3481 kcal(1.46×10^7 J)·m^{-2}·a^{-1}(75%)都沿着碎屑食物链和捕食食物链流走了,其中沿碎屑食物链流动的能量占绝大多数(约占净初级生产量的74%),而沿捕食食物链流动的能量则非常少(约占净初级生产量的1%)。可见,在这个温带森林中,动植物体的自然死亡、腐烂和分解是能量流动的主要渠道。通向碎屑食物链的生物残体和有机物质则以落叶为主(约占83%),其次是死根(约占12%)和枯枝(约占2%),其余是动物粪便(约占0.9%)、根泌物(约占0.1%)和动物尸体等。在这个已经生长了60年的温带森林中,每年每平方米大约有150 kcal(6.28×10^5 J)的有机残屑(占总残屑量的4%)来不及被各种分解者所分解,也不能被肉食动物和杂食动物所利用,因此,这些有机残屑就年复一年地堆积在森林的底层,形成了很厚的枯枝落叶层。

第五节　异养生态系统中的能量流动

上面介绍的几个生态系统都是直接依靠太阳能的输入来维持其功能的,这种自然生态系统的特点是靠绿色植物固定太阳能,然后能量再沿着植物→植食动物→肉食动物的方向移动,生物死后则被分解者分解,能量流向碎屑食物链。除此之外,还有另一种类型的生态系统——可以不依靠或基本上不依靠太阳能的输入而主要依靠其他生态系统所生产的有机物质输入来维持自身的生存。根泉就是这样一个异养的生态系统。根泉是一个小的浅水泉,直径2 m,水深10～20 cm。John Teal曾研究过这个小生态系统的能量流动。经过计算,他发现,在平均3060 kcal(1.28×10^7 J)·m^{-2}·a^{-1}的能量总输入中,靠光合作用固定的只有

710 kcal(2.97×10^6 J),其余的 2350 kcal(9.83×10^6 J)都是从陆地输入的植物残屑(即各种陆生植物残体)。在总计 3060 kcal(1.28×10^7 J)$\cdot m^{-2}\cdot a^{-1}$的能量输入中,以残屑为食的植食动物大约要吃掉 2300 kcal(9.62×10^6 J)$\cdot m^{-2}\cdot a^{-1}$(占能量总输入量的 75%),其余的则沉积在根泉泉底。我国茂密的热带、亚热带原始森林中的各种泉水溪流也大都属于异养生态系统类型。

1968 年,Lawrence Tilly 还研究过另外一个异养生态系统——锥泉(Cone Spring)。他发现,输入锥泉的植物残屑大都属于三种开花植物。在锥泉中只能找到吃植物残屑的植食动物,而没有吃活植物的动物。锥泉的能量总收入经计算是 9508 kcal(3.98×10^7 J)$\cdot m^{-2}\cdot a^{-1}$,其中有 2384 kcal(9.97×10^6 J)$\cdot m^{-2}\cdot a^{-1}$(占 25%)被吃残屑的动物吃掉;另有 3400 kcal(1.42×10^7 J)$\cdot m^{-2}\cdot a^{-1}$(占 36%)被分解者分解;剩下的 3724 kcal(1.56×10^7 J)$\cdot m^{-2}\cdot a^{-1}$(占 39%)则输出到锥泉周围的沼泽中去,并在那里积存起来。在锥泉生态系统中,以植物残屑为食的动物只不过是能流链条中的一个中间环节,它们本身又是肉食动物的食物,因此还供养着肉食动物种群。

第六节　生态系统能量流动的普适模型

Odum 于 1959 曾把生态系统的能量流动概括为一个普适的模型(图 31-7)。从这个模型中我们可以看出外部能量的输入情况以及能量在生态系统中的流动路线及其归宿。普适的能流模型是以一个个隔室(即图中的方框)表示各个营养级和贮存库,并用粗细不等的能流通道把这些隔室按能流的路线连接起来,能流通道的粗细代表能流量的多少,而箭头表示能量流动的方向。最外面的大方框表示生态系统的边界。自外向内有两个能量输入通道,即日光能输入通道和现成有机物质输入通道。这两个能量输入通道的粗细将依具体的生态系统而有所不同,如果日光能的输入量大于有机物质的输入量,则大体上属于自养生态系统;反之,如果现成

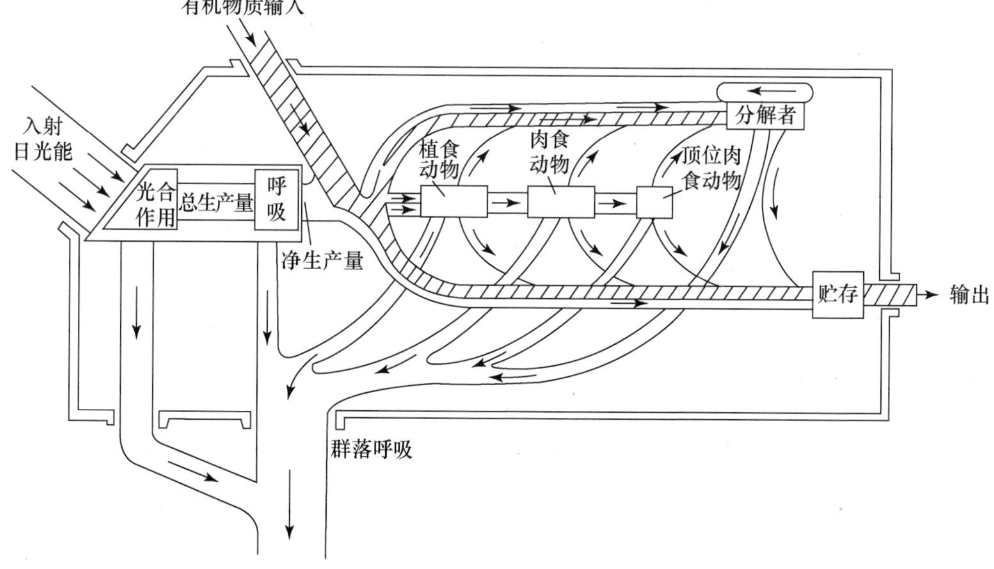

图 31-7　一个普适生态系统的能量流动模型

有机物质的输入构成该生态系统能量来源的主流，则被认为是异养生态系统。大方框自内向外有 3 个能量输出通道，即在光合作用中没有被固定的日光能、生态系统中生物的呼吸以及现成有机物质的流失。

根据以上能流模型的一般图式，生态学家在研究任一生态系统时就可以根据建模的需要着手收集资料，最后建立一个适于这个生态系统的具体能流模型。应当说，这件工作远不像说起来那么容易，有些工作是十分困难的，因为自然生态系统中的可变因素很多。例如，幼龄树和老龄树的光合作用速率就不相同；幼年的、小型的动物比老年、大型动物的新陈代谢速率要高得多；入射日光能的强度和质量也随着季节的转换而变动等。正是由于这种取样的复杂性，所以至今被生态学家建立起能流模型的生态系统还是寥寥无几。

但是，有些生态学家却绕过了这种困难，他们在实验室内用电子计算机对各种生态系统进行模拟。在实验室内可局限于对某些重要变量进行分析，至少这些变量是可以控制和调节的。实践表明，通过这种室内模拟研究所获得的结果，常常和在自然条件下进行研究所获得的结果非常一致，两种研究方法都能得出几点重要的一般性结论。例如，英国的生态学家 Lawrence Slobodkin 在实验室内研究了一个由藻类（生产者）、小甲壳动物（一级消费者）和水螅（二级消费者）组成的实验生态系统，并且得出了如下结论，即能量从一个营养级传递到另一个营养级的转化效率大约是 10%。总之，迄今为止所进行的各种研究均表明：在生态系统能流过程中，能量从一个营养级到另一个营养级的转化效率大致是在 5%～30%之间。平均说来，从植物到植食动物的转化效率大约是 10%，从植食动物到肉食动物的转化效率大约是 15%。

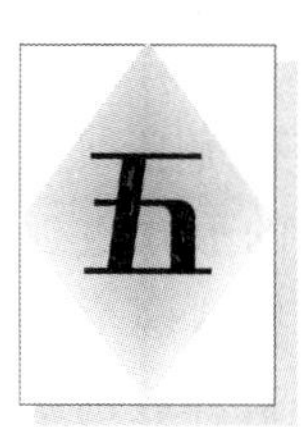

第32章　生态系统中的物质循环

第一节　生命与元素

生命的维持不仅依赖于能量的供应，而且也依赖于各种化学元素的供应。对于大多数生物来说，有大约20多种元素是它们生命活动所不可缺少的。另外，还有大约10种元素虽然通常只需要很少的数量就够了，但是对某些生物来说却是必不可少的。生物所需要的糖类虽然可以在光合作用中利用水和大气中的二氧化碳来制造，但是对于制造一些更加复杂的有机物质来说，还需要一些其他元素，如需要大量的氮和磷，还需要少量的锌和钼等。前者有时被称为大量元素，而后者则称为微量元素。

生物体所需要的大量元素包括其含量超过生物体干重1%以上的碳、氧、氢、氮和磷等，也包括含量占生物体干重0.2%～1%之间的硫、氯、钾、钠、钙、镁、铁和铜等。微量元素在生物体内的含量一般不超过生物体干重的0.2%，而且并不存在于所有生物体内。属于微量元素的有铝、硼、溴、铬、钴、氟、镓、碘、锰、钼、硒、硅、锶、锡、锑、钒和锌等。

有人曾于1973年研究过一个小池塘生态系统。在这个池塘中生长着一种百合，百合上寄生着一种蚜虫。研究人员曾研究了在这两种生物之间，以及在这两种生物和它们的生存环境（池水、沉积物和岩石等）之间各种元素的分布和循环情况。据测定，在蚜虫体内有很多元素，其含量比在百合叶中的浓度高，这些元素是钠、锂、锶、铯、锌、铝、镓、硅、锗、铅、钛、铪、磷、铋、硫、铬、钼、镍、锰、钇、镧、铈、镨和钐等。另一方面，还有一些元素在百合叶内的浓度要高于蚜虫体内，如银、钙、镁、镉、汞、硼、锡、锆、钍、氯、溴、铵和钪等。

如果以百合和池底的沉积物相比较，有些元素在百合体内的含量比较高，如铍、钇、镧、铈、镨、钐、钆、镝、铒、钠、钾、银、镁、镉、汞、硼、锡、磷、铋、铌、硒、氟、氯和锰等；另一些元素则在沉积物中的含量比在百合体内高，如锂、铜、钙、锶、钡、锌、铝、镓、硅、锗、铅、钛、锆、铪、钍、钒、硫、铬、钼、溴、铁、钴、镍、钪、铵和镱等。此外，在百合的叶、花和茎里，各种元素的浓度也不相同。百合的叶和花可以使钴、锂、砷、铋、钒、银、镁、汞、硼、镓、锗、钍、磷、钇和钐等元素得到浓缩，而百合的茎可浓缩钠、锡、氯、铍和钼等元素。另外，百合的叶里以钙、钪和硫的含量最多，茎里以镧和钾的含量最丰富，而铌主要是集中在花里。

第二节　生物地化循环的特点

生态系统中的物质循环又称为生物地化循环（biogeochemical cycle）。能量流动和物质循环是生态系统的两个基本过程，正是这两个基本过程使生态系统各个营养级之间和各种成分

(非生物成分和生物成分)之间组织成为一个完整的功能单位。但是能量流动和物质循环的性质不同,能量流经生态系统最终以热的形式消散,能量流动是单方向的,因此生态系统必须不断地从外界获得能量。而物质的流动是循环式的,各种物质都能以可被植物利用的形式重返环境(图 32-1)。能量流动和物质循环都是借助于生物之间的取食过程而进行的,但这两个过程是密切相关不可分割的,因为能量是储存在有机分子键内,当能量通过呼吸过程被释放出来用以做功的时候,该有机化合物就被分解并以较简单的物质形式重新释放到环境中去。

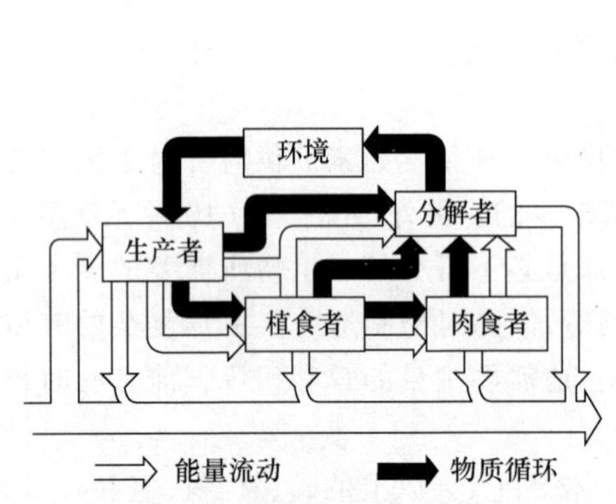

图 32-1　生态系统中能量流动与物质循环特征的比较

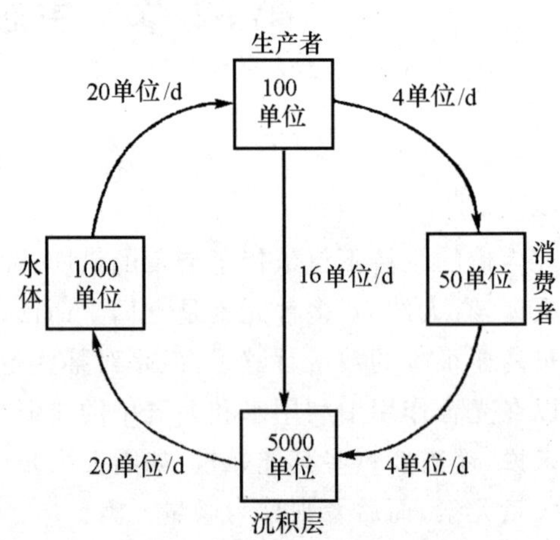

图 32-2　在一个面积为 1.62 ha 的池塘生态系统中,库与流通率的模式图

生物地化循环可以用"库"(pools)和"流通率"(flux rates)两个概念加以描述。库是由存在于生态系统某些生物或非生物成分中一定数量的某种化学物质所构成的。如在一个湖泊生态系统中,水体中磷的含量可以看成是一个库,浮游植物中的磷含量是第二个库。这些库借助有关物质在库与库之间的转移而彼此相互联系。物质在生态系统单位面积(或单位体积)和单位时间的移动量就称为流通率。这些关系可以用一个简单的池塘生态系统(图 32-2)加以说明。营养物质在生态系统各个库之间的流通量和输入输出生态系统的流通量可以有多种表达方法。为了便于测量和使其模式化,流通量通常用单位时间、单位面积(或体积)内通过的营养物质的绝对值来表达。为了表示一个特定的流通过程对有关各库的相对重要性,用周转率(turnover rates)和周转时间(turnover times)来表示更为方便。周转率就是出入一个库的流通率(单位/天)除以该库中的营养物质总量

$$周转率 = \frac{流通率}{库中营养物质总量}$$

在图 32-2 中,最大的周转率发生在从水体库到生产者库的流通中(0.20)和从生产者库到沉积层库的流通中(0.16)。由此也可看出,在这个生态系统中,最易遭受短期干扰的库就是生产者的营养库。

周转时间就是库中的营养物质总量除以流通率,即

$$周转时间 = \frac{库中营养物质总数}{流通率}$$

周转时间表达了移动库中全部营养物质所需要的时间。在图 32-2 中的池塘生态系统中,最短

的周转时间是水体库和生产者库的输入(5 天)和从生产者库到沉积层库的输出(6.25 天)。其他数据可参考依据图 32-2 而编制的表 32-1。总之,周转率越大,周转时间就越短。大气圈中二氧化碳的周转时间大约是一年多一些(主要是光合作用从大气圈中移走二氧化碳),大气圈中分子氮的周转时间约近 100 万年(主要是某些细菌和蓝绿藻的固氮作用),而大气圈中水的周转时间只有 10.5 天,也就是说大气圈中所含的水分一年要更新大约 34 次。又如,海洋中主要物质的周转时间,硅最短,约 8000 年;钠最长,约 2.06 亿年。由于海洋存在的时间远远超过了这些年限,所以海洋中的各种物质都已被更新过许多次了。从各种途径进入海洋的物质,主要靠海洋的沉积作用和其他一些规模较小的过程所平衡。

表 32-1　一个池塘生态系统中营养物质的流通率、周转率和周转时间

	流通率	周转率		周转时间/d	
		输出库	输入库	输出库	输入库
水体库 → 生产者库	5	0.02	0.20	50	5
生产者库 → 沉积层库	4	0.16	0.0032	6.25	312.5
生产者库 → 消费者库	1	0.04	0.08	25	12.5
消费者库 → 沉积层库	1	0.08	0.0008	12.5	1250
沉积层库 → 水体库	5	0.004	0.08	250	50

生物地化循环在受人类干扰以前,一般是处于一种稳定的平衡状态,这就意味着对主要库的物质输入必须与输出达到平衡。当然,这种平衡不能期望在短期内达到,也不能期望在一个有限的小系统内实现。生态演替过程显然是一个例外,但对于一个顶极生态系统、一个主要的地理区域和整个生物圈来说,各个库的输入和输出之间必须是平衡的。例如,大气中主要气体(氧、二氧化碳和氮)的输入和输出都是处于平衡状态的,海洋中的主要物质也是如此。

第三节　生物地化循环的类型

生物地化循环可分为三大类型,即水循环、气体型循环(gaseous cycles)和沉积型循环(sedimentary cycles)。在气体型循环中,物质的主要储存库是大气和海洋,其循环与大气和海洋密切相连,具有明显的全球性,循环性能最为完善。凡属于气体型循环的物质,其分子或某些化合物常以气体形式参与循环过程,属于这类的物质有氧、二氧化碳、氮、氯、溴和氟等。参与沉积型循环的物质,其分子或化合物绝无气体形态,这些物质主要是通过岩石的风化和沉积物的分解转变为可被生态系统利用的营养物质;而海底沉积物转化为岩石圈成分则是一个缓慢的、单向的物质移动过程,时间要以数千年计。这些沉积型循环物质的主要储存库是土壤、沉积物和岩石,而无气体形态,因此这类物质循环的全球性不如气体型循环表现得那么明显,循环性能一般也很不完善。属于沉积型循环的物质有磷、钙、钾、钠、镁、铁、锰、碘、铜、硅等,其中磷是较典型的沉积型循环物质,它从岩石中释放出来,最终又沉积在海底并转化为新的岩石。气体型循环和沉积型循环虽然各有特点,但都受到能流的驱动,并都依赖于水的循环。

生物地化循环过程的研究主要是在生态系统水平和生物圈水平上进行的。在局部的生态系统单位中(例如森林和湖泊),可选择一个特殊的物种深入研究它在某种营养物质循环中的作用,如 Kuenzler 1961 年对肋贻贝(*Modiolus dimissus*)在磷循环中作用的研究。近来,对许多大量元素在整个生态系统中的循环已进行了不少研究，重点是研究这些元素在整个生态系统中的输入和输出以及在生态系统主要生物和非生物成分之间的交换过程，如在生产者、植食动物、肉食动物和分解者等各个营养级之间的交换。

为了测量物质在生态系统内的流通率，必须应用各种技术。一般采用的方法有以下三个方面：

(1) 直接测量。例如，当测量降水和流水输入或输出时，可结合测定水中营养物质的浓度来估算营养物质的流通率；又如，在估算初级生产量时，可结合测量植物中营养物质的浓度以便估计营养物质总的流通量。

(2) 间接推测。如果各个过程的速率都已知，只有某一过程的流通率不知道，那就可以间接计算出来。例如，如果已知一个陆地生态系统的输入和输出，那么与总的营养物质变化率一起，土壤营养物质由于风化而引起的增加率就可以计算出来。类似的技术也可用于分析营养物质在生态系统各个生物和非生物成分的输入和输出。

(3) 利用放射性示踪元素测量。只有当营养物质的放射性同位素可以被吸收利用，或可被吸收的一种放射性同位素(例如 ^{137}Cs)在其活性上与某种特定的营养物质(在这一例子中是钾)极为相似时，这种方法才可利用。

生物圈水平上的生物地化循环研究，主要是研究水、碳、氧、氮、磷等物质或元素的全球循环过程。由于这类物质或元素对生命的重要性及已观察到的人类对其循环的影响，使这些研究更为必要。与自然发生的过程相比，人类在生物圈水平上对生物地化循环过程的干扰在规模上是有过之而无不及。如人类的活动使排入世界海洋的汞量约增加了 1 倍，铅输入海洋的速率约相当自然过程的 40 倍！人类的影响已扩展到生命系统主要构成成分的碳、氧、氮、磷和水的生物地化循环，这些物质或元素的自然循环过程只要稍受干扰就会对人类本身产生深远的影响。

第四节　水的全球循环

水和水的循环对于生态系统具有特别重要的意义，不仅生物体的大部分(约 70%)是由水构成的，而且各种生命活动都离不开水。水在一个地方将岩石浸蚀，而在另一个地方又将浸蚀物沉降下来，久而久之就会带来明显的地理变化。水中携带着大量的多种化学物质(各种盐和气体)周而复始地循环，极大地影响着各类营养物质在地球上的分布。除此之外，水对于能量的传递和利用也有着重要影响。地球上大量的热能用于将冰融化为水(335 J·g)，使水温升高(1℃需 4.18 J·g)，并将水转化为蒸汽(2243 J·g)。因此，水有防止温度发生剧烈波动的重要生态作用。

水的主要循环路线是从地球表面通过蒸发进入大气圈，同时又不断从大气圈通过降水回到地球表面(图 32-3)。每年地球表面的蒸发量和全球降水量是相等的，因此这两个相反的过程就达到了一种平衡状态。蒸发和降水的动力都来自太阳，太阳是推动水在全球进行循环的主要动力。地球表面是由陆地和海洋组成的，陆地的降水量大于蒸发量，而海洋的蒸发量大于降水量，因此，陆地每年都把多余的水通过江河源源不断输送给大海，以弥补海洋每年因蒸发量大于降水量而产生的亏损。生物在全球水循环过程中所起的作用很小，虽然植物在光合作用中要吸收大量的水，但是植物通过呼吸和蒸腾作用又把大量的水送回了大气圈。

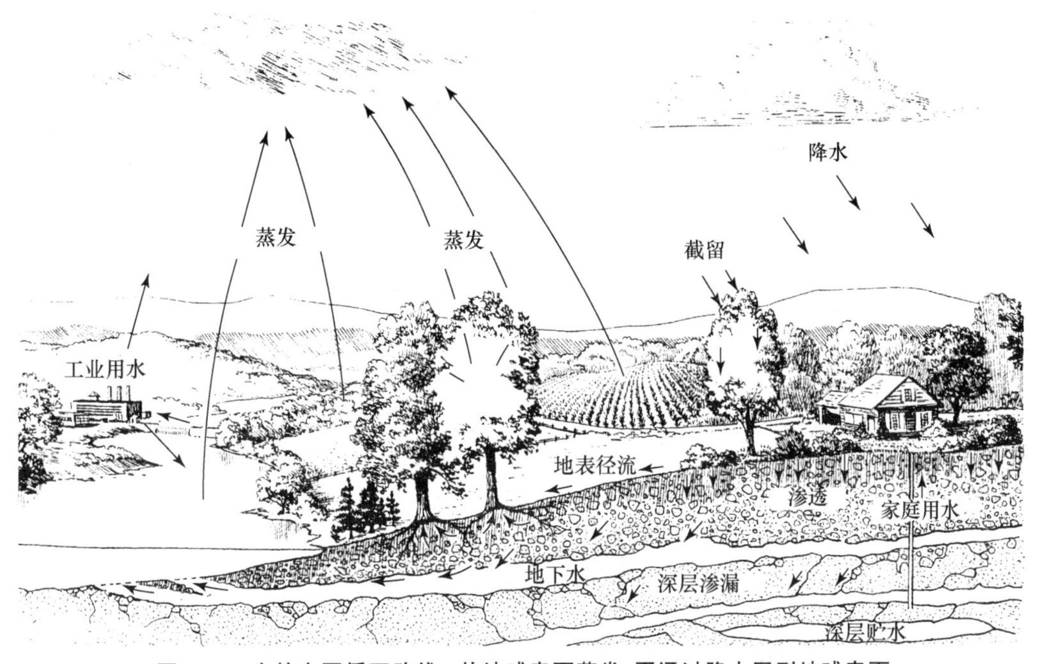

图 32-3　水的主要循环路线：从地球表面蒸发，再通过降水回到地球表面

地球表面及其大气圈的水只有大约 5%是处于自由的可循环状态，其中的 99%又都是海水。令人惊异的是地球上 95%的水不是海水也不是淡水，而是被结合在岩石圈和沉积岩里的水，这部分水是不参与全球水循环的。地球上的淡水大约只占地球总水量(不包括岩石圈和沉积岩里的结合水)的 3%，其中的 3/4 又都被冻结在两极的冰盖和冰川里。如果地球上的冰雪全部融化，其水量可盖满地球表面 50 m 厚。虽然地球的全年降水量多达 5.2×10^{17} kg(或 5.2×10^{8} km^3)，但是大气圈中的含水量和地球总水量相比却是微不足道的(图 32-4)。地球全年降水量约等于大气圈含水量的 35 倍，这说明，大气圈含水量足够 11 天降水用，平均每过 11 天，大气圈中的水就得周转一次。

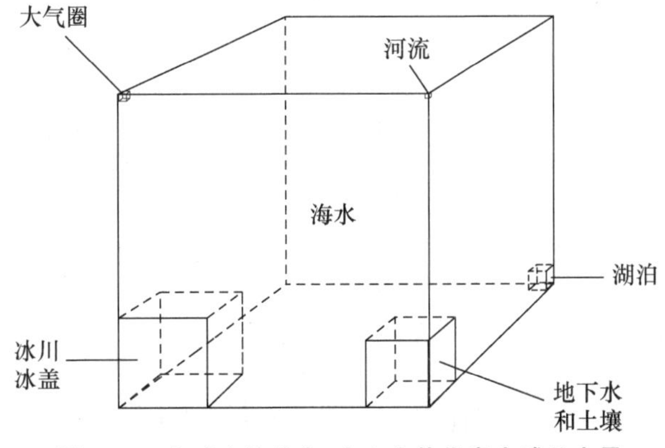

图 32-4　全球水的分布，大立方体代表全球总水量

降水和蒸发的相对和绝对数量以及周期性对生态系统的结构和功能有着极大影响，世界降水的一般格局与主要生态系统类型的分布密切相关。而降水分布的特定格局又主要是由大气环流和地貌特点所决定的。

水循环的另一个重要特点是，每年降到陆地上的雨雪大约有35%又以地表径流的形式流入了海洋。值得特别注意的是，这些地表径流能够溶解和携带大量的营养物质，因此它常常把各种营养物质从一个生态系统搬运到另一个生态系统，这对补充某些生态系统营养物质的不足起着重要作用。由于携带着各种营养物质的水总是从高处往低处流动，所以高地往往比较贫瘠，而低地比较肥沃。例如，沼泽地和大陆架就是这种最肥沃的低地，也是地球上生产力最高的生态系统之一。

河川和地下水是人类生活和生产用水的主要来源，人类每年所用的河川水约占河川总水量的25%，其中有将近30%通过蒸发又回到了大气圈。据估计到21世纪，人类将利用河川总水量的75%来满足生活、灌溉和工业用水之需。

地下水是指植物根系所达不到而且不会因为蒸发作用而受到损失的深层水。地球所蕴藏的地下水量是惊人的，约比地上所有河川和湖泊中的水多38倍！地下水有时也能涌出地面（如泉水）或渗入岩体形成蓄水层，人类可以把蓄水层中的水抽到地面以供利用。地下水如果受到足够的液体压力，也会自动喷出地面形成自流井或喷泉。

蒸发、降水和水的滞留、传送使地球上的水量维持一种稳定的平衡。如果把全球的降水量看做是100个单位，那么海洋的蒸发量平均为84个单位，海洋接受降水量为77个单位；陆地的蒸发量为16个单位，陆地接受降水量为23个单位，从陆地流入海洋的水量为7个单位，这就使海洋的蒸发亏损得到平衡。大气圈中的循环水为7个单位。

水的全球循环也影响地球热量的收支情况。正如已说过的那样，最大的热量收支是在低纬度地区，而最小的热量收支是在北极地区。在纬度38°～39°地带，冷和热的进出达到一种平衡状态；高纬度地区的过冷会由于大气中热量的南北交流和海洋暖流而得以缓和。从全球观点看，水的循环着重表明了地球上物理和地理环境之间的相互密切作用。因此，经常在局部范围内考虑的水的问题，实际上是一个全球性的问题。局部地区水的管理计划可以影响整个地球。水资源问题的产生不是由于降落到地球上的水量不足，而是水的分布不均衡，这尤其与人类人口的集中有关。因为人类已经强烈地参与了水的循环，致使自然界可以利用的水资源已经减少，水的质量也已下降。现在，水的自然循环已不足以补偿人类对水资源的有害影响。

我国北方由于降水在时间和空间上的分布极不均匀，雨季易出现暴雨成灾、洪水泛滥，但大部分时间又干旱缺水，不能满足工农业和生活用水的需要。因此，国家提出了南水北调的主张。这一举措有一定的道理，因为长江多年的平均水量为9300×10^8（亿）m^3，而黄河流域、淮河流域和海河流域加起来才只有1100×10^8（亿）m^3。长江流域的耕地占4个流域耕地总数的40%多，但水量却占90%。但长江流域究竟能有多少水量可以调出？调出后对长江会有什么影响？南水北调后对生态平衡、地方病、水污染的北移及港口河道和水生生物区系会带来怎样的影响？对所有这些问题都应当作出科学的回答。这一工程如能获得成功，对我国北方工农业的发展和人民生活将起到极大的促进作用。

第五节 气体型循环

一、碳的循环

碳对生物和生态系统的重要性仅次于水，它构成生物体重量（干重）的49%。有机化学就是专门研究碳化合物的一门科学。碳分子独一无二的特性是可以形成一个长长的碳链，这个碳链为各种复杂的有机分子(蛋白质、磷脂、碳水化合物和核酸等)提供了骨架。同构成生物的其他元素一样，碳不仅构成生命物质，而且也构成各种非生命化合物。在碳的循环中，我们更加强调非生命化合物的重要性，因为最大量的碳被固结在岩石圈中，其次是在化石燃料(石油和煤等)中，这是地球上两个最大的碳储存库，约占碳总量的 99.9%，仅煤和石油中的含碳量就相当于全球生物体含碳量的 50 倍！在生物学上有积极作用的两个碳库是水圈和大气圈(主要以 CO_2 的形式)(图 32-5)。很多元素都与碳相似，有着巨大的不活动的地质储存库(如岩石圈等)和较小的但在生物学上积极活动的大气圈库、水圈库和生物库。物质的化学形式常随所在库的不同而不同。例如，碳在岩石圈中主要以碳酸盐的形式存在，在大气圈中以二氧化碳和一氧化碳的形式存在，在水圈中以多种形式存在，在生物库中则存在着几百种被生物合成的有机物质。这些物质的存在形式受到各种因素的调节。

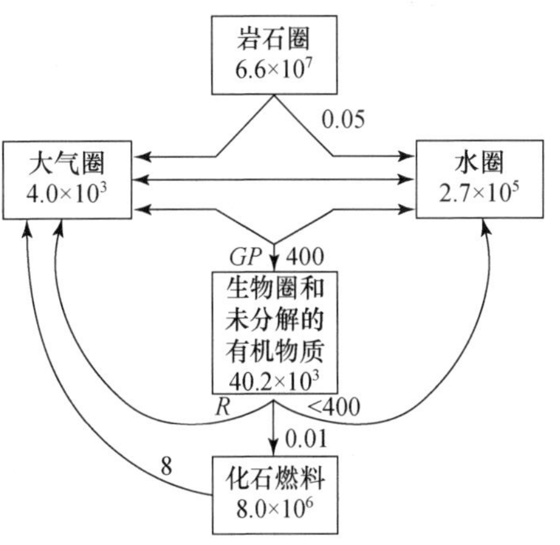

图 32-5　碳的全球性循环及主要碳库

库大小单位：$g \cdot m^{-2}$；流通量单位：$g \cdot m^{-2} \cdot a^{-1}$

植物通过光合作用从大气中摄取碳的速率和通过呼吸和分解作用把碳释放给大气的速率大体相等。大气中二氧化碳是含碳的主要气体，也是碳参与循环的主要形式。碳循环的基本路线是从大气储存库到植物和动物，再从动植物通向分解者，最后又回到大气中去。在这个循环路线中，大气圈是碳(以 CO_2 的形式)的储存库，二氧化碳在大气中的平均浓度是 0.032%(图 32-6)。由于有很多地理因素和其他因素影响植物的光合作用(摄取二氧化碳的过程)和生物的呼吸(释放二氧化碳的过程)，所以大气中二氧化碳的含量有着明显的日变化和季节变化。例如，夜晚由于生物的呼吸作用，可使地面附近大气中二氧化碳的含量上升到 0.05%；而白天由于植物在光合作用中大量吸收二氧化碳，可使大气中二氧化碳的含量降到平均浓度 0.032%以下。夏季，植物的光合作用强烈，因此从大气中所摄取的二氧化碳超过了在呼吸和分解过程中所释放的二氧化碳；冬季则刚好相反。结果每年 4～9 月北方大气中二氧化碳的含量最低，冬季和夏季大气中二氧化碳的含量可相差 0.002%。

除了大气以外，碳的另一个储存库是海洋。实际上，海洋是一个更重要的储存库，它的含碳量是大气含碳量的 50 倍。更重要的是，海洋对于调节大气中的含碳量起着非常重要的作用。在植物光合作用中被固定的碳，主要是通过生物的呼吸(包括植物、动物和微生物)以二氧化碳的形式又回到了大气。除此之外，非生物的燃烧过程也使大气中二氧化碳的含量增加，如人类燃烧木材、煤炭以及森林和建筑物的偶然失火等。正如前面已提到过的，地球上最大的碳储存库是岩石圈，其中包括由生物遗体所形成的泥炭、煤和石油以及由软体动物的贝壳和原生动物的骨骼所形成的石灰岩(主要成分是碳酸钙)。此外，有很多生长在碱性水域中的水生植物，在其进行光合作用时会释放出碳酸钙(光合作用的副产品)。例如，伊乐藻(*Elodea canadensis*)在自然光照条件下每 10 h 就可释放出相当自身重量 2%的碳酸钙。这种纯碳酸钙和黏土混合就可形成泥灰岩，泥灰岩长期受压就可转变为石灰岩。广泛分布于世界各地的石灰岩大都是这样生成的。岩石圈中的碳也可以重返大气圈和水圈，主要是借助于岩石的风化

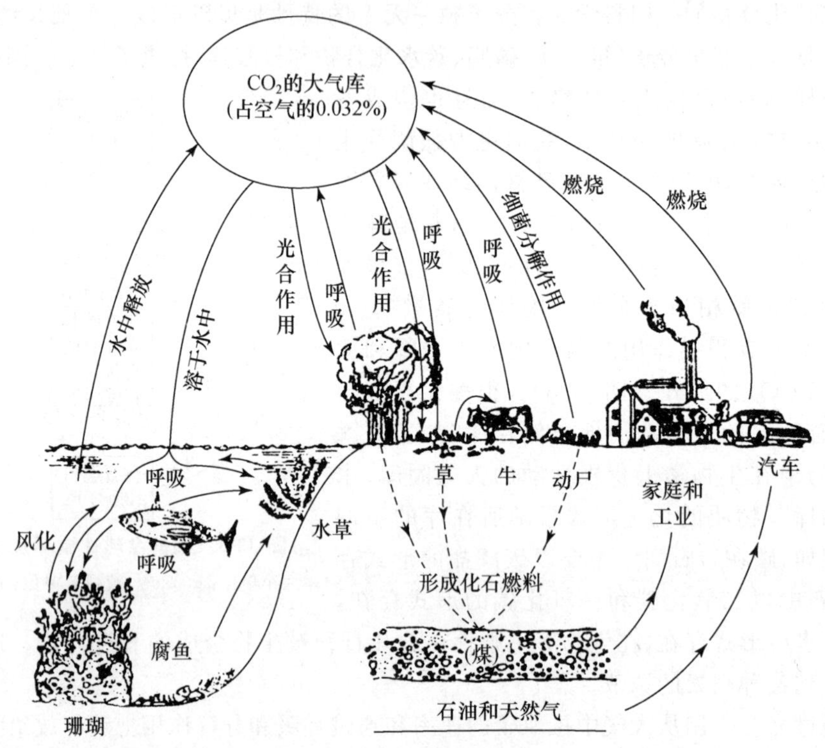

图 32-6 碳的循环路线

和溶解、化石燃料的燃烧和火山爆发等。

二氧化碳在大气圈和水圈之间的界面上通过扩散作用而互相交换着,而二氧化碳的移动方向决定于它在界面两侧的相对浓度,它总是从浓度高的一侧向浓度低的一侧扩散。借助于降水过程,二氧化碳也能进入水圈。例如,1 L 雨水中大约含有 0.3 mL 的二氧化碳。在土壤和水域生态系统中,溶解的二氧化碳可以和水结合形成碳酸(H_2CO_3),而且这个反应是可逆的。碳酸在这个可逆反应中可以生成氢离子和碳酸氢根离子(HCO_3^-),而后者又可进一步离解为氢离子和碳酸根离子(CO_3^{2-})。以上的各种反应可概括为

$$\begin{array}{l}\text{大气中的 } CO_2 \\ \quad\Big\Updownarrow \\ \text{水中的 } CO_2 + H_2O \rightleftharpoons H_2CO_3 \rightleftharpoons H^+ + HCO_3^- \rightleftharpoons H^+ + CO_3^{2-}\end{array}$$

由于所有这些反应都是可逆的,所以反应进行的方向就取决于参加反应的各成分的浓度。由此可以想到,如果大气中的二氧化碳发生局部短缺,就会引起一系列的补偿反应,水圈里的溶解态二氧化碳就会更多地进入大气圈。同样,如果水圈里的碳酸氢根离子(HCO_3^-)在光合作用中被植物耗尽,也可及时通过其他途径或从大气中得到补充。总之,碳在生态系统中的含量过高或过低,都能通过碳循环的自我调节机制而得到调整,并恢复到原有的平衡状态。放射性碳(^{14}C)可用来估计空气和水之间二氧化碳的交换速度。由于核武器试验,使大气中含有很多的碳同位素。观察空气中^{14}C的减少情况,就能计算出二氧化碳在溶于海水以前在大气中滞留了多少时间(大约是 5~10 年)。大气中每年约有 1.0×10^{11} t 的二氧化碳进入水中,同时水中每年也有相等数量的二氧化碳进入大气。在陆地和大气之间,碳的交换大体上也是平衡

的。陆地植物的光合作用每年约从大气中吸收碳 1.5×10^{10} t，植物死后腐败约可释放碳 1.7×10^{10} t。森林是碳的主要吸收者，每年约可吸收碳 3.6×10^{9} t，相当于其他类型植被吸收碳量的 2 倍。森林也是生物碳库的主要储存库，约储存着碳 4.8×10^{11} t，这相当于目前地球大气含碳量的 2/3。

但是，碳循环的调节机制能在多大程度上忍受人类的干扰，目前还不十分清楚。由于人类每年约向大气中释放 2.0×10^{10} t 的二氧化碳，使陆地、海洋和大气之间二氧化碳交换的平衡受到干扰，导致大气中二氧化碳的含量每年增加 7.5×10^{9} t。这仅是人类释放到大气中二氧化碳的 1/3，其余的 2/3 则被海洋和增加了的陆地植物所吸收。大气中二氧化碳含量的变化引起了人们的关注，大气二氧化碳的含量在人类干扰以前是相当稳定的，但人类生产力的发展水平已达到了可以有意识地影响气候的程度。从长远来看，大气中二氧化碳含量的持续增长将会给地球的生态环境带来什么后果，是当前科学家最关心的问题之一。对此我们将在第六篇作更详细的介绍。

二、氮的循环

氮是构成生物蛋白质和核酸的主要元素，因此它与碳、氢、氧一样，在生物学上具有重要的意义。氮的生物地化循环过程非常复杂，循环性能极为完善(图 32-7)。氮的循环与碳的循环大体相似，但也有明显差别。虽然生物所生活的大气圈，其含氮量(79%)比含二氧化碳量(0.03%～0.04%)要高得多，但是氮的气体形式(N_2)只能被极少数的生物所利用。虽然所有的生物都要以代谢产物的形式排出碳和氮，但几乎从不以 N_2 的形式排放含氮废物。在各种营养物质的循环中，氮的循环实际上是牵连生物最多和最复杂的，这不仅是因为含氮的化合物很多，而且因为在氮循环的很多环节上都有特定的微生物参加。氮在生物圈内的分布见表 32-2。

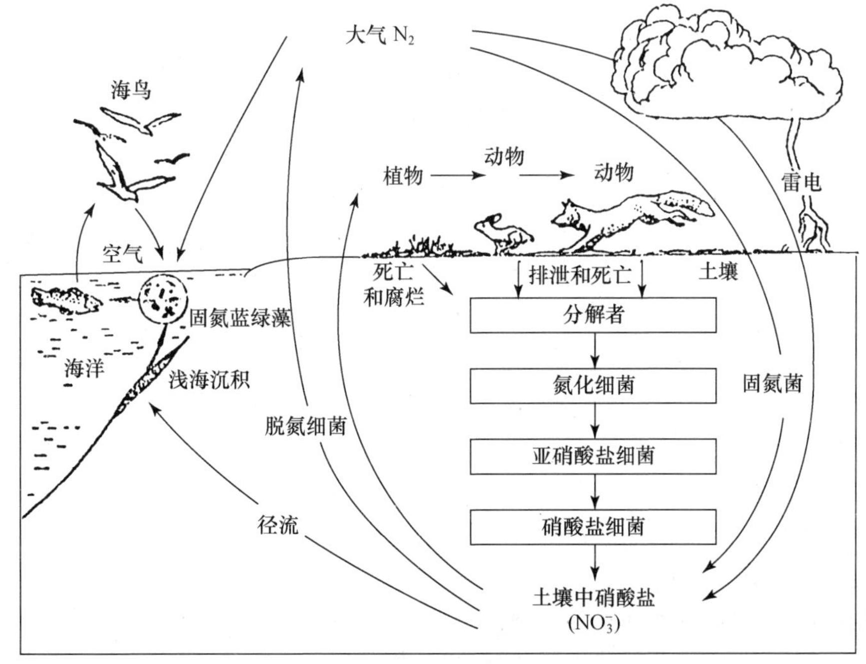

图 32-7 氮的循环

表 32-2　氮在生物圈的分布　(单位：10^6 t)

大气	3 800 000	海水	20 000
陆地生物	772	海洋生物	901
生存的	12	生存的	1
死亡的	760	死亡的	900
陆地无机氮	140	海洋无机氮	100
地壳	14 000 000	沉积物	4 000 000
有机氮总量		1 673	
无机氮总量		21 820 240	

1. 固氮

由于大气成分的79%是氮气，所以氮最重要的储存库就是大气圈，但是大多数生物又不能直接利用氮气，所以以无机氮形式(氨、亚硝酸盐和硝酸盐)和有机氮形式(尿素、蛋白质和核酸等)存在的氮库对生物最为重要。大气中的氮只有被固定为无机氮化合物(主要是硝酸盐和氨)以后，才能被生物所利用。虽然固氮的方法有物理化学法和生物法两种，但其中以生物固氮法最为重要。据估计，靠电化学和光化学固氮，每年平均可固氮 7.6×10^6 t；而生物固氮平均每年的固氮量为 5.4×10^7 t；人类每年合成氮肥约 3.0×10^7 t，这也是一个不小的数字。根据人类合成氮肥的增产速度，估计到 20 世纪末，每年约可生产氮肥 1.0×10^8 t。Delwiche CC 认为，现在的工业固氮量约等于现代农业到来之前的生物固氮量。

固氮过程首先需要将分子氮激活，使其分裂为 2 个自由氮原子($N_2\rightarrow2N$)，这个过程需要消耗能量，在生物固氮时，1 mol 的 N_2 约耗能 6.69×10^5 J。在自由氮与氢结合形成氨气时($N\rightarrow NH_3$)，1 mol 的氮气(28 g)可释放 5.4×10^4 J 能量，因此，固定 1 mol 的氮气，只需输入 615×10^3 J 能量就够了(即 669－54＝615)。除了光化学固氮法外，所有固氮生物都需要从外部提供碳化合物作为一种能源，以便影响这一吸热反应。生物固氮需要两种酶(固氮酶和氢化酶)进行调节，生物固氮的意义在于低能消耗，而工业固氮需要极高的温度和极大的压力(即400℃高温和 2×10^4 kPa)。

已知有固氮能力的细菌和藻类很多，但为了方便可把它们分为两个类群：一类是共生的固氮生物(主要是细菌，但也有真菌和藻类)，另一类是自由生活的固氮生物(包括细菌、藻类和其他一些微生物)。共生的固氮生物主要生活在陆地，而营自由生活的固氮生物在陆地和水域都有。共生固氮生物在数量上至少要比营自由生活的固氮生物多几百倍。

在共生固氮生物中，根瘤菌(*Rhizobium*)是最为重要的，也是人类了解得最清楚的。根瘤菌对宿主植物(如豌豆、三叶草和菜豆等豆科植物)有高度的特异性，一定种类的根瘤菌只同一定种类的豆科植物发生共生关系，这些根瘤菌可潜入豆科植物的根毛，然后进行繁殖。已知有10 多种高等植物(如鼠李、杨梅和桤木等)也有共生生物固氮作用。由于豆科植物与根瘤菌之间已经形成了密切的共生关系，所以豆科植物离开了根瘤菌就不能固氮，而把根瘤菌接种在其他植物上也不能固氮。

正如前面已说过的，在水生生态系统中，固氮生物大都是非共生生物。但有一个重要例外，这就是满江红(*Azolla*)及其共生物蓝绿藻(鱼腥藻 *Anabaena*)，它们广泛分布于我国温带和亚热带的水稻田中，被农民作为肥料加以利用，因此对农业生产有重要意义。在非共生固氮生物中既有需氧细菌也有厌氧细菌，还包括蓝绿藻。需氧固氮菌，如固氮菌属(*Azotobacter*)，广泛分布在土壤中以及淡水和海水中;厌氧菌,如梭菌属(*Clostridium*),它们的分布也同样广泛。事实证明,土壤和水体中的很多细菌都有固氮能力,又由于它们数量极多,所以它们固定的氮量也相当可观。例如,在盐沼的沉积层中,细菌固氮量相当于藻类固氮量的 10 倍。这里值得强调的一点是:所有的共生和非共生固氮菌都需要从外部获得糖类,以便作为一种能源去完成固氮过程的吸热反应,因为没有任何一种固氮菌能够进行光合作用,而固定 1mol 氮气(N_2)需吸热615×10^3 J。

为了研究水体中的固氮过程,需把溶于水中的大气氮移出(通常是用氦清除),然后用一种稳定的氮同位素^{15}N取而代之,并用质谱分析仪跟踪观察这种同位素的去向。这种方法与使用^{14}C测定初级生产量的方法大体相同。Richard P 等人用这种方法研究过 Sanctuary 湖的固氮过程。研究表明,高固氮率与三种蓝绿藻(鱼腥藻属)之间存在着正相关。对其他两个湖(Mondota 和 Wingra 湖)的研究也表明,高固氮率与其他蓝绿藻(包括 *Gleotrichia echinulata*)的大量存在密切相关。而在马尾藻海,高固氮率则与束毛藻(*Trichodesmium* 属)的存在相关。固氮过程所需要的能量是靠这些蓝绿藻的光合作用提供的,也就是说,蓝绿藻所生产的有机物质提供了固氮所需要的能量(615×10^3 J·mol^{-1})。

2. 氨化作用

当无机氮经由蛋白质和核酸合成过程而形成有机化合物(主要是胺类,即—NH_2)以后,这些含氮的有机化合物通过生物的新陈代谢又会使氮以代谢产物(尿素和尿酸)的形式重返氮的循环圈。土壤和水中的很多异养细菌、放线菌和真菌都能利用这种富含氮的有机化合物。这些简单的含氮有机化合物在上述生物的代谢活动中可转变为无机化合物(氨),并把它释放出来,这个过程就称为氨化作用(ammonification)或矿化作用(mineralization)。实际上,这些微生物是在排泄它们体内过剩的氮。有些具有氨化作用的微生物只能利用胨而不能利用简单的氨基酸,或者只能利用尿素而不能利用尿酸。相反,其他的微生物则能利用多种多样的含氮有机化合物。氨化过程是一个释放能量的过程,或者说是一种放热反应(exothermic reaction)。例如,如果蛋白质的基本构成物是甘氨酸,那么 1 mol 的这种蛋白质经过氨化就可释放出736×10^3 J 的热能。这些能量将被细菌用来维持它们的生命过程。

3. 硝化作用

虽然有些自养细菌和海洋中的很多异养细菌可以利用氨或铵盐来合成它们自己的原生质,但一般说来,这些含氮化合物难以被直接利用,而必须使它们在硝化作用(nitrification)中转化为硝酸盐。这个过程在酸性条件下分为两步,第一步是把氨或铵盐转化为亚硝酸盐($NH_4^+\rightarrow NO_2^-$);第二步是把亚硝酸盐转变为硝酸盐($NO_2^-\rightarrow NO_3^-$)。亚硝化胞菌(*Nitrosomonas* 属)可使氨转化为亚硝酸盐,而其他细菌(如硝化细菌)则能把亚硝酸盐转化为硝酸盐。这些细菌全都是具有化能合成作用的自养细菌,它们能从这一氧化过程中获得自己所需要的能量。它们还能利用这些能量使二氧化物或重碳酸盐还原而获得自己所需要的碳,同时产生大量的亚硝酸盐或硝酸盐。据 Jackson R 和 Raw F 的研究,亚硝化胞菌(*N. europaea*)每同化一个单位的二氧化碳就可使 35 个单位的氨氧化为亚硝酸盐;而硝化菌(*Nitrobacter agilis*)每同化一个单位的二氧化碳可使 76～135 个单位的亚硝酸盐氧化为硝酸盐。硝酸盐和亚硝酸盐很容易通过淋溶作用从土壤中流失,特别是在酸性条件下。

目前,对开阔海洋及其海底沉积物中的硝化作用还不十分了解。1962 年,Watson S 首次报道了从开阔大洋海水中分离出来的海洋亚硝化菌(*Nitrosocystis oceanus*)。他的研究表明,这是一种专性自养细菌，它只能从氨中获得能量和从二氧化碳中获得碳。不少科学家认为，氮素是海洋浮游植物生产量的主要限制因素。

4. 反硝化作用(也称脱氮作用)

反硝化作用是指把硝酸盐等较复杂的含氮化合物转化为 N_2、NO 和 N_2O 的过程，这个过程是由细菌，如假单孢菌属(*Pseudomonas*)和真菌参与的。这些细菌和真菌在有葡萄糖和磷酸盐存在时可把硝酸盐作为氧源加以利用。大多数有反硝化作用的微生物都只能把硝酸盐还原为亚硝酸盐，但是，另一些微生物却可以把亚硝酸盐还原为氨。在无氧条件下和有葡萄糖存在时，硝酸盐还原为一氧化氮的反硝化过程是一种放热反应，1 mol 的硝酸盐约可放热 2.28×10^6 J。若将 1 mol 的硝酸盐还原为分子氮(N_2)，可放热 2.38×10^6 J。

由于反硝化作用是在无氧或缺氧条件下进行的，所以这一过程通常是在透气较差的土壤中进行的。依据同样的道理，在氧气含量很丰富的湖泊和海洋表层，反硝化作用便很难发生。但是在水生生态系统缺氧的时期，分子氮就可以通过反硝化过程而产生，这一现象已在 Alaskan 湖被观察到了。Goering J 从湖底和冰层下 1 m 深处采集水样(冬季)，注入标记氮的硝酸盐($K^{15}NO_3$)，然后将水样培养在与湖温相同的温度下。用质谱分析仪进行分析表明，湖底水样中的反硝化过程约比湖面附近快 6 倍。反硝化作用最重要的终结产物是分子氮，但是没有 NO 和 N_2O，分子氮如果未在固氮活动中被重新利用则会返回大气圈库。

5. 氮的全球平衡

据估计，全球每年的固氮量为 92×10^6 t(其中生物固氮 54×10^6 t，工业固氮 30×10^6 t，光化学固氮 7.6×10^6 t 和火山活动固氮 0.2×10^6 t)。但是，借助于反硝化作用，全球的产氮量只有83×10^6 t(其中陆地 43×10^6 t，海洋 40×10^6 t 和沉积层 0.2×10^6 t)。两个过程的差额为 9×10^6 t。这种不平衡主要是由工业固氮量的日益增长所引起的，所固定的这些氮是造成水生生态系统污染的主要因素。最近对海洋环境的研究表明，硝化作用大约可使海洋氮库补充氮 20×10^6 t。从各种来源输入海洋的氮，大体上能被反硝化作用所平衡，基本上能维持一种稳定状态。

至今有一点是很清楚的，即氮的移动绝不是单方向、不可调节和与能量无关的。氮有很多条循环路线，而每一条路线都受生物或非生物机制所调节，而且每一个过程都伴随着能量的消耗或释放。氮循环的这些自我调节机制、反馈机制和对能量的依赖性曾导致科学家提出了这样一个假设，即全球的氮循环是平衡的，固氮过程将被反硝化过程所抵消。目前这一假说还处在讨论之中。如果工业固氮量速率加速增长，而反硝化作用的增加速度又跟不上的话，那么任何已经达到的平衡都可能受到越来越大的压力。另外一个干扰因素是来自汽车和其他机动车所排放的 NO_2，排放到大气中的含氮气体是造成空气污染的主要原因之一，而且这种污染物对于呼吸系统和大气臭氧层非常有害。在某些生态系统内，硝化过程和反硝化过程能达到极好的协调，以有利于生态系统生产力的需要。这种协调过程在温带地区的冬季进行得最快，以致总是能保证在春季和夏初时使硝酸盐的数量达到最大，而这时也正是植物生长和繁殖需要硝酸盐最多的时候。

第六节　沉积型循环

一、硫的循环

硫虽然也有气态化合物(如二氧化硫)，但它对硫的循环所起的作用很小。在硫的循环过程中，比气体型循环有更多的停滞阶段，其中海洋和大陆深水湖的沉积层就是最明显的停滞阶段。虽然少数生物可以从氨基酸(有机硫)中获得它们所需要的硫，但大多数生物都是从无机的硫酸盐($SO_4{}^{2-}$)中获得它们所需要的硫。通过生物学过程所合成的硫氢基(—SH)，在分解过程中大部分都能被曲霉属(*Aspergillus*)和脉孢菌属(*Neurospora*)中的真菌和细菌所矿化。在厌氧条件下，还可直接被属于埃希氏杆菌属(*Escherichia*)和变形杆菌属(*Proteus*)的细菌降解为硫化物，如 H_2S 等($SO_4^{2-}+2H^+ = H_2S+2O_2$)。硫酸盐在厌氧条件下也可被降解为元素硫或硫化物，能还原硫酸盐的厌氧菌都是异养细菌。

在厌氧环境中(主要是在水生生态系统的深层)，硫化氢的大量存在对大多数生物来说都是有害的。200 m 以下的黑海海域缺乏较高等的动物可能与此有关。

化石燃料的不完全燃烧可使二氧化硫(SO_2)进入大气圈，这是大气遭受污染的一个主要原因。大气中的氧化硫、二氧化硫和元素硫可被进一步氧化形成三氧化硫(SO_3)，它与水结合便形成了硫酸(H_2SO_4)，雨水中含有硫酸就会形成酸雨。

自然界的生态平衡机制可使一种生物的毒性被另一种生物所处理。无色的硫细菌，如贝氏硫细菌(*Beggiatoa*)，可把硫化氢氧化为元素硫，而硫杆菌(*Thiobacillus*)则可把它氧化为硫酸盐。有些化能合成细菌可利用氧化过程中释放出的能量来还原二氧化碳并从中获得它们所需要的碳

$$6CO_2 + 12H_2S \longrightarrow C_6H_{12}O_6 + 6H_2O + 12S$$

这些细菌也包括绿色和紫色光合作用细菌，它们在还原二氧化碳的过程中可利用硫化氢中的氢作为氧的受体。绿色细菌只能使硫化物氧化为元素硫，而紫色细菌则能使氧化进行到硫酸盐的阶段

$$6CO_2 + 12H_2O + 3H_2S \longrightarrow C_6H_{12}O_6 + 6H_2O + 3SO_4^{2-} + 6H^+$$

硫循环的沉积过程往往与铁离子和钙离子的存在有关。当形成不溶性的 FeS、Fe_2S_3 和硫酸钙($CaSO_4$)时，就会出现硫的沉淀现象。其中的 FeS 具有重要的生态学意义，它是在厌氧条件下生成的，在中性和碱性水中呈不溶解状态，因此，在这种条件下硫的存在就成了铁含量的限制因素。由于 FeS 的热力学过程，其他一些在生物系统中很重要的营养物质，如铜、镉、锌和钴等，也可能在一定时期内受到限制。另一方面，正是由于这些铁化合物的黏合作用，也可使磷从不溶解形态转化为可溶解形态，因而增加了磷的可利用性。在厌氧的含硫沉积底泥中，硫酸盐和硫化物的还原过程在很大程度上控制着整个生态系统的生物化学过程，这说明在不同的矿物质循环之间存在着相互作用和调节现象，而在这些循环的内部也存在着复杂的生物学和化学调节。

二、磷的循环

磷没有任何气体形式或蒸气形式的化合物，因此是比较典型的沉积型循环物质。这种类

型的循环物质实际上都有两种存在相：岩石相和溶盐相。这类物质的循环都是起自岩石的风化，终于水中的沉积。岩石风化后，溶解在水中的盐便随着水流经土壤进入溪、河、湖、海并沉积在海底，其中一些长期留在海里，另一些可形成新的地壳，风化后又再次进入循环圈。动植物从溶盐中或其他生物中获得这些物质，死后又通过分解和腐败过程而使这些物质重新回到水中和土壤中(图 32-8)。

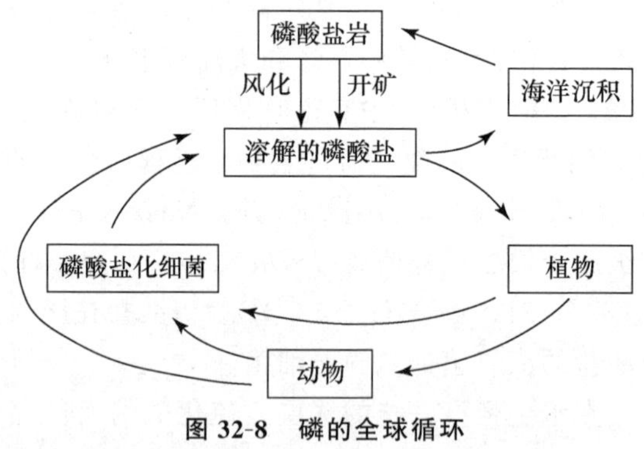

图 32-8　磷的全球循环

磷的主要储存库是天然磷矿。由于风化、侵蚀作用和人类的开采活动，磷才被释放出来。一些磷经由植物、植食动物和肉食动物而在生物之间流动，待生物死亡和分解后又使其重返环境。在陆地生态系统中，磷的有机化合物被细菌分解为磷酸盐，其中一些又被植物吸收，另一些则转化为不能被植物利用的化合物。陆地的一部分磷则随水流进入湖泊和海洋。

在淡水和海洋生态系统中，磷酸盐能够迅速地被浮游植物吸收，而后又转移到浮游动物和其他动物体内。浮游动物每天排出的磷量约与其生物量中所储存的磷量相等，从而使循环持续进行。浮游动物排出的磷有一半以上是可以被浮游植物吸收的无机磷酸盐。水体中其他的有机磷可被细菌利用，细菌又被一些小动物取食，这些小动物可以排泄磷酸盐。一部分磷沉积在浅海，一部分磷沉积在深海。一些沉积在深海的磷又可以随着海水的上涌被带到光合作用带并被浮游植物利用。由于动植物残体的下沉，常使水表层的磷被耗尽而深水中的磷过多。

人类的活动已经改变了磷的循环过程。由于农作物耗尽了土壤中的天然磷，人们便不得不施用磷肥。磷肥主要来自磷矿、鱼粉和鸟粪。由于土壤中含有许多钙、铁和铵离子，大部分用做肥料的磷酸盐都变成了不溶性的盐而被固结在土壤中或池塘、湖泊及海洋的沉积物中。由于很多施于土壤中的磷酸盐最终都被固结在深层沉积物中，并且由于浮游植物不足以维持磷的循环，所以沉积到海洋深处的磷比增加到陆地和淡水生态系统中的磷还要多。

用放射性同位素^{32}P标记海洋浮游动物的试验表明，磷酸盐的排泄速率与动物的呼吸率成正比，也就是说，磷的周转时间是直接与代谢率相关的(图 32-9)。由于代谢率是动物体积的负函数，因此物质的周转率便随动物体积的增大而降低。作为分解者的微生物具有很高的物质周转率，而作为顶位肉食动物的大动物则只有较低的物质周转率。Whittaker 曾研究过放射性磷在池塘中的移动，他发现生物越大，^{32}P 的吸收越少，磷的周转率越慢。较大的生物对于放射性磷的积累一般需要较长的时间，而且磷的累积浓度也低于体积小的生物。大生物体内磷的消失速率也比较慢，由于大生物体内具有稳定的物质利用系统，因此对来自环境物质的影响在一定程度上具有缓冲能力。

在很多情况下，物种在物质循环中所发挥的作用远远超过它们在能流方面对生态系统的贡献。例如,栖息在河口潮间带的肋贻贝,每天从海水悬浮颗粒中移走大约 1/3 的磷,更确切地说,每 2.6 天便能使海水悬浮颗粒中的磷周转一次。这些磷的大部分又被肋贻贝吐出,沉淀在底泥上而被以底泥为食的动物所利用,这些动物可以把磷酸盐再释放到生态系统中去。肋贻贝在磷的循环中起着重要的作用,然而它在生态系统能流中的作用则是微不足道的。可见,一种生物在生态系统中的重要性不能总是以其在能流中的功能来衡量的。

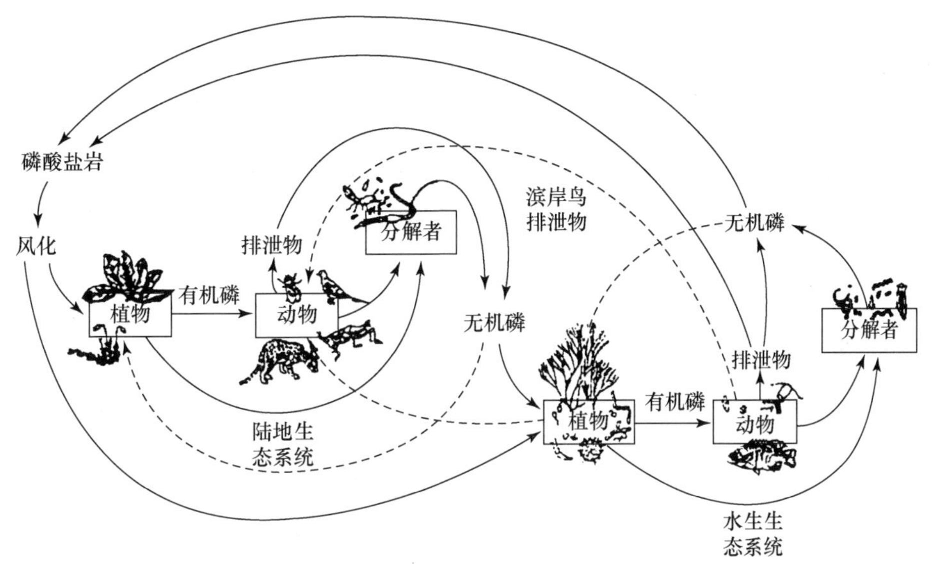

图 32-9 磷的周转时间直接与生物代谢率相关

三、重金属铅的循环

各种有毒物质在大气圈中的积累已经引起了广大公众对生物地化循环的严重关切。像铅、汞和镉这样的重金属总是以微小的量在自然生态系统中进行循环的,但人类的活动已大大增加了它们在环境中的浓度,这些重金属通过食物链越来越多地聚集在生物体内,特别是那些处于食物链高位或顶位的肉食动物。要说明重金属是如何通过人类的活动进入生态系统的,铅是一个最好的实例。铅与硫和氮一样,可以通过大气传送到离排放地很远的地方,使用含铅汽油的汽车把大量的铅排放到大气中。此外,铅的开采、提取和熔炼,以铅为生产原料的工业,铅涂层的燃烧和腐蚀以及各种废料垃圾的燃烧都可以增加大气中的铅含量。

由于铅是以直径不足 0.5 μm 的微小颗粒进入大气的,所以它可以广泛地被带往世界各地,它的浓度在污染源附近最高。在汽车使用含铅汽油的情况下,道路两侧所接受的铅沉降量要比远处多;靠近工业污染源的城市居住区,每年每公顷会接受 3000 g 以上的铅沉降物,而远离污染源的地方所接受的铅沉降物一般都在 20 g 以下。铅颗粒通常是沉降在土壤和植被的表面。森林的林冠层能特别有效地收集大气中悬浮的微小铅颗粒,这些聚集在林冠层中的铅沉降物夏天会通过降雨,秋天会通过落叶而被转移到地面。据测算,在 1975～1984 年间,Hubbard Brook 森林实验站平均每年从各种铅污染源输入了 190 g · ha^{-1} 铅,而在此期间的铅每年输出量只有 6 g · ha^{-1},输入铅的大部分都进入了土壤中。在德国一个林冠层密闭的杉树森林中,每年由降水形成的铅输入量是 756 g · ha^{-1},这些铅最终都汇集在了林冠层以下的部位和土壤中;而相邻开阔地的铅输入量则是 405 g。

在自然情况下，土壤中通常都含有少量的铅。在没有受到污染的地区，土壤含铅量的背景值是每克干土含铅 10～20 μg。在森林土壤中，铅会与枯枝落叶层中的有机物相结合，并与土壤中的硫酸盐、磷酸盐和碳酸盐的阳离子发生反应，铅会以这种不溶性化合物向土壤深层缓慢移动，它在土壤上层的留存时间大约是 5000 年。

铅一旦进入土壤和植物就会进入食物链，植物的根会从土壤中吸收铅，植物的叶也会从受污染的空气中或落在叶表面的颗粒物中摄入铅。铅还常常被植食性昆虫和吃草的哺乳动物摄入，然后再把它传送到位于较高营养级的消费者并在那里累积下来。微生物也能摄取铅，并能把相当数量的铅固定下来。

长期以来，全球大气中铅浓度的增加已经导致了人体内铅含量的明显增加。铅在人体内的聚集和浓缩可引发智力障碍和迟钝、神经麻痹瘫痪以及听力丧失甚至死亡。

第六篇 全球生态学

◎ 生物圈与人口动态

◎ 人类与自然资源

◎ 生物多样性与保护生物学

◎ 全球气候变化

保护生物多样性的最好方法是让大面积的自然栖息地保持其原始状态，这样就能使它容纳和维持大量的野生生物。这样做就意味着要把人类影响地球表面的各种活动减少到最低限度，但随着人口的不断增长，这一目标将越来越难以实现。在大多数人的眼里，比这更重要的问题是如何保持人类的基本生命维持系统。要想最终解决人和自然之间的这种矛盾，出路可能在于尽量缩小甚至消除两者之间的差异，使其更加兼容。

对很多野生生物物种来说，可能包括热带地区的大多数物种，我们既需要保留它们的原始栖息地，也需要保留一些受人类精心管理的地区，只有这样才能维持某些生物种群的生存。最终，这些区域将会成为天然植物园和天然动物园，成千上万种的野生生物将会把这里看成是它们在这个星球上的最后立足之地。出于伦理道德和美学的考虑，最终将会证明保留这些栖息地是正确的，况且这些保留地不仅具有生态价值，而且还会有很大的经济价值，如可以发展旅游业等。除此之外，地球其余大约90%的陆地是否已被用于或将会被用于维持整个人类人口的生存呢？如创造居住空间，用于生产食物、木材、矿产和划定渔猎场所等。地球能够满足日益增长的人口对高质量生活水平的要求吗？人类的价值与自然的价值能在多大程度上实现兼容呢？也就是说，自然生态系统与受人类管理的生态系统能够逐渐走向融合吗？

显然，只要地球上的人口持续增长，那么生物圈就永远也不会达到稳定状态。地球不会再给人类提供新的定居区域，除非是潮湿的热带地区，而那里大都不适合人类居住。地球上适合人类居住的地方几乎都已住满了人。人口的继续增长必然会造成进一步的拥挤，这无论对人类社会结构还是对环境的生命维持系统，都是一种难以接受的压力。

人类可能面临着各种选择，但无论如何我们都必须认识到下面一些无可争辩的事实。

(1) 地球上的人口将会继续增长，至少在近期的未来是这样；陆地和海洋的大部分表面都将会用来养活近百亿的人口。

(2) 如果上述事实成立，我们就必须管理好这个地球，以便使自然过程免受干扰和破坏。运用生态学基本原理就有可能借助于各种管理措施尽可能减少对生态系统的干扰，使其不仅能保持自身的正常功能，而且能发挥出最大的生产力。

(3) 不同的生态系统有不同的最适利用方式，有些资源利用和管理措施对环境是无害的，但另一些则是有害的。

(4) 地球生产力最高的地区不一定是人口最稠密的地区，这种不平衡只有靠把食物、原料和能源从一个地区运送到另一个地区来加以克服，但这样做需要有高层次的国际交流、合作和福利共享。

(5) 只有对人口增长和生态管理不善的近期和长期影响作出充分评估，才谈得上保持生物圈的持续稳定，对新增加的人口要用多消费的商品和应得的服务进行评估。

第33章　生物圈与人口动态

第一节　生　物　圈

生物圈是指地球有生物存在的部分，它是地球表面不连续的一个薄层，其厚度各处有所不同。其高度最高可达到离地面10 000 m处或更高，因为有时昆虫和微生物可被上升气流和风带到那里。生物圈最低可达到地下植物最深的根际处、很多地下洞穴的最深处和海底热火山口的深度，在海洋表面以下10 000 m深处的马里亚纳海沟有可能为生物提供一个栖息地，但在这样的深处还没有发现过生物。

虽然生物圈的广义定义是指有生物存在的地方，但若指有生物初级生产力(BPP)的地方，那生物圈的范围就要狭窄得多。它在陆地的最大高度只达到高大森林的上部，如红树林和热带森林，植被厚度也就是100 m左右；至于有初级生产力的稻田和马铃薯田，其厚度只有1～2 m；而牧场的植被厚度才几个厘米。在水环境中，BPP的厚度约为几百米。例如，在极为清澈的海洋和湖泊中，阳光可以透到水面以下很深的地方，在那里仍然有生物的初级生产力，但这种情况只发生在某些海洋和淡水环境中。与此相反的是，在多数湖泊或海洋沿岸带，光合作用只发生在水面以下几米深的水层中；而在混浊的水中，光合作用层只有几厘米厚。

20世纪70年代才发现的深海海底裂缝是上述情况的一个主要例外，这些裂缝是海底地壳的裂口，有热气和热水喷涌而出，温度有时可高达摄氏几百度。裂缝处聚集着令人难以置信的大量海洋生物，都是一些具有独特适应性的瓣鳃类、多毛类蠕虫和甲壳类动物，它们能生活在完全黑暗、压力极大和温度极高的环境中。在这样的栖息地中，光合作用是不可能发生的，初级生产过程是由细菌来完成的，这些细菌能利用硫化氢合成有机物。这一海底生物世界与我们已知地球表面的生物圈完全不同，主要表现在能源和代谢途径的差异上，它从根本上改变了我们关于生物的生存地点和如何生存的概念。图33-1是生物圈的一个垂直剖面图解，有助于我们直观了解生物圈在深度和厚度方面的巨大变化。

尽管在深海地壳的裂口处也有生物生存，但在地球的很多地方是没有生物(圈)的，如果有也十分稀少或只是短暂存在，难以形成永久性的生物群落。在两极环境极端恶劣的地区、在最干旱的广大沙漠腹地、在终年覆盖着冰雪的高山峰顶、在被有毒废物严重污染了的某些陆地和水域以及在大部分深海水域中是找不到任何生物的，因此那里也就谈不上生物圈的存在。那里也许会有生物短暂的存在，但它们对于整个生物圈生产力的贡献则是微乎其微的。

如果用一座8层楼房的高度(约30 m高)代表地球的直径，那么整个生物圈的厚度就相当于楼顶上约4 cm厚的一个薄层，而生物圈中有生物生产力的厚度就只相当于一张纸的厚度(约0.3 mm)。地球上最适宜的栖息地，如清澈的珊瑚海和热带雨林，就分布在这一薄薄的生

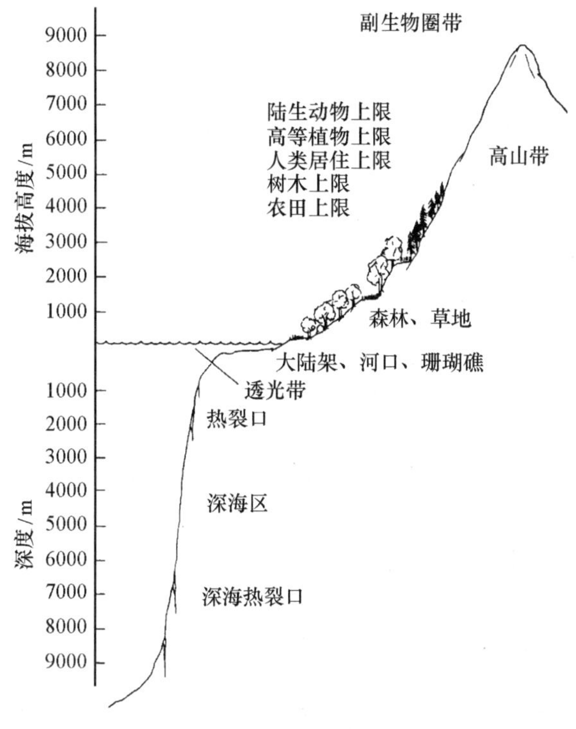

图 33-1　生物圈的垂直剖面图解

副生物圈带中的主要生命形式是细菌和真菌孢子；光合作用主要发生在水环境中的强光带

物圈层中。以上的描述是为了强调生物圈令人惊异的有限性。富有意义的陆地生物圈只占地球表面不到 1/4，而且还经常受到人类活动的损害。这个生物圈是我们整个人类的生命维持系统，它为我们制造氧气、生产食物、处理废物、维持其他所有生物的生存。

我们也可以把生物圈看成是生物化学过程的镶嵌体、一个无限复杂的生物化学系统，它借助于令人难以置信的生物多样性而吸收、转化、加工和贮存太阳能。虽然地球上可能存在着上千万种植物、动物和微生物，但它们的 DNA、RNA、蛋白质、脂类和碳水化合物的结构却惊人地相似，好像是出自同一个蓝图。现代生物学大大加深了我们在分子水平和全球规模上对生物世界的认识和理解。

我们还可以把生物圈看做是地球环境条件的一个巨大缓冲器。夏天中午，我们只要把裸地上的地面温度与森林深处的地面温度相比较，就会知道一个植物群落减弱温度的作用有多大。同样，大气圈也是湿度、风力、降水量、氧和二氧化碳平衡以及大气化学方方面面的缓冲器。森林通过蒸腾作用可为大气提供充足的水分，以便保持自身和其他生物生存所必需的降雨量。所有生物群落对于人类排放的有毒污染物都有不同程度的吸纳和解毒能力。

与生态系统内稳定性有关的所有这些特性都能赋予生物群落一种能力，即保持对生物持久生存最为有利的环境条件。当生物圈遭到破坏时，环境条件就更可能趋向于极端，正常的平衡状态将会被打破。这些原理的很多方面都对人类的生存有着直接的重要性。我们知道，当草原过牧和陆地被过度开垦和滥用的时候，自然干旱周期就会大大缩短，这将是一种灾难性的气候变化。当森林受到破坏时，高温和低温之间的差异就会比有森林存在时大得多。当水源林遭到砍伐时，洪水的威胁就更加凶险。1998 年长江流域的大洪水就与长江上游水源林遭砍伐有直接关系。要想在地球上保持温和的气候，就必须保持生物圈和生态系统的完整性，使其免遭破坏。

第二节　全球人口动态

人类人口的增长和任何生物种群的增长一样也是有限的，因为环境容纳量是有限的。虽然人类可以通过改造环境增加环境的容纳量，但这也是在一定限度之内。人类所居住的地球的资源毕竟是有限的，因此人类人口无节制地增长必将造成人口爆炸的灾难性后果。让我们先来回顾一下历史，看看人类人口过去是怎样增长的吧！在人类漫长历史的大部分时期内，人口长期处在很低的水平上(图 33-2)。据估计，包括直立猿人在内(直立猿人不属于现代人种，但却属于人科人属，学名是 *Homo erectus*)，地球上总共只出现过 700 多亿人，而 1997 年的世界人口已接近 60 亿。靠狩猎和采集野生植物为生的早期人类，平均寿命只有 30 岁，出生率为 50.2‰。那时候大约每 30 km^2 的陆地面积只能养活一个人(现在能养活 900 多人)，也就是说，整个地球只能养活大约 500 万人。在 1 万多年前，随着农业的出现和陆地生产力的提高，人口才开始缓慢而持续地增长，大约每过 1600 年人口增长一倍。在距今 8000 年前，世界人口还不到 1000 万；但到公元初，人口就增长到了 1.5 亿；到 17 世纪初又增长到了 5 亿。

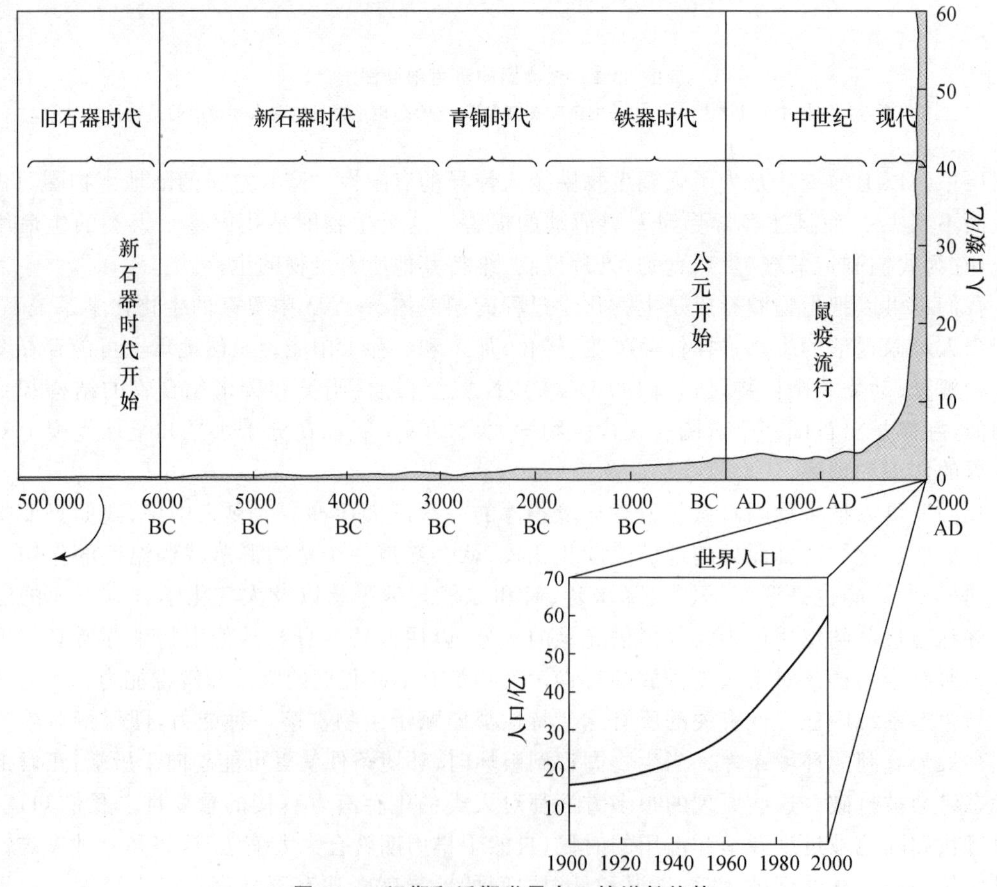

图 33-2　远期和近期世界人口的增长趋势

(Smith TM，2006)

18 世纪的工业革命加速了农业生产的发展和食物的生产，并带来了生活条件的全面改善，从此地球上的人口就开始激增，而且增加速度越来越快，已经不再是每 1600 年增加 1 倍，而是每 200 年增加 1 倍。因此到 1800 年，世界人口已经达到 9 亿，到 1900 年又增长到 16 亿。1965 年世界人口是 35 亿，而到 1977 年世界人口已经超过了 43 亿！根据联合国资料，到 1987 年 7 月 11 日，全世界人口已经多达 50 亿。这么多人如果一个挨一个排成一队的话，大约长达 2.4×10^{6} km，可绕地球赤道 60 圈！仅 1980 年一年，地球上就净增人口 9000 万，约合每天增加 25 万人，每分钟增加 173 人。1999 年世界人口已超过了 60 亿！根据世界人口年会的统计，到 2009 年 11 月，世界人口已增长到 65 亿。据国家统计局的资料，我国人口到 2009 年 12 月已达到 13.6 亿。

人口激增的重要标志是使人口加倍所需要的时间越来越短。世界人口从 5 亿增加到 10 亿，花费了 200 多年的时间；从 10 亿增加到 20 亿，只花费了 100 余年的时间；从 20 亿增加到 40 亿，却只用了不到 70 年的时间。目前世界人口的增长率是 17.3‰，按此计算，今后人口翻一番只需要不到 40 年的时间。当然，世界各大洲和各国人口倍增所经历的时间很不相同。如果按 1976 年的增长率计算，使人口加倍所花费的时间欧洲为 116 年，北美洲 87 年，亚洲35 年，非洲 27 年，拉丁美洲 25 年；英国 694 年，瑞典 174 年，美国 87 年，中国41 年，印度 35 年，墨西哥 28 年，科威特 12 年。人口激增的另一个标志是 20 世纪人口正在加速增长，从 1900～1909 年的 10 年期间，人口净增 1.2 亿；1920～1929 年，人口净增 2.08 亿；从 1950～1959 年，人口净增 4.88 亿；而从 1970～1979 年，人口净增 8.48 亿，约相当于 20 世纪第一个 10 年人口净增数的 7 倍！

20 世纪末的世界人口已达到 20 世纪初人口的 4 倍。到 2025 年，世界人口将会达到 83 亿。但这还不是终点，据乐观的预测，世界人口在达到大约 110 亿时才会稳定下来(图 33-3)。可见，在今后几十年内，尽管各国都在实施人口控制和家庭生育计划，但是人口还会继续增长。目前世界人口有一半是在 25 岁以下，这意味着世界人口还有很大的增长势头。近代人类人口的高速增长，使越来越多的人在考虑这样一个问题，即人口增长是否有一定的限度？答案当然是肯定的，因为地球的资源和环境容纳量是有限的。人口数量如果超过了环境容纳量，那就不可避免地会发生强制性和灾难性死亡。事实上，这种灾难性死亡在人类历史上曾多次发生过，目前还在局部地区发生。

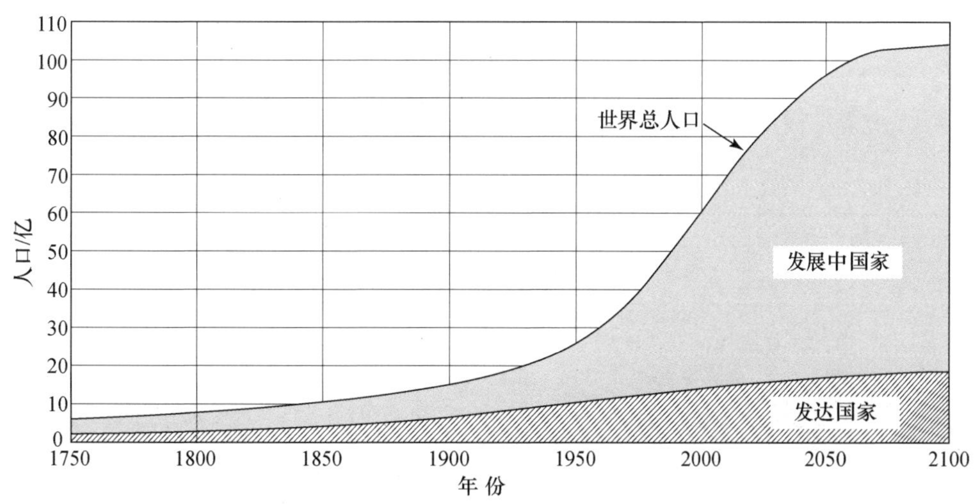

图 33-3　发达国家、发展中国家和世界总人口的人口动态(1750～2100 年)

(Smith TM，2006)

显然，人类为了自身的生存和利益，绝不能使人口无止境地增长下去。人类为增加食物所作的种种努力，据估计充其量也只能使陆地生产量提高4～8倍，使海洋生产量提高2～3倍。也许，这就是人类从大自然所能期望得到的一切！既然地球的资源是有限的，食物的生产也是有限的，那么人类生存的唯一出路就是设法降低出生率，做到自我控制。人类必须学会自己控制自己，做到人口有计划地增减，并且最终使全球人口保持在一个稳定的水平上，使人口在低出生率和低死亡率的基础上保持平衡。如果不是这样，照目前的增长率增长下去，大约2600年，地球上的居民就将达到630万亿！到那时整个地球表面，包括现在荒无人烟的格陵兰和南极大陆在内，都会挤满了人，平均每人只能占有0.23 m^2 陆地，真可说是只有立锥之地了。如果人类还不停止人口增长，那么到公元3550年，地球上人口的总重量就会同地球的重量相等；到公元5000年的时候，即使宇宙中有1万个适合人类居住的行星，这些行星也将被无限膨胀的人口挤满。这种情景虽然只是出于理论的计算，但是却告诉了我们一个真理：包括人类在内所有生物都不能按指数增长无限增长下去，哪怕是极微小的增长率，也终将会使人口达到地球难以容纳的程度，到那时灾难性死亡就将不可避免。所以，控制人口是关系到人类存亡和发展的大事。人类绝不能像有些生物那样自生自灭，只要一时一地条件适宜就盲目膨胀自己的种群，直到种群数量超过了环境容纳量再靠种群崩塌来调节自己的数量。因为这是一条充满灾难的道路。

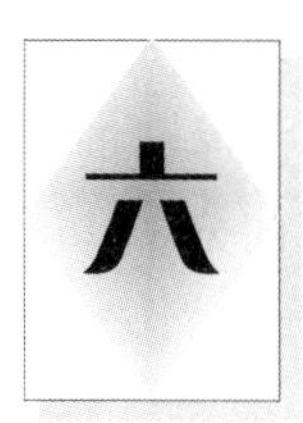

第34章　人类与自然资源

第一节　对待自然资源的两种不同观点

自然资源的概念是同人类的生活和生产需要联系在一起的,自然资源是人类社会赖以存在的物质基础,对高度现代化的工业技术社会来说尤其如此。人类在地球上的生存、繁衍和发展一刻也离不开自然环境和自然资源,因此凡是自然环境中能满足人类生活和生产需要的任何组成成分,都被看成是自然资源,其中包括空气、淡水、土地、森林、草原、野生生物、各种矿物和能源等等。随着人类社会的发展,人类也在不断扩大自然资源的利用范围,并不断寻找和开发新的资源,以满足人类日益增长的需要。

近代人类社会由于人口的猛增和生活水平的不断提高,对各种自然资源的需求量也迅速增加。以矿物资源为例,从1954到1977年全世界铜矿石的开采量增加了1.5倍,铁矿石的开采量增加了近3倍,铝的产量增加了5倍。目前世界人口正以1.7%的年增长率增长,这就意味着人类对自然资源的需要量,每年至少要增加1.7%才能维持现有的生活水平。但实际上各国都在努力提高人民的生活水平,因此,人类对自然资源需求的增长率要比人口增长率大很多倍!问题是人类对自然资源的需要,保持如此高的增长率,能永远维持下去吗?如果不能,能维持多久呢?对于这个问题,目前存在着两种对立观点。一种观点是以《增长的限度》一书的作者为代表,他们用计算机模型描绘了资源消耗的各个方面,得出的结论是,如果人类以目前的增长率继续消耗自然资源的话,那么资源不仅将要被耗尽,而且会在今后30～50年内被突然耗尽。这将导致整个工业技术社会在不远的将来走向崩溃,就像过去人类发生过饥荒那样,未来将会发生资源饥荒。

另一种观点与此相反,认为《增长的限度》一书未能充分考虑科学技术发展的潜力。他们认为,从某种意义上说,资源对技术的依赖性正如技术对资源的依赖性一样重要。例如,直到19世纪后期炼铝技术发明以后,人类才认识了铝矿石的价值,在此以前,铝几乎还是一种未知的资源,但现在铝已成了仅次于铁的一种常用金属。再如,有机合成工业的发展,把一度是丰富廉价的石油和天然气资源转化为合成纤维、合成橡胶以及各种塑料制品的原料,从而大大减轻了人类对天然纤维、天然橡胶和其他较昂贵资源的依赖性。技术的进步还使人类有可能开采和利用以前无法利用的低品位矿石。帮助人类不断扩大资源的利用范围。这种情况还将继续下去,因此,现在谈论资源枯竭问题还为时尚早。对此,《增长的限度》一书的支持者反驳说,没有证据表明技术在未来将能发挥同过去一样的作用。目前人类正在耗尽某些自然资源,这一点是毫无疑问的。由于我们居住的地球是一个具有有限资源的有限星球,所以人类对自然资源的消耗总会达到一定的限度。

目前这两种观点还在继续进行争论。为了判断这两种观点谁是谁非，首先必须牢记一个事实，即自然资源是一个含义很广的概念，它包含着很多特性极不相同的事物，因此答案也必将依据所讨论的是哪一种资源而有所不同，也就是说，对不同的资源类型要作不同的分析。

第二节　自然资源的分类和特性

不同的自然资源在数量方面、稳定性方面、可更新性方面以及再循环性方面都存在着极大的差异，而资源的科学管理则取决于资源的这些特性，因此根据资源的特性予以分门别类就成了认识和研究自然资源的一项基础工作。作者在前人工作的基础上提出下面的一个分类系统，并利用这个分类系统向读者介绍一下自然资源的类型及其特性。

一、不可枯竭的自然资源

这类资源是由于宇宙因素、星球间的作用力在地球的形成和运动过程中产生的，其数量丰富、稳定，几乎不受人类活动的影响，更不会因为人类的利用而枯竭。但其中一些资源却可因人类不适当的利用而使其质量受损，如大气和水因受污染而质量下降，太阳能因大气污染而使植物的光合作用总量减少等。

不可枯竭的自然资源包括核能、风能、潮汐能、太阳能、水力、全球水资源、大气和气候等。

二、可枯竭的自然资源

这类资源是在地球演化过程的不同阶段形成的，其中有些将会枯竭（如煤、石油和天然气），有些只在不适当利用时才会枯竭，如果适当利用则可不断更新（如生物资源）。这类资源又可根据其是否能够自我更新而分为两类。

1. 可更新自然资源

可更新自然资源主要指生物资源和某些动态非生物资源，如地方水资源、土壤、农作物、森林、草原、野生动物、淡水和海洋水产品（鱼类、虾蟹和哺乳动物等）以及人力资源（包括体力的和智力的）等。可更新资源可借助于自然循环或生物的生长、生殖而不断自我更新，并维持一定的储量。如果对这些资源进行科学管理和合理利用，它们就会取之不尽，用之不竭；但如果使用不当，就会使这些资源受到损害，甚至完全枯竭，并因此带来极为不利的社会经济后果。

2. 非更新自然资源

非更新自然资源基本上没有更新能力，用一点就会少一点，直到用完为止。但其中有些可借助再循环而被回收并得到重新利用（如各种金属矿物）；有些则是一次消耗性的，它们既不能再循环也不能被回收（如化石燃料）。因此，这类资源又可分为两类：

(1) 可回收的非更新自然资源。这类资源包括所有金属矿物和除能源矿物以外的多数非金属矿物，如铜矿、铁矿、矿物肥料（磷、钾等）、石棉、云母、黏土等。这些资源是经历了亿万年的地球生物化学循环过程而慢慢形成的，其更新能力极弱。但当它们被人类开采使用之后，可以再回收重新利用，这一特性为人类更有效地利用这些资源开辟了广阔前景。

(2) 不可回收的非更新自然资源。这类资源主要包括煤、石油、天然气等能源矿物（即化石燃料）。这些资源在燃烧时释放大量的热，这些热量或转化为其他能量形式，或逸散到宇宙空间之中，但归根结底都要逸散掉，永远不能回收，所以这些资源迟早将被耗尽。此外，一些非金属矿物，如石英沙、石膏和盐类，以及一些消耗性金属，如防爆汽油和涂料中的铅、用于电镀的金属锌等，也是无法回收和重复利用的，所以也应归属这一类。

应当指出的是，虽然资源的特性各异，但所有资源都不是孤立存在的，这些资源与人类社会和各种技术因素共同组成一个互相依赖、互相联系的资源网(图 34-1)。资源网同食物网有些相似，任何一类资源的短缺都会通过网络结构对资源网的其他组成成分产生影响，并会影响整个资源网的协调功能。

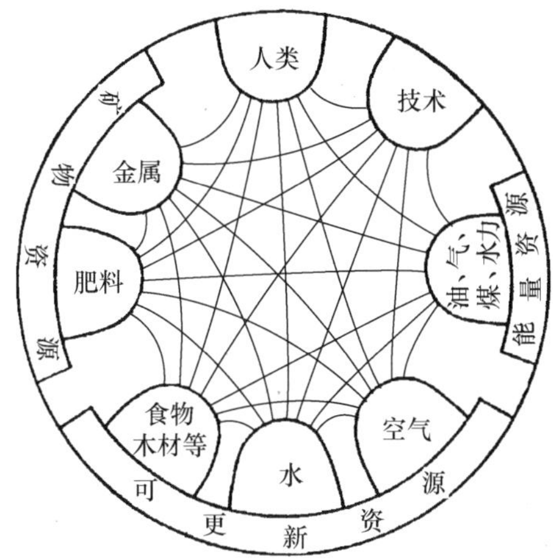

图 34-1 资源网图解：人类、技术和资源组成一个互相依赖、互相依存的资源网

第三节 最大持续产量与资源保护

从理论上讲，可更新资源是可以做到取之不尽、用之不竭的，但并不是不可枯竭的。今天对人类来讲，可更新资源枯竭的危险比非更新资源更大，这是因为所有可更新资源都受到自然更新能力的限制。如果人们超出这种限制去利用它们的话，它们就可能枯竭。例如，地下水资源是可更新的，但如果抽取地下水的速率超过了地下水得到补充的速率，地下水就会枯竭。这种情况正是我国和世界很多地区已经发生和正在发生的事，有时是地下水位明显下降，有时是地下水完全枯竭。

更重要的是，可更新资源自我更新能力的本身也可能遭到破坏。土壤只有在受到良好保护、不受侵蚀并能得到适量有机物质补充的情况下，才是可更新的；生物物种和生物产品也只有在有效地保持其一定的种群大小时，才能使其不断地进行种群生长、繁殖和更新；否则，生物物种就会趋于灭绝，人类就会永远失掉它。这种悲剧不是曾屡屡发生过吗？自从 1600 年以来，已有 162 种(或亚种)鸟类、至少 100 种哺乳动物被人类消灭，其中，原牛灭绝于 1627 年，两种非洲斑马灭绝于 1870～1880 年，蓝马羚灭绝于 1799 年，无齿海牛灭绝于 1854 年，斑驴灭绝于 1864 年，泰斑野马灭绝于 1876 年，旅鸽灭绝于 1914 年。马斯卡林群岛(包括毛里求斯岛)本地的 28 种鸟类已被消灭了 24 种，体重可达 20 kg 的所有大型鸽形目鸟类已全部灭绝，其中包括渡渡鸟、留尼汪岛的孤鸽和罗德理格斯岛上的一种鸽(*Pezophaps solitarius*)。目前濒临灭绝的动物还有鸟类 300 多种，哺乳动物 200 多种，两栖和爬行动物 190 多种，鱼类 80 种。此外，2 万多种植物也正在受到灭绝的威胁。所有这些生物都是在它们的自我更新能力遭到破坏以后走向灭绝的，因此人类应当加倍努力保护资源的自我更新能力本身，使其免受各种破坏因素的干扰(如污染、过量捕杀、栖息地受破坏等)，这是对可更新资源进行科学管理的最重要的生态学原则。

具体地说，最大持续产量的概念是保护可更新资源的中心问题。所谓最大持续产量就是最大限度地、持续地利用一种资源，而又不损害其更新能力。拿一个生物种群来说，如果能够年年从种群拿取尽可能多的个体数量而又不减弱种群的生长和繁殖能力的话，那么所拿取的个体数量就是该种群的最大持续产量。对土壤来说，最大持续产量就意味着最大限度地、持续地在这块土地上生产粮食或牧草，而又不破坏土壤的结构和肥沃性。对地下水资源来说，则意味着能长期稳定地抽取最大水量而又不使其枯竭。

暂时获取比最大持续产量更高的产量是完全可能的，但这样做不可避免地会损害资源的更新能力，因此产量迟早会下降，甚至导致长期拿不到任何产量。现举一个简单实例，假定一个由 50 头动物组成的小畜群，1 年能繁殖 10 个后代，即每年都有 10 个幼小个体替补 10 个较老的个体。如果最初几年每年从这个畜群中不是拿走 10 头，而是拿走 20 头动物(超过了最大持续产量)，这样做当然是可以的，但畜群的繁殖力肯定要下降，畜群所能生产的后代数目必然要减少，结果这种做法不但不能持续下去，而且会使这个畜群在大约 5 年以后不复存在。

最大持续产量的概念并不难理解，但实际实行起来并不那么容易。人类常常不能按照最大持续产量的理论去合理地利用自然资源。目前滥用自然资源的现象十分普遍，其原因是多方面的，主要可能有以下几种。

(1) 贪图暂时的、眼前的利益而不顾及长远后果，特别是当人们误以为资源的数量和更新能力都是无限的，或者对某种资源缺乏长期依赖关系和不承担任何义务的情况下，则更是如此。

(2) 基本生活需要不足。目前世界上有 5 亿人正在挨饿，这些人眼下的问题是如何更多地获取食物，他们绝不会饿着肚子去保护某种可以拿到手的食物资源。除非为这些人找到其他出路，解决其实际困难。其他资源也是如此，缺柴烧在我国也相当普遍，它虽然不是主要原因，但是是森林资源遭受破坏的原因之一。

(3) “公用地的灾难”现象。Hardin G 于 1968 年在《科学》杂志上以“公用地的灾难”为题发表了一篇著名文章。他首先指出，由于存在这一现象，即使当个人或集团已经认识到了自己正在干着损害自然资源并对资源的长远后果极为不利的事，他们也不会停止对资源的破坏。“公用地”一词最初是指英国政府提供的公用牧场，允许任何人自由放牧。由于谁放牧的牲畜多，谁从牧场得到的利益就多，于是人人都尽量增加自己放牧牲畜的头数而不会顾及资源后果，直到把牧草吃光，草地荒芜为止。“公用地的灾难”现象原则上可以应用于任何两个以上个人或集团为利用同一资源而互相竞争的场合。例如，最近新英格兰的龙虾资源枯竭，原因是龙虾产地是允许任何人自由捕捞的公用地，在这种情况下，任何捕捞龙虾的人即使懂得资源应当保护，但当他看到别人都在尽力捕捞的时候，他自己也决不会减少捕捞量。因为他为保护资源而采取的行动只不过意味着他因此减少的收入会成为别人的所得，而不会起到保护龙虾的作用。就这样，最终龙虾资源枯竭。

(4) 经济学因素。资源供应量与价格之间的一般经济学规律也会加速资源状况的恶化，因为资源供应量下降会促使价格上升，价格上升又会诱使更多的人继续开发已遭到过量开发的资源，这种恶性循环直至使资源储量下降到难以更新为止。从 1900～1975 年，新英格兰的龙虾业就是在这一经济学规律的作用下，经历了兴旺—衰退—兴旺—衰退，直至枯竭的道路。

(5) 生态学知识不够普及。最大持续产量在有些情况下是不容易确定的。对畜牧业来说，牧场上的牲畜头数易于统计；但对渔业来说计算鱼的数量就很困难，因为鱼类是一种难以看到和计数的水下资源。因此，要确定渔业的最大持续产量，就需要较多的生态学知识，这不是一般人所能做到的；另外，很多人实际上还不知道什么是最大持续产量。

(6) 对自然资源所赖以存在的整个生态系统缺乏了解。可更新自然资源总是存在于生态系统之中，而生态系统的其他方面都会对资源的最大持续产量发生影响(图 34-2)。例如，酸雨会降低土壤的肥力，使牧草、木材或其他作物的产量下降；化学物的污染会使鱼的数量下降；杀虫剂的使用和土壤侵蚀会破坏生态平衡，造成同样后果。资源不仅是生态系统的一个组成部分，而且也是生态系统的产物，因此，加深对生态系统完整性的理解和维护，有利于保持和提高可更新资源的最大持续产量。

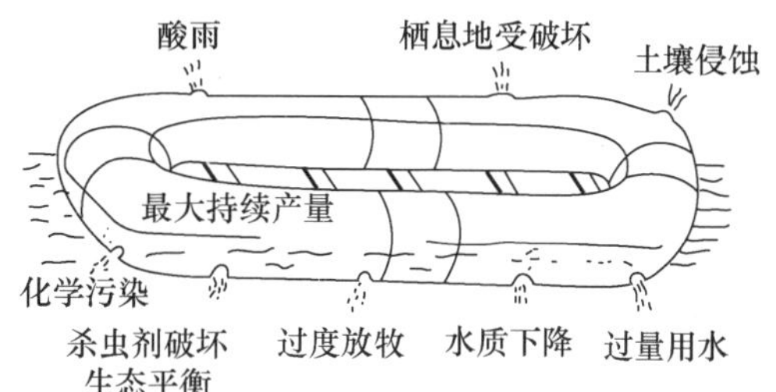

图 34-2　生态系统中的很多因素都会导致最大持续产量下降

把最大持续产量比喻为是一条橡皮船

可更新资源经常由于人类无节制地捕猎、环境污染、栖息地遭破坏或盲目引进外来物种等原因而趋于灭绝，这些因素目前还在继续威胁着人类赖以生存的各种自然资源。可以说，地球上没有任何一种可更新的自然资源能够长期忍受人类需求的无限增长，而又能保持一定的储量和质量。在这种日益增长的压力下，生物资源会枯竭，土壤、水和大气的质量会恶化到难以再利用。人类要想使可更新的自然资源“取之不尽，用之不竭”，就必须严格按照最大持续产量的理论行事。所谓“持续”是在长期的意义上，而不是在短期的意义上；是着眼于整个生态系统，而不是着眼于生态系统的一部分。人类只有普遍认识到目前活动的长远后果，才有可能共同接受一种限制资源利用的办法，使资源的消费量基本保持在最大持续产量的限度以内。各种导致资源过量开发的因素必须克服；“公用地现象”应极力避免；资源应当置于单一体制的管理之下，以利于资源的合理开发。为了挽救那些已濒于绝种的大量物种，人类必须作出巨大的努力，人类还必须大大加强自然保护工作并采取各种控制污染的措施，以便能够使海洋和各种生态系统保持较高的生产力。

第四节　非更新自然资源的合理利用

大多数矿物资源都分布在地壳的浅层并浓集在一定的地点。例如，虽然地球上只有 3 种金属的总含量超过了地壳总重量的 1%(铝占 8%，铁占 5%，镁占 2%)，但其他矿物也都聚集在地壳的一定部位，形成一定的浓度。这种分布格局对人类是非常重要的，因为如果它们是均匀分布的，人类便难以提取它们。各种矿物是在经历了漫长的地质年代、通过各种地质活动逐渐形成的。大多数金属和非金属矿物几乎都被包含在巨大的岩体之中，因此要想从岩石中分离和提取出人类所需要的物质，就需要消耗大量的能源和水，并释放出各种气态、液态和固体废物，而这些废物又是造成环境污染的因素之一。

矿物资源对于推动人类社会的发展所起的作用是巨大的，用青铜时代、铁器时代、钢铁时代划分人类社会发展的各个时期，充分显示了人类社会的迈进同资源利用之间的密切关系。现代人类社会依赖于 90 多种金属和非金属矿物的供应。据估计，在今后 20 年内人类对矿物资源的消费量会增加一倍多。但世界矿物资源的占有和分配情况是极不合理的，工业发达国家只占世界人口的 30%，但矿物消费量却占世界矿物总开采量的 70%；美国一国人口只占世界人口的 6%，但矿物消费量却占 30%。这些国家国内高品位的矿物正在被迅速消耗。一些报告指出，美国国内的铝储量只够用 73 年(从 1997 年算起，下同)，锌只够用 46 年，铜 43 年，铁 10 年。因此，很多工业发达国家对矿物资源的需求正越来越依赖于从别国进口，这种趋势可能会损害发展中国家未来工业化的利益，并将引起矿物资源短缺和价格上涨。当人们不得不转向利用低品位矿物时，又会对环境和能源造成更大的压力。

根据非更新资源的特点，从全球的角度研究各种矿物的供应与消费动态，可以推算出每一种矿物将在哪一年达到产量高峰和哪一年被完全耗尽，并可把这种推算编制成下列的表格(表 34-1)和图(图 34-3)。

表 34-1　几种矿物的产量高峰和枯竭年表

矿物名称	产量高峰年份	实际枯竭年份
铝	2060	2215
铬	2150	2325
金	2000	2075
铅	2030	2165
锡	2020	2100
锌	2065	2250
石棉	2015	2105
煤	2150	2405
原油	2005	2075

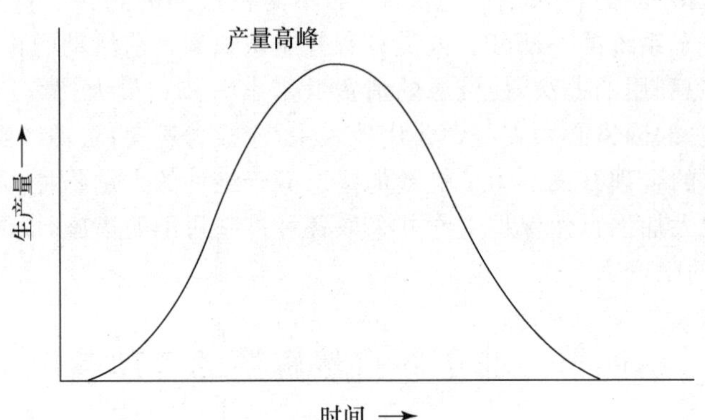

图 34-3　非更新资源的生产周期

在达到产量高峰年后，生产量便开始下降，直到资源枯竭

从表 34-1 和图 34-3 中可以得到很多信息，如价格将会在什么时候上涨，消费者将在什么时候开始对代用资源感兴趣，人类最迟在什么时候应当找到某种新的矿物资源或找到某种解决矿物资源短缺的办法等。

通常我们所说的非更新自然资源的储量是指已探明的资源，而尚未探明的资源也是总资源量的一部分。因此对非更新自然资源来说，资源这个概念是由已知储量和尚未探明的资源两个部分组成的(图 34-4)。而每种矿物的资源量和储量的比值则代表着该种矿物潜在资源的大小。例如，锑的资源量与储量的比值是 5，说明人类还可能找到 4 倍于现在储量的锑。就世界范围看，虽然很多常用金属的这种比值很低(说明发现新储量的潜力不大)；但也有很多金属比值很高，如铜的比值为 10，铅为 10，锡为 12，金为 14，银为 18，钼为 23，汞为 30，镍为 38，锌为 42，钨为 42，铀为 112，钍为 88 等。这说明人类对很多矿物资源的勘探还很不充分。只要人类在勘探矿物资源方面作出认真的努力，很多矿物都有发现新储量的潜力。

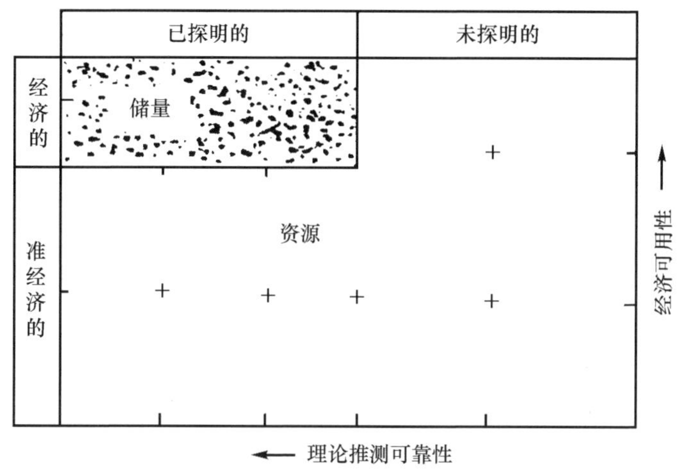

图 34-4　矿物的储量与资源关系图解

由此看来，就全球范围讲，任何一种金属矿物都不至于在今后 100 年内被消耗殆尽，而且也没有哪一种金属对人类重要到一旦它们耗尽就会造成一场灾难的程度，这一点似乎能够聊以自慰。但是不要忘记，矿物资源毕竟是一种储量有限的非更新资源，从长远看它们迟早是要枯竭的，而且，人类的消费量正在日益增长，因此，要想保证未来有足够的矿物资源供应，就必须对这类资源进行有效的科学管理。

谈到科学管理，首先必须从自然循环的生态学角度去理解每一种矿物资源。不管矿物对工业或者对生物有多大价值，我们都必须认识到，这些矿物的自然循环过程如果遭到破坏，就必然会对生物界和人类带来有害影响。只有掌握了各种矿物的自然循环规律，并且以对自然和自然循环过程干扰最小的方式开采和利用矿物，才能谈得上科学管理。科学管理的主要内容应当包括以下几个方面。

(1) 矿物的再循环和回收利用。矿物资源是储量有限和不可更新的自然资源，因此只有用降低消费量和提高回收利用率的办法才能延长其使用年限，推迟枯竭期的到来。1970 年美国各种金属的回收率铜为 17%，铝为 4%，镁为 3%。从理论上讲，回收率还可以大大提高，铜和铝的回收率可以达到 70%～80%，镁可以达到 27%，这对世界各国可作为一种借鉴。此外，利用废旧金属作为原料还可以大大减少能源消耗，减少废物的排放和对环境的污染。

(2) 资源替代。资源替代的范围很广，可以用可更新资源替代非更新资源，如以木材替代金属；也可用储量大的资源替代储量小的资源，如以铝代铜，以玻璃代替锡制作罐头，以大理石代替铜装饰建筑物，以地壳含量最丰富的(铝、铁、镁、钛等金属)替代其他稀缺物质，采用耐腐蚀的合金可以延长金属使用的寿命等。唯一不能被替代的资源可能是磷，磷的储量不大而又无法被其他资源替代。据美国生态研究所估计，如果人类不使用磷肥，可能连 20 亿人口也养活不了，而且磷肥资源可能在 21 世纪末被耗尽，有人则估计将在 200 年以后耗尽。无论按照哪一种估计，从长远看这都是一个严重的问题。在一个没有磷矿供应的世界上，人类如何能够维护自己的生存和发展，则是一个尚未认真考虑的问题。

(3) 提高资源利用率，从单位资源消耗中生产更多的产品。在这方面，尽可能减小产品的体积和增加产品的耐用性，可以大大降低资源的消费量和流通量；用小型、轻便、运算快的微型计算机取代老式产品，可以大大增加单位能耗和单位材料消耗的社会服务效益。

(4) 继续勘探新矿藏，不断发展探矿、矿石加工和金属冶炼的新技术，同时要研究和开发廉价丰富的新能源。在保护现有资源的基础上，不断开辟新的资源。

总之，可更新资源和非更新资源都有一定的限度，这种限度不可避免地会限制人类对它们的利用，尤其是在不久的未来，这种限制会变得更加明显。然而，只要人类勇于应付这种挑战，就能够找到使人类的生活适应于这种有限的资源的办法。我们深信，人类必将以持续不断的科学发现和技术发明为自己创造一个光明的未来。

第五节　资源的可持续性

可持续性(sustainability)一词在生态学中已得到了广泛应用。环境可持续性一词最早来自于 18 世纪末和 20 世纪初德国林业的可持续产量(sustainable yield)概念，意思是砍伐量与森林生长量之间保持平衡，不因采伐而影响森林的生长和再生。简单地说，资源的可持续利用涉及供应和需求两个方面。在图 34-5 中，方框代着一种被利用着的资源量，如水、木材或食用

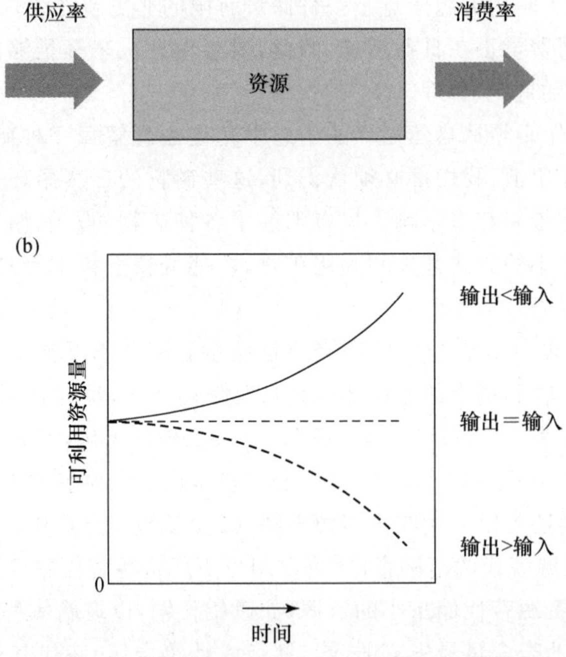

图 34-5　(a) 资源利用的一个简单模型，在任何时刻的资源总量都随着资源供应率与资源利用率之差而变动；(b) 如果利用率小于供应率则资源量增加，反之则减少。资源持续利用的关键是利用率不超过供应率(自 Smith TM,2006)

鱼等;指向方框的箭头代表资源的供应(输入)率,如森林中树木的生长率或某种经济鱼类的种群增长率等;而离开方框的箭头则代表着资源的利用(开采、收获)率,如水的利用率、木材的砍伐率或鱼的捕捞率等。显然,为了维持资源的可持续利用,资源的利用率绝不应超过资源的供给率,否则资源的总量就会随时间而减少。

现以中亚地区的咸海(是一个大咸水湖)为例说明水资源的可持续利用问题。1963 年,咸海的水域面积是 66 100 km^2,到 1987 年时有 27 000 km^2 的海底变成了干燥的陆地,水量则减少了 60%,水的含盐量增加了一倍。咸海的萎缩和退化主要是因为流入咸海的河水转而用在当地农田的灌溉上了。如果让目前的趋势进行下去,咸海很可能会在 2020 年完全消失。利用率超过供应率的结果必将使资源不断减少,这是资源非持续性利用的一个实例。

咸海的水资源是连续不断地被用于农田灌溉的。但与咸海不同的是,其他资源只是定期地和有间隔地被利用,因此在资源被利用后常常有一个很长的间隔期,使得资源能够有一个较长的时间进行恢复和再生,以便能增加到可再次被利用的水平,森林的木材资源是这方面一个最好的例子。树苗栽种后需要经历一个很长的生长期(图 34-6(a)),当树木成材并达到一定的

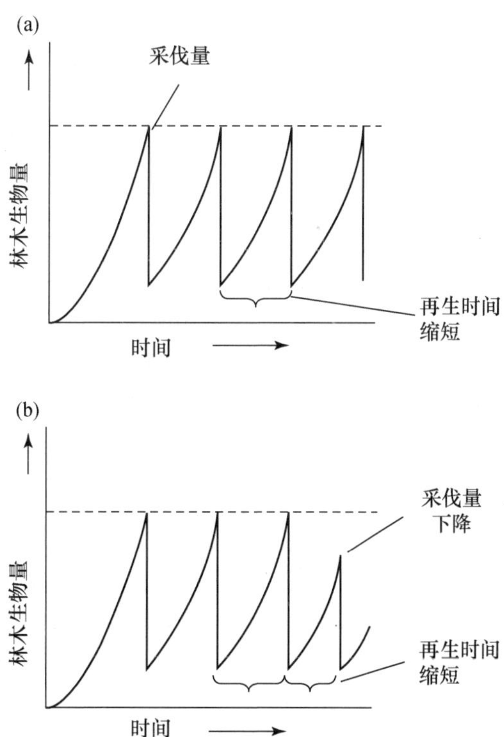

图 34-6　(a) 为了获得可持续产量必须在两次采伐之间留出足够的时间,以便让生物量能恢复到前次采伐时的水平;(b) 间隔时间不够长,树木生物量就不能恢复到原来的水平,此后的产量就会减少,其结果是使收获率超过资源再生率并导致资源总量随时间而减少(引自 Smith TM,2006)

生物量后便会被砍伐,而每单位时间所采伐的资源量(树木生物量)就叫产量(yield)。树木采伐后要有一个很长的新树木生长期,直到资源量再次增长到原来最大采伐量的水平,这段时间就被称为轮作期(rotation period)或收获间隔期(harvest period)。如果每次收获时的产量能

大体相同，那这种产量就是可持续产量(sustained yield)。可见，为了让资源能恢复到上次收获量的水平，在两次收获之间保持足够的间隔期是很必要的。如果间隔期不够长，不能让森林恢复到前一次最大的收获水平，那此后历次的收获量就会越来越少(图 34-6(b))。

上述资源可持续利用的简单模型只适用于可更新资源(renewable resource)。如果资源是不可更新的，那对它的利用也就不可能持续，其资源的减少率将会随着资源利用率的增加而增加。铝、锌、铜等矿物资源就是不可更新资源，而煤、石油和天然气等化石燃料则是不可更新能源。这些资源的形成要经历数百万年的时间，其更新率与人类对它们的利用率相比几乎等于零。与化石燃料能源不同的是，很多非更新资源可以得到再循环利用，这在一定程度上可延长资源利用的时间，使资源枯竭的时间晚些到来。

生态系统服务(ecosystem service)一词是指环境产出资源的过程，如产出新鲜空气、水、木材和鱼等，生态系统提供这些资源的速率是制约资源可持续利用的主要因素。此外，来自资源管理、开发和利用方面对生态系统服务的负面影响也在一定程度上间接影响着资源的可持续利用。一个最惹人注意的例子就是所谓废物(即未被利用和不想利用的东西)，家庭、工业和农业废物是一个日益严重的环境问题，它不仅与生态系统，而且也与人类的健康密切相关。各种废物和生产过程中产出的副产品常常会污染环境(如对空气、水和土壤的污染)，这些有害物质可以大大限制或破坏生态系统的服务功能，即破坏生态系统提供各种资源的能力。

当我们试图以可持续利用的方式对自然资源进行管理和开发利用时，常常会尝试着从多方面去模仿自然生态系统的功能，可以说，自然生态系统本身就是一个可持续的实体单位。在初级生产量和有机物分解之间存在着密不可分的联系。植物对营养物质(如氮)的摄取受着土壤中营养物质补充速率的限制；另一方面，固结在有机物质中的营养物质则通过微生物分解过程和矿化过程而得到再循环，当这些营养物质被矿化和重新回归土壤时，又会很快被植物吸收，在整个循环过程中它们几乎没有什么损失。这些过程完全符合资源可持续利用的一个基本原理，即资源利用率应大体上等于资源供应率，两者应保持平衡，使资源总量保持稳定。

当资源供应率随时间发生变化的时候，资源利用率也必须发生相应的改变。在干旱年份，生态系统中的净初级生产量就会下降，如果没有足够的水补充植物在蒸腾作用中失去的水分的话，叶片上的气孔就会关闭，叶就会枯萎，严重时会导致植物死亡。虽然土壤中贮存的水分可延缓干旱的影响，但植物的生长和生产力通常都是与年降雨量密切相关的。正如我们下面将要讨论的农业和林业可持续发展问题那样，对维持净初级生产力所必需的资源供应量的变化是维持可持续产量的一个主要制约因素，克服这些限制因素是农业和林业可持续发展的主要问题。

第六节　农业的可持续性

一、农业的基本类型

虽然人类每年要捕捞大量的虾蟹、螺贝和鱼类作为食物，但人类的大部分食物资源都是来自于农业生产，包括种植业和畜牧业。植物学家估计，全世界大约有 3 万种植物可产出能供人类食用的种子、根、叶和果实，但实际上人类所吃食物的 90%都是来自 15 种植物和 8 种动物，全球粮食产量的 80%都是由 3 种一年生草本植物生产出来的，这就是小麦、水稻和玉米。目前所种植的各种粮食作物品种虽然当初都是野生的本土植物，但后来都经过了有选择的栽培、选育和遗传改造，世界各地的农学家为此做了大量的工作。用于食物生产的家养动物，其驯育和改良过程也与粮食作物大体相同。

目前，地球无冰覆盖面积的大约 11%已开垦为农田，另有 25%的陆地面积被辟为了牧场，牧场上放养的家畜主要是牛和羊。不管种植的是什么作物和采用的是什么耕作方法，发展农业必然会挤占天然草原、森林和灌丛。农田大都是由单一作物组成的，但也有多作的。虽然在世界各地曾进行过多种多样的农业实践和农作方法，但农业生产大体上可归纳为两大类，即传统农业(traditional agriculture)和工业化农业(industrialized agriculture)，工业化农业又叫机械化(mechanized)农业或高输入(hight input)农业。工业化农业的特点是需输入大量能量，包括使用大量化肥、杀虫剂和灌溉系统，还需消耗大量化石燃料开动农业机械等。能量的大量输入可保障单位农田面积能产出更多的粮食和家畜家禽产品。这种农业类型大约占全部粮食用地的 25%，主要是在西方发达国家。但在最近几十年内，工业化农业也已开始扩展到一些发展中国家。

传统农业的特点是农田劳作主要是靠人力和役畜(如耕牛)，所产出的粮食和肉食通常只够维持一个家庭的生计。实际上这两种类型的农业是在世界各地所进行的各种农业实践序列的两个极端，可将其用于农业可持续发展的比较研究。

二、热带地区的农业

在热带森林地区(包括我国云南的西双版纳)常常实行所谓的“刀耕火种”式农业，又称临时性农业(swidden agriculture)。在这种农业经营方式下，为了开辟和扩大农田，首先是砍伐森林，然后是放火烧荒清理农地。火烧可以达到两个目的：首先，是清除地面的枯枝落叶和各种杂物以及多种野生植物的种子，以使土地适合于种植农作物；其次，是火烧后形成的灰分是极好的矿肥，可促进作物的生长。这种农业经营方式的特点是农作物产量会一年比一年减少，原因是在每次农作物收割后，土壤中的营养物质就会以植物组织的形式被带走。由于在这种形式的农业经营中几乎不使用有机肥和化肥，所以土壤中的营养物质就会越来越少，最终不得不弃耕。

弃耕后的农地会发生次生演替。弃耕时间如果足够长的话，土壤中的营养物质就又会恢复到以前较高的水平，此时地面经过清理后就可以进行播种了。与此同时，其他地区可能正在进行砍树、火烧或播种，所以这种农业实际上是由处在不同种植或恢复阶段的农块拼缀起来的。由于这种农业形式会给天然植被的再生和土壤营养物质的恢复留有足够的时间，常被认为是一种可持续性的农业形式，但它必须要有足够大的陆地面积以便能安排适当的轮作期。当前热带地区农业所面临的主要问题是对陆地面积的需求越来越大，对植被的恢复有时很难留出足够的时间。在这种情况下，土地质量很快就会下降，农作物的产量也会随之减少。

三、温带地区的农业

工业化农业主要分布在温带地区，如欧洲、北美洲、俄罗斯、南美洲部分地区、澳大利亚以及世界其他一些地区。在这些地区，资金和土地对这种农业的发展都提供了支持，传统农业中由人和役畜提供的能量已被农业机械和化石燃料所取代。机械化作业只有在连成一片的广袤农田里才能有效地发挥作用并取得预期的经济效果。由于小麦、玉米和棉花等不同的农作物需要不同的播种机和收割机，所以农田种植的都是大面积的单一作物或只有少数几种作物进行季节轮作。

像小麦和玉米这样的粮食作物，在收割之后几乎整株植物都会从农田里移走，不会有什么有机物质留在农田之中，结果在每次收割后就会有大量的营养物质从农田流失掉。此外，准备好播种的土地经常会长时间使土壤暴露在外，以致遭到风吹和水蚀。这种惯常的耕种方式通常会导致每年每公顷土地损失多达 44 t 表土。

在这种农业生态系统中，由于有机物质会不断从农田中移走，使得营养物质的循环难以有效进行。为了保持和提高生产力就必须向农田中施用大量的化肥补充土壤中缺失的营养，但这些化肥却很容易淋溶或被冲走并对环境造成污染。由于这种农业是大面积的单一作物田，所以农作物的病虫害很容易得到传播。为了避免农作物因病虫害而减产，常常要使用大量化学农药防治病虫害，除了大量使用杀菌剂外，还广泛使用除草剂、杀菌剂(除真菌)和毒鼠剂等，而这些化学有毒物质常常会造成大范围的环境污染。

四、不同类型农业可持续性比较

前面介绍了两种很不相同的农业类型，即传统农业(包括热带地区的临时性农业)和工业化农业。实际上，它们所代表的是在能量投入和食物产出之间的一种权衡关系。下面我们在玉米生产方面就墨西哥的传统农业和美国的工业化农业作一比较。传统农业的能量投入以人力和畜力为主，约占能量总投入的 92%，农具和种子的投入只占很小一部分，而玉米的产量为 $1900\ kg \cdot ha^{-1}$。与此形成对照的是，在工业化农业中，人力投入只占能量总输入的很小一部分，大约只占 0.05%，主要的能量输入是农业机械(3.2%)、化石燃料(4%)、灌溉(7.1%)、化肥(13.6%)和杀虫剂(3.5%)，玉米产量则为 $7000\ kg \cdot ha^{-1}$，约为传统农业玉米产量的 3.5 倍。但如果比较一下这两种农业类型的食物产出和能量输入大卡值的比率，就会发现传统农业的两者比率是 13.6，而工业化农业的两者比率只有 2.8。虽然工业化农业单位农田的玉米产量是传统农业的 3.5 倍，但其输入的能量却是传统农业的 17 倍多。能量的大量投入会带来严重的环境问题。

广泛地大量使用化肥不仅会影响相邻的自然生态系统，而且也会影响人类的健康。地表水为一半以上的人口提供着饮用水，而且是很多农村人口的唯一饮用水源。在农村地区，来自化肥的硝酸盐是最常见的地表水污染物，饮用水中硝酸盐浓度过高会导致新生儿先天缺陷、神经系统损伤、肿瘤多发和蓝婴综合征(指婴儿血液中的氧含量下降到危险的低水平)。此外，饮用水中硝酸盐浓度过高还可能诱发更为严重的其他物质的污染，如细菌和杀虫剂污染。在农业机械化、灌溉系统和化肥生产中大量使用化石燃料，还会使大气中 CO_2 及其温室气体的浓度越来越高，从而加剧全球性的环境危机。

初看起来，发展可持续性农业的办法似乎是更多地采用传统农业的作法；但另一方面，农业生产又必须考虑到日益增长的人口问题。为了能满足日益增长的人口对食物的需求，只能采用两种办法：其一是扩大耕地面积，其二是增加单位陆地面积的粮食产量。从历史上讲，全球总的耕地面积为了跟上人口增长的速度，一直在呈指数增长，但自 20 世纪后半叶以来，这种增长趋势已开始减缓(图 34-7(a))，而且人均耕地面积已有所下降(图 34-7(b))，下降的原因一方面是选用高产作物品种，一方面是灌溉面积的扩大，但最主要的是为了提高单位面积产量而大量使用化肥，特别是氮肥(图 34-7(c))。目前，全球粮食作物每年所摄取的氮肥大约有一半是由化肥提供的。

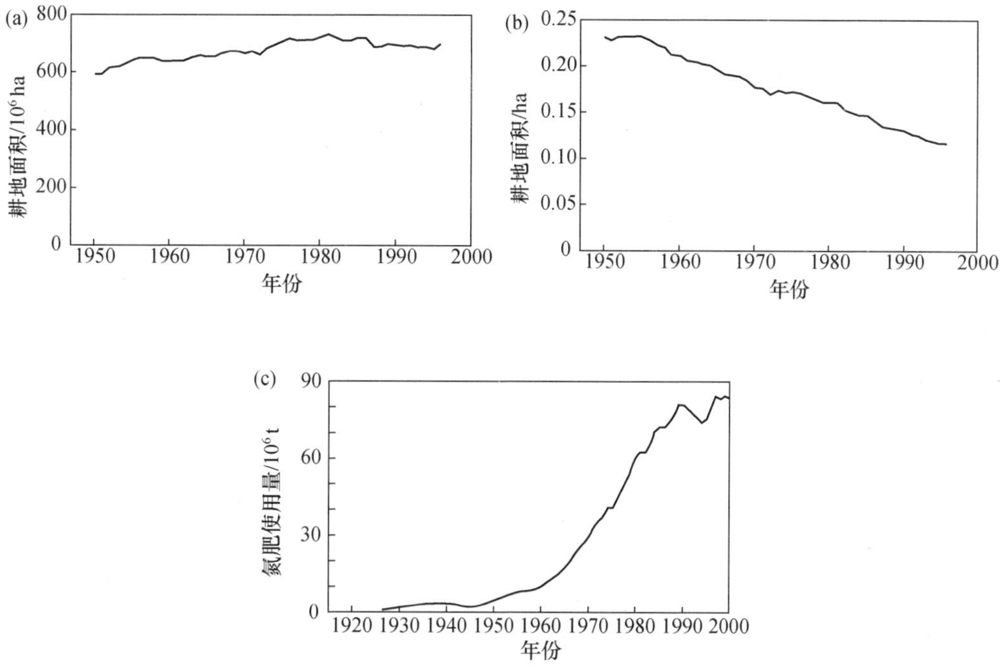

图 34-7　自 1950 年以来全球总耕地面积与人均耕地面积的变化

(a) 全球总耕地面积保持稳定(1950～1996)；(b) 全球人均耕地面积下降(1950～1996)；(c) 化肥使用量明显增加(自 Smith TM，2006)

现实状况是，为了满足世界日益增长的人口对食物的需求，我们不得不依赖于单位面积产量高的工业化农业。此外，农田面积的扩大必然会导致野生生物栖息地的丧失，这是引起全球生物多样性下降的一个主要原因，所以当前人类所面临的一个主要任务是要想方设法采取一些措施，以便把大规模的机耕农业对环境的有害影响控制在最小范围内。

五、维持农业可持续发展的方法

与更广泛的环境可持续性概念相比，农业可持续性主要是指既能保持农业的稳定产量又能最大限度地减少农业生产对环境造成的不利影响。可持续的农业往往包括多方面的农业实践和技术，这些实践和技术都有助于减少土壤侵蚀、减少化肥和杀虫剂的使用和有利于保护水资源的质量。这些农业实践和技术主要有以下几个方面。

(1) 土壤保护。采用等高栽种法或非耕种植法，以便减少风和水对土壤的侵蚀，此外还可营造灌木篱和树篱作为风障保护农田。

(2) 减少杀虫剂用量。采取作物轮作的方式(如一季种小麦，下一季种植饲料植物)或用多种作物和多个品种间播混种的方式减少病虫害的传布，以达到少用杀虫剂的目的。

(3) 肥料来源多样化。尽可能多施用粪肥和豆科植物等绿肥，减少化肥用量。

(4) 保护水资源和水源。保护水资源已成为可持续农业管理工作的一个重要组成部分，现在农业上的很多措施都是为了改善饮用水和地表水的质量，同时也是为了保护湿地。湿地不仅是很多野生生物的栖息地，而且在过滤各种营养物和杀虫剂方面也发挥着关键作用。

第七节　林业的可持续发展

森林生态系统约覆盖地球表面积的35%并为人类提供着大量宝贵资源，如燃料、建筑材料和食品等。虽然人工种植林所提供的森林资源越来越多，但目前森林资源的90%以上仍然要从天然林中获取。从全球来讲，大约有一半的森林已由于人类活动的影响而消失了。农业和动物养殖业的发展、为了获取木材和燃料而对森林进行的采伐以及人类居住面积的扩大都对森林造成了损害。森林丧失的具体原因是多方面的，要依地区和森林类型的不同而区别对待，正如森林植被变化的目前趋势所反映的那样。在面对人类对林产品需求增加和森林覆盖率下降的严峻形势下，森林可持续产量所应达到的目标应当是木材的生长量与采伐量保持平衡。为了达到这个最终目标，林业工作者应当有一整套缜密的造林计划和一系列从皆伐(clear-cutting)到择伐(selection cutting)的先进采伐技术。

1. 皆伐

所谓皆伐，就是把整个森林或森林的一部分无保留地全部砍光，使采伐地回复到演替的早期阶段。皆伐面积可以从少数几公顷到数千公顷不等，前者往往是为了给野生生物创造它们所需要的林中开阔栖息地。皆伐后对采伐迹地的管理依其面积而有很大不同，对于天然森林来说，皆伐后往往不需要采取什么管理措施，因为天然林在皆伐后总会留下很多种子和幼芽，还会有很多来自邻近森林的种子，因此它会自然再生。但皆伐后不采取后续的管理措施，有可能使皆伐地受到侵蚀并影响邻近的水生生物降落。

对于人工种植林来说，皆伐是最典型常见的采伐方式。但皆伐后必须紧跟着有一系列后续管理措施，皆伐后留在原地的树木和其他植物的枝、叶和针叶等残留物通常要被烧掉以便于再次植树造林。皆伐迹地被清理后要栽种实生苗并施上肥料以加快树木的生长。食草动物常被用于抑制野生木本植物的生长，它们是栽培树种实生苗的资源竞争者。

2. 伞伐

伞伐是除了保留少数已结有种子的树木外，其他树木全部砍伐以便创造一个新的林木再生地。未砍伐的树木将会成为一个新的天然再生林种子的主要来源，这些结有种子的树木可以是均匀分散开的，也可以呈小群分布，以后这些种子树木也可能被砍伐或保留。

伞伐与皆伐比较类似，因为被保留下来的结有种子的树木终究是少数，它们不足以对采伐后迹地的小气候产生什么影响。这种采伐方式的好处是，天然再生所需要的种子已不再完全依赖邻近的森林，这将会使树木实生苗的分布状况得到改善并更能满足人们所期望的森林树种的混生。

像任何造林系统一样，伞伐法也需要耐心仔细地操作以使其更加有效。留在原地未伐的树木必须是健康强壮能耐风吹的，并能产生足够数量的种子；苗床的条件必须适合实生苗扎根定居，为此，常常需要事先做些处理和准备；最后，必须要有后续管理措施以保证再生林的成功。

3. 择伐

择伐是有选择地只采伐森林中已成熟的单株树木或分散在各处的小树丛，择伐的结果只会使森林冠层形成小的天窗或缝隙。虽然这采伐方式不会因为树木株数的减少而对森林产生太大影响，但为了运出这些伐倒的树木而修建的道路则成为了对森林的主要干扰(无论是对植物还是对土壤)。此外,择伐还可能造成物种构成成分和物种多样性的变化,因为只有某些物种是被有选择地移走了。

不管上述采伐森林的三种方法存在什么差异,就林业的持续发展来讲还是存在很多一般性原理。无论是靠栽种实生苗的方法还是靠自然再生的方法,一个森林的确立总是从一个具有少量个体(实生苗)的种群开始的,这些个体为争夺阳光、水和营养物质而互相竞争,并在竞争中逐渐长大。随着森林生物量的增加,树木的密度开始下降,自疏效应(self-thinning)会使得树木的平均大小有所增加。

在树木被砍伐后,必须留出足够的时间让森林能再次重复这一过程。对于持续产量来说,两次采伐之间所间隔的时间必须让森林能恢复到前次采伐时所达到的生物量水平(参看图 34-5)。间隔时间的长短取决于多种因素,如树木的种类、林地条件、管理方式和欲采树木的用途等。速生树种的木材适用于造纸、建围栏和木杆等,两次采伐之间的间隔时间比较短,约为 15～40 年。这些树种必须靠人的精心管理才能生长得好,如控制树木的间距以减少它们之间的竞争,另外要靠施肥加快树木的生长等。用于建筑材料的树种采伐间隔期要长得多,如适用于建筑和制作细木家具的硬木树种通常生长缓慢,采伐间隔期大约需要 80～120 年。含有这些树种的森林的可续性发展最好是在一个广大的区域内展开,不同区块内的森林则处在不同的年龄阶段。

与收获农作物一样,当树木被采伐和运走的时候,也会有大量的营养物质从森林中流失掉(表 34-2)。植物生物量中的营养损失常常还伴随着土壤侵蚀和采伐后的各种管理措施(特别是使用火烧)所造成的营养进一步流失。营养物质的减少将会减缓树木的生长并需加长两次采伐之间的间隔,如果间隔期维持不变就会造成森林产量的下降。森林管理人员常常用施肥的方法来应对营养物的流失,但使用化学肥料又会带来环境问题,特别是会污染邻近的水生生态系统。

表 34-2 各种收获物中所含有的营养物质的大体含量 (单位: $kg \cdot ha^{-1}$)

收获物	产量	氮	磷	钾	钙	镁
玉米						
谷粒	9416	151	26	37	18	22
杆	10 080	112	18	135	31	19
水稻						
谷粒	5380	56	10	9	3	4
杆	5610	34	6	65	10	6
小麦						
谷粒	2690	56	12	15	1	7
杆	3360	22	3	33	7	3
火炬松(22 年)	84 000	135	11	64	85	23
火炬松(60 年)	234 000	344	31	231	513	80

除了营养物会随着森林生物量被移走而流失外,采伐还会因改变生态系统内的营养物循环过程而导致营养物质从生态系统流失。

皆伐时将树木移走或其他一些森林管理措施都会导致林内辐射的增强(包括日光直射),林内地面受热增温会加快土壤内有机物质的分解和净矿化速率的增加。土壤中营养物可得性的这种增加在时间上刚好是森林对营养物的需求最少时，因为此时树木已被移走，净次级生产力处于最低状态，其结果是有大量营养物经过淋溶从土壤进入地下和水体。营养物质从生态系统的输出是下面两个过程综合作用的结果，即有机物分解腐败释放营养物的过程和净初级生产力摄取营养物的过程。

可持续产量是林业经营中的一个重要概念，已得到很多林业部门和大型林业公司的重视并正在实践中。实现林业可持续产量的一种方法常常是农业式的，即像种植农作物一样去种树，待树长大了再用皆伐的方法收获产量，接着喷洒除草剂，然后再播种和再收获。目前仅美国的木材加工厂每年就要从 5×10^5 ha 皆伐下来的树木加工成碎木用于生产纸浆或其他用途。对木材日益增长的需求已经促进了木材价格的上涨，从而刺激了对森林的更多皆伐，而采伐速率的加快则是完全与可持续发展概念背道而驰的。在面对木材需求增加的形势下，对私人拥有的小块林地来说，要推行可持续发展的管理方法也几乎是不可能的。

林业可持续发展的问题是过于强调资源的经济价值，而未把森林看做是一个生物群落。对林地的细心管理往往只针对一两个树种而不是针对一个生态意义上的森林。只有天然的再生森林才能在其成熟的林区内看到和维持多种多样的生命形式，而不是在人工种植的森林中，后者的树木生长到一定大小并具有了经济价值时就会被砍伐移走。

第八节　渔业的可持续发展

大约一万年前农业的出现大大减少了人类对野生生物种群的依赖性，但全球商业捕鱼80%以上的渔获量都是来自海洋和内陆淡水的野生鱼虾种群，其中海洋占 71%，内陆淡水占 10%。

历史上过度捕捞并造成种群衰退的事例比比皆是。直到 19 世纪，人类尚未作出任何努力去管理鱼类资源以确保商业捕鱼的持续发展，那时北海捕鱼量的巨大波动已影响到了鱼类加工工业的发展。关于鱼类种群下降的原因以及商业捕捞对鱼类种群是不是有影响是存在着争议的，有些人认为捕鱼对鱼类的繁殖没有影响，另一些人则认为有影响。后来丹麦鱼类学家 Petersen CDJ 利用标记、释放和重捕技术提出了一种计算种群大小的方法，使生物学家能够较准确地对经济鱼类的种群作出评估，再根据对鱼卵调查所获得的数据以及对所捕获鱼类年龄的资料，生物学家认为过度捕捞的确已成为不争的事实。但是否是过度捕捞的争论并未停止，一直持续到第一次世界大战之后。战争期间北海海域终止了捕鱼活动，战后的捕鱼量有了很大的增加。鱼类生物学家认为，已得到恢复的鱼类资源有可能再次由于人类的过量捕捞而导致种群下降。事实证明这种看法是正确的，于是人们的注意力再次转向了可持续产量问题。

在过去的半个世纪中，长期可持续捕捞量的概念一直是渔业科学理论的主要支柱。可持续捕捞量的中心内容就是种群增长的逻辑斯谛模型，该模型显示：当种群很小时增长率很低，但当种群接近于环境容纳量(K)时增长率也很低，这是因为存在着密度制约过程。只有当种群处于中等大小时，其增长能力才会达到最大并能使每年的捕鱼量达到最大。逻辑斯谛模型最主要的实用意义就是提示我们，只有使某种鱼类种群保持在中等大小的水平上并使种群的年增长率等于捕获率，才能达到最佳捕捞量。这种捕捞对策就称为最大持续产量(maximum sustainable yield)。

实际上，可持续产量的概念就相当于做一个"精明的捕食者"，让被捕食的猎物密度保持在一个最适宜的水平上，使新增殖的个体数量刚好能抵消因人类捕捞而造成的死亡。在最大持续产量的前提下，种群增长率越高，捕捞率也就越高。具有极高种群增长率的物种往往也同时具有很高的密度制约死亡率，这些物种在自然环境发生变化时经常会有大量死亡，对这些物种的管理难度比较大。如果由于环境条件的变化而使它们的年生殖格局被打乱，那它们的个体储备就可能被耗尽。一个最好的实例就是太平洋沙丁鱼（*Sardinops sagax*）。在 20 世纪的四五十年代对沙丁鱼的捕捞已使这种鱼的年龄结构越趋于年轻化。在捕捞前，生殖活动是分布在前 5 个年龄组（年），但在捕捞后这种生殖格局便发生了变化，有近 50％的生殖活动只同前 2 个年龄组有关。在其后，这 2 个年龄组又因环境变化导致其生殖失败，这使得沙丁鱼种群急剧衰退，至今也未得到恢复。

可持续产量需要仔细了解鱼类的种群动态，需要知道种群的内禀增长能力是随着种群特定年龄出生率和死亡率而变化的。但遗憾的是，实现最大持续产量的通常作法并未充分考虑种群的大小和年龄结构，而关于种群性比率、存活、生殖与环境不确定性的资料又是难以得到的。

可持续捕捞量模型的最大问题可能是它无法将经济学思想包含在种群利用的最重要成分之中，商业捕捞一旦开始就要承受不断增加产量的压力，以便能维持经济的基础结构。如果试图减少捕捞量就会遭到强烈的反对，人们会说，减少产量就意味着工人失业和工厂破产，因此应当投入更大力量进行捕捞作业。显然，这种观点是没有远见的，过度开发资源终归是要失败的，由它所维持的产业也会破产，因为长此下去资源不可避免地会枯竭。只有采取保持性的利用措施，资源才能得到永续利用。

可持续产量概念的另一个问题是传统的种群管理问题。尤其是应用于渔业时，总是把一种鱼类的资源看做是一个生物学单位，而不把它看做是较大生态系统的一个组成成分。于是人们总是对每一种鱼的资源施加管理，以期得到最大的经济回报，而从不考虑应当将一部分资源留下来让它们在较大的群落范围内继续发挥其生态功能，也就是它们充当捕食者或猎物所发挥的作用。这种态度导致产生了极大的问题，即丢弃问题，所丢弃的都是常说的副渔获物。渔民在数平方千米的海面撒下巨大的漂浮网，所捕捞到的不仅有他们所期望的经济鱼类，而且也有很多其他的海洋生物，如海龟、海豚和其他非经济鱼种。渔民常把这些非靶标物种重新丢弃到海中。据统计，仅被丢弃的鱼类就占每年海洋捕获量的 1/4。1995 年在太平洋西北部捕捞的 27 公吨鱼中的 9 公吨是副渔获物，这些所谓的副渔获物的生态效应是很大的，其中很多都是经济鱼种的幼鱼和长度不够的小鱼。这种丢弃行为会对渔业的未来发展造成严重影响。对其他鱼种的捕捞并造成其数量下降也不可避免地会改变群落内部物种相互关系的性质。这些干扰不仅会改变海洋生态系统的食物网，而且会扰乱大洋生态系统的功能。

美国和加拿大共有的湖泊伊利湖（Erie lake）的捕鱼史就足以说明这一点。在 1812 年战争以前，湖周围人口较少，湖中盛产白鲑（*Coregonus clupeaformic*）、湖鳟（*Salvelinus namaycush*）、蓝狗鱼（*Stizostedion vitreum*）、加拿大鲈鱼（*Stizostedion canadense*）和湖大口白鲑（*Coregonus artedii*）等。战争之后，湖区人口迅速增加，同时加强了对湖中鱼类资源的开发利用。到 1820 年，一个赖以为生的捕鱼业已经发展为发达的工业。在以后的 70 年间，交通运输得到很大改善，渔船数量增加，捕鱼工具和捕鱼技术明显提高，市场进一步扩大，所有这些因素使得年平均捕获率增加了 20％。直到 1890 年，这种捕获率的快速增长才得以减缓，因为鱼类资源的储备已渐趋枯竭。但由于继续增加捕鱼强度，进一步改进捕鱼设备和大量资金的投入，使得直到20世纪50年代后期还能保持一定的捕捞量。

最早消失的是湖鲟（*Acipenser fulvescens*），起初人们只是在湖边浅水处将其捕获并烧烤食用，后来又把它和白鲑与湖鳟一起作为经济鱼类在市场上出售。在第一次世界大战期间，对这些鱼的捕捞强度随对鱼产品需求的增加和刺网的使用而增强。1950年又开始使用尼龙刺网，这种捕捞网能在水下停留更长时间，可大大提高捕捞效率。现在受到过度捕捞的鱼类又增加了大眼鰤（*Stizostedion vitreum*）、蓝狗鱼、黄鲈（*Perca flavescens*）等。到1960年，大眼鰤和蓝狗鱼资源已因商业捕捞而枯竭。目前主要的捕捞鱼种是黄鲈。

此外，水体污染也是对湖泊渔业可持续发展的一大压力。工农业废水、城市垃圾、有毒污染物、生物杀虫剂以及来自湖岸的地表径流都会导致作为鱼类食物的浮游植物的大量死亡。胡瓜鱼（*Osmerus mordax*）是北大西洋和太平洋的一种溯河性产卵鱼，并于1912年被引入了密执安湖。胡瓜鱼的入侵是对渔业生产的又一次冲击。胡瓜鱼的幼鱼以浮游生物和甲壳类动物为食，成年个体以小鱼为食，而它们本身又是成年湖鳟、蓝狗鱼、大眼鰤和加拿大鲈鱼的捕食对象。但随着这些捕食性鱼类的急剧减少，胡瓜鱼的数量便迅速增加并成为了残留的年轻储备鱼的捕食者。

可以说，大湖渔业的历史就是整个海洋渔业历史的缩影，像太平洋沙丁鱼、星鲽（*Hippoglossus hippogrossus*）、鳕鱼（*Gadus morhua*）和秘鲁鳀（*Engraulis ringens*）这样的经济鱼类，其储备已被开发利用得丧失了商业价值并造成了生态和经济破坏。鲸类目前的悲惨处境是过度猎杀后导致种群数量下降、捕杀量急剧减少的又一实例。过度猎杀是由于资金投入增加和捕鲸设备和技术得以改进的结果。尽管过量猎杀的不良后果早已有所警示，但在市场需求和短期利益的驱使下，猎杀量并未及时减下来。

维持人类生存所需要的食物和林产品（如薪柴）大都是通过农耕、捕鱼和经营林业而获得的，但这些重要的资源目前已成为全球市场的一个组成部分，生产这些产品是为了销售和获利。因此，对于自然资源的生产和管理来讲，经济学方面的考虑是至关重要的。

用于自然资源生产和管理决策的经济学最常用的工具就是效益-成本分析（benefit-cost analysis）。效益-成本分析涉及对一项工程或一种活动的全部收益和全部成本进行测算、总计和比较。例如，如果种一亩地玉米的成本是100元，而收益是200元的话，那么每种一亩玉米的收益（200元）就会大于为此所付出的成本，因此作出种玉米的决策就是合情合理的。但如果种玉米的收益只有80元（成本大于收益），农民就不会再种玉米，因为这在经济上是不合算的。

第九节　能源的转变

早期人类完全是从植物的光合作用中获得维持社会生产和日常生活所需要的能量。后来随着社会生产力的发展，人类才开始利用泥炭、煤、石油和天然气等矿物燃料，同时也逐渐学会了使用风能和水能。近几十年来，由于人类已经认识到矿物燃料总有一天会枯竭，所以又开始了利用核裂变能、地热能、潮汐能、海洋能和取之不尽的太阳能。但是，随着世界人口的猛增和平均消费水平的提高，人类对能源的需求量和依赖程度也与日俱增。有人估计，在今后35年内，世界人口可增长1倍，而能源的消费量却可能增长7倍！一方面是能源消费量的增长，一方面是现用能源面临着短期内枯竭的危险，这使许多人对人类未来的能源供应感到担心，担心会发生能源危机。可以说，能源问题已经成了现代人类社会所面临的五大问题之一（即人口、食物、能源、环境和资源）。这些问题都同生态学有着非常密切的关系，能否解决好这些问题将涉及整个人类生存和发展的长远利益。下文将简述作为五大问题之一的能源问题。

地球上的能源归根结底是来自太阳、地球内部的核能和万有引力作用。太阳这个比地球大 100 万倍的巨大恒星，每秒钟大约把 6 亿吨氢聚变为氦，同时释放出大量辐射能。地球接受太阳能的总值是 1.73×10^{17} W，相当于每天接受 1.51×10^{19} kJ 的能量，其中，约有 1/3（即 5.2×10^{16} W）被重新反射回宇宙空间；约有 1/2（即 8.1×10^{16} W）直接转化为热，这些热量可使地球保持在适合于生物和人类生存的温度范围内；其余绝大多数能量（约 4.0×10^{16} W）用于地球表面水的蒸发，形成雨雪冰雹，推动全球的水循环。

在重力作用下，水在地球表面奔流不息，为人类提供了永不枯竭的水力资源；还有一部分太阳辐射能被转化为风能。地球上的风能和潮汐能总计约有 3.5×10^{14} W，这部分能源目前尚未充分开发。最小的一部分太阳辐射能被绿色植物在光合作用中吸收，并转化为化学能贮存在有机物质的分子键中。这部分能量虽然很少（大约只有 4.0×10^{13} W），但它却是地球上所有生命（包括人类）赖以生存的唯一能源，也是维持任何生态系统功能的唯一能源。每年它还为人类提供大约 20 亿立方米的薪柴，而且它在远古时期的一部分还以矿物燃料的形式留存至今，这就是煤、石油和天然气，它们构成了人类现用能源的主要部分，其总值约为 2.51×10^{15} kJ。

此外，地球内部也蕴藏着巨大能量，总能值约为 3.23×10^{13} W，而地壳浅层中可被人类开采利用的核能原料（主要是铀和钍），估计约含有 5.022×10^{26} kJ。这比地球上全部可利用矿石燃料的总能量还要大 2000 万倍！

那么，从历史上看，人类能源消费增长的情况如何呢？1973 年，全世界的能源消费量是 2.64×10^{17} kJ，到 1978 年又增长到了 3.06×10^{17} kJ，其中，石油占 47%，煤占 28%，天然气占 20%，其余是核能、水力和太阳能。可见，矿物燃料是人类目前能源消费的主要来源，约占总能源消费量的 95%。1910 年以前，煤是矿物燃料中的主要能源；但是从 1910 年到现在，人类的能源消费量增长了 5 倍。这种增长几乎完全是由于石油和天然气消费增长造成的，而且现在大多数工业国家的经济几乎完全依赖于石油和天然气的供应，这是人们对未来能源供应感到担心的原因之一，也是人们担心会发生能源危机的主要原因。

目前，世界能源的消费量正以 5%的年增长率增长。在可预见的未来，由于工业发达国家的经济会继续膨胀，而大量发展中国家都将致力于工业发展和人民生活水平的提高，而且世界人口仍在较快增长，因此人类的能源消费量将会继续上升。几种主要能源的现状及前景是怎样的呢？

（1）煤炭。煤炭是地球上蕴藏量最丰富的矿物燃料，目前已经探明的蕴藏量是 43 000 亿 t，估计总蕴藏量可能是 76 000 亿 t 左右，约折合 2.32×10^{20} kJ。据估计，人类到 2112 年时将会消费掉煤蕴藏量的一半；到 2400 年时地球上的煤才会全部用光，也就是说，煤还可供人类使用 400 年。据预测，由于石油和天然气短缺，今后世界煤产量将会逐渐增加，而且将会逐渐取代石油成为人类的主要能源。

（2）石油和天然气。目前已经探明的石油蕴藏量是 5660 亿桶（1 桶石油约可折合 5.28×10^{6} kJ）估计总蕴藏量是 13 500 亿桶，至今已开采了 1840 亿桶。预计今后 50 年内，世界石油总蕴藏量的 80%将被用掉。另一种较乐观的估计认为世界石油总蕴藏量是 21 000 亿桶，而耗尽总蕴藏量80%的时间将比第一种估计推迟若干年（图34-8），那时人类就不得不转而利用其他能源了。预计随着石油和天然气蕴藏量的下降，用于发电和运输的石油比例将会逐渐减少，更多的石油将会转用于化工合成，因为石油和天然气是合成很多化工产品的重要原料，如化肥、杀虫剂、除草剂以及合成纤维、橡胶、涂料、塑料和其他有机化合物等。如果人类把石油作为燃料使用得太久，而不是深谋远虑地把石油保存下来用于化工合成，那将是不明智的。

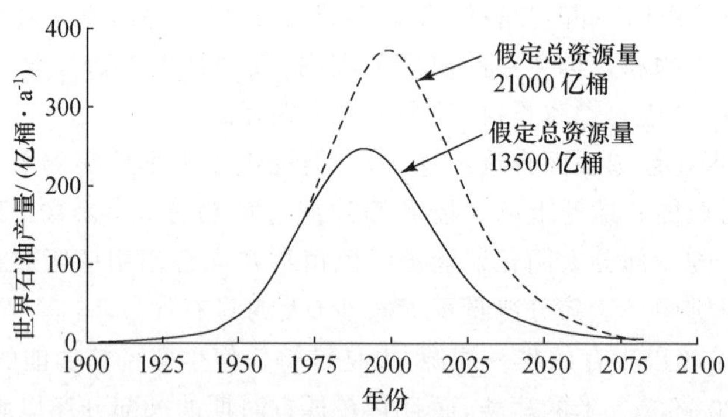

图34-8　世界石油总储藏量及石油生产的高峰年和枯竭年

(3) 核裂变能。核能包括核裂变能和核聚变能两种形式。人类的核能时代开始于1938年德国物理学家对铀原子核裂变的偶然发现，此后4年，世界上第一个原子反应堆就在美国建成了。第二次世界大战后，人类才开始把核能用于和平目的。1958年，世界上第一个商业性核电站在美国建成，功率为9000 kW。此后核电站的数目不断增加。据1985年调查，全世界共有核电站375座，占全世界总发电量的10%。我国的大亚湾核电站和秦山核电站也已建成并投入运行，这两座核电站的设计都是采用目前世界上比较成熟的压水堆型，采用了经过实践检验的安全设计标准，设有核燃料元件包壳、压力容器和安全壳三道密封屏障，以保证万一发生事故时放射性物质不致泄漏出去。我国计划兴建的核电站除台湾省外还有20多座，即使这20多座核电站全部建成投产，其发电量所占的比例也是极小的。同火力发电相比，核电站在正常运转的情况下对环境的污染要小得多，而经济效益要高得多。

我们应当看到，人类的现用能源几乎完全是不可再生的，因此，人类迟早要面对矿物燃料完全耗尽这样一种现实。所谓能源危机，就是指现用能源耗尽的时候，人类尚未找到足够的替代能源这样一种危险。这种危险当然是存在的，但是人类在探索新能源的道路上已经迈出了可喜的几步，而且发现自己面临着几乎无穷无尽的新能源的选择余地。那么，人类未来的新能源有哪些呢？

(4) 太阳能。太阳在其60亿年存在期间只消耗了自身能量的2%。由此推算，太阳能还可供人类利用1000亿年以上。1978年，美国环境质量委员会在一份报告中提出，如果美国能集中人力和资金发展太阳能的话，那么到20世纪末，太阳能就可满足美国对能源需要的40%；而到2025年，太阳能可占美国能源需要量的75%。有人甚至估计，到那时候，太阳能可以提供世界能源总需要量的5/6。这种估计也许过于乐观，但是人类利用太阳能的尝试的确正在获得成功（图34-9）。在澳大利亚正在兴建一座太阳能城市，包括4000套住房、城市供暖、家庭能源和交通工具完全依靠太阳能（汽车靠太阳能电池驱动）。全国在北京郊区的义和庄已经建成了我国第一个太阳能村(全村 600 多人),一个面积为 140 m^2 的太阳能采光板可产生 10 kW 电力,每天为这个村提供 180 t 自来水,并可灌溉附近的麦田和菜地。放置在家庭后院和屋顶上的太阳能采光板在 -20℃时,还可为淋浴提供热水。当然,太阳能利用的关键是能否把太阳能大量地转化为电能,因为只有这样才能为工业提供动力,在这方面也已进行了初步试验,两座小型太阳能工厂于 10 年前就已在西班牙落成,发电量为 1000 kW,可满足 1500 人的用电需要。在美国加利福尼亚,也已建成了一座发电能力为 10 000 kW 的太阳能电站。

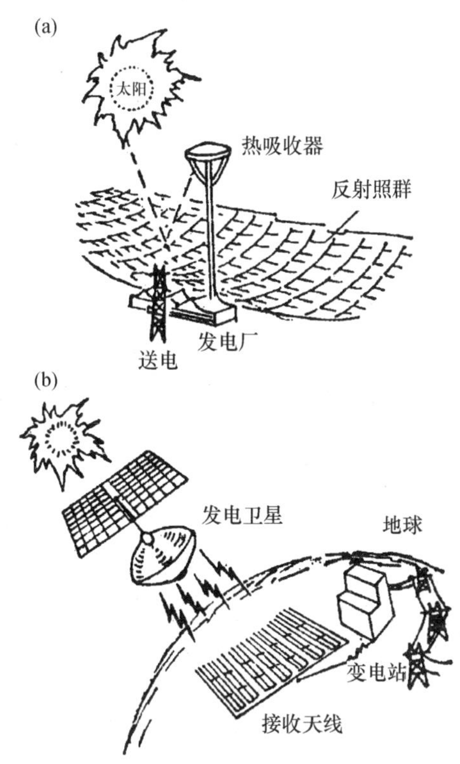

图 34-9　人类对太阳能的利用具有无限前景

(a) 塔式太阳能发电站示意图

(b) 太阳能发电卫星传输示意图

(5) 核聚变能。人类利用核裂变能发电已经有近 40 年的历史,核聚变能为人类提供了另一种核能利用的途径。众所周知,较轻的原子核在发生热核聚变反应时会释放大量的热,这种反应所用的原料是氘和氚(氢的两种同位素)。氘和氚在高温高密度下发生短时间大量核聚变反应时就会发生爆炸,但如果是有控制地进行,就是所说的受控热核反应,释放出的能量可用来发电。目前,我国正在进行利用激光引起热核反应的研究,各国也在对受控热核反应进行研究。据专家统计,核聚变能发电站可望在 21 世纪初问世。

(6) 海洋能。海洋能包括潮汐能、海浪能、海流能和海洋温差能等。潮汐能发电是在海湾河口建造堤坝,利用潮汐涨落推动坝内的水轮发电机发电。已经建成的最大潮汐发电站是法国的朗斯潮汐发电站,每年发电可超过 5×10^8 kW・h。海浪具有惊人的能量,据计算,全世界海浪能发电的潜力每秒钟可达 1×10^9 kW 以上。早在 100 多年前就有人设想过利用海浪能,但是直到 1964 年才在日本建造了第一盏用海浪能发电的航标灯,现在世界上已经有几百台海浪能发电装置在运转,其中最大的一座是 1978 年在日本建成的,总发电量为 2000 kW,可供 20 万户家庭用电需要。此外,海流也蕴藏着可观的能量,据估计,地球海流的总能量约为 1×10^9 kW,相当目前全人类所消耗电力的 400 倍!现在,环形的海流电站已经漂浮在海面,为灯塔、灯船提供电力。将来船形海流电站(两侧装有水轮发电机)会为人类提供更多的电力。人类利用海洋温差能发电的理想也正在实现,这种发电方法是利用海洋表层的温水(24～30℃)来加热低沸点的纯氨或丙烷等液体,使其变为低压蒸气推动汽轮机发电;同时利用海洋深层的低温水(4℃左右)来冷却汽轮机排出的气体,从而完成海洋温差发电的热力循环。到 21 世纪初,美国已建成几座海洋温差发电站,年发电量在 100×10^8 kW・h 以上。

(7) 水能。地球上河流的水能储量有 $730\,000\times10^8$ kW・h,目前人类只利用了 1.3×10^8 kW・h。在欧洲大约 60%的水能潜力已经得到利用。亚洲的水能储量虽然比欧洲大 3

倍，但是水电站的发电量却只有欧洲的一半。在非洲95%的水能储量尚未开发，仅埃及、加纳和东非的3个水电站就占了整个非洲水力发电量的一半。目前世界上水力发电最多的国家是挪威（水力发电占全国总发电量的99%）、巴西（占87%）、瑞士（占74%）、加拿大（占67%）、瑞典（占60%）。我国是水能储量最丰富的国家之一，但是目前利用量只占可开发量的5%。长江三峡和黄河三门峡水电站建成发电之后，将会大大提高我国的水力发电量。水能无疑是人类未来能源开发的一个重要方面。

(8) 地热能。据估计，地球上全部地下热水和热蒸汽的热能约相当于地球全部煤储量的1.7亿倍。地下的高温蒸汽经过净化和汽水分离可直接推动汽轮机发电。也可利用地下低温热水通过热交换器使低沸点的异丁烷沸腾而推动汽轮机发电。目前全世界和我国已经有许多地热发电站在发电。今后人类如果能找到经济有效的方法开发和利用3000 m以下的地热能的话，那么地热能的利用前景将是无可估量的。

(9) 氢能。对水进行催化分解可以获得大量的氢，在低温高压下，氢可以变为液体，而液氢的含能量要比汽油大3倍，可作为汽车和飞机的燃料。进一步压缩液态氢可以得到金属氢，将来有可能用金属氢作为火箭的燃料。氢也可用于发电，目前正在进行大容量氢燃料电池的研究，预计24 000 kW的氢燃料电池不久即可问世。

(10) 生物能。近年来的研究发现，植物界有生产能量的巨大潜力。香胶树所必泌的胶汁与柴油相似，可直接当柴油使用，一棵香胶树半年内就可分泌20～30 kg胶汁。分布更广的黄鼠树平均每公顷可提炼出1000 L石油，而人工培植的杂交黄鼠树每公顷可提炼出6000 L石油。照此计算，一个777 km^2的黄鼠树种植场，平均每天可提炼出石油5×10^6 L。加拿大科学家还发现了两种能生产石油的细菌，这些细菌能利用二氧化碳生产液态氢氧化合物。此外，大量收集海藻使其发酵可制取甲烷。人畜粪便、动植物残体和工农业废渣废液都可在一定条件下发酵产生沼气。沼气可以推动内燃机发电，也可直接用做燃料。沼气发电的单机容量已经达到700 kW。制取沼气在我国农村已十分普遍，英国大约有2000个污水处理厂完全靠甲烷提供动力。

综上所述，可供人类未来选择的新能源几乎都是取之不尽、用之不竭的再生性能源，而且都具有干净、安全和不污染环境的优点。但是，这些新能源也有各自的局限性和利用上的困难，如太阳能和地热能的分散性、潮汐能和海浪能的不连续性、核聚变能的潜在危险性等，而且利用这些新能源常常需要较复杂的技术和较大的投资。因此，要在短短的几十年内完成从现有能源到新能源的转变，的确是一件十分复杂和艰巨的任务。然而，人类有着无穷的智慧、极强的应变能力和日新月异的科学技术，既然已经预见到这一转变是不可避免的，就一定能出色地完成这一转变。大多数人深信，只要人口能够得到适当控制，能源危机就不会发生。今后几十年在能源领域内将发生的巨大变革，也许会作为一场能源革命被载入人类史册。

第十节　核能利用

核电作为一种新能源已经在世界能源中占有越来越重要的位置（图34-10和34-11）。到目前为止，世界上比较大的核电站事故有两起——1979年美国三哩岛核电站事故和1986年苏联切尔诺贝利核电站事故。前一事故没有造成人员伤亡，后一事故造成了数十人的死亡和大范围的核污染，于是人们对核电的安全产生了疑问。应当看到，核电技术也和其他任何先进技术一样，既能造福于人类，也具有一定的潜在风险。从目前世界各国核电站的运行情况来看，这些核电站所排放的放射性物质量是很小的，比较先进的压水堆型核电站对周围人所致的最大剂量在(0.05～5) $\times 10^{5}$ Sv · a^{-1}(Sv，希[沃特]，剂量当时)①范围内，这比一次 X 射线胸部透视所受剂量的 1/10 还小。可见，核电确实是一种比较清洁和安全的能源。

那么，小剂量照射对人体有什么影响呢？一般说来，电离辐射对人体的损伤效应可分两种。一种是非随机效应，有明确的损伤阈值，其损伤包括眼晶体白内障，皮肤良性损伤，因骨髓细胞减少而引起的造血障碍，因生殖细胞损伤而引起的生殖力减退以及血管、结缔组织损伤等。但是在一定剂量(阈值)以下，这些损伤都不会发生。另一种效应叫随机效应，主要表现为癌和遗传性疾病，其严重程度同剂量大小无关，但是发生概率同剂量大小有关，没有剂量阈值，即任何小的电离辐射都可能导致癌和遗传效应的增强。对于小剂量照射来说，人们所关心的是随机效应，即致癌和致遗传病问题。

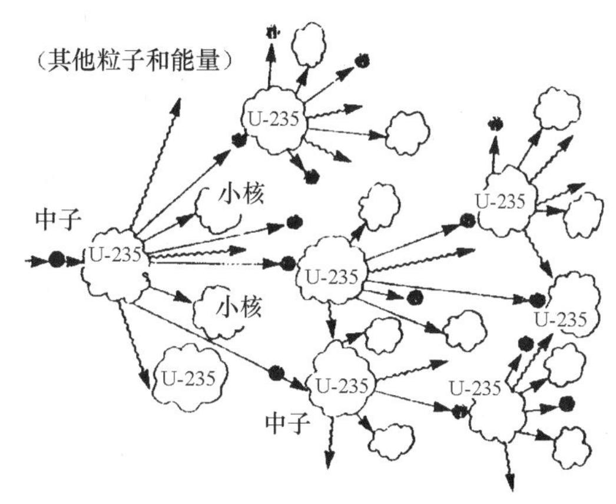

图 34-10　铀235裂变反应图解

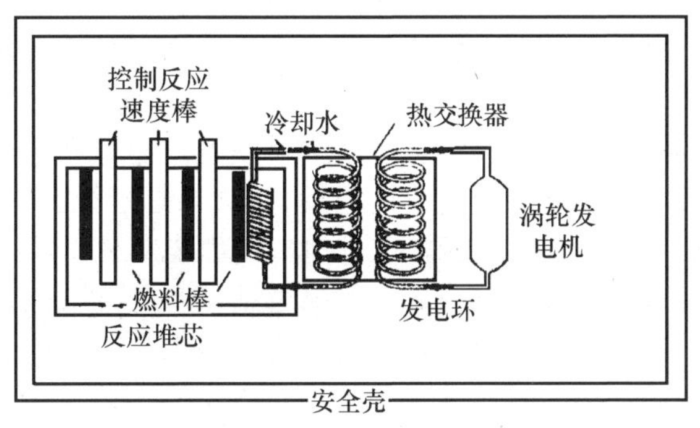

图 34-11　常规核裂变反应堆图解

国际放射防护委员会把电离辐射致癌的危险度定为 10^{-6}Sv，即如果一个人受到 0.01 Sv 的全身照射，其发生癌的概率为 10^{-4}。以此估计在压水堆型核电站周围，群众发生癌的最大概率为 5×10^{-7}，平均值低于 1×10^{-7}，这比雷击死亡率 3.6×10^{-6} 还要低。据分析，美国1970～2000年期间，97.4%的癌是来自射线以外的其他各种因素，因核动力工业电离辐射所致的癌症只占 7.5×10^{-6}，还不及癌自然发生率的 1×10^{-5}。燃煤电站由于排放大量的致癌物质，其诱发癌和致突变效应要比核电站大 100 倍。据苏联当时的估计，燃煤电站附近居民的致癌率要比核电站高 30 倍。从以上分析可以看出，核电站在正常运行的时候，对人体的危害是微不足道的。

值得人们担心和注意的是核电站会不会发生意外事故。美国三哩岛核电站发生事故(图 34-12)的时候，周围 80 km 以内，人受到的最大全身剂量为 7×10^{-4} Sv。以癌的危险度10^{-6} Sv

① $1\,Sv=1\,J\cdot kg^{-1}=1\,m^2\cdot s^{-2}$。

估计,其发生癌的例数为 0.2 人,也就是说,电站周围 200 万人中可能发生癌的例数不到 1 人,

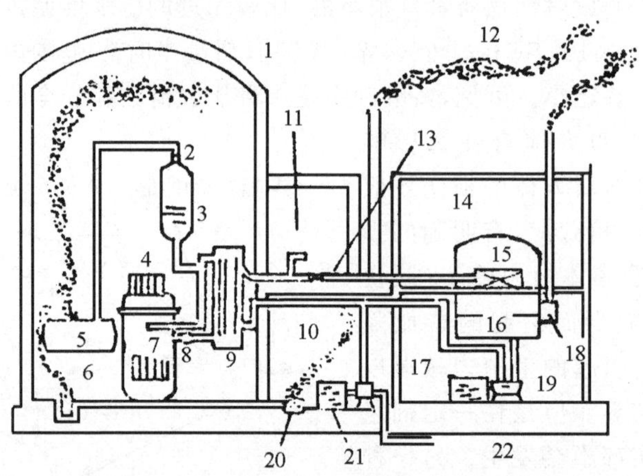

图 34-12　美国三哩岛核电站事故示意图

图中排放出的蒸汽含有放射物质。1. 安全壳;2. 卸压阀;3. 稳压器;4. 控制棒;5. 卸压箱;6. 地坑泵;7. 堆芯;8. 主泵;9. 蒸汽发生器;10. 辅助厂房;11. 大气排放阀;12. 从厂房通风烟囱排出的放射性蒸汽;13. 主蒸汽管道;14. 汽轮机厂房;15. 汽轮机;16. 冷凝器;17. 给水管道;18. 空气喷射泵;19. 给水泵;20. 集水坑;21. 辅助给水泵;22. 连接安全水源的管道

而美国在这一年癌的总发生例数为 197 603 例。当然,苏联切尔诺贝利核电站事故影响是很大的,是 40 年核电史上的一次最大灾难。国际原子能机构通过这次事故已经总结了经验教训,今后一定会采取更多更有效的安全措施,以便确保核电站周围居民的健康和安全。

这两次核电站事故曾引起了世界各国的关注,对核电站建设产生了一定的影响。美国三哩岛事故后,一些国家曾经放慢了核电建设的速度,其结果是延缓了自己经济的发展。相反,另一些国家坚定地走自己的核电发展道路,使核电持续稳步发展,满足了经济发展对能源的需求,并没有发生不安全问题。目前我国只有 4 个核电站,即浙江的秦山核电站、广东的大亚湾核电站和岭澳核电站以及江苏的田湾核电站,还有几个核电站正在建设中。我国核电的发展目标是到 2010 年使在运行核电装机达到 1200×10^4 kW,到 2020 年要新建核电站 31 个,装机容量 4000 万千瓦,总投资 5000 多亿元。我国政府为了保证核电站建设和运行的安全,已经成立了国家核安全局,负责全国核电站安全的监督、检查工作,并且已经设立了秦山、广东核电站地区的核安全监督站,有关部门将分工负责,密切配合,共同做好核安全工作。只要认真对待,严重的核安全事故是完全可以避免的。

第十一节　陆地也是一种有限的资源

人类的生活和生产活动几乎全都是在陆地上进行的。人类在陆地上建设城市和村镇,盖起住房、商店、工厂、学校和医院,修筑铁路、公路和机场,开辟公园、娱乐场和运动场,等等。同时,人类所需的全部木材、天然纤维以及食物、能源和矿物资源的绝大部分都是从陆地上获得的。即使是目前尚未被利用的陆地,对人类来说也是至关重要的,因为在这些陆地上保留着各种类型的生态系统,而这些生态系统在防止水土流失、净化和降解各种污染物质、保持水资源的纯净和持续利用以及在保存生物遗传多样性方面都发挥着极为重要的生态功能。随着人口的增长和经济的发展,人们已越来越认识到陆地也是一种有限的资源,它并不像原来人类所想

象的那样是广阔无垠和任人利用的。

陆地是一个复杂的生态系统，包括各种地形和各种土壤，不同陆地的水状况和气候条件也千差万别。这些因素不仅相互影响，而且又共同决定着植被的性质，同时也受到植被的反作用。因此我们可以按照气候和植被状况对全球的陆地进行分类。

首先，苏联科学家根据气候与植被密切相关的原理，把全球大陆划分为若干生物气候区（见表 34-3）。另一些科学家则主要根据植被类型对陆地进行分类，他们把全球的陆地划分为若干生物群落区（表 34-4）。

表 34-3　全球陆地的生物气候区

生物气候区	面积/10^6 km^2	占陆地总面积/(%)
极地湿润和半湿润地区	8.05	5.40
北方湿润和半湿润地区	23.20	15.50
亚北方湿润区	7.39	4.90
亚北方半干旱区	8.10	5.40
亚北方干旱区	7.04	4.70
亚热带湿润区	6.24	4.20
亚热带半干旱区	8.29	5.00
亚热带干旱区	9.73	6.50
热带湿润区	26.50	17.70
热带半干旱区	16.01	10.80
热带干旱区	12.84	8.60
冰川	13.90	9.30
河流和湖泊	2.00	1.40
全球陆地总面积（包括河流和湖泊）	149.29	100.00

表 34-4　按生物群落区对陆地进行分类

生物群落区	面积/10^6 km^2	占陆地总面积/(%)
热带林	20.3	13.6
针叶林	16.4	9.8
阔叶林	5.7	3.8
泰加林	3.9	2.6
半干旱草原	22.0	14.7
湿润草地	14.9	10.0
湿地	3.3	2.2
已开垦陆地（粮食作物）	7.0	4.7
已开垦陆地（其他作物）	6.8	4.6
苔原	8.5	5.7
荒漠	22.4	15.0
冰川和永久冻土带	19.7	13.2
全球陆地总面积（河流、湖泊和冰川不计在内）	150.9	100.00

如果陆地总面积按 $1.493\times10^8\ km^2$ 计算，那么20世纪末世界人口已达到60亿，约合每人占有陆地2.4 ha。这个数字看来还不算少，但是要知道，其中能用来满足人们生活需要的面积是有限的。

对陆地所进行的分类表明：20％的陆地表面是荒漠和干旱地区；20％被冰川、永久冻土带和苔原所占据；20％是不能开垦的山地；还有10％的陆地由于土壤性质不好，任何作物都不能生长。因此，只有30％的陆地适于人类耕种，其中只有1/3是土壤肥沃、地势平坦和气候温和的陆地。陆地的很多地区，如两极地区、高山陡坡、沼泽和荒漠等，不仅不能为人类生产食物，而且也不适合人类居住，因此人类在地球表面的分布是极不均匀的。目前，世界90％的人口集中分布在2％的陆地上，而且这种集中趋势有增无减，城市变得越来越大，城市人口也越来越多。各种建筑物、公路、机场往往占用了最肥沃的土地，而这些最适于生产食物的土地在全世界都日益感到短缺。城市化有其历史背景和进步意义，但是如果发展过于迅速和失去控制，就会转利为弊，造成全球性问题。目前虽然还有大量的陆地尚未得到开发利用，但是那些最肥沃、最富庶的土地却人口过密，因此，实现人口和资源开发的战略转移不仅是我国将面临的问题，而且也是整个人类所面临的问题。

据美国总统顾问委员会在一份报告中估计，地球上潜在可耕地的面积大约有 30.19×10^8 ha，约占陆地总面积的24％，其中一半以上(即 16.7×10^8 ha)分布在热带地区，约1/5(即 5.6×10^8 ha)分布在暖温带和亚热带，其余大都分布在寒温带。现将世界各大洲所拥有的潜在可耕地、已耕地和人口数，以及三者之间的关系列在表34-5中，表中的已耕地包括作物田、休闲地、菜地、果园、橡胶园以及人工种植的草地等。从表中可以看出，地球上的潜在可耕地主要分布在非洲、南美洲和亚洲，其面积约为已耕地面积的2倍多。这一数字很容易使人产生过于乐观的情绪，以为地球上还有大约3倍于目前已耕地的面积可供开垦。其实，所谓的潜在可耕地都存在着这样那样的严重缺陷：这些土地或是处于人烟稀少的边陲；或是地势不平，坡度较大；或是土壤贫瘠、多岩和易受侵蚀；或是生长季短、水源不足；或是由于其他因素而难以被利用，如非洲的采采蝇传染睡眠病(病原体是锥虫)使非洲的广阔地区无人居住等。因此，要想把这些土地改造成为收益比较大的可耕地是很困难的，所以世界上已耕地面积的增长是十分缓慢的，从1950～1990年的40年间只增长了大约6％。

表34-5　世界各大洲的已耕地、潜在可耕地和人口数

1975年 人口数($\times10^6$)		陆地面积($\times10^6\ km^2$)			平均每人占 已耕地/ha
		总面积	潜在可耕地	已耕地	
非洲	401	30.2	7.33	1.58	0.39
亚洲	2255	27.3	6.28	5.18	0.23
澳大利亚、新西兰	17	8.2	1.54	0.16	0.94
欧洲	473	4.8	1.74	1.54	0.33
北美洲、中美洲	316	21.1	4.66	2.39	0.76
南美洲	245	17.5	6.80	0.77	0.31
苏联	255	22.3	3.56	2.27	0.89
总计	3964	131.5	31.90	13.89	0.35

当然，潜在可耕地的这些严重缺陷可以通过技术手段加以克服，如实施灌溉工程，可以解决缺水问题；借助施肥，可以为贫瘠的土壤补充养分；修筑梯田，可以克服土地的坡度和减少水土流失。但是所有这些措施都需要比较大的投资，如发展中国家于 20 世纪 60 年代实施的 7 项开垦新土地的工程，平均每开垦 1 ha 土地就要花费 4400 元人民币。据估计，要使这些新开垦的土地每公顷能养活 4 口人，那么 1 ha 土地就需投资 8200 元人民币。目前世界人口每年大约增长 8000 万。照此计算，要靠新开垦土地养活这些人，每年就需要投资 1640 亿元人民币。利用潜在可耕地的另一个困难是，这些土地的相当一部分是正在被人类利用着的天然牧场和具有一定生产力的森林，靠开垦处女草原和砍伐森林扩大耕地，虽然可以增加一些粮食产量，但同时也减少了畜牧业的收益，削弱了木材生产的潜力。更重要的是，这样做不仅不会使总的收益增加，反而会引起全球性的生态失调，这一点已经多次被人类的实践所证实。因此，适当开垦潜在可耕地虽然是必要和可行的，但是解决人类未来的问题主要得靠控制人口、提高已耕地的单位面积产量和开拓新的食物资源。

生态学告诉我们，让陆地的一部分保持其自然的原始状态是陆地利用的最重要的方式之一。目前，对全球陆地的最大威胁是土壤侵蚀，陆地的开垦将会大大增加土壤侵蚀率。据研究，在降雨量相同的情况下，已耕地的土壤侵蚀率要比森林土壤的侵蚀率大 100 倍。全世界平均每年每平方千米流失土壤 180 t，而我国黄河流域为 2804 t，长江流域为 257 t；国外的恒河流域 1518 t，印度河流域 449 t，亚马孙河流域 63 t，密西西比河流域 97 t，湄公河流域 214 t，科罗拉多河流域 212 t 和尼罗河流域 37 t。我国 1 年的水土流失量已经多达 50 亿吨，仅长江、黄河两大河流每年输入海中的泥沙量就多达 20×10^{8} t。目前，我国水土流失面积已经占全国土地面积的 1/6，约 150×10^{4} km^{2}。

与土壤的侵蚀率相比，土壤的再生率是相当低的。在一般情况下，土壤要靠母岩的风化才能得到补充，大约每过 200～1000 年土壤才能加厚 1 cm，若靠自然风化使土壤增厚 33 cm，可能得花费 1 万年时间。即使在最好的成土条件下（也就是靠火山灰的沉降和水力搬运），也得用 50～100 年的时间。由此可见，土壤侵蚀几乎是一个不可逆的过程。实业家主张开垦每一寸土地，而自然保护学家则主张让尽可能多的陆地保持其自然状态。作者认为，后一种意见可能更符合人类的整体利益和长远利益，如果每一寸具有潜在价值的陆地都得到开垦，那将孕育着非常危险的生态后果。人类必须从全球生态系统的角度实施对陆地的利用和管理。在我国人多地广的条件下，土地的开发利用应当严格按照自然条件、自然资源特点和经济规律办事，农业用地应当因地制宜地安排农、林、牧、副、渔各业。对一切不适于耕种的土地应当还林还牧；对适宜开垦的土地，在做好勘查、设计和规划的基础上进行开发，严禁自由垦荒、毁林和毁草。在干旱、半干旱地区应当实行以草定畜，严禁过度放牧，矿山开采所破坏的土地必须予以复垦。反对只顾局部忽视整体，只顾当前不顾长远，只顾经济效益忽视生态效益和只顾开发利用不顾保护管理的错误做法。

第十二节　水资源制约经济发展

水不仅是生物和人体不可缺少的组成成分（人体重量的 68％是水），而且生命的一切新陈代谢活动都必须以水为介质，所以，水不仅在大气、陆地和海洋之间进行无休止的循环，而且也在每一个生物和它们的环境之间不断进行交换。对人类来讲，水资源的意义还远不止于此。

当前，水资源已经成了人类生活和生产活动的最大限制因素之一，缺水现象遍及世界各地。由于污染和卫生条件差而引起的水质量下降，正在造成某些疾病的流行，并不断导致死亡。

水资源在地球表面的分布如表34-6所列。从表中可以看出，海洋不仅占地球表面积的71%，而且海水平均深度4000 m，海水占地球总水量的97.2%。海洋虽然在维护全球的生态平衡上发挥着极其重要的作用，但海水由于含盐量太高(3.5%)，不仅不能直接饮用，也不能用于灌溉。除了海水以外，其余大部分水(淡水)都被冻结在两极的冰盖和高山冰川之中，冰盖和冰川覆盖着地球表面的10%，这部分淡水的体积约为2.9×10^{16} m^3，约占地球总水量的2.15%和淡水总量的2/3强。可见，冰盖和冰川是地球上最大的淡水储存库，其中南极冰盖占总体积的85%，格陵兰冰盖占11%，其余4%是高山冰川。如果这些冰体全部融化的话，海平面就会上升60 m！在过去的100万～200万年间，地球上的冰川曾多次扩展和伸缩。18 000年前，30%的陆地表面曾覆盖着冰川，那时的海平面约比现在低100 m。因此，研究冰川动态不仅关系到人类水资源的利用，而且关系到全球气候的预测。

表34-6　地球上水资源的分布

存在方式	地　点	水量/m^3	占地球总水量/(%)
地表水	淡水湖泊	1.3×10^{14}	0.006
	咸水湖和内海	1.0×10^{14}	0.008
	河流和溪流	1.3×10^{12}	0.0001
地下水	浅层水(通气层)	6.7×10^{13}	0.005
	中层水(800m以上)	4.2×10^{15}	0.31
	深层水(8000m以下)	4.2×10^{15}	0.31
其他	大陆冰盖和冰川	2.9×10^{16}	2.15
	大气层	1.3×10^{13}	0.001
	海洋	1.3×10^{18}	97.2
总计		1.4×10^{18}	100

湖泊、河流、地下水、大气层和生物体内的水量还不足全球水量的1%，但正是这一部分小小的淡水资源，却构成了人类赖以生存的那部分淡水的主要来源。据计算，每年可供人类利用的淡水资源总共为4.1×10^{13} m^3，这些淡水要用来满足工业、农业以及家庭用水的全部需求。淡水资源虽然每年都可借助于水的全球循环而得到更新，但可供利用的淡水资源总量，每年都是相当固定的。这意味着随着世界人口的增长，平均每人所享有的淡水资源量将会下降。因此，人类必须对淡水资源采取各种保护措施，以保证人类未来有足够的淡水供应。

用来判断大陆水资源的多寡，其方法之一是计算该大陆径流量被人类利用的百分数。径流量被利用的百分数越小，说明该大陆的水资源越丰富；反之，则说明水资源贫乏。一般说来，径流量的利用率不足10%，则被认为该大陆具有足够的淡水资源；如果径流量的利用率是10%～20%，则认为是淡水资源不足；若利用率超过20%，这种情况常会成为对经济发展的限制因素。据Falkenmark M在《2015年人类如何应付水资源不足》一文中预测，到20世纪末，东亚、南亚、欧洲和非洲对淡水资源的需求量都将超过各自大陆径流量的20%。如果普遍实行工业循环用水，对水资源的压力会有所缓和，但亚洲和欧洲仍将维持较高的径流量利用率。因此，这些地区必须制定出严格的水资源管理规划，以保证能够最有效地利用淡水资源。

要想在未来保证每一个国家都能获得足够数量的淡水，必须进行密切的国际合作，因为地球上的52个大流域，每一个都至少被3个国家共同享用。一些科学家根据对目前淡水资源利用率的计算，认为全球的淡水资源可为80亿人口提供足够的淡水，并预测到2020年世界人口将会达到这个限度。这就是说，按目前的人口增长率计算，淡水资源直到20多年后才会成为人口增长的限制因素。

但这只是理论上的计算，而且这种计算的前提条件是：只要需要，随时随地都能够获得淡水。但事实上，水的分配是极不均匀的，有些地方急需水而得不到水，而另一些地方又洪水泛滥，造成水的极大浪费。因此人类要想更有效地利用一切可利用的淡水资源，就必须依靠强大的技术手段，把一时一地多余的水储备起来供他时他地急需，或是把水从多水地区调往缺水地区(如我国的南水北调工程)。此外，还必须更充分地利用地下水资源和冰川、冰山水，适当实施人工降雨(实质是改变雨量的分配格局，增加干旱地区的降雨量，但不能增加全球的总降雨量)，在有条件地区对海水进行淡化处理。海水淡化的目的是把含盐量高达 3.5×10^{-2} 的海水，经过去盐作用转化为含盐量低于 5×10^{-4} 的饮用水或低于 7×10^{-4} 的灌溉水。在20世纪70年代中期，海水淡化的投资要比用通常办法获取淡水的投资高4倍，因此在人类找到更廉价的能源以前，海水淡化技术不可能被普遍采用。但也应当看到，随着人类科学技术的进步，海水淡化的前景是无限的。当前应当特别注意采取各种保护水资源的策略，如分布淡水资源保护法，提高工业循环用水率(可提高到95%)，实施家庭节约用水，减少农业用水的渗漏和蒸发等。特别是农业用水浪费极大，灌溉水的渗漏量和蒸发量一般都在60%以上。如能采取适当措施便可大大提高水的利用率，如北京南郊农场采用水泥板衬砌渠道的办法，使机井的利用系数由50%提高到了90%。此外，我国农村已开始采用的喷灌技术也可大大提高水的利用率。

我国国土的年平均降水量为628 mm，比全球陆地的平均降水量834 mm少25%，其中只有44%形成地表径流。全国河川径流总量约 2.6×10^{12}(万亿) m^3，全国地下水总补给量约 7.718×10^{8}(亿) m^3，扣除地表水和地下水相互转化的重复量，全国水资源的总量约为 2.7×10^{12}(万亿) m^3。虽然我国河川径流总量居世界第6位(仅少于巴西、俄罗斯、加拿大、美国和印尼)，但按人口、耕地平均，我国人均占有水量只有世界平均占水量的25%，每公顷地平均占水量只有世界的50%。从水质上讲，我国江河湖库已普遍受到不同程度的污染。在已调查的532条(个)河(湖)中，受污染的占82.3%。地下水污染也不容忽视，我国主要城市约有一半是以地下水作为供水水源，约有1/3人口饮用地下水。在被调查的44个城市中，已有41个城市的地下水受到了污染。由此看来，我国水资源的状况不容乐观。水资源既是一种资源，又是环境的基本要素，是人类赖以生存的物质基础，没有水就没有生命。水资源不仅影响生活，而且也影响生产，工农业生产和交通运输都离不开水。当前，水资源不足和水质污染已成了制约我国经济发展的重大因素。

总之，地球上的淡水资源是否会对人类的发展构成限制，以及限制的大小，在很大程度上取决于人类的人口状况和人类对淡水资源是否能够进行合理利用和实施科学管理，在这方面，人类的主观能动性仍然起着决定性的作用。

第十三节　从现有经济体系走向未来经济体系

为了解决人类与环境之间日益尖锐的矛盾，目前，人类一方面在现有经济体系的基础上正在加强对环境的综合治理（图 34-13），另一方面正在探讨一种新的经济体系，以便从根本上改善人类与环境的关系，使这种关系建立在长期稳定和更加协调的基础上。著名经济学家 Boulding KE 曾在《未来的太空船——地球的经济学》一文中，描述和分析了两种基本的经济体系，即牧童式经济（cowboy economy）（指现行的经济体系）和太空人式经济（spaceman economy）（指未来的经济体系）（图 34-14）。

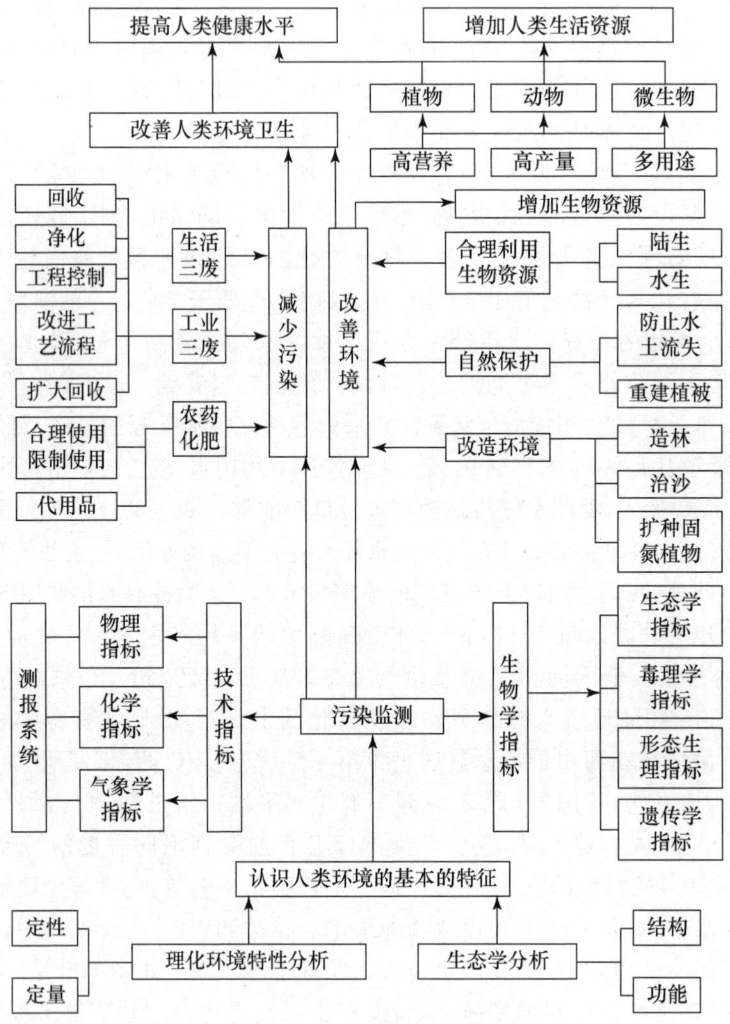

图 34-13　在现有经济体系基础上对环境的综合治理

Boulding 认为，人类现存的经济体系是造成环境问题的根本原因所在。这种经济体系的主要特点是：

（1）大量地、迅速地消耗自然资源。19 世纪时，几乎所有的人都把地球上的资源看成是取之不尽、用之不竭的天然财富。似乎大自然所赋予人类的土地、牧场、淡水、煤和石油的储藏、木材以及野生生物资源都是无限的，因此靠消耗自然资源来促进人类的福利已成为人们固有的概念和天经地义的真理。正是在这一概念的支配下，人类正以史无前例的规模和彻底性在消耗着地球资源。

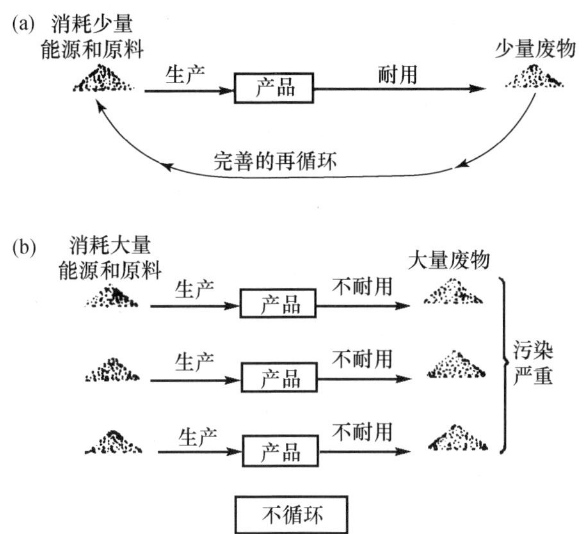

图 34-14　太空人式经济(a)和牧童式经济(b)主要特点比较图解

(2) 靠消耗自然资源所产生的资本货物(生产工业品所需的生产资料)已大量累积起来。

(3) 商品缺乏耐用性。尤其在资本主义国家,为了增加销售量往往故意制造不耐用商品,使其很快坏掉或过时。从寿命只有几天的塑料玩具到寿命只有几年的摩托车,缺乏耐用性是今天商品的共同特点。今天的住房建筑同几百年前相比也是很不耐用的,尽管我们现在有着很高的建筑技能。

(4) 开放式的经济(图 34-15)造成废物的大量累积,使环境质量日益下降。人类另一个错误概念是在很长一个时期里认为,江、河、湖、海、土壤和大气圈等自然环境,可以看成人类社会各种废物的堆放场所而不致造成环境问题。因此长期以来,工厂烟囱往大气层喷吐黑烟,生活污物和工业"三废"日复一日地流入江河湖海,各种固体废物(如破旧汽车、罐头盒、玻璃瓶、旧轮胎和油桶等)堆弃和填满城市周围的空地和其他空旷场地,无人问津。

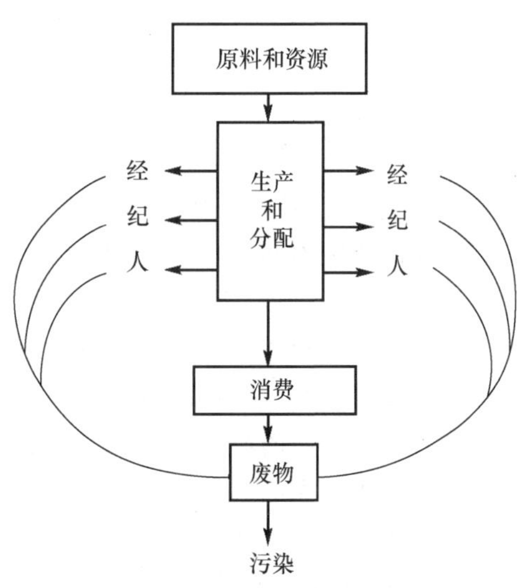

图 34-15　开放式经济体系图解

(5) 追求高生产量(消耗自然资源)和高消费量(商品将转化为污染物),并以此作为衡量经济是否获得成功的标准。

由于以上的一些特点,很多经济学家都确信,现存的经济体系(即牧童式经济)是不能无限期地维持下去的,否则就会给环境和人类的长远福利带来灾难性的影响,它所导致的人类与环境的矛盾最终将迫使它自身趋于灭亡。

Roulding 认为,现在的牧童式经济将会被太空人式经济所取代。后一种经济体系将能较好地同地球上有限的资源和环境对污染物的有限容量相协调，这种经济体系的一个重要概念是把地球看成是一艘巨大的宇宙飞船，除了能量要靠太阳供给外，人类的一切物质需要都要靠完善的循环来得到满足。这意味着太空人式经济是一种封闭式的经济体系（图 34-16），具有极为完善的物质循环性能。衡量这种经济是否取得成功的标准，不是高生产量和高消费量（恰恰相反，这正是这种经济所要极力避免的），而是商品的耐用性和整个经济体系的循环性能，这种循环性能将保证废旧商品不会成为环境的污染物，而是转化为再生产的原料。从理论上讲，太空人式经济实施后，地球上就不会再有废物，因为其目标是最大限度地减少自然资源的消耗和人类对环境的污染，从而使人类与环境的矛盾得到根本解决。未来，不仅人类的经济体系是封闭式的，而且很多方面都是如此。一艘未来宇宙飞船的幻影，将使目前建立在挥霍浪费自然资源基础上的人间奢华一去不复返。

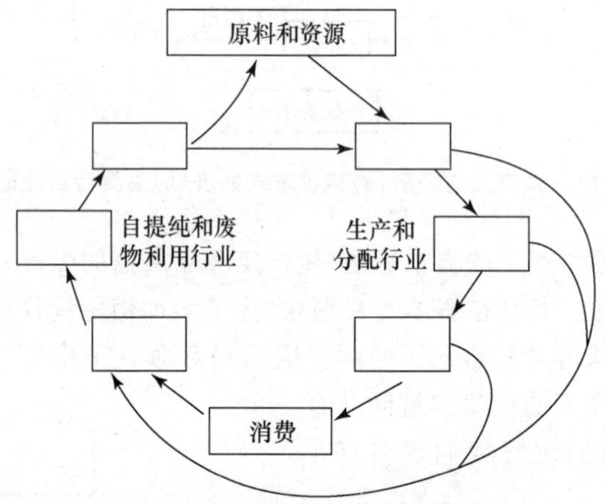

图 34-16　封闭式经济体系图解

当然，未来的这种经济体系能否获得成功，将直接与人类人口控制的成败联系在一起。如果世界人口持续不断地增长，商品消费量就必定要按人口增长的比例增加。在这种情况下，科学家和技术专家就不得不把主要注意力放在如何加速商品在该经济体系的运转上，以防这些商品最终转化为具有较高污染潜力的废物。如果世界人口能够稳定在一定水平上，科学家和技术专家就会集中精力改善我们商品的质量和耐用性，这样就会大大增加这种经济体系获得成功的机会。目前，地球资源的消耗、环境的污染和能源的短缺还没有达到使现存经济体系无法维持的地步。虽然经济学家确信，建立在商品耐用和物质生产严格再循环基础上的太空人式经济必将取代现在的经济体系，但它种新的经济体制何时才能实施，则是一个正在探讨的理论问题。这是一个生态学家和经济学家都感兴趣的领域，也是一个生态学家和经济学家携手合作的一个大课题。尽管完成人类经济体系转变的道路是曲折的和漫长的，但它是人类光明前途之所在。将来的地球一定会成为一艘由人类驾驭的真正的宇宙飞船，这是毫无疑义的。

总之，为了正确处理人和自然的关系，我们必须认识到，整个人类赖以生存的自然界和生物圈，是一个高度复杂的和具有自我调节能力的生态系统，保持这个生态系统结构和功能的稳定，是人类生存和发展的基础。人类可以改造自然，但是应当记住，改造了的自然必然反过来作用于人类自身，因此人类的活动除了要讲究经济效益和社会效益外，还必须特别注意生态效益和引起的生态后果。人类决不能作为凌驾于自然界之上的征服者而为所欲为，而是应当严格地按照生态规律办事，合理地控制人类的活动和对生物圈的影响，协调人和自然的关系，以保持生物圈的基本稳定。为了协调人与自然的关系，必须加速发展生态科学和环境科学，提高全人类的生态意识和环境意识。应当从个体、种群、群落和生物圈各个层次，从局部到全球范围研究生态规律，使生态科学的发展走在生产实践的前面，以便能够及时地就人类行为对生物圈的影响作出准确的评价和科学预测，防患于未然。人类未来的经济体系就像是一艘航行在茫茫宇宙中的宇宙飞船，它是全封闭式的，不会产生任何废物，一切生物和人类所需要的东西都会靠极为完善的自我循环功能不断产生出来，而人类制造的废物都能及时转化为有用之物，而不会堆积起来污染飞船本身，它能够极好地做到自我调节和自我维持。这是一艘真正巨大的自给自足的宇宙飞船，除了需要不断从太阳获得能量补给外，一切都靠自身特有的生态功能而做到自我维持，并能持久地航行在这孤寂的宇宙之中……

第35章　生物多样性与保护生物学

科学家相信，在距今约6500万年前的白垩纪(Cretaceous Period)末期，在墨西哥湾和加勒比海之间的尤卡坦半岛(Yucatan Peninsula)，一颗巨大的陨星撞击了地球表面，在加勒比海水下留下了一个半径约180 km的陨石坑。来自深海沉积物的证据记录了这次陨星撞击的影响和大量的碎片，这次爆炸性的撞击和大量碎片猛烈地冲向高空，导致了地球温度的明显下降。科学家认为，这次小行星或彗星的猛烈冲击是造成当时生活在地球上70%的物种灭绝的主要原因，其中包括各种恐龙的灭绝。此后有很多物种最终成了海洋和大陆表面的统治者，但它们与以前的统治者已发生了巨大的变化。

古生物学家把白垩纪末期发生的物种丧失看成是一次群体灭绝事件。像这样的事件在地球上发生过不止一次，而是发生过很多次。例如，在距今约2.5亿年前的二叠纪，地球上有50%以上的物种从化石纪录中消失了，其中包括96%的海洋生物。化石记录告诉我们，这些群体灭绝事件改变了地球上生物的进化过程，也极大地改变了生物的类型。

目前地球正在经历一次与以前相似的群体灭绝事件，估计每年约有数千个物种从地球上消失。然而目前的物种群体灭绝事件与以前相比又有很大不同，其灭绝的原因不是陨星撞击，也不是海平面或气候变化，而是由于人类活动所造成的破坏。

在北美洲为获取食物和其他商品而进行的狩猎活动已导致了很多种哺乳动物和鸟类灭绝。狩猎也能造成海洋哺乳动物的灭绝，如Stellar海豹灭绝于1767年，新英格兰海貂灭绝于1880年，加勒比海豹灭绝于1952年。在全球范围内，过度狩猎也是造成46种现代大型陆地哺乳动物灭绝的主要原因。在现代已灭绝的88种和83亚种鸟类中，约有15%是由于滥捕滥猎而灭绝的，其中的大海雀灭绝于1844年，旅鸽灭绝于1914年。在有些情况下，过量捕杀是因错误的观念而引起的，如错误地认为野生生物会对园林和家养动物带来威胁。卡罗林纳小鹦鹉就是在这一错误观念的支配下于1914年前后被赶尽杀绝的。

相对说来，因狩猎和过度利用所造成的物种灭绝数量还是少数，而生境的改变和破坏才是对地球生物多样性的最大和最严重的威胁。

第一节　生境与物种灭绝

一、生境与物种灭绝的关系

物种灭绝的主要原因是生境的破坏，而这种破坏是由于人口增长和人类活动引起的。从历史上讲，陆地变化和改造的最大原因是农业用地的扩大，以便满足日益增长的人口的需求。

根据美国2000年全球森林资源评估报告，在20世纪90年代全球森林面积净减少了

9400 万公顷，约相当于世界森林总面积的 2.4%。但全球统计数据常常会遮掩地区和国家之间在森林植被变化上的明显差异。西非和南美的森林净采伐率是最高的，其次是亚洲，特别是东南亚。从 1990 年至 2000 年的 10 年间，原始森林面积减少最多的 10 个国家是巴西、印度尼西亚、苏丹、赞比亚、墨西哥、刚果、缅甸、尼日利亚、津巴布韦和阿根廷(表 35-1)。

表 35-1 1990～2000 年森林植被的变化(前 10 个森林砍伐面积最多的国家)

国 家	1990 总面积/10^6 ha	2000 总面积/10^6 ha	1990～2000 年变化量/10^6 ha	1990～2000 年变化率/(%)
巴西	566998	543905	−2309	−0.4
印度尼西亚	118110	104986	−1312	−1.2
苏丹	71216	61627	−959	−1.4
赞比亚	39755	31246	−851	−2.4
墨西哥	61511	55205	−631	−1.1
刚果	140531	135207	−532	−0.4
缅甸	39588	34419	−517	−1.4
尼日利亚	17501	13517	−398	−2.6
津巴布韦	22239	19040	−320	−1.5
阿根廷	37499	34648	−285	−0.8

由于这些国家的生物多样性极高，同时人口增长和经济发展的压力也很大，所以热带地区的开发利用一直是人们注意的焦点。可以说，热带雨林的破坏几乎已成了生物多样性下降的同义词。在全球范围内，每年约有 14×10^4 km^2 的热带森林遭到砍伐。在巴西的亚马孙流域，20 世纪 80 年代森林的年皆伐率已经超过了 1%，仅在这一个地区森林的面积已经从 100×10^4 km^2 下降到了 5×10^4 km^2。在非洲的马达加斯加，森林皆伐已造成 90%以上原始森林植被的消失。在厄瓜多尔西部自 1960 年以来已有 95%的热带雨林植被遭到破坏。

从保护生物学的角度看，森林面积的多少仅仅是评价森林生态系统状况的一个不够完美的指标，因为世界森林的大部分都已处于破碎状态并面临着来自人类活动的持续压力。虽然砍伐已被普遍认为是对保护生物学的一个挑战，但生境破碎的相关课题却很少受到重视。随着人类活动对温带和热带森林压力的增加，那些曾经是连成一片的森林地区也会变得越来越破碎。

造成这种破坏和物种大量灭绝的陆地利用方式的变化并不仅限于潮湿的热带地区。在中美洲、南美洲、印度和非洲，为了种植农作物和放牧家畜而大量砍伐热带干旱林，致使在中美洲太平洋沿岸地区这种森林的分布已不足原来面积的 2%。

由于人类农业活动而受到严重影响的另一个生态系统类型是温带草原。天然草原曾占有地球陆地面积的 42%，后由于被转用于农田和牧场，现已减少为不足原来面积的 12%。在北美洲，现存的草原面积已严重破碎化，被广大的农田分隔为孤岛状。

水生生态系统也同样受到了人类活动的严重干扰和破坏。陆地淡水普遍受到污染。海岸湿地遭到挖掘和填塞，珊瑚礁因污染和淤塞而被破坏。这一切对地球淡水和海岸环境的影响与陆地的森林砍伐相类似。农用化肥、洗涤剂、废水和工业废物的排放使水生生态系统中的氮和磷大量增加，并导致了水体富养化。虽然水体富养化通常是发生在较封闭的淡水水体中，但也常使海洋的海岸生态系统受到影响，加勒比海和地中海就是海洋环境因从陆地发展地区输入大量营养物而遭到富养化的两个实例。

二、外来物种的引进

人类常常有意或无意地把很多种植物和动物带出它们的自然分布区，并把它们散布到世界各地。虽然有很多物种离开它们的自然分布区到达新生境无法存活，但也有一些物种却能在新环境中很好地生存和繁衍。在摆脱了原生境中的竞争者、捕食者和寄生生物所施加的压力后，它们反而能更好地在新生境中定居下来并向周围扩散。这些非本地的植物和动物就被称为外来物种或入侵物种。

入侵的动物物种常常能通过捕食、牧食、竞争和使生境发生改变而导致较为敏感和脆弱的本地物种灭绝。岛屿物种受外来物种入侵的影响很大。例如，在夏威夷群岛，在过去的 200 年间已有 263 个本地物种消失，有 300 个物种已被列入濒危物种名单，在该群岛的 111 种鸟类中已有 51 种灭绝，40 种处于濒危状态。来自新几内亚的黑尾林蛇(*Boiga irregularis*)自从于 1950 年左右随着废旧需拆解的军事装备被偶然运上位于西太平洋的关岛以后，已使当地 12 种鸟类中的 9 种，12 种本岛蜥蜴中的 6 种和 3 种食果蝙蝠中的 2 种绝了种，这个外来物种还常常侵入岛上居民的住屋叮咬睡眠中的婴幼儿。

入侵的植物物种有些是作为园艺植物或观赏植物被引进的，它们常与当地植物进行竞争并占有优势，也常常会改变生态系统的营养循环、能量收支状况和水文学。外来物种入侵是夏威夷群岛植物灭绝和濒危的重要原因，在该群岛当地的 1126 种开花植物中已有 93 种灭绝，还有 40 种处于濒危状态。北美大陆于 19 世纪中叶从欧洲引入了观赏植物黄连花(*Lythrun salicaria*)，这个外来物种已对当地的湿地植物造成了很大损害。澳大利亚的树种千层木(*Melaleuca quinquenervia*)曾作为观赏树木被引入了美国佛罗里达，这种树木大量夺取土壤中的水分，将当地的柏树、克拉莎草和其他植物排挤掉并还经常地引发大火。

外来物种入侵不止限于陆地环境。在我国云南滇池，外来鱼类的入侵已导致当地鱼类种群的急剧下降，有些已处于濒危状态。据不完全统计，滇池引入的外来鱼种已不下 30 种，目前外来鱼的种数和种群数量均已占据优势，而当地鱼种已被逼入濒危状态。由于云南省的江河均属河流的中上游或源头，其鱼类的种数先天就较少，如滇池和抚仙湖的鱼类仅有 25 种，而在长江中下游的湖泊里至少有 70～90 种的鱼类在为生存而争夺空间。显然，在低竞争压力背景下进化而来的当地鱼类在与来自高竞争压力背景下的外来鱼进行竞争时，往往会处于劣势，其脆弱性表现得很明显。外来的草食性鱼类一旦进入湖泊之后，不仅会与当地鱼争夺食物，还会过度消耗水草，直接影响当地鱼类种群的繁衍。例如，麦穗鱼、黄幼和鲃虎鱼等外来鱼种常大量吞食当地鱼类的受精卵，将当地鱼类逼入绝境。据 2008 年对滇池的调查发现，湖区的当地鱼类仅有鲫、黄鳝、银白鱼、侧纹南鳅和泥鳅等 5 种，其余的 20 种当地鱼类均已从湖区消失。有一种小鲤曾生活在滇池，人们最后一次见到它是在 20 世纪 60 年代，此后小鲤就再也没有出现过。又如，云南的光唇鱼(俗称马鱼)现在全世界只剩下 55 条，已走到了灭绝的边缘。

在美国的大湖，外来的入侵水生动植物已多达 139 种，已对当地的动植物物种造成了极大影响。靠近美国加利福尼亚州西岸的圣弗朗西斯科湾(San Francisco Bay)已被 96 种外来的无脊椎动物所占有，其中包括海绵和各种甲壳动物。在过去的 100 年间，有意或无意引入北美洲的外来鱼种是造成当地鱼类大量灭绝的主要原因(68%)，并使 70%的当地鱼种数量下降或被列入濒危物种名录。

丽鱼(*Cichla ocellatus*)是亚马孙河流域的一种本地鱼，曾偶然地被带入了巴拿马运河区的 Gatun 湖，这是外来入侵动物如何能改变当地群落结构的一个典型事例。丽鱼既是一种垂钓和食用鱼类，又是一个捕食者，它的存在曾对当地鱼类种群造成了灾难性影响，而对群落结构的影响也非常大(图 35-1)。在 Gatun 湖中，丽鱼主要是捕食 *Melaniris* 属的成年鱼，造成其种群数量下降，也间接导致了以 *Melaniris* 属成年鱼为食的其他捕食性动物数量的减少，如北梭鱼、黑燕鸥和鹭鸟等。总体影响是使一个原来非常复杂的群落结构变得极其简单化，原来很常见的 6～8 种鱼类现在已完全消失或极为少见，使整个群落只保留了一个顶位肉食物种，即原来群落所没有的外来物种丽鱼。

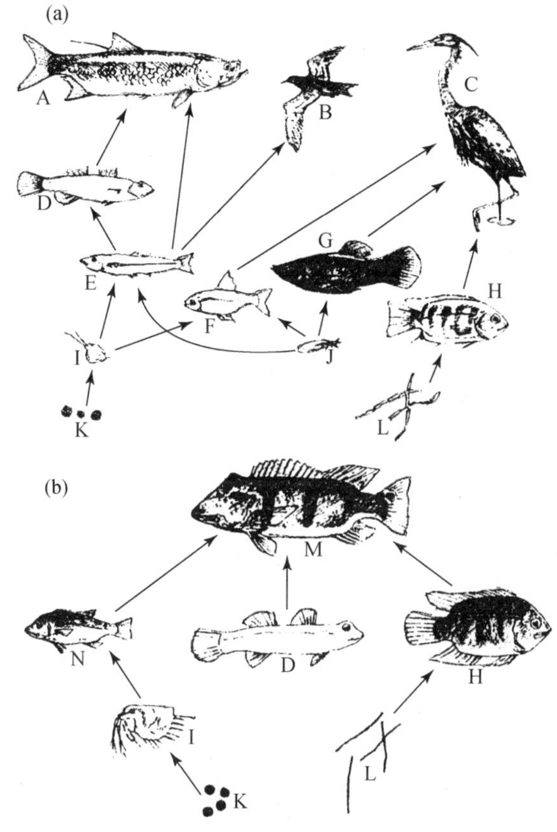

图 35-1　Gatun 湖的食物网

(a) 引入丽鱼前；(b) 引入丽鱼后

主要物种：A. 北梭鱼(*Tarpon atlanticus*)；B. 黑燕鸥(*Chidonias niger*)；C. 几种鹭和翠鸟；D. 鰕虎鱼(*Gobiomorus domitory*)；E. *Melaniris chagresi*；F. 四种脂鲤(*Characinidae*)；G. 两种花鳉(*Poecilia mexicana* 和 *Gambusia nicaraguagensis*)；H. *Chichlasoma maculicauda*；I. 浮游动物；J. 昆虫；K. 微小浮游植物；L. 丝状绿藻；M. 成年丽鱼(*Chichla ocellaris*)；N. 幼年丽鱼(仿 Zaret 和 Paine，1972)

三、不同物种对物种灭绝的敏感性

人类活动常会造成物种的灭绝，但并不是所有的物种对物种灭绝都同样敏感。物种对灭绝的敏感性与它们的很多生活史特征有关，正是这些生活史特征影响着它们对人类活动和自然灾难的敏感性。有些物种具有广泛的地理分布，能生活在很多地方，这些物种通常被称为广布种；而有些物种只能生活在一个很小的地理区域内，其他地方没有分布，这些物种则被称为狭布种。狭布种对物种灭绝特别敏感，因为该物种在一个地理区域内的生境一旦丧失就意味着该物种的生境完全丧失。同样，具有一个或少数几个局域种群（即小集合种群）的物种也特别容易灭绝，因为一些随机事件的发生就有可能导致灭绝，如火、洪水、流行病爆发和人类的活动造成生境破坏等。一个物种如果具有很多局域种群，那它对这些偶发事件的发生就不会那么敏感，这个概念是本书集合种群动态所要研究的一个重要内容。

进行季节性迁移的物种，其生存往往依赖于分布在不同地理区域内的两个或更多的不同生境类型，如果其中有一个生境遭到了破坏，那么这个物种便无法生存下去。生活在新热带地区的120多种迁飞鸟类，每年都要在北美洲东部的温带地区和中南美洲的热带地区之间进行往返迁飞，这种迁飞取决于在这两地都具有适宜的生境。除了生境的破坏之外，迁移的地理障碍也能阻止物种完成其生活周期。例如，北美西北部沿河修建的水坝已成了鲑鱼回游的障碍，使这些重要的经济鱼类无法回到河流的上游去产卵。

有些物种对生境的需求极为特殊，这使得它们对生境的改变非常敏感，这些生境的分布常常是很分散的。例如，柳叶菜科（Onagraceae）的报春花只适应于在炎热的页岩贫瘠环境中生长，这种特殊的生境只分布在美国阿勒格尼山脉（Allegheny）的南坡和西南坡。目前，这种植物及其近缘物种都已处于濒危状态。

那些必须占有很大家域（home range）的物种也常常会因为生境破碎而导致灭绝或濒于灭绝。虽然这些物种所需要的生境并不少，但生境的破碎化常会使得这些物种难以得到它们所需要的较大的生境斑块，因为只有这种较大的生境斑块才能够维持种群的繁衍。例如，我国的华南虎就属于这种情况。

作为人类狩猎对象的动物或经常与人类的需求和活动发生冲突的物种也容易灭绝。虽然人类的狩猎和采集野生生物的活动已造成了很多物种的濒危和灭绝，但也有很多物种是由于它们妨碍了人类的活动甚至直接威胁到人类的生存而被消灭的。最明显的实例就是那些大型食肉动物。北美洲的狼、棕熊和山狮都是因为它们的活动威胁到了人和家畜的生存而被逼到了灭绝的边缘。最近，将这些物种重新引入它们原分布区的计划遭到了不少人的反对。在我国，狼这一社会性食肉动物的几近灭绝，也与它们偷袭家畜和威胁到人的生命安全有很大关系。在民间，猎狼一直被认为是一件很光彩和深得人心的事情。当然，现在的情况已经不一样了，因为一度数量很多和分布范围很广的狼也已成为了难得一见的珍稀动物。

四、濒危物种的鉴别

出于保护的目的，自然保护国际联盟（IUCN）为了能确认稀有和濒危物种所处的状态而提出了一个量化分类法。这个分类法是依据物种的灭绝概率而提出的，它包括下述3个级别。

(1) 极危物种：10年之内或3个世代之内物种灭绝的概率为50%或大于50%；

(2) 濒危物种：20年之内或5个世代之内的灭绝概率为20%；

(3) 易危物种：100年之内的灭绝概率为10%或大于10%。

而鉴定一个物种到底属于上述3个级别中的哪一个，至少要有如下几种信息类型中的一种作为依据：

(1) 所观察到的一个物种的种群数量下降的情况；

(2) 该物种所占有的地理区域和种群数；

(3) 该物种存活个体数和正在进行生殖的个体数量；

(4) 如果种群下降趋势或生境破坏趋势按目前速率进行下去的话，种群个体数量将会如何下降；

(5) 在一定年份之后或一定世代数之后种群走向灭绝的概率。

尽管任何这样的分类系统都有其局限性，但这一分类系统的优点，是它提供了一个标准的、量化的分类方法。借助于这一方法，人们就可以对各种保护野生生物的决策进行评述和评估。对于那些其生活史几乎尚未被知晓的物种来说，特别有用的是生境状况和生境丧失的情况。

自然保护国际联盟经过 40 多年的努力在全球规模上对主要分类类群中的物种生存状况和保护现状进行了评估，特别突出了那些有灭绝危险的生物类群和物种。自然保护国际联盟使用上面提到的 IUCN 分类方法公布了全球有灭绝危险或濒于灭绝的生物类群和物种名单(见表 35-2)。

表 35-2　全球有灭绝危险或濒危生物类群和物种数目名录(引自 IUCN)

生物类群	已定名物种数	已评估物种数(2003)	有灭绝危险物种数			占已定名种的百分数(占已评估种)/(%)
			(2003)	(2000)	(2002)	
脊椎动物						
哺乳类	4842	4789	1130	1137	1130	23(24)
鸟　类	9932	9932	1183	1192	1194	12(12)
爬行类	8134	473	296	293	293	4(62)
两栖类	5578	401	146	157	157	3(39)
鱼　类	28 100	1532	752	742	750	3(49)
总　计	56 586	17 127	3507	3521	3524	6(21)
无脊椎动物						
昆　虫	950 000	768	550	557	553	0.06(72)
软体动物	70 000	2098	938	939	967	1(46)
甲壳动物	40 000	461	408	409	409	1(89)
其　他	130 200	55	27	27	30	0.02(55)
总　计	1 190 200	3382	1928	1932	1959	0.2(58)
植　物						
苔　藓	15 000	93	80	80	80	0.5(86)
蕨　类	13 025	180	—	—	110	1(62)
裸子植物	980	907	141	142	304	31(34)
双子叶植物	199 350	7734	5099	5202	5768	3(75)
单子叶植物	59 300	792	291	290	511	1(65)
总　计	287 655	9706	5611	5714	6774	2(69)
其　他						
地　衣	10 000	2	—	—	2	0.02(100)
总　计	10 000	2	—	—	2	0.02(100)

第二节　物种多样性与物种保护

一、物种多样性

地球上已知和已被描述和定名的物种已达140万种，但很多科学家（如Wilson EO等）都认为，地球上实际存在的物种数目可能是已知物种数目的10倍。地球上的生物多样性并不是均匀地分布在地球的陆地表面和海洋中，无论对陆地生物和海洋生物来说，物种的数目和丰富度都是从两极到赤道逐渐增加的。例如，热带雨林的面积虽然只占全球陆地总面积的7%，但生活在热带雨林中的动物和植物物种却超过了全球已知陆地动植物物种数目的一半。物种多样性除了存在明显的纬度差异外，在同一地理区域内，地形的变化也会造成物种多样性的差异。一般说来，在多变和起伏不平的地形（如山脊和深谷）中生物的种类比较多，而在单调和平坦的地带，生物的种类就比较少。其原因主要是前者的生境类型丰富，而后者的生境类型贫乏。

一个明显的事实是，地球上的大多数物种都具有地方性分布的特点，即它们只生活在一个比较小的地理区域内。在全球大约1万种鸟类中有2500种以上是地方性鸟类，它们的分布都被局限在一小于5×10^4 km^2 的区域内；而全球植物种类的46%～62%都只局限分布在一个国家内。在每年发现和定名的数千个新物种中，几乎全都分布在热带地区的某个很小的区域内。这些物种的有限分布使得它们对人类的活动极为敏感，而人类的活动常常会使它们的生境质量下降或受到破坏。在被IUCN定级为有灭绝危险的物种中，有91%是属于地方性分布种。

与物种丰富度（species richness）分布的总格局一样，地方性物种在地球表面的分布也是不均匀的，即使是在一个地理区域内也是一样。地球上有些区域既表现出了很高的物种丰富度，又表现出了很强的物种分布的地方性。英国生态学家Norman Myers把这些物种多样性极高的区域称之为热点区域（hot spots）。Myers在1988年提出生物多样性热点区域的概念以应对保护生物学家所面对的困境，即什么区域是对保护物种最重要的区域？

物种多样性热点区域的标志是由两个因素决定的，即该区域的总体多样性和人类活动影响的大小。作为热点区域的生物学基础是植物的多样性，一般说来，一个含有1500种以上本地植物物种的区域（占全球植物总数的0.5%）才有资格被评为热点区域。之所以选用植物作为评议热点区域的重要标志物，是因为植物既容易调查和鉴定又是其他生物类群多样性的基础。

自然保护国际联盟已经在全球范围内确定了25个生物多样性热点区域（图35-2），它们包括：① 热带安第斯；② 巽他群岛；③ 地中海盆地；④ 马达加斯加和印度洋群岛；⑤ 东南亚；⑥ 加勒比海诸岛；⑦ 大西洋沿岸森林区；⑧ 菲律宾；⑨ 南非南部；⑩ 中美洲；⑪ 巴西Cerrado；⑫ 澳大利亚西南部；⑬ 中国中南部山地；⑭ 波利尼西亚，密克罗尼西亚（西太平洋岛国）；⑮ 新喀里多尼亚；⑯ 厄瓜多尔西部；⑰ 西非的几内亚森林；⑱ 印度南部的西高止山脉（Western Ghats）和斯里兰卡；⑲ 美国加利福尼亚；⑳ 南非南部；㉑ 新西亚；㉒ 秘鲁中部；㉓ 高加索；㉔ 瓦拉几内亚；㉕ 坦桑尼亚和肯尼亚东部的亚高山和海岸森林。

这25个生物多样性热点区域只占全球陆地总面积的1.4%，但却覆盖了44%的植物物种和35%的陆生脊椎动物物种。有几个热点区域是热带地区的岛屿，如加勒比海上的岛屿和菲

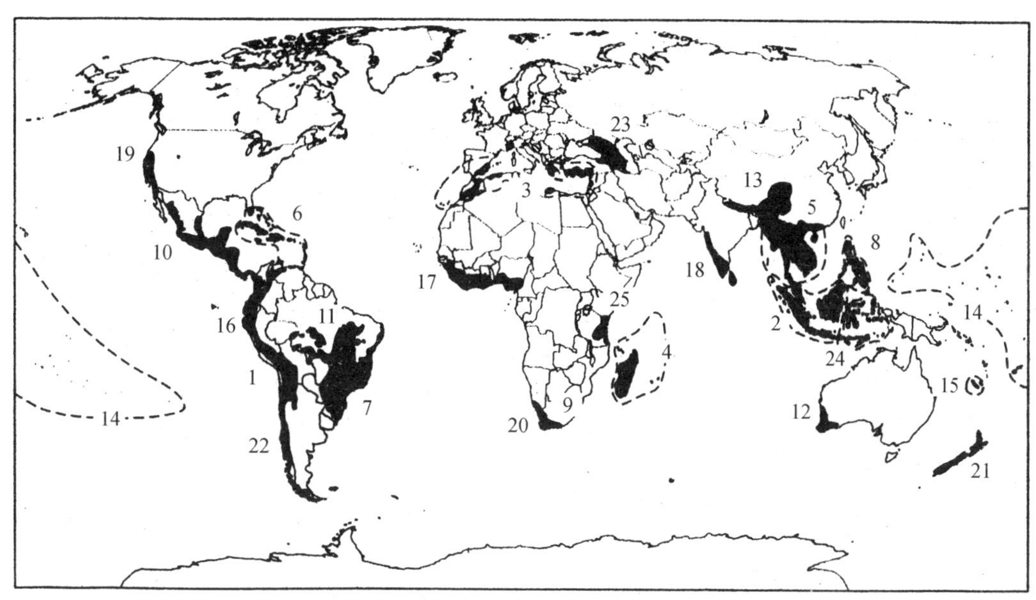

图 35-2　全球 25 个生物多样性热点区域分布图(自 Smith TM,2006)

律宾,还有一些是比较大的群岛,如新喀里多尼亚;其余的生物多样性热点区域都是所谓的大陆岛,它们往往是被隔离的,周围有沙漠、山脉和海洋。非洲南端的生物多样性热点区域就因卡拉哈里沙漠(Kalahari)、纳米比亚沙漠和南非干燥台地的包围而处于隔离状态。其他作为生物多样性热点区域的陆岛大都是山脉或高山。对于分布于南美安第斯山脉和中亚高加索山脉的生物群落来说,低地反而成了它们散布的不可逾越的障碍。

在热带地区已发现 121 000 种有灭绝风险的物种。在这些物种中,有很大一部分都是局限于某一个国家的地方种,而且都分布在 25 个生物多样性热点区域内,在那里有很高的生物多样性,但生境的破坏和丧失也非常严重。

二、种群保护的重要性

由于有灭绝危险的物种常常是由一个或少数几个种群所构成的,因此,保护种群就成了保护这些濒危物种的关键因素。这些种群通常是分布在被保护的区域内(如自然保护区等),一个有效的保护计划应当在一个尽可能大的保护区域内保护尽可能多的个体数量。但由于陆地面积和资源的限制,保护生态学家就必然会面对一个问题,即需要维持多么大的种群才能挽救一个物种的生存。

为了确保一个物种的有效生存所需要的个体数量必须足够多,以便应付种群出生和死亡过程的意外变化,还要应对环境变化、遗传漂变和灾难性事件。保护生态学家 Shaffer ML 把确保一个物种长期存活所必需的个体数量称为最小存活种群(minimum viable population)(简称 MVP)。按照 Shaffer 的定义,MVP 的含义就是在 1000 年内的存活概率能达到 99%的最小隔离种群,尽管可能会存在种群统计上和环境方面的随机性和各自自然灾害。MVP 的概念可使生态学家定量地评估出一个种群必须保持怎样的大小能确保其长期存活。

对于脊椎动物物种来说,遗传模型表明,有效种群大小为 100 或实际种群大小少于 1000 的种群,对灭绝是极为敏感的。对种群大小变化极大的物种如无脊椎动物和一年生植物,其最小存活种群必须保持10 000个个体或更多。

事实上，一个物种的实际最小存活种群是与该物种的生活史（如寿命和交配体制）和个体在生境斑块之间的散布能力相关的。尽管将一个物种的MVP定量化是很难的，但这个概念对于物种保护和生物多样性的保护来说却是最为重要的。

对于一个物种来说，一旦最小存活种群大小已经实现和达到了，那么就必须考虑为了维持这个种群所需要的适宜生境的面积，这个面积又被称为最小动态面积（minimum dynamic area，MDA）。要想确定或估测一个物种MDA的大小，首先需要了解个体、家庭群或群体巢域的大小。一个个体所需要的巢域面积是随着个体的增大而增加的。此外，就一个特定的身体大小来说，食肉动物所需要的巢域面积通常要比食草动物大。在了解了一个物种中每个个体所需要的巢域面积并对MVP作出估测后，就能知道维持一个最小存活种群所需要的面积了。对于一个大型食肉动物来说，维持一个最小存活种群所需要的面积是很大的。据野生生物学家Reed Noss估算，要保护一个含有1000个个体的棕熊种群大约需要2 000 000 km^2的陆地面积，这就是为什么那些最大的食肉动物种群大都处于濒危状态的原因，如非洲狮、亚洲虎和北美灰狼等，这些物种只能生活在最大的自然栖息地和自然保护区内。

最小存活种群大小的一个最好研究实例是Berger J对栖息在荒漠中的大角羊（*Ovis canadensis*）种群的经典研究。在研究了120个种群的基础上，他发现所有含有50头或少于50头个体的种群都会在50年内走向灭绝。与此相反的是，所有含有100头或更多头个体的种群其种群存活期都会超过50年并继续生存下去（图35-3）。导致种群局域灭绝的原因并不是单一的，有很多因素都能使种群数量下降。

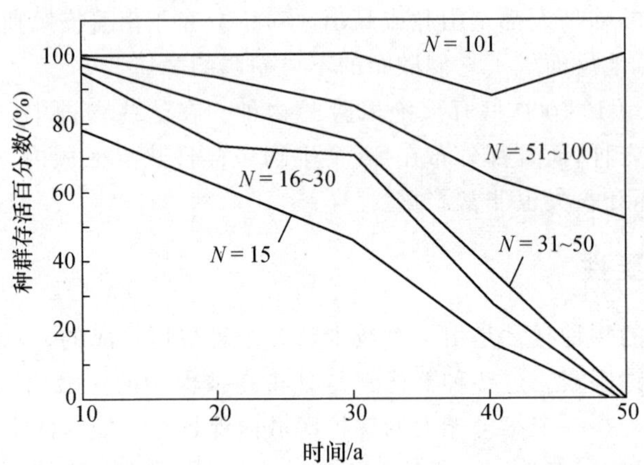

图35-3　大角羊种群大小与能存活50年种群百分数之间的关系

*N*代表种群大小，几乎所有包含有100头或更多个体的种群都能存活50年以上，而少于50头个体的种群都活不到50年（自Smith TM，2006）

在自然界，一个物种很少是以一个单一种群的形式存在的。一个物种往往具有特殊的生境需求并常常是由很多半隔离的亚种群（subpopulations）组成的，这些亚种群借助于散布而彼此连接为一个集合种群（metapopulation）。集合种群的存在就是靠亚种群之间复杂的动态关系而维持的。每一个亚种群的出生率、死亡率、迁入率和迁出率与生境斑块的大小与空间配置相互作用决定着集合种群作为一个整体的发展趋势。在很多集合种群中，有些亚种群（或斑块）是起着源种群（或源斑块）的功能，而另一些亚种群（或斑块）则是作为汇种群（或汇斑块）而存在的。在源斑块(soure patche)中,种群的局域生殖率大于死亡率,使得种群个体数量过剩,促使一些个体能迁往生境中的其他斑块并在那里定居。在汇斑块(sink patche)中,种群的局域生殖率小于死亡率,使种群个体数量逐渐减少,以致在没有外来个体迁入并定居的情况下就会走向灭绝(局域灭绝)。对关键的源斑块的依赖性是这种集合种群的一个重要特征。确认关键的源斑块和连接这些斑块的廊道对于物种的保护是非常重要的。一个关键核心种群的破坏会导致很多比较小的亚种群的灭绝,因为这些亚种群的存在依赖于来自关键核心种群个体的不断输入和定居。深入了解集合种群的结构和动态对于物种保护来说是必不可少的。关于集合种群的概念和基本知识,可参看本书第三篇相关章节。

三、种群再引入与种群重建

在有些情况下,一些物种可能已处于个体数量正在无可挽回地下降并走向灭绝的状态。在这种情况下,保护生物学家必须果断地采取新措施,即通过移地和再引入而建立新种群。在这方面,非洲犀牛提供了一个很好的研究实例。众人皆知的是,非洲有两种犀牛,即白犀牛(*Ceratotherium simum*)和黑犀牛(*Diceros bicornis*)。分布在南部的白犀牛一度曾处于灭绝的边缘,在 20 世纪初时大约仅存 50 头,猎人和务农者对白犀牛的偷猎和残杀始终是保护区难以解决的问题。但保护生物学家通过制订严格的移地保护计划,现已使白犀牛的种群数量恢复到大约 7500 头,其主要做法就是把少数残存种群中的个体移往其他更适宜其生存的地方重新安置。

在最初白犀牛移地保护的创举取得成功之后,1961 年由南非 KwaZulu-Natal Board 发起完成了另一项雄心勃勃的白犀牛保护计划,即把 Hluhluwe-Umfolozi 公园内数量过剩的白犀牛移送到其他受到保护的地区。到 1999 年年末,已有总数达 2367 头的白犀牛被移送到了世界各地,其中 1262 头已在南非受到保护的区域内重新定居了下来。

黑犀牛的情况则有所不同,据调查,它们在 1970 年的种群数量还在 65 000 头左右,但到了 20 世纪 90 年代中期已下降到了不足 2500 头(图 35-4)。它们分散分布在非洲的中南部,有些是以小种群的形式存在,难以做到自我维持;有些种群虽然较大,但常遭到偷猎和疾病流行的威胁;还有一些则是在有限的保护区面积内种群密变过大。

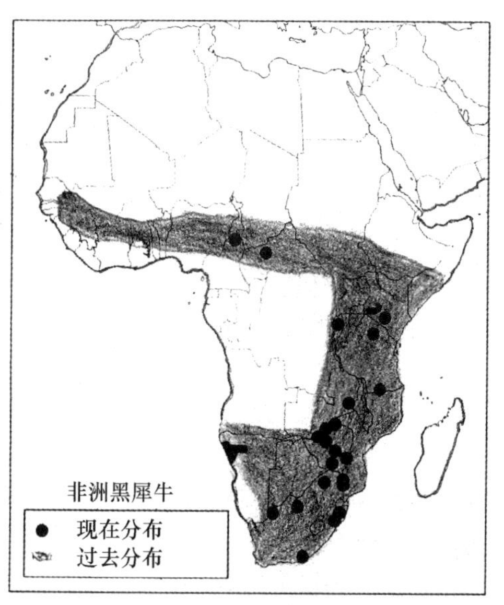

图 35-4　非洲黑犀牛现在和过去的分布

(引自 Smith TM,2006)

在非洲大陆曾广泛开展过挽救黑犀牛的行动,包括捕捉、移地和释放。例如,从纳米比亚的 Etosha 公园和南非的 Hluhluwe-Umfolozi 捕捉过量的黑犀牛(它们曾在那里完全地生活了 30 年),然后再把它们移送到新的栖息地,包括私有和公有的用地。人们曾希望无论是老的和新的种群都能迅速地成长起来,并能相互进行杂交。但与人们预期的刚好相反,黑犀牛很难适应它们所不熟悉的新栖息地。当黑犀牛被引入一个新地区后,个体之间常常会发生导致死亡的残酷战斗,移地释放之后大约有一半以上的个体会死于这种在新释放个体之间所发生的战斗。这种情况为黑犀牛种群重建计划带来了未曾预料到的困难。

有些物种的种群恢复是靠把人工饲养的个体释放到野生栖息地而实现的。在这方面成功的例子很多,如鸟类中的鸣鹤(*Crus americana*)、白喉鹑(*Colinus virginianus*)、夏威夷雁(*Branta sandwicensis*)、游隼(*Falco peregrinus*)和美洲秃鹰(*Gymnogyps californianus*)等,哺乳动物中的狼和欧洲野牛等。把人工繁殖的个体引入野生栖息地必须具备释放前和释放后的各种条件,包括捕食能力的训练、学会找到隐蔽和避难场所、能够与该种其他个体和谐相处以及学会逃避和害怕猎人等。尽管存在着这些问题和困难,但种群再引入工作还是取得了很大成绩,使很多稀有和珍贵物种避免了灭绝的命运。

第三节 生境保护的重要性

一、生境保护的主要功能

尽管对有灭绝危险和处于濒危状态的单个物种采取各种保护措施是很必要的,但对保护整体生物多样性来说,最有效的方法还是保护生物的生境或栖息地和保护整个的生态群落。特别是在我们不太了解大多数物种的自然史和不太了解群落内各物种之间复杂相互关系的情况下,这可能是唯一的能成功地保护地球生物多样性的方法。

以种群为对象的保护方法通常是侧重对特定栖息地和单个物种的保护,而以群落为对象的保护方法则需要了解生物多样性整体格局与景观特征之间的关系。为了保护一个区域内物种多样性需制订规划,其中一个关键因素是必须深刻了解该区域面积与物种丰富度之间的关系。一般说来,面积大比面积小会含有更多的物种。其原因是多方面的,首先,面积大会增加景观的异质性,同时也会包含较多的生境类型,因而能为更多的物种提供生存需求;其次,当植被因自然过程(如演替)而发生变化或对周期性干扰作出反应的时候,一个异质性更强的景观更有利于一个物种能够找到一定面积的适宜生境;再次,有些物种需要比较大的面积才能满足其对资源的基本需求。例如,体形大的动物就比体形小的动物需要更大的巢域面积,因而也就需要更大的生境面积以便能够维持其最小存活种群。

众所周知,生境的面积越小,其边缘环境所占的比例相对说来就越大,而边缘环境会带来特有的环境压力,如在小气候方面,在与捕食者、天敌和疾病的接触方面等。此外,有些物种所需要的环境条件只能在相连接的大片生境内找到,它们对边缘生境特别敏感。

最后,有些物种属于地方稀有种,即使是少量个体也常常需要较大的面积。尽管在物种多样性与区域面积之间存在着一定的关系,但为了达到全面保护生物多样性的目的,还是尽可能保护一个较大的区域面积更为有利。保护生态学家们曾在下述问题上发生过争论,即在一个大的保护区内或在相当于一个大保护区面积的几个小保护区内,物种的丰富度是不是会达到最大?提倡建立大保护区的学者认为,保护区越大其边缘效应也就越小,大保护区的生境多样性也最大,而且只有在大保护区中才能含有足够数量的大型动物,如能长期维持其种群存在的大型食肉动物。另一方面,保护区的面积一旦大到一定程度,其新物种的增加速率就会随着其后面积的继续增加而减慢。在这种情况下,继续扩大保护区的面积就不如在一定距离以外开辟第二个保护区对保护新增物种更为有利。此外,在一个比较大的区域内,与其建立一个单一的大保护区，不如建立一系列比较小的保护地，后者可能更有利于包括更为多种多样的生境类型和更多的稀有物种，也有利于降低对各种自然灾难（如水灾、洪涝灾害）和疾病传播以及外来物种的入侵等的敏感度。

保护生态学家较为一致的意见是采取一种混合对策：对于较大物种的保护需要建立较大面积的保护区；但对于物种的长期保护来说，最好的办法是建立一个由很多小保护区组成的网式结构。这一构想及其实践大大促进了集合种群生物学的发展。

二、建立保护区

在日益增长的人口对陆地施加越来越大压力的情况下，生物多样性的保护也越来越依赖于保护区的建立。保护区的建立可以采取多种方式，其中的一种方式是由政府建立国家级、省级和地方级的自然保护区；另一种方式是由私人或保护组织建立自然保护区。根据 IUCN 的分类，可把受到保护的区域至少分为下列8种类型。

Ⅰ. 严格的自然保护区或科学保护区（Strict Nature Reserve/Scientific Reserve）。在不受干扰的状态下保护具有生态代表价值的自然和自然过程，目的是用于科学研究、教育、环境监测并能保护处于动态和进化过程中的遗传资源。

Ⅱ. 国家公园（National Park）。是指受到保护的国家著名自然风景区，通常具有很高的国内外知名度，常用于科学研究、教育和娱乐。国家公园的面积往往很大，实际上排除了人类活动的干扰，那里的自然资源是不允许开采和利用的。

Ⅲ. 受保护的天然胜地或自然景物（Natural Monument/Natural Landmark）。这两者都具有特殊情趣和独一无二的自然特征，因而受到国家的专门保护，但它们的面积不是很大，着眼点是保护其独有的特征。

Ⅳ. 自然保护区或禁猎区（Managed Nature Reserve/Wildlife Sanctuary）。是指为了保存国家级的重要物种、物种群、生物群落或环境的某些自然特征而建立的保护区域，这些物种、群落和环境特征的保存可能离不开人类的专门管理。保护区或禁猎区内的某些资源可在人为控制下加以利用。

Ⅴ. 受保护的陆地景观和海洋景观（Protected Landscapes and Seascapes）。保护这些国家级的重要自然景观，可以创造人与自然之间协调和谐的相互关系，并可在正常的生活方式和经济活动范围内为大众提供旅游和娱乐的机会。这些文化与自然兼容的景观往往具有很高的游乐价值，并保持着传统的陆地利用方式。

Ⅵ. 自然资源保护区（Resource Reserve）。对该区域内的自然资源加以保护以供将来利用。在依据适当的知识和规划进行开发之前，这些资源是受到保护和不被利用的。

Ⅶ. 人类学保护区/自然生命区（Anthropological Reserve/Natural Biotic Area）。其目的是保持区内社会生活方式与环境和谐一致，不受人类现代科学技术的干扰。这类保护区适用于当地人以传统方式利用当地自然资源。

Ⅷ. 受管理的自然资源利用区（Managed Resource Area）。其目的是维持该区域内水、木材、野生生物、牧场和旅游资源的持续生产，对自然的保护主要是为了支持各种经济活动。在这种利用区内，也可以辟有专门的保护带以达到保护特定对象的目的。

到1998年为止，按 IUCN 的分类标准，全球属于Ⅰ～Ⅲ类较严格的保护区已达到了4500个，总面积约为 5×10^8（亿）ha；而按 IUCN 的分类标准，全球属于Ⅳ～Ⅷ类不太严格的（部分保护的）

保护区已达到5899个，总面积约为3.48×10^8(亿)ha(表35-3)。初看起来，上述保护区似乎占有了全球陆地的很大面积，但实际上有很大部分保护区的面积是相对较小的，约有一半保护区的面积只有100 km^{2}左右，所有保护区的面积加起来也大约只占地球陆地面积的6%。

表35-3　全球自然保护的种类、数量、面积和分布(引自IUCN)

地区	严格保护区(Ⅰ～Ⅲ类)		不严格保护区(Ⅳ～Ⅷ类)		受保护的陆地面积/(%)
	数量	面积/10^6 ha	数量	面积/10^6 ha	
非洲	300	90.091	446	63.952	5.2
亚洲	629	105.553	1104	57.324	5.3
北美	1243	113.370	1090	101.344	11.7
中美	200	8.346	214	6.446	5.6
南美	487	81.080	323	47.933	7.4
欧洲	615	47.665	2538	57.544	4.7
海洋	1028	53.341	184	7041	7.1
全球	4502	499.446	5899	348.433	6.4

人类对海洋环境的保护远远落后于对陆地环境的保护，当前受到人类保护的海洋环境大约只占整个海洋面积的1%。值得注意的是，2009年1月6日时任美国总统布什宣布把太平洋3片海域划分为国家海洋保护区，总面积约为505 000 km^2，这将成为世界面积最大的海洋保护区。这个保护区涵盖马里亚纳海沟、北马里亚纳群岛3处无人居住的岛屿、美属萨摩亚的罗斯环礁和中太平洋赤道附近的7处岛屿。在这些无人居住的偏远海域和岛屿生活着很多独特的物种，如大型地蟹、能借助水下火山热能孵卵的海鸟等。作为鲨鱼、濒危龟类和各种海鸟的栖息地，这片海域的珊瑚礁生态系统基本尚未受到人类活动的影响。这里还存在稀有的地质结构，如马里亚纳海沟是世界最深的海沟，最深处超过10 000 m。罗斯环礁是世界上最小型的环礁，面积只有大约80 000 m^2，环礁附近海域生活着少见的巨蛤、礁鲨和巨型鹦鹉鱼，还经常出现座头鲸、巨头鲸和海豚。新保护区内将禁止或限制捕鱼，严禁石油和天然气开采。按规划，保护区内将以一些岛屿为中心、半径为50 n mile(海里)①的范围内禁止商业捕鱼活动。

属于IUCN所定义的8种保护区的数量和面积虽然还在不断增加，但目前人类保护自然的努力仍主要集中在改进现存的保护区，如通过提供缓冲带和建立廊道而增强其保护价值。还可以把一些比较小的自然保护区和其他保护地组合成一个更大的自然保护区。此外，自然保护区常常会被一个更大的生境基质所包围，而为了使资源能得到合理利用(如伐木、放牧和种植)，在这个生境基质内是受到良好管理的。如果能把生物多样性的保护也纳入这块生境基质的管理规划之内，就会使更多的物种和生境得到保护。只要有可能，保护区就应当把邻近类似的陆地或水域生境区块包括进来，如分水岭、湖泊或山脉等，这将会使管理人员能够更加有效地对野火、病虫害和其他天灾进行控制。

利用生境廊道把一些彼此隔离的保护区域连接成一个大的保护系统，是引入管理自然保护区系统的一个新方法。廊道就是把各个保护区连接起来的受保护的陆地通道，这些通道有利于植物和动物从一个保护区向另一个保护区扩散和移动。廊道也有利于物种在不同的栖息地之间进行迁移以便获得食物和进行生殖。在哥斯达黎加的两个自然保护区、一个国家公园

① 1 n mile=1852 m。

和一个生物保护站之间就建立起了这样的廊道，这一廊道宽约几千米、总面积约 7700 ha，至少可使 35 种鸟类在两个自然保护区之间进行自由迁移。

我国的亚洲象集中分布在云南南部的西双版纳，其生境的破碎化严重威胁着亚洲象的生存。2006 年，我国启动了亚洲象保护走廊的调查规划与建设项目，预计南北走廊带的带长为 37 km、东西宽为 15 km、总面积为 330.4 km^2，该生境走廊有利于亚洲象及其他野生动物在勐养、勐仑二片自然保护区之间迁移。该廊道涉及 3 个乡镇、10 个村和 25 个村民小组。实地调查发现，90%以上的居民都愿意支持国家为保护亚洲象而规划的廊道建设，但希望能得到相应的补偿以抵消廊道建设带来的负面影响。2007～2008 年由亚洲开发银行及减贫合作基金等单位共同资助的"大湄公河次区域核心环境计划生物多样性保护行动计划"把我国西双版纳选为了示范区，开展了生境廊道建设，试图把西双版纳纳板河流域与曼稿两片自然保护区连接起来。在这两片自然保护区之间，海拔较高，多为集体林地，农业用地少，当地居民很支持这一廊道建设。

虽然廊道的设计和实施很有吸引力，但其仍存在一些缺点和不利之处，如它同时也有利于火的蔓延、害虫和疾病的散布和传播等。在极个别的情况下，廊道的建立是受到限制的，因此也可采取其他措施把多个保护地联系起来。例如，在南非有 3 个国家公园，它们是 Kruger 国家公园、Gonarezhou 国家公园和 Mozambique 国家公园。通过在这 3 个国家公园之间建立一个 Great Limpopo Transfrontier 公园而把上述现存的 3 个国家公园连接了起来，从而创建了一个全世界最大的自然保护区，其面积多达 100 000 km^2。

三、生境恢复

近些年来，对于受到人类活动干扰的自然群落曾经做过大量的恢复工作，这些工作统统归之于新创立的所谓恢复生态学(restoration ecology)。恢复生态学的目的就是应用生态学原理使生态系统恢复到受干扰之前的原初状态(或极接近于这种状态)。这涉及采取一系列的措施，如物种的重新引入和生境的恢复或重建等，以便能够再建一个结构和功能完整的自然群落或生态系统。

借助于排除入侵物种、引入和培植本地物种以及重新引发天然干扰因素(如草原短时间的周期性火烧和松林低强度的地面火等)就可以使现存的群落得以复原。湖泊的恢复工作则包括减少来自周围陆地的各种营养物质，特别是磷的流入，这些营养物质可促进藻类的生长，还包括恢复湖泊中原有的水生植物和重新引入湖泊原有的鱼类。湿地生态系统的恢复可能与恢复原初的水文条件有关，使湿地能在一年的适当时间经受水淹并重新移植水生植物。

以上是浅层次上的群落恢复工作。在深层次上，群落恢复工作可以从头做起再创一个特定的群落，其工作内容包括选择地点(最好是在一个相对较小的区域)和引入一系列的本地物种。为了维持这个群落，还必须进行适当的管理，特别是要清除那些从邻近区域迁入的非本土物种。群落再造的一个典型实例是美国威斯康星州首府麦迪逊附近再造了 60 ha 的草原生态系统，先前这里的草原曾被放牧过，后又被耕犁开垦过，改造前是一片杂草丛生地。草原的恢复过程包括清除和消灭生长在这里的野草和灌木，重新引入和种植本地的草原植物，并每隔 2～3 年以模仿天然火的方式对该地进行一次火烧。在大约 60 年后的现在，这里的植物群落已经很像是原来当地的草原群落了。

全球有大量的湿地因水被抽走转用于农地和陆地发展而消失，所以现在人们特别关注湿地的恢复工作。为了恢复和重建湿地生态系统，现已采用了很多新技术。有些是在不曾存在过湿地的地方构建湿地，这常常可以同时达到处理废水和过量雨水的目的。

第 36 章 全球气候变化

地球的气候变化是固有的，虽然地轴相对于太阳是倾斜了 23.5°，因而产生了季节变化，但地球实际上是摇摆不定的，地轴的倾斜度实际上是在 22.5°～24°之间。地球自转的倾斜程度影响着入射到地球各地的日光量，同时也影响着全球气候格局。地球倾斜度的这种变化周期大约是 41 000 年，这可能是导致地球上冰川扩张和退缩的主要原因。

反过来说，地球气候的变化对生物也有深刻影响。古生态学曾记录了生物种群、群落和生态系统在过去 10 万年间冰川扩张和退缩期间对气候变化所作出的反应。在更大的时间尺度上，化石也详细记述了由于气候在地质年代所发生的变化而引起的生物进化过程。

本章将介绍人类活动是如何改变大气的化学成分，以及这些改变又是如何影响和改变地球气候的。我们还将探讨地球气候的变化对生态系统有着怎样潜在的影响，如改变物种的分布、改变物种之间的相互关系以及最终改变生态系统的分布格局和生产力等。最后，还将分析地球气候和生态系统的变化对人类的健康和生存有何直接影响。

第一节 温室气体与地球的热平衡

地球大气层中的很多化学成分（主要是水蒸气、CO_2 和臭氧）都能吸收由地球表面和大气发散出来的热辐射（图 36-1），大气圈会因此而受热；增温的大气圈反过来又会发出热辐射，这些辐射热中相当大的一部分会使地球表面和低层大气圈增温，平均可增温 30℃左右（与大气圈不吸收热能和不进行再辐射相比）。这种现象通常被称为温室效应（greenhouse effect），而引起这种效应的气体就是温室气体（greenhouse gases）。

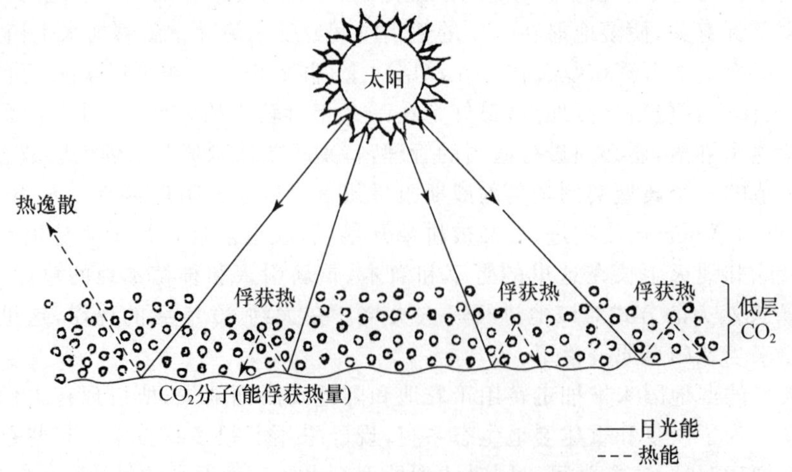

图 36-1 CO_2 分子可吸收地球的反射热，使地球表面和低层大气圈增温

从长远来看，太阳入射到地球表面的能量应当与地球表面辐射到宇宙空间的能量大体相等，这样就可使地球表面的平均温度大体保持恒定。但自从工业革命以来，地球大气中温室气体的浓度已经明显增加了，这在很大程度上影响着地球的热平衡。

第二节　主要的温室气体——CO_2

虽然人类的活动已使大气中各种温室气体都有所增加，但其中最主要的是 CO_2。在过去的 300 年间，大气中 CO_2 的浓度已增加了 1/4 以上（图 36-2），其证据主要是来自 Charles Keeling 自 1958 年开始在夏威夷 Mauna Loa 对大气 CO_2 浓度的连续观察和来自世界各地的类似观察。而 1958 年以前的资料则来自各个方面，包括对采自格陵兰和南极冰川冰中气泡所进行的分析。

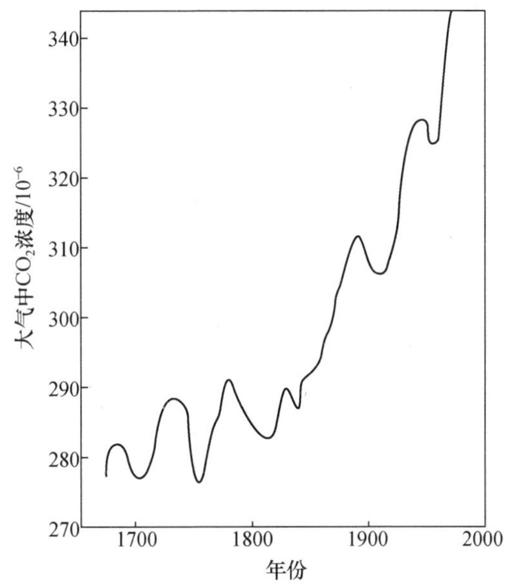

图 36-2　过去的 300 年间大气中 CO_2 浓度的增长情况

根据过去 300 年间大气 CO_2 浓度的历史记载，到 19 世纪中期，大气 CO_2 的浓度大约是在 $280\times10^{-6}\sim290\times10^{-6}$之间。工业革命开始后，大气 CO_2 浓度便开始稳定增加。自 19 世纪中期以后，大气 CO_2 浓度便开始呈指数增长，这种增长速度的变化反映了工业化国家更多采用了化石燃料（煤-石油和天然气）作为能源的事实。

1995 年，CO_2 总排放量的 73%是来自于发达国家对化石燃料的利用。美国是最大的排放国，约占 CO_2 总排放量的 24%，平均每年每人排放 5 t 以上的 CO_2。在未来的几十年内，世界人口增长的 90%将出现在发展中国家，其中有些国家也会经历快速的经济增长。虽然现在发展中国家每人的能量消费量只相当美国的 1/20～1/10，但它们也会逐渐增加。当前我国是 CO_2 的第二大排放国，估计到 2015 年，我国会取代美国的位置成为最大排放国。

化石燃料的燃烧不是大气 CO_2 浓度增加的唯一原因，森林砍伐也是一个主要原因。为了扩大耕地，森林常常遭到皆伐或被烧光。森林被砍伐后，虽然树木变成了木材或制成了纸浆，但还有一大部分生物量、枯枝落叶和土壤有机物质却通过燃烧向大气中释放了大量 CO_2，这些

CO_2 无疑就增加了大气 CO_2 的浓度。

据科学家估算，在 20 世纪 90 年代，平均每年释放到大气圈中的碳是 8.5 Gt(吉吨，词头 G 为 10^9)，其中 6.3 Gt 来自于化石燃料的燃烧，2.2 Gt 来自于陆地利用的改变(如森林皆伐)。如果人体的平均重量是 70 kg(约 150 磅)的话，那 1 Gt 就是 140 亿人口的体重之和，约比现在世界人口的两倍还多。

在这同一期间对大气 CO_2 所作的直接测算表明，大气中碳的年累积量只有 3.2 Gt，相差的 5.3 Gt 必定是在全球碳循环中从大气圈流入了其他碳库，如海洋和陆地生态系统。扩散作用控制着 CO_2 从大气圈进入海洋的过程，由于这一过程主要是自然发生的，所以科学家能够作出精确的估算。在 20 世纪 90 年代，海洋对 CO_2 的年吸收量是 2.4 Gt。与此形成对照的是，对于控制碳在陆地生态系统与大气圈之间交换过程虽然已有了充分了解，但要在全球水平上对这一过程进行定量分析却是相当困难的。目前只能采用简单的排除法来估算全球陆地生态系统对碳的吸收量，其计算公式及计算结果为：

化石燃料		大气圈		海　洋		陆地生态系统
排放量	−	增加量	−	吸收量	=	净吸收量
(6.3 Gt)		(3.2 Gt)		(2.4 Gt)		(0.7 Gt)

利用这种方法得到的数据是地球陆地生态系统每年约从大气圈吸收 0.7 Gt 的碳。正如上面所提到的那样，在此期间，陆地生态系统通过森林皆伐每年将向大气圈释放 2.2 Gt 的碳，而不是净吸收 0.7 Gt，这其中每年就存在着 2.9 Gt 的差额(2.2＋0.7 Gt)。

某些研究表明，陆地生态系统对碳的任何净吸收都是来自于北半球温带地区的森林砍伐。在 19 世纪晚期和 20 世纪早期进行大规模的毁林务农之后，森林又开始得到恢复，虽然尚无证据表明森林重建能够解决全球碳循环失衡问题，但这肯定是一个极为重要的方法。碳借助于化石燃料的燃烧而进入大气圈，要想了解这些碳的最终命运就需要了解碳在全球循环各主要成分之间受控交换的过程，以及这种传递是如何受到正在增加的大气 CO_2 浓度的影响的。

大气中的 CO_2 通过扩散进入海水表层，并在那里溶解和经历各种化学反应，包括形成碳酸盐和重碳酸盐。从大气圈到海洋表层的扩散速度是与 CO_2 的浓度差有关的，随着大气中 CO_2 浓度的增加，CO_2 扩散到海水中的速度也会增加。

由于海水量极多，因此海洋有潜力将大气圈中的大部分碳吸收，这些碳是指那些通过化石燃料的燃烧和森林皆伐而释放到大气中的。但实际上这种潜力是难以实现的，因为海洋不是一个同质均一的海绵体，它不能均等地把 CO_2 吸收到整个的海水中。

海洋有两个层次具有有效的功能，即表水层(epilimnion)和深水层(hypolimnion)。海洋的平均深度是 2000 m，所截获的太阳辐射能将使表水层增温，依据到达海洋表面辐射能的强度，表水层的深度约在 75～200 m 之间，表水层的平均温度是 18℃；200～2000 m 是深水层，其平均温度是 3℃；两层之间的过渡层叫斜温层(thermocline)，在斜温层温度有急剧变化。海洋可以被看成是一个薄薄的温水层漂浮在一个厚厚的冷水层之上，这两层海水之间的温度差常常会导致很多过程的分离，风引起的海水动荡可使表层吸收的 CO_2 进入更深的水域，但由于斜温层的阻隔，这种深入是有限度的。表层水与深层水的混合将决定于海洋深处洋流的存在，这种洋流是由于表层水流向两极时变冷下沉引起的。这一过程的发生要经历数百年，这就限制了深层水在短期内对 CO_2 的吸收，其结果是，在短期内能被海洋吸收的 CO_2 是有限的，尽管海洋有极大量的水。

据测定，在工业革命前，全球大气 CO_2 的浓度是 280×10^{-6}(0.028%)。若按目前的 CO_2 排放量计算，到 2020 年大气 CO_2 的浓度就会增加 1 倍。值得注意的是，CO_2 并不是人类活动所排放的唯一温室气体，其他可导致地球变暖的温室气体还有甲烷(CH_4)、含氯氟烃(CFCs)、氢化含氯氟烃(HCFCs)、N_2O、O_3 和 SO_2。虽然这些温室气体的浓度很低，但有些气体的温室效应却比 CO_2 强得多。但总的来说，CO_2 仍是产生温室效应的主要气体。

据联合国气候变化国家间委员会(IPCC)2001 年的预测，到 2100 年，地球表面的平均温度是 1.4～5.8℃。地球表面的温度是变化并不是均匀分布的，温度变化量最明显的是北半球和冬季月份。

第三节　大气 CO_2 增加对植物的影响

借助于光合作用，大气中的 CO_2 会进入陆地生态系统。为了了解大气 CO_2 浓度的增加是如何影响陆地生态系统的，就必须了解光合作用会对富含 CO_2 的环境作出什么反应。

大气 CO_2 浓度增加对植物的短期影响包括两个方面：第一，可增加植物的光合作用率，因为 CO_2 进入叶片扩散率的增加必然会使植物能获得更多的 CO_2 进行光合作用，这种现象有时又被称为是 CO_2 的施肥效应(fertilization effect)。第二，大气 CO_2 浓度的增加会导致植物叶片气孔的部分关闭，因而会减少水分在蒸腾作用中的损失，可见在 CO_2 浓度增加时植物将会提高水分的利用效率(碳摄入量/水损失量)。

大气 CO_2 浓度增加对植物的长期影响更为复杂。植物生态学家 Hendrik Poorter 研究了各种各样的植物，包括 C_3、C_4 和 CAM 这 3 种不同光合作用类型的植物。他把它们长期种植在富含 CO_2 的环境中，并观察它们的生长发育情况。结果发现，C_3 植物对 CO_2 浓度增加反应最为强烈，其生物量平均增长了 47%；CAM 光合类型的植物对 CO_2 浓度的增加反应较 C_3 植物弱，根据对 6 种此类植物研究的数据，其生物量平均增长了 21%；C_4 植物对 CO_2 浓度增加反应最小，其平均生物量只增加了 11%。

在 C_3 植物中，粮食作物的平均生物量增长最多(59%)，野生草本植物最少(41%)。用木本植物所作的试验大都是用幼苗，只涉及生活史的一小部分。木本植物的生物量平均增长了 49%。

试验表明，有些植物在高浓度 CO_2 环境中表现为减少光合作用酶(核酮糖二磷酸羧化酶)的产量；还有一些植物则表现为把较少的碳用于增加叶的生物量，而把较多的碳用于增加根的生物量。此外，还有的植物在大气 CO_2 浓度增加时会减少叶面气孔的数量，比较小的叶面积和比较小的气孔密度有助于减少水分丧失，同时也会降低植物生长率。

上述对植物的叶和整株植物的观察结果尚不能肯定会不会导致陆地生态系统的净初级生产量发生改变。在高浓度的 CO_2 环境中，植物生产力的潜在增长常常会受到生态系统水分和营养不足的限制。就 CO_2 浓度增加对整个生态系统的影响，曾经进行过很多大规模的试验，方法是让大片大片的森林和草地处在高浓度 CO_2 环境中，以便能检验和观察各种能影响陆地生态系统初级生产力、分解和营养循环的过程。在比周围 CO_2 浓度高 1 倍的环境条件下，对草地和农业生态系统的比较研究表明，其生物量平均增长 14%。从各个不同地点所作的试验来看，生物量的增长为 −20%～85%不等。这些结果强调了 CO_2 浓度增加与其他环境因素相互作用的重要性，特别是温度、湿度和营养因素。

以环境温度低为特点的生态系统在 CO_2 浓度提高之后，往往最初是表现为生产力的增加，但接着便会下调。Walter 及其同事曾研究了阿拉斯加北极苔原对 CO_2 浓度增加所作出的反应。结果发现，在 CO_2 浓度加倍的环境中，起初其初级生产力是增加的；但连续 3 年暴露在 CO_2 浓度加倍环境中以后，其初级生产力又回到了原来的水平。

第四节　气候变化对生态系统的影响

根据对过去气候变化的研究，可以判断出陆地生态系统将会对气候变化作出什么反应。例如，古植物学家依据对湖泊沉积层花粉的取样已经重建了近 2 万年来的植被状况。一个最好的例子是 Margaret Davis 重建了自最后一次冰川盛期以来北美洲树种分布的变化。自冰川退缩以来，各种树木的分布以不同的速度向北方移动，移动的快慢则决定于树种的生理特性、散布能力和它们与其他树种的竞争关系。这项研究表明，现存森林群落的分布是各种树木对气候变化作出不同反应的结果。其实早期的博物学家和植物生态学家已经认识到了气候变化与植物分布之间的关系。例如，热带雨林只能分布在亚洲、非洲、澳大利亚和中南美洲，根据 Holdridge LR 提出的生物地理模型，热带雨林的分布被限制在年均温度 24℃以上和年降雨量 2000 mm 以上的区域内。如果温度和雨量因大气圈中 CO_2 浓度增加而发生变化，那现有热带雨林的分布也会随之发生巨大变化，总面积将会减少 25%，这是因高温干旱和雨量减少所导致的必然结果。虽然在有些地区雨量会有所增加，但这种增加并不足以弥补植物因温度上升而额外增加的对水分的需求。目前热带雨林虽然只占陆地总面积的 7%，但它却是地球上 50%以上陆地植物和动物的家园，因森林遭砍伐，致使每年有数千个物种走向灭绝。

全球温度格局的改变也将影响水生生态系统的分布。例如，珊瑚礁的分布只限于热带地区平均海水温度 20℃以上的水域，珊瑚发育最适宜的年平均温度是 23～25℃，而有些珊瑚则可忍受 36～40℃的高温。地球海洋的增温将会改变适于珊瑚发育的海域的面积和位置，使珊瑚和珊瑚礁的分布区域大大向北推进，甚至会出现在北美洲的东海岸。毫无疑问，因温室气体排放量的增加而导致的全球温度和雨量格局的变化必将对陆地和水域生态系统的分布和功能产生重大和深远的影响。

第五节　全球变暖使海平面上升

地球在 1.8 万年前的最后一次冰期，海平面约比现在低 100 m，那时地球上生物生产力极高的浅海区和大陆架都在海平面以上并被陆地生态系统所覆盖。随着气候变暖和冰川的融化，海平面才开始上升。在 20 世纪，海平面平均每年上升了 1.8 mm，这是全球气候变暖所造成的后果，同时还伴随着海水的热膨胀和冰川的融化。据 IPCC 2001 年的报告估计，在 1990～2100 年间，地球海平面将会上升 0.09～0.88 m，各个海域会有很大不同。海平面的上升会对世界各地的海岸环境造成严重影响。

人类的大多数人口都居住在海岸地带，全球 20 座最大城市中有 13 座是坐落在沿海岸地带上。对海平面上升最敏感的区域是大河三角洲、低海拔国家（如荷兰、尼日利亚等）及各个海洋中的低海拔岛屿。有 1.2 亿人口的孟加拉国位于布拉马普特拉河（Brahmaputra）、恒河（Ganges）和 Meghna 河的三角洲地区。全球约有 1/4 的人口生活在高于海平面不足 3 m 的地方，而有大约 7%的居住地和 600 万人口处在海平面以上不足 1 m 的地区。有人估计，因全球气候变暖，到 2050 年海平面将会上升 1 m，到 2100 年将会上升 2 m。这一后果对孟加拉国和其他沿岸低海拔国家的影响将是毁灭性的。容易受到影响的地区还有非洲、东南亚和包括埃及在内的阿拉伯海岸地带。对我国来说形势更为严峻，海平面只要上升 0.5 m，我国东南沿海就会有大约 40 000 km^2 的陆地和 3000 万以上的人口被淹没在海平面以下。

海洋中的小岛对海平面上升最为敏感。全球有近百万人居住在各个海洋中的小岛和珊瑚岛上，如印度洋的马尔代夫群岛和太平洋的马绍尔群岛，这些岛屿的海拔几乎都在 3 m 以下。对这些岛屿来说，海平面只要上升 0.5 m，就会大大减少这些岛屿的面积，而且会对地下淡水的供应造成灾难性的影响。

海平面上升也会对海岸生态系统带来巨大影响。首先会把低海拔的湿地或干燥陆地全部淹没，会侵蚀原有的海岸线，增加河口和地下蓄水层的含盐量，引发强大的海潮和海涌等。河口生态系统和海岸红树林生态系统对海平面上升极为敏感，海岸盐沼生态系统的存在有赖于每天两次的海潮上涨（海水中混合着来自河流和溪流的淡水）。对这些生态系统来说，水的深度、温度、含盐量和混浊度是至关重要的。海平面上升使海水含盐量高的海水进入河口不仅会毁灭河口生态系统，而且会导致与河口相邻的陆地盐碱化，要知道，河口和红树林生态系统是海岸渔业的重要基地，人类所捕获鱼类的 2/3 以及很多鸟类和其他动物的生存都依赖于海岸沼泽和红树林生态系统。

第六节 全球气候变化对农业生产的影响

尽管技术进步和灌溉方法对改良农作物品种很重要，但气候和天气仍然是决定农作物产量的关键因素。全球气候的变化将会加剧已经日益增加的世界粮食危机，据预测，在未来的 50 年内，人类对粮食的需求会增加 1 倍。

世界主要的粮食作物是小麦、玉米和水稻，地区气候条件的变化将会直接影响这些农作物的产量和农业生产的格局。气候变化与经济因素和社会因素相互作用还可影响全球食物的产量与分布。

在审视温室效应对农业产量的影响时，必须既要考虑 CO_2 浓度的增加又要考虑气候的变化。大量的研究结果表明，大多数农作物都会因 CO_2 浓度的增加而受益。试验证明，在田间增加 CO_2 浓度和增加灌溉的条件下，棉花可增产 60%，而小麦可增产 10%。评价气候变化对农业影响的最简单方法是研究某些农作物地理分布区的变化，因为这种变化直接与气候有关。例如，在作物生长季节，日平均温度提高 1℃就会使美国的“玉米带”（指玉米产量最高的地带）明显地向北推移。同样，日本适于种植水稻的地区也会因气温上升而向北推移。宜农地带的变化意味着陆地利用格局的明显改变，这将伴随着会付出一定的经济和社会代价。

英国牛津大学环境变化研究协作组与来自 18 个国家的农学家合作完成了一项研究，预测了气候变化对世界农业生产的区域性和全球性影响。该项研究的主要结论之一是，虽然全球气候变化的负面效应在一定程度上会因作物生产量的增加（因 CO_2 浓度增加）而得到初偿，但气候变化的总体效应还是会使全球粮食作物的产量减少 5%。重要的是，这种减产并不是在全球范围内平均分布的，而是在一些地区和一些国家表现得更为明显。

发达国家与发展中国家在粮食产量方面是存在差异的，而全球气候变暖则进一步加大了这种差异。研究结果表明，发达国家的粮食产量将会增加，特别是处于中纬度温带地区的国家；而发展中国家作为一个整体，其粮食产量将会下降10%左右。与此同时，发展中国家的人口将会有明显增加。

第七节　全球气候变化对人类健康的影响

全球气候变化对人类健康有着直接和间接影响。直接影响包括增加热压力、引发哮喘和各种心血管和呼吸系统疾病；间接影响则包括增加各种传染病的发病率，因引发各种自然灾害（如洪水和飓风等）而增加人的死亡率以及因农业生产的改变而引起的食物成分和营养构成的变化。

研究表明，在夏季最高温与死亡率之间存在着直接关系。如果7月份的平均温度上升3℃（指中纬度地区），那么该月份超过35℃的天数就会增加5倍，即从1/20增加到1/4。夏季潮湿闷热的夜晚可引发最高的死亡率。例如，在1980年夏季，美国达拉斯市因天气炎热死亡1200人；1995年7月，芝加哥因闷热天气死亡566人。死亡原因主要是酷热天气引发的心血管和呼吸系统疾病。

此外，地方气候格局的改变也能影响各种传染病的分布和发病率。所谓的传染病，是由各种病原体（细菌、病毒和原生生物）和寄主生物（包括人）共同构成的疾病，有些传染病是通过传染媒介传染给人的，而最重要的传染媒介就是昆虫。昆虫是各种病原体的携带者，但它本身不受病原体的影响。最主要的虫媒病毒的携带者是蚊、蜱和血吸虫，大约有102种虫媒病毒可引发人类疾病，其中50%已在蚊虫体内发现并分离出来。这些媒介昆虫都适于在特定的生态系统中生存和繁殖，而且对温度和湿度等气候要素具有特定的耐受性，气候的变化将会影响这些媒介昆虫的分布和数量。

疟疾是一种由蚊虫（按蚊）传播的虫媒疾病，病原体是生动物孢子虫纲的疟原虫。按蚊最适的繁殖温度是20～30℃，相对湿度是60%以上，它不能忍受35℃以上的高温和低于25%的相对湿度。目前全球有40%的人口有感染疟疾的风险，每年死于疟疾的人口达200万。由于全球气候变暖，疟疾的分布将会发生很大变化，按蚊的分布范围会进一步扩大。据预测，到21世纪后半叶全球易感人群将会从40%增加到60%，因病死亡人数会明显增加。

登革热和黄热病也是由蚊虫（伊蚊）传播的病毒病。伊蚊适应于生活在日均温度10℃以上的城市环境中，蚊体中的黄热病病毒只有在相对湿度很大和温度24℃以上的条件下才能存活。流行病的发生条件则是年均温度20℃以上，通常是发生在非洲和南美洲的热带森林地区，但最近已在更北部的美国布里斯托尔市、费城和加拿大的哈里法克斯市发现了这种传染病。出人意料的是，传播这种病的伊蚊是在来自热带地区的轮船水箱中找到的。全球气候变暖对黄热病毒及其传播者伊蚊的分布都有直接影响。

第八节　气候变化与全球尺度生态学

大气圈中CO_2和其他温室气体的增加以及全球气候格局的潜在变化向我们提出了一个新的全球性生态学难题。要想了解大气CO_2浓度增加的影响就必须研究碳的全球循环过程，这将涉及大气圈、水圈、生物圈和岩石圈。虽然此前的讨论多强调CO_2浓度的增加和气候变化对生物种群、群落和生态系统的影响，但必须指出的是，这种影响并不是单方向的，因为生态系统也会影响大气 CO_2 的浓度和区域气候格局。例如，如果气候发生了变化，那么热带雨林的全球分布和所占面积就会急剧下降。要知道，热带雨林是我们这个星球上生物生产力最高的陆地生态系统，它们数量的减少将会大大减少全球的初级生产量，还会减少从大气中所摄取的 CO_2 并减少以有机碳形式贮存在生物量中的 CO_2。事实上，随着热带雨林在全球范围内的退缩，大气圈中 CO_2 的数量将会增加，这些区域的干旱化将会造成树木枯死、火灾频发，并将贮存在活生物量中的碳以 CO_2 的形式转移到大气圈中，其效果就如这些地区的森林遭到砍伐一样。大气圈中 CO_2 浓度的增加无疑会引发并强化温室效应，使问题进一步恶化。在这种情况下，地球陆地表面的变化会作为一个正反馈环促使大气 CO_2 浓度有所增加。

但如果大气 CO_2 浓度的增加和气候的变化能提高全球生态系统生物生产力的话，那这些生态系统就会从大气圈中摄取更多的 CO_2。而生物生产力的增高又会作为一个负反馈环促使大气 CO_2 浓度下降。

除了气候变化能间接影响大气中的 CO_2 浓度外，热带雨林分布格局的变化也能借助于改变区域降水格局而直接对气候施加影响。在有些区域，如广大的热带雨林地区，其降水量的很大一部分就是该区域植被在蒸腾作用中所释放出的水分。实际上，水是在进行一种区域性的再循环，砍伐森林会减少植物的蒸腾作用并使该地区大量的水借助于地表径流进入河流。科学家借助于区域气候模型(regional climate models)和实验研究了在亚马孙河流域大规模砍伐森林所造成的潜在影响。Findings 认为，森林植被的减少因减弱了森林内部的水循环而会导致年降水量的明显下降，这将会明显改变区域的气候，使雨林不可能再得到恢复或重建。

下面再举一个实例说明陆地生态系统对区域气候的直接影响。大气 CO_2 浓度的增加使气候变暖最明显的地方是北半球的高纬度地带，那里的气候变暖将会明显地减少雪覆盖层的厚度并使北方针叶林(即泰加林)的分布向北推移。影响地球表面对太阳辐射(短波辐射)吸收或反射的一个主要因素就是所谓的白色反射(Albedo)，它是地球表面将太阳辐射反射回宇宙空间能力大小的一个指数。雪覆盖层具有很强的白色反射能力，而颜色较深的植被这种反射能力较低。雪覆盖层的变薄和北方针叶林分布区的向北移动都会降低区域的白色反射能力，从而增加地球表面所吸收的太阳辐射能，这种情况作为一个正反馈环将会进一步提高局域性温度。

上述关系并不是一种简单的相互关联。要想真正理解大气圈、海洋与陆地生态系统之间相互关系，就必须把地球作为一个单一的整合系统加以研究。生态学家只有借助于全球生态学的发展，才能了解在下个世纪当大气 CO_2 浓度加倍时所产生的可能后果，而全球生态学的发展，则需要生态学家、海洋学家和大气物理学家共同携手合作。

参考文献

Aber J, Melillo J. 1991. Terrestrial ecosystems. Philadelphia: Saunders College Publishing.

Aber JD, Nadelhoffer KN. 1989. Nitrogen saturation in northern forest ecosystems. Bioseiece, 39: 378—386.

Adams RM, Alig R, Callaway JM. 1995. The economic effects of climate change on U. S. agriculture. Final report. Climate Change Impacts Program. Palo Alto, CA: EPRI.

Adams RM, Flenming RA, Chang CC. 1995. A reassessment of the economic effects of global climate change on US agriculture. Climate Change, 30: 147—167.

Agrawal AA. 2004. Resistance and susceptibility of milkweed to herbivory attack: Consequences of competition, root herbivory, and plant genetic variation. Ecology, 85: 2118—2133.

Ahrens CD. 2000. Meteorology today. 6th. Pacific Grove, CA: Brooks/Cole.

Alcock J. 1995. Animal behavior: An evolutionary approach. 4th. Sunderland, MA: Sinauer Associates.

Andersson M, Iwasa Y. 1996. Sexual selection. Trend in Ecology and Evolution, 11: 53—58.

Angel MV. 1991. Variations in time and space: Is biogeography relevant to studies of long-time scale change? Journal of the Marine Biological Association of the United Kingdom, 71: 191—206.

Archibold OW. 1995. Ecology of world vegetation. London: Chapman and Hall.

Austin MP. 1999. A silent clash of paradigms: Some inconsistencies in community ecology. Oikos, 86: 170—178.

Baden JA, Leal D. 1990. The Yellowstone primer. San Francisco: Pacific Research Institute for Public Policy.

Bailey RG. 1996. Ecosystem geography. New York: Springer.

Barbour AG, Fish D. 1993. The biological and social phenomonon of Lyme disease. Science, 260: 1610—1616.

Barth FG. 1991. Insects and flowers: The biology of a partnership. Princeton, N. J. : Princeton University Press.

Bawa KS. 1990. Plant-pollinator interactions in tropical rain forests. Annual Review of Ecology and Systematics, 21: 399—422.

Bazzaz FA. 1996. Plants in changing environments: Linking physiological, population, and community ecology. New York: Cambridge University Press.

Beare MH, Parmelee RW, Hendrix RF. 1992. Microbial and fungal interactions and effects on litter nitrogen and decomposition in agroecosystems. Ecological Monographs, 62: 569—591.

Begon M, Harper JL, Townsend CR. 1996. Ecology: Individuals, populations, and communities. New York: Blackwell Scientific Publishers.

Begon M, Mortimer M. 1995. Population ecology: A unified study of plants and animals, 2nd. Cambridge, MA: Blackwell Scientific Publications.

Berger J. 1990. Persistence of different-sized populations: An empirical assessment of rapid extinctions in bighorn sheep. Conservation Biology, 4: 91—98.

Berteaux D, Boutin S. 2000. Breeding dispersal in female North American red squirrels. Ecology, 81: 1311—

1326.

Bertness MD. 1999. The ecology of Atlantic shoreline. Sanderland, MA: Sinauer Associates.

Blount JD, Metcalfe NB. 2003. Calotenoid modulation of immune fuction and sexual attractiveness in zebra finches. Science, 300: 125—127.

Boul SW, Hole FD, Mccracken RJ. 1997. Soil genesis and calssification. Ames, IA: Iowa State University Press.

Brady NC, Weil RW. 1996. The nature and properties of soil, 11th. Upper Saddle River, NJ: Prentice Hall.

Buskirk JV, Ostfeld RS. 1995. Controlling Lyme disease by modifying the density and species composition of tick hosts. Ecological Applications, 5: 1133—1140.

Butcher SS, Charlson RJ. 1992. Global biogeochemical cycles. New York: Academic Press.

Cahill JF. 2000. Investigating the relationship between neighbor root biomass and belowground competition: Field evidence for symmetric competition belowground. Oikos, 90: 311—320.

Callenback E. 1996. Bring back the buffalo: A sustainable future for America's Great Plains. Covelo, CA: Island Press.

Cannon JR. 1996. Whooping crane recovery: A case study in public and private cooperation in the conservation of an endangered species. Conservation Biology, 10: 813—821.

Catchpole CK. 1987. Bird song, sexual selection, and female choice. Trends in Ecology and Evolution, 2: 94—97.

Chapin FS. 1990. The mineral nutrition of wild plants. Annual Review of Ecology and Systematics, 11: 233—260.

Collins M. 1990. The last rain forests: A world conservation atlas. New York: Oxford University Press.

Cottam G. 1990. Community dynamics on an artificial prairie. // W. R. Jordan Ⅲ, Gilpin ME, Aber JD, eds. Restoration ecology: A synthetic approach to ecological research. Cambridge: Campridge University Press, 257—270.

Cry H, Pace ML. 1993. Magnitude and patterns of herbivory in aquatic and terrestrial ecosystems. Nature, 361: 148—150.

Culotta E. 1995. Many suspects to blame in Madagascar extinctions. Science, 268: 156—159.

Currie DJ. 1991. Energy and large-scale biogeographical patterns of animal and plant species richness. American Naturalist, 137: 27—49.

Currie DJ. 2001. Projected effects of climate change on patterns of vertebrateand tree species richness in the conterminous United States. Ecosystems, 4: 216—225.

Daily G. 1997. Nature's Services: Societal Dependence on Natural Ecosystems. Washington, D. C: Island Press.

Davies SJ. 1998. Photosynthesis of nine pioneer Macaranga species from Borneo in relation to life-history traits. Ecology, 79: 2292—2308.

Davies SJ, Palmiotto PA. 1998. Comparative ecology of 11 sympatric species of Macaranga in Borneo: Tree distribution in relation to horizontal and vertical resource heterogeneity. Journal of Ecology, 86: 662—673.

Davis MB. 1996. Eastern old-grown forests: Prospects for redis-covery and recovery. Covelo, CA: Island Press.

Dayan T, Simberloff D, Tchernov E. 1990. Feline canines: Community-wide character displacement among the small cats of lsrael. American Naturalist, 136: 39—60.

Dobson AP, Carper ER. 1996. Infectious diseases and human population history. Bioscience, 46: 115—125.

Dodd M, Silvertown J. 1994. Biomass stability in the plant communities of the Park Grass Experiment: The influence of species richness, soil pH and biomass. Philosophical Transactions of the Royal Society B. 346: 185—193.

Doebler SA. 2000. The rise and fall of the honeybee. Bioscience, 50: 738—742.

Downing JA, Osenberg CW, Sarnelle O. 1999. Metaanalysis of marine nutrient-enrichment experiments: systematic variation in the magnitude of nutrient limitation. Ecology, 80: 1157—1167.

Drake BG, Leadley PW. 1991. Canopy photosynthesis of crops and native plant communities exposed to long-term elevated carbon dioxide. Plant Cell Environment, 14: 853—860.

Drake BG, Peresta G. 1996. Long-term elevated CO_2 exposure in a Chesapeake Bay wetland: Ecosystem gas exchange, primary productivity, and tissue nitrogen, // Koch G Mooney HA, Carbon dioxide and terrestral ecosystems. San Diego: Academic Press.

Edmonds J. 1992. Why understanding the natural sinks and sources of CO_2 is important: A policy analysis perspective. Water, Air and Soil Pollution, 64: 11—21.

Ellis R. 1991. Men and Whales. New York: Alfred knopf.

Emery NC, Ewanchuk PJ. 2001. Competition and salt marsh plant zonation: Stress tolerators may be dominant competitors. Ecology, 82: 2471—2485.

Estes J, Tinker M, Williams T. 1998. Killer whale predation on sea otters linking oceanic and near shore ecosystems. Science, 282: 473—476.

Ewel KC. 1990. Multiple demands on wetland. Bioscience, 40: 660—666.

Fahrig L, Merriam G. 1994. Coservation of fragmented populations. Conservation Biology, 8: 50—59.

Fenchel T. 1988. Marine plankton food chains. Annual Review of Ecology and Systematics, 11: 233—260.

Field CB, Jackson RB. 1995. Stomatal responses to CO_2: Implications from the plant to global scale. Plant Cell Environment, 18: 1214—1225.

Fitzgerald S. 1989. International wildlife trade: Whose business is it? Washington, DC: World wildlife Fund.

Fleming TH, Breitwisch R. 1987. Patterns of tropical vertebrate frugivore diversity. Annual Review of Ecology and Systematics, 18: 71—90.

Fletcher M, Gray GR. 1987. Ecology of microbial communities. New York: Combridge University Press.

Forman RTT. 1995. Land mosaics: The ecology of landscapes and regions. New York: Cambridge University Press.

Freemark KE, Merriam HG. 1986. Importance of area and habitat heterogenity to bird assemblages in temperate forest fragements. Biological Conservation 36: 115—141.

Garnett GP, Holmes EC. 1996. The ecology of emergent infectious disease. Bioscience, 46: 127—135.

Gates D. 1993. Climate change and its biological consequences. Sunderland, MA: Sinauer Associates.

Gliessman SR. 1990. Agroecology: Researching th ecological basis for sustainable agriculture. Ecological Studies Series No. 78. New York: Springer-Verlag.

Godfray HCJ. 1994. Parasitoid: Behaviora and evolutionary ecology. Princeton, NJ: Princeton University Press.

Gotelli NJ. 1995. A primer of ecology. Sunderland, MA: Sinauner Associates.

Gotelli NJ. 2001. Research fronties in null model analysis. Global Ecology and Beogeography, 10: 337—343.

Gotelli NJ, Graves GR. 1996. Null models in ecology. Herndon, VA: Smithsonian Institution.

Gower ST, McMurtie RE. 1996. Aboveground net primary productivity declines with stand age: Potential causes. Trends in Ecology and Evolution, 11: 378—383.

Graedel TE, Crutzen PJ. 1997. Atmosphere, climate and change. New York: Scientific American Library.

Grant P. 1999. Ecology and evolution of Darwin's finches. Princeton, NJ: Princeton University Press.

Grassle JF. 1991. Deep-sea benthic diversity. Bioscience, 41: 464—469.

Grassle JF. 1989. Species diversity in deep-sea communities. Trends in Ecology and Evoluttion, 4: 12—15.

Green GN, Sussman RW. 1990. Deforestation history of the eastern rain forests of Madagascar from satellite images. Science, 248: 212—215.

Gurevitch JL, Morrow L. 1992. Meta-analysis of competion in field experiments. American Naturalist, 140: 539—572.

Guthery FS, Bingham RL. 1992. On Leopold's principle of edge. Wildlife Society Bulletin, 20: 340—344.

Hackney E, McGraw JB. 2001. Experimental demonstration of an Allee effect in American ginseng. Conservation Biology, 15: 129—136.

Hairston NJ Jr, Hairston NG Sr. 1993. Cause-effect relationship in energy flow, tropic structure, and interspecific interactions. American Naturalist, 143: 379—411.

Hanski I. 1994. Patch occupancy dynamics in fragmented landscapes. Trends in Ecology and Evolution, 9: 131—135.

Hanski I. 1999. Metopopulation ecology. Oxford: Oxford University Press.

Hanski I, Gilpin M. 1997. Metopopulation biology: Ecology, genetics and evolution. London: Academic Press.

Hanski I. 1991. Metapopulation dynamic: Brief history and conceptual domain. Biological Journal of the Linnean Society, 42: 3—16.

Hanski I. 1991. Single-species metapopulation dynamics. Biological Journal of the Linnean Society, 42: 17—38.

Highton R. 1995. Speciation in eastern North American salamanders of the Genus Plethodon. Annual Review of Ecology and Systematics, 26: 579—600.

Hill RW. 1992. The altricial/presocial contrast in the thermal relations and energetics of small mammals. // Tomasi TE, Horton TH, eds. Mammalian energetics. lthaca, NY Comstock, 122—159.

Hill RW, Wyse GA. 1989. Animal physiology. New York: Harper & Row.

Hill J, Thomas C, Lewis O. 1996. Effects on habitat patch size and isolation on dispersal by Hesperia comma butterflies: Implications for metapopulation structure. Journal of Animal Ecology, 65: 725—735.

Hobbie EA. 1994. Nitrogen cycling during succession in Glacier Bay Alaska. Masters Thesis. University of Virginia.

Hugen-Eitzman D, Rauster MD. 1994. Interactions between herbivorous insects and plant-insect coevolution. American Naturalist, 143: 677—697.

Hughes TP. 1994. Catastrophes, phase shifts and large scale degradation of a Caribbean coral reef, Science, 265: 1547—1551.

Hunter ML, Yonzon P. 1992. Altitudinal distributions of birds, mammals, people, forests and parks in Nepal. Conservation Biology, 7: 420—423.

Huston M. 1994. Biological diversity: The coexistance of species on changing landscaps. New York: Cambridge University Press.

Imhoff M, Bounoua L, Ricketts T. 2004. Global patterns in human consumption of net primary productivity. Nature, 439: 370—373.

Iowa K, Rausher MD. 1997. Evolution of plant resistance to multiple herbivores: Quantifying diffuse evolution. American Naturalist, 149: 316—335.

Iverson LR, Prasad AM. 2001. Potential changes in tree species richness and forest community type following elimate. Ecosystems, 4: 186—199.

Jackson JBC. 1991. Adaptation and diversity of reef corals. Bioscience, 41: 475—482.

Jedrzejewski W, Jedrzejewski B. 1995. Weasel population response, home range, and predation on rodents in a deciduous forest in Poland. Ecology, 76: 179—195.

Jenkins MB. 1998. The Business of Sustainable Forestry: Case Studies. Chicago, IL: J. and K. T. MacArthur Foundation.

Johnsgard PA. 1994. Arena birds: Sexual selection and behavior. Washington, DC: Smithsonian Institution Press.

Jordan WR, Gilpin ME. 1990. Restoration ecology: A synthefic approach to ecological research. Cambridge: Cambridge University Press.

Kalkstein LS, Green JS. 1997. An evaluation of climate/mortality relationship in lange U. S. cities and possible impacts of a climate change. Evironmental Health Perspectives, 105: 84—93.

Kalkstein LS, Tan G. 1995. Human health. // Strzepek K, Smith J, eds. As climate changes: International impacts and implications. New York: Cambridge University Press.

Kattenberg A, Giorgi F, Meehl GA. 1996. Climate models projections of future climate. // Houghton JT et al. Climate change 1995. The Science of Climate Change. Intergovernmental Panel on Climate Change. Cambridge, UK: Cambridge University Press,285—357.

Keeling CD, Whorf TP, Wahlen M. 1995. Interannual extremes in the rate of rise of atmospheric carbon dioxide since 1980. Nature, 375: 666—670.

Kindvall O. 1996. Habitat heterogeneity and survival in a bush cricket metapopulation. Ecology, 77: 207—214.

Kindvall O, Ahlen I. 1992. Geometrical factors and metapopulation dynamics of the bush cricket, Metrioptera bicolor. Conservation Biology.

King AA, Schaffer WC. 2001. The geometry of a population cycles: A mechanismic model of snowshoe demography. Ecology, 82: 814—830.

Klap V, Louchouam P, Boon JJ. 1999. Decomposition dynamics of six salt marsh halophytes as determined by cupric oxide oxidation and direct temperature-resolved mass spectrometry. Limnology and Oceanography, 44: 1458—1476.

Korner C, Diemer M, Schappi B. 1997. The response of alpine grassland to four seasons of CO_2 enrichment: A synthesis. Acta Oecologia, 18: 165—175.

Korpimaki E, Norrdahl K. 1991. Numerical and functional responses of kestrels, short-eared owls, and long-eared owls to vole densities: Ecology, 72: 814—826.

Kot M. 2001. Elements of mathematical ecology. Cambridge: Cambridge University Press.

Krebs C. 2001. Ecology: The experimenta analysis of distribution and abundance. 5th. San Franciso Benjamin Cummings.

Krebs CJ, Boonstra R, Boutin S. 2001. What drives the 10-year cycle of snowshoe hares? Bioscience, 51: 25—35.

Krebs CJ, Boutin S, Boonstra R. 1995. Impact of food and predation on the snowshoe hare cycle. Science, 269: 1112—1115.

Krebs CJ, Boutin S, Boonstra R. 2001. Vetebrate community dynamics in the Kluane Forest. Oxford: Oxfod University Press.

Krebs J, Davies NB. 1991. Behavioral ecology: An evolutionary approach. 3rd. Oxford, England: Blackwell Scientific Publications.

Lafferty KD, Morris AK. 1996. Altered behavior of parasitized killifish increases susceptibility to predation by bird final hosts. Ecology, 77: 1390—1397.

Lambers H, Chapin FS. 1998. Plant physiological ecology. New York: Springer.

Lansky M. 1992. Beyond the beauty strip: Saving what's leff of our forests. Gardiner, ME: Tilbury House.

Larcher W. 1996. Physiological plant ecology. 3rd. New York: Springer-Verlag.

Larsen KW, Boutin S. 1994. Movement, survival, and settlement of red squirrel(Tamiasciurus hudsonicus) offspring. Ecology, 75: 214—223.

Leonard GH, Bertness MD, Yund PO. 1999. Crab predation, water-borne cues, and inducible defenses in the blue mussel Mytilus edulis. Ecology, 80: 1—14.

Levin SA. 1993. Forum: Grazing theory and rangeland management. Ecological Applications, 3: 1—38.

Liebhold AM, Halverson JA, Elmes GA. 1992. Gypsy moth invasion in North American: A quantitative analysis. Journal of Beogeography, 19: 513—520.

Lima SL. 1998. Nonlethal effects in the ecology of predator-prey interactions. Bioscience, 48: 25—34.

Lindstrom ER. , et al. 1994. Disease reveals the predator: Sarcoptic mange, red fox predation, and prey populations. Ecology, 74: 1041—1049.

Livi-Bacci M. 2001. A concise history of world population, 3rd. Malden, MA: Blackwell Publishers, Inc.

Manning D. 1995. Grassland: History, biology, politics, and promise of the American prairie. New York: Penguin Book.

Mather GAS. 1990. Global forest resources. Portland, OR: Timber Press.

Mathieson AC, Nienhuis PH. 1991. Intertidal and littoral ecosystems. Ecosystems of the world 24. Amsterdam: Elsevier.

Mayr E. 1991. One long argument. Cambridge, MA: Harvard University Press.

Mazncourt C, Loreau M, Dieckmann U. 2001. Can the evolution of plant defense lead to plant-herbivore mutualism? American Naturalist, 158: 109—123.

Mccollough DR. 1996. Metapopulations and wildlife conservation. Washington, DC: Island Press.

Maffe GK, Carroll CR. 1997. Principles of conservation biology, 2nd. Sunderland, MA: Sinauer Associates.

Meyer JL. 1990. A blackwater perspective on riverine ecosystems. Bioscience, 40: 643—651.

Miko UF. 1996. Climate change impact on forests. // Watson RT, Zinyowera MC, Moss RH. Climate change 1995: Impacts, adaptations and mitigation of climate change. New York: Cambridge University Press.

Mitchell JFB, Johns TJ, Gregory JM. 1995. Climate response to increasing levels of greenhouse gases and sulfate aerosols. Nature, 376: 501—504.

Mitchell JFB, Davis RA, Ingram WJ. 1995. On surface temperature, greenhouse gases and aerosols: Models and observations, Journal of Climatology, 10: 2364—2386.

Mittermeier RA, Myers N, Gil PR. 1999. Hotspots: Earths biologically richest and most endangered terrestrial ecoregious. Mexico City, Mexico: CEMEX Conservation International.

Moore J. 1995. The behavior of parasitized animals. Bioscience, 45: 89—96.

Morin PJ. 1999. Community ecology. Oxford, England: Blackwell Science. Inc.

Mudrick D, Hoosein M, Hicks R. 1994. Decomposition of leaf litter in an Appalachian forest: Effects of leaf species, aspect, slope position and time. Forest Ecology and Management, 68: 231—250.

Murdoch WW. 1994. Population regulation in theory and practice. Ecology, 75: 271—287.

Myers N. 1991(a). Tropical deforestation: The latest situation. Bioscience, 41: 282.

Myers N. 1991(b). The biodiversity chanllenge: Expanded hotspots analysis. Environmentalist, 10: 243—256.

Myers N. 1998. Threatened biotas: "Hotspots" in tropical forests. Environmentalist, 8: 1—12.

Nelson EH, Matthews CE, Roenheim JA. 2004. Predators reduce prey populatin growth by reducing change in behavior. Ecology, 85: 1853—1858.

Nicholls RJ, Leatherman SP. 1995. Global sea-level rise. // Strzepek K, Smith JB. As climate changes: International impacts and implications. Cambridge, England: Cambridge University Press.

Nybakken JW. 1997. Marine biology: An ecological approach. 4th. San Francisco: Addison Wesley.

O'Donoghue M, Boutin S, Krebs CJ. 1998. Functional response of coyotes and lynx to the snowshoe hare cycle. Ecology, 79: 1193—1208.

Oechel WC, Leatherman SP. 1995. Direct effects of elevated CO_2 on Arctic plant and ecosystem function. // Koch G, Mooney HA. Carbon dioxide and terrestrial ecosystems. San Diego: Academic Press,163—176.

Ostfeld RS. 1997. The ecology of Lyme disease risk. American Science, 85: 338—346.

Owensby CE, Ham JM, Knapp A. 1996. Ecosystem-level responses of tall-grass prairie to elevated CO_2. // Koch G, Mooney HA. Carbon dioxide and terrestrial ecosystems. San Diego: Academic Press,147—162.

Patton TR. 1996. Soils: A new global view. New Haven, CT: Yale University Press.

Pauly D, Cheristensen V. 1995. Primary production required to sustain global fisheries. Nature, 374: 255—257.

Peltonen, Hanski I. 1991. Patterns of island occupancy explained by colonization and extinction rates in shrews. Ecology, 72: 1698—1708.

Perlan J. 1991. A forest journey: The role of wood in the development of civilization. Cambridge, MA: Harvard University Press.

Peterjohn WT, Melillo JM. 1993. Soil warming and trace gas fluxes: Experimental design and preliminary flux results. Oecologia, 93: 18—24.

Peterken GF. 1996. Natural woodlands: Ecology and conservation in north temperature regions. New York: Cambridge University Press.

Peters RL, and Lovejoy TE. 1992. Global warming and biological diversity. New Haven: Yale University Press.

Petrie M. 1994. Improved growth and survival of offspring of peacocks with more elaborate trains. Nature, 371: 598—599.

Pimentel D, Acquay H, Biltonen M. 1992. Environmental and economic costs of pesticide use. Bioscience, 42: 750—760.

Polis G, Holt RD. 1992. Intraguild predation: The dynamics of complex trophic interactions. Trends in Ecology and Evolution, 7: 151—154.

Poorter H, Perez-Soba M. 2002. Plant growth at elevated CO_2. // Mooney HA, Canadell JG. Encyclopedia of global change, Vol. 2. Chichester, UK: John Wiley and Sons, Ltd,489—496.

Prentice IC, Bartlein PJ, Webb T. 1991. Vegetation and climate change in eastern North American since the last glacidal maximum: A response to continuous climate forcing. Ecology, 72: 2038—2056.

Primack RB. 1998. Essentials of conservation biology, 2nd. Sunderland, MA: Sinauer Associates, Inc.

Proulx M, Mazumder A. 1998. Reversal of grazing impact on plant species richness in nutrient-poor vs. nutrient-rich ecosystems. Ecology, 79: 2581—2592.

Real LA. 1996. Sustainability and the ecology of infections disease. Bioscience, 46: 88—97.

Reich PB, Peterson DA, Wrage K. 2001. Fire and vegetation effects on productivity and nitrogen cycling across a forest-grassland continuum, Ecology, 82: 1703—1719.

Reich PB, Ellsworth DS, Walters MB. 1998. Leaf structure(specific leaf area) regulates photosynthesis-nitrogen relations: Evidence from within and across species and functional groups. Functional Ecology, 12: 948—958.

Reich PB, Tjoelker MG, Walters MB. 1998. Close association of RGR, leaf and root morphology, seed mass and shade tolerance in seedlings of nine boreal tree species grown in high and low light. Functional Ecology, 12: 327—338.

Relyea RA. 2001. The relationship between predation risk and antipredator responses in larval anurans. Ecology, 82: 541—554.

Rex MA, Stuart CT, Hessler RR. 1993. Global-scale latitudinal patterns of species diversity in the deep-sea benthos. Nature, 365: 636—639.

Reznick D, Shaw FH, Rodd FH. 1997. Evaluation of the rate of evolution in natural populations of guppies (*Poecilia reticulata*). Science, 275: 1934—1937.

Richards PW. 1996. The tropical rain forest: An ecological study. 2nd. New York: Cambridge University Press.

Ricklefs RE, Schluter D. 1993. Ecological communities: Historical and geographical perspectives. Chicago: University of Chicago Press.

Rosenberg DK, Noon BR, Meslow EC. 1997. Biological corridors: Forms, function and effeciency. Bioscience, 47: 677—687.

Russell CS. 2001. Applying economics to the environment. Oxford, UK: Oxford University Press.

Russell E. 2001. War and Nature. Cambridge: Cambridge University Press.

Ryan MG, Binkley D, Fownes JH. 1997. Age-related decline in forest productivity: Pattern and process. Advances in Ecological Research, 27: 313—362.

Schlesinger WH. 1997. Biogeochemistry: An analysis of global change. 2nd. Lonton: Academic Press.

Schmidt-Neilsen K. 1997. Animal physiology: Adaptation and environment. 5th. New York: Cambridge University Press.

Schwartz MW. 1997. Conservation in highly fragmented landscapes. New York: Chapman & Hall.

Sheldon BC, Verhulst S. 1996. Ecological immunity: Costly parasite defences and trade-offs in evolutionary ecology. Trends in Ecology and Evolution, 11: 317—321.

Silvertown J, Dodd M, McConway K. 1994. Rainfall, biomass variation, and community composition in the Park Grass Experiment. Ecology, 75: 2430—2437.

Sinclair ARE, Arcese P. 1995. Serengeti 11: Dynamics, management, and conservation of an ecosystem. Chicago: University of Chicago Press.

Small MF. 1992. Female choice in mating, American Scientist, 80: 142—151.

Smith TM. 2005. Spatial variation in leaf-litter production and decomposition within a temperate forest: The influence of species composition and diversity. Journal of Ecology. In review.

Smith TM, Woodward FI, Shugart HH. 1996. Plant functional types: Their relevance to ecosystem properties and global change. Cambridge, England: Cambridge University Press.

Smith TM, Halpin PN, Shugart HH. 1994. Global forests. // Strzpeck K, Smith J, eds. As climate changes: International impacts and implications. Cambridge, England: Cambridge University Press.

Smith TM, Leemans R, Shugart HH. 1992. Sensitivity of terrestrial carbon storage to CO_2-induced climate change: Comparison of four scenarios based general circulation models. Climatic Change, 21: 367—384.

Smith WH. 1990. Air pollution and forests: Interaction between air contaminants and forect ecosystems, 2nd. New York: Springer-Verlag.

Stacey P, Taper M. 1992. Environmental variation and the persistance of small populations. Ecological Applications, 2: 18—29.

Stephens PA, Sutherland WJ, Freckleton RP. 1999. what is the allee effect? Oikos, 87: 185—190.

Storey KB, Storey JM. 1996. Natural freezing survival in animals Annual Review of Ecology and Systematics, 27: 365—386.

Sutcliffe O, Thomas C. 1997. Correlated extinctions, colonizations and population fluctuations in a highly connected ringlet burrerfly metapopulation. Oecologia, 109: 235—241.

Takahashi JS, Hoffman M. 1995. Molecular biological clocks. American Scientist, 83: 158—165.

Thomas C, Singer M, Boughton D. 1996. Catatrophic extinction of population sources in a butterfly matapopulation. American Neturalist, 148: 957—975.

Thomas C, Jones T. 1993. Partial recovery of a skipper butterfly (*Hesperia comma*) from population refuges: Lessons for conservation in a fragmented landscape. Journal of Animal Ecology, 62: 472—481.

Thornhill NW. 1993. The natural history of inbreeding and outbreeding: Theoretical and empirical perspectives. Chicago: University of Chicago Press.

Tiner RW. 1991. The concept of a hydrophyte for wetland identification. Bioscience, 41: 236—247.

Tomback DF, Linhart YB. 1990. The evolution of bird-dispersed pines. Evolutionary Ecology, 4: 185—219.

Trabalka JR, Reichle DE. 1994. The changing carbon cycle: A global analysis. New York: Springer-Verlag.

Turchin P. 1999. Population regulation: A synthetic view. Oikos, 84: 160—164.

Turner M. 1989. Landscape ecology: The effects of pattern and process. Annual Review of Ecology and Systematics, 20: 171—197.

Turner M. 1998. Landscape ecology. // Dodson SJ, Allen TFH, Carpenter SR. Ecology. Oxford: Oxford University Press.

VEMAP participants. 1995. Vegetation/ecosystem modeling and analysis project: Comparing biogeography and biogeochemistry models in a continental-scale study of terrestrial ecosystem reponses to climate change and CO_2 doubling. Global Biogeochemical cycles, 9: 407—437.

Vitousek PM, Andariese SW, Matson PA. 1992. Effects of harvest intensity, site preparation, and herbicide use on soil nitrogen transformations in a young loblolly pine plantation. Forest Ecology and Management, 49: 277—292.

Wagner JD, Wise DH. 1996. Cannibalism regulation densities of young wolf spiders: Evidence from field and laboratory experiments. Ecology, 77: 639—652.

Wajnberg E, Fauvergue X, Pons O. 2000. Patch leaving decision rules and the Marginal Value Theorem: Am experimental analysis and a simulation model. Behavioral Ecology, 11: 577—586.

Wakelin D. 1997. Parasites and the immune system. Bioscence, 47: 32—40.

Walker BH. 1992. Biodiversity and ecological redundancy. Conservation Biology, 6: 18—23.

Watson RT, Zinyowera MC, Moss RH. 1998. The regional impacts of climate change (a special report of IPCC Working Group 11). Cambridge, UK: Cambridge University Press.

Wauters L, Dohondt AA. 1989. Body weight, longevity, and reproductive success in red squirrels (*Sciurus vulgaris*). Journal of Animal Ecology, 58: 637—651.

Webster JR, Dangelo DJ, Peters GT. 1991. Nitrate and phosphate uptake in streams at Coweeta Hydrological Laboratory. Vehn. Internationale Verein Limnologie 24: 1681—1686.

Whitmore TC. 1990. An introduction of tropical rain forests. New York: Oxford University Press.

Williams K, Smith KG, Stevens FM. 1993. Emergence of 13-year periodical cicada (Cicadidae: Magicicada): Phenology, mortality, and predator satiation. Ecology, 74: 1143—1152.

Wilson EO. 1992. The diversity of life. Cambridge, MA: The Belknap Press of Harward University Press.

Wolff JO. 1997. Population regulation in mammals: An evolutionary prespective. Journal of Animal Ecology, 66: 1—13.

Woodward FI. 1992. Global climate change: The ecological consequences. London: Academic Press.

Zedler J, Winfield T, Mauriello D. 1992. The ecology of Southern California coastal marshes: A community profile. U. S. Fish and wildlife Service Office of Biological Services FWS/OBS 81/54.

Zimen E. 1981. The wolf: A species in danger. New York: Delacourt Press.

Zuk M. 1991. Parasities and bright birds: New data and new predictions. // Loge JE, Zuk M. Bird-parasite interactions. Oxford: Oxford University Press, 317—327.